최신 개정판

건설공사 사업관리방식 검토기준 및 업무수행지침

2026년 개정판

<수록내용>

◈ 건설공사 사업관리방식 검토기준 및 업무수행지침 (2025.3.5.)

◈ 건설기술진흥업무 운영규정(2025.12.29)

◈ 건설공사 안전관리 업무수행지침 (2022.12.20)

◈ 건설공사 사후평가 시행지침 (2025.8.28)

◈ 건설기술진흥법령 (3단대조)
(법 2025.10. 1 /영 2025.12.30 /규칙 2025.10.31)

圓技術

<총 목 차>

건설공사 사업관리방식 검토기준 및 업무수행지침

건설기술 진흥법령 (3단 대조식) ----- 1 ~ 712

◈ 건설공사 사업관리방식 검토기준 및 업무수행지침 ◈

<목 차>

제1장 총 칙

제2장 건설공사 사업관리방식 검토기준

제3장 건설사업관리 업무

제1절 일반사항

제2절 공통업무

제3절 설계전 단계 업무

제4절 기본설계 단계 업무

제5절 실시설계 단계 업무

제6절 구매조달 단계 업무

제7절 시공 단계 업무

제9절 시공후 단계 업무

제4장 건설공사 감독자 업무

제1절 일반사항

제2절 공사착수단계 업무

제3절 공사시행단계 업무

제4절 안전 및 환경관리 업무

제5절 자재관리 업무

제6절 기성 및 준공검사 업무

제7절 시설물의 인수・인계 업무

제8절 건설사업관리용역 업무

제5장 보 칙

[별 표]

[별지서식]

건설공사 사업관리방식 검토기준 및 업무수행지침

국토교통부 고시 제2025-105호, 2025.3.5. 일부개정
국토교통부(건설안전과), 044-201-3582

제1장 총 칙

제1조(목적) 이 지침은「건설기술 진흥법 시행령」(이하 "영"이라 한다) 제55조제1항제3호 및 제68조제1항제8호에 따라 발주청이 건설공사의 사업관리방식을 선정하기 위해 필요한 기준과, 영 제59조제5항에 따라 발주청, 시공자, 설계자, 건설사업관리용역사업자 및 건설사업관리기술인이 건설사업관리와 관련된 업무를 효율적으로 수행하게 하기 위하여 업무수행의 방법 및 절차 등 필요한 세부기준, 그리고「건설기술 진흥법」(이하 "법"이라 한다) 제49조제2항에 따라 발주청이 발주하는 건설공사의 감독업무(건설사업관리 용역에 대한 감독을 포함한다) 수행에 필요한 사항을 정하는데 목적이 있다.

제2조(정의) 이 지침에서 사용하는 용어의 뜻은 다음 각 호와 같다.

1. "직접감독"이란 해당 건설공사의 발주청 소속 직원이 건설사업관리 업무를 직접 수행하는 것을 말한다.
2. "공사감독자"이란 공사계약일반조건 제16조의 업무를 수행하기 위하여 발주청이 임명한 기술직원 또는 그의 대리인으로 해당 공사 전반에 관한 감독업무를 수행하고 건설사업관리업무를 총괄하는 사람을 말한다.
3. "공사관리관"이란 감독 권한대행 등 건설사업관리를 시행하는 건설공사에 대하여 영 제60조의2제1항제1호부터 제4호까지의 업무를 수행하는 발주청의 소속 직원을 말한다.

4. “건설사업관리용역사업자”란 건설사업관리를 업으로 하고자 법 제26조에 따라 건설공사에 대한 특별시장・광역시장・특별자치시장・도지사 또는 특별자치도지사에게 건설기술용역사업자로 등록한 자를 말한다.
5. “건설사업관리기술인”이란 법 제26조에 따른 건설기술용역사업자에 소속되어 건설사업관리 업무를 수행하는 자를 말한다.
6. “책임건설사업관리기술인”이란 발주청과 체결된 건설사업관리 용역계약에 의하여 건설사업관리용역사업자를 대표하며 해당공사의 현장에 상주하면서 해당공사의 건설사업관리업무를 총괄하는 자를 말한다.
7. “분야별 건설사업관리기술인”이란 소관 분야별로 책임건설사업관리기술인을 보좌하여 건설사업관리 업무를 수행하는 자로서, 담당 건설사업관리업무에 대하여 책임건설사업관리기술인과 연대하여 책임지는 자를 말한다.
8. “상주 건설사업관리기술인“이란 영 제60조에 따라 현장에 상주하면서 건설사업관리업무를 수행하는 자를 말한다.(이하 “상주기술인“이라 한다)
9. “기술지원 건설사업관리기술인“이란 영 제60조에 따라 건설사업관리용역사업자에 소속되어 현장에 상주하지 않으며 발주청 및 책임건설사업관리기술인의 요청에 따라 업무를 지원하는 자를 말한다. (이하 “기술지원기술인“이라 한다)
10. “시공자”란 「건설산업기본법」 제2조제7호에 따른 건설업자 및 「주택법」 제9조에 따라 주택건설사업에 등록한 자로서 공사를 도급받은 건설업자(하도급업자를 포함한다. 이하 같다)를 말한다.
11. “설계자”란 법 제26조 및 「건축사법」 제23조에 따라 설계업무를 하기 위하여 건설기술용역사업자 또는 건축사사무소 개설 신고를 한 자로 설계를 도급 받은 자(하도급업자를 포함한다. 이하 같다)를 말한다.

12. "설계서"란 공사시방서, 설계도면 및 현장설명서를 말한다. 다만, 공사 추정가격이 1억원 이상인 공사에 있어서는 공종별 목적물 물량이 표시된 내역서를 포함한다.
13. "공사계약문서"란 계약서, 설계서, 공사입찰유의서, 공사계약일반조건, 공사계약특수조건 및 산출내역서로 구성되며 상호보완의 효력을 가진다.
14. "건설사업관리용역 계약문서"란 계약서, 기술용역입찰유의서, 기술용역계약일반조건, 건설사업관리용역계약특수조건, 과업수행계획서 및 건설사업관리비 산출내역서로 구성되며 상호보완의 효력을 가진다.
15. "건설사업관리기간"이란 건설사업관리용역계약서에 표기된 계약기간을 말한다. 시공자 또는 발주청의 사유로 인해 공사기간이 연장된 경우의 건설사업관리기간은 연장된 공사기간을 포함한 건설사업관리용역 변경계약서에 표기된 기간을 말한다.
16. "검토"란 시공자가 수행하는 중요사항과 해당 건설공사와 관련한 발주청의 요구사항에 대해 시공자 제출서류, 현장실정 등을 공사감독자 또는 건설사업관리기술인이 숙지하고, 경험과 기술을 바탕으로 하여 타당성 여부를 파악하는 것을 말한다. 공사감독자 또는 건설사업관리기술인은 필요한 경우 검토의견을 발주청 또는 시공자에게 제출하여야 한다.
17. "확인"이란 시공자가 공사를 공사계약문서 대로 실시하고 있는지의 여부 또는 지시・조정・승인・검사 이후 실행한 결과에 대하여 발주청, 공사관리관, 공사감독자 또는 건설사업관리기술인이 원래의 의도와 규정대로 시행되었는지를 확인하는 것을 말한다.
18. "검토・확인"이란 공사의 품질을 확보하기 위해 기술적인 검토뿐만 아니라, 그 실행결과를 확인하는 일련의 과정을 말하며 검토・확인자는 자신의 검토・확인 사항에 대해 책임을 진다.
19. "지시"란 발주청이 공사감독자에게, 공사감독자가 시공자에게 또는 발주청이 건설사업관리기술인에게, 건설사업관리기술인이 시공

자에게 소관업무에 관한 방침, 기준, 계획 등을 알려주고 실시하게 하는 것을 말한다. 단, 지시사항은 계약문서에 나타난 지시 및 이행사항에 국한하는 것을 원칙으로 하며, 구두 또는 서면으로 내릴 수 있으나 지시내용과 그 결과는 반드시 확인하여 문서로 기록·비치하여야 한다.

20. "요구"란 계약당사자들이 계약조건에 나타난 자신의 업무에 충실하고 정당한 계약수행을 위해 해당 건설공사와 관련하여 상대방에게 검토, 조사, 지원, 승인, 협조 등의 적합한 조치를 취하도록 의사를 밝히는 것으로, 요구사항을 접수한 자는 반드시 이에 대한 적절한 답변을 하여야 하며 이 경우 의사표시는 원칙적으로 서면으로 한다.

21. "승인"이란 발주청, 공사감독자 또는 건설사업관리기술인이 이 지침에 나타난 승인사항에 대해 공사감독자, 건설사업관리기술인 또는 시공자의 요구에 따라 그 내용을 서면으로 동의하는 것을 말하며, 승인 없이는 다음 단계의 업무를 수행할 수 없다.

22. "조정"이란 설계, 시공 또는 건설사업관리업무가 원활하게 이루어지도록 하기 위해서 설계자, 시공자, 건설사업관리기술인, 공사감독자, 발주청이 사전 충분한 검토와 협의를 통해 관련자 모두가 동의하는 조치가 이루어지도록 하는 것을 말한다. 조정 결과가 기존의 계약내용과 차이가 있을 시에는 계약변경 사항의 근거가 된다.

23. "실정보고"란 공사 시행과정에서 현지여건 변경 등으로 인해 설계변경이 필요한 사항에 대하여 시공자의 의견을 포함하여 공사감독자 또는 건설사업관리기술인이 서면으로 검토의견 등을 발주청에 설계변경 전에 보고하고 발주청으로부터 승인 등 필요한 조치를 받는 행위를 말한다.

24. "검사"란 공사계약문서에 나타난 시공단계와 재료에 대한 완성품 및 품질을 확보하기 위해 시공자의 확인검사에 근거하여 공사감독자 또는 건설사업관리기술인이 완성품, 품질, 규격, 수량 등의 적정성을 확인하는 것을 말한다. 이 경우 시공자가 시행한 시공결과 중

대표가 되는 부분을 추출하여 검사를 실시할 수 있으며, 합격판정은 공사감독자 또는 건설사업관리기술인이 한다.

25. "확인측량"이란 설계자 또는 시공자가 실시한 측량에 대하여 적정성 여부를 확인 할 목적으로 발주청, 공사감독자 또는 건설사업관리기술인과 시공자 등이 합동으로 실시하는 측량을 말한다.
26. "주요자재"란 지급(관급)자재와 철근, 철골, 레미콘, 아스콘, 강관파일 등 사급자재로 설계된 중요 자재를 말한다.

제3조(적용범위) ① 이 지침은 법 제2조제6호에 따른 발주청이 시행하는 건설공사에 대하여 적용하며, 관계 법령, 계약서 및 공사시방서에서 특별히 정한 경우를 제외하고는 이 지침에서 정하는 바에 따른다.

② 시공단계의 건설사업관리 업무수행 시 감독 권한대행 업무를 포함하지 않는 경우에는 제3장제7절을 적용하며, 법 제39조제2항에 따라 발주청의 감독 권한대행 업무를 포함하는 경우에는 제3장제8절을 적용한다.

제4조(성실 및 청렴의무) ① 건설사업관리기술인, 공사감독자 및 공사관리관(이하 이 조에서 "건설사업관리기술인 등"이라 한다)은 다음 각 호에 따라 성실하게 업무를 수행해야 한다.

1. 건설사업관리기술인 등은 감독업무를 수행할 때에는 해당 공사의 설계도서 · 계약서 그 밖에 관계서류 등의 내용을 숙지하고 그 공사의 특수성을 파악한 후 성실하고 효율적으로 업무를 수행하여야 한다.
2. 건설사업관리기술인 등은 해당공사가 설계도서, 계약서, 공정계획표, 그 밖에 관계서류의 내용대로 시공되는지를 공사시행 단계별로 확인 · 검측하고 품질 · 시공 · 안전 · 환경관리에 필요한 감독을 하여야 한다.

② 건설사업관리기술인 등은 다음 각 호에 따라 청렴하게 업무를 수행해야 한다.

1. 건설사업관리기술인 등은 공정하게 권한을 행사하여야 하며, 품위

를 손상하는 행위를 하여서는 아니된다.

2. 건설사업관리기술인 등은 직위를 이용하여 부당한 이익을 얻거나 타인이 부당한 이익을 얻도록 이권에 개입·알선·청탁하여서는 아니된다.
3. 건설사업관리기술인 등은 차량·건설기자재·항공기·선박 등 공용물을 정당한 사유없이 사적인 용도로 사용하여 이익을 얻는 행위를 하여서는 아니된다.
4. 건설사업관리기술인 등은 담당업무와 관련하여 업무관련자로부터 일체의 금전·부동산·선물 또는 향응 등의 수수행위를 하여서는 아니된다.
5. 건설사업관리기술인이 제2호부터 제4호까지의 청렴의무를 1회 이상 위반한 경우, 발주청은 해당 건설사업관리기술인을 교체하여야 한다.

제2장 건설공사 사업관리방식 검토기준

제5조(사업관리방식의 검토 및 절차) ① 발주청은 건설공사를 시행하려는 경우, 영 제68조제1항제8호에 따라 기본구상 단계에서 이 기준에 따라 건설사업관리의 적용 여부를 검토하여야 한다. 다만, 사업의 추진 상황에 따라 기본구상 단계에서 검토가 곤란한 경우에는 기본구상 단계 이후에 검토할 수 있다.

② 발주청은 수행하고자 하는 사업의 특성 및 사업관리에 필요한 소요인력에 대한 발주청의 역량을 검토한 후 사업관리방식의 순차적 검토를 통하여 사업의 특성과 발주청의 역량에 맞는 사업관리방식을 선정하여 사업을 수행할 수 있도록 한다.

③ 발주청은 건설사업관리 등 사업관리방식 검토 시 다음 각 호의 사항을 검토하여야 하며 검토 절차는 별표 1과 같다.

1. 사업특성 및 발주청 역량 평가
2. 사업별 사업관리방식 배정

3. 사업관리방식 배정에 따른 총 소요인력 산정
4. 소요인력과 가용인력 비교 후 사업별 사업관리방식 조정
5. 사업별 최종 사업관리방식 확정

제6조(사업특성 및 발주청 역량 평가) ① 사업특성 및 발주청 역량 평가는 공사특성(30%), 사업여건(25%), 공사수행방식(15%), 발주청 역량(30%)의 비율로 평가하되, 발주청의 여건에 따라 배점 기준을 10% 이내에서 조정하여 적용할 수 있다.

② 사업특성 및 발주청 역량 평가는 별표 2의 세부 평가기준에 따라 평가한다.

③ 발주청이 관리해야 할 건설공사에 대한 사업관리 소요인력은 제8조에 따른 공사감독자 배치계획에 따라 산정한다.

④ 발주청의 사업관리 가용인력은 건축, 토목, 기계 등 기술직 중 사업발주 및 사업관리업무를 수행하는 부서 근무자를 대상으로 산정하되, 보직자와 일반 서무담당자 등 일반 관리자는 제외하며, 해당 직무분야 기술사 자격을 보유한 인력에 대하여는 20%를 가산하여 산정한다.

제7조(사업관리방식 배정) ① 사업별 사업관리방식은 제6조의 사업특성 및 발주청 역량 평가 후 다음 각 호의 기준에 따라 1차적으로 각 사업에 대하여 적합한 사업관리방식을 배정한다.

1. 평가점수(총점) 80점 이상 : 건설사업관리(시공단계에서 감독 권한 대행 등 건설사업관리를 적용한다)
2. 평가점수(총점) 50점 이상 : 건설사업관리(시공단계에서 감독 권한 대행 등 건설사업관리를 적용할 수 있다)
3. 평가점수(총점) 50점 미만 : 직접감독 또는 건설사업관리(시공단계에서 감독권한 대행 등 건설사업관리를 적용할 수 있다)

② 사업별 사업관리방식 배정 후 발주청이 사업관리를 위해 투입해야 하는 총 소요인력을 산정하며, 총 소요인력은 기존 진행 중인 사업에 투입되는 인력과 신규사업에 투입될 인력을 합하여 산출한다.

③ 제2항에 따른 발주청의 총 소요인력은 제6조제3항에 따라 산정하되 건설사업관리를 시행하는 경우 다음 각 호의 투입 기준에 따라 산정한다.

1. 공사관리관의 투입 기준은 발주청별로 기준을 수립하여 적용하도록 한다. 다만, 발주청은 공사관리관을 5개를 초과하는 현장에 동시에 배치할 수 없다.
2. 시공단계에서 감독 권한대행 등 건설사업관리를 적용하지 않는 경우 발주청은 제6조제3항에 따라 산정한 사업관리 소요인력의 100분의 20에 해당하는 인력을 투입하는 것을 원칙으로 한다.

④ 사업별 사업관리방식 확정은 총 소요인력 검토 결과 사업관리 가용인력과 비교하여 소요인력이 가용인력보다 많거나 적을 경우 사업관리 방식을 조정하여 발주청의 인력이 적정하게 투입되는 사업관리방식을 확정한다.

제8조(공사감독자 배치기준) ① 발주청은 「건설기술용역 대가 등에 관한 기준」 제9조 및 별표2에 따른 건설사업관리기술인의 배치기준(이하 "건설사업관리기술인 배치기준"이라 한다)을 참고하여 공사감독자 배치기준을 정하여야 한다.

② 발주청은 공사의 특성에 맞도록 건설사업관리기술인 배치기준을 보완하여 세부 배치기준을 작성하여 적용할 수 있으며, 감독 업무에 배치하여야 하는 총 공사감독자수는 건설사업관리기술인 배치기준의 총 건설사업관리기술인수의 ±20퍼센트 범위내에서 조정하여 적용할 수 있다.

③ 발주청은 제1항에 따라 공사감독자 배치기준을 정하는 경우에는 다음 각 호의 절차에 따라야 한다.

1. 공사감독자 배치기준(안)을 작성한 후 그 내용을 최소 7일 이상 홈페이지 등을 통해 일반에 공개하여 의견수렴 과정을 거쳐야 한다.
2. 공사감독자 배치기준(안), 제1호의 의견수렴결과 및 검토보고서를 법 제5조에 따른 건설기술심의위원회 또는 제6조에 따른 기술자문

위원회에 제출하여 심의를 거쳐야 한다. 다만, 지방자치단체는 지방건설기술심의위원회 심의를 거쳐야 한다.

3. 심의를 거쳐 정한 공사감독자 배치기준은 발주청 홈페이지 등을 통해 공고하여야 한다.

④ 발주청은 공고된 공사감독자 배치기준을 변경하거나 당해공사의 특성을 고려하여 일시적으로 기준을 변경할 경우에도 제3항과 동일한 절차를 거쳐야 한다. 다만, 심의가 불필요하거나 경미한 변경으로서 다음 각 호에 해당하는 경우에는 제3항제1호 및 제2호에 따른 절차를 생략할 수 있다.

1. 발주청이 건설사업관리기술인 배치기준 중의 일부 내용(의무사항 등)을 조정 또는 변경없이 공사감독자 배치기준(안)에 동일하게 적용하여 변경하는 경우
2. 공사감독자 배치기준(안)의 단순 오기나 누락된 부분을 정정하는 경우

⑤ 특별시, 광역시, 특별자치시, 도, 특별자치도에서 정한 기준을 소속 자치단체에서 그대로 준용하는 경우에는 제1항의 절차를 생략할 수 있다.

제3장 건설사업관리 업무

제1절 일반사항

제9조(적용방법) ① 건설사업관리 용역 및 공사계약 문서를 작성할 때 제3장을 계약문서에 포함하여야 한다.

② 영 제59조제1항 각 호의 건설사업관리 업무범위 중 계약으로 정한 업무범위에 해당하는 단계의 업무내용을 선택하여 제3장을 적용한다.

③ 기간의 계산은 관계 법령 및 계약에서 특별히 정한 경우를 제외하고는 「민법」 제157조, 제159조, 제161조를 따른다.

제10조(발주청, 건설사업관리기술인, 시공자, 설계자의 기본임무) ① 발주

청은 다음 각 호의 기본임무를 수행하여야 한다.

1. 발주청은 건설공사의 계획·설계·발주·건설사업관리·시공·사후평가 전반을 총괄하고, 건설사업관리, 설계 및 시공계약 이행에 필요한 다음 각 호의 사항을 지원, 협력하여야 하며 건설사업관리용역계약에 규정된 바에 따라 건설사업관리가 성실히 수행되고 있는지에 대한 지도·점검을 실시하여야 한다.

가. 건설사업관리 및 설계, 시공에 필요한 설계도면, 문서, 참고자료와 건설사업관리용역계약문서에 명기한 자재·장비·비품·설비의 제공

나. 건설공사 시행에 따른 업무연락, 문제점 파악, 민원해결 및 의사결정

다. 건설공사 시행에 필요한 용지 및 지장물 보상과 국가, 지방자치단체, 그 밖에 공공기관과의 협의 및 허가·인가 등에 필요한 사항의 조치 또는 협력

라. 건설사업관리기술인이 건설사업관리계약 이행에 필요한 설계자 및 시공자의 문서, 도면, 자재, 장비, 설비, 직원 등에 대한 자료제출 및 조사의 보장

마. 시공자에게 공사일정 검토 및 조정, 공정·공사비 성과분석 등 건설사업관리용역사업자의 업무수행에 적극 협력토록 조치

바. 설계자에게 설계의 경제성 검토(설계 VE), 설계기준 및 시공성 검토 등 건설사업관리용역사업자의 업무수행에 적극 협력토록 조치

사. 건설사업관리기술인이 보고한 설계변경, 준공기한 연기요청, 그 밖에 현장실정보고 등 방침 요구사항에 대하여 건설사업관리업무 수행에 지장이 없도록 의사를 결정하여 통보

아. 특수공법 등 주요공종에 대해 외부 전문가의 자문 또는 건설사업관리가 필요하다고 인정되는 경우에는 별도 조치

자. 그 밖에 건설사업관리용역사업자와 계약으로 정한 사항 등 건설사업관리용역 발주자로서의 감독업무

2. 발주청은 관계법령에서 별도로 정하는 사항 및 제1호에서 정하는 사항 외에는 정당한 사유없이 건설사업관리기술인의 업무에 개입 또는 간섭하거나 건설사업관리기술인의 권한을 침해할 수 없다.
3. 발주청은 특별한 사유가 없으면 설계기간과 착공 전 설계도서 검토 및 준공 후 사후관리 등을 감안하여 건설사업관리에 필요한 적정 기간과 대가를 확보하여야 한다.
4. 발주청은 영 제45조제1항에 따라 건설사업관리기술인을 관리할 수 있도록 건설사업관리용역 계약내용 및 건설사업관리기술인 배치내용을 다음 각 호의 사유발생 10일 이내에 다음 구분에 따라 건설기술용역 실적관리 수탁기관으로 통보하여야 한다.
   가. 건설사업관리용역 계약 및 변경계약시 : 「건설기술진흥법 시행규칙」(이하 "규칙"이라 한다) 별지 제27호 서식에 따른 건설사업관리용역계약 및 변경계약 현황 통보
   나. 건설사업관리기술인의 배치 및 변경배치(업체선정 당시의 배치계획 및 당초 발주청에 제출한 배치계획과 다른 건설사업관리기술인을 배치하는 경우로서 영 제60조제4항에 의한 교체를 포함한다)시 : 규칙 별지 제28호 서식에 따라 통보(단, 시공단계의 건설사업관리기술인 배치 및 철수 현황은 규칙 별지 제29호 서식에 따라 추가 통보)
   다. 건설사업관리용역 완료시 : 건설사업관리용역 완공내용을 규칙 별지 제27호 서식에 따라 통보

② 건설사업관리기술인은 다음 각 호의 기본임무를 수행하여야 한다.
1. 영 제59조 및 규칙 제34조에 따른 건설사업관리기술인의 업무를 성실히 수행하여야 한다.
2. 용지 및 지장물 보상과 국가, 지방자치단체, 그 밖에 공공기관의 허가·인가 협의 등에 필요한 발주청 업무를 지원하여야 한다.
3. 관련법령, 설계기준 및 설계도서 작성기준 등에 적합한 내용대로 설계되는지의 여부를 확인 및 설계의 경제성 검토를 실시하고, 시공

성 검토 등에 대한 기술지도를 하며, 발주청에 의하여 부여된 업무를 대행하여야 한다.

4. 설계공정의 진척에 따라 정기적 또는 수시로 설계자로부터 필요한 자료 등을 제출받아 설계용역이 원활히 추진될 수 있도록 하여야 한다.
5. 해당공사의 특성, 공사의 규모 및 현장조건을 감안하여 현장별로 수립한 검측체크리스트에 따라 관련법령, 설계도서 및 계약서 등의 내용대로 시공되는지 시설물의 각 공종마다 육안검사·측량·입회·승인·시험 등의 방법으로 검측업무를 수행하여야 한다.
6. 시공자가 검측을 요청할 경우에는 즉시 검측을 수행하고 그 결과를 시공자에게 통보하여야 한다.
7. 해당공사의 토석물량 및 반출·입 시기 등의 변동사항을 토석정보시스템(http://www.tocycle.com)에 즉시 입력·관리하여야 한다.
8. 건설공사 불법행위로 공정지연 등이 발생되지 않도록 건설현장을 성실히 관리하여야 한다.

③ 시공자는 다음 각 호의 기본임무를 수행하여야 한다.

1. "시공자"는 관련법령 및 공사계약문서에서 정하는 바에 따라 현장작업, 시공방법에 대하여 품질과 안전에 대한 전적인 책임을 지고 신의와 성실의 원칙에 입각하여 시공하고, 정해진 기간내에 완성하여야 하며 건설사업관리기술인으로부터 재시공, 공사중지명령, 그 밖에 필요한 조치에 대한 지시를 받을 때에는 특별한 사유가 없으면 지시에 따라야 한다.
2. "시공자"는 발주청과의 공사계약문서에서 정하는 바에 따라 건설사업관리기술인의 업무에 적극 협조하여야 하며, 건설공사 불법행위가 발생하거나 발생가능성이 있을 경우 건설사업관리기술인 및 발주청에 즉시 보고하여야 한다.

④ 설계자는 다음 각 호의 기본임무를 수행하여야 한다.

1. "설계자"는 관련법령, 설계기준, 설계도서 작성기준 및 용역계약문

서에서 정하는 바에 따라 설계업무를 성실하게 수행하여야 하며, 건설사업관리기술인으로부터 필요한 조치에 대한 지시를 받을 때에는 특별한 사유가 없으면 지시에 따라야 한다.

2. “설계자”는 발주청과의 용역계약문서에 정하는 바에 따라 건설사업관리기술인의 업무에 적극 협조하여야 한다.

제11조(건설사업관리기술인의 근무수칙 등) ① 건설사업관리기술인은 건설사업관리업무를 수행함에 있어 발주청과의 계약에 의하여 발주청의 감독업무를 대행한다.

② 건설사업관리업무에 종사하는 자는 업무수행 시 다음 각 호에 따라야 한다.

1. 건설사업관리기술인은 관계법령과 이에 따른 명령 및 공공복리에 어긋나는 어떠한 행위도 하지 않으며 용역계약문서에서 정하는 바에 따라 신의와 성실로서 업무를 수행하여야 하며, 품위를 손상하는 행위를 하여서는 안된다.
2. 건설사업관리기술인은 건설공사의 품질향상을 위하여 기술개발 및 활용·보급에 전력을 다하여야 한다.
3. 건설사업관리기술인은 건설사업관리업무를 수행함에 있어서 해당 설계용역계약문서, 공사계약문서, 건설사업관리과업내용서, 그 밖의 관계규정 등의 내용을 숙지하고 해당 공사의 특수성을 파악한 후 건설사업관리업무를 수행하여야 한다.
4. 건설사업관리기술인은 설계자 및 시공자의 의무와 책임을 면제시킬 수 없으며, 임의로 설계를 변경시키거나, 기일연장 등 설계용역계약조건 및 공사계약조건과 다른 지시나 결정을 하여서는 안된다.
5. 건설사업관리기술인은 문제점이 발생되거나 설계 또는 시공에 관련한 중요한 변경 및 예산과 관련되는 사항에 대하여는 수시로 발주청에 보고하고 지시를 받아 업무를 수행하여야 한다. 다만, 인명손실이나 시설물의 안전에 위험이 예상되는 사태가 발생할 시에는 먼저 적절한 조치를 취한 후 즉시 발주청에 보고하여야 한다.

6. 건설사업관리기술인은 시공자가 설계도서와 다르게 시공하여 부실시공이 발생하거나 발생할 가능성이 있다고 판단되는 경우 해당 공사감독자, 책임건설사업관리기술인에 보고하여야 하며, 보고를 받은 공사감독자, 책임건설사업관리기술인은 부실사항에 대해 실측 등의 방법으로 현장을 직접 확인하고 부실시공으로 판단되는 경우 시공자에게 시정조치하여야 한다.
7. 건설사업관리용역사업자 및 건설사업관리기술인은 해당 용역시행 중은 물론 용역이 종료된 후라도 감사기관의 수감요구 및 문제발생으로 인한 발주청의 출석요구가 있으면 이에 응하여야 하며, 건설사업관리업무 수행과 관련하여 발생된 사고 또는 피해로 피해자가 소송제기시 국가지정 소송업무에 적극 협력하여야 한다.
8. 책임건설사업관리기술인은 배치된 건설사업관리기술인이 업무능력 부족 등으로 해당 용역을 수행하는 것이 부적합하다고 판단되는 경우 소속 건설사업관리용역사업자에게 해당 건설사업관리기술인의 교체를 요구하고 이를 발주청에 통보하여야 한다. 이 경우 요청을 받은 소속 건설사업관리용역사업자는 해당 건설사업관리기술인에게 사실관계를 확인하고, 특별한 사유가 없으면 요청에 따라야 한다.
9. 건설사업관리기술인은 건설공사 불법행위가 발생하거나 발생 가능성이 있을 경우 발주청에 즉시 보고하여야 한다.

③ 상주기술인는 다음 각 호에 따라 현장근무를 하여야 한다.

1. 상주기술인은 공사현장(공사와 관련한 외부 현장점검, 확인 등 포함)에 상주하여야 하며 업무 또는 부득이한 사유로 1일 이상 현장을 이탈하는 경우에는 반드시 건설사업관리업무일지에 기록하고 서면으로 발주청의 승인(긴급시 유선승인)을 받아야 한다.
2. 건설사업관리기술인은 당일 근무위치 및 업무내용 등을 근무상황판(별지 제1호 서식)에 기록하여야 한다.
3. 건설사업관리용역사업자는 건설사업관리업무에 종사하는 건설사업관리기술인이 건설사업관리업무 수행기간 중 법, 「민방위기본법」

또는「예비군법」에 따른 교육을 받는 경우나「근로기준법」에 따른 연차 유급휴가로 현장을 이탈하게 되는 경우에는 건설사업관리 업무에 지장이 없도록 동일한 현장의 건설사업관리기술인을 직무대행자로 지정하고 업무 인계인수 하는 등의 필요한 조치를 하여야 한다.

4. 상주기술인은 발주청의 요청이 있는 경우에는 초과근무를 하여야 하며, 시공자가 발주청의 승인을 득하여 초과근무를 요청하는 경우에도 초과근무를 하여야 한다. 이 경우 대가지급은 「국가를 당사자로 하는 계약에 관한법률」에 의한 계약예규(기술용역계약일반조건)에서 정하는 바에 따른다.
5. 책임건설사업관리기술인은 발주청이 해당 현장의 품질 및 안전을 확보하기 위해「근로기준법」제51조에서 정하는 기준 내에서 상주기술인의 근무시간 조정을 요청할 경우 이를 검토하고 필요한 조치를 해야 하며, 발주청의 요청 전이라도 탄력적 근로시간제의 도입이 필요하다고 판단되는 경우 발주청과 협의하여 조치할 수 있다.
6. 건설사업관리용역사업자는 건설사업관리현장이 원활하게 운영될 수 있도록 건설사업관리 용역비 중 관련항목 규정에 따라 직접경비를 적정하게 사용하여야 한다.

④ 기술지원기술인은 다음 각 호의 업무를 수행하여야 한다.

1. 규칙 제34조제1항에서 정한 업무
2. 설계변경에 대한 기술검토
3. 정기적(담당분야의 공종이 진행되는 경우 월 1회 시행하고, 분기별 각 1회 발주청과 협의하여 결정한 날에는 발주청의 공사감독자 또는 공사관리관, 시공사 현장대리인과 기술지원기술인 전원이 합동으로 시행. 단, 분기별 합동 시행 시 해당 월의 개별 시행은 생략 가능)으로 현장시공 상태를 종합적으로 점검·확인·평가·기술지도를 하여야 하며, 그 결과를 서면으로 작성하여 책임건설사업관리기술인에게 제출하여야 하고, 책임건설사업관리기술인은 기술지원기술인이 제출한 현장점검 결과보고서의 적정성 여부를 검토하여 7

일 이내에 건설사업 관리용역사업자 및 발주청에 보고
4. 공사와 관련하여 발주청이 요구한 기술적사항 등에 대한 검토
5. 그 밖에 책임건설사업관리기술인이 요청한 지원업무 및 기술검토

제12조(발주청의 지도감독 및 업무범위) ① 발주청은 건설사업관리 착수 및 공사 착공 시에 시공자, 설계자 및 건설사업관리기술인 등 공사 관련자 합동회의를 통해 해당 공사의 품질 및 안전관리 등을 위한 각 주체별 주요 업무범위를 정하여야 한다.

② 발주청은 건설사업관리용역 계약문서에 규정된 바에 따라 다음 각 호의 사항에 대하여 건설사업관리기술인을 지도·감독하며 모든 지시는 건설사업관리용역사업자 대표자 또는 책임건설사업관리기술인을 통하여 하도록 한다.

1. 건설사업관리기술인의 적정자격 보유 여부 및 상주 이행상태
2. 품위손상 여부 및 근무자세
3. 발주청 지시사항의 이행상태
4. 행정서류 및 비치서류 처리상태
5. 각종 보고서의 처리상태
6. 건설사업관리용역비 중 직접경비의 적정 사용여부 확인

③ 발주청은 건설공사 시행에 따른 업무연락 및 문제점의 파악, 용지보상 지원, 민원해결과 관련하여 설계자 및 시공자에게 지시할 수 있으며, 이 경우 책임건설사업관리기술인에게 그 내용을 통보하여야 한다.

④ 발주청은 건설사업관리기술인이 공사중지 또는 재시공 명령을 행사하고자 하는 경우, 사전에 이를 승인 받도록 하여 건설사업관리기술인의 권한을 제약하는 일이 발생하지 않도록 하여야 한다.

⑤ 발주청은 시공 전에 건설사업관리기술인 및 설계자, 시공자와 합동으로 다음 각 호의 사항에 대하여 유관기관 합동회의를 실시하여 이의 조정 또는 변경 여부를 검토하여 사후에 민원 등이 야기되지 않도록 하여야 한다.

1. 전력 및 통신시설
2. 급・배수시설
3. 도시가스시설
4. 방음벽, 육교, 지하통로, 버스정차장 및 지역편의시설 등

⑥ 발주청은 유관기관 관련자 합동회의와 현지 여건조사, 설계도서의 공법검토 등을 통하여 민원발생이 예상되는 사항을 건설사업관리기술인과 함께 사전에 도출하는 등 민원발생의 원인 제거 또는 최소화를 위해 노력하여야 한다.

⑦ 발주청은 민원이 발생된 경우에는 민원의 원활한 해결을 위해 건설사업관리기술인 및 시공자와 공동으로 필요한 조치를 취하거나 건설사업관리기술인 및 시공자에게 자료조사 및 관련서류를 작성하게 할 수 있으며, 중요 민원사항은 검토의견서를 첨부하여 발주청에 즉시 보고하도록 하여야 한다.

⑧ 발주청은 건설사업관리기술인이 발주청의 지시에 위반된다고 판단되는 업무를 수행할 경우 이에 대하여 해명토록 하거나 시정하도록 서면지시 할 수 있다.

⑨ 발주청은 그가 발주한 공사에 대한 품질・안전 확보 및 발주청의 재산상 손해 방지 등을 위하여, 관내 공사현장간 교차 또는 합동으로 점검할 수 있는 검측단을 구성・운영할 수 있다. 이 경우 발주청은 대상 구조물 및 공종에 대한 범위와 검측단 구성・운영 방안을 마련하여 시행하여야 한다.

⑩ 발주청은 공사특성 및 업무량 등을 종합적으로 판단하여 감독 권한대행 등 건설사업관리용역 관리업무에 지장이 없는 범위에서 기술자격 또는 유사경력을 갖춘 소속 직원을 공사관리관으로 임명하여야 하며, 정・부책임자 또는 각 전문분야별로 다수의 공사관리관을 임명할 수 있다.

⑪ 공사감독자 및 공사관리관은 공사를 추진함에 있어 다음 각 호의 주요업무를 수행하여야 한다.

1. 보상 담당부서에서 수행하는 통상적인 보상업무 외에 건설사업관리기술인 및 시공자와 협조하여 용지측량, 기공승락, 지장물 이설 확인 등의 용지보상 지원업무수행
2. 건설사업관리기술인에 대한 지도·점검(근태사항 등)
3. 건설사업관리기술인이 수행할 수 없는 공사와 관련한 각종 관·민원업무 및 인·허가 업무를 해결하고, 특히 지역성 민원해결을 위한 합동조사, 공청회 개최 등을 추진
4. 설계변경, 공기연장 등 주요사항 발생시 발주청으로부터 검토·지시가 있을 경우 현지확인 및 검토·보고
5. 공사관계자 회의 등에 참석, 발주청의 지시사항 전달 및 공사 수행상 문제점 파악·보고
6. 품질관리 및 안전관리에 관한 지도
7. 예비준공검사 입회
8. 기성·준공검사 입회
9. 준공도서 등의 인수
10. 하자발생시 현지조사 및 사후조치

⑫ 공사감독자 및 공사관리관은 관계법령 및 지침에 따라 건설사업관리기술인이 보고하는 사항에 대해 적정 여부를 검토하여야 하며, 민원 또는 설계변경(공기연장 포함), 예산 등이 수반되는 사항은 사전에 발주청에 보고하여야 한다.

⑬ 공사감독자 및 공사관리관은 건설사업관리기술인과 협조하여 적극적으로 민원해결방안을 강구하는 등 원만하고 성실하게 민원을 처리하여야 한다. 다만, 특정공사 실시협약 상 민원처리 책임이 별도로 규정되어 있는 경우 그에 따른다.

⑭ 공사감독자 및 공사관리관은 건설공사 현장에 다음 각 호의 사항이 발생하는 때에는 필요한 응급조치를 취한 후 그 내용을 서면으로 발주청에 보고하여야 한다.

1. 천재지변, 기타의 사유로 공사현장에 중대한 사고가 발생하였을 때

2. 계약자가 정당한 사유 없이 장기간 동안 업무를 수행하지 아니 할 때
3. 계약자가 업무를 불성실하게 수행하거나 발주청의 정당한 지시를 이행하지 아니 할 때

⑮ 공사감독자 및 공사관리관은 건설사업관리기술인 또는 시공자로부터 발주청에 보고 및 승인 요청이 있는 경우에는 특별한 사유가 없는 한 다음 각 호의 정해진 기한 내에 처리될 수 있도록 협조하여야 한다.

1. 실정보고, 설계변경 방침결정 : 요청일로부터 단순한 경우 7일 이내, 그 외의 사항은 14일 이내
2. 업무조정회의 개최 : 안건상정 요청일로부터 20일 이내
3. 시설물 인수·인계 : 준공검사 시정 완료일부터 14일 이내
4. 현장문서 인수·인계 : 용역준공 후 14일 이내
5. 유지관리지침서 인수 : 공사준공 후 14일 이내

⑯ 공사감독자 및 공사관리관은 해당 건설공사와 관련하여 다른 행정기관 및 건설현장에서 각종 회의 등의 참석요구가 있을 경우에는 특별한 사유가 없는 한 참석하여야 한다.

⑰ 공사감독자는 현장에 상주하는 것을 원칙으로 하며, 공사관리관은 비상주를 원칙으로 한다. 다만, 공사의 중요도 및 현장 여건을 판단한 결과 현장에 상주하는 것이 공사추진상 효율적이라 인정되는 경우에는 상주근무를 할 수 있다.

⑱ 공사감독자 및 공사관리관은 교체의 명이 있을 때에는 현장에 비치된 서류·기구·자재 및 그 밖에 공사에 관한 사항, 건설사업관리용역 과업수행 관리와 관련된 서류 및 추진사항을 후임자에게 인계하여 공사감독 및 용역과업수행 관리에 차질이 없도록 하여야 하며, 그 사항을 발주청에 보고하여야 한다.

⑲ 공사관리관은 공사현장 방문 시 당일 행선지 등을 기록하는 근무상황판을 사무실에 비치·기록하고 행선지를 항상 파악할 수 있도록 하여야 하며, 현장을 방문하여 관계법령 및 제2항 각 호의 사항에 대한 확

인・점검을 실시한 경우에는 방문시간, 면담자, 현장실정 등 업무수행 사항을 별지 제2호 서식에 따라 3일 이내에 사업부서의 장에게 보고한 후 이를 기록 유지(발주청과 공사현장 간 정보시스템을 운영하는 경우 시스템에 기록 유지)하여야 한다.

⑳ 공사관리관은 기성 및 준공검사 과정에 입회하여 기성 및 준공검사자가 계약서, 시방서, 설계서 등 관계서류에 따라 기성 및 준공검사를 실시하는지 여부를 확인하여야 하며, 입회자는 시공물량 확인 등 정량적인 검사업무에 직접적으로 관여하여서는 아니된다. 다만, 약식 기성의 경우에는 공사관리관의 입회를 생략할 수 있다.

㉑ 공사관리관은 기성 및 준공검사에 입회한 경우에는 기성 및 준공검사 조서에 입회자란에 서명 날인하여야 하며, 보고 및 기록 유지사항은 제19항의 규정을 준용한다.

제2절 공통업무

제13조(건설사업관리 과업착수준비 및 업무수행 계획서 작성・운영) ① 건설사업관리기술인은 과업에 착수하기 전 관련 문서들을 작성・제출하여야 하며, 이때 관련 문서로는 착수신고서, 건설사업관리기술인 선임계 및 경력확인서, 건설사업관리비 산출내역서 및 산출근거, 인력투입계획서, 건설사업관리용역 예정공정표, 건설사업관리용역 배치계획서, 보안각서 등을 포함한다.

② 건설사업관리기술인은 건설사업관리 업무를 효율적으로 수행하기 위하여 프로젝트 진행을 전반적으로 통합 관리 가능도록 하는 문서를 작성해야 하며, 프로젝트 개요, 업무정의(기본업무, 추가업무), 단계별과업수행범위, 역할분담, 단계별주요성과물, 과업 수행 목표 및 달성 전략, 단계별 예상 문제점 및 대책 등 위험요소(Risk)관리방안, 조직구성방안(공동도급 시 업무분장), 인원투입계획, 단계별 사업관리조직 및 역할, 단계별업무수행계획(공통사항, 분야별, 요소기술별, 관리부문별 세부계획) 등을 포함하여 해당 문서를 작성・제출한다.

제14조(건설사업관리 절차서 작성·운영) ① 건설사업관리용역사업자는 건설사업관리 절차서(단계별, 요소·관리부문별 항목포함)와 주요 개별 절차서를 작성·운영하며, 그 내용으로 수행절차서 구성형식, 문서번호 체계, 목적, 적용범위, 업무절차, 관련자료(지침, 규정 등), 업무매트릭스, 단계별 업무내용 및 업무(역할)분담 등에 대해 작성하는 업무를 포함한다.

② 제1항에 의한 건설사업관리절차서는 각 건설공사 시행단계별로 업무 착수 후 각각 60일 이내 발주청에 제출하여야 한다. 다만, 건설공사의 특성을 고려하여 발주청과 건설사업관리용역사업자가 협의하여 제출 기한을 조정할 수 있다.

제15조(작업분류체계 및 사업번호체계 관리, 사업정보 축적·관리) ① 건설사업관리기술인은 작업분류체계(WBS) 및 사업번호 분류체계(PNS)를 기반으로 정보 공유·교환, 분석·종합, 전산화 운영 등에 일관성을 확보하여야 하며 다음 각 호의 내용을 포함하여야 한다.

1. 현장코드-사업단위코드-대공종-중공종-소공종코드-단위작업코드 순서로 작업분류체계와 사업비분류체계 위계 설정
2. 분류기준과 번호체계설정을 위한 문서분류체계는 발신기관-수신기관-발행연도-일련번호-서신형태 등의 순서로 수립
3. 자료분류 체계는 기록문서·설계도서·기술자료·계약문서-업무분류-업무세분류-일련번호 순서로 구축한다.

② 건설사업관리기술인은 각종 문서, 도면, 기술자료 등 사업정보 축적관리를 위하여 문서관리체계와 자료관리체계를 수립하여야 하며 다음 각 호의 내용을 포함하여야 한다.

1. 문서관리체계수립 단계에서는 분류 기준 작성, 접수, 송부 및 보관을 위한 문서관리체계를 수립하고 세부적으로는 문서분류기준설정(사업번호체계 참고), 문서접수, 문서송부, 보관, 색인, 보안관리 등 문서관리업무를 수행
2. 자료관리체계수립 단계에서는 기술자료, 도면 등 자료관리체계수

립, 자료분류기준작성, 관리번호부여, 자료의 색인, 자료의 보관, 자료의 열람·대출, 자료의 이관, 자료의 폐기 등 자료 관리 업무 수행

제16조(건설사업정보관리시스템 운영) 건설사업관리기술인은 운영매뉴얼 및 지침서에 따라 자료입력을 준비하고 자료입력, 공사현황 기록관리, 정보 분석, 정보공유, 사업관리보고서 작성제출, 시스템보안·수정, 운영자 교육 등 건설공사의 사업정보관리업무를 수행할 수 있다.

제17조(사업단계별 총사업비 및 생애주기비용 관리) 건설사업관리기술인은 계약사항에 따라 건설사업의 각 단계별로 공사비 등을 포함한 총사업비 산정·관리, 생애주기비용 관점에서 분석·관리, 사업 진행단계별 예산 편성·배정·집행 등 업무를 지원할 수 있다.

제18조(클레임 사전분석) ① 건설사업관리기술인은 추후 프로젝트 진행에 있어 영향을 최소화하기 위해 노력하며, 건설사업 수행과정에서 참여자(건설기술용역업체, 시공자 및 건설참여자 등)로부터 클레임 사전 예방활동, 발주청 대책수립 등 업무를 지원한다.

② 건설사업관리기술인은 클레임 발생 시 추가적인 업무로 수행하며, 그 업무에 대하여는 발주청 및 시공자와 협의하여 수행한다.

제19조(건설사업관리 보고) 건설사업관리기술인은 법 제39조제4항 및 규칙 제36조와 계약내용에 따라 건설사업관리용역 보고서를 작성하여 발주청에 제출하여야 한다.

제3절 설계전 단계 업무

제20조(건설기술용역업체 선정) ① 건설사업관리기술인은 건설기술용역업체 선정을 위한 평가기준 제시 및 입찰계약절차를 수립하여야 하며, 발주청이 사업계획(안)을 수립하기 위하여 기본구상, 타당성조사 및 기본계획 등을 수행할 각종 용역업체를 선정하기 위한 선정 기준을 마련하고, 입찰계약 절차수립(프로젝트 조건에 따라), 계약조건, 과업지시서 작성 등의 지원업무를 수행한다.

② 건설사업관리기술인은 입찰에 관한 참가자격 사전심사(자격요건, 제출서류의 확인, 입찰참가자격 사전심사(PQ)평가 등)과 현장설명, 입찰 관련 현장설명 및 질의에 관한 답변 등 업무를 지원한다.

제21조(사업 타당성 조사 보고서의 적정성 검토) 건설사업관리기술인은 건설기술용역성과품에 대한 검토·확인 업무를 수행하며 법규정, 기술, 환경, 사회, 재정, 용지, 교통 등 요소의 적정 반영여부와 공사비 등 각종 지출비용에 대한 검토(한도포함), 시기적 차이 및 각종 여건변화 시 검토시점에 맞춘 기술검토의견 제안 등의 업무를 수행한다.

제22조(기본계획 보고서의 적정성 검토) 건설사업관리기술인은 건설사업의 목적에 부합하는 사업 추진이 가능하도록 공사의 목표 및 기본방향, 공사내용 및 기간, 공사비 재원조달계획, 유지관리 계획 등을 검토하는 업무를 수행한다.

제23조(발주방식 결정 지원) ① 건설사업관리기술인은 건설사업의 공사수행 방식 중 기술 공모방식, 대형공사 수행방식, 그 밖에 수행방식 비교안 작성 및 건설사업에 부합된 최적안을 제시하는 업무를 수행한다.

② 건설사업관리기술인은 발주방식 적정성 검토 시 해당공사의 공법, 용도, 규모, 시공에 필요한 등록요건, 건설사업 특수성, 관계규정 검토, 예산과 공사내용, 참가자격, 경쟁성, 난이도, 지역 특수성 검토, 발주심의 절차 및 요건에 대한 사전대응지원의 업무를 수행하여 최적의 발주방식이 될 수 있도록 지원하는 업무를 수행한다.

제24조(관리기준 공정계획 수립) 건설사업관리기술인은 관리기준 공정계획 수립 시 총 사업기간, 설계기간, 시공기간, 예산조달, 각종 사업여건을 고려하여 최상위 단계의 공정관리 계획을 수립하는 업무를 수행한다.

제25조(총사업비 집행계획 수립지원) 건설사업관리기술인은 건설사업의 총 사업비 집행계획 수립지원 및 연도별 자금계획을 고려한 종합예산계획서 작성과 종합예산계획서 작성을 위한 각종 시설물별 개략공사비,

등급별, 조건별 대안비교 및 최적안 제안, 예산준수를 위한 방안 및 예산초과 시 대응방안 등에 대한 검토·지원하는 업무를 수행한다.

제4절 기본설계 단계 업무

제26조(기본설계 설계자 선정업무 지원) ① 건설사업관리기술인은 기본설계 단계의 설계자 선정을 위한 설계자 선정 기준, 유사 건설사업 경험 및 기술력·창의력 평가, 공종별 입찰 추진방안 및 계약절차 수립 업무를 지원한다.

② 건설사업관리기술인은 입찰관련 서류를 검토·분석하여 발주청에 보고하고 입찰서류 준비 및 방식, 확정의 업무를 지원한다.

제27조(기본설계 조정 및 연계성 검토) 건설사업관리기술인은 해당 설계용역과 관련된 설계의 경제성 등을 검토하고, 설계용역 성과검토업무가 유기적으로 연계될 수 있도록 기술적인 연계성 검토 및 조정업무를 수행하여야 하며, 각종 회의 등을 통해 분야별 설계자간의 업무협의 또는 의견조정 등이 원활하게 이루어질 수 있도록 지원하여야 한다. 이를 위한 구체적인 수행업무는 다음 각 호와 같다.

1. 설계 등 용역의 수행에 있어 단독 설계자가 아닌 다수의 설계자로 구성된 협업(공동도급)형태의 용역이 수행되는 경우 이들 간의 조직적 및 기술적 상호관계 명확화
2. 설계조직 간의 조직적 및 기술적 연계성을 확립하고, 필요한 설계정보가 문서화되고 정기적으로 검토되기 위해서 필요한 경우 정기적인 검토회의를 개최해야 하고, 설계조직 간의 체계도를 작성 및 관리
3. 해당 건설공사와 관련된 각종 설계업무가 유기적으로 연계될 수 있도록 조정하는 업무들로써 기본설계 업무 협조 및 조정, 기본설계 업무의 연계성 검토, 공종 간 간섭사항 검토 등의 업무를 수행

제28조(기본설계단계의 예산검증 및 조정업무) 건설사업관리기술인은 기

본설계 단계의 공사비 분석 및 견적 기준 제시를 위하여 개략공사비 검토 및 계획비용과의 비교 검토한다.

제29조(기본설계 경제성 검토) 건설사업관리기술인은 준비단계, 분석단계, 실행단계 각 단계에서의 경제성 검토 실시 및 시설물의 구조형식, 생애주기비용(Life Cycle Cost)을 고려한 자재 및 설비의 결정 등의 업무를 수행한다. 건설사업관리기술인이 수행해야 할 설계의 경제성 등 검토업무는 다음 각 호와 같다.

1. 설계단계 건설사업관리 대상공사의 설계자료 수집
2. 설계의 경제성 등 검토를 위한 사전검토자료 준비
3. 설계의 경제성 등 검토 추진계획 및 검토조직의 구성
4. 설계 계획안의 적정성 검토
5. 각종 구조물의 형식선정의 적합성 검토
6. 적용공법 및 사용재료의 적합성 검토
7. 신공법, 특수공법 적용성 검토 및 대안 제시
8. 공사기간 및 공사비(생애주기비용)의 적정성 검토
9. 설계의 경제성 등 검토 결과보고서의 작성

제30조(기본설계용역 성과검토) ① 건설사업관리기술인은 기본설계를 검토하여 조정, 수정, 보완이 필요한 사항을 발주청에 보고하고 건설사업의 개요, 목적, 타당성 조사결과 검토, 사업성 검토, 공법 적합성 검토, 주요자재 및 부위별 마감재 적합성 검토 등의 업무를 수행한다. 건설사업관리기술인이 수행해야 할 설계용역 성과검토업무는 다음 각 호와 같다.

1. 주요 설계용역 업무에 대한 기술자문
2. 구조물별 구조계산의 적정여부 검토
3. 구조계산 결과 설계도면 반영의 적정성 검토
4. 시공성 및 유지관리의 용이성 검토
5. 설계도서의 누락, 오류, 불명확한 부분에 대한 추가 및 정정 지시・확

인

6. 도면작성의 적정성 검토

② 건설사업관리기술인은 설계기준 및 용역성과 검토와 지질·환경영향조사 사용자의 요구사항 반영, 관련법규 검토, 주요구조물 및 시설물의 기능, 설계심의자문 사전검토자료 작성 등의 업무를 수행한다. 건설사업관리기술인이 수행해야 할 설계용역 성과검토업무는 다음 각 호와 같다.

1. 사업기획 및 타당성조사 등 전 단계 용역 수행 내용의 검토
2. 현장조사(측량, 현지여건, 지반상태, 재료 등) 내용의 타당성 및 조사결과에 대한 설계적용의 적정성 검토
3. 관련계획 및 계산기준(시방서, 지침, 법규 등) 적용의 적합성 검토
4. 각종 위원회 심의결과 및 관계기관 협의내용에 대한 반영여부 검토
5. 전산용 프로그램을 관련법에 따라 도입, 등록 절차를 이행하고 사용하는지와 사용프로그램의 검증 후 사용여부 검토
6. 설계참여기술인의 실제 참여 여부 확인
7. 적정 설계조직과 인력 운영 여부 확인
8. 설계 공정의 검토
9. 시방서(일반 및 특별시방서) 작성의 적정성 검토
10. 설계단계 건설사업관리 결과보고서의 작성

③ 건설사업관리기술인은 설계자가 도급받은 기본설계용역을 법 제35조제4항 및 규칙 제31조에 따라 하도급을 하고자 발주청에 승인을 요청하는 사항에 대해서는「건설기술용역 하도급 관리지침」(국토교통부고시)에 따른 하도급 적정성 여부 등을 검토하여 그 의견을 발주청에게 제출하여야 하며, 하도급 계약, 하도급 대금 지급, 하도급 실적 통보 등에 대하여 설계자가「건설기술용역 하도급 관리지침」에 따라 이행하도록 지도·확인하여야 한다.

제31조(기본설계 용역 기성 및 준공검사관리) ① 건설사업관리기술인은

기본설계 용역의 진행상황 및 기성 등을 검토·확인을 실시하여야 하며, 지연된 공정에 대한 설계자의 만회대책 검토 및 조정, 설계 진척에 따른 기성 적합여부 확인 등의 업무를 수행한다.

② 건설사업관리기술인은 기본설계 완료검사 확인을 위하여 기본설계의 설계기준 및 용역성과품에 대한 적정성 검토 및 확인의 업무를 수행한다.

제32조(각종 인허가 및 관계기관협의 지원) 설계단계 건설사업관리기술인은 각종 인허가 목록 작성 및 인허가 처리 업무를 지원한다.

제33조(기본설계단계의 기술자문회의 운영 및 관리 지원) ① 건설사업관리기술인은 다음 각 호와 같이 발주청의 기술자문회의 운영 및 관리업무를 지원하여야 한다.

1. 건설사업관리 조직과 별도로 특수 전문분야에 대하여는 필요시 기본설계단계에서 각 분야별 전문가로 구성된 기술자문위원회 운영을 지원하며, 발주청과 건설사업관리기술인이 협의하여 자문위원을 선정하고 필요시 발주청의 요청 및 승인에 따라 조정 가능
2. 발주청은 건설사업관리기술인을 경유하지 않고 직접 기술자문위원회와 필요한 자료 또는 자문을 교환할 수 있음
3. 세부운영계획을 수립하고 동 내용을 업무수행계획서에 포함하여 제출하여야 함

② 설계심의 절차 및 내용에는 다음 각 호의 내용이 포함되어야 한다.

1. 설계심의 : 설계의 적정성, 기술개발 ·신공법 적용의 가능성 등을 검토
2. 입찰방법심의 : 공사의 성격에 따라 발주방법의 적정성(일괄입찰, 대안입찰, 기술제안입찰) 등을 검토
3. 입찰안내서심의 : 일괄입찰, 대안입찰로 결정된 공사에 대하여 계약조건, 입찰유의서, 시방조건 등 입찰안내서 작성의 적정성 검토
4. 용역발주심의 : 용역시행계획 및 과업내용의 적정성 검토

5. 설계적격심의 : 일괄입찰공사, 대안입찰공사, 기술제안입찰공사의 설계도서에 대한 설계 적격여부 및 기술제안 채택여부를 검토
6. 공사 발주 전 심의 : 국제입찰대상공사인 경우 계약관련 서류에 대한 검토를 하여 클레임 발생 및 분쟁 소지를 방지하기 위한 심의를 수행

제5절 실시설계 단계 업무

제34조(실시설계의 설계자 선정업무 지원) ① 건설사업관리기술인은 설계자 선정을 위한 기준 및 입찰·계약절차 수립을 위하여 다음 각 호와 같이 발주청을 지원한다.

1. 설계자 선정 기준 발주청 지원
2. 유사건설사업 경험 및 기술력, 창의력 평가지원
3. 공종별 입찰 추진방안 및 계약절차 수립업무 지원

② 입찰관련 서류의 적정성 검토

1. 입찰관련 서류 검토 분석하여 발주청에 보고
2. 입찰서류 준비, 방식, 확정업무 지원

제35조(실시설계 조정 및 연계성 검토) ① 건설사업관리기술인은 해당 설계 등 용역과 관련된 설계의 경제성 등 검토 및 설계용역 성과검토업무가 유기적으로 연계될 수 있도록 기술적인 연계성 검토 및 조정업무를 수행하여야 하며, 각종 회의 등을 통해 분야별 설계자간의 업무협의 또는 의견조정 등이 원활하게 이루어질 수 있도록 지원하여야 한다. 이를 위한 구체적인 수행업무는 다음 각 호와 같다.

1. 설계 등 용역의 수행에 있어 단독 설계자가 아닌 다수의 설계자로 구성된 공동도급 형태의 용역이 수행되는 경우 이들 간의 조직적 및 기술적 상호관계를 명확히 제시
2. 설계조직 간의 조직적 및 기술적 연계성을 확립하고, 필요한 설계정보가 문서화되고 정기적으로 검토되기 위해서 필요한 경우 정기적인 검토회의를 개최해야 하며, 설계조직 간의 체계도를 작성하여 관리

3. 실시설계업무 협조 및 조정
4. 실시설계 업무의 연계성 검토, 발주청 지원
5. 공종 간 간섭사항 검토

② 건설사업관리기술인은 실시설계단계에서 공사비가 타당한 사유로 예산을 초과해야 할 경우, 발주청으로 하여금 설계용역을 중지하거나 진행하면서 총사업비 증액조정업무를 처리하도록 하여야 한다.

③ 건설사업관리기술인은 견적방법 기준 제시 및 공사비 분석 기준제시를 위하여 예산, 공기확정, 자금집행 계획, 사업비용의 적정성을 검토하여야 한다.

제36조(실시설계의 경제성(VE) 검토) ① 건설사업관리기술인은 실시설계 경제성 검토를 위하여 다음 각 호와 같은 업무를 수행하여야 한다.

1. 준비단계 경제성 검토
2. 분석단계 경제성 검토
3. 실행단계 경제성 검토
4. 시설물의 구조형식 및 생애주기비용을 고려한 자재 및 설비의 결정

② 건설사업관리기술인은 설계의 경제성 등 검토업무를 통해 선택된 개선안 또는 변경 안을 발주청에 제안하여 발주청으로 하여금 심의, 승인할 수 있도록 제안절차를 수행하여야 하며, 그 과정은 다음 각 호와 같다.

1. 설계의 경제성 등 검토 제안서 작성
2. 제안서 제출 및 보고
3. 설계의 경제성 등 검토 제안서 심의
4. 설계의 경제성 등 검토 제안서 승인·반려

③ 건설사업관리기술인은 설계의 경제성 등 검토 보고서의 제출과 함께 제안하는 내용을 좀더 효과적으로 전달하고 이해시키기 위해 발주청과 협의, 보고회 또는 회의 등을 실시할 수 있다. 건설사업관리기술인은 채택된 설계의 경제성 등 검토업무 실적보고서 1부를 설계자에게

송부, 설계에 반영토록 한다.

제37조(실시설계용역 성과검토) ① 건설사업관리기술인은 실시설계의 검토를 위하여 다음 각 호와 같은 업무를 수행하여야 한다.

1. 실시설계 검토하여 조정, 수정, 보완이 필요한 사항 발주청 보고 및 조치지원
2. 사업의 개요, 목적, 타당성 조사, 사업성 검토
3. 공법 적합성 검토
4. 자재 적합성 검토
5. 도면이 설계 입력 자료와 적절한 코드 및 기준에 적합한지 여부
6. 도면이 적정하게, 해석 가능하게, 실시 가능하며 지속성 있게 표현 되었는지 여부
7. 도면상에 사업명과 계약숫자에 적정한 일자와 타이틀을 부여했는지 여부
8. 관련 도면들과 다른 관련문서들의 관계가 명확하게 표시되었는지 여부

② 건설사업관리기술인은 각종 조사의 적정성, 설계기준 및 용역 성과품 등에 관한 검토, 확인을 위하여 다음 각 호의 업무를 수행하여야 한다.

1. 설계기준 및 용역성과품 적정성 검토, 조정
2. 지질, 환경영향조사 및 사용자의 요구사항 반영
3. 관련법규 검토, 시설물의 기능, 설계심의자문 사전검토자료 작성

③ 건설사업관리기술인은 설계자가 작성한 건설공사의 시방서가 표준시방서 및 전문시방서를 기본으로 다음 각 호의 사항이 적정하게 반영되어 작성되었는지 여부를 검토하여야 한다.

1. 설계도면에 구체적으로 표시할 수 없는 공사의 특수성, 지역여건, 공사방법 등이 고려되었는지
2. 자재의 성능·규격 및 공법, 품질시험 및 검사 등 품질관리, 안전관리, 환경관리 등에 관한 사항

3. 실제 건설과정, 주요공종, 최신 기술의 반영 등에 관한 사항
4. 그 밖에 공사의 안전성 및 원활한 수행을 위하여 필요하다고 인정되는 사항

④ 건설사업관리기술인은 해당 건설사업의 설계가 건설기간 중의 기후조건을 반영하였는지 검토해야 한다.

⑤ 건설사업관리기술인은 해당 건설사업의 설계가 건설 생산성이 반영된 설계인지를 검토하여야 한다.

⑥ 건설사업관리기술인은 설계단계 건설사업관리 검토 목록을 별지 제3호 서식에 따라 작성 및 관리하여야 한다.

⑦ 건설사업관리기술인은 설계자가 도급받은 실시설계용역을 법 제35조제4항 및 규칙 제31조에 따라 하도급을 하고자 발주청에 승인을 요청하는 사항에 대해서는 「건설기술용역 하도급 관리지침」(국토교통부고시)에 따른 하도급 적정성 여부 등을 검토하여 그 의견을 발주청에게 제출하여야 하며, 하도급 계약, 하도급 대금 지급, 하도급 실적 통보 등에 대하여 설계자가 「건설기술용역 하도급 관리지침」에 따라 이행하도록 지도·확인하여야 한다.

제38조(실시설계 용역 기성 및 준공검사관리) ① 건설사업관리기술인은 실시설계 용역의 진행상황 및 기성 등을 다음 각 호와 같이 검토하여야 한다.

1. 설계자의 만회대책 검토 및 조정
2. 설계 진척에 따른 기성 적합여부 확인

② 건설사업관리기술인은 실시설계 완료검사 확인을 위하여 설계기준 및 다음 용역성과품에 대한 적정성 검토 및 확인업무를 수행하여야 한다.

1. 설계용역 기성부분 검사원(별지 제4호 서식) 또는 설계용역 준공 검사원(별지 제5호 서식)
2. 설계용역 기성부분 내역서(별지 제6호 서식)

제39조(지급자재 조달 및 관리계획 수립 지원) 건설사업관리기술인은 발주청의 관급자재 조달 및 관리계획 수립업무를 지원한다.

제40조(각종 인허가 및 관계기관 협의 지원) ① 건설사업관리기술인은 각종 인허가 및 관계기관 협의 지원을 위하여 다음 각 호의 업무를 수행하여야 한다.

1. 인허가 목록 작성
2. 인허가 처리 지원

② 건설사업관리기술인은 건설사업관리 조직과 별도로 특수 전문분야에 대하여는 필요시 실시설계 단계에서 각 분야별 전문가로 구성된 기술자문위원회를 운영하여야 하며, 세부운영계획을 수립하여 제출하여야 한다.

③ 자문위원은 발주청과 건설사업관리기술인이 협의하여 선정하고, 필요 시 발주청의 요청 및 승인에 따라 조정이 가능하다.

제41조(실시설계 단계의 기술자문회의 운영 및 관리 지원) ① 건설사업관리기술인은 다음 각 호와 같이 발주청의 기술자문회의 운영 및 관리업무를 지원하여야 한다.

1. 건설사업관리 조직과 별도로 특수 전문분야에 대하여는 필요시 기본설계 단계에서 각 분야별 전문가로 구성된 기술자문위원회 운영을 지원하며, 발주청과 건설사업관리기술인이 협의하여 자문위원을 선정하고 필요 시 발주청의 요청 및 승인에 따라 조정 가능
2. 발주청은 건설사업관리기술인을 경유하지 않고 직접 기술자문위원회와 필요한 자료 또는 자문을 교환할 수 있음
3. 세부운영계획을 수립하고 동 내용을 업무수행계획서에 포함하여 제출하여야 함

② 설계심의 절차 및 내용에는 다음 각 호의 내용이 포함되어야 한다.

1. 설계심의 : 설계의 적정성, 기술개발 ·신공법 적용의 가능성 등을 검토

2. 입찰방법심의 : 공사의 성격에 따라 발주방법의 적정성(일괄입찰, 대안입찰, 기술제안입찰) 등을 검토
3. 입찰안내서심의 : 일괄입찰, 대안입찰로 결정된 공사에 대하여 계약조건, 입찰유의서, 시방조건 등 입찰안내서 작성의 적정성 검토
4. 용역발주심의 : 용역시행계획 및 과업내용의 적정성 검토
5. 설계적격심의 : 일괄입찰공사, 대안입찰공사, 기술제안입찰공사의 설계도서에 대한 설계 적격여부 및 기술제안 채택여부를 검토
6. 설계·시공 등의 분쟁 자문 : 발주청과 계약자간 분쟁발생시 관련분야 전문가와 충분한 검토와 자문을 통하여 원활한 합의를 유도하는 기술지도
7. 설계심의 사후평가 : 공사 진행단계에서 설계심의·자문 지적사항에 대한 조치 계획이 시공에 적정하게 반영되었는지를 공사현장에서 확인하고 필요시 시정 조치하여 건설공사 품질향상을 유도하는 기술지도
8. 공사 발주 전 심의 : 국제입찰대상공사인 경우 계약관련 서류에 대한 검토를 하여 클레임 발생 및 분쟁 소지를 방지하기 위한 심의를 수행

제42조(시공자 선정계획수립 지원) ① 건설사업관리기술인은 시공자 선정을 위한 평가기준 및 입찰, 계약절차를 위하여 다음 각 호와 같이 발주청을 지원하여야 한다.

1. 발주단위 구분, 발주절차 및 일정 검토
2. 공사 예정공정표(설계자 작성) 검토

② 건설사업관리기술인은 입찰관련 서류의 적정성 검토 및 내용 분석을 하고 발주청에 보고하여야 한다.

제43조(결과보고서 작성) ① 건설사업관리기술인은 법 제39조제4항 및 규칙 제36조에 따라 설계단계 건설사업관리 용역이 완료된 경우에는 14일 이내에 과업의 개요, 설계에 대한 기술자문 및 설계의 경제성 검토, 이전 단계의 용역성과 검토 등을 포함한 다음 각 호의 보고서를 작성하

여 발주청에 제출하여야 한다. 단, 이전 단계의 용역성과 검토 중 사업기획 및 타당성조사 검토 보고서는 이전 설계단계에 사업기획 및 타당성조사가 수행된 경우에만 적용한다.

1. 설계단계 건설사업관리 보고서
2. 설계 경제성 등 검토 보고서 등
3. 건설사업관리기록 서류
   가. 설계단계 건설사업관리 일지(별지 제7호 서식)
   나. 설계단계 건설사업관리 지시부(별지 제8호 서식)
   다. 분야별 상세 설계단계 건설사업관리 기록부(별지 제9호 서식)
   라. 설계단계 건설사업관리 요청서(별지 제10호 서식)
   마. 설계자와 협의사항 기록부(별지 제11호 서식)

② 발주청은 검사원이 준공검사를 실시한 경우에 다음 각 호에서 정한 서류를 작성하여야 한다.

1. 설계용역 기성부분 검사조서(별지 제12호 서식) 또는 설계용역 준공검사조서(별지 제13호 서식)
2. 설계용역 기성부분 내역서(별지 제6호 서식)
3. 납품조서
4. 사진첩
5. 전자매체 제목
6. 그 밖에 참고자료

제6절 구매조달 단계 업무

제44조(입찰업무 지원) ① 건설사업관리기술인은 입찰공고 내용검토, 입찰공고/방식/공고범위 검토 등의 발주청 업무를 지원한다.

② 건설사업관리기술인은 지원현장설명자료 작성, 현장설명 회의자료 작성 및 보고, 현장 질의응답 처리, 필요시 관계자회의 주관 및 조정/처리방법 협의, 입찰참여자 통보 등의 업무를 지원한다.

③ 건설사업관리기술인은 평가표 및 평가기준, 심사위원 구성 방안 수립, 평가회의 계획 수립 및 진행 지원, 평가결과의 작성 및 보고, 낙찰통지서(또는 우선 협상자 관련 통지서) 발부지원 등의 업무를 지원한다.

제45조(계약업무지원) ① 건설사업관리기술인은 공사 발주계획 수립(유사사례 조사, 입낙찰방식 검토 등) 업무를 지원한다.

② 건설사업관리기술인은 표준계약서의 검토 및 변경, 계약특수조건 작성, 계약내용·공사개요·공사계획·건설사업 특기사항 등을 논의하는 협의 업무를 지원한다.

제46조(지급자재 조달 지원) 건설사업관리기술인은 발주청의 지급자재 목록 작성, 지급조건의 검토(품명, 수량, 지급시기 등), 지급자재 관리절차 및 관리금액 검토 등의 업무를 지원한다.

제7절 시공 단계 업무

제47조(일반행정업무) ① 건설사업관리기술인은 시공자가 제출하는 다음 각 호의 서류를 접수하고 적정성 여부를 검토하여 의견을 공사감독자에게 제출하여야 한다.

1. 지급자재 수급요청서 및 대체사용 신청서
2. 주요기자재 공급원 승인요청서
3. 각종 시험성적표
4. 설계변경 여건보고
5. 준공기한 연기신청서
6. 기성·준공 검사원
7. 하도급 통지 및 승인요청서
8. 안전관리 추진실적 보고서(안전관리 활동, 안전관리비 및 산업안전보건관리비 사용실적 등)

9. 확인측량 결과보고서
10. 물량 확정보고서 및 물가 변동지수 조정율 계산서
11. 품질관리계획서 또는 품질시험계획서
12. 그 밖에 시공과 관련된 필요한 서류 및 도표(천후표, 온도표, 수위표, 조위표 등)
13. 발파계획서
14. 원가계산에 의한 예정가격작성준칙에 대한 공사원가계산서상의 건설공사 관련 보험료 및 건설근로자퇴직공제부금비 납부내역과 관련 증빙자료
15. 일용근로자 근로내용확인신고서

② 건설사업관리기술인은 건설사업관리업무수행상 필요한 경우에는 다음 각 호의 문서를 별지 서식을 참조하여 작성·비치하여야 한다.

1. 문서접수 및 발송대장(별지 제14호 서식)
2. 민원처리부(별지 제15호 서식)
3. 품질시험계획(별지 제16호 서식)
4. 품질시험·검사성과 총괄표(별지 제17호 서식)
5. 품질시험·검사 실적보고서(별지 제18호 서식)
6. 검측대장(별지 제19호 서식)
7. 발생품(잉여자재) 정리부(별지 제20호 서식)
8. 안전보건 관리체제(별지 제21호 서식)
9. 재해 발생현황(별지 제22호 서식)
10. 안전교육 실적표(별지 제23호 서식)
11. 협의내용 등의 관리대장(별지 제24호 서식)
12. 사후 환경영향조사 결과보고서(별지 제25호 서식)
13. 공사 기성부분 검사원(별지 제26호 서식)
14. 건설사업관리기술인(기성부분, 준공) 건설사업관리조서(별지 제27

호 서식)

15. 공사 기성부분 내역서(별지 제28호 서식)
16. 공사 기성부분 검사조서(별지 제29호 서식)
17. 준공검사원(별지 제30호 서식)
18. 준공검사조서(별지 제31호 서식)

③ 건설사업관리기술인은 시공자가 작성한 공사일지를 제출받아 확인한 후 보관하여야 한다.

제48조(보고서 작성, 제출) ① 건설사업관리기술인은 법 제39조제4항 및 규칙 제36조에 따라 다음 각 호의 서식에 따른 건설사업관리 보고서를 법 제69조에 따른 건설기술용역사업자단체가 개발·보급한 건설사업관리업무 보고시스템을 이용하여 발주청에 제출하되, 중간보고서는 다음달 7일까지 최종보고서는 용역의 만료일부터 14일 이내에 각각 제출하여야 한다. 이 경우 발주청이 별도의 온라인 건설사업관리업무 보고시스템을 활용하는 경우에는 온라인 건설사업관리업무 보고시스템의 이용으로 갈음할 수 있다.

1. 건설사업관리 중간(월별)보고서 작성서식
   가. 공사추진현황 등 (별지 제32호 서식)
   나. 건설사업관리기술인 업무일지(별지 제33호 서식)
   다. 품질시험·검사대장(별지 제34호 서식)
   라. 구조물별 콘크리트 타설현황(작업자 명부를 포함한다)(별지 제35호 서식)
   마. 검측요청·결과통보내용(별지 제36호 서식)
   바. 자재 공급원 승인 요청·결과통보 내용(별지 제37호 서식)
   사. 주요자재 검사 및 수불내용(별지 제38호 서식)
   아. 공사설계 변경현황(별지 제39호 서식)
   자. 주요구조물의 단계별 시공현황(별지 제40호 서식)
   차. 콘크리트 구조물 균열관리 현황(별지 제41호 서식)

카. 공사사고 보고서(별지 제42호 서식)

타. 그 밖에 발주청이 필요하다고 인정하여 계약에서 정한 내용

2. 건설사업관리 최종보고서 작성서식

가. 건설공사 및 건설사업관리용역 개요(별지 제43호 서식)

나. 공사추진내용 실적(별지 제44호 서식)

다. 검측내용 실적 종합(별지 제45호 서식)

라. 품질시험·검사실적 종합(별지 제46호 서식)

마. 주요자재 관리실적 종합(별지 제47호 서식)

바. 안전관리 실적 종합(별지 제48호 서식)

사. 분야별 기술검토 실적 종합(별지 제49호 서식)

아. 우수시공 및 실패시공 사례(별지 제50호 서식)

자. 종합분석(별지 제51호 서식)

차. 그 밖에 발주청이 필요하다고 인정하여 계약에서 정한 내용

② 건설사업관리기술인은 건설사업관리업무 보고시스템을 이용할 경우 관련 공문 또는 서명이 들어있는 문서는 원형 그대로 스캐너를 이용하여 입력하여야 하며, CAD, 문서 편집용 프로그램, 표계산 프로그램 등 상용 소프트웨어로 작성한 자료는 전자파일 형태 그대로 입력할 수 있다. 또한 발주청의 온라인 건설사업관리업무 보고시스템을 이용하는 경우 문서는 CAD(Computer Aided design, 컴퓨터 보조설계), 문서 편집용 프로그램(워드프로세서), 표계산 프로그램(엑셀 등)의 전자파일 형태 업로드 후 전자결재로 서명을 대신하고, 스캐너는 전자파일 입력이 불가한 문서에 한정하여 이용할 수 있다.

③ 건설사업관리기술인은 건설사업관리업무 보고시스템을 이용하여 건설사업관리 보고서를 제출하는 경우에 활용각종 문서를 업무분류, 문서분류, 공종분류, 주요구조물 및 위치 등으로 분류한 후 입력하여 자료검색이 용이하도록 하여야하며 모든 문서는 1건의 문서단위별로 구분하여 날자 별로 입력하여야 한다.

④ 발주청이 별도의 온라인 건설사업관리업무 보고시스템을 활용하는 경우에는 건설사업관리기술인으 하여금 온라인 건설사업관리업무 보고시스템의 활용을 용이하게 하기 위하여 각종 서식 및 문서를 전자파일 형태로 작성될 수 있도록 표준화하여 스캐너를 이용한 자료입력이 최소화되도록 하여야 한다.

⑤ 발주청은 건설사업관리용역사업자가 건설사업관리업무 보고시스템의 이용을 위한 보고서 작성 및 제출에 필요한 전산장비(개인용컴퓨터, 스캐너, CD-RW등) 구축 및 운영에 소요되는 비용을 용역금액에 계상하여야 한다.

제49조(현장대리인 등의 교체) ① 건설사업관리기술인은 현장대리인 또는 시공회사 기술인 등(이하 이 조에서 "현장대리인 등"이라 한다)이 다음 각 호에 해당할 경우 공사감독자에게 보고하여야 하며, 발주청은 교체사유가 인정될 경우에는 시공자에게 현장대리인 등을 교체토록 요구하여야 한다.

1. 현장대리인 등이 「건설산업기본법」 및 「건설기술 진흥법」 등의 규정에 의한 건설기술인 배치기준, 법정 교육훈련 이수 및 품질시험 의무 등의 법규를 위반하였을 때
2. 현장대리인이 건설사업관리기술인과 발주청의 사전승락을 얻지 않고 정당한 사유없이 해당 건설공사의 현장을 이탈한 때
3. 현장대리인 등의 고의 또는 과실로 인하여 건설공사를 조잡하게 시공하거나 부실시공을 하여 일반인에게 위해를 끼친 때
4. 현장대리인 등이 계약에 따른 시공능력 및 기술이 부족하다고 인정되거나 정당한 사유없이 기성공정이 예정공정에 현격히 미달할 때
5. 현장대리인이 불법하도급하거나 이를 방치하였을 때
6. 현장대리인이 건설사업관리기술인의 검측・승인을 받지 않고 후속공정을 진행하거나 정당한 사유없이 공사를 중단한 때
7. 현장대리인 등이 건설사업관리기술인의 정당한 지시에 응하지 않을 때

8. 현장대리인 등이 시공관련 의무를 면제받고자 부정한 행위를 한 경우
9. 시공자의 귀책사유로 중대한 재해(시공중 사망 1인이상 또는 3개월 이상의 요양을 요하는 부상자가 동시에 2인이상 또는 부상자가 동시에 10인이상)가 발생하였을 경우

② 제1항에 따라 교체 요구를 받은 시공자는 특별한 사유가 없으면 신속히 교체 요구에 따라야 하며 변경한 내용은 착공신고서 제출과 하도급 선정 절차에 따라 처리하여야 한다.

제50조(공사착수단계 행정업무) ① 건설사업관리용역사업자는 계약체결 즉시 상주 및 기술지원 기술인 투입 등 건설사업관리업무 수행준비에 대하여 발주청에 보고하여야 하며, 계약서상 착수일에 건설사업관리용역을 착수하여야 한다. 다만, 건설사업관리 대상 건설공사의 전부 또는 일부의 용지매수 지연 등으로 계약서상 착수일에 건설사업관리용역을 착수할 수 없는 경우에는 발주청은 실제 착수 시점 및 상주기술인 투입시기 등을 조정, 통보하여야 한다.

② 건설사업관리용역사업자는 건설사업관리용역 착수 시 다음 각 호의 서류를 첨부한 착수신고서를 제출하여 발주청의 승인을 받아야 한다.

1. 건설사업관리업무수행계획서
2. 건설사업관리비 산출내역서
3. 상주, 기술지원 기술인 지정신고서(총괄책임자 선임계를 포함한다)와 건설사업관리기술인 경력확인서
4. 건설사업관리기술인 조직 구성내용과 건설사업관리기술인별 투입기간 및 담당업무

③ 입찰참가자격사전심사에 의해 건설사업관리용역사업자로 선정된 경우에 있어 제2항제3호의 건설사업관리기술인은 입찰참가제안서에 명시된 자로 하여야 한다. 다만, 부득이한 사유로 교체가 필요한 경우에는 기술자격, 학·경력 등을 종합적으로 검토하여 건설사업관리업무 수행 능력이 저하되지 않는 범위 내에서 발주청의 사전승인을 받아야 한다.

④ 발주청은 제2항제3호 및 제4호의 내용을 검토하여 건설사업관리기술인 또는 건설사업관리조직 구성내용이 해당 공사현장의 공종 및 공사성격에 적합하지 않다고 인정할 때에는 그 사유를 명시하여 서면으로 건설사업관리용역사업자에게 변경을 요구할 수 있으며, 변경요구를 받은 건설사업관리용역사업자는 특별한 사유가 없으면 요구에 따라야 한다.

⑤ 건설사업관리단의 조직은 공사담당, 품질담당 및 안전담당 등으로 현장여건에 따라 구성토록 함으로써 건설사업관리업무를 효율적으로 수행할 수 있도록 하여야 한다. 또한 공사의 원활한 추진을 위하여 필요한 경우 발주청의 승인을 받아 한시적으로 검측을 담당하도록 건설사업관리기술인을 투입할 수 있다.

⑥ 건설사업관리기술인은 현장에 부임하는 즉시 사무소, 숙소, 사고발생 및 복구시 응급대처 할 수 있는 비상연락체계, 전화번호 및 FAX 등을 발주청(공사감독자)에 보고하여 업무연락에 차질이 없도록 하여야 하며 변경 되었을 경우에도 보고하여야 한다.

제51조(공사착수단계 설계도서 등 검토업무) ① 건설사업관리기술인은 설계도면, 시방서, 구조계산서, 산출내역서, 공사계약서 등의 계약내용과 해당 공사의 조사설계보고서 등의 내용을 숙지하여야 한다.

② 건설사업관리기술인은 설계서 등의 공사 계약문서 상호간의 모순되는 사항, 현장 실정과의 부합 여부 등 현장시공을 중심으로 하여 해당 건설공사 시공이전에 적정성을 검토하여야 하며, 특히 기술지원기술인은 주요구조부(가시설물을 포함한다)를 포함한 기술적 검토사항과 공사감독자가 요청한 사항을 검토하여야 한다. 이 경우, 검토내용에는 다음 각 호의 사항 등이 포함되어야 한다.

1. 현장 조건에 부합 여부
2. 시공의 실제가능여부
3. 타 사업 또는 타 공정과의 상호부합 여부
4. 설계도면, 시방서, 구조계산서, 산출내역서 등의 내용에 대한 상호 일

치여부

5. 설계도서에 누락, 오류 등 불명확한 부분의 존재 여부
6. 발주청에서 제공한 공종별 목적물의 물량내역서와 시공자가 제출한 산출내역서 수량과의 일치 여부
7. 시공 시 예상 문제점 등
8. 사업비 절감을 위한 구체적인 검토

③ 건설사업관리기술인은 제2항의 검토결과 불합리한 부분, 착오, 불명확하거나 의문사항이 있을 시는 그 내용과 의견을 발주청(공사감독자)에 보고하여야 한다. 또한 시공자에게도 설계도서 및 산출내역서 등을 검토 하도록 하여 검토결과를 보고 받아야 한다.

④ 건설사업관리기술인은 착공 즉시 공사 설계도서 및 자료, 공사계약문서 등을 발주청으로부터 인수하여 관리번호를 부여하고, 관리대장을 작성하여 공사관계자 이외의 자에게 유출을 방지하는 등 관리를 철저히 하여야 하며, 외부 유출시 공사감독자의 승인을 받아야 한다.

⑤ 건설사업관리기술인은 설계도서를 반드시 도면 보관함에 보관하여야 하고 설계도서 및 관리서류의 명세서를 기록하여야 한다.

⑥ 건설사업관리기술인은 공사 준공과 동시에 인수한 설계도서 등을 발주청에 반납하거나 지시에 따라 폐기처분 한다.

제52조(공사착수단계 현장관리) ① 건설사업관리기술인은 공사의 여건을 감안하여 각종 법규정, 표준시방서, KS 규정집 및 필요한 기술서적 등을 비치하여야 한다.

② 건설사업관리기술인은 시공자가 공사안내표지판을 설치하는 경우 시공자로부터 표지판의 제작방법, 크기, 설치장소 등이 포함된 표지판 제작설치 계획서를 제출받아 검토하여야 한다.

③ 건설사업관리기술인은 건설공사가 착공된 경우에는 시공자로부터 다음 각 호의 서류가 포함된 착공신고서를 제출받아 적정성 여부를 검토하여 7일 이내에 공사감독자에게 보고하여야 한다.

1. 현장기술인 지정신고서(현장관리조직, 현장대리인, 품질관리자, 안전

관리자, 보건관리자)

2. 건설공사 공정예정표

3. 품질관리계획서 또는 품질시험계획서(실착공 전에 제출 가능)

4. 공사도급 계약서 사본 및 산출내역서

5. 착공 전 사진

6. 현장기술인 경력사항 확인서 및 자격증 사본

7. 안전관리계획서(실착공 전에 제출 가능)

8. 유해·위험방지계획서(실착공 전에 제출 가능)

9. 노무동원 및 장비투입 계획서

10. 관급자재 수급계획서

④ 건설사업관리기술인은 발주청이 설치한 용지말뚝, 삼각점, 도근점, 수준점 등의 측량기준점을 시공자가 이동 또는 손상시키지 않도록 하여야 하며, 이설이 필요한 경우에는 정해진 위치를 찾아낼 수 있는 보조말뚝을 반드시 설치하도록 하여야 한다.

⑤ 건설사업관리기술인은 공사 시행상 수위를 측정할 경우에는 관측이 용이한 위치에 수위표를 설치하여 상시 관측할 수 있게 하여야 한다.

⑥ 건설사업관리기술인은 시공자에게 토공 및 각종 구조물의 위치, 고저, 시공범위, 방향등을 표시하는 규준시설 등을 설치하도록 하고, 시공 전에 반드시 확인·검사를 하여야 한다.

⑦ 건설사업관리기술인은 착공 즉시 시공자로 하여금 다음 각 호의 사항과 같이 발주설계도면과 실제 현장의 이상 유무를 확인하기 위하여 확인측량을 실시토록 하여야 한다.

1. 삼각점 또는 도근점에서 중간점(IP) 등의 측량기준점의 위치(좌표)를 확인하고, 기준점은 공사 시 유실방지를 위하여 필히 인조점을 설치하여야 하며, 시공 중에도 활용할 수 있도록 인조점과 기준점과의 관계를 도면화하여 비치하여야 한다.

2. 공사 준공까지 보존할 수 있는 가수준점(TBM)을 시공에 편리한 위치에 설치하고, 국토지리정보원에서 설치한 주변의 수준점 또는 발

주청이 지정한 수준점으로부터 왕복 수준측량을 실시하여 「공공측량 작업규정」에서 정한 왕복 허용오차 범위 이내일 경우에 측량을 실시하여야 한다.

3. 인접공구 또는 기존시설물과의 접속부 등을 상호 확인 및 측량결과를 교환하여 이상 유무를 확인하여야 한다.

⑧ 건설사업관리기술인은 현지 확인측량결과 설계내용과 현저히 상이할 때는 공사감독자에게 측량결과를 보고한 후 지시를 받아 실제 시공에 착수하게 하여야 하며, 그렇지 아니한 경우에는 원지반을 원상태로 보존하게 하여야 한다. 단, 중간점(IP) 등 중심선 측량 및 가수준점(TBM) 표고 확인측량을 제외하고 공사추진 상 필요시에는 시공구간의 확인, 측량야장 및 측량결과 도면만을 확인, 제출한 후 우선 시공하게 할 수 있다.

⑨ 건설사업관리기술인은 확인측량을 공동 확인 후에는 시공자에게 다음 각 호의 서류를 작성·제출토록 하고, 확인측량 도면의 표지에 측량을 실시한 현장대리인, 실시설계 용역회사의 책임자(입회한 경우), 책임건설사업관리기술인이 서명·날인하고 검토의견서를 첨부하여 공사감독자에게 보고하여야 한다. 단, 제8항 단서규정에 의할 경우는 다음의 제3호 및 제4호의 서류를 생략할 수 있다.

1. 건설사업관리기술인의 검토의견서
2. 확인측량 결과 도면 (종·횡단도, 평면도, 구조물도 등)
3. 산출내역서
4. 공사비 증감 대비표
5. 그 밖에 참고사항

⑩ 건축공사 현장의 건설사업관리기술인은 필요한 경우 「공간정보의 구축 및 관리 등에 관한 법률」에 따라 확인 측량된 대지 경계선내의 공사용 부지에 시공자로 하여금 전체동의 건축물을 배치하도록 하여 도로에 의한 사선제한, 대지경계선에 의한 높이제한, 인동간격에 의한 높이제한 등 건축물 배치와 관련된 규정에 적합한지 여부를 확인하고,

건축물 배치도면을 작성하게 하여 제9항에서 정한 서류와 함께 공사감독자에게 보고하여야 한다.

⑪ 건설사업관리기술인은 공사감독자가 주관하는 공사 관련자 회의에 참석하여 제12조제1항에서 정하는 업무범위, 현장조사 결과와 설계도서 등의 내용을 설명하고 필요한 사항에 대하여는 공사감독자가 정하는 바에 따라야 한다.

제53조(하도급 적정성 검토) ① 건설사업관리기술인은 시공자가 도급받은 건설공사를 「건설산업기본법」 제29조, 공사계약일반조건 제42조 규정에 따라 하도급 하고자 발주청에 통지하거나, 동의 또는 승낙을 요청하는 사항에 대해서는 다음 각 호의 사항에 관한 적정성 여부를 검토하여 그 의견을 공사감독자에게 제출하여야 한다.

1. 하도급자 자격의 적정성 검토
2. 하도급 통지기간 준수 등
3. 저가 하도급에 대한 검토의견서 등

② 건설사업관리기술인은 제1항에 따라 처리된 하도급에 대해서는 시공자가 「건설산업기본법」 제34조부터 제38조까지 및 「하도급거래 공정화에 관한 법률」에 규정된 사항을 이행하도록 지도·확인하여야 한다.

③ 건설사업관리기술인은 하도급받은 건설사업자가 「건설산업기본법 시행령」 제26조제2항에 따라 하도급계약 내용을 건설산업종합정보망(KISCON)을 이용하여 발주청에 통보하였는지를 확인하여야 한다.

④ 건설사업관리기술인은 시공자가 하도급 사항을 제1항 및 제2항에 따라 처리하지 않고 위장하도급 하거나, 무면허자에게 하도급 하는 등 불법적인 행위를 하지 않도록 지도한다.

제54조(가설시설물 설치계획서 작성) 건설사업관리기술인은 공사착공과 동시에 시공자에게 다음 각 호의 가시설물의 면적, 위치 등을 표시한 가설시설물 설치계획서를 작성하여 제출하도록 하여야 한다.

1. 공사용 도로

2. 가설사무소, 작업장, 창고, 숙소, 식당
3. 콘크리트 타워 및 리프트 설치
4. 자재 야적장
5. 공사용 전력, 용수, 전화
6. 플랜트 및 크랏샤장
7. 폐수방류시설 등의 공해방지시설

제55조(공사착수단계 그 밖의 업무) ① 건설사업관리기술인은 공사 착공 후 빠른 시일 안에 공사추진에 지장이 없도록 시공자와 합동으로 다음 각 호의 사항을 현지 조사하여 공사감독자에게 보고하여야 한다.

1. 각종 재료원 확인
2. 지반 및 지질상태
3. 진입도로 현황
4. 인접도로의 교통규제 상황
5. 지하매설물 및 장애물
6. 기후 및 기상상태
7. 하천의 최대 홍수위 및 유수상태 등

② 공사감독자는 제1항의 현지조사 내용과 설계도서의 공법 등을 검토하여 인근 주민 등에 대한 피해 발생 가능성이 있을 경우에는 시공자에게 다음 각 호의 사항에 관한 대책을 강구하도록 하고, 필요시 설계변경을 검토하여야 한다.

1. 인근가옥 및 가축 등의 대책
2. 지하매설물, 인근의 도로, 교통시설물 등의 손괴
3. 통행지장 대책
4. 소음, 진동 대책
5. 낙진, 먼지 대책
6. 지반침하 대책

7. 하수로 인한 인근대지, 농작물 피해 대책
8. 우기 중 배수 대책 등

제56조(시공성과 확인 및 검측 업무) ① 건설사업관리기술인은 시공자로부터 명일작업계획서를 제출받아 시공자와 그 시행상의 가능성 및 각자가 수행하여야 할 사항을 검토하여야 한다.

② 건설사업관리기술인은 시공자로부터 금일 작업실적이 포함된 시공자의 공사일지 또는 작업일지 사본(시공회사 자체양식)을 참조하여 작업의 추진 여부를 확인하고 금일 작업실적과 사용자재량, 품질관리시험 회수 및 성과 등이 서로 일치하는지 여부를 검토하고, 이를 건설사업관리일지에 기록하여야 한다.

③ 건설사업관리기술인은 다음 각 호의 위험공종 작업에 대하여는 시공자로부터 작업계획을 제출받아 검토·확인 후 작업을 착수하게 하여야 한다. 작업 착수 직전 또는 착수중에 검토·확인받은 작업계획이 변경될 경우에도 또한 같다. 다만, 검토·확인받은 작업과 작업조건이 동일하고 반복되는 경우에는 작업계획만 제출받아 착수하게 할 수 있다.

1. 2m 이상의 고소작업
2. 1.5m 이상의 굴착·가설공사
3. 철골 구조물공사
4. 2m 이상의 외부 도장공사
5. 승강기 설치공사

④ 건설사업관리기술인은 다음 각 호의 현장시공 확인업무를 수행하여야 한다.

1. 공사 목적물을 제조, 조립, 설치하는 시공과정에서 가시설공사와 영구시설물 공사의 모든 작업단계의 시공상태
2. 시공 확인 시에는 해당 공사의 설계도면, 시방서 및 관계규정에 정한 공종을 반드시 확인

3. 시공자가 측량하여 말뚝 등으로 표시한 시설물의 배치위치를 야장 또는 측량성과를 시공자로부터 제출 받아 시설물의 위치, 표고, 치수의 정확도 확인
4. 수중 또는 지하에서 행하여지는 공사나 외부에서 확인하기 곤란한 시공에는 반드시 직접 검측하여 시공당시 상세한 경과기록 및 사진촬영 등의 방법으로 그 시공 내용을 명확히 입증할 수 있는 자료를 작성하여 비치하고, 발주청 등의 요구가 있을 때에는 이를 제시

⑤ 건설사업관리기술인은 단계적인 검측으로 현장확인이 곤란한 콘크리트 타설공사는 반드시 입회·확인하여 시공토록 하여야 하며, 콘크리트 운반송장은 건설사업관리기술인의 확인서명이 있는 것만 기성으로 인정하여야 한다.

⑥ 건설사업관리기술인은 콘크리트 품질을 저하시키는 행위 등이 없도록 생산, 운반, 타설의 전 과정을 관리해야하며, 구조물별 콘크리트 타설현황(별지 제35호 서식)을 작성하여 감리보고서에 수록하여야 한다.

⑦ 건설사업관리기술인은 해당 공사의 시방서 및 관계규정에서 정한 시험, 측정기구 및 방법 등 기술적 사항을 확인하고 평가함을 원칙으로 하며, 제8항에서 정한 검측업무 절차에 따라 수행하여야 한다.

⑧ 건설사업관리기술인은 시공확인을 위하여 X-Ray 촬영, 도막두께 측정, 기계설비의 성능시험, 수중촬영 등의 특수한 방법이 필요한 경우 공사감독자의 지시를 받아 외부 전문기관에 확인을 의뢰할 수 있다.

⑨ 건설사업관리기술인은 시공계획서에 의한 일정단계의 작업이 완료되면 시공자로부터 검측요청서(별지 제36호 서식)를 제출받아 시공상태를 확인하여야 한다.

⑩ 건설사업관리기술인은 다음 각 호의 사항이 유지될 수 있도록 검측체크리스트를 작성하여야 한다.

1. 체계적이고 객관성 있는 현장 확인과 승인
2. 부주의, 착오, 미확인에 의한 실수를 사전 예방하여 충실한 현장확인 업무를 유도

3. 검측작업의 표준화로 작업원들에게 작업의 기준 및 주안점을 정확히 주지시켜 품질향상을 도모
4. 객관적이고 명확한 검측결과를 시공자에게 제시하여 현장에서의 불필요한 시비를 방지하는 등의 효율적인 검측을 도모

⑪ 건설사업관리기술인은 다음 각 호의 검측업무 수행 기본방향에 따라 검측업무를 수행하여야 한다.

1. 현장에서의 시공확인을 위한 검측은 해당 공사의 규모와 현장조건을 감안한 「검측업무지침」을 현장별로 작성·수립하여 발주청의 승인을 득한 후 이를 근거로 검측업무를 수행. 다만, 「검측업무지침」은 검측하여야 할 세부공종, 검측절차, 검측시기 또는 검측빈도, 검측체크리스트 등의 내용을 포함
2. 수립된 검측업무지침은 모든 시공관련자에게 배포하여 주지시켜야 하고, 보다 확실한 이행을 위한 교육 실시
3. 현장에서의 검측은 체크리스트를 사용하여 수행하고, 그 결과를 검측체크리스트에 기록한 후 시공자에게 통보하여 후속 공정의 승인여부와 지적사항을 명확히 전달
4. 검측체크리스트에는 검사항목에 대한 시공기준 또는 합격기준을 기재하여 검측결과의 합격 여부를 합리적으로 신속히 판정
5. 단계적인 검측으로는 현장 확인이 곤란한 콘크리트 생산, 타설과 같은 공종의 시공중 건설사업관리기술인의 계속적인 입회 확인하에 시행
6. 시공자가 검측요청서를 제출할 때 공사참여자 실명부가 첨부 되었는지를 확인
7. 시공자가 요청한 검측일에 건설사업관리기술인 사정으로 검측을 못할 경우 공정추진에 지장이 없도록 요청한 날 이전 또는 이후 검측을 하여야 하며 이때 발생하는 건설사업관리대가는 건설사업관리용역사업자 부담으로 한다.

⑫ 건설사업관리기술인은 다음 각 호의 검측절차에 따라 검측업무를 수행하여야 한다.

1. 검측체크리스트(별지 제36호 서식)에 의한 검측은 1차적으로 시공자의 담당기술인이 점검하여 합격된 것으로 확인한 후, 그 확인한 검측체크리스트를 첨부하여 검측요청서를 건설사업관리기술인에게 제출하면 현장확인 검측을 실시하고, 그 결과를 서면으로 통보.
2. 검측결과 불합격인 경우는 그 불합격된 내용을 시공자가 명확히 이해할 수 있도록 상세하게 첨부하여 통보하고 보완시공 후 재검측 받도록 조치

⑬ 건설사업관리기술인은 검측할 검사항목(Check Point)을 계약설계도면, 시방서, 건설기술 진흥법령, 이 지침 등의 관계규정 내용을 기준하여 구체적인 내용으로 작성하며 공사목적물을 소정의 규격과 품질로 완성하는데 필수적인 사항을 포함하여 점검항목을 결정하여야 한다.

⑭ 건설사업관리기술인은 검측할 세부공종과 시기를 작업단계별로 정확히 파악하여 검측하여야 한다.

제57조(사용자재의 적정성 검토) ① 건설사업관리기술인은 시공자로 하여금 공정계획에 따라 사전에 주요 기자재(레미콘·아스콘·철근·H형강·시멘트 등) 공급원 승인요청서를 자재반입 10일 전까지 제출토록 하여야 하며 관련법령의 규정에 의하여 품질검사를 받았거나, 품질을 인정받은 재료에 대하여는 예외로 한다.

② 건설사업관리기술인은 시험성과표가 품질기준을 만족하는지 여부를 검토하여 공사감독자에게 보고하고 공사감독자는 품명, 공급원, 납품실적, 건설사업관리기술인의 검토의견 등을 고려하여 적합한 것으로 판단될 경우에는 이를 승인한다.

③ 건설사업관리기술인은 KS 마크가 표시된 제품 등 양질의 자재를 선정하도록 시공자를 관리하여야 한다.

④ 건설사업관리기술인은 레미콘, 아스콘의 공급원 승인요청이 있을 경우 생산공장에서 저장한 골재의 품질 즉, 입도, 마모율, 조립율, 염분함유량 등에 대한 품질시험을 직접 실시하거나 국립·공립 시험기관 또는 품질검사를 대행하는 건설기술용역사업자에 의뢰, 실시하여 합격

여부를 판단하여야 하며 공급원의 일일생산량, 기계의 성능, 각종 계기의 정상적인 작동 유무, 사용재료의 골재원 확보 여부, 동일골재(품질, 형상 등)로 지속적인 사용가능 여부, 현장도착 소요시간 등에 대하여 사전에 충분히 조사하여 공사기간 중 지속적인 품질관리에 지장이 없도록 하여야 한다.

⑤ 건설사업관리기술인은 공급원 승인 후에도 반입사용자재에 대한 품질관리시험 및 품질변화 여부 등에 대하여 수시 확인하여야 한다.

⑥ 건설사업관리기술인은 공급원 승인요청을 제출 받을 때에는 특별한 사유가 없으면 2개 이상의 공급원을 제출받아 제품의 생산중지 등 부득이 한 경우에도 예비적으로 사용할 수 있도록 하여야 한다.

⑦ 건설사업관리기술인은 시공자로 하여금 공급원 승인요청서에 다음 각 호의 관계서류를 첨부토록 하여야 한다.

1. 법 제60조제1항에 규정한 국립·공립 시험기관 및 건설기술용역사업자의 시험성과
2. 납품실적 증명
3. 시험성과 대비표

⑧ 건설사업관리기술인은 시공자로 하여금 공정계획에 따라 사전에 주요자재 수급계획을 수립하여 자재가 적기에 현장에 반입되도록 검토하며 공사감독자에게 보고하여야 한다.

⑨ 「건설폐기물의 재활용촉진에 관한 법률」 제2조제15호 및 같은 법 시행령 제5조에 따른 순환골재 등 의무사용 건설공사에 해당하는 경우 건설사업관리기술인은 시공자가 같은 법 제35조 및 같은 법 시행령 제17조에 따른 품질기준에 적합한 순환골재 및 순환골재 재활용제품을 사용하도록 하여야 한다.

⑩ 건설사업관리기술인은 시공자가 순환골재 및 순환골재 재활용제품 사용계획서 상의 사용용도 및 규격 등에 맞게 사용하는지 확인하여야 한다.

제58조(사용자재의 검수·관리) ① 건설사업관리기술인은 공사 목적물을

구성하는 주요기계, 설비, 제조품, 자재 등의 주요 기자재가 공급원 승인을 받은 후 현장에 반입되면 시공자로부터 송장 사본을 접수함과 동시에 반입된 기자재를 검수하고 그 결과를 검수부에 기록·비치하여야 한다.

② 건설사업관리기술인은 시공자로 하여금 현장에 반입된 기자재가 도난 또는 우천에 훼손 또는 유실되지 않게 품목별, 규격별로 관리·저장하도록 하여야 하고 공사현장에 반입된 모든 주요자재는 시공자 임의로 공사현장 외로 반출하지 못하도록 하고 주요자재 검사 및 수불부(별지 제38호 서식)를 작성하여 관리하여야 한다.

③ 건설사업관리기술인은 현장에서 품질시험을 실시할 수 없는 자재에 대하여는 시공자와 공동 입회하여 생산공장에서 시험을 실시하거나 의뢰시험을 요청하여 시험성과를 사전에 검토하여 품질을 확인하여야 한다.

④ 건설사업관리기술인은 자재가 현장에 반입되면 송장 또는 납품서를 확인하고 수량, 치수 등을 검사하여야 하며, 공사현장이 아닌 장소에서 가공 또는 조립되어 반입되는 자재가 있는 경우 반입자재의 가공 또는 조립에 사용된 각각의 재료 또는 부품 등이 설계도서 및 시방서의 관련규정에 적합한지 여부를 확인해야 한다.

⑤ 건설사업관리기술인은 이형봉강, 벌크시멘트 등은 필요시 공인계량소에서 계량하여 반입량을 확인한다.

⑥ 건설사업관리기술인은 지급자재에 대한 검수조서를 작성할 때는 시공자가 입회·날인토록 하고, 공사감독자에게 보고하여야 한다.

⑦ 건설사업관리기술인은 공정계획, 공기 등을 감안하여 시공자의 요청으로 입체 또는 대체 사용이 불가피 하다고 판단될 경우에는 공사감독자의 승인을 득한 후 이를 허용하도록 한다.

⑧ 건설사업관리기술인은 잉여지급자재가 발생하였을 때는 품명, 수량 등을 조사하여 공사감독자에게 보고하여야 하며, 시공자로 하여금 지정장소에 반납하도록 하여야 한다.

제59조(수명사항) ① 건설사업관리기술인은 시공자에게 공사와 관련하여 지시하는 경우에는 다음 각 호에 따라야 한다.

1. 건설사업관리기술인이 공사와 관련하여 시공자에게 지시할 때에는 서면으로 함을 원칙으로 하며, 현장여건에 따라 시급한 경우 또는 경미한 사항에 대하여는 우선 구두지시로 시행토록 조치하고 추후에 이를 서면으로 확인
2. 건설사업관리기술인의 지시내용을 해당공사 설계도면 및 시방서 등 관계규정에 근거, 구체적으로 기술하여 시공자가 명확히 이해 할 수 있도록 지시
3. 지시사항에 대하여는 그 이행상태를 수시점검하고 시공자로부터 이행결과를 보고 받아 기록·관리

② 건설사업관리기술인은 공사감독자로부터 지시를 받았을 때에는 다음 각 호와 같이 처리하여야 한다.

1. 공사감독자로부터 지시를 받은 내용을 기록하고 신속하게 이행되도록 조치하여야 하며, 그 이행결과를 점검·확인하여 발주청(공사감독자)에 서면으로 조치결과를 보고
2. 해당 지시에 대한 이행에 문제가 있을 경우에는 의견을 제시
3. 각종 지시, 통보사항 등을 건설사업관리기술인 전원이 숙지하고 이행에 철저를 기하기 위하여 교육 또는 공람

제60조(품질시험 및 성과검토) ① 건설사업관리기술인은 시공자가 공사계약문서에서 정한 품질관리(또는 시험)계획 요건대로 품질에 영향을 미치는 모든 작업을 성실하게 수행하는지 검사 및 확인하여야 한다.

② 건설사업관리기술인은 품질관리 계획이 발주청으로부터 승인되기 전까지는 원칙적으로 시공자로 하여금 해당업무를 수행하게 하여서는 안된다.

③ 건설사업관리기술인은 해당 건설공사의 설계도서, 시방서, 공정계획 등을 검토하여 품질관리가 소홀해지기 쉽거나 하자 발생빈도가 높으

며 시공 후 시정이 어렵고 많은 노력과 경비가 소요되는 공종 또는 부위를 중점 품질관리대상으로 선정하여 다른 공종에 비하여 우선적으로 품질관리 상태를 입회, 확인하여야 하며 중점 품질관리 공종 선정 시 고려해야 할 사항은 다음 각 호와 같다.

1. 공정계획에 의한 월별, 공종별 시험종목 및 시험회수
2. 시공자의 품질관리 요원 인원수 및 공정에 따른 충원계획
3. 품질관리 담당 건설사업관리기술인의 인원수 및 직접 입회, 확인이 가능한 적정 시험회수
4. 공종의 특성상 품질관리 상태를 육안 등으로 간접 확인할 수 있는지 여부
5. 작업조건의 양호, 불량 상태
6. 타 현장의 시공 사례에서 하자발생 빈도가 높은 공종인지 여부
7. 품질관리 불량 부위의 시정이 용이한지 여부
8. 시공 후 지중에 매몰되어 추후 품질확인이 어렵고 재시공이 곤란한지 여부
9. 품질 불량 시 인근부위 또는 타 공종에 미치는 영향의 대소
10. 시공이 광활한 지역에서 이루어져 접근이 용이한지 여부

④ 건설사업관리기술인은 다음 각 호의 내용을 포함한 공종별 중점 품질관리방안을 수립하여 시공자로 하여금 이를 실행토록 지시하고 실행결과를 수시로 확인하여야 한다.

1. 중점 품질관리 공종의 선정
2. 중점 품질관리 공종별로 시공 중 및 시공 후 발생 예상 문제점
3. 각 문제점에 대한 대책방안 및 시공지침
4. 중점 품질관리 대상 구조물, 시공부위, 하자발생 가능성이 큰 지역 또는 부위선정
5. 중점 품질관리대상의 세부관리항목의 선정
6. 중점 품질관리공종의 품질확인 지침

7. 중점 품질관리대장을 작성, 기록관리하고 확인하는 절차

⑤ 건설사업관리기술인은 중점 품질관리 대상으로 선정된 공종의 효율적인 품질관리를 위하여 다음 각 호와 같이 관리한다.

1. 중점 품질관리 대상으로 선정된 공종에 대한 관리방안을 수립하여 시행 전에 발주청(공사감독자)에 보고하고 시공자에게도 통보
2. 해당 공종 및 시공부위는 상황판이나 도면 등에 표기하여 공사감독자, 건설사업관리기술인, 시공자 모두가 이를 항상 숙지토록 함
3. 공정계획시 중점 품질관리대상 공종이 동시에 여러 개소에서 시공되거나 공휴일, 야간 등 관리가 소홀해 질 수 있는 시기에 시공되지 않도록 조정
4. 필요시 해당부위에 "중점 품질관리 공종" 팻말을 설치하고 주의사항을 명기

⑥ 건설사업관리기술인은 시공자와 합의된 품질시험에 반드시 입회하여야 한다. 건설사업관리기술인이 합의된 장소 및 시간에 입회하지 않거나, 건설사업관리기술인이 달리 요구하지 않는 한, 시공자는 시험을 진행할 수 있으며 그러한 시험은 건설사업관리기술인의 입회하에 수행된 것으로 간주한다.

⑦ 건설사업관리기술인은 시공자가 작성한 품질관리(또는 시험)계획에 따라 품질관리 업무를 적정하게 수행하였는지의 여부를 검사하여 그 결과를 공사감독자에게 보고하여야 하며, 공사감독자는 시정이 필요한 경우에는 시공자에게 시정을 요구할 수 있으며, 시정을 요구받은 시공자는 이를 지체 없이 시정하여야 한다.

⑧ 건설사업관리기술인은 시공자가 작성한 품질관리계획서 또는 품질시험계획서에 따라 품질시험・검사가 실시되는지를 확인하여야 한다.

⑨ 건설사업관리기술인은 품질시험과 검사를 산업표준화법에 의한 한국산업규격, 법 제55조의 규정에 의한 품질관리기준에 의하여 실시되는지 확인하여야 한다.

⑩ 건설사업관리기술인은 시공자로부터 매월 품질시험・검사실적을 종

합한 시험·검사실적보고서(별지 제18호 서식)를 제출 받아 이를 확인하여야 한다.

⑪ 건설사업관리기술인은 시공자가 발주청에 해당 건설공사에 대한 기성부분 검사 또는 예비 준공검사 신청시 별지 제17호 서식에 따라 제출한 품질시험·검사성과총괄표를 검토·확인하여야 한다.

제61조(시공계획검토) ① 건설사업관리기술인은 시공자로부터 공사시방서의 기준(공사종류별, 시기별)에 의하여 시공계획서를 진행단계별 해당공사 시공 30일 전에 제출받아 이를 검토하여 7일 안에 공사감독자에게 제출하여 승인을 받은 후 시공토록 하여야 하고 시공계획서에는 다음 각 호의 내용이 포함되어야 한다.

1. 현장조직표
2. 공사 세부공정표
3. 주요공정의 시공절차 및 방법
4. 시공일정
5. 주요장비 동원계획
6. 주요자재 및 인력투입계획
7. 주요 설비사양 및 반입계획
8. 품질관리대책
9. 안전대책 및 환경대책 등
10. 지장물 처리계획과 교통처리 대책

② 건설사업관리기술인은 시공자로부터 각종 구조물 시공상세도 및 암발파작업 시공상세도를 사전에 제출받아 다음 각 호의 사항을 고려하여 검토하고 공사감독자에게 제출하여 승인을 받은 후 시공토록 하여야 한다. 또한 철강재 구조물 등 주요구조물인 경우에는 시공상세도를 검토할 때 필요한 경우 공사감독자와 협의하여 당초 설계자를 참여시킬 수 있다.

1. 설계도면 및 시방서 또는 관계규정에 일치하는지 여부(설계기준은 개

정된 최신 설계기준에 따름)

2. 현장기술인, 기능공이 명확하게 이해할 수 있는지 여부(실시설계도면을 기준으로 각 공종별, 형식별 세부사항들이 표현되도록 현장여건을 반영)
3. 실제 시공이 가능한지 여부(현장여건과 공종별 시공계획을 최대한 반영하여 시공시 문제점이 발생하지 않도록 각종 구조물의 시공상세도 작성)
4. 안전성의 확보 여부(주철근의 경우, 철근의 길이나 겹이음의 위치 등 철근상세에 관한 변경이 필요한 경우 반드시 전문기술사의 검토·확인을 거쳐 공사감독자의 승인을 받아야 함)
5. 가시설공 시공상세도의 경우, 구조계산서 첨부 여부(관련 기술사의 서명날인 포함)
6. 계산의 정확성
7. 제도의 품질 및 선명성, 도면작성 표준에 일치 여부
8. 도면으로 표시 곤란한 내용은 시공 시 유의사항으로 작성되었는지 등을 검토

③ 건설사업관리기술인은 공사시방서에 작성하도록 명시한 시공상세도와 다음 각 호의 사항에 대한 시공상세도의 작성 여부를 확인하고, 제출된 시공상세도의 구조적인 안전성을 검토·확인하여야 하며 이 경우 주요구조부(가시설물을 포함한다)의 구조적 안전에 관한 사항과 전문적인 기술검토가 필요한 사항은 반드시 관련분야 기술지원기술인이 검토·확인하여야 한다. 다만, 공사조건에 따라 건설사업관리기술인과 시공자가 협의하여 필요한 시공상세도의 목록을 조정할 수 있다.

1. 비계, 동바리, 거푸집 및 가교, 가도 등 가설시설물의 설치상세도 및 구조계산서
2. 구조물의 모따기 상세도
3. 옹벽, 측구 등 구조물의 연장 끝부분 처리도
4. 배수관, 암거, 교량용 날개벽 등의 설치위치 및 연장도

5. 철근 배근도에는 정·부철근등의 유효간격 및 철근 피복두께(측·저면)유지용 스페이서(Spacer) 및 Chair-Bar의 위치, 설치방법 및 가공을 위한 상세도면
6. 철근 겹이음 길이 및 위치의 시방서 규정 준수여부 확인
7. 그 밖에 규격, 치수, 연장 등이 불명확하여 시공에 어려움이 예상되는 부위의 각종 상세도면

④ 건설사업관리기술인은 시공상세도(Shop Drawing) 검토·승인 때까지 구조물 시공을 허용하지 말아야 하고, 시공상세도는 접수일로부터 7일 이내에 검토하는 것을 원칙으로 하고, 부득이하게 7일 이내에 검토가 불가능할 경우 사유 등을 명시하여 통보하여야 한다.

⑤ 건설사업관리기술인은 다음 각 호의 공사현장 인근상황을 시공자에게 충분히 조사토록 하여 공사시공과 관련하여 제3자에게 손해를 주지 않도록 시공자에게 대책을 강구하게 하여야 한다.

1. 지하매설물
2. 인근의 도로
3. 교통 시설물
4. 건조물 또는 축사
5. 그 밖의 농경지, 산림 등

⑥ 건설사업관리기술인은 시공자로부터 시험발파 계획서를 사전에 제출받아 다음 각 호의 사항을 고려하여 검토하고 공사감독자에게 제출하여 승인을 받은 후 발파하도록 하여야 한다.

1. 관계규정 저촉여부
2. 안전성 확보여부
3. 계측계획 적정성여부
4. 그 밖에 시험발파를 위하여 필요한 사항

제62조(기술검토) 건설사업관리기술인은 공사 중 해당 공사와 관련하여 시공자의 공법변경 요구 등 중요한 기술적인 사항에 대한 요구가 있는

경우, 요구가 있은 날로부터 7일 이내에 이를 검토하고 의견서를 첨부하여 공사감독자에게 보고하여야 하고 전문성이 요구되는 경우에는 요구가 있은 날로부터 14일 이내에 기술지원기술인의 검토의견서를 첨부하여 보고하여야 한다.

제63조(지장물 철거 및 공사중지명령 등) ① 건설사업관리기술인은 공사 중에 지하매설물 등 새로운 지장물을 발견하였을 때에는 시공자로부터 상세한 내용이 포함된 지장물 조서를 제출 받아 이를 확인한 후 공사감독자에게 보고하여야 한다.

② 건설사업관리기술인은 기존 구조물을 철거할 때에는 시공자로 하여금 현황도(측면도, 평면도, 상세도, 그 밖에 수량산출시 필요한 사항)와 현황사진을 작성하여 제출토록 하고 이를 검토·확인하여 공사감독자에게 보고하고 설계변경시 계상하여야 한다.

③ 건설사업관리기술인은 다음 각 호의 사항의 어느 하나에 해당하는 경우에는 공사감독자에게 서면으로 보고하여야 한다.

1. 시공자가 건설공사의 설계도서, 시방서, 그 밖의 관계서류의 내용과 맞지 아니하게 그 건설공사를 시공하는 경우
2. 법 제62조에 따른 안전관리 의무를 위반하여 인적·물적 피해가 우려되는 경우
3. 법 제66조에 따른 환경관리 의무를 위반하여 인적·물적 피해가 우려되는 경우

④ 재시공 및 공사중지 명령 등의 조치의 적용 방법은 다음 각 호와 같다.

1. 재시공 : 시공된 공사가 품질확보상 미흡 또는 위해를 발생시킬 수 있다고 판단되거나 건설사업관리기술인 또는 공사감독자의 검측·승인을 받지 않고 후속공정을 진행한 경우와 관계규정에 재시공을 하도록 규정된 경우
2. 공사중지 : 시공된 공사가 품질확보상 미흡 또는 중대한 위해를 발생시킬 수 있다고 판단되거나, 안전상 중대한 위험이 발견될 때에는 공

사중지를 지시할 수 있으며 공사중지는 부분중지와 전면중지로 구분

⑤ 건설사업관리기술인은 시공자로 하여금 공종별로 착공 전부터 준공 때까지의 공사과정, 공법, 특기사항을 촬영한 촬영일자가 나오는 공사사진과 시공일자, 위치, 공종, 작업내용 등을 기재한 공사내용 설명서를 제출토록 하여 후일 참고자료로 활용토록 한다. 공사기록 사진은 공종별, 공사추진단계에 따라 다음 각 호의 사항을 촬영한 것이어야 한다.

1. 주요한 공사현황은 착공전, 시공중, 준공 등 시공과정을 알 수 있도록 가급적 동일장소에서 촬영
2. 시공 후 검사가 불가능하거나 곤란한 부분
   가. 암반선 확인 사진
   나. 매몰, 수중 구조물
   다. 구조체공사에 대해 철근지름, 간격 및 벽두께, 강구조물(steel box 내부, steel girder 등) 경간별 주요부위 부재두께 및 용접전경 등을 알 수 있도록 촬영
   라. 공장제품 검사(창문 및 창문틀, 철골검사, PC 자재 등) 기록
   마. 지중매설(급·배수관, 전선 등) 광경
   바. 매몰되는 옥내외 배관(설비, 전기 등) 광경
   사. 전기 등 배전반 주변에서의 배관류
   아. 지하매설된 부분의 배근상태 및 콘크리트 두께현황
   자. 바닥 및 배관의 행거볼트, 공조기 등의 행거볼트 시공광경
   차. 보온, 결로방지관계 시공광경
   카. 본 구조물 시공 이후 철거되는 가설시설물 시공광경

⑥ 건설사업관리기술인은 「건설기술 진흥법 시행령」 별표 8에 따른 주요 구조부(이하 "주요 구조부"라 한다) 시설물에 대하여는 시공자가 공사과정을 비디오카메라 등(촬영일자가 표시된 동영상을 말한다.)으로 촬영토록 하여야 한다.

⑦ 건설사업관리기술인은 제5항과 제6항에서 촬영한 사진 및 동영상은 디지털(Digital) 파일 등을 제출받아 수시 검토·확인 할 수 있도록 보관하고 준공시 공사감독자에게 제출한다.

제64조(공정관리) ① 건설사업관리기술인은 해당 공사가 정해진 공기내에 시방서, 도면 등에 따른 품질을 갖추어 완성될 수 있도록 공정관리를 하여야 한다.

② 건설사업관리기술인은 공사 착공일로부터 30일 안에 시공자로부터 공정관리계획서를 제출받아 제출받은 날로부터 14일 이내에 검토하여 공사감독자에게 보고하여야 하며, 공사감독자는 확인 후 승인한다. 검토사항은 다음 각 호와 같다.

1. 시공자의 공정관리 기법이 공사의 규모, 특성에 적합한지 여부
2. 계약서, 시방서 등에 공정관리 기법이 명시되어 있는 경우에는 명시된 공정관리 기법으로 시행되도록 조치
3. 계약서, 시방서 등에 공정관리 기법이 명시되어 있지 않았을 경우, 단순한 공종 및 보통의 공종 공사인 경우 공사조건에 적합한 공정관리 기법을 적용토록 하고, 복잡한 공종의 공사 또는 건설사업관리기술인이 PERT/CPM 이론을 기본으로 한 공정관리가 필요하다고 판단하는 경우에는 별도의 PERT/CPM 기법에 의한 공정관리를 적용토록 조치

③ 건설사업관리기술인은 공사의 규모, 공종 등 제반여건을 감안하여 시공자가 공정관리 업무를 성공적으로 수행할 수 있는 공정관리 조직을 갖추도록 다음 각 호의 사항을 검토하여야 한다.

1. 공정관리 요원 자격 및 그 요원수 적합 여부
2. 소프트웨어(Software)와 하드웨어(Hardware) 규격 및 그 수량 적합 여부
3. 보고체계의 적합성 여부
4. 계약공기 준수 여부
5. 각 작업(Activity) 공기에 품질, 안전관리가 고려되었는지 여부

6. 지정휴일, 천후조건 감안 여부
7. 자원조달에 무리가 없는지 여부
8. 주공정의 적합 여부
9. 공사주변 여건, 법적 제약조건 감안 여부
10. 동원 가능한 장비, 그 밖의 부대설비 및 그 성능 감안 여부
11. 특수장비 동원을 위한 준비기간의 반영 여부
12. 동원 가능한 작업인원과 작업자의 숙련도 감안 여부

④ 건설사업관리기술인은 시공자로부터 전체 실시공정표에 따른 월간, 주간 상세공정표를 사전에 제출받아 검토하여 공사감독자에게 보고하여야 한다.

1. 월간상세공정표 : 작업착수 1주 전 제출
2. 주간상세공정표 : 작업착수 2일 전 제출

⑤ 건설사업관리기술인은 매주 또는 매월 정기적으로 공사진도를 확인하여 예정공정과 실시공정을 비교하여 공사의 부진 여부를 검토한다.

⑥ 건설사업관리기술인은 공사진도율이 계획공정대비 월간 공정실적이 10%이상 지연(계획공정대비 누계공정실적이 100% 이상일 경우는 제외)되거나 누계공정 실적이 5%이상 지연될 때는 공사감독자에게 보고하고 공사감독자는 시공자에게 부진사유 분석, 근로자 안전확보를 고려한 부진공정 만회대책 및 만회공정표를 수립하도록 지시하여야 한다.

⑦ 건설사업관리기술인은 설계변경 등으로 인한 물공량의 증감, 공법변경, 공사중 재해, 천재지변 등 불가항력에 의한 공사중지, 지급자재 공급지연, 공사용지의 제공의 지연, 문화재 발굴조사 등의 현장실정 또는 시공자의 사정 등으로 인하여 공사 진척실적이 지속적으로 부진할 경우 시공자로부터 수정 공정계획을 제출받아 제출일로부터 5일 이내에 검토하고 공사감독자에게 보고하여야 한다.

⑧ 건설사업관리기술인은 추진계획과 실적을 월간 또는 분기보고서에 포함하여 공사감독자에게 보고하여야 한다.(별지 제33호 서식)

⑨ 건설사업관리기술인은 시공자가 준공기한 연기신청서를 제출할 경우 이의 타당성을 검토·확인하고 검토의견서를 첨부하여 공사감독자에게 보고하여야 한다.

第65條(안전관리) ① 건설사업관리기술인은 건설공사의 안전시공 추진을 위해서 안전조직을 갖추도록 하여야 하고 안전조직은 현장규모와 작업내용에 따라 구성하며 동시에 산업안전보건법의 해당규정(「산업안전보건법」 제15조 안전보건관리책임자 선임, 제16조 관리감독자 지정, 제17조 안전관리자 배치, 제18조 보건관리자 배치, 제19조 안전보건관리담당자 선임 및 제75조 안전·보건에 관한 노사협의체 운영)에 명시된 업무도 수행되도록 조직편성을 한다.

② 건설사업관리기술인은 시공자가 영 제98조와 제99조에 따라 작성한 건설공사 안전관리계획서를 공사 착공 전에 제출받아 적정성을 검토하고 이행확인 및 평가 등 사고예방을 위한 제반 안전관리 업무를 검토한 후 공사감독자에게 보고하여야 한다.

③ 공사감독자는 건설사업관리기술인 중 안전관리담당자를 지정하고 안전관리담당자로 지정된 건설사업관리기술인은 다음 각 호의 작업현장에 수시로 입회하여 시공자의 안전관리자를 지도·감독하도록 하여야 하며 공사전반에 대한 안전관리계획의 사전검토, 실시확인 및 평가, 자료의 기록유지 등 사고예방을 위한 제반 안전관리 업무에 대하여 확인을 하도록 하여야 한다.

1. 추락 또는 낙하 위험이 있는 작업
2. 발파, 중량물 취급, 화재 및 감전 위험작업
3. 크레인 등 건설장비를 활용하는 위험작업
4. 그 밖의 안전에 취약한 공종 작업

④ 건설사업관리기술인은 시공자 중 안전보건관리책임자(현장대리인)와 안전관리자 및 보건관리자(법정자격자)를 지정하게 하여 현장의 전반적인 안전·보건문제를 책임지고 추진하도록 하여야 한다.

⑤ 건설사업관리기술인은 시공자로 하여금 근로기준법, 산업안전보건

법, 산업재해보상보험법, 시설물의 안전 및 유지관리에 관한 특별법과 그 밖의 관계법규를 준수하도록 하여야 한다.

⑥ 건설사업관리기술인은 산업재해 예방을 위한 제반 안전관리 지도에 적극적인 노력을 경주하도록 함과 동시에 안전관계법규를 이행하도록 하기 위하여 다음 각 호와 같은 업무를 수행하여야 한다.

1. 시공자의 안전조직 편성 및 임무의 법상 구비조건 충족 및 실질적인 활동 가능성 검토
2. 안전관리자에 대한 임무수행 능력 보유 및 권한 부여 검토
3. 시공계획과 연계된 안전계획의 수립 및 그 내용의 실효성 검토
4. 유해·위험방지계획(수립 대상에 한함) 내용 및 실천 가능성 검토(산업안전보건법 제48조제3항, 제4항)
5. 안전점검 및 안전교육 계획의 수립 여부와 내용의 적정성 검토 (법 제62조, 산업안전보건법 제31조, 제32조)
6. 안전관리 예산편성 및 집행계획의 적정성 검토
7. 현장 안전관리 규정의 비치 및 그 내용의 적정성 검토
8. 산업안전보건관리비의 타 용도 사용내역 검토

⑦ 건설사업관리기술인은 시공자가 법 제62조제1항에 따른 안전관리계획이 성실하게 수행되는지 다음 각 호의 내용을 확인하여야 한다.

1. 안전관리계획의 이행 및 여건 변동시 계획변경 여부 확인
2. 안전보건 협의회 구성 및 운영상태 확인
3. 안전점검계획 수립 및 실시 여부 확인(일일, 주간, 우기 및 해빙기, 하절기, 동절기 등 자체안전점검, 법에 의한 안전점검, 안전진단 등)
4. 안전교육계획의 실시 확인 (사내 안전교육, 직무교육)
5. 위험장소 및 작업에 대한 안전조치 이행 여부 확인(제3항 각 호의 작업 등)
6. 안전표지 부착 및 이행여부 확인
7. 안전통로 확보, 자재의 적치 및 정리정돈 등이 성실하게 수행되는지

확인

8. 사고조사 및 원인 분석, 각종 통계자료 유지
9. 월간 안전관리비 및 산업안전보건관리비 사용실적 확인
10. 근로자에 대한 건설업 기초 안전·보건 교육의 이수 확인
11. 「석면안전관리법」 제30조에 의한 석면해체 제거작업을 수반하는 공사에 대하여 적정 건설사업관리기술인 지정 및 업무수행
12. 근로자 건강검진 실시 확인

⑧ 건설사업관리기술인은 안전에 관한 업무를 수행하기 위하여 시공자에게 다음 각 호의 자료를 기록·유지토록 하고 이행상태를 점검한다.

1. 안전업무 일지(일일보고)
2. 안전점검 실시(안전업무일지에 포함 가능)
3. 안전교육(안전업무일지에 포함가능)
4. 각종 사고보고
5. 월간 안전 통계(무재해, 사고)
6. 안전관리비 및 산업안전보건관리비 사용실적 (월별 점검·확인)

⑨ 건설사업관리기술인은 건설공사 안전관리계획 내용에 따라 안전조치·점검 등 이행을 하였는지의 여부를 확인하고 미이행시 시공자로 하여금 안전조치·점검 등을 선행한 후 시공하게 한다.

⑩ 건설사업관리기술인은 시공자가 영 제100조에 따른 자체 안전점검을 매일 실시하였는지의 여부를 확인하여야 하며, 건설안전점검전문기관에 의뢰하여야 하는 정기·정밀 안전점검을 할 때에는 입회하여 적정한 점검이 이루어지는 지를 지도하고 그 결과를 공사감독자에게 보고하여야 한다.

⑪ 건설사업관리기술인은 영 제100조에 따라 시행한 정기·정밀 안전점검 결과를 시공자로부터 제출받아 검토하여 공사감독자에게 보고하고 발주청의 지시에 따라 시공자에게 필요한 조치를 하게 한다.

⑫ 건설사업관리기술인은 시공회사의 안전관리책임자와 안전관리자 등

에게 교육시키고 이들로 하여금 현장 근무자에게 다음 각 호의 내용과 자료가 포함된 안전교육을 실시토록 지도·감독하여야 한다.

1. 산업재해에 관한 통계 및 정보
2. 작업자의 자질에 관한 사항
3. 안전관리조직에 관한 사항
4. 안전제도, 기준 및 절차에 관한 사항
5. 생산공정에 관한 사항
6. 산업안전보건법 등 관계법규에 관한 사항
7. 작업환경관리 및 안전작업 방법
8. 현장안전 개선방법
9. 안전관리 기법
10. 이상발견 및 사고발생시 처리방법
11. 안전점검 지도 요령과 사고조사 분석요령

⑬ 건설사업관리기술인은 공사가 중지(차수별 준공에 따라 공사가 중단된 경우를 포함한다)되는 건설현장에 대해서는 안전관리담당자로 지정된 건설사업관리기술인을 입회하도록 하여 공사중지(준공)일로부터 5일 이내에 시공자로 하여금 영 제100조제1항에 따른 자체 안전점검을 실시하도록 하고, 점검결과를 발주청에 보고한 후 취약한 부분에 대해서는 시공자에게 필요한 안전조치를 하게 하여야 한다.

⑭ 안전관리담당자로 지정된 건설사업관리기술인은 현장에서 사고가 발생하였을 경우에는 시공자에게 즉시 필요한 응급조치를 취하도록 하고 공사감독자에게 즉시 보고하여야 하며, 제3항부터 제13항까지, 제15항의 업무에 고의 또는 중대한 과실이 없는 때에는 사고에 대한 책임을 지지 아니한다.

⑮ 건설사업관리기술인은 다음 각 호의 건설기계에 대하여 시공자가 「건설기계관리법」 제4조, 제13조, 제17조를 위반한 건설기계를 건설현장에 반입·사용하지 못하도록 반입·사용현장을 수시로 입회하는 등 지도·감독 하여야 하고, 해당 행위를 인지한 때에는 공사감독자에

게 보고하여야 한다.

1. 천공기
2. 항타 및 항발기
3. 타워크레인
4. 기중기 등 그 밖에 발주청이 필요하다고 인정하여 계약에서 정한 건설기계

제66조(환경관리) ① 건설사업관리기술인은 사업시행으로 인한 위해를 방지하고 「환경영향평가법」에 의해 받은 환경영향평가 내용과 이에 대한 협의내용을 충실히 이행토록 하여야 하고 조직편성을 하여 그 의무를 수행토록 지도·감독하여야 한다.

② 건설사업관리기술인은 시공자로 하여금 환경관리책임자를 지정하게 하여 환경관리 계획수립과 대책 등을 수립하게 하여야 하고, 예산의 조치와 환경관리자, 환경담당자를 임명하도록 하며 현장 환경관리업무를 책임지고 추진하게 하여야 한다.

③ 건설사업관리기술인은 환경영향평가법 시행규칙 제17조에 따라 발주청에 의해 관리책임자로 지정된 경우 협의내용의 관리를 성실히 수행하여야 한다.

④ 건설사업관리기술인은 해당 공사에 대한 환경영향평가보고서 및 환경영향평가 협의내용을 근거로 하여 지형·지질, 대기, 수질, 소음·진동 등의 관리계획서가 수립되었는지 다음 각 호의 내용을 검토한 후 공사감독자에게 보고하여야 한다.

1. 시공자의 환경관리 조직·편성 및 임무의 법상 구비조건, 충족 및 실질적인 활동 가능성 검토
2. 환경영향평가 협의내용의 관리계획 실효성 검토
3. 환경영향 저감대책 및 공사중, 공사 후 환경관리계획서 적정성 검토
4. 환경전문기술인 자문사항에 대한 검토
5. 환경관리 예산편성 및 집행계획 적정성 검토

⑤ 건설사업관리기술인은 사후 환경관리계획에 따른 공사현장에 적합한 관리가 되도록 다음 각 호의 내용과 같이 업무를 수행하여야 한다.

1. 시공자로 하여금 환경영향평가서 내용을 검토하여 현장실정에 적합한 저감대책을 수립하여 시공단계별 관리계획서를 수립
2. 시공자에게 항목별 시공전·후 사진촬영 및 위치도를 작성하여 협의내용 관리대장에 기록
3. 시공자로 하여금 환경관리에 대한 점검 및 평가를 실시하고 환경영향조사결과서에 기록

⑥ 건설사업관리기술인은 「환경영향평가법」 제35조에 따른 협의내용을 기재한 관리대장을 비치토록 하고 기록사항이 사실대로 작성·이행되는지를 점검하여야 한다. (별지 제24호 서식)

⑦ 건설사업관리기술인은 「환경영향평가법」 제36조제1항의 규정에 따른 사후환경영향 조사결과를 「환경영향평가법 시행규칙」 제19조제4항에서 정하는 기한 내에 지방환경관서의 장 또는 승인기관의 장에게 통보할 수 있도록 지도하여야 한다.(별지 제25호 서식)

⑧ 건설사업관리기술인은 건축물 해체·제거과정에서 석면이 발생하는 경우에는 관련 규정에 따라 처리될 수 있도록 지도·감독하여야 한다.

⑨ 시공자는 사토 및 순성토가 10,000㎥ 이상 발생하는 공사현장에서는 「도로법」 제77조 및 「도로법 시행령」 제79조에 따른 과적차량 발생을 방지하기 위하여 축중기를 설치하여야 하며, 축중기 설치 및 관리에 관한 사항은 「건설현장 축중기 설치지침(국토교통부 훈령)」 에 따른다.

⑩ 건설사업관리기술인은 제9항에 따라 시공자가 설치한 축중기가 적절히 운영·관리되도록 확인하여야 한다.

⑪ 건설사업관리기술인은 「건설폐기물의 재활용촉진에 관한 법률」 제18조에 따라 해당 건설공사에서 발생하는 건설폐기물을 배출하는 자(발주청)가 건설폐기물의 인계·인수에 관한 내용을 환경부장관이 구축·운영하는 전자정보처리프로그램(올바로)에 입력하는 업무의 대행

을 요청하는 경우 관련 업무를 수행할 수 있다.

제67조(설계변경 관리) ① 건설사업관리기술인은 공사 실정보고에 관련하여 다음 각 호의 업무를 수행하여야 한다.

1. 설계도서와 현지여건이 상이한 부분에 대한 내용 파악(현지 여건 조사)
2. 시공자가 제출한 실정보고 내용의 적정성 검토
3. 발주청에 설계변경을 위한 공사 실정보고 제출

② 건설사업관리기술인은 특수한 공법이 적용되는 경우 기술검토 및 시공상 문제점 등의 검토를 할 때에는 건설사업관리용역사업자의 본사 기술지원기술인 등을 활용하고, 필요시 발주청과 협의하여 외부의 국내・외 전문가에 자문하여 검토의견을 제시 할 수 있으며 특수한 공종에 대하여 외부 전문가의 건설사업관리 참여가 필요하다고 판단될 경우 발주청과 협의하여 외부전문가를 참여 시킬 수 있다.

③ 건설사업관리기술인은 설계변경 및 계약금액의 조정업무의 흐름도(별표3)를 참조하여 건설사업관리업무를 수행하여야 한다.

④ 건설사업관리기술인은 공사 시행과정에서 당초설계의 기본적인 사항인 중심선, 계획고, 구조물의 구조 및 공법 등의 변경없이 현지여건에 따른 위치변경과 연장 증감 등으로 인한 수량증감이나 단순 구조물의 추가 또는 삭제 등의 경미한 설계변경 사항이 발생한 경우에는 설계변경도면, 수량증감 및 증감공사비 내역을 시공자로부터 제출받아 검토하고 공사감독자에게 보고하여야 한다.

⑤ 발주청은 사업환경의 변동, 기본계획의 조정, 민원에 의한 노선변경, 공법변경, 그 밖에 시설물 추가 등으로 설계변경이 필요한 경우에는 다음 각 호의 서류를 첨부하여 서면으로 건설사업관리기술인에게 설계변경을 하도록 지시하여야 한다. 단, 발주청이 설계변경 도서를 작성할 수 없을 경우에는 설계변경 개요서만 첨부하여 설계변경 지시를 할 수 있다.

1. 설계변경 개요서

2. 설계변경 도면, 시방서, 계산서 등
3. 수량산출조서
4. 그 밖에 필요한 서류

⑥ 제5항의 지시를 받은 건설사업관리기술인은 지체없이 시공자에게 동 내용을 통보하여야 한다. 이 경우 발주청의 요구로 만들어지는 설계변경도서 작성비용은 원칙적으로 발주청이 부담하여야 한다.

⑦ 설계변경을 하려는 경우 건설사업관리기술인은 발주청의 방침에 따라 시공자로 하여금 제5항 각 호의 서류와 설계변경에 필요한 구비서류를 작성하도록 한다. 이때 기술지원기술인은 현지여건 등을 확인하여 건설사업관리기술인에게 기술검토서를 작성·제출하여야 한다.

⑧ 건설사업관리기술인은 시공자가 현지여건과 설계도서가 부합되지 않거나 공사비의 절감과 건설공사의 품질향상을 위한 개선사항 등 설계변경이 필요하다고 설계변경사유서, 설계변경도면, 개략적인 수량증감내역 및 공사비 증감내역 등의 서류를 첨부하여 제출하면 이를 검토하여 필요시 기술검토의견서를 첨부하여 공사감독자에게 보고하고, 발주청의 방침을 득한 후 시공하도록 조치하여야 한다.

⑨ 건설사업관리기술인은 시공자로부터 현장실정 보고를 접수 후 기술검토 등을 요하지 않는 단순한 사항은 7일 이내, 그 외의 사항을 14일 이내에 검토처리 하여야 하며, 만일 기일내 처리가 곤란하거나 기술적 검토가 미비한 경우에는 그 사유와 처리계획을 공사감독자에게 보고하고 시공자에게도 통보하여야 한다.

⑩ 시공자는 구조물의 기초공사 또는 주공정에 중대한 영향을 미치는 설계변경으로 방침확정이 긴급히 요구되는 사항이 발생하는 경우에는 제8항 및 제9항의 절차에 따르지 않고 건설사업관리기술인에게 긴급현장 실정보고를 할 수 있으며, 건설사업관리기술인은 이를 공사감독자에게 지체없이 유선, 전자우편 또는 팩스 등으로 보고하여야 한다.

⑪ 발주청은 제8항, 제9항, 제10항에 따라 설계변경 방침결정 요구를 받은 경우에 설계변경에 대한 기술검토를 위하여 발주청의 소속직원으

로 기술검토팀(T/F팀)을 구성(필요시 민간전문가로 자문단을 구성)·운영하여야 하며, 이 경우 단순한 사항은 7일 이내, 그 외의 사항은 14일 이내에 방침을 확정하여 공사감독자 및 건설사업관리기술인에게 통보하여야 한다. 다만, 해당 기일내 처리가 곤란하여 방침결정이 지연될 경우에는 그 사유를 명시하여 통보하여야 한다.

⑫ 발주청은 설계변경 원인이 설계자의 하자라고 판단되는 경우에는 설계변경(안)에 대한 설계자 의견서를 제출토록 하여야 하며, 대규모 설계변경 또는 주요 구조 및 공종에 대한 설계변경은 설계자에게 설계변경을 지시하여 조치한다.

⑬ 시공자의 "개선제안공법"으로 설계변경을 제안하는 경우에는「건설기술진흥업무 운영규정」(국토교통부 훈령)에 따라 처리하여야 한다.

⑭ 건설사업관리기술인은 설계변경 등으로 인한 계약금액의 조정을 위한 각종 서류를 시공자로부터 제출받아 검토한 후 설계서를 대표자 명의로 공사감독자에게 제출하여야 한다. 규칙 제33조에 따라 통합하여 시행하는 건설사업관리의 경우(이하 "통합건설사업관리"라 한다)로서 대규모 사업인 경우에 검토자는 실제 검토한 담당 건설사업관리기술인 및 책임건설사업관리기술인이 연명으로 날인토록 하고 변경설계서의 표지 양식은 사전에 발주청과 협의하여 정하여야 한다.

⑮ 건설사업관리기술인은 설계변경 등으로 인한 계약금액 조정 업무처리를 지체함으로써 공사추진에 지장을 초래하지 않도록 적기에 계약변경이 이루어 질 수 있도록 조치하고 시공자의 설계변경도서 미제출에 따른 지체시에는 준공조서 작성 시 그 사유를 명시하고 정산 조치하여야 한다. 최종 계약금액의 조정은 예비 준공검사기간 등을 고려하여 늦어도 준공예정일 75일 전까지 발주청에 제출되어야 한다.

제68조(암반선 확인) ① 발주청은 공사착공 즉시 암판정위원회를 상시 구성·운영하고 암반선 노출 즉시 암판정을 실시하도록 하여야 하며 직접 육안으로 확인하고, 정확한 판정을 위해 필요한 추가 시험을 실시하여야 한다.

② 암판정 준비 및 절차는 다음 각 호와 같은 요령으로 실시한다.

1. 암판정 대상은 절토부 암선 변경시와 구조물 기초(암거, 교량 등), 터널 암질변경시 등에 대하여 실시
2. 암판정 요청 체계도 작성
3. 암판정위원회는 암판정 대상 공종의 중요성, 수량, 시공현장 여건 등을 종합적으로 고려하여 토질 및 기초분야 기술지원기술인(건축공사는 토목분야 기술지원기술인을 말함), 공사감독자, 외부전문가 및 건설사업관리기술인 등으로 구성하고 시공회사의 현장대리인은 반드시 입회
4. 준비사항 및 보고방법

가. 절토부 암판정을 할 때에는 측량기, 줄자, 카메라, 깃발 등을 준비하고 물량 증감 현황표, 토적표, 횡단도(암질 구분표시), 공사비 증감대비표 등 첨부

나. 구조물 기초 암판정을 할 때에는 주상도 작성(당초와 변경비교), 종평면도, 측량성과표, 시공계획(기초에 대한 의견서), 기초확인 측량시 사진촬영 보관(근경, 원경), 시추와 굴착에 의한 시료함을 보관(시험실 비치)하고 보고

다. 터널 암판정을 할 때에는 주상도, 측량성과표, 굴착천공표, 종평면도, 사진, 현장 시험실에 단면별 시료채취 보관함 비치, 터널굴착(막장)별 관리대장을 기록·비치하고 설계조건과 상이한 암질변화시 굴착방법과 보강방법을 임의대로 하지 말고, 암판정위원회의 심의를 거친 후 시행, 보고

제69조(설계변경계약전 기성고 및 지급자재의 지급) ① 건설사업관리기술인은 발주청의 방침을 지시 받았거나, 승인을 받은 설계변경 사항의 기성고는 해당 공사의 변경계약을 체결하기 전이라도 당초 계약된 수량과 공사비 범위에서 설계변경 승인 사항의 공사 기성부분에 대하여 기성고를 검토하여야 한다.

② 건설사업관리기술인은 제1항의 설계변경 승인 사항에 따른 발주청이 공급하는 지급자재에 대하여 시공자의 요청이 있을 경우 변경계약 체

결전이라고 하여도 공사추진상 필요할 경우 변경된 소요량을 확인한 후 공사감독자에게 보고하여야 하며 공사감독자는 공사추진에 지장이 없도록 조치하여야 한다.

제70조(물가변동으로 인한 계약금액 조정) 건설사업관리기술인은 시공자로부터 물가변동에 따른 계약금액 조정·요청을 받을 경우 다음 각 호의 서류를 제출받아 적정성을 검토한 후 14일 이내에 공사감독자에게 보고하여야 한다.

1. 물가변동 조정요청서
2. 계약금액 조정요청서
3. 품목조정율 또는 지수조정율 산출근거
4. 계약금액 조정 산출근거
5. 그 밖의 설계변경에 필요한 서류

제71조(업무조정회의) ① 발주청은 공사시행과 관련하여 공사관계자간에 발생하는 이견을 효율적으로 조정하기 위하여 업무조정회의를 운영하여야 한다.

② 업무조정회의는 발주청, 건설사업관리기술인, 시공자(하도급업체를 포함) 관계자가 참여하며 필요시 기술자문위원회위원, 변호사, 변리사, 교수 등 민간전문가 등의 자문을 받을 수 있다.

③ 업무조정회의의 심의대상은 다음 각 호와 같다.

1. 공사관계자 일방의 귀책사유로 인한 공정지연 또는 공사비 증가 등의 피해가 발생한 경우
2. 공사관계자 일방의 부당한 조치로 인하여 피해가 발생한 경우
3. 그 밖의 공사시행과 관련하여 공사관계자간에 발생한 이견의 해결

④ 업무조정회의에 안건을 상정하고자 하는 자는 업무조정에 필요한 서류를 작성하여 발주청에 제출하여야 하며, 발주청은 안건상정 요청을 받은 날로부터 20일이내에 회의를 개최하여 조정하여야 한다.

⑤ 발주청, 건설사업관리용역사업자, 시공자는 회의결과에 승복하지 않

을 경우 법원에 소송을 제기할 수 있다.

제72조(기성 · 준공검사자 임명 및 검사기간) ① 건설사업관리기술인은 시공자로부터 별지 제26호 서식의 기성부분검사원 또는 별지 제30호 서식의 준공검사원을 접수하였을 때는 검토하여 공사감독자에게 보고하고, 별지 제27호 서식의 건설사업관리조서와 다음 각 호의 서류를 첨부하여 발주청에 제출하여야 한다. 다만, 「국가를 당사자로 하는 계약에 관한 법률 시행령」 제55조제7항 및 「지방자치단체를 당사자로 하는 계약에 관한 법률 시행령」 제64조제6항에 따른 약식 기성검사의 경우에는 건설사업관리조서와 기성부분내역서 만을 제출할 수 있다.

1. 주요자재 검사 및 수불부
2. 시공 후 매몰부분에 대한 건설사업관리기술인의 검사기록 서류 및 시공 당시의 사진
3. 품질시험 · 검사 성과 총괄표
4. 발생품 정리부
5. 준공검사원에는 지급자재 잉여분 조치현황과 공사의 사전검측 · 확인 서류, 안전관리점검 총괄표 추가첨부

② 발주청은 기성부분검사원 또는 준공검사원을 접수하였을 때는 3일안에 소속 직원 중 2명 이상의 검사자를 임명하여야 하며, 필요시 시설물 인수기관, 유지관리기관의 직원으로 하여금 기성 및 준공검사에 입회 · 확인토록 조치하여야 한다.

③ 기성 또는 준공검사자(이하 "검사자"라 함)는 계약에 소정 기일이 명시되지 않는 한 임명통지를 받은 날로부터 8일 안에 해당공사의 검사를 완료하고 별지 제29호, 별지 제31호 서식의 검사조서를 작성하여 검사완료일로부터 3일 안에 검사결과를 소속 기관의 장에게 보고하여야 한다.

④ 검사자는 검사조서에 검사사진을 첨부하여야 하며, 준설공사의 경우는 수심평면도를 첨부하여야 한다.

⑤ 발주청의 장은 천재지변, 해일, 그 밖에 이에 준하는 불가항력으로 인

해 제9항에서 정한 기간을 준수할 수 없을 때에는 검사에 필요한 최소한의 범위 내에서 검사기간을 연장할 수 있다.

⑥ 불합격 공사에 대한 보완, 재시공 완료 후 재검사 요청에 대한 검사기간은 시공자로부터 그 시정을 완료한 사실을 통보 받은 날로부터 제9항의 기간을 계산한다.

제73조(기성 · 준공검사 및 재시공) ① 검사자는 해당 공사의 현장에 상주기술인 및 시공자 또는 그 대리인 등을 입회케 하여야 한다.

② 건설사업관리기술인은 다음 사항을 준비하여 검사자가 확인하도록 하여야 한다.

1. 기성검사
   가. 기성부분내역(별지 제28호 서식)
   나. 지급자재의 시험기록 및 비치목록
   다. 시공 완료되어 검사시 외부에서 확인하기 곤란한 부분(가시설, 고공시설물, 수중, 접근 곤란한 시설물 등)에 대해서 시공당시 검측자료(영상자료 등)로 갈음
   라. 건설사업관리기술인의 기성검사원에 대한 사전 검토의견서
   마. 품질시험 · 검사 성과 총괄표 내용
   바. 그 밖에 발주청이 요구한 사항
2. 준공검사
   가. 준공도서
   나. 감리 업무일지 등 제감리기록
   다. 폐품 또는 발생품 대장
   라. 지급자재 수불부
   마. 가시설 철거 및 현장 복구기록 (토석 채취장 포함)
   바. 건설사업관리기술인의 준공검사원에 대한 검토의견서
   사. 그 밖에 발주청이 요구한 사항

③ 검사자는 시공된 부분이 수중 지하구조물의 내부 또는 저부 등 시공

후 매몰되어 사후검사가 곤란한 부분과 주요 구조물에 중대한 피해를 주거나 대량의 파손 및 재시공 행위를 요하는 검사는 건설사업관리조서와 사전검사 등을 근거로 하여 검사를 행할 수 있다.

④ 검사자는 검사에 합격되지 않는 부분이 있을 때에는 소속기관의 장에게 지체없이 그 내용을 보고하고 즉시 시공자로 하여금 보완시공 또는 재시공케 한 후, 재검사하여야 한다.

제74조(준공검사 등의 절차) ① 건설사업관리기술인은 해당 공사완료 후 준공검사전 사전 시운전 등이 필요하면 시공자로 하여금 다음 각 호의 사항이 포함된 시운전을 위한 계획을 수립하여 시운전 30일 전까지 제출토록 하여야 한다.

1. 시운전 일정
2. 시운전 항목 및 종류
3. 시운전 절차
4. 시험장비 확보 및 보정
5. 설비 기구 사용계획
6. 운전요원 및 검사요원 선임계획

② 건설사업관리기술인은 시공자가 제출한 시운전계획서를 검토하여 시운전 20일 전까지 공사감독자에게 보고하도록 하여야 한다.

③ 건설사업관리기술인은 시공자로 하여금 다음 각 호와 같이 시운전 절차를 준비하도록 하여야 하며 시운전에 입회하여야 한다.

1. 기기점검
2. 예비운전
3. 시운전
4. 성능보장운전
5. 검수
6. 운전인도

④ 건설사업관리기술인은 시운전 완료 후에 다음 각 호의 성과품을 시공

자로부터 제출받아 검토 후 발주청에 인계하여야 한다.

1. 운전개시, 가동절차 및 방법
2. 점검항목 점검표
3. 운전지침
4. 기기류 단독 시운전 방법검토 및 계획서
5. 실가동 다이어그램(Diagram)
6. 시험 구분, 방법, 사용매체 검토 및 계획서
7. 시험성적서
8. 성능시험성적서 (성능시험 보고서)

⑤ 건설사업관리기술인은 공사현장에 주요공사가 완료되고 현장이 정리단계에 있을 때에는 준공 2개월 전에 준공 기한내 준공 가능여부 및 미진사항의 사전 보완을 위해 예비 준공검사를 실시토록 준비하고 공사감독자에게 보고하여야 한다.

⑥ 발주청은 예비준공검사에 필요시 기술지원기술인 및 지방자치단체 등 유관기관 소속직원을 참여하게 할 수 있다.

⑦ 예비준공검사는 건설사업관리기술인이 확인한 정산설계도서 등에 따라 검사하여야 하며, 그 검사 내용은 준공검사에 준하여 철저히 시행하여야 한다.

⑧ 건설사업관리기술인은 정산설계도서 등을 검토·확인하고 시설 목적물이 발주청에 차질없이 인계될 수 있도록 하여야 한다. 건설사업관리기술인은 시공자로부터 가능한 준공예정일 2개월 전까지 정산설계도서를 제출받아 이를 검토·확인하여야 한다.

⑨ 건설사업관리기술인은 시공자가 작성 제출한 준공도면이 실제 시공된 대로 작성되었는지의 여부를 검토·확인하여 검토의견서를 공사감독자에게 제출하여야 한다.

제75조(계약자간 시공인터페이스 조정) 건설사업관리기술인은 다음 각 호와 같은 계약자간 시공인터페이스 조정업무를 수행해야 한다.

1. 공사관계자간 업무조정회의 운영 실시
2. 공사 시행단계별 간섭사항 내용파악을 위한 사전 검토

제76조(시공단계의 예산검증 및 지원) ① 건설사업관리기술인은 예산검증 및 공사도급계약/관급자재계약과 관련하여 기술적 검토를 하여야 하며 다음 각 호의 내용을 포함한다.

1. 예산확정여부 및 계약방식(예:장기계속계약, 계속비계약, 단년도계약)에 따라 자금집행계획 수립지원(연도별예산 및 연부액을 고려하여)
2. 공사도급 및 납품계약이 연도별 예산의 범위내에 해당 되는지, 산출내역 및 예정공정률(보할률)의 적정성검토, 관급자재의 경우 납품시기의 적정성 검토 및 조정이 필요한 경우 기술지원업무
3. 계약시기에 따른 원가계산제비율 규정을 준수 여부(항목누락여부, 최소비율항목, 최대비율항목)

② 건설사업관리기술인은 기성 및 계약변경에 의한 예산 모니터링 및 예측 등 통제업무지원을 수행하여야 하며 다음 각 호의 내용을 포함한다.

1. 예산대비 선금, 차수별 기성집행, 관급자재 대가지급 등 그 밖의 지출비용 집행현황 모니터링 및 분석 등
2. 설계변경 및 물가변동에 의한 계약금액 조정 시 예산변동상황 모니터링 및 분석 등, 발주청 예산통제업무 지원(필요시 방안제시)
3. 기능향상 또는 공사비절감을 위한 시공VE수행 업무지원

제8절 시공 단계 업무(감독 권한대행 업무 포함)

제77조(일반행정업무) ① 건설사업관리기술인은 시공자가 제출하는 다음 각 호의 서류를 접수하여야 하며 접수된 서류에 하자가 있을 경우에는 접수일로부터 3일 이내에 시공자에게 문서로 보완을 지시하여야 한다.

1. 지급자재 수급요청서 및 대체사용 신청서
2. 주요기자재 공급원 승인요청서

3. 각종 시험성적표
4. 설계변경 여건보고
5. 준공기한 연기신청서
6. 기성·준공 검사원
7. 하도급 통지 및 승인요청서
8. 안전관리 추진실적 보고서(안전관리 활동, 안전관리비 및 산업안전보건관리비 사용실적 등)
9. 확인측량 결과보고서
10. 물량 확정보고서 및 물가 변동지수 조정율 계산서
11. 품질관리계획서 또는 품질시험계획서
12. 그 밖에 시공과 관련된 필요한 서류 및 도표(천후표, 온도표, 수위표, 조위표 등)
13. 발파계획서
14. 원가계산에 의한 예정가격작성준칙에 대한 공사원가계산서상의 건설공사 관련 보험료 및 건설근로자퇴직공제부금비 납부내역과 관련 증빙자료
15. 일용근로자 근로내용확인신고서

② 건설사업관리기술인은 건설사업관리업무수행상 필요한 경우에는 다음 각 호의 문서를 별지 서식을 참조하여 작성·비치하여야 한다.

1. 문서접수 및 발송대장(별지 제14호 서식)
2. 민원처리부(별지 제15호 서식)
3. 품질시험계획(별지 제16호 서식)
4. 품질시험·검사성과 총괄표(별지 제17호 서식)
5. 품질시험·검사 실적보고서(별지 제18호 서식)
6. 검측대장(별지 제19호 서식)
7. 발생품(잉여자재) 정리부(별지 제20호 서식)

8. 안전보건 관리체제(별지 제21호 서식)
9. 재해 발생현황(별지 제22호 서식)
10. 안전교육 실적표(별지 제23호 서식)
11. 협의내용 등의 관리대장(별지 제24호 서식)
12. 사후 환경영향조사 결과보고서(별지 제25호 서식)
13. 공사 기성부분 검사원(별지 제26호 서식)
14. 건설사업관리기술인(기성부분, 준공) 건설사업관리조서(별지 제27호 서식)
15. 공사 기성부분 내역서(별지 제28호 서식)
16. 공사 기성부분 검사조서(별지 제29호 서식)
17. 준공검사원(별지 제30호 서식)
18. 준공검사조서(별지 제31호 서식)

③ 건설사업관리기술인은 시공자가 작성한 공사일지를 제출받아 확인한 후 보관하여야 한다.

제78조(보고서 작성, 제출) ① 건설사업관리기술인은 법 제39조제4항 및 규칙 제36조에 따라 다음 각 호의 서식에 따른 건설사업관리 보고서를 법 제69조에 따른 건설기술용역사업자단체가 개발·보급한 건설사업관리업무 보고시스템을 이용하여 발주청에 제출하되, 중간보고서는 다음달 7일까지 최종보고서는 용역의 만료일부터 14일 이내에 각각 제출하여야 한다. 이 경우 발주청이 별도의 온라인 건설사업관리업무 보고시스템을 활용하는 경우에는 온라인 건설사업관리업무 보고시스템의 이용으로 갈음할 수 있다.

1. 건설사업관리 중간(월별)보고서 작성서식
   가. 공사추진현황 등 (별지 제32호 서식)
   나. 건설사업관리기술인 업무일지(별지 제33호 서식)
   다. 품질시험·검사대장(별지 제34호 서식)
   라. 구조물별 콘크리트 타설현황(작업자 명부를 포함한다)(별지 제35

호 서식)

마. 검측요청・결과통보내용(별지 제36호 서식)

바. 자재 공급원 승인 요청・결과통보 내용(별지 제37호 서식)

사. 주요자재 검사 및 수불내용(별지 제38호 서식)

아. 공사설계 변경현황(별지 제39호 서식)

자. 주요구조물의 단계별 시공현황(별지 제40호 서식)

차. 콘크리트 구조물 균열관리 현황(별지 제41호 서식)

카. 공사사고 보고서(별지 제42호 서식)

타. 그 밖에 발주청이 필요하다고 인정하여 계약에서 정한 내용

2. 건설사업관리 최종보고서 작성서식

가. 건설공사 및 건설사업관리용역 개요(별지 제43호 서식)

나. 공사추진내용 실적(별지 제44호 서식)

다. 검측내용 실적 종합(별지 제45호 서식)

라. 품질시험・검사실적 종합(별지 제46호 서식)

마. 주요자재 관리실적 종합(별지 제47호 서식)

바. 안전관리 실적 종합(별지 제48호 서식)

사. 분야별 기술검토 실적 종합(별지 제49호 서식)

아. 우수시공 및 실패시공 사례(별지 제50호 서식)

자. 종합분석(별지 제51호 서식)

차. 그 밖에 발주청이 필요하다고 인정하여 계약에서 정한 내용

② 건설사업관리기술인은 건설사업관리업무 보고시스템을 이용할 경우 관련 공문 또는 서명이 들어있는 문서는 원형 그대로 스캐너를 이용하여 입력하여야 하며, CAD, 문서 편집용 프로그램, 표계산 프로그램 등 상용 소프트웨어로 작성한 자료는 전자파일 형태 그대로 입력할 수 있다. 또한 발주청의 온라인 건설사업관리업무 보고시스템을 이용하는 경우 문서는 CAD(Computer Aided design, 컴퓨터 보조설계), 문서 편집용 프로그램(워드프로세서), 표계산 프로그램(엑셀 등)의 전자파

일 형태 업로드 후 전자결재로 서명을 대신하고, 스캐너는 전자파일 입력이 불가한 문서에 한정하여 이용할 수 있다.

③ 건설사업관리기술인은 건설사업관리업무 보고시스템을 이용하여 건설사업관리 보고서를 제출하는 경우에 활용각종 문서를 업무분류, 문서분류, 공종분류, 주요구조물 및 위치 등으로 분류한 후 입력하여 자료검색이 용이하도록 하여야하며 모든 문서는 1건의 문서단위별로 구분하여 날자 별로 입력하여야 한다.

④ 발주청은 별도의 온라인 건설사업관리업무 보고시스템을 활용하는 경우에는 건설사업관리기술인으로 하여금 온라인 건설사업관리업무 보고시스템의 활용을 용이하게 하기 위하여 각종 서식 및 문서를 전자파일 형태로 작성될 수 있도록 표준화하여 스캐너를 이용한 자료입력이 최소화되도록 하여야 한다.

⑤ 발주청은 건설사업관리용역사업자가 건설사업관리업무 보고시스템의 이용을 위한 보고서 작성 및 제출에 필요한 전산장비(개인용컴퓨터, 스캐너, CD-RW등) 구축 및 운영에 소요되는 비용을 용역금액에 계상하여야 한다.

제79조(현장대리인 등의 교체) ① 건설사업관리기술인은 현장대리인 또는 시공회사 기술인 등(이하 이 조에서 “현장대리인 등”이라 한다)이 제2항 각 호에 해당되어 해당 현장에 적절치 않은 경우 시공회사의 대표자 및 본인에게 문서로 시정을 요구하고 이에 불응 시에는 사유를 명시하여 발주청에 교체를 요구하여야 한다.

② 현장대리인, 시공회사 기술인 및 하도급자의 교체 건의를 받은 발주청은 공사관리관으로 하여금 교체사유 등을 조사·검토하게 하여 다음 각 호와 같은 교체사유가 인정될 경우에는 시공자에게 교체토록 요구하여야 한다.

1. 현장대리인 등이 「건설산업기본법」 및 「건설기술 진흥법」 등의 규정에 의한 건설기술인 배치기준, 법정 교육훈련 이수 및 품질시험 의무 등의 법규를 위반하였을 때

2. 현장대리인이 건설사업관리기술인과 발주청의 사전승락을 얻지 않고 정당한 사유없이 해당 건설공사의 현장을 이탈한 때
3. 현장대리인 등의 고의 또는 과실로 인하여 건설공사를 조잡하게 시공하거나 부실시공을 하여 일반인에게 위해를 끼친 때
4. 현장대리인 등이 계약에 따른 시공능력 및 기술이 부족하다고 인정되거나 정당한 사유없이 기성공정이 예정공정에 현격히 미달할 때
5. 현장대리인이 불법하도급하거나 이를 방치하였을 때
6. 현장대리인이 건설사업관리기술인의 검측·승인을 받지 않고 후속공정을 진행하거나 정당한 사유없이 공사를 중단한 때
7. 현장대리인 등이 건설사업관리기술인의 정당한 지시에 응하지 않을 때
8. 현장대리인 등이 시공관련 의무를 면제받고자 부정한 행위를 한 경우
9. 시공자의 귀책사유로 중대한 재해(시공중 사망 1인이상 또는 3개월 이상의 요양을 요하는 부상자가 동시에 2인이상 또는 부상자가 동시에 10인이상)가 발생하였을 경우

③ 제2항에 따라 교체 요구를 받은 시공자는 특별한 사유가 없으면 신속히 교체 요구에 따라야 하며 변경한 내용은 착공신고서 제출과 하도급 선정 절차에 따라 처리하여야 한다.

④ 건설사업관리기술인은 해당 건설공사의 품질 및 안전관리 상 필요하다고 인정하는 때에는 전기·소방 등 설비공사의 건설사업관리기술인에게 시정지시 등 필요한 조치를 할 수 있으며, 설비 건설사업관리기술인이 시정지시 등 필요한 조치에 정당한 사유 없이 응하지 않을 경우에는 설비 건설사업관리기술인을 교체하도록 발주청에 요구할 수 있다.

제80조(공사착수단계 행정업무) ① 건설사업관리용역사업자는 계약체결 즉시 상주 및 기술지원 기술인 투입 등 건설사업관리업무 수행준비에 대하여 발주청과 협의하여야 하며, 계약서상 착수일에 건설사업관리용역을 착수하여야 한다. 다만, 건설사업관리 대상 건설공사의 전부 또는

일부의 용지매수 지연 등으로 계약서상 착수일에 건설사업관리용역을 착수할 수 없는 경우에는 발주청은 실제 착수 시점 및 상주기술인 투입 시기 등을 조정, 통보하여야 한다.

② 건설사업관리용역사업자는 건설사업관리용역 착수 시 다음 각 호의 서류를 첨부한 착수신고서를 제출하여 발주청의 승인을 받아야 한다.

1. 건설사업관리업무수행계획서
2. 건설사업관리비 산출내역서
3. 상주, 기술지원 기술인 지정신고서(총괄책임자 선임계를 포함한다)와 건설사업관리기술인 경력확인서
4. 건설사업관리기술인 조직 구성내용과 건설사업관리기술인별 투입기간 및 담당업무

③ 입찰참가자격사전심사에 의해 건설사업관리용역사업자로 선정된 경우에 있어 제2항제3호의 건설사업관리기술인은 입찰참가제안서에 명시된 자로 하여야 한다. 다만, 부득이한 사유로 교체가 필요한 경우에는 기술자격, 학·경력 등을 종합적으로 검토하여 건설사업관리업무수행 능력이 저하되지 않는 범위 내에서 발주청의 사전승인을 받아야 한다.

④ 발주청은 제2항제3호 및 제4호의 내용을 검토하여 건설사업관리기술인 또는 건설사업관리조직 구성내용이 해당 공사현장의 공종 및 공사성격에 적합하지 않다고 인정할 때에는 그 사유를 명시하여 서면으로 건설사업관리용역사업자에 변경을 요구할 수 있으며, 변경요구를 받은 건설사업관리용역사업자는 특별한 사유가 없으면 요구에 따라야 한다.

⑤ 건설사업관리기술인은 공사시공과 관련된 각종 인·허가 사항을 포함한 제반법규 등을 시공자로 하여금 준수토록 지도·감독하여야 하며, 발주청이 득하여야 하는 인·허가 사항은 발주청에 협조·요청하여야 한다.

⑥ 승인된 건설사업관리기술인은 업무의 연속성, 효율성 등을 고려하여

특별한 사유가 없으면 건설사업관리용역 완료시 까지 근무토록 하여야 하며 교체가 필요한 경우에는 시행규칙 제35조제5항에 따라 교체 인정 사유를 명시하여 발주청의 사전승인을 받아야 한다.

⑦ 건설사업관리기술인의 구성은 계약문서에 기술된 과업내용에 따라 관련분야 기술자격 또는 학력·경력을 갖춘자로 구성되어야 한다.

⑧ 건설사업관리단의 조직은 공사담당, 품질담당 및 안전담당 등으로 현장여건에 따라 구성토록 함으로서 건설사업관리업무를 효율적으로 수행할 수 있도록 하여야 한다. 또한 공사의 원활한 추진을 위하여 필요한 경우 발주청의 승인을 받아 한시적으로 검측을 담당하도록 건설사업관리기술인을 투입할 수 있다.

⑨ 책임건설사업관리기술인은 분야별 건설사업관리기술인의 개인별 업무를 분담하고 그 분담 내용에 따라 업무수행계획을 수립하여 과업을 수행토록 하여야 한다.

⑩ 건설사업관리기술인은 현장에 부임하는 즉시 사무소, 숙소, 사고발생 및 복구시 응급대처 할 수 있는 비상연락체계, 전화번호 및 FAX 등을 발주청에 보고하여 업무연락에 차질이 없도록 하여야 하며 변경 되었을 경우에도 보고하여야 한다.

제81조(공사착수단계 설계도서 등 검토업무) ① 건설사업관리기술인은 설계도면, 시방서, 구조계산서, 산출내역서, 공사계약서 등의 계약내용과 해당 공사의 조사설계보고서 등의 내용을 숙지하여 새로운 방향의 공법 개선 및 예산절감을 기하도록 노력하여야 한다.

② 건설사업관리기술인은 설계서 등의 공사 계약문서 상호간의 모순되는 사항, 현장 실정과의 부합 여부 등 현장시공을 중심으로 하여 해당 건설공사 시공이전에 적정성을 검토하여야 하며, 특히 기술지원기술인은 주요구조부(가시설물을 포함한다)를 포함한 기술적 검토사항과 상주기술인이 요청한 사항을 검토하여야 한다. 이 경우, 검토내용에는 다음 각 호의 사항 등이 포함되어야 한다.

1. 현장 조건에 부합 여부

2. 시공의 실제가능여부
3. 공사착수전, 공사시행중, 준공 및 인계·인수단계에서 다른 사업 또는 다른 공정과의 상호 부합여부
4. 설계도면, 시방서, 구조계산서, 산출내역서 등의 내용에 대한 상호 일치여부
5. 설계도서에 누락, 오류 등 불명확한 부분의 존재 여부
6. 발주청에서 제공한 공종별 목적물의 물량내역서와 시공자가 제출한 산출내역서 수량과의 일치 여부
7. 시공 시 예상 문제점 등
8. 사업비 절감을 위한 구체적인 검토

③ 건설사업관리기술인은 제2항의 검토결과 불합리한 부분, 착오, 불명확하거나 의문사항이 있을 시는 그 내용과 의견을 발주청에 보고하여야 한다. 또한 시공자에게도 설계도서 및 산출내역서 등을 검토 하도록 하여 검토결과를 보고 받아야 한다.

④ 건설사업관리기술인은 착공 즉시 공사 설계도서 및 자료, 공사계약문서 등을 발주청으로부터 인수하여 관리번호를 부여하고, 관리대장을 작성하여 공사관계자 이외의 자에게 유출을 방지하는 등 관리를 철저히 하여야 하며, 외부 유출시 발주청(공사관리관)의 승인을 받아야 한다.

⑤ 건설사업관리기술인은 설계도서를 반드시 도면 보관함에 보관하여야 하고 케비넷 등에 보관된 설계도서 및 관리서류의 명세서를 기록하여 내측에 부착하여야 하며, 시공자가 차용하여 간 설계도서도 필히 상기 요령에 따라 보관토록 하여야 한다.

⑥ 건설사업관리기술인은 공사준공과 동시에 인수한 설계도서 등을 발주청에 반납하거나 지시에 따라 폐기처분 한다.

제82조(공사착수단계 현장관리) ① 건설사업관리기술인은 공사의 여건을 감안하여 각종 법규정, 표준시방서, KS 규정집 및 필요한 기술서적 등을 비치하여야 한다.

② 건설사업관리기술인은 시공자가 공사안내표지판을 설치하는 경우 시공자로부터 표지판의 제작방법, 크기, 설치장소 등이 포함된 표지판 제작설치 계획서를 제출 받아 검토한 후 설치하도록 하여야 한다.

③ 건설사업관리기술인은 건설공사가 착공된 경우에는 시공자로부터 다음 각 호의 서류가 포함된 착공신고서를 제출 받아 적정성 여부를 검토하여 7일 이내에 발주청에 보고하여야 한다.

1. 현장기술인 지정신고서(현장관리조직, 현장대리인, 품질관리자, 안전관리자, 보건관리자)
2. 건설공사 공정예정표
3. 품질관리계획서 또는 품질시험계획서(실착공 전에 제출 가능)
4. 공사도급 계약서 사본 및 산출내역서
5. 착공전 사진
6. 현장기술인 경력사항 확인서 및 자격증 사본
7. 안전관리계획서(실착공 전에 제출 가능)
8. 유해·위험방지계획서(실착공 전에 제출 가능)
9. 노무동원 및 장비투입 계획서
10. 관급자재 수급계획서

④ 건설사업관리기술인은 다음 각 호를 참고하여 착공신고서의 적정여부를 검토하여야 한다.

1. 계약내용의 확인
   가. 공사기간 (착공~준공)
   나. 공사비 지급조건 및 방법 (선금, 기성부분 지급, 준공금 등)
   다. 그 밖에 공사계약문서에서 정한 사항
2. 현장 기술인의 적격 여부
   가. 현장대리인 : 「건설산업기본법」 제40조, 「전기공사업법」 제16조 및 제17조, 「정보통신공사업법」 제33조 등
   나. 품질관리자 : 규칙 제50조

다. 안전관리자 : 「산업안전보건법」 제15조

라. 보건관리자 : 「산업안전보건법」 제16조

3. 건설공사 공정예정표 : 작업간 선행·동시 및 완료 등 공사전·후간의 연관성이 명시되어 작성 되고, 예정공정율이 적정하게 작성 되었는지 확인
4. 품질관리계획서 : 영 제89조제1항에 따른 품질관리계획 관련규정을 준수하여 적정하게 작성되었는지 여부
5. 품질시험계획서 : 영 제89조제2항에 따른 품질시험계획 관련규정을 수하여 적정하게 작성되었는지 여부
6. 착공전 사진 : 전경이 잘 나타나도록 촬영되었는지 확인
7. 안전관리계획서 : 이 법 및 「산업안전보건법」에 따른 안전관리계획 관련규정을 준수하여 적정하게 작성되었는지 여부
8. 노무동원 및 장비투입계획서 : 건설공사의 규모 및 성격, 특성에 맞는 장비형식이나 수량 적정 여부

⑤ 건설사업관리기술인은 발주청이 설치한 용지말뚝, 삼각점, 도근점, 수준점 등의 측량기준점을 시공자가 이동 또는 손상시키지 않도록 하여야 하며, 시공자가 이동이 필요하다고 할 때는 건설사업관리기술인의 승인을 받도록 하여야 한다.

⑥ 건설사업관리기술인은 측량기준점중 중심말뚝, 교점, 곡선시점, 곡선종점 및 하천이나 도로의 거리표 등의 이설에 있어서는 정해진 위치를 찾아낼 수 있는 보조말뚝을 반드시 설치하도록 하여야 한다.

⑦ 건설사업관리기술인은 공사시행상 수위를 측정할 경우에는 관측이 용이한 위치에 수위표를 설치하여 상시 관측할 수 있게 하여야 한다.

⑧ 건설사업관리기술인은 시공자에게 토공 및 각종 구조물의 위치, 고저, 시공범위, 방향등을 표시하는 규준시설 등을 설치하도록 하고, 시공전에 반드시 확인·검사를 하여야 한다.

⑨ 건설사업관리기술인은 토공규준틀을 절토부, 성토부의 위치, 경사, 높이 등을 표시하며 직선구간은 2개 측점, 곡선 구간은 매측점마다 설

치하고 구배, 비탈 끝의 위치를 파악할 수 있도록 설치하여야 한다.

1. 암거, 옹벽 등의 구조물 기초부위는 수평규준틀을 설치하고, 시・종점을 알 수 있는 표지판을 설치
2. 건축물의 위치, 높이 및 기초의 폭, 길이 등을 파악하기 위한 수평규준틀과 조적공사의 고저, 수직면의 기준을 정하기 위한 세로규준틀 등을 설치

⑩ 건설사업관리기술인은 시공자로 하여금 규준시설 등을 다음 각 호와 같이 설치토록 하고, 준공때 까지 잘 보호되도록 조치하여야 하며, 시공도중 파손되어 복구가 필요하거나 이설이 필요한 경우에는 재설치토록 하여야 하며, 재설치한 규준시설 등은 반드시 확인・검사를 하여야 한다.

1. 설치위치는 공사추진에 지장이 없고 바라보기 용이한 곳
2. 설치방법은 공사기간 중 이동될 우려가 없는 시설물을 이용하거나 쉽게 파손되지 않고 변형이 없도록 설치하고 주위를 보호조치 하여야 함

⑪ 건설사업관리기술인은 착공 즉시 시공자로 하여금 다음 각 호의 사항과 같이 발주설계도면과 실제 현장의 이상 유무를 확인하기 위하여 확인측량을 실시토록 하여야 한다.

1. 삼각점 또는 도근점에서 중간점(IP) 등의 측량기준점의 위치(좌표)를 확인하고, 기준점은 공사 시 유실방지를 위하여 필히 인조점을 설치하여야 하며, 시공 중에도 활용할 수 있도록 인조점과 기준점과의 관계를 도면화하여 비치하여야 한다.
2. 공사 준공까지 보존할 수 있는 가수준점(TBM)을 시공에 편리한 위치에 설치하고, 국토지리정보원에서 설치한 주변의 수준점 또는 발주청이 지정한 수준점으로부터 왕복 수준측량을 실시하여 「공공측량의 작업규정 세부기준」에서 정한 왕복 허용오차 범위 이내일 경우에 측량을 실시하여야 한다.
3. 평판측량은 주변 지세를 알 수 있도록 예상 용지폭원보다 넓게 실시하여야 한다.

4. 횡단측량은 부지경계선으로부터 주변지형을 알 수 있는 범위까지 측정하여야 하며, 종단이 급변하는 지점(+측점)에 대하여도 필히 실시하여 도면화 하여야 한다.
5. 절취면에 암이 노출되어 있는 경우는 필히 토사, 리핑암, 발파암 등의 경계지점을 정확히 측정하여 횡단면도에 표기하여야 한다.
6. 인접공구 또는 기존시설물과의 접속부 등을 상호 확인 및 측량결과를 교환하여 이상 유무를 확인하여야 한다.

⑫ 건설사업관리기술인은 사전 설계도서를 숙지하고 확인측량 시 입회, 확인하여야 하며, 필요시 실시설계 용역회사 대표자의 위임장을 지참한 임직원 등과 합동으로 이상 유무를 확인토록 하여야 한다.

⑬ 건설사업관리기술인은 현지 확인측량결과 설계내용과 현저히 상이할 때는 발주청에 측량결과를 보고한 후 지시를 받아 실제 시공에 착수하게 하여야 하며, 그렇지 아니한 경우에는 원지반을 원상태로 보존하게 하여야 한다. 단, 중간점(IP) 등 중심선 측량 및 가수준점(TBM) 표고 확인측량을 제외하고 공사추진 상 필요시에는 시공구간의 확인, 측량 야장 및 측량결과 도면만을 확인, 제출한 후 우선 시공하게 할 수 있다.

⑭ 건설사업관리기술인은 확인측량을 공동 확인 후에는 시공자에게 다음 각 호의 서류를 작성・제출토록 하고, 확인측량 도면의 표지에 측량을 실시한 현장대리인, 실시설계 용역회사의 책임자(입회한 경우), 책임건설사업관리기술인이 서명・날인하고 검토의견서를 첨부하여 발주청에 보고하여야 한다. 단, 제13항 단서규정에 의할 경우는 다음의 제3호 및 제4호의 서류를 생략할 수 있다.

1. 건설사업관리기술인의 검토의견서
2. 확인측량 결과 도면 (종・횡단도, 평면도, 구조물도 등)
3. 산출내역서
4. 공사비 증감 대비표
5. 그 밖에 참고사항

⑮ 건축공사 현장의 건설사업관리기술인은 필요한 경우 「공간정보의 구

축 및 관리 등에 관한 법률」에 따라 확인 측량된 대지 경계선내의 공사용 부지에 시공자로 하여금 전체동의 건축물을 배치하도록 하여 도로에 의한 사선제한, 대지경계선에 의한 높이제한, 인동간격에 의한 높이제한 등 건축물 배치와 관련된 규정에 적합한지 여부를 확인 하고, 건축물 배치도면을 작성하게 하여 제14항에서 정한 서류와 함께 발주청에 보고하여야 한다.

⑯ 건설사업관리기술인은 발주청(공사관리관)이 주관하는 공사 관련자 회의에 참석하여 제12조제1항에서 정하는 업무범위, 현장조사 결과, 설계도서 등의 내용을 설명하고 필요한 사항에 대하여는 발주청(공사관리관)이 정하는 바에 따라야 한다.

第83조(하도급 적정성 검토) ① 건설사업관리기술인은 시공자가 도급 받은 건설공사를 「건설산업기본법」 제29조, 공사계약일반조건 제42조 규정에 따라 하도급 하고자 발주청에 통지하거나, 동의 또는 승낙을 요청하는 사항에 대해서는 다음 각 호의 사항에 관한 적정성 여부를 검토하여 요청받은 날로부터 7일 이내에 그 의견을 발주청에 제출하여야 한다.

1. 하도급자 자격의 적정성 검토
2. 하도급 통지기간 준수 등
3. 저가 하도급에 대한 검토의견서 등(검토의견서는 반드시 증빙자료에 근거하여 작성하여야 한다)

② 건설사업관리기술인은 제1항에 따라 처리된 하도급에 대해서는 시공자가 「건설산업기본법」 제34조부터 제38조까지 및 「하도급거래 공정화에 관한 법률」에 규정된 사항을 이행하도록 지도·확인하여야 한다.

③ 건설사업관리기술인은 하도급받은 건설사업자가 「건설산업기본법 시행령」 제26조제2항에 따라 하도급계약 내용을 건설산업종합정보망(KISCON)을 이용하여 발주청에 통보하였는지를 확인하여야 한다.

④ 건설사업관리기술인은 시공자가 하도급 사항을 제1항 및 제2항에 따

라 처리하지 않고 위장하도급 하거나, 무면허자에게 하도급 하는 등 불법적인 행위를 하지 않도록 지도하고, 시공자가 불법하도급하는 것을 인지 한 때에는 공사를 중지시키고 발주청에 서면으로 보고하여야 하며, 현장입구에 불법하도급 행위신고 표지판을 시공자에게 설치하도록 하여야 한다.

제84조(가설시설물 설치계획서 작성 및 승인) ① 건설사업관리기술인은 공사착공과 동시에 시공자에게 다음 각 호의 가시설물의 면적, 위치 등을 표시한 가설시설물 설치계획서를 작성하여 제출하도록 하여야 한다.

1. 공사용 도로
2. 가설사무소, 작업장, 창고, 숙소, 식당
3. 콘크리트 타워 및 리프트 설치
4. 자재 야적장
5. 공사용 전력, 용수, 전화
6. 플랜트 및 크랏샤장
7. 폐수방류시설 등의 공해방지시설

② 건설사업관리기술인은 제1항의 가설시설물 설치계획서에 대하여 다음 각 호의 내용을 검토하고 발주청과 협의하여 승인하여야 한다.

1. 가설시설물의 규모는 공사규모 및 현장여건을 고려하여 정하여야 하며, 위치는 건설사업관리기술인이 공사 전구간의 관리가 용이하도록 공사 중의 동선계획을 고려할 것
2. 가설시설물이 공사 중에 이동, 철거되지 않도록 지하구조물의 시공위치와 중복되지 않는 위치를 선정
3. 가설시설물 우수가 침입되지 않도록 대지조성 시공기면(F.L)보다 높게 설치하고, 홍수 시 피해발생 유무 등을 고려할 것
4. 식당, 세면장 등에서 사용한 물의 배수가 용이하고 주변 환경오염을 시키지 않도록 조치
5. 가설시설물의 이용 및 플랜트시설의 가동 등으로 인해 인접주민들에

게 공해를 발생하는 등 민원이 없도록 조치

③ 건설사업관리기술인은 제1항에 따른 가설시설물 설치계획서에 건설현장식당이 포함되어 있는 경우 현장식당 선정계획서를 제출받아 업체선정의 적정성 여부 등을 검토한 후 시공자로 하여금 발주청에 제출하도록 하여야 한다.

제85조(공사착수단계 그 밖의 업무) ① 건설사업관리기술인은 공사 착공 후 빠른 시일 안에 공사추진에 지장이 없도록 시공자와 합동으로 다음 각 호의 사항을 현지 조사하여 시공 자료로 활용하고 당초 설계내용의 변경이 필요한 경우에는 설계변경 절차에 따라 처리하여야 한다.

1. 각종 재료원 확인
2. 지반 및 지질상태
3. 진입도로 현황
4. 인접도로의 교통규제 상황
5. 지하매설물 및 장애물
6. 기후 및 기상상태
7. 하천의 최대 홍수위 및 유수상태 등

② 건설사업관리기술인은 제1항의 현지조사 내용과 설계도서의 공법 등을 검토하여 인근 주민 등에 대한 피해 발생 가능성이 있을 경우에는 시공자에게 다음 각 호의 사항에 관한 대책을 강구하도록 하고, 설계변경이 필요한 경우에는 설계변경 절차에 따라 처리하여야 한다.

1. 인근가옥 및 가축 등의 대책
2. 지하매설물, 인근의 도로, 교통시설물 등의 손괴
3. 통행지장 대책
4. 소음, 진동 대책
5. 낙진, 먼지 대책
6. 지반침하 대책
7. 하수로 인한 인근대지, 농작물 피해 대책

8. 우기중 배수 대책 등

제86조(시공성과 확인 및 검측 업무) ① 건설사업관리기술인은 시공자로부터 명일작업계획서를 제출 받아 시공자와 그 시행상의 가능성 및 각자가 수행하여야 할 사항을 협의하여야 하고 명일 작업계획 공종, 위치에 따라 건설사업관리기술인의 배치, 건설사업관리시간 등의 일일 건설사업관리업무수행을 계획하고 이를 건설사업관리일지에 기록하여야 한다.

② 건설사업관리기술인은 시공자로부터 금일 작업실적이 포함된 시공자의 공사일지 또는 작업일지 사본(시공회사 자체양식)을 제출 받아 보관하고 계획대로 작업이 추진되었는지 여부를 확인하고 금일 작업실적과 사용자재량, 품질관리시험회수 및 성과 등이 서로 일치하는지 여부를 검토·확인 하고, 이를 건설사업관리일지에 기록하여야 한다.

③ 건설사업관리기술인은 다음 각 호의 위험공종 작업에 대하여는 시공자로부터 작업계획을 제출받아 검토·확인 후 작업을 착수하게 하여야 한다. 작업 착수 직전 또는 착수중에 검토·확인받은 작업계획이 변경될 경우에도 또한 같다. 다만, 검토·확인받은 작업과 작업조건이 동일하고 반복되는 경우에는 작업계획만 제출받아 착수하게 할 수 있다.

1. 2m 이상의 고소작업
2. 1.5m 이상의 굴착·가설공사
3. 철골 구조물 공사
4. 2m 이상의 외부 도장공사
5. 승강기 설치공사

④ 건설사업관리기술인은 다음 각 호의 현장시공 확인업무를 수행하여야 한다.

1. 공사 목적물을 제조, 조립, 설치하는 시공과정에서 가시설공사와 영구시설물 공사의 모든 작업단계의 시공상태
2. 시공확인 시에는 해당 공사의 설계도면, 시방서 및 관계규정에 정한

공종을 반드시 확인

3. 시공자가 측량하여 말뚝 등으로 표시한 시설물의 배치위치를 야장 또는 측량성과를 시공자로부터 제출 받아 시설물의 위치, 표고, 치수의 정확도 확인
4. 수중 또는 지하에서 행하여지는 공사나 외부에서 확인하기 곤란한 시공에는 반드시 직접 검측하여 시공당시 상세한 경과기록 및 사진촬영 등의 방법으로 그 시공 내용을 명확히 입증할 수 있는 자료를 작성하여 비치하고, 발주청 등의 요구가 있을 때에는 이를 제시

⑤ 건설사업관리기술인은 단계적인 검측으로 현장확인이 곤란한 콘크리트 타설공사는 반드시 입회・확인하여 시공토록 하여야 하며, 콘크리트 운반송장은 건설사업관리기술인의 확인서명이 있는 것만 기성으로 인정하여야 한다.

⑥ 건설사업관리기술인은 콘크리트 품질을 저하시키는 행위 등이 없도록 생산, 운반, 타설의 전 과정을 관리해야하며 콘크리트의 품질저하행위 발생 시 해당 구조물의 재시공, 관련자교체, 공급원교체 등의 제재조치를 취하고 시공자로 하여금 재발방지대책을 수립이행토록 조치해야한다. 또한 구조물별 콘크리트 타설현황(별지 제35호 서식)을 작성하여 건설사업관리보고서에 수록하여야 한다.

⑦ 건설사업관리기술인은 해당 공사의 시방서 및 관계규정에서 정한 시험, 측정기구 및 방법 등 기술적 사항을 확인하고 평가함을 원칙으로 하며, 제8항에서 정한 검측업무 절차에 따라 수행하여야 한다.

⑧ 건설사업관리기술인은 시공확인을 위하여 X-Ray 촬영, 도막두께 측정, 기계설비의 성능시험, 수중촬영 등의 특수한 방법이 필요한 경우 외부 전문기관에 확인을 의뢰할 수 있으며 필요한 비용은 설계 변경 시 반영한다.

⑨ 건설사업관리기술인은 시공계획서에 의한 일정단계의 작업이 완료되면 시공자로부터 검측요청서(별지 제36호 서식)를 제출받아 그 시공상태를 확인하는 것을 원칙으로 하고, 가능한 한 공사의 효율적인 추진을 위하여 시공과정에서 수시 입회・확인토록 하여야 한다.

⑩ 건설사업관리기술인은 다음 각 호의 사항이 유지될 수 있도록 검측체크리스트를 작성하여야 한다.

1. 체계적이고 객관성 있는 현장 확인과 승인
2. 부주의, 착오, 미확인에 의한 실수를 사전 예방하여 충실한 현장확인 업무를 유도
3. 검측작업의 표준화로 작업원들에게 작업의 기준 및 주안점을 정확히 주지시켜 품질향상을 도모
4. 객관적이고 명확한 검측결과를 시공자에게 제시하여 현장에서의 불필요한 시비를 방지하는 등의 효율적인 검측을 도모

⑪ 건설사업관리기술인은 다음 각 호의 검측업무 수행 기본방향에 따라 검측업무를 수행하여야 한다.

1. 해당 공사의 규모와 현장조건을 감안한「검측업무지침」을 현장별로 작성·수립하여 발주청의 승인을 득한 후 이를 근거로 검측업무를 수행. 다만,「검측업무지침」은 검측하여야 할 세부공종, 검측절차, 검측시기 또는 검측빈도, 검측체크리스트 등의 내용을 포함
2. 수립된 검측업무지침은 모든 시공관련자에게 배포하여 주지시켜야 하고, 보다 확실한 이행을 위한 교육 실시
3. 현장에서의 검측은 체크리스트를 사용하여 수행하고, 그 결과를 검측체크리스트에 기록한 후 시공자에게 통보하여 후속 공정의 승인여부와 지적사항을 명확히 전달
4. 검측체크리스트에는 검사항목에 대한 시공기준 또는 합격기준을 기재하여 검측결과의 합격 여부를 합리적으로 신속히 판정
5. 단계적인 검측으로는 현장확인이 곤란한 콘크리트 생산, 타설과 같은 공종의 시공중 건설사업관리기술인의 계속적인 입회 확인하에 시행
6. 시공자가 검측요청서를 제출할 때 공사참여자 실명부가 첨부 되었는지를 확인
7. 시공자가 요청한 검측일에 건설사업관리기술인 사정으로 검측을 못할 경우 공정추진에 지장이 없도록 요청한 날 이전 또는 이후 검측을

하여야 하며 이때 발생하는 건설사업관리대가는 건설사업관리용역 사업자 부담으로 한다.

⑫ 건설사업관리기술인은 다음 각 호의 검측절차에 따라 검측업무를 수행하여야 한다.

1. 검측체크리스트(별지 제36호 서식)에 의한 검측은 1차적으로 시공자의 담당기술인이 검측체크리스트를 첨부하여 검측요청서를 건설사업관리기술인에게 제출하면 건설사업관리기술인은 그 내용을 검토하여 현장확인 검측을 실시하고 책임건설사업관리기술인의 확인 후 문서로 시공자에게 통지
2. 검측결과 불합격인 경우는 그 불합격된 내용을 시공자가 명확히 이해할 수 있도록 상세하게 통보하고 보완시공후 재검측 받도록 조치한 후 건설사업관리보고서에 기록

⑬ 건설사업관리기술인은 검측할 검사항목(Check Point)을 계약설계도면, 시방서, 건설기술 진흥법령, 이 지침 등의 관계규정 내용을 기준하여 구체적인 내용으로 작성하며 공사목적물을 소정의 규격과 품질로 완성하는데 필수적인 사항을 포함하여 점검항목을 결정하여야 한다.

⑭ 건설사업관리기술인은 검측할 세부공종과 시기를 작업단계별로 정확히 파악하여 검측하여야 한다.

제87조(사용자재의 적정성 검토) ① 건설사업관리기술인은 시공자로 하여금 공정계획에 따라 사전에 주요 기자재(레미콘・아스콘・철근・H형강・시멘트 등) 공급원 승인요청서를 자재반입 10일 전까지 제출토록 하여야 하며 관련법령의 규정에 의하여 품질검사를 받았거나, 품질을 인정받은 재료에 대하여는 예외로 한다.

② 건설사업관리기술인은 시험성과표가 품질기준을 만족하는지 여부를 확인하고 품명, 공급원, 납품실적 등을 고려하여 적합한 것으로 판단될 경우에는 공급원 승인요청서를 제출받은 지 7일 이내에 검토하여 이를 승인하여야 한다.

③ 건설사업관리기술인은 KS 마크가 표시된 제품 등 양질의 자재를 선

정하도록 시공자를 관리하여야 한다.

④ 건설사업관리기술인은 레미콘, 아스콘의 공급원 승인요청이 있을 경우 생산공장에서 저장한 골재의 품질 즉, 입도, 마모율, 조립율, 염분함유량 등에 대한 품질시험을 직접 실시하거나 국립·공립 시험기관 또는 품질검사를 대행하는 건설기술용역사업자에 의뢰, 실시하여 합격여부를 판단하여야 하며 공급원의 일일생산량, 기계의 성능, 각종 계기의 정상적인 작동 유무, 사용재료의 골재원 확보 여부, 동일골재(품질, 형상 등)로 지속적인 사용가능 여부, 현장도착 소요시간 등에 대하여 사전에 충분히 조사하여 공사기간 중 지속적인 품질관리에 지장이 없도록 하여야 한다.

⑤ 건설사업관리기술인은 공급원 승인 후에도 반입사용자재에 대한 품질관리시험 및 품질변화 여부 등에 대하여 수시 확인하여야 한다.

⑥ 건설사업관리기술인은 공급원 승인요청을 제출 받을 때에는 특별한 사유가 없으면 2개 이상의 공급원을 제출 받아 제품의 생산중지 등 부득이 한 경우에도 예비적으로 사용할 수 있도록 하여야 한다.

⑦ 건설사업관리기술인은 공급원 승인요청서에 다음 각 호의 관계서류를 첨부토록 하여야 한다.

1. 법 제60조제1항에 규정한 국립·공립 시험기관 및 건설기술용역사업자의 시험성과
2. 납품실적 증명
3. 시험성과 대비표

⑧ 건설사업관리기술인은 시공자로 하여금 공정계획에 따라 사전에 주요자재 수급계획을 수립하여 자재가 적기에 현장에 반입되도록 검토하고 지급자재 수급계획에 대하여는 발주청에 보고하여 수급차질에 의한 공정 지연이 발생하지 않도록 하여야 한다.

⑨ 「건설폐기물의 재활용촉진에 관한 법률」 제2조제15호 및 같은 법 시행령 제5조에 따른 순환골재등 의무사용 건설공사에 해당하는 경우 건설사업관리기술인은 시공자가 같은 법 제35조 및 같은 법 시행령 제1

7조에 따른 품질기준에 적합한 순환골재 및 순환골재 재활용제품을 사용하도록 하여야 한다.

⑩ 건설사업관리기술인은 시공자가 순환골재 및 순환골재 재활용제품 사용계획서 상의 사용용도 및 규격 등에 맞게 사용하는지 확인하여야 한다.

第88조(사용자재의 검수 · 관리) ① 건설사업관리기술인은 주요자재 수급계획이 공정계획과 부합되는지 확인하고 미비점이 있으면 시공자에게 계획을 수정하도록 하여야 한다.

② 건설사업관리기술인은 공사 목적물을 구성하는 주요기계, 설비, 제조품, 자재 등의 주요 기자재가 공급원 승인을 받은 후 현장에 반입되면 시공자로부터 송장 사본을 접수함과 동시에 반입된 기자재를 검수하고 그 결과를 검수부에 기록 · 비치하여야 한다.

③ 건설사업관리기술인은 계약 품질조건과의 일치 여부를 확인하는 기자재 검수를 할 때에 규격, 성능, 수량뿐만 아니라 필히 품질의 변질 여부를 확인하여야 하고, 변질되었을 때는 즉시 현장에서 반출토록 하고 반출여부를 확인하여야 하며 의심스러운 것은 별도 보관토록 한 후 품질시험 결과에 따라 검수 여부를 확정하여야 한다.

④ 건설사업관리기술인은 시공자로 하여금 현장에 반입된 기자재가 도난 또는 우천에 훼손 또는 유실되지 않게 품목별, 규격별로 관리 · 저장하도록 하여야 하고 공사현장에 반입된 검수재료 또는 시험합격 재료는 시공자 임의로 공사현장 외로 반출하지 못하도록 하고 주요자재 검사 및 수불부(별지 제38호 서식)를 작성하여 관리하여야 한다.

⑤ 건설사업관리기술인은 수급요청한 지급자재가 배정되면 납품지시서에 기록된 품명, 수량, 인도장소 등을 확인하고, 시공자에게 인수 준비를 하도록 한다.

⑥ 건설사업관리기술인은 현장에서 품질시험을 실시할 수 없는 자재에 대하여는 시공자와 공동 입회하여 생산공장에서 시험을 실시하거나 의뢰시험을 요청하여 시험성과를 사전에 검토하여 품질을 확인하여야

한다.

⑦ 건설사업관리기술인은 자재가 현장에 반입되면 송장 또는 납품서를 확인하고 수량, 치수 등을 검사하여야 하며, 공사현장이 아닌 장소에서 가공 또는 조립되어 반입되는 자재가 있는 경우 반입자재의 가공 또는 조립에 사용된 각각의 재료 또는 부품 등이 설계도서 및 시방서의 관련규정에 적합한지 여부를 확인해야 한다.

⑧ 건설사업관리기술인은 이형봉강, 벌크시멘트 등은 필요시 공인계량소에서 계량하여 반입량을 확인한다.

⑨ 건설사업관리기술인은 지급자재의 현장 반입후 이의제기 등을 예방하기 위하여 시공자가 검사에 입회하도록 한다.

⑩ 건설사업관리기술인은 지급자재에 대한 검수조서를 작성할 때는 시공자가 입회·날인토록 하고, 검수조서는 발주청에 보고하여야 한다.

⑪ 건설사업관리기술인은 공정계획, 공기 등을 감안하여 시공자의 요청으로 입체 또는 대체 사용이 불가피 하다고 판단될 경우에는 발주청의 승인을 득한 후 이를 허용하도록 한다.

⑫ 건설사업관리기술인은 입체 또는 대체사용 자재에 대하여도 품질, 규격 등을 확인하고, 검수를 하여야 한다.

⑬ 건설사업관리기술인은 잉여지급자재가 발생하였을 때는 품명, 수량 등을 조사하여 발주청에 보고하여야 하며, 시공자로 하여금 지정장소에 반납하도록 하여야 한다.

제89조(수명사항) ① 건설사업관리기술인은 시공자에게 공사와 관련하여 지시하는 경우에는 다음 각 호에 따라야 한다.

1. 건설사업관리기술인이 공사와 관련하여 시공자에게 지시할 때에는 서면으로 함을 원칙으로 하며, 현장여건에 따라 시급한 경우 또는 경미한 사항에 대하여는 우선 구두지시로 시행토록 조치하고 추후에 이를 서면으로 확인
2. 건설사업관리기술인의 지시내용을 해당공사 설계도면 및 시방서 등 관계규정에 근거, 구체적으로 기술하여 시공자가 명확히 이해 할 수

있도록 지시

3. 지시사항에 대하여는 그 이행상태를 수시점검하고 시공자로부터 이행결과를 보고 받아 기록·관리

② 건설사업관리기술인은 발주청으로부터 지시를 받았을 때에는 다음 각 호와 같이 처리하여야 한다.

1. 발주청으로부터 지시를 받은 내용을 기록하고 신속하게 이행되도록 조치하여야 하며, 그 이행결과를 점검·확인하여 발주청에 서면으로 조치결과를 보고
2. 해당 지시에 대한 이행에 문제가 있을 경우에는 의견을 제시
3. 각종 지시, 통보사항 등을 건설사업관리기술인 전원이 숙지하고 이행에 철저를 기하기 위하여 교육 또는 공람

제90조(품질시험 및 성과검토) ① 건설사업관리기술인은 시공자가 공사계약문서에서 정한 품질관리(또는 시험)계획 요건대로 품질에 영향을 미치는 모든 작업을 성실하게 수행하는지 검사·확인하여야 한다.

② 건설사업관리기술인은 시공자가 품질관리계획 요건의 이행을 위해 제출하는 문서를 7일 이내에 검토·확인 후 발주청에 승인을 요청하여야 하며 발주청은 7일 이내에 승인하여야 한다.

③ 건설사업관리기술인은 품질관리 계획이 발주청으로부터 승인되기전까지는 시공자로 하여금 해당업무를 수행하게 하여서는 안된다.

④ 건설사업관리기술인이 품질관리(또는 시험)계획과 관련하여 검토·확인하여야 할 문서는 계획서, 절차서 및 지침서 등을 말한다.

⑤ 건설사업관리기술인은 해당 건설공사의 설계도서, 시방서, 공정계획 등을 검토하여 품질관리가 소홀해지기 쉽거나 하자 발생빈도가 높으며 시공 후 시정이 어렵고 많은 노력과 경비가 소요되는 공종 또는 부위를 중점 품질관리대상으로 선정하여 다른 공종에 비하여 우선적으로 품질관리 상태를 입회, 확인하여야 하며 중점 품질관리 공종 선정 시 고려해야 할 사항은 다음 각 호와 같다.

1. 공정계획에 의한 월별, 공종별 시험종목 및 시험회수

2. 시공자의 품질관리자 및 공정에 따른 충원계획
3. 품질관리 담당 건설사업관리기술인의 인원수 및 직접 입회, 확인이 가능한 적정 시험회수
4. 공종의 특성상 품질관리 상태를 육안 등으로 간접 확인 할 수 있는지 여부
5. 작업조건의 양호, 불량 상태
6. 타현장의 시공 사례에서 하자발생 빈도가 높은 공종인지 여부
7. 품질관리 불량 부위의 시정이 용이한지 여부
8. 시공 후 지중에 매몰되어 추후 품질확인이 어렵고 재시공이 곤란한지 여부
9. 품질 불량 시 인근부위 또는 타 공종에 미치는 영향의 대소
10. 시공이 광활한 지역에서 이루어져 접근이 용이한지 여부

⑥ 건설사업관리기술인은 다음 각 호의 내용을 포함한 공종별 중점 품질관리방안을 수립하여 시공자로 하여금 이를 실행토록 지시하고 실행결과를 수시로 확인하여야 한다.

1. 중점 품질관리 공종의 선정
2. 중점 품질관리 공종별로 시공 중 및 시공 후 발생 예상 문제점
3. 각 문제점에 대한 대책방안 및 시공지침
4. 중점 품질관리 대상 구조물, 시공부위, 하자발생 가능성이 큰 지역 또는 부위선정
5. 중점 품질관리대상의 세부관리항목의 선정
6. 중점 품질관리공종의 품질확인 지침
7. 중점 품질관리대장을 작성, 기록관리하고 확인하는 절차

⑦ 건설사업관리기술인은 중점 품질관리 대상으로 선정된 공종의 효율적인 품질관리를 위하여 다음 각 호와 같이 관리한다.

1. 중점 품질관리 대상으로 선정된 공종에 대한 관리방안을 수립하여 시행 전에 발주청에 보고하고 시공자에게도 통보

2. 해당 공종 및 시공부위는 상황판이나 도면 등에 표기하여 발주청 직원, 건설사업관리기술인, 시공자 모두가 이를 항상 숙지토록 함
3. 공정계획 시 중점 품질관리대상 공종이 동시에 여러 개소에서 시공되거나 공휴일, 야간 등 관리가 소홀해 질 수 있는 시기에 시공되지 않도록 조정
4. 필요시 해당부위에 "중점 품질관리 공종" 팻말을 설치하고 주의사항을 명기

⑧ 건설사업관리기술인은 시공자와 합의된 품질시험에 반드시 입회하여야 한다. 건설사업관리기술인이 합의된 장소 및 시간에 입회하지 않거나, 건설사업관리기술인이 달리 요구하지 않는 한, 시공자는 시험을 진행할 수 있으며 그러한 시험은 건설사업관리기술인의 입회하에 수행된 것으로 간주한다.

⑨ 건설사업관리기술인은 시공자가 작성한 품질관리(또는 시험)계획에 따라 품질관리 업무를 적정하게 수행하였는지의 여부를 검사하여야 하며, 검사결과 시정이 필요한 경우에는 시공자에게 시정을 요구할 수 있으며, 시정을 요구 받은 시공자는 이를 지체 없이 시정하여야 한다.

⑩ 건설사업관리기술인은 품질상태를 수시로 검사·확인하여 재시공 또는 보완시공 되지 않도록 부실공사를 사전에 방지토록 적극 노력하여야 한다.

⑪ 건설사업관리기술인이 시공자가 작성한 품질관리계획서 또는 품질시험계획서에 따라 품질시험·검사가 실시되는지를 확인하여야 한다.

⑫ 건설사업관리기술인은 품질시험과 검사를 산업표준화법에 의한 한국산업규격, 법 제55조의 규정에 의한 품질관리기준에 의하여 실시되는지 확인하여야 한다.

⑬ 건설공사 품질시험·검사를 실시하여야 할 건설공사의 발주청 또는 시공자는 국립·공립 시험기관 또는 건설기술용역사업자에 품질시험의 실시를 대행하게 할 수 있다.

⑭ 건설사업관리기술인은 발주청 또는 시공자가 제13항에 따라 제3자에

게 품질시험 · 검사 실시를 대행시키고자 할 때에는 그 적정성 여부를 검토 · 확인하여야 한다.

⑮ 건설사업관리기술인은 시공자로부터 매월 품질시험 · 검사실적을 종합한 시험 · 검사실적보고서(별지 제18호 서식)를 제출 받아 이를 확인하여야 한다.

⑯ 건설사업관리기술인은 시공자로부터 해당 건설공사에 대한 기성부분검사 또는 예비준공검사 신청서를 제출 받은 때에 별지 제17호 서식의 품질시험 · 검사성과 총괄표 및 해당 시험성적서를 제출 받아 이를 검토 · 확인하여야 한다.

⑰ 공사관리관은 건설사업관리기술인이 품질관리 지도 · 감독을 성실히 이행하고 있는지 여부를 확인하여야 하며, 품질관리에 대한 건설사업관리기술인의 업무소홀이 확인된 경우에는 그 사실을 발주청에 지체없이 보고하여야 한다.

제91조(시공계획검토) ① 건설사업관리기술인은 시공자로부터 공사시방서의 기준(공사종류별, 시기별)에 의하여 시공계획서를 진행단계별 해당공사 시공 30일 전에 제출 받아 이를 검토 · 확인하여 7일 안에 승인한 후 시공토록 하여야 하고 시공계획서의 보완이 필요한 경우 그 내용과 사유를 문서로써 통보해야한다. 시공계획서에는 공사시방서의 작성기준과 함께 다음 각 호의 내용이 포함되어야 한다.

1. 현장조직표
2. 공사 세부공정표
3. 주요공정의 시공절차 및 방법
4. 시공일정
5. 주요장비 동원계획
6. 주요자재 및 인력투입계획
7. 주요 설비사양 및 반입계획
8. 품질관리대책
9. 안전대책 및 환경대책 등

10. 지장물 처리계획과 교통처리 대책

② 건설사업관리기술인은 공사 중 시공계획서에 중요한 내용변경이 발생할 경우에는 변경 시공계획서를 제출받은 후 5일 이내에 검토·확인하여 승인한 후 시공토록 하여야 한다.

③ 건설사업관리기술인은 시공자로부터 각종 구조물 시공상세도 및 암발파작업 시공상세도를 사전에 제출 받아 다음 각호의 사항을 고려하여 시공자가 제출한 날로부터 7일 이내에 검토·확인하고 승인한 후 시공토록 하여야 한다. 또한 주요구조물의 시공상세도 검토시 필요할 경우 설계자의 의견을 고려해야 하며 승인된 시공상세도는 준공 시 발주청에 보고해야 한다.

1. 설계도면 및 시방서 또는 관계규정에 일치하는지 여부(설계기준은 개정된 최신 설계기준에 따름)
2. 현장기술인, 기능공이 명확하게 이해할 수 있는지 여부(실시설계도면을 기준으로 각 공종별, 형식별 세부사항들이 표현되도록 현장여건을 반영)
3. 실제 시공이 가능한지 여부(현장여건과 공종별 시공계획을 최대한 반영하여 시공시 문제점이 발생하지 않도록 각종 구조물의 시공상세도 작성)
4. 안전성의 확보 여부(주철근의 경우, 철근의 길이나 겹이음의 위치 등 철근상세에 관한 변경이 필요한 경우 반드시 전문기술사의 검토·확인을 거쳐 공사감독자의 승인을 받아야 함)
5. 가시설공 시공상세도의 경우, 구조계산서 첨부 여부(관련 기술사의 서명날인 포함)
6. 계산의 정확성
7. 제도의 품질 및 선명성, 도면작성 표준에 일치 여부
8. 도면으로 표시 곤란한 내용은 시공 시 유의사항으로 작성되었는지 등을 검토

④ 건설사업관리기술인은 공사시방서에 작성하도록 명시한 시공상세도

와 다음 각 호의 사항에 대한 시공상세도의 작성 여부를 확인하고, 제출된 시공상세도의 구조적인 안전성을 검토·확인하여야 하며 이 경우 주요구조부(가시설물을 포함한다)의 구조적 안전에 관한 사항과 전문적인 기술검토가 필요한 사항은 반드시 관련분야 기술지원기술인이 검토·확인하여야 한다. 다만, 공사조건에 따라 건설사업관리기술인과 시공자가 협의하여 필요한 시공상세도의 목록을 조정할 수 있다.

1. 비계, 동바리, 거푸집 및 가교, 가도 등 가설시설물의 설치상세도 및 구조계산서
2. 구조물의 모따기 상세도
3. 옹벽, 측구 등 구조물의 연장 끝부분 처리도
4. 배수관, 암거, 교량용 날개벽 등의 설치위치 및 연장도
5. 철근 배근도에는 정·부철근등의 유효간격 및 철근 피복두께(측·저면)유지용 스페이서(Spacer) 및 Chair-Bar의 위치, 설치방법 및 가공을 위한 상세도면
6. 철근 겹이음 길이 및 위치의 시방서 규정 준수여부 확인
7. 그 밖에 규격, 치수, 연장 등이 불명확하여 시공에 어려움이 예상되는 부위의 각종 상세도면

⑤ 건설사업관리기술인은 시공상세도(Shop Drawing) 검토·확인 때까지 구조물 시공을 허용하지 말아야 하고, 시공상세도는 접수일로부터 7일 이내에 검토·확인하여 서면으로 승인하고, 부득이하게 7일 이내에 검토·확인이 불가능할 경우 사유 등을 명시하여 서면으로 통보하여야 한다.

⑥ 건설사업관리기술인은 다음 각 호의 공사현장 인근상황을 시공자에게 충분히 조사토록 하여 공사시공과 관련하여 제3자에게 손해를 주지 않도록 시공자에게 대책을 강구하게 하여야 한다.

1. 통신, 전력, 송유관, 상·하수도관, 가스관등 지하매설물
2. 인근의 도로
3. 교통 시설물

4. 건조물 또는 축사
5. 그 밖의 농경지, 산림 등

⑦ 건설사업관리기술인은 공사시행중 시공자의 귀책사유로 인하여 제6항제1호부터 제5호까지의 손상으로 인하여 제3자에게 손해를 준 경우에는 시공자 부담으로 즉시 원상복구 하여 민원 및 관원이 발생되지 않도록 하여야 한다. 또한 제3자에게 피해보상 문제가 제기되었을 경우 건설사업관리기술인은 객관적이고 공정한 판단에 근거한 의견을 제시하여야 한다.

⑧ 건설사업관리기술인은 시공자로부터 시험발파계획서를 사전에 제출받아 다음 각 호의 사항을 고려하여 검토·확인하고 발파하도록 하여야 한다.

1. 관계규정 저촉여부
2. 안전성 확보여부
3. 계측계획 적정성여부
4. 그 밖에 시험발파를 위하여 필요한 사항

제92조(기술검토 및 교육) ① 건설사업관리기술인은 시공자로 하여금 현장종사자(기능공을 포함한다)의 견실시공 의식고취를 위한 현장 정기교육을 월 1회 이상 해당 현장의 특성에 따라 실시하도록 하여야 한다.

② 책임건설사업관리기술인은 분야별 건설사업관리기술인과 시공자 및 하도급사 직원(기능공 포함)들이 법·영·규칙 및 지침 등의 내용과 공사현황 등을 숙지하도록 교육을 실시하여야 하며, 그 교육실적을 기록·비치하여야 한다.

③ 책임건설사업관리기술인은 부실시공 등을 야기시킨 기능공에 대하여 시공자에게 해당 기능공이 근무를 하지 못하도록 요구하고, 이 사실을 발주청에 보고하여야 한다. 시공자는 건설사업관리기술인으로부터 상기 요구를 받은 경우 특별한 사유가 없으면 요구에 따라야 한다.

④ 건설사업관리기술인은 공사 중 해당 공사와 관련하여 시공자의 공법 변경 요구 등 중요한 기술적인 사항에 대한 요구가 있는 경우, 요구가

있은 날로부터 7일 이내에 이를 검토하고 의견서를 첨부하여 발주청에 보고하여야 하고 전문성이 요구되는 경우에는 요구가 있은 날로부터 14일 이내에 기술지원기술인의 검토의견서를 첨부하여 발주청에 보고하여야 한다. 이 경우, 발주청은 필요시 제3자에게 자문할 수 있다.

⑤ 건설사업관리기술인은 스스로 공사시공과 관련하여 검토한 내용에 대하여 필요하다고 판단될 경우 발주청 또는 시공자에게 그 검토의견을 서면으로 제시할 수 있다.

⑥ 건설사업관리기술인은 공사시행 중 예산이 변경되거나 계획이 변경되는 중요한 민원이 발생된 때에는 민원인 주장의 타당성, 소요예산 등을 검토하여 그 검토의견서를 첨부하여 발주청에 보고하여야 한다.

⑦ 건설사업관리기술인은 발주청(공사관리관)이 민원사항 처리를 위하여 조사와 서류작성을 요구할 때에는 적극 협조하여야 한다.

⑧ 건설사업관리기술인은 공사와 직접 관련된 경미한 민원처리는 직접 처리하여야 하고 전화 또는 방문 민원을 처리함에 있어 민원인과의 대화는 원만하고 성실하게 하여야 하며 시공자와 협조하여 적극적으로 해결방안을 강구·시행하여야 하고, 그 내용을 민원 처리부(별지 제15호 서식)에 기록·비치하여야 한다. 경미한 민원처리사항중 중요하다고 판단되는 경우에는 검토의견서를 첨부하여 발주청에 보고하여야 한다.

제93조(지장물 철거 및 공사중지명령 등) ① 건설사업관리기술인은 공사중에 지하매설물 등 새로운 지장물을 발견하였을 때에는 시공자로부터 상세한 내용이 포함된 지장물 조서를 제출받아 이를 확인한 후 발주청에 조속히 보고하여야 한다.

② 건설사업관리기술인은 기존 구조물을 철거할 때에는 시공자로 하여금 현황도(측면도, 평면도, 상세도, 그 밖에 수량산출시 필요한 사항)와 현황사진을 작성하여 제출토록 하고 이를 검토·확인하여 발주청에 보고하고 설계변경시 계상하여야 한다.

③ 법 제40조제1항에 따라 건설사업관리용역사업자(법 제40조5항에 따

라 권한을 위임하였을 경우에는 책임건설사업관리기술인을 말한다. 이하 이 조에서 같다)는 다음 각 호의 사항에 대하여 재시공·공사중지명령이나 그 밖에 필요한 조치를 할 수 있다.

1. 시공자가 건설공사의 설계도서, 시방서, 그 밖의 관계서류의 내용과 맞지 아니하게 그 건설공사를 시공하는 경우
2. 법 제62조에 따른 안전관리 의무를 위반하여 인적·물적 피해가 우려되는 경우
3. 법 제66조에 따른 환경관리 의무를 위반하여 인적·물적 피해가 우려되는 경우

④ 제3항에 따라 건설사업관리용역사업자로부터 재시공·공사중지명령이나 그 밖에 필요한 조치에 관한 지시를 받은 시공자는 특별한 사유가 없으면 이에 따라야 한다.

⑤ 건설기술용역사업자는 제3항에 따라 시공자에게 재시공·공사중지 명령이나 그 밖에 필요한 조치를 한 경우에는 지체없이 이에 관한 사항을 해당 건설공사의 발주청에 서면으로 보고하여야 하며, 그 조치내용과 결과를 기록·관리해야 한다.

⑥ 제3항에 따라 재시공·공사중지 명령이나 그 밖에 필요한 조치를 한 건설기술용역사업자는 시정 여부를 확인한 후 공사재개 지시 등 필요한 조치를 하여야 하며, 이 경우 지체 없이 이에 관한 사항을 해당 건설공사의 발주청에 서면으로 보고하여야 하며, 그 조치내용과 결과를 기록·관리해야 한다.

⑦ 누구든지 제3항에 따른 재시공·공사중지 명령 등의 조치를 이유로 건설기술용역사업자에게 건설기술인의 변경, 현장 상주의 거부, 용역대가 지급의 거부·지체 등 신분이나 처우와 관련하여 불이익을 주어서는 아니 된다.

⑧ 재시공·공사중지 명령 등의 조치의 적용 한계는 다음 각 호와 같다.

1. 재시공 : 시공된 공사가 품질확보상 미흡 또는 위해를 발생시킬 수 있다고 판단되거나 건설사업관리기술인의 검측·승인을 받지 않고

후속공정을 진행한 경우와 관계규정에 재시공을 하도록 규정된 경우

2. 공사중지 : 시공된 공사가 품질확보상 미흡 또는 중대한 위해를 발생시킬 수 있다고 판단되거나, 안전상 중대한 위험이 발견될 때에는 공사중지를 지시할 수 있으며 공사중지는 부분중지와 전면중지로 구분

가. 부분중지

(1) 재시공 지시가 이행되지 않는 상태에서는 다음 단계의 공정이 진행됨으로써 하자 발생이 될 수 있다고 판단될 때

(2) 법 제62조에 따른 안전관리 의무를 위반하여 인적·물적 피해가 우려되는 경우

(3) 법 제66조에 따른 환경관리 의무를 위반하여 인적·물적 피해가 우려되는 경우

(4) 동일 공정에 있어 3회 이상 시정지시가 이행되지 않을 때

(5) 동일 공정에 있어 2회 이상 경고가 있었음에도 이행되지 않을 때

나. 전면중지

(1) 시공자가 고의로 건설공사의 추진을 심히 지연시키거나, 건설공사의 부실발생 우려가 농후한 상황에서 적절한 조치를 취하지 않은 채 공사를 계속 진행하는 경우

(2) 부분중지가 이행되지 않음으로써 전체 공정에 영향을 끼칠 것으로 판단될 때

(3) 지진, 해일, 폭풍 등 천재지변으로 공사 전체에 대한 중대한 피해가 예상될 때

(4) 전쟁, 폭동, 내란, 혁명상태 등으로 공사를 계속할 수 없다고 판단되어 발주청으로부터 지시가 있을 때

⑨ 제3항에 따른 재시공·공사중지 명령 등의 조치로 발주청이나 건설사업자에게 손해가 발생한 경우 건설기술용역사업자는 그 명령에 고의 또는 중대한 과실이 없는 때에는 그 손해에 대한 책임을 지지 아니

한다.

⑩ 건설사업관리기술인은 시공자로 하여금 공종별로 착공 전부터 준공 때까지의 공사과정, 공법, 특기사항을 촬영한 촬영일자가 나오는 공사사진과 시공일자, 위치, 공종, 작업내용 등을 기재한 공사내용 설명서를 제출토록 하여 후일 참고자료로 활용토록 한다. 공사기록 사진은 공종별, 공사추진단계에 따라 다음 각 호의 사항을 촬영한 것이어야 한다.

1. 주요한 공사현황은 착공전, 시공중, 준공 등 시공과정을 알 수 있도록 가급적 동일장소에서 촬영
2. 시공 후 검사가 불가능하거나 곤란한 부분
   가. 암반선 확인 사진
   나. 매몰, 수중 구조물
   다. 구조체공사에 대해 철근지름, 간격 및 벽두께, 강구조물(steel box내부, steel girder 등) 경간별 주요부위 부재두께 및 용접전경 등을 알 수 있도록 촬영
   라. 공장제품 검사(창문 및 창문틀, 철골검사, PC 자재 등) 기록
   마. 지중매설(급・배수관, 전선 등) 광경
   바. 매몰되는 옥내외 배관(설비, 전기 등) 광경
   사. 전기 등 배전반 주변에서의 배관류
   아. 지하매설된 부분의 배근상태 및 콘크리트 두께현황
   자. 바닥 및 배관의 행거볼트, 공조기 등의 행거볼트 시공광경
   차. 보온, 결로방지관계 시공광경
   카. 본 구조물 시공 이후 철거되는 가설시설물 시공광경

⑪ 건설사업관리기술인은 주요 구조부 시설물에 대하여는 시공자가 공사과정을 비디오카메라 등(촬영일자가 표시된 동영상을 말한다.)으로 촬영토록 하여야 한다.

⑫ 건설사업관리기술인은 제10항과 제11항에서 촬영한 사진 및 동영상

은 디지털(Digital) 파일 등을 제출받아 수시 검토·확인할 수 있도록 보관하고 준공시 발주청에 제출하고 발주청은 이를 보관하여야 한다.

제94조(공정관리) ① 건설사업관리기술인은 해당 공사가 정해진 공기내에 시방서, 도면 등에 따른 품질을 갖추어 완성될 수 있도록 공정관리의 계획수립, 운영, 평가에 있어서 공정진척도 관리와 기성관리가 동일한 기준으로 이루어질 수 있도록 건설사업관리 업무를 수행하여야 한다.

② 건설사업관리기술인은 공사 착공일로부터 30일 안에 시공자로부터 공정관리계획서를 제출받아 제출받은 날로부터 14일 이내에 검토하여 승인하고 이를 발주청에 제출하여야 하며 다음 각 호의 사항을 검토·확인 하여야 한다.

1. 시공자의 공정관리 기법이 공사의 규모, 특성에 적합한지 여부
2. 계약서, 시방서 등에 공정관리 기법이 명시되어 있는 경우에는 명시된 공정관리 기법으로 시행되도록 조치
3. 계약서, 시방서 등에 공정관리 기법이 명시되어 있지 않았을 경우, 단순한 공종 및 보통의 공종 공사인 경우 공사조건에 적합한 공정관리 기법을 적용토록 하고, 복잡한 공종의 공사 또는 건설사업관리기술인이 PERT/CPM 이론을 기본으로 한 공정관리가 필요하다고 판단하는 경우에는 별도의 PERT/CPM 기법에 의한 공정관리를 적용토록 조치
4. 발주청의 특수한 현장여건(돌관공사 등)으로 전산공정관리 등이 필요하다고 판단되는 경우, 건설사업관리기술인은 발주청에 별도의 공정관리를 시행하도록 건의할 수 있음
5. 일정관리와 원가관리, 진도관리가 병행될 수 있는 종합관리형태의 공정관리가 되도록 조치

③ 건설사업관리기술인은 공사의 규모, 공종 등 제반여건을 감안하여 시공자가 공정관리 업무를 성공적으로 수행할 수 있는 공정관리 조직을 갖추도록 다음 각 호의 사항을 검토·확인하여야 한다.

1. 공정관리 요원 자격 및 그 요원수 적합 여부

2. 소프트웨어(Software)와 하드웨어(Hardware) 규격 및 그 수량 적합 여부
3. 보고체계의 적합성 여부
4. 계약공기 준수 여부
5. 각 작업(Activity) 공기에 품질, 안전관리가 고려되었는지 여부
6. 지정휴일, 천후조건 감안 여부
7. 자원조달에 무리가 없는지 여부
8. 주공정의 적합 여부
9. 공사주변 여건, 법적 제약조건 감안 여부
10. 동원 가능한 장비, 그 밖에 부대설비 및 그 성능 감안 여부
11. 특수장비 동원을 위한 준비기간의 반영 여부
12. 동원 가능한 작업인원과 작업자의 숙련도 감안 여부

④ 건설사업관리기술인은 시공자로부터 전체 실시공정표에 따른 월간, 주간 상세공정표를 사전에 제출 받아 검토·확인하여야 한다.

1. 월간상세공정표 : 작업착수 1주 전 제출
2. 주간상세공정표 : 작업착수 2일 전 제출

⑤ 건설사업관리기술인은 매주 또는 매월 정기적으로 공사진도를 확인하여 예정공정과 실시공정을 비교하여 공사의 부진 여부를 검토한다.

⑥ 건설사업관리기술인은 현장여건, 기상조건, 지장물 이설 등에 따른 관련기관 협의사항이 정상적으로 추진되는지를 검토·확인하여야 한다.

⑦ 건설사업관리기술인은 공정진척도 현황을 최근 1주전의 자료가 유지될 수 있도록 관리하고 공정지연을 방지하기 위하여 주공정 중심의 일정관리가 될 수 있도록 시공자를 관리하여야 한다.

⑧ 건설사업관리기술인은 주간단위의 공정계획 및 실적을 시공자로부터 제출 받아 이를 검토·확인하고, 필요한 경우 시공자측 현장책임자를 포함한 관계직원 합동으로 금주작업에 대한 실적을 분석·평가하고

공사추진에 지장을 초래하는 문제점, 잘못 시공된 부분의 지적 및 재시공 등의 지시와 재해방지대책, 공정진도의 평가, 그 밖에 공사추진상 필요한 내용의 협의를 위한 주간 또는 월간 공사 추진회의를 주관하여 실시하고 그 회의록을 유지하여야 한다.

⑨ 건설사업관리기술인은 공사진도율이 계획공정대비 월간 공정실적이 10%이상 지연(계획공정대비 누계공정실적이 100% 이상일 경우는 제외)되거나 누계공정 실적이 5%이상 지연될 때는 시공자로 하여금 부진사유 분석, 근로자 안전확보를 고려한 부진공정 만회대책 및 만회공정표 수립을 지시하여야 한다.

⑩ 건설사업관리기술인은 시공자가 제출한 부진공정 만회대책을 검토·확인하고 그 이행상태를 주간단위로 점검·평가 하여야 하며 공사추진회의 등을 통하여 미조치 내용에 대한 필요대책등을 수립하여 정상공정을 회복할 수 있도록 조치하여야 한다. 공정부진이 2개월 연속될 경우에는 기술지원기술인이 참여하는 공정회의를 개최하고 발주청에 제출하는 공정표에 기술지원기술인도 서명하여야 한다.

⑪ 건설사업관리기술인은 검토·확인한 부진공정 만회대책과 그 이행상태의 점검·평가 결과를 발주청에 보고하여야 한다.

1. 예정공정과 실시공정 비교 분석
2. 공정만회대책 및 만회공정표 검토 확인
3. 주간단위 부진공정 만회대책 이행여부 확인

⑫ 건설사업관리기술인은 설계변경 등으로 인한 물공량의 증감, 공법변경, 공사중 재해, 천재지변 등 불가항력에 의한 공사중지, 지급자재 공급지연, 공사용지의 제공의 지연, 문화재 발굴조사 등의 현장실정 또는 시공자의 사정 등으로 인하여 공사 진척실적이 지속적으로 부진할 경우 공정계획을 재검토하여 수정 공정계획수립의 필요성을 검토하여야 한다.

⑬ 건설사업관리기술인은 시공자의 요청 또는 건설사업관리기술인의 판단에 의해 수정 공정계획을 수립할 때 시공자로부터 수정 공정계획을 제출 받아 제출일로 부터 7일 이내에 검토하여 승인하고 발주청에 보

고하여야 한다.

⑭ 건설사업관리기술인은 수정 공정계획을 검토할 때 수정목표 종료일이 당초 계약 종료일을 초과하지 않도록 조치하여야 하며, 초과 할 경우는 그 사유를 분석하여 건설사업관리기술인의 검토안을 작성하고 필요시 수정 공정계획과 함께 발주청에 보고하여야 한다.

⑮ 건설사업관리기술인은 추진계획과 실적을 정기건설사업관리보고서에 포함하여 발주청에 보고 하여야 한다(별지 제33호 서식)

⑯ 건설사업관리기술인은 시공자가 준공기한 연기신청서를 제출할 경우 이의 타당성을 검토・확인하고 검토의견서를 첨부하여 발주청에 보고하여야 한다.

제95조(안전관리) ① 건설사업관리기술인은 건설공사의 안전시공 추진을 위해서 안전조직을 갖추도록 하여야 하고 안전조직은 현장규모와 작업내용에 따라 구성하며 동시에 산업안전보건법의 해당규정(「산업안전보건법」 제15조 안전보건관리책임자 선임, 제16조 관리감독자 지정, 제17조 안전관리자 배치, 제18조 보건관리자 배치, 제19조 안전보건관리담당자 선임 및 제75조 안전・보건에 관한 노사협의체 운영)에 명시된 업무도 수행되도록 조직편성을 한다.

② 건설사업관리기술인은 시공자가 영 제98조와 제99조에 따라 작성한 건설공사 안전관리계획서를 공사 착공 전에 제출받아 적정성을 확인하여야 하며, 보완하여야 할 사항이 있는 경우에는 시공자로 하여금 이를 보완하도록 하여야 한다. 또한, 안전관리 계획의 내용을 변경한 경우에도 같다.

③ 책임건설사업관리기술인은 소속 건설사업관리기술인 중 안전관리담당자를 지정하고 안전관리담당자로 지정된 건설사업관리기술인은 다음 각 호의 작업현장에 수시로 입회하여 시공자의 안전관리자를 지도・감독하도록 하여야 하며 공사전반에 대한 안전관리계획의 사전검토, 실시확인 및 평가, 자료의 기록유지 등 사고예방을 위한 제반 안전관리 업무에 대하여 확인을 하도록 하여야 한다.

1. 추락 또는 낙하 위험이 있는 작업
2. 발파, 중량물 취급, 화재 및 감전 위험작업
3. 크레인 등 건설장비를 활용하는 위험작업
4. 그 밖의 안전에 취약한 공종 작업

④ 건설사업관리기술인은 시공자중 안전보건관리책임자(현장대리인)와 안전관리자 및 보건관리자(법정자격자)를 지정하게 하여 현장의 전반적인 안전·보건문제를 책임지고 추진하도록 하여야 한다.

⑤ 건설사업관리기술인은 시공자로 하여금 근로기준법, 산업안전보건법, 산업재해보상보험법, 시설물안전관리에관한특별법과 그 밖에 관계법규를 준수하도록 하여야 한다.

⑥ 건설사업관리기술인은 산업재해 예방을 위한 제반 안전관리 지도에 적극적인 노력을 경주하도록 함과 동시에 안전관계법규를 이행하도록 하기 위하여 다음 각 호와 같은 업무를 수행하여야 한다.

1. 시공자의 안전조직 편성 및 임무의 법상 구비조건 충족 및 실질적인 활동 가능성 검토
2. 안전관리자에 대한 임무수행 능력 보유 및 권한 부여 검토
3. 시공계획과 연계된 안전계획의 수립 및 그 내용의 실효성 검토
4. 유해·위험방지계획(수립 대상에 한함) 내용 및 실천 가능성 검토 (산업안전보건법 제48조제3항, 제4항)
5. 안전점검 및 안전교육 계획의 수립 여부와 내용의 적정성 검토 (법 제62조, 산업안전보건법 제31조, 제32조)
6. 안전관리 예산편성 및 집행계획의 적정성 검토
7. 현장 안전관리 규정의 비치 및 그 내용의 적정성 검토
8. 산업안전보건관리비의 타 용도 사용내역 검토

⑦ 건설사업관리기술인은 시공자가 법 제62조제1항에 따른 안전관리계획이 성실하게 수행되는지 다음 각 호의 내용을 확인하여야 한다.

1. 안전관리계획의 이행 및 여건 변동시 계획변경 여부 확인

2. 안전보건 협의회 구성 및 운영상태 확인
3. 안전점검계획 수립 및 실시 여부 확인(일일, 주간, 우기 및 해빙기, 하절기, 동절기 등 자체안전점검, 법에 의한 안전점검, 안전진단 등)
4. 안전교육계획의 실시 확인 (사내 안전교육, 직무교육)
5. 위험장소 및 작업에 대한 안전조치 이행 여부 확인(제3항 각 호의 작업 등)
6. 안전표지 부착 및 이행여부 확인
7. 안전통로 확보, 자재의 적치 및 정리정돈 등이 성실하게 수행되는지 확인
8. 사고조사 및 원인 분석, 각종 통계자료 유지
9. 월간 안전관리비 및 산업안전보건관리비 사용실적 확인
10. 근로자에 대한 건설업 기초 안전·보건 교육의 이수 확인
11. 「석면안전관리법」 제30조에 의한 석면해체 제거작업을 수반하는 공사에 대하여 적정 건설사업관리기술인 지정 및 업무수행
12. 근로자 건강검진 실시 확인

⑧ 건설사업관리기술인은 안전에 관한 업무를 수행하기 위하여 시공자에게 다음 각 호의 자료를 기록·유지토록 하고 이행상태를 점검한다.

1. 안전업무 일지(일일보고)
2. 안전점검 실시(안전업무일지에 포함 가능)
3. 안전교육(안전업무일지에 포함가능)
4. 각종 사고보고
5. 월간 안전 통계(무재해, 사고)
6. 안전관리비 및 산업안전보건관리비 사용실적 (월별 점검·확인)

⑨ 건설사업관리기술인은 건설공사 안전관리계획 내용에 따라 안전조치·점검 등 이행을 하였는지의 여부를 확인하고 미이행시 시공자로 하여금 안전조치·점검 등을 선행한 후 시공하게 한다.

⑩ 건설사업관리기술인은 시공자가 영 제100조에 따른 자체 안전점검을

매일 실시하였는지의 여부를 확인하여야 하며, 건설안전점검전문기관에 의뢰하여야 하는 정기 ·정밀 안전점검을 할 때에는 입회하여 적정한 점검이 이루어지는지를 확인하여야 한다.

⑪ 건설사업관리기술인은 영 제100조에 따라 시행한 정기·정밀 안전점검 결과를 시공자로부터 제출받아 검토하여 발주청에 보고하고 발주청의 지시에 따라 시공자에게 필요한 조치를 하게 한다.

⑫ 건설사업관리기술인은 시공회사의 안전관리책임자와 안전관리자 등에게 교육시키고 이들로 하여금 현장 근무자에게 다음 각 호의 내용과 자료가 포함된 안전교육을 실시토록 지도·감독하여야 한다.

1. 산업재해에 관한 통계 및 정보
2. 작업자의 자질에 관한 사항
3. 안전관리조직에 관한 사항
4. 안전제도, 기준 및 절차에 관한 사항
5. 생산공정에 관한 사항
6. 산업안전보건법 등 관계법규에 관한 사항
7. 작업환경관리 및 안전작업 방법
8. 현장안전 개선방법
9. 안전관리 기법
10. 이상발견 및 사고발생시 처리방법
11. 안전점검 지도요령과 사고조사 분석요령

⑬ 책임건설사업관리기술인은 공사가 중지(차수별 준공에 따라 공사가 중단된 경우를 포함한다)되는 건설현장에 대해서는 안전관리담당자로 지정된 건설사업관리기술인을 입회하도록 하여 공사중지(준공)일로부터 5일 이내에 시공자로 하여금 영 제100조제1항에 따른 자체 안전점검을 실시하도록 하고, 점검결과를 발주청에 보고한 후 취약한 부분에 대해서는 시공자에게 필요한 안전조치를 하게 하여야 한다.

⑭ 건설사업관리기술인은 매 분기별 시공자로부터 안전관리 결과보고서를 제출 받아 이를 검토하고 미비한 사항이 있을 때는 시정조치를 하

여야 하며, 안전관리 결과보고서에는 다음 각 호와 같은 서류가 포함되어야 한다.

1. 안전관리 조직표
2. 안전보건 관리체제(별지 제21호 서식)
3. 재해발생 현황(별지 제22호 서식)
4. 안전교육 실적표(별지 제23호 서식)
5. 산재요양 신청서(사본)
6. 그 밖에 필요한 서류

⑮ 안전관리담당자로 지정된 건설사업관리기술인은 현장에서 사고가 발생하였을 경우에는 시공자에게 즉시 필요한 응급조치를 취하도록 하고 상세한 경위 및 검토의견서를 첨부하여 발주청에 지체 없이 보고하여야 하며, 제3항부터 제14항까지, 제16항의 업무에 고의 또는 중대한 과실이 없는 때에는 사고에 대한 책임을 지지 아니한다.

⑯ 건설사업관리기술인은 다음 각 호의 건설기계에 대하여 시공자가 「건설기계관리법」 제4조, 제13조, 제17조를 위반한 건설기계를 건설현장에 반입·사용하지 못하도록 반입·사용현장을 수시로 입회하는 등 지도·감독 하여야 하고, 해당 행위를 인지한 때에는 공사를 중지시키고 발주청에 서면으로 보고하여야 한다.

1. 천공기
2. 항타 및 항발기
3. 타워크레인
4. 기중기 등 그 밖에 발주청이 필요하다고 인정하여 계약에서 정한 건설기계

⑰ 공사관리관은 건설사업관리기술인이 안전관리 지도·감독을 성실히 이행하고 있는지 여부를 확인하여야 하며, 안전관리에 대한 건설사업관리기술인의 업무소홀이 확인된 경우에는 그 사실을 발주청에 지체 없이 보고하여야 한다.

제96조(환경관리) ① 건설사업관리기술인은 사업시행으로 인한 위해를 방지하고 「환경영향평가법」에 의해 받은 환경영향평가 내용과 이에 대한 협의내용을 충실히 이행토록 하여야 하고 조직편성을 하여 그 의무를 수행토록 지도·감독하여야 한다.

② 건설사업관리기술인은 시공자로 하여금 환경관리책임자를 지정하게 하여 환경관리 계획수립과 대책 등을 수립하게 하여야 하고, 예산의 조치와 환경관리자, 환경담당자를 임명하도록 하며 현장 환경관리업무를 책임지고 추진하게 하여야 한다.

③ 건설사업관리기술인은 「환경영향평가법 시행규칙」 제17조에 따라 발주청에 의해 관리책임자로 지정된 경우 협의내용의 관리를 성실히 수행하여야 한다.

④ 건설사업관리기술인은 해당 공사에 대한 환경영향평가보고서 및 환경영향평가 협의내용을 근거로 하여 지형·지질, 대기, 수질, 소음·진동 등의 관리계획서가 수립되었는지 다음 각 호의 내용을 검토·확인하여야 한다.

1. 시공자의 환경관리 조직·편성 및 임무의 법상 구비조건, 충족 및 실질적인 활동 가능성 검토
2. 환경영향평가 협의내용의 관리계획 실효성 검토
3. 환경영향 저감대책 및 공사중, 공사후 환경관리계획서 적정성 검토
4. 환경관리자에 대한 업무수행능력 및 권한 여부 검토
5. 환경전문기술인 자문사항에 대한 검토
6. 환경관리 예산편성 및 집행계획 적정성 검토

⑤ 건설사업관리기술인은 사후 환경관리계획에 따른 공사현장에 적합한 관리가 되도록 다음 각 호의 내용과 같이 업무를 수행하여야 한다.

1. 시공자로 하여금 환경영향평가서 내용을 검토하여 현장실정에 적합한 저감대책을 수립하여 시공단계별 관리계획서를 수립·관리토록 지시
2. 시공자로 하여금 환경관리계획서를 숙지하여 검측할 때에 지적사항

이 없도록 철저히 이행토록 하여야 하며, 특히 중점관리 대상지역을 선정하여 관리토록 지시

3. 시공자에게 항목별 시공전·후 사진촬영 및 위치도를 작성하여 협의내용 관리대장에 기록토록 하여 건설사업관리기술인의 확인을 받도록 지시
4. 시공자로 하여금 환경관리에 대한 일일점검 및 평가를 실시하고(문제점 토의 및 시정) 점검 사항에 대하여는 매주 정리하여 환경영향조사 결과서에 기록하고 건설사업관리기술인의 확인을 받도록 지시
5. 시공자로 하여금 공종별 시공이 완료된 때에는 환경영향평가 협의내용 이행상태 및 그 밖에 환경관리 이행현황을 사후 환경영향조사 결과보고서에 기록하여 건설사업관리기술인의 확인을 받은 후 다음 단계시공을 추진토록 지시
6. 시공자는 관할 지방행정관청의 환경관리상태 점검을 받을 때 건설사업관리기술인과 함께 수검토록 지시

⑥ 건설사업관리기술인은 「환경영향평가법」 제35조에 따른 협의내용을 기재한 관리대장을 비치토록 하고 기록사항이 사실대로 작성·이행되는지를 점검하여야 한다. (별지 제24호 서식)

⑦ 건설사업관리기술인은 「환경영향평가법」 제36조제1항의 규정에 따른 사후환경영향 조사결과를 「환경영향평가법 시행규칙」 제19조제4항에서 정하는 기한 내에 지방환경관서의 장 또는 승인기관의 장에게 통보할 수 있도록 하여야 한다.(별지 제25호 서식)

⑧ 건설사업관리기술인은 건축물 해체·제거과정에서 석면이 발생하는 경우에는 관련 규정에 따라 처리될 수 있도록 지도·감독하여야 한다.

⑨ 시공자는 사토 및 순성토가 10,000㎥ 이상 발생하는 공사현장에서는 「도로법」 제77조 및 「도로법 시행령」 제79조에 따른 과적차량 발생을 방지하기 위하여 축중기를 설치하여야 하며, 축중기 설치 및 관리에 관한 사항은 「건설현장 축중기 설치지침(국토교통부 훈령)」에 따른다.

⑩ 건설사업관리기술인은 제9항에 따라 시공자가 설치한 축중기가 적절히 운영・관리되도록 확인하여야 한다.

⑪ 건설사업관리기술인은 「건설폐기물의 재활용촉진에 관한 법률」 제18조에 따라 해당 건설공사에서 발생하는 건설폐기물을 배출하는 자(발주청)가 건설폐기물의 인계・인수에 관한 내용을 환경부장관이 구축・운영하는 전자정보처리프로그램(올바로)에 입력하는 업무의 대행을 요청하는 경우 관련 업무를 수행할 수 있다.

제97조(설계변경 관리) ① 건설사업관리기술인은 공사 실정보고에 관련하여 다음 각 호의 업무를 수행하여야 한다.

1. 설계도서와 현지여건이 상이한 부분에 대한 내용 파악(현지 여건조사)
2. 시공자가 제출한 실정보고 내용의 적정성 검토
3. 발주청에 설계변경을 위한 공사 실정보고 제출

② 건설사업관리기술인은 특수한 공법이 적용되는 경우 기술검토 및 시공상 문제점 등의 검토를 할 때에는 건설사업관리용역사업자의 본사 기술지원기술인 등을 활용하고, 필요시 발주청과 협의하여 외부의 국내・외 전문가에 자문하여 검토의견을 제시 할 수 있으며 특수한 공종에 대하여 외부 전문가의 건설사업관리 참여가 필요하다고 판단될 경우 발주청과 협의하여 외부전문가를 참여 시킬 수 있다.

③ 건설사업관리기술인은 설계변경 및 계약금액의 조정업무의 흐름도(별표3)를 참조하여 건설사업관리업무를 수행하여야 한다.

④ 건설사업관리기술인은 공사 시행과정에서 당초설계의 기본적인 사항인 중심선, 계획고, 구조물의 구조 및 공법 등의 변경 없이 현지여건에 따른 위치변경과 연장 증감 등으로 인한 수량증감이나 단순 구조물의 추가 또는 삭제 등의 경미한 설계변경 사항이 발생한 경우에는 설계변경도면, 수량증감 및 증감공사비 내역을 시공자로부터 제출 받아 검토・확인하고 우선 변경 시공토록 지시할 수 있으며 사후에 발주청에 서면보고 하여야 한다. 이 경우 경미한 설계변경의 구체적 범위는 발주청이 정한다.

⑤ 발주청은 외부적 사업환경의 변동, 사업추진 기본계획의 조정, 민원에 의한 노선변경, 공법변경, 그 밖에 시설물 추가 등으로 설계변경이 필요한 경우에는 다음 각 호의 서류를 첨부하여 반드시 서면으로 책임건설사업관리기술인에게 설계변경을 하도록 지시하여야 한다. 단, 발주청이 설계변경 도서를 작성할 수 없을 경우에는 설계변경 개요서만 첨부하여 설계변경 지시를 할 수 있다.

1. 설계변경 개요서
2. 설계변경 도면, 시방서, 계산서 등
3. 수량산출조서
4. 그 밖에 필요한 서류

⑥ 제5항의 지시를 받은 책임건설사업관리기술인은 지체 없이 시공자에게 동 내용을 통보하여야 한다.

⑦ 시공자는 설계변경 지시내용의 이행가능 여부를 당시의 공정, 자재수급 상황 등을 검토하여 확정하고, 만약 이행이 불가능하다고 판단될 경우에는 그 사유와 근거자료를 첨부하여 책임건설사업관리기술인에게 보고하여야 하고 책임건설사업관리기술인은 그 내용을 검토・확인하여 지체 없이 발주청에 보고하여야 한다.

⑧ 설계변경을 하려는 경우 책임건설사업관리기술인은 발주청의 방침에 따라 시공자로 하여금 제5항 각 호의 서류와 설계변경에 필요한 구비서류를 작성하도록 한다. 이때 기술지원기술인은 현지여건 등을 확인하여 책임건설사업관리기술인에게 기술검토서를 작성・ 제출하여야 한다.

⑨ 건설사업관리기술인은 시공자가 현지여건과 설계도서가 부합되지 않거나 공사비의 절감과 건설공사의 품질향상을 위한 개선사항 등 설계변경이 필요하다고 설계변경사유서, 설계변경도면, 개략적인 수량증감내역 및 공사비 증감내역 등의 서류를 첨부하여 제출하면 이를 검토・확인하여 필요시 기술검토의견서를 첨부하여 발주청에 실정보고 하고, 발주청의 방침을 득한 후 시공하도록 조치하여야 한다.

⑩ 건설사업관리기술인은 시공자로부터 현장실정 보고를 접수 후 기술검토 등을 요하지 않는 단순한 사항은 7일 이내, 그외의 사항을 14일 이내에 검토처리 하여야 하며, 만일 기일내 처리가 곤란 하거나 기술적 검토가 미비한 경우에는 그 사유와 처리계획을 발주청에 보고하고 시공자에게도 통보하여야 한다.

⑪ 시공자는 구조물의 기초공사 또는 주공정에 중대한 영향을 미치는 설계변경으로 방침확정이 긴급히 요구되는 사항이 발생하는 경우에는 제9항 및 제10항의 절차에 따르지 않고 책임건설사업관리기술인에게 긴급 현장 실정보고를 할 수 있으며, 책임건설사업관리기술인은 발주청에 지체없이 유선, 전자우편 또는 팩스 등으로 보고하여야 한다.

⑫ 발주청은 제9항, 제10항, 제11항에 따라 설계변경 방침결정 요구를 받은 경우에 설계변경에 대한 기술검토를 위하여 발주청의 소속직원으로 기술검토팀(T/F팀)을 구성(필요시 민간전문가로 자문단을 구성)·운영하여야 하며, 이 경우 단순한 사항은 7일 이내, 그 외의 사항은 14일 이내에 방침을 확정하여 책임건설사업관리기술인에게 통보하여야 한다. 다만, 해당 기일내 처리가 곤란하여 방침결정이 지연될 경우에는 그 사유를 명시하여 통보하여야 한다.

⑬ 발주청은 설계변경 원인이 설계자의 하자라고 판단되는 경우에는 설계변경(안)에 대한 설계자 의견서를 제출토록 하여야 하며, 대규모 설계변경 또는 주요 구조 및 공종에 대한 설계변경은 설계자에게 설계변경을 지시하여 조치한다.

⑭ 시공자의 "개선제안공법"으로 설계변경을 제안하는 경우에는 「건설기술진흥업무 운영규정」(국토교통부 훈령)에 따라 처리하여야 한다.

⑮ 건설사업관리기술인은 설계변경 등으로 인한 계약금액의 조정을 위한 각종 서류를 시공자로부터 제출 받아 검토·확인한 후 건설사업관리용역사업자 대표자에게 보고하여야 하며, 대표자는 소속 기술지원기술인으로 하여금 검토·확인케 하고 대표자 명의로 발주청에 제출하여야 한다. 이때 변경설계서의 설계자로 책임건설사업관리기술인이 심사자로 기술지원기술인이 날인하여야 한다. 다만, 대규모 통합건설

사업관리의 경우에는 실제 설계를 담당한 건설사업관리기술인과 책임 건설사업관리기술인이 설계자로 연명하여 날인토록 하고 변경설계서의 표지 양식은 사전에 발주청과 협의하여 정하여야 한다.

⑯ 건설사업관리기술인은 설계변경 등으로 인한 계약금액 조정 업무처리를 지체함으로써 공사추진에 지장을 초래하지 않도록 적기에 계약변경이 이루어 질 수 있도록 조치하고 시공자의 설계변경도서 미제출에 따른 지체시에는 준공조서 작성 시 그 사유를 명시하고 정산 조치하여야 한다. 최종 계약금액의 조정은 예비 준공검사기간 등을 고려하여 늦어도 준공예정일 75일 전까지 발주청에 제출되어야 한다.

제98조(암반선 확인) ① 건설사업관리기술인은 공사착공과 동시에 암판정위원회를 상시 구성・운영하고 암반선 노출 즉시 암판정을 실시하도록 하여야 하며 직접 육안으로 확인하고, 정확한 판정을 위해 필요한 추가 시험을 실시하여야 한다.

② 암판정 준비 및 절차는 다음 각 호와 같은 요령으로 실시한다.

1. 암판정 대상은 절토부 암선 변경시와 구조물 기초(암거, 교량 등), 터널 암질변경시 등에 대하여 실시
2. 암판정 요청 체계도 작성
3. 암판정위원회는 대상공종의 중요성, 수량, 현장여건 등을 종합적으로 고려하여 토질 및 기초분야 기술지원기술인(건축공사는 토목분야 기술지원기술인을 말함), 공사관리관, 책임건설사업관리기술인, 외부전문가 등으로 구성하고, 시공회사 현장대리인이 입회하여야 한다. 암판정 대상공종이 중요하지 않고 공사의 연속성과 긴급성을 요할 경우와 소규모 수량인 경우 등 발주청이 별도로 정하는 경우에는 책임 건설사업관리기술인이 암반선을 확인 판정하며, 이 경우 책임건설사업관리기술인은 그 기록을 유지하여 사후 암판정위원회로 확인토록 함
4. 준비사항 및 보고방법

가. 절토부 암판정을 할 때에는 측량기, 줄자, 카메라, 깃발 등을 준

비하고 물량 증감 현황표, 토적표, 횡단도(암질 구분표시), 공사비 증감대비표 등 첨부

나. 구조물 기초 암판정을 할 때에는 주상도 작성(당초와 변경비교), 종평면도, 측량성과표, 시공계획(기초에 대한 의견서), 기초확인 측량시 사진촬영 보관(근경, 원경), 시추와 굴착에 의한 시료함을 보관(시험실 비치)하고 보고

다. 터널 암판정을 할 때에는 주상도, 측량성과표, 굴착천공표, 종평면도, 사진, 현장 시험실에 단면별 시료채취 보관함 비치, 터널굴착(막장)별 관리대장을 기록·비치하고 설계조건과 상이한 암질 변화시 굴착방법과 보강방법을 임의대로 하지 말고, 암판정위원회의 심의를 거친 후 시행, 보고

제99조(설계변경계약전 기성고 및 지급자재의 지급) ① 건설사업관리기술인은 발주청의 방침을 지시 받았거나, 승인을 받은 설계변경 사항의 기성고는 해당 공사의 변경계약을 체결하기 전이라도 당초 계약된 수량과 공사비 범위에서 설계변경 승인 사항의 공사 기성부분에 대하여 확인하고 기성고를 사정하여야 한다. 발주청은 건설사업관리기술인이 확인하고 사정한 동 기성부분에 대하여 기성금을 지불하여야 한다.

② 건설사업관리기술인은 제1항의 설계변경 승인 사항에 따른 발주청이 공급하는 지급자재에 대하여 시공자의 요청이 있을 경우 변경계약 체결전이라고 하여도 공사추진상 필요할 경우 변경된 소요량을 확인한 후 발주청에 지급을 요청할 수 있으며 동 요청을 받은 발주청은 공사추진에 지장이 없도록 조치하여야 한다.

제100조(물가변동으로 인한 계약금액 조정) ① 건설사업관리기술인은 시공자로부터 물가변동에 따른 계약금액 조정·요청을 받을 경우 다음 각 호의 서류를 작성·제출토록 하여야 하고 시공자는 이에 응하여야 한다.

1. 물가변동 조정요청서
2. 계약금액 조정요청서
3. 품목조정율 또는 지수조정율 산출근거

4. 계약금액 조정 산출근거
5. 그 밖의 설계변경에 필요한 서류

② 건설사업관리기술인은 시공자로부터 계약금액 조정요청을 받은 날로부터 14일이내에 검토의견을 첨부하여 발주청에 보고하여야 한다.

제101조(업무조정회의) ① 발주청은 공사시행과 관련하여 공사관계자간에 발생하는 이견을 효율적으로 조정하기 위하여 업무조정회의를 운영하여야 한다.

② 업무조정회의는 발주청, 건설사업관리기술인, 시공자(하도급업체를 포함) 관계자가 참여하며 필요시 기술자문위원회위원, 변호사, 변리사, 교수 등 민간전문가 등의 자문을 받을 수 있다.

③ 업무조정회의의 심의대상은 다음 각 호와 같다.

1. 공사관계자 일방의 귀책사유로 인한 공정지연 또는 공사비 증가 등의 피해가 발생한 경우
2. 공사관계자 일방의 부당한 조치로 인하여 피해가 발생한 경우
3. 그 밖에 공사시행과 관련하여 공사관계자간에 발생한 이견의 해결

④ 업무조정회의에 안건을 상정하고자 하는 자는 업무조정에 필요한 서류를 작성하여 발주청에 제출하여야 하며, 발주청은 안건상정 요청을 받은 날로부터 20일이내에 회의를 개최하여 조정하여야 한다.

⑤ 발주청, 건설사업관리용역사업자, 시공자는 회의결과에 승복하지 않을 경우 법원에 소송을 제기할 수 있다.

제102조(기성·준공검사자 임명 및 검사기간) ① 건설사업관리기술인은 시공자로부터 별지 제26호 서식의 기성부분검사원 또는 별지 제30호 서식의 준공검사원을 접수하였을 때는 이를 신속히 검토·확인하고, 별지 제27호 서식의 건설사업관리조서와 다음 각 호의 서류를 첨부하여 지체 없이 건설사업관리용역사업자 대표자에게 제출하여야 한다. 다만, 「국가를 당사자로 하는 계약에 관한 법률 시행령」 제55조제7항 및 「지방자치단체를 당사자로 하는 계약에 관한 법률 시행령」 제64조제

6항에 따른 약식 기성검사의 경우에는 건설사업관리조서와 기성부분내역서 만을 제출할 수 있다.

1. 주요자재 검사 및 수불부
2. 시공 후 매몰부분에 대한 건설사업관리기술인의 검사기록 서류 및 시공 당시의 사진
3. 품질시험·검사 성과 총괄표
4. 발생품 정리부
5. 그 밖에 건설사업관리기술인이 필요하다고 인정하는 서류와 준공검사원에는 지급자재 잉여분 조치현황과 공사의 사전검측·확인서류, 안전관리점검 총괄표 추가첨부

② 건설사업관리용역사업자 대표자는 기성부분검사원 또는 준공검사원을 접수하였을 때는 3일안에 소속 건설사업관리기술인 중 2명 이상의 검사자를 임명하여 검사팀을 구성하고, 이 사실을 즉시 발주청에 보고하여야 한다. 다만, 「국가를 당사자로 하는 계약에 관한 법률 시행령」 제55조제7항 및 「지방자치단체를 당사자로 하는 계약에 관한 법률 시행령」 제64조제6항에 따른 약식 기성시에는 책임건설사업관리기술인을 검사자로 임명할 수 있다.

③ 건설사업관리용역사업자 대표자는 기성부분검사를 함에 있어 현장이 원거리 또는 벽지에 위치하고 책임건설사업관리기술인으로도 검사가 가능하다고 인정되는 경우에는 발주청과 협의하여 책임건설사업관리기술인을 검사자로 임명할 수 있다.

④ 건설사업관리용역사업자 대표자는 부득이한 사유로 소속직원이 검사를 할 수 없다고 인정할 때에는 발주청과 협의하여 소속직원 이외의 자 또는 전문검사기관으로 하여금 그 검사를 하게 할 수 있다. 이 경우 검사결과는 서면으로 작성하여야 한다.

⑤ 건설사업관리용역사업자 대표자는 각종 설비, 복합공사 등 특수공종이 포함된 공사의 준공검사를 할 때 필요한 경우 발주청과 협의하여 전문기술인을 포함한 합동 준공검사반을 구성할 수 있다.

⑥ 발주청은 소속직원으로 하여금 기성 및 준공검사 과정에 입회토록 하여 기성 및 준공검사자가 계약서, 시방서, 설계도서 등 관계서류에 따라 기성 및 준공검사를 실시하는지 여부를 별지 제52호 서식을 작성하여 확인하여야 하며, 필요시 시설물 인수기관, 유지관리기관의 직원으로 하여금 기성 및 준공검사에 입회·확인토록 조치하여야 한다.

⑦ 발주청은 제6항에 따른 준공검사에 입회할 경우 해당 공사가 복합공종인 경우에는 공종별 팀을 구성하여 공동입회토록 하며, 준공검사 실시여부를 확인하여야 한다.

⑧ 건설사업관리용역사업자 대표자는 주요구조부 등 구조안전을 위하여 검사가 필요한 부분에 대하여는 기성부분검사 및 준공검사 전에 전문기술인의 검사 참여, 필수적인 검사 공종, 검사를 위한 시험장비, 접근이 어려운 시설물 실측 방법 등을 체계적으로 작성한 검사계획서를 발주청에 제출하여 승인을 득하고, 승인을 득한 계획서에 의하여 검사처리 절차에 따라 검사를 실시하여야 한다.

⑨ 기성 또는 준공검사자(이하 "검사자"라 함)는 계약에 소정 기일이 명시되지 않는 한 임명통지를 받은 날로부터 8일 안에 해당공사의 검사를 완료하고 별지 제29호, 별지 제31호 서식의 검사조서를 작성하여 검사완료일로부터 3일 안에 검사결과를 소속 건설사업관리용역사업자 대표자에게 보고하여야 하며 건설사업관리용역사업자 대표자는 신속히 검토 후 발주청에 지체없이 통보하여야 한다.

⑩ 검사자는 검사조서에 검사사진을 첨부하여야 하며, 준설공사의 경우는 수심평면도를 첨부하여야 한다.

⑪ 건설사업관리용역사업자 대표자는 천재지변, 해일, 그 밖에 이에 준하는 불가항력으로 인해 제9항에서 정한 기간을 준수 할 수 없을 때에는 검사에 필요한 최소한의 범위내에서 검사기간을 연장 할 수 있으며 이를 발주청에 통보하여야 한다.

⑫ 불합격 공사에 대한 보완, 재시공 완료 후 재검사 요청에 대한 검사기간은 시공자로부터 그 시정을 완료한 사실을 통보 받은 날로부터 제9항의 기간을 계산한다.

제103조(기성·준공검사 및 재시공) ① 검사자는 해당 공사의 현장에 상주기술인 및 시공자 또는 그 대리인 등을 입회케 하여 계약서, 시방서, 설계도서, 그 밖의 관계 서류에 따라 다음 각 호의 사항을 검사하여야 한다. 다만,「국가를 당사자로 하는 계약에 관한 법률 시행령」제55조 제7항 본문에 따른 약식 기성검사의 경우에는 책임 건설사업관리기술인의 건설사업관리조서와 기성부분내역서에 대한 확인으로 갈음할 수 있다.

1. 기성검사
   가. 기성부분내역(별지 제28호 서식)이 설계도서 대로 시공되었는지 상주기술인이 시공검측한 내용 확인
   나. 지급자재의 사용 여부
   다. 시공 완료되어 검사시 외부에서 확인하기 곤란한 부분(가시설, 고공시설물, 수중, 접근 곤란한 시설물 등)에 대해서 시공당시 검측자료(영상자료 등)로 갈음
   라. 건설사업관리기술인의 기성검사원에 대한 사전 검토의견서
   마. 품질시험·검사 성과 총괄표 내용
   바. 그 밖에 발주청이 요구한 사항
2. 준공검사
   가. 준공된 공사가 설계도서 대로 시공되었는지 여부
   나. 공사시공 시의 현장 상주기술인이 비치한 제기록에 대한 검토
   다. 폐품 또는 발생물의 유무 및 처리의 적정여부
   라. 지급자재의 사용 적부와 잉여자재의 유무 및 그 처리의 적정여부
   마. 제반 설비의 제거 및 원상복구 정리상황 (토석 채취장 포함)
   바. 건설사업관리기술인의 준공검사원에 대한 검토의견서
   사. 그 밖에 발주청이 요구한 사항

② 검사자는 시공된 부분이 수중 지하구조물의 내부 또는 저부 등 시공 후 매몰되어 사후검사가 곤란한 부분과 주요 구조물에 중대한 피해를

주거나 대량의 파손 및 재시공 행위를 요하는 검사는 건설사업관리조서와 사전검사 등을 근거로 하여 검사를 행 할 수 있다.

③ 검사자는 검사에 합격되지 않는 부분이 있을 때에는 건설사업관리용역사업자 대표자에게 지체없이 그 내용을 보고하고 건설사업관리용역사업자 대표자의 지시에 따라 즉시 시공자로 하여금 보완시공 또는 재시공케 하고, 건설사업관리용역사업자 대표자는 해당 공사의 검사자로 하여금 재검사를 하게 하여야 한다.

제104조(준공검사 등의 절차) ① 건설사업관리기술인은 해당 공사완료 후 준공검사전 사전 시운전 등이 필요하면 시공자로 하여금 다음 각 호의 사항이 포함된 시운전을 위한 계획을 수립하여 시운전 30일 전까지 제출토록 하고 이를 검토하여 발주청에 제출하여야 한다.

1. 시운전 일정
2. 시운전 항목 및 종류
3. 시운전 절차
4. 시험장비 확보 및 보정
5. 설비 기구 사용계획
6. 운전요원 및 검사요원 선임계획

② 건설사업관리기술인은 시공자로부터 시운전계획서를 제출 받아 검토·확정하여 시운전 20일 전까지 발주청 및 시공자에게 통보하여야 한다.

③ 건설사업관리기술인은 시공자로 하여금 다음 각 호와 같이 시운전 절차를 준비하도록 하여야 하며 시운전에 입회하여야 한다.

1. 기기점검
2. 예비운전
3. 시운전
4. 성능보장운전
5. 검수

6. 운전인도

④ 건설사업관리기술인은 시운전 완료 후에 다음 각 호의 성과품을 시공자로부터 제출 받아 검토 후 발주청에 인계하여야 한다.

1. 운전개시, 가동절차 및 방법
2. 점검항목 점검표
3. 운전지침
4. 기기류 단독 시운전 방법검토 및 계획서
5. 실가동 다이어그램(Diagram)
6. 시험 구분, 방법, 사용매체 검토 및 계획서
7. 시험성적서
8. 성능시험성적서 (성능시험 보고서)

⑤ 건설사업관리기술인은 공사현장에 주요공사가 완료되고 현장이 정리단계에 있을 때에는 시공자로 하여금 준공 2개월 전에 예비준공검사원을 제출토록 하고 이를 검토하여 발주청에 제출하여야 한다. 다만, 단순 소규모공사일 경우에는 발주청과 협의한 후 생략할 수 있다.

⑥ 발주청은 건설사업관리기술인으로부터 예비준공검사 요청이 있을 때에는 소속직원 중 2인 이상의 검사자를 임명하여 검사토록 하여야 하며, 필요한 경우 시설물유지관리기관의 직원 또는 기술지원기술인을 입회하도록 하여야 한다.

⑦ 예비준공검사는 건설사업관리기술인이 확인한 정산설계도서 등에 따라 검사하여야 하며, 그 검사 내용은 준공검사에 준하여 철저히 시행하여야 한다.

⑧ 건설사업관리기술인은 예비준공검사를 실시하는 경우 시공자가 제출한 품질시험·검사 총괄표를 검토한 후 검토서를 첨부하여 발주청에 제출하여야 한다.

⑨ 발주청은 검사를 시행한 후 보완사항에 대하여는 건설사업관리기술인에게 보완지시하고 준공검사자가 검사시에 이를 확인 할 수 있도록 건설사업관리용역사업자 대표자에게 검사결과를 통보하여야 하며, 시

공자는 예비준공검사의 지적사항 등을 완전히 보완한 후 책임건설사업관리기술인의 확인을 받은 후 준공검사원을 제출하여야 한다.

⑩ 건설사업관리기술인은 정산설계도서 등을 검토·확인하고 시설 목적물이 발주청에 차질없이 인계될 수 있도록 지도·감독하여야 한다. 건설사업관리기술인은 시공자로부터 준공 예정일 2개월 전까지 정산설계도서를 제출받아 이를 검토·확인하여야 한다.

⑪ 건설사업관리기술인은 시공자가 작성 제출한 준공도면이 실제 시공된 대로 작성 되었는지의 여부를 검토·확인하여 발주청에 제출하여야 한다. 준공도는 계약에서 정한 방법으로 작성하여야 하며, 모든 준공도면에는 건설사업관리기술인의 확인·서명이 있어야 한다.

⑫ 건설사업관리기술인은 시공자가 준공표지를 설치하는 때에는 공사구역의 일반이 보기 쉬운 곳에 영구적인 시설물로 준공표지를 설치토록 조치하여야 한다.

제105조(계약자간 시공인터페이스 조정) 건설사업관리기술인은 다음 각 호와 같은 계약자간 시공인터페이스 조정업무를 수행해야 한다.

1. 공사관계자간 업무조정회의 운영 실시
2. 공사 시행단계별 간섭사항 내용파악을 위한 사전 검토

제106조(시공단계의 예산검증 및 지원) ① 건설사업관리기술인은 예산검증 및 공사도급계약/관급자재계약과 관련하여 기술적 검토를 해야 하며 다음 각 호의 내용을 포함한다.

1. 예산확정여부 및 계약방식(예:장기계속계약, 계속비계약, 단년도계약)에 따라 자금집행계획 수립지원(연도별예산 및 연부액을 고려하여)
2. 공사도급 및 납품계약이 연도별 예산의 범위내에 해당 되는지, 산출내역 및 예정공정률(보할률)의 적정성검토, 관급자재의 경우 납품시기의 적정성 검토 및 조정이 필요한 경우 기술지원업무
3. 계약시기에 따른 원가계산제비율 규정을 준수 여부(항목누락여부, 최소비율항목, 최대비율항목)

② 건설사업관리기술인은 기성 및 계약변경에 의한 예산 모니터링 및 예측 등 통제업무지원을 수행하여야 하며 다음 각 호의 내용을 포함한다.

1. 예산대비 선금, 차수별 기성집행, 관급자재 대가지급 등 그 밖에 지출비용 집행현황 모니터링 및 분석 등
2. 설계변경 및 물가변동에 의한 계약금액 조정 시 예산변동상황 모니터링 및 분석 등, 발주청 예산통제업무 지원(필요시 방안제시)
3. 기능향상 또는 공사비절감을 위한 시공V.E수행 업무지원

제9절 시공후 단계 업무

제107조(종합시운전계획의 검토 및 시운전 확인) ① 건설사업관리기술인은 시운전 계획을 검토해야 하며 다음 각 호의 내용을 포함한다.

1. 시운전 종합계획의 검토(계획서, 절차서, 성과물관리, 시설유지보수계획 등)
2. 시운전 조치사항의 검토 및 결과처리 방안(현장점검, 개별시운전, 계통연동시험, 시험운영 단계)
3. 시운전관련 회의 및 보고

② 건설사업관리기술인은 시운전 상태를 확인해야 하며 다음 각 호의 내용을 포함한다.

1. 시운전 수행 지원
2. 시운전 결과보고서 작성(운영상태 점검, 재시행계획, 시설개선사항, 보완대책 및 조치결과 등)

제108조(시설물 유지관리지침서 검토) ① 건설사업관리기술인은 발주청(설계자) 또는 시공자(주요기계설비의 납품자) 등이 제출한 시설물의 유지관리지침서에 대해 다음 각 호의 내용을 검토한 후, 시설물 유지관리 기구에 대한 의견서를 첨부하여 공사준공 후 14일 이내에 발주청에 제출하여야 한다.

1. 시설물의 규격 및 기능 설명서

2. 시설물유지관리지침

3. 특기사항

② 해당 건설사업관리용역사업자 대표자는 발주청이 유지관리상 필요하다고 인정하여 기술자문 등을 요청할 경우에는 이에 협조하여야 하며, 전문적인 기술 등으로 외부 전문기술 또는 상당한 노력이 소요되는 경우에는 발주청과 별도 협의하여 결정한다.

제109조(시설물유지관리 업체 선정) ① 건설사업관리기술인은 시설물유지관리사업자 선정을 위한 평가기준 제시 및 입찰, 계약절차를 수립하여야 하며 다음 각 호의 내용을 포함한다.

1. 시설물별 관련 법의 검토

2. 시설물관리업 전문업체 조사

3. 입찰절차, 평가기준의 작성 및 검토

② 건설사업관리기술인은 다음 각 호의 내용과 같이 입찰관련 서류의 적정성 검토업무를 수행해야 한다.

1. 시설물관리업 전문업체 평가(면허, 경영상태, 시정명령, 과태료 등)

2. 입찰서류의 평가 및 보완

3. 발주청 보고 및 계약 지원

③ 건설사업관리기술인은 다음 각 호의 내용을 포함하는 기술교육을 실시하여야 한다.

1. 시설물관리업 전문업체 교육계획 검토

2. 교육실시 및 보고

제110조(시설물의 인수·인계 계획 검토 및 관련업무 지원) ① 건설사업관리기술인은 시공자로 하여금 해당공사의 예비준공검사(부분준공, 발주청의 필요에 의한 기성준공부분을 포함한다) 완료 후 14일 이내에 다음 각 호의 사항이 포함된 시설물의 인계·인수를 위한 계획을 수립토록 하고 이를 검토하여야 한다.

1. 일반사항(공사개요 등)

2. 운영지침서(필요한 경우)
   가. 시설물의 규격 및 기능점검 항목
   나. 기능점검 절차
   다. 시험(Test) 장비확보 및 보정
   라. 기자재 운전지침서
   마. 제작도면 절차서 등 관련자료
3. 시운전 결과보고서 (시운전 실적이 있는 경우)
4. 예비 준공검사 결과
5. 특기사항

② 건설사업관리기술인은 시공자로부터 시설물 인계·인수 계획서를 제출 받아 7일 이내에 검토, 확정하여 발주청 및 시공자에게 통보하여 인계·인수에 차질이 없도록 하여야 한다.

③ 건설사업관리기술인은 발주청과 시공자간의 시설물 인계·인수의 입회자가 된다.

④ 건설사업관리기술인은 시공자가 제출한 인계·인수서를 검토·확인하며 시설물이 적기에 발주청에 인계·인수될 수 있도록 한다.

⑤ 건설사업관리기술인은 시설물 인계·인수에 대한 발주청 등의 이견이 있는 경우, 이에 대한 현황파악 및 필요대책 등의 의견을 제시하여 시공자가 이를 수행토록 조치한다.

⑥ 인계·인수서는 준공검사 결과를 포함하여야 하며, 시설물의 인계·인수는 준공검사 시 지적사항 시정완료일 부터 14일 이내에 실시하여야 한다.

⑦ 건설사업관리기술인은 해당 공사와 관련한 다음 각 호의 건설사업관리기록서류를 포함하여 발주청에 인계할 문서의 목록을 발주청과 협의, 작성하여야 한다.

1. 준공 사진첩 및 주요 구조부 촬영 동영상 <전문개정>
2. 준공도면

3. 건축물대장(건축공사의 경우)
4. 품질시험·검사성과 총괄표
5. 기자재 구매서류
6. 시설물 인계·인수서
7. 그 밖에 발주청이 필요하다고 인정하는 서류

⑧ 발주청은 법 제39조제4항 및 규칙 제36조에 따라 건설사업관리용역사업자로부터 제출받은 건설사업관리보고서를 시설물이 존속하는 기간까지 보관하여야 한다.

제111조(하자보수 지원) ① 건설사업관리용역사업자 대표자 및 건설사업관리기술인은 공사 준공 후 발주청과 시공자간의 시설물의 하자보수 처리에 대한 분쟁 또는 이견이 있는 경우, 검토의견을 제시하여야 한다.

② 건설사업관리용역사업자 대표자 및 건설사업관리기술인은 공사준공 후 발주청이 필요하다고 인정하여 하자보수 대책수립을 요청할 경우 이에 협조하여야 한다.

③ 제1항과 제2항의 업무가 건설사업관리기술용역계약에 정한 건설사업관리기간이 지난 후에 수행하여야 할 경우에는 발주청은 별도의 실비를 건설사업관리용역사업자에게 지급토록 조치하여야 한다. 다만, 하자사항이 건설사업관리업무 부실에 기인할 경우에는 그러하지 아니한다.

제4장 건설공사 감독자 업무

제1절 일반사항

제112조(사업관리방식의 적용) 발주청은 직접 공사감독을 수행할 자체 인력이 부족한 경우 발주청 직원과 부분 감독 권한대행 등 건설사업관리 또는 건설사업관리(감독 권한대행 등 건설사업관리는 제외)를 병행하여 적용할 수 있다.

제113조(업무처리 기간설정) 제4장에서 정한 검토, 승인, 보고 등의 기간이 공사여건상 불합리하다고 판단하는 경우 사전에 시공자와 협의하여 조정할 수 있다. 이 경우 발주청에 그 사유를 보고하여야 한다.

제114조(공사감독자의 행위제한) 공사감독자는 해당 공사의 기성검사 및 준공검사에 대한 검사자 직무를 겸할 수 없다. 다만, 「국가를 당사자로 하는 계약에 관한 법률 시행령」 제57조 및 「지방자치단체를 당사자로 하는 계약에 관한 법률 시행령」 제66조에 따른 경우에는 이에 따른다.

제115조(공사감독자의 서류 작성 · 비치) 공사감독자는 다른 법령에 특별한 규정이 있는 경우를 제외하고는 다음 각 호의 서류를 작성 또는 비치하여야 한다.

1. 공사감독일지(별지 제53호 서식)
2. 문서접수 및 발송대장(별지 제14호 서식)
3. 민원처리부(별지 제15호 서식)
4. 검측대장(별지 제19호 서식)
5. 재해 발생현황(별지 제22호 서식)
6. 협의내용 등의 관리대장(별지 제24호 서식)
7. 사후 환경영향조사 결과보고서(별지 제25호 서식)
8. (기성부분, 준공) 감독조서(별지 제54호 서식)
9. 공사 기성부분 내역서(별지 제28호 서식)
10. 단속 · 점검방문 실명제 기록부

제116조(시공자가 비치하는 서류의 확인) 공사감독자는 시공자가 작성한 다음의 서류를 검토 확인하여야 한다.

1. 품질시험계획(별지 제55호 서식)
2. 품질시험 · 검사대장(별지 제56호 서식)
3. 품질시험 · 검사성과 총괄표(별지 제17호 서식)
4. 품질시험 · 검사실적보고서(별지 제18호 서식)

5. 현장교육실적부(별지 제57호 서식)
6. 구조물별 콘크리트 타설현황(별지 제35호 서식)
7. 콘크리트 구조물 균열관리현황(별지 제41호 서식)
8. 안전관리계획서, 유해·위험방지계획서, 안전관리비 및 산업안전보건관리비 사용실적 관계서류
9. 주요자재 수불부(별지 제58호 서식) 및 검사부(별지 제59호 서식)
10. 발생품(잉여자재) 정리부(별지 제20호 서식)
11. 공사측량성과
12. 안전보건 관리체제(별지 제21호 서식)
13. 공사진척현황에 대한 사진첩 또는 동영상
14. 노무비 구분관리 및 지급확인 관계서류
15. 그 밖에 필요한 서류 및 도표

제117조(관계기관 협의) 공사감독자는 공사시행에 따른 관련기관과의 협의시 필요한 서류를 작성하여 발주청에 제출하여야 한다.

제118조(공사관련 서류 검토·보고) ① 공사감독자는 공사진행 단계별로 시공자가 제출하는 다음 각 호의 서류를 확인하고 발주청에 보고하여야 한다.

1. 공사 착수단계
   가. 착공신고서
   나. 설계도서 검토서
   다. 토취장·사토장 또는 골재원 현황
   라. 공사 시공측량 결과보고서
2. 공사 시공단계
   가. 안전관리계획서 및 품질관리(시험)계획서
   나. 주요자재 공급원 승인요청
   다. 실정보고 및 설계변경 사항

라. 안전사고 및 부실시공 현황

마. 민원사항

바. 품질시험·검사성과 총괄표

사. 기성부분 검사원

아. 지급자재 대체사용 신청서

자. 공정보고(매월말 기준 다음달 5일까지)

차. 하도급 통보서 및 하도대금지급 분쟁

카. 현장대리인 변경

타. 근로자 노무비 청구 및 지급 내역서(매월)

3. 공사 준공단계

가. 예비 준공검사원

나. 준공검사원

4. 공사 준공 후

가. 준공 설계도서(설계원도 포함)

나. 준공 사진첩 및 주요 구조부 촬영 동영상 <전문개정>

다. 품질시험·검사대장 및 성과총괄표

라. 유지관리 기관으로의 인수인계 서류

② 공사감독자는 감독업무 수행 중 공사현장에 다음 각 호의 사태가 발생하였을 때에는 필요한 응급조치를 취한 후 지체 없이 발주청에 보고하고 이에 대한 조치지시를 받아야 한다.

1. 천재지변 등 그 밖의 사유로 현장에 피해 또는 사고가 발생하거나 공사시행이 불가능하게 된 때
2. 공사 장애요인의 발생으로 7일 이상 공사추진이 불가능한 때
3. 시공자가 정당한 사유 없이 장기간 동안 업무를 수행하지 아니 할 때
4. 시공자가 업무를 불성실하게 수행하거나 발주청의 정당한 지시를

이행하지 아니 할 때

제119조(명령 및 지시사항 처리) ① 공사감독자는 시공 등에 대하여 발주청에서 받은 지시사항은 그 내용을 기록하고, 조치계획 및 그 결과를 보고한 후 비치하여야 한다.

② 공사감독자는 공사에 대한 지시는 시공자에게 서면으로 하여야 하며, 조치결과를 제출받아 확인하고 그 내용을 비치하여야 한다. 다만 불가피한 경우 우선 구두로 지시한 후 사후에 서면으로 통보할 수 있다.

③ 공사감독자는 민원발생이 예상되는 사항을 사전에 도출하여 발생요인의 제거 및 최소화에 노력하여야 한다.

제120조(근무요령) 공사감독자는 다음의 각 호의 요령으로 근무하여야 한다.

1. 공사현장에 상주를 원칙으로 하되 복수공사의 공사감독자로 임명되었을 경우에는 순환 상주하여야 한다. 다만, 부득이한 사유로 현장상주가 곤란한 경우 출장으로 공사현장 감독업무를 수행할 수 있다.
2. 당일 감독업무내용과 행선지 등을 기록하는 근무상황판을 사무실에 비치하고 항상 파악할 수 있도록 하여야 한다.
3. 당일 공사추진상황 및 감독업무수행내용을 공사감독일지에 기록·비치하고, 시공자가 작성한 별지 제60호 서식의 공사작업일지를 확인한 후 그 사본을 공사감독일지에 첨부하여야 한다.
4. 공사감독자는 공사현장에 문제점이 발생되거나 시공과 관련한 중요한 변경 및 예산과 관련되는 사항에 대하여는 발주청에 서면으로 보고하고 지시를 받아야 한다.
5. 공사감독자는 임의로 설계를 변경시키거나 기간연장 등 공사계약조건과 다른 지시나 결정을 하지 않아야 한다.

제121조(업무 인계·인수) 공사감독자 교체의 명이 있을 때에는 현장에 비치된 서류·기구·자재 및 그 밖에 공사에 관한 사항을 후임자에게 인계하여 공사감독에 차질이 없도록 하여야 하며, 그 사항을 발주청에

보고하여야 한다.

제122조(현장대리인 교체) ① 공사감독자는 현장대리인이 해당 공사의 적정한 품질확보 및 공정관리를 위하여 부적당하다고 인정되는 경우에는 사전에 발주청으로 실정을 보고하여 교체여부에 대한 방침을 받은 후 시공자에게 교체를 요구하여야 한다.

② 공사감독자는 현장대리인이 현장을 벗어날 부득이한 사유가 있는 경우에는 그 기간을 정하여 대리인을 지정하고 이를 허락할 수 있다.

제123조(건설기술인 관리 등) 공사감독자는 공사에 참여하는 건설기술인 등이 다음 각 호에 해당하여 그 현장에 적절치 않다고 인정되는 경우에는 시공자에게 이들의 교체를 요구하고 발주청에 그 사유를 보고하여야 한다.

1. 건설기술인, 품질관리자, 안전관리자, 보건관리자가 법, 「건설산업기본법」 및 「산업안전보건법」 등의 규정에 따른 건설기술인 배치기준, 품질시험의무 등 관련법규를 위반하였을 때
2. 건설기술인이 사전 승낙을 얻지 아니하고 정당한 사유 없이 그 건설공사의 현장을 이탈한 때
3. 건설기술인의 고의 또는 과실로 인하여 건설공사를 조잡하게 시공하거나 또는 부실시공을 하였을 때
4. 건설기술인이 계약에 따른 시공능력 및 기술이 부족하다고 인정되거나 정당한 사유 없이 기성공정이 현격히 미달할 때
5. 건설기술인이 기술능력이 부족하여 공사시행에 차질을 초래하거나 감독자의 정당한 지시에 응하지 아니한 때

제2절 공사착수단계 업무

제124조(설계서 등의 검토) ① 공사감독자는 설계도면, 시방서, 산출내역서 등의 내용을 숙지하여 감독하여야 한다.

② 공사감독자는 시공자로 하여금 설계서 등 계약문서와 다음 각 호의

사항을 검토하도록 하여야 한다.

1. 현장 조건에 부합 여부
2. 공사 착수 전, 공사시행 중, 준공 및 인수·인계단계에서 다른 사업 또는 다른 공정과의 상호 부합여부
3. 설계도면, 시방서, 산출내역서 등의 내용에 대한 상호 일치여부

③ 공사감독자는 제2항의 검토결과 불합리한 부분, 착오, 불명확하거나 의문사항이 있을 시는 그 내용과 의견을 발주청에 보고하여야 하며, 필요시 설계자의 의견을 물을 수 있다.

제125조(기준점 설치 등) 공사감독자는 시공자로 하여금 공사현장에 수준점 및 그 밖의 도근점 등 시공 시 또는 검측 시 필요한 기준점과 표식을 공사기간동안 보존될 수 있도록 설치하고, 그 위치(좌표포함)와 표고를 공사평면도 또는 부근 평면약도에 표시하여 관리하게 하여야 한다.

제126조(공사표지판 등 설치) ① 공사감독자는 공사현장의 주 출입도로에는 「건설산업기본법」에 따라 시공자로 하여금 공사안내표지판을 설치하도록 하여야 하며, 선형공사일 경우에는 적당한 간격으로 거리표지판을 설치토록 하여야 한다.

② 공사감독자는 중장비 사용 또는 수중공사 등 위험한 공사장에는 시공자로 하여금 위험 표지판을 안전관리계획 등에 따라 설치하도록 하여야 하며, 필요한 경우에는 일반인의 출입 및 접근을 금하는 게시판을 설치하여야 한다.

제127조(착공신고서 검토 및 보고) 공사감독자는 건설공사가 착공된 경우에는 시공자로부터 다음 각 호의 서류가 포함된 착공신고서를 제출받아 적정성 여부를 검토하여 7일 이내에 발주청에 보고하여야 한다.

1. 현장기술인 지정신고서(현장관리조직, 현장대리인, 품질관리자, 안전관리자, 보건관리자)
2. 건설공사 공정예정표
3. 품질관리계획서 또는 품질시험계획서(실착공 전에 제출 가능)

4. 공사도급 계약서 사본 및 산출내역서
5. 착공 전 사진
6. 현장기술인 경력사항 확인서 및 자격증 사본
7. 안전관리계획서(실착공 전에 제출 가능)
8. 유해·위험방지계획서(실착공 전에 제출 가능)
9. 노무동원 및 장비투입 계획서
10. 관급자재 수급계획서

제128조(확인측량 실시) ① 공사감독자는 착공과 동시에 시공자로 하여금 발주 설계도면과 실제 현장의 이상 유무를 확인하기 위하여 확인측량을 실시토록 하여야 한다.

② 공사감독자는 확인측량을 검토한 후에는 시공자에게 다음 각 호의 서류를 작성·제출토록 하고, 확인측량 도면의 표지에 측량을 실시한 현장대리인, 실시설계 용역회사의 책임자(입회한 경우)와 함께 서명·날인하고 검토의견서를 첨부하여 발주청에 보고하여야 한다.

1. 확인측량 결과 도면 (종·횡단도, 평면도, 구조물도 등)
2. 산출내역서
3. 공사비 증감 대비표
4. 그 밖의 참고사항

③ 공사감독자는 현지 확인측량결과 설계내용과 현저히 상이할 때는 발주청에 측량결과를 보고한 후 지시를 받아 실제 시공에 착수하게 하여야 한다.

제129조(하도급 관련사항) ① 공사감독자는 시공자가 도급받은 건설공사를 「건설산업기본법」 제29조, 공사계약일반조건 제42조 규정에 의거 하도급 하고자 발주청에 통지하거나, 동의 또는 승낙을 요청하는 사항에 대해서는 다음 각 호의 사항에 관한 적정성 여부를 검토하여 요청받은 날로부터 7일 이내에 그 의견을 발주청에 제출하여야 한다.

1. 하도급자 자격의 적정성 검토

2. 하도급 통지기간 준수 등
3. 저가 하도급에 대한 검토의견서 등

② 공사감독자는 제1항에 의거 처리된 하도급에 대해서는 시공자가 「건설산업기본법」 제34조부터 제38조까지 및 「하도급거래 공정화에 관한 법률」에 규정된 사항을 이행하도록 확인하여야 하다

③ 공사감독자는 하도급받은 건설업자가 「건설산업기본법 시행령」 제26조제2항에 따라 하도급계약 내용을 건설산업종합정보망(KISCON)을 이용하여 발주청에 통보하였는지를 확인하여야 한다.

제130조(현지 여건조사) ① 공사감독자는 공사 착공 후 빠른 시일 안에 시공자와 합동으로 다음 각 호의 사항을 현지조사하고 설계내용의 변경이 필요한 경우에는 설계변경 절차에 의거 처리하여야 한다.

1. 각종 재료원 확인
2. 진입도로 현황
3. 인접도로의 교통규제 상황
4. 지장물 현황
5. 기후 및 기상상태
6. 하천의 최대 홍수위 및 유수상태 등

② 공사감독자는 제1항의 현지조사 내용을 검토하여 인근 주민 등에 대한 피해 발생 가능성이 있을 경우에는 시공자에게 다음 각 호의 사항에 관한 대책을 강구하도록 하고, 설계변경이 필요한 경우에는 설계변경 절차에 의거 처리하여야 한다.

1. 인근가옥 및 가축 등의 대책
2. 지하매설물, 인근의 도로, 교통시설물 등의 손괴
3. 통행지장 대책
4. 소음, 진동 대책
5. 낙진, 먼지 대책
6. 지반침하 대책

7. 하수로 인한 인근대지, 농작물 피해 대책
8. 우기 중 배수 대책 등

제3절 공사시행단계 업무

제131조(시공자 제출서류의 검토) 공사감독자는 시공자가 제출하는 다음 각 호의 서류를 접수하여야 하며 접수된 서류에 하자가 있을 경우에는 접수일로부터 3일 이내에 시공자에게 문서로 보완 지시하여야 한다.

1. 지급자재 수급요청서 및 대체사용 신청서
2. 주요기자재 공급원 승인요청서
3. 각종 시험성적표
4. 설계변경 여건보고
5. 준공기한 연기신청서
6. 기성·준공 검사원
7. 하도급 통지 및 승인요청서
8. 안전관리 추진실적 보고서(안전관리 활동, 안전관리비 및 산업안전보건관리비 사용실적 등)
9. 확인측량 결과보고서
10. 물량 확정보고서 및 물가 변동지수 조정율 계산서
11. 품질관리계획서 또는 품질시험계획서
12. 그 밖에 시공과 관련된 필요한 서류 및 도표 (천후표, 온도표, 수위표, 조위표 등)
13. 발파계획서
14. '원가계산에 의한 예정가격작성준칙'에 대한 공사원가계산서상의 건설공사 관련 보험료 및 건설근로자퇴직공제부금비 납부내역과 관련 증빙자료
15. 일용근로자 근로내용확인신고서

제132조(공사감독자의 의견제시 등) ① 공사감독자는 공사 중 해당 공사와 관련하여 시공자의 공법변경 요구 등 실정보고 사항에 대하여 요구가 있은 날로부터 7일 이내에 이를 검토하고 의견서를 첨부하여 발주청에 보고하여야 한다.

② 공사감독자는 스스로 공사시공과 관련하여 검토한 내용에 대하여 필요하다고 판단될 경우 발주청 또는 시공자에게 그 검토의견을 서면으로 제시할 수 있다.

③ 공사감독자는 공사시행 중 예산이 변경되거나 계획이 변경되는 중요한 민원이 발생된 때에는 그 검토의견서를 첨부하여 발주청에 보고하여야 한다.

제133조(사진촬영 및 보관) ① 공사감독자는 시공자로 하여금 촬영일자가 나오는 공사사진을 공종별로 착공 전부터 준공 때까지의 공사과정, 공법, 특기사항을 촬영하고 공사내용(시공일자, 위치, 공종, 작업내용 등) 설명서를 기재, 제출토록 하여 후일 참고자료로 활용토록 한다. 공사기록 사진은 공종별, 공사추진단계에 따라 다음 각 호의 사항을 촬영·정리토록 하여야 한다.

1. 주요한 공사현황은 착공 전, 시공 중, 준공 등 시공과정을 알 수 있도록 가급적 동일 장소에서 촬영
2. 시공후의 검사가 불가능하거나 곤란한 부분
   가. 암반선 확인 사진
   나. 매몰, 수중 구조물
   다. 구조체공사에 대해 철근지름, 간격 및 벽두께, 강구조물(steel box내부, steel girder 등) 경간별 주요부위 부재두께 및 용접전경 등을 알수 있도록 촬영
   라. 공장제품 검사(창문 및 창문틀, 철골검사, PC 자재 등) 기록
   마. 지중매설(급·배수관, 전선 등) 광경
   바. 지하매설된 부분의 배근상태 및 콘크리트 두께현황

사. 본 구조물 시공 이후 철거되는 가설시설물 시공광경

② 공사감독자는 주요 구조부 외에 중요하다고 판단되는 시설물에 대하여는 공사과정을 동영상으로 촬영토록 시공자에게 지시할 수 있다.이 경우 요청을 받은 시공자는 특별한 사유가 없으면 요청에 따라야 한다.

③ 공사감독자는 제1항과 제2항에서 촬영한 사진(필요시 촬영한 동영상)은 Digital 파일, CD 등으로 제출받아 수시 검토·확인 할 수 있도록 보관하고 준공 시 발주청에 제출한다.

제134조(시공계획서의 검토·확인) ① 공사감독자는 시공자로부터 공사시방서의 기준(공사종류별, 시기별)에 따른 시공계획서를 공사착수 전에 제출받아 이를 검토·확인하여 7일 안에 승인한 후 시공토록 하여야 하고 시공계획서의 보완이 필요한 경우 그 내용과 사유를 문서로서 통보해야 한다. 시공계획서에는 공사시방서의 작성기준과 함께 다음 각 호의 내용이 포함되어야 한다.

1. 현장조직표
2. 공사 세부공정표
3. 주요공정의 시공절차 및 방법
4. 시공일정
5. 주요장비 동원계획
6. 주요자재 및 인력투입계획
7. 주요 설비사양 및 반입계획
8. 품질관리대책
9. 안전대책 및 환경대책 등
10. 지장물 처리계획과 교통처리 대책

② 공사감독자는 시공계획서를 착공신고서와 별도로 실제 공사착수 전에 제출받아야 하며 공사 중 시공계획서에 중요한 내용변경이 발생할 경우에는 변경 시공계획서를 제출받은 후 5일 이내에 검토·확인하여 승인한 후 시공토록 하여야 한다.

제135조(시공상세도 승인) ① 공사감독자는 시공자가 제출한 시공상세도를 사전에 검토하여야 한다. 특히 주요구조부의 시공상세도 검토 시 설계자의 의견을 구할 수 있으며, 이 경우 공사감독자의 승인 후 시공토록 하여야 한다.

② 공사감독자는 다음 각 호의 사항에 대한 것과 발주청에서 규칙 제42조에 따라 공사시방서에 작성하도록 명시한 시공상세도를 시공자가 작성 하였는지를 확인하여야 한다.

1. 비계, 동바리, 거푸집 및 가교, 가도 등의 설치상세도 및 구조계산서
2. 구조물의 모따기 상세도
3. 옹벽, 측구 등 구조물의 연장 끝부분 처리도
4. 배수관, 암거, 교량용 날개벽 등의 설치위치 및 연장도
5. 철근 배근도에는 정·부철근등의 유효간격, 철근 피복두께(측·저면)유지용 스페이서, Chair-Bar의 위치·설치방법 및 가공을 위한 상세도면
6. 철근 겹이음 길이 및 위치의 시방서 규정 준수여부 확인
7. 그 밖에 규격, 치수, 연장 등이 불명확하여 시공에 어려움이 예상되는 부위의 각종 상세도면

③ 공사감독자는 시공상세도(Shop Drawing) 검토·확인 때까지 구조물 시공을 허용하지 말아야 하고, 시공상세도는 접수일로부터 7일 이내에 검토·확인하여 서면으로 승인하고, 부득이하게 7일 이내에 검토가 불가능할 경우 사유 등을 명시하여 서면으로 통보하여야 한다.

제136조(시험발파) 공사감독자는 시공자로부터 시험발파계획서를 사전에 제출받아 다음 각 호의 사항을 고려하여 검토·확인하고 발파하도록 하여야 한다.

1. 관계규정 저촉여부
2. 안전성 확보여부
3. 계측계획 적정성여부

4. 그 밖에 시험발파를 위하여 필요한 사항

제137조(가시설공사의 구조・안전 검토) ① 공사감독자는 주요 구조물의 시공 중 붕괴사고, 부실시공 등의 발생 원인이 비계, 동바리, 거푸집 등 가시설의 구조 및 시공 부주의에 기인하는 점을 명심하여 공사 시공 전에 시공자로 하여금 가시설에 대한 설계, 구조, 시공의 검토를 하도록 하고 시공과정에서 관리를 철저히 하여야 한다.

② 공사감독자는 시공자가 「산업안전보건법」 제29조의3에 따라 건설공사 중에 가설구조물의 붕괴 등 재해발생 위험이 높다고 판단되는 가설구조물에 대해 전문가의 의견을 들어 가설공사 설계변경을 요청하는 경우 그 검토의견서를 첨부하여 발주청에 보고하여야 한다.

제138조(시공 확인) ① 공사감독자는 다음 각 호의 현장시공 확인업무를 수행하여야 한다.

1. 공사 목적물을 제조, 조립, 설치하는 시공과정에서 가시설 공사와 영구 시설물 공사의 작업단계별 시공상태
2. 시공자가 측량하여 말뚝 등으로 표시한 시설물의 배치위치를 야장 또는 측량성과를 시공자로부터 제출받아 시설물의 위치, 표고, 치수의 정확도 확인
3. 수중 또는 지하에서 행하여지는 공사나 외부에서 확인하기 곤란한 시공에는 직접 검측하고 시공자로 하여금 시공당시 상세한 경과기록 및 사진촬영 등의 방법으로 그 시공 내용을 명확히 입증할 수 있는 자료를 작성・비치토록 하여야 한다.

② 공사감독자는 단계적인 검측으로 현장 확인이 곤란한 콘크리트 타설공사는 입회・확인하여 시공토록 하여야 한다.

③ 공사감독자는 시공자로 하여금 콘크리트 품질을 저하시키는 행위 등이 없도록 생산, 운반, 타설의 전 과정을 관리토록 하고 이를 확인하여야 한다.

④ 공사감독자는 시공확인을 위하여 X-Ray 촬영, 도막두께 측정, 기계설비의 성능시험, 수중촬영 등의 특수한 방법이 필요한 경우 외부 전문기

관에 확인을 의뢰할 수 있으며 필요한 비용은 설계변경 시 반영한다.

제139조(품질관리계획 등의 관리) ① 공사감독자는 시공자가 공사계약문서에서 정한 품질관리(또는 품질시험)계획 요건대로 품질에 영향을 미치는 모든 작업을 성실하게 수행하는지 확인 하여야한다.

② 공사감독자는 시공자가 품질관리(또는 품질시험)계획 요건의 이행을 위해 제출하는 문서를 7일 이내에 검토·확인 후 발주청에 승인을 요청하여야 한다.

③ 공사감독자는 품질관리(또는 품질시험)계획이 발주청으로부터 승인되기 전까지는 시공자로 하여금 해당업무를 수행하게 하여서는 안된다.

④ 공사감독자는 시공자가 작성한 품질관리(또는 품질시험)계획에 따라 품질관리 업무를 적정하게 수행하였는지의 여부를 검사하여야 하며, 검사결과 시정이 필요한 경우에는 시공자에게 시정을 요구할 수 있으며, 시정을 요구 받은 시공자는 이를 지체 없이 시정하여야 한다.

⑤ 공사감독자는 시공자로부터 매월 말 또는 기성부분 검사신청, 예비준공검사 신청 시 품질시험·검사실적을 종합한 품질시험·검사실적보고서(별지 제18호 서식)를 제출받아 이를 확인하여야 한다.

제140조(암반선 확인) ① 공사감독자는 공사착공 즉시 암판정위원회를 상시 구성·운영하고 암반선 노출 즉시 암판정을 실시하도록 하여야 하며, 직접 육안으로 확인하고 정확한 판정을 위해 필요한 추가 시험을 실시하여 암판정 결과를 발주청에 보고하여야 한다.

② 암판정위원회는 공사감독자, 외부전문가 등으로 구성하고 시공회사 현장대리인이 입회하여야 한다.

제141조(지장물 등 철거확인) ① 공사감독자는 공사 중에 지하매설물 등 새로운 지장물을 발견하였을 때에는 시공자로부터 상세한 내용이 포함된 지장물 조서를 제출받아 이를 확인한다.

② 제1항에 따른 기존 구조물을 철거할 때에는 시공자로 하여금 현황도(측면도, 평면도, 상세도, 그 밖에 수량산출시 필요한 사항)와 현황사

진을 작성하여 제출토록 하고 이를 검토·확인하여 발주청에 보고하고 설계변경 시 계상하여야 한다.

제142조(공사감독자의 공사중지명령 등) 공사감독자의 재시공·공사중지명령 등의 조치에 관하여는 제93조제3항부터 제9항까지를 준용한다. 이 경우 "건설사업관리용역사업자"는 "공사감독자"로 본다.

제143조(공정관리) ① 공사감독자는 해당 공사가 정해진 공기 내에 시방서, 도면 등에 의거하여 소요의 품질을 갖추어 완성될 수 있도록 시공자를 지도하여야 한다.

② 공사감독자는 공사 착공일로부터 30일 안에 시공자로부터 공정관리계획서를 제출받고, 제출받은 날로부터 14일 이내에 검토하여 승인하고 이를 발주청에 제출하여야 한다.

제144조(공사진도 관리) ① 공사감독자는 시공자로부터 전체 실시공정표에 의거한 월간, 주간 상세공정표를 사전에 제출받아 검토·확인하여야 한다.

② 공사감독자는 공정지연을 방지하기 위하여 주 공정 중심의 일정관리가 될 수 있도록 시공자를 감독하여야 한다.

제145조(부진공정 만회대책) ① 공사감독자는 공사 진도율이 계획공정대비 월간 공정실적이 10%이상 지연(계획공정대비 누계공정실적이 100% 이상일 경우는 제외)되거나 누계공정 실적이 5%이상 지연될 때는 시공자로 하여금 부진사유 분석, 근로자 안전확보를 고려한 부진공정 만회대책 및 만회공정표 수립을 지시하여야 한다.

② 공사감독자는 시공자가 제출한 부진공정 만회대책을 검토·확인하고 그 이행상태를 점검하여야 하며 공사추진회의 등을 통하여 미조치 내용에 대한 필요대책 등을 수립하여 정상공정을 회복할 수 있도록 조치하여야 한다.

제146조(수정 공정계획) ① 공사감독자는 설계변경 등으로 인한 물공량의 증감, 공법변경과 불가항력에 따른 공사중지, 현장실정 또는 시공자의

사정 등으로 인하여 공사 진척실적이 지속적으로 부진할 경우 공정계획을 재검토하여 수정 공정계획수립의 필요성을 검토하여야 한다.

② 공사감독자는 시공자로부터 수정 공정계획을 제출받아 제출일로부터 7일 이내에 검토·승인하고 발주청에 보고하여야 한다.

③ 공사감독자는 수정 공정계획을 검토할 때 수정목표 종료일이 당초 계약 종료일을 초과하지 않도록 조치하여야 하며, 초과할 경우는 그 사유를 분석하고 검토의견을 작성하여 공정계획과 함께 발주청에 보고하여야 한다.

제147조(건설공사의 과적방지) 공사감독자는 사토 및 순성토가 10,000㎥ 이상 발생하는 공사현장에서 시공자에게 「도로법」 제77조 및 「도로법 시행령」 제79조에 따른 과적차량 발생을 방지하기 위하여 축중기를 설치하도록 하여야 하며, 축중기 설치 및 관리에 관한 사항은 「건설현장 축중기 설치지침」(국토교통부 훈령)에 따른다.

제148조(설계변경 및 계약금액 조정) ① 공사감독자는 설계변경 및 계약금액 변경 시 계약서류와 「국가를 당사자로 하는 계약에 관한 법률」 및 「지방자치단체를 당사자로 하는 계약에 관한 법률」 등 관련규정에 따라 시행한다.

② 공사감독자는 공사 시행과정에서 위치변경과 연장 증감 등으로 인한 수량증감이나 단순 구조물의 추가 또는 삭제 등의 경미한 설계변경 사항이 발생한 경우에는 우선 변경 시공토록 지시할 수 있으며 사후에 발주청에 서면보고 하여야 한다. 이 경우 경미한 설계변경의 구체적 범위는 발주청이 정한다.

③ 발주청은 외부적 사업 환경의 변동, 사업추진 기본계획의 조정, 민원에 따른 노선변경, 공법변경, 그 밖에 시설물 추가 등으로 설계변경이 필요한 경우에는 다음 각 호의 서류를 첨부하여 반드시 서면으로 공사감독자에게 설계변경을 하도록 지시하여야 한다. 단, 발주청이 설계변경 도서를 작성할 수 없을 경우에는 설계변경 개요서만 첨부하여 설계변경 지시를 할 수 있다.

1. 설계변경 개요서
2. 설계변경 도면, 시방서, 계산서 등
3. 수량산출조서
4. 그 밖에 필요한 서류

④ 제3항의 지시를 받은 공사감독자는 지체 없이 시공자에게 동 내용을 통보하여야 한다.

⑤ 공사감독자는 발주청의 방침에 따라 제3항의 서류와 설계변경이 가능한 서류를 작성하여 발주청에 제출하여야 한다. 이 경우 발주청의 요구로 만들어지는 설계변경 도서작성 소요비용은 원칙적으로 발주청이 부담하여야 한다.

⑥ 공사감독자는 시공자가 현지여건과 설계도서가 부합되지 않거나 공사비의 절감과 건설공사의 품질향상을 위한 개선사항 등 설계변경이 필요한 경우 설계변경사유서, 설계변경도면, 개략적인 수량증감내역 및 공사비 증감내역 등의 서류를 첨부하여 제출하면 이를 검토・확인하고 검토의견서를 첨부하여 발주청에 실정보고 하고, 발주청 방침을 득한 후 시공하도록 조치하여야 한다.

제149조(설계변경계약전 기성고 및 지급자재의 지급) ① 공사감독자는 발주청의 방침을 지시 받았거나, 승인을 받은 설계변경 사항의 기성고는 해당 공사의 변경계약을 체결하기 전이라도 당초 계약된 수량과 공사비 범위 안에서 설계변경 승인 사항의 공사 기성부분에 대하여 확인하고 기성고를 사정하여야 한다. 발주청은 공사감독자가 확인하고 사정한 동 기성부분에 대하여 기성금을 지불하여야 한다.

② 공사감독자는 제1항의 설계변경 승인 사항에 따라 발주청이 공급하는 지급자재에 대하여 시공자의 요청이 있을 경우 변경계약 체결전이라 하여도 공사추진 상 필요할 경우 변경된 소요량을 확인한 후 발주청에 지급을 요청할 수 있으며 동 요청을 받은 발주청은 공사추진에 지장이 없도록 조치하여야 한다.

제150조(물가변동으로 인한 계약금액의 조정) ① 공사감독자는 시공자로

부터 물가변동에 따른 계약금액 조정·요청을 받을 경우 다음 각 호의 서류를 작성·제출토록 하여야 하고 시공자는 요청에 따라야 한다.

1. 물가변동 조정요청서
2. 계약금액 조정요청서
3. 품목조정율 또는 지수조정율 산출근거
4. 계약금액 조정 산출근거
5. 그 밖에 설계변경에 필요한 서류

② 공사감독자는 시공자로부터 계약금액 조정요청을 받은 날로부터 14일이내에 검토의견을 첨부하여 발주청에 보고하여야 한다.

제4절 안전 및 환경관리 업무

제151조(안전관리) ① 공사감독자는 건설공사의 안전시공 추진을 위해서 시공자가 안전조직을 갖추도록 하여야 하고, 안전조직은 현장규모와 작업내용에 따라 구성하며 동시에 산업안전보건법의 해당규정(「산업안전보건법」 제15조 안전보건관리책임자 선임, 제16조 관리감독자 지정, 제17조 안전관리자 배치, 제18조 보건관리자 배치, 제19조 안전보건관리담당자 선임 및 제75조 안전·보건에 관한 노사협의체 운영)에 명시된 업무도 수행하여야 한다.

② 공사감독자는 시공자가 영 제98조와 제99조에 따라 작성한 건설공사 안전관리계획서를 공사 착공전에 제출받아 적정성을 확인하여야 하며, 보완하여야 할 사항이 있는 경우에는 시공자로 하여금 이를 보완하도록 하여야 한다.

③ 공사감독자는 시공자로 하여금 근로기준법, 산업안전보건법, 산업재해보상보험법과 그 밖의 관계법규를 준수하도록 하여야 한다.

④ 공사감독자는 다음 각 호의 건설기계에 대하여 시공자가 「건설기계관리법」 제4조, 제13조, 제17조를 위반한 건설기계를 건설현장에 반입·사용하지 못하도록 반입·사용현장을 수시로 입회하는 등 지도·감독 하여야 하고, 해당 행위를 인지한 때에는 공사를 중지시키고 발

주청에 서면으로 보고하여야 한다.

1. 천공기
2. 항타 및 항발기
3. 타워크레인
4. 기중기 등 그 밖에 발주청이 필요하다고 인정하여 계약에서 정한 건설기계

제152조(안전관리 결과보고서의 검토) 공사감독자는 매 분기별 시공자로부터 안전관리 결과보고서를 제출받아 이를 검토하고 미비한 사항이 있을 때는 시정조치를 하여야 하며, 안전관리 결과보고서에는 다음 각 호와 같은 서류가 포함되어야 한다.

1. 안전관리 조직표
2. 안전보건 관리체제(별지 제21호 서식)
3. 재해발생 현황(별지 제22호 서식)
4. 안전교육 실적표
5. 기타 필요한 서류

제153조(사고처리) 공사감독자는 현장에서 사고가 발생하였을 경우에는 시공자에게 즉시 필요한 응급조치를 취하도록 하고 상세한 경위 및 검토의견서를 첨부하여 발주청에 지체 없이 보고하여야 한다.

제154조(환경관리) ① 공사감독자는 사업시행으로 인한 위해를 방지하기 위하여 시공자가 「환경영향평가법」에 따른 환경영향평가 내용과 이에 대한 협의내용을 충실히 이행토록 지도·감독하여야 한다.

② 공사감독자는 환경영향평가보고서 및 협의내용을 근거로 하여 지형·지질, 대기, 수질, 소음·진동 등의 관리계획서가 수립되었는지 다음 각 호의 내용을 검토·확인하여야 한다.

1. 시공자의 환경관리 조직·편성 및 임무의 법상 구비조건, 충족 및 실질적인 활동 가능성 검토

2. 환경영향평가 협의내용의 관리계획 실효성 검토
3. 환경영향 저감대책 및 공사중, 공사후 환경관리계획서 적정성 검토
4. 환경관리자에 대한 업무수행능력 및 권한 여부 검토
5. 환경전문기술인 자문사항에 대한 검토
6. 환경관리 예산편성 및 집행계획 적정성 검토

③ 공사감독자는 시공자가 협의내용 이행의무 및 협의내용을 기재한 관리대장을 비치·관리토록 하고, 기록사항이 사실대로 작성·이행되는지를 점검하여야 한다.

④ 공사감독자는 환경영향 조사결과를「환경영향평가법 시행규칙」에서 정하는 기한 내에 지방환경관서의 장 또는 승인기관의 장에게 통보토록 하여야 한다.

제5절 자재관리 업무

제155조(자재의 보관관리 등) ① 공사감독자는 공사현장에 반입된 모든 검수자재를 시공자 책임 하에 보관 및 품질관리토록 하여야 한다.

② 공사감독자는 현장에 반입되는 자재에 대하여 현장대리인으로 하여금 자재반입검사 및 수불대장에 수불년월일, 수량, 사용처, 재고량 등을 항상 기록토록 하고 보관 및 품질관리상태를 수시 확인하여야 한다.

③ 공사감독자는 공사현장에 반입된 검수재료 또는 시험합격재료는 공사감독의 서면승인 없이는 공사현장 외에 반출하지 못하도록 하며, 불합격된 재료는 현장대리인으로 하여금 지체 없이 현장 외로 반출하도록 하여야 한다.

④ 공사감독자는 반입된 기자재, 시공 중의 기성물에 대한 도난 또는 손상 등의 사고를 미연에 방지하기 위하여 시공자로 하여금 경비하게 하여야 한다.

⑤「건설폐기물의 재활용촉진에 관한 법률」제2조제15호 및 같은 법 시행령 제5조에 따른 순환골재등 의무사용 건설공사에 해당하는 경우 공

사감독자는 시공자가 같은 법 제35조 및 같은 법 시행령 제17조에 따른 품질기준에 적합한 순환골재 및 순환골재 재활용제품을 사용하도록 하여야 한다.

⑥ 공사감독자는 시공자가 순환골재 및 순환골재 재활용제품 사용계획서 상의 사용용도 및 규격 등에 맞게 사용하는지 확인하여야 한다.

제156조(지급자재 청구 및 출고) ① 공사감독자는 시공자로 부터 지급자재청구가 있을 경우 품명, 규격, 수량, 사용처가 명시된 자재청구서를 제출하게 하여 이를 확인한 후 출고하도록 하여야 한다.

② 공사감독자는 시공자로 하여금 공사감독의 지시에 따라 자재를 사용하고, 그 사용내역을 지급자재관리부에 기록하게 하고 확인하여야 한다.

제157조(공사현장 발생품관리) 공사감독자는 공사시행 중 현장에서 공사와 관련한 골재 등의 자재가 발생할 경우에는 이를 발주청에 보고하여야 한다.

제158조(자재의 입체 또는 대체사용) 공사감독자는 시공자로부터 지급자재의 입체 또는 대체사용신청이 있을 때에는 그 사유 및 의견을 첨부하여 발주청에 보고하고 지시를 받아야 한다.

제159조(변상 또는 원상복구) ① 공사감독자는 시공자에게 인계한 지급자재가 멸실 또는 손상된 때에는 시공자로 하여금 상당한 기간을 정하여 변상 또는 원상 복구하도록 지시하여야 하며, 그 상황을 즉시 발주청에 보고하여야 한다.

② 공사감독자는 제1항에 따라 시공자의 변상 또는 원상복구를 위하여 추가로 반입되는 자재에 대하여 검수를 하여야 한다.

③ 공사감독자는 제1항에 따라 지정기간 내에 시공자가 변상 또는 원상복구를 하지 아니한 때에는 그 손실의 상황 및 변상에 필요한 금액의 조서를 작성하여 발주청에 보고하여야 한다.

제160조(잉여자재의 관리) 공사감독자는 최종 설계변경 또는 공사 준공

후 지급자재의 잉여가 발생하였을 때에는 그 품명, 규격, 수량 및 보관 상황이 명시된 발생품(잉여자재) 정리부를 작성하여 발주청에 신속히 보고하여야 한다.

제6절 기성 및 준공검사 업무

제161조(기성 및 준공업무 관련) ① 공사감독자는 시공자로부터 기성부분 검사원 또는 준공검사원을 접수하였을 때는 이를 신속히 검토・확인하고, 감독조서(별지 제54호 서식)와 다음 각 호의 서류를 첨부하여 발주청에 제출하여야 한다. 다만, 「국가를 당사자로 하는 계약에 관한 법률 시행령」 제55조제7항 및 「지방자치단체를 당사자로 하는 계약에 관한 법률 시행령」 제64조제6항 본문의 규정에 따른 약식 기성검사의 경우에는 감독조서와 기성부분내역서 만을 제출할 수 있다.

1. 주요자재 검사 및 수불부
2. 시공 후 매몰부분에 대한 검사기록 서류 및 시공 당시의 사진
3. 품질시험・검사 성과 총괄표
4. 발생품 정리부
5. 그 밖에 공사감독자가 필요하다고 인정하는 서류와 준공검사원에는 지급자재 잉여분 조치현황과 공사의 사전검측・확인서류, 안전관리 점검 총괄표 추가첨부

② 발주청은 기성부분검사원 또는 준공검사원을 접수하였을 때는 소속 직원 중 2인 이상의 검사자를 임명하여야 한다. 다만, 「국가를 당사자로 하는 계약에 관한 법률 시행령」 제55조제7항 및 「지방자치단체를 당사자로 하는 계약에 관한 법률 시행령」 제64조제6항 본문의 규정에 따른 약식 기성 시에는 공사감독자를 검사자로 임명할 수 있다.

③ 발주청은 필요시 기성 및 준공검사 과정에 유지관리기관의 직원을 입회・확인토록 할 수 있다.

제162조(준공검사 등의 절차) ① 공사감독자는 공사가 준공된 때에는 다

음 사항을 조치하여야 한다.

1. 준공검사 전에 충분한 기간을 두고 공사현장을 정밀히 확인·점검하여 지적사항을 미리 시정조치 하도록 하여야 한다.
2. 시공자가 제출한 준공검사원을 검토하여 계약대로 시공이 완료되었는지 여부를 확인하고 감독조서를 첨부하여 발주청에 접수되도록 하여야 한다.
3. 준공보고서 및 정산설계도서 등을 검토·확인하고 공사목적물이 발주청에 차질 없이 인계될 수 있도록 하여야 한다.

② 공사감독자는 해당 공사완료 후 준공검사 전 사전 시운전 등이 필요한 부분에 대하여는 시공자로 하여금 다음 각 호의 사항이 포함된 시운전을 위한 계획을 수립하여 시운전 30일 전까지 제출토록 하고 이를 검토하여 발주청에 제출하여야 한다.

1. 시운전 일정
2. 시운전 항목 및 종류
3. 시운전 절차
4. 시험장비 확보 및 보정
5. 설비 기구 사용계획
6. 운전요원 및 검사요원 선임계획

③ 공사감독자는 시공자로부터 시운전계획서를 제출받아 검토·확정하여 시운전 20일 전까지 시공자에게 통보하여야 한다.

④ 공사감독자는 시공자로 하여금 다음 각 호와 같이 시운전 절차를 준비하도록 하여야 하며 시운전에 입회하여야 한다.

1. 기기점검
2. 예비운전
3. 시 운 전
4. 성능보장운전
5. 검 수

6. 운전인도

⑤ 공사감독자는 시운전 완료 후에 다음 각 호의 성과품을 시공자로부터 제출받아 검토 후 발주청에 인계하여야 한다.

1. 운전개시, 가동절차 및 방법
2. 점검항목 점검표
3. 운전지침
4. 기기류 단독 시운전 방법검토 및 계획서
5. 실가동 Diagram
6. 시험 구분, 방법, 사용매체 검토 및 계획서
7. 시험성적서
8. 성능시험성적서 (성능시험 보고서)

제163조(준공도면 등의 검토 · 확인) ① 공사감독자는 정산설계도서 등을 검토 · 확인하고 공사 목적물이 차질 없이 인계될 수 있도록 지도 · 감독하여야 한다. 공사감독자는 시공자로부터 준공예정일 2개월 전까지 정산 설계도서를 제출받아 이를 검토 · 확인하여야 한다.

② 공사감독자는 시공자가 작성 제출한 준공도면이 실제 시공된 대로 작성 되었는지의 여부를 검토 · 확인하여 발주청에 제출하여야 한다. 준공도면은 계약에 정한 방법으로 작성되어야 하며, 모든 준공도면에는 공사감독자의 확인 · 서명이 있어야 한다.

제164조(준공표지의 설치) 공사감독자는 시공자가 준공표지를 설치하는 때에는 공사구역 내 일반인이 보기 쉬운 곳에 영구적인 시설물로 준공표지를 설치토록 조치하여야 한다.

제165조(검사 등 협조) 공사감독자는 기성 또는 준공검사자, 점검인이 현장에서 검사 또는 지도점검을 실시하고자 할 때에는 관련 업무에 적극 협조하여야 한다.

제7절 시설물의 인수 · 인계 업무

제166조(시설물 인수 · 인계) ① 공사감독자는 시공자로 하여금 해당 공사의 준공예정일(부분준공, 발주청의 필요에 따른 기성부분 포함) 30일 이전에 다음 각 호의 사항이 포함된 시설물의 인수 · 인계를 위한 계획을 수립토록 하고 이를 검토하여야 한다.

1. 일반사항(공사개요 등)
2. 운영지침서(필요한 경우)
   가. 시설물의 규격 및 기능점검 항목
   나. 기능점검 절차
   다. Test 장비확보 및 보정
   라. 기자재 운전지침서
   마. 제작도면 절차서 등 관련자료
3. 시운전 결과보고서(시운전 실적이 있는 경우)
4. 예비 준공검사 결과
5. 특기사항

② 공사감독자는 시공자로부터 시설물 인수 · 인계 계획서를 제출받아 7일 이내에 검토, 확정하여 발주청 및 시공자에게 통보하여 인수 · 인계에 차질이 없도록 하여야 한다.

③ 공사감독자는 시설물 인수기관과 이견이 있는 경우, 이에 대한 현황파악 및 필요대책 등을 검토하여 시공자 및 시설물 인수기관과 협의한다.

제167조(현장문서 인수 · 인계) 공사감독자는 해당 공사와 관련한 공사기록 서류 중 다음 각 호의 서류를 포함하여 발주청에 제출할 문서의 목록을 작성하여야 한다.

1. 준공 사진첩 및 주요 구조부 촬영 동영상 <전문개정>
2. 준공 도면

3. 건축물대장(건축공사의 경우)
4. 품질시험 · 검사성과 총괄표
5. 기자재 구매서류
6. 시설물 인수 · 인계서
7. 그 밖에 발주청이 필요하다고 인정하는 서류

제168조(유지관리 및 하자보수) 공사감독자는 설계자 또는 시공자가 제출한 시설물의 유지관리지침 자료를 검토하여 다음 각 호의 내용이 포함된 유지관리지침서를 작성, 공사 준공 후 14일 이내에 발주청에 제출하여야 한다.

1. 시설물의 규격 및 기능 설명서
2. 시설물 유지관리 기구에 대한 의견서
3. 시설물유지관리지침
4. 특기사항

제8절 건설사업관리용역 업무

제169조(건설사업관리용역 업무) ① 건설사업관리(감독 권한대행 등 건설사업관리는 제외한다. 이하 이 장에서 같다) 시행 건설공사의 공사감독자는 다음 각 호의 업무를 행하여야 한다.

1. 건설사업관리용역이 계약대로 되고 있는지의 확인
2. 건설사업관리기술인과 시공자간의 분쟁조정
3. 건설사업관리일지의 수시확인
4. 발주청이 건설사업관리기술인에게 요구한 사항의 이행여부의 확인
5. 그 밖에 건설사업관리 업무지침서상의 주요 업무내용

② 공사감독자는 건설사업관리기술인으로 하여금 다음 각 호의 사항에 대한 기술적인 검토 및 조치방안을 제출토록 하여야 한다.

1. 설계변경

2. 공법의 변경
3. 기술적 문제의 해결
4. 기성고의 사정(査定)
5. 그 밖에 필요한 사항

③ 공사감독자는 건설사업관리기술인이 허가 없이 장기간 현장을 벗어나거나, 건설사업관리기술인의 자질이 부족할 경우 또는 해당공사에 적합하지 아니하다고 판단될 경우에는 발주청에 이를 보고하여 그의 교체를 요청할 수 있다.

제170조(건설사업관리기술인과 중복업무) ① 제4장에서 정한 공사감독자의 업무가 건설사업관리 대상공사에서 건설사업관리용역계약상 건설사업관리기술인의 업무인 경우에는 건설사업관리기술인이 행한 업무를 해당 공사의 공사감독자가 확인하여야 한다.

② 공사감독자는 건설사업관리기술인이 제1항에 따라 업무를 수행함에 있어 발주청에 대한 보고사항은 공사감독자가 직접 보고하여야 한다. 다만, 경미한 사안인 경우 공사감독자의 확인을 거친 후 건설사업관리기술인으로 하여금 보고하게 할 수 있다.

제5장 보 칙

제171조(재검토기한) 국토교통부장관은 「훈령 · 예규 등의 발령 및 관리에 관한 규정」에 따라 이 이 고시에 대하여 2024년 7월 1일 기준으로 매3년이 되는 시점(매 3년째의 6월 30일까지를 말한다)마다 그 타당성을 검토하여 개선 등의 조치를 하여야 한다.

부 칙 <제2025-105호, 2025. 3. 5.>

제1조 이 고시는 발령한 날부터 시행한다.

제2조 제63조 및 제93조의 개정규정은 이 고시 시행 이후 입찰공고하는 건설공사부터 적용한다.

[별표 1]

사업관리방식 검토 절차

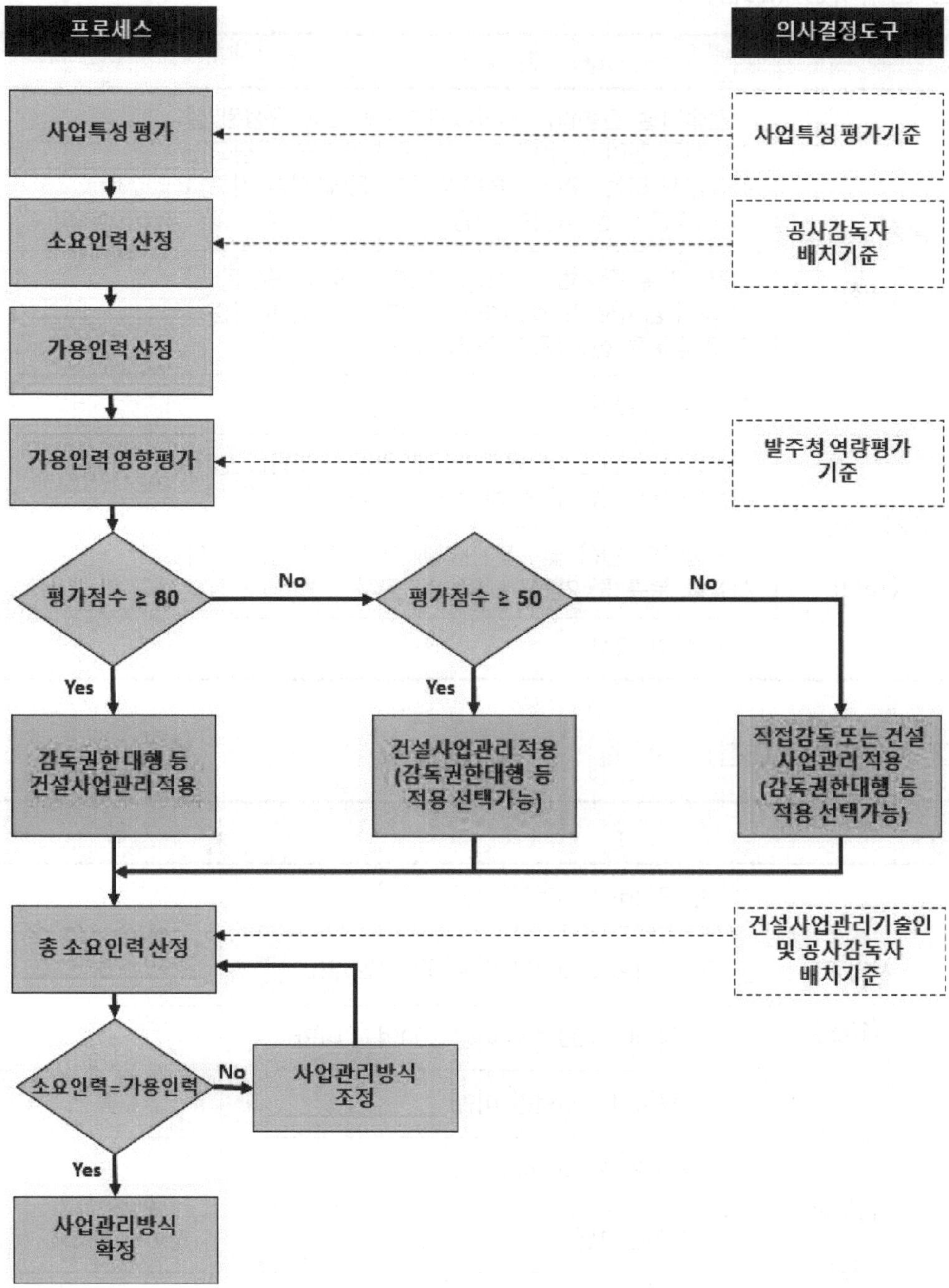

[별표 2]

사업특성 및 발주청 역량 평가기준

□ 공사특성 (30점)

구 분		점수
공종 난이도 (15점)	「건설기술 진흥법」 제39조제1항제1호에 규정된 설계·시공 관리의 난이도가 높아 특별한 관리가 필요한 건설공사 또는 「건설기술용역 대가 등에 관한 기준」의 공종분류 상 복잡한 공종	15
	「건설기술 진흥법」 제39조제1항제1호에 규정된 공사 외의 공사로 「건설기술용역 대가 등에 관한 기준」의 공종분류 상 보통의 공종 공사	10
	상기 외의 공사	5
공사 난이도 (15점)	「시설물의 안전 및 유지관리에 관한 특별법」 상의 시설물 분류 중 1종에 해당하는 공사	15
	「시설물의 안전 및 유지관리에 관한 특별법」 상의 시설물 분류 중 2종에 해당하는 공사	10
	상기 외의 공사	5

□ 사업여건 (25점)

구 분		점수
사업규모 (10점)	총 공사비 500억원 이상	10
	총 공사비 200억원 이상 500억원 미만	8
	총 공사비 100억원 이상 200억원 미만	6
	총 공사비 100억원 미만	4
사업기간 (5점)	공사기간 3년 이상	5
	공사기간 1년 이상 3년 미만	3
	공사기간 1년 미만	1

구 분		점수
민원발생 가능성 (5점)	민원발생 가능성이 높다	5
	민원발생 가능성이 통상적인 수준이다	3
	민원발생 가능성이 낮다	1
유사사업 경험 (5점)	가용인력이 최근 5년간 수행경험 없음	5
	가용인력이 최근 5년간 5건 미만 수행	3
	가용인력이 최근 5년간 5건 이상 수행	1

□ **공사수행방식 (15점)**

구 분	점수
기술제안입찰방식, 대안입찰방식을 적용하는 공사, 설계경기를 적용하여 설계의 중요성이 강조된 공사, 국제설계경기를 적용하여 설계단계에서 외국사 또는 외국사와 공동도급업체가 참여할 수 있는 공사	15
기타공사	10
설계·시공일괄입찰방식을 적용하는 공사	5

□ **발주청 역량 (30점)**

구 분		점수
인력 수 (20점)	가용인력이 '건설사업관리기술인 배치기준'에 따라 산출한 소요인력의 80% 미만	20
	가용인력이 '건설사업관리기술인 배치기준'에 따라 산출한 소요인력의 80% 이상, 90% 미만	15
	가용인력이 '건설사업관리기술인 배치기준'에 따라 산출한 소요인력의 90% 이상	10

구 분		점수
경력 (10점)	가용인력의 관련업무 평균 실무경력이 12년 미만	10
	가용인력의 관련업무 평균 실무경력이 12년 이상, 15년 미만	7
	가용인력의 관련업무 평균 실무경력이 15년 이상	3

* 발주청의 가용인력 및 경력 산정 시, 해당 직무분야 기술사 자격을 보유한 인력에 대하여는 20%를 가산한다.

[별표 3]

설계변경 및 계약금액의 조정 관련 건설사업관리 업무

□ 업무흐름도

(1) 발주청 요청(지시)에 따른 설계변경

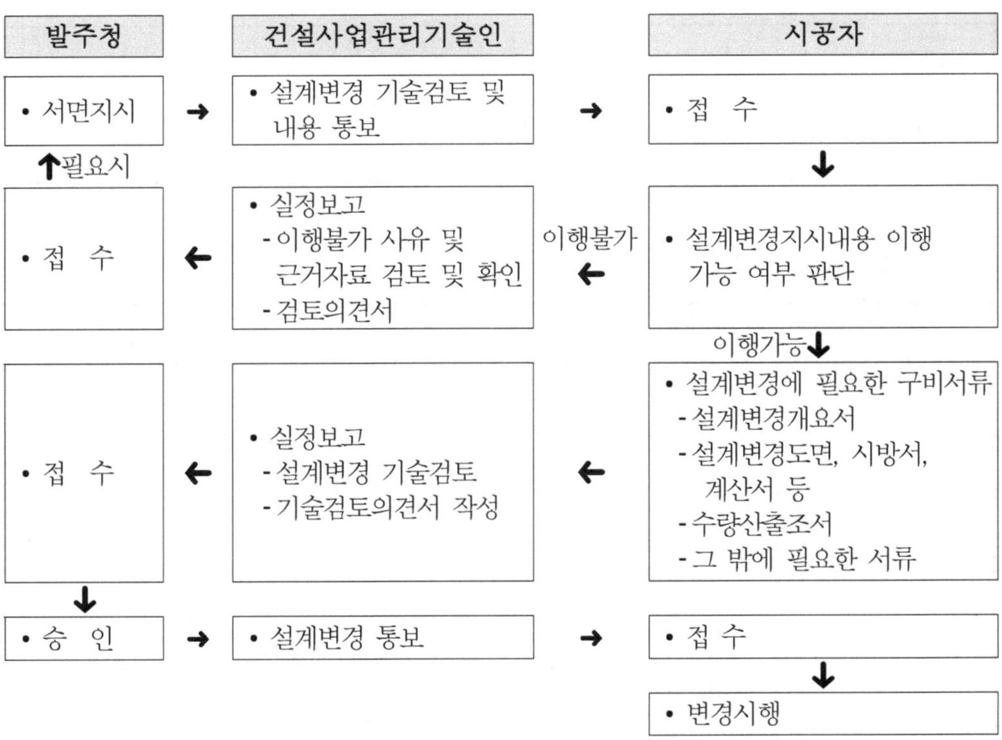

(2) 설계상의 하자로 인한 설계변경

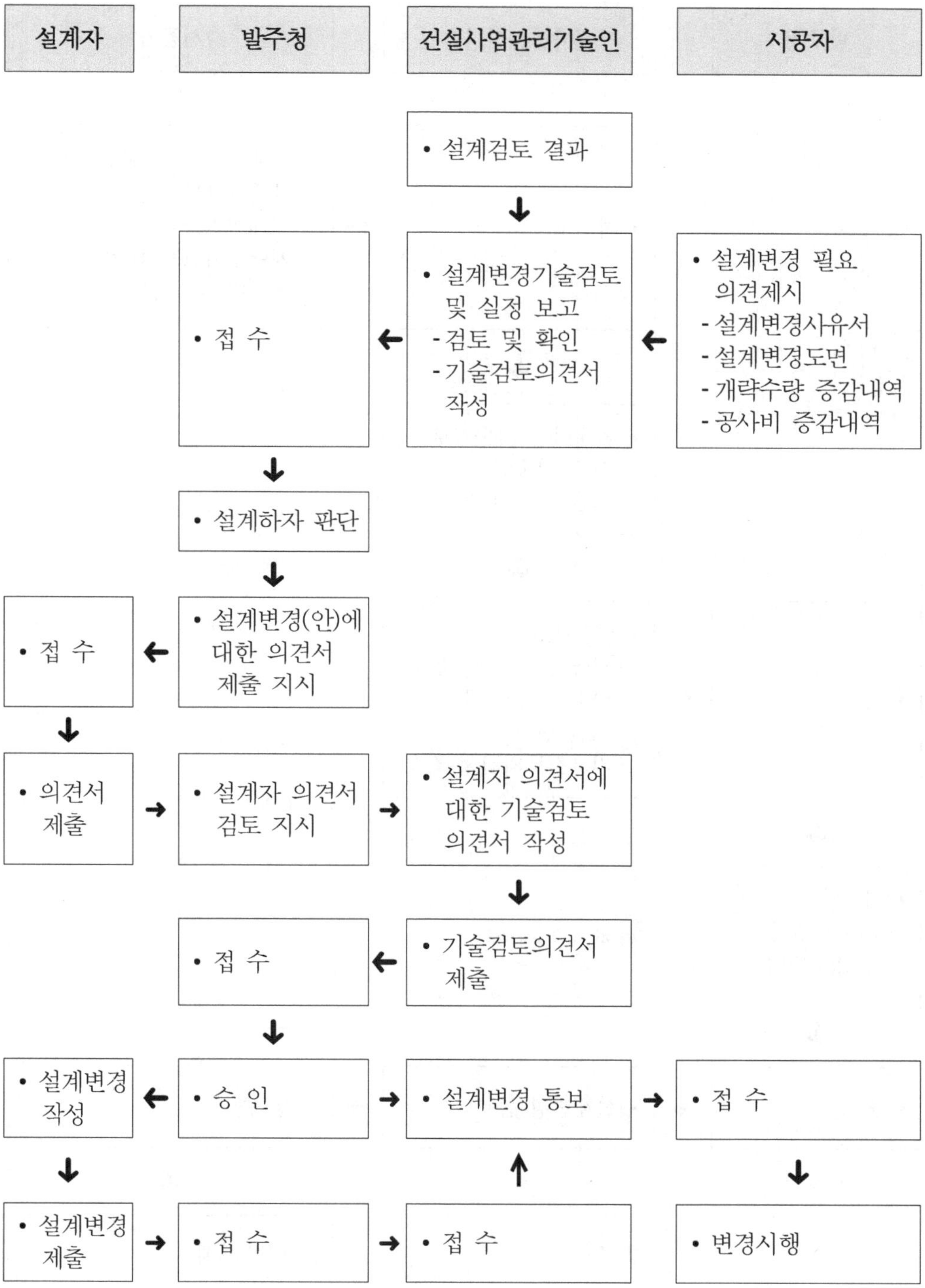

(3) 시공자의 요청에 의한 설계변경

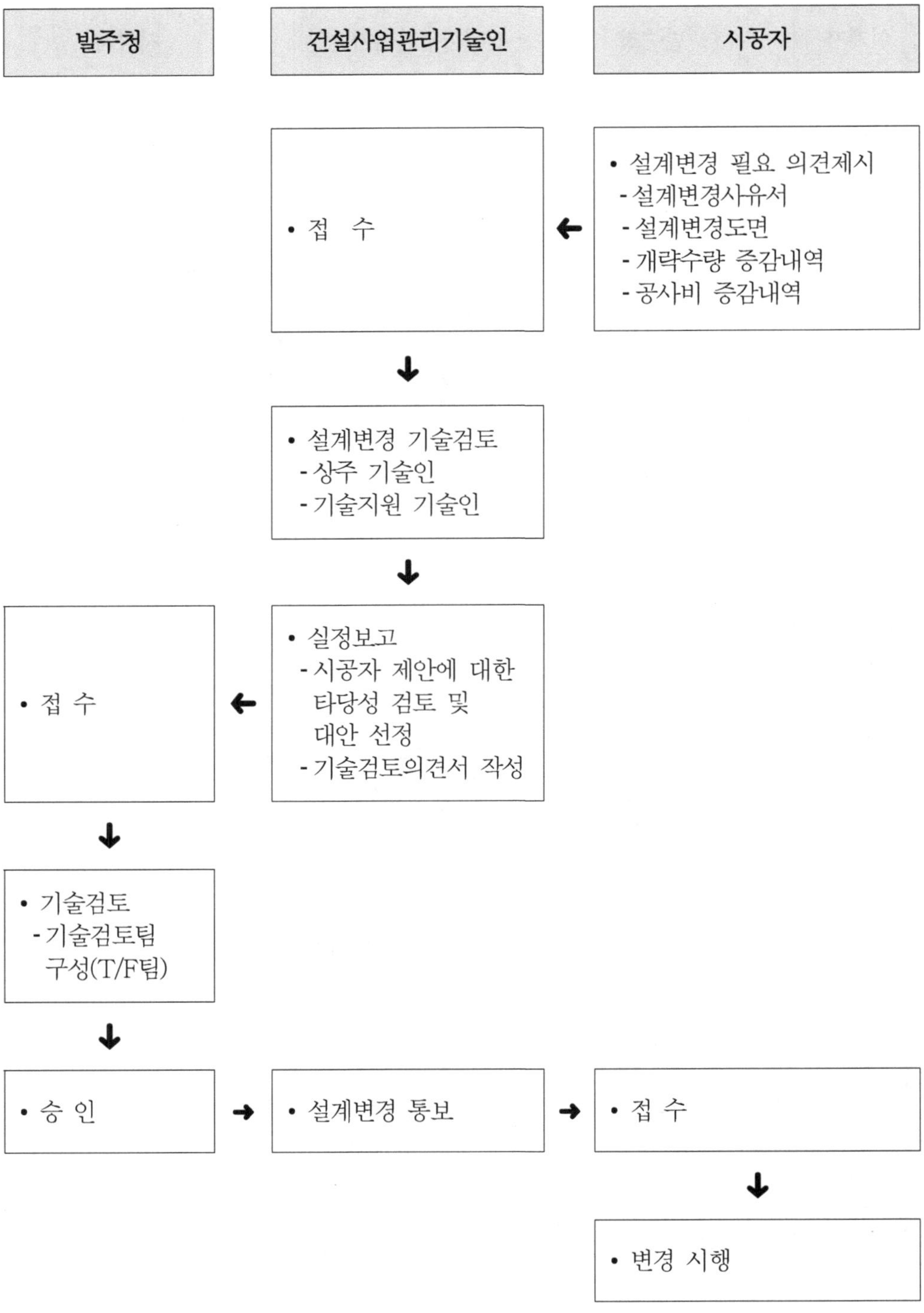

□ **설계변경에 의한 계약금액 조정업무의 처리절차**

발주청		건설사업관리기술인		시공자
		• 계약금액조정요청서 검토·확인 및 보고 - 기술검토의견서 작성 - 산출수량/적용단가	←	• 설계변경에 따른 계약 금액 조정 요청
		↓		
		• 건설사업관리용역사업자 대표자 접수 - 기술지원기술인 검토·확인 지시		
		↓		
		• 기술지원기술인 검토·확인	→ ←	• 보 완 (필요시)
		↓		
• 검토, 확인	←	• 계약금액조정요청서에 대한 기술검토 의견서 제출 - 건설사업관리용역사업자 대표명의 - 설계자 : 건설사업관리기술인 - 심사자 : 기술지원기술인		
↓				
• 승 인	→	• 계약변경승인 접수 및 계약변경 통보	→	• 계약변경

[별지 제1호서식]

건설사업관리기술인 근무상황판

년　월　일(　요일)

성명	시 간	용 무	행선지	비고
책임건설사업관리기술인 ○ ○ ○	09:00 ~ 12:00	발주청 업무협의	000 청 (연락처/전화번호)	
○○건설사업관리기술인 ○ ○ ○	10:00~ 15:00	레미콘 배합설계	00면 00리 00 레미콘 (레미콘업체/전화번호)	
기술지원 건설사업관리기술인 ○ ○ ○	09:00~ 15:00	정기점검	측점 0 + 00 (연락처/전화번호)	

※작성요령

1. 두꺼운 종이나 합판 등으로 상황판을 제작하며, 표지에 아스테이지 등을 씌워 매일 기록 가능하도록 한다.

2. 규격은 가로 80㎝, 세로 100㎝에 종으로 작성하며, 건설사업관리단 사무실의 출입구 부근에 부착한다.

3. 근무상황판에는 상주건설사업관리기술인 전원의 근무상황을 모두 기록하여야 하며, 회의, 교육 등으로 현장을 이탈하는 경우에도 반드시 기재한다.

4. 기술지원건설사업관리기술인도 현장에 출장을 나온 경우에는 근무상황에 기재한다.

[별지 제2호 서식]

공사관리관 업무수행 기록부

사업부서의 장

공 사 명 :

일자/시간	업무수행사항	지시 또는 중요사항 (현장실정 등)	면담자 (직/성명)

20 . . .

공사관리관 : 직급 성명 서명 또는 날인

※ 작성요령

1. 규격은 A4(16절)용지에 종으로 작성
2. 면담자를 기준으로 협의내용, 지시사항 등을 기술
3. 현장별로 작성하여 비치하며, 발주청과 공사현장 간 정보시스템을 운영하는 경우 3일 이내에 시스템에 입력

[별지 제3호 서식]

설계단계 건설사업관리 Check List

구 분	검 토 사 항	근 거	비고

[별지 제4호 서식]

설계용역 기성부분 검사원

책임건설사업관리기술인 경우 (인)

1. 설계용역 명 :
2. 위 치 :
3. 계 약 금 액 :
4. 계약 년월일 :
5. 착수 년월일 :
6. 준 공 기 한 :
7. 현 재 공 정 : 20 . . 현재 %
8. 첨 부 서 류 :

위 설계용역의 수급시행에 있어서 설계전반에 걸쳐 계약서, 설계기준 및 기타 약정대로 어김없이 기성되었음을 확인하오며 만약 설계, 건설사업관리 및 검사에 관하여 하자가 발견될 시는 변상 또는 재설계 할 것을 서약하고 이에 기성검사원을 제출하오니 검사하여 주시기 바랍니다.

년 월 일

주 소 :

상 호 :

성 명 :

귀 하

[별지 제5호 서식]

설계용역 준공 검사원

책임건설사업관리기술인 경유 (인)

1. 설계용역 명 :
2. 위 치 :
3. 계 약 금 액 :
4. 계약 년월일 :
5. 착수 년월일 :
6. 준 공 기 한 :
7. 실지준공년월일 :
8. 첨 부 서 류 :

위 설계용역의 수급시행에 있어서 설계전반에 걸쳐 계약서, 설계기준 및 기타 약정대로 어김없이 준공하였음을 확인하오며 만약 설계, 건설사업관리 및 검사에 관하여 하자가 발견될 시는 즉시 실액 변상 또는 재설계할 것을 서약하고 이에 준공검사원을 제출합니다.

년 월 일

주 소 :
상 호 :
성 명 :

귀 하

[별지 제6호 서식]

설계용역 기성부분 내역서

1. 도 급 액 :
2. 용 역 명 :
3. 기성부분금액 : 20 년 월 일 현재
4. 내 역 :

(갑)

용역내역	규 격	도 급 액			금회 기성액			전회까지의 기성액			적 용
		수량	단가	금액	수량	금액	비율(%)	수량	금액	비율(%)	

(을)

용역내역	규 격	도 급 액			금회 기성액			전회까지의 기성액			적 용
		수량	단가	금액	수량	금액	비율(%)	수량	금액	비율(%)	

[별지 제7호 서식]

설계단계 건설사업관리 일지

용역명 : 일 자 :	책임건설사업관리기술인

주요업무 :

구 분	시 간	업 무 내 용

작 성 자 : (서명)

[별지 제8호 서식]

<table>
<tr><td colspan="3">설계단계 건설사업관리 지시부</td><td>결
제</td><td colspan="3"></td></tr>
<tr><td colspan="7">담당 건설사업관리기술인 : (인)

설계용역명 :

년 월 일 (요일)</td></tr>
<tr><td>수 신</td><td></td><td>발 신</td><td colspan="4"></td></tr>
<tr><td>참 조</td><td></td><td>발송일자</td><td colspan="4"></td></tr>
<tr><td>제 목</td><td colspan="6"></td></tr>
<tr><td>지
시
내
용</td><td colspan="6"></td></tr>
<tr><td>첨 부</td><td colspan="6"></td></tr>
<tr><td>수신처
확인</td><td colspan="6"></td></tr>
</table>

[별지 제9호 서식]

<table>
<tr><td colspan="2">분야별 상세 설계단계
건설사업관리 기록부</td><td>결
제</td><td></td><td></td><td></td></tr>
<tr><td colspan="6">건설사업관리기술인 : (인)

설계용역명 :

년 월 일 (요일)</td></tr>
<tr><td>설계단계
건설사업관리
공 종</td><td colspan="5"></td></tr>
<tr><td>특 기
사 항</td><td colspan="5"></td></tr>
<tr><td>기 술 검 토
및
토 의 사 항</td><td colspan="5"></td></tr>
<tr><td>수 정 또 는
지 시 및
이 행 사 항</td><td colspan="5"></td></tr>
<tr><td>종 합
의 견</td><td colspan="5"></td></tr>
</table>

[별지 제10호 서식]

<table>
<tr><td colspan="3">설계단계 건설사업관리 요청서</td><td>결
제</td><td></td><td></td></tr>
<tr><td colspan="6">용 역 명 :
일　　자 :　　　년　　　월　　　일 (요일)</td></tr>
<tr><td>수　신</td><td></td><td>발　　신</td><td colspan="3"></td></tr>
<tr><td>참　조</td><td></td><td>발송일자</td><td colspan="3"></td></tr>
<tr><td>제　목</td><td colspan="5"></td></tr>
<tr><td>지
시
내
용</td><td colspan="5"></td></tr>
<tr><td>첨　부</td><td colspan="5"></td></tr>
<tr><td>수 신 처
확 인</td><td colspan="5"></td></tr>
</table>

[별지 제11호 서식]

<table>
<tr><td colspan="5">기본(실시) 설계자와
협의사항 기록부</td><td>결
제</td><td></td><td></td><td></td></tr>
<tr><td colspan="9">건설사업관리기술인 : (인)

설계용역명 :

년 월 일 (요일)</td></tr>
<tr><td>제 목</td><td colspan="8"></td></tr>
<tr><td>협
의
내
용</td><td colspan="8"></td></tr>
<tr><td rowspan="4">참 여
자</td><td>소 속</td><td>직 위</td><td colspan="3">성 명</td><td colspan="3">서 명</td></tr>
<tr><td></td><td></td><td colspan="3"></td><td colspan="3"></td></tr>
<tr><td></td><td></td><td colspan="3"></td><td colspan="3"></td></tr>
<tr><td></td><td></td><td colspan="3"></td><td colspan="3"></td></tr>
<tr><td>장 소</td><td colspan="8"></td></tr>
</table>

[별지 제12호 서식]

설계용역 기성부분 검사조서

설계용역명 :

년 월 일 준공

년 월 일 와 계약분

위 설계용역의 회 기성부분검사의 명을 받아 20 년 월 일 검사한 결과 별지 내역서와 같이 전용역에 대하여 그 기성공정을 %로 조정함.

년 월 일

기성부분 검사자 : (인)

입 회 자 : (인)

귀 하

[별지 제13호 서식]

설계용역 준공검사조서

설계용역명 :

년 월 일 준공

년 월 일 와 계약분

위 설계용역 준공검사의 명을 받아 20 년 월 일 검사한 결과 계약서, 설계기준 및 기타 약정대로 어김없이 준공하였음을 인정함.

년 월 일

준 공 검 사 자 : (인)

입 회 자 : (인)

귀 하

[별지 제14호 서식]

문서접수 및 발송대장

연번	접수일	발신 수신	시행일	분류기호 문서번호	제 목	첨부물		처리 담당	발송방법		배부	
						명칭	수량		우편	인편사송	인계인	수령인

[별지 제15호 서식]

민원처리부(전화 및 상담)

공사명 : ○○ 건설공사

월 일	민 원 인	민 원 내 용	처리계획 및 조치내용	비 고
	(주 소) (성 명) (연락처)	(위 치) (민원내용)		

※ 작성요령 : 책임건설사업관리기술인이 처리 불가능한 사항은 발주청에 서면 보고합니다.

[별지 제16호 서식]

품질시험계획

공사명 : 작 성 일 : 년 월 일

시공자 : 현장대리인 : (인 또는 서명)

1. 시험계획회수

공 종	시험종목	시험계획물량	시험빈도	계획시험회수	비 고

2. 시험시설 및 인력배치계획

가. 시험시설

장 비 명	규 격	단 위	수 량	비 고

나. 시험인력

등 급	품질관리업무 수행기간	성 명	비 고
			* 기술자격 또는 학·경력사항 기재

[별지 제17호 서식]

품질시험·검사성과 총괄표

공사명 : ○○ 공사(공사기간 . . ~ . . 공정 : %)

공 종	시험·검사종류 (재 료)	시험·검사회수					비 고
		계 획	실 시	합 격	불합격	재시험	

작성일시 : 년 월 일

작 성 자 : 소속 : 직위 :

성 명 : (인 또는 서명)

[별지 제18호 서식]

품질시험·검사실적 보고서

공 종	시험검사 종 목	계획시험 · 검사회수	전월까지 시험·검사회수				금월 시험·검사회수				누계 시험·검사회수			
			실 시	합 격	불합격	재시험	실 시	합 격	불합격	재시험	실 시	합 격	불합격	재시험

[별지 제19호 서식]

검 측 대 장

공사명 : ○○공사　　공사감독자(책임건설사업관리기술인) :　　(인)

공종	검 측 부 위 (설계규격, 단위, 수량 포함)	검측일	검측 내용	합격 여부	검측결과 또는 입증자료

주) 매몰부분은 사진 첨부

[별지 제20호 서식]

발생품(잉여자재) 정리부

공사명 : 착공일 : . .

품 명 : 규 격 : 준공일 : . .

발생 년월일	품 명	규격	단위	수 량		발생사유	보관사항 (발주청인계여부)
				사용 가능	사용 불가		

[별지 제21호 서식]

안전보건 관리체제

1. 안전보건관계자

구분	선임 연·월·일	소속	직급(위)	성명	자격명	전화번호 (휴대폰)
안전보건관리책임자						
안전보건총괄책임자						
안 전 관 리 자						
보 건 관 리 자						

2. 노사협의체

구분	근로자위원			사용자위원		
	소속	직급(위)	성명	소속	직급(위)	성명
대표						
위원						
위원						
위원						

[별지 제22호 서식]

재해발생 현황

1. 발생현황

구 분	재해자 수	사 망	부상(휴업기준)				업무상질병	재해율
			3-7일	8-29일	1-3월미만	3월이상		
분기별								
( ) 월								
( ) 월								

2. 재해유형

구분	계	떨어짐	넘어짐	깔림	부딪힘	맞음	무너짐	끼임	절단 베임 찔림	감전	폭발 파열	화재	깔림	화학 물질 접촉	산소 결핍	불균형 및 무리한 동작	사업 장내 교통 사고	사업 장외 교통 사고	기타
분기별																			
( ) 월																			
( ) 월																			

[별지 제23호 서식]

안전교육 실적표

<table>
<tr><th rowspan="2">구 분</th><th rowspan="2">실시회수</th><th rowspan="2">주요내용</th><th colspan="2">교육인원</th><th rowspan="2">비 고</th></tr>
<tr><th>직 원</th><th>기 능 직</th></tr>
<tr><td>정기교육</td><td></td><td></td><td></td><td></td><td></td></tr>
<tr><td>특별교육</td><td></td><td></td><td></td><td></td><td></td></tr>
<tr><td>계</td><td></td><td></td><td></td><td></td><td></td></tr>
</table>

[별지 제24호 서식]

협의내용 등의 관리대장

1. 사업개요

사 업 명		사 업 자	
사업승인기관		사업승인일	
환경영향평가 협 의 기 관		환경영향평가 협 의 일	
사 업 착 공 (예 정) 일		사 업 준 공 (예 정) 일	
협 의 내 용 관리책임자		성 명	
사 업 규 모			
사 업 내 용			

2. 협의내용 이행계획

구 분	협 의 내 용	이 행 계 획		
		이 행 방 법	이 행 주 체	이 행 시 기

3. 협의내용 이행현황

연월일	공정률(%)	협 의 내 용	이행내역	미이행사항 및 사후대책

[별지 제25호 서식]

사후환경영향조사 결과보고서

1. 사 업 명 :
2. 조 사 기 간 :
3. 관리 책임자 :
4. 환경영향 조사결과 :

조사일시	구 분	조사항목	조사지점	조사결과	문제점	조치결과	비고

5. 승인기관 조사 · 확인결과

조사일시	승인기관 및 담당자	협의내용 및 이행사항	미이행사항 및 사후대책	비고

주) ① 서식은 B4(8절,횡) 규격의 용지로 작성

② 협의내용 이행현황은 사업공정을 파악할 수 있는 사진첨부.

[별지 제26호 서식]

공사 기성부분 검사원

책임건설사업관리기술인 경유 (인)

1. 공 사 명 :
2. 위 치 :
3. 계 약 금 액 :
4. 계약 년월일 :
5. 착공 년월일 :
6. 준 공 기 한 :
7. 현 재 공 정 : 20 . . 현재 %
8. 첨 부 서 류 : 기성공정 내역서, 기성부분 사진

위 공사의 수급시행에 있어서 공사전반에 걸쳐 공사설계도서, 품질관리기준 및 기타 약정대로 어김없이 기성되었음을 확인하오며 만약 공사의 시공, 건설사업관리 및 검사에 관하여 하자가 발견될 시는 즉시 변상 또는 재시공할 것을 서약하고 이에 기성검사원을 제출하오니 검사하여 주시기 바랍니다.

20 년 월 일

주 소 :
상 호 :
성 명 :

귀 하

[별지 제27호 서식]

건설사업관리기술인 (기성부분 / 준　　공) 건설사업관리조서

공　사　명 :

20　　년　　월　　일　　와 계약분

위 공사의 건설사업관리기술인으로 임명받아 20　년 월 일부터 20　년　월 일까지 실지 건설사업관리한 결과 (제　회 기성부분 검사까지의) 공사전반에 걸쳐 공사설계 도서, 품질관리기준 및 기타 약정대로 어김없이 전공사의 (%가 기성 / 준　공) 되었음을 인정함.

20　　년　　월　　일

책임건설사업관리기술인　　　　　　(인)

귀 하

[별지 제28호 서식]

공사기성부분 내역서

1. 도 급 액 :
2. 공 사 명 :
3. 기성부분금액 : 20 년 월 일 현재
4. 내 역 :

(갑)

공사내역	규격	도 급 액			전회까지의 기성액			금회 기성액			적요
		수량	단가	금액	수량	금액	비율 (%)	수량	금액	비율 (%)	

(을)

공사내역	규 격	도 급 액			전회까지의 기성액			금회 기성액			적 요
		수량	단가	금액	수량	금액	비율 (%)	수량	금액	비율 (%)	

[별지 제29호 서식]

공사기성부분 검사조서

공 사 명 :

20 년 월 일 준공

20 년 월 일 와 계약분

위 공사 제 회 기성부분검사의 명을 받아 20 년 월 일 검사한 결과 별지 내역서와 같이 전공사에 대하여 그 기성공정을 %로 조정함.

단, 수중지하 및 구조물 내부 또는 저부 등 시공 후 매몰된 부분의 검사는 별지 건설사업관리조서에 의거함.

20 년 월 일

기성부분 검사자 : (인)

입 회 자 : (인)

귀 하

[별지 제30호 서식]

준공검사원

책임건설사업관리기술인 경유 (인)

1. 공 사 명 :
2. 공 사 위 치 :
3. 계 약 금 액 :
4. 계약 년월일 :
5. 착공 년월일 :
6. 준 공 기 한 :
7. 실지준공년월일 :
8. 첨 부 서 류 : 준공사진

위 공사의 수급시행에 있어서 공사전반에 걸쳐 공사설계도서, 품질관리기준 및 기타 약정대로 어김없이 준공하였음을 확인하오며 만약 공사의 시공, 건설사업관리 및 검사에 관하여 하자가 발견될 시는 즉시 실액 변상 또는 재시공할 것을 서약하고 이에 준공검사원을 제출합니다.

20 년 월 일

주 소 :

상 호 :

성 명 :

귀 하

[별지 제31호 서식]

준공검사조서

공 사 명 :

20　　년　　월　　일　　　준공
20　　년　　월　　일　　　　와 계약분

위 공사 준공검사의 명을 받아 20　　년　　월　　일 검사한 결과 공사설계도서, 품질관리기준 및 기타 약정대로 어김없이 준공하였음을 인정함.

단, 수중지하 및 구조물 내부 또는 저부 등 시공 후 매몰된 부분의 검사는 별지 건설사업관리조서에 의거함.

20　　년　　월　　일

준 공 검 사 자 :　　　　　　　　(인)
입　　회　　자 :　　　　　　　　(인)

귀　　하

[별지 제32호 서식]

공사계약번호 - 보고일련번호

○ ○ 부 ○ ○ 청

○○ 건 설 공 사
월 간 또는 최 종 건 설 사 업 관 리
보 고 서

20 년 월

○ ○ 주 식 회 사

대표이사 ○ ○ ○

(제 1 쪽)

제1장 공사추진 현황

1.1 공사계약 개요

∘ 공 사 명 :

∘ 위　　치 :

∘ 공사종류 :

∘ 사업개요 :

∘ 계약일자 :

∘ 준공 예정일자 :

∘ 사 업 비 :

(단위:백만원)

총사업비	도 급 액	관 급 액	보 상 비	설계비	건설사업 관리비

∘ 낙찰률 :

∘ 시공회사 :

※ 공동도급일 경우 지분율 표기

∘ 입찰방법 :

※ 작성요령

1. 공동도급일 경우 지분율 및 이행방식을 기재합니다.
2. 공종별 분리발주 시 각각의 계약내용을 전부 기재합니다.

(제 2 쪽)

1.2 공사 추진계획 및 실적(토목 "예")

(20 . . .현재, 단위:백만원)

공 종 \ 구 분		단 위	전체계획		기 시 공 (. . 까지)		금 회(20 . . ~ . .)				공 정(%)			
							계 획		시 공		전 체		금 회	
			공사량	공사비	공사량	공사비	공사량	공사비	공사량	공사비	계획	실적	계획	실적
토공	땅 깍 기	m3												
	흙 쌓 기	m3												
	기 타	식												
	소 계													
배수공	배 수 관	m/개소												
	암 거	m/개소												
	기 타	식												
	소 계													
교량공	교	m/개소												
	교	m/개소												
	기 타	식												
	소 계													
터널공	터널	m/개소												
	터널	m/개소												
	기 타	식												
	소 계													
포장공	기 층	a												
	표 층	a												
	기 타	식												
	소 계													
부대공		식												
합 계														
사급자재비		식												
순공사비														
제경비		식												
부가세														
총 계														

※작성요령
1. 전체 계획에서 공사량은 설계수량, 공사비는 계약금액을 기준으로 합니다.
2. 기시공은 전회 건설사업관리보고서 제출시점까지 시공한 실적을 기재합니다.
3. 금회는 전회 건설사업관리보고서 제출 후 금회 제출시점까지 시공한 실적을 기재합니다.
4. 공사량은 규격 등에 상관없이 합산 가능한 물량은 합산하여 기재하고 합산이 불가한 것은 주자재 물량으로 기재하되 공사비는 해당분야 총공사비를 기재합니다.

(제 3 쪽)

1.2 공사 추진계획 및 실적(건축 "예")

(20 . . . 현재, 단위:백만원)

공종	구분 / 분야	단위	전체계획		기시공 (. . 까지)		금회(20 . . ~ . .) 계획		금회(20 . . ~ . .) 시공		공정(%) 전체		공정(%) 금회	
			공사량	공사비	공사량	공사비	공사량	공사비	공사량	공사비	계획	실적	계획	실적
토목공사	토공사	m^3												
	가시설공사	식												
	지하 연속 벽공사	식												
	부대공사	식												
	운 반 비	식												
	안전계측	식												
	부대토목	식												
	소 계	식												
건축공사	가설공사	식												
	철근CON'C 공사	m^2												
	조적공사	천매												
	방수공사	식												
	타일공사	m^2												
	석공사	식												
	목공사	식												
	금속공사	식												
	미장공사	m^2												
	창호공사	식												
	유리공사	식												
	도장공사	식												
	수장공사	식												
	지붕및홈통공사	식												
	잡공사	식												
	골재및운반비	식												
	부대공사	식												
	철거및폐기물처리	식												
	공통가설	개월												
	조경공사	식												
	소 계	식												
기계설비공사	장비설치공사	식												
	기계실배관사	식												
	옥외배관공사	식												
	공조닥트설치공사	식												
	소화설비공사	식												
	자동제어 설치공사	식												
	정화조및폐수 설비공사	식												
	기타공사	식												
	소 계	식												

(제 4 쪽)

공종	구분 / 분야	단위	전체계획		기 시 공 (. . 까지)		금 회 (20 . . ~ . .)				공 정(%)			
							계 획		시 공		전 체		금 회	
			공사량	공사비	공사량	공사비	공사량	공사비	공사량	공사비	계획	실적	계획	실적
전기공사	수변전 설비공사	식												
	전력간선 설비공사	식												
	동력 설비공사	식												
	전등 설비공사	식												
	전열 설비공사	식												
	피뢰침및접지공사	식												
	전력CABLE TRAY 공사	식												
	전력및조명제어공사	식												
	SNOW MELTING 공사	식												
	자동화재 탐지 설비공사	식												
	무선통신보조및중계 설비	식												
	정화조 설비 공사	식												
	가설공사	식												
	소 계	식												
통신공사	통합배선 설비공사	식												
	CATV 설비공사	식												
	CCTV 설비공사	식												
	상호식 인터폰 설비공사	식												
	주차 관제공사	식												
	NURSE CALL 설비공사	식												
	전기시계 및 투약순번 안내공사	식												
	방송 설비공사	식												
	가설공사	식												
	소 계	식												
합 계														
순 공사비		식												
사급자재비		식												
T. A. B		식												
제경비		식												
공급가액		식												
부가세		%												
총 계		식												

※작성요령

1. 전체 계획에서 공사량은 설계수량, 공사비는 계약금액을 기준으로 합니다.
2. 기시공은 전회 건설사업관리보고서 제출시점까지 시공한 실적을 기재합니다.
3. 금회는 전회 건설사업관리보고서 제출 후 금회 제출시점까지 시공한 실적을 기재합니다.
4. 공사량은 규격 등에 상관 없이 합산 가능한 물량은 합산하여 기재하고 합산이 불가한 것은 주자재 물량으로 기재하되 공사비는 해당분야 총공사비를 기재합니다.

(제 5 쪽)

1.3 부진공정 만회대책(예)

ㅇ 공사명 :

ㅇ 공정현황(20 . . 현재)

구분	계획	실적	대비	비고
공정률(%)				

ㅇ 부진사유

-

ㅇ 만회대책

-

1.4 건설사업관리용역 계약개요

◦계 약 일 자 :
◦준 공 예 정 일 자 :
◦계 약 금 액 :
◦건설사업관리용역사업자 :
◦낙 찰 률 :
◦입 찰 방 법 :

(제 6 쪽)

1.5 건설사업관리단 조직(예)

[상주 건설사업관리기술인]

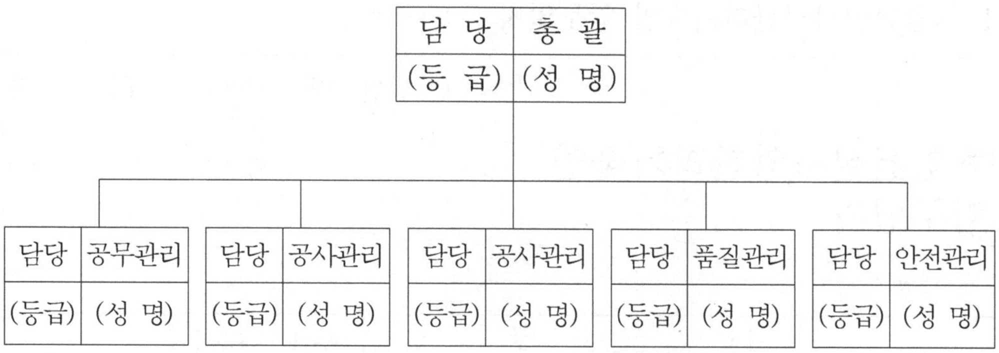

〔 기술지원 건설사업관리기술인]

구 분	성 명	기술자격 종목
"예" 고급		
〃		
〃		
〃		
〃		

※ 작성요령

건설사업관리기술인 등급은 과업지시서 등 계약문서에 기록된 등급을 기재(실제 "특급"이라도 "고급"을 배치하는 것으로 계약된 경우는 "고급"으로 기재)합니다.

1.6 건설사업관리기술인의 공사중지 명령 등

ㅇ

[별지 제33호 서식]

(제 1 쪽)

건설사업관리기술인 업무일지

1 책임건설사업관리기술인 업무일지

<table>
<tr><td colspan="10">년 월 일(요일), 누계공정 %
책임건설사업관리기술인
업무일지 날씨 : (기온 ℃)
공사명 :</td></tr>
<tr><td rowspan="3">주요작업상황</td><td rowspan="2">공 종</td><td rowspan="2">단위</td><td rowspan="2">설계량</td><td colspan="2">금 일</td><td rowspan="2">누계
작업량</td><td rowspan="2">공정
(%)</td><td rowspan="2" colspan="2">특이사항</td></tr>
<tr><td>작업위치</td><td>작업량</td></tr>
<tr><td></td><td></td><td></td><td></td><td></td><td></td><td></td><td colspan="2"></td></tr>
<tr><td rowspan="3">건설사업관리기술인별 업무수행내용</td><td>성 명</td><td>서 명</td><td colspan="5">주 요 업 무 수 행 내 용
(상세내용은 개인별 건설사업관리 업무일지에 작성)</td><td colspan="2">책임건설사업관리기술인 지시사항</td></tr>
<tr><td>(책임건설사업관리기술인)</td><td></td><td colspan="5"></td><td colspan="2"></td></tr>
<tr><td>(분야별 건설사업관리기술인 1)</td><td></td><td colspan="5"></td><td colspan="2"></td></tr>
</table>

(제 2 쪽)

건설사업관리기술인별 업무수행내용				
건설사업관리기술인별 업무수행내용	(분야별 건설사업관리기술인 2)			
	(분야별 건설사업관리기술인 3)			
	(분야별 건설사업관리기술인 4)			

관련문서	업무분류	문서분류	공종구분	구조물명	위치	제 목 (내용요약)

특 이 사 항	

※작성요령

1. 책임건설사업관리기술인 본인의 업무내용을 6하 원칙에 의거 기록함은 물론 분야별 건설사업관리기술인의 건설사업관리 업무일지를 보고 그 내용을 요약정리함과 동시에 공사추진내용, 검측결과, 현장실정 보고 등을 빠짐없이 기록하고 모든 건설사업관리기술인에게 공람 서명토록 하여 건설사업관리기술인 모두가 현장내용을 파악할 수 있도록 작성한다.
2. 주요작업상황은 공사추진계획에 따라 당일 작업을 수행하였거나 그와 관련된 공종에 대하여 업무수행내용을 상세히 기록하여 작성한다.

(제 3 쪽)

2 분야별 건설사업관리기술인 업무일지

〈“갑”지〉

<table>
<tr><td rowspan="4">년 월 일(요일)

분야별 건설사업관리기술인 업무일지</td><td colspan="2">작 성 자</td></tr>
<tr><td>직 책</td><td></td></tr>
<tr><td>성 명</td><td></td></tr>
<tr><td>서 명</td><td></td></tr>
<tr><td colspan="3">공사명 : 확인자 : 책임건설사업관리기술인 (인)</td></tr>
</table>

시간대별	업 무 내 용 (6하 원칙에 의거)

(제 4 쪽)

〈"을"지〉

시간대별	업 무 내 용 (6하원칙에 의거)

※작성요령

1. 분야별 건설사업관리기술인 업무일지는 갑지와 을지로 구분하고 업무내용이 많아 갑지에 기재가 원활하지 못할 경우 을지에 기재합니다.
2. 건설사업관리기술인은 업무수행과 관련하여 그 내용을 메모하여 이를 업무종료 전에 6하 원칙에 따라 업무일지를 기록하고 책임건설사업관리기술인의 확인을 받아야 합니다. 다만, 업무일지 작성이후에 발생된 업무나 진행상항의 파악이 어려운 경우에는 다음 날 확인을 받은 후 처리하되 업무일지에 누락되지 않도록 기록하여야 한다.
3. 건설사업관리기술인의 업무일지는 매일매일 작성하는 것을 원칙으로 하고 각 분야별건설사업관리기술인의 업무일지 작성지연으로 인한 책임건설사업관리기술인의 업무일지 작성에 지장을 초래하지 않도록 성실히 작성하여야 합니다.
4. 건설사업관리기술인은 검측업무 수행사항에 대한 검측부위, 검측시간, 검측내용, 검측결과 등을 상세하게 기록하고 이에 대한 관련 문서번호, 구두로 시정명령한 사항 등을 포함한 지적사항과 조치사항 등을 상세히 기재합니다.
5. 건설사업관리기술인은 콘크리트 타설부위, 콘크리트규격, 타설량 등을 기재하고 시공자의 콘크리트 타설에 대한 검측요청이 있는 경우 해당 검측요청서의 문서번호 등을 기재합니다.
6. 건설사업관리기술인은 설계도서 검토결과를 도면명칭, 도면번호 등 상세히 기재합니다.
7. 건설사업관리기술인은 당일 처리한 문서번호, 검토내용 및 검토결과와 책임건설사업관리기술인에게 보고한 사항 및 지시받은 사항을 기록한다.
8. 건설사업관리기술인은 현장점검시 동행자 소속, 직책, 성명 등과 점검내용, 위치, 특정부위, 점검결과 등을 기록하고 현장점검 중 지적된 사항과 시공자에게 지시한 내용 등을 기재합니다.
9. 건설사업관리기술인은 공사와 관련하여 현장의 긴급상황, 조치사항, 도면검토, 구두협의 및 지시한 사항의 경우 상대방의 소속, 직책, 성명 등을 기록하고, 구두지시 및 유선통화 내용은 건설사업관리기술인들의 업무수행 근거자료이므로 상세히 기재합니다.
10. 건설사업관리기술인이 현장을 이탈하는 출장의 경우 시간, 목적지, 목적 등을 기록하고 업무협의 결과, 관련 문서번호 또는 명칭을 기록합니다. 다만, 현장 이탈 후 당일 복귀할 경우 당일 건설사업관리 업무일지에 기록하고, 다음날 복귀하는 경우에는 다음날 책임건설사업관리기술인에게 보고한 후 기재합니다.

[별지 제34호 서식]

품질시험·검사대장

1 품질시험·검사대장

공사명 :

일련번호	년 월 일	시험·검사구분	재료	시험·검사항목	시험기준	시험결과	시험결과판정	시험·검사자		건설사업관리기술인확인		비고
								성 명	서 명	성 명	서 명	

※작성요령

1. 건설 자재별로 기재(콘크리트 타설은 별지 제35호서식으로 작성)합니다
2. 시험성과표는 별도 기재합니다.
3. 비고란에는 시험결과 불합격 되었을 경우 조치내용 등을 기재합니다.

[별지 제35호 서식]

(제 1 쪽)

구조물별 콘크리트 타설현황

1 구조물별 콘크리트 타설현황(횡양식)

구조물명	타설 일자	타설 부위	설계량 (m^3)	타설량 (m^3)	콘크리트 배합종류	납품 회사	타설 방법	타설 시간	타설시 온 도 (℃)	시 험 결 과				시 험 자			
										슬럼프 (mm)	공기량 (%)	염분량 (kg/m^3)	28일 압축 강도 (MPa)	시공사 직원		공사감독자 (건설사업관리기술인)	
														성명	서명	성명	서명

※ 작성요령

1. 슬럼프, 공기량과 28일강도 시험자가 다를 경우 슬럼프, 공기량 시험자는 상단에, 28일강도 시험자는 하단에 성명과 서명
2. 직접타설 : Mixer Truck으로부터 직접 받아 타설. 3. Pump : Pump Car로 타설
4. 콘크리트 배합 사례

- 25-21-80을 A1으로 할 경우
  25-21-120는 A2
  25-21-150는 A3 등으로 기재합니다.
- 19-24-80을 B1으로 할 경우
  19-24-120는 B2
  19-24-150는 B3 등으로 기재합니다.

(제 2 쪽)

2 콘크리트 타설 참여자(기능공 포함) 실명부

공사명 :

타설일	타설위치	소속	직위	성명	생년월일 (성별)	공사한 내용	서 명

※작성요령

1. 공사한 내용은 공사관리, 작업총괄, 레미콘 차량관리, 펌프카 노즐담당, 콘크리트 타설, 콘크리트 다짐, 거푸집 및 동바리 변형 감시, 콘크리트 마무리면 정리, 양생재 포설 등으로 구분하여 기재합니다.
2. 생년월일 : 주민등록상 생년월일

[별지 제36호 서식]

(제 1 쪽)

검측요청·결과 통보내용

1 검측요청서 및 검측결과통보

검 측 요 청 서

번호 : 20 . . .

받음 : ○○공사 책임건설사업관리기술인 ○○○

다음과 같은 세부공종에 대하여 검측요청 하오니 검사 후 승인하여 주시기 바랍니다.

위 치 및 공 종	
검 측 부 위	
검측 요구일시	
검 측 사 항	

붙임 : 시공자의 검측 체크리스트, 시험성과, 시공자의 야장 및 도면, 공사참여자(기능공 포함) 실명부

시공자 점 검 직 원 (인)
현장대리인 (인)

검 측 결 과 통 보

번호 : 20 . . .

받음 : ○○공사 현장대리인 ○○○

문서번호 ○○로 검측요청 한 건에 대하여 20 . . . 검측한 결과를 다음과 같이 통보합니다.

1. 검측결과
2. 지시사항

붙임 : 건설사업관리기술인의 검측 체크리스트

검측건설사업관리기술인 (인)
책임건설사업관리기술인 (인)

※ 작성요령

1. 재검측시에는 붉은 글씨로 "(재)"를 우측 상단에 작성합니다.
2. 시공자가 재검측 요청할 때에는 잘못 시공한 기능공의 성명을 받아 그 명단을 첨부하여야 합니다.
3. 2부 작성하여 시공자, 건설사업관리기술인 각 1부를 보관하여야 합니다.

(제 2 쪽)

2 공사 참여자(기능공 포함) 실명부

공사명 :

작업일	작업위치 및 공종	소 속	직 위	성 명	생년월일 (성별)	공사한 내용	서 명

※작성요령

1. 직위란에는 공사관리, 형틀 또는 철근 작업반장, 목수, 철근공, 콘크리트공, 특별인부, 보통인부 등으로 구분하여 기재합니다.
2. 공사한 내용란에
   - 형틀의 경우에는 공사관리, 작업총괄, 자재운반, 거푸집 및 동바리 제작, 거푸집 및 동바리 조립, 박리제 도포 등으로 구분 기재하고
   - 철근의 경우에는 가공, 현장 운반, 조립, 청소 등으로 구분하여 기재하며
   - 기타 공종도 무슨 일을 하였는지 구분하여 기재합니다.
3. 생년월일 : 주민등록상 생년월일

(제 3 쪽)

3 검측 체크리스트

공종 CODE №		위치 및 부위	
공종(세부공종)		공 사 량	

검사항목	검 사 기 준 (시방서 또는 도면 등)	검 사 결 과		조치사항
		합 격	불 합 격	

시공자 점검일자	년 월 일	점 검 직 원	(인)
건설사업관리 기술인 검측일자	년 월 일	검측건설사업 관리기술인	(인)

※작성요령

1. 검사결과 상단은 시공자 점검직원이, 하단은 검측건설사업관리기술인이 검사한 결과를 수치로 기록하고, 검사기준도 검사결과와 비교 될 수 있도록 시방서 또는 도면 등에 있는 수치를 작성하며, 수치가 없는 검사항목은 시방서 또는 설계도서에 있는 내용과 검사한 내용으로 기재합니다.
2. 매몰부분은 사진을 첨부한다
3. 검사항목 및 검사기준은 각 공종별로 건설사업관리기술인과 협의하여 기재합니다.

[별지 제37호 서식]

자재 공급원 승인 요청·결과통보 내용

문서번호		수　　신	책임건설사업관리기술인
공 사 명		공　　종	건축□ 기계□ 토목□ 기타□
품　　명		규　　격	
제조회사명		KS·녹색제품 유무	KS□ 비KS□ 환경표지□ GR□
시공자의견			
첨　　부	인증서 □　사업자등록증 □　CATALOG □　공장등록증 □ 시험성적서 □　납품실적 □　견본 □　기타 □		
특기사항			
상기자재에 대한 검토를 요청하오니 결과를 통보하여 주시기 바랍니다. 20　년　월　일		담 당 자　(인) 현장대리인　(인)	

자재승인 검토결과 통보서

문서번호		수　신	현장대리인
검토의견			
판　정	적합 □　조건부적합 □　부적합 □		
특기사항	1. 공장방문 후 검토결과를 통보할 경우 해당공장방문 검사 Check List 첨부 2. 자체시험 및 외부 의뢰시험을 실시하는 경우 시험 결과치 기록 또는 시험성적서 첨부		
상기 검토요청에 대한 검토결과를 통보합니다. 20　년　월　일		담당 건설사업관리기술인　(인) 책임건설사업관리기술인　(인)	

[별지 제38호 서식]

주요자재 검사 및 수불부

1 주요자재 검사 및 수불부

품명 :

	단위	규격	반입일	반입량	합격량	불합격		출고일	출고량	잔량	검수자	서명
					금회/누계	불합격량	사유					

※작성요령

1. 상단은 반입검수자가 하단은 출고검수자가 기재합니다.
2. 현장 반입 후 작업장 반출 시 까지는 건설사업관리기술인의 감독하에 관리합니다. (매 출고시마다 건설사업관리기술인이 확인하여 반출량 및 잔량을 확인하여야 합니다.)

[별지 제39호 서식]

공사 설계변경 현황

1 공사 설계변경 현황

(1) 변경회수 :

(2) 변경일자 :

(3) 주요변경내용

공 종	수 량			공 사 비(백만원)			변 경 사 유	비 고
	단위	당초	변경	당초	변경	증·감		
계								

2 현장 실정보고 현황

번호	보고일 (문서번호)	승인일 (문서번호)	제목	내용	비고
계					

3 기술검토 사항

번 호	보고일자 (문서번호)	제 목	주요내용	비 고

[별지 제40호 서식]

(제 1 쪽)

주요구조물의 단계별 시공현황

1 주요구조물 및 중점 관리대상 공종현황(토목 "예")

1.1 주요구조물

구 조 물 명	위 치	구조물 개요 및 규모	기초 및 상부 가설공법 등	특이사항
"예" - oo교 ·강교(ST Box) - oo터널	 STA : STA :			

※작성요령
주요구조물은 층고가 높거나 경간이 길어 구조적인 부담이 큰 부분이나 신기술, 특수공법이 적용되는 주요구조부를 기재합니다.

1.2 중점 관리대상 공종

공 종	위 치	공종개요 및 규모	공 법	중점관리 필 요 성	특이사항
"예" -대절토 -대성토 -연약지반 -용수분출	 STA : STA : STA : STA :				

※작성요령
중점관리대상은 시공과정에서 계측 등 지속적인 관리가 필요한 부분을 기재합니다.

(제 2 쪽)

1 주요구조물 및 중점 관리대상 공종현황(건축 “예”)

1.1 주요구조물

구조물명	위 치	구조물 개요 및 규모	공 법	특이사항
철골 트러스	옥상층 바 닥	◦ 면적 : ◦ 규격 : ◦ 경간 :		
기 초 말 뚝	지하3층	◦ 규격 : ◦ 본수 :		
※작성요령 주요구조물은 층고가 높거나 경간이 길어 구조적인 부담이 큰 부분이나 신기술, 특수공법이 적용되는 주요 구조부를 기재합니다.				

1.2 중점 관리대상 공종

공 종	위 치	공종개요및 규 모	공 법	중점관리 필 요 성	특이사항
흙막이 공사					
가시설 공사					
※작성요령 중점 관리대상은 시공과정에서 계측 등 지속적인 관리가 필요한 부분을 기재합니다.					

(제 3 쪽)

2 주요구조물 단계별 시공현황(토목 "예")

(1) 교량 등 주요 콘크리트 구조물

◦ 구조물명 : ○○교 P1 또는 A1 또는 PC빔, 슬라브 등

◦ 시공기간 :

◦ 터파기 완료일자 :

◦ 암판정 일자 :

◦ 버림CON`C 타설일자 :

(시공/설계)

<table>
<tr><td rowspan="2" colspan="2">구 분</td><td rowspan="2">높이
(m)</td><td rowspan="2">철근조립</td><td rowspan="2">거푸집
조 립</td><td rowspan="2">CON`C
타설</td><td rowspan="2">양생</td><td rowspan="2">거푸집
해 체</td><td colspan="2">자 재</td></tr>
<tr><td>철근
(ton)</td><td>CON`C
(m^3)</td></tr>
<tr><td colspan="2">"예"
기 초</td><td></td><td></td><td></td><td></td><td></td><td></td><td></td><td></td></tr>
<tr><td rowspan="5">교각
또는
교대
(m)</td><td>1 Lot</td><td></td><td></td><td></td><td></td><td></td><td></td><td></td><td></td></tr>
<tr><td>2 Lot</td><td></td><td></td><td></td><td></td><td></td><td></td><td></td><td></td></tr>
<tr><td>3 Lot</td><td></td><td></td><td></td><td></td><td></td><td></td><td></td><td></td></tr>
<tr><td>4 Lot</td><td></td><td></td><td></td><td></td><td></td><td></td><td></td><td></td></tr>
<tr><td>5 Lot</td><td></td><td></td><td></td><td></td><td></td><td></td><td></td><td></td></tr>
<tr><td colspan="2">COPING</td><td></td><td></td><td></td><td></td><td></td><td></td><td></td><td></td></tr>
<tr><td colspan="2">총 계</td><td></td><td></td><td></td><td></td><td></td><td></td><td></td><td></td></tr>
<tr><td colspan="10">※작성요령
1. 필요시 단면도 및 정면도, 좌표 등을 첨부합니다.
2. 철근조립에서 거푸집 해체까지는 최초일부터 최종일까지 소요된 작업기간을 기재합니다.</td></tr>
</table>

(제 4 쪽)

(2) 터 널

◦ 구조물명 :

◦ 공 법 :

◦ 시공기간 :

구 분	연장(m)	굴착	암반면 정리	Rock bolt	Shot -crete	Steel rib	계측관리			부직포 및 방 수 제포설	철근 조립	거푸집 조립	CON`C 타설	양생	거푸집 해 체	자 재	
							갱내관찰	내공변위	천단침하							철근 (ton)	CON`C (m3)
"예" 1 Block																	
2 Block																	
3 Block																	
4 Block																	
총 계																	

(제 5 쪽)

2 주요구조물 단계별 시공현황(건축 “예”)

(1) 건축물

- 구조물명 :
- 시공기간 :
- 터파기 완료일 :
- 암 판정일 :
- 버림CON`C 타설일 :

(시공/설계)

구 분		층 고 (m)	철근조립	거푸집 조 립	CON`C 타설	양 생	거푸집 해 체	자 재	
								철근 (ton)	CON`C (m^3)
기 초									
지하층	3층								
	2층								
	1층								
지상층	1층								
	2층								
	3층								
	4층								
	5층								
	6층								
총 계									

※작성요령

1. 필요시 단면도 및 정면도, 좌표 등을 첨부합니다.
2. 철근조립에서 거푸집 해체까지는 최초일부터 최종일까지 소요된 작업기간을 기재합니다.

[별지 제41호 서식]

콘크리트 구조물 균열관리 현황

균 열 관 리 대 장					
구조물명 및 규모		위 치		원 인	
최초발견일		관리방법		보수현황	
단 면 도 및 전개도					

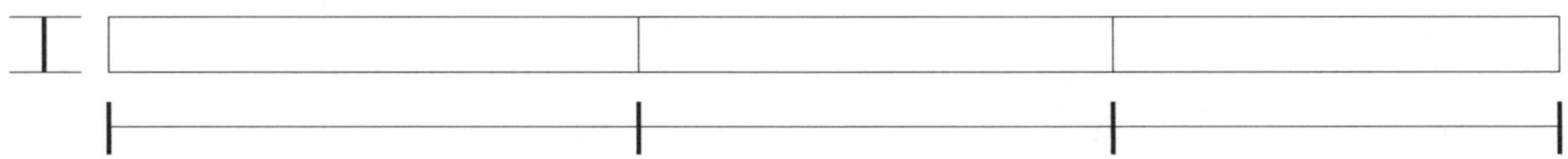

발생부위 NO	Con'c 타설일	타설시 온 도	1차 조사			2차 조사			3차 조사			4차 조사			조사자	확인자
			일자	균열폭	균열길이	일 자	균열폭	균열길이	일 자	균열폭	균열길이	일 자	균열폭	균열길이		

※작성요령

1. 보수현황은 보수기간, 보수방법, 보수회사, 보수금액 등이 포함되게 작성합니다.
2. 단면도, 전개도는 필요시별도 첨부합니다.

〔별지 제42호 서식〕

공사사고 보고서

수신 : 분류기호 :
참조 : 제출년월일 :

발 신 : (서명)

공 사 명	
계 약 금 액	
시 공 자	
착 공 년 월 일	
준공예정 년월일	
사고발생 년월일	
최 근 공 정	
피 해 개 요	
복 구 대 책	
첨 부 서 류	피해 광경사진, 피해 내역서

[별지 제43호 서식]

(제 1 쪽)

건설공사 및 건설사업관리용역 개요

1 사업목적

◦

2 건설공사개요

◦ 공 사 명 :

◦ 위　　치 :

◦ 사업개요

◦ 계약일자 :

◦ 공사종류 :

◦ 공사기간 :

◦ 사 업 비 (단위 :백만원) :

총사업비	도 급 액	관 급 액	보 상 비	설계비	건설사업 관리비

◦ 낙찰률 :

◦ 시공회사 :

※ 공동도급일 경우 지분율 표기

◦ 입찰방법 :

◦ 건설현장 조직(예)

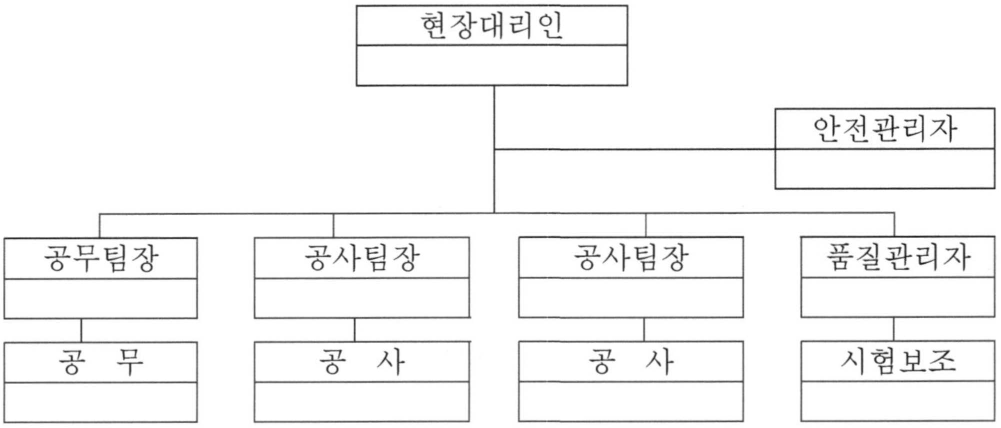

(제 2 쪽)

3 건설사업관리용역개요

○계 약 일 자 :
○용 역 기 간 :
○준 공 금 액 :
○건설사업관리용역사업자 :
○낙 찰 률 :
○입 찰 방 법 :

○건설사업관리단 조직(예)

[상주 건설사업관리기술인]

담 당	총 괄
(등 급)	(성 명)

담당	공무관리	담당	공사관리	담당	공사관리	담당	품질관리	담당	안전관리
(등급)	(성 명)	(등급)	(성 명)	(등급)	(성 명)	(등급)	(성 명)	(등급)	(성 명)

[기술지원 건설사업관리기술인]

구 분	성 명	기술자격 종목
"예" 고급		
〃		

※ 작성요령

1. 건설사업관리단 조직은 준공 기준으로 작성합니다.
2. 건설사업관리기술인 등급은 과업지시서 등 계약문서에 기록된 등급을 기재(실제 "특급"이라도 "고급"을 배치하는 것으로 계약된 경우는 "고급"으로 기재)합니다.

4 설계용역개요

○계 약 일 자 :
○용 역 기 간 :
○준 공 금 액 :
○설 계 회 사 :
○낙 찰 률 :
○입 찰 방 법 :

(제 3 쪽)

5 위치도(1/25,000)

[별지 제44호 서식]

(제 1 쪽)

공사추진내용 실적

1 기성 및 준공검사 현황

년도 (차수)	구 분	기성 및 준공금액	검사일	검사자	비고

제 2 쪽)

2 공종 및 연도별 추진실적(토목 "예")

(단위 : 백만원)

공종	구분	단위	전체		20 년도(1차)		20 년도(2차)		20 년도(3차)		20 년도(4차)	
			공사량	공사비	공사량	공사비	공사량	공사비	공사량	공사비	공사량	공사비
토공	땅 깍 기	m^3										
	흙 쌓 기	m^3										
	기 타	식										
	소 계											
배수공	배 수 관	m/개소										
	암 거	m/개소										
	기 타	식										
	소 계											
교량공	교	m/개소										
	교	m/개소										
	기 타	식										
	소 계											
터널공	터널	m/개소										
	터널	m/개소										
	기 타	식										
	소 계											
포장공	기 층	a										
	표 층	a										
	기 타	식										
	소 계											
부대공		식										
합 계												
사급자재비		식										
순공사비												
제경비		식										
부가세												
총 계												

※작성요령

1. 전체 계획에서 공사량은 설계수량, 공사비는 계약금액을 기준으로 합니다.
2. 공사량은 규격 등에 상관없이 합산 가능한 물량은 합산하여 기재하고 합산이 불가한 것은 주자재 물량으로 기재하되 공사비는 해당분야 총공사비를 기재합니다.

(제 3 쪽)

2 공종 및 연도별 추진실적(건축 "예")

(단위:백만원)

공종	구분 / 분야	단위	전 체		20 년도(1차)		20 년도(2차)		20 년도(3차)		20 년도(4차)	
			공사량	공사비	공사량	공사비	공사량	공사비	공사량	공사비	공사량	공사비
토목공사	토공사	㎥										
	가시설공사	식										
	지하 연속 벽공사	식										
	부대공사	식										
	운 반 비	식										
	안전계측	식										
	부대토목	식										
	소 계	식										
건축공사	가설공사	식										
	철근CON'C 공사	㎡										
	조적공사	천매										
	방수공사	식										
	타일공사	㎡										
	석공사	식										
	목공사	식										
	금속공사	식										
	미장공사	㎡										
	창호공사	식										
	유리공사	식										
	도장공사	식										
	수장공사	식										
	지붕및홈통공사	식										
	잡공사	식										
	골재및운반비	식										
	부대공사	식										
	철거및폐기물처리	식										
	공통가설	개월										
	조경공사	식										
	소 계	식										
기계설비공사	장비설치공사	식										
	기계실배관사	식										
	옥외배관공사	식										
	공조닥트설치공사	식										
	소화설비공사	식										
	자동제어 설치공사	식										
	정화조및폐수 설비공사	식										
	기타공사	식										
	소 계	식										

(제 4 쪽)

공종	구분 분야	단위	전 체		20 년도(1차)		20 년도(2차)		20 년도(3차)		20 년도(4차)	
			공사량	공사비	공사량	공사비	공사량	공사비	공사량	공사비	공사량	공사비
전기공사	수변전 설비공사	식										
	전력간선 설비공사	식										
	동력 설비공사	식										
	전등 설비공사	식										
	전열 설비공사	식										
	피뢰침및접지공사	식										
	전력CABLE TRAY공사	식										
	전력및조명제어공사	식										
	SNOW MELTING공사	식										
	자동화재 탐지 설비공사	식										
	무선통신보조및중계설비	식										
	정화조 설비 공사	식										
	가설공사	식										
	소 계	식										
통신공사	통합배선 설비공사	식										
	CATV 설비공사	식										
	CCTV 설비공사	식										
	상호식 인터폰 설비공사	식										
	주차 관제공사	식										
	NURSE CALL 설비공사	식										
	전기시계 및 투약순번 안내공사	식										
	방송 설비공사	식										
	가설공사	식										
	소 계	식										
합 계												
순 공사비		식										
사급자재비		식										
T. A. B		식										
제경비		식										
공급가액		식										
부가세		%										
총 계		식										

※작성요령

1. 전체 계획에서 공사량은 설계수량, 공사비는 계약금액을 기준으로 합니다.
2. 공사량은 규격 등에 상관없이 합산 가능한 물량은 합산하여 기재하고 합산이 불가한 것은 주자재 물량으로 기재하되 공사비는 해당분야 총공사비를 기재합니다.

(제 5 쪽)

3 건설공사 설계변경현황

단위 : 천원

변경 회수별	계약일자	총공사비	도급액	관급 자재비	기타	설계변경내용
당 초						

(제 6 쪽)

4 실정보고 처리현황

번호	보고일 (문서번호)	승인일 (문서번호)	제목	내용

(제 7 쪽)

5 발주청 지시사항 처리현황

번호	접수일	문서번호	지시사항	처리내용

(제 8 쪽)

6 주요인력 및 장비투입 현황

인 원 투 입 현 황			장 비 투 입 현 황			
직종	투입인원	비고	장비명	규격	투입대수	비고

(제 9 쪽)

7 하도급 현황

공종	협력업체명				하도급 금액 (천원)	하도 급률 (%)	공사 기간	현장 대리인
	상호	대표자	업종및 면허	전화번호				

(제 10 쪽)

8 건설사업관리용역 설계변경 현황

구 분	계약일자	계약금액	설계변경내용	비 고
당 초				

(제 11 쪽)

9 건설사업관리기술인 투입현황

구분	성명	담당업무	기술자격	참여등급	참여기간	비고
상주건설사업관리기술인						
기술지원건설사업관리기술인						

[별지 제45호 서식]

(제 1 쪽)

검측내용 실적종합

1 검측관리실적(토목 "예")

공 종	검 측 결 과(건수)			비 고
	합격	불합격	재검측	
계				
토 공				
배 수 공				
교 량 공				
포 장 공				
부 대 공				
자재검수				

(제 2 쪽)

1 검측관리실적(건축 "예")

공 종	검 측 결 과(건수)			비 고
	합격	불합격	재검측	
계				
토목공사				
건축공사				
기계설비공사				
자재검수				

2 검측관리 종합분석

○

[별지 제46호 서식]

(제 1 쪽)

품질시험·검사실적 종합

1 품질관리자

성 명	등 급	품질관리업무 수행기간	비 고
			* 기술자격 또는 학·경력사항 기재

2 시험장비 사용현황

장비명	규 격	단 위	수 량	비 고

(제 2 쪽)

3 시험실 배치평면도

4 품질시험·검사성과 총괄표

공 종	시험·검사종류 (재 료)	시험·검사회수					비 고
		계 획	실 시	합 격	불합격	재시험	

5 품질관리 종합분석

○

[별지 제47호 서식]

(제 1 쪽)

주요자재 관리실적 종합

1 자재공급원 승인현황

품 명	규 격	공급원	승인일	비고

(제 2 쪽)

2 주요자재 투입현황

2.1 관급자재 투입현황

품 명	규 격	단 위	설계량	반입량	사용량	잔 량

2.2 사급자재 투입현황

품 명	규 격	단 위	설계량	반입량	사용량	잔 량

2.3 녹색 건설자재(환경표지·GR마크) 투입현황

품 명	규 격	단 위	설계량	반입량	사용량	잔 량

3 주요자재관리 종합분석

○

[별지 제48호 서식]

(제 1 쪽)

안전관리 실적 종합

1 안전관리 조직도(예)

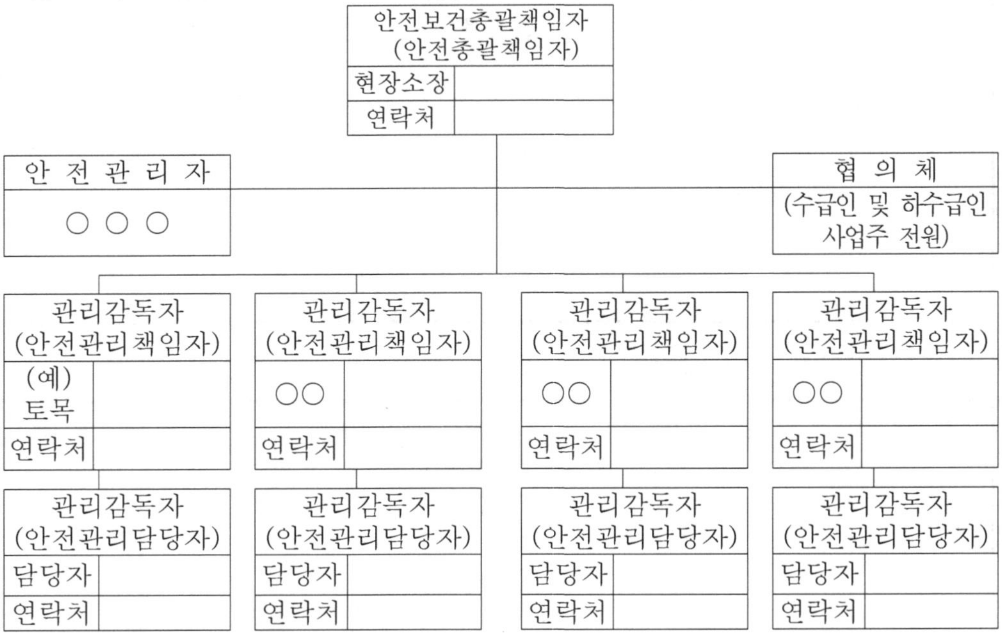

2 안전보건교육 현황

구 분	실시회수	교육인원		비고
		직원	근로직	
계				
수시교육				
정기교육				
특별교육				
외부교육				

3 안전점검 현황

구 분	실적(회)	비 고
계		
자체안전점검		
정기안전점검		
정밀안전점검		
외부안전점검		

(제 2 쪽)

4 산업안전보건관리비 사용실적

산업안전보건관리비 사용실적총괄

건설업체명		공 사 명	
소 재 지		대 표 자	
공사금액	원	공사기간	~
발 주 자		누계공정률	%
계 상 된 안전관리비	원		

사 용 금 액	
항 목	누계사용금액
계	
1. 안전관리자 등 인건비 및 각종 업무수당 등	
2. 안전시설비 등	
3. 개인보호구 및 안전장구 구입비 등	
4. 안전진단비 등	
5. 안전보건교육비 및 행사비 등	
6. 근로자 건강관리비 등	
7. 건설재해예방 기술지도비	
8. 본사사용비	

「건설업산업안전보건관리비계상및사용기준」 제10조제1항에 따라 위와 같이 사용내역서를 작성하였습니다.

년 월 일

작 성 자 직책 성명 (서명 또는 인)

(제 3 쪽)

5 안전관리비 사용실적

5.1 총괄

<table>
<tr><th colspan="6">안전관리비 사용실적</th></tr>
<tr><td colspan="6">1. 개 요</td></tr>
<tr><td colspan="2">명 칭(상 호)</td><td></td><td rowspan="7">금
액
내
역</td><td>(1) 재 료 비</td><td></td></tr>
<tr><td colspan="2">대 표 자</td><td></td><td>(2) 관급자재비</td><td></td></tr>
<tr><td colspan="2">공 사 명</td><td></td><td>(3) 노 무 비</td><td></td></tr>
<tr><td colspan="2">현 장 명</td><td></td><td>(4) 부대시설비</td><td></td></tr>
<tr><td colspan="2">발 주 자</td><td></td><td>계</td><td></td></tr>
<tr><td colspan="2">공 사 기 간</td><td></td><td rowspan="2">안전관리비</td><td rowspan="2"></td></tr>
<tr><td>공
사
의
종
류</td><td colspan="2">1. 1종시설물
2. 2종시설물
3. 10m 이상 굴착공사
4. 폭발물을 사용하는 건설공사
5. 기타 건설공사</td></tr>
<tr><td colspan="6">2. 항목별 실행계획</td></tr>
<tr><td colspan="4">항 목</td><td colspan="2">금 액</td></tr>
<tr><td colspan="4">가. 안전관리계획서 작성비</td><td colspan="2"></td></tr>
<tr><td colspan="4">나. 공사현장의 안전점검비</td><td colspan="2"></td></tr>
<tr><td colspan="4">다. 공사장 주변 안전관리 비용</td><td colspan="2"></td></tr>
<tr><td colspan="4">라. 통행안전 및 교통소통 대책 비용</td><td colspan="2"></td></tr>
<tr><td colspan="4">마. 기타</td><td colspan="2"></td></tr>
<tr><td colspan="4">총 계</td><td colspan="2"></td></tr>
</table>

(제 4 쪽)

5.2 세부사용실적

(1) 안전관리계획서 작성비

항 목	단 위	수 량	단 가	금 액	산출근거 및 사용시기
계					
안전관리 계획서 작성					
안전점검 공정표 작성					
안전관리 계획서 확인					

(2) 공사현장의 안전점검비

항 목	단 위	수 량	단 가	금 액	산출근거 및 사용시기
계					
공사현장의 안전점검 비용					
진동·소음·분진 등의 환경측정 비용					
기계·기구의 완성검사 비용					
기계·기구의 정기검사 비용					
기타					

(제 5 쪽)

(3) 공사장 주변 안전관리 비용

항 목	단 위	수 량	단 가	금 액	산출근거 및 사용시기
계					
지하매설물 방호					
인접구조물 보호					
민원대책 비용					
기타					

(4) 통행안전 및 교통소통 대책 비용

항 목	단 위	수 량	단 가	금 액	산출근거 및 사용시기
계					
통행 안전시설 설치					
통행 안전시설 유지관리					
교통소통 및 교통사고 예방대책 비용					
기타					

6 안전관리 종합분석

○

[별지 제49호 서식]

(제 1 쪽)

분야별 기술검토 실적종합

1 분야별 기술검토 현황

번 호	보고일자 (문서번호)	제 목	주요내용	비 고

(제 2 쪽)

2 주요기술검토내용(예)

검토의견서			
기술검토건명		보고일자 (문서번호)	
검토기간		검토자	
1. 검토목적			
2. 검토내용			
3. 결 과			

[별지 제50호 서식]

(제 1 쪽)

우수시공 및 실패시공 사례

1 우수시공사례 현황

번 호	제 목	주요 내용	비 고

(제 2 쪽)

2 우수시공 사례(예)

우수시공 사례	
제　　목	
시공기간	
1. 현　황	
2. 문제점	
3. 개선내용	
4. 효　과	

(제 3 쪽)

3 실패시공사례 현황

번 호	제 목	주요 내용	비 고

(제 4 쪽)

4 실패시공 사례(예)

실패시공 사례	
제　　목	
시공기간	
1. 시공내용	
2. 실패내용	
3. 교　훈	

[별지 제51호 서식]

종합분석

1. 서론

2. 공종별 분석

공 종	분석내용	비고

3. 공사추진중 문제점 및 대책, 개선사항

문제점	대책	개선사항

4. 특기사항

5. 맺음말

[별지 제52호 서식]

공사관리관 입회확인서

사업부서의 장

공사명 :

점검항목	확인여부		비고
	확인	미확인	
·기성부분내역이 설계도서 대로 시공되었는지에 대해서 상주기술인이 시공검측한 내용을 검사자가 제대로 확인하는지 여부를 확인			
·지급자재의 사용 여부를 검사자가 제대로 확인하는지 여부를 확인			
·시공이 완료되어 검사 시 외부에서 확인하기 곤란한 부분(가시설, 고공시설물, 수중, 접근 곤란한 시설물 등)에 대해서 시공당시 검측자료(영상자료 등)를 검사자가 제대로 확인하는지 여부를 확인			
·건설사업관리기술인의 기성검사원에 대한 사전 검토 의견서를 검사자가 제대로 확인하는지 여부를 확인			
·품질시험·검사 성과 총괄표 내용을 검사자가 제대로 확인하는지 여부를 확인			
·준공된 공사가 설계도서 대로 시공되었는지에 대해서 검사자가 제대로 확인하는지 여부 확인			
·공사 시공 중에 현장 상주기술자가 비치한 제기록에 대한 검토를 검사자가 제대로 확인하는지 여부를 확인			
·폐품 또는 발생물의 유무 및 처리의 적정여부를 검사자가 제대로 확인하는지 여부를 확인			
·지급자재의 사용 적부와 잉여자재의 유무 및 그 처리의 적정 여부를 검사자가 제대로 확인하는지 여부를 확인			
·제반 설비의 제거 및 원상복구 정리상황(토석 채취장 포함)을 검사자가 제대로 확인하는지 여부를 확인			
·건설사업관리기술인의 준공검사원에 대한 검토의견서를 검사자가 제대로 확인하는지 여부를 확인			
·그 밖에 발주청이 요구한 사항을 검사자가 제대로 확인하는지 여부를 확인			

20 . . .

공사관리관 : 직급 성명 서명 또는 날인

[별지 제53호 서식]

공 사 감 독 일 지

<table>
<tr><td>공사명 :
. . . 요일 날씨</td><td>공사감독자 :
기온 : 최 고
최 저</td><td>(서명 또는 인)</td></tr>
</table>

주 요 업 무

구 분	업 무 내 용

※ 작성 및 기재요령

1. 상단에 주요업무를 요약하여 기재합니다
2. 근무시간별로 검측·품질시험 및 행정 등 업무내용을 6하원칙에 따라 상세히 기록하며, 재시공 및 공사중지에 대한 구두지시는 상세히 기록한 후 별도로 서면지시를 하여야 합니다.

[별지 제54호 서식]

(기성부분, 준공) 감독조서

공 사 명 :

20 년 월 일 와 계약분

위 공사의 공사감독자로 임명받아 20 년 월 일부터 20 년 월 일까지 실지 현장 감독한 결과 (제 회 기성부분 검사까지의) 공사전반에 걸쳐 공사 설계도서, 품질관리기준 및 기타 약정대로 어김없이 전공사의 (%가 기성 / 준 공) 되었음을 인정함.

20 년 월 일

공사감독자 (인)

귀 하

[별지 제55호 서식]

품 질 시 험 계 획

1. 개요
   가. 공사명
   나. 시공자
   다. 현장대리인

2. 시험계획회수
   가. 공종
   나. 시험종목
   다. 시험계획물량
   라. 시험빈도
   마. 계획시험회수
   바. 기타

3. 시험시설
   가. 장비명
   나. 규격
   다. 단위
   라. 수량
   마. 시험실배치평면도
   바. 기타

4. 시험인력배치계획
   가. 성명
   나. 등급
   다. 품질관리업무수행기간
   라. 기술인자격 및 학·경력사항
   마. 기타

[별지 제56호 서식]

품질시험·검사대장

① 일련번호	② 연·월·일	③ 시험·검사 구분	④ 재료	⑤ 시험·검사 항목	⑥ 시험성과	⑦ 시험· 검사자	⑧ 공사감독 자의 확인

[별지 제57호 서식]

현 장 교 육 실 적 부

일 자	교육담당자	소속	참석자	생년월일	교육내용	비고
			※참석자가 많을 경우에는 별지로 작성할 수 있습니다.			

※ 작성요령

1. 현장 사무실에 집결하여 실시하고, 그 실적을 기록·비치합니다.
2. 원·하도급자를 포함한 기능공·인부 등 모든 현장 근무직원을 교육대상으로 합니다.
3. 교육담당자를 미리 지정하여야 합니다.
4. 교육내용란에는 다음과 같이 주요내용을 기재합니다.
   - 전일 또는 전주 시공결과에 대한 분석 및 평가
   - 금일 또는 금주 공정계획상 부실요인 등 분석 및 토의
   - 하도급자의 건의사항에 대한 해결책 강구
   - 기타 필요한 사항에 대한 토의 등
5. 대표적인 교육광경은 사진 촬영하여 뒷쪽에 붙여야 합니다.
6. 일상교육인 경우에는 참석자란에 참석인원수만 기재하고 비고란에 "일상교육"으로 기재합니다.

[별지 제58호 서식]

주 요 (지 급)자 재 수 불 부

공사명 : 착공일 : . . .

품 명 : 규 격 : 준공일 : . . .

월 일	설 계 량	인 수 량	출 고 량	잔 량	확 인	비 고

[별지 제59호 서식]

주 요 자 재 검 사 부

품 명 : 규 격 : 착공일 : 년 월 일

준공일 : 년 월 일

월일	설계량	반입수량	합격수량	불합격수량	반입자	검수자	적 요

[별지 제60호 서식]

공 사 작 업 일 지

ㅇ공사명 : (최고)

ㅇ일 자 : 20 . . . 요일 ㅇ날 씨 : 기온 : (최저)

ㅇ작성자 : 현장대리인 (인 또는 서명)

ㅇ확인자 : 감 독 자 (인 또는 서명)

1. 공사추진상황

공 종	설계량	단위	전일까지작업량	금일작업량	누계 작업량	비고

2. 장비투입상황

장비명	규격	전일까지 투입	금일 투입	누계 투입	장비명	규격	전일까지 투입	금일 투입	누계 투입

3. 인력투입상황

구 분	전일까지투입인원	금일투입인원	누계투입인원	비고
보통인부				
특별인부				

4. 주요작업 참여자명단 (작업반장급 이상)

건설기술진흥업무 운영규정

국토교통부 훈령 제1918호, 2025.12.29 일부개정
[시행 2025.12.29]

제1편 총 칙

제1조(목적) 이 규정은「건설기술진흥법령」(이하 "법" 또는 "영" 또는 "규칙" 이라 한다) 및「국가를당사자로하는계약에관한법령」(이하 "국가계약법" 또는 "국가계약법시행령" 또는 "국가계약법시행규칙"이라 한다.)과 관련된 업무를 효율적으로 수행하기 위하여 필요한 사항을 정함을 목적으로 한다.

제2조(적용대상 및 범위) ① 다른 법령에 특별히 규정하고 있는 것을 제외하고는 이 규정을 적용한다.

② 제2편의 제4장 및 제5장의 규정은 국토교통부 및 국토교통부 소속기관과 국토교통부 외의 기관에서 중앙건설기술심의위원회(이하 "중앙심의위원회"라 한다)에 일괄입찰, 대안입찰 및 기술제안입찰에 관한 심의를 요청하는 경우에 적용하고 그 외의 기관에서는 이 규정을 준용하여 세부사항을 정한다.

③ 제3편은 법 제14조에 의거 지정·고시된 신기술(이하 "신기술"이라 한다)의 현장적용 활성화를 위하여 필요한 사항과 영 제34조제1항에 의거 신기술사용자인 발주자가 기술개발자에게 지급할 기술사용료에 적용한다.

④ 제4편은 법 제19조, 영 제41조제2항, 규칙 제15조에 따라 건설정보표준, 건설정보통합전산망 구축사업, 건설사업정보화 정례협의회 등을 효율적으로 관리하기 위하여 필요한 사항에 적용한다.

⑤ 제5편은 국가계약법시행령 제9조제1항제2호 및 제3호에 따라 예정가격의 결정에 기초자료가 되는 토목공사(건설기계·측량부문을 포함한다), 건축공사, 기계설비공사의 표준시장단가, 표준품셈 및 건설신기술 품셈을 효율적으로 관리하기 위하여 필요한 사항을 정한다.

⑥ 제6편은 품질 및 안전관리 현황 등을 종합 점검하는 중앙품질안전관리단 및 특별건설사업관리검수단의 설치·운영에 관한 사항을 정하고, 법 및 국가계약법에 규정된 건설공사의 점검업무를 수행하는 자가 업무를 수행함에 있어 준수하여야 할 행동요령과 건설공사의 검사에 관한 사항을 정한다. 다만, 법 제39조제2항에 의한 감독 권한대행 등 건설사업관리를 하는 건설공사에 대하여는 제6

편 제4장의 규정을 적용하지 아니하고 영제59조제5항의 규정에 의하여 국토교통부장관이 정하여 고시한 건설사업관리 업무지침서의 규정에 따르며, 제5장의 규정은 관계법령에 따라 점검을 수행하는 국토교통부, 소속·산하기관, 한국건설기술연구원 등에 소속된 자와 해당분야 관계전문가로 구성된 점검자에 대하여 적용한다.

⑦ 제7편은 법 제82조 및 영 제115조, 제117조에 따른 위임·위탁기관이 법 위반에 따른 행정처분 절차, 감경 및 가중기준 등을 정하여 합리적인 행정처분을 집행하기 위한 사항을 정한다.

제2편 건설기술심의 등에 관한 기준

제1장 정 의

제3조(정의) 제2편에서 사용하는 용어의 정의는 다음과 같다.

1. "개선제안공법"이라 함은 국내·외에서 새로이 개발되었거나 개량된 기술·공법·기자재 등(이하 "공법"이라 한다)을 포함한 정부설계와 동등이상의 기능과 효과를 가진 공법을 사용함으로써 공사비의 절감, 시공기간의 단축 등의 효과가 현저한 것을 말한다.
2. "기술제안서"란 입찰자가 수요기관의 장이 교부한 설계서 등을 검토하여 공사비절감방안, 공기단축방안, 공사관리방안 등을 제안하는 문서를 말한다.
3. "책임기술인"이란 계약자를 대리하여 건설엔지니어링사업에 관한 업무를 수행하는 자를 말한다.

제2장 건설기술개발보상

제4조(개선제안공법의 사용신청) ① 국토교통부 및 그 소속행정기관의 장(이하 "발주청"이라 한다)이 발주하는 건설공사에 개선제안공법을 사용하고자 하는 계약대상자(건설산업기본법 제2조제11호의 규정에 의한 하수급인을 포함하며, 이하 "신청인"이라 한다)는 별지 제1호 서식의 개선제안공법사용신청서와 별지 제2호 서식의 공사비 절감제안서 및 계약서상의 공법과 개선제안공법을 비교·설명할 수 있는 다음 각호의 자료를 각 6부 작성하여 발주청에 제출하여야 한다.

1. 전체공사 개요와 개선제안공법을 당초 공법과 비교한 장·단점
2. 개선제안공법 사용에 따른 구조적 안정성검토서, 세부공사계획, 품질 및 안전관리계획
3. 계약서상의 공법과 개선제안공법의 세부공사비 내역비교

4. 기타 개선제안공법사용을 판단하는데 필요한 자료

② 발주청은 수급인(하수급인을 포함한다)에게 국가계약법 제11조제2항의 규정에 의한 계약 성립일 또는 건설산업기본법 제29조제2항의 규정에 의한 하도급 통지를 받은 날부터 7일 이내에 다음 각호의 사항을 통보하여야 한다.

1. 개선제안공법 사용신청방법
2. 개선제안공법 사용신청서 구비서류
3. 별지 제1호 및 제2호 서식

제5조(사용결정 및 통보) ① 발주청은 제4조의 규정에 의하여 관련서류가 제출된 경우에는 제출된 날부터 30일이내에 개선제안공법 사용의 승인여부를 결정하여 별지 제3호 서식에 따라 신청인에게 통보하여야 하며, 기각시 이의신청방법을 함께 통보하여야 한다.

② 발주청은 필요한 경우 신청인에게 신청서류를 보완하게 하거나 관계공무원으로 하여금 현장조사를 하게 할 수 있다. 이 경우 서류의 보완을 위하여 소요된 기간은 제1항에서 정한 통보기간에 산입하지 아니한다.

③ 발주청은 하수급인이 신청한 개선제안공법 사용의 승인여부를 결정시 건설산업기본법 제2조제10호의 규정에 의한 수급인의 의견을 들어야 한다.

④ 발주청은 신청된 개선제안공법의 범위와 한계에 관하여 판단이 곤란할 경우에는 즉시 국가계약법시행령 제65조제5항의 규정에 따라 영 제19조의 규정에 의한 기술자문위원회에 심의를 요청하여야 하며, 심의를 요청한 날로부터 7일 이내에 신청인에게 그 사실을 통보하여야 한다. 이 경우 기술자문위원회의 심의에 소요되는 기간은 제1항에서 정한 통보기간에 산입하지 아니한다.

⑤ 발주청의 심의결과에 이의가 있는 신청인은 심의결과를 안 날로부터 30일 이내에 기술자문위원회에 심의를 요청할 수 있다. 다만, 제4항의 규정에 의하여 기술자문위원회의 심의를 거친 경우에는 그러하지 아니하다.

제6조(기술자문위원회에의 심의요청) ① 제5조제5항의 규정에 의하여 기술자문위원회에 심의를 요청하고자 하는 자(이하 "심의요청인"이라 한다)는 별지 제1호 서식의 개선제안공법사용신청서 및 별지 제4호 서식의 건설기술심의요청서 1부와 제4조의 규정에 의한 신청서류 및 관련 발주부서의 의견서 10부를 발주청을 통해 기술자문위원회에 제출하여야 한다.

② 발주청은 제1항의 규정에 의하여 심의요청된 사항을 15일 이내에 기술자문위원회에 회부하여야 한다.

③ 기술자문위원회는 제2항의 규정에 의하여 부의를 받은 경우에는 부의를 받은 날부터 15일 이내에 심의하여야 한다. 다만, 기술자문위원회위원장이 부득이한

사정이 있다고 인정하는 경우에는 당해 심의기간을 1회에 한하여 15일 이내에서 연장할 수 있다.

④ 기술자문위원회위원장은 위원회의 심의를 위하여 필요하다고 인정하는 때에는 현장조사를 하거나 관계공무원 또는 관계전문가를 회의에 출석하게 하여 그 의견을 들을 수 있으며 관계기관 또는 심의 요청인에 대하여 필요한 자료의 제출을 요청할 수 있다.

제7조(심의결과 통보 및 조치) ① 기술자문위원회위원장은 제6조의 규정에 의한 심의결과를 심의요청인 및 발주청에 통보하여야 한다.

② 발주청은 제1항의 규정에 의하여 통보된 심의결과에 따라 개선제안공법사용의 승인여부를 결정하여야 한다.

제8조(설계변경 등의 사후조치) ① 발주청은 제5조 및 제7조의 규정에 의하여 개선제안공법의 사용이 승인된 경우에는 설계변경 등의 후속조치를 취하여야 한다. 이 경우 계약금액 조정에 대하여는 국가계약법시행령 제65조 제4항의 규정에 따른다.

② 사용승인된 개선제안공법의 신청인이 하수급인일 경우 발주청은 개선제안공법이 사용된 부분에 대하여 국가계약법 제15조의 규정에 의한 대가를 지급시 개선제안공법사용에 따른 공사비 절감액 중 건설산업기본법시행규칙 제26조의 규정에 따라 발주기관에 통지된 하도급율에 해당하는 금액이 하수급인에게 지급되도록 하여야 한다.

제9조(사후관리 등) ① 발주청은 제4조의 규정에 의하여 제출된 개선제안공법 사용신청 및 승인사항에 대하여 매년 12월31일을 기준으로 별지 제5호 서식에 따라 다음 연도 1월 31일까지 국토교통부장관에게 보고하여야 하며, 승인사항에 대하여는 동 공법을 설명할 수 있는 서류를 첨부하여야 한다.

② 국토교통부장관은 발주청이 승인한 개선제안공법에 대하여 활용권장 등 필요한 조치를 취할 수 있다.

제10조(준용) 중앙관서의 장과 그 위임을 받은 공무원 또는 계약상대자가 국가계약법시행령 제65조제5항의 단서규정에 의하여 새로운 기술·공법 등의 범위와 한계에 관하여 이의가 있어 중앙건설기술심의위원회에 심의를 청구하는 경우의 심의절차는 제5조 부터 제7조의 규정을 준용한다.

제3장 건설기술심의위원회 운영

제11조(심의내용) 중앙건설기술심의위원회(이하“중앙심의위원회”라 한다)는 다른

법령에서 따로 정하는 심의사항이 있는 경우를 제외하고는 다음 각 호의 사항에 대하여 심의하여야 한다.

1. 영 제6조제1호에 따른 건설기술진흥기본계획 및 건설기술정책 등에 관한 사항
 가. 기본계획의 적정성
 나. 건설기술정책의 타당성 및 기본계획과의 부합성
2. 영 제6조제2호에 따른 외국도입건설기술에 관한 사항
 가. 국내에서 필요로 하는 새로운 기술의 여부
 나. 새로운 기술의 효율적인 활용방안
3. 영 제6조제3호에 따른 통합정보체계구축계획의 수립 및 변경에 관한 사항
4. 영 제6조제4호에 따른 건설공사의 설계 및 시공기준 적정성에 관한 사항
 가. 기준의 기술적 타당성
 나. 기준의 적용상 타당성
 다. 다른 기준과의 상충여부에 관한 사항
 라. 기준의 구성체계 등에 관한 타당성 및 합리성
5. 규칙 제38조제2항에 따른 건설기준 정비 등을 위한 경비지원에 관한 사항
 가. 건설기준 정비 및 관리계획서의 적정성
 나. 건설기준 정비대상 및 내용 등에 관한 타당성
 다. 관리주체별 소요경비 지원의 필요성 및 합리성
6. 입찰안내서 작성의 적정성 등에 관한 사항
 가. 소요사업비의 적정성
 나. 설계기간 및 사업기간의 적정성
 다. 설계기준 및 시공기준 등 적용기술의 난이도에 따른 당해 건설공사 시행의 적정성 등
 라. 지장물·지반상태 등의 사전조사의 적정성
 마. 평가항목별 설계평가 배점기준의 적정성
 바. 감점기준의 적정성·합리성에 대한 검토 및 평가와 관련하여 입찰참가자가 사전에 숙지하여야 할 사항
 사. 지질조사 및 관련 인·허가 사항의 공동시행 방법 및 발주청 지원사항
7. 영 제6조제5호 라·마·바·사·아목 및 「국가계약법시행령」 제85조, 제86조에 따른 설계·시공일괄입찰(이하"일괄입찰"이라 한다) 및 대안입찰공사의 설계심의 등에 관한 사항과 「국가계약법시행령」 제103조, 제105조에 따른 실시설계 기술제안 및 기본설계 기술제안 입찰공사의 설계심의 등에 관한 사항(국토교통부 소속기관이 2010. 1. 1이후 입찰공고한 일괄입찰공사, 대안입찰

공사, 실시설계 기술제안 및 기본설계 기술제안 입찰공사의 설계적격심의 및 설계점수는 중앙건설기술심의위원회 설계심의분과위원회에서 심의. 단, 일괄입찰 및 기본설계기술제안입찰의 실시설계 적격심의는 제외)

가. 대안입찰시 낙찰적격입찰의 대안설계 적격여부 및 대안공종의 채택·조정·수정 및 설계점수

나. 일괄입찰시 기본설계입찰서의 설계적격여부와 설계점수 및 실시설계서의 설계적격 여부

다. 실시설계·시공입찰서의 설계적격 여부와 설계점수 단, '99.9.9일 이전 관보에 집행계획이 공고된 공사에 한하여 적용한다.

라. 실시설계 기술제안입찰시 기술제안서의 적격여부와 설계점수

마. 기본설계 기술제안입찰시 기술제안서 또는 실시설계서의 적격여부와 설계점수

바. 일괄입찰 또는 기본설계 기술제안 입찰의 재공고입찰 결과 입찰자가 1인뿐인 경우 제7호나목 및 마목에 관한 사항

8. 영 제6조제5호 다·바목 및 국가계약법시행령 제80조, 제99조에 따른 대형공사 및 기술제안 입찰방법심의에 관한 사항

가. 공종 및 규모, 기술의 난이도등에 따른 국가계약법시행령 제79조제1항제4호에 따른 대안입찰 집행 필요성 여부

나. 공종 및 규모, 기술의 난이도, 당해 공사여건 등에 따른 국가계약법시행령 제79조제1항제5호에 따른 일괄입찰 집행 필요성 여부

다. 공종 및 규모, 기술의 난이도, 당해 공사여건 등에 따른 국가계약법시행령 제98조제2호에 따른 실시설계 기술제안입찰 필요성 여부

라. 공종 및 규모, 기술의 난이도, 당해 공사여건 등에 따른 국가계약법시행령 제98조제3호에 따른 기본설계 기술제안입찰 필요성 여부

9. 영 제6조제5호 다·바목 및 「국가계약법시행령」 제80조제1항에 따른 대형공사·특정공사와 같은법 제99조제1항에 따른 실시설계 기술제안 또는 기본설계 기술제안 입찰방법 심의기준에 관한 사항

가. 일괄입찰·대안입찰 대상공사 선정에 관한 대형공사입찰방법심의기준의 적정성

나. 실시설계기술제안 또는 기본설계기술제안입찰 대상공사 선정에 관한 대형공사입찰방법심의기준의 적정성

10. 영 제6조제6호에 따라 건설사업관리를 위탁하기 위하여 그 적정성에 관한 심의를 요청한 사항

11. 영 제6조제7호에 따라 건설엔지니어링사업자 선정을 위한 사업수행능력 세부

평가기준과 기술평가의 방법·기준 및 입찰공고안의 적적성에 관한 사항

12. 영 제6조제8호의 규정에 의하여 다른 법령에서 위원회에 심의를 위임·위탁한 사항과 국토교통부장관이 부의하는 사항

제12조(위원의 임명 등) ① 국토교통부장관은 중앙심의위원회 위원장(이하"위원장"이라한다)이 추천하는 사람 중에서 다음 각 호에 해당하는 사람을 중앙심의위원회 위원(이하"중앙심의위원"이라 한다)으로 임명 또는 위촉한다.

1. 건설기술 업무와 관련된 행정기관의 4급 이상 또는 이에 상당하는 공무원(고위공무원단에 속하는 공무원을 포함한다)
2. 건설기술 관계 단체의 임원 및 투자기관의 1급 이상 임직원
3. 건설기술 관련 연구기관의 연구위원급이상의 연구원
4. 당해 분야 대학의 조교수급 이상인 사람
5. 「국가기술자격법」에 의한 당해분야의 기술사 또는 「건축사법」에 의한 건축사 자격을 취득한 사람.
6. 당해 분야 박사학위를 취득한 후 그 분야에서 3년 이상 연구 또는 실무경험이 있는 사람.
7. 당해 분야 석사학위를 취득한 후 그 분야에서 9년 이상 연구 또는 실무경험이 있는 사람.
8. 설계의 경제성 등 검토(VE)에 대한 해박한 지식이 있는 사람
9. 그 밖에 시민단체 등이 추천하는 건설공사 경험과 학식이 풍부한 사람

② 중앙심의위원회의 위원장은 건설기술업무를 관장하는 국토교통부 제1차관, 부위원장은 기술안전정책관이 된다.

③ 중앙심의위원회의 간사는 소관업무를 담당하는 해당부서 과장이 되고, 서기는 해당부서의 5급 이상 공무원이 된다.

제13조(심의요청) ① 영 제11조제1항의 규정에 의하여 심의를 받고자 하는 자는 별지 제4호서식의 건설기술심의 요청서(또는 별지 제4호의2서식의 기술제안평가위원회심의 요청서)와 다음 각 호에서 정하는 관계서류를 국토교통부장관에게 제출하여야 한다.

1. 제11조제4호의 심의사항인 경우에는 그 기준의 요약서 및 제·개정 비교표, 기준의 내용
2. 제11조제6호의 심의사항인 경우에는 당해 입찰안내서 작성에 대한 설명자료
3. 제11조제7호가항부터 다항까지의 심의사항인 경우에는 공사설명서와 입찰안내서의 작성기준에 따른 기본설계·실시설계에 대한 설계도서(설계의 경

제성 등 검토서 포함) 및 기본계획·설계지침·배점기준 등에 관한 입찰안내서(입찰안내서는 발주청장이 제출)

4. 제11조제7호 라항과 마항의 심의사항인 경우에는 공사설명서와 입찰안내서의 작성기준에 따른 기술제안서와 물량 및 단가를 명백히 한 산출내역서(실시설계 기술제안입찰에 한함) 및 기본설계서, 실시설계서(실시설계 기술제안의 경우만 첨부), 설계지침 및 배점기준 등에 관한 입찰안내서(입찰안내서는 발주청장이 제출), 별지 제6호 서식에 따른 기술제안입찰 공사설명서 (단, 발주청장이 중앙심의위원회에 평가를 의뢰하기 전에 입찰참가업체가 제시한 기술제안을 통한 개선효과에 대해 자체적으로 검증하거나 공인된 전문기관에 의뢰하여 검증한 경우 그 결과를 첨부할 수 있음)

4의2. 제11조제7호바목의 심의사항의 경우에는 제1항제3호 및 제4호의 관계서류와 재공고입찰 결과 입찰자가 1인뿐인 경우에 대한 증명자료

5. 기타 위원장 또는 심의주관 부서에서 당해 심의에 필요하다고 인정하여 요청하는 사항

② 제11조제7호의 심의와 관련하여 발주청 기술자문위원회가 설치되어 있는 심의요청기관은 입찰안내서 적정성 여부 및 실시설계서의 설계적격 여부에 대한 사항은 자체 기술자문위원회를 통하여 심의하여야 한다. 다만, 제32조제2항제1호 및 제3항과 관련된 입찰안내서의 자료목록, 입찰서목록, 감점기준, 전문분야 및 설계배점기준은 입찰안내서 심의 전 국토교통부장관과 협의하여야 한다.

③ 심의대상 건설공사는 다음 각 호에 따라 적용한다.

1. 당해 건설공사를 분할하여 시행하는 경우 또는 당해 사업이 시행되는 일단의 대지내 2이상의 건축물이 있는 경우에는 그 분할공사비 또는 그 건축물의 개별공사비를 합산한 금액

2. 총공사비는 당해 건설공사에 소요되는 전체 사업비중에서 용지비, 보상비, 수속비 등의 간접비용을 제외한 금액으로서 건설공사를 시행하는데 직접 소요되는 비용

④ 국토교통부장관은 심의의 원활한 진행을 위하여 심의요청기관에 행정지원 요청을 할 수 있으며, 심의요청기관은 이에 적극 협조하여야 한다.

⑤ 영 제11조제1항에 따라 발주청이 심의 요청함에 따라 발생되는 심의비용은 발주청이 부담한다.

⑥ 영 제15조제3항에 따른 중앙건설기술심의위원(설계심의분과위원)의 기술검토비는 한국엔지니어링진흥협회에서 공표하는 엔지니어링기술자 노임 중 건설 및 기타부분의 기술사 임금을 토대로 산정한다.

제14조 (소위원회 위원선정) 제11조 제1호부터 제6호까지, 제8호부터 제11호까지의 심의사항에 관한 소위원회는 다음 각호의 방법에 따라 소위원장과 심의위원을 선정하여야 한다.

1. 소위원회의 소위원장은 위원장 또는 부위원장이나 위원장이 지명하는 중앙심의위원이 된다.
2. 소위원회는 소위원장을 포함하여 5인 이상 40인 이내로 구성한다. 다만 소위원장은 설계심의의 객관성과 공정성을 확보하기 위하여 심의는 하지 않는다.
3. 심의위원 선정은 다음 각 호의 방법에 따라 위원장이 중앙심의위원 중 당해 심의에 적합한 사람을 선정한다.

가. 심의위원은 전문분야별로 2인 이상을 선정

나. 위원의 선정시기는 심의내용 검토를 충분히 할 수 있도록 심의일 10일 이전으로 하되, 제11조제5호에 관하여는 15일 이전에 선정

다. 심의위원의 선정은 가능한 한 공공기관, 학계, 업계 등의 의견이 골고루 반영되도록 선정

라. 제11조제8호 관련 사항의 심의결과에 대한 동일사안 재심의의 경우에는 당초 심의위원 배제

제15조(소위원회의 심의방법) ① 소위원회 운영에 있어 적정한 시간이 확보되도록 사전에 심의위원을 확정하고 심의에 필요한 설계도서 등을 배포하여야 한다.

② 소위원회의 심의를 거친 사항은 중앙심의위원회 심의를 거친 것으로 보며, 이 규정에서 별도로 정하지 않은 심의절차·방법 등은 중앙심의위원회의 심의절차·방법 등을 준용한다.

제16조(기술검토 등) ① 위원장(소위원장)은 당해 위원회를 개최하기 전에 심의위원, 관계공무원, 심의관계자 등에게 다음 각 호에 따라 검토의견을 사전설명 또는 제출·보고하도록 하여야한다.

1. 심의위원은 제11조제2호, 제4호, 제6호, 제9호 부터 제12호에 대하여 특별한 경우를 제외하고는 심의개최 3일전에 검토의견을 서면으로 제출
2. 관계공무원은 제1호의 심의사항에 대하여 관계기관·관계전문가 등의 의견이 있는 경우 이를 검토하여 보고.

② 위원장(소위원장)은 필요하다고 인정할 때에는 위원(심의위원) 등으로 하여금 현장조사를 하게 하거나 또는 관계전문기관에 기술검토를 의뢰할 수 있다.

제17조(회의소집 및 개회) ① 위원장(소위원장)은 영 제10조에 따라 당해 안건에 대한 심의위원이 선정되면 지체없이 의안명, 일시 및 장소를 기재한 심의개최

통지서를 심의위원, 심의요청자에게 송부하여야 한다. 이 경우 위원 등에게는 심의개최 통지서 외에 제13조제1항에 따른 관계서류를 송부하여야 하며, 심의 안건의 성격·인원수 등에 따라 심의개최 전 안건 송부일자 및 송부서류 등을 조정할 수 있다.

② 제1항에 의하여 회의개최 통지서를 받은 심의요청자는 직접 위원회에 출석하여 의안을 설명하거나 관계 5급 이상 공무원과 관련 책임기술인, 건축사 또는 이와 동등한 자격을 갖춘 자로 하여금 의안을 설명하게 하여야 한다. 이때 건축시설물의 경우에는 제13조제1항에 따른 심의요청서류 및 「건축법」, 「주택건설촉진법」 등 관계법령에 대한 적정여부 등을 직접 설명하고, 필요한 경우 그 대안을 제시하여야 한다.

③ 위원회는 참석대상 전문분야별 위원 각 1인 이상을 포함한 과반수의 위원 출석으로 개회한다. 다만, 해당 전문분야에 참석위원이 없는 경우로서 심의에 지장이 없다고 위원장(소위원장)이 인정하는 경우에는 유사한 전문분야의 위원으로 하여금 심의하게 하여 개회할 수 있다.

제18조(심의사항의 설명) 위원장(소위원장)은 발주청장으로 하여금 당해 심의사항에 대하여 위원회(소위원회)에 설명하게 할 수 있다. 다만, 제11조제7호에 대하여는 평가결과에 영향이 미치는 설계도서의 기술적 검토사항에 대한 설명을 하게 하여서는 아니 된다.

제19조(심의의결) ① 위원회는 출석위원 과반수의 찬성으로 의결한다.

② 위원회가 제11조제4호에 따른 건설공사의 설계 및 적정성에 대하여 심의의결을 할 때에는 다음 각 호의 기준에 따라 원안채택, 조건부채택 또는 재심의로 구분하여 의결하여야 한다.

1. 원안채택 : 의안을 심의한 결과 결함이 없거나 경미하여 원안채택이 바람직하다고 판단되는 의안에 대한 의결
2. 조건부채택 : 의안을 심의한 결과 결함을 수정 또는 보완할 필요가 있다고 판단되는 의안에 대한 의결인 경우로서, 심의내용의 전부 또는 부분을 보완하는 조건으로 채택하는 것을 말하며, 보완사항에 대하여는 당해 심의사항의 중요도 및 보완내용에 따라 서면에 의한 보완사항 검토방법(서면보완) 또는 당해 심의에 참여한 위원중에서 일부위원이 모여서 공동으로 검토하는 방안(공동검토보완)에 의할 수 있으며 심의의결시 위원장(소위원장)이 심의위원의 의견을 들은 후 정하는 방법에 따른다.
3. 재심의 : 의안을 심의한 결과 결함이 중대하여 의안의 일부 또는 전부를 재작성한 후 중앙심의위원회의 심의를 다시 받을 필요가 있다고 판단되는 의안

또는 지적사항에 대하여 과반수이상 위원의 확인을 받아야 하는 의안에 대한 의결

③ 위원장(소위원장)은 제2항에 따른 심의의결을 함에 있어서 위원 또는 심의위원 등에게 당해 설계의 결함에 대하여 보완이 필요한 사항을 제출하게 할 수 있으며, 국토교통부장관은 이를 심의요청기관에 통보할 수 있다.

④ 소위원회가 제11조 제1호 부터 제2호, 제5호, 제6호, 제8호부터 제12호 심의사항에 대하여 심의의결을 할 때에는 심의의 종류 및 내용 등을 감안하여 제2항 또는 제31조제1항부터 제4항까지의 의결방법을 준용할 수 있다.

제20조(심의결과 조치등) ① 영 제11조에 따라 중앙심의위원회에 제출된 관계서류는 심의 완료후 3년간 보관하여야 한다. 다만, 심의요청 설계도서 등은 심의요청기관에게 반환할 수 있다.

② 영 제14조제1항에 따라 심의결과에 대한 조치내용을 국토교통부장관에게 통보하는 경우에는 별지 제7호서식(건축시설물의 경우에는 별지 제8호서식을 포함한다)에 의한다.

③ 발주청장은 입찰안내서 심의지적사항에 대하여는 반드시 이를 보완하고 보완결과를 국토교통부장관에게 통보하여야 한다.

④ 규칙 제4조에 따른 사후평가는 별지 제9호 서식에 의한다.

제21조(제출서류) 발주청장은 영 제17조제2항에 따라 다음 각 호의 구분에 따라 관계 자료를 국토교통부장관에게 제출하여야 한다.

1. 영 제17조제2항제1호부터 제3호까지에 해당하는 전년도에 제정・개정한 규정 또는 조례의 내역인 경우에는 별지 제10호서식
2. 영 제17조제2항제1호부터 제3호까지에 해당하는 전년도 심의운영 실적인 경우에는 별지 제11호 서식

제22조(회의록 등) 위원회의 간사는 별지 제12호서식에 따른 회의록(심의위원별 발표내용은 서면으로 제출한 심의의견서, 질문서, 설계검토서에 대한 검증서, 채점표 등으로 갈음할 수 있다)을 작성하고 참석위원 등의 서명 날인을 받아 보존하여야 한다.

제23조(기술자문위원회 운영) ① 영 제19조에 따른 기술자문위원회는 중앙심의위원회의 전문분야와 환경분야, 경관분야 등 관련분야의 전문가로 구성한다, 다만 필요한 경우에는 지방위원회・타 발주청 기술자문위원회 또는 시민단체가 추천하는 관계전문가 또는 당해 분야 전문가 중에서 위원정수의 5분의 1 범위 내에서 사안별로 일시 임명・위촉할 수 있다.

② 국토교통부(본부) 기술자문위원회는 중앙건설기술심의위원회에 둔다.

③ 기술자문위원회는 다음 각 호의 사항을 각호에서 정하는 내용에 따라 자문 또는 심의한다.

1. 영 제19조제2항(건축사법제2조제3호의 규정에 의한 설계 및 제11조제9호의 사항을 포함한다)의 규정에 따라 건설공사의 기본설계 및 실시설계에 관하여는 다음 각 호의 내용을 심의 한다.

가. 종합계획의 적정성

나. 사전조사(현황, 통계 등) 내용, 수요예측 내용, 경제성 평가 등의 적정성

다. 기초·토질조사의 적정성

라. 설계도서의 적정성(설계의 표준화, 자재의 규격화를 포함)

마. 구조물 안전상의 적정성

바. 공사시행상의 적정성

사. 공정계획의 적정성

아. 공사시방서 작성의 적정성

자. 기술개발 및 신공법 등 적용의 적정성

차. 유지관리의적정성

카. 사용전산프로그램의 등록사항 및 적정성

타. 해당지역 주민 및 지자체 등 이해관계자 협의 및 의견수렴사항 등

파. 기타 설계상 필요한 사항

2. 기술자문위원회는 영 제19조제4항의 규정에 따라 다음 각 호의 사항을 심의 한다.

가. 국가계약법령에서 기술자문위원회 심의사항으로 규정하고 있는 사항

나. 총공사비가 100억원 이상인 건설공사의 공법변경 등 중대한 설계변경의 적정성에 관한 사항

다. 「시설물의 안전 및 유지관리에 관한 특별법」 제7조의 규정에 의한 시설물의 정밀안전진단의 적정성 여부

라. 건설엔지니어링사업자 선정을 위한 사업수행능력 세부평가기준과 기술평가의 방법·기준 및 입찰공고안의 적정성에 관한 사항

마. 위원장이 건설공사의 기본계획 및 건설엔지니어링사업 수행과 관련하여 자문위원회에 부의한 사항

바. 공사현장의 안전성 및 시공의 적정성 등에 대하여 기술자문위원회에 현장점검을 요청한 사항

사. 기타 위원장이 필요하다고 인정하는 사항

④ 제3항제1호에 따라 심의를 받고자하는 경우에는 기본설계 등에 관한 세부시

행기준(국토교통부 고시)의 기본설계·실시설계의 내용 및 작성기준에 따른 설계도서를 첨부하여 심의를 요청하여야 한다.

⑤ 제12조 부터 제22조 및 영 제9조 부터 제16조의 규정은 기술자문위원회의 운영에 이를 준용한다.

제4장 일괄입찰, 대안입찰 및 기술제안입찰공사의 설계심의 운영

제24조(설계심의분과위원회의 구성 및 위원 임명 등) ① 중앙심의위원회는 제11조 제7호에서 정한 사항을 효율적으로 수행하기 위하여 설계심의분과위원회(이하 "분과위원회"라 한다)를 구성·운영하여야 한다.

② 분과위원회는 영 제9조 제2항에 따라 설계심의분과위원장(이하 "분과위원장"이라 한다) 1인을 포함한 전문분야별(별표 1) 분과위원으로 구성한다.

③ 영 제22조에 따른 위원 해촉으로 결원이 생긴 때에는 보궐위원을 위촉하여야 하며, 그 보궐위원의 임기는 전임자의 잔임 기간으로 한다.

④ 분과위원장은 설계심의 업무를 관장하는 국토교통부 기술안전정책관이 된다.

⑤ 위원장은 중앙심의위원회의 위원 중 다음 각호에 해당하는 사람을 분과위원으로 임명 또는 위촉하고, 그 명단을 공개한다.

1. 건설기술 업무와 관련된 행정기관의 4급 이상 기술직렬 공무원 또는 기술사·건축사 자격 또는 박사학위를 가지고 있는 5급 기술직렬 공무원
2. 「공공기관의 운영에 관한 법률」에 따른 공기업·준정부기관의 건설기술 업무 관련 기술직렬의 임원 또는 기술사·건축사 자격 또는 박사학위를 가지고 있는 3급 이상의 기술직렬 직원. 다만, 3급 기술직렬 직원의 경우 기술사·건축사 자격이나 박사학위를 취득한 후 8년 이상 해당 분야의 업무를 수행한 사람으로 한정한다.
3. 「공공기관의 운영에 관한 법률」에 따른 기타공공기관 중 연구기관의 기술분야 책임연구원(선임연구위원)급 이상인 사람, 연구기관의 기술 분야 교수 또는 「고등교육법」 제2조제1호에 따른 학교의 기술 관련 학과의 교수·부교수·조교수

⑥ 분과위원회의 간사는 소관업무를 담당하는 해당부서 5급 이상 공무원이 되고, 서기는 해당부서의 6급 공무원이 된다.

⑦ 분과위원은 설계심의분과위원회의 윤리행동강령(별표 2)을 따라야 한다.

⑧ 분과위원회 심의와 관련하여 분과위원의 제척·기피·회피 및 해촉은 영 제20조 및 영 제22조를 따른다.

제25조(분과위원회의 소위원회 위원선정 및 개최) ① 제11조제7호의 심의사항에 관한 분과위원회의 소위원회(이하 "소위원회")는 심의요청된 설계심의 건별로 분과위원 중에서 다음 각호의 방법에 따라 분과위원회 소위원장(이하 "소위원장"이라 한다)과 심의위원을 선정하여야 한다.

1. 소위원장은 설계심의 업무를 담당하는 과장이 된다.
2. 소위원회는 소위원장을 포함하여 10명 이상 40명인 이내로 구성한다. 다만 소위원장은 설계적격여부 및 설계점수(기술제안입찰의 경우 제안채택여부 및 제안서점수) 평가는 하지 않는다.
3. 심의위원은 다음 각 호의 방법에 따라 분과위원장이 선정하며, 분과위원장이 필요하다고 인정하는 경우에는 이를 조정할 수 있다.
   가. 발주청에서 정한 평가기준에 따라 심의 업무를 수행할 적합한 사람을 선정하되, 당해 건설공사의 특성을 고려하여 주된 전문분야별로 2인 이상 선정을 원칙으로 한다.
   나. 심의위원의 당해연도 설계심의 2회 이상 참여를 지양하고, 소위원회 구성시 동일 대학교 출신이 전체 30%, 분야별 50%를 초과하지 않도록 하여야 한다.
   다. 심의위원 선정시 위원선정의 투명성을 확보하기 위해 당해 설계심의 건에 참여하는 입찰참가업체별로 1인을 입회시켜야 한다.
   라. 심의위원은 심의일 전 10일 이내에 선정하고 홈페이지 등을 통하여 선정된 위원의 명단은 공개한다.
4. 분과위원회의 소위원회 운영과 관련하여 별도로 정하지 않은 사항은 제15조에서부터 제22조까지를 준용한다.

② 소위원장은 심의를 원활히 진행하기 위하여 제30조의 설계평가회의 전에 전문분야별 심의위원 1인 이상을 포함한 심의위원 3분의2 이상을 출석시켜 소위원회를 개최할 수 있다.

③ 소위원장은 심의와 관련된 특수분야로 전문분야를 벗어나는 경우 관계전문기관 또는 전문가의 자문을 받아 이를 토대로 유사한 전문분야의 심의위원이 심의토록 할 수 있다.

제26조(기술제안입찰의 기술제안범위 및 배점) ① 발주청장은 별표3의 '기술제안분야 및 과제'를 참고하여 기술제안을 받고자 하는 전문분야를 정하여야 한다.

② 발주청장은 각 전문분야별로 기술제안이 필요한 과제, 구간, 범위 등을 가능한 구체적으로 정하여야 한다.

③ 발주청장은 분야별로 중요도를 고려하여 입찰자가 제시할 수 있는 기술제안

건수 상한을 정할 수 있다. 이 경우 전체 제안건수의 합은 최대 50개를 넘지 않도록 하여야 한다.

④ 발주청장은 제1항부터 제3항에서 정한 기술제안범위와, 기술제안범위 내의 각 분야별 또는 과제별로 중요도를 고려하여 정한 평가항목 및 배점을 입찰안내서에 제시하여야 한다.

제27조(설명회 등) ① 소위원장은 제11조제7호의 심의와 관련하여 공정하고 효율적인 진행을 위하여 발주청 및 입찰참가업체를 대상으로 심의계획설명회, 공동설명회, 기술검토회의, 평가회의 등 관계자 회의를 개최할 수 있으며, 회의 운영과 관련한 세부적인 내용, 절차 등은 별표4 '소위원회 회의운영 세부기준'을 참고하여 소위원장 또는 소위원회에서 정한다. 다만, 제11조제7호바목의 심의의 경우에는 설계평가 방법 및 절차는 별표4의2 '재공고입찰 결과 입찰자가 1인뿐인 경우 소위원회 회의운영 세부기준'을 참고하여 소위원장 또는 소위원회에서 정한다.

② 소위원장은 제25조제1항에 따라 심의위원이 선정되면 심의위원에게 평가 자료를 송부하여야 하며, 입찰참가업체들이 자신의 설계 또는 기술제안 내용을 심의위원에게 충분히 설명할 수 있도록 공동 설명회를 1회 이상 개최하여야 한다.

③ 소위원장은 공동 설명회의 설명자료 제출 시 제34조 규정을 준수토록 하고 발주청장은 이를 위반한 입찰참가업체에 대한 감점방법 및 기준 등에 관한 사항을 사전에 입찰참가업체에게 통보하거나 입찰공고에 포함하여야 한다.

④ 입찰참가업체는 심의와 관련하여 다음 각호에 해당하는 행위를 해서는 안되며, 발주청장은 이를 위반한 입찰참가업체에 대한 감점방법 및 기준 등에 관한 사항을 사전에 입찰참가업체에게 통보하거나 입찰공고에 포함하여야 한다.

1. 소속직원이 심의위원 선정일부터 설계평가회의가 끝날 때까지 해당 심의위원과 접촉하는 행위(단, 접촉은 업체관계자가 유선, 방문 등을 통해 의도적으로 접근하여 심의위원이 해당업체를 인식하게 하는 경우를 의미한다.)
2. 제1항에 따른 설명회 외 별도로 심의위원 선정 대상자에게 개별적으로 설계내용 또는 기술제안내용을 설명하는 행위
3. 사전신고 없이 낙찰된 업체가 1년 이내 심의참여 위원에게 건설엔지니어링사업, 연구, 자문 등을 의뢰하는 행위
4. 심의와 관련한 비리 또는 부정행위
5. 입찰담합 행위(「독점 규제 및 공정거래에 관한 법률」 제43조에 따른 과징금 부과처분 및 같은 법 제44조에 따른 면제처분도 포함)

⑤ 심의위원은 입찰참가업체가 제4항에서 금지한 행위를 행한 사실을 알게된 즉시 소위원장에게 신고하여야 하며, 소위원장은 해당업체가 불이익을 받도록 조치를 취하여야 한다

⑥ 소위원장은 심의위원이 객관적이고 심도 있는 평가를 할 수 있도록 현장답사 또는 현장조사를 하게 하거나, 관계전문기관에 기술검토를 의뢰할 수 있다.

제28조(소위원회 기술검토 등) ① 소위원장은 제11조제7호의 심의와 관련하여 별표 4 '소위원회 회의운영 세부기준(제11조제7호바목의 심의는 별표 4의2)'을 참고하여 다음 각 호의 사항을 논의하기 위해 기술검토회의를 개최하여야 한다.

1. 입찰업체 제출도서의 입찰안내서 위배여부 및 최소설계기준 미달여부
2. 설계평가회의 운영방법 및 절차
3. 입찰업체의 설계 설명 청취 등
4. 설계평가지표 평가항목별 세부평가지표의 적정성 검토 등

② 소위원장은 제1항에 따른 기술검토회의 및 제30조에 따른 평가회의 진행을 위하여 심의위원, 관계공무원, 입찰참가업체 등에게 다음 각 호에 따라 검토의견을 사전설명 또는 제출·보고하도록 하여야한다.

1. 발주청장(관계공무원)은 제11조제7호가목, 나목 및 다목에 대해서는 제34조의 설계도서 제한사항 위반에 대한 감점사항(제11조제7호라목 및 마목에 대해서는 별표 6 기술제안서 작성기준에 따라 발주청별로 정한 제한사항 감점사항)과 입찰안내서에서 제시한 설계조건 또는 기술제안조건 부합여부에 대한 검토내용 및 별표5의 기준에 따라 작성한 설계검토서 또는 기술제안검토서 등을 별표4 '소위원회 회의운영 세부기준'을 참고하여 기술검토회의 전까지 소위원회에 제출
2. 심의위원은 입찰안내서, 설계도서 등을 검토하여 분야별 질문항목을 기술검토회의 전까지 서면으로 제출
3. 입찰참가업체는 경쟁 상대입찰업체의 설계내용에 대한 질문항목은 기술검토회의 전까지, 제3항에 따른 소위원회 질문사항 및 입찰업체간 질문사항에 대한 답변은 평가회의 개최 전 서면으로 제출

③ 소위원장은 기술검토회의에서 결정된 입찰업체 질문서, 심의평가 운영계획 등을 평가회의 개최 3일전까지 발주청 및 입찰참가업체에 통보하여야 한다.

제29조(청렴서약서 제출) 소위원장은 제11조제7호에 따른 심의에 참여하는 심의위원과 입찰참가업체로부터 별지 제13호 서식에 따른 청렴서약서를 제출하게 하여야 한다.

제30조(평가회의 운영) ① 소위원장은 제11조제7호에 관한 사항을 심의하기 위해 평가회의를 개최하여야 한다.

② 소위원장은 평가회의를 전문분야별 심의위원 1인 이상의 참석과 입찰참가업체의 출석으로 개회하며, 제28조에 따른 기술검토회의에서 정한 운영 및 절차에 따라 진행하되, 정하지 못한 특별한 사항이 발생시에는 평가회의 당일에 발주청장, 심의위원과 협의하여 정한다.

③ 소위원장은 심의위원 질문사항 및 입찰업체간 질문사항에 대한 입찰참가업체의 제안 및 답변 내용 중 입찰시 제출한 설계도서 또는 기술제안서와 상이한 부분과 설계도서 또는 기술제안서의 보완 또는 추가를 요하는 사항에 대하여는 소위원회의 심의를 거쳐 수용여부를 결정하고, 입찰참가업체(이 경우 입찰참가업체로 하여금 동의서 또는 이행확약서 등을 제출토록 하여야 한다)에게 통보하여야 한다.

④ 소위원장은 설계도서 또는 기술제안서 상의 설계 중점사항 및 주안점 등에 대하여 업체의 요청이 있으면 추가적으로 설명 기회를 부여할 수 있다.

⑤ 심의위원은 설계도서 또는 기술제안서 및 입찰참가업체의 제안・질문・답변 내용과 관련하여 보충・추가질문을 서면으로 소위원장에게 제출할 수 있으며, 소위원장은 그 내용이 소위원회 및 입찰업체간 질문 내용의 범위와 수준을 벗어나지 않는다고 판단될 경우에 한하여 심의위원을 대신하여 질문을 할 수 있다. 단, 소위원장은 참여기술인의 고강도 근로방지를 위해 심의위원과 업체간 질문항목 및 추가질문을 제한할 수 있다.

⑥ 소위원장은 제3항 및 제4항에서 정한 질의・답변 과정 이후 내실 있는 평가를 위하여 충분한 시간을 확보한 후 전문분야별로 심의위원 간 평가 토론회를 반드시 실시하여야 한다.

제31조(소위원회 심의의결) ① 제11조제7호의 심의사항과 관련하여 소위원회 참석 심의위원의 2/3이상(기술제안입찰의 경우 1/2이상)의 찬성으로 의결한다.

② 소위원회가 제11조제7호의 심의사항 중 국가계약법시행령 제85조제5항 및 제86조제8항에 따른 대안입찰 공사 설계에 대하여 심의의결을 할 때에는 설계평가점수에 발주청의 설계도서 제한사항 위반에 대한 감점사항을 반영한 입찰참가업체별 종합평가점수를 확정하여 다음 각 호의 기준에 따라 설계적격 또는 설계부적격으로 구분하고, 입찰공고 시 제시한 대안공종별로 대안채택 또는 대안불채택으로 구분하여야 하며, 대안채택 여부는 원안설계 내용과 비교하여 원안설계보다 우수한 설계를 채택한다. 다만, 「국가계약법시행령」 제79조제1항제3호에서 규정한 신기술・신공법・공기단축 등이 적용되지 않는 경우에는 이를 채택하지 아니할 수 있다.

1. 설계적격 : 의안을 심의한 결과 대안공종별로 대안채택여부와 관계없이 결함이 없거나 경미하고 설계점수가 100점 만점을 기준으로 60점(낙찰자 결정방법이 최저가격인 경우는 75점)이상인 경우에 대한 의결
2. 설계부적격 : 대안의 공종을 심의한 결과 결함이 중대하다고 인정하여 출석위원 2/3이상의 동의가 있는 설계 또는 100점 만점을 기준으로 설계점수가 60점(낙찰자 결정방법이 최저가격인 경우는 75점) 미만인 경우에 대한 의결
3. 대안채택 : 대안공종 입찰가격이 원안 공종 예정가격 미만이고 대안 설계점수가 원안의 설계점수 이상인 경우로서 국가계약법시행령 제79조제1항제3호에 적합하다고 인정되는 의안에 대한 의결
4. 대안불채택 : 대안의 설계에 주요한 결함, 또는 대안공종 입찰가격이 원안공종 예정가격이상 이거나 대안설계 점수가 원안의 설계점수 미만인 경우, 또는 국가계약법시행령 제79조제1항제3호에 적합하지 않다고 판단되는 의안에 대한 의결

③ 소위원회가 제11조제7호의 심의사항 중 국가계약법시행령 제103조제3항 및 제106조제2항에 따른 기술제안입찰 공사 기술제안서에 대하여 심의의결을 할 때에는 점수평가 전 각 제안별로 실제 사업에 적용가능성을 검토하고 기술제안별 적격여부를 심의하여야 한다. 입찰참가업체가 제시한 기술제안에 대해 해당분야 참여위원의 2분의1 이상이 '적격'으로 심의한 경우 '적격'으로 의결한다. 해당분야 참여위원 중 '조건부적격'과 '부적격'으로 심의한 위원의 합이 과반일 경우 '적격'으로 심의한 위원을 제외한 참여위원 2분의 1이상의 심의의견에 따라 '조건부적격' 또는 '부적격'으로 의결한다. 단, '조건부적격'과 '부적격'으로 심의한 위원수가 동일한 경우에는 '조건부적격'으로 의결한다. 입찰참가업체가 제시한 기술제안이 다음 각 호에 해당되는 경우 '부적격' 또는 '조건부적격'으로 의결한다.

1. 부적격 제안 : 기준에 미달하거나 관계법령을 미준수한 제안, 설계 의도에 반대되거나 목표성능에 미달되는 제안, 성능이 검증되지 않은 아이디어 수준의 제안
2. 조건부적격 : 검증에 시간이 소요되어 심의 중 판단이 불가능한 제안, 시험시공 및 시제품 제작 등이 필요하여 시공 전 검증이 불가능한 제안, 사업에 적용하기 위해 일부 보완할 필요가 있는 제안

④ 소위원회가 제11조제7호 심의사항 중 제2항 및 제3항에서 정한 사항을 제외한 내용에 대하여 심의의결을 할 때에는 설계 평가점수 또는 기술제안 평가점수에 발주청의 설계도서 제한사항 또는 기술제안서 제한사항 위반에 대한 감점사

항을 반영한 입찰참가업체별 종합평가점수를 확정하여 적격 또는 부적격으로 구분하고 설계점수 또는 기술제안점수와 함께 의결하여야 한다.

1. 적격 : 의안을 심의한 결과 결함이 없거나 경미하다고 판단되는 경우로서 설계점수 또는 기술제안점수가 100점 만점을 기준으로 60점(낙찰자 결정방법이 최저가격인 경우는 75점)이상인 설계 또는 기술제안을 적격으로 본다.
2. 부적격 : 의안을 심의한 결과 결함이 중대하다고 인정하여 출석위원 2/3이상의 동의가 있는 설계 또는 기술제안이거나 입찰공고 시 발주청이 제시한 기본계획 및 입찰안내서에 부합되지 아니하다고 판단되는 의안이거나 설계 또는 기술제안점수가 100점 만점을 기준으로 60점(낙찰자 결정방법이 최저가격인 경우는 75점) 미만인 설계 또는 기술제안.

⑤ 소위원장은 제2항과 제4항에 따른 심의의결을 함에 있어서 위원 또는 심의위원등에게 당해 설계 또는 기술제안의 결함에 대하여 보완이 필요한 사항을 제출하게 할 수 있으며, 국토교통부장관은 이를 심의요청기관에 통보할 수 있다.

⑥ 국토교통부장관은 일괄입찰공사, 대안입찰공사 및 기술제안입찰공사에 관한 심의를 위하여 필요하다고 인정하는 경우에는 심의요청기관의 의견을 받아 이를 소위원회에 부의할 수 있다.

⑦ 소위원회가 제11조제7호나목의 실시설계서의 적격여부 대하여 심의의결을 할 때에는 제4항의 의결방법에 따른다.

⑧ 제11조제7호바목에 따른 일괄입찰 또는 기본설계 기술제안 입찰의 재공고입찰 결과 입찰자가 1인뿐인 경우 제31조제2항부터 제4항에도 불구하고 제7호나목 및 마목의 설계점수는 100점 만점을 기준으로 70점 이상을 설계적격점수의 기준으로 하고, 발주청이 공사의 특성 등을 고려하여 필요하면 10점 범위 내에서 가·감할 수 있다. 그 밖에 설계적격여부 등에 대한 기준은 제31조제3항과 제4항을 따른다.

제32조(소위원회 심의방식 및 설계점수의 채점방법 등) ① 제11조제7호의 심의사항에 관한 심의위원은 다음 각 호의 임무를 수행한다.

1. 심의위원이 검토할 설계도서 또는 기술제안서의 기술적 사항은 다음 각 호와 같고, 특정업체에 유리 또는 불리한 내용을 포함하여서는 아니 된다.
   가. 설계심의 또는 기술제안심의 관련 자료를 검토하여 질문사항 도출
   나. 발주청이 작성한 설계검토서 또는 기술제안검토서에 대한 내용의 적정성 및 객관성 검증서 제출
   다. 입찰참가업체에서 검토한 질문항목의 적정성 검토
   라. 질문항목을 토대로 입찰참가업체와 질의 및 토론

마. 입찰참가업체의 답변내용에 대한 진위여부 판단

바. 당해 설계도서 또는 기술제안서의 결함에 대하여 보완이 필요한 사항(심의위원 기술검토서) 제출

2. 심의위원은 다음 각 호의 내용을 토대로 담당 전문분야의 설계도서 또는 기술제안서를 채점하고, 그 채점결과 및 항목별 평가사유서를 작성하여 소위원장에게 제출하여야 한다.

가. 발주청장이 작성한 검증된 설계검토서 또는 기술제안검토서

나. 소위원회 질문사항 및 입찰업체간 질문사항에 대한 답변

다. 평가회의(심의위원 및 입찰참가업체간의 질의·답변)

라. 입찰업체가 제출한 설계도서 또는 기술제안서 및 관계서류

마. 그 밖에 소위원회가 필요하다고 인정하여 요구한 서류

② 제11조제7호에 따른 일괄입찰, 대안입찰 또는 기술제안입찰공사의 설계점수 또는 기술제안점수의 채점방법 등에 관한 사항은 다음 각 호와 같다.

1. 발주청장은 별표 7 및 별표 8의 '설계평가지표 및 배점기준'을 참고하여 작성한 입찰안내서(기술제안입찰의 경우 별표 6의 '기술제안서 작성기준' 및 별표 9의 '기술제안입찰의 입찰안내서 작성목록'을 참고하거나 필요시 공인된 전문기관의 자문을 받아 작성한 입찰안내서)의 평가배점기준에 따라 배점표를 작성하여 소위원장에게 제출하여야 하며, 소위원장은 심의위원별 평가결과 산정 등에 다음 각 목의 방법에 따른 평가 차등방법 중 2가지 이상을 심의에 적용하도록 하여야 한다. 다만, 차등평가의 폭은 평가항목별 배점, 심의위원별 배점 및 총점에 대해 각각 15퍼센트 이내로 하고, 제11조제7호바목의 심의의 경우에는 차등평가가 아닌 절대평가를 적용한다.

가. 평가항목별 차등평가

나. 심의위원별 차등평가

다. 총점에 대해 차등평가

2. 심의위원은 제1호에 따라 담당 전문분야를 평가하되, 해당 전문분야별 '설계평가지표 및 배점표'를 기준으로 별지 제14호서식에 따른 전문분야별 채점표와 별지 제15호서식에 따른 전문분야의 항목별 평가사유서(기술제안입찰의 경우 별지 제17호서식에 따른 채점표와 별지 제18호서식에 따른 항목별 평가사유서)를 작성하여 소위원장에게 제출하여야 한다. 다만, 제11조제7호바목의 심의의 경우에는 별표4의2 '재공고입찰 결과 입찰자가 1인뿐인 경우 소위원회 회의운영 세부기준'을 참고하여 채점표와 평가사유서를 작성하여 소위원장에게 제출하여야 한다.

3. 심의위원은 제1호의 방법에 따라 발주청장이 정하는 기준에 의거 입찰참가업체별 우수 순위를 결정하여 채점하여야 한다. 다만, 제11조제7호바목의 심의의 경우에는 절대평가를 적용한다.
4. 소위원장은 심의위원이 제1호에 따라 채점하지 아니한 경우에는 다시 채점하게 할 수 있다.
5. 평가항목별 설계점수의 소숫점 처리는 소숫점 3자리에서 반올림한다.
6. 업체별 득점은 전문분야별로 산정한 해당 심의위원들의 평균점수의 합과 제39조에서 정한 감점기준에 따른 감점을 더한 값으로 한다.
7. 기술제안입찰의 경우에 소위원회는 평가결과 부적격 제안이 전체 제안의 2분의 1이상이거나 평가점수가 60점 미만인 제안서는 부적격으로 의결한다.

③ 제2항에 따른 설계점수 또는 기술제안점수의 채점방법 규정에도 불구하고, 다음 각호의 경우에는 평가항목별 절대평가를 실시하여야 하며, 절대평가에 필요한 사항은 소위원회에서 별도로 정할 수 있다.

1. 국가계약법시행령 제85조의2제1항제1호에 따라 일괄입찰에서 최저가격으로 입찰한 자를 실시설계적격자로 결정하는 경우
2. 국가계약법시행령 제85조의2제2항제1호에 따라 대안입찰에서 최저가격으로 입찰한 자를 낙찰자로 결정하는 경우
3. 국가계약법시행령 제102조제1항제1호에 따라 실시설계 기술제안입찰에서 최저가격으로 입찰한 자를 낙찰자로 결정하는 경우
4. 국가계약법시행령 제102조제2항제1호에 따라 기본설계 기술제안입찰에서 최저가격으로 입찰한 자를 실시설계적격자로 결정하는 경우

④ 소위원장은 평가항목과 세부평가항목별 배점을 결정하기 위해 평가 서류 제출일에 별지 15호의2 및 제15호의3 서식을 활용하여 발주청 1인, 입찰참여업체 대표 각 1인이 각각 작성한 배점 산정표를 밀봉하여 별도로 제출받아야 한다. 다만, 제11조제7호바목의 심의의 경우에는 발주청이 평가항목과 세부평가항목별 배점을 정할 수 있다.

⑤ 소위원장은 심의위원별 평가가 완료된 후에 배점 산정표를 개봉하여 다음과 같이 평가항목별 배점 산정식과 세부평가항목별 배점 산정식에 따라 배점을 확정하고, 배점과 심의위원 평가결과를 반영하여 심의위원별 최종 점수를 확정한다.

$$\text{항목배점} = \frac{(\text{전문분야의 배점} \times \text{배점위원별 평가항목 점수의 합})}{(\text{모든 배점위원별 평가항목 점수의 합})}$$

* 항목배점을 완결한 뒤에 세부배점을 시행한다.
* 평가항목 배점은 소숫점 3자리에서 반올림하고 배점의 합이 전문분야 배점과 일치하지 않는 경우, 초과하는 경우는 평가항목 배점이 가장 낮은 항목(동점이 있는 경우 목차 후 순위) 배점에서 감하고, 작은 경우는 평가항목 배점이 가장 높은 항목(동점이 있는 경우 목차 선 순위) 배점에 가한다.

$$\text{세부배점} = \frac{(\text{평가항목의 배점} \times \text{배점위원별 세부평가항목 점수의 합})}{(\text{모든 배점위원별 세부평가항목 점수의 합})}$$

* 세부평가항목 배점은 소숫점 3자리에서 반올림하고 배점의 합이 평가항목 배점과 일치하지 않는 경우, 초과하는 경우는 세부평가항목 배점이 가장 낮은 항목(동점이 있는 경우 목차 후 순위) 배점에서 감하고, 작은 경우는 세부평가항목 배점이 가장 높은 항목(동점이 있는 경우 목차 선 순위) 배점에 가한다.

⑥ 소위원장은 심의가 종결된 후 심의위원의 입찰업체별 전문분야점수, 심의위원별 평가점수 및 사유서, 세부감점 내용을 실명으로 공개하여야 하며, 다만, 심의위원별 세부채점표는 비공개하여야 한다. 또한 심의요청기관(계약담당부서 포함)에 통보할 때에는 입찰참가업체별로 채점된 종합평가점수를 통보한다.

⑦ 설계심의 결과에 이의가 있는 입찰참가업체는 발주청이 정하는 방법과 절차에 따라 이의를 제기할 수 있다.

⑧ 소위원장은 입찰참여업체가 이의제기를 하였을 때에는 그 내용을 검토하고, 검토결과를 이의제기 업체에게 설명하여야 한다.

⑨ 제6항에 따른 검토결과 심각한 오류가 있는 경우 재심의를 할 수 있으며 재심의 방법 및 절차는 해당 소위원회에서 정한다.

⑩ 위원장(소위원장)은 제30조제3항과 관련하여 수용하기로 의결된 보완·추가사항을 동의서 또는 이행확약서와 함께 심의요청기관(계약담당부서 포함)에 통보하여야 한다.

⑪ 발주청장 및 소위원장은 심의와 관련한 정보를 법 제19조에 따라 구축한 건설사업정보시스템(이하 "건설CALS포탈시스템")에 등록하여 체계적으로 관리하여야 한다.

제33조(기술제안 반영) ① 기술제안입찰에서 낙찰자 또는 실시설계 적격자로 선정된 자는 기술제안 중 제31조제3항제1호에 따라 부적격제안으로 심의의결된 제안은 발주청에서 작성한 원래 설계로 변경하여야 한다.

② 기술제안입찰에서 낙찰자 또는 실시설계적격자로 선정된 자는 기술제안 중 제31조제3항제2호에 따라 조건부적격으로 심의 의결된 제안에 대해서는 심의시 요구한 검증을 실시하거나 보완사항을 반영하여 설계서를 변경(실시설계 기술제안에 해당)하거나 작성(기본설계 기술제안에 해당)하여야 한다.

③ 제2항에 따른 검증결과 발주청에서 수용이 불가능하다고 판단되는 경우에는 발주청에 속한 기술자문위원회의 심의를 거쳐 부적격제안으로 의결할 수 있으

며 이 경우 제1항을 따른다.

④ 기술제안입찰에서 낙찰자 또는 실시설계적격자로 선정된 자는 기술제안 중 제31조제3항에 따라 적격제안으로 심의 의결된 제안에 대해서는 제안내용을 반영하여 설계서를 변경(실시설계 기술제안에 해당)하거나 작성(기본설계 기술제안에 해당)하여야 한다.

⑤ 발주청장은 제31조 및 제1항부터 제4항까지의 내용을 입찰안내서에 제시하여야 한다.

⑥ 발주청장은 제2항에 따라 낙찰자 또는 실시설계적격자로 선정된자가 변경하거나 작성하여 제출한 설계서를 해당 발주청에 속한 기술자문위원회의 심의를 거쳐 승인하여야 한다.

제34조(소위원회 제출서류) ① 발주청장은 제11조제7호 가항부터 다항까지에 규정한 심의와 관련하여 입찰시 제출하는 설계도서에 대하여는 입찰안내서, 입찰공고 또는 서면통보 등의 방법으로 다음 각 호에 따라 평가에 직접 필요한 사항으로 제한하여 제출하게 하여야 하며, 이를 준수하지 아니한 경우에는 평가 시 감점기준에 따라 감점하여야 한다.

1. 보고서 및 설계도서는「건설공사의 설계도서 작성기준」을 참조하여 작성
2. 기본설계보고서 100~150쪽 이내(A4규격)
3. 설계도면(A3규격)은 기본설계도면을 기준으로 100쪽 이내
4. 토질보고서(A4규격) 100쪽 이내
5. 구조계산서(수리,용량,기타 포함)(A4규격) 300쪽 이내
6. 제2호 및 제3호에 대하여는 발주청장이 공사의 특성에 따라 쪽수 기준을 가감할 수 있으나, 제1호를 준수하여야 한다.

제35조(금지행위 및 감점) ① 입찰참가업체는 심의와 관련하여 별표 10 '감점기준'의 감점사항에 해당하는 행위를 해서는 아니 된다.

② 발주청장은 제1항의 감점사항 이외에 추가로 감점하고자 하는 경우에는 감점사항, 감점방법, 감점한도 등에 관한 감점기준을 정하여야한다.

③ 발주청장은 제1항 및 제2항에 따른 감점기준을 입찰안내서에 제시하여야 한다.

④ 발주청장은 제1항의 비리감점사항을 신고 또는 통보받거나 인지한 경우 사실관계를 확인한 후 별지 제19호에 따라 설계심의 비리감점 심의요청서를 작성한 후 해당 건설기술심의위원회(또는 기술자문위원회)에 감점부과의 적정성에 대한 심의를 요청하여야 한다.

⑤ 발주청장은 제4항에 따른 사실관계 확인을 위해 감점사항과 관련하여 최대 5일 동안 업체의 의견을 들을 수 있다.

⑥ 제4항에 따라 요청을 받은 해당 건설기술심의위원회(또는 기술자문위원회)는 발주청이 작성한 비리감점 심의요청서를 심의·의결하고 별표 10 '감점기준'에 따라 감점을 부과하여야 한다. 다만, 심의·의결 결과 심의요청서의 내용이 적정하지 않는 등 필요한 경우 감점을 부과하지 않을 수 있다.

⑦ 국토교통부장관은 모든 심의기관의 제27조제4항 관련 감점사항을 수집하여 종합관리하여야 한다.

⑧ 발주청장은 심의위원으로 선발된 소속직원에게 부당한 간섭이나 내부압력을 하여서는 아니되며, 독립적인 심의를 보장하여야 한다.

제36조(일괄입찰 등의 설계비 보상) 발주청은 국가계약법시행령 제89조 및 제107조에 따른 설계비 보상 및 기술제안입찰 제안서 작성비용 보상의 지급을 위한 산식을 적용함에 있어서 '설계점수' 및 '기술제안점수'에 제32조제2항 및 제3항에 의한 평가항목별 배점 및 심의위원별 배점의 합계(100점 만점)를 적용하여야 하며, 총점에 대해 차등평가한 경우에는 차등을 적용한 최종점수를 적용하여야 한다.

제5장 일괄사업 입찰안내서 작성

제37조(입찰안내서) ① 발주청은 일괄·기술제안입찰사업 등 입찰안내서 작성 시 별표11의 '일괄입찰의 분야별 입찰안내서 목록(예시)'를 참고하여 작성하되, 다음 각 호의 내용을 포함하여야한다.

1. 국가계약법 시행령, 국가계약법 시행규칙, 국가계약법 특례규정 및 계약예규 등에서 규정하고 있는 입찰, 계약 관련 일반사항
2. 공사설명서, 기본계획보고서 등 당해 사업의 내용을 나타내는 자료
3. 설계, 시공, 관리 등과 관련한 지침
4. 설계배점표, 설계평가방식, 감점기준 등 설계심의 관련 사항
5. 입찰서 목록 등 입찰참여자가 제출하여야 하는 자료의 목록 및 양식
6. 토질조사보고서 등 입찰참가자가 공동 활용할 수 있는 기초자료(다만, 노선의 불확정 등으로 기초자료의 활용성이 크지 않다고 판단되는 경우는 생략할 수 있다.)
7. 기타 참고사항을 기재한 서류

② 발주청은 일괄·기술제안입찰사업 등 입찰안내서 작성 시 관행적인 사유 등으로 국가계약법 시행령, 국가계약법 시행규칙, 국가계약법 특례규정 및 계약예규 등에 위배되거나 계약상대자간의 불공정한 계약내용이 포함되지 않도록 하여

야 하며, 다음 각 호의 내용을 참고하여 작성하여야 한다.

1. 발주청은 입찰참여자가 설계분야 참가자를 포함하여 공동수급체를 구성하는 경우에 계약금액, 계약기간, 대금지급방법, 계약조건 등 설계분야 참가자와 공동수급체 대표자와의 계약서를 입찰공고일로부터 8주 이내에 제출하게 하여 계약내용은 비공개로 하고 계약이 공정하게 이루어 졌는지를 검토하여야 함
2. 공동수급체 대표자는 설계보상비 범위내의 설계비용에 대하여는 설계분야 참가자에게 직접 지급하여야 함
3. 제1호의 규정에 따라 제출한 계약서의 설계분야 참가자의 지분에 따라 기본설계 및 실시설계가 이루어지도록 하고 변경시에는 발주청과 협의를 하도록 함
4. 계약상대자의 책임있는 사유가 아닌 경우에는 공기연장에 따른 간접비 등의 비용 청구를 제한하는 내용이 포함되지 않도록 하여야 함
5. 발주청은 민원 등의 원인에 따라 추가 비용이 발생할 경우에 계약상대자의 책임여부와 상관없이 계약상대자가 비용을 부담해야 한다는 내용이 포함되지 않도록 하고 비용의 부담에 대한 내용이 필요한 경우는 공사계약일반조건이나 계약관련 법령의 규정과 적합한지를 검토하여야 함
6. 발주청은 참여기술인의 고강도 근로방지를 위하여 적합한 설계기간(설계시공일괄 입찰 5개월 이상, 기술제안 입찰 4개월 이상)을 검토하여야 한다. 다만, 공사의 시급성 및 특성에 따라 설계기간 축소 검토 시 국토교통부장관과 사전에 협의하여야 한다.

③ 발주청은 일괄·기술제안입찰사업 등 입찰안내서를 입찰공고시 제시하여야 한다.

제38조(사전조사실시) 발주청은 기초자료조사 등 입찰자들이 기본설계 시 공동으로 활용할 수 있는 자료를 제공하여야 하며, 이 경우 발주청에서는 입찰 전에 이와 관련한 건설엔지니어링사업 등을 실시할 수 있다.

제39조(입찰서) ① 발주청장은 일괄입찰에 참여하는 입찰참가자가 제출하는 입찰서의 목록을 별표12의 '일괄입찰의 분야별 입찰서 목록(예시)'를 참고하여 작성하되, 평가에 직접 필요한 사항으로 제한하고 입찰서의 설계도서 내용이 「설계공모, 기본설계 등의 시행 및 설계의 경제성 검토에 관한 지침」(국토교통부 고시)에 따른 기본설계의 내용과 영 제71조 제2항에 의한 건설공사의 설계도서 작성기준의 기본설계 성과품 작성기준의 범위를 벗어나지 않도록 하여야 한다.

② 발주청장은 입찰참가자가 제1항의 사항을 준수하지 않을 경우 평가 시 감점기

준에 따라 감점하여야 한다.

제6장 건설기준 정비 등

제40조(기준의 종류 및 소관부서 등) ① 법 제44조의 규정에 따라 정하는 기준의 종류와 관련업무를 관장하는 소관부서와 관련단체(영 제65조제1항제4호의 관련 기관 및 단체, 이하 "관련단체"라 한다)는 별표13과 같다.

② 건설기준의 소관부서장은 다음 각 호의 업무를 담당한다.

1. 건설기준의 관리와 하위기술기준(표준도, 지침, 편람, 기술지도서, 업무요령 등을 포함하며, 이하 같다) 정비 등에 대해 관련단체를 지도·감독
2. 건설기준 정비촉진을 위한 연구용역
3. 건설기준 유권해석 등 질의회신

③ 기술안전정책관은 건설기준의 제도개선 등의 연구와 공통분야 건설기준 등의 관리업무를 총괄하며, 다음 각 호의 업무를 담당한다.

1. 건설기준의 제도정비 및 정책 수립
2. 건설기준의 정비계획 수립과 국고보조금 교부
3. 정비지침, 업무요령 등의 제정 및 운영
4. 건설기준의 중앙건설기술심의위원회 심의 및 승인
5. 공통분야 건설기준 관리 및 하위기술기준 정비 등에 참여하는 관련단체(이하 "참여관련단체"라 한다.)에 대한 지도·감독
6. 총괄업무 관련사항에 대해 소관부서와 사전협의
7. 건설기준의 정보화시스템 연구

제41조(소관부서의 의무 등) ① 건설기준의 소관부서는 소관 건설기준에 대한 제·개정 등의 관리업무를 수행하고자 할 경우 소관 건설기준 및 하위기술기준의 정비·관리 등과 관련된 부서 및 다른 소관부서와 사전협의를 하여야 한다.

② 참여관련단체는 국토교통부장관이 기준정비와 관련하여 필요한 자료 등의 제출을 요청한 때에는 이에 응하여야 한다.

제42조(건설기준의 관리 등) ① 국토교통부장관은 법 제44조의2제2항에 따른 국가건설기준센터(이하 "건설기준센터"라 한다)의 운영을 영 제65조의2제4항에 따라 한국건설기술연구원(이하 "건설기술연구원"이라 한다)에 위탁한다.

② 건설기술연구원장은 건설기준센터의 운영에 필요한 출연금을 지급받기 위해서 영 제65조의3제4항에 따른 세부운영계획을 별표14의 '국가건설기준센터 운영 출연금 비목별 계상기준'에 따라 작성하여 국토교통부장관의 승인을 받아야

한다.

③ 건설기준센터는 건설기준의 연구·개발을 위하여 필요한 경우 국토교통과학기술진흥원(이하 "기술진흥원"이라 한다)에 건설기준과 관련된 자료를 요청하거나 국토교통부 R&D사업의 시행에 대해 협의할 수 있다.

④ 기술진흥원은 건설기준과 관련된 R&D사업을 수행할 경우 착수, 중간, 최종단계의 사업추진내용과 최종 연구성과물에 대해 건설기준센터에 통보하여야 한다. 이 과정에서 건설기준센터가 의견을 제시할 경우 기술진흥원은 가능한 협조하여야 하며, 건설기준센터는 R&D사업의 연구성과가 건설기준에 반영될 수 있도록 노력하여야 한다.

⑤ 건설기술연구원장은 건설기준센터의 효율적인 운영을 위해 국토교통부장관의 승인을 거쳐 세부운영규정을 정할 수 있다.

제3편 건설신기술 기술사용료 및 현장적용

제1장 정 의

제43조(정의) 제3편에서 사용하는 용어의 정의는 다음과 같다.

1. "발주청"은 신기술이 적용되는 건설공사를 발주하는 법 제2조제6호에서 정한 기관의 장을 말한다.
2. "발주자"라 함은 건설공사를 건설업자에게 도급하는 자를 말한다.
3. "신기술활용심의위원회"(이하 "위원회"라 한다)는 법 제6조의 규정에 의한 발주청의 「기술자문위원회」 또는 발주청이 신기술의 설계 및 시공 등의 적정성을 심의하기 위하여 구성한 위원회를 말한다.
4. "기술평가기관"은 법 제11조의 규정에 의하여 설립된 기관을 말한다.
5. "유사신기술"이란 동일한 효과를 나타내는 다른 기법의 신기술로서 국토교통부장관 또는 국토교통과학기술진흥원장이 공지한 것을 말한다.
6. "기술개발자"라 함은 법 제14조제1항에 의하여 신기술지정을 받은 자 또는 업체를 말한다.
7. "기술사용료"라 함은 원가계산에 의한 예정가격작성기준(기획재정부 회계예규)에 의거 당해 계약목적물을 시공하는데 직접 필요한 노우하우비(Know-How費) 및 동 부대비용으로서 외부에 지급되는 비용을 말한다.
8. "예정가격"이라 함은 예정가격작성기준(기획재정부 회계예규)에 따라 결정한 가격을 말한다.

제44조(적용범위) 제3편은 발주청이 시행하는 건설공사에 대하여 적용한다.

제2장 건설신기술 현장 적용

제45조(위원회의 심의 등) ① 발주청은 건설공사 시행시 다음 각 호의 1에 대한 판단이 필요하다고 인정되는 경우에는 위원회의 심의를 요청할 수 있다.

1. 건설공사에 반영할 신기술의 설계, 시공, 계약방법, 활용범위 등의 적정성 여부
2. 제1호의 계약방법 중 국가계약법시행령 제26조제1항제제2호마목 및 지방자치단체를당사자로하는계약에관한법률시행령 제25조제4호마목의 규정에 근거한 수의계약일 경우 공사의 특성 등에 부합되는지 여부
3. 영 제34조제2항의 규정에 의거 권고받은 시험시공의 실시여부
4. 기타 신기술의 현장적용과 관련한 사항

② 발주청은 제1항의 규정에 의한 위원회의 심의를 받은 때에는 그 결과를 건설공사의 설계에 반영하는 등 필요한 조치를 취하여야 한다.

③ 발주청은 제2항의 규정에 의거 건설공사의 설계에 반영된 신기술에 대하여 현장여건의 변동이 있거나 신기술개발자가 신기술제공을 거부하는 등의 사유로 인하여 설계변경이 필요하다고 인정될 경우에는 위원회의 재심의를 받아 당해 신기술을 타공법으로 설계변경 하는 등 필요한 조치를 하여야 한다.

④ 위원회의 구성 및 운영 등은 영 제19조제1항, 제2항, 제5항 및 제6항의 규정을 준용하되, 2명 이상의 외부전문가를 포함하여 최소 5명 이상으로 구성한다.

⑤ 발주청은 제3항의 규정에 의거 신기술 제공을 부당하게 거부하여 위원회의 심의를 거쳐 설계변경한 경우에는 향후 6개월 이상 18개월 이하의 기간을 정하여 그가 시행하는 건설공사에 당해 신기술의 사용을 배제할 수 있다.

⑥ 발주청은 제1항 및 제3항의 규정에 의하여 위원회의 심의를 거친 경우에 그 결과를 별지 제20호서식의 신기술활용심의 관리대장에 의하여 관리하여야 하며, 그 결과를 매반기 말일을 기준으로 다음달 15일까지 국토교통부장관에게 통보하여야 한다.

제46조(유사신기술의 활용) 발주청은 적용하려는 신기술과 유사한 신기술이 있는 경우 설계 및 제한경쟁입찰 등의 절차에서 유사신기술을 배제하지 말아야 한다.

제3장 건설신기술 기술사용료

제47조(공사 참여유형에 따른 기술사용료) 발주자는 기술개발자의 공사 참여유형에 따라 다음 각 호와 같이 기술사용료를 적용하여야 한다.

1. 기술개발자가 기술지도 등 간접적으로 참여하는 경우에는 기술사용료를 지급

한다. 다만, 기술개발자가 재료를 직접 제공하는 경우에는 신기술공사비에서 재료비를 제외할 수 있다.

2. 기술개발자가 직접 시공에 참여하는 경우에는 기술사용료를 지급하지 아니한다.

제48조(보호기간에 따른 기술사용료) 신기술 보호기간 이내에 공사계약이 이루어진 경우에는 기술사용료를 지급하여야 한다.

제49조(기술사용료 산출) 기술사용료는 신기술공사비에 일정 요율과 낙찰률을 곱하여 산출한다.

제50조(신기술공사비) 신기술공사비는 예정가격을 기준으로 신기술의 시공에 직접적으로 소요되는 인건비, 재료비, 기계경비를 합산하여 산정하며, 신기술의 시공범위는 해당 신기술의 기술범위를 기준으로 발주자가 공사의 특성 등을 고려하여 정한다.

제51조(요율) 기술사용료 산출시 적용하는 요율은 별표15을 기준으로 발주자가 해당 신기술의 특성 및 적용에 따른 효과 등을 고려하여 정한다. 단, 8.5%를 초과하지 않도록 한다.

제52조(신기술공사비 중간에 있을 때의 요율) 신기술공사비가 요율표의 각 단위 중간에 있을 때의 요율은 직선보간법에 의하여 다음과 같이 산정한다.

제53조(낙찰률) 기술사용료 산출시 실제 낙찰률이 80% 미만인 경우에는 낙찰률을 80%로 적용하고, 실제 낙찰률이 80% 이상인 경우 해당 낙찰률을 적용하여 지급한다.

제4장 건설신기술 사후관리

제54조(신기술의 사후관리 등) ① 발주청은 그가 시행하는 당해연도 건설공사에 신기술을 적용하여 준공한 때에는 준공일부터 1개월 이내에 별지 제21호서식에 의한 사후평가서를 작성하고 이를 국토교통부장관에게 제출하여야 한다.

② 발주청은 설계자 또는 시공 책임자, 책임건설사업관리기술인 중 1인으로 하여금 제1항의 규정에 따른 사후평가서를 작성하도록 할 수 있다. 이 경우, 발주청은 작성된 사후평가서의 내용을 확인하여 국토교통부장관에게 제출하여야 한다.

③ 국토교통부장관은 제1항의 규정에 의한 사후평가서를 신기술의 현장적용 등에 활용될 수 있도록 기술평가기관에 통보하고 이를 관리하도록 조치할 수 있다.

④ 제3항의 규정에 의하여 사후평가서를 통보받은 기술평가기관은 이를 축적 및 분석하기 위해 건설신기술종합정보시스템을 구축하여 관리하여야 한다.

⑤ 발주청은 그가 시행하는 건설공사에 신기술을 적용한 후 건설산업기본법 제30조의 하자담보책임기간내 하자가 발생하여 하자 보수공사를 시행하여 준공한 때에는 준공일부터 1개월 이내에 별지 제21호서식에 의한 사후평가서를 작성하고 이를 국토교통부장관에게 제출하여야 한다.

⑥ 제4항의 규정에 의하여 구축된 건설신기술종합정보시스템에 발주청이 사후평가서를 입력한 경우 제1항 및 제5항의 규정에 의한 사후평가서를 국토교통부장관에게 제출한 것으로 본다.

제4편 건설정보표준 등에 관한 관리

제1장 정의

제55조(정의) 제4편에서 사용하는 용어의 정의는 다음과 같다.

1. "건설정보 표준"이라 함은 건설사업의 전과정에서 발생하는 정보를 전산망을 통하여 교환・공유하기 위하여 건설과 관련된 기관・단체 및 업체 등이 정하여 운용하는 지침・요령・기준 등의 준칙이나 기술규격 등을 말한다.
2. "건설정보 단체표준"이라 함은 제62조의 규정에 의한 전담기관의 장이 제59조의 규정에 의한 절차를 거쳐 단체표준으로 정하여 공고하는 건설정보 표준을 말한다.

제2장 건설정보표준의 관리

제56조(표준의 제안 및 채택) ① 건설정보 단체표준(이하 "단체표준"이라 한다)을 제안하고자 하는 자는 누구든지 제62조의 규정에 의한 전담기관의 장에게 표준화의 대상 또는 표준안을 제안할 수 있다.

② 전담기관의 장은 제1항의 규정에 의한 표준화 과제의 제안이 있는 경우에는 이해관계자의 의견을 수렴하고, 제58조의 규정에 의한 표준화위원회의 심의를 거쳐 단체표준화의 추진 여부를 결정하여야 한다.

③ 전담기관의 장은 제1항의 규정에 의한 표준화 과제가 지적재산권과 관련이 있는 경우에는 지적재산권 문제를 해결한 후에 표준화 과제로 채택하여야 한다.

제57조(단체표준안의 작성) ① 전담기관의 장은 제56조의 규정에 의하여 채택된 표준화 과제에 대하여 관계기관의 의견을 수렴하여 단체표준안을 작성하여야 한다.

② 전담기관의 장은 단체표준안의 개발・작성과정에서 당해 단체표준안이 제정

목적에 적절히 부합되는지 여부를 검증하기 위하여 필요한 각종 시험·검사를 시행할 수 있다.

제58조(표준화위원회) ① 전담기관에 건설정보 표준화위원회(이하 "표준화위원회"라 한다)를 두며, 표준화위원회에 전문분과를 둘 수 있다.

② 표준화위원회의 구성 및 운영에 관한 사항은 표준화위원회의 의견을 들어 전담기관의 장이 정한다. 이 경우 전담기관의 장은 사전에 국토교통부장관과 이를 협의하여야 한다.

제59조(표준의 제·개정 절차) ① 전담기관의 장은 제57조의 규정에 의한 단체표준안을 작성한 때에는 이를 표준화위원회에 회부한다.

② 표준화위원회는 회부된 단체표준안을 심의하고, 그 결과를 전담기관의 장에게 통보한다. 이 경우 표준화위원회에서 필요하다고 인정하는 때에는 해당 전문분과에 의뢰하여 단체표준안의 기술적 검토 및 시험·검증의 과정을 거치도록 할 수 있다.

③ 전담기관의 장은 표준화위원회의 심의결과에 따라 건설정보 단체표준으로 채택하는 것이 바람직하다고 인정된 단체표준안을 전담기관의 홈페이지와 간행물 등을 통하여 30일 이상 예고하여 이해관계자의 의견을 수렴하여야 한다.

④ 전담기관의 장은 제3항의 규정에 의한 예고기간 동안 특별한 이견이 접수되지 아니하였거나 의견이 원만히 수렴되었다고 인정된 표준안에 대하여는 이를 단체표준으로 확정하여 공고한다.

⑤ 전담기관의 장은 제4항의 규정에 의하여 제·개정된 단체표준에 대하여 표준번호를 부여하고 이를 체계적으로 관리하여야 한다.

제60조(국가표준의 건의 및 채택) ① 전담기관의 장은 단체표준중 국가표준으로 채택하는 것이 바람직하다고 판단하는 표준에 대하여는 표준화위원회의 심의를 거쳐 이를 건설정보 국가표준(이하 "국가표준"이라 한다)으로 채택하여 줄 것을 국토교통부장관에게 건의할 수 있다.

② 국토교통부장관은 제1항의 규정에 의하여 전담기관의 장이 국가표준안을 건의한 때에는 국토교통부 홈페이지 등에 60일 이상 국가표준 채택을 예고하여 이해관계자의 의견을 수렴하여야 한다.

③ 국토교통부장관은 제2항의 규정에 의한 예고기간 동안 특별한 이견이 접수되지 아니하였거나 의견이 원만히 수렴되었다고 인정된 표준안에 대하여는 이를 국가표준으로 채택하고 고시한다.

④ 국토교통부장관은 제3항의 규정에 의하여 제시된 의견을 수렴한 결과 당해 표준안을 국가표준으로 채택하는데 상당한 문제가 있다고 판단하는 경우에는

표준채택을 중지하거나 전담기관의 장에게 재검토를 요청할 수 있다.

제61조(표준의 보급 및 적용) ① 전담기관의 장은 이해관계자뿐 아니라 표준을 구하고자 하는 자에 대하여는 누구에게나 국가표준 및 단체표준을 제공하여야 한다.

② 각종 건설정보 표준을 정하고자 하는 자는 국가표준·단체표준 등 상위 등급의 표준과 조화를 이루도록 제·개정하거나 관리하여야 한다.

③ 건설사업정보 체계를 개발·구축·운영하고자 하는 자는 관련분야의 국가표준 또는 단체표준이 제정되어 있는 경우에는 이를 적용하여야 한다.

④ 건설정보 표준이 동일한 위상의 다른 표준과 일치하지 아니하는 경우에는 건설정보 표준을 우선 적용한다.

제3장 건설정보통합전산망 구축사업

제62조(전담기관의 지정 등) ① 국토교통부장관은 법 제19의 규정에 의한 건설공사 지원 통합정보체계구축사업(이하 "건설사업정보화사업"이라 한다)을 효율적으로 추진하기 위하여 과학기술분야 정부출연연구기관 등의 설립·운영 및 육성에 관한 법률 제8조의 규정에 의한 한국건설기술연구원을 건설사업 정보화 사업 추진을 위한 전담기관(이하 "전담기관"이라 한다)으로 지정한다.

② 전담기관의 장은 건설사업정보화사업과 관련된 다음 각호의 업무를 행한다.

1. 영 제41조제2항의 규정에 의한 업무
2. 건설사업정보화사업의 정책지원
3. 건설사업정보화사업의 연도별 사업계획 수립과 성과분석
4. 건설사업정보화사업 출연금의 관리와 집행
5. 건설사업정보화사업 결과에 대한 평가·활용 및 관리
6. 건설사업정보화 추진 및 확산을 위한 기술 지원
7. 건설사업정보화 관련기관·단체 및 업체와의 공동사업 수행
8. 기타 건설사업정보화사업 추진과 관련하여 국토교통부장관이 필요하다고 인정하는 사항

제63조(출연금의 지원 등) ① 건설사업정보화사업의 추진에 필요한 경비는 정부 또는 정부외의 자의 출연금 등으로 충당한다.

② 국토교통부장관은 정부의 출연금을 건설사업정보화사업의 규모, 착수시기 및 월별 소요액 등을 고려하여 일시급 또는 4회이내의 분할급으로 전담기관의 장에게 지급하며, 정부외의 자의 출연금은 각 기관·단체의 장으로 하여금 전담기

관의 장에게 지급하도록 한다.

③ 국토교통부장관은 전담기관에 대하여 건설사업정보화사업의 관리업무수행에 따른 소요비용을 지급할 수 있다.

제64조(출연금 등의 관리 및 사용) ① 제63조 제1항의 규정에 의한 출연금은 건설사업정보화사업, 기타 국토교통부장관이 전담기관의 장과 협의하여 정하는 사업에 한하여 사용한다.

② 전담기관의 장은 제63조 제2항의 규정에 의하여 출연금을 지급받은 경우에는 출연금 집행에 대한 회계관리사항을 증빙할 수 있도록 별도의 계정을 설정하여 관리하여야 한다.

제65조(연도별 건설사업정보화사업계획의 수립) ① 전담기관의 장은 관계부처, 학계, 연구소, 산업계등의 전문가로 구성된 전담기관의 외부전문심의위원회 자문을 거쳐 영 제41조제1항의 규정에 의한 건설사업정보화기본계획 및 연차별 시행계획에 따라 다음 각호의 사항을 포함하여 당해 연도의 건설사업정보화사업계획을 매년 1월말까지 국토교통부장관에게 제출하여야 한다.

1. 건설사업정보화사업의 기본목표
2. 건설사업정보화사업의 추진방향
3. 중점추진 사업내용 및 사업추진체계

② 제1항의 규정에 의한 연도별 건설사업정보화사업계획을 반영한 건설사업정보화 시행계획을 제72조의 규정에 의한 건설사업정보화 정례협의회(이하 "협의회"라 한다)의 심의를 거쳐 확정한다.

제66조(건설사업정보화 사업의 시행 등) ① 전담기관의 장은 연도별 건설사업정보화 시행계획에서 정한 기본목표·추진방향·중점추진 사업내용 및 사업추진체계 등에 따라 사업명·사업내용·예산내역 및 사업기간 등을 포함한 세부사업계획을 수립하고 국토교통부장관의 승인을 받아 건설사업정보화 사업을 수행하여야 한다.

② 국토교통부장관은 건설사업정보화사업을 원활히 추진하기 위하여 필요하다고 인정하는 경우에는 국토교통부 소관의 건설기술연구·개발사업비를 건설사업정보화 구축사업비에 활용할 수 있다. 이 경우 개발사업비의 집행절차 등은 본장의 규정에 따른다.

③ 전담기관의 장은 건설사업정보화사업의 효율적인 수행을 위하여 필요하다고 인정하는 경우에는 국토교통부장관의 승인을 받아 세부사업계획의 내용을 변경하여 수행할 수 있다.

④ 전담기관의 장은 매분기별로 건설사업정보화사업의 진도를 국토교통부장관에

게 보고하여야 한다.

⑤ 전담기관의 장은 건설사업정보화사업의 효율적인 추진을 위하여 건설사업정보화사업의 총괄책임자와 세부사업별 책임자를 두어야 하며, 세부사업별로 자문위원회 또는 전문위원회를 구성하여 운영할 수 있다.

⑥ 전담기관의 장은 필요하다고 인정하는 경우에는 건설사업정보화사업의 전부 또는 일부를 건설사업정보화사업 관련기관 또는 단체·업체에 위탁하여 수행하게 하거나 협동하여 수행할 수 있다.

제67조(사업결과의 평가와 반영) ① 전담기관의 장은 건설사업정보화사업이 종료된 후 사업의 성과를 협의회에 상정하여 그 결과를 평가받아야 하며, 평가결과 다음연도의 사업계획에 반영할 필요가 있는 사항은 이를 반영하고 그 내용을 국토교통부장관에게 보고하여야 한다.

② 국토교통부장관 또는 전담기관의 장은 건설사업정보화사업의 신뢰성, 안정성, 유효성 등을 제고하기 위하여 필요하다고 인정되는 경우에는 외부 전문기관을 통하여 감리를 시행할 수 있다. 이 경우 소요비용은 개발 사업비에 계상하여 집행한다.

제68조(사업결과의 보고) ① 전담기관의 장은 건설사업정보화사업 세부수행에 따른 결과보고서를 사업종료후 2개월이내에 국토교통부장관에게 제출하여야 한다.

② 국토교통부장관은 전담기관의 장으로 하여금 협의회에 건설사업정보화사업에 대한 보고회 또는 시연회 등을 하게 할 수 있다.

제69조(사업성과의 활용 및 보급) ① 전담기관의 장은 건설사업정보화사업 성과가 건설사업정보화체계구축에 원활히 활용되도록 필요한 조치를 취하여야 한다.

② 전담기관의 장은 제1항의 조치내용과 전년도 사업성과의 활용현황을 종합하여 국토교통부장관에게 보고하여야 한다.

제70조(전담기관의 세부지침) 전담기관의 장은 이 규정에 의한 건설사업정보화사업의 원활한 수행을 위하여 필요한 세부지침을 정하여 국토교통부장관의 승인을 받아 운영할 수 있다.

제4장 건설사업정보화 정례 협의회의 구성 및 운영

제71조(구성) ① 국토교통부장관은 규칙 제15조의 규정에 따라 건설사업정보화사업 추진과 관련된 기관 또는 단체간에 건설사업정보화사업간의 중복수행을 방지하고 원활하고 체계적인 사업수행과 각 기관간의 역할조정 등을 위하여 협의

회를 구성하여 운영할 수 있다.

② 국토교통부장관은 다음 각호와 같이 협의회를 구성할 수 있다.

1. 협의회는 위원장, 부위원장을 포함하여 19인 이내의 위원으로 구성한다.
2. 위원장은 국토교통부 기술안전정책관이 되고 협의회의 업무를 총괄하고 협의회를 대표를 한다.
3. 부위원장은 국토교통부 기술정책과장이 되고 위원장이 부득이한 사유로 직무를 수행할 수 없는 경우 그 직무를 대행한다.
4. 위원은 건설사업정보화 관련부처의 담당과장, 국토교통부 산하 투자기관 및 공단 등의 임원, 국내 연구기관의 연구책임자, 건설사업정보화 관련단체 및 민간전문가 등으로 구성한다.
5. 민간전문가 위원은 협의회 위원의 추천에 의하여 위원장이 위촉하고 임기는 2년으로 하되, 연임할 수 있다.

第72조(기능) 협의회는 다음 각 호의 사항을 협의·조정하다.

1. 건설사업정보화 추진방향 및 상호 협조사항 협의
2. 건설사업정보화 연도별 시행계획 심의
3. 건설사업정보화 추진 관련기관간 역할 조정
4. 건설사업정보화 추진예산 확보
5. 사업결과 평가
6. 기타 건설사업정보화 활성화을 위해 국토교통부장관이 필요하다고 인정하는 사항

第73조(회의 및 의결 등) ① 위원장은 반기별 정례회의 또는 위원장이 필요하다고 인정하는 경우에 회의를 소집할 수 있으며 다음 각 호와 같이 의결한다.

1. 협의회의 회의는 출석위원 과반수의 찬성으로 의결한다.
2. 의결에 있어 위원장은 표결권을 가지며 가부동수인 경우에는 결정권을 가진다.
3. 위원장은 의회의 결정사항중 위원이 소속된 기관에서 조치해야 할 사항에 대하여는 관련기관장에게 통보하고 관련기관의 협조를 요청할 수 있다.

② 국토교통부장관은 협의회와 실무위원회의 회의에 출석한 위원에 대하여는 예산의 범위 내에서 수당을 지급할 수 있다. 다만, 공무원인 위원이 그 소관업무와 직접 관련하여 회의에 출석한 경우에는 그러하지 아니하다.

第74조(실무위원회의 구성 및 기능) ① 실무위원회를 다음 각호와 같이 구성하여 운영할 수 있다.

1. 실무위원회의 위원장은 협의회 부위원장이 되며 위원회의 업무를 총괄한다.
2. 실무위원회의 위원은 정부의 건설사업정보화 관련정부부처와 관련단체 등의 추천을 받아 협의회 위원장이 임명하며, 임기는 2년으로 하되 연임할 수 있다.

② 실무위원회는 다음 각 호와 같은 사항을 검토할 수 있으며 위원장은 필요할 경우 실무위원회에서 검토한 주요사항을 협의회에 상정 또는 보고하여야 한다.

1. 제72조에 의한 협의회의 기능의 세부 추진에 필요한 사항
2. 건설사업정보화 관련 정보수집·분석·보급에 관한 사항
3. 건설사업정보화 관련 국가간 또는 국제기구와의 협력 및 교류
4. 건설사업정보화사업 적용을 위한 관련 법령·제도 개선 검토
5. 협의회에 상정할 안건의 사전검토
6. 기타 위원장이 필요하다고 인정되는 사항

제5장 건설공사 정보의 공개 및 공동이용

제75조(건설공사정보 공개의 원칙) 발주청은 건설공사의 실시설계, 인·허가, 입찰·계약, 시공, 건설사업관리, 유지관리 등 건설공사의 시행과정에서 발생하는 정보(이하 "건설공사정보"라 한다)의 이용 및 공유가 원활하게 이루어지도록 하기 위하여 당해 기관이 보유·관리하는 건설공사정보중 건설공사의 시행에 도움이 되거나 국민의 알권리를 보장하는 정보는 공공기관의정보공개에관한법률 제3조와 영 제41조제2항제4호의 규정에 의하여 공개하여야 한다. 다만, 국가의 안전보장이나 법률로 보호되는 법인·단체의 비밀 또는 권익, 개인의 사생활을 침해하는 것은 그러하지 아니하다.

제76조(공개대상 건설공사정보의 범위 등) ① 건설공사정보의 범위는 다음 각호와 같다.

1. 규칙 제40조의 규정에 의한 설계도서
2. 공사계약일반조건(기획재정부 계약예규) 제3조의 규정에 의한 계약문서
3. 기타 건설공사의 시행과정에서 발주청과 설계·시공·건설사업관리 등 건설관련업자가 교환하는 별표16에 예시된 정보

② 발주청은 제1항의 규정에 의한 건설공사정보중 공공기관의정보공개에관한법률 제9조제1항의 규정에 의한 정보는 공개하지 아니할 수 있으며, 건설공사정보 공개의 등급별 분류기준은 별표17과 같다.

제77조(정보공개의 절차 등) ① 정보공개의 청구방법, 정보공개여부의 결정, 정보공개심의회의 설치·운영, 정보공개의 방법 및 비용부담 등에 대하여는 공공기

관의정보공개에관한법률이 정하는 바에 따른다.

② 건설공사정보의 공개를 청구하는 자(이하 "청구인"이라 한다)는 공공기관의 정보공개에 관한 법률 제10조의 규정에 따라 정보공개청구서를 작성하여 당해 정보를 보유하거나 관리하고 있는 발주청에 제출하여야 하며, 이를 접수한 발주청은 별표18에 따라 처리하여야 한다.

③ 발주청은 청구인이 공개청구한 정보의 공개여부를 별표17의 기준에 따라 처리하여야 하며, 공개여부를 결정하기 곤란한 사항에 대하여는 공공기관의 정보공개에 관한 법률 제12조에 따른 정보공개심의회의 심의를 거쳐 공개여부를 결정할 수 있다.

④ 발주청은 제3항의 규정에 의한 정보공개심의회를 구성함에 있어 건설공사 관련 외부전문가를 1인이상 위촉하여야 한다.

⑤ 발주청은 건설공사정보를 공개함에 있어 우송이 곤란하거나 기타 상당한 이유가 있다고 인정될 때에는 당해 정보를 열람시키는 것으로 공개를 갈음할 수 있다.

⑥ 청구인에 의한 건설공사정보의 공개청구와 발주청에 의한 정보의 공개는 정보통신망 이용촉진 및 정보보호 등에 관한 법률 제2조제1호에 따른 정보통신망을 이용한 송·수신을 통해 청구 또는 공개할 수 있다.

제78조(정보의 공동이용) ① 발주청이 수집·보유하고 있는 건설공사 정보는 이를 필요로 하는 다른 기관과 공동으로 이용할 수 있으며, 정보의 원활한 연계·공유를 위해 정보통신망을 이용할 수 있다. 다만, 공동이용 내용중 개인정보는 공공기관의개인정보보호에관한법률이 정하는 경우를 제외하고는 당사자의 의사에 반하여 사용될 수 없다.

② 공동이용되는 정보와 관련하여 제공기관은 당해 정보의 정확성을 유지하여야 한다.

③ 발주청이 공동이용을 목적으로 정보통신망을 통하여 정보를 전송하고자 하는 경우에는 안전성과 신뢰성 확보를 위해 충분한 보안대책을 강구하여야 한다.

제79조(정보통신망의 활용) ① 발주청은 공공기관의 정보공개에 관한 법률 제6조제2항에 의하여 청구인이 당해기관을 직접 방문하지 않고 정보공개업무를 처리할 수 있도록 필요한 시설 및 시스템을 구축할 수 있다.

② 발주청은 정보통신망을 이용한 창구를 통하여 다른 기관 상호간 또는 국민에 대한 정보공개 서비스를 제공할 수 있다

③ 발주청은 정보공개와 관련한 절차 및 기준 등을 청구인이 알 수 있도록 정보통신망 등을 활용하여 국민에게 제공하여야 한다.

제80조(정보의 연계 및 공유 촉진) 국토교통부장관은 영 제41조제2항제4호의 규정에 따라 발주청이 전자적으로 생산, 유통 또는 저장하고 있는 건설공사정보에 대한 연계·공유를 촉진하기 위하여 필요한 조치를 취할 수 있다.

제5편 공사비산정기준의 관리

제1장 일반사항

제81조(공사비산정기준의 활용) 이 규정에 의해 제정되는 공사비산정기준은 국가, 지방자치단체, 정부투자기관에서 시행하는 건설공사의 예정가격을 산정하는 기초자료로 활용할 수 있다.

제82조(관리기관의 지정 등) ① 법 제45조제2항에 따라 한국건설기술연구원을 표준시장단가 및 품셈에 대한 관리기관(이하 "공사비산정기준 관리기관"이라 한다)으로 지정한다.

② 공사비산정기준 관리기관의 장은 다음의 업무를 관장하여 효율적으로 운영·관리하여야 한다.

1. 표준시장단가 및 표준품셈 제·개정
2. 표준시장단가 및 표준품셈 연구, 조사, 해석 및 보급
3. 표준시장단가 및 표준품셈 데이터베이스 구축
4. 표준시장단가 및 표준품셈 민원 처리를 위한 홈페이지 운영
5. 건설신기술 공사비기준 조사 및 검토(일반건설, 스마트건설)
6. 스마트건설 마당 신청 기술 공사비 검토
7. 스마트건설 공사비 산정기준 제·개정(건설자동화, 모듈러, BIM 단가 등)
8. 노후인프라 성능개선 원가기준 제·개정
9. 설계용역 대가 선진화 조사 및 연구

③ 공사비산정 관리기관은 제2항의 업무를 효율적으로 수행하기 위하여 관리기관 내에 독립된 기구(공사비원가관리센터)를 설치 운영하여야 한다.

④ 국토교통부장관은 공사비산정기준 관리기관이 관련업무를 고의로 태만히 하거나 공신력에 있어 물의를 야기하는 등 지속적인 업무수행이 부적절하다고 인정될 때에는 공사비산정기준 관리기관의 지정을 철회하거나 취소할 수 있다.

제83조(관리자료 수집기관 지정) 다음 각 호의 기관을 표준시장단가 및 품셈에 대한 관리자료 수집기관으로 지정한다.

1. 국가, 지방자치단체, 한국수자원공사사장, 한국도로공사사장, 한국토지주택

공사사장, 부산교통공단이사장, 한국철도시설공단이사장 및 국가 또는 지방자치단체가 납입자본금의 2분의1 이상을 출자한 단체의 장

2. 대한건설협회장, 대한전문건설협회장, 대한건축사협회장, 대한기계설비건설협회장, 대한건설기계협회장, 공간정보산업협회장 또는 한국건설교통신기술협회장

3. 국토지리정보원장, 지방국토관리청장, 지방항공청장

제84조(출연금의 지원 등) ① 표준시장단가 및 품셈관리업무에 필요한 경비는 정부 또는 정부외의 자의 출연금 등으로 충당한다.

② 국토교통부장관은 정부의 출연금을 표준시장단가 및 품셈 관리업무의 내용, 착수시기 및 월별 소요액 등을 고려하여 일시급 또는 분할급으로 공사비산정기준 관리기관의 장에게 지급하며 정부외의 자의 출연금은 각 기관·단체의 장으로 하여금 공사비산정기준 관리기관의 장에게 지급하도록 한다.

제85조(출연금 등의 관리 및 사용) ① 제84조제1항의 규정에 의한 출연금은 표준시장단가 및 품셈 관리업무, 기타 공사비산정기준 관리기관의 장이 국토교통부장관과 협의된 사업에 한하여 사용한다.

② 공사비산정기준 관리기관의 장은 제84조제2항의 규정에 의하여 출연금을 지급 받은 경우에는 출연금 집행에 대한 회계관리사항을 증빙할 수 있도록 별도의 계정을 설정하고, 별표19에 따라 출연금 집행계획을 수립·관리하여야 한다.

제2장 표준시장단가의 관리

제86조(표준시장단가 관리 등에 관한 추진계획 수립) ① 공사비산정기준 관리기관의 장은 다음 각호의 사항이 포함된 표준시장단가 관리 등에 관한 추진계획을 수립하여 매년 2월말까지 국토교통부장관에게 제출하여야 한다.

1. 표준시장단가 적용 후보공종 및 적용범위
2. 표준시장단가 자료 조사 및 분석방법
3. 표준시장단가 단가집 및 건설공사비 지수 등의 발간에 관한 사항
4. 「예정가격 작성기준」 제39조 제3항에 규정된 법정요율에 관한 사항
5. 기타 표준시장단가 제도 운영 등에 필요한 사항

② 국토교통부장관은 제1항의 규정에 의해 제출된 추진계획을 검토하여 변경이 필요한 경우에는 공사비산정기준 관리기관의 장에게 이를 요구할 수 있다. 이 경우 공사비산정기준 관리기관의 장은 특별한 사유가 없는 한 이를 반영하여야 한다.

③ 국토교통부장관은 추진계획 검토를 위하여 필요한 경우에는 중앙건설기술심의위원회의 심의를 거칠수 있다.

제87조(표준시장단가 자료의 제출) ① 소속기관의 장은 제97조제1항에 따른 공사비산정위원회 운영을 원활히 하기 위해 표준시장단가 후보공종에 대해 다음 각 호의 자료를 매년말까지 공사비산정기준 관리기관의 장에게 제출하여야 한다.

1. 이미 수행한 공사의 계약단가, 입찰단가와 시공단가 등 표준시장단가 산출에 필요한 자료
2. 건설현장의 시장상황과 시공 상황 등 건설공사비 보정체계 구축에 필요한 자료
3. 기타 공사비 산정기준 조사, 연구 등에 필요한 자료

② 관련기관의 장 및 관련협회의 장은 표준시장단가 적용이 필요한 공종에 대해 제1항제1호부터 제3호에 해당하는 자료를 매년말까지 공사비산정기준 관리기관의 장에게 제출할 수 있다.

③ 소속기관의 장 및 관련기관의 장은 제1항 및 제2항에 따른 자료를 제출하는 경우 등 현장조사 및 검증에 필요한 경우 공사비산정기준 관리기관의 장에게 협조하여야 한다.

④ 공사비산정기준 관리기관의 장은 필요한 경우 제87조제3항에 따라 현장조사 및 검증에 대하여 전문단체에 용역을 의뢰할 수 있다.

제88조(표준시장단가 적용대상 공종 및 단가의 확정 등) ① 공사비산정기준 관리기관의 장은 제86조의 규정에 의하여 수립된 계획에 따라 표준시장단가 적용대상 공종 및 단가(이하 "표준시장단가"라 한다)에 대한 심의안을 마련하여야 한다.

② 공사비산정기준 관리기관의 장은 제1항에 따라 마련된 표준시장단가 심의안을 제97조제1항에 따른 공사비산정위원회에 제출하고자 할 때에는 국토교통부장관과 사전협의를 거쳐야 한다.

③ 공사비산정기준심의위원회는 국토교통부장관의 사전협의를 거쳐 제출된 표준시장단가 심의안에 대하여 심의를 거쳐 표준시장단가를 확정한다.

④ 국토교통부 장관은 제3항에 따라 확정된 표준시장단가를 15일 이내에 공고하여야 한다.

제89조(건설공사비 지수의 관리 등) ① 공사비산정기준 관리기관의 장은 건설공사비 지수와 관련하여 통계법 제15조의 규정에 의하여 통계 지정기관으로 지정을 받아야 하며 통계법 제18조의 규정에 의하여 통계작성 승인을 받아야 한다.

② 공사비산정기준 관리기관의 장은 표준시장단가에 활용할 수 있는 건설공사 종류별 건설공사비 지수를 산출하여 매월 발표하여야한다.

제90조(건설공사비 보정체계 구축) ① 공사비산정기준 관리기관의 장은 표준시장단가의 산출시 지역별·공사별 특수성에 따라 보정할 수 있는 기준을 구축하여야 한다.

② 발주청은 표준시장단가를 당해 공사에 적용할 경우 기준가격 및 비용 등을 부당하게 감액하거나 과잉 계상되지 않도록 하여야 하며, 공사의 특수성에 따라 보정이 필요한 경우 제1항에서 정한 보정기준 범위 내에서 법 제6조제1항에 따른 기술자문위원회의 심의를 거쳐 보정할 수 있다.

③ 공사비산정기준 관리기관의 장은 현장조사를 통한 개정 대상 이외의 공종에 대하여 이전에 공고된 표준시장단가를 산출할 수 있으며, 물가보정 방법은 다음 각 호에 따른다.

1. 공종별 표준시장단가에 노무비가 구분되는 경우, 노무비는 '건설업임금실태조사보고서의 일반공사직종 평균임금', 재료비 및 경비는 '건설공사비 지수'를 활용하여 물가 보정한다.
2. 공종별 표준시장단가에서 노무비가 구분되지 않는 경우, 노무비와 재료비 및 경비를 포함하는 표준시장단가에 대해 건설공사비 지수를 활용하여 물가 보정한다.

제3장 표준품셈의 관리

제91조(표준품셈관리자료의 수집 등) ① 관련기관의 장 및 관련협회의 장은 제97조제2항에 해당하는 사항의 심의에 필요한 근거자료를 첨부하여 매년말까지 공사비산정기준 관리기관의 장에게 표준품셈의 제정·개정 및 관리(이하 "표준품셈의 제정 등"이라 한다)에 관한 심의를 요청할 수 있다.

② 소속기관의 장은 표준품셈의 제정 등에 대한 연구와 자체자료 수집을 하여야 하며 제97조제2항에 해당되는 사항, 신자재 사용, 공법개발 등에 따른 표준품셈자료를 매년말까지 공사비산정기준 관리기관의 장에게 제출하여야 한다.

③ 삭제

④ 공사비산정기준 관리기관의 장은 필요한 경우 소속기관의 장에게 특정항목에 대한 표준품셈의 제정 또는 개정안 제출을 요구하거나 소속기관의 장과 합동으로 제92조제1항제2호의 규정에 의한 실사결과의 적정성 여부의 검토 및 제97조제2항의 사항을 합동으로 연구·조사할 수 있다.

⑤ 공사비산정기준 관리기관의 장은 안건의 제출은 물론 필요한 경우 제97조제2항에 대하여 전문단체에 용역을 의뢰할 수 있다.

⑥ 소속기관의 장 또는 제1항의 규정에 의거 표준품셈의 제정 등에 관하여 필요한

사항의 심의를 요청한 자는 표준품셈관리자료 수집 및 현장실사시 조사·연구를 위한 제반 편의제공에 협조하여야 한다.

제92조(표준품셈의 제정 등) ① 공사비산정기준 관리기관의 장은 다음 각호의 사항이 포함된 표준품셈의 제정 등에 관한 추진계획을 수립하여 매년 2월말까지 국토교통부장관에게 제출하여야 한다.

1. 표준품셈의 제정 등에 필요한 항목 및 내용
2. 표준품셈관련자료의 확인을 위한 실사계획 및 실사기관
3. 표준품셈의 제정 등을 위한 추진일정
4. 기타 표준품셈의 제정 등에 필요한 사항

② 국토교통부장관은 제1항의 규정에 의해 제출된 추진계획을 검토하여 변경이 필요한 경우에는 공사비산정기준 관리기관의 장에게 이를 요구할 수 있다. 이 경우 공사비산정기준 관리기관의 장은 특별한 사유가 없는 한 이를 반영하여야 한다.

③ 국토교통부장관은 추진계획 검토를 위하여 필요한 경우에는 중앙건설기술심의위원회의 심의를 거칠 수 있다.

④ 삭제

제93조(표준품셈의 확정) ① 공사비산정기준 관리기관의 장은 제92조의 규정에 의하여 수립된 계획에 따라 표준품셈 제·개정에 대한 심의안(이하 "표준품셈 심의안"이라 한다)을 마련하여야 한다.

② 공사비산정기준 관리기관의 장은 제1항의 규정에 따라 마련된 표준품셈 심의안을 제97조제1항에 따른 공사비산정위원회에 제출하고자 할 때에는 국토교통부장관과 사전협의를 거쳐야 한다.

③ 공사비산정위원회는 국토교통부장관의 사전협의를 거쳐 제출된 표준품셈 심의안에 대하여 심의를 거쳐 표준품셈을 확정한다.

④ 국토교통부 장관은 제3항에 따라 확정된 표준품셈은 15일 이내에 이를 공고하여야 한다.

제4장 신기술품셈의 관리

제94조(신기술 원가계산서 검토 및 품셈안 작성) ① 영 제117조제1항에 따라 건설신기술 지정심사 업무를 위탁받은 관리기관(이하 "건설신기술 심사기관"이라 한다)의 장은 법 제14조에 의한 신기술 지정신청이 있는 경우 공사비산정기준 관리기관의 장에게 원가계산서와 별지 제23호 서식에 대한 검토를 요청하여야

한다.

② 공사비산정기준 관리기관의 장은 건설신기술 심사기관의 장으로부터 제1항에 따라 원가계산서의 적정성 검토를 의뢰받은 경우, 별지 제24호 서식에 따라 1차 검토결과를 30일 이내에 건설신기술 심사기관의 장에게 제출하여야 한다.

③ 건설신기술 심사기관의 장은 영 제32조의 신기술심사위원회(이하 "심사위원회"라 한다) 1차 심사가 통과된 기술에 대한 심사결과 및 심사위원회의 2차 심사일정 등을 공사비산정기준 관리기관의 장에게 통보하여 건설신기술품셈안 작성을 요청하여야 한다.

④ 공사비산정기준 관리기관의 장은 필요한 경우, 건설신기술 심사기관의 장이 실시하는 건설신기술 현장실사에 참석하여 신기술원가계산서 및 건설신기술품셈안의 적정성에 대해 검증할 수 있다.

⑤ 공사비산정기준 관리기관의 장은 필요한 경우 제2항 및 제4항에 대하여 전문단체에 용역을 의뢰할 수 있다.

⑥ 공사비산정기준 관리기관의 장은 제3항에 따라 요청받은 기술에 대한 건설신기술품셈안을 작성하여 심사위원회의 2차 심사 전까지 건설신기술 심사기관의 장에게 제출하여야 한다.

제95조(건설신기술품셈의 확정) ① 건설신기술 심사기관의 장은 2차 심사가 통과된 기술에 대한 심사결과를 공사비산정기준 관리기관의 장에게 통보하고, 공사비산정기준 관리기관의 장은 건설신기술 지정・고시전까지 건설신기술품셈을 확정하여 국토교통부장관에게 제출하여야 한다.

② 국토교통부 장관은 건설신기술 지정・고시 후 15일 이내에 건설신기술품셈을 공표하여야 한다.

③ 공사비산정기준 관리기관의 장은 표준품셈의 제・개정 시 보호기간 내 건설신기술품셈의 개정 필요성을 함께 검토하여 이를 반영하여야 한다.

제96조(건설신기술품셈의 변경) ① 건설신기술 심사기관의 장은 신기술개발자의 심의요청이나 필요에 따라 신기술의 범위 또는 시방서의 변경 등의 사유로 건설신기술품셈을 변경하고자 하는 경우에는 공사비산정기준 관리기관의 장에게 건설신기술품셈 변경에 대한 검토를 요청하여야 한다.

② 공사비산정기준 관리기관의 장은 제1항에 따라 건설신기술품셈의 변경을 요청받은 때에는 그 적정성을 검토하여 30일 이내에 건설신기술 심사기관의 장에게 통보하여야 한다.

③ 건설신기술 심사기관의 장은 제2항의 심사결과 건설신기술 변경사항 인정시 공사비산정기준 관리기관의 장에게 통보하고 공사비산정기준 관리기관의 장은

변경내용 확인 후 건설신기술품셈을 변경, 확정하여야 한다.

④ 공사비산정기준 관리기관의 장은 건설신기술품셈 변경이 확정되면 세부 내용을 국토교통부장관에게 제출하고, 15일 이내에 건설신기술품셈을 공표하여야 한다.

제5장 공사비산정기준 심의위원회 운영 및 구성

제97조(위원회의 운영) ① 법 제45조제1항에 따른 공사비 산정기준에 관한 제・개정 사항을 검토하기 위하여 공사비 산정기준 심의 위원회(이하 "공사비산정위원회")를 둘 수 있다.

② 제1항에 따라 공사비산정위원회에서 심의하는 사항은 다음 각호와 같다.

1. 표준시장단가 적용대상 공종 및 단가의 적정성 등에 관한 사항
2. 표준품셈의 제정 등에 관한 사항
3. 그 밖의 표준시장단가 및 표준품셈 관리 업무에 관한 사항

제98조(위원회의 구성) ① 공사비산정위원회는 위원장 1명과 10명의 위원(이하 "위원"이라 한다)으로 구성하되 위원은 발주청과 민간 동수(同數)로 한다.

② 공사비산정위원회의 위원은 건설공사비 산정과 관련한 관련기관의 업무담당자 및 전문적인 지식이 있는 다음 각 호의 사람으로 국토교통부 장관이 위촉한다.

1. 표준시장단가 및 표준품셈을 담당하는 국토교통부 소속 5급이상 일반직공무원(고위공무원단에 속하는 일반직공무원을 포함한다) 또는 이에 상당한 공무원
2. 공사비산정기준 관리기관 연구원 및 건설관련 학과의 교수
3. 발주청 소속 공무원 또는 임직원
4. 건설관련 단체의 임직원 및 연구기관의 연구원
5. 기타 건설공사원가에 박식한 사람으로서 시민단체 및 관련협회의 장이 추천하는 전문가

③ 공사비 산정기준 관리기관의 장은 공사비산정위원회 제출할 안건을 마련하기 위하여 공사비 산정기준 관리기관은 별도의 전문가협의회를 운영할 수 있다.

④ 제2항에 따라 위촉된 위원의 임기는 2년으로 하며 연임할 수 있다.

제99조(위원장의 직무) ① 위원장은 국토교통부 기술혁신과장으로 하며, 공사비산정위원회의 업무를 총괄한다.

② 위원장이 부득이한 사유로 직무를 수행할 수 없을 때에는 위원장이 미리 지명한 위원이 그 직무를 대행한다.

③ 공사비산정위원회에 간사 1인을 두며, 간사는 공사비 산정기준 관리기관 담당 연구원으로 한다.

④ 간사는 위원장의 명을 받아 회의록의 작성 기타 공사비산정위원회의 사무를 처리한다.

제100조(회의 의사 및 의결정족수) ① 공사비산정위원회의 회의는 위원장이 주재하며, 재적과반수 이상의 출석과 출석위원 과반수의 찬성으로 의결한다.

② 위원장은 의결권이 없으며, 가부동수인 경우에는 부결된 것으로 본다.

제101조(공사비산정기준 관리기관의 세부지침) ① 공사비산정기준 관리기관의 장은 이 규정에 의한 표준시장단가 관리 및 품셈 업무 등의 원활한 수행을 위하여 필요한 세부지침을 정하여 국토교통부장관의 승인을 받아 운영하여야한다.

② 공사비산정기준 관리기관의 장은 매년 2월말까지 전년도 표준시장단가 관리 및 품셈업무의 사업결과보고서(출연금 집행실적 결과를 포함한다.)를 국토교통부장관에게 보고하여야 한다.

제6편 건설공사 현장점검 및 검사

제1장 정의

제102조(정의) 제6편에서 사용하는 용어의 정의는 다음과 같다.

1. "발주청"이란 다음 각 목의 어느 하나에 해당하는 기관을 말한다.
 가. 「국토교통부와 그 소속기관 직제」 제2조에 따른 지방국토관리청
 나. 「한국철도시설공단법」 제1조에 따라 설립된 한국철도시설공단
 다. 「한국도로공사법」 제1조에 따라 설립된 한국도로공사
 라. 「한국수자원공사법」 제1조에 따라 설립된 한국수자원공사
2. "발주청장"이란 제1호 각 목의 어느 하나에 해당하는 기관의 장을 말한다.
3. "상시관리"란 발주청장이 대상사업의 품질 및 안전관리 현황을 주기적으로 또는 필요시 점검하고 그 결과를 관리단에 보고하는 것을 말한다.
4. "점검"이라 함은 사무실 또는 건설현장, 공장 등을 방문하여 수행하는 다음 각 호의 어느 하나에 해당되는 업무를 말한다.
 가. 법 제54조에 따른 건설공사현장 등의 점검
 나. 법 제55조에 따른 품질관리의 확인
 다. 법 제57조에 따른 레미콘·아스콘 공장에 대한 점검
 라. 법 제58조에 따른 철강구조물공장 인증 및 사후관리를 위한 조사
 마. 법 제38조에 따른 건설엔지니어링사업자의 업무 수행사항 검사

바. 국가계약법 제14조에 따른 계약의 전부 또는 일부의 이행 확인
사. 기타 건설기술 진흥법령에 따라 필요하다고 인정되는 사항에 대한 점검 또는 조사

5. "점검자"라 함은 사무실 또는 건설현장, 공장 등을 방문하여 제4호의 업무를 수행하는 자를 말한다.
6. "피점검자"라 함은 점검을 받는 당사자로서 법인 및 점검업무와 관련되는 자를 말한다.
7. "점검기관"이라 함은 점검계획 수립, 점검실시, 점검결과 처리 등 점검업무를 주관하는 기관을 말한다.
8. "선물"이라 함은 대가없이(대가가 시장가격 또는 거래의 관행과 비교하여 현저히 낮은 경우를 포함한다) 제공되는 물품 또는 유가증권 · 숙박권 · 회원권 · 입장권 · 상품권 그밖에 이에 준하는 것을 말한다.
9. "향응"이라 함은 음식물 · 골프 등의 접대 또는 교통 · 숙박 등의 편의를 제공하는 것을 말한다. 다만, 점검장 내에서의 불가피한 교통제공은 제외한다.

제2장 중앙품질안전관리단

제103조(상시관리계획의 수립 · 보고 및 관리) ① 발주청장은 매년도 마다 다음 각 호의 어느 하나에 해당하는 건설공사 중에서 특별관리 대상사업을 선정하여 상시관리계획을 수립 후 제104조제4항에 따른 해당 분야별 관리단장(이하 "관리단장"이라 한다)에게 매 분기 다음 월 15일까지 보고하여야 한다.

1. 국책사업 등 대규모 건설공사
2. 저가 낙찰(70퍼센트 미만)되어 부실시공의 우려가 있는 건설공사
3. 특수공법, 대절토사면, 가시설공사 등 안전 취약공종이 포함된 사업
4. 그 밖에 발주청장이 품질확보 및 안전사고 예방을 위해 상시관리가 필요하다고 인정하는 건설공사

② 발주청장은 제1항의 상시관리계획에 따라 품질 및 안전관리 현황을 매월 서면점검 또는 필요시 현장점검하고 그 결과를 관리단장에게 매 분기 다음 월 15일까지 보고하여야 한다.

제104조(관리단의 구성) ① 중앙품질안전관리단(이하 "관리단"이라 한다)은 도로국, 철도국에 각각 두며 각 관리단별로 점검요원의 전문성확보를 위하여 외부전문가 10인 이상 15인 이하를 매년 1월 31일까지 정 하여야 한다.

② 관리단장은 제105조제1항에 따라 품질 및 안전관리 현황을 종합 점검 하고자

하는 때에는 미리 정한 외부전문가와 국토교통부 소속직원 등을 포함하여 적정 인원으로 관리단을 구성하여야 한다.

③ 관리단의 구성은 시공, 토질, 구조 등 각 분야의 전문가가 고루 포함되도록 하되, 현장경험 등을 포함한 경력, 기술자격 및 청렴도 등을 참작하여야 한다.

④ 관리단장은 도로국장, 철도국장으로 한다.

제105조(점검의 실시) ① 관리단장은 국토교통부장관의 지시에 따라 특별관리 대상사업 중 주요사업과 발주청의 상시관리 내용에 대하여 년 2회 이상 점검을 실시하여야 한다.

② 관리단장은 업무의 형편 및 점검의 중복 등을 고려하여 해빙기·우기·동절기 대비 점검 등을 제1항에 따른 점검으로 대체할 수 있다.

③ 관리단장은 점검계획을 사전에 기술안전정책관에게 통보하여야 한다.

제106조(점검방법) ① 관리단장 및 단원은 법 제54조에 따라 점검에 필요한 자료를 요구할 수 있고 해당 사무실, 공사현장 등에 출입하여 검사할 수 있다.

② 관리단장은 점검하려는 현장의 부실시공 우려제기 등 구체적인 민원이 제기된 경우를 제외하고는 점검 3일 전까지 해당 현장의 책임건설사업관리기술인 및 현장대리인에게 점검목적, 일시, 점검자, 점검내용 등을 통보하여야 한다

③ 관리단장 및 단원은 점검을 수행하는 때에는 국토교통부장관이 발급하는 별지 제1호서식의 증표를 지니고 관계인에게 이를 제시하여야 한다.

제107조(점검결과의 처리) ① 관리단장은 법 제53조에 따라 벌점을 부과할 필요가 있거나 법 제24조제1항 및 제2항, 제31조에 따라 업무를 정지시킬 필요가 있는 등 관계법령에 따라 조치할 내용이 있는 경우에는 점검결과에 해당내용을 포함하여야 한다.

② 관리단장은 건설안전·품질제도의 개선 검토와 해당 발주청이 관계법령에 따라 필요한 조치를 취할 수 있도록 점검결과를 각각 기술안전정책관과 해당 발주청에 통보하는 등 필요한 조치를 취하여야 한다.

③ 제2항에 따라 점검결과를 통보받은 기술안전정책관은 반기별로 당해 내용을 검토·분석하여 필요시 건설안전·품질제도 개선 등에 활용 하여야 한다.

제108조(관리단의 책무) ① 관리단원은 관리단장의 지시에 따라 성실하게 점검업무를 수행하여야 한다.

② 관리단장 및 단원은 관리단 업무 수행과 관련하여 알게 된 사실을 누설하여서는 아니 되며 관리단 업무와 관련하여 일체의 금품수수, 향응을 받아서는 아니 된다.

③ 제1항 및 제2항을 위반한 사람은 관리단에서 제외하고 소속 단체 또는 기관에

그 사실을 통지한다.

제109조(경비지원) 관리단장은 예산의 범위내에서 관리단의 조사활동비 및 여비 등을 지원할 수 있다.

제3장 특별건설사업관리검수단

제110조(조사계획의 수립) ① 국토교통부장관은 법 제39조제2항에 따른 감독 권한 대행 등 건설사업관리(이하 "건설사업관리"라 한다)를 시행하는 건설공사 중 다음 각 호에 해당하는 건설공사의 건설사업관리에 대하여 실태조사가 필요하다고 인정하는 경우 조사계획을 수립하여야 한다.

1. 부실시공 및 안전사고 등이 발생되어 언론보도된 건설공사
2. 지방국토관리청의 부실 및 부패신고센터에 부실 건설사업관리로 신고된 건설공사
3. 지방국토관리청의 공사현장 시공실태 점검 시 부실 건설사업관리로 지적되어 업무정지 등의 조치를 받은 건설공사
4. 저가 낙찰되어 부실시공의 우려가 있는 건설공사
5. 국책사업 등 대규모 건설공사
6. 그 밖에 국토교통부장관이 건설사업관리실태의 조사가 필요하다고 인정하는 건설공사

② 제1항의 규정에 따른 조사계획에는 제111조의 규정에 따른 특별건설사업관리검수단(이하 "검수단"이라 한다)의 구성, 조사대상, 조사기간, 조사내용 등이 포함되어야 한다.

③ 국토교통부장관은 제1항의 규정에 따른 조사계획을 수립한 때에는 제111조제2항의 규정에 따른 검수단의 장(이하 "검수단장"이라 한다)에게 이를 통보하여야 한다.

제111조(검수단의 구성) ① 국토교통부장관은 제110조의 규정에 따라 건설사업관리실태를 조사하고자 하는 때에 다음 각 호에 해당되는 자 및 제112조의 규정에 따라 선정된 예비요원 중에서 3인 이상 7인 이하의 요원으로 검수단을 구성하여야 한다. 이 경우 제112조제1항제1호의 규정에 따른 예비요원이 1인 이상 포함되어야 한다.

1. 국토교통부의 6급 이상 공무원
2. 지방자치단체의 장이 추천하는 6급 이상 공무원

② 검수단장은 검수단 요원 중에서 호선한다.

③ 검수단은 제115조제1항의 규정에 따른 조사결과 보고를 완료하는 때에 해산한다.

제112조(검수단 예비요원 선정) ① 국토교통부장관은 검수단을 효율적으로 구성하기 위하여 다음 각 호에 해당하는 사람 중에서 검수단 예비요원을 선정한다.

1. 시민단체, 건설관련 학회에서 추천하는 전문가 중 30인 이내
2. 「공공기관의 운영에 관한 법률」에 따른 공공기관 중 국토교통부장관의 지도·감독을 받는 공기업·준정부기관의 장이 추천하는 부장급 이상 소속 직원 중 30인 이내
3. 「공공기관의 운영에 관한 법률」에 따른 기타공공기관 중 건설관련 연구기관의 장이 추천하는 연구위원급 이상 소속 연구원 중 15인 이내
4. 그 밖에 국토교통부장관의 요청에 따라 관계부처 또는 관계기관에서 추천하는 소속 공무원 또는 직원

② 국토교통부장관이 제1항의 규정에 따라 검수단 예비요원을 선정하고자 하는 경우에는 도로, 공항, 수자원, 항만, 철도, 토질, 구조, 시공, 설비 등 각 분야의 전문가가 고루 분포되도록 하되, 현장경험 등을 포함한 경력, 기술자격 및 청렴도 등을 참작하여야 한다.

③ 국토교통부장관이 제1항 및 제2항의 규정에도 불구하고 필요하다고 판단될 경우 예비요원 인원을 조정할 수 있다.

제113조(조사의 실시) ① 검수단장은 제110조제3항의 규정에 따라 조사계획을 통보받은 경우, 그 계획에 따라 조사를 실시하여야 한다.

② 검수단은 국토교통부장관이 따로 정한 조사요령에 따라 건설사업관리용역사업자 및 건설사업관리기술인의 부실 건설사업관리 여부를 조사하여야 한다.

③ 검수단장은 조사 착수사실 및 조사와 관련된 중요사항을 수시로 국토교통부장관에게 보고하여야 한다.

제114조(조사방법) ① 검수단은 법 제38조에 따라 조사대상 건설사업관리용역사업자 및 건설사업관리기술인에게 그 업무에 관하여 보고를 하게 하거나, 관계자료의 제출을 요구할 수 있고, 해당 사무실, 공사현장 등에 출입하여 검사할 수 있다.

② 검수단은 조사를 수행하는 때에는 국토교통부장관이 발급하는 증표를 지니고 관계인에게 이를 내보여야 한다.

③ 제2항에 따라 국토교통부장관이 발급하는 증표는 별지 제26호서식과 같다.

제115조(조사결과의 처리) ① 검수단장은 제113조의 규정에 따른 조사결과를 국토

교통부장관에게 보고하여야 한다.

② 검수단장은 조사결과 건설사업관리용역사업자 또는 건설사업관리기술인에 대하여 벌점을 부과할 필요가 있거나, 건설사업관리업무를 정지시킬 필요가 있는 등 관계법령의 위반사항에 대하여 관계법령에 따라 조치할 내용이 있는 경우에는 제1항의 규정에 따른 조사결과 보고에 해당 내용을 포함하여야 한다.

③ 국토교통부장관은 발주청으로 하여금 검수단이 보고한 조사결과를 건설사업관리용역 중간평가에 반영하고, 관계법령에 따라 필요한 조치를 취하도록 관련 내용을 해당 발주청에 통보하는 등 필요한 조치를 취하여야 한다.

제116조(검수단 요원의 책무) ① 검수단 요원은 단장의 지시에 따라 성실하게 조사업무를 수행하여야 한다.

② 검수단 요원은 국토교통부장관으로부터 통보받은 조사계획 및 검수단 업무수행과 관련하여 알게 된 사실을 누설하여서는 아니 된다.

③ 검수단 요원은 검수단 업무와 관련하여 일체의 금품수수, 향응을 받아서는 아니 된다.

④ 제2항 및 제3항의 규정을 위반한 자는 검수단 예비요원에서 제외하고, 검수단 요원 지정을 취소하며, 소속 단체 또는 기관에 그 사실을 통지한다.

제117조(경비지원) 국토교통부장관은 예산의 범위에서 검수단의 조사활동비 및 여비 등을 지원할 수 있다.

제4장 건설공사의 검사

제118조(검사의 종류) 건설공사에 대한 검사의 종류는 다음과 같다.

1. 기성부분검사 : 공사준공 이전에 부분적으로 행하는 검사
2. 준공검사 : 공사가 완공되었을 때 전부분에 대하여 행하는 검사
3. 하자검사 : 공사의 하자기간이 만료되거나 기간만료이전에 하자발생으로 하자보수를 완성하였을 때 행하는 검사
4. 예비준공검사 : 주요공사에 대하여 공사준공 1월전까지 공사주무부서에서 준공기한내 준공가능여부 및 미진사항의 사전보완을 위하여 행하는 검사
5. 특별검사 : 발주청이 특히 필요하다고 인정하여 행하는 검사

제119조(검사원의 제출) ① 계약자는 공사비를 청구하기 위하여 공사의 기성부분 또는 전부에 대하여 검사를 받고자 할 때에는 별지 제3호 서식에 의한 공사기성부분 검사원 또는 별지 제4호 서식에 의한 준공검사원을 발주청에 제출하여야 한다.

② 계약자는 하자보증기간만료 이전에 발생한 하자에 대한 보수를 완성하였을 때에는 별지 제5호 서식에 의한 하자보수준공검사원을 발주청에 제출하여야 한다.

③ 예비준공검사는 공사감독자가 공사주무부서에 준공 45일전까지 서면으로 요청한다.

제120조(검사공무원의 임명) ① 발주기관의 장은 계약자로부터 기성부분 검사원, 준공검사원, 하자보수준공검사원(이하 "검사원"이라 한다)을 접수하였을 때에는 접수된 날부터 3일이내에 공사의하자보증기간만료로 인한 하자검사의 경우에는 하자보증기간 만료 2일전에 검사공무원(이하 "검사관"이라 한다) 및 입회공무원(기성부분 검사 및 하자검사시는 생략할 수 있음)을 임명하여야 한다. 이 경우 검사관은 불가피한 경우를 제외하고는 관련분야의 기술직공무원을 검사관으로 임명하여야 한다.

② 국가계약법시행령 제57조의 규정에 의거 특별한 기술을 요하는 공사 또는 유지보수에 관한 공사 등에 대하여는 공사감독자를 검사관으로 임명할 수 있다.

③ 각종설비, 복합공사 등 특수공종이 포함된 공사준공검사의 경우 전문기술인를 포함한 준공검사반을 구성할 수 있다.

④ 제118조제5호 규정에 의한 특별검사를 행하기 위한 검사관 및 입회공무원의 임명은 발주청이 행하여야 한다.

⑤ 발주청이 검사관 또는 입회공무원을 임명하였을 때에는 즉일로 전화·전신 또는 기타의 방법으로 당해 공무원에게 통지하여야 한다.

⑥ 발주청은 부득이한 사유로 소속공무원이 검사할 수 없다고 인정될 때에는 소속공무원 이외의 자 또는 검사기관으로 하여금 그 검사를 하게 할 수 있다. 이 경우 검사결과는 서면으로 작성하여야 한다.

⑦ 예비준공검사의 검사관지명 및 예비준공검사는 공사주무부서에서 실시한다.

제121조(검사관의 임무) ① 검사관은 당해 공사의 현장에 공사감독자 및 계약자 또는 그 대리인 등을 입회케하여 계약서, 설계도서, 기타 관계서류에 따라 다음 각호의 사항을 검사하여야 한다.

1. 기성부분검사

가. 기성부분내역이 설계도서대로 시공되었는지 여부

나. 사용된 자재의 규격 및 품질에 대한 시험의 실시여부

다. 시험기구의 비치와 그 활용도의 판단

라. 지급자재의 수불실태

마. 지하 또는 기초부분의 시공확인과 시공과정을 촬영한 사진의 확인

바. 기성검사원에 대한 공사감독자의 검토의견서
사. 기타 검사관이 필요하다고 인정하는 사항
2. 준공검사
가. 준공된 공사가 설계도서대로 시공되었는지의 여부
나. 공사시공시의 공사감독자가 비치한 제기록에 대한 검토
다. 폐품 또는 발생물의 유무 및 처리의 적정 여부
라. 지급자재의 사용적부와 잉여자재의 유무 및 그 처리의 적정여부
마. 제설비의 제거 및 원상복구정리상황(토석채취장 포함)
바. 준공검사원에 대한 공사감독자의 검토의견서
사. 기타 검사관이 필요하다고 인정하는 사항
3. 하자검사
가. 준공도면에 의거 시설물 전반에 대한 하자발생 유무
나. 하자보수가 완성되었을 때에는 설계도서 또는 보수지시대로 시공되었는 지 여부
다. 기타 검사관이 필요하다고 인정되는 사항

② 검사관은 시공된 부분이 수중 지하구조물의 내부 또는 저부 등 시공후 매몰되어 사후검사가 곤란한 부분과 주요구조물에 중대한 피해를 주거나 대량의 파손 및 재시공행위를 요하는 검사는 제59조의 규정에 의한 감독조서와 사전검사, 검측확인서류 등을 근거로하여 검사를 행한다. 이 경우 검사관은 실제검사한 사항에 대하여만 책임을 진다.

③ 예비준공검사관은 준공검사에 준하여 검사를 행한 후 지적사항에 대하여는 발주청에 보고하여야 하며, 발주청은 계약자로 하여금 지적사항을 시정토록 하고 준공검사관으로 하여금 검사시에 이의 시정여부를 확인하도록 하여야 한다.

제122조(검사조서의 작성) ① 검사관은 임명통지를 받은 날부터 8일 이내에 검사를 완료하고 기성부분검사는 별지 제6호 서식, 예비준공검사는 별지 제7호 서식, 준공검사는 별지 제8호 서식에 의한 검사조서를 작성하여 검사완료일부터 3일 이내에 검사결과를 발주청에 보고하여야 한다.

② 전항의 준공검사조서에는 별지 제9호 서식에 의한 공사감독자 감독조서와 준공사진을, 준설공사에 대한 준공검사조서에는 준공수심 평면도를 첨부하여야 한다.

③ 발주청은 해일등 천재지변 또는 기타 이에 준하는 불가항력으로 인하여 제1항의 규정에 의한 기간을 준수할 수 없을 경우에는 발주청이 필요한 최소한의 범위내에서 검사기간을 연장할 수 있다.

제123조(감독조서의 작성) 공사감독자는 계약자로부터 기성부분 검사원 또는 준공

검사원을 접수하였을 때에는 접수된 날부터 5일이내에 별지 제9호 서식에 의한 공사감독자 감독조서를 작성하여 발주청에 다음 서류를 구비하여 검사원과 함께 제출하여야 한다.

1. 공사에 사용한 재료의 품질, 품명 및 규격에 관한 서류
2. 시공후 매몰부분에 대한 공사감독자의 검사기록서류 및 시공당시의 사진
3. 공사의 사전검측 확인 서류
4. 품질시험・검사성과 총괄표
5. 법 제63조의 규정에 의한 안전관리비 사용내역
6. 산업안전보건법 제30조의 규정에 의한 산업안전보건관리비 사용내역
7. 지급자재 잉여분 조치현황
8. 기타 공사감독자가 필요하다고 인정하는 서류

제124조(불합격공사에 대한 재시공 명령) 검사관은 검사에 합격되지 아니한 부분이 있을 때에는 발주청에 지체없이 그 내용을 보고하고 발주청의 지시에 따라 즉시 계약자로 하여금 보완시공 또는 재시공하게 하고, 발주청은 당해 공사의 검사를 위하여 임명된 검사관으로 하여금 재검사를 하게 하여야 한다.

제125조(공사현장의 사후관리) 준공검사관은 공사가 완공되었을 때에는 공사의 시행으로 인하여 발생한 모든 폐물 잉여자재 및 가건물과 토석채취장에 방기된 토사와 토석 등을 계약자로 하여금 지체없이 제거 또는 방출케 하는등 공사현장 주위환경의 정리된 상태를 확인한 후 검사에 임하여야 한다.

제126조(준공표지설치확인) 준공검사관은 준공검사에 합격된 공사에 대하여 계약자가 건설산업기본법 제42조 및 동법시행규칙 제32조의 규정에 의한 준공표지를 설치하였는지 여부를 확인하여야 한다.

제5장 청렴도 향상을 위한 건설현장 등 점검자 행동요령

제127조(성실의무 등) ① 제102조제5호에 따라 건설공사의 점검업무를 수행하는 자(이하, 점검자라 한다)는 공인으로서의 투철한 책임감을 가지고 공명정대한 자세로 업무를 하여야 한다.

② 점검자는 항상 창의적인 노력과 관계법령을 숙지하여 점검자로서의 자질을 구비하도록 노력하여야 한다.

③ 점검자는 항상 친절과 봉사하는 자세로 업무를 수행하여야 한다.

제128조(점검업무수행을 저해하는 지시에 대한 처리) ① 점검자는 상급자가 공정

한 점검업무수행을 저해하는 지시를 한 경우에는 그 사유를 당해 상급자에게 별지 제10호서식에 따라 소명하고 지시에 따르지 아니할 수 있다.

② 제1항의 규정에 의한 지시의 불이행에도 불구하고 같은 지시가 계속될 때에는 즉시 점검기관의 장(점검기관의 장이 당사자인 경우에는 직근상급기관의 장을 말한다. 이하같음)에게 보고하여야 한다.

③ 제1항 또는 제2항의 규정에 의한 보고를 받은 점검기관의 장은 필요하다고 인정되는 경우에는 지시의 취소・변경 등 적절한 조치를 하여야 한다. 이 경우 공정한 점검업무수행을 저해하는 지시에 대하여 제1항의 규정에 의한 지시의 불이행에도 불구하고 같은 지시를 반복하는 상급자에 대하여는 징계 등 필요한 조치를 할 수 있다.

제129조(특혜의 배제) 점검자는 점검업무를 수행함에 있어 지연・학연・혈연 등을 이유로 피점검자에게 특혜를 주어서는 아니 된다.

제130조(이해관계 점검업무의 회피) 점검자는 점검업무가 자신의 이해와 관련되거나 4촌 이내의 친족(민법 제767조의 규정에 의한 친족을 말한다) 또는 자신이 2년 이내에 제직하였던 단체 또는 그 단체의 대리인이 피점검자에 해당되는 등 공정한 업무수행이 어렵다고 판단되는 경우에는 당해 점검업무의 회피여부 등에 관하여 직근상급자와 상담한 후 처리하여야 한다.

제131조(청탁의 배제) 점검자는 점검업무와 관련하여 청탁 등이 있는 경우 별지 제11호서식에 따라 점검기관의 장에게 신고하여야 한다.

제132조(이권개입 등의 금지) 점검자는 점검업무를 이용하여 이권에 개입하거나 권한을 남용하여서는 아니 된다.

제133조(금품 등을 받는 행위의 제한) 점검자는 피점검자로부터 금전・선물・향응(이하 "금품 등"이라 한다)을 요구하거나 받을 수 없다.

제134조(점검 계획의 수립) ① 점검에 관한 계획(이하 "점검계획"이라 한다)을 수립하는 기관은 가능한 점검대상이 중복되지 않도록 노력하여야 하며, 동시에 두 가지 이상의 점검이 필요한 경우는 같은 날짜에 실시함을 원칙으로 한다.

② 점검계획 및 점검처리 절차에 대하여는 점검 3일전까지 문서 등으로 피점검자에게 통보하여야 한다. 다만, 긴급점검 등 불가피한 경우에는 그러하지 아니하다.

③ 점검계획에는 다음 각 호의 사항이 포함되어야 한다.

1. 점검 근거 및 목적
2. 점검일시

3. 점검자 인적사항
4. 점검의 종류 및 방법
5. 점검내용
6. 기타 점검과 관련하여 필요한 사항

④ 점검반에는 해당분야의 전문적 사항에 대한 자문을 위하여 관계전문가를 포함할 수 있다.

⑤ 점검반의 점검조 편성은 가능한 한 2인 이상 1조로 편성하고, 피점검자의 불편을 최소화하기 위해 점검에 필요한 최소인원으로 점검을 수행토록 한다.

⑥ 점검자는 안전장구 및 점검에 필요한 도구를 휴대하여, 피점검자의 부담을 최소화하여야 한다.

제135조(점검자에 대한 교육) 점검계획을 수립하는 기관은 긴급점검 등 불가피한 경우를 제외하고는 자체 교육계획을 수립하여 점검 전 점검자에게 교육을 실시하여야 하며, 교육내용에는 다음 각 호의 사항이 포함되어야 한다.

1. 점검의 목적
2. 점검과 관련된 법령에 관한 사항
3. 중점 점검사항
4. 점검자의 점검자세 등 청렴과 관련된 사
5. 기타 점검업무 수행과 관련하여 필요한 사항

제136조(점검 순서 등) ① 점검자가 점검업무를 수행할 경우 당해 피점검자가 비치하고 있는 방문기록부 등에 서명하고 점검목적, 점검일정, 점검내용, 점검결과 처리방법 등을 설명하여야 한다.

② 점검자 및 피점검자는 별지 제12호서식에 따른 청렴서약서에 청렴서약을 자필기재하고 서명 후 점검을 시작하여야 한다.

제137조(점검업무 수행) ① 점검자는 점검표를 점검에 활용하여 내실있는 점검을 실시하여야 한다.

② 점검자는 점검수행중 경미한 사항 또는 재해위험 등이 있는 사항에 대하여는 현지에서 시정지도할 수 있다.

③ 점검자는 점검결과 법령위반 사항 등에 대하여는 별지 제13호서식에 따른 확인서를 피점검자에게 징구하여야 하며, 이 경우 확인서에는 피점검자의 서명이 있어야 한다. 다만, 피점검자가 서명을 거부하는 경우 서명거부임을 명시하고 점검자가 서명할 수 있다.

④ 확인서에는 확인내용을 증명할 수 있는 사진, 도면 등을 첨부하여야 한다.

⑤ 점검자는 확인서 징구 등 점검일정이 종료되면 피점검자에게 점검결과에 대한

강평을 실시하여야 한다.

제138조(이의제기 절차) ① 점검자는 점검 종료시 피점검자에게 별지 제13호서식에 따라 확인서 내용에 대한 이의제기 방법, 절차 등을 알려 주어야 한다.

② 제1항의 규정에 의한 이의제기는 별지 제14호서식에 의해 점검일 이후 30일 이내에 서면으로 점검기관의 장에게 제출하는 것을 원칙으로 한다.

③ 점검기관의 장은 이의제기가 된 사항에 대하여 5인 이상의 관계공무원이 이의제기의 타당성 여부를 검토하고, 접수일로부터 15일 이내에 그 결과를 피점검자에게 통보함을 원칙으로 한다.

제139조(점검결과 보고) 점검자는 점검결과를 점검계획에 따른 기간 내에 점검기관의 장에게 보고하여야 한다.

제140조(점검결과 처리) ① 점검기관의 장은 점검결과 보고사항에 대하여 관련 기관에 통보 또는 시정지시, 관련 법령에 따른 행정처분 등 필요한 조치를 하여야 한다.

② 시정지시 등 사항에 대하여는 사후확인하고 미이행 시에는 건설기술진흥법령에서 정하는 바에 따라 처리하여야 한다.

제141조(사후관리 등) ① 점검자는 점검 후 피점검자의 상급자에게 전화를 걸어 청렴한 점검이 이루어졌음을 통보하여야 하며, 국토교통부장관과 점검기관의 장은 점검자가 이를 실시하였는지 피점검자에게 확인할 수 있다.

② 국토교통부장관과 점검기관의 장은 점검업무와 관련하여 점검자의 청렴도를 측정하기 위하여 피점검자를 대상으로 설문조사를 실시할 수 있다.

③ 국토교통부장관과 점검기관의 장은 제2항의 설문조사 결과 문제점으로 나타난 사항에 대하여는 향후 점검계획 수립 시 이를 보완·반영하여야 한다..

제142조(금지된 금품 등의 처리) ① 제133조의 규정에 위반되는 금품 등을 제공받은 점검자는 피점검자에게 즉시 반환하여야 한다.

② 제1항의 규정에 의하여 반환하여야 하는 금품 등이 멸실·부패·변질 등의 우려가 있거나 피점검자의 주소를 알 수 없는 등 반환하는 것이 어려운 경우에는 즉시 점검기관의 장에게 인도하여야 한다.

③ 제2항의 규정에 의하여 금품 등이 인도된 경우 점검기관의 장은 다음 각 호의 어느 하나에 따라 처리하여야 한다.

1. 멸실·부패·변질되어 경제적 가치가 없는 금품 등은 폐기처분한다.
2. 멸실·부패·변질될 우려가 있는 금품 등은 불우이웃돕기시설 등 점검기관의 장이 정하는 단체에 기증한다.

3. 그 밖에 금전적 가치가 있는 금품 등에 대하여는 국가계약법의 규정에 준하여 매각하고, 그 매각대금은 국고에 귀속한다.

제143조(징계 등) 점검자가 제142조제1항 및 제2항의 규정을 위반하여 금품 등의 반환 등 필요한 조치를 취하지 않은 경우 점검기관의 장은 당해 점검자로부터 소명자료를 제출받아 검토 후 점검자에게 징계 등 필요한 조치를 할 수 있다.

제144조(업무지도·감독) 점검기관의 장은 점검자의 업무수행 실태에 대한 지도·점검을 한 후 그 결과에 따라 점검자에게 시정을 요구할 수 있다.

제145조(유사업무 수행자 준용) 점검기관의 장은 제102조제4호의 점검과 유사한 업무를 수행하기 위해 사무실 또는 건설현장, 공장 등을 방문하게 하는 자에게 동 규정을 준용할 수 있다

제7편 건설기술진흥법 위반 제재 사무처리

제1장 일반사항

제146조(처분권자 및 업무) ① 법 제82조제1항 및 영 제115조에 의해 행정처분에 관한 국토교통부장관의 권한을 위임받은 사람과 위임사항은 다음 각 호와 같다.

1. 지방국토관리청장

가. 법 제24조제1항에 따른 건설기술인의 업무정지

나. 법 제24조제4항에 따른 건설기술경력증의 반납 접수

다. 법 제53조제1항에 따른 국토교통부장관의 부실 정도 측정 및 부실벌점 부과

라. 법 제54조제1항에 따른 건설공사현장 등의 점검과 점검 결과에 따른 시정명령 등의 조치 및 영업정지 등의 요청

마. 법 제60조제2항에 따른 품질검사를 대행하는 건설엔지니어링사업자에 대한 조사 및 시정명령 등

바. 법 제82조의 권한 중 위임된 권한에 관한 청문

사. 법 제91조제1항 각 호 및 같은 조 제2항제1호부터 제4호까지의 자에 대한 과태료의 부과·징수. 다만, 「건설산업기본법」 제8조제1항에 따른 건설사업자와 그에 소속되어 근무하는 건설기술인 제외

2. 시·도지사

가. 「건설산업기본법」 제8조제1항에 따른 건설사업자와 그에 소속되어 근무하는 건설기술인에 대한 법 제91조의 과태료 부과·징수

② 제1항제1호의 지방국토관리청장의 권한은 건설기술인의 거주지(「주민등록

법」 제10조에 의해 신고된 거주지를 말하며 이하 같다) 또는 해당 업체의 소재지가 관내에 있는 경우에 한한다.

③ 제1항제2호의 시·도지사의 권한은 건설기술인의 거주지 또는 건설업체의 소재지가 관내(시·도지사의 권한을 시·군·구청장에게 위임한 경우 해당 시·군·구청장의 관내를 말한다)에 있는 경우에 한한다.

④ 처분권자는 처분대상자의 거주지 또는 소재지의 변경 등으로 다른 처분권자에게 권한이 있는 경우에는 해당 처분권자에게 이관하고 위반사실을 통보한 기관에 알려야 한다.

제2장 처분요청 대상 선정 및 통보 등

제147조(처분요청 대상 선정 등) ① 건설기술인경력관리수탁기관(이하 "수탁기관"이라 한다)은 건설기술인이 다음 각 호의 어느 하나에 해당될 때에는 "건설기술인 등급 인정 및 교육·훈련 등에 관한 기준(국토교통부 고시)" 제13조의 규정에 관계없이 사실관계를 확인하여야 한다.

1. 군복무(현역)기간 중 업체에 재직한 것으로 신고된 경우
2. 건설기술인의 사망일(행정안전부 주민등록 전산조회 결과 등으로 확인된 경우를 말한다) 이후 해당 건설기술인의 입사신고를 하거나 건설기술진흥법령에 의한 증명서(이하 "제증명"이라 한다)가 발급된 경우
3. 건설기술인의 근무사실 확인을 위해 제출한 4대 보험 등의 증빙자료를 변경하여 2005. 7. 1 이후 신고한 근무처 또는 근무기간을 경정하는 경우
4. 퇴직한 건설기술인의 제증명이 발급된 경우
5. 건설기술경력증(이하 "경력증"이라 한다)의 대여가 의심되는 경우
6. 학력 또는 자격 등을 거짓으로 신고한 경우
7. 건설기술인이 교육이수 기한내 교육을 미이수한 경우

② 수탁기관은 다음 각 호의 어느 하나에 해당하는 경우에는 처분권자에게 해당 사실을 통보하여야 한다.

1. 본인이 위법사실을 인정하거나 실명이 확인되는 진정서가 접수된 경우
2. 발주청 또는 사법기관 등에서 위법사실을 통보하거나 법의 위반이 확인된 경우

③ 수탁기관은 제1항 및 제2항에도 불구하고 다음 어느 하나에 해당되는 때에는 처분요청 대상에서 제외한다.

1. 해당 업체가 부도·폐업 또는 면허반납 등으로 처분사유가 소멸된 경우
2. 건설기술인이 입·퇴사과정상 60일 이내에 이중으로 근무한 경우

3. 과태료부과의 경우 「질서위반행위규제법」 제19조에 따라 해당 위반행위가 종료된 날부터 5년이 경과한 경우

④ 수탁기관은 건설기술인에 해당되지 않는 사람이 자격·학력 또는 경력 등을 거짓으로 신고하여 건설기술인이 된 경우(거짓 신고경력을 제외하여 건설기술인에 포함되지 않는 경우를 말한다) 법 제89조 및 제90조에 따라 관련자들을 조치하여야 한다. 이 경우 자격·학력 또는 경력 등을 거짓으로 신고한 사람은 건설기술인에 해당 되지 않으므로 행정처분 통보는 하지 않는다.

⑤ 수탁기관은 제1항에 따른 위반사실 조사대상자의 소재지 불명 또는 확인자료 미제출 등 해당 사실관계를 확인하기 곤란한 경우 해당 건설기술인의 경력신고 및 제증명 발급을 제한하여야 한다.

⑥ 수탁기관은 제5항에 따라 경력신고 및 제증명 발급 제한 사유가 조사대상자 또는 관계기관 등에서 확인된 경우 경력신고 및 제증명 발급이 가능토록 조치하고 위법사실이 확인되면 행정처분기관에 통보하여야 한다.

제148조(처분대상의 통보) ① 발주청 또는 수탁기관은 법 위반사항에 대하여 제146조의 처분권자에게 통보하여야 한다.

② 수탁기관은 제147조제1항에 따라 사실관계 확인을 위해 자료의 제출을 3회 이상 요청(자료제출을 요구하는 공문을 「행정절차법」 제14조에 따른 방식으로 시행한 경우를 말한다)하였음에도 이를 제출하지 않는 경우에는 해당 내용을 처분권자에게 통보하여야 한다.

③ 수탁기관은 법원의 확정판결, 문서위조(학력 또는 자격 등), 사법기관의 위반사실 통보, 관계기관 확인 또는 본인 진술 등으로 신고경력이 거짓일 경우 해당 신고경력을 정정(삭제 포함)하고 위반사항을 처분권자에게 통보하여야 한다.

④ 수탁기관은 하나의 위반행위에 따른 각각의 행정처분(행정형벌을 포함한다) 권한이 다른 처분권자에게 있는 경우 위반사항을 제146조제1항제1호의 지방국토관리청장에게 통보하여야 한다.

⑤ 발주청 또는 수탁기관은 제1항에 따라 위반사항을 통보할 때에는 별지 제41호 서식의 건설기술인 행정처분 요청서를 첨부하고 처분대상자의 주소를 확인하여야 한다. 이 경우 발주청 또는 수탁기관은 처분대상자의 주소 확인을 위해 필요한 경우 행정안전부의 주민등록전산망조회 등 협조를 요청할 수 있다.

제149조(행정처분의 방법, 감경 또는 가중의 기준 등) ① 처분권자는 위반사실 확인을 위해 14일 이상의 제출기한을 정하여 의견진술서 제출을 요구하는 공문을 처분대상자에게 등기우편으로 시행하여야 한다.

② 처분권자는 제1항에 따라 의견진술서 제출을 요구할 때에는 다음 각 호의 사항이 포함되어야 한다.

1. 과태료처분의 경우 : 「질서위반행위규제법 시행령」 제3조제1항제1호부터 제6호에 관한 사항
2. 과태료처분 이외의 경우 : 「행정절차법」 제21조제1항제1호부터 제7호에 관한 사항
3. 제출기한내에 의견을 제출하지 않는 경우 위법사실을 인정하는 것으로 간주하여 처분할 것임을 예고하는 내용

③ 처분권자는 제1항에도 불구하고 다음 각 호의 어느 하나에 해당될 때에는 청문을 실시하여야 한다.

1. 국토교통부장관의 지정 또는 등록(지방국토관리청장 또는 다른 기관장에게 권한이 위임된 경우를 포함한다)을 취소하려는 경우(법 제83조에 따른 청문 실시)
2. 처분권자가 필요하다고 인정하는 경우

④ 처분권자는 제1항의 의견진술통지서 또는 제3항의 청문안내 공문서가 반송되는 경우 인근 시·군·구청에 주민등록 전산망 조회 협조요청을 통해 주소지를 확인 한 후 다시 통보하여야 한다.

⑤ 처분권자는 처분대상자가 위법사실을 부인할 경우 입증자료 재검토 또는 관계기관 조회 등을 통하여 위법여부를 최종 판단한다.

⑥ 처분권자는 처분대상자가 의견진술 기한내에 의견진술서를 제출하지 않는 경우에는 위법사실을 인정하는 것으로 간주하여 처분한다. 이 경우 처분권자의 재량으로 1회에 한하여 7일 이상의 기한을 정하여 의견진술서 제출을 독촉하는 공문을 시행할 수 있다.

⑦ 처분권자는 제1항 또는 제3항의 의견청취 후 처분내용을 확정할 때에는 건설기술진흥법령 처분기준의 일반기준[영 제121조제1항 별표 11(국토교통부장관의 권한을 위임받은 경우에 한한다) 및 규칙 제20조제1항 별표1] 및 별표20에 따라 감경 또는 가중할 수 있다. 이 경우 감경 또는 가중기준별로 해당되는 사항의 감경 또는 가중범위를 합산하여야 한다.

⑧ 처분권자는 경력신고 또는 경력변경신고를 거짓으로 한 건설기술인에 대한 행정처분을 함에 있어 거짓신고 건수를 참작하여 행정처분 감경 또는 가중기준을 적용할 수 있다.

⑨ 지방국토관리청장은 제148조제4항에 의한 처분대상자의 처분내용을 확정한 후 다른 처분권자의 처분이 필요한 경우 처분사실을 해당 처분권자에게 이송시켜야 한다.

⑩ 처분권자는 건설기술인이 경력증 대여(국가기술자격 대여를 포함한다)에 따른 근무처 등 경력을 신고한 경우 법 제24조제1항제1호의 규정을 적용하지 않

는다.

⑪ 처분권자는 과태료 징수절차・가산금 징수에 대하여는 질서위반행위규제법령을 따라야 한다.

⑫ 처분권자는 처분내용이 확정될 경우 처분대상자에게 위법사실과 과태료 부과 등을 등기우편으로 고지하여야 한다.

⑬ 처분권자는 건설기술인에게 업무정지를 처분한 경우 경력증을 회수하여 해당 수탁기관으로 송부하여야 한다.

⑭ 처분권자는 영 제115조제3항에 따라 모든 처분결과(위반사항이 없는 경우도 포함한다)를 모든 수탁기관에 지체없이 별지 제39호서식으로 통보하고 12월 31일 기준으로 다음해 1월 31일까지 국토교통부장관(기술정책과장)에게 별지 제40호서식으로 통보하여야 한다.

⑮ 시・도지사는 법 제31조제1항제6호부터 제9호 또는 같은 조 제2항의 건설엔지니어링사업자의 행정처분을 할 때 건설기술진흥법령 처분기준의 일반기준[영 제46조제1항 별표 6 및 제121조제1항 별표11(시・도지사의 권한에 한한다)]에서 감경 또는 가중은 제1항부터 제14항까지를 준용할 수 있다.

제150조(다른 법령에 의한 행정처분의 적용 및 통보 등) ①「국가기술자격법」 제23조제1항 및 같은 법 시행령 제29조제1항 별표 6에 의하여 국토교통부장관이 주무부장관인 국가기술자격 종목의 행정처분업무를 위임받은 지방국토관리청장은 같은 법 시행규칙 제34조제1항 별표 18에 따른 행정처분 시 제149조를 준용할 수 있다.

② 수탁기관은 제147조에 따라 처분대상 선정과정에서 건설기술인이 국가기술자격을 대여하거나 업체가 대여받은 사실이 확인・의심되는 경우 이를 지방국토관리청장에게 통보하여야 한다. 이 경우 수탁기관은 근무사실이 없는 기간의 경력에 대하여는 경정(삭제 포함)조치를 하여야 한다.

③ 수탁기관은 제147조에 따라 처분대상자 선정과정에서 업체가「건설산업기본법」 등 다른 법률에 따른 인가, 허가, 등록 또는 면허행위의 위반이 확인되거나 예상되는 경우 해당 법률에 따라 처분권한을 가지고 있는 행정기관장(대표업종의 처분권한을 가지고 있는 행정기관을 말하며 이하 "행정기관장"이라 한다)에게 위반사실을 통보하여야 한다.

④ 제2항 또는 제3항에 따라 위반사실을 통보받은 지방국토관리청장 또는 행정기관장은 위반사실 확인 후 다른 행정기관의 처분이 필요한 경우 처분사실을 해당 행정기관에 이송시켜야 한다.

⑤ 한 회사가 수개의 업종을 영위하는 경우에는 위반행위를 1건으로 처리한다.

제3장 과태료 처분에 대한 이의신청

제151조(이의신청) 처분권자는 과태료 처분에 대한 이의신청이 있는 경우 별표21 및 질서위반행위규제법령을 따라야 한다.

제152조(재검토기한) 국토교통부장관은 이 훈령에 대하여 「훈령・예규 등의 발령 및 관리에 관한 규정」에 따라 2023년 7월 1일 기준으로 매 3년이 되는 시점(매 3년째의 6월 30일까지를 말한다)마다 그 타당성을 검토하여 개선 등의 조치를 하여야 한다.

부 칙 (제1918호, 2025.12.29)

제1조(시행일) 이 훈령은 발령한 날부터 시행한다.

제2조(비리감점 및 설계평가적격점수에 관한 적용례) 제31조의 설계평가 적격 점수 상향 관련 개정규정, 제27조, 제35조의 비리감점 관련 개정규정과 별표 2 윤리행동강령 관련 개정규정은 이 훈령 시행일 이후 설계의 적격 여부에 대한 심의 및 설계점수를 평가하는 경우부터 적용한다.

제3조(평가배점에 관한 적용례) 제32조 평가배점 관련 개정규정은 이 훈령 시행일 이후 입찰공고하는 경우부터 적용한다.

[별표 1]

전문분야 분류(예시)

구분	전문분야	세부전공분야
토목분야 (7개 분야)	도로 및 교통	도로계획, 도로설계, 측량 및 측지, 포장, 교량, 교통계획, 교통체계, 교통안전시설, 교통영향, 교통경제
	철 도	철도계획, 철도설계, 궤도, 관제, 측량 및 측지, 교량
	토목구조	강구조, 콘크리트 구조, 내진 및 구조해석, 합성구조
	토질 및 기초	지반, 사면, 터널, 토질기초, 토류 구조물
	수자원, 상·하수도	댐, 하천, 수문지질, 수자원, 수리 구조물 상수도, 하수도, 하수처리, 정수처리
	항만·해안	항만, 연안계획, 해안시공, 해양물리, 해양지질, 해양수공
	토목시공 건설관리	토목시공, 건설관리(토목), 건설VE, 품질관리, 유지관리, 안전관리
건축분야 (4개 분야)	건축계획	건축계획, 건축설계, 실내건축 디자인, 전시기획
	건축구조	강구조, 콘크리트구조, 내진 및 구조해석, 합성구조
	건축시공 건설관리	건축시공, 건축재료, 건설관리(건축), 건설VE, 품질관리, 유지관리, 안전관리
	건축설비 통신	건축기계설비, 건축전기설비, 통신설비, 전자통신, 전자응용, 통신전자제어
공통분야 (1개 분야)	조경·환경	도시계획·설계, 단지계획 및 설계, 지역계획, 경관계획 조경계획·설계, 조경식재, 수질관리, 대기관리, 소음진동, 환경평가
합계	**11개 분야**	

[별표 2]

설계심의분과위원회의 윤리행동강령(제24조 관련)

제1장 총 칙

제1조(목적) 이 윤리행동강령은 부패방지 및 깨끗하고 건전한 건설시장 조성을 위하여 일괄입찰, 대안입찰, 실시설계 기술제안입찰과 기본설계 기술제안입찰 설계심의분과위원회의 위원이 준수하여야 할 행동의 기준을 정함을 목적으로 한다.

제2조(정의) 이 윤리행동강령(이하 "강령"이라 한다)에서 사용하는 용어의 정의는 다음과 같다.

1. "분과위원"이라 함은 '건설기술진흥업무 운영규정' 제24조에 따른 설계심의분과위원회의 위원을 말한다.
2. "직무관련자"라 함은 분과위원의 소관 업무와 관련되는 자를 말한다.
3. "선물"이라 함은 대가 없이(대가가 시장가격 또는 거래의 관행과 비교하여 현저히 낮은 경우를 포함한다) 제공되는 물품 또는 유가증권·숙박권·회원권·입장권 그밖에 이에 준하는 것을 말한다.
4. "향응"이라 함은 음식물·골프 등의 접대 또는 교통·숙박 등의 편의를 제공하는 것을 말한다.

제3조(적용범위) 이 강령은 일괄입찰, 대안입찰, 실시설계 기술제안입찰과 기본설계 기술제안입찰 관련 분과위원에 대하여 적용한다.

제2장 부당 이득의 수수 금지 등

제4조(이권 개입 등의 금지) 분과위원은 자신의 직위를 직접 이용하여 부당한 이익을 얻거나 타인이 부당한 이익을 얻도록 해서는 아니 된다.

제5조(알선·청탁 등의 금지) ① 분과위원은 자기 또는 타인의 부당한 이익을 위하여 다른 위원의 공정한 직무수행을 저해하는 알선·청탁 등을 하여서는 아니 된다.

② 분과위원은 직무수행과 관련하여 자기 또는 타인의 부당한 이익을 위하여 직무관련자를 다른 직무관련자에게 소개하여서는 아니 된다.

제6조(금품 등을 받는 행위의 제한) ① 분과위원은 직무관련자로부터 금전·부동산·선물 또는 향응(이하 "금품등"이라 한다)을 받아서는 아니 된다. 다만, 다음 각 호의 어느 하나에 해당하는 경우에는 그러하지 아니하다.

1. 채무의 이행 등 정당한 권원에 의하여 제공되는 금품 등
2. 직무수행상 부득이한 경우에 통상적인 관례의 범위(3만원 한도)안에서 제공되는 음식물 또는 편의
3. 직무와 관련된 공식적인 행사에서 주최자가 참석자에게 일률적으로 제공하는 교통·숙박 또는 음식물
4. 불특정 다수인에게 배포하기 위한 기념품 또는 홍보용 물품
5. 질병, 재난 등으로 인하여 어려운 처지에 있는 분과위원을 돕기 위하여 공개적으로 제공되는 금품 등
6. 그밖에 원활한 직무수행 등을 위하여 분과위원장이 허용하는 범위 안에서 제공되는 금품 등

② 분과위원은 직무관련자였던 자로부터 당시의 직무와 관련하여 금품 등을 받아서는 아니 된다. 다만, 제1항 각 호의 어느 하나에 해당하는 경우는 제외한다.
③ 분과위원은 본인이 참여했던 심의에서 낙찰된 업체와 관련해서는 1년 이내에는 용역이나 연구, 자문 등을 해서는 아니 된다. 다만, 특별한 사정에 의해 사전에 분과위원장에게 신고한 경우는 제외한다.

제7조(배우자 등의 금품 등 수수 제한) 분과위원은 배우자 또는 직계 존·비속이 제6조에 따른 수령이 금지되는 금품 등을 받지 아니하도록 하여야 한다.

제3장 건전한 설계심의 조성

제8조(금전의 차용금지 등) ① 분과위원은 직무관련자(4촌 이내의 친족은 제외한다. 이하 이 조에서 같다)에게 금전을 빌리거나 빌려주어서는 아니 되며 부동산을 무상(대여의 대가가 시장가격 또는 거래관행과 비교하여 현저하게

낮은 경우를 포함한다. 이하 이 조에서 같다)으로 대여 받아서는 아니 된다. 다만, 「금융실명거래 및 비밀보장에 관한 법률」 제2조에 따른 금융회사 등으로부터 통상적인 조건으로 금전을 빌리는 경우는 제외한다.

② 제1항 본문에도 불구하고 부득이한 사정으로 직무관련자에게 금전을 빌리거나 빌려주는 것과 부동산을 무상으로 대여 받으려는 분과위원은 설계심의분과위원장(이하 "분과위원장"이라 한다)에게 신고하여야 한다.

제9조(건전한 경조사 문화의 정착) ① 분과위원은 건전한 경조사 문화의 정착을 위하여 솔선수범하여야 한다.

② 분과위원은 직무관련자에게 경조사를 알려서는 아니 된다. 다만, 다음 각 호의 어느 하나에 해당하는 경우에는 경조사를 알릴 수 있다.

1. 친족에 대한 통지
2. 현재 근무하고 있거나 과거에 근무하였던 기관의 소속 직원에 대한 통지
3. 신문, 방송 또는 제2호에 따른 직원에게만 열람이 허용되는 내부통신망 등을 통한 통지
4. 분과위원 자신이 소속된 종교단체·친목단체 등의 회원에 대한 통지

제10조(골프 및 사행성 오락의 제한) ① 분과위원은 현실적이고 직접적인 이해관계가 있는 직무관련자와 골프를 같이 하여서는 아니 되며 부득이한 사정에 따라 골프를 같이 하는 경우에는 미리 분과위원장에게 보고하여야 한다. 다만, 사전보고가 불가능한 경우에는 종료 즉시 사후 보고하여야 한다.

② 분과위원은 직무관련자와 함께 마작·화투·카드 등 사행성 오락을 하여서는 아니 된다.

제11조(분과위원의 공정 평가 의무) 분과위원은 설계심의에 대하여 소속기관의 장이나 상급자의 명령 또는 지시 등과 관계없이 객관적이고 독립적으로 평가를 하여야 한다.

제12조(비리행위 등의 신고의무) 분과위원은 위촉 이후 입찰참가업체의 사전접촉 및 사전설명 등 별표 10 '감점기준' 제1호의 감점사항과 입찰참가업체의 비리행위를 인지할 경우 지체없이 분과위원장에게 신고하여야 한다.

제4장 위반 시의 조치

제13조(위반여부에 대한 상담) ① 분과위원은 직무를 수행함에 있어서 강령의 위반여부가 분명하지 아니한 경우에는 분과위원장과 상담한 후 처리하여야 한다.

② 분과위원장은 제1항에 따른 상담이 원활하게 이루어질 수 있도록 필요한 조치를 취하여야 한다.

제14조(징계) 분과위원장은 강령에 위반된 행위를 한 분과위원에 대하여는 「건설기술 진흥법 시행령」 제22조에서 정한 해촉 등 필요한 조치를 하여야 한다.

제5장 보 칙

제15조(교육) ① 분과위원장은 분과위원에 대하여 부패방지와 강령 등 관련 규정의 준수를 위한 교육계획을 수립·시행하여야 한다.

② 분과위원장은 제1항에 따른 교육을 매년 1회 이상 실시하여야 한다.

③ 분과위원은 제1항 및 제2항에 따라 실시하는 교육을 임기 내 1회 이상 이수하여야 한다.

제16조(행동강령책임관의 지정) ① 설계심의분과위원회의 행동강령책임관은 분과위원장으로 한다.

② 행동강령책임관은 다음 각 호의 어느 하나에 해당하는 업무를 수행한다.

1. 강령의 교육·상담에 관한 사항
2. 강령의 준수여부 점검 및 평가에 관한 사항
3. 강령의 위반행위 신고·접수·처리 및 신고인 보호에 관한 사항
4. 기타 강령의 운영을 위하여 필요한 사항

③ 행동강령책임관은 제2항에 따른 업무를 수행함에 있어서 지득한 비밀을 누설하여서는 아니 된다.

제17조(준수여부 점검) ① 행동강령책임관은 분과위원의 강령 이행실태 및 준

수여부 등을 매년 1회 이상 정기적으로 점검하여야 한다.

② 행동강령책임관은 제1항에 따른 정기점검 이외에도 휴가철, 명절전후 등 부패 취약 시기 수시 점검을 실시할 수 있다.

③ 행동강령책임관은 제1항 또는 제2항에 따른 점검 결과를 중앙건설기술심의위원장에게 보고하여야 한다.

[별표 3]

기술제안 분야 및 과제 예시

전문분야	기술제안 과제	평가요소
토목구조	공사비 절감	·제안공법(내용)의 기술적 적정성(타당성) ·현장여건 등 당해공사 적용 효과성
	공기단축	·공사공정의 기술적 과제 및 대책의 적정성 ·공기단축 산출내용의 적정성
	교량유지관리비 절감 (생애주기비용 감축)	·유지관리비 절감방안의 적정성 ·발주청 요구조건 반영 적정성 ·비용 산출의 적정성
	교량가설 기술	·미관향상, 비용절감 등 제안내용의 적정성 ·시공성, 내구성, 유지관리 적정성
	강교용접 등 품질관리 기술	·제안공법(내용)의 적용 적정성 ·시공성, 내구성, 유지관리 적정성
	특정구조물 개선 (대규모 옹벽, 암거 등)	·제안공법(내용)의 적용 적정성 ·안전성 및 친환경 적정성 ·사전조사, 관련협의 적정성
토질 및 기초	공사비 절감	·제안공법(내용)의 기술적 적정성(타당성) ·현장여건 등 당해공사 적용 효과성
	공기단축	·공사공정의 기술적 과제 및 대책의 적정성 ·공기단축 산출내용의 적정성
	터널, 사면 등 유지관리 절감 (생애주기비용 감축)	·유지관리비 절감방안의 적정성 ·발주청 요구조건 반영 적정성 ·비용 산출의 적정성
	터널굴착 및 버럭처리	·제안공법(내용)의 적용 적정성 ·안전성 및 친환경 적정성 ·사전조사, 관련협의 적정성
	터널 지보 및 라이닝 적정화	·제안공법(내용)의 적용 적정성 ·안전성 및 친환경 적정성 ·사전조사, 관련협의 적정성
	사면처리(안정화 등)적정화	·제안공법(내용)의 적용 적정성 ·안전성 및 친환경 적정성 ·사전조사, 관련협의 적정성
	기초시공	·제안공법(내용)의 적용 적정성 ·안전성 및 친환경 적정성

전문분야	기술제안 과제	평가요소
		·사전조사, 관련협의 적정성
	차수 및 흙막이공 적정화	·제안공법(내용)의 적용 적정성 ·안전성 및 친환경 적정성 ·사전조사, 관련협의 적정성
	연약지반 처리의 적정화	·제안공법(내용)의 적용 적정성 ·안전성 및 친환경 적정성 ·사전조사, 관련협의 적정성
토목시공 건설관리	공정관리 최적화 및 공기단축	·장비, 자재, 인력 운영 등 관리계획의 적정성 ·사업관리운영시스템 구축계획의 적정성 ·안전, 재난대비 계획의 적정성 ·민원발생 여부 및 조치계획의 적정성 ·리스크 분석 및 관리계획의 적정성
	지하매설물, 철도, 고압선, 병원, 학교 등 근접시공 계획	·안전, 재난대비, 지장물처리계획의 적정성 ·민원발생 여부 및 조치계획의 적정성
	공사현장 주변 교통대책	·교통처리계획의 적정성 ·안전, 재난대비 계획의 적정성 ·민원발생 여부 및 조치계획의 적정성
	공사현장 주변 보행자 안전대책	·보행자 안전시설 계획의 적정성 ·민원발생 여부 및 조치계획의 적정성
	소음, 진동, 분진, 수질오염, 토질오염, 악취 대책	·제안내용의 적정성 ·민원발생 여부 및 조치계획의 적정성 ·가설계획 수립, 공해방지의 적정성 ·사전조사, 관련협의 적정성
	공사현장 주변 지반침하 대책	·제안내용의 적정성 ·안전, 재난대비, 지장물처리계획의 적정성 ·민원발생 여부 및 조치계획의 적정성 ·가설계획 수립, 공해방지의 적정성
	공사현장 및 주변 생태계 대책	·제안내용의 적정성 ·사전조사, 관련협의 적정성
	공사 중 발생하는 작업 부산물 등에 대한 자원재활용 방안	·제안내용의 적정성 ·사전조사, 관련협의 적정성
	자연보호구역 등 희소 동식물 관리방안	·제안내용의 적정성 ·사전조사, 관련협의 적정성
	콘크리트 구조물 균열방지 기술	·제안내용의 적정성 ·안전, 재난대비, 지장물처리계획의 적정성

전문분야	기술제안 과제	평가요소
	공사 가설계획	·제안내용의 적정성 ·안전, 재난대비 계획의 적정성 ·민원발생 여부 및 조치계획의 적정성
	품질관리의 적정성	·품질관리계획의 적정성 ·현장내 품질관리체계 구축 적정성 등
도로	공사비 절감	·제안공법(내용)의 기술적 적정성 또는 타당성 ·현장여건 등 당해공사 적용 효과성
	공기단축	·공사공정의 기술적 과제와 대책의 적정성 ·공기단축 산출내용의 타당성
	도로유지관리 비용 절감 (생애주기비용 감축)	·유지관리비 절감방안의 적정성 ·발주청 요구조건 반영 적정성 ·비용 산출의 적정성
	포장 평탄도 향상	·제안공법(내용)의 적용 적정성 ·관련기준 및 규정과의 적합성 ·시공성, 내구성, 유지관리 적정성
	차량소음 저감	·제안공법(내용)의 적용 적정성 ·관련기준 및 규정과의 적합성 ·시공성, 내구성, 유지관리 적정성
	균열방지 기술	·제안공법(내용)의 적용 적정성 ·관련기준 및 규정과의 적합성 ·시공성, 내구성, 유지관리 적정성
수자원, 상·하수도	공사비 절감	·제안공법(내용)의 기술적 적정성(타당성) ·현장여건 등 당해공사 적용 효과성
	공기단축	·공사공정의 기술적 과제 및 대책의 적정성 ·공기단축 산출내용의 적정성
	생애주기비용 감축	·유지관리비 절감방안의 적정성 ·발주청 요구조건 반영 적정성 ·비용 산출의 적정성
	성능개선	·제안공법(내용)의 적용 적정성 ·안전성 및 친환경 적정성 ·사전조사, 관련협의 적정성
항만·해안	공사비 절감	·제안공법(내용)의 기술적 적정성(타당성) ·현장여건 등 당해공사 적용 효과성

전문분야	기술제안 과제	평가요소
	공기단축	·공사공정의 기술적 과제 및 대책의 적정성 ·공기단축 산출내용의 적정성
	생애주기비용 감축	·유지관리비 절감방안의 적정성 ·발주청 요구조건 반영 적정성 ·비용 산출의 적정성
	성능개선	·제안공법(내용)의 적용 적정성 ·안전성 및 친환경 적정성 ·사전조사, 관련협의 적정성
건축계획	공사비 절감	·제안공법(내용)의 기술적 적정성(타당성) ·현장여건 등 당해공사 적용 효과성
	공기단축	·공정의 기술적 과제 및 계획의 적정성 ·공기단축 산출내용의 적정성
	건축물 유지관리비 절감 (생애주기비용 감축)	·분석방법, 유지관리계획의 적정성 ·발주청 요구조건 반영 적정성 ·비용산출 적정성
	성능개선	·제안공법(내용)의 적용 적정성 ·안전성 및 친환경 적정성 ·사전조사, 관련협의 적정성
건축구조	공사비 절감	·제안공법(내용)의 기술적 적정성(타당성) ·현장여건 등 당해공사 적용 효과성
	공기단축	·공사공정의 기술적 과제 및 대책의 적정성 ·공기단축 산출내용의 적정성
	생애주기비용 감축 (에너지 절감)	·유지관리비용의 절감방안 ·발주청 요구조건 반영 적정성 ·비용 산출의 적정성
	건축구조 성능개선	·제안공법(내용)의 적용 적정성 ·안전성 및 친환경 적정성 ·사전조사, 관련협의 적정성
건축시공 건설관리	공사관리방안	·장비, 자재, 인력 운영 등 관리계획의 적정성 ·사업관리운영시스템 구축계획의 적정성 ·안전, 재난대비 계획의 적정성 ·민원발생 여부 및 조치계획의 적정성 ·리스크 분석 및 관리계획의 적정성
	거푸집 등 가설공사 안전성 및 시공성 향상	·제안공법(내용)의 적용 적정성

<table>
<tr><th>전문분야</th><th>기술제안 과제</th><th>평가요소</th></tr>
<tr><td rowspan="3"></td><td>콘크리트, 철골 등 주요재료 품질 및 성능개선기술</td><td>·제안공법(내용)의 적용 적정성</td></tr>
<tr><td>마감품질 향상</td><td>·제안공법(내용)의 적용 적정성</td></tr>
<tr><td>가설계획 수립</td><td>·제안공법(내용)의 적용 적정성
·민원발생 여부 및 조치계획의 적정성</td></tr>
<tr><td rowspan="5">건축설비 통신</td><td>공사비 절감</td><td>·제안공법(내용)의 기술적 적정성(타당성)
·현장여건 등 당해공사 적용 효과성</td></tr>
<tr><td>공기단축</td><td>·공사공정의 기술적 과제 및 대책의 적정성
·공기단축 산출내용의 적정성</td></tr>
<tr><td>생애주기비용 감축</td><td>·유지관리비용의 절감방안
·발주청 요구조건 반영 적정성
·비용 산출의 적정성</td></tr>
<tr><td>각종 설비의 저소음, 저진동 기술</td><td>·제안공법(내용)의 기술적 적정성(타당성)
·현장여건 등 당해공사 적용 효과성</td></tr>
<tr><td>에너지 소비량 절감기술</td><td>·제안공법(내용)의 기술적 적정성(타당성)
·현장여건 등 당해공사 적용 효과성</td></tr>
<tr><td rowspan="4">조경·환경</td><td>공사비 절감</td><td>·제안공법(내용)의 기술적 적정성(타당성)
·현장여건 등 당해공사 적용 효과성</td></tr>
<tr><td>공기단축</td><td>·공사공정의 기술적 과제 및 대책의 적정성
·공기단축 산출내용의 적정성</td></tr>
<tr><td>생애주기비용 감축</td><td>·유지관리비용의 절감방안
·발주청 요구조건 반영 적정성
·비용 산출의 적정성</td></tr>
<tr><td>상징성, 예술성 향상</td><td>·제안내용의 적용 적정성
·발주청 요구조건 반영 적정성</td></tr>
</table>

[별표 4]

소위원회 회의운영 세부기준

구분	주요내용	일시	주의사항	비고
심의계획 설명회	• 심의일정 및 평가방법 안내 • 질문서 및 답변서 작성방법 안내 • 설명회 발표순서 결정	평가회의 15일 이전 (10일 이전)	발주청, 입찰사 참석	
소위원회 구성	• 심의위원 선정	평가회의 10일전 (7일전)	입찰사 참석	
현장답사	• 현장답사(동영상 대체 가능)	평가회의 8~9일전 (5~6일전)	입찰사 미참석	
공동 설명회	• 심의운영계획 설명 (심의기관→심의위원) • 설계내용 설명 (발주기관→심의위원) • 입찰사별 설계(제안서) 내용 설명	평가회의 8~9일전 (5~6일전)		
기술검토회의	• 공통질문 및 업체간 질문항목 확정 • 설계(기술제안)검토서 검증 • 기준위반사항 심의 • 설계평가회의 운영계획 결정	평가회의 5일전 (3~5일전)	입찰사 미참석	
설계(제안서) 평가회의	• 입찰참가업체 설계 설명 • 업체간 설계토론회 개최 • 보충 • 추가 질의 및 답변 • 입찰사 답변에 대한 진위여부 확인 (심의위원) • 설계보고서(기술제안서) 검토 및 토론(심의위원) • 설계보고서(기술제안서) 적격여부 심의(심의위원) • 설계보고서(기술제안서) 평가(심의위원) • 평가결과 공개	평가회의 당일		

* 평가회의 소요일은 사업평가 여건을 고려하여 소위원장이 발주청과 협의하여 정할 수 있으며, ( )는 추정가격 300억 미만의 설계 • 시공 일괄입찰, 대안입찰, 기술제안입찰의 심의일정에 해당한다.

[별표 4의2]

재공고입찰 결과 입찰자가 1인뿐인 경우 소위원회 회의운영 세부기준 (제28조 관련)

1. 제11조제7호바목에 따른 심의는 다음의 절차를 따른다.

구분	주요내용	일시	주의사항
심의계획 설명회	·심의일정 및 평가방법 안내(심의기관→입찰사) ·공동설명회 운영계획 설명 ·심의위원 질문항목 답변서 작성방법 설명	평가회의 15일 전	심의기관, 발주청, 입찰사 참석
소위원회 구성	·심의위원 선정 및 명단 공개 ·심의자료 등록 및 설계도서/제안서 배포	평가회의 10일 전	심의기관, 발주청, 입찰사 참석
현장답사	·현장답사(발주청→심의위원)	평가회의 8~9일 전	심의기관, 심의위원, 발주청 참석
공동 설명회	·심의 운영방안 설명(심의기관→심의위원) - 기술검토서·질문서 작성방법 설명 ·설계내용 설명(발주청→심의위원) - 질문 및 답변 수행 ·입찰사의 설계도서/제안서 내용 설명 - 질문 및 답변 수행	평가회의 8~9일 전	심의기관, 발주청, 입찰사 참석
기술검토 회의	·업체질문 확정 - 설계/기술제안검토서 검증 및 기준위반사항 심의 ·설계평가회의 운영계획 결정	평가회의 5일 이전	심의기관, 심의위원, 발주청 참석
설계평가 회의	·설계토론회 개최 - 입찰업체 설계/제안 설명(입찰사→심의위원) - 심의위원 업체질문 및 답변내용에 대한 토론(심의위원→입찰사) ·보충·추가 질의 및 답변(심의위원→입찰사) ·입찰사 답변에 대한 진위여부 확인(심의위원) ·설계도서/제안서 검토 및 토론(심의위원) ·설계점수 채점 및 설계적격여부 심의 ·평가결과 공개	평가회의 당일	심의기관, 심의위원, 발주청, 입찰사 참석

2. 제11조제7호바목에 따른 심의는 업체별 우선순위를 평가하는 차등평가 대신 절대평가를 적용하고 평가사유서를 작성하여야 한다.

가. 심의위원은 배점의 90% 초과는 매우 우수, 90% 이하~80% 초과는 우수, 80% 이하~60% 이상은 보통, 60% 미만~40% 이상은 미흡, 40% 미만~20%

이상은 매우 미흡을 기준으로 하여 평가한다.(20% 이상 배점하고, 설계점수의 소숫점 처리는 소숫점 3자리에서 반올림한다.)

나. 배점의 70% 이상을 획득할 경우를 적격으로 평가한다. 다만, 발주청은 10% 범위 내에서 설계적격점수를 가감할 수 있다.

심의위원별 설계 평가 채점표(예시)

□ 안건명 :

□ 기본설계평가(항만 및 해안분야)

평가 항목	배점 기준	세부 배점	세부평가목	세부평가				
◦사전조사 및설계기 준적정성	-	-	각종 현황조사 및 관련계획 검토	매우우수 (90%초과)	우수 (90%이하 ~80%초과)	보통 (80%이하 ~60%이상)	미흡 (60%미만 ~40%이상)	매우미흡 (40%미만 ~20%이상)
		-	수심, 지형측량, 지장물, 재료원 등 기초자료 조사	매우우수 (90%초과)	우수 (90%이하 ~80%초과)	보통 (80%이하 ~60%이상)	미흡 (60%미만 ~40%이상)	매우미흡 (40%미만 ~20%이상)
◦평면계획 적정성	-	-	해역특성 및 이용관리를 고려한 시설 계획의 적정성	매우우수 (90%초과)	우수 (90%이하 ~80%초과)	보통 (80%이하 ~60%이상)	미흡 (60%미만 ~40%이상)	매우미흡 (40%미만 ~20%이상)
		-	부두운영중단 최소화 방안의 적정성	매우우수 (90%초과)	우수 (90%이하 ~80%초과)	보통 (80%이하 ~60%이상)	미흡 (60%미만 ~40%이상)	매우미흡 (40%미만 ~20%이상)
◦스마트 건설기술 도입의 적정성	-	-		**상기 동일방법**				
소 계								
합계								

년 일

심의위원 : (서명)

중앙건설기술심의위원회 설계심의분과위원회
소위원장 귀하

[별표 5]

설계/기술제안검토서 작성기준

1. 작성기준

가. 발주청 자체 작성 또는 제3의 전문기관(엔지니어링업체, 건설관련 연구원 등)에 위탁하여 작성할 수 있음

나. 발주청은 설계검토 참여자(위탁에 의할 경우에는 대표자 포함)에 대하여 "보안업무취급규정"에 의한 보안각서 및 수행과정에서 이해관계자에게 부당한 요구를 하거나 금품·향응 등을 제공받지 않겠으며, 위반시는 관계법령에 의한 처벌을 감수하겠다는 내용의 "청렴서약서"를 징구하고 위반시 민·형사상 책임을 지도록 함.

다. 제출된 설계도서를 기준으로 업체별 제시 공법·자재 등의 장·단점, 안전성, 경제성, 시공성, 유지관리 편리성 등 비교가 가능하도록 객관적이고 공정하며 투명하게 작성하여야 한다.<개정 06·1·20>

라. 설계검토서는 객관적으로 증명된 자료 또는 법령 등 관련기준 등에 따라 각 업체가 제출한 설계내용의 장·단점이 부각될 수 있도록 작성하여야 한다.<개정 07·10·30>

마. 관련분야 전문서적·학술논문집·공공기관(연구·시험기관 포함) 발간자료· 공공기관의 성능확인서 등 객관성이 인정된 자료를 근거로 작성하여야 하며, 출처가 불명확하거나 학위 연구논문·홍보용 자료(팜플렛 등) 등 객관성이 입증되지 않은 자료 등을 근거로 작성하여서는 안된다

바. 작성자의 주관적 판단이 평가에 영향을 미치지 않도록 객관적 사항만으로 작성하여야 하며, 위탁에 의하여 작성시에는 공정성을 위반한 경우 향후 유사용역 등 입찰 참가시 불이익을 부과하여도 이의를 제기치 않을 것임을 명시하여 계약

2. 설계검토서의 내용 등(도로공사에 대한 예시)

가. 입찰안내서에서 제시한 설계조건의 각 항목에 대한 적용내용

나. 주요 구조부에 대한 구조형식·적용공법과 사용자재 등에 대한 장·단점, 구조적 안정성, 경제성, 시공성, 유지관리성 등

다. 적용된 각종 설계기준(설계하중·하중조건, 장래교통량, 설계방법, 지반조건 및 물성치, 안정성 검토계수 등)

라. 현황조사 및 분석결과(수리·수문, 지반, 교통량, 환경 등)

마. 수리·수문검토 내용(설계빈도, 강우강도, 유역면적, 적용계수, 유량결정 등)

바. 지질 및 지반조사 방법, 조사결과 분석방법과 주요 구조물기초 선정시 적용내용 등

사. 기타 발주청이 필요하다고 판단되는 내용

3. ○○공사 설계검토서 작성예시(도로분야)

전문분야	세부 검토항목	A사		B사	
		제시내용	관련근거	제시내용	관련근거
도로	◦ 사전 조사의 적정성 - 각종 현황조사 및 관련계획 검토 - 측량, 골재원, 지장물 조사 등 ◦ 설계기준 적정성 ◦ 도로기능에 부합한 설계 적정성 - 노선 특성에 따른 선형 전·후 접속 검토 - 부대시설계획의 적정성 ◦ 교차로 계획의 적정성				
	◦ 토공설계 적정성 ◦ 배수시설 적정성 ◦ 포장설계 적정성 ◦ 부대시설 설계의 적정성				
	◦ 포장 및 깍기, 쌓기 사면의 유지관리 용이성				
	◦ 교통안전시설 배치의 적정성 ◦ 운영시 교통사고 방지대책의 적정성				
	◦ 경제성 분석을 통한 도로 및 교차로 계획의 평가 ◦ 유지관리비 절감을 위한 효율적인 시설물 계획				
	◦ 환경친화적 도로설계의 창의성				
	◦ 스마트 건설기술 도입의 적정성 ◦ 기타				
구조	◦ 교량계획수립의 적정성 - 현지여건의 분석 및 위치 선정 - 미관 및 경간장 구성의 적정성 - 교량 상·하부 형식, 부대시설 계획의 적정성 ◦ 설계기준 수립 및 세부구조계획의 적정성				
	◦ 교량 상부형식의 시공 적정성 ◦ 교량하부 및 기초의 시공 적정성 ◦ 교량가설공법의 적정성 ◦ 부대시설의 시공 적정성 - 교량받침, 신축이음장치, 난간, 방호책 등 ◦ 교면방수 및 교면포장의 적정성				

전문 분야	세부 검토항목	A사 제시 내용	A사 관련 근거	B사 제시 내용	B사 관련 근거
	◦ 터널굴착공법의 적합성 ◦ 발파패턴의 적정성 ◦ 지보공 적용의 적정성 ◦ 갱문형식의 적정성				
	◦ 유지관리계획 및 계측시설계획의 적정성 ◦ 계측시설의 설치 및 운영계획의 적정성 ◦ 공용중 안전점검계획의 적정성				
	◦ 구조계산 및 단면설계의 적정성 ◦ 설계기준, 제시방서의 부합성 ◦ 지진에 대한 안전성				
	◦ VE/LCC 기법적용의 적정성 및 교량계획평가 ◦ 유지관리 비용 산출의 적정성				
	◦ 교량구조물의 주변 환경과의 조화				
	◦ 스마트 건설기술 도입의 적정성 ◦ 기타				
토질 및 기초	◦ 조사계획 및 조사항목, 내용, 수량의 적정성 ◦ 조사결과 분석 및 설계의 적용성 ◦ 구조물 기초지반(연약지반 등) 설계의 적용성				
	◦ 깍기 및 쌓기사면 설계의 적정성 및 안전성 ◦ 교량기초 설계의 적정성 및 안전성				
	◦ 경제성 분석을 통한 구조물 기초 및 비탈면 보강공법 평가 ◦ 유지관리비 절감을 위한 효율적 시설물 계획				
	◦ 스마트 건설기술 도입의 적정성 ◦ 기타				
토목시공	◦ 공정관리계획의 적정성 ◦ 환경관리계획의 적정성 ◦ 품질관리계획의 적정성				
	◦ 공사중 시공계획의 적정성 - 공사중 교통처리계획의 적정성 - 공사중 계측계획의 적정성 ◦ 건설안전 및 품질관리계획의 적정성				

전문 분야	세부 검토항목	A사		B사	
		제시 내용	관련 근거	제시 내용	관련 근거
	◦ 예상민원 대처방안의 적정성 ◦ 공사시방서 작성의 적정성				
	◦ 신기술, 신공법 도입의 적정성				
	◦ 스마트 건설기술 도입의 적정성 ◦ 기타				
환경	◦ 환경현황조사의 적정성 ◦ 환경영향 저감방안 수립의 적정성 ◦ 사후 환경영향조사계획 수립의 적정성				
	◦ 기타				
조경	◦ 조경계획의 적정성 - 공간구조의 효율성 - 친환경적인 식재계획				
	◦ 기타				
전기설비	◦ 설비시스템 선정 ◦ 전력, 조명, 약전, 소방 및 자동제어시스템 ◦ 에너지 절약 및 기타				
	◦ 기타				
기계설비	◦ 수변전 설비 및 공급방식의 적정성 ◦ 조명, 전력 등의 자동제어 및 유지관리의 용이성 ◦ 조도 및 조명방식의 적정성 ◦ 에너지 절약 및 기타				
	◦ 기타				

[별표 6] <개 정>

대안입찰공사 설계평가지표 및 배점기준

도로(교량 및 터널포함)분야의 평가지표 및 배점기준(예)

전문분야	평가항목	배점기준
도로 및 교통	◦ 사전조사 및 설계기준의 적정성 ◦ 최적 노선 선정의 타당성 및 적정성 ◦ 평면 및 종단선형 설계의 적정성 ◦ 토공계획의 적정성 ◦ 교통안전, 이상기후를 고려한 배수설계의 적정성 ◦ 포장 및 부대시설 설계의 적정성 ◦ 유지관리 편의를 고려한 시설물 계획의 적정성 ◦ 나들목/분기점 형식 및 접속계획의 적정성 ◦ 교통수요 분석의 적정성 ◦ 경제성(VE/LCC) 분석을 통한 시설물 계획의 적정성 ◦ 신기술, 신공법 도입의 적정성 ◦ 스마트 건설기술 도입의 적정성	
토목구조	◦ 구조설계의 적정성 ◦ 유지관리 편의를 고려한 구조물 계획의 적정성 ◦ 구조물계획(교량, 지하차도 등) 수립의 적정성 ◦ 구조물 가설공법의 적정성 ◦ 부대시설 및 교면포장공법 설계의 적정성 ◦ 신기술, 신공법 도입의 적정성 ◦ 수리, 수문분석, 세굴방지 대책의 적정성 ◦ 스마트 건설기술 도입의 적정성	
토질 및 기초	◦ 조사결과 분석 및 설계의 적용성 ◦ 구조물 기초지반(연약지반 등) 설계의 적정성 ◦ 비탈면 설계 및 보호공법의 적정성 ◦ 유지관리 편의를 고려한 효율적 구조물 계획 ◦ 교량기초 설계의 적정성 ◦ 터널굴착공법의 적정성 ◦ 발파패턴의 적정성 ◦ 터널 지보설계의 적정성 ◦ 갱문형식, 위치의 적정성 ◦ 터널형식 및 단면계획의 적정성 ◦ 터널 방배수 및 부대시설의 적정성	

전문분야	평가항목	배점기준
	◦ 가시설 설계의 적정성 ◦ 계측계획 및 계측관리의 적정성 ◦ 신기술, 신공법 도입의 적정성 ◦ 스마트 건설기술 도입의 적정성	
토목시공 건설관리	◦ 시공계획 수립의 적정성 ◦ 공기단축방안 및 공정계획 수립의 적정성 ◦ 시공관리계획의 적정성 ◦ 예상민원 및 대처방안의 적정성 ◦ 장비, 인력, 자재 등 자원투입계획의 적정성 ◦ 스마트 건설기술 도입의 적정성	
건축설비 통신	◦ 전력 공급계획 및 규모의 적정성 ◦ 비상전원설비 구축 및 방재시스템의 적정성 ◦ 운전자를 고려한 조명설계(조도, 조명방식 등) 적정성 ◦ 터널 환기시설 계획의 적정성 ◦ 유지관리 용이성을 고려한 설비계획 ◦ 에너지 절감계획	
조경・환경 ・경관	◦ 조경계획의 적정성 ◦ 환경현황조사 및 환경영향 저감방안 수립의 적정성 ◦ 환경 친화적인 구조물 및 도로설계의 적정성 ◦ 경관설계의 적정성(도로, 교량 터널 등)	
총 계		100

※ 1. 전문분야의 평가항목과 배점기준은 공사의 규모 및 특성에 따라 조정 가능
2. 항목별 상대평가로 채점
3. 스마트 건설기술의 배점은 7점 이상 반영

건축분야의 평가지표 및 배점기준(예)

전문분야	평가항목	배점기준
건축계획	◦ 사전조사 및 설계기준의 적정성 ◦ 배치 및 시설계획의 적정성 ◦ 에너지 절감 등 친환경 설계의 적정성 ◦ 유지관리 편의를 고려한 시설물 계획의 적정성 ◦ 경제성(VE/LCC) 분석을 통한 시설물 계획 수립 여부 ◦ 신기술 및 신공법 도입의 적정성 ◦ 스마트 건설기술 도입의 적정성	
건축구조	◦ 구조계획의 적정성 ◦ 기초설계의 적정성 ◦ 유지관리 편의를 고려한 시설물 계획의 적정성 ◦ 신기술 및 신공법 도입의 적정성 ◦ 스마트 건설기술 도입의 적정성	
건축시공	◦ 시공계획수립의 적정성 - 인력투입, 품질관리계획 및 현장내 품질관리체계 구축 적정성, 공정, 안전, 환경, 민원 등 ◦ 공기단축방안 및 공정계획수립의 적정성 ◦ 시공관리계획의 적정성 ◦ 예상민원 및 대처방안의 적정성 ◦ 장비, 인력, 자재 등 자원투입계획의 적정성 ◦ 스마트 건설기술 도입의 적정성	
기계 및 소방	◦ 설비 시스템 계획 ◦ 위생, 냉난방 및 소방 설비계획의 적정성 ◦ 유지관리 용이성을 고려한 설비계획 ◦ 신기술 및 신공법 도입의 적정성	
전기설비 ·통신	◦ 설비 시스템 계획 ◦ 방재, 통신 및 조명 설비계획의 적정성 ◦ 유지관리 용이성을 고려한 설비계획 ◦ 신기술 및 신공법 도입의 적정성 및 향후 확정성	
토목 및 조경·환경 ·경관	◦ 사전조사 및 부지조성계획의 적정성 ◦ 상하수도 등 기반시설계획 ◦ 흙막이 및 기초계획 ◦ 조경식재 및 시설물 계획의 적정성 ◦ 유지관리 편의를 고려한 효율적 시설물 계획 ◦ 신기술 및 신공법 도입의 적정성	
총계		100

※ 1. 전문분야의 평가항목과 배점기준은 공사의 규모 및 특성에 따라 조정 가능
2. 항목별 상대평가로 채점
3. 스마트 건설기술의 배점은 7점 이상 반영

[별표 7] <개 정>

일괄입찰공사 설계평가지표 및 배점기준

도로분야(교량 및 터널포함)의 평가지표 및 배점기준(예)

전문분야	평가항목	배점기준
도로 및 교통	◦ 사전조사 및 설계기준의 적정성 ◦ 최적 노선 선정의 타당성 및 적정성 ◦ 평면 및 종단선형 설계의 적정성 ◦ 토공계획의 적정성 ◦ 교통안전, 이상기후를 고려한 배수설계의 적정성 ◦ 포장 및 부대시설 설계의 적정성 ◦ 유지관리 편의를 고려한 시설물 계획의 적정성 ◦ 나들목/분기점 형식 및 접속계획의 적정성 ◦ 교통수요 분석의 적정성 ◦ 경제성(VE/LCC) 분석을 통한 시설물 계획의 적정성 ◦ 신기술, 신공법 도입의 적정성 ◦ 스마트 건설기술 도입의 적정성	
토목구조	◦ 구조설계의 적정성 ◦ 유지관리 편의를 고려한 구조물 계획의 적정성 ◦ 구조물계획(교량, 지하차도 등) 수립의 적정성 ◦ 구조물 가설공법의 적정성 ◦ 부대시설 및 교면포장공법 설계의 적정성 ◦ 신기술, 신공법 도입의 적정성 ◦ 수리, 수문분석, 세굴방지 대책의 적정성 ◦ 스마트 건설기술 도입의 적정성	
토질 및 기초	◦ 조사결과 분석 및 설계의 적용성 ◦ 구조물 기초지반(연약지반 등) 설계의 적정성 ◦ 비탈면 설계 및 보호공법의 적정성 ◦ 유지관리 편의를 고려한 효율적 구조물 계획 ◦ 교량기초 설계의 적정성 ◦ 터널굴착공법의 적정성 ◦ 발파패턴의 적정성 ◦ 터널지보공 적용의 적정성 ◦ 갱문형식, 위치의 적정성 ◦ 계측계획 및 계측관리의 적정성 ◦ 신기술, 신공법 도입의 적정성 ◦ 스마트 건설기술 도입의 적정성	
토목시공 건설관리	◦ 시공계획 수립의 적정성 ◦ 공기단축방안 및 공정계획 수립의 적정성 ◦ 시공관리계획의 적정성	

전문분야	평가항목	배점기준
	◦ 예상민원 및 대처방안의 적정성 ◦ 장비, 인력, 자재 등 자원투입계획의 적정성 ◦ 스마트 건설기술 도입의 적정성 ◦ 사회적 가치실현	
건축설비 통신	◦ 전력 공급계획 및 규모의 적정성 ◦ 비상전원설비 구축 및 방재시스템의 적정성 ◦ 운전자를 고려한 조명설계(조도, 조명방식 등) 적정성 ◦ 터널 환기시설 계획의 적정성 ◦ 유지관리 용이성을 고려한 설비계획 ◦ 에너지 절감계획	
조경・환경・경관	◦ 조경계획의 적정성 ◦ 환경현황조사 및 환경영향 저감방안 수립의 적정성 ◦ 환경 친화적인 구조물 및 도로설계의 적정성 ◦ 경관설계의 적정성(도로, 교량 터널 등)	
총 계		100

※ 1. 전문분야의 평가항목 및 평가항목별 세부내용과 배점기준은 공사의 규모 및 특성에 따라 조정가능
2. 항목별 상대평가로 채점
3. 스마트 건설기술의 배점은 7점 이상 반영

철도분야의 평가지표 및 배점기준(예)

전문분야	평가항목	배점기준
철도계획	◦ 사전조사 및 설계기준의 적정성 ◦ 최적 노선 선정의 타당성 및 적정성 ◦ 철도 기능에 부합한 설계의 적정성 ◦ 열차운행 효율성 및 안전성을 고려한 철도계획 수립 여부 ◦ 유지관리 편의를 고려한 시설물 계획의 적정성 ◦ 공사용 부대시설 설계의 적정성 ◦ 경제성(VE/LCC) 분석을 통한 철도계획 수립 여부 ◦ 신기술, 신공법 도입의 적정성 ◦ 스마트 건설기술 도입의 적정성	
토목구조	◦ 구조설계의 적정성 ◦ 유지관리 편의를 고려한 구조물 계획의 적정성 ◦ 구조물계획(교량, 정거장, 지하구조물 등) 수립의 적정성 ◦ 구조물 가설공법의 적정성 ◦ 부대시설 계획의 적정성 ◦ 신기술, 신공법 도입의 적정성	

	◦ 공사 중, 공용 중 민원을 고려한 구조물 설계 ◦ 관련계획 및 관련분야를 고려한 구조물 설계 ◦ 친환경 구조물설계 방안 ◦ 스마트 건설기술 도입의 적정성	
토질 및 기초	◦ 조사결과 분석 및 설계의 적용성 ◦ 가시설 설계의 적정성 ◦ 구조물 기초지반(연약지반 등) 설계의 적정성 ◦ 비탈면 설계 및 보호공법의 적정성 ◦ 교량기초 설계의 적정성 ◦ 터널형식 및 단면계획의 적정성 ◦ 터널굴착공법의 적정성 ◦ 터널 지보설계의 적정성 ◦ 터널 갱문형식, 위치의 적정성◦ 터널 방·배수설계 및 부대시설의 적정성 ◦ 계측계획 및 계측관리의 적정성 ◦ 유지관리 편의를 고려한 효율적 구조물 계획 ◦ 신기술, 신공법 도입의 적정성 ◦ 스마트 건설기술 도입의 적정성	
토목시공 건설관리	◦ 시공계획 수립의 적정성 ◦ 공기단축방안 및 공정계획 수립의 적정성 ◦ 시공관리계획의 적정성 ◦ 예상민원 및 대처방안의 적정성 ◦ 장비, 인력, 자재 등 자원투입계획의 적정성 ◦ 스마트 건설기술 도입의 적정성 ◦ 사회적 가치실현	
궤도	◦ 노선 특성을 반영한 배선계획 수립 여부 ◦ 공법 선정 및 시공계획의 적정성 ◦ 안전성 확보 대책의 적정 수립 여부 ◦ 스마트 건설기술 도입의 적정성	
건축	◦ 사전조사 및 설계기준의 적정성 ◦ 건축물 설계의 작품성 및 창의성 ◦ 건축물 규모 및 배치계획의 적정성 ◦ 경제적 타당성을 고려한 구조 적용 시스템 적합성 ◦ 공법 선정 및 시공계획의 적정성 ◦ 설비용량 산정과 시스템 선정의 적합성 ◦ 신기술, 신공법 도입의 적정성 ◦ 스마트 건설기술 도입의 적정성	
조경·환경·경관	◦ 조경계획의 적정성 ◦ 환경현황조사 및 환경영향 저감방안 수립의 적정성 ◦ 환경 친화적인 구조물 및 철도설계의 적정성 ◦ 경관설계의 적정성(교량, 터널, 건축물 등)	

전철·전력	◦ 사전조사 및 설계기준의 적정성 ◦ 전철·전력설비 설치계획의 적정성 ◦ 전철·전력분야 시공계획 수립의 적정성 ◦ 친환경 설계기법 반영의 적정성	
신호·통신	◦ 사전조사 및 설계기준의 적정성 ◦ 신호·통신설비 설치계획의 적정성 ◦ 신호·통신분야 안전성 확보 대책의 적정성	
기계·소방	◦ 사전조사 및 설계기준의 적정성 ◦ 기계설비 계획의 적정성 ◦ 방재(소화, 피난, 구난 등) 계획의 적정성 ◦ 친환경 설계기법 반영의 적정성	
총계		100

※ 1. 전문분야의 평가항목 및 평가항목별 세부내용과 배점기준은 공사의 규모 및 특성에 따라 조정가능

2. 항목별 상대평가로 채점

3. 스마트 건설기술의 배점은 7점 이상 반영

수자원분야의 평가지표 및 배점기준(예)

전문분야	평가항목	배점기준
수자원	◦ 사전조사의 부합성 ◦ 수리·수문 분석의 적정성 ◦ 시설물(댐, 하구둑 등) 설치계획의 적정성 ◦ 하천정비계획의 적정성 ◦ 주변시설물 및 주민의 안전성 고려 여부 ◦ 유지관리 편의를 고려한 구조물 계획의 적정성 ◦ 경제성(VE/LCC) 분석을 통한 시설물 계획 수립 여부 ◦ 신기술 및 신공법 도입의 적정성 ◦ 스마트 건설기술 도입의 적정성	
토목구조	◦ 주요구조물 구조설계 기준 수립 적정성 ◦ 주요구조물 안전성 및 내구성 등 ◦ 구조재료 특성평가 및 적용의 적정성 ◦ 유지관리 편의를 고려한 시설물 계획의 적정성 ◦ 스마트 건설기술 도입의 적정성	
토질 및 기초	◦ 지반특성을 반영한 주요시설물 설계의 적정성 ◦ 토질 특성 분석의 적정성 ◦ 주요시설물 기초 처리계획의 적정성 등 ◦ 유지관리 편의를 고려한 효율적 시설물 계획	

	◦ 계측계획 및 계측관리의 적정성 ◦ 스마트 건설기술 도입의 적정성	
토목시공	◦ 시공관리계획의 적정성 - 인력투입, 품질관리계획 및 현장내 품질관리체계 구축 적정성, 공정, 안전, 환경, 민원 등 ◦ 공기단축방안 및 공정계획수립의 적정성 ◦ 시공관리계획의 적정성 ◦ 예상민원 및 대처방안의 적정성 ◦ 장비, 인력, 자재 등 자원투입계획의 적정성 ◦ 스마트 건설기술 도입의 적정성 ◦ 사회적 가치실현	
기계 및 전기	◦ 사전조사 및 설비계획의 적정성 ◦ 시스템 및 운영계획의 적정성 ◦ 에너지 절감방안, 신재생에너지 적용방안의 적정성 ◦ 유지관리 용이성을 고려한 설비계획	
환경 및 조경	◦ 사전조사 및 시설계획의 적정성 ◦ 경관계획의 적정성 ◦ 조경 및 생태환경 시설계획의 적정성 ◦ 환경영향조사 및 환경영향 저감방안 수립의 적정성 ◦ 환경 친화적인 설계의 적정성	
총계		

※ 1. 전문분야의 평가항목 및 평가항목별 세부내용과 배점기준은 공사의 규모 및 특성에 따라 조정가능

2. 항목별 상대평가로 채점

3. 스마트 건설기술의 배점은 7점 이상 반영

항만분야의 평가지표 및 배점기준(예)

전문분야	평가항목	배점기준
항만 및 해안	◦ 사전조사 및 설계기준의 적정성 ◦ 평면계획의 적정성 ◦ 단면선정의 적정성 ◦ 구조물 세부설계의 적정성 ◦ 수치 및 수리모형실험의 적정성 ◦ 부대시설의 적정성 ◦ 준설 및 매립계획의 적정성 ◦ 유지관리 편의를 고려한 시설물 계획의 적정성 ◦ 경제성(VE/LCC) 분석을 통한 시설물 계획의 적정성	

	◦ 신기술, 신공법 도입의 적정성 ◦ 스마트 건설기술 도입의 적정성	
토목구조	◦ 설계기준의 적정성 ◦ 구조물 단면계산의 적정성 ◦ 구조물 부재 및 재료설계의 적정성 ◦ 가시설물의 안전성 ◦ 인접 구조물 안전성 ◦ 유지관리 편의를 고려한 시설물 계획의 적정성 ◦ 신기술, 신공법 도입의 적정성 ◦ 스마트 건설기술 도입의 적정성	
토질 및 기초	◦ 지반조사 및 토질정수의 산정의 적정성 ◦ 설계기준의 적정성 ◦ 기초지반처리의 적정성 ◦ 유지관리 편의를 고려한 효율적 시설물 계획 ◦ 계측계획의 적정성 ◦ 신기술 신공법 도입의 적정성 ◦ 스마트 건설기술 도입의 적정성	
토목시공	◦ 시공계획 수립의 적정성 ◦ 공기단축방안 및 공정계획수립의 적정성 ◦ 시공관리계획의 적정성 ◦ 예상민원 및 대처방안의 적정성 ◦ 부대시설의 적정성 ◦ 장비, 인력, 자재 등 자원투입계획의 적정성 ◦ 스마트 건설기술 도입의 적정성 ◦ 공사관련 계약관리의 적정성 ◦ 사회적 가치실현	
해상교통 및 안전	◦ 사전조사 및 설계기준의 적정성 ◦ 해상교통 및 안전을 고려한 시설물 계획의 적정성 ◦ 공사중 해상교통 안전성 확보 방안 ◦ 해상교통 안전성 검토의 적정성 ◦ 해상사고 대책방안의 적정성	
해양환경	◦ 해양·해저 조사 및 설계기준의 적정성 ◦ 해양 보존을 고려한 시설계획의 적정성 ◦ 해양환경 보전의 적정성 ◦ 해양 구조물 및 자원 이용의 적정성	
환경 및 조경	◦ 환경영향 저감방안 수립의 적정성 ◦ 친수성 시설계획의 적정성 ◦ 환경 친화적인 항만설계의 적정성 ◦ 유지관리 편의를 고려한 효율적 시설물 계획 ◦ 신기술 및 신공법 도입의 적정성	

총계	100

※ 1. 전문분야의 평가항목 및 평가항목별 세부내용과 배점기준은 공사의 규모 및 특성에 따라 조정가능
2. 항목별 상대평가로 채점
3. 스마트 건설기술의 배점은 7점 이상 반영

건축분야의 평가지표 및 배점기준(예)

전문분야	평가항목	배점기준
건축계획	◦ 사전조사 및 설계기준의 적정성 ◦ 배치 및 시설계획의 적정성 ◦ 에너지 절감 등 친환경 설계의 적정성 ◦ 유지관리 편의를 고려한 시설물 계획의 적정성 ◦ 경제성(VE/LCC) 분석을 통한 시설물 계획 수립 여부 ◦ 신기술 및 신공법 도입의 적정성 ◦ 스마트 건설기술 도입의 적정성	
건축구조	◦ 구조계획의 적정성 ◦ 기초설계의 적정성 ◦ 유지관리 편의를 고려한 시설물 계획의 적정성 ◦ 신기술 및 신공법 도입의 적정성	
건축시공	◦ 시공관리계획의 적정성 – 인력투입, 품질관리계획 및 현장내 품질관리체계 구축 적정성, 공정, 안전, 환경, 민원 등 ◦ 공기단축방안 및 공정계획수립의 적정성 ◦ 시공관리계획의 적정성 ◦ 예상민원 및 대처방안의 적정성 ◦ 장비, 인력, 자재 등 자원투입계획의 적정성 ◦ 스마트 건설기술 도입의 적정성 ◦ 사회적 가치실현	
기계 및 소방	◦ 설비 시스템 계획 ◦ 위생, 냉난방 및 소방 설비계획의 적정성 ◦ 유지관리 용이성을 고려한 설비계획 ◦ 신기술 및 신공법 도입의 적정성 ◦ 스마트 건설기술 도입의 적정성	
전기설비 ·통신	◦ 설비 시스템 계획 ◦ 방재, 통신 및 조명 설비계획의 적정성 ◦ 유지관리 용이성을 고려한 설비계획 ◦ 신기술 및 신공법 도입의 적정성 및 향후 확정성 ◦ 스마트 건설기술 도입의 적정성	

전문분야	평가항목	배점기준
토목 및 조경·환경 ·경관	◦ 사전조사 및 부지조성계획의 적정성 ◦ 상하수도 등 기반시설계획 ◦ 흙막이 및 기초계획 ◦ 조경식재 및 시설물 계획의 적정성 ◦ 유지관리 편의를 고려한 효율적 시설물 계획 ◦ 신기술 및 신공법 도입의 적정성	
총계		100

※ 1. 전문분야의 평가항목 및 평가항목별 세부내용과 배점기준은 공사의 규모 및 특성에 따라 조정가능
2. 항목별 상대평가로 채점
3. 스마트 건설기술의 배점은 7점 이상 반영

공항분야의 평가지표 및 배점기준(예)

전문분야	평가항목	배점기준
공항계획	◦ 사전조사의 적정성 ◦ 설계기준 및 평면배치의 적정성 ◦ 포장계획의 적정성 ◦ 배수계획의 적정성 ◦ 공항 진입도로 및 이설도로 ◦ 토공계획의 적정성 ◦ 유지관리 편의를 고려한 시설물 계획의 적정성 ◦ 경제성(VE/LCC) 분석을 통한 시설물 계획의 적정성 ◦ 신기술, 신공법 도입의 적정성 ◦ 스마트 건설기술 도입의 적정성	
토질 및 기초	◦ 지반조사 및 토질정수 산정의 적정성 ◦ 설계기준의 적정성 ◦ 기초지반(침하대책)의 검토 적정성 ◦ 비탈면 계획의 적정성 ◦ 스마트 건설기술 도입의 적정성 ◦ 사회적 가치실현	
토목구조	◦ 구조물계획 수립의 적정성 ◦ 구조설계의 적정성 ◦ 유지관리 편의를 고려한 구조물 계획의 적정성	
토목시공	◦ 시공계획 수립의 적정성 ◦ 공기단축방안 및 공정계획수립의 적정성 ◦ 시공관리계획의 적정성 ◦ 예상민원 및 대처방안의 적정성	

전문분야	평가항목	배점기준
	◦ 장비, 인력, 자재 등 자원투입계획의 적정성 ◦ 스마트 건설기술 도입의 적정성	
건축	◦ 건축물(여객터미널, 화물터미널 등) 규모 및 배치계획의 적정성 ◦ 건축구조의 적정성 ◦ 공법 선정 및 시공계획의 적정성 ◦ 설비용량 산정과 시스템 선정의 적합성 ◦ 스마트 건설기술 도입의 적정성	
기계/전기	◦ 사전조사 및 설계기준의 적정성 ◦ 급유시설의 적정성 ◦ 기계설비 설계의 적정성 ◦ 전기설비 설계의 적정성 ◦ 항공등화시설의 적정성 ◦ 친환경 설계기법 반영의 적정성	
정보통신	◦ 사전조사 및 설계기준의 적정성 ◦ 정보통신설비 설치계획의 적정성 ◦ 정보통신시설 계획의 적정성 ◦ 항행안전무전시설 계획의 적정성	
환경	◦ 환경영향 저감방안 수립의 적정성 ◦ 친환경 설계의 적정성	
총계		100

※ 1. 전문분야의 평가항목 및 평가항목별 세부내용과 배점기준은 공사의 규모 및 특성에 따라 조정가능

2. 항목별 상대평가로 채점

3. 스마트 건설기술의 배점은 7점 이상 반영

상하수도분야의 평가지표 및 배점기준(예)

전문분야	평가항목		배점기준
상하수도	처리장/ 하수관로	◦ 기초자료 조사 및 분석 ◦ 설계 기준의 적정성 ◦ 처리공정 선정 및 시설물 계획 ◦ 부대시설계획 ◦ 운영 및 유지관리계획, 기술이전, 시운전계획 ◦ 관로정비 개선방향 ◦ 관로정비 계획수립의 적정성 ◦ 경제성 및 유지관리비의 적정성 ◦ 저탄소 녹생성장 도입의 적정성 ◦ 스마트 건설기술 도입의 적정성	

전문분야	평가항목		배점기준
	정수장/ 상수관로	◦ 기초자료 조사 및 분석 ◦ 설계 기준의 적정성 ◦ 처리공정 선정 및 시설물 계획 ◦ 부대시설계획 ◦ 운영 및 유지관리계획, 기술이전, 시운전계획 ◦ 관로계획의 적정성 ◦ 관로정비의 적정성 ◦ 경제성 및 유지관리비의 적정성 ◦ 저탄소 녹생성장 도입의 적정성 ◦ 스마트 건설기술 도입의 적정성	
토목시공 건설관리	◦ 시공계획 수립의 적정성 ◦ 공기단축방안 및 공정계획수립의 적정성 ◦ 시공관리계획의 적정성 ◦ 예상민원 및 대처방안의 적정성 ◦ 장비, 인력, 자재 등 자원투입계획의 적정성 ◦ 스마트 시공관리 도입의 적정성 ◦ 사회적 가치실현		
토질 및 기초	◦ 지반조사 계획 및 결과분석(설계지반정수)의 적정성 ◦ 굴착방법 선정 및 가시설의 안정성 ◦ 구조물 및 관로 기초계획의 적정성 ◦ 지하수 처리계획 ◦ 지장물 및 인근구조물에 대한 안정성		
토목구조	◦ 구조설계 제반기준 수립의 적정성 ◦ 구조물의 안전성 및 내구성 설계의 적정성 ◦ 방수 및 방식계획의 적정성 ◦ 기타 시설물 계획 ◦ 스마트 시공관리 도입의 적정성		
건축계획	◦ 사전조사 및 관련법규 검토의 적정성 ◦ 건축물 규모 및 배치계획의 적정성 ◦ 건축계획의 적정성 ◦ 건축구조계획의 적정성 ◦ 스마트 시공관리 도입의 적정성		
조경· 환경· 경관	◦ 조경계획의 적정성 ◦ 환경현황조사 및 환경영향 저감방안 수립의 적정성 ◦ 경관설계의 적정성(건축 등)		
기계	◦ 공정 및 설비 구성의 적정성 ◦ 주요설비 선정의 적정성 ◦ 건축기계설비 설계의 적정성 ◦ 설비의 경제성 및 합리성		

전문분야	평가항목	배점기준
전기 및 계측제어	◦ 전기설비 설계의 적정성 ◦ 계측제어설비 설계의 적정성 ◦ 건축전기설비 계획의 적정성 ◦ 설비의 유지관리 및 안정성	
총계		100

※ 1. 전문분야의 평가항목 및 평가항목별 세부내용과 배점기준은 공사의 규모 및 특성에 따라 조정가능
2. 항목별 상대평가로 채점
3. 스마트 건설기술의 배점은 7점 이상 반영

스마트건설기술을 전문분야로 별도 평가시 평가지표 및 배점기준(예)

전문분야	적용기술별 평가항목		배점기준
	단계별	평가항목	
스마트 건설 기술	계획단계	◦ 건설 주기별 스마트건설기술 활용계획의 적정성 ◦ 시설물 설치 계획과 스마트건설기술의 연관성 ◦ 스마트건설기술 적용 목표와 기대효과(생산성, 안전성 등) ◦ 스마트건설기술 활용에 따른 장애요인과 대응방안	8점 ~ 18점
	설계단계	◦ 설계분야 스마트건설기술 활용 정도 ◦ 설계분야 스마트건설기술 적용 기대효과 등	
	시공단계	◦ 시공분야 스마트건설기술 활용 정도 ◦ 시공분야 스마트건설기술을 활용한 공정/안전/품질관리의 적정성 ◦ 시공분야 스마트건설기술 활용에 따른 기대효과	
	유지단계	◦ 유지관리단계 스마트건설기술 활용 정도 ◦ 유지관리단계 스마트건설기술 적용에 따른 기대효과 (유지관리 용이성, 사용자 편의성·안전성 등) ◦ 설계/시공단계의 스마트건설기술 데이터 활용 정도	
	BIM 적용	◦ 건설 주기별 BIM 적용 계획의 적정성 ◦ BIM 설계·시공 모델의 활용 수준(시공, 공정, 안전, 품질 등)	2점 이상

※ 1. 전문분야의 평가항목 및 평가항목별 세부내용과 배점기준은 스마트건설기술의 적용특성에 따라 조정가능
2. 항목별 상대평가로 채점

[별표 8]

기술제안서 작성기준

1. 일반기준

가. 기술제안서는 제시된 기술제안 분야에 대하여 공사비절감방안, 생애주기비용개선방안, 공기단축방안, 공사관리방안, 그밖에 발주청에서 정한 사항 등의 과제목록(평가항목)에 대한 평가가 가능하도록 기술제안 내용을 작성하여야 하며, 발주청은 평가항목별로 포함되어야 할 세부내용을 입찰안내서에 제시하여야 한다.

나. 정부의 계약제도 및 건설관련법규, 최근 정부 제정 각종 시방서 및 기준에 의하여 제안설계를 하여야 하며, 관련 시방서 및 기준 등에 위배 또는 저촉되지 않도록 하여야 한다.

다. 제안자의 창의성을 발휘하여 품질 및 성능 면에서 신뢰할 수 있는 특수한 기술, 공법, 특허자재 적용을 검토 반영하였을 경우에는 그 품질규격 및 시공방법 등 필요사항을 반드시 명시하고 검증하여야 한다.

라. 신기술, 특허 및 특정 공사방법을 채택할 경우 기술권에 대하여는 하도급 계약 등의 처리 및 기술사용료를 포함하여야 하며, 향후 운영 등에 있어 별도 관리비용 등을 요구할 수 없다.

마. 기술제안자는 기술제안으로 인・허가 및 각종 협의(교통, 환경영향평가 등) 사항의 변경이 필요한 경우에는 변경업무를 수행하고 발주청의 관련 업무를 지원하여야 한다.

바. 안전과 관련된 기술제안은 기술적 통용이 가능한 안전율 이상을 확보하여야 한다.

사. 기술제안자는 제공된 지반조사보고서 및 설계도서를 면밀히 검토하여 입찰서를 작성하고 필요한 경우 기술제안자 부담으로 지반조사를 추가로 실시할 수 있다.

아. 품질관리비는 일반시방 및 특기시방서에서 요구한 품질시험에 따른 시험비용과 기술제안에 따라 변경된 공법 및 자재 등에 대한 품질관리비를 포함하여야 한다.

자. 본 공사에 대해 낙찰자가 공사기간 단축방안을 제시하였을 경우 제시한 단축 공사기간으로 공사계약을 체결한다.

차. 기타 발주청이 제안 받고자 하는 기술제안 내용, 성능기준 및 관련지침 등을 제시한다.

2. 제안도서 작성 세부기준

가. 기술제안 관련 제출도서는 기술제안요약서, 기술제안서(별지 제16호 서식 참조), 부속서류, 산출내역서, 기술제안 설명자료(발표자료) 등으로 제출부수와 쪽수를 다음을 참고하여 정하되 입찰안내서에 제시한 기준에 따라 작성하여야 한다.

번호	자료명	비고	구분
1	기술제안 요약서	50쪽 이내(A4규격)	핵심
2	기술제안서	150쪽 이내(A4규격)	핵심
3	기술제안 설명자료(발표자료)	50쪽 이내(A4규격)	핵심
4	부속서류	300쪽 이내(A4규격)	기타
5	기술제안용 산출내역서		기타

* 기타서류는 전자파일로만 제출하고, 추정가격 300억 미만 공사의 핵심서류는 전문분야별로 2부만 제출

나. 제출도서의 규격, 재질 및 제본방식, 표지, 목차, 본문 등의 구성순서, 번호 부여방법,

글자색, 글자체, 글자크기, 줄간격 등은 입찰안내서에 제시한 작성세부내용에 따라야 한다.

다. 모든 제안서류는 한글로 작성하는 것을 원칙으로 하며 필요시 영문 등의 외국어 또는 외래어로 표기한다.

라. 모든 제안서류는 아라비아 숫자로 표기하는 것을 원칙으로 하며 미터법을 사용한다.

마. 설계도서의 작성방법은 법 제48조(설계도서의 작성 등), 건설기술진흥법 시행규칙 제40조(설계도서의 작성), 건설공사의 설계도서 작성기준 등 관련규정에 위배 또는 저촉되지 않도록 하여야 한다.

아. 제출한 기술제안서 등은 수정 또는 보완할 수 없으며, 추가로 제출받지 아니한다. 단, 평가위원의 질문서에 의한 답변서는 제출할 수 있다.

자. 기술제안요약서는 관련 내용의 요점을 정리하여 심의·평가 시 기술제안 요약서만으로도 제안내용을 쉽게 파악할 수 있도록 명확하게 기재하여 별도로 제본하고 표지는 기술제안서의 표지와 동일한 형식으로 작성한다.

차. 각종 통계나 연구자료를 인용할 때는 발췌, 참고문헌을 각주 등의 방식으로 표기하며 객관적 타당성이 입증된 자료를 사용한다.

카. 기술제안에 대한 증빙 및 보충자료가 부속서류 등에 첨부되어 있을 때는 관련 페이지를 해당 기술제안서 하단에 명기한다.

파. 제출도서는 원칙적으로 흑백인쇄만 허용하되, 필요시 칼라도면의 내용 및 개수, 형식 등을 별도로 제시하고 지반·터널해석보고서, 구조 등 각종 계산서는 전자파일로 제출한다.

3. 산출내역서 작성지침

가. 산출내역서는 기술제안의 비용 관련 증빙자료이며 실시설계내역의 내용과 비교가 가능하도록 작성하며, 산출물량, 금액 등 기술제안 내용을 충실히 반영하여 작성하여야 한다.

나. 산출내역의 항목별 내용은 재료비, 노무비, 경비로 구분하여 작성한다.

다. 산출물량은 기술제안내용을 반영한 적정수량으로 한다.

라. 산출금액은 기술제안내용을 반영한 적정비용으로 한다.

마. 법정경비율은 관련법령 및 기준에 의하여 적용한다.

사. 기술제안으로 지급자재의 수량 등의 변동이 있을 경우 기술제안 입찰자가 제시하는 물량에 발주기관이 정한 규격 및 단가를 적용하여 지급자재 금액을 산출하며 변동내역을 상세하게 작성하여 기술제안서에 포함시켜 제출한다.

아. 기술제안으로 지급자재를 대체하는 신규자재가 발생할 경우는 일반자재로 산출내역서에 계상하고 해당 지급자재의 수량 및 금액은 감한다.

자. 산출내역에 대한 주요내용(수량, 금액 등)은 기술제안서의 해당 항목 편에 명기한다.

차. 기술제안서 평가 시에 제출하는 산출내역서의 내용은 입찰참가업체가 제출한 입찰가격 산출내역서 내용과 동일하여야 한다.

타. 산출내역서는 전자파일로 제출하고 필요시 산출내역에 대한 증빙자료를 첨부하도록 한다.

[별표 9]

기술제안입찰의 입찰안내서 목록

번호	자료명	비고
일반사항		
1	입찰안내서 유의사항	
2	공사설명서	
입찰에 관한 사항		
3	입찰서 목록	
4	공사입찰 유의서	
5	기술제안입찰의 공사입찰 특별유의서	
계약에 관한 사항		
6	공동계약 운용기준	
7	청렴계약 입찰특별유의서	
8	공사계약 일반조건	
9	공사계약 특수조건	
10	청렴계약 특수조건	
기술에 관한 사항		
11	설계지침	
12	시공지침	
13	기술제안서 작성지침	
평가에 관한 사항		
16	평가기준	
17	배점표	
18	평가지침	
19	감점기준	
참고		
20	내역서 등 참고자료	

[별표 10]

비리 등에 대한 감점 기준(제27조 및 제35조 관련)

1. 감점사항 및 감점부과기준

감점사항	감점	감점기간
가. 심의위원 선정 이후 사전접촉 (제3자를 통한 사전접촉 포함)	3	당해심의
나. 설계심의분과위원(중앙심의위원 포함) 위촉 이후 사전설명 (제3자를 통한 사전설명 포함)	5	감점부과 결정일부터 1년
다. 사전신고 없이 낙찰된 후 1년이내 심의참여 위원에게 용역, 연구, 자문 등을 의뢰한 경우	5	감점부과 결정일부터 1년
라. 심의와 관련하여 심의당시 소속직원 (감점부과 결정일 퇴직자 포함)이 비리행위 또는 부정행위를 한 사실이 있는 경우	15	감점부과 결정일부터 2년
마. 건설기술진흥법 제2조제1호와 제2호에 따른 "건설공사"와 "건설기술"에 관한 업무를 수행하는 과정에서 발생한 입찰담합으로 독점규제 및 공정거래에 관한 법률 제43조의 규정에 따른 과징금 부과처분이 확정된 경우(면제처분도 포함) * 전기공사업법에 따른 전기공사, 정보통신공사업법에 따른 정보통신공사, 소방시설공사업법에 따른 소방시설 공사가 반영된 공사의 경우도 동일하게 적용	10	과징금부과처분 확정일부터 2년

2. 감점 부과방법

가. 감점은 상기 기준을 참고하여 감점사항과 관련된 사업의 심의를 수행 중이거나 수행한 건설기술심의위원회(또는 기술자문위원회)에서 의결하여 정하고, 그 결과를 국토교통부 장관에게 통보하여야 한다.

나. 감점은 소속 직원의 감점행위를 인지하였는지 여부와 관계없이 감점사항에 해당하는 행위와 관련된 업체에게 부과한다.

다. 대표 입찰사가 아닌 입찰참여사(공동수급체 구성원, 설계사 포함)가 감점행위를 한 경우 해당행위를 한 업체에게 제1호에 따라 감점을 부과하고, 대표 입찰사에게도 동일한 기간 동안 1/2의 감점을 부과한다. 다만, 제1호 마목의 경우 해당행위를 한 업체에게만 적용한다.

라. 제1호에 따른 감점은 총점차등 전에 적용하고, 그 외 감점은 총점차등 후에 적용한다.

마. 제1호의 감점사항에 대해서는 사실관계 확인 등을 거쳐 건설기술심의위원회(또는 기술자문위원회) 의결 즉시 감점 조치한다.

바. 제1호 가~라목 관련 수사, 소송 진행중인 사안은 1심판결 이후 건설기술심의위원회(또는 기술자문위원회) 의결 등 판단 과정을 거쳐 감점 조치하고, 제1호 마목 관련 입찰담합은 독점규제 및 공정거래에 관한 법률 제43조에 따른 과징금 부과처분 확정일부터 2년간 감점 조치한다.

사. 제1호 마목 관련 독점규제 및 공정거래에 관한 법률 제43조에 따른 과징금 부과처분을 받은 입찰참여자가 소송 진행 중인 경우에는 1심 판결 결정일로부터 감점 조치한다.

아. 제1호의 감점사항 관련하여 제3자가 신고하는 경우에도 동일한 기준을 적용한다.

자. 감점을 부과받은 업체가 공동으로 입찰에 참여하는 경우 감점은 참여업체별 감점의 합으로 한다.

차. 제1호 가목의 사전접촉과 나목의 사전설명에는 심의위원에게 직접 또는 제3자를 통한 전화(유・무선), 소셜네트워크서비스(SNS), 방문, 구두, 우편(전자우편), 자료 전달 등 심의위원이 해당업체를 인식하게 하는 행위 모두를 포함한다.

3. 감점 적용방법

가. 해당 위원회와 다른 위원회에서 일괄, 대안 및 기술제안입찰과 관련하여 부과한 감점을 모두 적용한다. 다른 위원회의 감점을 적용하는 경우 감점, 감점기간 등은 감점을 부과한 위원회의 내용을 그대로 준용한다.

나. 설계심의분과위원회는 감점조회를 위해 국토교통부 장관에게 감점에 대한 정보를 요청할 수 있다.

다. 입찰공고서 상의 입찰마감일을 기준으로 감점기간이 유효한 감점과 입찰마감일부터 최종 설계평가일까지 새로 발생한 감점을 모두 적용한다.

4. 감점 취소

가. 감점을 받은 업체가 감점의 취소나 정정을 요청하는 경우에는 감점을 부과한 건설기술심의위원회(또는 기술자문위원회)에서 의결하여 정하고, 그 결과를 국토교통부 장관에게 통보하여야 한다.

나. 감점의 취소나 정정은 감점을 부과받은 업체가 감점사항에 해당하지 않는다는 사실을 명백히 증명한 경우에만 한다.

[별표 11]

일괄입찰의 분야별 입찰안내서 작성목록(예시)

1. 도로분야

번호	자료명	비고
1	입찰안내서 유의사항	
2	공사설명서	
3	입찰서 목록	
4	공사입찰 유의서	
5	공사입찰 특별유의서	
6	공동계약 운용기준	
7	청렴계약 입찰특별유의서	
8	공사계약 일반조건	
9	공사계약 특수조건	
10	청렴계약 특수조건	
11	설계지침	
12	시공지침	
13	설계도서 작성지침	
14	공사관리지침	
15	공사관리도서 작성지침	
16	입찰참가자격 사전심사 세부기준	
17	설계배점표	
18	설계평가방식	
19	감점기준	
20	토질조사 보고서 (단, 노선의 미확정 등으로 활용성이 낮은 경우 생략가능)	

2. 철도분야

번호	자료명	비고
1	입찰안내서 유의사항	
2	공사 설명서	
3	입찰서 목록	
4	공사계약 일반조건	
5	공사계약 특수조건(1)	
6	공사계약 특수조건(2)	
7	청렴계약 특수조건	
8	공사현장 안전관리수칙	
9	사업자료 작성 및 제출 표준요건(특별시방서)	

10	설계지침	
11	시공지침	
12	설계서 작성지침	
13	관리지침	
14	관리계획서 작성지침	
15	입찰서 평가기준	
16	입찰서 감점기준	
17	기본계획보고서	
18	기본계획설계도면 등	
19	지질조사 자료	

3. 수자원분야

번호	자료명	비고
1	일괄입찰공사 설명서	
2	공사입찰 유의서	
3	공사입찰 특별유의서	
4	청렴계약 입찰특별유의서	
5	공사계약 일반조건	
6	공사계약 특수조건	
7	청렴계약 특수조건	
8	기계경비 지수조정 특수조건	
9	설계지침	
10	시공지침	
11	기본계획 또는 타당성조사 보고서	
12	입찰도서 작성지침	
13	지질조사 자료	
14	설계시공 일괄입찰 적격자 선정기준	

4. 항만분야

번호	자료명	비고
1	입찰안내서 유의사항	
2	공사설명서	
3	입찰서 목록	
4	공사입찰 유의서	

5	공사입찰 특별유의서	
6	공동계약 운용기준	
7	청렴계약 입찰특별유의서	
8	공사계약 일반조건	
9	공사계약 특수조건	
10	청렴계약 특수조건	
11	설계지침	
12	시공지침	
13	설계도서 작성지침	
14	공사관리지침	
15	공사관리도서 작성지침	
16	입찰참가자격 사전심사 세부기준	
17	설계배점표	
18	설계평가방식	
19	감점기준	
20	기초자료 조사용역 (지질조사, 측량보고서, 구조검토서 등) 보고서 등	
21	환경영향평가보고서 및 협의서류	
22	수중 문화재 지표조사 보고서	
23	현장설명서 자료배포	

5. 건축분야

번호	자료명	비고
1	일괄입찰공사 일반사항	
2	공사설명서	
3	공사입찰유의서	
4	계약에 관한 사항	
5	설계 및 시공지침	
6	설계도서 작성지침	
7	관리지침	
8	입찰양식 및 평가기준	
9	부록(토질조사)	

* 입찰비용 경감을 위해 BIM(Building Information Modeling) 시스템은 설계적격자 선정 후 실시설계 단계부터 구축토록 입찰안내서에 명시

[별표 12]

일괄입찰의 분야별 입찰서 목록(예시)

1. 도로분야

번호	자료명	구분
1	설계 보고서	핵심
2	설계 요약보고서	핵심
3	지반조사보고서	핵심
4	터널해석보고서(터널 존재시)	핵심
5	종·횡단면도	핵심
6	평면도	핵심
7	설계도면	기타
8	구조계산서(수리, 용량, 기타 포함)	기타
9	공사관리계획서	기타
10	산출내역서	기타

2. 철도분야

번호	자료명	구분
1	설계보고서	핵심
2	설계 요약보고서	핵심
3	선로 종단면도	핵심
4	선로 평면도	핵심
5	터널해석보고서(터널 존재시)	핵심
6	지반조사보고서	핵심
7	설계도면	기타
8	구조계산서(수리, 용량, 기타 포함)	기타
9	사업수행계획서	기타
10	산출내역서	기타

3. 수자원분야

번호	자료명	구분
1	설계 보고서	핵심
2	설계 요약보고서	핵심
3	지반조사보고서	핵심
4	설계도면	기타
5	구조계산서(수리, 용량, 기타 포함)	기타
6	공사관리계획서	기타
7	산출내역서	기타

4. 항만분야

번호	자료명	구분
1	설계 보고서	핵심
2	설계 요약보고서	핵심
3	기본설계 설명서	핵심
4	지반조사보고서	핵심
5	설계도면	기타
6	구조계산서(수리, 용량, 기타 포함)	기타
7	공사관리계획서	기타
8	산출내역서	기타

5. 건축분야

번호	자료명	구분
1	설계 보고서	핵심
2	설계 요약보고서	핵심
3	지반조사보고서	핵심
4	실시설계 계획서	핵심
5	설계도면	기타
6	구조계산서(수리, 용량, 기타 포함)	기타
7	공사관리계획서	기타
8	산출내역서	기타

* 기타서류는 전자파일로만 제출하고, 추정가격 300억 미만 공사의 핵심서류는 전문분야별로 2부만 제출

[별표 13]

건설기준 종류별 소관부서 및 관련단체

소관부서	건설기준명	코드	관련단체
17개	49종(설계기준 22, 표준시방서 18, 전문시방서 9)		
기술안전정책관	공통 설계기준 공통공사 표준시방서	KDS 10 00 00 KCS 10 00 00	한국건설기술연구원
	지반 설계기준 지반공사 표준시방서	KDS 11 00 00 KCS 11 00 00	한국지반공학회 대한토목학회 국토안전관리원
	구조 설계기준 구조재료공사 표준시방서	KDS 14 00 00 KCS 14 00 00	한국콘크리트학회 한국강구조학회
	내진 설계기준	KDS 17 00 00	한국지진공학회
	가설 설계기준 가설공사 표준시방서	KDS 21 00 00 KCS 21 00 00	한국건설가설협회 한국건설기술연구원
국토지리정보원	건설측량 설계기준	KDS 12 00 00	대한공간정보학회
도로국 철도국	교량 설계기준 교량공사 표준시방서	KDS 24 00 00 KCS 24 00 00	한국도로협회 한국교량및구조공학회 국가철도공단 한국철도학회
도시정책관	공동구 설계기준 공동구 표준시방서	KDS 29 00 00 KCS 29 00 00	국토안전관리원
	조경 설계기준 조경공사 표준시방서	KDS 34 00 00 KCS 34 00 00	한국조경학회
건설정책국	설비 설계기준 설비공사 표준시방서	KDS 31 00 00 KCS 31 00 00	대한설비공학회 한국조명전기설비학회
건축정책관	건축 구조기준 건축공사 표준시방서	KDS 41 00 00 KCS 41 00 00	대한건축학회
	소규모 건축구조기준	KDS 42 00 00	
	특수목적구조기준	KDS 43 00 00	
도로국	터널 설계기준 터널공사 표준시방서	KDS 27 00 00 KCS 27 00 00	한국터널지하공간학회 국가철도공단 한국철도학회
	도로 설계기준 도로공사 표준시방서	KDS 44 00 00 KCS 44 00 00	한국도로협회 한국도로학회
철도국	철도 설계기준 철도공사 표준시방서	KDS 47 00 00 KCS 47 00 00	국가철도공단 한국철도학회

<table>
<tr><td rowspan="4">환경부</td><td>하천 설계기준
하천공사 표준시방서</td><td>KDS 51 00 00
KCS 51 00 00</td><td>한국수자원학회
한국하천협회</td></tr>
<tr><td>댐 설계기준
댐공사 표준시방서</td><td>KDS 54 00 00
KCS 54 00 00</td><td>한국수자원학회
한국수자원공사</td></tr>
<tr><td>상수도 설계기준
상수도공사 표준시방서</td><td>KDS 57 00 00
KCS 57 00 00</td><td>한국상하수도협회</td></tr>
<tr><td>하수도 설계기준
하수도공사 표준시방서</td><td>KDS 61 00 00
KCS 61 00 00</td><td>한국상하수도협회</td></tr>
<tr><td>해양수산부</td><td>항만 및 어항 설계기준
항만 및 어항공사 표준시방서</td><td>KDS 64 00 00
KCS 64 00 00</td><td>한국항만협회</td></tr>
<tr><td>농림축산식품부</td><td>농업생산기반시설설계기준
농업생산기반공사표준시방서</td><td>KDS 67 00 00
KCS 67 00 00</td><td>한국농어촌공사</td></tr>
</table>

■ **전문시방서**

소관부서	건설기준명	코드명	관련단체
토지정책관	LH 전문시방서	LHCS	한국토지주택공사
도로국	고속도로공사 전문시방서	EXCS	한국도로공사
	일반국도공사 전문시방서	KRCS	한국도로협회
철도국	철도건설공사 전문시방서	KRACS	국가철도공단 한국철도학회
행정중심 복합도시건설청	행정중심복합도시 건설공사전문시방서	-	행정중심 복합도시건설청
서울특별시	서울특별시 전문시방서	SMCS	서울특별시
농림축산식품부	한국농어촌공사 전문시방서	KRCCS	한국농어촌공사
환경부	한국수자원공사 전문시방서	KWCS	한국수자원공사
해양수산부	항만 및 어항공사 전문시방서	KPCS	한국항만협회

[별표 14]

국가건설기준센터 운영 출연금 비목별 계상기준

비목	세목	사용 용도	계상기준
기관운영경비	인건비	국가건설기준센터 운영 사업에 직접 참여하는 내부·외부 연구원에게 지급하는 인건비	1. 국가건설기준센터 위탁기관(이하 위탁기관)의 급여기준에 따른 사업기간 동안의 급여총액(4대 보험과 퇴직급여충당금의 본인 및 기관 부담분 포함한다)을 해당 과제 참여율에 따라 계상한다. 비고 : "해당 과제 참여율"이란 위탁기관에서 지급하는 연봉총액을 100으로 할 때 국가건설기준센터 운영 사업에서 연구원에게 지급될 인건비의 비율을 말한다.
사업비			사업비는 국가건설기준센터 운영 사업에 직접적으로 소용되는 비용으로서 "국가연구개발사업 연구개발비 사용기준"에 준하여 각 비목별로 계상하고 사업계획서 승인을 득하여야 한다.
	연구시설·장비비	1. 사업 수행에 필요한 연구시설·장비의 구입·설치비 및 관련 부대 비용 또는 성능향상비 등의 연구시설·장비 구입·설치비 2. 사업 수행에 필요한 연구시설·장비의 임차비 등의 연구시설·장비 임차비 3. 유지·보수비, 운영비 또는 이전 설치비(연구시설·장비를 다른 기관으로부터 이전받거나 같은 기관 내의 공동활용시설로 이전·설치하는 비용 포함) 등의 연구시설·장비 운영 유지비	1. 국가건설기준센터 당해연도 사업계획서에 따라 실제 필요한 경비를 계상한다. 2. 연구시설·장비에 대하여 당해연도 사업 종료일 2개월 전까지 구입·설치 또는 임차를 완료(검수완료)하여야 한다. 단, 재난, 재해, 그 밖에 경제적·사회적으로 중대한 사유가 발생한 경우, 국토교통부 장관이 인정하는 경우에 한해 종료일 1개월 전까지 완료할 수 있다.
	연구재료비	1. 시약·재료 구입비 및 부대비용 등의 연구재료 구입비 2. 사업 수행을 위하여 필요한 관리시스템 등의 운영비 등의 연구개발과제 관리비 3. 시험제품·시험설비 제작(자체제작과 외부제작을 모두 포함) 비용 등의 연구재료	1. 연구재료비는 사업의 종료일까지 구매(검수완료) 할 수 있다. 2. 연구개발과제 관리비는 해당 사업 수행을 위하여 필요한 전산처리 및 관리비*로 실소요금액으로 현금 계상한다. * 사업과 직접적으로 관련 있으며, 독립적으로 운영할 필요가 있는 홈페이지 구축 및 관리비, 온라인 협력 플랫폼 운영비

비목	세목	사용 용도	계상기준
		제작비	등
	연구 활 동 비	1. 사업 수행을 위한 국내외 출장비 등의 출장비 2. 기술도입비, 전문가 활용비(원고료, 강사료, 자문료 등을 포함), 연구개발서비스 활용비 등 외부 전문기술 활용을 위하여 필요한 비용 등의 외부 전문기술 활용비(국외에 소재한 기관 및 외국인의 전문기술 활용 또는 협업연구를 위하여 지급하는 비용 포함) 3. 회의장 임차료, 속기료, 통역료 또는 회의비 등 연구개발과제 수행을 위하여 필요한 회의·세미나 개최 비용 등의 회의비 4. 사업 수행을 위한 소프트웨어의 구입·설치·임차·사용대차 비용 또는 데이터베이스·네트워크의 이용료 등의 소프트웨어 활용비 5. 사업 수행을 위하여 필요한 사무용 기기 및 사무용 소프트웨어의 구입·설치·임차·사용대차 비용, 사무용품비, 연구실 운영에 필요한 소모성 비용 또는 연구실 냉난방 및 청결한 환경 유지를 위하여 필요한 기기·비품의 구입·유지 비용 등의 연구실운영비 6. 사업 수행과 직접 관련된 교육·훈련 비용, 학회·세미나 참가비 또는 연구개발과제 수행을 위하여 지출된 야근(특근) 식대 등의 연구인력 지원비 7. 기술·특허·표준 정보 조사·분석, 원천·핵심특허 확보전략 수립 등 지식재산 창출	1. 위탁기관의 장은 출장비를 다음 각 호에 따라 계상하여야 한다. 가. 참여인력·연구근접지원인력이 공무원인 경우: 「공무원 여비 규정」에 따라 계상 나. 참여인력·연구근접지원인력이 공무원이 아닌 경우: 위탁기관의 자체규정에 따라 계상 2. 위탁기관의 장은 외부 전문기술 활용비를 인건비와 사업비 합의 40퍼센트 범위에서 다음 각 호에 따라 사용하여야 한다. 다만, 국토교통부 장관이 사업의 특성을 감안하여 필요하다고 인정하는 경우에는 인건비와 사업비 합의 40퍼센트를 초과하여 사용할 수 있다. 가. 기술도입비: 위탁기관의 자체규정에 따라 해당 기술을 도입하는 데 실제 필요한 비용을 계상 나. 전문가활용비: 위탁기관의 자체규정이 있는 경우 자체규정에 따라 계상하며, 위탁기관의 자체규정이 없는 경우 실제 필요한 금액으로 계상. 위탁기관이 비영리기관인 경우, 참여인력과 동일한 부서(해당 기관의 자체규정에 따른 최소단위 부서를 말함)에 소속된 자가 아닌 전문가에 대한 전문가 활용비는 계상가능 다. 연구개발서비스 활용비: 위탁기관의 자체규정에 따라 해당 연구개발서비스를 활용하는 데 실제 필요한 비용을 계상 3. 위탁기관의 장은 해당 사업에 소속된 자만 참여하는 회의에 대하여는 회의비 중 식비를 계상하여서는 아니 된다. 4. 위탁기관의 장은 회의비를 사용할 때에는 내부결재문서 또는 회의록 중 어느 하나와 영수증서를 갖추어야 한다. 다만, 10만 원(부가가치세를 포함한다) 이하의 회의비를 사용하는 경우에는 회의의 목적, 일시, 장소, 내용, 참석자 명단이 기재된 증명자료로 내부결재

비목	세목	사용 용도	계상기준
		활동에 필요한 비용 등의 지식재산 창출 활동비 8. 문헌구입비, 논문 게재료, 인쇄·복사·인화비, 슬라이드 제작비, 각종 세금 및 공과금, 우편요금, 택배비, 수수료, 공공요금, 일용직 활용비 등 연구개발과제와 직접 관련있는 그 밖의 비용	문서 또는 회의록을 대신할 수 있다. 5. 위탁기관의 장은 연구실운영비를 사용할 때에 연구개발기관 자체규정에 따라 사용하여야 한다. 6. 사업비 지원 표기 여부와 관계없이 해당 사업과 직접 관련된 논문게재료는 사용할 수 있으며, 사업과 관련된 학회의 경우 연회비(1년) 대상 기간이 사업기간을 포함한 전·후 기간에 대해서도 연회비를 계상·사용할 수 있다. 다만, 연회비 사용일은 사업기간 내에 포함되어야 한다.
	연구수당	국가건설기준센터 운영 사업 수행과 관련된 연구원의 보상금·장려금 지급을 위한 수당	사업의 특성 및 연구성과 등을 고려하여 인건비(인건비로 계상된 현물 · 미지급 인건비 및 학생인건비 포함한다)의 20퍼센트 범위에서 계상한다.
	위탁연구개발비	연구의 일부를 외부기관에 용역을 주어 위탁 수행하는 데에 드는 경비	국가건설기준센터 운영 사업인건비와 사업비(위탁연구개발비를 제외한다) 합의 40퍼센트를 초과할 수 없다. 다만, 국토교통부 장관의 사전 승인을 받은 경우에는 위탁연구개발비를 인건비와 사업비(위탁연구개발비를 제외한다)합의 40퍼센트를 초과하여 계상할 수 있다.
기관운영경비	경상비	1. 인력지원비 가. 지원인력 인건비: 지원인력(장비운영, 연구실 안전관리 전문인력 등을 포함한다), 연구비 정산 등을 직접 지원하기 위한 인력의 인건비 나. 연구개발능률성과급: 우수한 성과를 낸 연구자 및 우수한 지원인력에게 지급하는 능률성과급 2. 연구지원비 가. 기관 공통지원경비: 국가건설기준센터 운영 사업에 필요한 기관 공통지원경비 나. 연구실 안전관리비: 연구실험실 안전을 위한 안전	1. 경상비는 위탁기관의 간접비 비율이 고시된 비영리기간은 인건비와 사업비의 합(미지급 인건비, 현물 및 위탁연구개발비는 제외한다)에 고시된 간접비 비율을 곱한 금액 이내에서 계상한다. 2. 위탁기관의 간접비 비율이 고시되지 않은 비영리법인은 인건비와 사업비의 합(미지급 인건비, 현물 및 위탁연구개발비는 제외한다)의 17퍼센트 범위에서 계상한다. 3. 영리법인(「공공기관의 운영에 관한 법률」 제5조제3항제1호의 공기업을 포함한다)에 대해서는 인건비와 사업비(미지급 인건비, 현물 및 위탁연구개발비는 제외한다)의 5퍼센트 범위에서 실제 필요한 경비로 계상한다. 4. 연구개발능률성과급은 해당 연도 경상비 총액의 10퍼센트 범위에서 계상한

비목	세목	사용 용도	계상기준
		교육비 등 예방활동과 보험 가입 등 연구실 안전환경 조성에 관한 경비 중 「연구실 안전환경 조성에 관한 법률」에 따라 정하는 경비 다. 연구보안관리비: 보안장비 구입, 보안교육 등에 필요경비 라. 연구윤리활동비: 연구윤리규정 제정·운영, 연구윤리 교육 및 인식확산 활동 등 연구윤리 확립, 연구부정행위 예방 등과 관련된 경비 마. 연구개발준비금: 연구원의 일시적 연구중단, 연구연가, 박사 후 연수 또는 3개월 이상의 교육훈련, 신규채용 직후 처음으로 과제에 참여하기까지의 공백 등으로 인하여 연구개발과제에 참여하지 않는 기간 동안의 급여 및 파견 관련 경비 3. 성과활용지원비 가. 과학문화활동비: 과학홍보물 및 행사 프로그램 등의 제작, 강연, 체험활동, 연구실 개방 및 홍보전문가 양성 등 과학기술문화 확산에 관련된 경비 나. 지식재산권 출원·등록비: 지식재산권의 출원·등록·유지 등에 필요한 모든 경비 또는 기술가치평가 등 기술이전에 필요한 경비, 국내·외 표준 등록 등 표준화(인증을 포함한다) 활동에 필요한 경비	다. 5. 연구실 안전관리비는 「연구실 안전환경 조성에 관한 법률」 제13조제3항에 따른 금액으로 계상한다.

[별표 15]

기술사용요율표

신기술공사비	기술사용요율(%)
1억원 이하	8.5
2억원	8.3
5억원	8.0
10억원	7.5
20억원	6.8
50억원	6.0
100억원	5.0
100억원 초과	3.5

[별표 16]

건설공사의 시행과정에서 발주청과 건설관련업자가 교환하는 정보 (예시)

분 야	내 용
실시설계	설계방침서, 과업수행계획서, 설계자문회의 결과 및 지적사항, 실시설계 용역보고서, 각종 영향평가보고서, 예산현황, 사업별 투자계획서, 계획노선 및 교차로 계획, 주민의견 조치결과 등
건설사업관리 및 공사착수	도로구역결정고시등 각종 인허가서, 용지 및 지장물조서, 건설사업관리착수 신고서, 건설사업관리업무수행계획서, 건설사업관리용역계약서, 설계도면, 공사시방서, 물량산출서, 공사계약서, 착공신고서, 공사예정공정표, 품질보증계획서, 현지여건조사결과, 가시설물설치계획서 등
품질·안전관리	품질시험계획, 건설사업관리단검토의견서, 품질시험결과, 품질시험검사대장, 시공실태점검결과서, 검측체크리스트, 검측결과서, 매몰부분검사서, 매몰부분사진, 주요자재공급원승인요청서, 정기안전점검결과, 정기 안전교육결과, 분기별 안전관리실적보고 등
시공관리	건설사업관리기술인업무일지, 조직도, 작업공정표, 공법설명서, 장비·노무동원계획, 자재조달계획, 공사예정세부공정표, 정기 공정보고, 현장실정보고, 공사중지 명령·보고서, 주요자재검사, 현장실정보고, 설계변경요청서, 변경설계도면, 설계변경시방서, 변경계약서 등
환경관리	환경관리대장, 환경관련평가서, 비산먼지·소음·진동등 환경관련신고서, 사후환경영향조사결과보고서 등
공사기성 및 준공	공사기성부분검사조서, 공사기성 건설사업관리조서, 예비준공검사결과서, 준공검사원, 준공설계도면, 준공건설사업관리조서, 시공단계사진앨범, 품질시험·검사성과총괄표, 안전관리점검총괄표, 사용재료총괄표, 매몰부분검사기록부, 준공검사조서, 준공사진첩 등
인수인계 및 유지관리	운영지침서, 시운전결과보고서, 품질시험·검사성과총괄표, 기자재구매서류, 공사관련기록부, 시설물인수·인계서, 건설사업관리일지, 시설물 현황 및 유지·보수 실적, 일상점검 및 정기점검 보고서, 유지관리 지침서 등

※ 비고 : 기타 건설공사의 시행과정에서 발생하는 관련법령에 저촉되지 아니 하는 정보를 포함한다.

[별표 17]

건설공사정보 공개의 등급별 분류기준

등급	분류기준	
비공개	기준	- 국가안보와 이익을 해할 우려가 있는 정보 - 국민의 안녕과 기타 공공의 안전과 이익을 해할 우려가 있는 정보 - 다른 법률 또는 법령에 따라 비공개사항으로 규정된 정보 - 의사결정과정 또는 내부검토과정에 있는 사항 등으로서 공개될 경우 업무의 공정한 수행에 지장을 초래할 우려가 있는 정보
	사례	- 국가 보안시설 및 군사시설 등의 설계도면 및 사업계획 등과 관련한 정보 - 법인 등으로부터 공개하지 않기로 하고 취득한 정보 - 입찰계약기술개발 과정에 있는 정보 등
제한적 공개	기준	- 특정 개인을 식별할 수 있는 개인 정보 - 법인·단체 또는 개인의 영업상 비밀에 관한 사항으로서 법인 등의 정당한 이익을 해할 우려가 있는 정보 - 공개될 경우 부동산투기 등으로 특정인에게 이익 또는 불이익을 줄 우려가 있는 정보 - 공개될 경우 지적소유권 등 타인의 권리 또는 이익이 침해될 우려가 있는 정보
	사례	- 의사결정과정 또는 내부검토과정에 있는 계획서 - 자격증 사본 등 개인에 관한 정보 - 사업계획서, 예산내역서 등 법인·단체의 고유한 기술력이 포함된 정보
공개	기준	- 비공개 및 제한적 공개 이외의 건설공사정보로서 불특정인을 대상으로 공개 또는 제공되는 정보
	사례	- 비공개 및 제한적 공개 이외의 정보 - 기간의 경과 등으로 비공개 및 제한적 공개의 필요가 없어진 정보

[별표 18]

정보공개의 처리절차

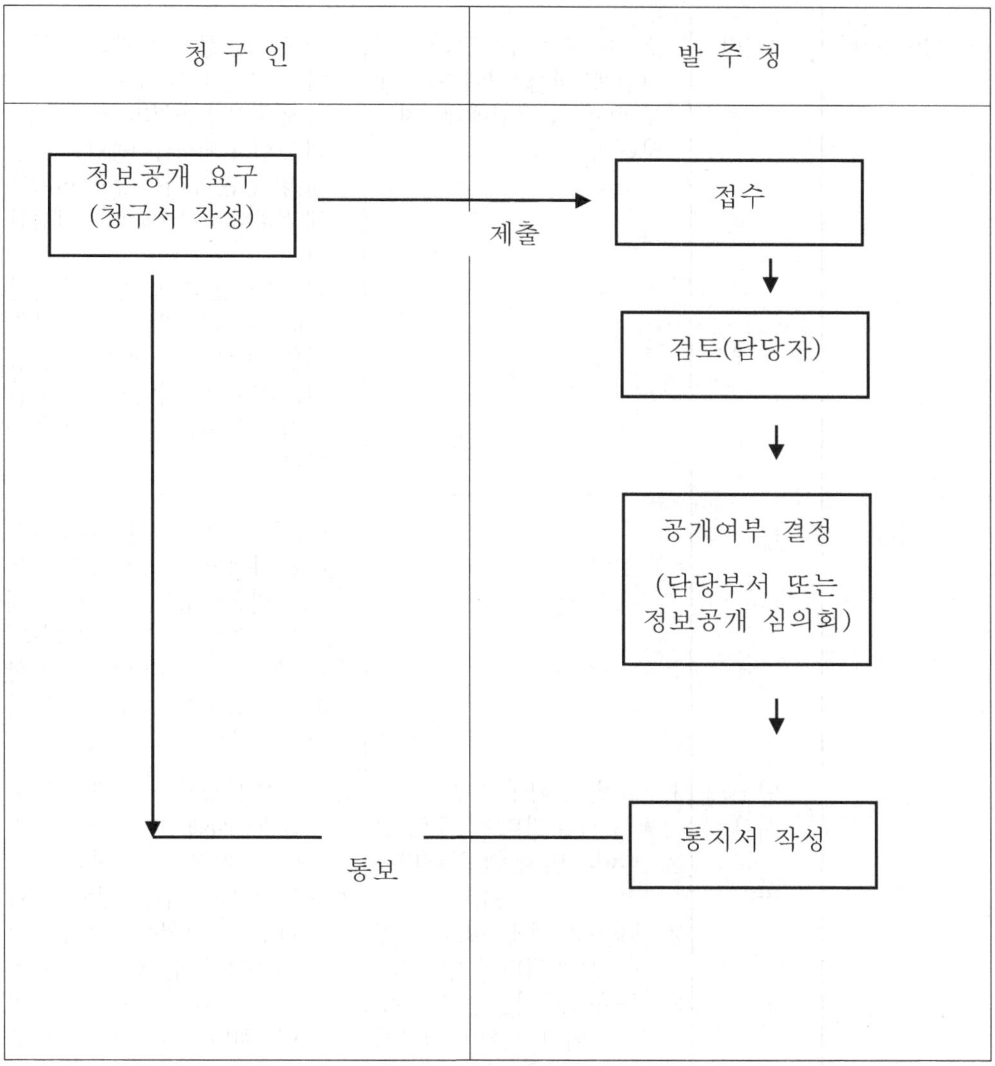

※ 비고 : 정보공개청구서는 청구인이 공공기관정보공개에관한법률시행규칙 제2조 별지 제1호의2서식에 의하여 작성하며, 발주청은 동법률시행규칙 제5조 별지 제7호서식에 의하여 통지서를 작성하여 통보한다.

[별표 19]

공사비산정기준관리운영 출연금 비목별 계상기준(제85조제2항 관련)

비목	세목	사용 용도	계상기준
기관운영경비	인건비	공사비산정기준관리운영 사업에 직접 참여하는 내부·외부 연구원에게 지급하는 인건비	1. 공사비산정기준 관리기관(이하 관리기관)의 급여기준에 따른 연구기간 동안의 급여총액(4대 보험과 퇴직급여충당금의 본인 및 기관 부담분 포함한다)을 해당 과제 참여율에 따라 계상한다. 비고: "해당 과제 참여율"이란 관리기관에서 지급하는 연봉총액을 100으로 할 때 공사비산정기준관리운영 사업에서 연구원에게 지급될 인건비의 비율을 말한다.
사업비			사업비는 공사비산정기준관리운영 사업에 직접적으로 소용되는 비용으로서 "국가연구개발사업 연구개발비 사용기준"에 준하여 각 비목별로 계상하고 사업계획서 승인을 득하여야 한다.
	연구시설·장비비	1. 사업 수행에 필요한 연구시설·장비의 구입·설치비 및 관련 부대비용 또는 성능향상비 2. 사업 수행에 필요한 연구시설·장비의 임차비 3. 유지·보수비, 운영비 또는 이전 설치비(연구시설·장비를 다른 기관으로부터 이전받거나 같은 기관 내의 공동활용시설로 이전·설치하는 비용 포함)	1. 공사비산정기준 당해연도 사업계획서에 따라 실제 필요한 경비를 계상한다. 2. 연구시설·장비에 대하여 당해연도 사업종료일 2개월 전까지 구입·설치 또는 임차를 완료(검수완료)하여야 한다. 단, 재난, 재해, 그 밖에 경제적·사회적으로 중대한 사유가 발생한 경우, 국토교통부 장관이 인정하는 경우에 한해 종료일 1개월 전까지 완료할 수 있다.
	연구재료비	1. 시약·재료 구입비 및 부대비용 등 연구재료 구	1. 연구재료비는 사업의 종료일까지 구매(검수완료) 할 수

		입비 2. 사업 수행을 위하여 필요한 관리시스템 등의 운영비 등 연구개발과제 관리비 3. 시험제품·시험설비 제작(자체제작과 외부제작을 모두 포함) 비용 등 연구재료 제작비	있다. 2. 연구개발과제 관리비는 해당 사업 수행을 위하여 필요한 전산처리 및 관리비*로 실소요금액으로 현금 계상한다. * 사업과 직접적으로 관련 있으며, 독립적으로 운영할 필요가 있는 홈페이지 구축 및 관리비, 온라인 협력 플랫폼 운영비 등
	연구 활동비	1. 사업 수행을 위한 국내외 출장비 2. 기술도입비, 전문가 활용비(원고료, 강사료, 자문료 등을 포함), 연구개발서비스 활용비 등 외부 전문기술 활용을 위하여 필요한 비용 등 외부 전문기술 활용비(국외에 소재한 기관 및 외국인의 전문기술 활용 또는 협업연구를 위하여 지급하는 비용 포함) 3. 회의장 임차료, 속기료, 통역료 또는 회의비 등 연구개발과제 수행을 위하여 필요한 회의·세미나 개최 비용 등 회의비 4. 사업 수행을 위한 소프트웨어의 구입·설치·임차·사용대차 비용 또는 데이터베이스·네트워크의 이용료 등 소프트웨어 활용비 5. 사업 수행을 위하여 필요한 사무용 기기 및 사무용 소프트웨어의 구입·설치·임차·사용대차 비용, 사무용품비, 연구실 운영에 필요한 소모성 비용 또는 연구실 냉난방 및 청결한 환경 유지를 위하여 필요한 기기·비품의 구입·유지 비용	1. 관리기관의 장은 출장비를 다음 각 호에 따라 계상하여야 한다. 가. 참여인력·연구근접지원인력이 공무원인 경우: 「공무원 여비 규정」에 따라 계상 나. 참여인력·연구근접지원인력이 공무원이 아닌 경우: 관리기관의 자체규정에 따라 계상 2. 관리기관의 장은 외부 전문기술 활용비를 직접비의 40퍼센트 범위에서 다음 각 호에 따라 사용하여야 한다. 다만, 국토교통부 장관이 사업의 특성을 감안하여 필요하다고 인정하는 경우에는 직접비의 40퍼센트를 초과하여 사용할 수 있다. 가. 기술도입비: 관리기관의 자체규정에 따라 해당 기술을 도입하는 데 실제 필요한 비용을 계상 나. 전문가활용비: 관리기관의 자체규정이 있는 경우 자체규정에 따라 계상하며, 관리기관의 자체규정이 없는 경우 실제 필요한 금액으로 계상. 관리기관이 비영리기관인 경우, 참여인력과 동일한 부서(해당 기관의 자체규정에 따른 최소단위 부서를 말함)에 소속된 자가 아닌 전문가에 대한 전문가 활용비는 계상가능

		등 연구실운영비 6. 사업 수행과 직접 관련된 교육·훈련 비용, 학회·세미나 참가비 또는 연구개발과제 수행을 위하여 지출된 야근(특근) 식대 등 연구인력 지원비 7. 기술·특허·표준 정보 조사·분석, 원천·핵심특허 확보 전략 수립 등 지식재산 창출 활동에 필요한 비용 등 지식재산 창출 활동비 8. 문헌구입비, 논문 게재료, 인쇄·복사·인화비, 슬라이드 제작비, 각종 세금 및 공과금, 우편요금, 택배비, 수수료, 공공요금, 일용직 활용비 등 연구개발과제와 직접 관련있는 그 밖의 비용	다. 연구개발서비스 활용비: 관리기관의 자체규정에 따라 해당 연구개발서비스를 활용하는 데 실제 필요한 비용을 계상 3. 관리기관의 장은 해당 사업에 소속된 자만 참여하는 회의에 대하여는 회의비 중 식비를 계상하여서는 아니 된다. 다만, 관리기관이 정부출연기관으로서 정관에 따른 설립목적을 달성하기 위하여 정부가 직접 출연한 예산으로 수행하는 사업의 성격에 해당하는 경우에는 계상할 수 있다. 4. 관리기관의 장은 회의비를 사용할 때에는 내부결재문서 또는 회의록 중 어느 하나와 영수증서를 갖추어야 한다. 다만, 10만 원(부가가치세를 포함한다) 이하의 회의비를 사용하는 경우에는 회의의 목적, 일시, 장소, 내용, 참석자 명단이 기재된 증명자료로 내부결재문서 또는 회의록을 대신할 수 있다. 5. 관리기관의 장은 연구실운영비를 사용할 때에 연구개발기관 자체규정에 따라 사용하여야 한다. 6. 사업비 지원 표기 여부와 관계없이 해당 사업과 직접 관련된 논문게재료는 사용할 수 있으며, 사업과 관련된 학회의 경우 연회비(1년) 대상 기간이 사업기간을 포함한 전·후 기간에 대해서도 연회비를 계상·사용할 수 있다. 다만, 연회비 사용일은 사업기간 내에 포함되어야 한다.
	연구 수당	공사비산정기준관리운영사업수행과 관련된 연구원의 보상금·장려금 지급을	사업의 특성 및 연구성과 등을 고려하여 인건비(인건비로 계상된 현물 · 미지급인건비 및 학생인

		위한 수당	건비 포함한다)의 20퍼센트 범위에서 계상한다.
	위탁연구개발비	연구의 일부를 외부기관에 용역을 주어 위탁 수행하는 데에 드는 경비	직접비, 간접비로 계상하되, 원칙적으로 공사비산정기준관리운영 사업 직접비(위탁연구개발비를 제외한다)의 40퍼센트를 초과할 수 없다. 다만, 관리기관이 정부출연기관인 경우 위탁연구개발비를 직접비의 40퍼센트를 초과하여 계상할 수 있으며, 이 경우 사업계획서 승인을 득하여야 한다.
기관운영비	경상비	1. 인력지원비 가. 지원인력 인건비: 지원인력(장비운영, 연구실 안전관리 전문인력 등을 포함한다), 연구비 정산 등을 직접 지원하기 위한 인력의 인건비 나. 연구개발능률성과급: 우수한 성과를 낸 연구자 및 우수한 지원인력에게 지급하는 능률성과급 2. 연구지원비 가. 기관 공통지원경비: 공사비산정기준관리운영 사업에 필요한 기관 공통지원경비 나. 연구실 안전관리비: 연구실험실 안전을 위한 안전교육비 등 예방활동과 보험 가입 등 연구실 안전환경 조성에 관한 경비 중 「연구실 안전환경 조성에 관한 법률」에 따라 정하는 경비 다. 연구보안관리비: 보안장비 구입, 보안교육 등에 필요경비 라. 연구윤리활동비: 연구윤리규정 제정·운영, 연구윤	1. 경상비의 비율은 인건비 및 사업비(미지급 인건비, 현물 및 위탁연구개발비는 제외한다) 합의 일정 비율로 계상하며, 관리기관이 정한 기준이 있는 경우에는 그 기준에 따라 계상하고 사업계획서 승인을 득하여야 하며, 관리기관이 정한 기준이 없는 경우에는 "비영리기관인 연구개발기관별 간접비고시비율(국가연구개발사업 연구개발비 사용기준 별표6)"에 따른다. 2. 연구개발능률성과급은 해당 연도 경상비 총액의 10퍼센트 범위에서 계상한다. 3. 연구실 안전관리비는 「연구실 안전환경 조성에 관한 법률」 제13조제3항에 따른 금액으로 계상한다.

		리 교육 및 인식확산 활동 등 연구윤리 확립, 연구부정행위 예방 등과 관련된 경비 바. 연구개발준비금: 연구원의 일시적 연구중단, 연구연가, 박사 후 연수 또는 3개월 이상의 교육훈련, 신규채용 직후 처음으로 과제에 참여하기까지의 공백 등으로 인하여 연구개발과제에 참여하지 않는 기간 동안의 급여 및 파견 관련 경비 3. 성과활용지원비 가. 과학문화활동비: 과학홍보물 및 행사 프로그램 등의 제작, 강연, 체험활동, 연구실 개방 및 홍보전문가 양성 등 과학기술문화 확산에 관련된 경비 나. 지식재산권 출원·등록비: 지식재산권의 출원·등록·유지 등에 필요한 모든 경비 또는 기술가치평가 등 기술이전에 필요한 경비, 국내·외 표준 등록 등 표준화(인증을 포함한다) 활동에 필요한 경비	

[별표 20]

업무정지 및 과태료부과 금액의 감경·가중 기준

1. 건설기술인 업무정지

1) 감경기준

ㅇ 건설기술경력증을 대여한 자의 업무정지에 대하여는 감경기준을 적용하지 아니한다.

구분	감경사유	감경
위반동기	당해 위반행위가 과실에 의한 것으로 구조안전에 이상이 없거나 보완 완료한 때	1/4
위반내용	당해 위반행위로 인해 공중(위반행위를 한 당사자와 소속직원은 제외한다)에 위해를 끼치지 아니한 때	1/4

2) 가중기준

ㅇ 업무정지 기간과 각 업무정지 가중기준에 따라 가중한 기간을 합산한 기간이 법에서 정한 업무정지 기간을 초과하는 경우 업무정지 기간은 법에서 정한 기간까지로 한다.

구분	가중사유	가중
위반건수	서로 다른 위반 행위가 둘 이상이며 둘 이상의 처분기준이 모두 업무정지인 때	무거운 처분기준의 1/6가중
	동일한 위반 행위의 횟수가 둘 이상일 때	1/6
위반동기	당해 위반행위가 고의나 중과실에 의한 때	1/6
위반내용	당해 위반행위로 인해 공중에 위해를 끼친 때	1/6

* 위반건수 가중은 무거운 처분기준과 가중기간을 합산한 기간이 각 처분기준의 합산기간을 초과할 경우 무거운 처분기준을 제외한 나머지 처분기준의 합산기간을 가중

2. 과태료

1) 감경기준

구분	감경사유	감경
처분횟수	과태료 사유에 해당하는 위반행위를 한 날로부터 3년 이내에 과태료 처분을 받은 사실이 없을 때	1/4
위반동기및 건수	당해 위반행위가 단순한 경과실로 인한 경우 또는 동일한 유형의 위반건수가 2건 이하인 때	1/4
자진납부	의견진술 기간에 자진 납부하는 때 (「질서위반행위규제법」제18조)	부과될 과태료의 1/5

* 처분권자는 과태료의 감경 또는 가중기준 해당 여부를 확인하여 감경 또는 가중된 금액을 사전통지하고 자진납부하는 경우 추가로 감경. 다만, 감경기준 해당 여부를 당사자가 입증하여야 하는 경우에는 의견 제출기한 내에 감경사유를 입증하고 자진납부하여야 함

2) 가중기준

구분	가중사유	가중
처분횟수	과태료 사유에 해당하는 위반행위를 한 날부터 1년 이내에 동일 사유로 인한 과태료처분을 받은 사실이 있는 때	1/4
위반동기및 건수	당해 위반행위가 고의나 중과실에 의한 경우 또는 동일한 유형의 위반건수가 3건 이상인 때	1/4

[별표 21]

과태료 처분에 대한 이의신청 절차

1. 이의신청권자 및 제출기관

1) 이의신청권자 : 「건설기술 진흥법」 위반으로 과태료 부과 처분을 받은 건설기술인, 건설사업자, 건설엔지니어링사업자 및 그 대리인
2) 제출기관(처분권자) : 지방국토관리청장, 시・도지사 및 시・군・구청장

2. 처리절차

단계	비고
과태료의 부과	처분권자 → 건설기술인 등
·납부기한, 납부방법 및 수납기관 등을 명시하여 부과	
이의신청(60일 이내)	건설기술인 등 → 처분권자
·이의제기가 있을 경우 과태료 부과처분 효력 상실	
이의신청 검토 등	처분권자
·이의제기 철회→과태료 재부과, 과태료 부과 필요가 없는 경우 취소처분	
관할법원으로 통보(14일 이내)	처분권자 → 관할법원
과태료 재판 및 과태료 결정 고지	관할법원 → 당사자와 검사
·당사자 또는 검사는 과태료 재판에 대하여 즉시 항고 가능	
과태료 집행(검사의 명령으로 집행)	검사(행정청에 위탁 가능) → 건설기술인 등

3. 처분권자 처리요령

1) 이의신청권자가 이의 제기를 하지 않고 과태료를 납부하지 아니한 때에는 「질서위반행위규제법」 제24조에 따라 징수
2) 이의신청자가 이의 제기를 할 경우에는 「질서위반행위규제법」 제21조에 따라 관할 법원에 통보하고 이의제기 당사자에 처리내용 통지 등 조치. 다만, 같은 조 제1항제1호의 경우 과태료를 징수하고 같은 조 같은 항 제2호의 경우에는 처분권자가 과태료 부과 취소처분하고 이의제기 당사자에 그 내용을 통지
3) 이의제기가 있는 경우 행정청의 과태료 부과처분은 그 효력이 상실되며 행정청은 이의제기일로부터 14일 이내에 관할법원에 통보하여야 함

※ 과태료 부과처분에 대한 이의제기와 관련한 질서위반행위의 재판 및 집행과 관련한 사항은 「질서위반행위규제법」 제25조부터 제50조 규정 참조

4. 행정심판과의 관계 등

1) '이의신청' 및 '행정심판'은 행정처분으로 인하여 권익을 침해 당한 자가 행정처분의 위법 또는 부당을 이유로 시정을 구하는 사후적 구제수단으로 재심사하는 기관에 따라 다음과 같이 구분함
   가. 행정심판 : 행정심판이란 행정청의 위법 또는 부당한 처분 그밖에 공권력의 행사・불행사 등으로 인하여 권익을 침해당한 자의 청구에 의하여 직근상급청이 당해 행정처분을 재심사하는 절차를 말하며 이에 관한 일반법으로 「행정심판법」 이 있다.
   나. 이의신청 : 이의신청이란 위법 또는 부당한 행정처분으로 인하여 권익을 침해당한 자의 청구에 의하여 처분청 자신이 재결청이 되어 당해 행정처분을 재심사하는 절차를 말한다.

[별지 제1호서식]

개선제안공법사용신청서

신청인	① 상호 또는 명칭		② 면허 또는 등록번호	
	③ 주 소	(전화 :)		
	④ 대표자성명		⑤ 생 년 월 일	
공사개요	⑥ 공 사 명		⑦ 공 사 기 간	
	⑧ 계 약 금 액		⑨ 발 주 처	
	⑩ 공 사 위 치			
신청내용	⑪ 신 청 건 수		⑫ 절 감 액	

건설기술개발및관리등에관한운영규정 제7조의 규정에 의하여개선제안공법 사용승인을 신청합니다.

년 월 일

신 청 인 (인)

(발주관서장) 귀하

이 신청서는 아래와 같이 처리됩니다.

(뒷면)

신 청 인	처 리 기 관	협 조 기 관
	발 주 관 서	기술자문위원회

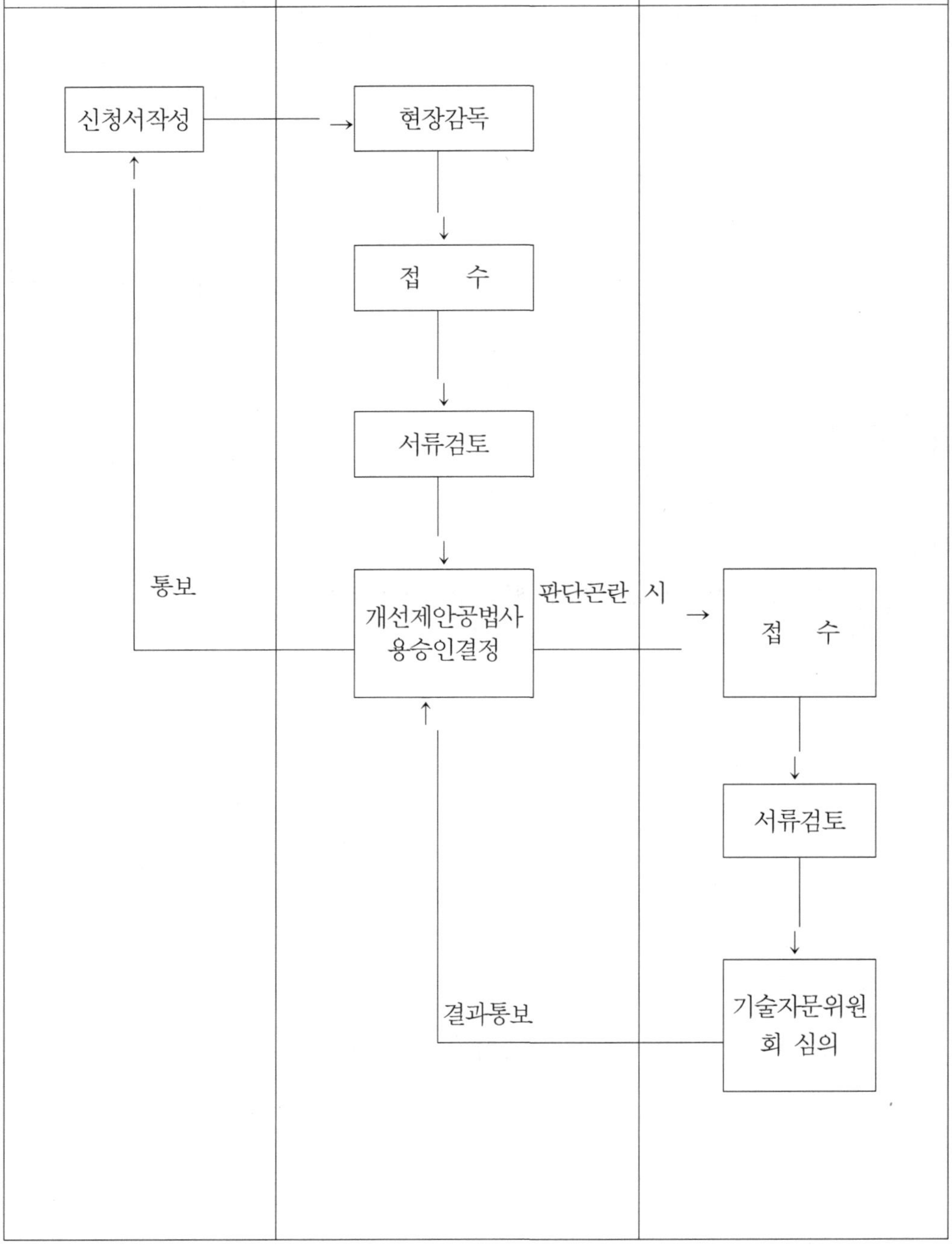

[별지 제2호서식]

공사비절감제안서

제안서번호

<table>
<tr><td colspan="3">공 사 명</td><td></td><td>현장대리인</td><td colspan="2"></td></tr>
<tr><td colspan="3">개선자명</td><td colspan="4"></td></tr>
<tr><td rowspan="2">개선안내용</td><td colspan="3">개 선 전</td><td colspan="3">개 선 후</td></tr>
<tr><td colspan="3"></td><td colspan="3"></td></tr>
<tr><td colspan="4">구 분</td><td>공 사 비</td><td colspan="2">비 고</td></tr>
<tr><td rowspan="4">공사비내용</td><td>A</td><td colspan="2">개 선 전</td><td></td><td colspan="2"></td></tr>
<tr><td>B</td><td colspan="2">개 선 후</td><td></td><td colspan="2"></td></tr>
<tr><td>C</td><td colspan="2">절감액(A-B)</td><td></td><td colspan="2"></td></tr>
<tr><td>D</td><td colspan="2">절감율(C/A×100%)</td><td></td><td colspan="2"></td></tr>
<tr><td colspan="3" rowspan="2">개선안특징</td><td>장 점</td><td>단 점</td><td colspan="2">시공시 주의할점</td></tr>
<tr><td></td><td></td><td colspan="2"></td></tr>
<tr><td colspan="3">효 과
(기술성)</td><td colspan="4"></td></tr>
</table>

[별지 제3호서식]

<table>
<tr><td colspan="5">

개선제안공법사용승인서

</td></tr>
<tr><td rowspan="3">신
청
인</td><td>① 상호 또는 명칭</td><td></td><td>② 면허 또는 등록 번 호</td><td></td></tr>
<tr><td>③ 주 소</td><td colspan="3">(전화 :)</td></tr>
<tr><td>④ 대 표 자 성 명</td><td></td><td>⑤ 생 년 월 일</td><td></td></tr>
<tr><td rowspan="3">공
사
개
요</td><td>⑥ 공 사 명</td><td></td><td>⑦ 공 사 기 간</td><td></td></tr>
<tr><td>⑧ 계 약 금 액</td><td></td><td>⑨ 발 주 처</td><td></td></tr>
<tr><td>⑩ 공 사 위 치</td><td colspan="3"></td></tr>
<tr><td>신청
내용</td><td>⑪ 신 청 건 수</td><td></td><td>⑫ 절 감 액</td><td></td></tr>
<tr><td>승인
내용</td><td>⑬ 승 인 건 수</td><td></td><td>⑭ 절 감 액</td><td></td></tr>
<tr><td colspan="5">건설기술개발및관리등에관한운영규정 제8조의 규정에 의하여 개선제안공법의 사용을 붙임과 같이 승인(기각)함

년 월 일

(발주관서장) (인)

붙임 : 개선제안공법 승인(기각) 내역서 1부.</td></tr>
</table>

개선제안공법승인(기각) 내역서

분야	제안서번호	개선안명	절감액	승인여부	승인하지 아니한 사유

[별지 제4호서식]

건 설 기 술 심 의 요 청 서

의안번호	제 호
구 분	

건 명	

심의요청인	
제출연월일	

※ "구분"란에는 건설기술진흥기본계획심의, 건설공사의 설계심의(기본설계, 실시설계), 대형공사의 입찰방법심의(설계·시공일괄입찰심의, 대안입찰심의, 기본설계 기술제안 및 실시설계 기술제안입찰심의, 기타공사), 건설기준심의, 기술개발보상심의 및 신기술지정심의 등으로 구분하여 기재한다.

[별지 제4호의2서식]

기 술 제 안 평 가 심 의 요 청 서

의안번호	제 호
구 분	

공 사 명	

발 주 청	
제출년월일	201 . . .

※ "구분"란에는 기본설계 기술제안 및 실시설계 기술제안으로 구분하여 기재 한다.

[별지 제5호서식]

개선제안공법 사용신청처리결과(　　년)

발 주 처 :

공사명	공사위치	신청자	개선제안공법개요	절감금액	인정여부	제출일	결정일

발주관서의장　　　　인

[별지 제6호서식]

기술제안입찰 공사설명서

1. 공사명 :

2. 위치도 또는 도면

2. 공사개요 (예시)

- 노 선 명 :
- 위　　치 :
- 공사개요 : 도로축조 : L=　　km, B=　　m
- 공사예정기간 :
- 총공사비 추정금액 :　억원 (보상비 제외)
  - 주요 공종별 물량 및 공사비
    - 00교(길이=2000m): 00억원
    - 00터널(길이=4000m) : 00억원
    - 기　　타 : 00억원
- 교 통 량 :　　　대/일(목표년도　　년도)

3. 사업 필요성 및 효과

4. 추진경위

○ 예비타당성조사, 타당성조사, 기본계획, 기본설계 등 사항을 구체적으로 기재하되 기본설계 등을 완료한 경우에는 그 사유를 명확히 기재

5. 기타 참고사항 : 기술제안 평가에 필요한 사항

[별지 제7호서식]

조 치 결 과 서

지적위원	① 한글4자이내(이하자수만표시)	지적분야	② 8
지적사항및 조치사항	③ 지적사항 : 280		

조치결과 :

지적위원	4	지적분야	8
지적사항및 조치사항	지적사항 : 280		

조치결과 :

※ 참 고 : 고딕체 부분은 기입하지 않음

① 지적위원 : 해당 지적사항을 지적한 심의위원을 기입한다.

② 지적분야 : 지적사항의 분야를 기입한다.
지적사항 분류는 국토교통부의 심의위원 분류를 사용하며 해당 심의 위원이 소속된 분야를 기입한다.

③ 지적사항 및 조치사항 : 지적된 사항 및 조치한 결과를 기입한다.

[별지 제8호서식]

지적사항에 대한 보완 조치결과

1. 조치건수

<table>
<tr><th rowspan="3">구 분</th><th rowspan="3">조치내용</th><th colspan="4">조 치 가 능</th><th rowspan="3">조치곤란</th><th rowspan="3">비고</th></tr>
<tr><th colspan="2">조치완료</th><th rowspan="2">전문가의 자문,
자료보완,
정밀검토후 조치</th><th rowspan="2">착공후 공사중 반영</th></tr>
<tr><th>적정</th><th>미흡</th></tr>
<tr><td>건축계획분야</td><td>건</td><td></td><td>건</td><td></td><td></td><td></td><td></td></tr>
<tr><td>건축구조분야</td><td>건</td><td></td><td></td><td></td><td></td><td></td><td></td></tr>
<tr><td></td><td>건</td><td></td><td></td><td></td><td></td><td></td><td></td></tr>
<tr><td>계</td><td>건</td><td>건</td><td>건</td><td>건</td><td>건</td><td>건</td><td></td></tr>
</table>

※ 조치내용, 조치가능, 조치곤란에는 건수를 기입

※ 조치완료(적정)외에는 2항의 양식에 의거 구체적인 향후조치계획 또는 곤란사유를 작성 제출

2. 향후조치예정인 내용에 대한 처리계획

가. 조치완료중 미흡

<table>
<tr><th colspan="3">구 분</th><th rowspan="2">지적내용</th><th rowspan="2">구체적인조치계획</th><th rowspan="2">비고</th></tr>
<tr><th>분야별</th><th>건수</th><th>지적번호</th></tr>
<tr><td>건축계획분야
(○○○위원)</td><td></td><td>○ 번항</td><td></td><td></td><td></td></tr>
<tr><td></td><td></td><td></td><td></td><td></td><td></td></tr>
<tr><td>계</td><td></td><td></td><td></td><td></td><td></td></tr>
</table>

나. 전문가의 자문, 자료보완, 정밀검토후 조치할 사항

<table>
<tr><th colspan="3">구 분</th><th rowspan="2">지적내용</th><th rowspan="2">구체적인조치계획</th><th rowspan="2">비고</th></tr>
<tr><th>분야별</th><th>건수</th><th>지적번호</th></tr>
<tr><td>건축계획분야
(○○○위원)</td><td></td><td>○ 번항</td><td></td><td></td><td></td></tr>
<tr><td></td><td></td><td></td><td></td><td></td><td></td></tr>
<tr><td>계</td><td></td><td></td><td></td><td></td><td></td></tr>
</table>

다. 착공후 공사중 반영

구 분			지적내용	구체적인조치계획	비고
분야별	건수	지적번호			
건축계획분야 (○○○위원)		○ 번항			
계					

라. 조치곤란

구 분			지적내용	구체적인조치계획	비고
분야별	건수	지적번호			
건축계획분야 (○○○위원)		○ 번항			
계					

3. 종합조치결과

구 분	지적내용	조치내용	비 고
건축계획분야 (○○○위원)			
계			

※ 구분 : 해당분야 및 위원 기입

※ 비고 : 관련근거, 해당도면등 기입

[별지 제9호서식]

평 가 요 령 서

가. 일반사항

공 사 명 :	감 리 자 :
공사개요 :	계약금액 :
시 행 청 :	공사기간 :
시 공 자 :	현장대리인:

나. 평 가 서

구　분	평 가 내 용	반영정도	참고자료
1. 심의결과 조　치	가. 지적사항의 시공반영	(수, 우, 미, 양 등으로 표시)	(참고서류 사본, 도면 등 첨부)
2. 설계변경	가. 설계변경심의 지적 사항의 시공반영 나. 심의대상인 설계변경 현황		
3. 신 공 법 적　용	가. 법에 의한 신공법적용 나. 기타 신공법적용		
4. 시공수준	가. 공사관리, 공정관리, 품질관리등의 수준		

[별지 제10호서식]

제·개정규정(조례) 현황

위원회명 : ㅇㅇ 지방(특별)건설기술심의원원회

구 분	규정(조례)명	제정(개정)일	주요골자	비 고

(주) : 1. 구분은 제정 또는 개정을 표시한다.
2. 제·개정 규정(조례)내용을 별도로 첨부한다.

[별지 제11호서식]

지방(특별)심의위원회 운영실적

위원회명 : ○○ 지방(특별)건설기술심의위원회

분야	공사명 (용역명)	공사개요	공사 금액	용역 금액	입찰 방법	심의일	심 의 위원수	발주 기관	비고

(주) : 1. 분　　야 : 토목공사, 건축공사, 기계.전기설비공사로 구분하여 표시한다.
2. 공사개요 : 공사규모, 구조의 종류 등을 기재한다.
3. 공사기간 : 월단위로 표시한다.
4. 입찰방법 : P.Q, P.P,기술가격분리입찰, 지명경쟁, 수의계약 등으로 표시한다.
5. 발주부서 : 시(도),국, 과단위까지(전화번호 포함) 기재한다.
6. 설계심사이외의 심의실적(사후관리평가, 기술진단등)은 별도로 첨부한다.

[별지 제12호서식]

중앙건설기술심의위원회 회의록

가. 의 안 명 :

나. 참석위원 :

성 명	서 명

다. 회의내용 : (별첨)

위 원 장 (인)

회 의 내 용

가. 안 건 명 :

나. 회 의 일 시 :

다. 회 의 장 소 :

라. 심의의결사항 :

마. 회의진행사항 :

[별지 제13호서식]

청 렴 서 약 서

ㅇ 사업명 :

본인은 위 사업 입찰공사의 설계심의분과위원(심의위원)으로 위촉 받아 이해관계자에게 어떤 부당한 요구를 하거나 금품·향응 등을 제공받지 아니하며, 설계심의분과위원 윤리행동강령을 엄수하고, 공정하게 심의할 것을 서약하며 이를 위반 시는 관계법령에 따라 어떠한 처벌도 감수 하겠습니다.

20 . . .

서약자 : 소속직장명

직위(급) 성명 (서명)

중앙건설기술심의위원회 설계심의분과위원회

소위원장 귀하

[별지 제14호서식]

심의위원별 설계 평가 채점표(예시, 3개사 참여시)

□ 안건명 :

□ 기본설계평가(토목시공 분야)

<table>
<tr><th>평 가 항 목</th><th>배점
기준</th><th>세부
배점</th><th>세부평가</th></tr>
<tr><td rowspan="2">◦ 시공 계획수립의 적정성</td><td rowspan="2">미표시*</td><td>미표시*</td><td>·공사용 가시설 계획의 적정성
1위 ○○사 2위 △△사 3위 □□사</td></tr>
<tr><td>-</td><td>·토공, 기초공, 교량공, 포장공 등 주요 공종 시공계획의 적정성
1위 □□사 2위 △△사 3위 ○○사</td></tr>
<tr><td rowspan="3">◦ 공기단축방안 및 공정계획수립의 적정성</td><td rowspan="3">-</td><td>-</td><td>·단위공기 산출의 적정성
1위 ○○사 2위 △△사 3위 □□사</td></tr>
<tr><td>-</td><td>·공기단축 방안 수립의 적정성
1위 ○○사 2위 △△사 3위 □□사</td></tr>
<tr><td>-</td><td>·공정계획 수립의 적정성
1위 ○○사 2위 △△사 3위 □□사</td></tr>
<tr><td>◦ 시공관리계획의 적정성</td><td>-</td><td>-</td><td>상기 동일방법</td></tr>
<tr><td>◦ 예상민원 및 대처방안의 적정성</td><td>-</td><td>-</td><td>상기 동일방법</td></tr>
<tr><td>◦ 장비, 인력, 자재 등 자원투입계획의 적정성</td><td>-</td><td>-</td><td>상기 동일방법</td></tr>
<tr><td>◦ 스마트 건설기술 도입의 적정성</td><td>-</td><td>-</td><td>상기 동일방법</td></tr>
<tr><td>소 계</td><td></td><td></td><td></td></tr>
<tr><td>합계</td><td></td><td></td><td></td></tr>
</table>

* 평가항목과 세부평가항목의 배점은 평가위원들에게 미공개

년 월 일

심의위원 : (서명 또는 인)

중앙건설기술심의위원회 설계심의분과위원회
소위원장 귀하

[별지 제15호서식]

설계평가 사유서

ㅇ 안 건 명 :

평가 분야	평 가 항 목	평가 사유서
토목시공 (10)	◦ 공정관리계획의 적정성 ◦ 환경관리계획의 적정성 ◦ 품질관리계획의 적정성	
	◦ 공사중 시공계획의 적정성 ◦ 건설안전 및 품질관리계획 적정성	
	◦ 예상민원 대처방안의 적정성 ◦ 공사시방서 작성의 적정성	
	◦ 신기술, 신공법 도입의 적정성	

※ 평가사유서는 평가항목별로 입찰업체간 상대적 비교가 가능하도록 설계내용의 장・단점을 상호 비교하여 주관적으로 작성

건설기술진흥업무 운영규정 제32조제2항제2호의 규정에 의하여 위와 같이 평가사유서를 제출합니다.

년 월 일

심의위원 : (서명)

중앙건설기술심의위원회 설계심의분과위원회
소위원장 귀하

[별지 제15의2호서식]

세부 평가항목 배점 산정표(예시)

□ 안건명 :

□ 기본설계평가(전문분야) : 도로 및 교통

<table>
<tr><th>전문분야</th><th>평가항목</th><th>세부평가항목</th><th>평가항목내 우선순위</th><th>세부 배점</th></tr>
<tr><td rowspan="17">도로 및 교통</td><td rowspan="3">사전조사 및 설계기준의 적정성</td><td>.각종 현황조사 및 관련계획 검토</td><td></td><td>미표시</td></tr>
<tr><td>.측량, 골재원, 지장물 등 기초자료 조사</td><td></td><td>"</td></tr>
<tr><td>.도로기능에 부합한 설계기준 등</td><td></td><td>"</td></tr>
<tr><td rowspan="3">최적 노선 선정의 타당성 및 적정성</td><td>.효율적인 시설물 계획, 교차로 계획</td><td></td><td>"</td></tr>
<tr><td>.최적 노선의 경제성(B/C)</td><td></td><td>"</td></tr>
<tr><td>.용지편입, 민원발생 최소화 등</td><td></td><td>"</td></tr>
<tr><td rowspan="3">평면 및 종단선형 설계의 적정성</td><td>.평면선형 설계의 적정성</td><td></td><td>"</td></tr>
<tr><td>.종단선형 설계의 적정성</td><td></td><td>"</td></tr>
<tr><td>.평면 및 종단선형의 조화성</td><td></td><td>"</td></tr>
<tr><td rowspan="2">토공계획의 적정성</td><td>.절토 및 성토의 균형</td><td></td><td>"</td></tr>
<tr><td>.사토처리 계획의 적정성</td><td></td><td>"</td></tr>
<tr><td rowspan="2">교통안전, 이상기후를 고려한 배수설계의 적정성</td><td>.이상기후를 고려한 배수시설 규격의 적정성</td><td></td><td>"</td></tr>
<tr><td>.교통안전을 고려한 노면배수 용이성</td><td></td><td>"</td></tr>
<tr><td rowspan="3">포장 및 부대시설 설계의 적정성</td><td>.포장단면 및 형식, 평탄성 확보 등</td><td></td><td>"</td></tr>
<tr><td>.편의성 증대를 고려한 부대시설</td><td></td><td>"</td></tr>
<tr><td>.교통안전시설 배치, 교통사고 방지대책</td><td></td><td>"</td></tr>
<tr><td rowspan="2">유지관리 편의를 고려한 시설물 계획의 적정성</td><td>.유지관리 편의를 고려한 시설물계획</td><td></td><td>"</td></tr>
<tr><td>.유지관리비 절감을 고려한 시설물계획</td><td></td><td>"</td></tr>
</table>

* 평가표는 배점위원 및 평가위원에게 미공개
** 세부 배점은 소수점 3째 자리에서 반올림 한다.

년 월 일

발주청(입찰참여업체) 대표 : (서명)

중앙건설기술심의위원회 설계심의분과위원회
소위원장 귀하

[별지 제15의2호서식]

세부 평가항목 배점 산정표(예시)

□ 안건명 :

□ 기본설계평가(전문분야) : 도로 및 교통

전문분야	평가항목	세부평가항목	평가항목내 우선순위	세부 배점
도로 및 교통	사전조사 및 설계기준의 적정성	.각종 현황조사 및 관련계획 검토		미표시
		.측량, 골재원, 지장물 등 기초자료 조사		”
		.도로기능에 부합한 설계기준 등		”
	최적 노선 선정의 타당성 및 적정성	.효율적인 시설물 계획, 교차로 계획		”
		.최적 노선의 경제성(B/C)		”
		.용지편입, 민원발생 최소화 등		”
	평면 및 종단선형 설계의 적정성	.평면선형 설계의 적정성		”
		.종단선형 설계의 적정성		”
		.평면 및 종단선형의 조화성		”
	토공계획의 적정성	.절토 및 성토의 균형		”
		.사토처리 계획의 적정성		”
	교통안전, 이상기후를 고려한 배수설계의 적정성	.이상기후를 고려한 배수시설 규격의 적정성		”
		.교통안전을 고려한 노면배수 용이성		”
	포장 및 부대시설 설계의 적정성	.포장단면 및 형식, 평탄성 확보 등		”
		.편의성 증대를 고려한 부대시설		”
		.교통안전시설 배치, 교통사고 방지대책		”
	유지관리 편의를 고려한 시설물 계획의 적정성	.유지관리 편의를 고려한 시설물계획		”
		.유지관리비 절감을 고려한 시설물계획		”

* 평가표는 배점위원 및 평가위원에게 미공개
** 세부 배점은 소수점 3째 자리에서 반올림 한다.

년 월 일

발주청(입찰참여업체) 대표 : (서명)

중앙건설기술심의위원회 설계심의분과위원회
소위원장 귀하

[별지 제16호서식]

기 술 제 안 서

<table>
<tr><td>제안번호</td><td colspan="3">00분야 - 00</td><td>기술적 과제</td><td colspan="2"></td></tr>
<tr><td>제안제목</td><td colspan="6"></td></tr>
<tr><td rowspan="2">제
안
내
용</td><td colspan="3">원안(필요시 개략도면 포함)</td><td colspan="3">제안(필요시 개략도면 포함)</td></tr>
<tr><td colspan="3"></td><td colspan="3"></td></tr>
<tr><td>특징
(장단점)</td><td colspan="3"></td><td colspan="3"></td></tr>
<tr><td rowspan="4">기대
효과</td><td>공사비</td><td>LCC</td><td>성능</td><td>품질</td><td>공기</td><td>기타</td></tr>
<tr><td></td><td></td><td></td><td></td><td></td><td></td></tr>
<tr><td colspan="6">* 위의 칸에는 ⇧, ⇩, - 중 택일(기타효과는 개략적으로 작성)

ㅇ 각각의 기대효과에 대한 산출근거 및 구체적인 증빙
(단, 공사비 절감효과에 대해 구체적인 금액은 표시하지 않음)</td></tr>
<tr><td colspan="6">ㅇ 검증방법
- (시공 중이나 준공 후 효과를 검증할 수 있는 구체적방법)</td></tr>
<tr><td>제안의
적정성</td><td colspan="6">ㅇ 기술적 적합성
ㅇ 연계성
ㅇ 시공성</td></tr>
<tr><td>근거
자료</td><td colspan="6"></td></tr>
</table>

[별지 제17호서식]

기술제안서 전문분야 심의위원별 채점표

평가대상	00 공사명
평가분야	분 야
소위원	(인)

평가분야	평가항목(기술제안과제)	배점	업체별 평가점수			
			A사	B사	C사	D사
	합 계					

※ 항목별 평가배점은 입찰안내서에서 발주청이 정한 평가항목별 배점기준표에 따름

건설기술진흥업무 운영규정 제32조제2항제2호의 규정에 의하여 위와 같이 채점하여 제출합니다.

년 월 일

심의위원 : (서명)

중앙건설기술심의위원회 설계심의분과위원회
소위원장 귀하

[별지 제18호 서식]

기술제안서 평가사유서

○ 안 건 명 :

평가분야	평가항목(기술제안 과제)	평가 사유서

※ 평가사유서는 평가항목별로 입찰참가업체간 상대적 비교가 가능하도록 기술제안서 내용의 장·단점을 상호 비교하여 주관적으로 작성

건설기술진흥업무 운영규정 제32조제2항제2호의 규정에 의하여 위와 같이 평가사유서를 제출합니다.

년 월 일

심의위원 : (서명)

중앙건설기술심의위원회 설계심의분과위원회
소위원장 귀하

[별지 제19호서식]

설계심의 감점 심의 요청서

의안번호	제 호
구 분	설계심의 감점 심의

건 명	

심의요청기관	
제출연월일	

< 건 명 >

1. 사업개요

- ○ 위　　치 :
- ○ 사업개요 :
- ○ 사업기간 :
- ○ 총공사비 :

2. 추진경위

- ○ 턴키 등 기술형입찰 발주 및 심의 완료시까지 주요일정 등 작성
- ○

3. 신고 내용

- ○ 신고접수일 :
- ○ 신고대상 :
- ○ 신고내용 :

4. 발주청(기관) 검토내용

- ○ 사실여부 확인내용

발주청에서 신고서 내용에 대하여 사실확인 등 조사내용을 작성

- ○ 검토결과 : 감점 대상 여부 및 부과감점·감점기간 작성

5. 기타 참고사항

신고서 원본(신고자 인적사항은 제외), 기술형입찰 설계심의 참가업체 현황 및 점수 등 참고사항

[별지 제20호서식]

신기술활용심의 관리대장

번호	심의일	신기술명 (지정번호)	신기술 개발자				공사개요			심의 결과 요약	비고
			법인명 (개인명)	대표자	법인번호 (주민번호)	연락처	공사명	신기술 공사비	계약 형태		

[별지 제21호 서식]

신기술 사후평가서

작성일: 년 월 일

1. 신기술 및 공사개요

신 기 술 명	(지정번호 :)
기술개발자	

공사개요	발주자		시공자	
	개발자 참여형태	□ 직접참여(기술사용료 미지급) □ 기술지도(기술사용료 지급) □ 자재, 장비 납품		
	공사명 (계약명)	도급 공사명: 하도급 공사명: ※ 하도급 공사명을 모르는 경우 생략 가능		
	현장주소			
	총공사비	원	신기술 공사비	원
	총공사기간	~	신기술 공사기간	~

2. 활용 평가

평가시기	□ 준공 □ 하자 보수공사 준공

평가항목	세부 평가기준					
공사비절감	단위당 관련된 비용(시공비, 유지관리비 등)과 기존 기술을 사용했을 경우의 개선비용을 비교한다.					
	구분	기존 기술(A)	신기술(B)	공사비 절감(A-B)		
	단위 수량( )	원	원	원		
	공사비절감 평가점수 : ( ) - 공사비절감 평가점수 = 15 + [10 ×(기존 기술 공사비 − 신기술 공사비)/기존 기술 공사비] (0~25점)					
공기단축	해당 공정에 대하여 기존 기술과 건설신기술의 공사일수를 비교한다.					
	구분	기존 기술(A)	신기술(B)	단축일수(A-B)		
	단위 수량( )	일	일	일		
	공기단축 평가점수 : ( ) - 공기단축 평가점수 = 15 + [10 ×(기존 기술 공사일수− 신기술 공사일수)/기존 기술 공사일수] (0~25점)					
시공성	세부 평가기준	평가점수				
		매우우수	우수	동등	미흡	매우미흡
	□ 시공용이성	□ +2	□ +1	□ 0	□ -1	□ -2
	□ 신기술시방서 준수	□ +2	□ +1	□ 0	□ -1	□ -2
	□ 타공종과 간섭 축소	□ +2	□ +1	□ 0	□ -1	□ -2
	□ 인력 및 장비 적시 투입	□ +2	□ +1	□ 0	□ -1	□ -2
	시공성 평가점수 : ( ) - 시공성 평가점수 = 15 + [5 ×(세부 평가점수 합)/선택 항목 수] (0~25점)	세부평가 점수합				

품질향상	□ 내구성 향상	□ +2	□ +1	□ 0	□ -1	□ -2
	□ 시공목적물의 완성도	□ +2	□ +1	□ 0	□ -1	□ -2
	□ 시공상의 하자 저감	□ +2	□ +1	□ 0	□ -1	□ -2
	품질향상 평가점수 : ( ) - 품질향상 평가점수 = 15 + [5 ×(세부 평가점수 합)/선택 항목 수] (0~25점)	세부평가 점수합				
친환경성	□ 폐기물처리 및 환경관리 상태	□ +2	□ +1	□ 0	□ -1	□ -2
	□ 환경관련 민원 저감	□ +2	□ +1	□ 0	□ -1	□ -2
	친환경성 평가점수 : ( ) - 친환경성 평가점수 = 15 + [5 ×(세부 평가점수 합)/선택 항목 수] (0~25점)	세부평가 점수합				
안전성	□ 안전사고 저감 효과	□ +2	□ +1	□ 0	□ -1	□ -2
	안전성 평가점수 : ( ) - 안전성 평가점수 = 15 + [5 ×(세부 평가점수 합)/선택 항목 수] (0~25점)	세부평가 점수합				
계	( ) 총 점수 = 공사비 절감 + 공기단축 + 시공성 + 품질향상 + 친환경성 + 안정성의 총합 (최대 150점)					

※ 해당란에 ○표

3. 신기술 활용에 대한 의견(유사한 현장에 적용시 참고 사항)

4. 신기술 활용상의 문제점 및 개선요구사항

5. 작성자 및 확인자(비공개)

작성자	소속기관		부서	
	전화번호		직위,성명	서명
확인자	소속기관		부서	
	전화번호		직위,성명	서명

[별지 제22호서식]

표준시장단가 축적서식

1) 총괄집계표

공사명 : 공사기간 :

<table>
<tr><td colspan="2">구 분</td><td>금 액</td><td>구 성 비</td><td>비 고</td></tr>
<tr><td colspan="2">직접공사비</td><td></td><td></td><td></td></tr>
<tr><td>간
접
공
사
비</td><td>· 간접노무비
· 산재보험료
· 고용보험료
· 국민연금보험료
· 건강보험료
· 산업안전보건관리비
· 환경보전비
· 공사이행 보증수수료
· 건설근로자 퇴직공제부금비
· 건설하도급대금지급보증서발급수수료
· 건설기계대여대금 지급보증서발급금액
· 기타경비(수도광열비, 복리후생비, 소모품비 및 사무용품비, 여비·교통통신비, 세금과공과, 도서인쇄비 등)</td><td></td><td></td><td></td></tr>
<tr><td colspan="2">일반관리비</td><td></td><td></td><td></td></tr>
<tr><td colspan="2">이 윤</td><td></td><td></td><td></td></tr>
<tr><td colspan="2">공사손해보험료</td><td></td><td></td><td></td></tr>
<tr><td colspan="2">부가가치세</td><td></td><td></td><td></td></tr>
<tr><td colspan="2">합 계</td><td></td><td></td><td></td></tr>
</table>

2) 공종별 표준시장단가 자료

<table>
<tr><td rowspan="2">공종코드</td><td rowspan="2">공종명칭</td><td rowspan="2">단 위</td><td rowspan="2">수 량</td><td colspan="3">단 가</td><td rowspan="2">비 고</td></tr>
<tr><td>예정단가</td><td>계약단가
(입찰단가)</td><td>시공단가</td></tr>
<tr><td></td><td></td><td></td><td></td><td></td><td></td><td></td><td></td></tr>
<tr><td></td><td></td><td></td><td></td><td></td><td></td><td></td><td></td></tr>
<tr><td></td><td></td><td></td><td></td><td></td><td></td><td></td><td></td></tr>
<tr><td></td><td></td><td></td><td></td><td></td><td></td><td></td><td></td></tr>
<tr><td></td><td></td><td></td><td></td><td></td><td></td><td></td><td></td></tr>
</table>

* 표준시장단가 자료 조사 대상공종은 공사비산정기준 관리기관의 장이 정한다.

[별지 제23호서식]

건설신기술 품셈 마련을 위한 작성서식

Ⅰ. 신청자 정보

작성기관		부　　서	
성　　명		전　　화	
팩　　스		이 메 일	

Ⅱ. 신청 신기술 개요

2-1. 신기술명

2-2. 신기술 개요

* 귀사의 신기술 **개요**와 **기존기술과의 차이**를 간략히 기술하여 주시기 바랍니다.

2-3. 신기술의 범위

* 신청서 상 귀사의 신기술 고유범위를 기술하여 주시기 바랍니다.

III. 신기술 시공절차

"신기술 시공절차"는 신기술의 특성이 나타날 수 있도록 구체화된 신기술의 고유영역을 독립적인 시공프로세스로 제시하여 주시기 바랍니다.

- 비교대상 기술이 2개 이상인 경우 각각 별도로 작성하여 주시기 바랍니다.

3-1 시공절차 비교표

기존기술 시공절차	신기술 시공절차	**표준품셈*** 관련 부문 장-절-항	신기술 고유영역 (해당시 ○ 표시)

비교대상 기존기술 설명 * 비교대상 기술의 적정성 설명

기존기술 명 :

기존기술 특성 및 신기술 대체 적정성

-

-

-

*** 비교대상 기술은 아래 유형의 내용을 포함하고 있어야 함**

** 신기술이 대체할 수 있는 기술특성 보유

** 유사한 기능을 제공하고 있는 특허기술 또는 기존 신기술

* **표준품셈** : www.kict.re.kr → 국토교통전자정보관 → 공사정보 → 건설공사표준품셈

[작성예시]

기존기술 시공절차	신기술 시공절차	표준품셈 관련 부문 장-절-항	신기술 고유영역 (해당시 ○ 표시)
예시1) 참고하고 있는 표준품셈 상세히 제시			
①거푸집제작	①거푸집 제작	토목 6-3-2 합판거푸집 **(구체화 필요)**	
	②특수시트 부착	자사기준	○
②거푸집 조립	③거푸집 조립	토목 6-3-2 합판거푸집 **(4회)**	
③콘크리트 타설	④콘크리트 타설	토목 6-1-2 콘크리트 펌프차타설 **(무근/50㎥미만)**	
예시2) 신기술 영역 세분화 제시		표준품셈 관련 부문 장-절-항	신기술 고유영역 (해당시 ○ 표시)
③ 말뚝시공	③ 말뚝시공 - 일렬말뚝 - H말뚝 **- 캡형 유공강판보강재 사용**	**- 신기술 고유영역이 포괄적으로 제시되어 시공절차 분리 필요**	
↓	↓		
③ 말뚝시공	③ 말뚝시공-일렬 H말뚝		
-	**④ 캡형 유공강판보강재**		○

3-2 시공절차 비교표 설명자료

"3-1 시공절차 비교표"에 제시하신 기존기술 및 신기술 시공절차의 **세부 항목별 설명자료**를 **사진** 또는 **도해(圖解)** 등과 함께 제시하여 주시기 바랍니다.

Ⅳ. 신기술 원가산정기준

4-1 시공절차 세부항목별 소요 인력, 장비, 자재 등

(단위)

시공절차 세부항목[1]	소요 인력, 장비, 자재		단위	소요량[2]	출처[3]
	품명	규격			

[주[4]] ①

②
③
⋮

자사기준 적용 품 설명	* 자사기준 적용항목에 대한 간략한 사유 설명

가. 항목명 :
유 형 :
조정사유 :
조정내용 :

나. 항목명 :
……

*** 자사기준 적용 품 유형**

** 1.현장실사에 의한 조사 값 적용 : 실사내용(조사기준) 간략 설명
** 2.유사 관련 기준 응용 : 응용한 품 기준 및 증감사유 설명
** 3.개발 또는 신규장비 적용 : 손료산정기준 설명

1 "3-1 시공절차 비교표"의 신기술 **시공절차 세부항목이 누락되지 않도록 작성**
- 신기술 시공절차 세부항목 중 복수의 세부항목이 1개의 정부 표준품셈과 대응되는 경우는 출처가 동일한 시공절차 세부항목을 모두 기입(아래 예시 첫칸)
- 표준품셈 복수 항목을 조합하여 신기술 시공절차 세부항목을 구성한 경우, 소요 인력, 장비, 자재 등을 **표준품셈 단위로 분개하여 출처 식별이 가능하도록 작성**

2 소요량 적용기준이 복잡한 경우 등 필요시 **적절하게 양식변경 또는 별지 사용**
3 정부 표준품셈이 있는 항목은 표준품셈의 부문, 장-절-항 표시, 표준품셈 없는 경우는 출처(자사기준 등) 기술
4 주기사항은 제시한 품의 적용기준 및 적용범위 등, 설계시 참고사항을 명확하게 기술

[작성예시]

(㎡)

시공절차 세부항목[1]	소요 인력, 장비, 자재		단위	소요량[2]	출처[3]
	품명	규격			
①거푸집제작 ③거푸집조립 …	합판		㎡	0.47 (3회 기준)	표준품셈 토목, 6-3-2 합판거푸집
	각재		㎥	0.018(3회 기준)	
	…				
	형틀목공		인	0.10 (3회 기준)	
	…				
②특수시트부착	시트재료		㎡	1.252	자사기준
	보통인부		인	0.042	
…					

[주] ① 본 품은 소운반 및 재료할증이 포함되어 있다.
② 동바리 재료 및 품은 포함되어 있지 않다.
③ 수중에서 거푸집을 조립·해체할 때에는 별도 계상할 수 있다.

자사기준 적용 품 설명(예시) ＊ 자사기준 적용항목에 대한 간략한 사유 설명

- 항목명 : ②특수시트부착

유　　형 : 유사 관련 기준 응용(관련품셈 건축 13-6-1 합성고분자 시트)

조정사유 : 현행품의 경우 방수공이 투입되고 있으나, 시공이 단순화되어 보통인부로 시공가능

조정내용 : 방수공 삭제, 현행품셈 방수공+ 보통인부 투입기준(0.6인) 품의 70%를 보통인부에 적용

＊ 장비개발의 경우 기계경비(손료, 운전경비, 장비가격) 기준 제시

＊ 재료의 경우 할증포함 여부 제시

＊ 공구손료기준(공구 종류)제시

4-2 신기술 일위대가(신청 신기술과 기존기술 분리하여 작성)

시공절차 세부항목	소요 인력, 장비, 자재		단위	소요량	단가			금액 (소요량×단가)				단가출처	비고
	품명	규격			재료비	노무비	경비	재료비	노무비	경비	계		
계**													

- **굵은 실선 안은 "4-1 시공절차 세부항목별 소요 인력, 장비, 자재 등(현행기준)"과 동일하게 작성**
- **시공절차별로 일위대가 작성**
- **단가출처**
  - * 자재비 : 물가정보지 해당월 기재(예, 물가정보 10월)
  - * 노무비 : 표준품셈 적용 기준 제시(예, 2012년 하반기), 자체기준 인 경우
  - * 경　비 : 경비산정기준월 제시(2012년 10월)

- **비고** : 원가계산서상 해당 page 기입

** **계** : 금액(소요량×단가)의 합계를 기재

[별지 제24호서식]

원가계산서 적정성 검토서식

□ 신청 신기술명(관리번호 호)

Ⅰ. 신기술 분류

기존공법 보완	자재/재료/장비 개발(보완)	독립기술	기타

Ⅱ. 신청 신기술 시공절차 및 고유영역

1) 시공절차 적정성	적정( )	보완필요( )	제시필요( )
3) 표준품셈 관련항목(장,절,항)	적정( )	보완필요( )	제시필요( )
4) 비교대상 기존기술의 적정성	적정( )	보완필요( )	제시필요( )
5) 신청 신기술 고유영역 적정성	적정( )	보완필요( )	제시필요( )

보완사항	* 번호별로 사유 및 보완내용 설명

Ⅲ. 신청 신기술 원가산정 적정성

1) 3-1의 시공절차 별 세부항목과 일치여부	적정( )	보완필요( )	제시필요( )
2) 출처(품셈)제시여부	적정( )	보완필요( )	제시필요( )
3) 현행 품셈과 비교	적정( )	보완필요( )	제시필요( )
4) 적용단위 제시여부	적정( )	보완필요( )	제시필요( )
5) 간접비 등의 적정성	적정( )	보완필요( )	제시필요( )
6) 일위대가와 일치 여부 - 항목, 수량, 단위 등의 적정성	적정( )	보완필요( )	제시필요( )
7) 적용단가, 신규자재, 노임단가의 적정성	적정( )	보완필요( )	제시필요( )
8) 수량산출 및 할증 등의 적정성	적정( )	보완필요( )	제시필요( )
9) 기존 기술과의 공사비 비교	적정( )	보완필요( )	제시필요( )
10) 신기술 범위내에서 작성여부	적정( )	보완필요( )	제시필요( )

보완사항	* 번호별로 사유 및 보완내용 설명

기타의견	* 해당 항목별 종합검토의견 제시

년 월 일

검토기관 :

검 토 자 : (인)

[별지 제25호서식]

<table>
<tr><td>

점 검 요 원 증

증 명
사 진

소 속 :
직 위 :
성 명 :

위 사람은 국토교통부훈령 제 호(중앙품질관리단운영규정)에 의하여 품질·안전관리 실태를 점검하는 자임을 증명합니다.

년 월 일

국토교통부장관 ㉑

</td></tr>
</table>

90mm×60mm

[별지 제26호 서식]

<table>
<tr><td>

특별건설사업관리검수단요원증

증 명
사 진

소 속 :
직급 및 직위 :
성 명 :

위 사람은 국토교통부훈령 제 호(특별건설사업관리검수단 규정)에 의하여 건설사업관리실태를 조사하는 자임을 증명합니다.

년 월 일

국토교통부장관 ㉑

</td></tr>
</table>

[별지 제27호 서식]

공사기성부분검사원(제 회)

공사감독자경유 (인)

1. 공 사 명 :
2. 위 치 :
3. 계 약 금 액 :
4. 계약년월일 :
5. 착공년월일 :
6. 준 공 기 한 :
7. 현 재 공 정 : . . . 현재 %
8. 첨 부 서 류 : 공사기성부분내역서, 기성부분사진

위 공사의 도급시행에 있어서 공사 전반에 걸쳐 공사설계도서, 시방서, 품질관리기준 및 기타 약정대로 어김없이 기성되었음을 확인하오며 만약 공사의 시공·감독 및 검사에 관하여 하자 발견시에는 즉시 변상 또는 재시공할 것을 서약하고 이에 기성검사원을 제출하오니 검사하여 주시기 바랍니다.

년 월 일

주 소

상 호

성 명 (인)

귀 하

[별지 제28호 서식]

준 공 검 사 원

공사감독자경유 (인)

1. 공 사 명 :
2. 공 사 위 치 :
3. 계 약 금 액 :
4. 계약년월일 :
5. 착공년월일 :
6. 준 공 기 한 :
7. 실지준공년월일 :
8. 첨 부 서 류 : 준공사진

위 공사의 도급시행에 있어서 공사전반에 걸쳐 공사설계도서, 제시방서, 품질관리기준 및 기타 약정대로 어김없이 준공하였음을 확인하오며 만약 하자책임기간내에 공사의 시공·감독 및 검사에 관하여 하자 발견시에는 즉시 실액변상 또는 재시공할 것을 서약하고 이에 준공검사원을 제출합니다.

년 월 일

주 소

상 호

성 명 (인)

귀 하

[별지 제29호 서식]

하자보수준공검사원

공사감독자경유 (인)

1. 공 사 명 :
2. 위 치 :
3. 계 약 금 액 :
4. 계약년월일 :
5. 준공년월일 :
6. 하자보증금 :
7. 하 자 기 간 : . . . ~ . . .
8. 하자발생금액 :
9. 하자보수준공년월일 :

위 공사에 대한 하자보수가 완료되었으므로 검사하여 주시기 바라며 검사결과 하자가 있을 시에는 즉시 재시공할 것을 서약하고 이에 검사원을 제출합니다.

년 월 일

주 소

상 호

성 명 (인)

귀 하

[별지 제30호 서식]

공사기성부분검사조서

공 사 명 :

년 월 일 와 계약분

위 공사 제 회 기성부분검사의 명을 받아 년 월 일 검사한 결과 별지 내역서와 같이 전공사에 대하여 그 기성공정을 %로 조정함.

단, 수중 지하 및 구조물 내부 또는 저부 등 시공 후 매몰된 부분의 검사는 별지 공사감독자 감독조서에 의거함

년 월 일

기성부분검사관 (인)

입 회 원 (인)

귀 하

[별지 제31호 서식]

예 비 준 공 검 사 조 서

공 사 명 :

년 월 일

준공예정

년 월 일 과

계약분

위 공사 예비준공검사의 명을 받아 년 월 일 검사한 결과를 붙임과 같이 보고합니다.

붙임 : 예비준공검사결과

년 월 일

예비준공검사관 (인)

귀 하

예비준공검사 결과

공사명 :

지적내용	시정해야할 사항	비 고

[별지 제32호 서식]

준 공 검 사 조 서

공 사 명 :

년 월 일 준공

년 월 일 와 계약분

위 공사 준공검사의 명을 받아 년 월 일 검사한 결과 공사설계도서 및 기타 약정대로 어김없이 준공하였음을 인정함.

단, 수중 지하 및 구조물의 내부 또는 저부등 시공후 매몰된 부분의 검사는 별지 공사감독자 감독조서에 의거함

년 월 일

준공검사관 (인)

입 회 원 (인)

귀 하

[별지 제33호 서식]

공사감독자┌ 기성부분 ┐감독조서
└ 준 공 ┘

공 사 명 :

년 월 일 과 계약분

위 공사의 감독자로 임명받아 년 월 일부터 년 월 일까지 실지 현장 감독한 결과(제 회 기성부분검사까지의)공사 전반에 걸쳐 공사설계도서, 제시방서 및 품질관리 기준 및 기타 약정대로 어김없이 ┌전공사의 %가 기성┐되었음을 인정함.
└준 공┘

년 월 일

공사감독자 (인)

귀 하

[별지 제34호 서식]

<table>
<tr><td colspan="5" align="center">소 명 서</td></tr>
<tr><td rowspan="2">소 명 인
인적사항</td><td>성 명</td><td></td><td>생년월일</td><td></td></tr>
<tr><td>소 속</td><td></td><td>직위
(직급)</td><td></td></tr>
<tr><td>지시받은
사 항</td><td colspan="4"></td></tr>
<tr><td>소 명
내 용</td><td colspan="4"></td></tr>
<tr><td>비 고</td><td colspan="4"></td></tr>
<tr><td colspan="5" align="center">200 . .
소 명 인 (서명)</td></tr>
</table>

[별지 제35호 서식]

청탁 등 신고서

□ 점검종류 :

□ 점검일자 :

□ 청탁일자 :

□ 청 탁 자 : 소속
성명

□ 청탁내용

20 년 월 일

신고자 : 서명

[별지 제36호 서식]

청 렴 서 약 서

공사명(공장명):

(점검자)

위 에 대한 점검을 실시함에 있어 공명정대하게 업무를 수행하겠으며, 점검과 관련하여 적발된 사항을 묵인 또는 은폐하거나 이와 관련하여 금품수수 및 향응 등 점검자로서의 품위를 손상하는 행위를 하지 않을 것을 서약합니다.

아래 글을 자필로 따라적고 서명하십시오.(ㅇㅇㅇ에는 자신의 이름을 기재)

나 ㅇㅇㅇ는 서약을 지키며 청렴의무를 준수하겠습니다.(서명)

(피점검자)

위 에 대한 점검을 수검함에 있어 성실하게 점검에 임하겠으며, 점검과 관련하여 적발된 사항을 묵인 또는 은폐 등의 목적으로 금품수수 및 향응제공 등 수검자로서의 품위를 손상하는 행위를 하지 않을 것을 서약합니다.

아래 글을 자필로 따라적고 서명하십시오.(ㅇㅇㅇ에는 자신의 이름을 기재)

나 ㅇㅇㅇ는 서약을 지키며 성실하게 점검에 임하겠습니다.(서명)

20 년 월 일

점검자대표: 소속 직급 성명 (서명)

수검자대표: 소속 직급 성명 (서명)

[별지 제37호 서식]

확 인 서

<table>
<tr><td colspan="2">점 검 명</td><td></td></tr>
<tr><td rowspan="7">공
사
개
요</td><td>공 사 명</td><td></td></tr>
<tr><td>위 치</td><td></td></tr>
<tr><td>발 주 자</td><td>(감독관:)</td></tr>
<tr><td>공 사 금 액</td><td>백만원(도급액: 백만원, 보상비: 백만원)</td></tr>
<tr><td>공 사 기 간</td><td>년 월 일 ~ 년 월 일</td></tr>
<tr><td>시 공 자</td><td>(대 표: , 현장대리인:)</td></tr>
<tr><td>건설사업관리
용역업자</td><td>(대 표: , 책임건설사업관리기술인 :)</td></tr>
<tr><td>지
적
내
용</td><td colspan="2">제목 :
내용 :

상기내용에 대해, 점검일 이후 30일 이내에 별지 제5호서식에 의해 서면으로 점검기관의 장에게 이의제기가 가능합니다.
위 사실을 확인합니다.
20 년 월 일

확 인 자
현장대리인 소속 : 성명 : (인)
책임건설사업관리기술인 소속 : 성명 : (인)</td></tr>
</table>

[별지 제38호 서식]

이 의 제 기 서

공 사 명 :
점 검 일 자 :
지적내용 요약 이의제기 내용 붙임 : 관련 증빙서류 20 년 월 일 확인자 : 현장대리인 (인) 책임건설사업관리기술인 (인)

[별지 제39호 서식]

제 재 처 분 내 역 (건설기술인)

연번	성명	생년월일	처 분 현 황							
			처분 일자	처분 기관	위반 시기	위반 내용[1]	위반당시 소속업체등	처분 종류[2]	자격종목 (등록번호)	대여업체 (대여기간)

(작성요령)

1) 위반내용 : 경력증 대여, 건설사고(「건설기술진흥법」 제2조제10호에 따른 건설사고가 발생한 경우 "건설사고"로 기재), 자격대여 등

2) 처분종류 : 자격취소, 자격정지, 업무정지, 경고, 과태료금액, 직권말소 등

제 재 처 분 내 역 (업 체)

연번	상호명	주 소	면허번호 및 등록번호	처 분 현 황						
				처분 일자	처분 기관	위반 시기	위반 내용[1]	위반당시 소재지	처분 종류[2]	처분업종 (면허번호)

(작성요령)

1) 위반내용 : 자격대여, 자료 미제출 또는 거짓으로 제출 등

2) 처분종류 : 면허취소, 면허정지, 경고, 과태료금액, 직권말소 등

[별지 제40호 서식]

「건설기술 진흥법」 위반업체 및 건설기술인 제재처분 현황

월말 현재

구분	위반 내용	합계	과태료 부과	자격정지 (업무정지)	자격 취소	영업 정지	등록 취소	비 고
	합 계							
건설 기술인								
건설엔지니어링사업자								
건설사 업자								

[별지 제41호서식]

건설기술인 행정처분 요청서

<table>
<tr><td>요청기관</td><td>기관명</td><td>담당자 성명/연락처</td><td colspan="2">문서번호 등</td></tr>
<tr><td rowspan="4">건설기술인
(처분요청
대상자)
인적사항</td><td>성명</td><td>주민등록번호</td><td colspan="2">연락처</td></tr>
<tr><td colspan="4">주소</td></tr>
<tr><td colspan="4">직무분야 및 등급(작성예, 토목 특급)</td></tr>
<tr><td colspan="4">보유 자격명</td></tr>
</table>

<table>
<tr><td rowspan="3">근무이력</td><td>구분</td><td>업체명</td><td>대표자 성명</td><td>주소</td><td>근무기간</td></tr>
<tr><td>위반 시</td><td></td><td></td><td></td><td></td></tr>
<tr><td>현재</td><td></td><td></td><td></td><td></td></tr>
</table>

<table>
<tr><th colspan="2">위 반 내 용</th></tr>
<tr><td>사업명
(용역명)</td><td></td></tr>
<tr><td>업무범위</td><td></td></tr>
<tr><td>업무기간</td><td></td></tr>
<tr><td rowspan="2">위반사실</td><td>「건설기술 진흥법」</td></tr>
<tr><td>「국가기술자격법」</td></tr>
<tr><td>기관의견
및
과실인정
여부</td><td>1. 당해 위반행위가 과실에 의한 것으로 구조 안전에 이상이 없거나 보완 완료된 사항인지 기재

2. 당해 위반행위가 고의나 중과실에 의한 것인지 기재

3. 당해 위반행위로 인해 공중에 위해가 가해졌는지 기재</td></tr>
<tr><td>근거법령</td><td>(작성예, 「건설기술 진흥법」 제24조제0항 / 「국가기술자격법」 제16조제1항제0호)</td></tr>
<tr><td>타 법령에
따른
수사진행
여부</td><td>(작성예, 000경찰/검찰청 수사, 소송 진행중(사건번호 000-0000)</td></tr>
</table>

건설공사 안전관리 업무수행지침

국토교통부고시 제2022-791호, 2022.12.20 일부개정
국토교통부(건설안전과), 044-201-3575

제1장 총 칙

제1조(목적) 이 지침은 건설기술 진흥법령에서 위임한 건설공사 참여자의 안전관리체계, 역할 및 업무범위를 체계적으로 정립하고, 건설현장 안전관리, 건설공사 참여자의 안전관리 수준 평가, 스마트 안전관리 보조·지원에 관한 사항을 규정함으로써 건설공사의 품질 및 안전 확보에 기여함을 목적으로 한다.

제2조(정의) 이 지침에서 사용되는 용어의 뜻은 다음과 같다.

1. "건설공사"란 「건설산업기본법」 제2조제4호에 따른 건설공사를 말한다.
2. "안전관리 참여자"란 건설공사의 계획에서부터 준공까지 안전관리업무를 수행하는 발주자, 시공자, 설계자, 건설사업관리기술인을 말한다.
3. "발주자"란 건설공사를 시공자에게 도급하는 자를 말한다. 다만, 수급인으로서 도급받은 건설공사를 하도급하는 자는 제외한다.
4. "발주청"이란 「건설기술 진흥법」(이하 "법"이라 한다) 제2조제6호 및 「건설기술 진흥법 시행령」(이하 "영"이라 한다)제3조 각 호에 해당하는 기관의 장을 말한다.
5. "설계자"란 법 제2조제9호에 따른 건설엔지니어링사업자 중 설계용역을 영업의 목적으로 하는 자를 말한다.(발주청이 시행하는 건설공사에 대하여 「건축사법」 제2조제3호에 따른 설계를 수행하는 자를 포함한다)
6. "시공자"란 「건설산업기본법」 제2조제7호 또는 「주택법」 제9조에 따라 면허를 받거나 등록을 하고 건설업 또는 주택건설업을 영위하는 건설사업자 또는 주택건설등록업자를 말한다.
7. "건설안전점검기관"이란 「시설물의 안전 및 유지관리에 관한 특별법」(이하 "시설물안전법"이라 한다) 제28조에 따라 등록한 안전진단전문기관과 「국토안전관리원법」에 따른 국토안전관리원(이하 "관리원"이라 한다)을 말한다.
8. "건설사업관리기술인"이란 법 제26조에 따른 건설사업관리용역사업자에 소속되어 건설사업관리 업무를 수행하는 자(「건축법」 제2조제15호, 「건축

사법」 제2조제4호, 「주택법」 제43조제1항에 따른 공사감리 수행자를 포함한다)를 말한다.

9. "안전관리계획서"란 법 제62조에 따라 수립하는 건설공사 안전관리계획을 말한다.
10. "안전관리비"란 「건설기술 진흥법 시행규칙」(이하 "규칙"이라 한다) 제60조제1항에 따른 안전관리에 필요한 비용을 말한다.
11. "안전점검"이란 영 제100조에 따른 자체안전점검, 정기안전점검 및 정밀안전점검 등을 말한다.
12. "초기점검"이란 영 제98조제1항제1호에 따른 건설공사에 대하여 해당 건설공사를 준공(임시사용을 포함한다)하기 전에 영 제100조제1항제3호에 따른 정기안전점검 수준 이상의 안전점검을 실시하는 것을 말한다.
13. "초기치"란 초기점검 시 구하는 향후 점검·진단에 필요한 구조물에 대한 안전성평가의 기준이 되는 값을 말한다.
14. "공사재개 전(前) 안전점검"이란 영 제100조제1항제4호에 따라 영 제98조제1항 각 호의 건설공사가 시행 도중에 중단되어 1년 이상 방치된 시설물이 있는 경우에는 그 공사를 다시 시작하기 전에 그 시설물에 대하여 영 제100조제1항제1호에 따라 시행하는 정기안전점검 수준의 안전점검을 말한다.
15. "보수"란 구조물에 작용한 위해요인에 의해 발생된 내구성, 방수성 등 내력 이외의 기능상 결함을 치유하여 기능을 회복시키는 것을 말한다.
16. "보강"이란 설계하중 이상의 하중 등 위해요인에 의해 손상된 구조물의 내력저하를 증진시키는 것을 말한다.
17. "안전점검종합보고서(이하 "종합보고서"라 한다)"란 영 제100조제1항 각 호에 따라 실시한 안전점검의 내용 및 그 조치사항이 작성된 보고서를 말한다.
18. "시스템"이란 시설물안전법 제7조제1호, 제2호 및 제3호에 따른 1종 시설물, 2종 시설물 및 3종 시설물에 관한 시설물의 기본현황, 상세제원, 안전점검 및 정밀안전진단 이력, 보수·보강이력 등의 정보를 관리하는 관리원이 운영하는 전산시스템(http://www.fms.or.kr)을 말한다.
19. "대가"란 건설공사 안전점검 업무를 수행하는데 필요한 비용을 말한다.
20. "실비정액가산 방식"이란 직접인건비, 직접경비, 제경비, 기술료, 추가업무비용, 부가가치세 및 손해배상보험(공제)료 등을 합산하여 대가를 산출하는 방식을 말한다.
21. "공사비요율에 의한 방식"이란 순공사비에 일정 요율을 곱하여 산출한 금액에 추가조사에 필요한 금액과 부가가치세를 합산하여 대가를 산출하는 방식을 말한다.

22. "순공사비"란 전체 공사비에서 일반관리비, 이윤, 공사손해보험료, 부가가치세를 제외한 공사비를 말하며, 지급자재비는 순공사비에 포함한다.
23. "안전교육"이란 영 제103조에 따라 시공 중인 공사 목적물의 안전과 작업자의 안전을 위해 공법의 이해, 세부 시공순서 및 안전시공절차 이해 등을 목적으로 실시하는 교육을 말한다.
24. "건설사고"란 영 제4조의2에 따른 건설사고를 말한다.
25. "중대건설현장사고"란 법 제67조제3항 및 영 제105조제3항에 따른 건설사고를 말한다.
26. "위험요소(Hazard)"란 건설현장과 주변 건축물 등의 안전을 저해하는 요소를 의미한다.
27. "위험성(Risk)"이란 사고의 발생빈도(L : Likelihood)와 심각성(S : Severity)의 조합을 말한다.
28. "저감대책(Alternative)"이란 위험요소를 저감시키고 위험성을 낮출 수 있는 방안으로 유사 원인에 의해서 발생하는 사고를 예방할 수 있는 재발방지대책 등을 말한다.
29. "설계 안전성 검토(Design for Safety)"란 위험요소를 설계단계에서 사전에 발굴하여 사업추진 단계별로 위험요인을 제거·저감할 수 있도록 체크리스트를 작성하는 것을 말한다.
30. "안전관리문서"란 건설공사의 계획부터 준공까지 건설안전을 확보하기 위해 발주자, 설계자, 시공자 및 건설사업관리기술인이 작성한 문서를 말한다.
31. <삭제>
32. "안전관리 수준 평가"란 법 제62조제14항 및 영 제101조의3에 따라 실시하는 건설공사 참여자(법 제62조제13항 각 호의 자를 말한다)의 안전관리 수준에 대한 평가를 말한다.
33. "위험요소 프로파일(Hazard Profile)"이란 건설공사의 위험요소를 발굴하여 공종별 위험요소를 분류한 기본표준자료를 말한다.
34. "설계안전검토보고서"란 대상 공사에 대하여 설계단계에서 도출한 위험요소를 발굴하여 별지 제1호 서식에 따라 위험요소, 위험성, 저감대책을 작성한 보고서를 말한다.
35. "적정성 검토기관"(이하 "검토기관"이라 한다)이란 영 제117조제1항제13호에 따른 안전관리계획서 검토결과 및 안전점검결과의 적정성 검토에 관한 사무를 국토교통부장관으로부터 위탁 받은 기관으로서 관리원을 말한다.
36. "평가기관"이란 영 제117조제1항제14호에서 규정한 안전관리수준평가의 시행 및 그 결과의 공개에 관한 사무를 국토교통부장관으로부터 위탁 받은 기관으로서 관리원을 말한다.

37. "건설공사 안전관리 종합정보망"(이하 "종합정보망"이라 한다)이란 법 제62조제14항, 영 제101조의3에 따른 건설공사 참여자의 안전관리 수준의 평가업무와 법 제62조제15항, 영 제101조의4에 따라 건설사고 통계 등 건설안전에 필요한 자료를 효율적으로 관리하고 공동활용을 촉진하기 위하여 국토교통부가 구축하고 관리원이 운영하는 시스템(www.csi.go.kr)을 말한다.
38. "무선안전장비"란 법 제2조제12호에 따른 장비를 말한다.
39. "융·복합건설기술"이란 사물인터넷(IOT), 빅데이터, 인공지능(AI) 및 실시간 모니터링 기술 등을 기존 건설기술에 활용하여 자동화하는 기술을 말한다.
40. "스마트 안전관리장비"란 무선안전장비, 융·복합건설기술을 활용한 스마트 안전장비 및 안전관리시스템을 구축·운영하여 건설현장의 안전관리를 강화할 수 있는 장비를 말한다.
41. "스마트 안전관리 보조·지원"이란 「건설기술 진흥법」 제62조의3제1항에 따라 국토교통부장관이 건설공사 참여자에게 스마트 안전관리장비 비용의 전부 또는 일부를 예산 범위에서 보조하거나 그 밖에 필요한 지원을 하는 것(이하 "보조·지원"이라 한다)을 말한다.
42. "스마트 안전관리 보조·지원 사업"이란 건설공사 참여자에게 스마트 안전관리장비에 대한 보조·지원에 관하여 장비 대여 및 비용 지원, 설치·교육 및 기술지원 등을 하는 사업(이하 "보조·지원 사업"이라 한다)을 말한다.

제3조(적용범위) 이 지침은 법 제62조제1항에 따라 안전관리계획을 수립하는 건설공사, 제14항에 따라 건설공사 참여자의 안전관리 수준을 평가하는 건설공사 및 법 제67조제1항에 따라 건설사고 사실을 통보하여야 하는 건설공사에 적용한다. 다만, 제3장제3절 건설공사 안전관리비 계상 및 사용기준에 관한 사항은 법 제63조 제1항에 따라 발주자가 건설사업자 또는 주택건설등록업자와 건설공사 계약하는 모든 건설공사에 적용한다.

제2장 건설공사 참여자 안전관리업무

제1절 발주자의 안전관리 업무

제4조(사업관리 단계) ① 발주자는 사업 전 단계에 대하여 이 지침에서 제시한 건설공사 안전관리 참여자의 업무가 제대로 이행되고 있는 지를 총괄하여야 한다.

② 발주자는 사업계획단계에서 해당 건설공사에서 중점적으로 관리해야 할 위

험요소 및 저감대책을 관련 전문가의 자문, 유사 건설공사의 안전관리문서 검토, 종합정보망에서 제공하는 건설공사 위험요소 프로파일 확인 등을 통해 사전에 발굴해야 한다.

제5조(설계발주 단계) ① 발주청은 설계 발주단계에서 건설안전을 고려한 설계가 될 수 있도록 제4조에 따라 발굴한 해당 건설공사의 위험요소 및 저감대책을 바탕으로 설계서(과업지시서)의 설계조건을 작성하여야 하며, 필요한 경우 외부 전문가의 도움을 받아 설계조건을 작성할 수 있다.

② 발주청은 설계자로 하여금 다음 각 호의 내용이 포함된 문서를 제출하도록 설계성과 납품 품목에 명시하여야 한다.

1. 별지 제1호 서식에 따라 작성된 설계안전검토보고서
2. 설계에서 잔존하여 시공단계에서 반드시 고려해야 하는 위험요소, 위험성, 저감대책에 관한 사항

제6조(설계시행 단계) ① 설계 시행단계에서 발주청은 관리원에 시공과정의 안전성 확보를 고려하여 설계가 적정하게 이루어졌는지의 여부를 검토하게 하여야 한다.

② 발주청은 법 제62조제18항 및 영 제75조의2제5항에 따라 제1항에 따른 검토결과를 국토교통부장관에게 제출할 때 종합정보망에 업로드 해야 한다.

③ 발주청의 설계 안전성 검토 절차는 다음 각 호와 같다.

1. 설계안전검토보고서는 설계도면과 시방서, 내역서, 구조 및 수리계산서가 완료된 시점에서 제출하는 것을 원칙으로 하나 시기는 발주청이 별도로 정할 수 있다.
2. 설계 안정성 검토(검토결과인 설계안전검토보고서를 포함한다)를 의뢰받은 관리원은 의뢰받은 날로부터 20일 이내에 발주청에게 검토 결과를 통보하여야 한다.
3. 발주청은 제2호에 따른 검토 결과를 참고하여 제13조에 따라 제출받은 설계안전검토보고서를 심사한 후 승인 여부를 설계자에게 통보하여야 한다.
4. 발주청은 제3호에 따른 심사과정에서 시공과정의 안전성을 확보하기 위하여 설계 내용에 개선이 필요하다고 인정하는 경우에는 설계자로 하여금 설계도서의 보완・변경 등 필요한 조치를 하여야 한다.
5. 발주청이 관리원에 설계의 안전성 검토를 의뢰하는 경우에는 검토비용을 부담하여야 한다.

제7조(설계완료 단계) 발주청은 최종 설계성과 납품 품목으로 다음 각 호의 내용이 포함된 문서가 있는 지를 확인하고, 시공자에게 전달하기 위해 관련 문서를 정리하여야 한다.

1. 제5조제2항 각 호의 내용이 포함된 문서
2. 설계에 가정된 각종 시공법과 절차에 관한 사항

제8조(공사발주 및 착공 이전 단계) ① 발주청은 설계에서 도출된 위험요소, 위험성, 저감대책을 반영하여 시공자가 안전관리계획서를 작성하도록 제7조 각 호의 정보를 제공하여야 한다.

② 발주자(발주자가 발주청이 아닌 경우 인·허가기관의 장을 의미한다)는 영 제98조에 따라 안전관리계획을 검토하고 시공자에게 그 결과를 제출받은 날부터 20일 이내에 통보하여야 한다.

③ 발주자는 시공자가 안전관리계획서를 작성하거나 변경하는 경우 건설공사 감독자 또는 건설사업관리기술인으로 하여금 안전관리계획서의 적정성을 검토하고, 그 결과를 서면으로 보고하게 하여야 한다. 또한 발주자는 건설공사 감독자 또는 건설사업관리기술인이 서면으로 보고한 안전관리계획서의 지적사항에 대해 확인하고, 필요시 시공자에게 시정·보완토록 하여야 한다.

④ 발주자(발주자가 발주청이 아닌 경우 인·허가기관의 장을 의미한다)는 영 제98조제7항에 따른 안전관리계획서 사본 및 검토결과와 제9항에 따른 적정성 검토결과에 대한 수정이나 보완조치를 국토교통부장관에게 제출하여야 하고, 이 때 종합정보망에 업로드 하여야 한다.

⑤ 발주자는 본 지침 제3장, 법 제63조, 규칙 제60조에 따라 안전관리비를 공사금액에 계상하여야 한다.

제9조(공사시행 단계) ① 발주자는 법 제62조, 영 제99조에 따른 안전관리계획을 시공자가 제대로 이행하는지 여부를 확인하여야 한다. 다만, 해당 건설공사에 감독권한 대행 등 건설사업관리를 시행하는 경우에는 건설사업관리기술인으로 하여금 안전관리계획의 이행여부를 확인하여 보고하도록 할 수 있다.

② 발주자(발주청이 아닌 경우에는 인·하가기관의 장을 의미한다)는 영 제100조의2에 따라 안전점검 수행기관을 지정·관리하여야 하며, 이를 위한 방법 및 절차는 지침 제3장 제1절을 따른다.

③ 발주자는 안전관리비가 사용기준에 맞게 사용되었는지 확인하여야 한다. 다만, 해당 건설공사에 감독권한 대행 등 건설사업관리를 시행하는 경우에는 건설사업관리기술인으로 하여금 안전관리 활동실적에 따른 정산자료의 적정성을 검토하여 보고하도록 할 수 있다.

④ 발주청은 시공자, 건설사업관리기술인과 함께 제1항 및 제2항에 따른 안전관리계획 이행여부, 안전관리비 집행실태 등을 확인하고 공종별 위험요소와 그 저감대책을 발굴 및 보완하는 등 안전관리 실태를 확인하기 위한 회의를 정기적으로 개최하여야 한다. 다만, 구체적인 회의 방법 및 시기는 발주청이 시공

자 및 건설사업관리기술인과 협의하여 별도로 정할 수 있다.

제10조(공사완료 단계) ① 발주자는 향후 유사 건설공사의 안전관리와 유지관리에 유용한 정보제공을 위해 해당 건설공사가 준공되면 안전관리 참여자가 작성한 안전관리문서를 취합하여 시설물안전법 제9조에 따라 설계도서의 일부로 보관하여야 한다.

② 발주자는 준공시 시공자로부터 다음 각 호의 안전관련 문서를 제출 받아 국토교통부장관(또는 관리원)에게 제출하여야 한다. 이 때 종합정보망을 통하여 온라인으로 제출할 수 있다.

1. 설계단계에서 넘겨받거나 시공단계에서 검토한 위험요소, 위험성, 저감대책에 관한 사항
2. 건설사고가 발생한 현장의 경우 사고 개요, 원인, 재발방지대책 등이 포함된 사고조사보고서
3. 시공단계에서 도출되어 유지관리단계에서 반드시 고려해야 하는 위험요소, 위험성, 저감대책에 관한 사항

제2절 설계자의 안전관리 업무

제11조(설계발주 단계) 설계자는 발주청이 제5조제1항에 의해 설계서(과업지시서)의 설계조건에서 명시한 안전관리 부문의 요구사항을 확인하고 검토하여야 한다.

제12조(설계시행 단계) ① 설계자는 설계서(과업지시서)의 설계조건을 바탕으로 표준시방서, 설계기준을 활용하여(필요시 관리원에서 제공하는 위험요소 프로파일을 참조할 수 있다) 설계과정 중에 건설안전에 치명적인 위험요소를 도출하고 이를 제거, 감소할 수 있는 저감대책을 고려해야 한다.

② 설계자는 설계 시 건설안전을 고려한 설계가 되도록 다음 각 호의 기준을 준수하여야 한다.

1. 설계에서 가정한 시공법 및 절차에 의해 발생하는 위험요소가 회피, 제거, 감소되도록 한다.
2. 시공단계에서 시설물의 안전한 설치 및 해체를 고려해야 한다.

③ 설계자는 설계에 가정된 시공법과 절차, 남아있는 위험요소의 유형, 통제하기 위한 수단을 안전관리문서로 정리하여야 한다.

④ 다수의 공종별 설계자가 참여한 경우 대표 설계자는 동일한 위험요소 도출 및 평가기준을 적용하여야 하며, 건설안전을 고려한 설계를 협의하기 위해 공종별 설계자와 회의를 개최하여야 한다.

⑤ 설계자는 건설신기술 또는 특허공법 등이 건설공사에 적용되는 경우 반드시 신기술개발자 또는 특허권자로부터 위험요소, 위험성, 저감대책에 대한 검토서를 제출 받아 검토한 후 보고서에 첨부하여야 한다.

⑥ 설계자는 건설안전을 저해하는 위험요소를 고려한 설계를 위해 시공 및 안전 분야 전문가의 자문 등을 통해 시공방법 및 절차를 명확히 이해하여야 하며, 시공법과 절차에 대한 이해가 부족하거나, 건설안전에 관한 전문성이 부족한 경우 관련 건설안전 전문가를 설계과정 중에 참여하도록 할 수 있다.

⑦ 설계자는 도출된 건설안전 위험요소 및 위험성을 평가하여 별지 제1호 서식에 따라 위험요소, 위험성, 저감대책 형태로 설계안전검토보고서를 작성하여야 하며, 법 제39조제3항 및 영 제57조에 따른 건설사업관리 대상 설계용역인 경우에는 설계단계 건설사업관리기술인에게 검토를 받아야 한다.

제13조(설계완료 단계) 설계자는 최종 설계성과 납품 품목의 하나로 제7조 각 호의 내용이 포함된 문서를 건설사업관리기술인에게 확인(설계단계의 건설사업관리 용역이 발주된 사업에 한한다)받고, 이를 발주청에게 제출하여 승인을 받아야 한다.

제3절 시공자의 안전관리 업무

제14조(일반사항) ① 시공자는 법 제62조와 영 제98조 및 제99조에 따라 착공 전에 안전관리계획을 수립하여야 한다.

② 시공자는 작업공종에 따라 공종별 안전관리계획서를 작성하여 착공 전 또는 해당 공종 착수 전에 건설사업관리기술인의 검토를 거쳐 발주자에게 승인을 받고 작업현장에 비치하여야 한다.

③ 시공자는 안전관리계획서에 따라 건설현장의 안전관리업무를 수행하여야 하며, 안전관리계획서 이행여부에 관하여 건설사업관리기술인에게 서면으로 보고하여야 한다.

④ 시공자는 법 제62조제11항에 따라 가설구조물 설치를 위한 공사를 할 때에는 가설구조물의 구조적 안전성을 확인하기에 적합한 분야의 「국가기술자격법」에 따른 기술사에게 확인을 받아야 한다.

⑤ 시공자는 안전관리비가 해당 목적에만 사용되도록 관리하여야 하며, 분기별 안전관리비 사용현황을 공사 진척에 따라 작성하여야 하고, 건설사업관리기술인에게 안전관리 활동실적에 따른 안전관리비 집행실적을 정기적으로 보고하여야 한다.

⑥ 시공자는 법 제62조제5항에 따라 건설공사 중 실시한 안전점검 결과를 종합

정보망을 통해 국토교통부 장관에게 제출하여야 한다.

제15조 (설계의 안전성 검토 대상 공사) ① 영 제75조의2에 따라 설계의 안전성 검토를 시행해야하는 공사의 경우, 시공자는 안전관리계획을 수립할 때 다음 각 호의 사항을 확인하여 그 대책을 포함시켜야 한다.

1. 설계에 가정된 각종 시공법과 절차에 관한 사항
2. 설계에서 잔존하여 시공단계에서 반드시 고려해야 하는 위험요소, 위험성, 저감대책에 관한 사항
3. 설계에서 확인하지 못한 위험요소, 위험성, 저감대책에 관한 사항

② 시공자는 건설공사가 준공되면, 향후 유사 건설공사의 안전관리와 유지관리에 유용한 정보제공을 위해 제10조제2항 각 호의 내용을 중심으로 안전관리문서를 작성하여 건설사업관리기술인의 검토 후 발주자에게 제출하여야 한다.

제4절 건설사업관리기술인의 안전관리 업무

제16조(일반사항) 건설사업관리기술인은 국토교통부장관이 고시한 「건설공사 사업관리방식 검토기준 및 업무수행지침」에 따라 안전관리 업무를 수행하여야 한다.

제17조(설계의 안전성 검토 대상 공사) ① 영 제75조의2에 따라 설계의 안전성 검토를 시행해야하는 공사의 경우, 건설사업관리기술인은 안전관리계획서 상에 설계단계에서 넘겨받거나 시공단계에서 검토한 위험요소, 위험성, 저감대책에 관한 사항들이 반영되어 있는지 검토·확인하여야 하며, 보완해야 할 사항이 있는 경우에는 시공자로 하여금 이를 보완토록 해야 한다.

② 건설사업관리기술인은 향후 유사 건설공사의 안전관리와 유지관리에 유용한 정보제공을 위해 해당 건설공사가 준공되면, 시공자가 작성한 제10조제2항 각 호의 사항들에 대한 안전관리문서의 적정성을 검토한 후, 발주자에게 제출하여야 한다.

제3장 건설현장 안전관리

제1절 건설공사 안전점검

제18조(안전점검의 종류 및 절차) ① 시공자는 공사 목적물 및 주변의 안전을 확보하기 위하여 다음 각 호의 안전점검을 실시하여야 한다.

1. 자체안전점검
2. 정기안전점검
3. 정밀안전점검

4. 초기점검
5. 공사재개 전 안전점검

② 영 제100조제3항에 따라 시공자가 정기안전점검 또는 정밀안전점검 등의 실시를 건설안전점검기관에 의뢰하고자 하는 때에는 영 제100조의2에 따라 발주자(발주자가 발주청이 아닌 경우에는 인·허가기관의 장을 말한다. 이하 이 조에서 같다)가 안전점검 수행기관을 지정하고, 이를 시공자에게 통보하여야 한다.

③ 영 제100조의2제2항에 따라 발주자는 안전점검 수행기관의 명부를 작성하는 경우에는 연 1회 이상 정기적으로 인터넷 홈페이지에 20일 이상 공개모집하여야 한다. 이 경우 발주자는 공사규모 및 종류별로 안전점검 수행기관이 영 제100조제1항 각 호의 기준에 따라 실시한 정기안전점검 등의 수행실적 및 수행기관의 신용도 등을 차등하여 모집할 수 있다.

④ 모집공고에 응하려는 안전점검 수행기관은 별지 제7호 서식의 안전점검 수행기관 등록 신청서를 제출하여야 한다.

⑤ 발주자는 공고에 응하여 제4항에 따라 신청서를 작성·제출한 안전점검 수행기관을 별지 제8호 서식의 안전점검 수행기관 등록명부에 작성·관리하고, 이를 발주자의 인터넷 홈페이지를 통해 공개하여야 한다.

⑥ 안전점검 수행기관을 지정받고자 하는 시공자는 발주자가 승인한 안전관리계획의 안전점검비용을 첨부하여 별지 제9호 서식의 신청서를 발주자에게 제출하여야 한다.

⑦ 발주자는 제6항에 따라 시공자로부터 신청서를 제출받은 날로부터 7일 이내에 발주자의 인터넷 홈페이지 등을 통해 안전점검 수행기관의 지정공고를 하여야 한다.

⑧ 제7항에 따른 지정공고에는 다음 각 호의 사항을 포함하여야 한다.

1. 접수기간·수행기관 지정방법·사업내역·제출서류
2. 안전점검 수행기관 세부평가기준
3. 발주자가 승인한 안전관리계획의 안전점검대상 및 안전점검비용
4. 사공자가 제출한 주요공정계획서, 착공예정일
5. 발주자가 관리하고 있는 안전점검 수행기관 등록명부 중에서 안전점검 수행기관을 지정한다는 내용
6. 기타 안전점검기관 지정에 필요한 유의사항

⑨ 발주자는 안전점검에 참여하는 기술인의 실적·업무중첩도와 수행기관의 실적·신용도·업무중첩도 및 가격 등의 평가항목에 대하여 세부평가기준을 정하여야 한다. 다만, 이 경우 기술인의 실적·업무중첩도와 수행기관의 실적·업무중첩도는 영 제100조제1항 각 호의 기준에 따라 실시한 안전점검에 한하

며, 발주자가 승인한 안전관리계획의 안전점검비용이 1억원 미만인 경우에는 일부 평가항목을 생략하여 기준을 정할 수 있다.

⑩ 안전점검 수행기관으로 지정받고자 하는 자는 제8항에 따라 발주자가 지정공고한 수행기관 지정방법에 따라 서류 등을 제출하여야 한다.

⑪ 발주자는 안전점검 수행기관 지정신청을 한 자에 대하여 세부평가기준에 따라 평가하여 안전점검 수행기관으로 지정한 후, 별지 10호 서식의 지정 통보서를 시공자에게 송부하여야 한다.

⑫ 발주자는 제10항에 따라 안전점검 수행기관이 제출한 지정신청서 및 서류의 내용 등을 필요한 사항에 대하여 관계기관에 사실을 조회할 수 있으며, 안전점검 수행기관의 제출서류 등이 거짓 또는 그 밖의 부정한 방법으로 작성된 것으로 판명된 때에는 안전점검 수행기관 등록명부에서 제외하고 안전점검 수행기관 지정결정을 취소하여야 한다. 이 경우 발주청 또는 인허가기관의 장이 안전점검 수행기관 지정결정을 취소한 때에는 차순위자를 안전점검 수행기관으로 지정하여야 한다.

⑬ 제11항 규정에 의한 당해 안전점검 수행기관의 평가점수가 동일한 경우에는 추첨을 통해 안전점검 수행기관을 지정한다.

⑭ 시공자는 제11항에 따라 지정 통보서를 받은 날로부터 7일 이내에 해당 안전점검 수행기관과 계약을 체결하고 그 결과를 발주자에게 통보하여야 하며, 안전점검 수행기관의 귀책사유로 안전점검 계약이 체결되지 아니한 경우에는 발주자에게 안전점검 수행기관의 지정을 재신청하여야 한다. 이 경우 발주자는 차순위자를 안전점검 수행기관으로 지정한다.

⑮ 제3항부터 제14항까지 규정한 업무내용 외에 안전점검 수행기관 지정에 관하여 필요한 사항은 발주자가 정할 수 있다.

제19조(설계도서 등의 보관) 시공자는 안전점검에 활용할 수 있도록 다음 각 호의 자료를 정리・보관하여야 한다.

1. 설계도서 : 설계도면, 내역서, 공사시방서, 구조계산서, 지질조사서, 수리・수문계산서, 종합보고서, 터널해석 보고서 등
2. 시공관련도서 : 계측보고서, 시공계획서, 시공상세도, 안전관리계획서, 공사기록, 공사일지, 설계변경 관련서류, 각종 안전점검보고서, 보수・보강 실시보고서, 사고관련 기록 등
3. 사진 : 주요 공사사진, 인근구조물 현황사진, 비디오테이프
4. 품질관리기록 : 품질관리계획서에 의한 품질시험기록, 부적합 보고서 등

제20조(안전점검의 계획수립) ① 시공자는 규칙 별표 7에 따른 "안전관리계획의 수립기준"에 따라 자체안전점검 및 정기안전점검 계획을 수립한다.

② 자체안전점검 및 정기안전점검 계획을 수립하는 경우에는 안전점검을 효과적이고 안전하게 수행하기 위해서 다음 각 호의 사항을 고려하여야 한다.

1. 이미 발생된 결함의 확인을 위한 기존 점검자료의 검토
2. 점검 수행에 필요한 인원, 장비 및 기기의 결정
3. 작업시간
4. 현장기록 양식
5. 비파괴 시험을 포함한 각종시험의 실시목록
6. 붕괴우려 등 특별한 주의를 필요로 하는 부재의 조치사항
7. 수중조사 등 그 밖의 특기사항

제21조(안전점검의 실시시기) ① 시공자는 자체안전점검 및 정기안전점검의 실시시기 및 횟수를 다음 각 호의 기준에 따라 안전점검계획에 반영하고 그에 따라 안전점검을 실시하여야 한다.

1. 자체안전점검 : 건설공사의 공사기간동안 매일 공종별 실시
2. 정기안전점검 : 구조물별로 별표 1의 정기안전점검 실시시기를 기준으로 실시. 다만, 발주청 또는 인·허가기관의 장은 안전관리계획의 내용을 검토할 때 건설공사의 규모, 기간, 현장여건에 따라 점검시기 및 횟수를 조정할 수 있다.

② 정밀안전점검은 정기안전점검결과 건설공사의 물리적·기능적 결함 등이 발견되어 보수·보강 등의 조치를 취하기 위하여 필요한 경우에 실시한다.

③ 초기점검은 영 제98조제1항제1호에 따른 건설공사를 준공하기 전에 실시한다.

④ 공사재개 전 안전점검은 영 제98조제1항에 따른 건설공사를 시행하는 도중 그 공사의 중단으로 1년 이상 방치된 시설물이 있는 경우 그 공사를 재개하기 전에 실시한다.

제22조(자체안전점검의 실시) ① 안전관리담당자와 수급인 및 하수급인으로 구성된 협의체는 건설공사의 공사기간 동안 해당 공사 안전총괄책임자의 총괄하에 분야별 안전관리책임자의 지휘에 따라 해당 공종의 시공상태를 점검하고 안전성 여부를 확인하기 위하여 해당 건설공사 안전관리계획의 자체안전점검표에 따라 자체안전점검을 실시하여야 한다.

② 점검자는 점검시 해당 공종의 전반적인 시공 상태를 관찰하여 사고 및 위험의 가능성을 조사하고, 지적사항을 안전점검일지에 기록하며, 지적사항에 대한 조치 결과를 다음날 자체안전점검에서 확인해야 한다.

제23조(정기안전점검의 실시) ① 시공자가 정기안전점검을 실시하고자 할 때는 영 제100조의2에 따라 발주자(발주자가 발주청이 아닌 경우에는 인·허가기

관의 장을 말한다)가 지정한 건설안전점검기관에 의뢰하여야 한다.

② 정기안전점검은 해당 건설공사를 발주·설계·시공 또는 건설사업관리용역사업자와 그 계열회사(「독점규제 및 공정거래에 관한 법률」 제2조제3호에 따른 계열회사를 말한다)인 건설안전점검기관에 의뢰하여서는 아니된다. 다만, 발주청이 시설물안전법 제28조에 따라 안전진단전문기관으로 등록된 경우에는 정기안전점검을 실시할 수 있다.

③ 정기안전점검 대상 건설공사가 「산업안전보건법 시행령」 제42조제3항에 따른 유해·위험방지계획서 작성대상인 경우에는 시공자는 정기안전점검 실시시기를 사전에 한국산업안전보건공단에 통보하여 정기안전점검과 동시에 실시할 수 있다.

④ 정기안전점검을 실시하는 경우 다음 각 호의 사항을 점검하여야 한다.

1. 공사 목적물의 안전시공을 위한 임시시설 및 가설공법의 안전성
2. 공사목적물의 품질, 시공상태 등의 적정성
3. 인접건축물 또는 구조물 등 공사장주변 안전조치의 적정성
4. 영 제98조제1항제5호각 목에 해당하는 건설기계의 설치(타워크레인 인상을 포함한다)·해체 등 작업절차 및 작업 중 건설기계의 전도·붕괴 등을 예방하기 위한 안전조치의 적절성
5. 이전 점검에서 지적된 사항에 대한 조치사항

⑤ 건설공사의 공종별 세부점검사항은 해당 공사시방서 및 관련시방서를 참조하여 현장의 상황 및 시공조건에 따라 점검목적을 달성할 수 있는 사항으로 정하고 정해진 점검항목으로 세부 안전점검표를 작성한다.

⑥ 안전점검을 실시한 건설안전점검기관은 안전점검실시결과를 발주자, 해당 건설공사의 허가·인가·승인 등을 한 행정기관의 장(발주자가 발주청이 아닌 경우에 한정한다), 시공자에게 통보하여야 하며, 점검결과를 통보 받은 발주자 또는 행정기관의 장은 시공자에게 보수·보강 등 필요한 조치를 요청할 수 있다.

제24조(정밀안전점검의 실시) ① 시공자는 정기안전점검 결과 건설공사의 물리적·기능적 결함 등이 있는 경우에는 보수·보강 등의 필요한 조치를 취하기 위하여 건설안전점검기관에 의뢰하여 정밀안전점검을 실시하여야 한다.

② 정밀안전점검은 정기안전점검에서 지적된 점검대상물에 대한 문제점을 파악할 수 있도록 수행되어야 하며, 육안검사 결과는 도면에 기록하고, 부재에 대한 조사결과를 분석하고 상태평가를 하며, 구조물 및 가설물의 안전성 평가를 위해 구조계산 또는 내하력 시험을 실시하여야 한다.

③ 점검과정에서 필요한 경우에는 구조물의 종류에 따라 점검대상물 하부 점검

용 장비, 비계, 작업선과 같은 특수장비 및 잠수부와 같은 특수기술자를 활용하여야 한다.

④ 정밀안전점검 완료 보고서에는 다음 각 호의 사항이 포함되어야 한다.

1. 물리적·기능적 결함 현황
2. 결함원인 분석
3. 구조안전성 분석결과
4. 보수·보강 또는 재시공 등 조치대책

제25조(초기점검의 실시) ① 시공자는 영 제98조제1항제1호에 따른 건설공사를 준공(임시사용을 포함한다)하기 전에 문제점 발생부위 및 붕괴유발부재 또는 문제점 발생 가능성이 높은 부위 등의 중점유지관리사항을 파악하고 향후 점검·진단시 구조물에 대한 안전성평가의 기준이 되는 초기치를 확보하기 위하여 「시설물의 안전점검 및 정밀안전진단 실시 등에 관한 지침」에 따른 정밀점검 수준의 초기점검을 실시하여야 한다.

② 초기점검에는 별표 3에 따른 기본조사 이외에 공사목적물의 외관을 자세히 조사하는 구조물 전체에 대한 외관조사망도 작성과 초기치를 구하기 위하여 필요한 별표 3의 추가조사 항목이 포함되어야 한다.

③ 초기점검은 준공 전에 완료되어야 한다. 다만, 준공 전에 점검을 완료하기 곤란한 공사의 경우에는 발주자의 승인을 얻어 준공 후 3개월 이내에 실시할 수 있다.

제26조(공사재개 전 안전점검의 실시) ① 시공자는 건설공사의 중단으로 1년 이상 방치된 시설물의 공사를 재개하는 경우 건설공사를 재개하기 전에 영 제100조제1항제4호에 따라 해당 시설물에 대한 안전점검을 실시하여야 한다.

② 제1항에 따른 안전점검은 정기안전점검의 수준으로 실시하여야 하며, 점검결과에 따라 적절한 조치를 취한 후 공사를 재개하여야 한다.

제27조(안전점검에서의 현장조사 및 실내분석) ① 현장조사는 다음 각 호와 같이 육안검사, 기본조사, 추가조사로 구분하며, 해당 조사항목 및 시험 세부사항은 별표 3과 같다.

1. 육안검사 : 구조물의 균열, 재료분리 여부, 콜드조인트 등의 발생여부를 육안으로 면밀히 확인하는 것
2. 기본조사 : 비파괴시험장비로 실시하는 콘크리트 강도시험 및 철근배근 탐사 등
3. 추가조사 : 구조안전성 평가 및 보수·보강 판단에 필요한 지질·지반조사, 강재조사, 지하공동탐사, 콘크리트 제체시추조사, 수중조사, 콘크리트 물성시험 등

② 안전점검을 실시하는 자는 다음 각 호에 따라 현장조사를 실시하여야 한다.
1. 정기안전점검 시에는 육안검사, 기본조사를 실시하고 필요할 경우 추가조사를 수행한다.
2. 정밀안전점검 및 초기점검 시에는 육안검사, 기본조사를 수행하며, 추가조사항목은 시공자가 건설안전점검기관과 협의하여 정하도록 한다. 다만, 초기점검 시에는 향후의 유지관리 및 점검·진단에 필요한 구조물 전체에 대한 외관 조사망도 작성 및 교량의 실응답, 터널의 배면공동상태, 댐의 기준점 및 변위측량, 건축물의 주요외부기둥의 기울기 및 주요바닥부재의 처짐 등의 초기치를 얻기 위한 추가조사를 실시하여야 한다.

③ 안전점검을 실시하는 자는 다음 각 호에 따라 실내분석을 실시하여야 한다.
1. 정기안전점검 시에는 육안검사 자료를 도면으로 작성하고, 기본조사 자료를 평가한다.
2. 정밀안전점검 시에는 육안검사, 기본조사 및 추가조사 실시결과를 분석하고 필요한 구조계산을 실시한 후 보수·보강방안을 제시한다.

제28조(안전점검 장비) ① 안전점검을 실시하고자 할 때에는 다음 각 호의 기준에 따라 장비를 선정하여 사용하여야 한다.
1. 자체안전점검 : 육안조사를 기본으로 하고 자체안전점검표의 점검항목에 따라 필요한 장비를 사용하여 점검
2. 정기안전점검 : 슈미트해머 등 콘크리트 강도조사장비, 철근탐사기 등 기본조사에 필요한 장비를 사용하여 점검
3. 정밀안전점검 : 기본조사 및 추가조사항목에 필요한 장비를 사용하여 점검
4. 초기점검 : 정기안전점검에 필요한 기본장비 및 초기치를 얻기 위한 추가조사항목에 필요한 장비

② 안전점검 책임기술자는 안전점검시 구조부재에 접근할 필요가 있을 경우, 안전하게 점검작업을 실시할 수 있도록 사전에 현장조사를 하여 구조물의 형상이나 주위환경 등을 고려한 고소차 등 적합한 점검용 장비를 선정하여야 한다.

제29조(안전점검시의 안전관리) ① 안전점검 책임기술자는 점검 기구와 장비를 적절히 운용하고 안전관리 위한 계획을 수립하여야 한다.

② 안전점검 책임기술자 및 참여기술자는 안전모, 작업복, 작업화, 필요한 경우 청각, 시각 및 안면보호장비 등을 포함한 개인용 보호장구를 항상 착용하여야 하며 장구 및 기계를 항상 최적의 상태로 정비하여야 한다.

③ 밀폐된 공간에서 점검할 경우에는 유해물질 및 가스와 산소결핍 등에 대한 조사를 하고 그에 대한 대책을 사전에 마련하여야 한다.

제30조(중대한 결함에 대한 조치) 안전점검을 실시하는 자는 현장에서의 안전점검 기간 동안 중대한 결함이 발견된 경우에는 즉시 발주자 및 안전총괄책임자에게 통보하여야 하며, 발주자 및 안전총괄책임자는 다음 각 호와 같은 조치를 취하여야 한다.

1. 발견된 결함에 대한 신속한 평가 및 응급조치
2. 필요시 정밀안전점검 실시
3. 그 밖에 필요한 사항

제31조(안전점검 보고서의 작성 및 제출) ① 시공자에게 정기안전점검을 의뢰받은 건설안전점검기관은 별표1에 따라 정기안전점검을 실시하고 다음 각 호의 기준에 따라 정기안전점검 보고서를 작성하여 제출하여야 한다.

1. 타워크레인 정기안전점검 보고서는 2회(타워크레인 설치작업 시, 타워크레인 해체작업 시) 작성하여 제출하되, 타워크레인 인상작업 시 실시한 정기안전점검 결과는 해체작업 시 정기안전점검 보고서에 포함하여 작성한다.
2. 타워크레인 이외의 정기안전점검 보고서는 별표1에 따라 정기안전점검 실시 후 작성한다.
3. 정기안전점검 대상이 다수인 건설현장에서는 정기안전점검 실시시기가 서로 비슷한 경우 정기안전점검 보고서를 통합하여 작성할 수 있다.
4. 제1호부터 제3호까지 규정한 기준 외에 정기안전점검 보고서 작성에 관하여는 발주청 또는 인·허가기관의 장과 시공자가 협의하여 정할 수 있다.

② 정기안전점검 및 정밀안전점검 보고서에는 점검대상물의 결함에 대한 설명과 결함부위의 개략도, 결함부위사진, 기본조사 결과, 추가조사 결과가 포함되어야 한다.

③ 제2항에 따른 개략도와 결함부위사진은 구조물 결함의 위치와 특성을 설명하는 보충 수단으로서 결함의 형태와 치수가 명확히 표기되어야 하며, 보고서에 포함된 모든 자료에는 근거가 명확하도록 점검일시와 현장시험 및 실내분석 기록과 결과자료가 첨부되어야 한다.

④ 시공자가 건설공사를 준공한 때에는 영 제100조제1항 각 호에 따라 실시한 안전점검의 주요내용에 대한 요약 및 보수·보강 등 조치사항, 조치사항의 이행여부 및 이행 적정성 등을 작성한 종합보고서를 발주자에게 제출하여야 한다.

⑤ 안전점검을 실시한 건설안전점검기관은 영 제100조제4항에 따라 안전점검 실시 결과를 안전점검 완료 후 30일 이내에 발주자, 해당 건설공사의 허가·인가·승인 등을 한 행정기관의 장(발주자가 발주청이 아닌 경우에 한정한다), 시공자에게 통보해야 한다.

⑥ 제5항에 따라 안전점검 결과를 통보받은 시공자는 통보받은 날로부터 15일 이내에 안전점검 결과를 국토교통부장관에게 종합정보망을 이용하여 제출해야 한다

⑦ 정기안전점검 보고서, 정밀안전점검 보고서 별표 4에 따른 목차를 참조하여 작성하여야 한다.

제32조(안전점검의 결과분석 및 평가) ① 자체안전점검은 해당 건설공사의 안전관리계획에 포함된 자체안전점검 안전점검표에 따라 평가하며, 점검결과 지적사항이 있을 경우에는 별지 제3호 서식에 기록하여 조치토록하고 다음날 점검시 조치사항을 확인한다.

② 정기안전점검은 공사목적물에 대한 육안검사 및 기본조사 자료에 따라 평가하며, 책임기술자는 육안검사 및 기본조사부터 발견된 데이터를 근거로 결함의 범위 및 정도를 기록하고 점검대상물의 안전, 시공상태 등을 평가하여 차후 정기 및 정밀안전점검의 기초자료로서 활용 할 수 있도록 한다.

③ 정밀안전점검시에는 정기안전점검을 통하여 나타난 결함의 범위 및 정도에 따라 정밀한 육안조사와 기본조사 및 필요한 추가조사를 실시하고 구조해석 등을 하여 구조안전성을 평가하며, 평가결과에 따라 구조물의 물리적·기능적 결함에 대한 보수·보강이나 재시공과 같은 대책을 제시하여야 한다.

④ 제3항에 따른 구조안전성 평가를 하는 경우는 부재별 상태평가, 재료시험결과 및 각종 계측, 측정, 조사 및 재하시험 등을 통하여 얻은 결과를 분석하고 이를 바탕으로 구조적 특성에 따른 이론적 계산과 해석을 통하여 구조물의 안전성과 부재의 내하력 등을 평가한다.

⑤ 초기점검시에는 준공 후 시설물의 사용기간 동안 지속적으로 실시되는 유지관리활동 및 점검·진단의 기초자료를 얻기 위하여 상세한 육안점검에 의해 구조물 전체에 대한 외관조사망도를 작성하고 향후의 점검·진단시 안전성평가의 기준이 되는 초기치를 측정하여야 한다. 이 경우 건설안전점검기관은 육안검사와 현장조사 결과에 따라 붕괴유발부재와 향후 문제점이 발생하기 쉬운 부위를 파악하여 시설물의 유지관리담당자가 효율적인 유지관리를 할 수 있는 방안을 제시하여야 한다.

⑥ 공사재개 전 안전점검시에는 시공된 부분에 대해 상세한 육안검사 및 기본조사를 실시하여 공사계속 여부를 판정하여야 하며 문제점이 있을 경우 건설안전점검기관은 대책을 제시하여야 한다.

제33조(사후조치 및 보수·보강) ① 시공자는 자체안전점검 실시 결과를 작성하고 지적사항에 대한 조치사항을 기록하여야 한다.

② 시공자는 정기·정밀 안전점검을 실시하여 지적된 사항을 별지 제3호 서식에

따라 작성하여 조치사항을 기록하고 발주자(건설사업관리기술인 또는 감독)의 확인을 받아야 한다.

③ 점검결과에 의한 보수・보강 방법 및 수준은 구조물의 결함정도, 구조물의 중요도, 사용환경조건 및 경제성 등에 따라 정하여야 하며, 보수・보강이 불가능할 경우에는 재시공을 하여야 한다.

④ 보수작업 시에는 결함의 원인, 보수의 범위 및 규모, 환경조건, 경제성 등을 고려하여야 하며, 보강작업은 구조안전성 평가 결과와 내력저하 정도, 경제성을 검토하여 실시하도록 하며 보강을 하여도 구조물의 안전성 확보가 곤란하다고 판단되는 경우에는 재시공한다.

제34조(보수・보강의 필요성 판단) 보수・보강의 필요성은 균열 등 발생된 결함의 허용기준과 내구성, 방수성, 내력저하 정도에 대한 분석과 구조해석 결과에 따라 각종 관련시방서, 설계 지침 및 기준 등을 참조하여 안전점검책임기술자가 작성한 자료를 바탕으로 발주자가 판단하여야 한다.

제2절 안전점검 종합보고서 작성 세부기준 등

제35조(종합보고서의 작성 및 제출) ① 시공자는 건설공사를 준공한 때에는 별표 5에 따른 목차를 참조하여 작성한 종합보고서를 발주자에게 제출하여야 한다.

② 시설물안전법에 따른 1종 시설물 및 2종 시설물에 관한 건설공사의 발주자(발주자가 발주청이 아닌 경우에는 인・허가기관의 장을 말한다)는 해당 건설공사의 준공 후 3개월 이내에 종합보고서를 관리원에 제출하여야 한다.

③ 발주자(시설물안전법에 따른 1종 시설물 및 2종 시설물에 관한 건설공사의 발주자는 제외한다)는 필요시 관리원으로 하여금 종합보고서를 보존 및 관리하게 할 수 있다.

제36조(제출방법) ① 발주자 또는 시공자는 종합보고서를 콤팩트디스크(이하 "CD"라 한다)로 제작하여 제출하여야 한다. 다만 시설물안전법에 따른 1종 시설물 및 2종 시설물에 관한 건설공사의 발주자는 안전점검종합보고서를 시스템을 통해 온라인으로 제출하여야 한다.

② 제1항에 따라 시스템을 통해 종합보고서를 제출하는 경우 시스템 상의 온라인 제출 방법 및 절차에 따른다.

제37조(CD 제작 매체) ① 제36조에 따라 종합보고서를 기록・제출하는 CD는 다음 각 호의 요건을 갖추어야 한다.

1. CD의 종류 : 이미지 데이터 기록이 가능한 CD
2. CD의 규격 : 직경 12센티미터, CD-ROM, 650메가바이트 이상 및 74분

이상

② CD 수록 형식은 MS-Windows 환경에서 지원이 가능하여야 하며 싱글 세션으로 제작하되, CD의 파일명 및 폴더명이 식별 가능한 문자체계를 유지하도록 제작되어야 한다.

제38조(문서 형식) 종합보고서의 문서부분은 이미지 데이터 형식으로 국제전신전화 자문위원회(CCITT) Group 4에 따른 TIFF 표준 형식으로 제작하여야 한다. 다만, 최저해상도는 300dpi 이상, 색도는 모노, 스캐닝 축척은 1:1로 하여야 한다.

제39조(문서 파일명 및 색인 부여 등) 문서의 내용 식별 및 수록내용 색인을 위해 데이터 파일명, 폴더명 및 색인파일 등을 다음 각 호와 같이 작성하여야 한다.

1. CD명은 "DOCCD일련번호(2자리 숫자)"로 하여 제작하되, 문서별로 폴더를 생성하고 폴더명을 문서명과 일치시킨다.
2. 파일명은 TIFF 표준 형식으로 "일련번호(4자리 숫자).TIF"로 하여 해당 폴더에 위치시켜야 한다.
3. 문서량이 많은 경우 여러 장의 CD에 수록하며 하나의 문서 폴더가 한 장의 CD에 수록될 수 없는 경우에는 동일한 이름의 여러 CD에 수록하여야 한다.
4. CD의 루트 디렉토리에는 별표 6에 따른 공사개요, 시설물개요 등에 관한 정보를 입력한 구성파일(MASTER.XML)과 색인에 관한 정보를 입력한 색인파일(DOCINDEX.XML)을 수록하여야 한다.

제40조(접수 및 확인) 발주자 또는 관리원은 종합보고서를 제출받은 경우 이 지침에 따라 적정하게 제출되었는지를 확인하여 접수하여야 한다.

제41조(관리) 종합보고서를 제출받은 발주자 또는 관리원은 종합보고서의 원활한 관리를 위하여 다음 각 호의 조치를 취하여야 한다.

1. 종합보고서의 접수·확인, 보존 및 열람·사본발급 요청에 대한 조치
2. 종합보고서에 의한 통계자료의 유지와 자료 신뢰성 확보를 위한 지속적인 시스템 운영 및 개선
3. 그 밖에 종합보고서의 보존과 관리에 필요한 사항

제42조(보존) ① 발주자(제35조에 따라 관리원에 종합보고서를 제출한 발주자를 제외한다)는 종합보고서를 해당 공사의 하자담보책임기간만료일까지 보존하여야 한다.

② 관리원은 제35조에 따라 제출받은 종합보고서를 시설물의 존속기간까지 보존하여야 한다.

③ 관리원은 종합보고서를 항온·항습기 등 부대시설을 갖춘 장소에 보존하여

야 하며 종합보고서 별로 등록번호, 등록일자, 제출자, 발주자(관리주체) 등의 내용이 검색 가능하도록 전산화하여 보존하여야 한다.

④ 관리원은 종합보고서의 보존을 위하여 관리책임자를 지정하여 파일 등이 손상・분실되지 않도록 하고, 지진 등 자연재해의 피해가 최소화되도록 보안시설 등을 갖추어 수시로 보존상태 확인 등 필요한 조치를 하여야 한다.

제43조(열람 및 교부) ① 시설물의 관리주체는 시설물의 안전 및 유지관리를 위하여 필요한 경우에는 발주자 또는 관리원에 종합보고서의 열람이나 그 사본의 교부를 요청할 수 있다. 이 경우 요청을 받은 발주자 또는 관리원은 특별한 사유가 없으면 요청에 따라야 한다.

② 제1항에 따라 사본을 발급할 때에는 소정의 수수료를 징수할 수 있다.

③ 발주자 또는 관리원은 종합보고서를 열람하였거나 사본을 발급하였을 때에는 열람 또는 발급일자, 열람 또는 발급 요청자, 열람 또는 발급내용 등을 기록하여 관리하여야 한다.

제44조(미제출자에 대한 조치) ① 발주자 및 관리원은 제35조에 따라 종합보고서를 제출하지 아니한 제출의무자에게 종합보고서를 제출토록 고지하여야 한다.

② 관리원은 제출의무자가 종합보고서를 시설물 준공 후 3개월 이내에 제출하지 않은 경우에는 그 현황을 제45조에 따라 국토교통부장관에게 제출하여야 한다.

제45조(보존 및 관리현황 보고) ① 관리원은 매 분기 말에 해당하는 달의 다음달 20일까지 제출받은 종합보고서의 보존 및 관리에 관한 현황을 국토교통부장관에게 보고하여야 한다.

② 제1항에 따른 현황 자료에는 제44조제2항에 따른 종합보고서 미제출자 현황을 포함하여야 한다.

제3절 건설공사 안전관리비 계상 및 사용기준

제46조(안전관리계획의 작성 및 검토 비용) ① 규칙 제60조제1항제1호에 따른 안전관리계획의 작성 및 검토 비용과 소규모안전관리계획의 작성 비용 계상은 별표 7의 내역에 대해 「엔지니어링산업 진흥법」 제31조제2항에 따른 「엔지니어링사업대가의 기준」 제3조제1호의 실비정액가산방식을 적용하며 직접인건비, 직접경비, 제경비 및 기술료로 구성된다.

② 직접인건비는 발주자 또는 건설사업관리기술인이 확인한 투입인원수를 적용하여 계상하며, 직접경비는 인쇄비, 제경비는 직접인건비의 110~120%, 기술료는 직접인건비에 제경비(손해배상보험료 또는 손해배상공제료는 제외함)를

합한 금액의 20~40%를 적용한다.

제47조(건설공사 안전점검 비용) ① 규칙 제60조제2항제2호에 따른 안전점검 비용 계상에 적용하는 요율은 별표 8과 같다. 다만, 공사의 특성 및 난이도에 따라 10%의 범위에서 가산할 수 있다.

② 규칙 제60조제1항제2호에 따른 건설공사 안전점검 비용의 계상은 공사비 요율에 의한 방식을 적용한다.

③ 영 제100조제1항제2호에 따른 정밀안전점검 비용은 「엔지니어링사업대가의 기준」을 적용하여 산출한 금액으로 한다.

④ 영 제100조제1항제3호에 따른 안전점검(초기점검) 비용 계상시에는 향후의 유지관리, 점검·진단을 하기 위한 기초자료로서 구조물 전체에 대한 외관 조사망도 작성 및 구조안전성평가의 기준이 되는 초기치를 구하는데 필요한 추가항목에 대한 비용을 별도 계상하여야 한다.

⑤ 별표 8의 안전점검대가요율에 포함되지 않는 건설공사의 안전점검비용은 「엔지니어링사업대가의 기준」을 적용하여 산출한 금액으로 한다.

⑥ 공사비 요율에 의한 방식으로 안전점검대가 요율 계상시 시설물 규격이 최소규격보다 작은 경우 또는 두 기준규격의 중간인 경우에는 다음 보간식을 이용하여 해당 안전점검대가 요율을 계상한다. 이때 사용되는 두 기준점은 가장 인접한 두 점을 사용하여야 하며, 원점 등을 사용하여서는 안 된다.

$$y = y_1 + \frac{(y_2 - y_1)}{(x_2 - x_1)}(x - x_1)$$

여기서, x : 해당 규격, x_1 : 작은 규격, x_2 : 큰 규격

y : 해당공사비요율, y_1 : 작은 규격 요율 y_2 : 큰 규격 요율

⑦ 공사비 요율에 의한 방식으로 안전점검대가 요율 계상시 시설물 규격이 최대규격보다 큰 경우에는 다음 보간식을 이용하여 해당 안전점검대가 요율을 계상한다.

$$y = y_2 + \frac{(y_2 - y_1)}{(x_2 - x_1)}(x - x_2)$$

여기서, x : 해당 규격, x_1 : 작은 규격, x_2 : 큰 규격

y : 해당공사비요율, y_1 : 작은 규격 요율 y_2 : 큰 규격 요율

⑧ 제27조제1항제3호 및 별표 3의 추가조사에 소요되는 비용은 「엔지니어링사업대가의 기준」을 적용하여 산출한 금액으로 한다. 추가조사 항목에 대한 기준은 시설물안전법 제21조에 따라 고시한 「시설물의 안전 및 유지관리 실시 등에 관한 지침」 별표 26을 적용한다.

제48조(발파·굴착 등의 건설공사로 인한 주변 건축물 등의 피해방지대책 비용) 규칙 제60조제1항제3호에 따른 발파·굴착 등의 건설공사로 인한 주변 건축물 등의 피해방지대책 비용 계상은 별표 7에 따라 건설공사로 인하여 불가피하게 발생할 수 있는 공사장 주변 건축물 등의 피해를 최소화하기 위한 사전보강, 보수, 임시이전 등에 필요한 비용으로 토목·건축 등 관련 분야의 설계기준을 적용한다.

제49조(공사장 주변의 통행안전관리대책 비용) 규칙 제60조제2항제4호에 따른 공사장 주변의 통행안전관리대책 비용 계상은 별표 7에 따라 공사시행 중의 통행안전 및 교통소통을 위한 시설의 설치 및 유지관리 비용으로 토목·건축 등 관련 분야의 설계기준을 적용한다.

제50조(공사시행 중 구조적 안전성 확보 비용) 공사시행중의 구조적 안전성 확보를 위하여 규칙 제60조제1항제5호와 제6호에 따라 계상되어야 하는 계측장비, 폐쇄회로 텔레비전 등의 설치·운영 비용과 가설구조물의 구조적 안전성 확인을 위해 필요한 비의 계상은 「엔지니어링사업대가의 기준」을 적용하여 산출한 금액으로 한다.

제51조(적용절차) ① 건설공사의 발주자는 건설공사 계약을 체결할 때에 「예정가격작성기준」(계약예규)에 따라 건설공사의 안전관리에 필요한 안전관리비를 공사원가계산서에 안전관리비 항목으로 계상하여야 하며, 비용을 확정하기 어려운 주변 건축물 등의 피해방지대책 비용 및 통행안전관리대책 비용 등은 발주자 또는 건설사업관리기술인이 확인한 안전관리 활동 실적에 따라 정산할 수 있도록 계상한다. 다만 공사 중 설계변경 등에 의해 안전관리비를 변경·추가할 필요가 있는 경우에는 건설사업자 또는 주택건설등록업자가 안전관리비 내역을 작성하여 건설사업관리기술인의 검토·확인 후 발주자의 승인 후 비용 계상을 하여야 한다.

② 발주자와 계약을 체결하기 위해 입찰에 참가하는 건설사업자 또는 주택건설등록업자는 입찰금액 산정 시 발주자가 제1항에 따라 공사원가계산서에 계상한 안전관리비를 조정 없이 반영하여야 한다.

③ 발주자는 제1항에 따라 계상한 안전관리비와 관련하여 다음 각 호의 사항을 입찰공고 등에 명시하여 입찰에 참가하고자 하는 자가 미리 열람할 수 있도록 하여야 한다.

1. 공사원가계산서에 계상된 안전관리비
2. 입찰참가자가 입찰금액 산정시 안전관리비는 제1호에 따른 금액을 조정 없이 반영하여야 한다는 사항

3. 안전관리비는 규칙 제60조에 따라 사후정산을 하게 된다는 사항

제52조(사용기준) ① 건설사업자 또는 주택건설등록업자는 별표 7에 따라 안전관리비를 사용하여야 한다.

② 건설사업자 또는 주택건설등록업자는 안전관리비 사용내역에 대하여 필요시 발주자 또는 건설사업관리기술인의 확인을 받아야 한다.

제53조(정산) 건설사업자 또는 주택건설등록업자는 안전관리비를 해당 목적에만 사용하여야 하며, 실제로 납부, 지출, 부담한 객관적인 서류를 근거로 비용정산하도록 한다.

제54조(추가조정 등) 발주자는 건설사업자 또는 주택건설등록업자가 해당 목적 이외에 사용하거나 사용하지 않은 안전관리비에 대하여 이를 계약금액에서 감액조정하거나 반환을 요구할 수 있다.

제4절 안전관리계획서 검토 결과 및 안전점검결과의 적정성 검토

제55조(일반사항) 검토기관은 건설공사의 안전을 확보하기 위하여 법 제62조제10항에 따라 제출받은 안전관리계획서 및 계획서 검토결과와 안전점검결과의 적정성을 검토할 수 있다.

제56조(적정성 검토 대상) ① 적정성 검토 대상은 다음 각 호와 같다.

1. 발주청 또는 인・허가기관의 장이 안전관리계획서 검토결과에 대하여 부실의 우려가 있다고 인정하여 검토를 의뢰하는 경우
2. 건설사고가 자주 발생하여 국토교통부장관이 종합정보망을 통해 연 1회 이상 공개한 공종이 포함된 경우
3. 건설사고가 발생한 현장의 시공자가 타 현장의 안전관리계획 또는 안전점검결과를 제출한 경우
4. 건설사고가 발생한 현장의 안전관리계획을 검토하거나 안전점검을 실시한 건설안전점검기관이 타 현장의 안전관리계획 또는 안점검점결과를 제출한 경우
5. 안전관리계획 또는 안전점검 적정성 검토 결과 "부적정" 통보를 받은 시공자나 건설안전점검기관이 타 현장의 안전관리계획 또는 안전점검결과를 제출한 경우

② 제1항제3호부터 제5호에 따라 적정성 검토 대상이 되는 경우 적용기간은 사유가 발생된 날로부터 2년이 경과된 날까지로 한다.

제57조(적정성 검토 실시) ① 검토기관은 제56조에 따라 검토대상으로 확인된 안전관리계획서 및 검토결과와 안전점검결과에 대하여 적정성 검토를 실시할 수 있다. 다만, 안전관리계획서 검토 결과 또는 안전점검 결과에 대하여 자문 등 이해관계가 있는 사람으로 하여금 적정성 검토를 하게 하여서는 아니 된다.

② 검토기관은 제출된 안전관리계획서 및 검토결과와 안전점검결과를 적정성 검토 자료로 활용할 수 있으며, 필요한 경우 발주청 또는 인·허가기관의 장 및 안전관리계획서 검토 또는 안전점검 실시자 등에게 관련 자료를 요구할 수 있다.

③ 검토기관은 적정성 검토 결과를 다음 각 호의 구분에 따라 판정한다.

1. 적정 : 안전에 필요한 조치가 구체적이고 명료하게 작성되어 건설공사의 시공상 안전성이 충분히 확보되어 있다고 인정될 경우
2. 조건부 적정 : 안전성 확보에 치명적인 영향을 미치지는 아니하지만 일부 미비점 등이 있는 경우
3. 부적정 : 시공 시 안전사고가 발생할 우려가 있거나 계획 또는 점검결과에 근본적인 결함이 있다고 인정될 경우

제58조(적정성 검토 결과의 통보 및 조치 등) ① 검토기관이 적정성 검토를 완료한 때에는 적정성 검토결과를 해당 발주청 또는 인·허가기관의 장에게 통보하여야 한다.

② 적정성 검토 결과를 "조건부 적정" 또는 "부적정" 으로 통보받은 발주청 및 인·허가기관의 장은 시공자에게 지적내용에 대한 수정이나 보완을 명해야 한다.

③ 제2항에 따른 적정성 검토결과를 통보받은 발주청 또는 인·허가기관의 장은 결과를 통보받은 날로부터 7일 이내에 그 결과에 대하여 1회에 한하여 이의신청을 할 수 있다.

④ 제3항에 따른 이의신청을 하는 경우 항목별 이의제기의견서 및 이의신청 사유를 증빙할 수 있는 자료를 제출하여야 한다.

⑤ 검토기관은 제3항 및 제4항에 따른 이의신청이 있을 경우 발주청 또는 인·허가기관의 장이 제기한 이의신청에 대한 재평가를 이의신청을 받은 날로부터 10일 이내에 실시하고 그 결과를 해당 발주청 또는 인·허가기관의 장에게 통보하여야 한다. 다만, 이의신청의 이유 없음이 명백한 경우에는 재평가를 실시하지 않을 수 있으며 해당 발주청 또는 인·허가기관의 장에게 이를 즉시 통보하여야 한다.

⑥ 발주청 및 인허가기관의 장은 수정이나 보완조치를 완료한 경우 7일 이내에 검토기관에 조치결과를 제출하여야 하고, 이 때 종합정보망을 통해 온라인으로 제출하여야 한다.

⑦ 국토교통부장관은 안전점검결과 적정성 검토 결과가 연2회 이상 "부적정"으로 판정된 건설안전점검기관에 대하여는 영 제100조의3제3항에 따라 발주청 및 인·허가기관의 장에게 연2회 이상 "부적정"으로 판정된 날로부터 1년간 안전점검 수행기관 등록 명부에서 제외를 요청할 수 있다.

제5절 건설사고의 신고 및 조사

제59조(일반사항) 건설사고 및 중대건설현장사고가 발생한 경우 법 제67조 및 제68조, 같은 법 시행령 제105조 및 제106조 등에서 정하고 있는 건설공사 참여자, 발주청 및 인·허가기관의 장의 사고신고, 사고조사, 건설사고조사위원회의 운영 등 세부적인 사항은 이 절에서 정하는 바에 따른다.

제60조(최초사고신고) 건설공사 참여자는 건설사고가 발생한 것을 알게 된 즉시 필요한 조치를 취하고 사고 발생 인지 후 6시간 이내에 다음 각 호의 사항을 발주청 및 인·허가기관의 장에게 통보하여야 한다. 다만, 천재지변 등 부득이한 사유가 발생한 경우에는 그 사유가 소멸된 때를 기준으로 지체 없이 보고하여야 한다.

1. 사고발생 일시 및 장소(현장주소)
2. 사고발생 경위
3. 피해사항(사망자수, 부상자수)
4. 공사명
5. 그 밖의 필요한 사항 등

제61조(사고조사 등) ① 건설공사 참여자로부터 법 제67조제1항에 따라 건설사고 발생을 통보받은 발주청 및 인·허가기관의 장은 48시간 이내에 다음 각 호의 사항을 국토교통부장관에게 제출하여야 하며, 그 결과를 보관·관리하여야 한다.

1. 제60조 각 호의 사항
2. 공사현황
3. 사고원인 및 사고 발생 후 조치사항
4. 향후 조치계획 및 재발방지대책
5. 그 밖의 필요한 사항 등

② 국토교통부장관은 법 제67조제3항에 따른 중대건설현장사고가 발생한 경우에는 「건설사고조사위원회 운영규정」(이하 "운영규정" 이라 한다) 제2조제4항 및 「건설기술진흥법령에 따른 위탁업무 수행기관 등 지정」에 따른 관리원으로 하여금 운영규정 제18조제2항제3호에 따른 초기현장조사를 실시하게 해

야 한다.

③ 국토교통부장관은 제2항에 따라 초기현장조사를 실시한 결과 사고 경위 및 사고 원인 등을 명확히 파악하기 위해 조사가 필요하다고 판단되는 경우에는 상세조사(이하 "상세현장조사"라 한다)를 실시하거나, 법 제67조제5항에 따라 건설사고조사위원회로 하여금 정밀조사(이하 "정밀현장조사"라 한다)를 하게 할 수 있다.

④ 제2항 및 제3항에 따른 조사의 대상은 관리원이 국토교통부장관의 승인을 받아 정한다.

⑤ 발주청 및 인・허가기관의 장은 제3항에 따라 관리원이 조사를 실시하지 않은 중대건설현장사고에 대하여 자체적으로 상세현장조사 또는 정밀현장조사를 실시할 수 있다.

⑥ 제5항에 따라 발주청 및 인・허가기관의 장이 상세현장조사를 실시하는 경우에는 조사를 완료한 날로부터 7일 이내에 제1항 각 호의 사항을 포함한 결과보고서를 작성하여 국토교통부장관에게 제출하여야 한다. 정밀현장조사를 실시하는 경우에는 운영규정에 따른다.

제62조(건설사고조사위원회 구성・운영) ① 국토교통부장관, 발주청 및 인・허가기관의 장은 중대건설현장사고의 조사를 위하여 필요하다고 인정하는 경우에는 법 제68조에 따른 건설사고조사위원회를 구성하여 정밀현장조사를 하게 할 수 있다.

② 건설사고조사위원회는 제1항에 따른 정밀현장조사를 완료하였을 때에는 별지 제2호 서식을 활용하여 사고조사보고서를 작성하고, 그 결과를 국토교통부장관에게 제출하여야 하며, 유사한 사고의 예방을 위한 자료로 활용될 수 있도록 필요한 조치를 하여야 한다.

③ 발주청 및 인・허가기관의 장, 법 제68조에 따른 건설사고조사위원회 및 관리원은 사고조사를 위하여 필요하다고 인정되는 경우에는 건설사업자 및 주택건설등록업자 등에게 관련 자료의 제출을 요청할 수 있으며, 중대건설현장사고의 조사에 필요한 세부사항은 '건설사고조사위원회 운영규정'을 따른다.

제63조(제출방법) 제60조, 제61조 및 제62조에 따른 건설사고 신고 및 조사결과를 제출할 경우에는 관리원에서 운영하는 종합정보망(www.csi.go.kr)의 사고신고시스템 또는 전화・팩스를 활용하여 제출하여야 한다.

제64조(건설사고통계) 건설공사 참여자, 관련협회, 중앙행정기관 또는 지방자치단체의 장은 국토교통부장관이 법 제62조제16항에 따라 종합정보망의 구축・운영을 위하여 건설사고 통계를 요청하는 경우 그 요청에 따라야 하며, 발주청 및 인・허가기관의 장이 건설사고 통계를 종합정보망에 입력하는 경우 제출한

것으로 본다.

제4장 건설공사 참여자의 안전관리 수준 평가

제1절 일반사항

제65조(평가대상 등) ① 건설공사 참여자의 안전관리 수준 평가는 평가기관이 총공사비(도급자 관급자재비를 포함하되, 전기·소방·통신 공사비 및 토지 등의 취득사용에 따른 보상비는 제외한 금액을 말한다)가 200억원 이상인 건설공사(다만, 「국유재산법」 제2조제2호에 따른 기부채납 건설공사는 제외한다)에 참여하는 다음 각 호의 건설공사 참여자를 대상으로 실시한다.

1. 공기가 20% 이상의 건설공사 현장을 보유한 발주청
2. 영 제44조제1항제2호다목에 따라 등록한 건설사업관리용역사업자의 현장과 본사(법 제39조제2항에 따른 감독 권한대행 업무를 포함한 건설사업관리를 수행하는 건설사업관리용역사업자에 한한다)
3. 건설사업자 및 주택건설등록업자의 현장과 본사

② 공동도급건설공사의 건설사업관리용역사업자 및 시공자의 안전관리 수준 평가는 공동이행방식인 경우에는 공동수급체의 대표자에 대하여 실시하고, 분담이행방식인 경우에는 건설공사를 분담하는 업체별로 실시한다.

③ 평가기관이 평가단계에서 공동수급체의 대표자 부재 등으로 건설사업관리용역사업자 및 시공자의 안전관리 수준 평가가 불가하다고 판단한 경우에는 공동수급체 중 참여율이 차순위인 수급체의 대표자에 대하여 실시할 수 있다.

제66조(평가시기) ① 발주청에 대한 안전관리 수준 평가시기는 공기가 20% 진행되었을 때로 하며, 횟수는 회계연도 별로 1회로 한다.

② 건설사업관리용역사업자 및 시공자의 안전관리 수준 평가시기 및 횟수는 다음 각 호와 같다.

1. 현장평가는 공기가 20% 진행되었을 때부터 1회 실시한다.
2. 본사평가는 현장평가 대상 건설공사를 보유한 건설사업관리용역사업자 및 시공자를 대상으로 회계연도 별로 1회 실시한다.

제67조(평가준비) ① 평가기관은 「건설산업기본법」 제24조제3항에 따른 건설산업종합정보망에 등록된 공사정보를 확인하고, 필요한 경우 발주청에 공사정보의 입력을 요청할 수 있다. 이 경우 공사정보의 입력을 요청받은 발주청은 특별한 사유가 없는 한 이에 따라야 한다.

② 평가기관은 제1항에 따라 공사정보를 확인하여 당해 연도 안전관리 수준평가 대상을 국토교통부장관에게 통보하여야 한다.

③ 국토교통부장관은 평가기관으로부터 통보받은 공사정보를 참고하여 제65조 및 제66조에 따라 평가대상을 선정하고, 그 사실을 해당 건설공사 참여자에게 통보하여야 한다.

제2절 평가 실시

제68조(평가기준) 안전관리 수준 평가의 기준은 건설공사 참여자별로 별표 9, 별표 11 및 별표 13의 안전관리 수준 확인방법을 각각 따른다.

제69조(평가방법 등) ① 안전관리 수준 평가방법은 건설공사 참여자별로 별표 10, 별표 12 및 별표 14의 안전관리 수준 평가표에 따라 본사와 각 현장에 대해 각각 실시하고, 평가점수는 별표 15에 따라 산정하며 건설사업관리용역사업자 및 시공자는 다음 각 호와 같이 산정한다.

1. 건설사업관리용역사업자는 본사 20%, 각 현장점수의 평균을 80%의 비율로 합산하여 평가한다.
2. 시공자는 본사 30%, 각 현장점수의 평균을 70%의 비율로 합산하여 평가한다.

② 이 지침에서 정하지 않은 안전관리 수준 평가의 평가기준, 평가방법 등에 관해서는 평가기관이 국토교통부장관의 승인을 거쳐 정할 수 있다.

③ 평가기관은 안전관리 수준평가에 필요한 자료를 건설공사 참여자에게 요청할 수 있다.

④ 제3항에 따라 자료의 제출을 요청받은 자는 특별한 사유가 없는 한 요청을 받은 날로부터 20일 이내에 자료를 제출하여야 한다.

⑤ 평가기관은 건설공사 참여자에게 요청한 자료를 제출하지 않은 안전관리 수준 평가항목에 대해서는 최하점수를 부여할 수 있다.

⑥ 평가기관은 당해 연도 9월 말일까지 안전관리 수준 평가를 하여야 한다.

⑦ 평가기관은 별지 제4호 서식부터 별지 제6호 서식에 따라 작성한 안전관리 수준평가 결과를 기록·관리하여야 한다.

제3절 평가결과의 공개

제70조(평가결과의 통보 및 이의제기 등) ① 평가기관이 안전관리 수준 평가를 완료한 때에는 제69조제1항에 따라 작성된 평가결과를 해당 건설공사 참여자에게 통보하여야 한다.

② 제1항에 따른 안전관리 수준 평가결과를 통보받은 건설공사 참여자는 그 결과를 통보받은 날로 부터 10일 이내에 평가기관에게 그 결과에 대한 이의를 신청할 수 있다. 다만, 이의신청은 1회에 한한다.

③ 건설공사 참여자가 제2항에 따른 이의신청을 할 경우에는 안전관리 수준 평가표의 세부항목별로 이의제기 의견서를 작성하여 건설공사 안전관리 종합정보망을 통해 이를 제출하여야 한다.

④ 평가기관은 제2항 및 제3항에 따른 이의신청이 있을 경우 건설공사 참여자가 제기한 이의신청에 대한 재평가를 1개월 이내에 실시하고 그 결과를 당해 건설공사 참여자에게 통보하여야 한다. 다만, 이의신청이 이유 없음이 명백한 경우에는 재평가를 실시하지 않을 수 있으며 당해 건설공사 참여자에게 이를 즉시 통보하여야 한다.

⑤ 평가기관은 제4항에 따른 재평가를 위해 별도의 위원회를 구성하여 운영할 수 있다.

제71조(평가결과의 통보 및 공개) ① 평가기관은 안전관리 수준 평가가 완료된 경우 그 결과를 당해 연도 11월 말일까지 국토교통부장관에게 통보하여야 한다.

② 국토교통부장관은 안전관리 수준 평가결과를 건설공사 안전관리 종합정보망 등을 이용하여 공개할 수 있다.

③ 국토교통부장관은 안전관리 수준 평가결과를 중앙행정기관 또는 타 발주청이 요청할 때에 제공할 수 있다.

제4절 건설안전관리 참여자 컨설팅 및 우수참여자 선정

제72조(건설안전관리 참여자 컨설팅) 평가기관에서는 건설공사 참여자에게 안전관리 수준 평가의 전반적인 사항에 대해 컨설팅을 할 수 있다.

제72조의2(우수건설안전관리 참여자 선정 및 공개) ① 제71조제1항에 따라 안전관리 수준 평가결과를 통보받은 국토교통부장관은 우수건설안전관리 참여자를 별표 16에 따라 공사구분별로 선정할 수 있다.

② 국토교통부장관은 제1항에 따라 우수건설안전관리 참여자를 선정 할 경우에는 매년 12월 말일까지 그 결과를 공개하여야 한다.

③ 국토교통부장관은 건설공사 참여자의 안전관리활동을 장려하기 위해 제1항에 따라 선정된 우수건설안전관리 참여자에게 포상 등을 수여할 수 있다.

제5장 스마트 안전관리 보조·지원

제1절 스마트 안전관리 보조·지원 사업 계획

제73조(사업시행기관) 국토교통부장관은 영 제117조제15의2호에 따라 스마트 안전관리 보조·지원 사업의 시행을 관리원에 위탁한다.

제74조(보조·지원의 사업 및 예산) ① 관리원은 매년 보조·지원 사업 계획을 수립하고 예산을 편성·운영하여야 한다.

② 관리원은 보조·지원 사업을 효율적으로 수행하기 위하여 건설사고 예방 효과 등 사업성과를 분석하고, 필요한 경우 다음 연도 보조·지원 사업 계획에 반영할 수 있다.

제75조(보조·지원 사업 계획 수립 및 승인) ① 관리원은 다음 각 호의 사항을 포함하여 보조·지원 사업 계획을 수립하고 국토교통부장관에게 제출하여야 한다.

1. 보조·지원 사업의 목적·주체·기간
2. 보조·지원 사업의 예산 편성·집행 계획
3. 보조·지원 대상품목의 종류·내용·규격·성능, 비교 및 선정사유 등
4. 보조·지원의 자격요건 및 보조·지원 장비의 선정 기준에 관한 사항
5. 보조·지원 장비의 설치지원 및 기술지도 등 관리·감독 계획
6. 보조·지원의 신청·선정, 취소·제한, 설치·반납, 환수·반환에 관한 사항
7. 제80조제1항제2호에 따른 스마트안전관리보조지원운영위원회의 구성·운영 계획
8. 그 밖에 보조·지원 사업의 관리·운영 등에 필요한 사항

② 국토교통부장관은 관리원으로부터 제출받은 보조·지원 사업 계획을 검토하고 승인하여야 한다.

제76조(보조·지원 사업 계획의 공고) 관리원은 국토교통부장관으로부터 승인을 받은 보조·지원 사업 계획과 보조·지원의 자격요건, 대상품목 등에 대한 정보를 관리원 홈페이지 및 인터넷 등에 공고하여야 한다.

제2절 보조·지원의 자격요건 및 대상품목, 절차·방법

제77조(보조·지원의 자격요건) ① 건설공사 참여자는 스마트 안전관리장비 등에 대한 보조·지원을 받을 수 있다.

② 제1항에도 불구하고 다음 각 호의 어느 하나에 해당하는 자는 보조 ·지원 대상자에서 제외한다.

1. 법 제2조제6호에 따른 발주청
2. 「독점규제 및 공정거래에 관한 법률」 제14조제1항 및 같은 법 시행령 제15조제2항에 따른 상호출자제한기업집단 소속회사
3. 법 제62조의3제3항 및 제4항에 따라 보조·지원의 취소와 제한을 받은 자

제78조(보조·지원의 품목) 영 제101조의7에 따라 보조·지원하는 품목은 다음 각 호의 어느 하나에 해당하며 제76조에 따라 공고한 스마트 안전관리장비(이

하 "지원 장비"이라 한다)를 말한다.

1. 가설구조물, 지하구조물 및 지반 등의 붕괴 방지를 위한 스마트 계측기
2. 건설기계·장비의 접근 위험 경보장치 및 자동화재 감지센서
3. CCTV 등 실시간 모니터링이 가능한 안전관리시스템
4. 스마트 안전관제시스템
5. 그 밖에 국토교통부장관이 건설사고 예방을 위하여 스마트 안전관리 보조·지원이 필요하다고 인정하는 사항

제79조(보조·지원의 신청) ① 보조·지원을 받고자 하는 자는 지원 장비 설치계획 등을 포함한 별지 제11호서식의 신청서(이하 "지원신청서"라 한다)를 신청기간 내에 관리원에 제출하여야 한다.

② 제1항에 따라 지원신청서가 제출되면 관리원은 제77조에 따른 자격요건을 확인하여 지원신청서를 접수하여야 한다.

제80조(보조·지원의 심사 및 대상선정) ① 관리원은 접수된 지원신청서의 지원 장비 설치계획 등을 검토하고 그 결과가 타당한 경우 다음 각 호에 따라 보조·지원을 받는 자(이하 "지원선정자"라 한다)를 선정하여야 한다.

1. 관리원은 지원선정자를 선정할 때에 효율적인 보조·지원을 위하여 지원신청자의 규모 및 위험공종 등을 고려하여 지원선정자의 우선순위를 정할 수 있다.
2. 관리원은 지원신청서의 내용심사와 지원선정자 선정 등 보조·지원 사업 운영과 관련하여 스마트안전관리보조지원운영위원회(이하 "스마트운영위원회"라 한다)를 구성·운영할 수 있으며, 스마트운영위원회의 구성·운영 방법에 관한 사항은 따로 정할 수 있다.
3. 관리원은 제1호 및 제2호에 따른 지원선정자의 선정 등에 관한 사항을 국토교통부장관과 사전에 협의하여야 한다.

② 관리원은 제1항에 따라 선정된 지원선정자에게 선정 내용 및 지원 절차에 대해 지체 없이 통보하여야 한다.

③ 지원선정자가 지원 장비 설치계획을 변경하려는 경우에는 관리원에 변경 승인을 신청하여야 한다. 이 경우 관리원은 지원변경신청서를 제1항에 따라 검토·심사하고 그 결과를 지원선정자에게 통보하여야 한다.

제3절 보조·지원의 관리 및 감독

제81조(보조·지원 장비의 설치 및 관리) ① 관리원은 지원선정자에게 지원 장비에 대한 설치·사용 및 관리에 필요한 사항을 보조·지원하고 기술지도하여야

한다. 이 경우 관리원은 지원 장비의 생산업체에 지원선정자에게 기술지원을 하도록 요청할 수 있다.

② 제1항에 따른 보조・지원, 기술지도 등을 받은 자(이하 "지원받은자"라 한다)는 제1항에 따른 기술지도 등에 따라야 하며, 지원기간이 종료되어 반납할 때까지 지원 장비가 분실 또는 파손되지 않도록 관리하여야 한다.

③ 지원받은자는 지원 장비가 분실 또는 파손이 된 경우에는 관리원에 그 사실을 지체 없이 알려야 한다.

④ 지원받은자는 공사기간이 종료되거나 지원기간이 종료된 후 14일 이내에 관리원에 지원 장비를 반납(지원기간 중에도 지원 장비 일부 또는 전부를 반납할 수 있다)하여야 한다.

제82조(보조・지원의 관리 및 감독) ① 관리원은 지원받은 자의 건설공사현장을 방문하여 지원 장비가 건설사고 예방 목적 및 설치계획에 따라 사용・관리되는지 주기적으로 확인하여야 한다.

② 관리원은 지원받은자에게 제1항에 따라 확인한 결과에 대한 시정요구 등을 할 수 있으며, 건설사고 예방 효과 및 지원 장비의 사용・관리현황 등에 대한 자료제출을 요청할 수 있다.

③ 관리원은 제81조제3항에 따른 사실을 알게 된 경우에는 지원받은자에게 파손된 장비를 반납 받아 교체해 줄 수 있다.

④ 관리원은 제3항에 따라 반납된 지원 장비에 대하여 검수 등을 하여야 하며, 지원받은자의 귀책사유에 의해 지원 장비가 분실되거나 파손된 경우에는 교체・수리비용 등을 지원받은자에게 청구할 수 있다.

⑤ 국토교통부장관은 관리원과 지원받은자를 대상으로 스마트 안전관리 보조・지원 사업과 관련하여 운영・관리 실태를 점검할 수 있으며, 관리 부실 또는 개선 필요사항에 대해서는 시정명령 등의 조치를 요청할 수 있다.

제83조(보조・지원의 취소 및 제한) ① 관리원은 다음 각 호에 해당하는 경우에는 스마트 안전관리의 보조・지원을 전부 또는 일부를 취소하여야 한다.

1. 거짓이나 부정한 방법으로 보조・지원을 받는 경우 : 전부
2. 건설사고 예방의 목적에 맞게 사용되지 아니한 경우 : 전부
3. 지원받은자가 법에 따른 안전관리 의무를 위반하여 건설사고를 발생시킨 경우로써 해당 시설 및 장비의 중대한 결함이나 관리상 중대한 과실로 인하여 건설종사자 등이 사망하는 경우 : 전부 또는 일부
4. 규칙 제59조의3제2항에 따른 제한 기간 내에 신청하여 지원선정자로 선정된 경우이거나 제85조제2항에 따른 지원신청 참여 제한, 시정요구에 응하지 않은 경우 : 전부 또는 일부

② 관리원은 제1항에 따라 보조·지원의 전부 또는 일부가 취소된 자에 대해서는 규칙 제59조의3제2항 각 호에 따른 기간 동안에는 보조·지원을 제한하여야 한다.

③ 제1항에 따른 취소 절차 및 방법 등의 세부 사항은 관리원이 따로 정하는 바에 따른다.

제84조(보조·지원의 환수 및 반환) ① 관리원은 제83조제1항에 따라 보조·지원이 취소된 경우 지원받은자에게 지원 장비를 반납할 것을 통보하고 보조·지원비용을 환수하여야 한다. 이 경우 보조·지원비용은 지원 장비의 사용기간에 따른 환수비율로 정하고 이에 관한 사항은 관리원이 따로 정할 수 있다.

② 제1항에 따라 지원 장비 반납 통보를 받은 자는 그 통보일로부터 1개월 이내에 보조·지원비용을 관리원에 반환하여야 한다.

③ 관리원은 제2항에도 불구하고, 보조·지원비용을 반환하여야 하는 자로부터 다음 각 호의 어느 하나에 해당하는 사항이 발생하여 보조·지원비용 반환기한 연장 또는 분할납부 등을 승인해 줄 것을 서면으로 요청받은 경우 스마트운영위원회 심사를 거쳐 승인 여부를 결정할 수 있다. 이 경우 반환기한 연장은 그 승인일로부터 1개월, 분할납부 기한은 그 승인일로부터 1년 이내의 기간으로 한다.

1. 천재지변, 화재 또는 도난으로 재산에 심한 손실을 입은 경우
2. 보조·지원비용 반환 통보를 받은 자 또는 그 동거가족의 질병이나 중상해로 6개월 이상 장기치료가 필요한 경우
3. 그 밖에 분할납부가 필요하다고 스마트운영위원회에서 인정하는 경우

④ 관리원은 제1항에 따른 보조·지원비용의 환수에 대한 처리절차 및 방법 등 세부 사항을 따로 정할 수 있다.

제85조(보조·지원의 부정수급 확인 및 조치) ① 관리원은 보조·지원 사업을 수행함에 있어 허위서류 제출 등 부정수급 방지를 위해 필요하다고 인정할 때에는 관계인에게 관련 자료 제출을 요청할 수 있다. 이 경우 자료 제출을 요청받은 자는 정당한 사유 없이 자료 제출을 거부할 수 없다.

② 관리원은 제1항에 따라 제출된 자료가 위조 또는 변조된 자료이거나 기타 부정수급 확인을 위해 추가 조사가 필요한 경우에는 해당 관계자에게 지원신청 참여 제한 또는 시정요구를 할 수 있으며. 이에 응하지 않은 경우에는 보조·지원의 취소 및 제한 등의 조치를 할 수 있다.

③ 관리원은 제1항 및 제2항에 따른 부정수급 확인 및 조치를 위해 필요한 사항을 따로 정하여 운영할 수 있다.

제86조(보조·지원 장비의 유지관리) ① 관리원은 보조·지원 사업의 원활한 운

영과 지원 장비의 체계적인 유지관리를 위해 매년 지원 장비에 대한 유지관리 계획을 수립하여야 한다.

② 관리원은 보유하고 있는 지원 장비 수를 지속적으로 확인하고 관리하여야 하며, 지원 장비의 분실·파손 발생 여부 등 유지관리에 관한 정보는 상시 기록하고 보관하여야 한다.

제6장 보 칙

제87조(재검토기한) 국토교통부장관은 이 고시에 대하여 「훈령·예규 등의 발령 및 관리에 관한 규정」에 따라 2022년 1월 1일 기준으로 매 3년이 되는 시점(매 3년째의 12월 31일까지를 말한다)마다 그 타당성을 검토하여 개선 등의 조치를 하여야 한다.

부 칙 <2018.8.27>

제1조(시행일) 이 고시는 발령한 날부터 시행한다.

제2조(안전관리비의 적용례) 제51조제2항 및 제3항의 개정규정은 이 지침 시행 이후 입찰공고(발주자가 발주청이 아닌 경우에는 건설공사의 허가·인가·승인 등을 말한다)하는 건설공사부터 적용한다.

부 칙 <2019.12.16>

제1조(시행일) 이 고시는 발령한 날부터 시행한다.

부 칙 <2020.1.23>

제1조(시행일) 이 고시는 발령한 날부터 시행한다.

부 칙 <2021.6.29>

제1조(시행일) 이 고시는 발령한 날부터 시행한다.

부 칙 <제2021-1087호, 2021.9.16>

이 고시는 2021. 9. 17. 이후 날부터 시행한다.

부 칙 <제2022-791호, 2022.12.20>

이 고시는 2023년 1월 1일부터 시행한다.

[별표 1] 정기안전점검 실시시기

건설공사 종류		정기안전점검 점검차수별 점검시기				
		1차	2차	3차	4차	5차
교 량		가시설공사 및 기초공사 시공시(콘크리트 타설전)	하부공사시공시	상부공사시공시	-	-
터 널		갱구 및 수직구 굴착 등 터널굴착 초기단계 시공시	터널굴착 중기단계 시공시	터널 라이닝콘크리트 치기 중간단계 시공시	-	-
댐	콘크리트댐	유수전환시설공사 시공시	굴착 및 기초공사 시공시	댐 축조공사 시공시(하상기초 완료 후)	댐 축조공사 중기단계 시공시	댐 축조공사 말기단계 시공시
	필댐	유수전환시설공사 시공시	굴착 및 기초공사 시공시	댐 축조공사 초기단계 시공시	댐 축조공사 중기단계 시공시	댐 축조공사 말기단계 시공시
하천	수문	가시설공사 완료시(기초 및 철근콘크리트공사 시공전)	되메우기 및 호안공사 시공시	-	-	-
	제방	하천바닥 파기, 누수방지, 연약지반 보강, 기초처리공사 완료시	본체 및 비탈면 흙쌓기공사 시공시	-	-	-
하구둑		배수갑문 공사중	제체 공사중	-	-	-
상하수도	취수시설, 정수장,취수 가압펌프장, 하수처리장	가시설공사 및 기초공사 시공시 (콘크리트 타설전)	구조체공사 초·중기단계 시공시	구조체공사 말기단계 시공시	-	-
	상수도 관로	총공정의 초·중기단계 시공시	총공정의 말기단계 시공시	-	-	-
항만	계류시설	기초공사 및 사석공사 시공시	제작 및 거치공사, 항타공사 시공시	철근콘크리트 공사 시공시	속채움 및 뒷채움공사, 매립공사 시공시	-
	외곽시설 (갑문,방파제 ,호안)	가시설공사 및 기초공사, 사석공사 시공시	제작 및 거치공사 시공시	철근콘크리트 공사 시공시	속채움 및 뒷채움공사 시공시	-
건축물	건축물	기초공사 시공시 (콘크리트 타설전)	구조체공사 초·중기단계 시공시	구조체공사 말기단계 시공시	-	-
	리모델링 또는 해체공사	총공정의 초·중기단계 시공시	총공정의 말기단계 시공시	-	-	-
지하차도,지하상가, 복개구조물		토공사 시공시	총공정의 중기단계 시공시	총공정의 말기단계 시공시	-	
도로·철도·항만 또는 건축물의 부대시설	옹벽	가시설공사 및 기초공사 시공시(콘크리트 타설전)	구조체공사 시공시	-	-	-
	절토 사면	발파 및 굴착 시공시	비탈면 보호공 시공시	-	-	-
10미터이상 굴착하는 건설공사		가시설공사 및 기초공사 시공시 (콘크리트 타설전)	되메우기 완료후	-	-	-
폭발물을 사용하는 건설공사		총공정의 초·중기단계 시공시	총공정의 말기단계 시공시	-	-	-

건설공사 종 류		정기안전점검 점검차수별 점검시기				
		1차	2차	3차	4차	5차
건설기계	천공기 (높이 10미터 이상)	천공기 조립완료 후 최초 천공 작업시	천공 작업 말기 단계시	-	-	-
	항타 및 항발기	항타·항발기 조립완료 후 최초 항타·항발 작업시	항타·항발 작업 말기단계시	-	-	-
	타워크레인	타워크레인 설치 작업시	타워크레인 인상시마다	타워크레인 해체작업시	-	-
가설구조물 (시행령 제101조의2)	높이가 31미터 이상인 비계	비계 최초 설치 완료시	비계 최고 높이 설치 완료단계시	-	-	-
	작업발판 일체형거푸집	최초 설치 완료시	설치 말기단계시	-	-	-
	높이가 5미터 이상인 거푸집 및 동바리	설치 높이가 가장 큰 구간 설치 완료시	타설 단면이 가장 큰 구간 설치 완료시	-	-	-
	터널 지보공	지보공 설치 초기단계시	지보공 설치 말기단계시	-	-	-
	높이가 2미터 이상인 흙막이 지보공	지보공 최초 설치 완료시	지보공 설치 완료 말기단계시	-	-	-
	브라켓 비계	브라켓 최초 설치 완료시	브라켓 비계 설치시	-	-	-
	작업발판 및 안전시설물 일체화 가설구조물(10m 이상)	최초 설치 완료시	가설 구조물 사용 말기단계시	-	-	-
	현장 조립 복합가설구조물	조립·설치 최초 완료시	가설 구조물 사용 말기단계시	-	-	-

※ [별표 1]에서 정의하고 있는 건설공사 종류 이외의 안전관리계획 수립대상 건설공사의 정기안전점검은 시공자가 정기안전점검 차수별 점검시기를 정하여 건설사업관리기술자의 확인· 검토를 득한 후 발주자의 승인을 받아 시행한다. 이때 점검차수는 최소 2회 이상 실시하여야 한다.

[별표 2]

건설안전점검기관 확인사항

1. 건설안전점검기관 자격유무

o 영 제100조제2항에 따른 건설안전점검기관 여부
- 시설물안전법 제28조에 따라 등록한 안전진단전문기관
- 국토안전관리원

o 영 제100조제2항의 단서조항에 해당여부
- 발주자가 시설물안전법 제28조에 따라 등록된 안전진단전문기관인 경우에는 정기안전점검만을 시행할 수 있음

o 영 제100조제3항의 제외기관 해당여부
- 건설사업자 또는 주택건설등록업자가 안전점검 실시를 건설안전점검기관에 의뢰하고자 하는 때에는 해당 건설공사를 발주·설계·시공 또는 건설사업관리용역사업자와 동일계열회사(「독점규제 및 공정거래에 관한 법률」 제2조제3호에 따른 계열회사를 말한다)인 건설안전점검기관에 의뢰해서는 아니됨.

o 건설안전점검기관의 영업정지 등에 따른 자격 유지여부

o 건설안전점검기관의 점검장비 보유여부
- 보유장비 : 시설물안전법 시행규칙 제23조 및 별표5에 따른 진단장비

2. 건설안전점검기관의 직무분야 등록여부

공사중 안전점검(정기, 초기, 정밀 안전점검 등)의 아래 해당분야에서 실시 여부

직무 분야		실시 대상 시설물
1. 토목 분야	가. 교량 및 터널분야	교량, 터널, 지하차도, 복개구조물 및 지하역사
	나. 수리시설 분야	댐, 하구둑, 수문, 제방, 상하수도, 공업용수도, 공공하수처리시설
	다. 항만분야	갑문시설, 계류시설 및 해저송유관시설
2. 건축분야		공동주택, 공동주택 외의 건축물(지상역사를 포함) 및 지하도상가
3. 종합분야		토목 및 건축분야 시설물

비고

1. 직무분야 : 시설물안전법 제28조 및 시설물안전법 시행령 제23조제1항에 따른 등록분야를 말함
2. 시설물안전법 시행령 별표1의 2종시설물에 해당하는 옹벽 및 절토사면의 안전점검은 토목분야 기술자가 실시하여야 한다.
3. 건설안전점검기관의 해당직무분야 안전점검책임기술자 등 기술자 보유여부
   o 영 별표1에 따르는 해당분야 특급기술자
   o 해당직무분야(시설물안전법 시행령 별표9)에 대한 시설물안전법 시행령 제9조에 따른 안전점검 및 정밀안전진단 교육 이수자
   o 안전점검책임기술자는 안전점검을 실시함에 있어서 필요한 경우에는 시설물안전법 시행령 별표 11의 기술인력의 등록요건란에 규정된 자격요건을 갖춘 자로 하여금 자신의 감독 하에 안전점검을 하게 할 수 있다.
4. 안전점검 실시계획의 적정성 검토
   안전관리계획서와 다음 각 호 사항에 대한 적합여부를 검토한다.
   o 안전점검 세부시행계획
   o 장비 및 인원 투입 계획
   o 안전점검비용 사용 및 정산 계획 등

[별표 3]

안전점검 현장조사의 조사항목 및 세부시험 종류

1. 안전점검 현장조사 항목

①육안검사 : 균열, 재료분리, 누수, 콜드조인트 발생여부 등

②기본조사

1. 콘크리트 비파괴강도 (시설물별 5개소 이상 실시)
2. 철근탐사 (시설물별 3개소 이상 실시)
3. 간단히 측정할 수 있는 구조부재의 변위
4. 점검계획 수립시 정한 점검항목

③추가조사

1. 구조물 전체에 대한 외관 조사망도 작성
2. 지질조사 : 시추, 시굴, 코어채취, 공내시험, 암반강도시험 등
3. 지반조사 및 탐사 : 시추 또는 오거보링, 공내시험, 시료채취, 토질시험, GPR 탐사, 지하공동, 지층분석 등
4. 콘크리트 제체 시추조사 : 시추, 공내시험, 시편채취, 강도시험, 물성시험 등
5. 수중조사 : 조사선에 의한 교대 · 교각기초, 댐 · 항만 등의 수중조사 등
6. 콘크리트 재료시험 : 코어채취, 강도, 성분, 공기량, 염화물함유량시험 등
7. 강재 비파괴시험 : UT, RT
8. 구조물의 조사에 필요한 가설재의 설치 및 해체 등
9. 교량 및 터널점검차 : 교량의 상부구조 조사 및 터널 내부조사 등을 위한 차량 및 조종원(운전수, 조수)
10. 비파괴재하시험 : 정적 또는 동적 재하시험
11. 구조·지반·수리해석
12. 구조안전성 평가 등 전문기술을 요하는 경우의 전문가 자문
13. 마감재의 해체 및 복구 : 구조물의 육안점검과 접근통로를 위한 기둥, 벽의 미장재, 천정의 부분해체 및 복구
14. 전기 및 기계설비에 대한 조사 · 시험(건축물 제외)
15. 계측 및 측량 : 구조물의 상태 및 변위를 파악하기 위하여 계측·측량기를 사용하여 실시하는 토압측정, 변위측량 등
16. 그 밖에 점검을 효과적으로 수행하기 위하여 필요한 조사

2. 기본조사 및 추가조사를 위한 각종시험

① 콘크리트 시험

1. 반발경도 : 반발경도시험(Rebound Test)은 콘크리트의 경도를 측정하여 콘크리트의 강도를 추정하는데 사용된다.
2. 초음파법(Ultrasonic Techniques) : 콘크리트 내부의 결함, 균열깊이, 강도 및 품질

상태를 검사하는데 사용한다.

3. 자기법(Magnetic Methods) : 자기법은 주로 철근의 피복두께, 위치 및 직경 확인에 사용된다.
4. 레이다법(Radar Techniques) : 지표면 침투 레이다(GPR : Ground-Penetrating Radar)는 구조물 공동 및 지하매설물 등을 발견하기 위하여 사용된다.
5. 방사선법(Radiography Test) : 감마광선은 콘크리트를 투과할 수 있으므로 필름을 방사선에 노출되게 함으로써 콘크리트 검사에 사용할 수 있다.

② 강재시험

1. 방사선투과시험(Radiographic Test) : 용접 또는 주조의 슬래그 함침(Slag Inclusion)이나 간극과 같은 결함을 쉽게 찾아낼 수 있는 방법이다.
2. 자분탐상시험(Magnetic Particle Test) : 염료침투방법과 같이 표면이나 표면부근의 결함을 찾을 때에 쓰인다.
3. 침투탐상시험(Liquid Penetrant Test) : 염료침투방법을 사용한 점검은 가장 보편적으로 사용되는 방법이다. 이 방법은 비록 구조물 표면의 결함에만 한정되지만 저가로 쉽게 사용할 수 있다.
4. 초음파 탐상시험(Ultrasonic Test) : 내부 결함을 찾기 위하여 재료 내의 소리에 대한 진동 특성을 이용하여 점검하는 방법이다.

③ 실내시험 : 구조물로부터 재료의 일부를 채취하여 실시하는 시험은 특정부분에 대한 자료가 필요하거나 구조안전성 평가에 유용할 경우 사용한다. 현장시험 결과 및 조사된 사항을 보완하기 위하여 다음과 같이 표준화된 실내시험을 실시할 수 있으며 이들 시험은 KS기준에 준하며, KS기준에 없는 시험은 ASTM이나 AASHTO 등의 기준을 적용할 수 있다.

1. 콘크리트시험 : 강도, 수분함량, 공기량, 염화물 함유량 등을 측정
2. 강재시험 : 강도 등을 측정
3. 토질시험 : 입도, 함수비, 애터버그 한계(Atterberg’ s Limit), 투수, 다짐, 압밀, 압축시험 등

④ 시험결과의 해석 및 평가 : 콘크리트 및 강재시험, 실내시험 결과는 경험이 있는 자에 의하여 해석되고 평가되어야 하며 이전에 같은 시험이 실시된 경우에는 시험결과를 비교하여 차이점을 분석·평가하여야 하며, 같은 재료 특성을 평가하는데 다른 형식의 시험방법이 사용되는 경우에는 각 시험결과를 비교하여 차이점을 파악하여야 한다. 필요한 경우 기존자료와 현장계측자료를 토대로 예상되는 문제점을 분석하기 위하여 모델링(Modelling)을 통하여 이론적 해석을 할 수 있다.

⑤ 시험보고서 : 콘크리트 및 강재시험, 실내시험 결과는 점검대상물 안전평가에 필요한 자료의 일부로 사용하며, 시험결과는 책임시험자가 서명한 시험기관의 정식 공문으로 제출하여야 한다.

[별표 4]

안전점검 종류에 따른 보고서 목차

Ⅰ. 정기안전점검 보고서

1. 서 두 : 보고서의 표지 다음에는 정기안전점검의 개략을 알 수 있도록 다음의 서류를 붙인다.
  · 제출문
  · 참여기술진 명단
  · 보고서 목차
  · 점검대상물 위치도
  · 점검대상물의 전경사진
  · 정기안전점검 실시결과 요약문
2. 정기안전점검의 개요 : 정기안전점검의 범위와 과업내용 등 정기안전점검 계획 및 실시와 관련된 주요사항을 기술한다.
  · 점검대상물의 개요
  · 점검의 범위
  · 사용장비
  · 정기안전점검 수행 일정
3. 점검대상물의 평가 : 과업 내용에 의거하여 실시한 조사, 시험 및 측정의 결과분석을 통하여 점검 대상 구조물의 안전상태를 평가하고 결과를 작성한다.
  · 주요 부재별 외관조사 결과의 분석
  · 조사, 시험 및 측정자료 검토
  · 인접건축물 또는 구조물 등 공사장주변 안전조치의 적정성
  · 임시시설 및 가설공법의 안전성
  · 건설공사 안전관리 검토
  · 기본조사 결과 및 분석
4. 종합결론
  · 정기안전점검 결과의 종합결론
  · 시공시 특별 관리가 필요한 사항
  · 그 밖에 필요한 사항
5. 부 록
  · 결함부위 사진
  · 균열부위 조사도
  · 측정 및 시험성과표
  · 그 밖에 참고자료

Ⅱ. 정밀안전점검 보고서

1. 서 두 : 보고서의 표지 다음에는 정밀안전점검의 개략을 알 수 있도록 다음의 서류를 붙인다.
  · 제출문
  · 참여기술진 명단
  · 보고서 목차

· 점검대상물의 위치도
· 점검대상물의 전경사진
· 정밀안전점검 실시결과 요약문

2. 정밀안전점검의 개요 : 정밀안전점검의 범위와 과업내용 등 정밀안전점검 계획 및 실시와 관련된 주요사항을 기술한다.

· 정밀안전점검의 목적
· 점검대상물의 개요
· 정밀안전점검의 범위 및 과업내용
· 사용장비 및 시험
· 정밀안전점검 수행 일정

3. 점검대상물의 안전상태 평가 : 과업내용에 의거 실시한 조사, 시험 및 측정의 결과분석과 점검대상물의 안전상태 평가 결과를 작성한다.

· 해당 부재의 외관검사 결과 및 분석
· 비파괴시험 결과 및 분석
· 주요 부재의 평가

4. 점검대상물의 구조안전성 평가 : 과업내용에 의거 실시한 조사결과를 분석하고, 구조계산을 통하여 구조물의 내하력 등을 검토하여 점검대상물의 구조적·기능적 안정성을 평가한다.

· 비파괴 재하시험 결과 및 분석
· 지형, 지질, 지반 및 토질조사 등 결과 및 분석
· 점검대상물의 변위 및 거동 등의 측정결과 및 분석
· 구조, 수문, 수리 및 지반 등의 해석결과 및 분석
· 부재별 내하력 평가
· 구조물 안전성 평가의 결론

5. 보수·보강방법 : 점검대상물의 상태평가와 안전성평가 결과에 따라 손상 및 결함이 있는 부위 또는 부재에 대하여 적용할 보수·보강방법을 제시한다.

· 보수·보강방법에 대한 개요, 시공방법, 시공시 주의사항 등

6. 종합결론 및 건의사항

· 정밀안전점검 결과의 종합결론
· 공사중 특별 관리가 요구되는 사항
· 그 밖에 필요한 사항

7. 부 록

· 결함부위 사진
· 균열 및 기능저하 부위 조사도
· 측정, 시험성과표
· 구조안전성 평가자료
· 그 밖에 참고자료

[별표 5]

안전점검종합보고서 목차

1. 서 두 : 보고서의 표지에는 기 실시한 안전점검의 개략을 알 수 있도록 다음의 사항을 기술한다.

· 제출문
· 참여기술진 명단
· 보고서 목차
· 점검대상물의 위치도
· 점검대상물의 전경사진

2. 기 실시한 안전점검의 요약 : 기 실시한 안전점검의 범위와 과업내용 등 주요사항을 기술한다.

· 점검대상물의 개요
· 각 차수별 안전점검 실시현황 (점검기관명, 책임기술자명, 점검기간, 점검비용)
· 기 실시한 안전점검의 주요내용

3. 기 실시한 안전점검에 의한 조치사항 및 보수·보강 실시결과 확인·검토

· 안전점검에 의한 조치 결과의 확인
· 보수 · 보강 작업의 실시 및 작업결과의 확인
· 조치결과 및 보수·보강작업의 적정성 평가
· 기타 사항

4. 종합결론 및 건의사항

· 종합결론
· 미 조치사항 목록
· 유지관리시 특별한 관리가 요구되는 사항
· 기타 필요한 사항

5. 부 록

· 확인 사진
· 그 밖에 참고자료

[별표 6] 건설공사의 안전점검종합보고서 구성파일 및 색인파일 내용

1. 구성파일(MASTER.XML) 내용

항목	태 그	내 용	예
1	<master></master>	태그 사이에 항목2~27을 입력함.	
2	<type></type>	건설공사의 안전점검종합보고서로 명시	<type>안전점검종합보고서</type>
3	<version></version>	제작시 사용한 MASTER.XML의 버전	<version>1.0</version>
4	<const_info></const_info>	태그 사이에 항목5~9를 입력함.	
5	<const_nm></const_nm>	공사명	<const_nm>XXX건설공사</const_nm>
6	<req_nm></req_nm>	발주자명	<req_nm>OOO</req_nm>
7	<const_ymd_from></const_ymd_from>	공사시작일	<const_ymd_from>20020101</const_ymd_from>
8	<const_ymd_to></const_ymd_to>	공사종료일	<const_ymd_to>20040410</const_ymd_to>
9	<cpl_ymd></cpl_ymd>	준공일 또는 사용승인일	<cpl_ymd>20040415</cpl_ymd>
10	<facil_info></facil_info>	태그 사이에 항목11~12를 입력함.	
11	<facil_no></facil_no>	시설물번호	<facil_no>XX2004-9999999</facil_no>
12	<facil_nm></facil_nm>	시설물명	<facil_nm>XXX시설물</facil_nm>
13	<cd_info></cd_info>	태그 사이에 항목14~15를 입력함.	
14	<dwg_cd_cnt></dwg_cd_cnt>	도면용 CD 개수(해당없을 경우 0으로 입력)	<dwg_cd_cnt>0</dwg_cd_cnt>
15	<doc_cd_cnt></doc_cd_cnt>	문서용 CD 개수	<doc_cd_cnt>3</doc_cd_cnt>
16	<dwg_cd_info></dwg_cd_info>	태그 사이에 항목17~21을 입력함.	
17	<dwg_cd_no></dwg_cd_no>	도면용 CD 일련번호	<dwg_cd_no></dwg_cd_no>
18	<dwg_cd_file_cnt></dwg_cd_file_cnt>	해당 CD에 수록된 이미지화일 개수	<dwg_cd_file_cnt></dwg_cd_file_cnt>
19	<dwg_kind_info></dwg_kind_info>	태그 사이에 항목20~21을 입력함.	
20	<dwg_kind_nm></dwg_kind_nm>	서브-디렉토리명(도면종류명)	<dwg_kind_nm></dwg_kind_nm>
21	<dwg_kind_cnt></dwg_kind_cnt>	서브-디렉토리에 수록된 이미지 파일의 개수	<dwg_kind_cnt></dwg_kind_cnt>
22	<doc_cd_info></doc_cd_info>	태그 사이에 항목23~27을 입력함.	
23	<doc_cd_no></doc_cd_no>	문서용 CD 일련번호	<doc_cd_no>01</doc_cd_no>
24	<doc_cd_file_cnt></doc_cd_file_cnt>	해당 CD에 수록된 이미지화일 개수	<doc_cd_file_cnt>1670</doc_cd_file_cnt>
25	<doc_kind_info></doc_kind_info>	태그 사이에 항목26~27을 입력함.	
26	<doc_kind_nm></doc_kind_nm>	서브-디렉토리명(문서종류명)	<doc_kind_nm>안전점검종합보고서</doc_kind_nm>
27	<doc_kind_cnt></doc_kind_cnt>	서브-디렉토리에 수록된 이미지 파일의 개수	<doc_kind_cnt>1670</doc_kind_cnt>

<비고>

1. 별표6의 3.구성파일 작성예시를 참조하되, 위의 세부내용을 만족하도록 한다.
2. 건설공사의 안전점검종합보고서와 관련한 도면이 본 보고서와 별도로 존재하는 경우 반드시 도면과 문서를 분리하여 사본을 제작하여야 하며, 관련 도면이 없는 경우 항목 14은 0으로, 항목 16~21은 공란으로 둔다. 단, 본 보고서 내에 삽입된 도면의 경우는 문서로 본다.
3. 구성파일의 시작부분에는 반드시 "<?xml version="1.0" encoding="ks_c_5601" ?>"을 입력 하여야 하며, XML 인코딩을 ks_c_5601(완성형 한글)이 아닌 경우 해당 문자세트를 명시한다.
4. 항목 3의 경우 본 고시에 따른 제작 시에는 반드시 "1.0"을 기재하여야 한다.
5. 항목 10~12은 공사에 포함된 모든 1, 2종 시설물에 대해 반복 작성되어야 하며, 시설물번호는 공단 전산시스템에서 시설물관리대장입력 후 자동 부여되는 번호를 말한다. 1, 2종 시설물이 아닌 경우에는 시설물번호를 생략하고 태그만 기재한다.
6. 항목 16~27은 각각 해당되는 내용이 다수일 경우 해당되는 만큼 반복하여 작성하여야 한다.
7. 항목 17, 23의 CD 일련번호는 두 자리 정수로 입력하여야한다.
8. 구성화일(MASTER.XML)은 제출되는 모든 도면용 CD 및 문서용 CD의 루트 디렉토리에 수록되어야 한다.

2. 색인화일 (DWGINDEX.XML/DOCINDEX.XML) 내용

항목	태 그	내 용	예
1	<index></index>	태그 사이에 항목2~9을 입력함.	
2	<type></type>	도면은 dwg, 문서는 doc로 입력	<type>doc</type>
3	<version></version>	제작시 사용한 INDEX.XML의 버전	<version>1.0</version>
4	<kind_info></kind_info>	태그 사이에 항목5~9을 입력함.	
5	<kind_nm></kind_nm>	서브-디렉토리명(도면/문서종류명)	<kind_nm>안전점검종합보고서</kind_nm>
6	<title_info></title_info>	태그 사이에 항목7~9을 입력함.	
7	<level></level>	해당목차의 레벨을 명시함.	<level>1</level>
8	<title></title>	해당목차의 제목을 명시함.	<title>1. 일반사항</title>
9	<file_from></file_from>	시작이미지파일명을 명시함.	<file_from>0006</file_from>

<비고>

1. 색인파일명은 도면의 경우 DWGINDEX.XML로 문서의 경우 DOCINDEX.XML로 명기한다.
2. 별표6의 4. 색인파일 작성예를 참고하되, 위의 세부내용을 만족하도록 한다.
3. 색인파일의 시작부분에는 반드시 "<?xml version="1.0" encoding="ks_c_5601" ?>"을 입력 하여야 하며, XML 인코딩을 ks_c_5601(완성형 한글)이 아닌 경우 해당 문자세트를 명시한다.
4. 항목 3의 경우 본 고시에 따른 제작 시에는 반드시 "1.0"을 기재하여야 한다.
5. 항목 4~9은 CD에 포함된 모든 도면/문서종류에 대해 반복 작성되어야 하며, 6~9는 해당 종류별로 각각의 목차에 대해 해당되는 만큼 반복하여 작성하여야 한다.

6. 항목 7의 레벨은 해당 목차의 레벨을 말하며, 예를 들어 표지, 목차, 1장 등의 경우 레벨을 1로, 1.1, 1.2, 2.1 등의 경우 레벨을 2로, 1.1.1, 1.1.2 등의 경우 레벨을 3으로 하여 해당 도면/문서종류에 명시된 목차와 동일하게 6~9를 반복 작성하여야 한다.
7. 항목 9의 시작이미지파일명은 4자리 정수로 0001로 시작하는 연속된 정수로 입력하여야한다.

3. 구성화일 (MASTER.XML) 작성예시


```
<?xml version="1.0" encoding="ks_c_5601" ?>
<master>
        <type>건설공사의 안전점검종합보고서</type>
        <version>1.0</version>
        <const_info>
                <const_nm>XXX건설공사</const_nm>
                <req_nm>OOO</req_nm>
                <const_ymd_from>20020101</const_ymd_from>
                <const_ymd_to>20040410</const_ymd_to>
                <cpl_ymd>20040415</cpl_ymd>
        </const_info>
        <facil_info>
                <facil_no>XX2004-9999991</facil_no>
                <facil_nm>XX1 시설물</facil_nm>
        </facil_info>
        <facil_info>
                <facil_no>XX2004-9999992</facil_no>
                <facil_nm>XX2 시설물</facil_nm>
        </facil_info>
        <facil_info>
                <facil_no>XX2004-9999993</facil_no>
                <facil_nm>XX3 시설물</facil_nm>
        </facil_info>
        <facil_info>
                <facil_no>XX2004-9999994</facil_no>
                <facil_nm>XX4 시설물</facil_nm>
        </facil_info>
        <facil_info>
                <facil_no>XX2004-9999995</facil_no>
                <facil_nm>XX5 시설물</facil_nm>
        </facil_info>
        <facil_info>
                <facil_no>XX2004-9999996</facil_no>
                <facil_nm>XX6 시설물</facil_nm>
        </facil_info>
```

```
	<facil_info>
		<facil_no>XX2004-9999997</facil_no>
		<facil_nm>XX7 시설물</facil_nm>
	</facil_info>
	<facil_info>
		<facil_no>XX2004-9999998</facil_no>
		<facil_nm>XX8 시설물</facil_nm>
	</facil_info>
	<facil_info>
		<facil_no>XX2004-9999999</facil_no>
		<facil_nm>XX9 시설물</facil_nm>
	</facil_info>
	<cd_info>
		<dwg_cd_cnt>0</dwg_cd_cnt>
		<doc_cd_cnt>1</doc_cd_cnt>
	</cd_info>
	<dwg_cd_info>
		<dwg_cd_no></dwg_cd_no>
		<dwg_cd_file_cnt></dwg_cd_file_cnt>
		<dwg_kind_info>
			<dwg_kind_nm></dwg_kind_nm>
			<dwg_kind_cnt></dwg_kind_cnt>
		</dwg_kind_info>
	</dwg_cd_info>
	<doc_cd_info>
		<doc_cd_no>01</doc_cd_no>
		<doc_cd_file_cnt>102</doc_cd_file_cnt>
		<doc_kind_info>
			<doc_kind_nm>건설공사의 안전점검종합보고서
</doc_kind_nm>
			<doc_kind_cnt>102</doc_kind_cnt>
		</doc_kind_info>
	</doc_cd_info>
</master>
```

4. 문서 색인화일 (DOCINDEX.XML) 작성예시

```
<?xml version="1.0" encoding="ks_c_5601"?>
<index>
	<type>doc</type>
	<version>1.0</version>
```

```
<kind_info>
        <kind_nm>건설공사의 안전점검종합보고서</kind_nm>
        <title_info>
                <level>1</level>
                <title>표지</title>
                <file_from>0001</file_from>
        </title_info>
        <title_info>
                <level>1</level>
                <title>제출문</title>
                <file_from>0003</file_from>
        </title_info>
        <title_info>
                <level>1</level>
                <title>요약문</title>
                <file_from>0004</file_from>
        </title_info>
        <title_info>
                <level>1</level>
                <title>목차</title>
                <file_from>0016</file_from>
        </title_info>
        <title_info>
                <level>1</level>
                <title>제1장 개요</title>
                <file_from>0019</file_from>
        </title_info>
        <title_info>
                <level>1</level>
                <title>제2장 대상 건축물 현황</title>
                <file_from>0023</file_from>
        </title_info>
        <title_info>
                <level>1</level>
                <title>제3장 현장조사 내용</title>
                <file_from>0033</file_from>
        </title_info>
        <title_info>
                <level>1</level>
                <title>제4장 일반관리사항</title>
                <file_from>0086</file_from>
        </title_info>
```

<title_info>
<level>1</level>
<title>제5장 종합평가</title>
<file_from>0086</file_from>
</title_info>
<title_info>
<level>1</level>
<title>부록</title>
<file_from>0089</file_from>
</title_info>
<title_info>
<level>2</level>
<title>1. 참고 사진</title>
<file_from>0090</file_from>
</title_info>
<title_info>
<level>2</level>
<title>2. 균열 및 성능저하부 보수안</title>
<file_from>0092</file_from>
</title_info>
<title_info>
<level>2</level>
<title>3. 시험성적서</title>
<file_from>0102</file_from>
</title_info>

</kind_info>
</index>

[별표 7] 안전관리비 계상 및 사용기준

항 목	내역
1. 안전관리계획의 작성 및 검토 비용	가. 안전관리계획 작성 비용 1) 안전관리계획서 작성 비용(공법 변경에 의한 재작성 비용 포함) 2) 안전점검 공정표 작성 비용 3) 안전관리에 필요한 시공 상세도면 작성 비용 4) 안전성계산서 작성 비용 (거푸집 및 동바리 등) ※ 기 작성된 시공 상세도면 및 안전성계산서 작성 비용은 제외한다. 나. 안전관리계획 검토 비용 1) 안전관리계획서 검토 비용 2) 대상시설물별 세부안전관리계획서 검토 비용 - 시공상세도면 검토 비용 - 안전성계산서 검토 비용 ※ 기 작성된 시공 상세도면 및 안전성계산서 작성 비용은 제외한다.
2. 영 제100조제1항제1호 및 제3호에 따른 안전점검 비용	가. 정기안전점검 비용 영 제100조제1항제1호에 따라 본 지침 별표1의 건설공사별 정기안전점검 실시시기에 발주자의 승인을 얻어 건설안전점검기관에 의뢰하여 실시하는 안전점검에 소요되는 비용 나. 초기점검 비용 영 제98조제1항제1호에 해당하는 건설공사에 대하여 해당 건설공사를 준공(임시사용을 포함)하기 직전에 실시하는 영 제100조제1항제3호에 따른 안전점검에 소요되는 비용 ※ 초기점검의 추가조사 비용은 본 지침 [별표8] 안전점검 비용 요율에 따라 계상되는 비용과 별도로 비용계상을 하여야 한다.
3. 발파·굴착 등의 건설공사로 인한 주변 건축물 등의 피해방지대책 비용	가. 지하매설물 보호조치 비용 1) 관매달기 공사 비용 2) 지하매설물 보호 및 복구 공사 비용 3) 지하매설물 이설 및 임시이전 공사 비용 4) 지하매설물 보호조치 방안 수립을 위한 조사 비용 ※ 공사비에 기 반영되어 있는 경우에는 계상을 하지 않는다. 나. 발파·진동·소음으로 인한 주변지역 피해방지 대책 비용 1) 대책 수립을 위해 필요한 계측기 설치, 분석 및 유지관리 비용 2) 주변 건축물 및 지반 등의 사전보강, 보수, 임시이전 비용 및

	비용 산정을 위한 조사비용 3) 암파쇄방호시설(계획절토고가 10m 이상인 구간) 설치, 유지관리 및 철거 비용 4) 임시방호시설(계획절토고가 10m 미만인 구간) 설치, 유지관리 및 철거 비용 ※ 공사비에 기 반영되어 있는 경우에는 계상을 하지 않는다. 다. 지하수 차단 등으로 인한 주변지역 피해방지 대책 비용 1) 대책 수립을 위해 필요한 계측기의 설치, 분석 및 유지관리 비용 2) 주변 건축물 및 지반 등의 사전보강, 보수, 임시이전 비용 및 비용 산정을 위한 조사비용 3) 급격한 배수 방지 비용 ※ 공사비에 기 반영되어 있는 경우에는 계상을 하지 않는다. 라. 기타 발주자가 안전관리에 필요하다고 판단되는 비용
4. 공사장 주변의 통행안전 및 교통소통을 위한 안전시설의 설치 및 유지관리 비용, 신호수 배치 비용	가. 공사시행 중의 통행안전 및 교통소통을 위한 안전시설의 설치 및 유지관리 비용, 신호수 배치 비용 1) PE드럼, PE휀스, PE방호벽, 방호울타리 등 2) 경관등, 차선규제봉, 시선유도봉, 표지병, 점멸등, 차량 유도등 등 3) 주의 표지판, 규제 표지판, 지시 표지판, 휴대용 표지판 등 4) 라바콘, 차선분리대 등 5) 현장에서 사토장까지의 교통안전, 주변시설 안전대책시설의 설치 및 유지관리 비용 6) 기타 발주자가 필요하다고 인정하는 안전시설 7) 통행안전 및 교통소통을 위한 신호수 등 배치 비용 ※ 공사기간 중 공사장 외부에 임시적으로 설치하는 안전시설만 인정된다. 나. 안전관리계획에 따라 공사장 내부의 주요 지점별 건설기계 · 장비의 전담유도원 배치 비용 다. 기타 발주자가 안전관리에 필요하다고 판단되는 비용
5. 공사시행 중 구조적 안전성 확보 비용	가. 계측장비의 설치 및 운영 비용 나. 폐쇄회로 텔레비전의 설치 및 운영 비용 다. 가설구조물 안전성 확보를 위해 관계전문가에게 확인받는데 필요한 비용 라. 「전파법」 제2조제1항제5호 및 제5호의2에 따른 건설공사 현장의 안전관리체계 구축·운용에 사용되는 무선설비의 구입·대여·유지에 필요한 비용과 무선통신의 구축·사용 등에 필요한 비용

[별표 8]

안전점검 대가 요율

건설공사 종류		규 격	전체 요율(%)	정기안전점검 요율(%)	초기점검 요율(%)
교량		100m	0.66	0.44	0.22
		300m	0.29	0.20	0.09
		500m	0.20	0.14	0.06
		1,000m	0.11	0.08	0.03
		2,000m	0.08	0.06	0.02
		4,000m	0.05	0.04	0.01
		8,000m	0.03	0.021	0.009
터널		300m	0.37	0.26	0.11
		500m	0.30	0.21	0.09
		1,000m	0.18	0.10	0.08
		2,000m	0.11	0.07	0.04
		4,000m	0.08	0.05	0.03
댐		-	0.15	0.11	0.04
하천	수 문	-	4.86	2.78	2.08
	제 방	1,000m	0.45	0.28	0.17
		2,000m	0.27	0.15	0.12
		4,000m	0.18	0.10	0.08
	부속시설(통문,호안포함)	-	4.86	2.78	2.08
하 구 둑		-	0.17	0.10	0.07
수도	취수시설,	-	0.33	0.22	0.11
	취수가압펌프장	-	0.36	0.23	0.13
	정수장, 배수지	-	0.08	0.05	0.03
	상수도 관로	-	0.08	0.05	0.03
공공하수처리시설		-	0.08	0.05	0.03
항만	계류시설	1만톤급	0.12	0.08	0.04
		5만톤급	0.10	0.06	0.04
		20만톤급	0.06	0.04	0.02
	갑문시설	-	0.17	0.12	0.05
건 축 물		5,000㎡	0.52	0.35	0.17
		10,000㎡	0.34	0.24	0.10
		30,000㎡	0.16	0.11	0.05
		50,000㎡	0.13	0.09	0.04
		100,000㎡	0.11	0.08	0.03
옹 벽		100m	3.63	2.06	1.57
		200m	2.59	1.47	1.12
		500m	1.91	1.08	0.83
절토사면		200m	0.99	0.56	0.43
		400m	0.71	0.40	0.31
		800m	0.45	0.26	0.19

※ 1. 정기안전점검 대가 요율은 별표 1. 건설공사별 정기안전점검 실시시기의 각 차수별 점검비용과 영 제101조제1항에 따른 종합보고서의 작성비용을 포함한다.

2. 영 제98조제1항 및 [별표 1]에 따라 실시하는 정기안전점검 중 위의 표에서 나타내지 않은 경우에는 시공자가 안전점검 비용을 제47조제5항에 따라 산출하여 건설사업관리기술자의 확인·검토를 득한 후 발주자의 승인을 받아 계상한다.

[별표 9] 발주청 안전관리 수준 확인방법

평가 항목			확인방법
대분류 (배점)	중분류 (배점)	소분류 (배점)	
A. 안전경영 시 스 템 (17)	1. 안전 방침 및 조직화 (12)	1.1 건설안전 방침, 규정, 매뉴얼 공유 (2)	- 관련 근거자료 - 관련 문서 및 지침/규정 등
		1.2 내부평가와 구성원의 역할 (2)	- 관련 근거자료 - 관련 문서 및 지침/규정 등
		1.3 안전전담부서의 권한과 관리 수준 (4)	- 관련 근거자료(조직도 등) - 관련 문서 및 지침/규정 등 - 관련 근거자료(건설기술자 경력증명서 등)
		1.4 외부전문가 확보와 운영체계 및 이행 수준 (2)	- 관련 근거자료 - 관련 문서 및 지침/규정 등
		1.5 긴급상황에 대한 대응계획 수립 및 실시여부 (2)	- 관련 근거자료(메뉴얼 등)
	2. 안전성과의 측정, 감사 및 개선 (5)	2.1 안전 목표의 달성도에 대한 평가 및 환류 수준 (2)	- 관련 근거 및 확인 자료 - 관련 문서 및 지침/규정 등
		2.2 자체 안전점검 결과의 피드백 및 공유 (3)	- 관련 근거 및 확인 자료
B. 관련법에 따른 안전 책무(17)	1. 현장의 법적요건관리 (11)	1.1 안전관리 계획 이행 (5)	- 관련 근거자료 - 관련 문서 및 지침/규정 등
		1.2 안전관리계획에 따른 안전점검 결과의 확인 (4)	- 관련 근거자료 - 관련 문서 및 지침/규정 등
		1.3 사고조사 및 재발방지 대책의 이행 확인 (2)	- 관련 근거 및 확인 자료 - 관련 문서 및 지침/규정 등
	2. 현장의 자원안전관리체제 (6)	2.1 안전시공보고회의 이행 (2)	- 관련 근거 및 확인 자료(회의록 및 기타자료 등)
		2.2 위험작업의 작업허가제도 운영 (2)	- 관련 근거 및 확인 자료 - 관련 문서 및 지침/규정 등
		2.3 건설기계의 반입허가제도 운영 (2)	- 관련 근거 및 확인 자료

<table>
<tr><th colspan="3">평가 항목</th><th rowspan="2">확인방법</th></tr>
<tr><th>대분류
(배점)</th><th>중분류
(배점)</th><th>소분류
(배점)</th></tr>
<tr><td rowspan="9">C. 안전한 공사조건의 확보 및 지원 (48)</td><td rowspan="4">1. 안전한 공사발주체계의운영 (17)</td><td>1.1 발주시 안전을 고려한 공사기간의 산정 및 공사현장 제반 정보 제공 (10)</td><td>- 관련 근거자료(계약서 등)
- 공기산정 기준 및 근거 관련 지침/규정 등</td></tr>
<tr><td>1.2 사업계획단계에서의 개략 사전안전성 평가 이행 (2)</td><td>- 관련 자료
- 위원회 평가표 및 회의록 등
- 관련 지침/규정 등</td></tr>
<tr><td>1.3 설계단계에서의 안전성 확보 (2)</td><td>- 설계안전 검토보고서(DFS) 및 관련 자료 등</td></tr>
<tr><td>1.4 발주 시 건설사업관리기술자의 안전분야 비용 추가 지원 (3)</td><td>- 관련 근거자료(계약서 등)
- 공기산정기준 및 산정근거 등</td></tr>
<tr><td rowspan="5">2. 합리적인 수급자지원 및 평가체계의 운영 (31)</td><td>2.1 발주청에 기인한 공사조건의 변경에 따른 합리적인 공사기간 및 공사비 조정 (8)</td><td>- 관련 근거자료(계약서 등)
- 관련 문서 및 지침/규정 등</td></tr>
<tr><td>2.2 적정 안전비용 지급 유무 (16)</td><td>- 관련 근거자료</td></tr>
<tr><td>2.3 공중의 안전 확보를 위한 기준 및 대책의 이행 수준 (2)</td><td>- 관련 근거자료
- 관련 문서 및 지침/규정 등</td></tr>
<tr><td>2.4 정기적 시공자 안전활동 평가 및 결과의 활용 (3)</td><td>- 관련 근거 및 확인 자료
- 관련 문서 및 지침/규정 등</td></tr>
<tr><td>2.5 가설구조물의 구조적 안전성 확인 및 설계 변경 (2)</td><td>- 관련 근거자료</td></tr>
<tr><td rowspan="2">D. 수급자의 안전관리 수준 (18)</td><td rowspan="2">1. 수급자의 안전관리 수준평가 결과 (18)</td><td>1.1 건설사업관리기술자의 안전관리수준평가 결과 (9)</td><td>- 건설사업관리기술자의 안전관리수준평가 결과</td></tr>
<tr><td>1.2 시공자의 안전관리수준 평가 결과 (9)</td><td>- 시공자의 안전관리수준평가 결과</td></tr>
</table>

[별표 10] 발주청 안전관리 수준 평가표(체크리스트)

평가 항목			세부기준	여부	점수	비고
대분류 (배점)	중분류 (배점)	소분류 (배점)				
A. 안전경영 시스템 (17)	1. 안전 방침 및 조직화 (12)	1.1 건설안전 방침, 규정, 매뉴얼 공유 (2)	기관의 건설안전 방침, 규정, 매뉴얼이 제정되어 있으며, 안전에 관한 목표가 수립되고, 모든 구성원 대상으로 공유하고 있는가? (2)	□		
		1.2 내부평가와 구성원의 역할 (2)	기관 내부 성과평가 지표에 건설안전 관련 지표가 반영되어 있는가? (1)	□		
			구성원별로 건설안전에 대한 역할 및 책임이 규정되고 실적을 확인하고 있는가? (1)	□		
		1.3 안전전담부서의 권한과 관리 수준 (4)	기관장 직속 독립적인 안전전담부서가 운영되고 있는가? (1)	□		
			안전전담부서에 안전분야의 기술자격을 갖춘 구성원이 배치되어 있는가? (1)	□		
			안전전담부서 구성원들은 연간 교육계획에 따라 건설안전 교육을 받고 있는가? (1)	□		
			안전점담부서의 구성원은 유지 또는 확충되고 있는가? (1)	□		
		1.4 외부전문가 확보와 운영체계 및 이행 수준 (2)	외부 건설안전 전문가를 기관의 자체 지침과 규정에 따라 확보하고 현장 안전관리 및 점검 등에 활용하고 있는가? (2)	□		
		1.5 긴급상황에 대한 대응계획 수립 및 실시여부 (2)	긴급상황(현장 재난 및 건설사고)시 보고체계 및 대응훈련 계획을 수립하고 훈련을 실시하고 있는가? (2)	□		
	2. 안전성과의 측정, 감사 및 개선 (5)	21 안전 목표의 달성도에 대한 평가 및 환류 수준 (2)	기관의 건설안전 목표를 설정하고, 달성률을 매년 측정하고 있는가? (1)	□		
			건설안전 목표달성을 위한	□		

평가 항목			세부기준	여부	점수	비고
대분류 (배점)	중분류 (배점)	소분류 (배점)				
			성과측정 결과 부적합사항에 대해 개선하고 있는가? (1)			
		2.2 자체 안전점검 결과의 피드백 및 공유 (3)	현장안전점검을 실시하고 점검결과에 대한 현장의 이행을 확인하고 있는가? (2)	□		
			안전점검 결과는 소속 구성원들에게 공유되고 있는가? (1)	□		
B. 현장의 법적 요건준수 및 자원안전 관리시스템 운영수준 (17)	1. 현장의 법적요건 관리 (11)	1.1 안전관리 계획 이행 (5)	안전관리계획서를 건설안전점검기관에 검토 의뢰 및 승인하고, 건설공사안전관리 종합정보망(CSI)에 제출하였는가? (2)	□		
			안전관리계획이 변경된 경우 검토 및 승인하고 건설공사안전관리 종합정보망(CSI)에 제출하였는가? (2)	□		
			설계안전성검토(DFS) 사항이 안전관리계획서에 반영 될 수 있도록 제공하였는가? (1)	□		
		1.2 안전관리계획에 따른 안전점검 결과의 확인 (4)	건설기술진흥법에서 정한 안전점검에 대해 수행할 기관을 지정하고 있는가? (2)	□		
			안전점검기관에 대해 정기적으로 평가하고 결과를 반영하는가? (1)	□		
			시공자가 안전관리계획에 따라 안전점검을 실시하고 이행하는지 확인하고 있는가? (1)	□		
		1.3 사고조사 및 재발방지 대책의 이행 확인 (2)	건설사고 발생 시 건설공사안전관리 종합정보망(CSI)에 제출하였는가? (2)	□		
	2. 현장의 자원안전 관리체제 (6)	2.1 안전시공보고회의 이행 (2)	발주청(감독자), 건설사업관리기술인, 시공자가 참여하는 안전시공 회의를 수행하고 있는가? (2)	□		

평가 항목			세부기준	여부	점수	비고
대분류 (배점)	중분류 (배점)	소분류 (배점)				
		2.2 위험작업의 작업허가제도 운영 (2)	위험작업에 대해 관리, 감독하고 있는가? (2)	□		
		2.3 건설기계의 반입허가제도 운영 (2)	건설기계의 현장반입을 허가하고 관리여부를 확인하고 있는가? (2)	□		
C. 안전한 공사조건의 확보 및 지원 (48)	1. 안전한 공사발주 체계의운영 (17)	1.1 발주시 안전을 고려한 공사기간의 산정 및 공사현장 제반 정보 제공 (10)	공사의 발주시 총 공사기간이 공사 불가능 일수, 공사 종류 및 규모, 기타 사항 등을 반영하고 있는가? (8)	□		
			공사현장의 제반 정보(지반, 지하매설물 등) 조사, 제공 및 지하안전영향평가를 실시하고 있는가? (2)	□		
		1.2 사업계획단계에서의 개략 사전안전성 평가 이행 (2)	사업계획단계에서 해당 건설공사에 중점적으로 관리해야 할 위험요소 및 저감대책을 발굴하여 설계자와 시공자에게 제공하고 있는가? (1)	□		
			사업계획단계에서 안전평가를 자체 지침/규정에 따라 실시하고 있는가? (1)	□		
		1.3 설계단계에서의 안전성 확보 (2)	설계단계에서 안전성 평가(DFS)를 이행하고, 건설공사안전관리 종합정보망(CSI)에 제출하였는가? (1)	□		
			가설구조물 설계에 대한 내용을 검토하였는가? (1)	□		
		1.4 발주 시 건설사업관리 기술자의 안전분야 비용 추가 지원 (3)	현장의 안전관리 강화를 위하여 건설기술진흥법에서 정한 안전분야 전담 건설사업관리기술인 비용을 반영하고 있는가? (3)	□		
	2. 합리적인 수급자 지원	2.1 발주청에 기인한 공사조건의 변경에 따른	자연재난 및 사회재난과 발주청에 기인한 공사 조건 변경에 따른 공사기간	□		

<table>
<tr><th colspan="3">평가 항목</th><th rowspan="2">세부기준</th><th rowspan="2">여부</th><th rowspan="2">점수</th><th rowspan="2">비고</th></tr>
<tr><th>대분류
(배점)</th><th>중분류
(배점)</th><th>소분류
(배점)</th></tr>
<tr><td rowspan="7"></td><td rowspan="7">및 평가 체계의 운영 (31)</td><td>합리적인 공사기간 및 공사비 조정 (8)</td><td>및 공사비를 조정하였는가? (8)</td><td></td><td></td><td></td></tr>
<tr><td rowspan="3">2.2 적정 안전비용 지급 유무 (16)</td><td>건설기술진흥법에 따른 안전관리비용이 항목별로 공사금액에 계상되어 계약시 반영되어 있는가? (6)</td><td>□</td><td></td><td></td></tr>
<tr><td>건설기술진흥법에 따라 계상된 안전관리비가 사용기준에 맞게 사용되었는지 확인하고 있는가? (4)</td><td>□</td><td></td><td></td></tr>
<tr><td>공사 내용(공사비, 공사기간 등)의 변경에 따라 안전관리비가 조정되어 관리되고 있는가? (6)</td><td>□</td><td></td><td></td></tr>
<tr><td>2.3 공중의 안전확보를 위한 기준 및 대책의 이행 수준 (2)</td><td>현장 주변의 공중을 위한 안전조치가 이행되도록 지시하고 실적을 확인하였는가? (2)</td><td>□</td><td></td><td></td></tr>
<tr><td>2.4 정기적 시공자 안전활동 평가 및 결과의 활용 (3)</td><td>시공자의 안전활동을 정기적으로 평가하고 평가결과에 대한 보상을 지급하고 있는가? (3)</td><td>□</td><td></td><td></td></tr>
<tr><td>2.5 가설구조물의 구조적 안전성 확인 및 설계 변경 (2)</td><td>가설구조물을 시공하기 전 시공자가 관계전문가로부터 구조적 안전성을 확인받았는지 검토하였는가? (2)</td><td>□</td><td></td><td></td></tr>
<tr><td rowspan="2">D. 수급자의 안전관리수준 (18)</td><td rowspan="2">1. 수급자의 안전관리 수준 평가결과 (18)</td><td>1.1 건설사업관리기술자의 안전관리수준평가 결과 (9)</td><td>건설사업관리기술인의 안전관리 수준평가 결과 평균값 (9)</td><td>□</td><td></td><td></td></tr>
<tr><td>1.2 시공자의 안전관리수준평가 결과 (9)</td><td>시공자의 안전관리수준평가 결과 평균값 (9)</td><td>□</td><td></td><td></td></tr>
</table>

평가담당 소속 : 성명 : (서명)

[별표 11] 건설사업관리용역사업자 안전관리 수준 확인방법

- 본사 -

<table>
<tr><th colspan="3">평가항목</th><th rowspan="2">확인방법</th></tr>
<tr><th>대분류
(배점)</th><th>중분류
(배점)</th><th>소분류
(배점)</th></tr>
<tr><td rowspan="6">A. 안전경영 방침 및 조직 (System Part) (44)</td><td rowspan="2">1. 본사 안전경영방침 (12)</td><td>1.1 건설안전경영 방침 및 이행 (6)</td><td>- 안전경영방침 및 매뉴얼
- 안전경영방침 및 매뉴얼 내 책임, 권한 등의 정의 확인
- 안전경영방침 및 매뉴얼 수립에 관한 구성원의 회의 및 교육실적 확인
- 안전경영방침 및 매뉴얼 개정이력 확인</td></tr>
<tr><td>1.2 건설안전경영 목표 설정추진 및 활동계획 (6)</td><td>- 안전활동 계획수립 관련 문서 확인</td></tr>
<tr><td>2. 본사 안전관리조직 (16)</td><td>2.1 안전전담 조직의 구성 및 위상 (16)</td><td>- 안전전담조직 구성여부
- 전담조직 구성원의 자격여부
- 전담조직 구성원의 책임, 권한 등의 정의 확인
- 전담조직 책임자 직위 확인</td></tr>
<tr><td>3. 기록관리 및 성과 모니터링 (6)</td><td>3.1 건설안전 성과 모니터링 및 반영 (6)</td><td>- 안전성과 측정체계 수립 확인
- 안전성과측정 시 부적합 사항에 대한 조치 여부 확인
- 안전성과측정 결과의 구성원 공유 확인</td></tr>
<tr><td>4. 사건조사, 시정조치 및 예방조치 (10)</td><td>4.1 사건조사, 시정조치 및 예방조치 (10)</td><td>- 사고처리 절차 수립 확인
- 사고처리 보고서 확인
- 사고사례 공유 확인
- 사고 조치완료 결과 문서 확인</td></tr>
<tr style="display:none"></tr>
<tr><td rowspan="2">B. 관련법에 따른 안전책무 (Mandatory Part) (32)</td><td>1. 안전점검 지원 (16)</td><td>1.1 현장 안전점검지원 및 실적 (16)</td><td>- 현장안전점검(지원)에 대한 계획 및 절차 수립 확인
- 안전점검(지원) 실적 확인
- 안전점검 실적의 관리현황 확인
- 시공자 안전업무 이행 유무를 확인하는 절차 및 방법(안전점검 매뉴얼 등)</td></tr>
<tr><td>2. 안전교육 지원 (5)</td><td>2.1 안전교육 실시 및 지원 (5)</td><td>- 안전경영방침 및 매뉴얼 내 안전교육에 관한 사항 확인
- 신규전입자 교육체계 수립 및 시행</td></tr>
</table>

평가항목			확인방법
대분류 (배점)	중분류 (배점)	소분류 (배점)	
			확인 - 안전교육 실적의 관리현황 확인 - 사내 건설안전교육 후속 평가체계 확인
	3. 비상사태 대비계획 및 훈련 (11)	3.1 건설사고에 대한 대응 계획 및 운영 (11)	- 비상(재난)발생 매뉴얼 수립 확인 - 비상연락망 구축 확인 - 비상(재난)발생 매뉴얼의 개정이력 - 비상(재난)발생 훈련의 시행 확인 - 훈련 결과에 대한 조치 및 개선사항 확인
C. 자발적 활동 (Voluntary Part) (11)	1. 자발적 안전활동 시스템 (11)	1.1 안전활동을 위한 의사소통, 참여, 협의 (5)	- 안전활동 관련 내부 의사소통 체계 확인 - 안전경영 관련 회의록
		1.2 구성원의 자발적인 건설안전 역량 확보 (6)	- 관련 근거자료
D. 위험요소 확인 및 제거 지원 활동 (Technical Part) (13)	1. 위험분석 및 위험 예지활동지원 (13)	1.1 현장 위험요소, 위험성, 저감대책 분석 지원시스템 및 절차 확보 (13)	- 위험분석 매뉴얼 수립 확인 - 별도 기술지원 조직구성 확인 - 기술지원 실적 확인(개선사항 등의 내용 확인) - 기술지원 실적 관리현황

- 현장 -

평가항목			확인방법
대분류 (배점)	중분류 (배점)	소분류 (배점)	
A. 안전경영 방침 및 조직 (System Part) (28)	1. 현장 안전경영 방침 (9)	1.1 건설 안전 현장 경영 방침(9)	- 현장안전경영방침 및 매뉴얼 수립 확인 - 방침 및 매뉴얼 내 역할, 책임 등의 정의 확인 - 안전활동 추진계획 수립 확인 - 현장안전경영방침 및 매뉴얼에 대한 구성원 교육 및 회의 실적 확인
	2. 현장 안전관리 조직 (7)	2.1 현장관리 조직의 구성 (7)	- 현장안전담당 건설사업관리기술자 선임 확인(현장 조직도 등) - 안전 담당 기술자의 자격여부 확인

평가항목			확인방법
대분류 (배점)	중분류 (배점)	소분류 (배점)	
	3. 성과측정 및 모니터링 (4)	3.1 건설안전 성과 모니터링 및 반영 (4)	- 안전성과 측정체계 수립 확인 - 안전성과 측정 결과 내 부적합 사항 도출 확인 - 안전성과의 구성원 공유여부 확인
	4. 사건조사, 시정조치 및 예방조치 (8)	4.1 사고조사, 시정조치 및 예방조치 (8)	- 사고/사건 처리 절차 수립 확인 - 사고/사건 보고서 및 회의록 확인 - 사고/사건에 대한 구성원 공유여부 확인
B. 관련법에 따른 안전책무 (Mandatory Part) (40)	1. (시공자에 대한) 안전관리계획 및 안전점검 검토 (22)	1.1 안전관리계획의 검토 및 이행 확인 (7)	- 안전관리계획서 검토 공문 등 - 안전관리계획서 보완 지시 공문 등 ※ 현장평가 확인항목
		1.2 안전점검 이행여부 검토 (4)	- 시공사의 안전점검 실적에 대한 검토 및 확인 문서의 관리 현황 - 분기별 안전관리실적보고서 관리 현황 - 시공사의 자체안전점검 실적에 대해 확인, 검토 문서 - 정기·정밀안전점검 수행결과 문서의 검토 여부 확인 ※ 현장평가 확인항목
		1.3 가설구조물의 시공 적정성 확인 (8)	- 가설구조물 설계 검토 수행실적에 대해 확인, 검토 문서 ※ 현장평가 확인항목
		1.4 실적보고서 관리 (3)	- 분기별 안전관리실적보고서 관리 현황 ※ 현장평가 확인항목
	2. (시공자에 대한) 안전교육 (9)	2.1 안전교육 실시 및 관리 (9)	- 시공자 대상의 안전교육을 수행한 교육일지 등 확인 - 주기적 (1회/월 이상)교육 수행 확인 - 시공자의 안전교육수행일지 확인 문서 - 안전교육 수행문서 관리현황 - 안전교육 후속 평가체계 수립 확인 ※ 현장평가 확인항목
	3. 비상사태	3.1 건설사고 등의 비	- 비상(재난)대응 매뉴얼 수립 확인

평가항목			확인방법
대분류 (배점)	중분류 (배점)	소분류 (배점)	
	대비 계획 및 훈련 (7)	상 사태에 대한 대비 계획 및 절차 (2)	- 비상연락체계 수립 확인 - 비상(재난)대응 매뉴얼개정이력 확인
		3.2 건설사고 등의 비상 사태에 대한 대응 훈련 및 운영 (5)	- 비상상황 훈련 수행 보고서 확인
	4. 허가제도 운영 (2)	4.1 위험작업의 작업 허가제도 운영 (1)	- 관련 근거 및 확인 자료 - 관련 문서 및 지침/규정 등
		4.2 건설기계의 반입 허가제도 운영 (1)	- 관련 근거 및 확인 자료
C. 자발적 활동 (Voluntary Part) (14)	1. 자발적 안전활동 시스템 (14)	1.1 안전활동을 위한 의사소통, 참여, 협의 (4)	- 현장 구성원간의 의사소통체계 확인 - 안전경영 회의록 - 회의록 공유 현황 확인 ※ 현장평가 확인항목
		1.2 안전관리 시스템의 개선 노력 (10)	- 자발적 안전활동에 대해 본사 및 발주청의 실시 지시서 등 확인 - 자발적 안전활동 결과 문서 확인 - 안전 자문위원단 구성여부 확인 ※ 현장평가 확인항목
D. 위험요인 확인 및 제거 지원활동 (Technical Part) (18)	1. 위험분석 및 위험예지 활동 지원 (9)	1.1 현장 위험요소, 위험성, 저감대책 분석 지원 시스템 및 절차 확보 (9)	- 공종별 위험분석 매뉴얼, 가이드 수립 확인 - 위험분석 결과물 내 F/B내용 유무 확인 - 정량적, 구체적 대책 수립여부 확인
	2. 기술적 지원 (9)	2.1 안전전담 부서 또는 관련부서 (기술부서 등)의 현장 지원 시스템 (9)	- 취약공종의 안전에 대한 기술지원 시스템 구축 확인 ※ 현장평가 확인항목

[별표 12] 건설사업관리용역사업자 안전관리 수준 평가표(체크리스트) - 본사 -

평가항목			세부기준 및 방법 (배점)	여부	점수	비고
대분류 (배점)	중분류 (배점)	소분류 (배점)				
A. 안전경영 방침 및 조직 (System Part) (44)	1. 본사 안전경영방침 (12)	1.1 건설안전 경영 방침 및 이행 (6)	CEO의 승인을 받은 문서화 된 건설안전 경영방침 및 매뉴얼이 있는가? (6)	□		
		1.2 건설안전 경영 목표 설정추진 및 활동계획 (6)	건설안전 경영목표를 달성하기 위한 문서화된 안전활동 추진계획이 수립되고 실적이 관리되고 있는가? (4)	□		
			건설안전 목표달성을 위한 성과측정 결과 부적합 사항에 대해 개선 및 기록관리하고 있는가? (2)	□		
	2. 본사 안전관리조직 (16)	2.1 안전전담조직의 구성 및 위상 (16)	현장 안전을 지원할 독립적인 전담부서가 있는가? (4)	□		
			안전전담조직 구성원은 건설안전자격을 보유하고 있는가? (5)	□		
			안전전담부서 담당자들은 연간 교육계획에 따라 건설안전 교육을 받고 있는가 (5)	□		
			안전전담 부서의 책임자는 임원급으로 회사의 경영방침에 안전방침을 적극적으로 반영하고 있는가? (2)	□		
	3. 기록관리 및 성과 모니터링 (6)	3.1 건설안전 성과 모니터링 및 반영 (6)	구성원의 건설안전성과를 인센티브에 반영하고 있는가? (6)	□		
	4. 사건조사, 시정조치	4.1 사건조사, 시정조치	건설사고 조사 및 조치에 대한 자체 지침/규정	□		

평가항목			세부기준 및 방법 (배점)	여부	점수	비고
대분류 (배점)	중분류 (배점)	소분류 (배점)				
	및 예방조치 (10)	및 예방조치 (10)	을 갖고 있으며, 건설사고 발생 시 지침/규정에 따라 사고원인에 대한 조치가 이뤄지고 있는가? (5)			
			건설사고 조사는 문서화 되어 결과가 구성원에게 공유 되었는가? (5)	□		
B. 관련법에 따른 안전책무 (Mandatory Part) (32)	1. 안전점검 지원 (16)	1.1 현장 안전점검지원 및 실적 (16)	안전전담조직 주관으로 현장 별 연간 안전점검 계획을 문서화하고, 현장을 점검하고 있는가? (6)	□		
			안전전담조직의 점검결과에 대한 현장조치 결과를 확인하고 있는가? (5)	□		
			현장 별 건설기술진흥법에 따른 건설안전 업무에 대한 검토를 지원하였는가? (5)	□		
	2. 안전교육 지원 (5)	2.1 안전교육 실시 및 지원 (5)	안전전담조직의 교육계획에 따른 건설 안전 교육을 실시하고 있는가? (5)	□		
	3. 비상사태 대비계획 및 훈련 (11)	3.1 건설사고에 대한 대응 계획 및 운영 (11)	현장에서 발생 가능한 건설사고에 대한 대응 계획이 수립되어 있는가? (5)	□		
			현장 건설사고 발생 시 비상연락체계가 구축되어 있는가? (3)	□		
			현장에서 실시하는 비상대응 훈련에 참여하고, 건설사고 대응 훈련	□		

평가항목			세부기준 및 방법 (배점)	여부	점수	비고
대분류 (배점)	중분류 (배점)	소분류 (배점)				
			결과를 피드백 하고 있는가? (3)			
C. 자발적 활동 (Voluntary Part) (11)	1. 자발적 안전활동 시스템 (11)	1.1 안전활동을 위한 의사소통, 참여, 협의 (5)	매뉴얼에 따른 건설안전 관련된 회의가 실행되고 있는가? (5)	□		
		1.2 구성원의 자발적인 건설안전 역량 확보 (6)	모든 구성원에게 건설현장 사고예방과 관련된 교육을 주기적으로 실시하고, 자격취득을 권장하고 있는가? ((6)	□		
D. 위험요소 확인 및 제거 지원활동 (Technical Part)(13)	1. 위험분석 및 위험 예지활동지원 (13)	1.1 현장 위험요소, 위험성, 저감대책 분석 지원시스템 및 절차 확보 (13)	현장의 설계안전성검토(DFS)의 위험요소 발굴, 위험성평가, 저감대책 분석 지원을 위한 절차를 보유하고 있는가? (5)	□		
			위험요소 프로파일을 활용하여 위험요소를 발굴하고 관리하고 있는가? (5)	□		
			위험요소 프로파일 및 반복 지적사항에 대한 지원실적이 있는가? (3)	□		

평가담당 소속 :　　　　　성명 :　　　　　(서명)

- 현장 -

평가항목			세부기준 및 방법 (배점)	여부	점수	비고
대분류 (배점)	중분류 (배점)	소분류 (배점)				
A. 안전경영 방침 및 조직 (System Part) (28)	1. 현장 안전 경영 방침 (9)	1.1 건설 안전 현장 경영 방침(9)	현장 책임건설사업관리기술인의 승인을 받은 건설안전 현장경영방침 및 매뉴얼이 문서화 되어 있는가? (5)	□		
			건설안전 현장경영 목표를 달성하기 위한 문서화된 안전활동 추진계획을 수립하였는가? (4)	□		
	2. 현장 안전 관리 조직 (7)	2.1 현장관리 조직의 구성 (7)	시공자의 안전관리 상태를 지도·감독하기 위한 현장 안전관리담당 건설사업관리기술자를 지정하였는가? (3)	□		
			지정된 안전관리담당자는 안전관련 자격을 가지고 있으며, 관련지침에 따른 업무이행을 하고 있는가? (4)	□		
	3. 성과측정 및 모니터링 (4)	3.1 건설안전 성과 모니터링 및 반영 (4)	현장 건설안전 목표달성을 위해 정기적으로 성과를 측정하고, 기록 · 관리하고 있는가? (4)	□		
	4. 사건조사, 시정조치 및 예방조치 (8)	4.1 사고조사, 시정조치 및 예 방 조 치 (8)	건설사고 발생 시 매뉴얼 또는 사고처리 절차에 따라 발주청에게 보고하였는가? (4)	□		
			건설사고의 근본원인이 검토되고 관리	□		

<table>
<tr><th colspan="3">평가항목</th><th rowspan="2">세부기준 및 방법
(배점)</th><th rowspan="2">여부</th><th rowspan="2">점수</th><th rowspan="2">비고</th></tr>
<tr><th>대분류
(배점)</th><th>중분류
(배점)</th><th>소분류
(배점)</th></tr>
<tr><td></td><td></td><td></td><td>되도록 지도 하였는가? (4)</td><td></td><td></td><td></td></tr>
<tr><td rowspan="7">B. 관련법에 따른 안전책무 (Mandatory Part) (40)</td><td rowspan="7">1. (시공자에 대한) 안전관리 계획 및 안전점검검토 (22)</td><td rowspan="2">1.1 안전관리 계획의 검토 및 이행 확인 (7)</td><td>시공자가 작성한 안전관리계획 적정성을 검토하고 수정보완이 필요할 경우 수정 및 보완하도록 하였는가? (3)</td><td>□</td><td></td><td></td></tr>
<tr><td>시공자가 안전관리 계획서를 이행하는 것을 확인하고 관련 자료를 기록 유지하고 있는가? (4)</td><td>□</td><td></td><td></td></tr>
<tr><td rowspan="2">1.2 안전점검 이행여부 검토 (4)</td><td>건설기술진흥법에 따른 자체안전점검 실시 및 적정 여부를 검토하고 있는가? (2)</td><td>□</td><td></td><td></td></tr>
<tr><td>시공자가 실시하는 정기·정밀안전점검 보고서 등을 확인하고 조치결과 이행을 확인하였는가? (2)</td><td>□</td><td></td><td></td></tr>
<tr><td rowspan="2">1.3 가설구조물의 시공 적정성 확인 (8)</td><td>시공자가 제출한 가설구조물에 대한 시공상세도면과 구조계산서의 적정성을 확인하였는가? (4)</td><td>□</td><td></td><td></td></tr>
<tr><td>가설구조물이 시공상세도면 및 시방서의 내용에 적합하게 설치되었는지 확인하였는가? (4)</td><td>□</td><td></td><td></td></tr>
<tr><td>1.4 실적보고서 관리 (3)</td><td>시공사의 분기별 안전관리 실적보고서</td><td>□</td><td></td><td></td></tr>
</table>

평가항목			세부기준 및 방법 (배점)	여부	점수	비고
대분류 (배점)	중분류 (배점)	소분류 (배점)				
			(안전관리 조직표, 재해발생, 안전교육 실적표, 안전관리비 사용내역등)를 관리하고 있는가? (3)			
	2. (시공자에 대한) 안전교육 (9)	2.1 안전교육 실시 및 관리 (9)	건설기술진흥법에 따라 시공자 구성원에 대한 안전교육을 실시하고 있는가? (4)	□		
			안전교육의 내용은 건설기술진흥법 등 법적 요구사항이 반영되어 적합하게 구성되어 있는가? (3)	□		
			교육받은 시공자가 현장 근로자에게 안전교육을 실시 및 지원하고 있는지 확인·검토하고 있는가? (2)	□		
	3. 비상사태 대비 계획 및 훈련 (7)	3.1 건설사고 등의 비상 사태에 대한 대비계획 및 절차 (2)	건설사고 등과 같은 비상사태 발생에 대한 비상연락체계를 관계자(발주청, 시공자, 건설사업관리기술자 등)를 포함하여 수립하였는가? (2)	□		
		3.2 건설사고 등의 비상 사태에 대한 대응 훈련 및 운영 (5)	건설사업관리용역 사업자가 건설사고 대응훈련에 구성원으로 참여 하고 있는가? (3)	□		
			건설사고 대응훈련 결과에 대해 피드백 하였는가? (2)	□		
	4. 허가제도 운영 (2)	4.1 위험작업의 작업허가	위험작업에 대해 관리, 감독하고 있는	□		

평가항목			세부기준 및 방법 (배점)	여부	점수	비고
대분류 (배점)	중분류 (배점)	소분류 (배점)				
		제도 운영 (1)	가? (1)			
		4.2 건설기계의 반입허가 제도 운영 (1)	건설기계의 현장반입을 허가하고 관리 여부를 확인하고 있는가? (1)	☐		
C. 자발적 활동 (Voluntary Part) (14)	1. 자발적 안전활동 시스템 (14)	1.1 안전활 동을 위한 의사소통, 참여, 협의 (4)	건설사업관리단이 주관하는 건설안전 회의가 매뉴얼에 따라 실시되고 있으며, 결과는 전 구성원에게 공유되고 있는가? (4)	☐		
		1.2 안전관리 시스템의 개선 노력 (10)	현장의 건설안전분야 개선 및 지원을 위한 문서화된 절차를 관리하고 있으며, 지원실적이 충분한가? (4)	☐		
			안전관리활동 개선을 위해 건설안전분야 안전 자문위원을 확보하여 운영하고 있는가? (6)	☐		
D. 위험요인 확인 및 제거 지원활동 (Technical Part) (18)	1. 위험분석 및 위험예지활동 지원 (9)	1.1 현장 위험요소, 위험성, 저감대책 분석 지원 시스템 및 절차 확보 (9)	건설현장 매뉴얼 또는 현장 별도의 지침/규정 내, 추가적인 위험요소를 검토할 수 있는 절차가 수립되어있는가? (2)	☐		
			추가위험요소 및 반복 지적사항에 대한 피드백 되어 있고, 저감대책은 위험을 제거 및 감소시키기 위해 적절하게 수립되어 있는가? (4)	☐		
			위험요소 프로파일	☐		

평가항목			세부기준 및 방법 (배점)	여부	점수	비고
대분류 (배점)	중분류 (배점)	소분류 (배점)				
			을 활용하여 위험요소를 발굴하고 관리하고 있는가? (3)			
	2. 기술적 지원 (9)	2.1 안전전담부서 또는 관련부서 (기술부서 등)의 현장 지원 시스템 (9)	취약공종(가설구조물, 굴착공사 등)의 안전성을 기술적으로 본사에서 지원받고 있는가? (9)	□		

평가담당 소속 : 성명 : (서명)

[별표 13] 시공자 안전관리 수준 확인방법
- 본사 -

평가항목			확인방법
대분류 (배점)	중분류 (배점)	소분류 (배점)	
A. 안전경영 방침 및 조직 (System Part) (47)	1. 안전경영 시스템 (27)	1.1 건설안전에 관한 방침 수립 (5)	- 안전방침 및 매뉴얼 수립 확인 - 안전방치 및 매뉴얼에 관한 구성원 교육 및 회의 실적 확인 - 본사 내 조직별 안전목표 수립 확인 - 안전방침 및 매뉴얼 개정이력 확인
		1.2 CEO의 안전의식 및 건설안전활동 (7)	- 사고보고서 확인(CEO 확인여부) - CEO 안전교육 이수 확인 - CEO 현장안전활동 실적 확인
		1.3 안전 계획 수립 및 안전기준 설정 (2)	- 사고 및 재난대응 매뉴얼 수립 확인 - 고령자, 외국인 근로자 안전대책 수립 확인
		1.4 안전 계획의 실행 및 운영 (8)	- 현장에 대한 본사의 안전활동 지원 실적 확인 - 사고사례 공유여부 확인 - 전사 구성원에 대한 안전교육 실시 확인 - 현장 안전활동에 대해 점검, 확인 문서 등
		1.5 성과측정, 모니터링, 개선 (5)	- 안전활동에 대한 성과측정 체계 수립 확인 - 성과측정 결과에 대한 부적합 사항 도출여부 확인 - 사고처리 보고서 관리현황 - 평가당해년도 안전활동 계획 수립 확인(전년도 대비)
	2. 본사 안전관리 조직 (14)	2.1 안전전담조직의 적정 구성 여부 (7)	- 본사 안전전담조직 구성 확인 - 전담조직 구성원의 책임, 역할 등의 정의 확인 - 현장안전관리자 배치에 관한 관리현황 - 전담조직 구성원의 전문교육 계획 및 실시 확인

평가항목			확인방법
대분류 (배점)	중분류 (배점)	소분류 (배점)	
		2.2 안전전담 부서의 독립성 (7)	- 안전전담부서(본사조직도)의 독립성 확인 - 전담부서의 책임자의 직위 확인
	3. 안전감사(6)	3.1 안전감사 시스템 (2)	- 안전감사 시스템 구축 확인
		3.2 안전 감사의 실시 및 개선 (4)	- 현장에 대한 건설안전 감사 계획 및 실시 확인 - 감사결과 관련자 공유 실적 및 예방조치 실적 확인
B. 관련법에 따른 안전책무 (Mandatory Part) (12)	1. 안전점검 지원 (8)	1.1 현장 안전점검에 대한 계획 및 문서화된 절차 (4)	- 안전점검 매뉴얼 수립 확인 - 현장 안전점검계획 수립 확인
		1.2 안전점검 지원 및 개선 실적 (4)	- 안전점검(지원)실적 관리현황 - 안전점검 조치사항에 대한 관리현황
	2. 안전교육 지원 (4)	2.1 현장 안전교육에 대한 모니터링 및 개선 실적 (4)	- 현장 안전교육 모니터링 절차 확인 - 안전교육 실시(지원) 수행 결과 관리현황
C. 건설재해 예방을 위한 자발활동 (Voluntary Part) (15)	1. 안전한 공사조건 확보 활동 (9)	1.1 공사 수주 활동시 안전한 공사 조건 확보 노력도 (3)	- 공사 입찰 전 안전에 대한 사전검토 실적 확인
		1.2 협력회사 선정시 안전관리 수준(지표)의 반영 (6)	- 협력회사 안전관리 수준 평가체계 수립, 실시 확인
	2. 자발적인 예방활동 (3)	2.1 안전시스템의 인증 (3)	관련 근거자료

평가항목			확인방법
대분류 (배점)	중분류 (배점)	소분류 (배점)	
	3. 성과체계, 협력회사 안전 지원 (3)	3.1 성과 체계에 건설안전관리 수준 반영 (3)	- 사내 인사규정 내 건설안전 관련 평가항목 확인 - 사내 성과금 및 보수규정 내 건설안전 관련 평가항목 확인
D. 위험 요인 제거 활동 (Technical Part) (26)	1. 위험분석 및 위험예지활동 지원 (18)	1.1 현장 위험요소, 위험성, 저감대책 분석 지원 시스템 및 절차 확보(매뉴얼 등) (14)	- 위험성평가 매뉴얼 수립 및 개정이력 확인 - 별도의 기술지원 조직 구성 확인
		1.2 현장 지원 및 지원 시스템 (4)	- 기술지원 실적 관리현황
	2. 가설구조물 안전성 확보 지원 (8)	2.1 현장 지원 실적 (8)	- 가설구조물 기술지원 실적 확인

- 현장 -

평가항목			확인방법
대분류 (배점)	중분류 (배점)	소분류 (배점)	
A. 안전경영 방침 및 조직 (System Part) (28)	1. 안전총괄 책임자의 안전 활동 (14)	1.1 안전총괄 책임자의 현장 건설안전 경영 방침 (5)	- 총괄책임자의 승인을 받은 현장안전경영방침 및 매뉴얼 수립 확인 - 현장 조직별 안전목표 수립 확인 - 현장안전경영방침 및 매뉴얼 개정이력 확인
		1.2 안전총괄 책임자의 건설안전활동 (5)	- 안전교육 이수 확인 - 안전점검 실시 확인 - 관련회의 참석자 명단 등
		1.3 안전관리 담당자 및 분야별 안전관리책임자의 건설안전분야 개발 노력도	- 분야별 안전관리책임자 및 안전관리담당자들의 안전자격증 취득 확인 - 분야별 안전관리책임자의 전문안전교육 이수 확인 - 안전관리담당자의 전문안전교육 이

평가항목			확인방법
대분류 (배점)	중분류 (배점)	소분류 (배점)	
		(4)	수 확인
	2. 현장 안전관리 조직 (4)	2.1 안전관리 조직 구성 의 적정성 (4)	- 건설기술진흥법에 따른 안전조직 구성 확인 - 담당자의 책임과 권한 등의 정의 확인 ※ 현장평가 확인항목
	3. 성과측정 및 건설사고조사 (10)	3.1 성과측정 및 건설사고조사 (10)	- 안전성과 측정체계 및 실시 확인 - 사고관련 구성원 공람여부 확인
B. 관련법에 따른 안전책무 (Mandatory Part) (35)	1. 안전관리 계획 및 안전점검 (21)	1.1 안전관리 계획의 적절성 및 공종별 안전성 검토결과 (17)	- 안전관리계획서 승인공문 등(발주청, 감리단) - 안전관리계획서 내 확인 ※ 현장평가 확인항목
		1.2 자체 안전점검의 규정 및 실시실적 (2)	- 자체안전점검 수행 결과 확인 ※ 현장평가 확인항목
		1.3 외부 안전점검기관의 결과 이행 (2)	이행 결과 확인 관련 근거자료 확인
	2. 안전관리비 (5)	2.1 안전 관리비 반영 및 적정 사용여부 (5)	- 건설기술진흥법에 의한 안전관리비 수립 확인 - 안전관리비 지출 내역 확인(항목별 사용여부) ※ 현장평가 확인항목
	3. 안전관리 구성원의 직무와 안전교육 (9)	3.1 분야별 안전관리책임자 및 안전관리담당자의 업무수행 (6)	- 자재 적격사항 확인 - 분야별 안전관리책임자의 안전점검 수행 확인 - 안전관리담당자의 안전점검 수행 확인 ※ 현장평가 확인항목
		3.2 안전교육 실적 (3)	- 분야별 안전관리책임자의 교육실적 확인 - 안전관리담당자의 교육실적 확인 - 안전교육 내용 확인(공법 및 시공순서, 주의사항 등) - 안전교육 실적의 관리현황 확인 ※ 현장평가 확인항목
C. 건설재해 예방을 위	1. 안전한 공사조	1.1 안전한 공사조건 확보 노력도(4)	- 설계도서 사전검토 실적 확인

평가항목			확인방법
대분류 (배점)	중분류 (배점)	소분류 (배점)	
한 자발적 활동 (Voluntary Part)(19)	건 확보 활동 (15)	1.2 공중의 안전확보를 위한 기준 및 대책의 이행 수준(3)	관련 근거자료 ※ 현장평가 확인항목
		1.3 협력회사 안전관리 수준(지표)의 개선(8)	- 협력회사 안전관리 수준평가 체계수립 확인 - 협력회사 안전관리 수준평가 수행실적 확인
	2. 자발적인 예방 활동 (4)	2.1 협력회사 근로자 작업 환경 개선 활동 (4)	- 협력회사 근로자 환경개선에 대한 (발주청, 본사) 지시문 등 확인 - 협력회사 근로자 환경개선 실적 확인
D. 위험요인제거 (Technical Part)(18)	1. 위험분석 및 위험예지활동 지원 (3)	1.1 현장 위험요소, 위험성, 저감대책 검토(3)	- 위험성평가 매뉴얼 보유 및 수립 확인 - 위험성평가 실적 및 공유현황 확인 - 구성원 참석여부 확인 - 위험성평가 내 위험요소 조치사항 등 확인
	2. 가설 구조물 안전성 확보 (8)	2.1 가설구조물의 안전성 검토 결과 적절성 (2)	- 가설구조물 설계 검토 수행실적 확인 ※ 현장평가 확인항목
		2.2 시공상세도, 작업절차서 등 관련 서류와 시공 일치도 확인 실적 (6)	- 시공상세도 및 구조계산서 검토관련 수행실적 확인 - 가설구조물의 시공상태 점검 수행실적 확인 (검측체크 등) - 가설구조물 작업절차서(매뉴얼 등)의 보유 및 수립 확인 - 가설구조물 해체 작업관련 안전성검토 수행실적 확인 ※ 현장평가 확인항목
	3. 안전시설 (7)	3.1 설치 기준에 적합한 안전시설 설치 (4)	- 안전시설에 대한 설치계획서(절차서) 수립 확인 - 안전시설에 대한 점검 등 수행실적 확인 ※ 현장평가 확인항목
		3.2 사용 가설 자재의 관리도 (3)	- 가설재 검증절차 확인 - 가설재 폐기 절차 및 반출 내역 관리 현황 확인 ※ 현장평가 확인항목

[별표 14] 시공자 안전관리 수준 평가표(체크리스트)
- 본사 -

<table>
<tr><th colspan="3">평가항목</th><th rowspan="2">세부기준 및 방법
(배점)</th><th rowspan="2">여부</th><th rowspan="2">점수</th><th rowspan="2">비고</th></tr>
<tr><th>대분류
(배점)</th><th>중분류
(배점)</th><th>소분류
(배점)</th></tr>
<tr><td rowspan="11">A. 안전경영 방침 및 조직 (System Part) (47)</td><td rowspan="11">1. 안전경영 시스템 (27)</td><td>1.1건설안전에 관한 방침 수립 (5)</td><td>CEO의 승인을 받은 문서화된 건설안전 경영방침 및 매뉴얼이 설정되어 있는가? (5)</td><td>☐</td><td></td><td></td></tr>
<tr><td rowspan="3">1.2 CEO의 안전의식 및 건설안전활동 (7)</td><td>CEO는 현장의 건설사고 보고 및 조치결과를 확인하고 있는가? (2)</td><td>☐</td><td></td><td></td></tr>
<tr><td>CEO는 건설안전 교육을 이수하고 있는가? (2)</td><td>☐</td><td></td><td></td></tr>
<tr><td>CEO는 건설현장을 방문하여 건설안전활동을 실시하고 있는가? (3)</td><td>☐</td><td></td><td></td></tr>
<tr><td rowspan="2">1.3 안전계획 수립 및 안전기준 설정 (2)</td><td>건설사고 방지를 위한 계획(재난대응 등)을 수립하여 전 현장에 전파하고 있는가? (1)</td><td>☐</td><td></td><td></td></tr>
<tr><td>취약계층 근로자(고령자, 외국인)에 대한 별도의 안전관리계획을 수립하여 운영하고 있는가? (1)</td><td>☐</td><td></td><td></td></tr>
<tr><td rowspan="3">1.4 안전 계획의 실행 및 운영 (8)</td><td>모든 구성원들에게 사고사례를 공유하고 있는가? (2)</td><td>☐</td><td></td><td></td></tr>
<tr><td>본사 주관의 건설안전 교육을 실시하고 있는가? (3)</td><td>☐</td><td></td><td></td></tr>
<tr><td>건설사고 방지를 위한 계획(재난대응 등)이 현장에서 이행되는지 확인하고 있는가? (3)</td><td>☐</td><td></td><td></td></tr>
<tr><td>1.5 성과측정, 모니터링, 개선 (5)</td><td>건설안전 경영목표에 따른 성과 측정체계를 보유하고 있는가? (3)</td><td>☐</td><td></td><td></td></tr>
</table>

평가항목			세부기준 및 방법 (배점)	여부	점수	비고
대분류 (배점)	중분류 (배점)	소분류 (배점)				
			성과 측정 결과에 따른 개선사항에 대해 보완하고 있는가? (2)	□		
	2. 본사 안전관리조직 (14)	2.1 안전전담 조직의 적정 구성 여부 (7)	안전전담 조직 구성원은 건설안전자격을 보유하고 있는가? (3)	□		
			안전전담 조직 구성원의 전문성을 향상시키기 위한 건설안전 교육이 문서화되어 있으며, 실행되고 있는가? (4)	□		
		2.2 안전전담 부서의 독립성 (7)	독립적인 안전전담 부서가 운영되고 있는가? (4)	□		
			안전전담 부서의 책임자는 임원급으로 회사의 경영방침에 안전방침을 적극적으로 반영하고 있는가? (3)	□		
	3. 안전감사 (6)	3.1 안전감사 시스템 (2)	독립성을 갖는 내부 및 외부 기관에 의해 회사의 건설안전 경영체계가 올바르게 실행 및 관리되고 있는지 평가 및 개선하고 있는가? (2)	□		
		3.2 안전 감사의 실시 및 개선 (4)	현장에 대한 건설안전 감사를 정기적으로 계획하고 실시하고 있는가? (2)	□		
			감사결과는 CEO를 포함한 모든 관련자에게 전달되며, 적절한 시정 및 예방조치를 취하고 있는가? (2)	□		
B. 관련법에 따른 안전책무	1. 안전점검 지원 (8)	1.1 현장 안전점검에 대한 계획 및 문서	본사 주관의 현장 안전점검 계획이 수립 및 운영되고 있는가? (4)	□		

평가항목			세부기준 및 방법 (배점)	여부	점수	비고
대분류 (배점)	중분류 (배점)	소분류 (배점)				
(Mandatory Part) (12)		화된 절차 (4)				
		1.2 안전점검 지원 및 개선 실적 (4)	현장 안전점검 결과에 따른 후속조치 실적을 관리하고 결과에 대해 CEO에게 보고하고 있는가? (4)	□		
	2. 안전교육 지원 (4)	2.1 현장 안전교육에 대한 모니터링 및 개선 실적 (4)	건설기술진흥법에 따른 현장 안전교육을 주기적으로 모니터링하고 있는가? (4)	□		
C. 건설재해 예방을 위한 자발활동 (Voluntary Part) (15)	1. 안전한 공사조건 확보 활동 (9)	1.1 공사 수주 활동시 안전한 공사조건 확보 노력도 (3)	공사 입찰 시 공사조건의 건설안전을 사전 검토한 실적이 관리되고 있는가? (3)	□		
		1.2 협력회사 선정시 안전관리 수준(지표)의 반영 (6)	협력회사 건설안전관리 수준을 평가하고, 결과를 하도급 입찰, 인센티브 제공 등에 반영하고 있는가? (6)	□		
	2. 자발적인 예방 활동 (3)	2.2 안전시스템의 인증 (3)	공인된 안전경영인증을 가지고 있는가? (3)	□		
	3. 성과체계, 협력회사 안전 지원 (3)	3.1 성과 체계에 건설안전관리 수준 반영 (3)	구성원의 건설안전성과를 인센티브에 반영하고 있는가? (3)	□		
D. 위험요인 제거 활동 (Technical Part) (26)	1. 위험분석 및 위험예지활동 지원 (18)	1.1 현장 위험요소, 위험성, 저감대책 분석 지원 시스템 및 절차 확보(매뉴얼 등) (14)	현장의 설계안전성검토(DFS)의 위험요소 발굴, 위험성평가, 저감 대책 분석 지원을 위한 절차를 보유하고 있는가? (4)	□		
			위험요소 프로파일을 활용하여 위험요소를 발굴하고 관리하고 있는가? (2)	□		

평가항목 대분류 (배점)	중분류 (배점)	소분류 (배점)	세부기준 및 방법 (배점)	여부	점수	비고
			현장에서 안전관리계획 수립시 설계의 안전성 검토 사항을 포함하여 작성하는지 확인하고 있는가? (4)	□		
			위험요소 프로파일 및 반복 지적사항에 대한 지원실적이 있는가? (4)	□		
		1.2 현장 지원 및 지원 시스템 (4)	현장의 기술적 문제를 지원할 별도의 조직을 갖추고 있으며 지원실적이 관리되고 있는가? (4)	□		
	2. 가설구조물 안전성 확보 지원 (8)	2.1 현장 지원 실적 (8)	가설 구조물(구조물공사, 굴착공사 등)의 구조 안전성을 기술적으로 지원할 시스템을 갖추고 있으며, 기술지원을 수행하고 있는가? (8)	□		

평가담당 소속 : 　　　　　성명 : 　　　　　(서명)

- 현장 -

평가항목 대분류 (배점)	중분류 (배점)	소분류 (배점)	세부기준 및 방법 (배점)	여부	점수	비고
A. 안전경영방침 및 조직 (System Part) (28)	1. 안전총괄책임자의 안전활동 (14)	1.1 안전총괄책임자의 현장 건설안전경영 방침 (5)	안전총괄책임자의 승인을 받은 건설안전 현장경영방침 및 매뉴얼이 문서화되어 있는가? (5)	□		
		1.2 안전총괄책임자의 건설안전활동	안전총괄책임자는 건설안전에 관한 교육을 이수하고 있는가? (2)	□		

평가항목			세부기준 및 방법 (배점)	여부	점수	비고
대분류 (배점)	중분류 (배점)	소분류 (배점)				
		(5)	안전총괄책임자는 수행업무를 적합하게 하고 있는가?(3)	□		
		1.3 안전관리 담당자 및 분야별 안전관리책임자의 건설안전분야 개발 노력도 (4)	분야별 안전관리책임자와 안전관리담당자는 안전관련 자격증을 갖고 있는가? (1)	□		
			분야별 안전관리책임자와 안전관리 담당자는 개인의 안전 능력 향상을 위해 노력한 실적이 있는가? (3)	□		
	2. 현장 안전관리 조직 (4)	2.1 안전관리 조직 구성 의 적정성 (4)	공사에 적합한 안전관리조직이 구성되어 있는가? (2)	□		
			안전관리조직에 구성된 업무 담당자별로 책임과 권한이 명확하게 설정되고 이행되고 있는가? (2)	□		
	3. 성과측정 및 건설사고조사 (10)	3.1 성과측정 및 건설사고 조사 (10)	건설안전 현장경영목표가 달성되고 있는지 정기적으로 모니터링하고 성과를 측정하고 있는가? (3)	□		
			건설사고 조사 및 조치에 대한 절차를 보유하고 있는가? (2)	□		
			사고가 발생한 경우, 건설공사 안전관리 종합정보망(CSI)에 신고처리 되어 있는가? (3)	□		
			건설사고 조사 및 처리 결과를 발주청 보고 및 구성원에게 공유하고 있는가? (2)	□		
B. 관련법에 따른 안전책무	1. 안전관리 계획 및 안전점검	1.1 안전관리 계획의 적절성 및 공종별	안전관리계획서는 수립기준에 맞게 작성되고 착공 전 발주청에게	□		

<table>
<tr><th colspan="3">평가항목</th><th rowspan="2">세부기준 및 방법
(배점)</th><th rowspan="2">여부</th><th rowspan="2">점수</th><th rowspan="2">비고</th></tr>
<tr><th>대분류
(배점)</th><th>중분류
(배점)</th><th>소분류
(배점)</th></tr>
<tr><td rowspan="10">(Mandatory Part) (35)</td><td rowspan="6">(21)</td><td rowspan="4">안전성 검토 결과 (17)</td><td>승인받았는가? (2)</td><td></td><td></td><td></td></tr>
<tr><td>안전관리계획서는 현장의 해당 공종이 모두 포함되고, 공종 및 공법 변경에 따른 변경 안전관리계획을 승인받았는가? (3)</td><td>□</td><td></td><td></td></tr>
<tr><td>안전관리계획서에 설계안전성검토(DFS) 사항이 반영되었는가? (2)</td><td>□</td><td></td><td></td></tr>
<tr><td>안전관리계획서에 따라 안전관리를 수행하고 있는가? (10)</td><td>□</td><td></td><td></td></tr>
<tr><td>1.2 자체 안전점검의 규정 및 실시 실적 (2)</td><td>안전관리계획에 따른 자체 안전점검은 진행 중인 공사에 맞게 계획 및 실시되고 기록·관리되고 있는가? (2)</td><td>□</td><td></td><td></td></tr>
<tr><td>1.3 외부 안전점검기관의 결과 이행 (2)</td><td>정기안전점검, 정밀안전점검 등 안전점검은 수행결과를 건설공사안전관리종합정보망(CSI)에 제출하였는가? (2)</td><td>□</td><td></td><td></td></tr>
<tr><td>2. 안전관리비(5)</td><td>2.1 안전 관리비 반영 및 적정 사용 여부 (5)</td><td>건설기술진흥법에 따른 안전관리비가 법령에 따라 사용되고 있는가? (5)</td><td>□</td><td></td><td></td></tr>
<tr><td rowspan="2">3. 안전관리 구성원의 직무와 안전교육 (9)</td><td>3.1 분야별 안전관리책임자 및 안전관리담당자의 업무수행 (6)</td><td>분야별 안전관리책임자 및 안전관리담당자는 수행업무를 적합하게 하고 있는가? (6)</td><td>□</td><td></td><td></td></tr>
<tr><td>3.2 안전교육 실적 (3)</td><td>분야별 안전관리책임자와 안전관리담당자가 공사 착수 전에 공사작업자를 대상으로 건설기술진흥법에 따</td><td>□</td><td></td><td></td></tr>
</table>

평가항목			세부기준 및 방법 (배점)	여부	점수	비고
대분류 (배점)	중분류 (배점)	소분류 (배점)				
			른 안전교육을 실시하고 있는가? (3)			
C. 건설재해 예방을 위한 자발적 활동 (Voluntary Part)(19)	1. 안전한 공사 조건 확보 활동(15)	1.1 안전한 공사조건 확보 노력도(4)	안전한 공사조건을 확보하기 위해 검토된 실적이 있으며 관리되고 있는가? (4)	□		
		1.2 공중의 안전확보를 위한 기준 및 대책의 이행 수준 (3)	현장 주변 주민·차량 등의 안전을 위한 실적이 관리되고 있는가? (3)	□		
		1.3 협력회사 안전관리 수준(지표)의 개선 (8)	협력회사 안전관리 수준평가 체계가 있으며, 평가실적이 관리되고 있는가? (8)	□		
	2. 자발적인 예방 활동 (4)	2.1 협력회사 근로자 작업 환경 개선 활동 (4)	협력회사 근로자의 작업 환경 개선 활동을 지원하는 문서화된 절차를 가지고 있으며, 실적이 관리되고 있는가? (4)	□		
D. 위험 요인제거 (Technical Part) (18)	1. 위험분석 및 위험예지활동 지원 (3)	1.1 현장 위험요소, 위험성, 저감 대책 검토 (3)	건설현장 매뉴얼 또는 현장 별도의 지침/규정 내, 추가적인 위험요소를 검토할 수 있는 절차가 수립되어있는가? (2)	□		
			위험요소 프로파일을 활용하여 위험요소를 발굴하고 현장 안전관리에 적용하고 있는가? (1)	□		
	2. 가설 구조물 안전성 확보 (8)	2.1 가설구조물의 안전성 검토 결과 적절성 (2)	건설기술진흥법에 따른 가설구조물에 대한 안전성 검토를 절차에 따라 수행하였는가? (2)	□		
		2.2 시공상세	시공상세도면과 구조	□		

평가항목			세부기준 및 방법 (배점)	여부	점수	비고
대분류 (배점)	중분류 (배점)	소분류 (배점)				
		도, 작업절차서 등 관련 서류와 시공 일치도 확인 실적 (6)	계산서가 일치하는지 확인하고, 기록 및 관리하고 있는가? (2)			
			시공상세도가 설치 상태와 일치하는지 확인하고, 기록 및 관리하고 있는가?(2)	□		
			가설 구조물 설치 및 해체 순서와 안전성에 대해 검토하고 기록·관리하고 있는가?(2)	□		
	3. 안전시설 (7)	3.1 설치 기준에 적합한 안전시설 설치 (4)	안전시설은 관련규정에 따라 설치 및 유지관리 되고 있는가? (4)	□		
		3.2 사용 가설자재의 관리도 (3)	가설기자재 품질관리 기준에 따라 사용 및 관리하고 있는가? (3)	□		

평가담당 소속 : 성명 : (서명)

[별표 15] 안전관리 수준 평가 점수 산정 방법

1. 발주청

- 본사 평가 비중 = 100%

2. 건설사업관리용역업자

- 본사 및 현장 평가 비중

(본사 : 현장 = 20% : 80%)

$$현장점수 = \frac{\sum(개별\ 현장점수)}{평가\ 현장\ 수}$$

3. 시공자

- 본사 및 현장 평가 비중

(본사 : 현장 = 30% : 70%)

$$\text{현장점수} = \frac{\sum(\text{개별 현장점수})}{\text{평가 현장 수}}$$

[별표 16]

우수건설안전관리 참여자 선정 기준

1. 우수건설안전관리 참여자 분류기준

가. 발주청

나. 시공자

다. 건설사업관리용역사업자

2. 공사구분 분류기준

대분류	공사 구분	비고
토목	교통시설	
	수자원시설	
	기타토목	
건축	주거	
	비주거	

※ 공사구분은 종합심사낙찰제 공사구분 기준 적용을 원칙으로 한다.

3. 평가점수별 평가등급 기준

등급	평가점수	비고
매우우수	95점 이상	
우수	85점 이상 95점 미만	
보통	60점 이상 85점 미만	
미흡	40점 이상 60점 미만	
매우미흡	40점 미만	

※ 평가에 쓰이는 각종 수치는 소수점 둘째 자리로 하고 소수점 셋째 자리에서 반올림한다.

[별지 제1호 서식]

설계안전검토보고서

공사명		공사비		
공사기간		공사종류		
설계자	회사명		Sheet 작성일	
			Sheet 작성자	
	담당부서		설계반영 여부	
			설계반영 담당	
발주자	기관명			
	담당부서		담당자	
시공자	회사명			
	담당부서		담당자	
사업관리·감독	회사명			
	담당부서		담당자	

No	공종명 (A영역)	Hazard (B영역)	Risk					위험요소 저감대책 (H영역)	위험요소관리 주체 (I영역)	잔여 위험요소 (J영역)			
			물적피해 (사고결과_사고유발원인) (C영역)	인적피해 (D영역)	발생빈도 (E영역)	심각성 (F영역)	위험등급 (G영역)			위험요소저감대책가정/제3자에 의한 저감대책	Yes/No	위험요소 보유자	안전관리 문서

[별지 제2호 서식]

○○○공사 ○○○ 사고

건 설 사 고 조 사 보 고 서

20 . .

○○발주처

목 차

---

1. 개 요

1) 목적

2) 현장정보

○ 계약주체

○ 계약내용

○ 현장관계자 정보

○ 공사추진상황

3) 사고정보

○ 사고의 유형

○ 사고의 전개

4) 피해상황

○ 인적피해

○ 구조물손실

○ 공기지연

○ 장비손실

○ 피해금액

2. 현장조사내용

1) 조사관정보

2) 조사방법

3) 조사활동 현황

4) 현장의 관리체계

5) 문서의 점검

6) 현장점검사황

3. 시험결과

○ 위원회가 필요시 요청한 시험결과에 대한 결과 수록

4. 사고원인분석

○ 가설의 수립

○ 가설의 증명 및 사고원인 분석

5. 결론

○ 설계과정

○ 시공과정

6. 현장조치결과, 권고 및 향후 조치

7. 부록

[별지 제3호 서식]

(자체·정기·정밀)안전점검 지적사항 조치확인	
공 사 명	
현 장 소 재 지	
점 검 일 시	
점검기관(책임자)	
대 상 공 종	
점 검 항 목	
지 적 사 항	
조 치 일 시	
조 치 자	(인)
조 치 사 항	
발주자(건설사업관리자) 확인	(인)

[별지 제4호 서식]

발주청 안전관리 수준 평가 총괄표

공사비 단위: 백만원

순위	공사명	공사개요	공사구분	공사비	공사기간	발주자	대표자	평점	비고

210mm×297mm
(인쇄용지(2급) 60g/㎡)

[별지 제5호 서식]

건설사업관리용역사업자 안전관리 수준 평가 총괄표

순위	공사명	공사개요	공사구분	공사비	공사기간	건설사업관리용역사업자	대표자	평점	비고
				백만원					
				백만원					
				백만원					
				백만원					
				백만원					
				백만원					
				백만원					
				백만원					
				백만원					
				백만원					
				백만원					

210mm×297mm [백상지(80g/㎡)]

[별지 제6호 서식]

시공자 안전관리 수준 평가 총괄표

공사비 단위: 백만원

순위	공사명	공사개요	공사구분	공사비	공사기간	시공자	대표자	평점	비고

210㎜×297㎜
(인쇄용지(2급) 60g/㎡)

[별지 제7호서식]

안전점검 수행기관 등록 신청서

※ 색상이 어두운 난은 신청인이 작성하지 아니하며, [ ]에는 해당하는 곳에 √표를 합니다. (앞쪽)

접수번호	접수일자	처리기간 공고마감후 15일

신청인	상호		
	대표자	생년월일	성별
	사무소 소재지	전화번호	
신청분야	토목분야 [ ] 건축분야 [ ] 종합분야 [ ]		

「건설기술 진흥법 시행령」 제100조의2조제1항 및「건설공사 안전관리 업무 수행지침」제18조제4항에 따라 안전점검 수행기관의 등록을 신청합니다.

년 월 일

신청인 (서명 또는 인)

발주청 (인·허가기관의 장) 귀하

신청인 (대표자) 제출서류	1. 안전진단전문기관등록증 2. 등록분야별 기술인력 및 장비의 보유현황과 그 기술인력에 관한 건설기술인 경력증명서 각 1부 3. 안전점검 수행기관의 정기안전점검 등 수행실적 및 수행기관의 신용도를 증명하는 서류 각 1부 4. 기타 발주청 및 인허가기관의 장이 안전점검 수행기관의 명부를 작성하는데 필요한 서류 각 1부	수수료 없음

처리절차

신청서 작성 → 접수 → 첨부서류 검토 → 기안·결재 → 등록결과 통보

신고인 처리기관(발주청 또는 인·허가기관)

210㎜×297㎜[백상지(80g/㎡) 또는 중질지(80g/㎡)]

[별지 제8호서식]

(3쪽 중 제1쪽)

안전점검 수행기관 등록부

<table>
<tr><td colspan="2">전문분야(세부분야)</td><td>(　　　　　　　　)</td><td>등록번호</td><td></td></tr>
<tr><td colspan="2">상호 또는 법인명</td><td></td><td>성명
(대표자)</td><td></td></tr>
<tr><td colspan="2">소속 국가명</td><td></td><td>등록일</td><td></td></tr>
<tr><td rowspan="2">사무실</td><td>소재지</td><td>(전화)</td><td>확보 구분</td><td></td></tr>
<tr><td>순사무실
면적</td><td>㎡</td><td>입주
연월일</td><td></td></tr>
</table>

<table>
<tr><td rowspan="2">자본금
(필요시)</td><td>납입자본금</td><td>변경 연월일</td><td>실질자본금</td></tr>
<tr><td>• 금액
• 외국인 투자율
• 외국인 투자금액</td><td></td><td></td></tr>
</table>

장비 보유 현황

취득일	품명	규격	수량	처분일	취득일	품명	규격	수량	처분일

상훈(필요시)

연월일	종류	상훈기관	공적 내용	용역명(필요시)	비고

제재

연월일	종류	제재기관	사유 및 기간	용역명(필요시)	비고

210mm×297mm[백상지(80g/㎡)]

기술인 현황

등재 연월일	기술인 수			변경 내용	기록자
	계	특급	고급 이하		

210mm×297mm[백상지(80g/㎡)]

(3쪽 중 제3쪽)

기록 변경사항

변경일	변경 사항	변경 내용	기록자

210㎜×297㎜[백상지(80g/㎡)]

[별지 제9호서식]

안전점검 수행기관 지정 신청서

1. 공 사 명			
2. 시 공 사			
3. 발 주 자			
4. 건설사업관리기술자			
5. 공사개요			
공 사 비		공사기간	
현장주소			
공사내용			
6. 안전점검 신청 개요			
안전점검 종류	정기점검[ ] 정밀안전점검[ ] 초기점검[ ] 공사재개 전 안전점검[ ]		
안전점검 내용	※ 건설공사 안전관리 업무수행 지침 별표 1 참고		
안전점검 비용			

「건설기술 진흥법 시행령」 제100조의2조제2항 및 「건설공사 안전관리 업무수행지침」 제18조제6항에 따라 안전점검 수행기관의 지정을 신청합니다.

년 월 일

신고인 (서명 또는 인)

발주청 (인·허가기관의 장) 귀하

첨부서류	안전관리계획서 中 안전점검비 산출내역	수수료 없음

처리절차

신청서	➔	접수	➔	검토	➔	수리	➔	통보
신고인		발주청 또는 인·허가기관						

210mm×297mm[백상지(80g/㎡)]

[별지 제10호서식]

발신기관명

수신자 **건설사업자 또는 주택건설등록업자**
(경유)
제 목 **안전점검 수행기관 지정 통보서**

「건설기술 진흥법 시행령」 제100조의2조제3항 및 「건설공사 안전관리 업무수행지침」 제18조제11항에 따라 안전점검 수행기관의 지정을 통보합니다.

1. 현 장 명					
2. 시 공 사					
3. 안전점검 수행기관 개요					
안전점검 수행기관	상호		대표자		소재지	
전문분야			전화번호		
4. 안전점검 지정 현황					
안전점검 종류	정기점검[ ] 정밀안전점검[ ] 초기점검[ ] 공사재개 전 안전점검[ ]				
건설공사 종류	※ 건설공사 안전관리 업무수행 지침 별표 1 참고				

발신기관의 장 직인

기안자 직위(직급) 서명 검토자 직위(직급)서명 결재권자 직위 (직급)서명
협조자
시행 처리과-일련번호(시행일자) 접수 처리과명-일련번호(접수일자)
우 주소 / 홈페이지 주소
전화( ) 전송( ) / 기안자의 공식전자우편주소 / 공개구분

210㎜×297㎜[백상지(80g/㎡)]

[별지 제11호서식]

(2쪽 중 제1쪽)

스마트 안전관리장비 보조·지원(변경)신청서

※ 뒤쪽의 신청 안내를 참고하시기 바라며, 색상이 어두운 란은 신청인이 적지 않습니다.

접수번호	접수일	발급일	처리기간

신 청 자	성 명	생년월일
	전자우편주소	휴대전화번호
	주 소	
신청업체	업체명(대표자)	전화번호
	사업자등록번호	FAX 번호
	업체주소	
현장정보	현 장 명	공사금액 원
	현장주소	
	고위험공종 여부 [ ] 굴착공사 [ ] 철골공사 [ ] 철근콘크리트공사 [ ] 기타	
	시공능력평가결과 위	공사잔여기간 개월
신 청 지원장비	품 목 명 (장비수)	설치시기 . . ~ . . (개월)

「건설기술 진흥법 시행령」 제62조의3 및 「건설공사 안전관리 업무수행 지침」 제79조에 따라 위와 같이 스마트 안전관리장비 보조·지원을 신청합니다.

년 월 일

신청인 (서명 또는 인)

국토안전관리원장 귀하

첨부서류	스마트 안전관리장비 설치계획서

처리절차								
신청서 작성	→	접수 및 자격요건 확인	→	심사	→	대상 선정	→	통 보
신청인		국토안전관리원		국토안전관리원		국토안전관리원		국토안전관리원

210mm×297mm[백상지(80g/㎡)]

(첨부) 스마트 안전관리장비 설치계획서

※ 장비 설치위치를 명확히 알 수 있도록 작성

스마트 안전장비 설치 배치도 또는 평면도

스마트 안전장비 설치 단면도

[부 록]

설계(안)의 건설안전 위험성 평가기법

1. 설계자는 건설안전에 치명적인 위험요소의 유형과 수준을 설계과정 중에서 <그림 1>과 같은 위험성 평가절차를 통해 지속적으로 도출할 필요가 있다. 하지만 여기서 제시된 설계(안)의 건설안전 위험성 평가기법은 참고자료로써의 의미를 가진다.
2. 발주자는 설계서(과업지시서)의 설계조건을 중심으로 설계(안)에 존재하는 주요 위험요소를 아래의 표에서 보는 바와 같은 건설안전 위험성 평가표에 도면검토, 각종 지침, 자유로운 토론을 통해 확인하여 표시하여야 한다.

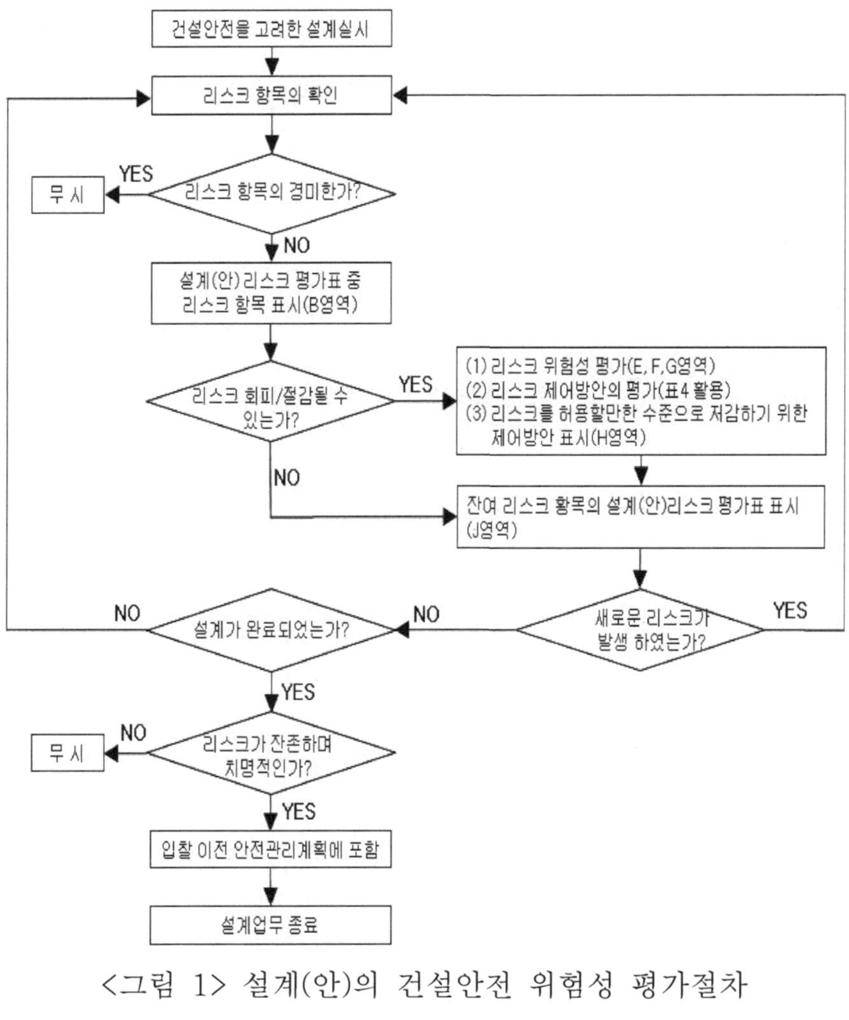

<그림 1> 설계(안)의 건설안전 위험성 평가절차

3. 각 공종별 HRA(Hazard, Risk, Alternative)는 표4에 아래와 같이 표시한다.

(1) A영역은 해당 건설공사의 설계 패키지나 공종을 의미하며, B영역은 해당 설계패키지 또는 공종에 존재하는 위험요소를 말한다.

(2) C영역은 해당 위험요소로 인해 발생할 수 있는 물적피해를 기록하며, D영역은 인적피해를 기록한다.

(3) 위험요소의 발생빈도(E영역)와 사고심각성(F영역)에 따른 위험등급(G영역)은 아래의 표1, 표2에서 보는 바와 같이 H, M, L의 간단한 정성적 기준으로서 평가하여야 한다.

(4) E영역과 F영역에 의해 위험등급이 H인 경우는 설계 패키지의 위험요소 수준이 치명적이므로 관련 설계요소에 대해 설계(안)이 반드시 수정되어야만 한다는 것을 의미한다. 또한 L은 설계(안) 수정에 대해 가장 낮은 우선순위를 나타낸다.

표1 발생빈도와 사고심각성

발생빈도(Likelihood, L)		사고심각성(Severity, S)	
High(H)	빈번히 발생함	High(H)	사망, 장기적인 장애를 일으키는 부상, 질병
Medium(M)	발생가능성 있음	Medium(M)	단기적인 장애를 일으키는 부상, 질병
Low(L)	거의 발생하지 않음	Low(L)	상해가 없거나 응급처지 수준의 상해

표2 위험성 결정 기준

발생빈도(L) / 심각성(S)	High(H)	Medium(M)	Low(L)
High(H)	H	H	M
Medium(M)	H	M	L
Low(L)	M	L	L

(5) 각 설계 패키지 또는 공종에 존재하는 위험요소 저감대책을 결정하기전에 표3과 같이 안전관리, 미, 기능, 기술, 비용, 시간 및 환경측면으로 구분하여 적정성을 평가한다. 다양한 측면에서 저감대책 대안평가가 이루어지기 위해서는 아래 표와 같은 양식을 활용하고, 평가결과를 기록한다. 저감대책 대안평가를 통해 결정된 사항을 H영역에 기록한다.

1) A영역에서는 해당 위험요소를 제어하기 위한 모든 대안이 기입된다.

2) B영역에서는 안전관리, 미, 기능, 기술, 비용, 시간 및 환경의 다양한 요인들에 대해

각 대안의 적절성에 대한 내용과 점수가 기록된다. 점수는 A: 바람직, B: 받아들임적절, C: 받아들일수 없음을 기준으로 부여된다.

3) C영역에서는 해당 위험요소 제어방안의 각종 대안 중 선택된 대안이 표시된다.

4) D영역에서는 선택한 위험요소 제어방안의 승인과 대안평가가 적절하게 수행되었다는 점을 나타내기 위해 해당 건설공사의 설계에 대한 책임을 가진 자들이 서명한다.

표3 위험요소 저감대책 대안 평가

<table>
<tr><td colspan="4">No</td><td colspan="4"></td><td colspan="8">평가 관점과 주요 목적
(A영역)</td></tr>
<tr><td colspan="4">Hazard</td><td colspan="4"></td><td colspan="8" rowspan="2"></td></tr>
<tr><td colspan="4">Risk(물적)</td><td colspan="4"></td></tr>
<tr><td colspan="4">Option 1</td><td colspan="12"></td></tr>
<tr><td colspan="4">Option 1</td><td colspan="12"></td></tr>
<tr><td rowspan="5">B
영
역</td><td></td><td colspan="2">안전관리</td><td colspan="2">미</td><td colspan="2">기능</td><td colspan="2">기술</td><td colspan="2">비용</td><td colspan="2">시간</td><td colspan="2">환경</td></tr>
<tr><td rowspan="2">대안 1</td><td colspan="2"></td><td colspan="2"></td><td colspan="2"></td><td colspan="2"></td><td colspan="2"></td><td colspan="2"></td><td colspan="2"></td></tr>
<tr><td>평가</td><td></td><td>평가</td><td></td><td>평가</td><td></td><td>평가</td><td></td><td>평가</td><td></td><td>평가</td><td></td><td>평가</td><td></td></tr>
<tr><td rowspan="2">대안 2</td><td colspan="2"></td><td colspan="2"></td><td colspan="2"></td><td colspan="2"></td><td colspan="2"></td><td colspan="2"></td><td colspan="2"></td></tr>
<tr><td>평가</td><td></td><td>평가</td><td></td><td>평가</td><td></td><td>평가</td><td></td><td>평가</td><td></td><td>평가</td><td></td><td>평가</td><td></td></tr>
<tr><td colspan="16">평가 : A - 바람직 B - 받아들임 C - 받아들일 수 없음</td></tr>
<tr><td colspan="2">결정
(C영역)</td><td>대안 1</td><td></td><td>대안 2</td><td></td><td colspan="10"></td></tr>
<tr><td colspan="2">서명(D영역)</td><td colspan="2">설계자</td><td colspan="2">(인)</td><td colspan="2">총괄책임자</td><td colspan="2">(인)</td><td colspan="6"></td></tr>
</table>

(7) 각 설계 패키지에 잔존하여 시공단계에서 반드시 고려해야 하는 저감대책은 시공자가 인식할 수 있도록 J영역에 표시한다.

(8) 평가결과는 위험요소 제어방안을 강구함에 있어 참고될 수 있는 우선순위만을 의미할 뿐, 모든 설계 패키지 또는 공종에 존재하는 위험요소는 적정수준으로 최대한 저감되어야 한다.

표4 설계안전검토보고서

<table>
<tr><td rowspan="3">No</td><td rowspan="3">공종명
(A영역)</td><td rowspan="3">Hazard
(B영역)</td><td colspan="5">Risk</td><td rowspan="3">위험요소
저감대책
(H영역)</td><td rowspan="3">위험요소
관리주체
(I영역)</td><td rowspan="2">위험요소저감대책가정/
제3자에
의한
저감대책</td><td colspan="3">잔여 위험요소</td></tr>
<tr><td rowspan="2">물적피해
(사고결과_
사고유발원인)
(C영역)</td><td rowspan="2">인적
피해
(D영역)</td><td rowspan="2">발생
빈도
(E영역)</td><td rowspan="2">심각성
(F영역)</td><td rowspan="2">위험
등급
(G영역)</td><td>Yes
/No</td><td>위험
요소
보유
자</td><td>안전
관리
문서</td></tr>
<tr><td colspan="4">(J영역)</td></tr>
<tr><td></td><td></td><td></td><td></td><td></td><td></td><td></td><td></td><td></td><td></td><td></td><td></td><td></td><td></td></tr>
<tr><td></td><td></td><td></td><td></td><td></td><td></td><td></td><td></td><td></td><td></td><td></td><td></td><td></td><td></td></tr>
<tr><td></td><td></td><td></td><td></td><td></td><td></td><td></td><td></td><td></td><td></td><td></td><td></td><td></td><td></td></tr>
</table>

건설공사 사후평가 시행지침

국토교통부고시 제2025-466호, 2025.8.28 일부개정
국토교통부(기술정책과), 044-201-3553

제1장 총 칙

제1조(목적) 이 지침은「건설기술진흥법 시행령」제86조제6항부터 제7항까지 및 「건설기술진흥법 시행규칙」제46조에 따라 발주청이 시행한 건설공사의 사후평가를 실시함에 있어 공사종류 및 규모 등에 따른 사후평가의 시점, 내용, 방법, 대가기준 등에 관하여 필요한 사항을 정하는 것을 목적으로 한다.

제2조(용어의 정의) 이 지침에서 사용하는 용어의 뜻은 다음과 같다.

1. "사후평가"란 향후 건설공사 시행의 효율성을 도모하기 위해 타당성 조사 등 건설공사를 계획하는 과정과 공사완료후의 공사비, 공사기간, 수요, 효과 등에 대한 예측치와 실제치를 종합적으로 분석·평가하는 것을 말한다.
2. "사후평가서"란「건설기술진흥법 시행령」(이하 "영"이라 한다) 제86조제2항에서 명시하고 있는 평가내용을 수록한 사후평가결과보고서와 사후평가표를 말한다.
3. "평가지표"란 건설공사 사후평가를 수행함에 있어 다음과 같은 평가분야에 대한 평가항목을 측정하기 위한 기준을 말한다.
 가. 사업수행성과 : 건설사업 추진기간, 비용 등의 효율성과 적절성을 평가하는 것으로 사업비, 사업기간, 안전, 변경, 재시공, 시공 중 민원, 스마트 건설기술 부분의 성과를 평가
 나. 사업효율 : 건설공사 시행 전후의 수요와 기대효과의 비교를 통해 사업 전반의 효율성을 평가
 다. 파급효과 : 건설사업 수행이 해당 지역의 경제와 주민 생활에 미친 영향 등을 평가
4. 삭제
5. 삭제
6. "선형공사"란 평면선형설계를 하는 도로 및 철도시설물을 포함한 공사를 말한다.
7. "비선형공사(I)"란 주택단지공사 및 산업단지공사 등을 말한다.
8. "비선형공사(II)"란 제7호에서 정의한 비선형공사를 제외한 공항, 항만, 댐

및 상하수도공사를 말한다.

9. "기타공사"란 제6호에서 제8호까지 정의한 공사를 제외한 모든 공사를 말한다.

10. "전문관리기관"이라 함은 법 제52조의2제2항 및 영 제86조의2제2항에 따라 건설공사의 사후평가에 관한 업무를 효율적으로 추진하기 위해 국토교통부장관이 지정한 기관(한국건설기술연구원)을 말한다.

[종전의 제3조에서 이동]

제3조(적용범위) 이 지침은 「건설기술진흥법」(이하 "법"이라 한다) 제2조제6호에 따른 발주청이 발주하는 총공사비 300억원 이상의 건설공사를 대상으로 한다. 다만, 다음 각 호와 같이 건설공사의 특성상 평가가 곤란하거나 평가에 실익이 없는 건설공사는 평가 대상에서 제외한다.

1. 「국가재정법」 제38조 제2항 각 호의 건설공사
2. 기숙사 등 단독주택, 공동주택, 고등 교육시설, 도서관, 의료시설, 연수원의 신·증축사업 등 사업효과가 특정 지역에 한정되고 정형화된 건설공사
3. 「군사기지 및 군사시설 보호법」 제2조 제1호와 제2호에 명시되어 있는 군사기지 및 군사시설 등 국가안보에 관계되거나 보안을 요하는 국방 관련 사업

[종전의 제2조에서 이동]

제2장 건설공사 사후평가 내용, 절차 및 방법 등

제4조(사후평가의 내용) 발주청은 다음 각 호의 내용을 포함하여 사후평가를 실시하여야 한다.

1. 예상 공사비 및 공사기간과 실제 소요된 공사비 및 공사기간의 비교·분석
2. 공사기획시 예측한 수요 및 기대효과와 공사 완료후의 실제 수요 및 공사효과의 비교·분석
3. 당해 건설공사의 문제점과 개선방안
4. 주민의 호응도 및 사용자 만족도
5. 건설공사 시행단계별 발생되는 건설정보의 내용 및 조치계획
6. 일괄입찰, 대안입찰 및 기술제안입찰(이하 "일괄입찰등"이라 한다) 방식으로 수행한 경우 건설공사의 추진성과
7. 공사비, 공사기간, 효과 등 당해 건설공사에 대한 전반적인 평가, 당해 건설공사에 따른 주변환경의 변화 및 영향, 재원조달의 타당성 등 기타 발주청에서 필요하다고 인정하는 사항

제5조(평가시기 및 방법) ① 제4조에 규정된 건설공사의 사후평가는 평가지표별로 다음 각 호와 같이 구분하여 각각 실시한다.

1. 사업수행성과 평가 : 건설공사 준공 이후 120일 이내
2. 사업효율 및 파급효과 평가 : 건설공사(총공사비 500억원 이상에 한한다) 준공 이후 5년 이내

② 사후평가 대상 건설공사가 공종별·내역별로 분리 발주된 경우에는 제1항제1호의 평가는 분리 발주된 건설공사별로 각각 실시해야 하며, 제1항제2호의 평가는 분리 발주된 건설공사 전체가 준공된 이후 실시해야 한다.

③ 전문관리기관은 제3조에 따른 건설공사의 사후평가 대상이 되는 공사현황을 파악하여 발주청에 매년 2월말까지 통보하여야 한다.

④ 전문관리기관은 「건설산업기본법」 제24조에 따라 구축된 "건설산업지식정보시스템" 등을 통해서 제3항의 공사현황을 파악할 수 있다.

⑤ 발주청은 제1항 각 호에 따른 기간 내에 법 제52조에 따른 사후평가서 작성, 사후평가위원회 자문 및 사후평가서 공개 등의 모든 절차를 각각 완료해야 한다.

제6조(건설사업 시행단계별 자료 수집 및 관리) ① 발주청은 법 제46조에 따른 건설공사의 시행과정에 따라 건설공사를 시행한 경우 다음 각 호의 시행단계별 자료의 수집·관리 및 수행내용 작성 등을 하여야 한다.

1. 타당성조사단계
   가. 영 제81조에 따른 타당성조사 결과
   나. 별지 제1호서식의 건설사업 추진단계별 수행내용 중 타당성조사단계 부분
   다. 「건설기술진흥법 시행규칙」(이하 "규칙"이라 한다) 제39조 제1항의 건설공사 수요예측과 관련된 자료
2. 설계단계
   가. 영 제71조부터 제73조까지에 따른 기본설계·실시설계의 설계도서 및 공사비 증가 등에 대한 조치 관련 자료
   나. 별지 제1호서식의 건설사업 추진단계별 수행내용 중 설계단계 부분
3. 시공단계
   가. 영 제78조제1항에 따른 준공보고서
   나. 제4조제6호에 따른 일괄입찰등 공사의 추진성과
   다. 별지 제1호서식의 건설사업 추진단계별 수행내용 중 시공단계 부분

② 삭제

③ 발주청은 「국가재정법」 제50조에 의해 총사업비관리를 관리함에 있어서 제3조의 사후평가 대상이 되는 건설공사에 대해 수요예측재조사 및 타당성재조

사가 시행되었을 경우, 별지 제2호서식의 수요예측재조사 및 타당성재조사 수행관리 현황표를 작성하여야 한다.

④ 발주청은 제1항부터 제3항에 따라 수집 · 작성한 건설공사의 시행단계별 자료와 별지 제1호 및 제2호서식을 영 제41조에 따라 운영중인 '건설사업정보포털시스템' 내 "건설공사 사후평가시스템"(이하 "사후평가시스템"이라 한다)에 입력하여야 한다.

제7조(사업수행성과 평가) ① 발주청은 제6조에 따라 수집 · 관리된 자료 등을 활용하여 별지 제3호서식의 사업수행성과 평가표와 별지 제4호서식의 사업수행성과 평가 결과보고서를 작성하여야 한다.

② 발주청은 일괄입찰등 방식으로 수행한 건설공사의 경우 제1항의 서류와 함께 별지 제5호서식의 일괄입찰등 집행 추진성과 평가표도 작성하여야 한다.

③ 삭제

제8조(사업효율 및 파급효과 평가) ① 발주청은 제6조에 따라 수집 · 관리된 자료 등을 활용하여 사업효율 및 파급효과 평가 결과보고서와 별지 제6호서식의 사업효율 및 파급효과 평가표를 작성하여야 한다.

② 발주청은 필요시 사후평가 대상 건설공사의 사업효율 및 파급효과 평가를 추가로 실시하거나, 사후평가 대상 건설공사를 2개 이상 병합(공사 지점이 인접한 경우에 한한다)하여 추가로 실시할 수 있다.

③ 삭제

④ 삭제

⑤ 삭제

제3장 건설공사 사후평가 수행주체 및 전문관리기관의 사전 검토

제9조(평가 수행주체 및 평가결과 작성 · 관리) ① 발주청은 이 지침에 따른 사후평가를 수행함에 있어 전문인력 부족 등으로 사후평가를 직접 수행하기 곤란한 경우에는 외부전문기관에 사후평가업무의 전부 또는 일부를 수행토록 할 수 있다.

② 제1항의 "외부전문기관"이란 건설공사 사후평가 대상 사업과 이해관계가 없는 다음 각 호의 기관을 말한다.

1. 국가 및 지방자치단체의 출연연구기관 또는 출연연구원
2. 법 제26조 및 영 별표 5에 따른 설계 등 업무를 수행 할 수 있는 건설엔지니어링사업자

3. 기타 건설공사 사후평가 업무의 수행경력이 있거나, 이와 유사한 업무를 수행한 경력이 있는 기관으로서 발주청이 인정하는 기관

③ 발주청은 사후평가를 실시한 경우 "사후평가결과보고서" 및 별지 제1호서식부터 제6호서식 중에서 해당하는 항목이 포함된 "사후평가표" 등 사후평가서를 작성·관리하여야 한다.

④ 제3항에 따른 사후평가결과보고서에는 제4조 각호의 항목에 대한 평가결과가 포함되어야 한다.

⑤ 삭제

제9조의2(전문관리기관의 사전 검토) ① 발주청은 제9조제3항에 따라 작성된 사후평가서의 적정성에 대해 전문관리기관에 의뢰하여 사전 검토를 받을 수 있다. 이 경우 제12조에 따른 사후평가위원회를 개최하기 30일 이전에 해당 사후평가서를 사후평가시스템에 입력하여야 한다.

② 전문관리기관은 제1항에 따라 입력된 사후평가서의 적정성을 검토하여 사후평가서가 입력된 날로부터 20일 이내에 발주청에 그 결과를 통보해야 한다. 이 경우 발주청은 전문관리기관의 검토 결과 그 내용이 타당하면 사후평가서에 반영하는 등 필요한 조치를 한 후 사후평가위원회를 개최하여야 한다.

③ 전문관리기관은 원활한 사전 검토를 위해 사후평가와 관련된 자료를 발주청에 추가로 요청할 수 있으며, 발주청은 특별한 사유가 없는 한 해당 자료를 제출하여야 한다.

제4장 건설공사 사후평가 용역대가의 산정

제10조(용역대가 산정 적용범위) 건설공사 사후평가 용역대가의 산정은 발주청에서 제9조제2항에서 명시한 외부전문기관에 사후평가 업무의 전부 또는 일부를 위탁하는 경우에 한하여 적용한다.

제11조(용역대가 산정방법) ① 건설공사 사후평가 용역대가 구성항목은 직접인건비, 직접경비, 제경비, 기술료 및 부가가치세로 한다.

② 직접인건비는 당해 업무에 직접 종사하는 기술자의 인건비이며, 기술자에게 지급되는 기본급, 제수당, 상여금 및 퇴직급여충당금, 회사가 부담하는 산업재해보상보험료 등을 포함한 것으로써 다음 각 호와 같이 산출한다.

1. 직접인건비는 소요인력 수에 「엔지니어링사업대가의 기준」 제12조의 규정에 따라 한국엔지니어링협회가 조사·공표하는 최근 엔지니어링업체 임금실태 조사보고서의 건설부문 노임단가와 보정계수를 곱하여 산정한다.
2. 소요인력은 당해 사후평가용역 업무에 직접 종사하는 기술자의 투입된 인력

을 말하며, 소요인력 수는 별표 1에 제시된 시설물 유형별 소요인력 기준을 활용하여 산정하고, 각 업무별·등급별 소요인력 수는 소수점 둘째자리에서 반올림하여 합산한다.

3. 보정계수는 건설공사의 특성에 따른 업무량의 변화를 반영하는 계수를 말하며, 보정계수의 적용은 건설공사 유형별로 해당되는 보정계수를 곱하여 적용한다.

③ 직접경비는 당해 업무 수행에 필요한 인쇄비 등 실제 소요비용으로써 다음 각 호와 같이 산출한다.

1. 인쇄비는 조달청 또는 각 발주청의 인쇄기준을 적용하여 산정한다.
2. 자문비 및 전산처리비 등 기타 업무 수행에 필요한 비용은 그 실비를 반영할 수 있다.

④ 제경비는 직접인건비 및 직접경비에 포함되지 아니한 간접경비를 말하며 임원·서무·경리직원 등의 급여, 사무실비, 사무용 소모품비, 비품비, 기계기구의 수선 및 상각비, 통신운반비, 회의비, 공과금, 운영활동 비용 등을 포함한 것으로써 직접인건비의 110%를 적용하여 산출한다.

⑤ 기술료는 엔지니어링사업자가 개발·보유한 기술의 사용 및 축적을 위한 대가이며, 조사연구비, 기술개발비, 기술훈련비 및 이윤 등을 포함한 것으로써 직접인건비에 제경비를 합한 금액의 20%를 적용한다.

⑥ 부가가치세는 부가가치세법에서 정하는 바에 따라 산출한다.

⑦ 발주청은 건설공사의 특성에 따라 제시된 기본업무는 추가, 생략, 변경할 수 있으며, 기본업무별 업무정의의 변동이 있는 경우에는 소요인력 수를 조정할 수 있다.

제5장 건설공사 사후평가위원회

제12조(사후평가위원회) ① 법 제52조제2항에 따라 사후평가서의 적절성에 관한 자문을 위하여 발주청에 사후평가위원회를 둔다.

② 사후평가위원회의 위원은 중앙심의위원회, 지방심의위원회, 특별심의위원회, 다른 발주청의 사후평가위원회의 위원 또는 관계 시민단체가 추천하는 사람 및 해당 분야의 전문가 중에서 발주청이 임명 또는 위촉한다.

③ 발주청은 제2항의 사후평가위원회의 위원에 대한 추천을 전문관리기관에 요청할 수 있으며, 전문관리기관은 요청인원의 최대 3배수(15인 미만)의 전문가를 발주청에 추천할 수 있다.

④ 제2항에 따라 발주청이 임명 또는 위촉한 사후평가위원회의 위원은 다음 각 호와 같이 구성한다.

1. 사업수행성과 평가 : 외부전문가 1인 이상을 포함한 5인 이상
2. 사업효율 및 파급효과 평가 : 외부전문가 3인 이상을 포함한 7인 이상

⑤ 발주청은 사후평가위원회를 구성함에 있어 당해 건설공사와 관련된 건설엔지니어링(하도급포함), 자문, 연구, 건설공사를 시행한 기관 등 당해 건설공사와 이해관계가 있는 자를 배제하여야 한다.

⑥ 발주청은 사후평가위원회의 자문을 받은 때에는 특별한 사유가 없는 한 그 결과를 제1항에 따른 사후평가서에 반영하는 등 필요한 조치를 하여야 하며, 별지 제7호서식의 건설공사 사후평가위원회 의견 반영결과 및 별지제8호서식의 위원별 의견서를 작성·관리하여야 한다.

⑦ 사후평가위원회는 다음 각 호의 사항을 심의한다.

1. 제4조에 따른 조사·분석의 결과에 관한 사항
2. 제4조에 따른 조사·분석에 필요한 객관적이고 투명한 평가지표 및 측정방법에 관한 사항
3. 영 제81조제7항에 따른 수요예측과 이용실적의 차이에 대한 분석결과의 적정성 검토
4. 제7조제2항에 따른 별지 제5호서식의 일괄입찰등 집행 추진성과 평가표
5. 그 밖에 영 제86조제2항에 따른 사후평가서의 적정성에 관하여 발주청이 요청하는 사항

⑧ 발주청은 사후평가위원회의 일괄입찰등 집행 추진성과 평가표 심의가 완료된 날로부터 20일 이내에 법 제5조에 따라 구성된 건설기술심의위원회 주관행정기관의 장(이하 "국토교통부장관, 국방부장관 또는 시·도지사"라고 한다)에게 일괄입찰등 집행 추진성과 평가표와 사후평가위원회 심의결과를 제출하여야 한다.

⑨ 발주청은 일괄입찰등 집행 추진성과 평가표에 대한 사후평가위원회 심의결과 일괄입찰등 방식이 목적달성에 미흡하다고 의결된 때에는 향후 유사한 공사를 일괄입찰등 방식으로 추진하여서는 아니된다.

⑩ 사후평가위원회의 심의 안건은 회의를 개최하여 심의하는 것을 원칙으로 한다.

⑪ 발주청은 사후평가위원회 개최 시 당해 건설공사와 유사한 건설공사를 기획하고 있거나 시행 중에 있는 경우에는 제14조에 따른 사후평가결과 활용을 위해 소관 부서의 담당자가 참석하도록 할 수 있다.

⑫ 제2항부터 제11항까지의 규정 외에 사후평가위원회의 구성 및 운영 등에 관하여 필요한 사항은 발주청이 정한다. <종전의 제10항에서 이동>

제6장 건설공사 사후평가 결과 입력, 공개 및 활용

제13조(사후평가서 결과 입력 및 공개) ① 발주청은 사후평가위원회의 심의 결과를 반영한 "사후평가서(별지 제7호 및 제8호서식 포함)"를 규칙 제46조에 따라 사후평가시스템에 입력하여야 한다.

② 발주청은 제1항에 따라 입력이 완료되었을 때에는 "사후평가서"를 인터넷 홈페이지에 게재하는 등 일반인이 알 수 있도록 공개하여야 한다.

제14조(사후평가결과 활용) ① 발주청은 건설공사를 시행하고자 하는 경우에는 제13조에 따른 사후평가시스템에 접속하여 유사한 공사가 있는지 확인하여야 한다.

② 제1항에 의한 유사한 공사가 있는 경우 발주청은 영 제68조제1항제7호에 따라 기본구상 마련에 사후평가결과보고서의 관련내용을 참고하여 시행하고자 하는 건설공사에 반영하여야 한다.

③ 발주청은 제9조제3항의 사후평가서를 축적・분석하는 등 사후평가 결과를 활용하여 건설공사의 소요기간 및 비용의 기준을 정할 수 있다.

④ 국토교통부장관은 전문관리기관에게 발주청의 사후평가 결과 및 활용실적을 분석하도록 하여 건설공사의 목적물별・시행과정별 표준적인 소요기간과 투자비용 기준을 정할 수 있다.

⑤ 국토교통부장관, 국방부장관 또는 시・도지사가 건설공사의 입찰방법을 심의하고자 하는 경우에는 제12조제8항에 따라 발주청에서 제출한 일괄입찰등 집행 추진성과 평가표와 사후평가위원회 심의결과를 건설기술심의위원회 심의위원에게 사전에 배포하여 입찰방법을 심의할 때 참고할 수 있도록 하여야 한다.

⑥ 국토교통부장관은 전문관리기관에게 건설공사의 사후평가에 대한 평가항목, 측정방법, 수행절차 및 결과활용 등에 대한 활용 가이드라인을 마련하도록 할 수 있으며, 발주청은 시설물 유형에 맞게 세부적인 사항을 따로 정하여 사후평가 내용을 효율적으로 활용할 수 있도록 조치할 수 있다.

제15조(세부시행기준) 이 지침을 운영함에 있어 필요한 세부사항은 발주청이 그 기준을 정할 수 있다.

제7장 행정사항

제16조(재검토기한) 국토교통부장관은 이 고시에 대하여 「훈령・예규 등의 발령 및 관리에 관한 규정」에 따라 2026년 1월 1일을 기준으로 매 3년이 되는 시점(매 3년째의 12월 31일까지를 말한다)마다 그 타당성을 검토하여 개선 등의

조치를 하여야 한다.

부 칙<제2007-694호, 2008.1.3.>

제1조(시행일) 이 지침은 고시한 날부터 시행한다.

제2조(경과조치) 건설공사 사후평가와 관련하여 이 지침 시행당시 종전의 규정에 의하여 사후평가가 시행중에 있거나, 외부전문기관에 사후평가의 전부 또는 일부를 의뢰한 경우에는 종전 지침(건설교통부고시 제2006-163호)에 의한다.

부 칙<제2008-72호, 2008.4.23.>

이 지침은 고시한 날부터 시행한다.

부 칙<제2009-759호, 2009.8.24.>

이 지침은 고시한 날부터 시행한다.

부 칙<제2010-14호, 2010.1.15.>

제1조(시행일) 이 지침은 고시한 날부터 시행한다.

제2조(경과조치) 건설공사 사후평가와 관련하여 이 지침 시행당시 종전의 규정에 따라 사후평가가 시행중에 있거나, 외부전문기관에 사후평가의 전부 또는 일부를 의뢰한 경우에는 종전 지침(국토해양부고시 제2009-759호)에 따른다.

부 칙<제2011-495호, 2011.9.5.>

제1조(시행일) 이 지침은 고시한 날부터 시행한다.

제2조(경과조치) 건설공사 사후평가와 관련하여 이 지침 시행당시 종전의 규정에 의하여 사후평가가 시행중에 있거나, 외부전문기관에 사후평가의 전부 또는 일부를 의뢰한 경우에는 종전 지침(국토해양부고시 제2010-1033호)에 의한다.

부 칙<제2012-535호, 2012.8.20.>

(영구임대주택의 표준임대보증금 및 표준임대료 등 40개 국토해양부 고시 일부개정)

제1조(시행일) 이 고시는 발령한 날부터 시행한다.

부 칙<제2013-191호, 2013.4.30.>

제1조(시행일) 이 지침은 고시한 날부터 시행한다.

부 칙<제2014-284호, 2014.5.23.>

제1조(시행일) 이 지침은 고시한 날부터 시행한다.

제2조(경과조치) 건설공사 사후평가와 관련하여 이 지침 시행당시 종전의 규정에 의하여 사후평가가 시행중에 있거나, 외부전문기관에 사후평가의 전부 또는 일부를 의뢰한 경우에는 종전 지침(국토교통부고시 제2013-191호)에 의한다.

제3조(사후평가 자료 입력에 대한 특례) 제11조제1항에 의한 자료 입력의 시행일 등에 대하여는 국토교통부장관이 "건설공사지원통합정보시스템(건설사업정보포탈시스템)" 갱신작업 이후 따로 고시한다.

부　칙<제2015-441호, 2015.6.30.>

이 지침은 고시한 날부터 시행한다.

부　칙<제2018-545호, 2018.9.7.>

이 지침은 고시한 날부터 시행한다.

부　칙<제2021-993호, 2021.07.30.>

제1조(시행일) 이 고시는 발령한 날부터 시행한다.

제2조(사후평가에 관한 일반적 경과조치) 건설공사 사후평가와 관련하여 이 고시 시행당시 종전의 규정에 의하여 사후평가가 시행 중에 있거나, 외부전문기관에 사후평가의 전부 또는 일부를 의뢰한 경우에는 종전의 규정에 따른다.

부　칙<제2025-466호, 2025.08.28.>

제1조(시행일) 이 고시는 발령한 날부터 시행한다.

제2조(사후평가에 관한 일반적 경과조치) 건설공사 사후평가와 관련하여 이 고시 시행 당시 종전의 규정에 의하여 사후평가가 시행 중에 있거나, 외부전문기관에 사후평가의 전부 또는 일부를 의뢰한 경우에는 종전의 규정에 따른다.

제3조(공종별·내역별 분리 발주된 건설공사의 사업수행성과 평가 관련 적용례)

① 제5조제2항 전단의 개정규정은 이 고시 시행 후 준공되는 분리 발주된 건설공사부터 적용한다.

② 제1항에도 불구하고, 이 고시 시행 전에 준공되었고 종전의 규정에 따라 사업수행성과 평가가 시행되지 않은 경우 분리 발주된 건설공사별로 개정규정에 따라 각각 사업수행성과 평가를 실시해야 한다. 이 경우 제5조제1항제1호에도 불구하고 2025년 12월 31까지 평가를 완료해야 한다.

[별표1] <개정 2025.8.28.>

건설사업 사후평가용역 소요인력 산정기준(제11조 관련)

1. 선형공사(도로 및 철도공사)

가. 소요인력 기준

기본업무 내용	등급별 소요인력				비고
	특 급	고 급	중 급	초 급	
1. 사업현황 및 관련자료 조사	2.8	4.4	8.8	30.0	
2. 사업수행성과 분석	2.2	4.0	16.0	36.0	
3. 수요예측 및 기대 효과 비교·분석	6.6	13.4	25.0	48.0	
4. 사업의 파급효과 분석	2.0	4.0	6.0	10.0	
5. 주민호응도 및 이용자 만족도 조사분석	5.6	11.4	22.0	52.0	
6. 건설공사 문제점 및 개선방안	5.4	10.0	24.0	38.0	
7. 종합평가	1.6	3.4	7.0	10.0	
8. 성과품(보고서 등) 작성	1.2	4.2	6.0	12.0	
소 계	27.4	54.8	114.8	236	

나. 보정계수

1) 거리 보정계수

- 다음 식과 같이 거리보정계수를 적용한다. 단, 사업연장 10㎞ 이하는 10㎞를, 150㎞ 이상은 150km를 적용한다.

$$\text{거리보정계수} = \left(\frac{\text{사업연장}}{45km}\right)$$

2) 평가분야 보정계수

- 공사의 유형에 따라 각기 다른 보정계수를 적용한다.

구분	일반도로 (국도, 지방도, 시군구도)	고속국도 복선철도	단선철도
평가분야 보정계수	1.0	0.75	0.5

3) 통합발주 보정계수

- 2개 이상의 건설공사 사후평가 대상공사를 통합하여 평가를 시행할 경우에는 다음과 같이 통합발주 보정계수를 적용한다.

구분	단독발주	2건이상
통합발주 보정계수	1.0	1.1

2. 비선형공사 Ⅰ(주택단지 및 산업단지 공사)

가. 소요인력 기준

기본업무 내용	등급별 소요인력				비고
	특 급	고 급	중 급	초 급	
1. 사업현황 및 관련자료 조사	1.4	2.2	4.4	15.0	
2. 사업수행성과 분석	1.1	2.0	8.0	18.0	
3. 수요예측 및 기대 효과 비교·분석	3.3	6.7	12.5	24.0	
4. 사업의 파급효과 분석	1.0	2.0	3.0	5.0	
5. 주민호응도 및 이용자 만족도 조사·분석	2.8	5.7	11.0	26.0	
6. 건설공사 문제점 및 개선방안	2.7	5.0	12.0	19.0	
7. 종합평가	0.8	1.7	3.5	5.0	
8. 성과품(보고서 등) 작성	0.6	2.1	3.0	6.0	
소 계	13.7	27.4	57.4	118.0	

나. 보정계수

1) 면적 보정계수

- 주택(산업)단지는 다음 식과 같이 면적 보정계수를 적용한다. 단, 사업면적 70만㎡ 이하는 70만㎡, 3,000만㎡이상은 3,000만㎡ 적용한다.

$$\text{면적보정계수} = \left(\frac{\text{사업면적}}{\text{기준면적}}\right)^{0.6}$$

- 주택(산업)단지 사업면적은 사업지구 총 사업면적 적용을 원칙으로 한다. 다만, 동일사업이라도 지구경계 및 생활권의 분리, 공구별 공사의 진행의 차이 등으로 지구특성을 반영하여 사후평가가 필요한 경우에는 공구별로 사후평가를 수행할 수 있다.
- 기준면적: 주택단지(100만㎡), 산업단지(330만㎡)

2) 통합발주 보정계수

- 2개 이상의 건설공사 사후평가 대상공사를 통합하여 평가를 시행할 경우에는 다음과 같이 통합발주 보정계수를 적용한다.

구분	단독발주	2건 이상	
		동일지역 공사	타 지역 공사
통합발주 보정계수	1.0	0.7	1.0

※ 단지공사와 연결된 도로, 도시기반시설물 공사의 경우 동일 시군구가 아니라도 동일지역으로 본다.

3. 비선형공사 II(공항, 항만, 댐 및 상하수도 공사)

가. 소요인력 기준

기본업무 내용	등급별 소요인력				비고
	특 급	고 급	중 급	초 급	
1. 사업현황 및 관련자료 조사	1.4	2.2	4.4	15.0	
2. 사업수행성과 분석	1.1	2.0	8.0	18.0	
3. 수요예측 및 기대 효과 비교·분석	3.3	6.7	12.5	24.0	
4. 사업의 파급효과 분석	1.0	2.0	3.0	5.0	
5. 주민호응도 및 이용자 만족도 조사 · 분석	2.8	5.7	11.0	26.0	
6. 건설공사 문제점 및 개선방안	2.7	5.0	12.0	19.0	
7. 종합평가	0.8	1.7	3.5	5.0	
8. 성과품(보고서 등) 작성	0.6	2.1	3.0	6.0	
소 계	13.7	27.4	57.4	118.0	

나. 보정계수

1) 면적 보정계수

- 다음 식과 같이 면적 보정계수를 적용한다. 단, 사업면적 35만㎡ 이하는 35만㎡, 600만㎡ 이상은 600만㎡ 적용한다.

$$\text{면적보정계수} = \left(\frac{\text{사업면적}}{600{,}000m^2}\right)^{0.6}$$

2) 평가분야 보정계수

구분	공항	항만, 댐 및 상하수도
평가분야 보정계수	1.3	1.0

3) 통합발주 보정계수

- 2개 이상의 건설공사 사후평가 대상공사를 통합하여 평가를 시행할 경우에는 다음과 같이 통합발주 보정계수를 적용한다.

구분	단독 발주	2건 이상
통합발주 보정계수	1.0	1.1

4. 기타공사

가. 소요인력 기준

기본업무 내용	등급별 소요인력				비고
	특 급	고 급	중 급	초 급	
1. 사업현황 및 관련자료 조사	1.4	2.2	4.4	15.0	
2. 사업수행성과 분석	1.1	2.0	8.0	18.0	
3. 수요예측 및 기대 효과 비교·분석	3.3	6.7	12.5	24.0	
4. 사업의 파급효과 분석	1.0	2.0	3.0	5.0	
5. 주민호응도 및 이용자 만족도 조사·분석	2.8	5.7	11.0	26.0	
6. 건설공사 문제점 및 개선방안	2.7	5.0	12.0	19.0	
7. 종합평가	0.8	1.7	3.5	5.0	
8. 성과품(보고서 등) 작성	0.6	2.1	3.0	6.0	
소 계	13.7	27.4	57.4	118.0	

나. 보정계수

1) 공사 규모 보정계수

- 다음 식과 같이 공사규모(공사비) 보정계수를 적용한다. 단, 총공사비 500억 원 이하는 500억 원을, 2조 원 이상은 2조 원을 적용한다.

$$\text{공사규모보정계수} = 0.3706 + [2 \times 10^{-6} \times \text{총공사비(백만원)}]$$

2) 통합발주 보정계수

- 2개 이상의 건설공사 사후평가 대상공사를 통합하여 평가를 시행할 경우에는 다음과 같이 통합발주 보정계수를 적용한다.

구분	단독 발주	2건 이상
통합발주 보정계수	1.0	1.1

[별지 제1호서식] <개정 2025.8.28.>

건설사업 추진단계별 수행내용

발주기관명	
사 업 명	
공 사 명	
사후평가 담당자 (부서/직위/성명/연락처)	

건설사업 추진단계별 수행내용 현황

추진단계	자료 (수행결과)	수행 내용	자료입력 현황
타당성조사	예비타당성조사 보고서	[ ] 수행 [ ] 미수행	[ ] 입력 [ ] 미입력
	타당성 재조사 보고서	[ ] 수행 [ ] 미수행	[ ] 입력 [ ] 미입력
	타당성조사 (평가) 보고서	[ ] 수행 [ ] 미수행	[ ] 입력 [ ] 미입력
	타당성 및 기본설계 (또는 기본계획) 보고서	[ ] 수행 [ ] 미수행	[ ] 입력 [ ] 미입력
설계단계	기본설계보고서	[ ] 수행 [ ] 미수행	[ ] 입력 [ ] 미입력
	실시설계보고서	[ ] 수행 [ ] 미수행	[ ] 입력 [ ] 미입력
	기본 및 실시설계보고서	[ ] 수행 [ ] 미수행	[ ] 입력 [ ] 미입력
시공단계	설계변경보고서	[ ] 수행 [ ] 미수행	[ ] 입력 [ ] 미입력
	건설사업관리보고서 (또는 최종감리보고서)	[ ] 수행 [ ] 미수행	[ ] 입력 [ ] 미입력
	준공보고서	[ ] 수행 [ ] 미수행	[ ] 입력 [ ] 미입력
	총사업비 조정 보고서	[ ] 수행 [ ] 미수행	[ ] 입력 [ ] 미입력

유의사항

1. 공종별·내역별로 분리 발주된 경우 각각의 분리발주 공사별로 추진단계별 수행내용을 작성하여야 한다.
2. 각 단계별 수행완료된 업무에는 수행, 미수행된 업무는 미수행에 체크하며, 수행된 업무중 성과물에 해당하는 자료를 건설사업정보시스템에 입력한 경우 자료입력 현황에 입력 여부 체크한다.
3. 타당성재조사보고서는 타당성 재조사를 수행했을 시 타당성재조사 보고서를 포함한다.
4. 설계변경보고서는 설계변경내역서, 변경설계서 등 설계변경과 관련된 모든 자료를 말한다.
5. 준공보고서는 건설지, 용역평가보고서, 시공평가보고서, 준공보고서. 재시공 자료, 공사 중 민원, 공사중 적용한 신기술, 신공법, 스마트건설기술 등 시공 중 발생된 모든 자료를 말한다.
6. 총사업비 조정 보고서는 총사업비 대상 사업인 경우 총사업비 조정요구서, 총사업비 조정 보고서 등 사업비 조정과 관련된 모든 자료를 말한다.

[별지 제2호서식] <개정 2025.8.28.>

수요예측재조사 및 타당성재조사 수행관리 현황표

1. 수요예측재조사 및 타당성재조사 실시여부

수요예측재조사 실시여부 (○, ×)						타당성재조사 실시여부 (○, ×)					
타당성 조사 완료단계	기본계획 완료단계	기본설계 완료단계	실시설계 완료단계	시공중	기타	타당성 조사 완료단계	기본계획 완료단계	기본설계 완료단계	실시설계 완료단계	시공중	기타

유의사항

'기타' 항목은 타당성조사, 기본 및 실시설계 완료단계가 아닌 착수이전 이나 타당성조사나 설계기간 중에 실시한 경우를 말하며, 이 경우 해당 단계를 작성한다.

2. 수요예측재조사 실시 사유 및 변동사항

구분	수요예측재조사 실시개요				수요예측 재조사 실시사유	수요예측재조사 실시 후 변동사항		비고
	시행시기 (단계)	실시주체 (업체명)	수행기간	용역비 (백만원)		당초	변경	
1차								
2차								

유의사항

1. '수요예측재조사 실시내용' 에서 '시행시기(단계)' 는 '1. 수요예측재조사 및 타당성재조사 실시여부' 에서 수요예측재조사를 실시한 단계를 말한다.
2. '수요예측재조사 실시사유' 는 「총사업비관리지침」 제38조(수요예측재조사의 요건)에서 명시된 조항을 기재한다.
3. '수요예측재조사 실시후 변동사항' 은 변동된 수요(교통량, 물동량 등)를 기재한다.
4. '비고' 에는 수요예측재조사 실시후 조치사항을 서술한다.

3. 타당성재조사 실시 사유 및 변동사항

<table>
<tr><th rowspan="2">구분</th><th colspan="4">타당성재조사 실시개요</th><th rowspan="2">타당성
재조사
실시사유</th><th colspan="2">타당성재조사 실시 후
변동사항</th><th rowspan="2">비고</th></tr>
<tr><th>시행시기
(단계)</th><th>실시주체
(업체명)</th><th>수행기간</th><th>용역비
(백만원)</th><th>당초</th><th>변경</th></tr>
<tr><td>1차</td><td></td><td></td><td></td><td></td><td></td><td></td><td></td><td></td></tr>
<tr><td>2차</td><td></td><td></td><td></td><td></td><td></td><td></td><td></td><td></td></tr>
</table>

유의사항

1. ‘타당성재조사 실시내용’ 에서 ‘시행시기(단계)’ 는 ‘1. 수요예측재조사 및 타당성재조사 실시여부’ 에서 타당성재조사를 실시한 단계를 말한다.
2. ‘타당성재조사 실시사유’ 는 「총사업비관리지침」 제49조(타당성재조사의 요건)에서 명시된 조항을 기재한다.
3. ‘타당성재조사 실시후 변동사항’ 은 변동된 B/C 값을 기재한다.
4. ‘비고’ 에는 타당성재조사 실시후 조치사항을 서술한다.

[별지 제3호서식] <개정 2025.8.28.>

사업수행성과 평가표

1. 건설공사 개요

관리번호				
평가일		20 년 월 일		
발주기관	기관명			
	평가담당자 (부서/직위/성명)			
	연락처	) -	이메일주소	

공사개요(공종별 ·내역별 분리 발주된 경우 각각의 공사)	
사업유형	[ ]도로 [ ]철도 [ ]수자원(다목적댐) [ ]수자원(치수사업) [ ]수자원(광역상수도) [ ]항만 [ ]공항 [ ]택지개발 [ ]에너지공급시설 [ ]문화 및 집회시설 [ ]환경시설 [ ]기타( )
사 업 명	
공 사 명	
위 치	
사업추진 경위	
공사성격	[ ]신규 [ ]개보수·현대화 [ ]확장·증설 [ ]기타

입찰 ·계약 방식	
도급방법	[ ]단독 [ ]공동도급([ ]공동이행방식, [ ]분담이행방식, [ ]주계약자관리방식)
계약성질	[ ]장기계속공사 [ ]계속비 [ ]장기계속공사→계속비 전환공사(전환일자: 20 년 월 일) [ ]기타( )
입찰방식	[ ]종합심사 [ ]턴키 [ ]기술제안 [ ]대안 [ ]기타( )
계약방식	[ ]제한경쟁 [ ]일반경쟁 [ ]지명경쟁 [ ]수의 [ ]기타( )

사업 참여자

구 분	시공(또는 건설엔지니어링)업체명	대 표	발주청		비 고
			부서	담당자	
예비타당성조사					
타당성조사					
기본설계					
실시설계					
시 공					
건설사업관리					
기 타					

※ 공동수급자 명시할 것

유의사항

1. '관리번호' 는 전문관리기관이 발주청에 「사후평가 대상사업 현황 사전예고 알림」 및 「건설공사 사후평가 미이행 사업고지」 시 부여한 공사명별 관리번호를 기입한다.
2. 사업추진경위는 예비타당성조사 및 타당성조사 등에서 언급하고 있는 사업추진의 필요성 등을 개략적으로 작성한다.

(5쪽중 2쪽)

2. 사업유형별 세부내용

가. 도로사업

사업구성	[ ]신설		(km)
	[ ]확장		(km)
	[ ]구조물	[ ]지하차도	(km)
			(개소)
		[ ]교량	(km)
			(개소)
		[ ]터널	(km)
			(개소)
		[ ]옹벽(200m 이상)	(km)
			(개소)
시공중 민원	[ ]발생 [ ]미발생		
사업 특이성	[ ]있음 [ ]없음		

나. 철도사업

사업구성	[ ]신설		(km)
	[ ]확장		(km)
	[ ]시설개량		(km)
	[ ]구조물	[ ]교량	(km)
			(개소)
		[ ]터널	(km)
			(개소)
	[ ]건축물	[ ]철도역사	(개소)
시공중 민원	[ ]발생 [ ]미발생		
사업 특이성	[ ]있음 [ ]없음		

다. 수자원사업

사업구성	[ ]댐	[ ]용수공급	(m^3/년)
		[ ]홍수조절	(m^3)
		[ ]발전	(MWh/년)
		[ ]총저수량	(m^3)
		[ ]길이	(m)
		[ ]높이	(m)
	[ ]상수도	[ ]시설용량	(m^3/일)
		[ ]관경	(mm)
		[ ]관로 길이	(km)
시공중 민원	[ ]발생 [ ]미발생		
사업 특이성	[ ]있음 [ ]없음		

라. 항만사업

사업구성	[ ]준설토량		(m^3)
	[ ]매립토량		(m^3)
	[ ]외곽시설	[ ]호안	(m)
		[ ]방파제	(m)
	[ ]계류시설	[ ]안벽	(m)
		[ ]부두	(m)
시공중 민원	[ ]발생 [ ]미발생		
사업 특이성	[ ]있음 [ ]없음		

(5쪽중 3쪽)

마. 공항사업

사업구성	[ ]활주로	(연장m×폭m)
	[ ]공사면적	(㎡)
	[ ]터미널	(㎡)
시공중 민원	[ ]발생 [ ]미발생	
사업 특이성	[ ]있음 [ ]없음	

바. 택지개발사업

사업구성	[ ]공사면적	(㎡)
	[ ]규모	(명/세대)
시공중 민원	[ ]발생 [ ]미발생	
사업 특이성	[ ]있음 [ ]없음	

사. 에너지공급시설사업

사업구성	[ ]공사면적	(㎡)
	[ ]시설용량	(MW)
	[ ]관로	(km)
시공중 민원	[ ]발생 [ ]미발생	
사업 특이성	[ ]있음 [ ]없음	

아. 문화 및 집회시설사업

사업구성	[ ]공사면적	(㎡)
시공중 민원	[ ]발생 [ ]미발생	
사업 특이성	[ ]있음 [ ]없음	

자. 환경사업

사업구성	[ ]공사면적	(㎡)
	[ ]시설용량	(톤/일)
	[ ]처리량	(톤/일)
	[ ]관로 길이	(km)
시공중 민원	[ ]발생 [ ]미발생	
사업 특이성	[ ]있음 [ ]없음	

유의사항

1. 사업유형별 세부내용은 해당하는 건설공사의 시설물 유형만 작성한다.
2. '사업구성' 은 해당 건설공사의 시설 규모 등을 작성하며, 본 양식에 없는 사업구성은 칸을 추가하여 작성한다.
3. '시공중 민원' 은 반복민원, 집단민원, 국민권익위원회를 통해 들어온 민원 등 공사비 또는 공사기간 증가에 큰 영향을 끼친 민원으로 존재하는 경우 표기한다.
4. '사업 특이성' 은 난공사, 특수공사, 설계변경 심의를 받는 경우 등 공사비 및 공사기간에 큰 영향을 끼칠만한 사업의 특이성이 있는 경우 표기한다.

(5쪽중 4쪽)

3. 건설사업 수행성과평가

가. 사업수행성과

사업수행성과 요약(공종별 내역별 분리 발주된 경우 각각의 공사)

공사비	추정 공사비	예비타당성조사	(백만 원)
		타당성조사	(백만 원)
		기본설계	(백만 원)
		실시설계	(백만 원)
	계약 공사비		(백만 원)
	실제 공사비(준공시점)		(백만 원)
보상비	보상 추정 금액		(백만 원)
	실집행 보상비(준공시점)		(백만 원)
타당성조사비	계약금액		(백만 원)
	준공금액		
설계비	기본설계	계약금액	(백만 원)
		준공금액	(백만 원)
	실시설계	계약금액	(백만 원)
		준공금액	(백만 원)
	기본 및 실시설계	계약금액	(백만 원)
		준공금액	(백만 원)
건설사업관리비	계약금액		(백만 원)
	준공금액		(백만 원)
공사기간	추정 공사기간	예비타당성조사	년 월 - 년 월
		타당성조사	년 월 - 년 월
		기본 설계	년 월 - 년 월
		실시 설계	년 월 - 년 월
	계약 공사기간		년 월 일 - 년 월 일
	실제 공사기간(준공시점)		년 월 일 - 년 월 일
시공 중 설계변경 (물가변동 금액 제외)	건수		(건)
	증감액		(백만 원)

나. 기타 성과

기타 성과 요약(공종별 내역별 분리 발주된 경우 각각의 공사)	
적용한 스마트 건설기술 (복수선택가능)	[ ]BIM [ ]VR/AR [ ]빅데이터 [ ]인공지능 [ ]3D 프린팅 [ ]시공자동화(MG/MC 포함) [ ]건설로봇 [ ]OSC/모듈러 [ ]IoT/센서 [ ]드론 [ ]영상분석 [ ]클라우드 플랫폼 [ ]기타( )
시공 중 민원	(건)
안전사고(재해)	(건)
재시공	(건)
사업 특이성	

유의사항

1. 보상추정금액은 예비타당성조사 또는 타당성 조사(평가) 단계에서 추정된 금액을 기재한다.
2. 설계비는 기본설계, 실시설계, 기본 및 실시설계를 구분하여 작성한다. 단, 타당성조사 및 기본설계(또는 기본계획)를 함께 실시한 경우에는 기본설계란에 기재한다.
3. '시공 중 설계변경 건수'는 건설사업관리보고서의 공사 설계변경 현황 내 '변경횟수'를 합산하여 기재한다.
4. '시공 중 민원'은 반복민원, 집단민원, 국민권익위원회를 통해 들어온 민원 등 공사비 또는 공사기간 증가에 큰 영향을 끼친 민원으로 존재하는 경우 기재하며, 해당 없을 경우 '0'으로 표기한다.
5. '안전사고(재해)'는 건설사업관리보고서, 시공평가보고서, 건설지 등 자료에서 공사 중 사고(산업재해) 발생건수를 합산하여 기재하며, 해당 없을 경우 '0'으로 표기한다.
6. '재시공'은 , 건설사업관리보고서, 시공평가보고서, 건설지 등 자료에서 공사 중 재시공 발생건수를 합산하여 기재하며, 해당 없을 경우 '0'으로 표기한다.
7. '사업 특이성'은 난공사, 특수공사, 설계변경 심의를 받는 경우 등 공사비 및 공사기간에 큰 영향을 끼칠만한 사업의 특이성이 있는 경우 기재하며, 해당없을 경우 '해당없음'으로 표기한다.

[별지 제4호서식] <개정 2025.8.28.>

사업수행성과 평가 결과보고서

(7쪽중 1쪽)

1. 공사비 및 공사기간 분석

가. 공사비 및 공사기간 증감 원인

분야	요인	증감 원인
계획관련 변경	사업계획 변경	
	보상관련 변경	
	설계관련 변경	
시공관련 변경	현장여건 변경	
	공사계약 변경	
	소요자재 변경	
	공법 변경	
외부요인에 의한 변경	민원 대응	
	법정경비 반영	
	불가항력	
기타		

나. 유사사업 수행 시 주의사항

○

○

○

○

○

○

○

유의사항
1. '공사비 및 공사기간 증감 원인' 에는 각 요인별로 공사비 및 공사기간 증가와 관련된 현장 여건, 리스크 등 배경에 대하여 구체적으로 설명한다. 또한 증감원인에 대한 요인은 사후평가 매뉴얼을 참고하여 서술한다. 2. 유사사업 수행 시 주의사항 항목에는 유사사업 수행 시 공사비나 공사기간이 증가하지 않도록 조치 계획 등을 구체적으로 작성한다.

2. 공사 중 설계변경 내용 (주요 설계변경 사례 5개 내외 작성)

가. 설계변경별 증감액 및 내용

구분	증감액(백만원)	설계변경 내용
1		
2		
3		
4		
5		

나. 설계변경 관련 상세 내용

1) 설계변경 내용

상세 내용	○ ○ ○
설계변경 전 사진, 도면 등 삽입(가능 시)	설계변경 후 사진, 도면 등 삽입(가능 시)

2) 설계변경 내용

상세 내용	○ ○ ○
설계변경 전 사진, 도면 등 삽입(가능 시)	설계변경 후 사진, 도면 등 삽입(가능 시)

3) 설계변경 내용

상세 내용	○ ○ ○
설계변경 전 사진, 도면 등 삽입(가능 시)	설계변경 후 사진, 도면 등 삽입(가능 시)

4) 설계변경 내용

상세 내용	○ ○ ○
설계변경 전 사진, 도면 등 삽입(가능 시)	설계변경 후 사진, 도면 등 삽입(가능 시)

5) 설계변경 내용

상세 내용	○ ○ ○
설계변경 전 사진, 도면 등 삽입(가능 시)	설계변경 후 사진, 도면 등 삽입(가능 시)

유의사항

1. 공사 중 발생된 설계변경별 공사비 증감액 비중, 향후 유사사업에 활용도 등을 고려 5건 내외를 선정하여 작성한다.
2. 가. 설계변경 내용에는 해당 설계변경에 대한 개략적인 내용을 작성한다.
3. 나. 설계변경 관련 상세 내용 아래에 n)은 가. 설계변경 내용을 작성한다.
4. 나. 설계변경 관련 상세 내용 중 '상세 내용' 에는 공법변경, 위치변경, 추가/삭제 작업 등 설계변경 사항에 대한 구체적인 내용을 작성하고 공사비 및 공사기간 증감, 민원 해결 등 설계변경에 따른 구체적인 결과를 작성한다.

3. 사업의 특이성 ※ 해당시 작성하고, 사진, 도면 등 설명자료를 첨부하시기 바랍니다.

가. 사업의 특이성 개요

○

○

○

나. 사업의 특이성을 해결하기 위한 노력

○

○

○

유의사항

1. 사업의 특이성 개요에는 해저터널, 산악지대 통과, 초연약지반 공사 등과 같은 사업의 특이성을 구체적으로 작성한다.
2. 사업의 특이성을 해결하기 위한 노력에는 사업의 특이성에 따라 공사에 적용한 특수공법 및 기술의 종류와 적용 방법, 적용효과 등을 구체적으로 작성하고 사업의 특이성에 따라 수행한 설계변경, 돌관공사, 사업범위 조정 등을 구체적으로 작성한다.

(7쪽중 5쪽)

4. 스마트 건설기술 적용 ※ 해당시 작성하고, 사진, 도면 등 설명자료를 첨부하시기 바랍니다.

적용 기술	
적용 목적	
적용 방법	

○
○
○
○
○

유의사항
1. 스마트 건설기술의 적용 기술에는 적용한 스마트 건설기술명을 작성한다. 2. 스마트 건설기술의 적용 목적에는 스마트 건설기술을 적용한 목적과 기대효과를 구체적으로 작성하되, 공사비 절감, 사고 예방, 민원 방지, 협업 증진, 기타 발주청에서 중점 목적 및 기대효과로 판단했던 사항 등을 중심으로 작성한다. 3. 스마트 건설기술의 적용방법에는 스마트 건설기술을 어떻게 적용했는지 적용 방법과 절차에 대해 구체적으로 작성한다.

5. 시공 중 민원 원인 및 결과 분석 ※ 해당시 작성하시기 바랍니다.

가. 민원 상세 내용 및 처리 결과

민원 내용	
민원 상세 및 발생 원인	
민원 대응 노력 및 결과	

나. 민원 관련 유사사업 수행 시 주의사항

○
○
○
○
○

유의사항
1. '시공 중 민원' 은 반복민원, 집단민원, 국민권익위원회를 통해 들어온 민원 등 공사비, 공사기간 증가에 큰 영향을 끼친 민원을 말한다. 2. '민원 상세 및 발생 원인' 에는 발생한 민원에 대한 세부 내용과 민원 발생 원인을 구체적으로 작성한다. 3. '민원 대응 노력 및 결과' 에는 보상, 주민협의, 설계변경, 공청회 등 민원 처리를 위한 노력과 그 결과를 구체적으로 작성한다. 4. 유사사업 수행시 주의사항에는 민원 원인 및 처리 결과로부터 유사사업 수행 시 주의해야 하는 사항을 구체적으로 작성한다.

6. 안전사고(재해) 원인 및 결과 분석 ※ 해당시 작성하시기 바랍니다.

가. 안전사고(재해) 상세 내용 및 처리 결과

안전사고(재해) 내용	
안전사고(재해) 상세 및 발생 원인	
안전사고(재해) 대응 노력 및 결과	

나. 안전사고(재해) 관련 유사사업 수행 시 주의사항

○

○

○

유의사항

1. '안전사고(재해)' 는 불안전한 행동이나 조건으로 인해 작업 중 발생하여 인명이나 재산에 손실을 입히는 안전사고(넘어짐, 물체에 맞음, 떨어짐, 끼임, 절단/베임 등)와 함께 산업재해, 즉 노무를 제공하는 사람이 업무 관련 시설, 설비, 원재료, 가스 등으로 인해 사망, 부상 또는 질병에 걸리는 것을 포함한다.
2. '안전사고(재해) 상세 및 발생 원인' 에는 발생한 안전사고(재해)에 대한 세부 내용과 발생 원인을 구체적으로 작성한다.
3. '안전사고(재해) 대응 노력 및 결과' 에는 원인 조사, 재발방지 교육, 안전시설 설치 등 안전사고(재해) 처리 및 관리를 위한 노력과 그 결과를 구체적으로 작성한다.
4. 유사사업 수행시 주의사항에는 안전사고(재해) 원인 및 처리 결과로부터 유사사업 수행 시 주의해야 하는 사항을 구체적으로 작성한다.

7. 재시공 원인 및 결과 분석 ※ 해당시 작성하시기 바랍니다.

가. 재시공 상세 내용 및 처리 결과

재시공 내용	
재시공 상세 및 발생 원인	
재시공 대응 노력 및 결과	

나. 재시공 관련 유사사업 수행 시 주의사항

○

○

○

유의사항

1. '재시공' 은 시공 후 부실 시공, 설계 변경, 안전 문제 발생 등으로 인해 해당 부분을 철거하고 다시 시공하는 것을 말한다.
2. '재시공 상세 및 발생 원인' 에는 발생한 재시공에 대한 세부 내용과 발생 원인을 구체적으로 작성한다.
3. '재시공 대응 노력 및 결과' 에는 원인 조사, 주체별(발주청, 시공사, 감리자) 대응, 손해 배상 등 재시공 처리 및 관리를 위한 노력과 그 결과를 구체적으로 작성한다.
4. 유사사업 수행시 주의사항에는 재시공 원인 및 처리 결과로부터 유사사업 수행 시 주의해야 하는 사항을 구체적으로 작성한다.

8. 결론

공사비 관련 자체평가	○ ○ ○
공사기간 관련 자체평가	○ ○ ○
설계변경 및 민원 관련 자체평가	○ ○ ○
안전사고(재해) 관련 자체평가	○ ○ ○
재시공 관련 자체평가	○ ○ ○
추후 사후평가 환류 계획	○ ○ ○

유의사항
1. 공사비 및 공사기간 관련 자체평가에는 공사비 및 공사기간 관련 성과를 구체적으로 작성한다. 2. 설계변경 및 민원 관련 자체평가에는 설계변경 및 민원 관련 성과를 구체적으로 작성한다. 3. 추후 사후평가 환류 계획에는 사업수행성과 평가 결과에 대한 추후 활용계획을 구체적으로 작성한다.

[별지 제5호서식] <개정 2025.8.28.>

일괄 · 대안 · 기술제안입찰 집행 추진성과 평가표

<table>
<tr><td>공사명</td><td colspan="3"></td></tr>
<tr><td rowspan="2">발주청</td><td rowspan="2"></td><td rowspan="2">담당자 및
연락처</td><td>담당자 :</td></tr>
<tr><td>연락처 :　　)　　-</td></tr>
<tr><td rowspan="2">시공회사</td><td rowspan="2">ㅇㅇ회사 :　　00　%(도급비율)
ㅇㅇ회사 :　　00　%(도급비율)
ㅇㅇ회사 :　　00　%(도급비율)</td><td>입찰방법</td><td></td></tr>
<tr><td>입찰방법
심의
의결일시</td><td>20　년　월　일</td></tr>
<tr><td>공사금액</td><td>당초금액 :　　　　백만원
최종금액 :　　　　백만원
증 감 액 :　　　　백만원</td><td>공사
기간</td><td>계약공사기간 :　00년 00개월
준공공사기간 :　00년 00개월
증 감 기 간 :　00년 00개월</td></tr>
</table>

일괄방법을 통한 사업효과 (집행기본계획서 제출시 제시한 사업효과)	최초 제안된 사항	이행여부 및 적용 성과평가
공사비 및 유지관리비 절감 효과		
공기단축 효과		
품질향상 효과		
기술향상 효과		
스마트 건설기술 적용효과		

종합평가의견	

00년 00월 00일

첨부서류	항목별 설명자료, 산출근거 및 공사 시행 결과의 증빙자료　등

유의사항

1. 발주청은 입찰방식을 「대형공사 등의 입찰방법 심의기준」 제5조제1항제1호부터 제4호까지 중 어느 하나로 추진한 경우 입찰방법 및 심의의결 일시를 작성한다.
2. 발주기관의 장은 「대형공사 등의 입찰방법 심의기준」 제8조제3항에 따른 정량적 추정치 산정 결과서를 기준으로 평가한다. 공사시행 과정에서 변경된 경우에는 변경 결과와도 비교평가 하여야 한다.
3. 발주청은 사후평가위원회 심의위원 요청시 관련 내용을 충분히 설명하여야 한다.
4. 종합평가의견에는 일괄·대안·기술제안입찰방법 추진의 최초 목표 대비 최종 달성률 및 추후 사업 진행시 고려되어야 할 유의점 및 시사점 등, 사업 목표가 최종적으로 달성되었는지 여부 등을 기입한다.
5. 일괄방법을 통한 사업효과는 최초 해당 효과를 달성하기 위하여 제안된 사항과 공사 완료 후 최초 제안된 사항별 이행여부를 평가하고, 미 이행시에는 미 이행 사유와 적용의 어려운 점을 중심으로 기입하고 적용에 따른 추진 성과를 평가하여 작성한다.
6. 항목별 설명자료 및 산출근거와 공사시행 결과에 대한 각종 증빙자료 등은 붙임자료로 제출하여야 한다.

[별지 제6호서식] <개정 2025.8.28.>

사업효율 및 파급효과 평가표

(8쪽중 1쪽)

1. 사업개요

관리번호		
평가일		년 월 일
발주기관	기관명	
	평가담당자 (부서/직위/성명)	
	연락처	
사 업 명		
공 사 명		

유의사항
'관리번호' 는 전문관리기관이 발주청에 「사후평가 대상사업 현황 사전예고 알림」 및 「건설공사 사후평가 미이행 사업고지」 시 부여한 공사명별 관리번호를 기입하여야 한다.

2. 사업효율 평가

가. 수요분석

평가 항목	사업유형	평가지표	단위	예측값 (타당성조사시점)	실제값 (평가시점)
수 요	도로	교통량 (OD)	(대/일)		
	철도	여객 통행량,물동량	(인/일, 톤/년)		
	수자원	용수 수요	(㎥/일)		
	항만	물동량 (컨테이너 물동량, 비 컨테이너 물동량)	(TEU/년 ,톤/년)		
		여객 수요	(인/년)		
	공항	물동량	(톤/년)		
		여객 수요	(인/년)		
	택지 개발	주택수요	(호수)		
	에너지 공급 시설	발전량	(MW)		
	문화 및 집회 시설	방문자 수	(인)		
	환경 시설	처리량	(㎥/일)		
	기타		( )		

(8쪽중 2쪽)

나. B/C 분석

1) 도로사업

평가 항목	평가지표	예측값 (타당성조사시점)	실제값 (평가시점)
편　익 (단위:백만원)	차량운행 비용절감 편익		
	통행시간 절감 편익		
	교통사고 감소 편익		
	환경비용 절감 편익		
	주차수요 감소로 인한 주차공간 기회비용 절감 편익		
	공사 중 교통혼잡으로 인한 부(-)의 편익		
	통행 쾌적성 향상 편익		
	통행 신뢰성(정시성 등) 향상 편익		
	수질오염 개선 편익		
	기타 편익		
	편익 총합		
비　용 (단위:백만원)	공사비		
	보상비		
	운영 및 유지관리비		
	기타(　　　　　　)		
	비용 총합		
기대효과	B/C 비율		

(8쪽중 3쪽)

2) 철도사업

평가 항목	평가지표	예측값 (타당성조사시점)	실제값 (평가시점)
편 익 (단위:백만 원)	차량운행 비용절감 편익		
	통행시간 절감 편익		
	교통사고 감소 편익		
	환경비용 절감 편익		
	주차수요 감소로 인한 주차공간 기회비용 절감 편익		
	공사 중 교통혼잡으로 인한 부(-)의 편익		
	철도사업으로 인한 도로공간 축소에 따른 부(-)의 편익		
	전철화사업에 따른 환경오염비용 절감편익		
	통행 신뢰성(정시성 등) 향상 편익		
	수질오염개선 편익		
	기타 편익		
	편익 총합		
비 용 (단위:백만 원)	공사비		
	보상비		
	운영 및 유지관리비		
	기타( )		
	비용 총합		
기대효과	B/C 비율		

3) 수자원사업

평가 항목	평가지표	예측값 (타당성조사시점)	실제값 (평가시점)
편　　익 (단위:백만 원)	생활 공업 농업 용수 공급 편익		
	홍수피해 경감 편익		
	수력발전 편익		
	환경개선 용수 편익		
	용수 공급 신뢰성 개선 편익		
	기타 편익		
	편익 총합		
비　　용 (단위:백만 원)	공사비		
	보상비		
	운영 및 유지관리비		
	기타(　　　　　　　　)		
	비용 총합		
기대효과	B/C 비율		

4) 항만사업

평가 항목	평가지표	예측값 (타당성조사시점)	실제값 (평가시점)
편　　익 (단위:백만 원)	선박 대기 비용절감 편익		
	선박 재항 비용절감 편익		
	하역 비용절감 편익		
	내륙운송 비용절감 편익		
	화물운송 시간가치 절감 편익		
	환적화물 유치 편익		
	토지조성 편익		
	이용객 지체감소 편익		
	선박 대형화 편익		
	선박운항 비용절감 편익		
	국제여객 유치효과		
	외해투기 비용절감 편익		
	어항건설 편익		
	항만배후단지 조성 편익		
	기타 편익		
	편익 총합		
비　　용 (단위:백만 원)	공사비		
	보상비		
	운영 및 유지관리비		
	기타(　　　　　　　　)		
	비용 총합		
기대효과	B/C 비율		

(8쪽중 5쪽)

5) 공항사업

평가 항목	평가지표	예측값 (타당성조사시점)	실제값 (평가시점)
편 익 (단위:백만원)	항공기 운항 비용절감 편익		
	항공기 탑승객 및 화물 통행시간 절감 편익		
	청사 내 여객 및 화물 통행시간 절감 편익		
	전환 수요로 인한 편익		
	초과수요로 인한 편익 등		
	기타 편익		
	편익 총합		
비 용 (단위:백만원)	공사비		
	보상비		
	운영 및 유지관리비		
	기타(　　　　　)		
	비용 총합		
기대효과	B/C 비율		

6) 택지개발사업

평가 항목	평가지표	예측값 (타당성조사시점)	실제값 (평가시점)
편 익 (단위:백만원)	주택공급 편익		
	탐색비용의 절감 편익		
	주거 안정화 편익		
	영리성 지원시설 공급에 따른 편익		
	기타 편익		
	편익 총합		
비 용 (단위:백만원)	공사비		
	보상비		
	운영 및 유지관리비		
	기타(　　　　　)		
	비용 총합		
기대효과	B/C 비율		

7) 에너지공급시설사업

평가 항목	평가지표	예측값 (타당성조사시점)	실제값 (평가시점)
편 익 (단위:백만원)	신규 공급에 따른 전력·열 공급편익		
	사업종류에 따른 환경효과 편익		
	사업 미시행 대비 비용절감 편익		
	기타 편익		
	편익 총합		
비 용 (단위:백만원)	공사비		
	보상비		
	운영 및 유지관리비		
	기타( )		
	비용 총합		
기대효과	B/C 비율		

8) 문화 및 집회시설사업

평가 항목	평가지표	예측값 (타당성조사시점)	실제값 (평가시점)
편 익 (단위:백만원)	시설의 입장수입 및 각종 부대시설의 매출액 등 객단가 편익		
	객단가 이외의 추정 편익		
	기타 편익		
	편익 총합		
비 용 (단위:백만원)	공사비		
	보상비		
	운영 및 유지관리비		
	기타( )		
	비용 총합		
기대효과	B/C 비율		

9) 환경시설사업

평가 항목	평가지표	예측값 (타당성조사시점)	실제값 (평가시점)
편 익 (단위:백만 원)	정화조 설치 관리 비용 절감 편익		
	분뇨처리 비용 및 건설비 절감 편익		
	처리수 재이용으로 인한 상수사용량 절감 편익		
	수질개선 편익		
	폐기물처리 비용절감 편익		
	자원에너지 생산 편익		
	온실가스 감축 편익		
	기타 편익		
	편익 총합		
비 용 (단위:백만 원)	공사비		
	보상비		
	운영 및 유지관리비		
	기타(　　　　　　)		
	비용 총합		
기대효과	B/C 비율		

10) 기타

평가 항목	평가지표	예측값 (타당성조사시점)	실제값 (평가시점)
편 익 (단위:백만 원)	(　　　　　　)		
	(　　　　　　)		
	(　　　　　　)		
	(　　　　　　)		
	(　　　　　　)		
	(　　　　　　)		
	(　　　　　　)		
	편익 총합		
비 용 (단위:백만 원)	공사비		
	보상비		
	운영 및 유지관리비		
	기타(　　　　　　)		
	비용 총합		
기대효과	B/C 비율		

유의사항
1. B/C 분석은 해당하는 시설유형의 B/C 분석 표를 작성한다
2. 운영 및 유지관리비는 건설공사 준공 후의 운영 및 유지관리비를 말한다.

3. 파급효과 평가

평가 항목	평가지표	평가결과
민원	다수민원 발생 건수	(건)
	다수민원 처리 건수	(건)
하자	하자 발생 건수	(건)
	하자 처리 건수	(건)
지역경제	인구수	(명)
	종사자 수	(명)
	지역 총 생산	(백만 원)
	지가 상승율	(%)
주민의 호응도 및 사용자 만족도		(점)
환경		○ ○

4. 사업효율 및 파급효과 원인 분석 (반드시 기록)

수요예측 대비 실제 이용실적 증감원인
○
○
○
예측 비용편익(B/C) 대비 실제 비용편익(B/C) 증감원인
○
○
○
다수민원 발생 원인
○
○
○

유의사항
1. '민원' 및 '하자' 는 건설공사 준공 이후 사용단계에서 발생한 내역만을 대상으로 한다. 2. '다수민원' 은 「민원 처리에 관한 법률」 제2조 제6호에서 명시한 '다수인 관련민원' 을 말하며, 다수민원 발생원인은 다수민원 발생 사례에 대한 원인, 민원 처리를 위한 노력과 그 결과, 추후 유사사업 수행 시 유의사항 등 작성한다. 3. 주민의 호응도 및 사용자 만족도는 설문결과를 활용하여 100점 만점으로 환산하여 표기한다. 4. 환경은 사후환경영향평가 결과보고서 및 발주청에서 필요로 하는 사항들을 토대로 유사사업에 활용할 수 있는 내용을 작성한다. 5. '평가 항목별 원인 분석' 중 수요예측 대비 실제 이용실적 증감원인에 대하여 구체적으로 작성하여야 하며, 「건설기술진흥법」 제47조제4항 및 같은 법 시행령 제81조제7항 따른 건설엔지니어링 사업자의 고의 또는 중과실 여부를 조사하는데 활용하여야 한다.

[별지 제7호서식] <개정 2025.8.28.>

건설공사 사후평가위원회 의견 반영결과

(3쪽 중 1쪽)

1. 공사명

2. 발주청 담당자

순번	부서	직위	성명	연락처	참석여부
1					[ ]참석 [ ]불참
2					[ ]참석 [ ]불참
3					[ ]참석 [ ]불참

3. 위원 의견 반영 총괄

위원 의견	반영	부분 반영	미반영	비고
총 (건)	(건)	(건)	(건)	

4. 기초 입력자료 검토

사업수행성과 평가표 (1) 건설공사 개요	[ ]완료 [ ]미작성
사업수행성과 평가표 (2) 사업유형별 세부내용	[ ]완료 [ ]미작성
일괄·대안·기술제안입찰 집행 추진성과 평가표	[ ]완료 [ ]미작성 [ ]해당없음
사업수행성과 평가 결과보고서	[ ]완료 [ ]미작성
사업효율 및 파급효과 평가표	[ ]완료 [ ]미작성 [ ]해당없음
사업효율 및 파급효과 사후평가결과보고서	[ ]완료 [ ]미작성 [ ]해당없음

5. 사후평가위원회 구성

순번	성명	소속	전문 분야	역할	기타
1					
2					
3					
4					
5					
6					
7					

유의사항

1. 사후평가위원회의 위원은 건설기술 진흥법 시행령 제86조 제3항을 참조하여 총공사비 500억 원 이상 공사는 7인 이상(외부전문가 3인 이상), 총공사비 500억 원 미만 공사는 5인 이상(외부전문가 1인 이상)의 위원으로 구성한다.
2. 5. 사후평가 위원회 구성 중 '전문 분야'는 아래 중 하나를 선택한다.
   ✓ 공통 분야 : (1)제도 정책 건설관리, (2)교통, (3)환경, (4)건축일반, (5)토목일반
   ✓ 시설 분야 : (6)도로, (7)철도, (8)공항, (9)항만/해안, (10)수자원(댐, 상하수도 등), (11)건축/단지조성, (12)플랜트/환경시설
3. 5. 사후평가 위원회 구성 중 '역할'은 (1)내부 유사사업 전문가, (2)외부 전문가, (3)사후평가센터 전문가 중 하나를 선택한다.

(3쪽 중 2쪽)

6. 위원 의견 종합 및 향후 조치 계획

가. 사업수행성과 평가 적정성에 대한 의견 종합 및 향후 조치 계획

1. [별지3] 사업수행성과 및 [별지4] 사업수행성과 평가 결과보고서 적정성 의견 종합 및 향후 조치 계획

위원명	의견 상세 내용	반영여부 (○, △, ×)	조치계획

2. [별지5] 일괄 대안 기술제안입찰 집행 추진성과 평가표 적정성 의견 종합 및 향후 조치 계획

위원명	의견 상세 내용	반영여부 (○, △, ×)	조치계획

3. 공사비 및 공사기간 증감원인 분석에 대한 적정성 의견 종합 및 향후 조치 계획

위원명	의견 상세 내용	반영여부 (○, △, ×)	조치계획

4. 기타의견

위원명	의견 상세 내용	반영여부 (○, △, ×)	조치계획

유의사항

1. 평가표별 위원 의견(정보 수정, 개선 필요사항 등)을 종합 정리하고, 반영여부와 함께 대한 발주청 차원의 향후 조치 계획을 각각 작성한다. 위원별 의견 중 미반영될 경우 조치계획에 미반영 사유에 대하여 상세하게 작성한다.
2. ○: 반영, △: 부분반영, × 미반영
3. 위원별 칸이 부족할 경우 칸을 늘려서 작성한다.

나. 사업효율 및 파급효과 평가 적정성에 대한 의견 종합 및 향후 조치 계획

1. [별지6] 사업효율 및 파급효과 평가표 적정성 의견 종합 및 향후 조치 계획

위원명	의견 상세 내용	반영여부 (○, △, ×)	조치계획

2. 수요예측 대비 실제 이용실적 증감원인 분석에 대한 적정성 의견 종합 및 향후 조치 계획

위원명	의견 상세 내용	반영여부 (○, △, ×)	조치계획

3. 기대효과(B/C) 대비 실제효과(B/C) 증감원인 분석에 대한 적정성 의견 종합 및 향후 조치 계획

위원명	의견 상세 내용	반영여부 (○, △, ×)	조치계획

4. 기타의견

위원명	의견 상세 내용	반영여부 (○, △, ×)	조치계획

유의사항

1. '나 사업효율 및 파급효과 평가의 적정성에 대한 의견' 은 사업효율 및 파급효과 평가를 실시한 경우 작성한다.
2. 평가표별 위원 의견(정보 수정, 개선 필요사항 등)을 종합 정리하고, 반영여부와 함께 대한 발주청 차원의 향후 조치 계획을 각각 작성한다. 위원별 의견 중 미반영될 경우 조치계획에 미반영 사유에 대하여 상세하게 작성한다.
3. ○: 반영, △: 부분반영, × 미반영
4. 위원별 칸이 부족할 경우 칸을 늘려서 작성한다.

[별지 제8호서식] <개정 2025.8.28.>

건설공사 사후평가위원회 위원별 의견서

(2쪽 중 1쪽)

1. 기본정보

공사명	
위원 성명	(인)
전문 분야	(아래 해당되는 분야 번호 기재)

유의사항

전문 분야는 아래 중 택 1한다.

✓ 공통 분야: (1)제도 정책 건설관리, (2)교통, (3)환경, (4)건축일반, (5)토목일반

✓ 시설 분야: (6)도로, (7)철도, (8)공항, (9)항만/해안, (10)수자원(댐, 상하수도 등), (11)건축/단지조성, (12)플랜트/환경시설

2. 의견서 작성

가. 사업수행성과 평가 적정성에 대한 의견

1. [별지3] 사업수행성과 및 [별지4] 사업수행성과 평가 결과보고서 작성에 대한 적정성

○

○

○

2. [별지5] 일괄 대안 기술제안입찰 집행 추진성과 평가표 작성에 대한 적정성

○

○

○

3. 공사비 및 공사기간 증감원인 분석에 대한 적정성

○

○

○

4. 기타의견

○

○

유의사항

1. 사업수행성과 평가 별지별 세부정보의 오류, 적정성 등을 검토하고, 수정 또는 개선 필요사항을 구체적으로 작성한다.
2. 해당 건설공사가 일괄 대안 기술제안입찰로 진행되지 않은 경우 2번은 작성하지 않는다.
3. 공사비 및 공사기간 증감원인은 별지 제3호부터 제5호의 내용(공사비 및 공사기간 분석, 공사 중 설계변경 내용, 사업의 특이성, 스마트 건설기술 적용, 특이민원, 일괄 대안 기술제안입찰 집행 추진성과 등)의 작성이 충실한지 검토하여 의견을 작성한다.
4. 기타 의견은 1.~3. 외에 추가적인 사항에 대하여 작성한다.
5. 의견서 작성 칸이 부족할 경우 칸을 늘려서 작성한다.

(2쪽 중 2쪽)

나. 사업효율 및 파급효과 평가 적정성에 대한 의견

1. [별지6] 사업효율 및 파급효과 평가표 작성에 대한 적정성

○
○
○
○

2. 수요예측 대비 실제 이용실적 증감원인 분석에 대한 적정성

○
○
○
○

3. 기대효과(B/C) 대비 실제효과(B/C) 증감원인 분석에 대한 적정성

○
○
○
○

4. 기타의견

○
○

유의사항

1. '나 사업효율 및 파급효과 평가의 적정성에 대한 의견' 은 사업효율 및 파급효과 평가를 실시한 경우 작성한다.
2. 수요 및 B/C 증감원인은 별지 제2호 및 제6호의 내용(수요예측재조사 및 타당성재조사 실시내용, 사업효율 및 파급효과 원인 분석 등)을 참조하여 작성한다.
3. 기타 의견은 1.~3. 외에 추가적인 사항에 대하여 작성한다.
4. 의견서 작성 칸이 부족할 경우 칸을 늘려서 작성한다.

건 설 기 술 진 흥 법

[법·시행령·시행규칙 : 3단 대조식]

◉ 건설기술 진흥법률
◉ 건설기술 진흥법률 시행령 [별표]
◉ 건설기술 진흥법률 시행규칙 [별표 및 별지서식]

건설기술진흥법

전문개정 2013. 5.22 법률 제11794호 [시행 2014. 5.23]
개정 2013. 7.16 법률 제11920호 [시행 2014. 1.17]
개정 2013. 8. 6 법률 제11998호 [시행 2014. 8. 7]
개정 2014. 3.24 법률 제12542호 [시행 2014. 5.23]
개정 2014. 5.14 법률 제12579호 [시행 2014. 5.23]
개정 2015. 1. 6 법률 제12967호 [시행 2015. 7. 7]
개정 2015. 5.18 법률 제13324호 [시행 2016. 5.19]
개정 2015. 7.24 법률 제13430호 [시행 2016. 5.19]
개정 2015.12.29 법률 제13671호 [시행 2016. 6.30]
개정 2016. 1.19 법률 제13805호 [시행 2016. 8.12]
개정 2017. 8. 9 법률 제14848호 [시행 2018. 2.10]
개정 2017.11.28 법률 제15112호 [시행 2017.11.28]
개정 2018. 6.12 법률 제15667호 [시행 2018.12.13]
개정 2018. 8.14 법률 제15719호 [시행 2018.12.13]
개정 2018.12.31 법률 제16135호 [시행 2019. 7. 1]
개정 2019. 1.15 법률 제16272호 [시행 2020. 1.16]
개정 2019. 4.30 법률 제16414호 [시행 2019.11. 1]
개정 2019. 4.30 법률 제16416호 [시행 2020. 5. 1]
개정 2019. 8.27 법률 제16560호 [시행 2019. 8.27]
개정 2019.11.26 법률 제16624호 [시행 2020. 5.27]
개정 2020. 2.18 법률 제17063호 [시행 2021. 2.19]
개정 2020. 3.24 법률 제17091호 [시행 2020. 3.24]
개정 2020. 6. 9 법률 제17344호 [시행 2020.12.10]
개정 2020. 6. 9 법률 제17441호 [시행 2020.12.10]
개정 2020. 6. 9 법률 제17453호 [시행 2020. 6. 9]
개정 2020.10.20 법률 제17542호 [시행 2021. 4.21]
개정 2021. 3.16 법률 제17939호 [시행 2021. 9.17]

건설기술진흥법 시행령

전문개정 2014. 5.22 대통령령 제25358호 [시행 2014. 5.23]
개정 2014. 7.16 대통령령 제25478호 [시행 2014. 7.17]
개정 2014.11.11 대통령령 제25716호 [시행 2014.11.11]
개정 2014.12.30 대통령령 제25938호 [시행 2014.12.30]
개정 2015. 1. 6 대통령령 제25985호 [시행 2015. 1. 6]
개정 2015. 6. 1 대통령령 제26302호 [시행 2015. 6. 4]
개정 2015. 7. 6 대통령령 제26382호 [시행 2015. 7. 7]
개정 2016. 1.12 대통령령 제26894호 [시행 2016. 5.19]
개정 2016. 5.17 대통령령 제27176호 [시행 2016. 6.30]
개정 2016. 5.31 대통령령 제27205호 [시행 2016. 9.30]
개정 2016. 8.11 대통령령 제27444호 [시행 2016. 8.12]
개정 2016. 9.22 대통령령 제27506호 [시행 2016. 9.22]
개정 2017. 1.17 대통령령 제27792호 [시행 2017. 1.17]
개정 2017.12.29 대통령령 제28555호 [시행 2017.12.29]
개정 2018. 1.16 대통령령 제28586호 [시행 2018. 1.18]
개정 2018. 4.10 대통령령 제28792호 [시행 2018. 4.10]
개정 2018. 6. 8 대통령령 제28947호 [시행 2018. 6. 8]
개정 2018.12.11 대통령령 제29360호 [시행 2019. 3. 5]
개정 2019. 4.23 대통령령 제29710호 [시행 2019. 4.23]
개정 2019. 6.25 대통령령 제29918호 [시행 2019. 7. 1]
개정 2019.12.24 대통령령 제30256호 [시행 2020. 1.16]
개정 2020. 1. 7 대통령령 제30337호 [시행 2020. 1. 7]
개정 2020. 3. 3 대통령령 제30509호 [시행 2020. 3. 3]
개정 2020. 5.26 대통령령 제30704호 [시행 2020. 5.27]
개정 2020. 5.26 대통령령 제30712호 [시행 2021. 1. 1]
개정 2020. 7.30 대통령령 제30885호 [시행 2020. 8. 1]
개정 2020. 9.29 대통령령 제31053호 [시행 2020.10. 1]

건설기술진흥법 시행규칙

전문개정 2014. 5.22 국토교통부령 제 94호
개정 2015. 1.29 국토교통부령 제 178호
개정 2015. 7. 1 국토교통부령 제 213호
개정 2016. 3. 7 국토교통부령 제 295호
개정 2016. 5.25 국토교통부령 제 312호
개정 2016. 7. 4 국토교통부령 제 333호
개정 2016. 8.12 국토교통부령 제 353호
개정 2018. 1.18 국토교통부령 제 483호
개정 2018. 6.18 국토교통부령 제 521호
개정 2018.10.12 국토교통부령 제 547호
개정 2019. 2.25 국토교통부령 제 596호
개정 2019. 4. 4 국토교통부령 제 617호
개정 2019. 7. 1 국토교통부령 제 632호 [시행 2020. 5.27]
개정 2020. 3.18 국토교통부령 제 709호 [시행 2020. 3.18]
개정 2020. 5.26 국토교통부령 제 726호 [시행 2020. 5.27]
개정 2020. 9. 9 국토교통부령 제 758호 [시행 2020. 9.10]

건설기술진흥법	건설기술진흥법 시행령	건설기술진흥법 시행규칙
	개정 2020.11.10 대통령령 제31156호 [시행 2020.1. 1]	
	개정 2020.11.24 대통령령 제31176호 [시행 2020.11.24]	
	개정 2020.12. 1 대통령령 제31211호 [시행 2020.12.10]	
	개정 2020.12. 8 대통령령 제31245호 [시행 2020.12.10]	개정 2020.12.14 국토교통부령 제 792호 [시행 2020.12.14]
	개정 2020.12.29 대통령령 제31297호 [시행 2021.1. 1]	
	개정 2021. 1. 5 대통령령 제31380호 [시행 2021.1. 5]	
	개정 2021. 2. 9 대통령령 제31438호 [시행 2021.2.19]	
	개정 2021. 3. 2 대통령령 제31516호 [시행 2021.3. 2]	개정 2021. 8.27 국토교통부령 제 882호 [시행 2021. 8.27]
	개정 2021. 9.14 대통령령 제31986호 [시행 2021.9.14]	개정 2021. 9.17 국토교통부령 제 887호 [시행 2021. 9.17]
	개정 2021.10.19 대통령령 제32063호 [시행 2021.10.21]	
	개정 2021.12.28 대통령령 제32274호 [시행 2021.12.30]	
개정 2022. 6.10 법률 제18933호 [시행 2022. 6.10]	개정 2022. 9.13 대통령령 제32906호 [시행 2022. 9.13]	개정 2022.12.19 국토교통부령 제 1168호 [시행 2022.12.19]
	개정 2022.12.20 대통령령 제33112호 [시행 2022.12.20]	개정 2022.12.30 국토교통부령 제 1175호 [시행 2022.12.30]
	개정 2023. 1. 6 대통령령 제33212호 [시행 2023. 1. 6]	
	개정 2023.12.12 대통령령 제33913호 [시행 2023.12.12]	
개정 2024. 1. 9 법률 제19967호 [시행 2024. 7.10]	개정 2024. 2.27 대통령령 제34258호 [시행 2024. 2.27]	
	개정 2024. 3. 5 대통령령 제34294호 [시행 2024. 7. 1]	
	개정 2024. 4.23 대통령령 제34447호 [시행 2024. 4.23]	개정 2024. 4.23 국토교통부령 제 1325호 [시행 2024. 8. 1]
	개정 2024. 5. 7 대통령령 제34488호 [시행 2024. 5.17]	
	개정 2024. 7. 2 대통령령 제34652호 [시행 2024. 7.10]	개정 2024. 7.10 국토교통부령 제 1362호 [시행 2024. 8. 1]
		개정 2024. 7.30 국토교통부령 제 1369호 [시행 2024. 7.30]
	개정 2025. 6. 2 대통령령 제35583호 [시행 2025. 6. 2]	개정 2025. 6. 2 국토교통부령 제 1489호 [시행 2025. 6. 2]
		개정 2025. 6.18 국토교통부령 제 1502호 [시행 2025. 6.18]
개정 2025.10. 1 법률 제21065호 [시행 2025.10. 1]	개정 2025.10. 1 대통령령 제35811호 [시행 2025.10. 1]	개정 2025.10.31 국토교통부령 제 1531호 [시행 2025.10.31]
	개정 2025.12.30 대통령령 제35947호 [시행 2026. 1. 2]	

제1장 총 칙	제1장 총 칙	제1장 총 칙
제1조 (목적) 이 법은 건설기술의 연구·개발을 촉진하여 건설기술 수준을 향상시키고 이를 바탕으로 관련 산업을 진흥하여 건설공사가 적정하게 시행되도록 함과 아울러 건설공사의 품질을 높이고 안전을 확보함으로써 공공복리의 증진과 국민경제의 발전에 이바지함을 목적으로 한다. **제2조 (정의)** 이 법에서 사용하는 용어의 뜻은 다음과 같다. <개정 2015.5.18, 2015.7.24, 2018.8.14, 2019.4.30, 2020.2.18, 2021.3.16> 1. "건설공사"란 「건설산업기본법」 제2조제4호에 따른 건설공사를 말한다. 2. "건설기술"이란 다음 각 목의 사항에 관한 기술을 말한다. 다만, 「산업안전보건법」에서 근로자의 안전에 관하여 따로 정하고 있는 사항은 제외한다. <개정 2015.7.24>	**제1조 (목적)** 이 영은 「건설기술 진흥법」에서 위임된 사항과 그 시행에 필요한 사항을 규정함을 목적으로 한다.	**제1조 (목적)** 이 규칙은 「건설기술진흥법」 및 같은 법 시행령에서 위임된 사항과 그 시행에 필요한 사항을 규정함을 목적으로 한다.

건설기술진흥법	건설기술진흥법 시행령	건설기술진흥법 시행규칙
가. 건설공사에 관한 계획·조사(지반조사를 포함한다. 이하 같다)·설계(「건축사법」 제2조제3호에 따른 설계는 제외한다. 이하 같다)·시공·감리·시험·평가·측량(해양조사를 포함한다. 이하 같다)·자문·지도·품질관리·안전점검 및 안전성 검토 나. 시설물의 운영·검사·안전점검·정밀안전진단·유지·관리·보수·보강 및 철거 다. 건설공사에 필요한 물자의 구매와 조달 라. 건설장비의 시운전(試運轉) 마. 건설사업관리 바. 그 밖에 건설공사에 관한 사항으로서 대통령령으로 정하는 사항 3. "건설엔지니어링"이란 다른 사람의 위탁을 받아 건설기술에 관한 업무를 수행하는 것을 말한다. 다만, 건설공사의	**제2조 (건설기술의 범위)** 「건설기술 진흥법」(이하 "법"이라 한다) 제2조제2호 바목에서 "대통령령으로 정하는 사항"이란 다음 각 호의 사항을 말한다. 1. 건설기술에 관한 타당성의 검토	

시공 및 시설물의 보수·철거 업무는 제외한다.<개정 2021.3.16> 4. "건설사업관리"란 「건설산업기본법」 제2조제8호에 따른 건설사업관리를 말한다. 5. "감리"란 건설공사가 관계 법령이나 기준, 설계도서 또는 그 밖의 관계 서류 등에 따라 적정하게 시행될 수 있도록 관리하거나 시공관리·품질관리·안전관리 등에 대한 기술지도를 하는 건설사업관리 업무를 말한다.	2. 정보통신체계를 이용한 건설기술에 관한 정보의 처리 3. 건설공사의 견적	
6. "발주청"이란 건설공사 또는 건설엔지니어링을 발주(發注)하는 국가, 지방자치단체, 「공공기관의 운영에 관한 법률」 제5조에 따른 공기업·준정부기관, 「지방공기업법」 에 따른 지방공사·지방공단, 그 밖에 대통령령으로 정하는 기관의 장을 말한다. <개정 2021.3.16> 7."건설사업자"란 「건설산업기본법」 제2조제7호에 따른 건설사업자를 말	**제3조(발주청의 범위)** 법 제2조제6호에서 "대통령령으로 정하는 기관"이란 다음 각 호의 기관을 말한다. <개정 2020.11.10, 2020.12.8> 1. 국가 및 지방자치단체의 출연기관 2. 국가, 지방자치단체 또는 「공공기관의 운영에 관한 법률」 제5조에 따른 공기업·준정부기관(이하 "공기업·준정부기관"이라 한다)이 위탁한 사업의 시행자	

건설기술진흥법	건설기술진흥법 시행령	건설기술진흥법 시행규칙
한다. <개정 2019.4.30>	3. 국가, 지방자치단체 또는 공기업·준정부기관이 관계 법령에 따라 관리하여야 하는 시설물의 사업시행자 4. 「공유수면 관리 및 매립에 관한 법률」 제28조에 따라 공유수면 매립면허를 받은 자 5. 「사회기반시설에 대한 민간투자법」 제2조제8호에 따른 사업시행자 또는 그 사업시행자로부터 사업 시행을 위탁받은 자. 다만, 사업 시행을 위탁받은 자는 해당 사업시행자의 자본금의 2분의 1 이상을 출자한 자로서 관계 중앙행정기관으로부터 발주청이 되는 것에 대한 승인을 받은 경우로 한정한다. 6. 「전기사업법」 제2조제4호에 따른 발전사업자 7. 「신항만건설촉진법」 제7조에 따라 신항만건설사업 시행자로 지정받은 자	

법	시행령	시행규칙
	8. 「새만금사업 추진 및 지원에 관한 특별법」 제36조의2에 따라 설립된 새만금개발공사	
8. "건설기술인"이란 「국가기술자격법」 등 관계 법률에 따른 건설공사 또는 건설엔지니어링에 관한 자격, 학력 또는 경력을 가진 사람으로서 대통령령으로 정하는 사람을 말한다. <개정 2018.8.14, 2021.3.16> 9. "건설엔지니어링사업자"란 건설엔지니어링을 영업의 수단으로 하려는 자로서 제26조에 따라 등록한 자를 말한다. <개정 2019.4.30, 2021.3.16>	**제4조 (건설기술인의 범위)** 법 제2조제8호에서 "대통령령으로 정하는 사람"이란 별표 1에서 정하는 사람을 말한다. [제목개정 2018.12.11]	
10. "건설사고"란 건설공사를 시행하면서 대통령령으로 정하는 규모 이상의 인명피해나 재산피해가 발생한 사고를 말한다. <신설 2015.5.18> 11. "지반조사"란 건설공사 대상 지역의 지질구조 및 지반상태, 토질 등에 관한 정보를 획득할 목적으로 수행하는 일련의 행위를 말한다.	**제4조의2(건설사고의 범위)** 법 제2조제10호에서 "대통령령으로 정하는 규모 이상의 인명피해나 재산피해"란 다음 각 호의 어느 하나에 해당하는 피해를 말한다. 1. 사망 또는 3일 이상의 휴업이 필요한 부상의 인명피해 2. 1천만원 이상의 재산피해 [본조신설 2016.1.12]	

건설기술진흥법	건설기술진흥법 시행령	건설기술진흥법 시행규칙
<신설 2015.7.24> 12. "무선안전장비"란 「전파법」 제2조제1항제5호에 따른 무선설비 및 같은 법 제2조제1항제5호의2에 따른 무선통신을 이용하여 건설사고의 위험을 낮추는 기능을 갖춘 장비를 말한다. <신설 2021.3.16> **제3조 (건설기술진흥 기본계획)** ① 국토교통부장관은 건설기술의 연구·개발을 촉진하고 그 성과를 효율적으로 이용하며 관련 산업의 진흥을 도모하기 위하여 건설기술진흥 기본계획(이하 "기본계획"이라 한다)을 5년마다 수립하여야 한다. ② 기본계획에는 다음 각 호의 사항이 포함되어야 한다. <개정 2015.5.18, 2019.4.30, 2021.3.16> 1. 건설기술 진흥의 기본목표 및 추진방향 2. 건설기술의 개발 촉진 및 활용을 위한 시책		

법	시행령	시행규칙
3. 건설기술에 관한 정보 관리 4. 건설기술인력의 수급(需給)·활용 및 기술능력의 향상 5. 건설기술연구기관의 육성 6. 건설엔지니어링 산업구조의 고도화 7. 건설엔지니어링의 해외진출 및 국제교류 등의 지원에 관한 사항 8. 건설엔지니어링사업자의 지원에 관한 사항 <개정 2021.3.16> 9. 건설공사의 환경관리에 관한 사항 10. 건설공사의 안전관리 및 품질관리에 관한 사항<신설 2015.5.18> 11. 그 밖에 건설기술 진흥에 관한 중요 사항 <개정 2015.5.18>		
③ 국토교통부장관은 기본계획을 수립할 때에는 관계 중앙행정기관의 장과 미리 협의한 후 제5조에 따라 국토교통부에 두는 중앙건설기술심의위원회의 심의를 받아야 한다. 기본계획 중 대통령령으로 정하는 내용을 변경하려는 경우에도 같다.	**제5조 (건설기술진흥 기본계획 등)** ① 법 제3조제3항 후단에서 "대통령령으로 정하는 내용을 변경하려는 경우"란 법 제3조제2항제1호 및 제4호부터 제9호까지의 사항을 변경하려는 경우를 말한다.	

건설기술진흥법	건설기술진흥법 시행령	건설기술진흥법 시행규칙
④ 관계 행정기관의 장은 기본계획의 연차별 시행계획(이하 "시행계획"이라 한다)을 수립하여 국토교통부장관에게 통보하고 시행하여야 한다. ⑤ 제1항부터 제4항까지에서 규정한 사항 외에 기본계획과 시행계획의 수립·시행에 필요한 사항은 대통령령으로 정한다. ⑥ 국토교통부장관은 건설기술의 진흥을 위하여 필요한 경우 건설기술에 관한 정보관리, 건설기술인력 관리, 건설공사의 환경관리 · 안전관리 · 품질관리 등 건설기술의 각 분야별 기본계획을 수립할 수 있다. <신설 2015.5.18> **제4조 (건설기술과 관련된 중요 정책 등의 조정)** 국토교통부장관은 관계 행정기관의 장이 수행하는 건설기술과 관련된 중요 정책사업 및 처분 등이 기본계획의 시행에 지장을 줄 우려가 있다고 인정하면 그 행정기관의 장에게 이를 조정할 것을 요청할	② 국토교통부장관은 법 제3조제4항에 따라 관계 행정기관의 장이 법 제3조제1항에 따른 건설기술진흥 기본계획(이하 "기본계획"이라 한다)의 연차별 시행계획(이하 "시행계획"이라 한다)을 수립할 수 있도록 필요한 지침을 정하여 매년 12월 31일까지 관계 행정기관의 장에게 통보하여야 한다. ③ 관계 행정기관의 장은 제2항에 따른 지침에 따라 매년 소관 분야의 시행계획을 수립하여 1월 31일까지 국토교 통부장관에게 제출하여야 한다.	

수 있다.

제5조 (건설기술심의위원회) ① 건설기술의 진흥·개발·활용 등 건설기술에 관한 사항을 심의하기 위하여 국토교통부에 중앙건설기술심의위원회(이하 "중앙심의위원회"라 한다)를 두고, 특별시·광역시·특별자치시·도 및 특별자치도(이하 "시·도"라 한다)에 지방건설기술심의위원회(이하 "지방심의위원회"라 한다)를 둔다.

② 제1항에도 불구하고 국방·군사시설 건설공사에 관한 설계 사항을 심의하기 위하여 국방부에 특별건설기술심의위원회(이하 "특별심의위원회"라 한다)를 둘 수 있다.

③ 중앙심의위원회의 구성·기능 및 운영 등에 필요한 사항은 대통령령으로 정하는 기준에 따라 국토교통부장관이 관계 중앙행정기관의 장과 협의하여 정하고, 지방심의위원회의 구성·기능 및 운영 등에 필요한 사항은 대통령령으로 정하는 기준에 따라 해당 시·도의 조례로 정하며, 특별심

제6조 (중앙건설기술심의위원회의 기능) 법 제5조에 따른 중앙건설기술심의위원회(이하 "중앙심의위원회"라 한다)는 다음 각 호의 사항을 심의한다. <개정 2014.12.30, 2020.1.7, 2021.9.14, 2023.1.6>

1. 기본계획 및 건설기술정책에 관한 사항

1의2. 법 제10조의2에 따른 건설기술과 정보통신, 전자, 기계 등 다른 분야 기술을 융·복합한 기술의 활성화에 관한 사항 <신설 2023.1.6>

2. 법 제16조에 따른 외국 도입 건설기술의 관리에 관한 사항
3. 법 제19조제1항에 따른 건설공사 지원 통합정보체계 구축에 관한 기본계획의 수립 및 변경에 관한 사항
4. 법 제44조제1항 각 호에 관한 기준(이하 "건설기준"이라 한다)에 관한 사항(「도로법」, 「하천법」 등 건설 관계 법령에 따른 건설공사 기준을 포함한다)<개정 2014.12.30>

건설기술진흥법	건설기술진흥법 시행령	건설기술진흥법 시행규칙
의위원회를 두는 경우 그 구성·기능 및 운영 등에 필요한 사항은 대통령령으로 정하는 기준에 따라 국방부장관이 정한다.	5. 「국가를 당사자로 하는 계약에 관한 법률 시행령」(이하 이 호에서 "영"이라 한다)에 따른 다음 각 목의 사항 가. 영 제65조제5항에 따른 새로운 기술·공법 등의 범위와 한계에 대하여 제기된 이의에 관한 사항 나. 영 제79조제2항 본문에 따른 대체될 수 있는 설계의 범위와 한계에 대하여 제기된 이의에 관한 사항 다. 영 제80조제1항에 따른 대형공사·특정공사의 입찰방법에 관한 사항 라. 영 제85조제5항에 따른 설계의 적격 여부 및 설계점수 평가에 관한 사항 마. 영 제86조제8항에 따른 대안입찰가격의 조정 또는 설계의 수정에 관한 사항 바. 영 제99조제1항에 따른 실시설계 기술제안입찰 또는 기본설계 기술제안입찰의 입찰방법에 관한 사항	

사. 영 제103조제3항에 따른 실시설계 기술제안입찰의 기술제안서의 적격 여부 및 점수평가에 관한 사항

아. 영 제105조제4항에 따른 기본설계 기술제안입찰의 기술제안서 또는 실시설계서의 적격 여부 및 점수평가에 관한 사항

6. 발주청이 법 제39조제1항에 따라 건설엔지니어링사업자로 하여금 건설사업관리를 하게 하려는 경우로서 건설사업관리 시행의 적정성에 관한 심의를 요청한 사항

7. 제52조제6항 및 제7항에 따른 발주청이 시행하는 건설엔지니어링사업의 용역사업자 선정을 위한 사업수행능력 세부평가기준과 기술평가의 방법·기준 및 입찰공고안의 적정성에 관한 사항

8. 제5호다목 및 바목에 따른 입찰방법의 심의를 위한 기준

9. 그 밖에 이 영 또는 다른 법령에 따른

제2조 (대형공사의 입찰방법 심의기준) 국토교통부장관은 「건설기술진흥법 시행령」(이하 "영"이라 한다) 제6조제8호에

건설기술진흥법	건설기술진흥법 시행령	건설기술진흥법 시행규칙
제6조 (기술자문위원회) ① 건설공사의 설계 및 시공 등의 적정성에 관한 발주청의 자문에 응하게 하기 위하여 발주청에 기술자문위원회를 둘 수 있다. ② 제1항에 따른 기술자문위원회의 구성·기능 및 운영 등에 필요한 사항은 대통령령으로 정하는 기준에 따라 발주청이 정한다.	심의사항과 국토교통부장관이 심의에 부치는 사항 **제7조 (중앙심의위원회의 구성)** ① 중앙심의위원회는 위원장 및 부위원장 각 1명을 포함한 600명 이내의 위원으로 구성한다. <개정 2022.9.13> ② 중앙심의위원회의 위원장은 국토교통부 제1차관이 되며, 부위원장은 국토교통부장관이 지명하는 사람이 된다. ③ 중앙심의위원회의 위원은 다음 각 호의 어느 하나에 해당하는 사람 중에서 위원장의 추천을 받아 국토교통부장관이 임명하거나 위촉한다. 이 경우 국토교통부장관은 심의를 효율적으로 수행하기 위하여 필요하다고 인정할 때에는 중앙심의위원회 위원 정수(定數)의 5분의 1 범위에서 추가하여 사안별로 위원을 일시적으로 임명하거나 위촉할 수 있다. 1. 건설기술 업무와 관련된 행정기관의	따른 입찰방법의 심의를 위한 기준에 관한 사항을 정하여 「건설기술 진흥법」(이하 "법"이라 한다) 제5조에 따른 중앙건설기술심의위원회(이하 "중앙심의위원회"라 한다)의 심의를 거친 때에는 이를 고시해야 한다.<개정 2020.5.26> **제3조은 영 제17조의 우측에 있음.** **제4조 (기술자문을 한 건설공사의 확인·평가)** ① 국토교통부장관은 법 제6조에 따른 기술자문위원회(이하 "기술자문위원회"라 한다)에 자문한 건설공사의 시공에 대하여 확인·평가할 수 있다. ② 국토교통부장관은 제1항에 따른 확인·평가 결과를 발주청에 통보하고 필요한 조치를 요구할 수 있다.

	4급 이상(고위공무원단에 속하는 일반직 공무원을 포함한다) 또는 이에 상당하는 공무원 2. 건설기술 관계 단체 및 연구기관의 임직원 3. 건설기술에 관한 학식과 경험이 풍부한 사람 ④ 중앙심의위원회의 위원장은 위원회의 사무를 총괄하고 중앙심의위원회를 대표한다. ⑤ 중앙심의위원회의 위원장이 부득이한 사유로 직무를 수행할 수 없을 때에는 부위원장이 그 직무를 대행한다. ⑥ 제3항제2호 및 제3호에 따른 위원의 임기는 2년으로 하며, 한 차례만 연임할 수 있다. 다만, 위원의 사임 등으로 새로 위촉된 민간위원의 전임위원 임기는 남은 기간으로 한다. <개정 2020.12.8> ⑦ 중앙심의위원회에 중앙심의위원회의 사무를 처리하기 위하여 몇 명의 간사와 서기를 둔다.	

건설기술진흥법	건설기술진흥법 시행령	건설기술진흥법 시행규칙
	⑧ 간사와 서기는 중앙심의위원회의 위원장이 임명한다. **제8조 (중앙심의위원회의 회의)** ① 중앙심의위원회의 회의는 위원장이 필요하다고 인정하는 경우에 소집한다. ② 중앙심의위원회의 회의는 재적위원 과반수의 출석으로 개의(開議)하고, 출석위원과반수의 찬성으로 의결한다. **제9조 (분과위원회의 구성·운영)** ① 중앙심의위원회는 다음 각 호의 분과위원회(이하 이 조, 제10조 및 제16조에서 "분과위원회"라 한다)를 구성·운영할 수 있다. 1. 기준정비분과위원회: 제6조제4호에 따른 사항의 심의를 효율적으로 수행하기 위한 분과위원회 2. 설계심의분과위원회: 제6조제5호나목·라목·마목·사목 및 아목에 따른 사항의 심의를 효율적으로 수행하기 위한 분과위원회	

	② 분과위원회는 중앙심의위원회 위원 중에서 분과위원회 위원장 1명을 포함하여 다음 각 호의 구분에 따른 위원으로 구성한다. <개정 2017.12.29, 2019.4.23, 2022.9.13> 1. 기준정비분과위원회: 100명 이내의 위원 2. 설계심의분과위원회: 400명 이내의 위원 ③ 분과위원회 위원장은 중앙심의위원회의 위원장이 지명하는 사람이 된다. ④ 분과위원회에 분과위원회의 사무를 처리하기 위하여 몇 명의 간사와 서기 를 둔다. ⑤ 간사와 서기는 분과위원회 위원장이 임명한다. ⑥ 제1항제2호에 따른 설계심의분과위원회(이하 "설계심의분과위원회"라 한다)의 구성 및 심의·운영에 관한 세부적인 기준은 별표 2와 같다. ⑦ 국토교통부장관은 설계심의분과위원	

건설기술진흥법	건설기술진흥법 시행령	건설기술진흥법 시행규칙
	회 위원 윤리강령을 제정하여야 하며, 설계심의분과위원회 위원은 윤리강령을 준수하여야 한다. ⑧ 분과위원회의 회의에 관하여는 제8조를 준용한다. **제10조 (소위원회의 구성·운영)** ① 중앙심의위원회(분과위원회를 포함한다. 이하 이 조에서 같다)는 심의를 효율적으로 수행하기 위하여 필요하다고 인정하면 심의사항에 따라 분야별 소위원회를 구성·운영할 수 있다. ② 소위원회는 중앙심의위원회가 정하는 바에 따라 중앙심의위원회의 위원장(분과위원회의 소위원회의 경우에는 분과위원회의 위원장을 말한다. 이하 이 조에서 같다)이 지정하는 사항에 대하여 심의한다. ③ 소위원회는 중앙심의위원회의 위원 5명 이상 40명 이내로 구성한다.	

④ 소위원회의 위원장은 다음 각 호의 어느 하나에 해당하는 사람이 된다.

1. 중앙심의위원회의 위원장
2. 중앙심의위원회의 부위원장
3. 중앙심의위원회의 위원장이 지명하는 위원

⑤ 소위원회의 위원은 중앙심의위원회의 위원장이 중앙심의위원회의 위원 중에서 지명한다.

⑥ 소위원회의 심의를 거친 사항은 중앙심의위원회의 심의를 거친 것으로 본다.

⑦ 소위원회의 회의에 관하여는 제8조를 준용한다.

제11조 (심의 요청) ① 중앙심의위원회의 심의를 받으려는 자는 건설기술 심의요청서에 관계 서류를 첨부하여 국토교통부장관에게 제출하여야 한다.

② 제1항에 따른 관계 서류의 작성 및 제출 등에 필요한 사항은 국토교통부장관이 정하여 고시한다.

건설기술진흥법	건설기술진흥법 시행령	건설기술진흥법 시행규칙
	제12조 (심의기간 및 심의 결과 통보) ① 국토교통부장관은 제11조제1항에 따라 건설기술 심의요청서를 받았을 때에는 이를 중앙심의위원회의 심의에 부쳐야 한다. ② 중앙심의위원회는 제1항에 따라 심의에 부칠 건설기술 심의요청서를 받은 경우에는 받은 날부터 30일 이내에 이를 심의하여 국토교통부장관에게 통보하여야 한다. 다만, 중앙심의위원회의 위원장이 부득이한 사정이 있다고 인정하는 경우에는 그 심의기간을 30일의 범위에서 한 차례만 연장할 수 있다. ③ 국토교통부장관은 제2항에 따른 심의 결과를 지체 없이 심의를 요청한 자에게 알려야 한다. **제13조 (심의사항의 사후관리)** 제12조제3항에 따라 심의 결과를 통지받은 자는 그 심의 결과에 대한 조치내용을 국토교통부장관에게 통보하여야 한다.	

제14조 (의견청취 등) ① 중앙심의위원회의 위원장은 위원회의 심의를 위하여 필요하다고 인정할 때에는 현장조사를 하거나 관계 공무원 또는 관계 전문가를 회의에 출석하게 하여 의견을 들을 수 있다.

② 중앙심의위원회의 위원장은 위원회의 심의를 위하여 필요하다고 인정할 때에는 법 제9조에 따른 건설기술연구기관(이하 "건설기술연구기관"이라 한다)이나 그 밖의 관계 기관, 중앙심의위원회의 위원 및 관계 전문가에게 기술 검토를 의뢰하거나 필요한 자료의 제출을 요청할 수 있다.

③ 다음 각 호의 자는 국토교통부장관이 요청하는 경우에는 다음 각 호의 구분에 따른 관계 자료를 제출하여야 한다.

1. 특별시장·광역시장·특별자치시장·도지사 또는 특별자치도지사(이하 "시·도지사"라 한다) : 법 제5조제1항에 따른 지방건설기술심의위원회(이하 "지방심의위원회"라 한다)의 구성 등에 관하

건설기술진흥법	건설기술진흥법 시행령	건설기술진흥법 시행규칙
	여 전년도에 제정·개정한 조례의 내용 및 그 위원회의 전년도 운영실적 2. 국방부장관 : 법 제5조제2항에 따른 특별건설기술심의위원회(이하 "특별심의위원회"라 한다)의 구성 등에 관하여 전년도에 정한 규정의 내용 및 그 위원회의 전년도 운영실적 3. 법 제6조에 따른 기술자문위원회(이하 "기술자문위원회"라 한다)를 둔 발주청: 기술자문위원회의 구성 등에 관한 내용 및 그 위원회의 전년도 운영실적 **제15조 (수당 및 여비 등)** ① 중앙심의위원회의 회의에 출석한 위원 및 관계 전문가에게는 예산의 범위에서 수당과 여비 등을 지급할 수 있다. 다만, 공무원이 그 소관 업무와 직접적으로 관련되어 출석하는 경우에는 그러하지 아니하다. ② 제14조제2항에 따라 건설기술연구기관이나 그 밖의 관계 기관, 중앙심의 위원	

회의 위원 및 관계 전문가에게 기술 검토를 의뢰하는 경우에는 예산의 범위에서 기술 검토 비용을 지급할 수 있다.

③ 국토교통부장관은 제1항 및 제2항에도 불구하고 제6조제5호나목·라목·마목·사목 및 아목에 따른 심의와 관련하여 중앙심의위원회의 위원에게 지급하는 수당, 여비 및 기술 검토 비용 등을 예산의 범위에서 따로 정할 수 있다.

④ 발주청이 중앙심의위원회에 제6조제5호나목부터 아목까지의 사항의 심의를 의뢰할 경우 그 심의에 드는 비용은 발주청이 부담한다.

제16조 (운영세칙) 제6조부터 제15조까지에서 규정한 사항 외에 중앙심의위원회, 분과위원회 및 소위원회의 구성·운영에 필요한 사항은 국토교통부장관이 정하여 고시한다.

건설기술진흥법	건설기술진흥법 시행령	건설기술진흥법 시행규칙
	제17조 (지방심의위원회의 구성·운영) ① 지방심의위원회는 위원장 및 부위원장 각 1명을 포함한 250명(특별시의 경우에는 300명) 이내의 위원으로 구성한다. ② 지방심의위원회는 다음 각 호의 사항을 심의한다. <개정 2016.11.29, 2019.4.23, 2020.1.7, 2021.9.14> 1. 다음 각 목의 어느 하나에 해당하는 건설공사의 설계의 타당성과 시설물의 안전 및 공사시행의 적정성에 관한 사항. 다만, 제19조에 따라 기술자문위원회에 자문하여 의견을 받은 건설공사와 국토교통부령으로 정하는 건설공사는 제외한다. 가. 지방자치단체 또는 지방자치단체가 납입자본금의 2분의 1 이상을 출자한 기업이 시행하는 건설공사로서 총공사비가 100억원 이상인 건설공사 나. 총공사비가 100억원 이상인 건설공사	**제3조 (지방건설기술심의위원회의 심의대상이 아닌 공사)** 영 제17조제2항제1호 각 목 외의 부분 단서에서 "국토교통부령으로 정하는 건설공사"란 다음 각 호의 건설공사를 말한다. 1. 법 제39조제3항에 따라 설계용역에 대한 건설사업관리를 한 건설공사 2. 「문화재보호법」 제2조제2항 및 같은 법 제32조에 따른 지정문화재 및 가지정문화재의 수리·복원·정비 공사 3. 전시·사변이나 그 밖에 이에 준하는 국가비상사태에서 시행하는 건설공사 4. 재해를 긴급하게 복구하기 위한 건설공사 5. 「건축법」 제23조제4항에 따른 표준

	로서 그 건설공사에 관한 허가·인가·승인 등(이하 "허가등"이라 한다)을 한 행정기관(「국가를 당사자로 하는 계약에 관한 법률」 제2조를 적용받는 기관은 제외한다)의 장이 필요하다고 인정하여 특별히 요청하는 공사 다. 가목 또는 나목에 해당하는 건설공사의 설계를 변경하는 경우로서 기본적인 계획 또는 공법이 변경되는 공사 2. 「지방자치단체를 당사자로 하는 계약에 관한 법률 시행령」(이하 이 호에서 "영"이라 한다)에 따른 다음 각 목의 사항 가. 영 제74조제6항 단서에 따른 새로운 기술·공법 등의 범위와 한계에 대하여 제기된 이의에 관한 사항 나. 영 제95조제2항에 따른 대안의 설계의 범위와 한계에 관한 사항 다. 영 제96조제1항에 따른 대형공사·특정공사의 입찰방법, 실시설계적격자의 결정방법 및 낙찰자 결정방법에	설계도서에 따라 시공하는 건설공사 6. 국가보안에 관련된 건설공사 7. 준설(浚渫) 공사

건설기술진흥법	건설기술진흥법 시행령	건설기술진흥법 시행규칙
	관한 사항 라. 영 제98조제4항에 따른 설계의 적격 여부 및 설계점수 평가에 관한 사항 마. 영 제99조제8항에 따른 대안입찰가격의 조정 또는 설계의 수정에 관한 사항 바. 영 제128조에 따른 실시설계 기술제안입찰 또는 기본설계 기술제안입찰의 입찰방법, 낙찰자 결정방법 및 실시설계자 결정방법에 관한 사항 사. 영 제132조제2항에 따른 실시설계 기술제안입찰의 기술제안서의 적격 여부 및 점수 평가에 관한 사항 아. 영 제134조제3항에 따른 기본설계 기술제안입찰의 기술제안서 또는 실시설계서의 적격 여부 및 점수 평가에 관한 사항 3. 총공사비 100억원(시·군·자치구의 경우에는 50억원) 이상인 건설공사의 공사기간 산정의 적정성에 관한 사항.	

	다만, 제19조제5항제3호에 따라 기술자문위원회에 자문하여 의견을 받은 건설공사는 제외한다. <개정 2021.9.14> 4. 발주청이 법 제39조제1항에 따라 건설엔지니어링사업자로 하여금 건설사업관리를 하게 하려는 경우로서 건설사업관리 시행의 적정성에 관한 심의를 요청한 사항 5. 제52조제6항 및 제7항에 따른 지방자치단체인 발주청이 시행하는 건설엔지니어링사업의 용역사업자 선정을 위한 사업수행능력 세부평가기준과 기술평가의 방법·기준 및 입찰공고안의 적정성에 관한 사항 6. 그 밖에 이 영 또는 다른 법령에 따른 심의사항과 시·도지사가 심의에 부치는 사항 ③ 지방심의위원회의 위원은 다음 각 호의 어느 하나에 해당하는 사람 중에서 시·도지사가 임명하거나 위촉한다. 이 경우 시	

건설기술진흥법	건설기술진흥법 시행령	건설기술진흥법 시행규칙
	·도지사는 심의를 효율적으로 수행하기 위하여 필요하다고 인정할 때에는 지방심의위원회 위원 정수의 5분의 1 범위에서 추가하여 사안별로 위원을 일시적으로 임명하거나 위촉할 수 있다. 1. 중앙심의위원회, 다른 특별시·광역시·특별자치시·도 및 특별자치도(이하 "시·도"라 한다)의 지방심의위원회, 특별심의위원회 또는 기술자문위원회 위원 2. 관계 시민단체가 추천하는 사람 3. 해당 분야의 전문가 ④ 제3항 각 호 외의 부분 전단에 따라 위촉되는 민간위원의 임기는 2년으로 하며, 한 차례만 연임할 수 있다. 다만, 위원의 사임 등으로 위촉된 민간위원의 임기는 전임위원 임기의 남은 기간으로 한다. <신설 2020.12.8> ⑤ 지방심의위원회는 제2항제2호나목·	

	라목·마목·사목 및 아목에 따른 사항의 심의를 효율적으로 수행하기 위하여 분과위원회(이하 “지방설계심의분과위원회”라 한다)를 구성·운영할 수 있다. <개정 2020.12.8> ⑥ 지방설계심의분과위원회는 지방심의위원회 위원 중에서 위원장 1명을 포함한 50명 이상 70명 이내의 위원으로 구성하되, 시·도지사는 필요한 경우 국토교통부장관과 협의하여 지방설계심의분과위원회 위원 정수의 5분의 2 범위에서 추가하여 설계심의분과위원회 위원을 지방설계심의분과위원회 위원으로 일시적으로 임명하거나 위촉할 수 있다. <개정 2017.12. 29, 2020.12.8> ⑦ 지방설계심의분과위원회 위원의 과반수는 시·도 또는 관할 시·군·자치구 소속 공무원이어야 한다. <개정 2020.12.8> ⑧ 지방설계심의분과위원회의 구성·운영, 의견청취, 수당 및 여비 등에 관하여는	

건설기술진흥법	건설기술진흥법 시행령	건설기술진흥법 시행규칙
	제9조제3항부터 제5항까지 및 제7항, 제14조제1항 · 제2항 및 제15조제1항부터 제3항까지의 규정을 준용한다. 이 경우 제9조제3항부터 제5항까지 중 "분과위원회" 및 제9조제7항 중 "설계심의분과위원회"는 "지방설계심의분과위원회" 로, 제9조제3항, 제14조제1항 · 제2항 및 제15조제1항부터 제3항까지의 규정 중 "중앙심의위원회"는 "지방심의위원회"로, 제9조제7항 및 제15조제3항 중 "국토교통부장관"은 "시 · 도지사"로, 제15조제3항 중 "제6조제5호나목 · 라목 · 마목 · 사목 및 아목"은 "제17조제2항제2호나목 · 라목 · 마목 · 사목 및 아목"으로 본다. <개정 2020.12.8> ⑨ 지방설계심의분과위원회의 구성 및 심의 · 운영에 관한 세부적인 기준에 관하여는 제9조제6항 및 별표 2를 준용한다. 다만, 시 · 도지사는 국토교통부장관과 협의	

하여 지방설계심의분과위원회 위원 정수의 5분의 1 범위에서 별표 2 제1호에 따른 설계심의분과위원회 구성 기준에 해당하지 아니하는 지방심의위원회 위원을 지방설계심의분과위원회 위원으로 임명하거나 위촉할 수 있다. <개정 2020.12.8>

⑩ 제1항부터 제9항까지에서 규정한 사항 외에 지방심의위원회 및 지방설계심의분과위원회의 구성・운영 등에 필요한 사항은 해당 시・도의 조례로 정 한다. <개정 2020.12.8>

제18조(특별심의위원회의 구성 및 기능 등)

① 특별심의위원회는 위원장 및 부위원장 각 1명을 포함한 300명 이내의 위원으로 구성한다.

② 특별심의위원회의 위원장 및 부위원장은 국방부장관이 지명하는 사람이 되고, 위원은 다음 각 호의 어느 하나에 해당하는 사람 중에서 위원장의 추천을 받아 국방부장관이 임명하거나 위촉한다.

건설기술진흥법	건설기술진흥법 시행령	건설기술진흥법 시행규칙
	1. 국방부의 5급 이상(고위공무원단에 속하는 일반직공무원을 포함한다) 또는 이에 상당하는 공무원 2. 영관급 장교 및 건설기술에 관한 학식과 경험이 풍부한 사람 ③ 제2항에 따라 위촉되는 민간위원의 임기는 2년으로 하며, 한 차례만 연임 할 수 있다. 다만, 위원의 사임 등으로 위촉된 민간위원의 임기는 전임위원 임기의 남은 기간으로 한다. <신설 2020.12.8> ④ 특별심의위원회는 다음 각 호의 사항을 심의한다. <개정 2020.1.7, 2020.12.8, 2021.9.14> 1. 다음 각 목의 어느 하나에 해당하는 사항. 다만, 제19조에 따라 기술자문위원회의 심의를 받은 건설공사는 제외한다. 가. 국방・군사시설 건설공사로서 총공사비가 100억원 이상인 건설공사의	

	설계 및 시공에 관한 사항 나. 가목에 해당하는 건설공사의 기본적인 설계 또는 공법 등의 변경에 관한 사항 다. 가목에 해당하는 건설공사의 공사기간 산정의 적정성에 관한 사항 <신설 2021.9.14> 2. 국방·군사시설 건설공사로서 「국가를 당사자로 하는 계약에 관한 법률 시행령」(이하 이 호에서 “영”이 라 한다)에 따른 다음 각 목의 사항 가. 영 제79조제2항 본문에 따른 대체될 수 있는 설계의 범위와 한계에 대하여 제기된 이의에 관한 사항 나. 영 제80조제1항에 따른 대형공사·특정공사의 입찰방법에 관한 사항 다. 영 제85조제5항에 따른 설계의 적격여부 및 설계점수평가에 관한 사항 라. 영 제86조제8항에 따른 대안입찰가격의 조정 또는 설계의 수정에 관한 사항	

건설기술진흥법	건설기술진흥법 시행령	건설기술진흥법 시행규칙
	마. 영 제99조제1항에 따른 실시설계 기술제안입찰 또는 기본설계 기술제안입찰의 입찰방법 및 그 심의기준에 관한 사항 바. 영 제103조제3항에 따른 실시설계 기술제안입찰의 기술제안서의 적격 여부 및 점수평가에 관한 사항 사. 영 제105조제4항에 따른 기본설계 기술제안입찰의 기술제안서 또는 실시설계서의 적격 여부 및 점수평가에 관한 사항 3. 제52조제6항 및 제7항에 따른 국방부장관 또는 그 소속 기관의 장이 시행하는 건설엔지니어링사업의 용역사업자 선정을 위한 사업수행능력 세부평가기준과 기술평가의 방법ㆍ기준 및 입찰공고안의 적정성에 관한 사항 4. 그 밖에 국방ㆍ군사시설 건설공사에 관하여 국방부장관이 심의에 부치는	

	사항 ⑤ 특별심의위원회는 제4항제2호가목·다목·라목·바목 및 사목에 따른 사항의 심의를 효율적으로 수행하기 위하여 분과위원회(이하 "특별설계심의분과위원회"라 한다)를 구성·운영할 수 있다. <개정 2020.12.8> ⑥ 특별설계심의분과위원회는 위원장 1명을 포함한 50명 이상 70명 이내의 위원으로 구성하되, 국방부장관은 필요한 경우 국토교통부장관과 협의하여 특별설계심의분과위원회 위원 정수의 5분의 2 범위에서 추가하여 설계심의분과위원회 위원을 특별설계심의분과위원회 위원으로 일시적으로 임명하거나 위촉할 수 있다. <개정 2017.12.29, 2020.12.8> ⑦ 특별심의위원회의 회의, 분과위원회 및 소위원회, 의견청취, 수당 및 여비 등에 관하여는 제8조, 제9조제3항부터 제8항까지, 제10조, 제14조, 제15조 및 제17조제7항을 준용한다. 이 경우 제17조제7항	

건설기술진흥법	건설기술진흥법 시행령	건설기술진흥법 시행규칙
	중 "시·도 또는 관할 시·군·자치구 소속 공무원"은 "국방부 또는 그 소속 기관의 공무원"으로 본다. <개정 2020.12.8> **제19조(기술자문위원회의 구성 및 기능 등)** ① 기술자문위원회의 위원은 다음 각 호의 어느 하나에 해당하는 사람 중에서 발주청이 임명하거나 위촉한다. 1. 중앙심의위원회, 지방심의위원회, 특별심의위원회 또는 다른 발주청의 기술자문위원회 위원 2. 관계 시민단체가 추천하는 사람 3. 해당 분야의 전문가 ② 제1항에 따라 위촉되는 민간위원의 임기는 2년으로 하며, 한 차례만 연임할 수 있다. 다만, 위원의 사임 등으로 위촉된 민간위원의 임기는 전임위원 임기의 남은 기간으로 한다. <신설 2020.12.8> ③ 발주청은 기술자문위원회를 구성·운영하는 경우에는 계획·조사·설계 용역	

	의 수행단계에서 제5항에 따른 기술자문위원회의 심의 사항에 대하여 1회 이상 기술자문위원회에 자문해야 한다. 다만, 계획·조사·설계 용역의 규모가 작거나 자문할 만한 중요한 사항이 없다고 판단되는 경우는 제외한다. <개정 2020.12.8> ④ 발주청은 제3항 본문에 따른 자문에 대하여 의견을 받았을 때에는 특별한 사유가 없으면 그 결과를 설계에 반영하는 등 필요한 조치를 해야 한다. <개정 2020.12.8> ⑤ 기술자문위원회는 발주청의 자문에 응하여 다음 각 호의 사항을 심의한다. <개정 2018.1.16, 2019.4.23, 2020. 1.7, 2020.12.8, 2021.9.14> 1. 「국가를 당사자로 하는 계약에 관한 법률 시행령」(이하 이 호에서 "영"이라 한다)에 따른 다음 각 목의 사항 가. 영 제65조제5항에 따른 새로운 기술·공법 등의 범위와 한계에 대하여 제기된 이의에 관한 사항 나. 영 제79조제2항 단서에 따른 대체될	

건설기술진흥법	건설기술진흥법 시행령	건설기술진흥법 시행규칙
	수 있는 설계의 범위와 한계에 대하여 제기된 이의에 관한 사항 다. 영 제85조제6항에 따른 대안입찰·일괄입찰의 설계심의에 관한 사항 라. 영 제86조제8항에 따른 대안입찰가격의 조정 또는 설계의 수정에 관한 사항 마. 영 제103조제3항에 따른 실시설계 기술제안입찰의 기술제안서의 적격 여부 및 점수평가에 관한 사항 바. 영 제105조제4항에 따른 기본설계 기술제안입찰의 기술제안서 또는 실시설계서의 적격 여부 및 점수평가에 관한 사항 2. 「지방자치단체를 당사자로 하는 계약에 관한 법률 시행령」 제74조제6항 본문에 따른 새로운 기술·공법 등의 범위와 한계에 대하여 제기된 이의에 관한 사항	

	3. 총공사비 100억원(시 · 군 · 자치구의 경우에는 50억원) 이상인 건설공사의 공사기간 산정의 적정성에 관한 사항 <개정 2021.9.14> 4. 총공사비가 100억원(시 · 군 · 자치구의 경우에는 50억원) 이상인 건설공사의 공법 변경 등 중대한 설계 변경의 적정성에 관한 사항 5. 「시설물의 안전 및 유지관리에 관한 특별법」 제12조에 따른 정밀안전진단의 적정성에 관한 사항 6. 제52조제6항 및 제7항에 따른 해당 기술자문위원회가 속한 발주청이 시행하는 건설엔지니어링사업의 용역사업자 선정을 위한 사업수행능력 세부평가기준과 기술평가의 방법 · 기준 및 입찰공고안의 적정성에 관한 사항 7. 그 밖에 건설공사의 설계 및 시공 등의 적정성에 관하여 발주청이 자문하는 사항 ⑥ 기술자문위원회는 제5항제1호나목부	

건설기술진흥법	건설기술진흥법 시행령	건설기술진흥법 시행규칙
	터 바목까지의 규정에 따른 사항의 심의를 효율적으로 수행하기 위하여 분과위원회(이하 "기술자문설계심의 분과위원회"라 한다)를 구성·운영할 수 있다. <개정 2020.12.8> ⑦ 기술자문설계심의분과위원회는 기술자문위원회 위원 중에서 위원장 1명을 포함한 50명 이상 150명 이내의 위원으로 구성하되, 발주청은 필요한 경우 국토교통부장관과 협의하여 기술자문설계심의분과위원회 위원 정수의 2분의 1 범위에서 추가하여 설계심의분과위원회 위원을 기술자문설계심의분과위원회 위원으로 일시적으로 임명하거나 위촉할 수 있다. <개정 2019.4.23, 2020.12.8, 2022.9.13> ⑧ 기술자문설계심의분과위원회 위원의 과반수는 발주청 소속 직원(발주청의 자문이 「조달사업에 관한 법률 시행령」 제27조제2호가목에 관한 사항인 경우에는	

	조달청이나 「조달사업에 관한 법률」 제2조제5호가목 · 나목 및 같은 법 시행령 제4조제1항제1호 · 제2호에 따른 수요기관의 소속 직원을 포함한다. 이하 이 항에서 같다)으로 한다. 다만, 발주청이 전문성·공정성 확보를 위하여 필요하다고 인정하는 경우에는 국토교통부장관과 협의하여 발주청 소속 직원의 비율을 2분의1 이하로 조정할 수 있다. <신설 2019.4.23, 2020.9.29, 2020.12.8, 2022.9.13> ⑨ 기술자문설계심의분과위원회의 구성 · 운영에 관하여는 제9조제3항부터 제5항까지의 규정을 준용한다. 이 경우 제9조제3항부터 제5항까지의 규정 중 "분과위원회"는 "기술자문설계심의분과위원회"로, 제9조제3항 중 "중앙심의위원회"는 "기술자문위원회"로 본다. <신설 2019.4.23, 2020.12.8> ⑩ 기술자문설계심의분과위원회의 구성 및 심의 · 운영에 관한 세부적인 기준에 관하여는 제9조제6항 및 별표 2를 준용한	

건설기술진흥법	건설기술진흥법 시행령	건설기술진흥법 시행규칙
	다. 다만, 발주청은 국토교통부장관과 협의하여 기술자문설계심의분과위원회 위원 정수의 10분의 3 범위에서 별표 2 제1호에 따른 설계심의분과위원회 구성기준에 해당하지 않는 기술자문위원회 위원을 기술자문설계심의분과위원회 위원으로 임명하거나 위촉할 수 있다. <개정 2019.4.23, 2020.12.8, 2022.9.13> ⑪ 제1항부터 제10항까지에서 규정한 사항 외에 기술자문위원회 및 기술자문설계심의분과위원회의 구성 및 운영 등에 필요한 사항은 국토교통부장관이 정하는 바에 따라 발주청이 정한다. <개정 2019.4.23, 2020.12.8, 2022.9.13> **제20조(위원의 제척·기피·회피)** ① 중앙심의위원회, 지방심의위원회, 특별심의위원회 및 기술자문위원회(이하 "중앙심의위원회등"이라 한다)의 위원(이하 이 조, 제21조 및 제22조에서 "위원"이라 한다)이 다	

	음 각 호의 어느 하나에 해당하는 경우에는 각 위원회의 심의 · 의결에서 제척(除斥)된다. <개정 2020.12.8> 1. 위원 또는 그 배우자나 배우자였던 사람이 해당 안건의 당사자가 되거나 그 안건의 당사자와 공동권리자또는 공동의무자인 경우 2. 위원이 해당 안건의 당사자와 친족이거나 친족이었던 경우 3. 위원이 해당 심의 대상인 건설공사의 시행으로 이해당사자(대리관계를 포함한다)가 되는 경우 4. 위원이나 위원이 속한 법인 · 단체 등이 해당 안건의 당사자의 대리인이거나 대리인이었던 경우 5. 위원이 최근 5년 이내에 해당 심의 대상 업체에 임원 또는 직원으로 재직한 경우 6. 위원이 해당 안건에 대하여 자문, 연구, 용역(하도급을 포함한다. 이하 이 항에서 같다), 감정(鑑定) 또는 조사를 한	

건설기술진흥법	건설기술진흥법 시행령	건설기술진흥법 시행규칙
	경우 7. 위원이 임원 또는 직원으로 재직하고 있거나 최근 3년 내에 재직하였던 기업 등이 해당 안건에 관하여 자문, 연구, 용역, 감정 또는 조사를 한 경우 8. 위원이 최근 2년 이내에 해당 심의 대상 업체와 관련된 자문, 연구, 용역, 감정 또는 조사를 한 경우 ② 해당 안건의 당사자는 위원에게 공정한 심의·의결을 기대하기 어려운 사정이 있는 경우에는 중앙심의위원회등에 기피 신청을 할 수 있고, 해당 위원회는 의결로 이를 결정한다. 이 경우 기피 신청의 대상인 위원은 그 의결에 참여하지 못한다. ③ 위원이 제1항 각 호에 따른 제척 사유에 해당하는 경우에는 스스로 해당 안건의 심의·의결에서 회피(回避)하여야 한다. **제21조 (위원의 공개)** 중앙심의위원회등을 구성·운영하는 기관의 장은 위원의 명단	

을 해당 기관의 인터넷 홈페이지 등을 통하여 공개하여야 한다.

제22조 (위원의 해촉 등) 위원은 다음 각 호의 어느 하나에 해당하는 경우를 제외하고는 본인의 의사에 반하여 면직되거나 해촉되지 아니한다.

1. 「국가공무원법」 제33조 각 호의 결격사유 중 어느 하나에 해당하게 된 경우
2. 「공직선거법」 에 따라 실시되는 선거에 후보자로 등록한 경우
3. 신체상 또는 정신상의 이상으로 업무수행이 현저히 곤란하게 된 경우
4. 설계 또는 기술제안서 심의와 관련하여 금품을 주고받거나 부정한 청탁에 따라 권한을 행사하는 등의 비위사실(非違事實)이 있는 경우
5. 제20조제1항 각 호의 어느 하나에 해당함에도 불구하고 회피신청을 하지 아니하여 심의의 공정성을 해친 경우
6. 담당 심의 업무를 게을리하거나 직무수행능력이 부족한 경우

건설기술진흥법	건설기술진흥법 시행령	건설기술진흥법 시행규칙
	7. 임명이나 위촉 당시의 자격을 상실한 경우 8. 임명이나 위촉 시 경력, 학력 또는 「부패방지 및 국민권익위원회의 설치와 운영에 관한 법률」 제2조제4호에 따른 부패행위 전력(前歷)을 거짓으로 제출한 경우 9. 중앙심의위원회등의 소관 분과위원회의 위원으로서 해당 분과위원회 윤리강령을 위반한 경우	
제2장 건설기술의 연구 · 개발 지원 등	**제2장 건설기술의 연구 · 개발 지원 등**	**제2장 건설기술의 연구·개발 지원 등**
제7조 (건설기술 연구 · 개발 사업) ① 국토교통부장관은 건설기술을 향상시키고 기본계획을 효율적으로 추진하기 위하여 대통령령으로 정하는 기관 또는 단체와 협약을 체결하여 건설기술 발전에 필요한 건설기	**제23조 (건설기술 연구·개발 사업의 협약 체결 대상 기관 등)** ① 법 제7조제1항에서 "대통령령으로 정하는 기관 또는 단체"란 다음 각 호의 기관 또는 단체를 말한다. <개정 2016.9.22, 2021.10.19>	**제5조 (건설기술 연구·개발 사업의 협약체결 대상기관 등)** 영 제23조제1항제9호에서 "국토교통부령으로 정하는 기관·협회·학회 등"이란 다음 각 호의 기관·협회·학회 또는 조합을 말한다. <개정 2015.7.1,

술 연구·개발 사업을 할 수 있다.	1. 국립·공립 연구기관 2. 「고등교육법」 제2조에 따른 학교 3. 「연구산업진흥법」 제6조제1항에 따라 신고한 전문연구사업자 4. 「기초연구진흥 및 기술개발지원에 관한 법률」 제14조의2제1항에 따라 인정받은 기업부설연구소 및 기업의 연구개발전담부서 5. 「민법」 또는 다른 법률에 따라 설립된 법인인 연구기관 6. 「산업기술연구조합 육성법」 에 따른 산업기술연구조합 7. 「정부출연연구기관 등의 설립·운영 및 육성에 관한 법률」 또는 「과학기술분야 정부출연연구기관 등의 설립·운영 및 육성에 관한 법률」 에 따라 설립된 정부출연연구기관 8. 「특정연구기관 육성법」 에 따른 특정연구기관 9. 국토교통부령으로 정하는 기관·협회·학회 등의 부설연구소 또는 연구개발	2022.12.19> 1. 「공공기관의 운영에 관한 법률」 제5조에 따른 공기업·준정부기관(이하 "공기업·준정부기관"이라 한다) 중 국토교통부장관의 지도·감독을 받는 기관 2. 법 제69조제1항에 따라 설립된 협회, 「건설산업기본법」 제50조에 따른 협회, 「해외건설 촉진법」 제23조에 따른 해외건설협회 및 「건축사법」 제31조에 따른 건축사협회 3. 법 제74조제1항에 따라 설립된 공제조합, 「건설산업기본법」 제54조에 따른 공제조합 및 「주택도시기금법」 제16조에 따른 주택도시보증공사 <개정 2015.7.1> 4. 「민법」 또는 다른 법률에 따라 설립된 건설기술 분야의 법인인 협회 또는 학회로서 다음 각 목의 요건을 모두 갖춘 협회 또는 학회 <개정 2022.12.19> 가. 자연계 분야 학사 이상의 학위를 가진

건설기술진흥법	건설기술진흥법 시행령	건설기술진흥법 시행규칙
	전담부서 ② 국토교통부장관은 연구·개발과제를 선정하였을 때에는 제1항 각 호의 기관 또는 단체 중 해당 분야의 연구를 주관하여 연구·개발할 기관 또는 단체(이하 "주관연구기관"이라 한다)와 건설기술 연구·개발 사업에 관한 협약을 체결하여야 한다. ③ 주관연구기관의 장은 제2항에 따라 연구·개발 사업을 수행할 때 연구·개발비에 법 제7조제2항에 따른 기술개발비(현물을 포함한다. 이하 이 항에서 같다)가 포함되어 있는 경우에는 기술개발비를 부담하는 자와 미리 출자계약 또는 연구계약을 체결하여야 한다. ④ 제2항에 따른 협약에는 다음 각 호의 사항이 포함되어야 한다. <개정 2020.12.29> 1. 연구·개발과제 계획서 2. 삭제 <2020.12.29>	사람으로서 3년 이상의 연구경력(학위 취득 전의 연구경력을 포함한다)을 가진 연구전담요원 5명 이상(박사학위나 기술사자격을 가진 사람이 2명 이상 포함되어야 한다)을 항상 확보하고 있을 것 나. 독립된 연구시설을 갖추고 있을 것

② 제1항에 따른 건설기술 연구·개발 사업에 필요한 경비는 정부 또는 정부 외의 자의 출연금이나 그 밖에 기업의 기술개발비로 충당한다. ③ 제1항에 따른 협약의 체결방법과 제2항에 따른 출연금의 지급·사용 및 관리에	3. 연구·개발비의 지급방법 및 사용·관리에 관한 사항 4. 연구·개발 결과의 보고에 관한 사항 5. 연구·개발 결과의 귀속 및 활용에 관한 사항 6. 기술료의 징수·사용에 관한 사항 7. 연구·개발 결과의 평가에 관한 사항 8. 협약의 변경 및 해약에 관한 사항 9. 협약의 위반에 대한 조치 10. 그 밖에 연구·개발에 필요한 사항 ⑤ 주관연구기관의 장은 필요하다고 인정하는 경우에는 해당 연구과제의 일부를 제1항 각 호의 기관 또는 단체에 위탁하여 수행하게 할 수 있다. **제24조 (출연금의 지급)** 법 제7조제2항에 따른 출연금은 분할하여 지급한다. 다만, 연구과제의 규모와 착수시기 등을 고려하여 필요하다고 인정하는 경 우에는 한꺼번에 지급할 수 있다.	

건설기술진흥법	건설기술진흥법 시행령	건설기술진흥법 시행규칙
필요한 사항은 대통령령으로 정한다.	**제25조 (출연금 등의 관리 및 사용)** ① 주관연구기관의 장은 법 제7조제2항에 따라 건설기술 연구·개발 사업의 경비를 지급받은 경우에는 별도의 계정(計定)을 설정하여 관리하여야 한다. ② 주관연구기관의 장은 제1항의 연구·개발비를 국토교통부장관이 정하여 고시하는 바에 따라 다음 각 호의 비용으로 사용하여야 한다. 1. 연구원의 인건비 2. 직접비: 연구기자재 및 시설비, 재료비 및 전산처리·관리비, 시험제품 제작비, 여비, 수용비 및 수수료, 기술정보 활동비, 연구활동비 3. 위탁연구개발비 4. 간접비: 간접경비, 연구개발준비금, 지식재산권 출원·등록비, 과학문화 활동비, 연구실 안전관리비 ③ 주관연구기관의 장은 협약기간이 끝난	

	후 90일 이내에 다음 각 호의 서류에 따른 연구·개발비 사용실적을 국토교통부장관에게 보고하여야 한다. 1. 연구·개발비 사용계획 및 집행실적에 관한 보고서 2. 회계감사의견서 등 국토교통부장관이 정하여 고시하는 연구·개발비 집행 관련 서류 ④ 주관연구기관의 장은 건설사업자 또는 「주택법」 제4조에 따라 주택건설사업자의 등록을 한 자(이하 "주택건설등록업자"라 한다) 등이 요청하는 경우에는 건설기술 연구·개발 사업의 연구 성과를 생산과정에 이용하게 할 수 있다. 이 경우 그 이용으로 원가절감, 품질 향상 등의 효과를 얻었을 때에는 그 이용자로부터 제23조제4항에 따른 협약에 규정된 기술료를 징수할 수 있다. <개정 2016.8.11, 2020.1.7> ⑤ 주관연구기관의 장은 제4항에 따라 기술료를 징수하였을 때에는 징수한 날부터 30일 이내에 국토교통부장관에게 그 사	

건설기술진흥법	건설기술진흥법 시행령	건설기술진흥법 시행규칙
	실을 보고하여야 한다. ⑥ 주관연구기관의 장은 제4항에 따라 징수한 기술료를 국토교통부장관이 고시하는 바에 따라 연구·개발 및 기초연구를 위한 연구·개발비의 조성 등의 목적에 사용하여야 하고, 해당 연도의 사용실적을 다음 해 3월 31일까지 국토교통부장관에게 보고하여야 한다.	
제8조 (건설기술의 연구 · 개발 등의 권고) 국토교통부장관은 새로운 건설기술의 도입·연구·개발을 위하여 다음 각 호의 어느 하나에 해당하는 자에게 대통령령으로 정하는 바에 따라 부설연구소의 설치·운영이나 공동연구 및 정보' 교환 등과 기술개발을 위한 투자를 권고할 수 있다. <개정 2019.4.30, 2021.3.16> 1. 「공공기관의 운영에 관한 법률」에 따른 공공기관 중 국토교통부장관이 주무기관의 장이 되는 기관	**제26조 (건설기술개발 투자 등의 권고)** ① 법 제8조에 따라 국토교통부장관이 건설기술개발 투자 등을 권고할 수 있는 건설사업자 및 건설엔지니어링사업자는 국토교통부령으로 정하는 금액 이상의 건설공사 실적 또는 건설엔지니어링 실적이 있는 자로서 국토교통부장관이 지정한 자로 한다. <개정 2020.1.7, 2021.9.14> ② 국토교통부장관은 제1항에 따라 지정된 건설사업자 및 건설엔지니어링사업자에게 다음 각 호의 어느 하나에 해당하는	**제6조 (건설기술개발 투자의 권고대상자)** 영 제26조제1항에서 "국토교통부령으로 정하는 금액 이상의 건설공사실적 또는 건설엔지니어링 실적이 있는 자"란 다음 각 호의 자를 말한다. <개정 2021.9.17> 1. 「건설산업기본법 시행령」 별표 1에 따른 종합공사를 시공하는 업종으로 등록한 자로서 해당 공사분야에서 최근 2년간 600억원 이상의 공사실적이 있는 자 2. 법 제26조에 따라 건설엔지니어링업

2. 건설사업자 3. 건설엔지니어링사업자	사항을 권고할 수 있다.<개정 2020.1.7, 2021.9.17> 1. 매년 전년도 건설공사 실적 또는 건설엔지니어링 실적의 100분의 3 에 해당하는 금액의 범위에서 부설연구소의 설치·운영에 투자할 것 2. 「기초연구진흥 및 기술개발지원에 관한 법률 시행령」 제21조제1항제10호에 따른 연구개발준비금을 적립할 것 3. 건설기술개발을 위한 투자액을 다음해 사업계획에 포함할 것 **제27조 (건설기술개발 투자 등의 계획 제출)** ① 법 제8조에 따른 권고에 따라 건설기술개발 투자 등을 하려는 자는 해당 연도 건설기술개발 투자 등의 계획을 매년 3월 31일까지, 전년도 건설기술개발 투자 등의 실적을 매년 6월 30일까지 국토교통부장관에게 제출하여야 한다. ② 국토교통부장관은 제1항에 따른 건설기술개발 투자 등의 계획이 기본계획에 적합하지 아니하다고 인정될 때에는 그 계	등록을 한 자로서 최근 2년간 200억원 이상의 건설엔지니어링 실적이 있는 자

건설기술진흥법	건설기술진흥법 시행령	건설기술진흥법 시행규칙
제9조 (공동 연구 · 개발 등) 국토교통부장관은 건설기술의 연구·개발과 관련된 공공기관·법인·단체·대학(이들의 부설연구소 등을 포함한다. 이하 "건설기술연구기관"이라 한다)의 인력·자금·시험시설 및 기술정보의 효율적 활용과 선진 건설기술 획득을 위하여 관계 중앙행정기관의 장과 공동연구를 추진하거나 건설기술연구기관의 건설 기술연구·개발을 지원할 수 있다. **제10조 (연구시설 및 장비의 지원 등)** 국토교통부장관은 건설기술의 연구기반을 확충	획의 조정을 권고할 수 있다. ③ 국토교통부장관은 제1항 또는 제2항에 따라 건설기술개발투자 등을 한 건설사업자 또는 건설엔지니어링사업자에 대해서는 법 제50조제4항에 따른 건설엔지니어링 종합평가 및 시공 종합평가 시에 이를 고려해야 한다. <개정 2020.1.7, 2021.9.14>	

하기 위하여 건설기술연구기관의 연구시설 및 장비의 확보·관리·공동사용 등을 지원하거나 필요한 시책을 수립·추진할 수 있다.

제10조의2(융 · 복합건설기술의 활성화)
① 국토교통부장관은 건설기술과 정보통신, 전자, 기계 등 다른 분야 기술을 융 · 복합한 기술(이하 "융 · 복합건설기술"이라 한다)의 개발 · 보급 및 활용을 촉진하기 위한 시책을 마련하여야 한다.
② 국토교통부장관은 융 · 복합건설기술을 활성화하기 위하여 스마트건설지원센터를 설치 · 운영할 수 있다.
③ 스마트건설지원센터는 다음 각 호의 업무를 수행한다.
1. 융 · 복합건설기술의 정책개발
2. 융 · 복합건설기술의 연구 · 개발 및 보급
3. 융 · 복합건설기술의 검증 및 실증
4. 융 · 복합건설기술과 관련된 창업 지원과 그에 관한 정보의 수집 · 관리

건설기술진흥법	건설기술진흥법 시행령	건설기술진흥법 시행규칙
5. 국내외 융·복합건설기술 동향 및 시장 정보의 조사·분석 6. 그 밖에 융·복합건설기술의 활성화를 위하여 필요한 사항으로서 대통령령으로 정하는 사항	**제27조의2(스마트건설지원센터의 업무 및 운영)** ① 법 제10조의2제3항제6호에서 "대통령령으로 정하는 사항"이란 다음 각 호의 사항을 말한다. <개정 2021.9.14> 1. 법 제10조의2제1항에 따른 융·복합건설기술(이하 "융·복합건설기술"이라 한다)의 개발·보급 및 활용을 촉진하기 위한 시책의 수립·시행 지원 2. 융·복합건설기술 관련 예비창업자와 창업자 발굴·육성·교육 및 해외진출 지원 3. 융·복합건설기술 관련 창업공간 조성 및 운영 4. 건설정보모델링(BIM, Building Information Modeling) 관련 정책개발 및 활성화 지원 <신설 2021. 9.14> 5. 그 밖에 융·복합건설기술의 개발 및	

법	시행령	시행규칙
	활용을 위하여 국토교통부장관이 필요하다고 인정하는 사항 ② 국토교통부장관은 제1항제4호에 따른 건설정보모델링 관련 업무를 수행하기 위하여 필요한 경우에는 스마트건설지원센터에 건설정보모델링 관련 전담기구를 둘 수 있다. <신설 2021.9.14>	
④ 국토교통부장관은 스마트건설지원센터의 운영을 대통령령으로 정하는 전문기관에 위탁할 수 있다.	③ 국토교통부장관은 법 제10조의2제4항에 따라 같은 조 제2항에 따른 스마트건설지원센터의 운영을 「과학기술분야 정부출연연구기관 등의 설립·운영 및 육성에 관한 법률」 제8조에 따라 설립된 한국건설기술연구원(이하 "건설기술연구원"이라 한다)에 위탁한다. [본조신설 2020.1.7]	
⑤ 국토교통부장관은 스마트건설지원센터의 사업 및 운영에 필요한 비용을 예산의 범위에서 출연할 수 있다. ⑥ 스마트건설지원센터의 설치 · 운영과 제5항에 따른 출연금의 지급범위 · 사용 및 관리에 필요한 사항은 대통령령으로	**제27조의3(스마트건설지원센터의 운영을 위한 출연금)** ① 법 제10조의2제4항 및 이 영 제27조의2제3항에 따라 스마트건설지원센터의 운영을 위탁받은 건설기술연구원이 법 제10조의2제5항에 따라 출연금을 받으려는 경우에는 매년 4월 30일	

건설기술진흥법	건설기술진흥법 시행령	건설기술진흥법 시행규칙
정한다. [본조시설 2019.8.27]	까지 다음 연도의 출연금예산요구서에 다음 각 호의 서류를 첨부하여 국토교통부장관에게 제출해야 한다. <개정 2021.9.14> 1. 다음 연도의 업무계획서 2. 다음 연도의 추정 재무상태표 및 추정 손익계산서 ② 국토교통부장관은 제1항 각 호의 서류가 타당하다고 인정하는 경우에는 출연금을 지급한다. ③ 건설기술연구원은 제2항에 따라 출연금을 지급받은 경우에는 그 출연금에 대하여 별도의 계정을 설정하여 관리해야 하며, 법 제10조의2제3항 각 호에 따른 스마트건설지원센터 업무의 용도에 한정하여 사용해야 한다. ④ 건설기술연구원은 다음 각 호의 구분에 따른 시기까지 스마트건설지원센터의 운영내용을 국토교통부장관에게 보고해야 한다.	

법	시행령	시행규칙
	1. 해당 연도의 세부운영계획: 매년 1월 31일까지 2. 출연금 사용실적을 포함한 전년도 운영실적: 매년 3월 31일까지 [본조신설 2020.1.7]	
제11조 (기술평가기관) ① 정부는 건설기술 연구·개발 사업을 효율적으로 지원하기 위하여 기술평가기관을 설립할 수 있다. ② 기술평가기관은 법인으로 한다. ③ 기술평가기관은 주된 사무소의 소재지에서 설립등기를 함으로써 성립한다. ④ 기술평가기관은 다음 각 호의 사업을 한다. 1. 건설기술 연구·개발 사업에 대한 평가·관리 2. 건설기술 연구·개발 사업에 대한 수요조사, 기획 및 기술 예측 3. 건설 분야의 새로운 기술의 심사·관리 4. 다른 법령에 따라 기술평가기관의 업무로 지정된 사업		

건설기술진흥법	건설기술진흥법 시행령	건설기술진흥법 시행규칙
5. 그 밖에 건설기술의 개발·활용에 관한 사업으로서 대통령령으로 정하는 사업	**제28조 (기술평가기관의 사업)** 법 제11조제4항제5호에서 "대통령령으로 정하는 사업"이란 다음 각 호의 사업을 말한다. 1. 건설기술 이전·사업화의 촉진 2. 건설기술 연구·개발 사업에 대한 정보의 수집·관리 및 정보망 구축 3. 그 밖에 건설기술의 연구·개발 및 활용에 관한 사업으로서 국토교통부장관이 필요하다고 인정하는 사업	
⑤ 기술평가기관은 제1항에 따른 목적 달성에 필요한 경비를 조달하기 위하여 대통령령으로 정하는 바에 따라 수익사업을 할 수 있다. ⑥ 국토교통부장관은 예산의 범위에서 기술평가기관이 제4항에 따른 사업을 하는 데에 필요한 경비의 전부 또는 일부를 출연하거나 보조할 수 있다. ⑦ 이 법에서 규정한 사항 외에 기술평가기관에 관하여는 「민법」의 재단법인에 관	**제29조 (기술평가기관의 수익사업 등)** ① 법 제11조제5항에 따라 기술평가기관이 할 수 있는 수익사업은 건설기술 이전·사업화를 위한 중개·알선 및 상담으로 한다. ② 국토교통부장관은 제1항에 따른 수익사업에 대한 수수료를 정한다. 이 경우 이해관계인의 의견을 수렴할 수 있도록 국토교통부의 인터넷 홈페이지에 20일간 그 내용을 게시하되, 긴급하다고 인정되는 경우에는 국토교통부의 인터넷 홈페이지에	

법	시행령	시행규칙
한 규정을 준용한다.	그 사유를 밝히고 10일간 게시할 수 있다. ③ 수수료의 요율 또는 금액은 제2항에 따라 수렴된 의견을 고려하여 실비(實費)의 범위에서 정하여야 하며, 수수료의 요율 또는 금액을 결정하였을 때에는 그 결정된 내용과 실비 산정명세를 국토교통부의 인터넷 홈페이지를 통하여 공개하여야 한다. ④ 기술평가기관이 법 제11조제5항에 따라 수익사업을 하는 경우에는 회계연도가 시작되기 전에 그 내용을 국토교통부장관에게 보고하여야 하며, 회계연도가 끝난 후 3개월 이내에 그 수익사업의 실적서 및 결산서를 국토교통부장관에게 제출하여야 한다.	
제12조 (시범사업의 실시) ① 국토교통부장관은 제7조에 따른 건설기술 연구·개발사업으로 개발된 건설기술의 이용·보급을 촉진하기 위하여 필요하다고 인정하는 경우에는 그 건설기술을 적용하는 시범사업을 할 수 있다.	**제30조 (건설기술의 시범사업 실시)** ① 국토교통부장관은 법 제12조제1항에 따른 건설기술 시범사업(이하 이 조에서 "시범사업"이라 한다)을 실시하려면 중앙심의위원회의 심의를 거쳐 다음 각 호의 사항이 포함된 시범사업계획을 수립하여야 한다.	

건설기술진흥법	건설기술진흥법 시행령	건설기술진흥법 시행규칙
② 국토교통부장관은 제1항에 따른 시범사업에 참여하는 발주청, 건설기술연구기관 등에 재정적·행정적·기술적 지원을 할 수 있다. ③ 제1항에 따른 시범사업을 위한 계획의 수립 및 추진 절차 등은 대통령령으로 정한다. **제13조 (개발기술의 활용 권고)** 국토교통부장관은 발주청이 시행하는 건설공사에 제12조에 따라 건설기술의 시범사업을 한 결과 성능이 우수하다고 인정되는 건설기술을 우선 활용하도록 권고할 수 있다.	1. 시범사업의 목표·전략 및 추진체계에 관한 사항 2. 시범사업에 적용될 건설기술에 관한 사항 3. 시범사업의 시행에 필요한 재원 조달에 관한 사항 ② 국토교통부장관은 직접 또는 발주청이나 건설기술연구기관 등의 요청에 따라 시범사업을 실시할 대상 사업 및 지역(이하 "시범대상 사업등"이라 한다)을 지정할 수 있다. ③ 시범대상 사업등은 다음 각 호의 기준을 모두 갖추어야 한다. 1. 시범사업의 목적 달성에 적합할 것 2. 시범사업의 재원조달계획이 적정하고 실현 가능할 것 3. 시범사업의 원활한 시행이 가능할 것 ④ 발주청 및 건설기술연구기관 등은 제2항에 따라 시범대상 사업등의 지정을 요	

법	시행령	시행규칙
	청하려면 다음 각 호의 서류를 국토교통부장관에게 제출하여야 한다. 1. 제3항 각 호의 내용을 포함한 시범사업 계획서 2. 발주청 및 건설기술연구기관 등이 시범 대상 사업등에 대하여 지원할 수 있는 예산·인력 등에 관한 서류 ⑤ 제1항부터 제4항까지에서 규정한 사항 외에 시범사업의 실시에 필요한 사항은 국토교통부장관이 정하여 고시한다.	
제14조 (신기술의 지정 · 활용 등) ① 국토교통부장관은 국내에서 최초로 특정 건설기술을 개발하거나 기존 건설기술을 개량한 자의 신청을 받아 그 기술을 평가하여 신규성·진보성 및 현장 적용성이 있을 경우 그 기술을 새로운 건설기술(이하 "신기술"이라 한다)로 지정·고시할 수 있다.	**제31조 (신기술의 지정신청)** 법 제14조제1항에 따른 신기술(이하 "신기술"이라 한다)의 지정을 신청하려는 자는 국토교통부령으로 정하는 바에 따라 신기술 지정신청서에 다음 각 호의 서류를 첨부하여 국토교통부장관에게 제출해야 한다. <개정 2019.6.25, 2020.1.7, 2021.9.14, 2024.4.23, 2024.7.2> 1. 신기술의 내용(신기술의 요지와 지정 요건인 신규성·진보성·현장적용성에	**제7조 (신기술 지정신청서)** 영 제31조에 따른 신기술 지정신청서는 별지 제1호서식과 같다. **제8조 (신기술의 심사기관 등)** ① 법 제14조제1항에 따른 신기술(이하 "신기술"이라 한다) 심사기간에는 다음 각 호의 기간이 포함되지 아니한다. 1. 신청인이 서류를 보완하는 데에 드는 기간 2. 영 제32조제2항에 따른 의견조회 기간

건설기술진흥법	건설기술진흥법 시행령	건설기술진흥법 시행규칙
	대한 구체적인 내용을 포함한다)에 관한 서류 2. 국내외 건설공사에서의 활용 전망에 관한 서류 3. 시방서(示方書) 및 유지관리지침서 4. 법 제60조제1항 전단에 따른 국립·공립 시험기관, 「국가표준기본법」 제23조제2항에 따른 인정기구로부터 인정받은 시험·검사기관 또는 건설엔지니어링사업자가 발행한 각종 시험성적서 및 다음 각 목의 어느 하나에 해당하는 서류. 다만, 다른 법령에 따라 동일한 시험을 거쳐 기술인증 등을 받은 경우에는 해당 시험항목에 대한 시험성적서 및 시험시공 결과로 이를 갈음할 수 있다.<개정 2019.6.25, 2020.1.7, 2021.9.14, 2024.4.23, 2024.7.2> 가. 법 제60조제1항 전단에 따른 국립·공립 시험기관, 「국가표준기본법」 제23조제2항에 따른 인정기구	3. 영 제32조제3항에 따른 공고기간 ② 영 제32조제2항에서 "국토교통부령으로 정하는 기관"이란 관계 행정기관, 공기업·준정부기관 및 영 제23조제1항 각 호의 기관 또는 단체를 말한다.

	로부터 인정받은 시험 · 검사기관 또는 건설엔지니어링사업자가 발행한 시험시공 결과에 관한 서류 <신설 2019.6.25, 2020.1.7, 2021.9.14, 2024.4.23, 2024.7.2> 나. 발주청이 확인한 현장 시공실적 <2019.6.25> 5. 그 밖에 신기술의 평가에 필요하다고 인정되는 사항으로서 국토교통부장관이 고시하는 서류 **제32조 (신기술의 지정절차)** ① 국토교통부장관은 제31조에 따라 신기술의 지정신청을 받은 경우에는 신청된 기술이 신기술에 해당하는지에 대하여 국토교통부장관이 제117조제2항 각 호의 기관 중에서 지정·고시하는 전문기관의 심사를 거쳐 120일 이내에 신기술 지정 여부를 결정하여야 한다. 이 경우 국토교통부령으로 정하는 기간은 심사기간에 포함하지 아니한다. ② 국토교통부장관은 제1항에 따라 신청된 기술이 신기술에 해당 하는지에 대한	

건설기술진흥법	건설기술진흥법 시행령	건설기술진흥법 시행규칙
	평가를 할 때 필요하다고 인정하는 경우에는 이해관계인과 국토교통부령으로 정하는 기관의 의견을 들어야 한다. ③ 국토교통부장관은 제2항에 따라 이해관계인의 의견을 들으려는 경우에는 신청된 기술에 관한 주요 내용을 30일 이상 관보에 공고하여야 한다. ④ 제1항에 따른 전문기관은 신청된 기술을 심사하기 위하여 신기술심사위원회를 구성·운영하여야 한다. ⑤ 신기술의 평가기준 및 평가절차 등에 관하여 필요한 사항은 국토교통부장관이 정하여 고시한다.	
	제33조 (신기술의 지정·고시) ① 국토교통부장관은 제32조에 따라 신기술을 지정하였을 때에는 다음 각 호의 사항을 관보에 고시하고, 신청인에게 신기술 지정증서를 발급하여야 한다. 1. 신기술의 명칭	**제9조 (신기술 지정증서)** ① 영 제33조제1항 각 호 외의 부분에 따른 신기술 지정증서는 별지 제2호서식과 같다. ② 다음 각 호의 어느 하나에 해당하여 신기술 지정증서를 재발급 받으려는 자는 별지 제3호서식의 신기술 지정증서 재발

법	시행령	시행규칙
② 국토교통부장관은 신기술을 개발한 자(이하 "기술개발자"라 한다)를 보호하기 위하여 필요한 경우에는 보호기간을 정하여 기술개발자가 기술사용료를 받을 수 있게 하거나 그 밖의 방법으로 보호할 수 있다. ③ 기술개발자는 신기술의 활용실적을 첨부하여 국토교통부장관에게 제2항에 따른 보호기간의 연장을 신청할 수 있고, 국토교통부장관은 그 신기술의 활용실적 등을 검증하여 보호기간을 연장할 수 있다. 이 경우 신기술 활용실적의 제출, 검증	2. 개발하거나 개량한 자의 성명(법인의 경우에는 그 명칭 및 대표자의 성명) 3. 제35조에 따른 신기술의 보호기간 4. 신기술의 내용 및 범위 5. 제34조에 따른 신기술을 개발한 자에 대한 보호내용 ② 국토교통부장관은 제1항에 따라 신기술을 지정·고시하였을 때에는 지정·고시한 사항을 유지·관리하여야 한다. **제34조 (신기술의 활용 등)** ① 법 제14조제2항에 따른 신기술을 개발한 자(이하 "기술개발자"라 한다)는 신기술을 사용한 자에게 기술사용료의 지급을 청구할 수 있다. ② 국토교통부장관은 신기술 사용을 활성화하기 위하여 발주청에 유사한 기존 기술보다는 신기술을 우선 적용하도록 권고할 수 있다. ③ 발주청은 법 제14조제1항에 따라 지정·고시된 신기술이 기존 기술에 비하여 시공성 및 경제성 등에서 우수하면 그가 시행하는 건설공사의 설계에 반영해야 하	급신청서를 국토교통부장관에게 제출하여야 한다. 1. 신기술지정증서를 잃어버리거나 헐어 못 쓰게 된 경우 2. 기술개발자에 관한 기재사항이 변경된 경우

건설기술진흥법	건설기술진흥법 시행령	건설기술진흥법 시행규칙
및 보호기간의 연장 등에 필요한 사항은 대통령령으로 정한다.	며, 건설공사를 발주하는 경우에 이를 공사계약서에 구체적으로 표시하고 기술개발자 또는 법 제14조의2제1항 전단에 따른 신기술의 사용협약(이하 "신기술사용협약"이라 한다)을 체결하고 같은 조 제2항에 따라 신기술사용협약에 관한 증명서를 발급받은 자로 하여금 해당 건설공사 중 신기술과 관련되는 공정에 참여하게 할 수 있다. <개정 2016.1.12, 2019.6.25> ④ 제3항의 경우 발주청은 신기술을 적용하여 건설공사를 준공한 날부터 1개월 이내에 국토교통부장관이 정하여 고시하는 방법 및 절차 등에 따라 그 성과를 평가하고, 그 결과를 국토교통부장관에게 제출하여야 한다. ⑤ 국토교통부장관은 기술개발자에게 다음 각 호의 자금 등이 우선적으로 지원될 수 있도록 관계 기관에 요청할 수 있다.	

<개정 2016.5.31>

1. 「한국산업은행법」에 따른 한국산업은행 또는 「중소기업은행법」에 따른 중소기업은행의 기술개발자금
2. 「여신전문금융업법」에 따라 신기술사업금융업을 등록한 여신전문금융회사의 신기술사업자금
3. 「기술보증기금법」에 따른 기술보증기금의 기술보증
4. 그 밖에 기술개발 지원을 위하여 정부가 조성한 특별자금

⑥ 기술개발자 및 신기술사용협약에 관한 증명서를 발급받은 자는 매년 12월 31일을 기준으로 국토교통부령으로 정하는 바에 따라 신기술 활용실적을 작성하여 다음 해 2월 15일까지 국토교통부장관에게 제출해야 한다. <개정 2019.6.25>

제35조 (신기술의 보호기간 등) ① 법 제14조제2항에 따른 신기술의 보호기간은 신기술의 지정·고시일부터 8년의 범위에서 국

제10조 (신기술 활용실적의 제출) ① 영 제34조제6항에 따른 신기술 활용실적은 별지 제4호서식에 따라 작성한다.

② 신기술 지정을 받은 자 외에 신기술을 활용한 자는 필요한 경우에는 별지 제4호서식에 따라 신기술 활용실적을 작성하여 국토교통부장관에게 제출할 수 있다.

③ 제1항 및 제2항에 따른 신기술 활용실적을 제출하는 경우에는 다음 각호의 구분에 따른 서류를 첨부해야 한다.

건설기술진흥법	건설기술진흥법 시행령	건설기술진흥법 시행규칙
	토교통부장관이 고시하는 기간으로 한다. <개정 2017.12.29> ② 국토교통부장관은 신기술의 지정을 받은 자가 신청하면 그 신기술의 활용실적 등을 검증하여 제1항에 따른 신기술의 보호기간을 7년의 범위에서 연장할 수 있다.	<개정 2019.7.1> 1. 건설공사의 경우: 다음 각 목의 서류 가. 발주청 또는 수급인(하도급 공사인 경우만 해당한다)이 발행한 별지 제5호서식의 신기술 활용실적 증명서 나. 세금계산서 또는 매출처별 세금계산서합계표 다. 도급 또는 하도급계약서(발주청 외의 자가 도급하거나 하도급하는 건설공사인 경우만 해당한다) 2. 건설공사 외의 경우: 세금계산서 또는 기술사용료 지급확인서 등 신기술 활용실적을 증명할 수 있는 서류
	③ 신기술의 지정을 받은 자는 제2항에 따라 신기술 보호기간의 연장을 신청하려면 보호기간이 만료되기 150일 전에 국토교통부령으로 정하는 신기술 보호기간 연장신청서에 다음 각 호의 서류를 첨부하여 국토교통부장관에게 제출하여야 한다.	**제11조 (신기술 보호기간 연장신청서)** 영 제35조제3항에 따른 신기술 보호기간 연장신청서는 별지 제6호서식과 같다.

건설기술진흥법	시행령	시행규칙
	1. 신기술의 활용실적 및 현장적용 결과를 비교·분석한 서류 2. 보호기간 연장에 대한 근거자료 3. 현장적용 시방서 및 유지·관리 방법에 관한 자료 4. 현장을 실제 조사할 때 확인할 주요 사항을 적은 서류 ④ 제2항에 따른 보호기간의 연장 절차 등에 관하여는 제32조 및 제33조를 준용한다.	
④ 국토교통부장관은 발주청에 신기술및 제1항에 따라 신기술을 신청하고자 하는 기술과 관련된 장비 등의 성능시험이나 시공방법 등의 시험시공을 권고할 수 있으며, 신기술의 경우 성능시험 및 시험시공의 결과가 우수하면 신기술의 활용·촉진을 위하여 발주청이 시행하는 건설공사에 신기술을 우선 적용하게 할 수 있다. <개정 2019.8.27> ⑤ 발주청은 신기술이 기존 건설기술에 비하여 시공성 및 경제성 등의 측면에서 우수하	**제36조 (시험시공의 권고 등)** ① 법 제14조제4항에 따라 국토교통부장관으로부터 시험시공을 권고받은 발주청은 권고받은 대로 시험시공을 하지 아니하는 경우에는 그 사유를 국토교통부장관에게 통보하여야 한다. ② 제1항에서 규정한 사항 외에 법 제14조제4항에 따른 시험시공의 시행 등에 필요한 사항은 국토교통부령으로 정한다.	**제12조 (시험시공의 시행 등)** ① 법 제14조제4항에 따라 시험시공을 한 발주청과 영 제32조제1항 전단에 따른 신기술 심사 전문기관은 공동으로 시험시공 결과를 분석·평가하고 그 결과를 국토교통부장관에게 제출하여야 한다. ② 발주청이 영 제36조제1항에 따라 시험시공을 하지 아니하는 사유를 국토교통부장관에게 통보할 때에는 신기술과 기존 공법에 대한 종합적인 비교·분석표를 포함하여야 한다.

건설기술진흥법	건설기술진흥법 시행령	건설기술진흥법 시행규칙
다고 인정되는 경우 해당 신기술을 그가 시행하는 건설공사에 우선 적용하여야 한다. <신설 2015.12.29> ⑥ 신기술 및 제1항에 따라 신기술을 신청하고자 하는 기술을 적용하는 건설공사의 발주청 소속 계약사무담당자 및 설계 등 공사업무 담당자는 고의 또는 중대한 과실이 증명되지 아니하면 해당 기술 적용으로 인하여 발생한 해당 기관의 손실에 대하여는 책임을 지지 아니한다. <신설 2015.12.29, 2019.8.27> ⑦ 국토교통부장관은 제2항에 따라 보호를 받는 기술개발자에게 신기술의 성능 또는 품질의 향상을 위하여 필요한 경우에는 신기술의 개선을 권고할 수 있다. <개정 2015.12.29> ⑧ 제1항에 따른 신기술 평가방법 및 지정절차 등과 제2항에 따른 신기술의 보호내용, 기술사용료, 보호기간 및 활용방법		

등과 제4항에 따른 시험시공의 권고 등에 관하여 필요한 사항은 대통령령으로 정한다. <개정 2015.12.29, 2019.8.27>

제14조의2(신기술사용협약) ① 기술개발자는 건설사업자 중 대통령령으로 정하는 요건을 갖춘 자와 해당 신기술의 사용협약(이하 "신기술사용협약"이라 한다)을 체결할 수 있다. 이 경우 기술개발자 또는 신기술사용협약을 체결한 자는 대통령령으로 정하는 서류를 갖추어 국토교통부장관에게 신기술사용협약에 관한 증명서의 발급을 신청할 수 있다.<개정 2019.4.30>

② 국토교통부장관은 제1항 후단에 따른 신청을 받은 경우 신기술사용협약을 체결한 자가 같은 항 전단에 따른 요건을 갖추었는지 확인한 후에 신기술사용협약에 관한 증명서를 발급하여야 한다.

③ 신기술사용협약의 기간은 해당 신기술의 보호기간 이내로 한다.

④ 제1항부터 제3항까지에서 규정한 사항 외에 신기술사용협약에 관한 세부적인 사

제36조의2(신기술사용협약 요건 및 신청서류 등) ① 법 제14조의2제1항 전단에서 "대통령령으로 정하는 요건을 갖춘 자"란 다음 각 호의 요건을 모두 갖춘 자를 말한다.

1. 해당 신기술 시공에 필요한 관련 건설업 등록증을 보유할 것
2. 해당 신기술을 시공할 수 있는 장비를 소유 또는 임대하고 있을 것
3. 해당 신기술을 전수(傳受)한 자일 것

② 법 제14조의2제1항 후단에서 "대통령령으로 정하는 서류"란 다음 각 호의 서류를 말한다.

1. 신기술사용협약서
2. 건설업 등록증 사본
3. 신기술을 시공할 수 있는 장비의 소유 또는 임대 현황에 관한 서류
4. 신기술사용협약 기술전수 확인서

제12조의2(신기술사용협약 증명서의 발급신청 등) ① 법 제14조의2제1항 후단 및 영 제36조의2제2항에 따라 신기술협약에 관한 증명서의 발급을 신청하려는 자가 제출해야 하는 서류는 다음 각 호의 구분에 따른다.

1. 법 제14조의2제1항 후단에 따른 신기술사용협약 증명서 발급 신청서: 별지 제1호의2서식
2. 영 제36조의2제2항제1호에 따른 신기술사용협약서: 별지 제1호의3서식
3. 영 제36조의2제2항제4호에 따른 신기술사용협약 기술전수 확인서: 별지 제1호의4서식
4. 영 제36조의2제2항제5호에 따른 신기술사용협약 관련 지식재산권 활용 동의서: 별지 제1호의5서식

② 제14조의2제2항에 따른 신기술사용협

건설기술진흥법	건설기술진흥법 시행령	건설기술진흥법 시행규칙
항은 대통령령으로 정하는 기준에 따라 국토교통부장관이 정하여 고시한다. [본조신설 2018.12.31]	5. 신기술사용협약 관련 지식재산권 활용 동의서 ③ 제1항 및 제2항에서 규정한 사항 외에 신기술사용협약에 관한 증명서의 발급 신청 접수, 발급 및 관리 등에 필요한 세부사항은 국토교통부장관이 정하여 고시한다. [본조신설 2019.6.25]	약에 관한 증명서는 별지 제1호의6서식과 같다. [본조신설 2019.7.1]
제15조 (신기술 지정의 취소) 국토교통부장관은 신기술이 다음 각 호의 어느 하나에 해당하면 그 지정을 취소하여야 한다. 1. 거짓이나 그 밖의 부정한 방법으로 지정받은 경우 2. 해당 신기술의 내용에 중대한 결함이 있어 건설공사에 적용하는 것이 불가능한 경우	**제37조 (신기술 지정의 취소 공고)** 국토교통부장관은 법 제15조에 따라 신기술의 지정을 취소하였을 때에는 그 사실을 관보에 고시하여야 한다.	
제16조 (외국 도입 건설기술의 관리) ① 국토교통부장관은 「외국인투자 촉진법」에 따라 외국에서 도입된 건설기술을 효율적	**제38조 (외국 도입 건설기술의 관리)** ① 국토교통부장관은 법 제16조제1항에 따라 관계 행정기관의 장에게 「외국인투자 촉진	

법	시행령	시행규칙
으로 이용하기 위하여 대통령령으로 정하는 바에 따라 관리하여야 한다.	법」에 따라 외국인투자 신고가 수리(受理)된 건설기술의 내용의 통보를 요청할 수 있다. 이 경우 그 내용을 통보받은 국토교통부장관은 이를 유지·관리하고 활용이 촉진되도록 하여야 한다.	
② 발주청은 건설공사 또는 건설엔지니어링 사업을 국제경쟁입찰방식으로 발주하는 경우에는 국내에서 필요한 새로운 건설기술을 보다 많이 제공할 수 있는 자를 우대하여 발주할 수 있다. 이 경우 국내에서 필요한 새로운 건설기술인지 여부는 중앙심의위원회의 심의를 거쳐 결정한다. <개정 2021.3.16> ③ 제2항에 따른 우대 발주에 관하여 필요한 사항은 대통령령으로 정한다.	② 발주청은 법 제16조제2항에 따라 우대 발주를 하려는 경우에는 해당 건설기술의 국내 현장적용 가능성과 국내 기술발전에 이바지하는 정도 등을 고려하여야 한다.	
제17조 (국제 교류 및 협력) 국토교통부장관은 건설기술 개발의 국제협력 및 해외진출을 촉진하기 위하여 필요한 경우에는 다음 각 호의 사업을 추진할 수 있다. 1. 건설기술 개발의 국제협력을 위한 조사·연구		**제13조 (국제 교류 및 협력)** 법 제17조제5호에서 "국토교통부령으로 정하는 사항"이란 다음 각 호의 사항을 말한다. 1. 외국 정부기관과의 정기적 협력회 의 개최 2. 해외진출에 필요한 건설기술 개발의

건설기술진흥법	건설기술진흥법 시행령	건설기술진흥법 시행규칙
2. 건설기술 개발을 위한 인력·정보의 국제교류 3. 외국의 대학·연구기관 및 단체와 건설기술 공동개발 4. 개발된 건설기술을 이용한 해외시장 개척 5. 그 밖에 건설기술 개발을 위한 국제교류·협력을 촉진하기 위하여 국토교통부령으로 정하는 사항		수요조사
제18조 (건설기술정보체계의 구축) ① 국토교통부장관은 다음 각 호의 건설기술에 관한 자료 및 정보의 종합적인 유통체계를 갖추고 그 보급과 확산을 위하여 대통령령으로 정하는 바에 따라 건설기술정보체계를 구축·운영하여야 한다. <개정 2018.8.14, 2021.3.16> 1. 발주청이 발행하거나 제작한 건설기술 관련 자료 2. 제14조에 따른 신기술의 지정·활용 등에 관한 자료	**제39조 (건설기술정보체계의 구축)** ① 국토교통부장관은 법 제18조제1항에 따른 건설기술정보체계의 구축·운영을 위하여 다음 각 호의 업무를 수행할 수 있다. 1. 건설기술에 관한 자료 및 정보의 수집과 데이터베이스 구축 및 관리 2. 건설기술에 관한 자료, 정보 및 건설기술정보체계의 표준화 3. 건설기술에 관한 자료 및 정보에 관한 종합유통시스템의 개발·구축·관리 및	

3. 제21조에 따른 건설기술인의 근무처 및 경력 등에 관한 자료
4. 제26조에 따른 건설엔지니어링업의 등록 등에 관한 자료
5. 제30조에 따른 건설엔지니어링의 실적관리에 관한 자료
6. 제50조에 따른 건설엔지니어링 및 시공 평가 등에 관한 자료
7. 제52조에 따른 건설공사의 사후평가에 관한 자료
8. 제53조에 따른 건설공사 등의 부실 측정 등에 관한 자료

② 국토교통부장관은 제1항에 따른 건설기술정보체계의 구축을 위하여 중앙행정기관, 지방자치단체 및 공기업·준정부기관의 장이 대통령령으로 정하는 건설기술 관련 자료를 발행하거나 제작하였을 때에 그 자료의 제공을 요청할 수 있다. 이 경우 자료의 제공을 요청받은 기관의 장은 특별한 사유가 없으면 요청에 따라야 한다.

보급
4. 건설기술에 관한 자료 및 정보를 보유하고 있는 기관 또는 단체와의 연계·협력 및 공동사업의 시행
5. 그 밖에 건설기술정보체계의 구축·운영에 필요한 사항

② 국토교통부장관은 법 제18조제1항 각 호의 건설기술에 관한 자료 및 정보를 제공하는 것이 국가이익을 침해한다고 인정되는 경우에는 그 자료 또는 정보의 제공을 거부하거나 제한할 수 있다.

제40조 (건설기술 관련 자료의 수집) 법 제18조제2항 전단에서 "대통령령으로 정하는 건설기술 관련 자료"란 다음 각 호의 자료를 말한다.
1. 건설기술과 관련된 보고서, 연구논문집 및 정기간행물(인터넷으로 제공하는 건설기술 관련 정보를 포함한다)
2. 그 밖에 국토교통부장관이 요청하는 건설기술 관련 자료

건설기술진흥법	건설기술진흥법 시행령	건설기술진흥법 시행규칙
③ 제2항에 따른 건설기술 관련 자료의 송부 방법 및 절차 등에 관하여 필요한 사항은 국토교통부령으로 정한다.		**제14조 (건설기술정보의 제공)** ① 법 제18조제3항에 따른 건설기술 관련 자료의 송부 방법 및 절차는 다음 각 호와 같다. 1. 영 제40조 각 호의 자료는 전자파일 또는 인쇄자료 형태로 송부하여야 한다. 2. 건설기술 관련 자료를 송부하는 자는 별지 제7호서식의 건설기술자료 납본서를 제출하여야 한다. 3. 제1호의 건설기술 관련 자료 및 제2호의 건설기술자료 납본서는 법 제18조제1항에 따른 건설기술정보체계를 통하여 송부할 수 있다. ② 영 제117조제1항에 따라 법 제18조제1항에 따른 건설기술정보체계의 구축·운영 업무를 위탁받은 기관은 다음 각 호의 방법으로 건설기술에 관한 자료 및 정보를 이용자에게 제공하여야 하며, 이용자로부터 실비의 범위에서 수수료를 받을 수 있다.

		1. 등록된 건설기술에 관한 자료의 목록, 색인 및 내용의 검색 및 열람 2. 건설기술정보에 관한 서지(書誌)의 발간 3. 등록된 건설기술에 관한 자료의 복제 및 배포
제19조 (건설공사 지원 통합정보체계의 구축) ① 국토교통부장관은 건설공사 과정의 정보화를 촉진하고 그 성과를 효율적으로 이용하도록 하기 위하여 건설공사 지원 통합정보체계의 구축에 관한 기본계획(이하 "통합정보체계 구축계획"이라 한다)을 수립하여야 한다. ② 통합정보체계 구축계획에는 다음 각 호의 사항이 포함되어야 한다. 1. 건설공사 정보화의 기본목표 및 추진방향 2. 건설공사 과정의 정보화를 촉진하기 위한 시책 3. 건설공사 지원 통합정보체계 구축을 위한 공동사업의 시행 및 표준화	**제41조 (건설공사 지원 통합정보체계의 구축·운영)** ① 국토교통부장관은 법 제19조제1항에 따른 건설공사 지원 통합정보체계 구축에 관한 기본계획을 5년 단위로 수립하고, 이를 체계적으로 추진하기 위하여 연차별 시행계획을 수립하여 시행하여야 한다. ② 국토교통부장관은 건설공사 지원 통합정보체계의 효율적인 구축과 활용 촉진을 위하여 다음 각 호의 업무를 수행할 수 있다. 1. 건설공사 지원 통합정보체계의 구축·운영에 관한 각종 연구개발 및 기술지원 2. 건설공사 지원 통합정보체계의 구축을	**제15조 (건설공사 지원 통합정보체계 관련 협의체)** 국토교통부장관은 법 제19조제1항에 따른 건설공사 지원 통합정보체계(이하 "건설공사 지원 통합정보체계"라 한다)의 효율적인 구축을 위하여 건설과 관련된 업체·기관 또는 단체와의 협의체를 구성·운영할 수 있다.

건설기술진흥법	건설기술진흥법 시행령	건설기술진흥법 시행규칙
4. 건설공사 지원 통합정보체계 구축에 관한 각종 연구·개발 및 기술 지원 5. 건설공사 지원 통합정보체계를 이용한 정보의 공동활용 촉진 6. 그 밖에 건설공사의 정보화 촉진을 위하여 필요한 사항 ③ 국토교통부장관은 통합정보체계 구축계획을 수립할 때에는 관계 중앙행정기관의 장과 협의한 후에 중앙심의위원회의 심의를 받아야 한다. 통합정보체계 구축계획 중 제2항제1호부터 제3호까지의 사항이나 그 밖에 대통령령으로 정하는 내용을 변경하려는 경우에도 같다. ④ 국토교통부장관은 통합정보체계 구축계획을 수립할 때에는 「지능정보화 기본법」 제6조에 따른 지능정보사회종합계획 및 같은 법 제7조에 따른 지능정보사회 실행계획과 연계되도록 하여야 한다. <개정 2020.6.9>	위한 공동사업의 시행 3. 건설공사 지원 통합정보체계의 표준화 4. 건설공사 지원 통합정보체계를 이용한 정보의 공동 활용 촉진 5. 그 밖에 건설공사 지원 통합정보체계의 구축·활용 촉진을 위하여 필요한 사항 ③ 제1항과 제2항에서 규정한 사항 외에 건설공사 지원 통합정보체계의 구축·운영에 필요한 세부 사항은 국토교통부장관이 정하여 고시한다.	

⑤ 국토교통부장관은 관계 중앙행정기관, 지방자치단체 및 「공공기관의 운영에 관한 법률」에 따른 공공기관 등 관계 기관의 장에게 건설공사 지원 통합정보체계의 구축·운영에 필요한 자료 또는 정보의 제공을 요청할 수 있다. 이 경우 자료 또는 정보의 제공을 요청받은 기관의 장은 특별한 사유가 없으면 요청에 따라야 한다.

⑥ 국토교통부장관은 국토교통부장관이 정하여 고시하는 전담기관으로 하여금 건설공사 지원 통합정보체계를 구축·운영하게 할 수 있다. 이 경우 국토교통부장관은 전담기관의 장에게 필요한 사업비에 충당하도록 출연할 수 있다.

⑦ 제6항에 따른 전담기관의 관리, 그 밖에 건설공사 지원 통합정보체계의 구축·운영 등에 필요한 사항은 대통령령으로 정한다.

건설기술진흥법	건설기술진흥법 시행령	건설기술진흥법 시행규칙
제3장 건설기술인의 육성 등 <개정 2018.8.14> **제20조 (건설기술인의 육성)** ① 국토교통부장관은 건설기술인의 효율적 활용과 기술능력 향상을 위하여 필요한 경우에는 건설기술인의 육성과 교육·훈련 등에 관한 시책을 수립·추진할 수 있다. <개정 2018.8.14> ② 대통령령으로 정하는 건설기술인은 업무 수행에 필요한 소양과 지식을 습득하기 위하여 대통령령으로 정하는 바에 따라 국토교통부장관이 실시하는 교육·훈련을 받아야 한다. 이 경우 국토교통부장관은 교육 · 훈련 이수 실적을 제21조제2항에 따른 건설기술인 등급 산정에 활용할 수 있다. <개정 2018.6.12, 2018.8.14> ③ 제2항 전단에 따라 교육·훈련을 받아야	**제3장 건설기술인의 육성 등** <개정 2018.12.11> **제42조 (건설기술인의 교육·훈련)** ① 법 제20조제2항 전단에서 "대통령령으로 정하는 건설기술인"이란 다음 각 호의 건설기술인을 말한다. <개정 2015.6.1, 2016.8.11, 2018.1.16, 2018.12.11, 2020.1.7, 2020.12.1, 2021.2.9, 2021.9.14, 2024.4.23> 1. 법 제26조제1항에 따른 건설엔지니어링사업자에게 고용되어 근무하는 건설기술인 2. 「건설산업기본법」 제2조제2호에 따른 건설업에 종사하는 건설기술인 3. 「건축사법」 제23조에 따른 건축사사무소에 근무하는 건설기술인 4. 「기술사법」 제6조에 따른 기술사사무소(건설기술 관련 분야의 기술사사무소로 한정한다)에 근무하는 건설기	

할 사람을 고용하고 있는 사용자는 건설기술인이 제2항 전단에 따른 교육·훈련을 받는 데에 필요한 경비를 부담하여야 하며, 이를 이유로 그 건설기술인에게 불이익을 주어서는 아니 된다. <개정 2018.6.12, 2018.8.14>

④ 제1항부터 제3항까지에서 규정한 사항 외에 건설기술인의 육성 및 교육·훈련에 필요한 세부사항은 대통령령으로 정한다. <개정 2020.6.9>

[시행일 : 2019.7.1] 제20조

술인

5. 「국토안전관리원법」에 따른 국토안전관리원(이하 "국토안전관리원"이라 한다) 및 「시설물의 안전 및 유지관리에 관한 특별법」 제28조제1항에 따른 안전진단전문기관에 소속되어 근무하는 건설기술인 <개정 2018.1.16, 2020.12.1, 2024.4.23>
6. 「엔지니어링산업 진흥법」 제2조제3호에 따른 엔지니어링사업(건설기술 관련 분야의 엔지니어링사업으로 한정한다)에 종사하는 건설기술인
7. 「주택법」 제15에 따른 주택건설사업 또는 대지조성사업에 종사하는 건설기술인
8. 「공간정보의 구축 및 관리 등에 관한 법률」 제44조에 따른 측량업 또는 「해양조사와 해양정보 활용에 관한 법률」 제30조에 따른 해양조사·정보업에 종사하는 건설기술인

건설기술진흥법	건설기술진흥법 시행령	건설기술진흥법 시행규칙
	9. 발주청에 소속되어 근무하는 건설기술인 ② 법 제20조제2항에 따라 건설기술인이 받아야 할 교육·훈련의 종류·시간 및 내용 등과 교육·훈련의 면제 및 연기의 기준은 별표 3과 같다. <개정 2018.12.11>	
제20조의2(교육 · 훈련의 대행) ① 국토교통부장관은 건설기술인을 육성하기 위하여 「공공기관의 운영에 관한 법률」에 따른 공공기관이나 대통령령으로 정하는 건설기술과 관련된 기관 또는 단체로 하여금 제20조제2항 전단에 따른 교 육 · 훈련을 대행하도록 할 수 있다.	**제43조 (건설기술인에 대한 교육·훈련의 대행)** ① 법 제20조의2제1항에서 "대통령령으로 정하는 건설기술과 관련된 기관 또는 단체"란 다음 각 호의 기관 또는 단체를 말한다.<개정 2020.12.8> 1. 법 또는 다른 법률에 따라 건설기술과 관련된 업무를 수행하기 위하여 설립된 법인 2. 건설기술과 관련된 업무를 수행하는 학회·기관 또는 단체 3. 건설기술과 관련된 교육과정이 개설된 학교(「고등교육법」 제2조에 따른 학교를 말한다)	

② 제1항에 따른 교육 · 훈련을 대행하려는 자는 교육시설, 교수요원 등 대통령령으로 정하는 요건을 갖추어 국토교통부장관에게 신청하여야 한다.

③ 국토교통부장관은 제1항에 따라 교육 · 훈련을 대행하는 자(이하 "교육 · 훈련기

4. 「민법」 제32조에 따라 설립된 비영리 법인(건설기술과 관련된 교육과정이 개설된 경우만 해당한다)

② 국토교통부장관은 법 제20조의2제1항에 따라 건설기술인에 대한 교육 · 훈련을 대행할 공공기관이나 건설기술과 관련된 기관 또는 단체(이하 "교육기관"이라 한다)를 공모를 통해 교육 · 훈련 대상 및 전문 분야별로 지정하여 고시할 수 있다. 이 경우 국토교통부장관은 지정 · 고시할 교육기관의 수를 효율적으로 관리하기 위하여 건설기술인의 교육 · 훈련 수요 등을 고려하여 3년마다 교육기관의 총량을 정할 수 있다. <개정 2018.12.11, 2020.7.30, 2020.12.8>

③ 법 제20조의2제2항 및 제20조의4제1항제2호에서 "교육시설, 교수요원 등 대통령령으로 정하는 요건"이란 별표 4의 요건을 말한다. <개정 2020.12.8>

④ 국토교통부장관은 교육기관을 지정하였을 때에는 국토교통부령으로 정하는 바

제3장 건설기술인의 육성 등

<개정 2019.2.25>

제16조 (교육기관 지정서) 영 제43조제2항에 따라 지정받은 건설기술인에 대한 교육·훈련기관(이하 "교육기관"이라 한다)에 대하여 같은 조 제4항에 따라 발급하는 교육기관 지정서는 별지 제8호서식과 같다. <개정 2019.2.25>

제17조 (교육기관의 교육·훈련 대행) ① 교육기관은 건설기술인에 대한 교육·훈련을 실시하려는 경우에는 교육·훈련계획을 수립하여 국토교통부장관에게 제출해야 한다. <개정 2019.2.25>

② 국토교통부장관 또는 교육기관은 교육·훈련을 받은 건설기술인에게 별지 제9호서식의 교육수료증을 발급하고, 법 제21조제2항에 따른 건설기술경력증에 교육이수 사항을 기록·확인해야 한다. <개정 2019.2.25>

건설기술진흥법	건설기술진흥법 시행령	건설기술진흥법 시행규칙
관"이라 한다)에게 교육·훈련에 필요한 비용의 일부를 지원할 수 있다. ④ 제1항부터 제3항까지에서 규정한 사항 외에 교육·훈련 대행에 필요한 세부사항은 국토교통부령으로 정한다. [본조신설 2020.6.9] **제20조의3(교육·훈련 대행의 유효기간 및 갱신)** ① 제20조의2제1항에 따른 대행의 유효기간은 3년으로 한다. ② 교육·훈련기관이 대행의 유효기간이 끝난 후에도 대행을 계속하려는 경우에는 그 유효기간이 끝나기 전에 국토교통부장관의 심사를 받아 대행을 갱신하여야 한다. ③ 제2항에 따라 대행을 갱신하려는 교육·훈련기관은 국토교통부령으로 정하	에 따라 교육기관 지정서를 발급하여야 한다. ⑤ 제1항부터 제3항까지에서 규정한 사항 외에 교육기관의 교육·훈련 대행에 필요한 사항은 국토교통부령으로 정한다. [제목개정 2018.12.11]	③ 국토교통부장관 또는 교육기관은 건설기술인에 대하여 교육·훈련을 실시한 경우에는 그 교육·훈련 상황을 별지제10호서식에 적고, 해당 자료가 입력된 전자기록매체 1부를 첨부하여 해당 교육과정이 끝난 후 14일 이내에 건설기술인 경력관리 수탁기관(영 제117조제1항제4호 및 제5호에 따라 건설기술인의 경력관리에 관한 업무를 위탁받은 기관을 말한다. 이하 같다)에 송부해야 한다. <개정 2019.2.25> ④ 교육기관은 건설기술인으로부터 받는 교육비 명세를 국토교통부장관에게 제출해야 한다. <개정 2019.2.25> ⑤ 교육기관의 분원 설치, 출장교육의 실시 및 교육기관의 운영 등 교육·훈련 대행에 필요한 세부 사항은 국토교통부장관이 정하여 고시한다. <신설 2021.9.17> **제17조의2(교육·훈련 대행의 갱신)** ① 법 제20조의3제3항에 따라 교육·훈련 대행을 갱신

법	시행령	시행규칙
는 바에 따라 국토교통부장관에게 대행의 갱신을 신청하여야 한다. ④ 제1항부터 제3항까지에서 규정한 사항 외에 대행의 유효기간 및 갱신에 필요한 세부사항은 국토교통부령으로 정한다. [본조신설 2020.6.9]		하려는 교육기관은 별지 제10호의2서식의 교육기관 대행 갱신신청서에 다음 각 호의 서류를 첨부하여 유효기간이 끝나기 6개월 전까지 국토교통부장관에게 신청해야 한다. 1. 교육기관 지정서 2. 교육·훈련 시설 현황에 관한 서류 3. 교수요원 및 직원을 고용하고 있음을 증명하는 서류 4. 교육·훈련 계획 및 운영 실적에 관한 서류 5. 유효기간 동안 국토교통부장관이 해당 교육기관에 대하여 실시한 심사 또는 평가 결과에 관한 서류 ② 제1항에 따른 갱신 신청을 받은 국토교통부장관은 다음 각 호의 사항을 심사하여 갱신 여부를 결정한다. 1. 교육기관의 대행요건 적합 여부 2. 교육·훈련 시설 및 인력의 보유수준과 활용도 3. 교육·훈련의 개발·운영체계 및 업무

건설기술진흥법	건설기술진흥법 시행령	건설기술진흥법 시행규칙
		성과 4. 교육·훈련 서비스의 적정성 및 만족도 5. 제1항제5호에 따른 심사 또는 평가 결과 ③ 국토교통부장관은 제2항에 따라 교육·훈련 대행의 갱신이 결정된 교육 기관을 교육·훈련 대상 및 전문 분야별로 지정하여 고시할 수 있다. [본조신설 2020.12.14]
제20조의4(교육·훈련 대행의 취소) ① 국토교통부장관은 교육·훈련기관이 다음 각 호의 어느 하나에 해당하는 경우 교육·훈련 대행을 취소하거나 1년 이내의 기간을 정하여 정지 또는 개선을 명할 수 있다. 다만, 제1호의 경우에는 대행을 취소하여야 한다. 1. 거짓이나 부정한 방법으로 교육·훈련기관이 된 경우 2. 교육시설, 교수요원 등 대통령령으로 정하는 요건에 미달한 경우 3. 교육·훈련 대행의 정지 기간 중에 교육·	**제43조의2(교육기관에 대한 행정처분 기준 등)** ① 법 제20조의4제1항에 따른 교육기관에 대한 교육·훈련 대행취소, 업무정지 처분 등 행정처분 기준은 별표 4의2와 같다. ② 국토교통부장관은 법 제20조의4제1항에 따라 교육·훈련 대행을 취소하거나 업무정지 처분을 한 경우 그 사실을 공고해야 한다. ③ 법 제20조의4제1항에 따른 교육·훈련 대행취소 또는 업무정지 처분을 받은 교육기관은 지체없이 교육·훈련을 중단하고	

훈련을 실시한 경우 4. 교육·훈련 대행에 대한 개선 명령에 따르지 않은 경우 5. 그 밖에 교육·훈련을 대행하기가 부적합한 경우로서 국토교통부장관이 정하는 사유에 해당하는 경우 ② 제1항에 따라 교육·훈련의 대행이 취소된 경우로서 다음 각 호의 어느 하나에 해당하면 그 취소된 날부터 3년이 지나기 전에는 교육·훈련의 대행을 신청할 수 없다. 1. 제1항에 따라 교육·훈련의 대행이 취소된 장소에서 교육·훈련의 대행을 신청하려는 경우 2. 제1항에 따라 교육·훈련의 대행이 취소된 교육·훈련기관을 설립·운영한 자(법인인 경우 그 대표자를 포함한다)가 교육·훈련의 대행을 신청하려는 경우 [본조신설 2020.6.9] **제20조의5(교육·훈련의 관리)** 국토교통부장관은 제20조제2항 전단에 따른 교육·훈련의 효과를 높이기 위하여 다음 각 호의 업무를	해당 교육·훈련을 신청한 자에게 그 사실을 통지해야 한다. 다만, 대행취소 또는 업무정지 처분 이전부터 실시 중인 교육·훈련에 대해서는 해당 교육·훈련이 종료될 때까지 대행 업무를 계속할 수 있다. [본조신설 2020.12.8]	

건설기술진흥법	건설기술진흥법 시행령	건설기술진흥법 시행규칙
수행할 수 있다. 1. 교육·훈련 지원에 관한 사항 2. 교육·훈련 계획의 관리에 관한 사항 3. 교육·훈련 기관의 운영에 대한 평가 4. 그 밖에 교육·훈련의 효과를 높이기 위하여 필요한 사항 [본조신설 2020.6.9]		
제20조의6(교육·훈련 업무의 위탁) ① 국토교통부장관은 다음 각 호에 따른 업무의 전부 또는 일부를 대통령령으로 정하는 자에게 위탁할 수 있다. 1. 제20조의2에 따른 교육·훈련 대행에 관한 사항 2. 제20조의3에 따른 교육·훈련 대행의 갱신에 관한 사항 3. 제20조의4에 따른 교육·훈련 대행의 취소에 관한 사항 4. 제20조의5에 따른 교육·훈련 관리에 관한 사항 ② 국토교통부장관은 제1항에 따른 업	**제43조의3(교육·훈련 업무의 위탁)** ① 국토교통부장관은 법 제20조의6제1항에 따라 다음 각 호의 어느 하나에 해당하는 기관·단체 중에서 위탁업무를 수행할 수 있는 인력과 시설을 갖춘 자를 지정하여 같은 항 각 호에 따른 업무의 전부 또는 일부를 위탁한다. 1. 법 제11조에 따라 설립된 기술평가기관 2. 법 제69조제1항에 따라 설립된 협회 3. 「공공기관의 운영에 관한 법률」 제4조에 따른 공공기관 4. 「정부출연연구기관 등의 설립·운영 및 육성에 관한 법률」 또는 「과학기술분야 정부출연연구기관 등의 설립·	**제17조의3(교육·훈련 업무 위탁의 범위 등)** ① 법 제20조의6제1항에 따라 국토교통부장관이 위탁할 수 있는 업무는 다음 각 호와 같다. 1. 법 제20조의2제2항에 따른 교육기관 대행 신청의 접수 및 신청내용의 확인 2. 법 제20조의3제3항에 따른 교육·훈련 대행 갱신 신청의 접수 및 신청내용의 확인 3. 법 제20조의4제1항 각 호의 위반사유에 해당하는지를 확인하기 위한 자료의 제출 요청 및 그 내용의 확인 4. 법 제20조의5에 따른 교육·훈련의 관리에 관한 사항

무의 위탁에 필요한 비용을 지원할 수 있다. ③ 제1항 및 제2항에 따른 업무 위탁의 범위, 비용 지원, 위탁 절차 등 교육·훈련 업무의 위탁에 필요한 사항은 국토교통부령으로 정한다. [본조신설 2020.6.9]	운영 및 육성에 관한 법률」에 따라 설립된 연구기관 5. 「민법」 제32조에 따라 국토교통부장관의 허가를 받아 설립된 비영리법인 ② 국토교통부장관은 제1항에 따라 업무를 위탁한 경우에는 위탁받은 기관의 명칭, 위탁하는 업무의 내용 및 처리방법, 그 밖에 필요한 사항을 정하여 고시해야 한다. [본조신설 2020.12.8]	5. 영 제43조제2항에 따른 교육기관 공모에 관한 사항 ② 법 제20조의6제1항 및 영 제43조의3에 따라 교육·훈련 업무를 위탁받은 기관(이하 "교육관리기관"이라 한다)은 위탁업무의 처리 결과를 매 반기 말일을 기준으로 다음 달 말일까지 국토교통부장관에게 보고해야 한다. [본조신설 2020.12.14] **제17조의4(교육관리기관에 대한 비용 지원)** ① 교육관리기관은 위탁업무에 필요한 비용을 지원받으려는 경우에는 위탁업무의 추진계획과 필요한 비용의 산출근거를 국토교통부장관에게 제출해야 한다. ② 국토교통부장관은 제1항에 따라 제출된 자료를 검토하여 위탁업무에 필요한 비용을 지원할 수 있다. 이 경우 지원된 금액은 위탁업무 수행 외의 다른 용도로 사용해서는 안 된다. [본조신설 2020.12.14]

건설기술진흥법	건설기술진흥법 시행령	건설기술진흥법 시행규칙
제21조 (건설기술인의 신고) ① 건설공사 또는 건설엔지니어링 업무에 종사하는 사람으로서 건설기술인으로 인정받으려는 사람은 근무처·경력·학력 및 자격 등(이하 "근무처 및 경력등"이라 한다)의 관리에 필요한 사항을 국토교통부장관에게 신고하여야 한다. 신고사항이 변경된 경우에도 같다. <개정 2018.8.14, 2021.3.16>		**제18조 (건설기술인의 신고)** ① 법 제21조제1항 전단에 따라 건설기술인으로 신고하려는 사람은 별지 제11호서식의 건설기술인 경력신고서에 다음 각 호의 서류(전자문서를 포함한다)를 첨부하여 건설기술인 경력관리 수탁기관에 제출해야 한다. 다만, 근무처의 퇴직사실만을 신고하는 경우에는 제1호에 따른 서류는 생략할 수 있으며, 제2호부터 제6호까지의 서류는 해당하는 사람만 첨부한다. <개정 2018.10.12, 2019.2.25> 1. 별지 제12호서식의 경력확인서 또는 별지 제13호서식의 국외경력확인서 [발주자, 건설공사의 허가·인가·승인 등을 한 행정기관 (이하 "인·허가기관"이라 한다) 또는 사용자(대표자)의 확인을 받은 것으로 한정한다] 2. 삭제 <2018.10.12> 3. 졸업증명서

법	시행령	시행규칙
② 국토교통부장관은 제1항에 따라 신고를 받은 경우에는 건설기술인의 근무처 및 경력등에 관한 기록을 유지·관리하여야 하고, 신고내용을 토대로 건설기술인 등급을 정할 수 있으며, 건설기술인이 신청		4. 교육·훈련 사항을 증명할 수 있는 서류(제17조제3항에 따라 송부되는 교육·훈련에 관한 서류는 제외한다) 5. 발주청이 건설공사 업무와 관련하여 수여한 상훈증 사본 6. 근무처 또는 경력 사항을 증명할 수 있는 서류 7. 증명사진 1장(건설기술인 경력신고서에 증명사진을 첨부하여 인쇄한 경우에는 제외한다) ② 법 제21조제1항 후단에 따라 건설기술인 변경신고를 하려는 사람은 별지 제14호서식의 건설기술인 경력변경신고서에 제1항제1호 및 제6호의 서류를 첨부하여 건설기술인 경력관리 수탁기관에 제출해야 한다. <개정 2019.2.25> ③ 법 제21조제2항에 따른 건설기술경력증(이하 "건설기술경력증"이라 한다)은 별지 제15호서식과 같다. ④ 건설기술인은 법 제21조제2항에 따라 건설기술경력증을 발급·갱신 또는 재발급

건설기술진흥법	건설기술진흥법 시행령	건설기술진흥법 시행규칙
하면 건설기술자의 등급, 근무처 및 경력 등에 관한 증명서(이하 "건설기술경력증"이라 한다)를 발급할 수 있다. <개정 2018.6.12, 2018.8.14> ③ 국토교통부장관은 제1항에 따라 신고받은 내용을 확인하기 위하여 필요한 경우에는 중앙행정기관, 지방자치단체, 「초·중등교육법」 제2조 및 「고등교육법」 제2조에 따른 학교, 발주청, 신고한 건설기술인이 소속된 건설 관련 업체 등 관계 기관의 장에게 관계 자료를 제출하여 줄 것을 요청할 수 있다. 이 경우 요청을 받은 기관의 장은 특별한 사유가 없으면 요청에 따라야 한다. <개정 2018.8.14> ④ 「건설산업기본법」 등 관계 법률에 따라 인가, 허가, 등록, 면허 등을 하려는 행정기관의 장은 건설기술인의 근무처 및 경력등의 확인이 필요한 경우에는 국토교		받으려는 경우에는 별지 제16호서식의 건설기술경력증 발급(신규·모바일·갱신·재발급) 신청서에 증명사진 1장을 첨부하여 건설기술인 경력관리 수탁기관에 제출해야 한다. 건설기술인 경력관리 수탁기관은 건설기술인이 이동통신단말장치를 이용한 모바일 형태로 발급을 요청하는 경우에는 별지 제15호서식에 따라 모바일 건설기술경력증을 발급할 수 있다. <개정 2019.2.25, 2022.12.30> ⑤ 건설기술인 경력관리 수탁기관은 별지 제17호서식의 건설기술경력증 발급대장에 건설기술경력증을 발급한 사실을 기록하고 관리해야 한다. <개정 2019.2.25> ⑥ 법 제21조제2항 및 제4항에 따른 건설기술인의 근무처, 자격, 학력 및 경력 등(이하 "근무처 및 경력등"이라 한다)의 확인은 별지 제18호서식(영문으로 발급하는 경우에는 별지 제18호의2서식을 말

통부장관의 확인을 받아야 한다. <개정 2018.8.14>

⑤ 제1항부터 제4항까지의 규정에 따른 건설기술인의 신고, 건설기술경력증의 발급·관리, 건설기술인의 현황 통보 등에 필요한 사항은 국토교통부령으로 정한다. <개정 2018.8.14>

제22조 (건설기술인의 국가 간 상호 인정) 국가는 외국 건설기술인의 요건 또는 국제적으로 통용되는 건설기술인의 요건이 이 법에 따른 건설기술인의 요건과 동등한 수준으로 업무 교류 등이 가능하다고 판단되는 경우에는 외국과의 국가 간 협약 등에 따라 상호(相互) 건설기술인으로 인정할 수 있다. <개정 2018.8.14>

제22조의2 (건설기술인의 업무수행 등) ① 건설기술인은 발주자 또는 건설사업관리를 수행하는 건설기술인의 공사관리 등과 관련한 요구를 이행하여야 한다.

한다)의 건설기술인 경력증명서 및 별지 제19호서식의 건설 기술인 보유증명서에 따른다. <개정 2019.2.25, 2024.7.10>

⑦ 건설기술인 경력관리 수탁기관은 제1항부터 제4항까지 및 제6항에 따른 건설기술인 경력관리를 위하여 그 신청인(법제21조제4항에 따른 행정기관의 장이 신청인인 경우는 제외한다)으로부터 실비의 범위에서 수수료를 받을 수 있다. <개정 2019.2.25>

⑧ 건설기술인 경력관리 수탁기관은 국토교통부장관이 고시하는 바에 따라 제1항 및 제2항에 따른 신고 또는 변경신고의 내용 및 현황과 건설기술경력증 발급 현황을 서로 교환해야 한다. <개정 2019.2.25>

⑨ 건설기술인 경력관리 수탁기관은 제1항 및 제2항에 따른 신고 또는 변경신고를 받은 경우에는 관계기관에 그 신고내용을 확인해야 한다. <개정 2019.2.25>

건설기술진흥법	건설기술진흥법 시행령	건설기술진흥법 시행규칙
② 발주자 또는 건설기술인을 고용하고 있는 사용자(사용자의 소속 임원 또는 직원을 포함한다)는 관계 법령에 위반되거나 건설공사의 설계도서, 시방서(示方書), 그 밖의 관계 서류의 내용과 맞지 아니한 사항 등 대통령령으로 정하는 부당한 사항을 건설기술인에게 요구해서는 아니 되며, 건설기술인은 이러한 부당한 요구를 받은 때에는 이유를 밝히고 그 요구를 따르지 아니할 수 있다.이 경우 발주자 또는 건설기술인을 고용하고 있는 사용자는 이를 이유로 그 건설기술인에게 불이익을 주어서는 아니 된다. <개정 2020.6.9, 2021.3.16> ③ 제69조제1항에 따른 건설기술인단체는 건설기술인의 업무수행과 관련된 권리·의무 등 기본적인 사항을 건설기술인권리헌장으로 제정하여 공표할 수 있다. [본조신설 2018.8.14]	**제43조의4(건설기술인에 대한 부당행위)** 법 제22조의2제2항 전단에서 "관계 법령에 위반되거나 건설공사의 설계도서, 시방서(示方書), 그 밖의 관계 서류의 내용과 맞지 아니한 사항 등 대통령령으로 정하는 부당한 사항"이란 다음 각 호의 사항을 말한다. 1. 법 제44조에 따른 설계·시공 기준 또는 그 밖에 건설기술인의 업무수행과 관련된 법령을 위반하는 사항 2. 건설공사의 설계도서, 시방서 또는 그 밖의 관계 서류의 내용과 맞지 않은 사항 3. 건설공사의 기성부분검사, 준공검사 또는 품질시험 결과 등을 조작·왜곡하도록 하거나 거짓으로 증언·서명하도록 하는 사항 4. 다른 법령에 따른 근무시간 및 근무환경 등에 관한 기준을 위반하는 사항 [본조신설 2021.9.14]	**제18조의2(건설기술인의 경력확인)** ① 발주자, 인·허가기관 또는 건설기술인을 고용하고 있는 사용자(대표자)는 제18조제1항제1호에 따라 경력확인서 또는 국외경력확인서의 발급을 요청받아 처리하는 경우에는 별지 제19호의2서식의 건설기술인 경력확인 접수(처리)대장에 기록해야 한다. ② 발주자, 인·허가기관 또는 건설기술인을 고용하고 있는 사용자(대표자)는 건설기술인의 경력확인 신청의 편의성, 확인서 발급업무의 효율성 및 경력자료 관리의 정확성 제고 등을 위하여 확인서 발급과 경력자료를 전자적으로 처리·관리하는 시스템을 활용할 수 있다. ③ 제1항에 따른 경력확인서 및 국외경력확인서 발급을 위하여 필요한 경력확인권자의 경력확인 절차에 관한 세부적인 사항은 국토교통부장관이 정하여 고시한다. [본조신설 2019.4.4]

법	시행령	시행규칙
제22조의3(부당한 요구 등의 신고 등) ① 제22조의2제2항에 따른 부당한 요구 또는 불이익을 받은 건설기술인은 국토교통부장관에게 해당 사실을 신고할 수 있다. ② 국토교통부장관은 제1항에 따른 신고의 접수, 처리 등에 관한 업무를 효율적으로 수행하기 위하여 공정건설지원센터를 설치·운영할 수 있다. ③ 공정건설지원센터의 설치 및 운영에 필요한 사항은 대통령령으로 정한다. [본조신설 2021.3.16] **제23조 (건설기술인의 명의 대여 금지 등)** ① 건설기술인은 자기의 성명을 사용하여 다른 사람에게 건설공사 또는 건설엔지니어링 업무를 수행하게 하거나 건설기술경력증을 빌려 주어서는 아니 된다. <개정 2018.8.14, 2021.3.16> ② 누구든지 다른 사람의 성명을 사용하여 건설공사 또는 건설엔지니어링 업무를 수행하거나 다른 사람의 건설기술경력증을	**제43조의5(공정건설지원센터의 운영)** ① 법 제22조의3제2항에 따른 공정건설지원센터의 업무는 다음 각 호와 같다. 1. 부당한 요구 또는 불이익을 받은 사실에 대한 신고 접수 2. 신고된 내용의 사실 여부 확인 ② 국토교통부장관은 제1항에 따른 업무의 처리 방법, 절차 등에 관한 세부지침을 마련하여 운영할 수 있다. [본조신설 2021.9.14]	

건설기술진흥법	건설기술진흥법 시행령	건설기술진흥법 시행규칙
빌려서는 아니 된다. <개정 2021.3.16> ③ 누구든지 제1항이나 제2항에서 금지된 행위를 알선하여서는 아니 된다. **제24조 (건설기술인의 업무정지 등)** ① 국토교통부장관은 건설기술인이 다음 각 호의 어느 하나에 해당하면 2년 이내의 기간을 정하여 건설공사 또는 건설엔지니어링 업무의 수행을 정지하게 할 수 있다. <개정 2018.8.14, 2018.12.31, 2021.3.16> 1. 제21조제1항에 따라 신고 또는 변경신고를 하면서 근무처 및 경력등을 거짓으로 신고하거나 변경신고한 경우 2. 제23조제1항을 위반하여 자기의 성명을 사용하여 다른 사람에게 건설공사 또는 건설엔지니어링 업무를 수행하게 하거나 건설기술경력증을 빌려 준 경우 3. 제2항에 따른 시정지시 등을 3회 이상 받은 경우		

3의2. 제39조제4항 후단에 따라 같은 항 전단에 따른 보고서(이하 "건설사업관리보고서"라 한다)를 작성하여야 하는 건설기술인이 다음 각 목의 어느 하나에 해당하는 경우 <신설 2018.12.31> 가. 정당한 사유 없이 건설사업관리보고서를 작성하지 아니한 경우 나. 건설사업관리보고서를 거짓으로 작성한 경우 다. 건설사업관리보고서를 작성할 때 해당 건설공사의 주요 구조부에 대한 시공 · 검사 · 시험 등의 내용을 빠뜨린 경우 4. 공사 관리 등과 관련하여 발주자 또는 건설사업관리를 수행하는 건설기술인의 정당한 시정명령에 따르지 아니한 경우 <개정 2018.8.14> 5. 정당한 사유 없이 공사현장을 무단 이탈하여 공사 시행에 차질이 생기게 한 경우 6. 고의 또는 중대한 과실로 발주청에 재산		

건설기술진흥법	건설기술진흥법 시행령	건설기술진흥법 시행규칙
상의 손해를 발생하게 한 경우 7. 다른 행정기관이 법령에 따라 업무정지를 요청한 경우 ② 발주청은 건설기술인이 업무를 성실하게 수행하지 아니함으로써 건설공사가 부실하게 될 우려가 있으면 국토교통부령으로 정하는 바에 따라 그 건설기술인에게 시정지시 등 필요한 조치를 하고, 그 결과를 국토교통부장관에게 제출하여야 한다. <개정 2018.8.14> ③ 발주청과 건설공사의 허가·인가·승인 등을 한 행정기관(이하 "인·허가기관"이라 한다)의 장은 건설기술인이 제1항 각 호의 어느 하나에 해당하는 경우에는 그 사실을 국토교통부장관에게 통보하여야 하며, 국토교통부장관은 건설기술인에 대하여 제1항에 따라 업무의 수행을 정지하게 한 경우 해당 발주청 및 인·허가기관의 장에게 그 내용을 통보하여야 한다.		**제19조 (건설기술인에 대한 시정지시 등)** 발주청은 건설기술인이 업무를 성실하게 수행하지 아니함으로써 건설공사가 부실하게 될 우려가 있을 때에는 법 제24조제2항에 따라 시정지시 또는 주의 조치를 하되, 시정지시에 따르지 아니하면 다시 시정지시를 하고, 그에도 따르지 아니하면 다시 시정지시를 한 후 국토교통부장관에게 결과를 제출해야 한다. <개정 2019.2.25>

<개정 2018.8.14> ④ 제1항에 따라 업무정지처분을 받은 건설기술인은 지체 없이 건설기술경력증을 국토교통부장관에게 반납하여야 하며, 국토교통부장관은 근무처및 경력등에 관한 기록의 수정 또는 말소 등 필요한 조치를 하여야 한다. <개정 2018.8.14> ⑤ 제1항에 따른 업무정지의 기준과 그 밖에 필요한 사항은 국토교통부령으로 정한다.		**제20조 (건설기술인의 업무정지 등)** ① 법 제24조제5항에 따른 건설기술인의 업무정지기준은 별표 1과 같다. <개정 2019.2.25> ② 지방국토관리청장은 법 제24조제1항 또는 「국가기술자격법」 제16조에 따라 건설기술인에 대한 행정처분을 한 경우에는 그 처분내용을 건설기술인 경력관리 수탁기관 및 해당 건설기술인이 소속된 건설사업자·주택건설등록업자(「주택법」 제4조에 따라 주택건설사업자의 등록을 한 자를 말한다. 이하 같다) 또는 건설엔지니어링사업자에게 통보하고, 그 사실을 공고해야 한다. <개정 2016.8.12,

건설기술진흥법	건설기술진흥법 시행령	건설기술진흥법 시행규칙
		2019.2.25, 2020.3.18, 2021.9.17> ③ 건설기술인 경력관리 수탁기관은 건설기술경력증 또는 제18조제6항에 따른 건설기술인 경력증명서를 발급하는 경우에는 국토교통부장관이 고시하는 기간 동안 제2항에 따라 통보받은 처분내용을 해당 건설기술경력증 또는 건설기술인 경력증명서에 적어야 한다. <개정 2019.2.25> ④ 제2항에 따라 소속 건설기술인의 업무정지 사실을 통보받은 건설사업자·주택건설등록업자 또는 건설엔지니어링사업자는 통지를 받은 날부터 10일 이내에 해당 건설공사 또는 건설엔지니어링 등을 발주한 발주청에 그 내용을 통지해야 한다. <개정 2019.2.25, 2020.3.18, 2021.9.17>

제4장 건설엔지니어링 등
제1절 건설엔지니어링업

제25조 (건설엔지니어링업의 육성) ① 국토교통부장관은 건설엔지니어링에 관한 기술수준의 향상과 건설엔지니어링업의 건전한 발전 및 고도화를 도모하기 위하여 필요한 경우에는 산업통상부장관 및 관계 중앙행정기관의 장과 협의하여 건설산업의 특성에 맞게 건설기술용역업의 육성 및 지원을 위한 시책을 수립하여 시행할 수 있다. <개정 2021.3.16, 2025.10.1>

② 국토교통부장관은 건설엔지니어링업의 육성을 위하여 건설엔지니어링사업자에게 다음 각 호의 사항을 지원할 수 있다. <개정 2018.8.14, 2019.4.30, 2021.3.16>

1. 제7조에 따른 건설기술 연구·개발사업으로 개발된 건설기술의 활용
2. 제18조에 따른 건설기술정보체계를 통한 건설기술에 관한 자료 및 정보 제공
3. 국내외 건설기술인력의 정보 제공

제4장 건설엔지니어링 등
제1절 건설엔지니어링업

제4장 건설엔지니어링 등

건설기술진흥법	건설기술진흥법 시행령	건설기술진흥법 시행규칙
4. 건설기술인에 대한 전문교육 5. 그 밖에 건설엔지니어링업의 건전한 발전 및 고도화를 위하여 필요하다고 인정하는 사항		
제26조 (건설엔지니어링업의 등록 등) ① 발주청이 발주하는 건설엔지니어링사업을 수행하려는 자는 전문분야별 요건을 갖추어 특별시장·광역시장·특별자치시장·도지사 또는 특별자치도지사(이하 "시·도지사"라 한다)에게 등록하여야 한다. 다만, 발주청이 발주하는 건설엔지니어링 중 건설공사의 계획·조사·설계를 수행하기 위하여 시·도지사에게 등록하려는 자는 「엔지니어링산업 진흥법」 제2조제4호에 따른 엔지니어링사업자 또는 「기술사법」 제6조제1항에 따른 사무소를 등록한 기술사이어야 한다. <개정 2021.3.16>	**제44조 (건설엔지니어링업의 등록 등)** ① 법 제26조제1항에 따라 발주청이 발주하는 건설엔지니어링사업을 수행하려는 자는 다음 각 호의 전문분야별로 시·도지사에게 등록해야 한다. <개정 2016.5.17, 2021.9.14> 1. 종합 2. 설계·사업관리 가. 일반 나. 설계등용역 : 설계등 용역일반, 측량 및 수로공사 다. 건설사업관리 3. 품질검사 가. 일반 나. 토목	**제21조 (건설엔지니어링업의 등록신청)** ① 법 제26조제1항에 따라 건설엔지니어링업의 등록을 하려는 자(법인인 경우에는 대표자를 말한다. 이하 "신청인"이라 한다)는 별지 제20호서식의 건설엔지니어링업 등록(변경등록)신청서(전자문서로 된 신청서를 포함한다)에 다음 각 호의 서류(전자문서를 포함한다)를 첨부하여 등록 등 업무 수탁기관(영 제117조 제3항에 따라 건설엔지니어링사업자의 등록·변경등록, 휴업·폐업의 신고 및 영업 양도·합병의 신고에 대한 접수·확인 및 관리 업무를 위탁받은 기관을 말한다. 이하 같다)에 제출해야 한다. <개정 2018.10.12, 2019.2.25, 2020.3.18, 2021.8.27, 2021.9.17>

	다. 건축 라. 특수: 골재, 레디믹스트콘크리트, 아스팔트콘크리트, 철강재, 섬유, 용접 및 말뚝재하 ② 건설엔지니어링업의 전문분야별 등록요건 및 업무범위는 별표 5와 같다. <개정 2021.3.16> ③ 시·도지사는 법 제26조제1항에 따른 등록신청이 있는 경우 다음 각 호의 어느 하나에 해당하는 경우를 제외하고는 등록을 해주어야 한다. 1. 법 제27조 각 호의 어느 하나에 해당하는 경우 2. 별표 5의 등록요건을 갖추지 못한 경우 3. 그 밖에 법, 이 영 또는 다른 법령에 따른 제한에 위반되는 경우	1. 삭제 <2018.10.12> 2. 등록요건에 따른 기술인력을 고용하고 있음을 증명하는 별지 제19호 서식의 건설기술인 보유증명서 3. 사무실 또는 시험실을 보유하고 있음을 증명하는 서류(등록요건상 필요한 경우만 해당한다) 4. 등록요건에 따른 자본금을 보유하고 있음을 증명하는 다음 각 목의 구분에 따른 서류(등록요건상 필요한 경우만 해당한다) 가. 법인: 재무상태표 및 손익계산서 나. 개인: 영업용자산액명세서 및 증빙서류 5. 건설기술 관련 분야의 「엔지니어링산업 진흥법」에 따른 엔지니어링사업자 신고증 사본 또는 「기술사법」에 따른 기술사사무소 개설등록증 사본(등록요건상 필요한 경우만 해당한다) 6. 등록요건에 따른 장비를 보유하고 있음을 증명할 수 있는 서류(등록요건상

건설기술진흥법	건설기술진흥법 시행령	건설기술진흥법 시행규칙
		필요한 경우만 해당한다) 7. 신청인이 외국인인 경우에는 법 제27조의 결격사유에 해당하지 아니함을 증명하는 해당 국가의 정부나 공증인(법률에 의한 공증인의 자격을 가진 자만 해당한다), 그 밖의 권한 있는 기관이 발행한 서류로서 해당 국가에 주재하는 우리나라 영사가 확인한 서류. 다만, 「외국공문서에 대한 인증의 요구를 폐지하는 협약」을 체결한 국가의 경우에는 아포스티유(Apostille)로서 영사 확인을 갈음할 수 있다. 8. 외국인이나 외국법인의 출자를 증명하는 서류(외국인이나 외국법 인이 자본금의 100분의 50 이상을 투자하는 경우만 해당한다) ② 제1항 각 호(제5호를 제외한다)의 서류는 건설엔지니어링업 등록 신청 전 1개월 이내에 발행되거나 작성된 것이어야 한

② 시·도지사는 건설엔지니어링사업자에게 국토교통부령으로 정하는 바에 따라 등록증을 발급하여야 한다. <개정 2019.4.30, 2021.3.16>		다. <개정 2021.9.17> **제22조 (건설엔지니어링업 등록증의 발급 등)** ① 등록 등 업무 수탁기관은 건설엔지니어링업 등록신청이 등록기준에 적합하다고 인정되면 지체 없이 그 사실을 특별시장·광역시장·특별자치시장·도지사 또는 특별자치도지사(이하 "시·도지사"라 한다)에게 통보하고, 별지 제21호서식의 건설엔지니어링사업자 등록부에 기록하여 시·도지사에게 송부해야 한다. <개정 2020.3.18, 2021.9.17> ② 제1항에 따라 통보 및 송부를 받은 시·도지사는 법 제26조제2항에 따라 신청인에게 별지 제22호서식의 건설엔지니어링업 등록증을 발급(전자문서에 의한 발급을 포함한다)하여야 한다. <개정 2021.9.17> ③ 시·도지사가 제2항에 따라 건설엔지니어링업 등록증을 발급한 경우에는 그 사실을 지체 없이 등록 등 업무 수탁기관에 통보하여야 한다. <개정 2021.9.17> ④ 제1항에 따른 건설엔지니어링사업자 등

건설기술진흥법	건설기술진흥법 시행령	건설기술진흥법 시행규칙
		록부는 전자적 처리가 불가능한 특별한 사유가 없으면 전자적 처리가 가능한 방법으로 작성·관리해야 한다. <개정 2020.3.18, 2021.9.17> ⑤ 등록 등 업무 수탁기관은 등록업무 처리결과를 매월 말일을 기준으로 다음 달 7일까지 시·도지사에게 통보하여야 한다. ⑥ 건설엔지니어링사업자는 건설엔지니어링업 등록증을 잃어버리거나 헐어 못쓰게 되어 재발급받으려는 경우에는 별지 제23호서식의 건설엔지니어링업 등록증 재발급신청서를 등록 등 업무 수탁기관에 제출해야 한다. 이 경우 헐어서 못 쓰게 되어 건설엔지니어링업 등록증을 재발급받으려면 해당 등록증을 첨부해야 한다. <개정 2020.3.18, 2021.9.17>
③ 건설엔지니어링사업자는 제1항에 따라 등록한 사항 중 국토교통부령으로 정하는 사항이 변경된 경우에는 국토교통부령으		**제23조 (건설엔지니어링업의 변경등록 및 휴업·폐업 신고)** ① 법 제26조제3항에서 "국토교통부령으로 정하는 사항"이란 다음 각

로 정하는 기간 이내에 변경등록을 하여야 한다. <개정 2019.4.30, 2020.10.20, 2021.3.16>		호의 사항을 말한다. <개정 2021.9.17> 1. 상호 또는 법인명 2. 사무실 또는 시험실 3. 대표자 4. 전문분야 또는 세부분야 5. 기술인력 6. 장비 ② 법 제26조제3항에서 "국토교통부령으로 정하는 기간"이란 변경사유가 발생한 날부터 3개월을 말한다. <개정 2021.9.17> ③ 법 제26조제3항에 따른 변경등록을 하려는 자는 별지 제20호서식의 건설엔지니어링업 등록(변경등록) 신청서에 다음 각 호의 서류를 첨부하여 등록 등 업무수탁기관에 제출해야 한다. <개정 2021.9.17> 1. 법 제26조제2항에 따른 건설엔지니어링업 등록증 2. 제21조제1항 각 호의 서류 중 등록사항 변경과 관련된 서류

건설기술진흥법	건설기술진흥법 시행령	건설기술진흥법 시행규칙
④ 건설엔지니어링사업자는 휴업하거나 폐업하는 경우에는 국토교통부령으로 정하는 바에 따라 시·도지사에게 신고하여야 한다. 이 경우 폐업신고를 받은 시·도지사는 그 등록을 말소하여야 한다. <개정 2019.4.30, 2021.3.16> ⑤ 시·도지사는 제1항부터 제4항까지의 규정에 따라 건설엔지니어링사업자가 등록 또는 변경등록을 하거나 건설엔지니어링사업자로부터 휴업 또는 폐업 신고를 받은 경우에는 그 사실을 국토교통부장관에게 통보하여야 한다. <개정 2019.4.30, 2021.3.16> ⑥ 제1항 본문에 따른 건설엔지니어링업의 전문분야 구분, 전문분야별 등록요건 및 업무범위 등은 대통령령으로 정한다. <개정 2021.3.16> ⑦ 건설엔지니어링업의 등록 및 변경등록, 휴업·폐업의 절차 등에 관하여 필요한 사항은 국토교통부령으로 정한다. <개정		④ 건설엔지니어링사업자가 법 제26조제4항 전단에 따라 휴업 또는 폐업의 신고를 하려는 경우에는 그 휴업 또는 폐업하는 날부터 1개월 이내에 별지 제24호서식의 건설엔지니어링업 휴업(폐업) 신고서에 휴업 또는 폐업을 증명하는 서류를 첨부하여 등록 등 업무 수탁기관에 제출해야 한다. <개정 2020.3.18, 2021.9.17> **제26조 (등록요건의 확인 등)** ① 등록 등 업무 수탁기관은 제21조제1항 또는 제23조제3항에 따라 건설엔지니어링업의 등록 또는 변경등록의 신청을 받은 경우 다음 각 호의 사항을 확인해야 한다. 다만, 영 제44조제1항제3호에 따른 품질검사 분야의 등록 또는 변경등록 신청의 경우에는 법 제61조에 따 른 평가기관으로 하여금 다음 각 호의 사항을 확인하게 할 수 있다. <개정 2021.9.17> 1. 신청인의 사무실 또는 시험실의 확보

2021.3.16>

제27조 (결격사유) 다음 각 호의 어느 하나에 해당하는 자는 제26조제1항에 따른 등록을 할 수 없다. <개정 2015.12.29, 2021.3.16>

1. 피성년후견인
2. 파산선고를 받고 복권되지 아니한 자
3. 제31조제1항에 따라 등록취소 처분을 받고, 그 처분을 받은 날부터 1년이 지나지 아니한 자. 다만, 이 조 제1호 · 제2호 또는 제4호에 해당하여 건설엔지니어링업의 등록이 취소된 경우는 제외한다. <개정2015.12.29, 2021.3.16>
4. 대표자가 제1호 또는 제2호의 어느 하나에 해당하는 법인

제28조 (건설엔지니어링사업자 등의 의무) ① 건설엔지니어링사업자와 그 건설엔지니어링 업무를 수행하는 건설기술인은 관계 법령에 따라 성실하고 정당하게 업무를

및 사용 실태

2. 기술인력 보유현황
3. 장비 보유현황
4. 자본금 현황 및 자산운용 실태
5. 법 제27조의 결격사유 해당 여부
6. 그 밖에 등록요건 확인을 위하여 필요한 사항

② 등록 등 업무 수탁기관은 제21조부터 제24조까지에 따른 등록, 등록증 발급·재발급, 변경등록, 휴업·폐업 신고 및 영업양도·합병 신고 업무를 위하여 그 신청인으로부터 실비의 범위 에서 수수료를 받을 수 있다.

건설기술진흥법	건설기술진흥법 시행령	건설기술진흥법 시행규칙
수행하여야 한다. <개정 2018.8.14, 2019.4.30, 2021.3.16> ② 건설엔지니어링사업자는 타인에게 자기의 성명 또는 상호를 사용하여 건설엔지니어링을 하게 하거나 등록증을 빌려주어서는 아니 된다. <개정 2019.4.30>		
제29조 (건설엔지니어링사업자의 영업 양도 등) ① 건설엔지니어링사업자는 다음 각 호의 어느 하나에 해당하는 경우에는 국토교통부령으로 정하는 바에 따라 시·도지사에게 신고하여야 한다. <개정 2019.4.30, 2021.3.16> 1. 건설엔지니어링사업자가 영업을 양도하려는 경우		**제24조 (건설엔지니어링사업자의 영업 양도 신고 등)** ① 건설엔지니어링사업자는 법 제29조제1항제1호에 따른 영업 양도의 신고를 하려는 경우에는 영업 양도일부터 30일 이내에 양수인과 공동으로 별지 제25호서식의 건설엔지니어링업 양도·양수 신고서에 다음 각 호의 서류를 첨부하여 등록 등 업무 수탁기관에 제출해야 한다. <개정 2018.10.12, 2020.3.18, 2021.9.17> 1. 양도·양수계약서 사본 2. 양수인에 관한 제21조제1항 각 호 의 서류 3. 수행 중인 건설엔지니어링이 있는 경우에

2. 법인인 건설엔지니어링사업자 간합병을 하려는 경우 ② 시ㆍ도지사는 제1항에 따른 신고를 받은 날부터 30일 이내에 신고수리 여부를 신고인에게 통지하여야 한다. <신설 2018.12.31> ③ 시ㆍ도지사가 제2항에서 정한 기간 내에 신고수리 여부 또는 민원 처리 관련 법령에 따른 처리기간의 연장을 신고인에게 통지하지 아니하면 그 기간(민원 처리 관련 법령에 따라 처리기간이 연장 또는 재연장된 경우에는 해당 처리기간을 말한다)이 끝난 날의 다음 날에 신고를 수리한 것으로 본다. <신설 2018.12.31> ④ 다음 각 호의 어느 하나에 해당하는 자는 제26조제1항에 따른 등록요건을 갖추고 제1항에 따른 신고가 수리된 때(제3항에 따라 신고가 수리된 것으로 보는 때를 포함한다)부터 건설엔지니어링업의 등록에 관		는 해당 용역의 양도·양수에 대한 발주청의 동의를 증명하는 서류 ② 건설엔지니어링사업자가 법 제29조제1항제2호에 따른 법인 간 합병(분할합병을 포함한다)의 신고를 하려는 경우에는 합병일부터 30일 이내에 그 대표자와 합병 후에 존속하는 법인 또는 합병에 따라 설립되는 법인의 대표자가 공동으로 별지 제26호서식의 건설엔지니어링업 법인합병 신고서에 다음 각 호의 서류를 첨부하여 합병 후에 존속하는 법인 또는 합병에 따라 설립되는 법인을 관할하는 시·도의 등록 등 업무 수탁기관에 제출해야 한다. <개정 2018.10.12, 2020.3.18, 2021.9.17> 1. 합병계약서 사본 2. 합병공고문 3. 합병에 관한 사항을 의결한 총회 또는 창립총회의 결의서 사본 4. 합병 후에 존속하는 법인 또는 합병에 따라 설립되는 법인에 관한 제21조제1항 각 호의 서류

건설기술진흥법	건설기술진흥법 시행령	건설기술진흥법 시행규칙
한 권리·의무를 승계한다. <개정 2018.12.31, 2019.4.30, 2021.3.16> 1. 건설엔지니어링사업자가 그 영업을 양도한 경우 그 양수인 2. 법인인 건설엔지니어링사업자가 합병한 경우 합병 후 존속하는 법인이나 합병으로 설립되는 법인 ⑤ 제4항에 따라 종전의 건설엔지니어링업의 등록에 관한 권리·의무를 승계한자는 국토교통부령으로 정하는 바에 따라 종전의 건설엔지니어링 실적을 승계한다. <개정 2018.12.31, 2021.3.16>		5. 수행 중인 건설엔지니어링이 있는 경우에는 발주청의 동의를 증명하는 서류 ③ 등록 등 업무 수탁기관은 제1항 및 제2항에 따라 신고를 받은 경우에는 양수인 또는 합병 후에 존속하는 법인이나 합병에 따라 설립되는 법인(이하 "양수인등"이라 한다)이 등록기준에 적합한지를 확인하여야 하며, 등록기준에 적합하지 아니하면 보완을 요구할 수 있다. **제25조 (건설엔지니어링 실적의 승계)** ① 등록 등 업무 수탁기관은 제24조제1항 및 제2항에 따라 영업 양도 등의 신고를 받은 경우에는 그 내용을 7일 이내에 건설엔지니어링 실적관리 수탁기관(영 제117조제1항제7호에 따라 건설엔지니어링 실적관리에 관한 업무를 위탁받은 기관을 말한다. 이하 같다)에 통보하여야 한다. <개정 2021.9.17> ② 건설엔지니어링 실적관리 수탁기관은

		제1항에 따라 신고 내용을 통보받은 경우에는 제24조제1항 및 제2항에 따라 영업양도 등의 신고서를 제출한 날을 기준으로 양수인등의 건설엔지니어링 실적에 양도인 또는 합병에 따라 소멸되는 법인의 건설엔지니어링 실적을 합산하여 관리하여야 한다. <개정 2021.9.17>
제30조 (건설엔지니어링의 실적 관리) ① 국토교통부장관은 건설엔지니어링업을 체계적으로 육성하기 위하여 다음 각 호의 현황 및 실적을 관리하여야 한다. <신설 2019.11.26, 2021.316> 1. 건설엔지니어링사업자의 현황 2. 발주청이 발주하는 건설엔지니어링 실적 3. 발주자가 발주하는 건설엔지니어링 실적 중 대통령령으로 정하는 용역의 실적	**제45조 (건설엔지니어링의 실적 관리 대상 및 실적 통보 등)** ① 법 제30조제1항제3호에서 "대통령령으로 정하는 용역"이란 다음 각 호의 용역을 말한다. <신설 2020.5.26, 2021.9.14> 1. 「건축법 시행령」 제19조제1항제2호에 따라 건설엔지니어링사업자를 공사감리자로 지정한 건축물의 공사감리에 관한 용역 2. 「주택법 시행령」 제47조제1항에 따라 건설엔지니어링사업자를 감리자로 지정한 주택건설공사의 감리에 관한 용역	

건설기술진흥법	건설기술진흥법 시행령	건설기술진흥법 시행규칙
	3. 그 밖에 다음 각 목의 어느 하나에 해당하는 건설공사에 대하여 건설엔지니어링사업자가 수행한 건설사업관리에 관한 용역 가. 「건축법 시행령」 제19조제1항제2호 또는 같은 조 제5항 각 호의 건축공사 나. 「주택법」 제15조에 따라 주택건설사업에 대한 사업계획의 승인이나 같은 법 제66조에 따라 리모델링의 허가를 받은 건설공사	
② 발주청은 그가 발주하는 건설엔지니어링의 계약을 체결하거나 변경한 경우와 건설엔지니어링을 준공한 경우에는 10일 이내에 그 사실을 국토교통부장관에게 통보하여야 한다. <개정 2019.11.26, 2021.3.16>	② 법 제30조제2항에 따라 발주청이 국토교통부장관에게 통보해야 하는 건설엔지니어링의 실적은 다음 각 호와 같다. <개정 2017.12.29, 2018.12.11, 2019.4.23, 2020.1.7, 2020.5.26, 2021.9.14> 1. 건설엔지니어링의 종류, 공사비, 계약금액 등 계약 현황 2. 참여하는 건설기술인 현황(참여하는	**제27조 (건설엔지니어링의 실적 통보 및 공개 등)** ① 영 제45조제2항·제3항·제5항 및 제8항에 따른 통보와 확인서는 각각 다음 각 호의 서식에 따른다. <개정 2019.2.25, 2020.3.18, 2020.5.26, 2021.9.17>

	건설기술인이 변경된 경우를 포함한다) 3. 시공 단계에서 법 제2조제5호에 따른 감리 업무를 포함하여 시행하는 건설사업관리(이하 "시공 단계의 건설사업관리"라 한다)를 수행하는 건설기술인의 배치 또는 철수 현황 4. 「국가를 당사자로 하는 계약에 관한 법률」 제27조 및 「지방자치단체를 당사자로 하는 계약에 관한 법률」 제31조에 따른 부정당업자의 입찰참가자격 제한을 받은 건설엔지니어링사업자 현황 5. 법 제35조제4항에 따라 승인한 하도급의 계약 현황(계약금액 및 참여기술인을 포함한다)	
	③ 제1항 각 호에 따른 용역의 대상이 되는 건설공사의 허가·인가·승인 등을 한 행정기관(이하 "인·허가기관"이라 한다)의 장은 다음 각 호의 어느 하나에 해당하는 경우에는 그 내용을 확인하여 10일 이내에 제2항제1호부터 제3호까지에 해당하는	1. 건설엔지니어링의 종류, 공사비, 계약금액 등 계약 현황: 별지 제27호서식의 건설엔지니어링의 계약체결·계약변경·준공 통보서 이 경우 건설엔지니어링사업자는 영 제45조제3항제2호에 따라 건설공사의 허가·인가·승인

건설기술진흥법	건설기술진흥법 시행령	건설기술진흥법 시행규칙
	실적을 국토교통부장관에게 통보해야 한다. <개정 2020.5.26, 2021.9.14> 1. 제1항제1호・제2호의 용역계약을 체결・변경하거나 용역을 준공한 경우 2. 제1항제3호의 용역을 수행한 건설기술용역사업자가 건설엔지니어링의 실적통보를 인・허가기관의 장에게 요청한 경우 ④ 발주청 및 인·허가기관의 장은 건설엔지니어링사업자에게 제2항 및 제3항에 따른 통보를 위하여 필요한 자료의 제출을 요청할 수 있다. <개정 2020. 1.7, 2020.5.26, 2021.9.14> ⑤ 건설엔지니어링사업자는 그가 수행하는 건설엔지니어링사업에 대한 제2항 각 호의 실적을 국토교통부장관에게 직접 통보할 수 있다. <개정 2020.1.7, 2020.5.26, 2021.9.14> ⑥ 국토교통부장관은 제5항에 따라 통보받	등을 한 행정기관(이하 "인・허가기관"이라 한다)에 실적 통보를 요청하거나 같은 조 제5항에 따라 국토교통부장관에게 같은 조 제1항제3호의 용역에 대한 실적을 직접 통보할 때에는 건설사업관리용역 계약서를 첨부해야 한다. 2. 참여하는 건설기술인 현황(변경): 별지 제28호서식의 건설엔지니어링 참여기술인 현황(변경) 통보서 3. 건설사업관리를 수행하는 건설기술인(이하 "건설사업관리기술인"라 한다)의 배치 및 철수 현황: 별지 제29호서식의 건설사업관리기술인 배치 및 철수 현황 통보서 4. 「국가를 당사자로 하는 계약에 관한 법률」 제27조 및 「지방자치단체를 당사자로 하는 계약에 관한 법률」 제31조에 따른 부정당업자의 입찰참가자격 제한을 받은 건설엔지니어링사

은 사실에 대하여 해당 발주청이나 인·허가기관의 장에게 확인을 요청할 수 있다. 이 경우 확인요청을 받은 발주청 또는 인·허가기관의 장은 7일 이내에 사실관계를 확인하고 그 결과를 국토교통부장관에게 통보해야 한다. <개정 2020.5.26>

⑦ 국토교통부장관은 「전자조달의 이용 및 촉진에 관한 법률」 제12조에 따른 전자조달시스템을 통하여 체결된 건설엔지니어링 계약의 현황 정보를 조달청장으로부터 제공받아 법 제18조제1항에 따라 구축·운영하는 건설기술정보체계를 통하여 관리할 수 있다. <개정 2019.6.25, 2020.5.26, 2021.9.14>

업자 현황 : 별지 제30호서식의 입찰참가자격 제한 건설엔지니어링사업자 현황 통보서

5. 건설엔지니어링 실적에 대한 확인 : 별지 제31호서식의 건설엔지니어링 실적 확인서

② 발주청 또는 인·허가기관의 장은 다음 각 호의 어느 하나에 해당하는 사유로 영 제45조제2항제3호에 따른 건설사업관리기술인의 철수 통보를 하는 경우 건설사업관리 계약이 완료되어 철수한 것으로 통보해야 한다. <개정 2018.10.12, 2019.2.25, 2020.5.26>

1. 해당 공사현장에 3년 이상 배치된 경우
2. 퇴직한 경우
3. 입대·이민 또는 사망한 경우
4. 질병·부상으로 인하여 3개월 이상 요양이 필요한 경우
5. 3개월 이상 공사 착공이 지연되거나 공사 진행이 중단된 경우

5의2. 발주청의 귀책사유로 제35조제4항

건설기술진흥법	건설기술진흥법 시행령	건설기술진흥법 시행규칙
③ 국토교통부장관은 발주자가 적절한 건설엔지니어링사업자를 선정할 수 있도록 하기 위하여 제1항에 따른 건설엔지니어링사업자의 현황과 건설엔지니어링 실적을 공개할 수 있다. <개정 2019.4.30, 2019.11.26, 2021.3.16> ④ 제1항부터 제3항까지의 규정에 따른 건설엔지니어링의 현황 및 실적 관리 · 통보 · 공개 등에 필요한 사항은 대통령령으로 정한다. <개정 2019.11.26, 2021.3.16>	⑧ 국토교통부장관은 법 제30조제3항에 따라 다음 각 호의 사항을 법 제18조에 따른 건설기술정보체계를 통하여 공개할 수 있다. <개정 2018.12.11, 2019.6.25, 2020.1.7, 2020.5.26, 2021.9.14> 1. 건설엔지니어링사업자의 성명(법인인 경우에는 법인의 명칭 및 대표자의 성명), 사무실 주소, 연락처 및 기술 인력 보유현황 2. 건설엔지니어링사업자의 용역 수행실적 및 계약이행 현황	에 따라 발주청에 제출한 배치계획(이하 이 항에서 "배치계획"이라 한다)에 비하여 3개월 이상 배치가 지연된 경우 <신설 2018.10.12> 5의3. 발주청의 배치계획 조정에 따라 철수한 경우 <신설 2018.10.12> 6. 발주청 또는 인·허가기관의 장이 필요하다고 인정하는 경우 ③ 건설엔지니어링 실적관리 수탁기관은 영 제45조제8항에 따른 확인서를 발급할 때에는 그 신청인(발주청이 신청인인 경우는 제외한다)으로부터 실비의 범위에서 수수료를 받을 수 있다. <개정 2020.5.26, 2021.9.17>

	3. 건설엔지니어링사업자의 용역종합평가 결과 4. 건설엔지니어링사업자의 벌점 및 제재조치 현황 5. 건설엔지니어링 별로 참여한 건설기술인의 명단 및 참여기간 등에 관한 현황 6. 그 밖에 적절한 건설엔지니어링사업자의 선정을 위하여 공개가 필요한 사항 ⑨ 국토교통부장관은 발주청 또는 건설엔지니어링사업자가 요청하면 건설엔지니어링 실적에 대한 확인서를 발급할 수 있다. <개정 2019.6.25, 2020.1.7, 2020.5.26, 2021.9.14> ⑩ 제1항부터 제9항까지에서 규정한 건설엔지니어링의 현황 및 실적 관리·통보·공개와 확인서 발급 등에 필요한 사항은 국토교통부령으로 정한다. <개정 2019.6.25, 2020.5.26, 2021.9.14> [제목개정 2020.5.26]	

건설기술진흥법	건설기술진흥법 시행령	건설기술진흥법 시행규칙
제31조 (건설엔지니어링사업자의 등록취소 등) ① 시·도지사는 건설엔지니어링사업자가 다음 각 호의 어느 하나에 해당하면 그 등록을 취소하거나 1년 이내의 기간을 정하여 영업의 전부 또는 일부의 정지를 명할 수 있다. 다만, 제1호부터 제5호까지의 어느 하나에 해당하면 등록을 취소하여야 한다. <개정 2018.6.12, 2019.1.15, 2019.4.30, 2020.6.9, 2021.3.16> 1. 거짓이나 그 밖의 부정한 방법으로 제26조제1항에 따라 등록을 한 경우 2. 최근 5년간 3회 이상 영업정지 또는 제32조에 따른 과징금 부과처분을 받은 경우 3. 영업정지기간에 건설엔지니어링업무를 수행한 경우. 다만, 제33조에 따라 건설엔지니어링을 수행한 경우는 제외한다. 4. 건설엔지니어링사업자로 등록한 후 제	**제46조 (건설엔지니어링사업자에 대한 행정처분기준)** ① 법 제31조제1항 및 제2항에 따른 건설엔지니어링사업자의 등록취소 또는 영업정지에 관한 행정처분기준은 별표 6과 같다. <2020.1.7, 2021.9.14>	

27조에 따른 결격사유 중 어느 하나에 해당하게 된 경우. 다만, 법인이 제27조제4호에 해당하게 된 경우로서 그 사유가 발생한 날부터 3개월 이내에 그 사유를 없앤 경우는 제외한다. <개정 2018.6.12, 2019.4.30,2020.6.9, 2021.3.16> 5. 제28조제2항을 위반하여 타인에게 자기의 성명 또는 상호를 사용하여 건설엔지니어링을 하게 하거나 등록증을 빌려 준 경우 6. 제35조제2항에 따른 사업수행능력 평가에 관한 서류를 위조하거나 변조하는 등 거짓이나 그 밖의 부정한 방법으로 입찰에 참여한 경우 7. 건설엔지니어링사업자로 등록한 후 제26조제1항에 따른 등록기준을 충족하지 못하게 된 경우에 그 날부터 50일 이내에 미달된 사항을 보완하지 아니한 경우		

건설기술진흥법	건설기술진흥법 시행령	건설기술진흥법 시행규칙
8. 고의 또는 과실로 「산업안전보건법」 제2조제2호에 따른 중대재해가 발생하거나 건설공사의 발주청에 재산상의 손해를 발생하게 하거나 사람에게 위해(危害)를 끼치거나 부실공사를 초래한 경우 9. 다른 행정기관이 관계 법령에 따라 등록취소 또는 영업정지를 요구한 경우 ② 시·도지사는 건설엔지니어링사업자가 다음 각 호의 어느 하나에 해당하면 6개월 이내의 기간을 정하여 영업정지를 명할 수 있다. <개정 2016.1.19, 2017.8.9, 2018.8.14, 2018.12.31, 2019.4.30, 2021.3.16, 2024.1.9> 1. 제34조제2항에 따른 보험 또는 공제에 가입하지 아니한 경우 2. 제35조제4항에 따른 발주청의 승인을 받지 아니하고 하도급을 한 경우 3. 제38조제2항에 따른 보고 또는 관계		

자료의 제출 명령을 이행하지 아니한 경우 4. 제38조제3항에 따른 검사를 거부·방해·기피한 경우 5. 건설사업관리를 수행하는 건설엔지니어링사업자가 다음 각 목의 어느 하나에 해당하는 경우 <개정 2018.8.14, 2018.12.31, 2019.4.30, 2021.3.16> 가. 건설사업관리보고서를 제출하지 아니하거나 제39조제4항 후단에 따라 건설기술인이 작성한 건설사업관리보고서를 거짓으로 수정하여 제출하거나 건설사업관리보고서에 해당 건설공사의 주요 구조부에 대한 시공·검사·시험 등의 내용을 빠뜨린 것을 알고도 제출한 경우 나. 건설사업자에게 재시공·공사중지 명령 등 조치를 하고 제40조제3항에 따라 발주청에 보고하지 아니한 경우 다. 제48조제2항에 따른 설계도서 검토결과 보고를 하지 아니한 경우	② 법 제31조제2항제5호가목에 따른 해당 건설공사의 주요 구조부(이하 "주요 구조부"라 한다)는 다음 각 호에 따른 구조부로 한다. 1. 철근콘크리트구조부 또는 철골구조부 2. 「건축법」 제2조제7호에 따른 주요구조부 3. 교량의 교좌(橋座) 장치 4. 터널의 복공(覆工) 부위 5. 댐의 본체 및 여수로(餘水路) 6. 상수도 관로(管路) 이음부 7. 항만 계류시설의 구조체 8. 그 밖에 발주청이 필요하다고 인정하여 용역계약에서 정한 구조부	

건설기술진흥법	건설기술진흥법 시행령	건설기술진흥법 시행규칙
라. 건설공사의 품질관리 지도·감독을 성실하게 수행하지 아니한 경우[건설사업자 또는 「주택법」 제4조에 따라 주택건설사업의 등록을 한 자(이하 "주택건설등록업자"라 한다)가 제55조제1항에 따른 건설공사의 품질관리계획 또는 품질시험계획(그 계획에 따른 품질시험 또는 검사를 포함한다)을 이행하지 아니하거나 품질시험의 성과를 조작한 경우로 한정한다] 마. 건설기술인으로서 자격이 없는 사람이나 소속 건설기술인이 아닌 사람에게 건설사업관리를 수행하게 한 경우(건설기술인이 아닌 사람으로서 발주청이 사전에 승인한 사람은 제외한다) 바. 다른 건설엔지니어링사업자에게 소속된 건설기술인으로 하여금 건설사업관리를 수행하게 한 경우		

사. 건설사업관리를 수행하는 건설기술인을 부정한 방법으로 교체하거나 배치한 경우 6. 제54조제1항에 따른 시정명령을 이행하지 아니한 경우 7. 품질시험 또는 검사 업무를 수행하는 건설엔지니어링사업자가 다음 각 목의 어느 하나에 해당하는 경우 <개정 2018.8.14, 2019.4.30, 2021.3.16, 2024.1.9> 가. 품질시험 또는 검사의 결함으로 인하여 건설공사 또는 건설공사에 사용되는 자재(資材)·부재(部材)(이하 "건설자재·부재"라 한다)의 품질을 현저하게 떨어뜨린 경우 나. 품질시험 또는 검사의 성적서를 거짓으로 발급한 경우 다. 정당한 사유 없이 3개월 이상 품질시험 또는 검사의 대행을 거부한 경우 라. 건설기술인으로서 자격이 없는 사람이나 소속 건설기술인이 아닌 사람으		

건설기술진흥법	건설기술진흥법 시행령	건설기술진흥법 시행규칙
로 하여금 품질검사를 실시하게 한 경우 마. 제60조제2항을 위반하여 발주자 또는 건설사업관리를 수행하는 건설엔지니어링사업자의 봉인 또는 확인을 거친 재료로 품질검사를 하지 아니한 경우 바. 제60조제3항을 위반하여 품질검사 성적서 및 품질검사 내용을 제62조제15항에 따른 건설공사 안전관리 종합정보망에 입력하지 아니하거나 거짓으로 입력한 경우 사. 제60조제4항에 따른 시정명령 등의 조치를 따르지 아니한 경우 ③ 건설엔지니어링사업자는 제1항과 제2항에 따른 영업정지기간에는 상호를 바꾸어 건설엔지니어링의 입찰에 참가하거나 건설엔지니어링을 수주(受注)할 수 없다. <개정 2019.4.30>		

법	시행령	시행규칙
④ 발주청과 인·허가기관의 장은 건설엔지니어링사업자가 제1항 각 호 또는 제2항 각 호의 어느 하나에 해당하는 경우에는 그 사실을 시·도지사에게 통보하여야 하며, 시·도지사는 건설엔지니어링사업자에 대하여 제1항·제2항 또는 제32조제1항에 따라 등록취소, 영업정지 또는 과징금 부과 등의 조치를 하는 경우 국토교통부장관, 해당 발주청 및 인·허가기관의 장에게 그 내용을 통보하여야 한다. <개정 2019.4.30, 2021.3.16> ⑤ 제1항과 제2항에 따른 처분의 세부기준은 대통령령으로 정한다.		
제32조 (과징금) ① 시·도지사는 제31조제1항에 따라 영업정지를 명하여야 하는 경우에는 영업정지를 갈음하여 2억원 이하의 과징금을, 같은 조 제2항에 따라 영업정지를 명하여야 하는 경우에는 영업정지를 갈음하여 6천만원 이하의 과징금을 부과할 수 있다.	**제47조 (등록취소 등의 공고 및 통보)** 시·도지사는 법 제31조에 따라 건설엔지니어링사업자의 등록을 취소하거나 영업정지 처분을 한 경우 또는 법 제32조에 따라 과징금 부과처분을 한 경우에는 그 사실을 해당 시·도의 공보에 공고하고, 7일 이내에 국토교통부장관, 해당 발주청 및 인·허가기관의 장에게 통보해야 한다. <개정	

건설기술진흥법	건설기술진흥법 시행령	건설기술진흥법 시행규칙
② 제1항에 따라 과징금 부과처분을 받은 자가 과징금을 기한까지 내지 아니하면 「지방행정제재·부과금의 징수 등에 관한 법률」에 따라 징수한다. <개정 2013.8.6, 2020.3.24> ③ 제1항에 따라 과징금을 부과하는 위반행위의 종류 및 위반 정도 등에 따른 과징금의 금액과 그 밖에 필요한 사항은 대통령령으로 정한다. [시행일 : 2014.8.7] 제32조	2020.1.7, 2021.9.14> **제48조 (과징금의 부과기준 등)** ① 법 제32조 제3항에 따른 건설엔지니어링사업자의 위반행위의 종류 및 위반 정도 등에 따른 과징금의 산정 기준은 별표 6과 같다. <개정 2020.1.7, 2021.9.14> ② 시·도지사는 법 제32조에 따라 과징금을 부과하려면 그 위반행위의 종류와 과징금의 금액 등을 구체적으로 적은 서면으로 통지하여야 한다. ③ 제2항에 따라 통지를 받은 자는 통지받은 날부터 20일 이내에 과징금을 시·도지사가 정하는 수납기관에 내야 한다. <개정 2023.12.12.> ④ 제3항에 따라 과징금을 받은 수납기관	

법	시행령	시행규칙
	은 과징금을 낸 자에게 영수증을 내주고, 지체 없이 그 사실을 해당 시·도지사에게 통보하여야 한다.	
제33조 (등록취소처분 등을 받은 건설엔지니어링사업자의 업무 계속) ① 제31조제1항 또는 제2항에 따라 등록취소 또는 영업정지의 처분을 받은 건설엔지니어링사업자는 그 처분을 받기 전에 체결한 건설엔지니어링계약에 따른 업무는 계속할 수 있다. 이 경우 건설엔지니어링사업자는 그 처분을 받은 내용을 대통령령으로 정하는 기간 이내에 해당 건설기술용역의 발주자에게 통지하여야 한다. <개정 2019.4.30, 2021.3.16> ② 건설엔지니어링의 발주자는 건설엔지니어링사업자로부터 제1항에 따른 통지를 받거나 그 사실을 안 경우에는 그 날부터 30일 이내에만 해당 건설엔지니어링계약을 해지할 수 있다. <개정 2019.4.30, 2021.3.16>	**제49조 (건설엔지니어링사업자의 등록취소 통지)** 법 제33조제1항 후단에서 "대통령령으로 정하는 기간"이란 건설엔지니어링사업자가 법 제31조제1항 및 제2항에 따라 등록취소 또는 영업정지의 처분을 받은 날부터 10일을 말한다. <개정 2020.1.7, 2021.9.14>	

건설기술진흥법	건설기술진흥법 시행령	건설기술진흥법 시행규칙
제34조 (건설엔지니어링사업자의 손해배상 및 하자보증) ① 건설엔지니어링사업자는 건설엔지니어링 계약을 이행할 때 고의 또는 과실로 해당 건설엔지니어링 목적물 또는 제3자에게 손해를 발생하게 한 경우에는 그 손해를 배상하여야 한다. <개정 2015.7.24, 2019.4.30, 2021.3.16> ② 제1항에 따른 배상을 담보하기 위하여 대통령령으로 정하는 건설엔지니어링사업자는 보험 또는 공제에 가입하여야 한다. 이 경우 발주청은 보험 또는 공제 가입에 따른 비용을 건설엔지니어링 비용에 계상(計上)하여야 한다. <개정 2019.4.30, 2021.3.16> ③ 발주청은 건설사업관리 계약을 체결할 때 건설엔지니어링사업자로 하여금 하자책임을 보증하게 하기 위하여 하자보증금을 예치하게 하여야 한다. <개정 2019.4.30, 2021.3.16>	**제50조 (건설엔지니어링사업자의 손해배상 및 하자보증)** ① 법 제34조제2항 전단에서 "대통령령으로 정하는 건설엔지니어링사업자"란 발주청이 발주하는 제73조에 따른 실시설계(이하 "실시설계"라 한다) 또는 건설사업관리 용역을 계약하는 건설엔지니어링사업자를 말한다. <개정 2020.1.7, 2021.9.14>	

법	시행령	시행규칙
④ 제2항에 따른 보험 또는 공제의 기간, 종류, 대상 및 방법 등에 관하여 필요한 사항은 대통령령으로 정한다.	② 법 제34조제4항에 따른 보험 또는 공제의 가입기간·가입대상 및 가입금액은 다음 각 호와 같다. <개정 2021.9.14> 1. 가입기간 : 건설공사의 착공일부터 완공일까지의 기간 2. 가입대상 : 실시설계 또는 건설사업관리 용역 3. 가입금액 : 건설공사에 대한 건설엔지니어링의 계약금액. 다만, 다음 각 목의 구분에 따른 계약금액은 보험 또는 공제 가입금액 산정 시 제외한다. <개정 2020.1.7, 2021.9.14> 가. 기본설계 및 실시설계를 같은 건설엔지니어링사업자가 수행하도록 하는 경우 : 기본설계에 해당하는 계약금액 나. 제59조제1항에 따른 건설사업관리의 업무범위 중 기본설계 또는 시공 후 단계를 포함하여 건설사업관리를 수행하도록 하는 경우 : 기본설계 또는 시공 후 단계에 해당하는 계약금액	

건설기술진흥법	건설기술진흥법 시행령	건설기술진흥법 시행규칙
⑤ 제3항에 따른 하자책임의 범위, 하자보증금의 산정(算定) 및 예치방법 등에 관하여 필요한 사항은 대통령령으로 정한다.	③ 법 제34조제2항에 따라 보험 또는 공제에 가입한 건설엔지니어링사업자는 다음 각 호에서 정하는 시점까지 보험증서 또는 공제증서를 발주청에 제출해야 한다. <개정 2020.1.7, 2021.9.14> 1. 실시설계 : 해당 실시설계 용역을 완료하기 전 2. 건설사업관리 : 해당 건설사업관리 용역계약을 체결할 때 ④ 보험 또는 공제의 가입금액 산출방법, 가입절차 등에 관하여 필요한 세부 사항은 국토교통부장관이 정하여 고시한다. ⑤ 법 제34조제5항에 따른 하자책임의 범위, 하자보증금의 예치기간, 하자보증금의 금액·예치시기·예치방법 등은 다음 각 호와 같다. 1. 하자책임의 범위 : 「건설산업기본법」 제28조에 따라 건설공사 수급인이 발주청에 지는 담보책임의 이행에 대한	

법	시행령	시행규칙
	감독·검사 책임 2. 예치기간 : 「건설산업기본법 시행령」 제30조 및 별표 4에 따른 하자담보책임기간 3. 하자보증금의 금액·예치시기·예치방법, 면제, 국고귀속 및 직접사용 등 : 「국가를 당사자로 하는 계약에 관한 법률」 제18조 및 같은 법 시행령 제62조·제63조를 준용한 금액·예치시기·예치방법, 면제, 국고귀 속 및 직접사용 등	
제35조 (발주청이 시행하는 건설엔지니어링 사업) ① 발주청은 건설엔지니어링사업 중 대통령령으로 정하는 규모 이상의 사업을 시행할 때에는 대통령령으로 정하는 바에 따라 집행계획을 작성하여 공고하여야 한다. <개정 2018.12.31, 2021.3.16>	**제51조 (발주청이 시행하는 건설엔지니어링 사업)** ① 법 제35조제1항에서 "대통령령으로 정하는 규모 이상의 사업"이란 예정용역사업비가 「국가를 당사자로 하는 계약에 관한 법률」 제4조제1항에 따라 고시하는 금액 이상인 사업을 말한다. <개정 2021.9.14> ② 발주청(제3조제2호부터 제7호까지의 규정에 해당하는 자는 제외하되, 「시설물의 안전 및 유지관리에 관한 특별법」	

건설기술진흥법	건설기술진흥법 시행령	건설기술진흥법 시행규칙
	제11조 및 제12조에 따라 안전점검 또는 정밀안전진단을 실시하는 안전진단전문기관을 선정하는 경우에는 포함한다. 이하 제52조에서 같다)은 법 제35조제1항에 따른 집행계획을 작성한 경우에는 다음 각 호의 사항을 지체 없이 공고해야 한다.<개정 2018.1.16, 2021.9.14> 1. 건설엔지니어링명 2. 건설엔지니어링사업 시행기관명 3. 건설엔지니어링사업의 주요 내용 4. 총사업비 및 해당 연도 예산 규모 5. 입찰 예정 시기 6. 그 밖에 입찰 참가에 필요한 사항 ③ 제2항에 따른 집행계획의 공고는 입찰공고와 함께 할 수 있다.	
② 제1항에 따라 공고된 사업은 대통령령으로 정하는 사업수행능력 평가에 의한 선정기준 및 선정절차에 따라 선정된 건설엔지니어링사업자에게 맡겨 시행하여야 한다.	**제52조 (건설엔지니어링사업자 등의 선정)** ① 발주청은 제51조제2항에 따라 공고된 건설엔지니어링을 발주할 때에는 법 제35조제2항에 따라 이에 참여하는 자의 능력,	**제28조 (건설엔지니어링사업자 등의 선정)** ① 발주청(영 제3조제2호부터 제7호까지의 규정에 해당하는 자는 제외하되, 「시설물의 안전 및 유지관리에 관한 특별법」 제

<개정 2018.12.31, 2019.4.30, 2021.3.16> ③ 발주청은 제39조제2항에 따라 건설사업관리를 시행할 건설엔지니어링사업자를 선정할 때에는 다음 각 호에 모두 해당하는 건설엔지니어링사업자 (각 호에 해당하는 자와 공동수급체를 구성한 건설엔지니어링사업자를 포함한다)를 우대할 수 있다. <개정 2019.4.30, 2021.3.16> 1. 「소방시설공사업법」 제4조제1항에 따라 소방시설감리업 수행을 위하여 소방시설업의 등록을 한 자 2. 「전력기술관리법」 제14조제1항제2호에 따라 전력시설물의 공사감리업의 등록을 한 자 3. 「정보통신공사업법」 제2조제7호에 따른 용역업자로서 같은 법 제8조에 따른 감리원을 보유한 자	사업의 수행실적, 신용도 등을 종합적으로 고려한 사업수행능력 평가기준에 따라 평가하여 입찰에 참가할 자를 선정해야 한다. 다만, 예정 용역사업비가 10억원 미만인 건설엔지니어링(건설사업관리 용역의 경우는 제외한다)의 경우에는 사업수행능력 평가 전에 가격입찰을 할 수 있다. <개정 2020.1.7, 2021.9.14, 2024.4.23>	11조 및 제12조에 따라 안전점검 또는 정밀안전진단을 실시하는 안전진단전문기관을 선정하는 경우에는 포함한다. 이하 이 조, 제29조 및 제30조에서 같다)은 영 제52조제1항에 따라 건설엔지니어링을 발주하는 경우에는 다음 각 호의 구분에 따른 사업수행능력 평가기준에 따라 평가하여 입찰에 참가할 자를 선정해야 한다. <개정 2018.1.18, 2020.3.18, 2021.9.17, 2025.6.18> 1. 추정가격이 영 제51조제1항에 따른 금액 이상인 기본계획, 기본설계, 실시설계, 건설사업관리(제2항에 따라 평가하는 건설엔지니어링은 제외한다)의 경우에는 다음 각 목의 구분에 따른 평가 결과 발주청이 정하는 일정 점수 이상을 받은 자를 선정할 것 가. 기본계획, 기본설계 또는 실시설계 : 별표 2 제1호에 따라 평가(영 제52조제1항 단서에 해당하는 건설엔지니어링의 경우에는 가격입찰이 끝난 후에 평가한다)

건설기술진흥법	건설기술진흥법 시행령	건설기술진흥법 시행규칙
		나. 건설사업관리 : 별표 3 제1호에 따라 평가 2. 「시설물의 안전 및 유지관리에 관한 특별법」 제11조 및 제12조에 따른 정밀안전점검 또는 정밀안전진단으로서 추정가격이 1억원 이상인 경우에는 별표 4 제1호의 평가기준을 고려하여 발주청이 정한 평가기준에 따른 평가결과 발주청이 정하는 일정 점수 이상을 받은 자를 선정할 것 <개정 2018.1.18, 2025.6.18> ② 발주청은 제1항에도 불구하고 제1호 각 목의 어느 하나에 해당하는 건설엔지니어링에 대하여 제2호 각 목의 구분에 따라 기술인평가서 또는 기술제안서를 제출하게 하여 그 건설엔지니어링별로 각각 구분되어 있는 기술평가기준에 따라 평가하여 입찰에 참가할 자를 선정할 수 있다. <개정 2019.2.25, 2021.9.17, 2025.6.18> 1. 대상건설엔지니어링

		가. 공공의 안전확보 및 역사문화 보전 등을 위하여 기술인의 특별한 경험과 기술력이 필요한 건설엔지니어링 나. 국내 실적이 많지 아니하거나 복합공종, 입지, 지반조건 및 인접시설 등으로 인하여 특별한 고려가 필요한 건설엔지니어링 다. 신기술·신공법 및 친환경 건설기법 등 기술발전을 도모하기 위하여 특별한 평가가 필요한 건설엔지니어링 2. 기술평가 기준 및 방법 가. 추정가격이 10억원 이상 30억원 미만인 기본계획 또는 기본설계와 추정가격이 15억원 이상 40억원 미만인 실시설계 : 별표 2 제1호에 따른 평가 결과 발주청이 정하는 일정 점수 이상을 받은 자를 선정한 후 같은 표 제2호에 따라 기술인평가서를 평가할 것 <개정 2019.2.25, 2025.6.18> 나. 추정가격이 30억원 이상인 기본계획 또는 기본설계와 추정가격이 40억원

건설기술진흥법	건설기술진흥법 시행령	건설기술진흥법 시행규칙
		이상인 실시설계 : 별표 2 제1호에 따른 평가 결과 발주청이 정하는 일정 점수 이상을 받은 자를 선정한 후 같은 표 제3호에 따라 기술제안서를 평가할 것 다. 추정가격이 20억원 이상인 건설사업관리 : 별표 3 제1호에 따른 평가 결과 발주청이 정하는 일정 점수 이상을 받은 자를 선정한 후 같은 표 제2호에 따라 기술제안서를 평가할 것. 다만, 시공 단계에서 법 제2조제5호에 따른 감리 업무를 포함하여 시행하는 건설사업관리(이하 "시공 단계의 건설사업관리"라 한다)는 별표 3 제1호에 따른 평가 결과 발주청이 정하는 일정 점수 이상을 받은 자를 선정한 후 같은 표 제3호에 따라 기술인평가서를 평가할 것 <개정 2019.2.25, 2025.6.18> 라. 추정가격이 2억원 이상인 정밀점검 또는 정밀안전진단 : 별표 4 제1호에 따른

	② 발주청은 제51조제2항에 따라 공고된 건설엔지니어링을 발주할 때 설계의 상징성·기념성·예술성 등이 요구되는 경우에는 설계공모의 방법으로 설계자를 선정할 수 있다. <개정 2021.9.14>	평가 결과 발주청이 정하는 일정 점수 이상을 받은 자를 선정한 후 같은 표 제2호에 따라 기술인평가서를 평가할 것 <개정 2019.2.25, 2025.6.18> ③ 국토교통부장관은 영 제52조제1항에 따라 발주청이 건설엔지니어링사업자의 사업수행능력을 평가하려고 할 때 제출받는 서류 등의 표준서식을 정하여 발주청 등이 이용하게 할 수 있다. <개정 2020.3.18, 2021.9.17> ④ 영 제52조제7항에서 "국토교통부령으로 정하는 방법"이란 제2항에 따른 사업수행능력 평가를 말한다. **제29조 (설계공모에 따른 설계자의 선정)** 발주청은 영 제52조제2항에 따라 설계공모의 방법으로 설계자를 선정하는 경우에는 직접 또는 전문기관에 의뢰하여 다음 각 호의 지침 및 기준을 고려하여 따로 정한 평가기준에 따라 공모작품을 평가할 수 있다. 1. 국토교통부장관이 고시한 설계공모운영지침

건설기술진흥법	건설기술진흥법 시행령	건설기술진흥법 시행규칙
④ 건설엔지니어링사업자는 제2항에 따라 발주청이 발주하는 건설엔지니어링을 도급받은 경우 발주청의 승인을 받아 그 일부를 다른 건설엔지니어링사업자에게 하도급할 수 있다. <개정 2019.4.30, 2021.3.16> ⑤ 제4항에 따른 승인 절차 등에 관하여 필요한 사항은 국토교통부령으로 정한다.	③ 발주청은 건설엔지니어링을 발주할 때 특별히 기술이 뛰어난 자를 낙찰자로 선정하려는 경우에는 먼저 기술평가기준에 따라 입찰에 참가할 수 있는 적격자를 선정하고 기술과 가격을 분리하여 입찰하게 할 수 있다. <개정 2021.9.14> ④ 발주청은 제1항에 따른 사업수행능력의 평가 및 제2항에 따른 설계공모의 심사를 하는 경우 자체 평가위원회를 구성하여 평가 또는 심사하거나, 중앙심의위원회 등 또는 전문기관에 그 평가 또는 심사를 의뢰할 수 있다. ⑤ 제1항부터 제3항까지의 규정에 따른 사업수행능력 평가기준, 설계공모, 심사기준, 기술평가기준 등에 관하여 필요한 사항은 국토교통부령으로 정하고, 발주청은 국토교통부령으로 정하는 범위에서 세부평가기준을 정할 수 있다.	2. 별표 2 제3호의 기술제안서 평가기준 **제30조 (기술·가격분리에 따른 용역사업자의 선정)** 발주청은 영 제52조제3항에 따라 기술과 가격을 분리한 입찰에 참가할 수 있는 적격자를 선정하려는 경우에는 제28조제2항제2호 각 목의 구분에 따라 기술인평가서 또는 기술제안서를 제출하게 하여 평가할 수 있다. <개정 2019.2.25, 2020.3.18> **제31조 (건설엔지니어링의 하도급 승인 등)** ① 법 제35조제4항에 따라 하도급에 대하여 승인을 받으려는 자는 별지 제32호서식의 하도급 계약 승인신청서에 다음 각 호의 서류를 첨부하여 발주청에 제출하여야 한다. <개정 2021.9.17> 1. 하도급 예정 공정표 2. 용역규모 및 용역금액 등이 명시된 용역 내역서 ② 제1항에 따른 신청을 받은 발주청은 국

	⑥ 발주청은 제5항에 따라 세부평가기준을 정하는 경우 중앙심의위원회등의 심의를 받아야 한다. 다만, 지방자치단체가 발주청인 경우에는 해당 지방자치단체에 두는 지방심의위원회(시장·군수 또는 자치구의 구청장이 발주청인 경우에는 해당 시·군 또는 자치구가 있는 시·도에 두는 지방심의위원회를 말한다. 이하 제7항에서 같다)의 심의를 받아야 한다. ⑦ 발주청은 국토교통부령으로 정하는 방법에 따라 사업수행능력을 평가하는 경우 기술평가방법, 기술평가기준및 입찰공고안의 적정성에 관하여 중앙심의위원회등의 심의를 받아야 한다. 다만, 지방자치단체가 발주청인 경우에는 해당 지방자치단체에 두는 지방심의위원회의 심의를 받아야 한다. ⑧ 발주청은 제1항에 따라 입찰에 참가할 자로 선정된 자 중 낙찰자로 결정되지 않은 건설엔지니어링사업자에 대해서는 국토교통부장관이 정하여 고시하는 바에 따	토교통부장관이 고시하는 건설엔지니어링 하도급 관리지침에 따라 하도급 계약의 적정성 여부를 검토하여 7일 이내에 그 승인 여부를 신청인에게 알려야 한다. 다만, 하도급 계약의 적정성 판단에 상당한 시일이 요구되는 등 불가피한 사유가 있는 경우에는 통지기간을 한 차례만 연장할 수 있으며, 통지기간을 연장한 경우에는 그 사유와 7일 이내의 통지예정 기한을 정하여 지체 없이 신청인에게 알려야 한다. <개정 2021.9.17> ③ 발주청은 제1항에 따라 신청된 하도급에 대한 승인을 위해 필요한 경우 국토교통부장관이 고시하는 건설엔지니어링의 하도급 적정성을 판단할 수 있는 전문기관에게 하도급의 적정성 판단에 필요한 정보나 의견을 요청할 수 있다. <개정 2021.9.17>

건설기술진흥법	건설기술진흥법 시행령	건설기술진흥법 시행규칙
	라 예산의 범위에서 사업수행능력 평가에 든 비용의 일부를 보상할 수 있다. <개정 2020.1.7, 2021.9.14> ⑨ 발주청이 「국가를 당사자로 하는 계약에 관한 법률 시행령」 제42조제4항에 따라 각 입찰자의 입찰가격, 용역수행능력 및 사회적 책임 등을 종합심사해서 낙찰자를 결정한 용역입찰의 경우에는 법 제35조제2항에 따른 사업수행능력 평가를 시행해서 낙찰자를 선정한 것으로 본다. <신설 2018.12.11>	
제36조 (건설기술의 공모) 삭제 <2018.12.31>	**제53조 (건설기술의 공모 대상)** 삭제 <2019.6.25> **제54조 (건설기술의 공모 절차 및 방법 등)** 삭제 <2019.6.25>	

제37조 (건설엔지니어링 대가) ① 발주청은 건설엔지니어링을 건설엔지니어링사업자에게 수행하게 한 경우에는 다른 법령이나 국토교통부장관이 정하여 고시하는 건설엔지니어링비 산정기준에 따라 산정한 건설엔지니어링비를 지급하여야 한다. 이 경우 발주청은 천재지변 등 국토교통부령으로 정하는 불가피한 사유가 있는 경우를 제외하고는 건설엔지니어링비를 임의로 감액하여 지급할 수 없다. <개정 2019.4.30, 2020.10.20, 2021.3.16>

② 제1항에 따라 국토교통부장관이 건설엔지니어링비 산정기준을 정할 때에는 미리 재정경제부장관, 산업통상부장관 또는 기획예산처장관 등 관계 행정기관의 장과 협의하여야 한다. <개정 2021.3.16, 2025.10.1>

제38조 (건설엔지니어링사업자의 지도 · 감독 등) ① 국토교통부장관 또는 시·도지사는 건설엔지니어링사업자의 업무 수행에 관한 사항을 지도·감독하여야 한다. <개정 2019.4.30, 2021.3.16>

제31조의2(건설엔지니어링비의 감액) 법 제37조제1항 후단에서 "천재지변 등 국토교통부령으로 정하는 불가피한 사유가 있는 경우"란 다음 각 호의 경우를 말한다.

1. 「재난 및 안전관리 기본법」 제3조제1호의 재난이 발생하여 해당 건설엔지니어링을 정상적으로 진행하지 못하는 경우
2. 「국가를 당사자로 하는 계약에 관한 법률」 제19조 또는 「지방자치단체를 당사자로 하는 계약에 관한 법률」 제22조에 따라 계약금액을 조정한 경우
3. 그 밖에 설계변경 또는 계약 내용의 변경으로 건설엔지니어링비를 조정하지 않으면 현저하게 불합리하다고 인정되는 경우로서 계약 당사자 간에 계약서에서 정하는 경우(제2호의 경우는 제외한다)

[본조신설 2021.9.17]

건설기술진흥법	건설기술진흥법 시행령	건설기술진흥법 시행규칙
② 국토교통부장관 또는 시·도지사는 제1항에 따른 지도·감독을 위하여 필요하다고 인정하는 경우에는 건설엔지니어링사업자에게 그 업무에 관한 보고 또는 관계자료의 제출을 명할 수 있다. <개정 2019.4.30, 201.3.16> ③ 국토교통부장관 또는 시·도지사는 제1항에 따른 지도·감독을 위하여 필요하다고 인정하는 경우에는 소속 공무원으로 하여금 사무실 및 공사현장 등에 출입하여 검사하게 할 수 있다. ④ 제3항에 따른 검사를 하는 사람은 그 권한을 표시하는 증표를 지니고 이를 관계인에게 보여주어야 한다.		

건설기술진흥법	시행령	시행규칙
제2절 건설사업관리 **제39조 (건설사업관리 등의 시행)** ① 발주청은 건설공사를 효율적으로 수행하기 위하여 필요한 경우에는 다음 각 호의 어느 하나에 해당하는 건설공사에 대하여 건설엔지니어링사업자로 하여금 건설사업관리를 하게 할 수 있다. <개정 2019.4.30, 2021..316> 1. 설계·시공 관리의 난이도가 높아 특별한 관리가 필요한 건설공사 2. 발주청의 기술인력이 부족하여 원활한 공사 관리가 어려운 건설공사 3. 제1호 및 제2호 외의 건설공사로서 그 건설공사의 원활한 수행을 위하여 발주청이 필요하다고 인정하는 건설공사 ② 발주청은 건설공사의 품질 확보 및 향상을 위하여 대통령령으로 정하는 건설공사에 대하여는 법인인 건설엔지니어링사업자로 하여금 건설사업관리(시공단계에	**제2절 건설사업관리** **제55조 (감독 권한대행 등 건설사업관리**의 시행) ① 법 제39조제2항에서 "대통령령으로 정하는 건설공사"란 다음 각 호의 건설공사를 말한다.	

건설기술진흥법	건설기술진흥법 시행령	건설기술진흥법 시행규칙
서 품질 및 안전관리 실태의 확인, 설계변경에 관한 사항의 확인, 준공검사 등 발주청의 감독 권한대행 업무를 포함한다)를 하게 하여야 한다. <개정 2019.4.30, 2021.3.16>	1. 총공사비가 200억원 이상인 건설공사로서 별표 7에 해당하는 건설공사 2. 제1호 외의 건설공사로서 교량, 터널, 배수문, 철도, 지하철, 고가도로, 폐기물처리시설, 폐수처리시설 또는 공공하수처리시설을 건설하는 건설공사 중 부분적으로 법 제39조제2항에 따른 감독 권한대행 업무를 포함하는 건설사업관리(이하 "감독 권한대행 등 건설사업관리"라 한다)가 필요하다고 발주청이 인정하는 건설공사 3. 제1호 및 제2호 외의 건설공사로서 국토교통부장관이 고시하는 건설사업관리 적정성 검토기준에 따라 발주청이 검토한 결과 해당 건설공사의 전부 또는 일부에 대하여 감독 권한대행 등 건설사업관리가 필요하다고 인정하는 건설공사 ② 발주청은 제1항에도 불구하고 다음 각	

	호의 건설공사에 대해서는 감독 권한대행 등 건설사업관리를 적용하지 아니할 수 있다. <개정 2018.12.11, 2020.5.26, 2024.5.7> 1. 다음 각 목의 수리 · 복원 · 정비공사 가. 「문화유산의 보존 및 활용에 관한 법률」 제2조제3항에 따른 지정문화유산 및 같은 법 제32조에 따른 임시지정문화유산의 수리 · 복원 · 정비공사 나. 「자연유산의 보존 및 활용에 관한 법률」 제2조제5호에 따른 천연기념물등 및 같은 법 제16조에 따른 임시지정천연기념물 · 임시지정명승의 수리 · 복원 · 정비공사 2. 「농어촌정비법」 제2조제4호·제10호 및 같은 법 제78조에 따른 농어촌정비사업·생활환경정비사업 및 농공단지개발사업에 따른 공사 3. 제94조제1항 각 호의 기관 및 「지방공기업법」에 따른 지방공사가 시행하	

건설기술진흥법	건설기술진흥법 시행령	건설기술진흥법 시행규칙
	는 공사로서 해당 기관 또는 공사의 소속 직원[건설사업관리를 수행하는 건설기술인(이하 "건설사업관리기술인"이라 한다)를 포함한다]이 제60조에 따른 건설사업관리기술인의 배치기준에 따라 감독 업무를 수행하는 공사 4. 공사의 내용이 단순·반복적인 건설공사로서 국토교통부령으로 정하는 공사 5. 보안이 필요한 군 특수공사, 교정시설공사 및 국가기밀 관련 건설공사 6. 전문기술이 필요한 방송시설공사 7. 「원자력안전법」 제2조제8호부터 제10호까지 및 같은 법 제37조·제 63조제1항에 따른 원자로, 방사선발생장치, 관계시설, 핵연료주기시설 및 폐기시설등의 건설공사(이하 "원자력시설공사"라 한다)	**제32조 (감독 권한대행 등 건설사업관리 적용 제외 공사)** 영 제55조제2항제4호에서 "국토교통부령으로 정하는 공사"란 다음 각 호의 공사를 말한다. <개정 2021.8.27> 1. 포장도 덧씌우기 공사 2. 준설 공사 3. 사방(砂防) 공사 또는 「농어촌정비법」에 따른 농업생산기반시설에 해당하는 도로의 공사 4. 굴토(땅파기)·정지(땅고르기) 등 단순 토공사(土工事)

③ 발주청은 그가 발주하는 여러 건의 건설공사가 공종(工種)이 유사하고 공사현장이 인접하여 있는 경우에는 특별한 사정이 없는 한 해당 건설공사에 대한 감독 권한대행 등 건설사업관리 용역을 통합하여 발주하여야 한다. <개정 2017.12.29>

④ 제3항에 따른 감독 권한대행 등 건설사업관리의 통합시행에 필요한 사항은 국토교통부령으로 정한다.

5. 구조물 등을 축조하지 아니하는 단순 하천 공사
6. 창고·축사 등의 건축 등 단순 공사
7. 구조물을 포함하지 아니하는 공사로서 발주청이 법 제39조제2항에 따른 감독 권한대행 업무를 포함하는 건설사업관리(이하 "감독 권한대행 등 건설사업관리"라 한다)를 할 필요가 없다고 인정하는 공사

제33조 (감독 권한대행 등 건설사업관리의 통합시행) ① 영 제55조제3항에 따라 감독 권한대행 등 건설사업관리를 통합하여 시행할 수 있는 건설공사는 공사현장 간의 직선거리가 20km 이내인 건설공사로 한정한다.

② 영 제55조제3항에 따라 통합하여 시행하는 감독 권한대행 등 건설사업관리에 대하여 법 제40조제5항에 따른 해당 건설사업관리의 책임건설기술인(이하 "책임건설사업관리기술인"라 한다)를 제35조제1항 각 호의 구분에 따라 배치하는 경우에

건설기술진흥법	건설기술진흥법 시행령	건설기술진흥법 시행규칙
	제56조 (발주청의 업무범위) 삭제 <2020.12.8>	는 각 공사의 총공사비(관급자재비를 포함하되, 토지 등의 취득·사용에 따른 보상비는 제외한 금액을 말한다. 이하 같다)를 합한 금액을 기준으로 한다. <개정 2019.2.25> ③ 감독 권한대행 등 건설사업관리를 통합하여 시행하는 건설공사 중 1개 공사의 총공사비가 300억원 이상인 경우에는 해당 건설사업관리에 대하여 책임건설사업관리기술인인 특급기술인 외에 특급기술인 1명을 더 배치해야 한다. <개정 2019.2.25>
③ 발주청은 대통령령으로 정하는 설계용역에 대하여 건설엔지니어링사업자로 하여금 건설사업관리를 하게 하여야 한다. <개정 2019.4.30, 2021.3.16> ④ 제1항부터 제3항까지의 규정에 따른 건설사업관리 업무를 수행한 건설엔지니어링사업자는 건설공사의 주요 구조부에 대한 시공, 검사 및 시험 등 세부적인 업무내용을 포함한 보고서를 국토교통부령으로 정하는 바에 따라 작성하여 발주청에 제출하여야 한다. 이 경우 건설사업관리보고서는 건설엔지니어링사업자의 소속 건설기술	**제57조 (건설사업관리 대상 설계용역)** 법 제39조제3항에서 "대통령령으로 정하는 설계용역"이란 다음 각 호의 설계용역을 말한다. 다만, 제94조제1항제2호 및 제6호부터 제10호까지의 규정에 따른 기관 또는 「지방공기업법」에 따른 지방공사가 시행하는 설계로서 해당 기관 또는 공사의 소속 직원이 용역 감독 업무를 수행하는 설계용역과 「국가를 당사자로 하는 계약에 관한 법률 시행령」 제87조제1항 및 「지방자치단체를 당사자로 하는 계약에 관한 법률 시행령」 제100조제1항에 따	**제36조 (건설사업관리 보고서의 작성·제출)** ① 법 제39조제4항에 따라 건설사업관리 업무를 수행한 건설엔지니어링사업자가 작성·제출하는 보고서에 포함되어야 할 내용 및 제출방법은 다음 각 호의 구분에 따른다. <개정 2016.7.4, 2019.2.25, 2020.3.18, 2021.8.27, 2021.9.17> 1. 설계 단계의 건설사업관리 결과보고서

인 중 대통령령으로 정하는 건설기술인이 작성하여야 한다. <개정 2018.12.31, 2019.4.30, 2021.3.16>

⑤ 건설엔지니어링사업자는 다음 각 호의 어느 하나에 해당하는 건설기술인으로 하여금 제1항부터 제3항까지의 규정에 따른 건설사업관리 업무를 수행하게 할 수 없다. <개정 2018.8.14, 2019.4.30, 2021.3.16>

1. 피성년후견인
2. 파산선고를 받고 복권되지 아니한 사람
3. 이 법 또는 「건축법」, 「건축사법」 또는 「주택법」 을 위반하거나 「국가기술자격법」 제26조제2항의 죄를 범하여 금고 이상의 실형을 선고받고 그 집행이 끝나거나(끝난 것으로 보는 경우를 포함한다) 면제된 날부터 3년이 지나지 아니한 사람
4. 「형법」 제129조부터 제132조까지의 죄를 범하여 금고 이상의 실형을 선고받고 그 집행이 끝나거나(끝난 것으로

른 일괄입찰의 실시설계적격자가 시행하는 실시설계용역은 제외한다. <개정 2014.12.30, 2017.12.29, 2018.1.16, 2021.9.14>

1. 「시설물의 안전 및 유지관리에 관한 특별법」 제7조제1호 및 제2호에 따른 1종시설물 및 2종시설물 건설공사의 기본설계 및 실시설계용역 <개정 2017.12.29, 2018.1.16>
2. 「시설물의 안전 및 유지관리에 관한 특별법」 제7조제1호 및 제2호에 따른 1종시설물 및 2종시설물이 포함되는 건설공사의 기본설계 및 실시설계용역 <개정 2017.12.29, 2018.1.16>
3. 신공법 또는 특수공법에 따라 시공되는 구조물이 포함되는 건설공사로서 발주청이 건설사업관리가 필요하다고 인정하는 공사의 기본설계 및 실시설계용역
4. 총공사비가 300억원 이상인 건설공사의 기본설계 및 실시설계용역<개정 2014.12.30, 2017.12.29>

: 설계 단계의 건설사업관리용역의 만료일부터 14일 이내에 다음 각 목의 내용을 포함하여 발주청에 제출할 것

가. 과업의 개요
나. 설계에 대한 기술자문, 적정성 검토 등 업무수행 내용
다. 설계의 경제성 검토 업무수행 내용
라. 그 밖에 발주청이 필요하다고 인정하여 계약에서 정한 내용

2. 시공 단계의 건설사업관리 중간보고서 : 월별로 작성하여 다음달 7일까지 다음 각 목의 내용을 포함하여 발주청에 제출할 것 <개정 2016.7.4, 2021.8.27>

가. 공사추진현황
나. 건설사업관리기술인 업무일지
다. 품질시험·검사현황
라. 구조물별 콘크리트 타설(打設) 및 철골설치공사 현황(작업자 명부를 포함한다)
마. 검측 요청·결과통보 내용

건설기술진흥법	건설기술진흥법 시행령	건설기술진흥법 시행규칙
보는 경우를 포함한다)면제된 날부터 5년이 지나지 아니한 사람 5. 제3호 또는 제4호에 규정된 죄를 범하여 형의 집행유예를 선고받고 그 유예기간 중에 있는 사람	**제58조(건설사업관리용역사업자의 선정 등)** ① 발주청은 법 제39조에 따라 건설사업관리를 시행하는 경우에는 건설사업관리를 수행하는 건설엔지니어링사업자(이하 "건설사업관리용역사업자"라 한다) 중 다음 각 호의 어느 하나에 해당하는 자를 선정해서는 안 되며, 건설사업관리용역사업자가 다음 각 호의 어느 하나에 해당하게 된 경우에는 즉시 교체해야 한다. <개정 2020.1.7, 2020.12.8, 2021.9.14, 2021.12.28> 1. 설계 단계의 건설사업관리를 시행하게 하는 경우 해당 설계용역을 도급받은 자 및 그 계열회사(「독점규제 및 공정거래에 관한 법률」 제2조제12호에 따른 계열회사를 말한다. 이하 같다) 2. 시공 단계의 건설사업관리를 시행하게 하는 경우 해당 건설공사를 도급받은 자(설계・시공 일괄입찰 등에 의하여	바. 자재 공급원 승인 요청·결과통보내용 사. 주요 자재 검사 및 출납 내용 아. 공사설계 변경 현황 자. 주요 구조물의 단계별 시공 현황 차. 콘크리트 구조물 균열관리 현황 카. 공사사고 보고서 타. 그 밖에 발주청이 필요하다고 인정하여 계약에서 정한 내용 3. 시공 단계의 건설사업관리 최종보고서 : 시공 단계의 건설사업관리 용역의 만료일부터 14일 이내에 다음 각 목의 내용을 포함하여 발주청에 제출할 것 가. 건설공사 및 건설사업관리용역개요 나. 분야별 기술 검토 실적 종합 다. 공사 추진내용 실적 라. 검측내용 실적 종합 마. 우수시공 및 실패시공 사례 바. 품질시험·검사 실적 종합 사. 주요 자재 관리실적 종합

공동도급계약을 한 경우에는 공동수급자 각각을 말한다) 및 그 계열회사

3. 설계 및 시공 단계의 건설사업관리를 통합하여 시행하게 하는 경우 해당 설계용역 또는 건설공사를 도급받은 자 및 그 계열회사

② 발주청은 건설사업관리용역사업자를 선정할 때 건설공사의 규모 및 구조물의 특수성 등을 고려하여 배치될 건설사업관리기술인의 등급, 기술수준 등을 따로 정할 수 있으며, 해당 공사의 특수성에 따라 특히 필요하다고 인정되는 경우에는 건설사업관리용역사업자로 하여금 특수한 자격 또는 기술을 가진 사람(건설기술인이 아닌 사람으로서 발주청이 사전에 승인한 사람을 포함한다)을 건설사업관리 업무에 참여하게 할 수 있다. <개정 2018.12.11, 2020.1.7>

③ 발주청은 시공 단계의 건설사업관리를 시행하는 경우에는 특별한 사유가 없으면 건설공사를 착공하기 전에 건설사업관리

아. 안전관리 실적 종합

자. 종합분석

차. 그 밖에 발주청이 필요하다고 인정하여 계약에서 정한 내용

② 국토교통부장관은 제1항에 따른 건설사업관리 보고서의 효율적 작성과 전산화를 위하여 필요한 경우에는 건설사업관리 보고서 작성 전산프로그램을 개발하여 이를 활용하게 할 수 있다.

③ 제1항에 따른 건설사업관리 보고서에 포함될 내용 및 제출방법에 관한 세부적인 사항은 국토교통부장관이 정하여 고시한다.

건설기술진흥법	건설기술진흥법 시행령	건설기술진흥법 시행규칙
	용역사업자를 선정해야 한다. <개정 2020.1.7> ④ 제3조제2호부터 제7호까지의 자가 시행하는 다음 각 호의 건설공사에 대하여 감독 권한대행 등 건설사업관리를 하는 건설사업관리용역사업자는 다음 각 호의 구분에 따른 자가 선정해야 한다. 이 경우 제1항부터 제3항까지 및 제52조를 준용한다. <개정 2020.1.7> 1. 국가·지방자치단체 또는 공기업·준정부기관이 위탁한 건설공사 : 해당 건설공사를 위탁한 자 2. 국가·지방자치단체 또는 공기업·준정부기관이 관계 법령에 따라 관리하여야 하는 시설물의 건설공사 : 해당 시설물을 관리하여야 하는 자 3. 「공유수면 관리 및 매립에 관한 법률」 제28조에 따라 공유수면 매립면허를 받은 건설공사: 공유수면 매립면허를	

	한 자 4. 「사회기반시설에 대한 민간투자법」 제2조제2호에 따른 사회기반시설사업: 관계 법령에 따라 해당 사회기반시설사업의 업무를 관장하는 해당 기관의 장(이하 이 조에서 "주무관청"이라 한다) 5. 「전기사업법」 제2조제3호에 따른 발전사업: 허가권자 6. 「신항만건설 촉진법」 제2조제2호에 따른 신항만건설사업: 사업시행자를 지정한 자 ⑤ 제4항 각 호의 자가 감독 권한대행 등 건설사업관리를 하게 할 건설사업관리용역사업자를 선정하는 경우에는 다음 각 호의 어느 하나에 해당하는 자를 선정해서는 안 되며, 건설사업관리용역업자가 다음 각 호의 어느 하나에 해당하게 된 경우에는 즉시 건설사업관리용역사업자를 교체해야 한다. <개정 2020.1.7> 1. 해당 건설공사의 발주청	

건설기술진흥법	건설기술진흥법 시행령	건설기술진흥법 시행규칙
	2. 제1호에 따른 발주청에 출자한 법인 ⑥ 제4항 각 호의 자는 건설사업관리용역사업자를 선정한 경우에는 이를 제3조제2호부터 제7호까지의 자에게 통보해야 한다. <개정 2020.1.7> ⑦ 발주청은 건설사업관리용역사업자가 시공 단계의 건설사업관리를 수행할 기간을 정할 때에는 건설공사를 착공하기 전에 설계도서의 검토 등 사전준비에 필요한 기간과 건설공사 준공 후 공사 준공처리 등 사후관리에 필요한 기간이 포함되도록 해야 한다. <개정 2020.1.7> ⑧ 제4항제4호에 따라 주무관청이 건설사업관리용역사업자를 선정한 경우에는 주무관청과 해당 사업의 발주청이 공동으로 건설사업관리용역사업자와 계약할 수 있다. 이 경우 건설사업관리의 수행방법 및 대가 지급방법 등은 주무관청과 발주청이 협의하여 정한다. <개정 2020.1.7>	

	[제목개정 2020.1.7] **제59조 (건설사업관리의 업무범위 및 업무내용)** ① 법 제39조제1항에 따른 건설사업관리의 업무범위는 다음 각 호에 따른 단계별로 구분한다. 1. 설계 전 단계 2. 기본설계 단계 3. 실시설계 단계 4. 구매조달 단계 5. 시공 단계 6. 시공 후 단계 ② 제1항에 따른 단계별 업무내용은 다음 각 호로 한다. <개정 2017.12.29> 1. 건설공사의 계획, 운영 및 조정 등 사업관리 일반 <개정 2017.12.29> 2. 건설공사의 계약관리 3. 삭제 <2017.12.29> 4. 건설공사의 사업비 관리 5. 건설공사의 공정관리 6. 건설공사의 품질관리	

건설기술진흥법	건설기술진흥법 시행령	건설기술진흥법 시행규칙
	7. 건설공사의 안전관리 8. 건설공사의 환경관리 9. 건설공사의 사업정보 관리 10. 건설공사의 사업비, 공정, 품질, 안전 등에 관련되는 위험요소 관리 <개정 2017.12.29> 11. 그 밖에 건설공사의 원활한 관리를 위하여 필요한 사항 ③ 감독 권한대행 등 건설사업관리에는 다음 각 호의 업무가 포함되어야 한다. <개정 2017.12.29, 2020.1.7, 2020.5.26, 2024.3.5> 1. 시공계획의 검토 2. 공정표의 검토 3. 시공이 설계도면 및 시방서의 내용에 적합하게 이루어지고 있는지에 대한 확인(제101조의2제1항 각 호의 가설구조물이 시공상세도면 및 시방서의 내용에 적합하게 설치되었는지에 대한 확인을 포함한다)	

	4. 건설사업자나 주택건설등록업자가 수립한 품질관리계획 또는 품질시험계획의 검토·확인·지도 및 이행상태의 확인, 품질시험 및 검사 성과에 관한 검토·확인 5. 재해예방대책의 확인, 안전관리계획에 대한 검토·확인, 그 밖에 안전관리 및 환경관리의 지도 6. 공사 진척 부분에 대한 조사 및 검사 7. 하도급에 대한 타당성 검토 8. 설계내용의 현장조건 부합성 및 실제 시공 가능성 등의 사전검토 9. 설계 변경에 관한 사항의 검토 및 확인 10. 기성부분검사 및 준공검사 11. 건설사업자나 주택건설등록업자가 작성한 시공상세도면의 검토 및 확인 12. 구조물 규격 및 사용자재의 적합성에 대한 검토 및 확인 13. 그 밖에 공사의 질적 향상을 위하여 필요한 사항으로서 국토교통부령으로 정하는 사항	**제34조 (건설사업관리의 업무내용 등)** ① 영 제59조제3항제13호에서 "국토교통부령으로 정하는 사항"이란 공사현장에 상주하는

건설기술진흥법	건설기술진흥법 시행령	건설기술진흥법 시행규칙
	④ 법 제39조제3항에 따라 시행하는 설계용역에 대한 건설사업관리에는 다음 각 호의 업무가 포함되어야 한다. 1. 건설공사 관련 법령, 법 제44조제1항제1호 및 제2호에 따른 건설공사 설계기준 및 건설공사 시공기준에의 적합성 검토 2. 구조물의 설치 형태 및 건설공법 선정의 적정성 검토 3. 사용재료 선정의 적정성 검토 4. 설계내용의 시공 가능성에 대한 사전검토 5. 구조계산의 적정성 검토 6. 제74조에 따른 측량 및 지반조사의 적정성 검토 7. 설계공정의 관리 8. 공사기간 및 공사비의 적정성 검토 9. 제75조에 따른 설계의 경제성등 검토 10. 설계안의 적정성 검토	건설사업관리기술인(이하 "상주기술인"라 한다)를 지원하는 건설사업관리기술인(이하 "기술지원기술인"라 한다)가 수행하는 다음 각 호의 업무를 말한다. <개정 2019.2.25, 2020.3.18> 1. 책임건설사업관리기술인이 요청하는 현장조사 내용의 분석 및 주요 구조물의 기술적 검토 2. 사업비 절감을 위한 검토 3. 책임건설사업관리기술인이 요청하는 시공상세도면 검토 4. 기성 및 준공 검사 5. 행정 지원 업무 6. 설계도서의 검토 7. 중요한 설계변경에 대한 기술 검토 8. 현장 시공 상태의 평가 및 기술 지도 ② 상주기술인은 부득이한 사유로 하루 이상 현장을 이탈하는 경우에는 반드시 업무일지에 이를 기록하고 발주청의 확인을 받아

⑥ 제2항에 따라 건설사업관리를 수행하는 건설엔지니어링사업자는 다음 각 호의 업무를 수행하여야 한다. 이 경우 건설엔지니어링사업자는 소속 건설기술인 중 대통령령으로 정하는 건설기술인에게 해당 업무의 수행을 지시하여야 한다. <신설 2018.12.31, 2019.4.30, 2021.3.16> 1. 시공이 설계도면 및 시방서의 내용에 적합하게 이루어지고 있는지에 대한 확인 2. 제55조제2항에 따른 품질시험 및 검사를 하였는지 여부의 확인	11. 설계도면 및 공사시방서 작성의 적정성 검토 ⑤ 법 제39조제4항 후단에서 "대통령령으로 정하는 건설기술인"이란 법 제39조의3제4항에 따라 지명된 책임건설기술인(이하 "책임건설사업관리기술인"이라 한다)과 토목, 건축, 기계, 조경 등 각 분야별 건설사업관리기술인을 말한다. <신설 2019.6.25> ⑥ 법 제39조제6항 후단에서 "대통령령으로 정하는 건설기술인"이란 제60조제1항에 따라 시공 단계의 건설사업관리 업무에 배치된 건설기술인을 말한다. <신설 2019.6.25> ⑦ 제1항부터 제4항까지에서 규정한 건설사업관리의 업무내용에 관하여 필요한 사항은 국토교통부장관이 정하여 고시한다. <개정 2019.6.25>	야 한다. <개정 2019.2.25> ③ 건설사업관리를 수행하는 건설엔지니어링사업자(이하 "건설사업관리용역사업자"라 한다)는 기술지원기술인 중 책임자를 지정하여 기술지원기술인이 수행하는 업무를 총괄하도록 해야 한다. <개정 2019.2.25, 2020.3.18, 2021.9.17>

건설기술진흥법	건설기술진흥법 시행령	건설기술진흥법 시행규칙
3. 건설자재·부재의 적합성에 대한 확인 ⑦ 건설사업관리의 세부 업무 내용 및 업무 범위 등 제1항부터 제3항까지의 규정에 따라 건설사업관리를 수행하는 데 필요한 사항은 대통령령으로 정한다. <개정 2018.12.31> [시행일 : 2019.7.1] 제39조		
제39조의2(시공단계의 건설사업관리계획 등) ① 발주청은 건설공사의 부실시공 및 안전사고의 예방 등 건설공사의 시공을 관리하기 위하여 건설공사 착공 전까지 시공단계의 건설사업관리계획(이하 "건설사업관리계획"이라 한다)을 국토교통부장관이 정하여 고시하는 기준에 따라 수립하여야 한다. ② 건설사업관리계획에는 다음 각 호의 사항을 포함하여야 한다. 1. 시공단계의 건설사업관리 방식 2. 건설사업관리 업무를 수행하는 건설기	**제59조의2(건설사업관리계획의 수립 등)** ① 발주청은 법 제39조의2제1항에 따른 시공단계의 건설사업관리계획(이하 "건설사업관리계획"이라 한다)을 다음 각 호의 건설공사 착공(건설공사현장의 부지 정리 및 가설사무소의 설치 등의 공사준비는 착공으로 보지 않는다. 이하 이 조에서 같다) 전까지 수립해야 한다. 1. 총공사비가 5억원 이상인 토목공사 2. 연면적이 660제곱미터 이상인 건축물의 건축공사 3. 총공사비가 2억원 이상인 전문공사	**제34조의2(시공단계의 건설사업관리계획 수립기준)** ① 법 제39조의2제1항에 따른 시공단계의 건설사업관리계획(이하 이 조에서 "건설사업관리계획"이라 한다)에는 다음 각 호의 사항을 포함해야 한다. 1. 건설공사명, 시행기관명, 건설공사 주요내용 및 총공사비 등 건설공사 기본사항 2. 국토교통부장관이 정하여 고시하는 기준에 따른 사업관리방식 3. 국토교통부장관이 정하여 고시하는 기준에 따른 건설사업관리기술인 또는

술인(이하 "건설사업관리기술인"이라 한다) 또는 공사감독자의 배치 계획 3. 그 밖에 국토교통부령으로 정하는 사항 ③ 발주청은 제62조에 따른 안전관리계획을 수립하여야 하는 건설공사 및 총공사비가 100억원 이상인 건설공사 중 대통령령으로 정하는 건설공사에 대하여 건설사업관리계획을 수립할 때에는 제6조에 따른 기술자문위원회의 심의를 받아야 한다. 건설사업관리계획을 변경하려는 경우에도 또한 같다.	4. 그 밖에 건설공사의 부실시공 및 안전사고의 예방 등을 위해 발주청이 건설사업관리계획을 수립할 필요가 있다고 인정하는 건설공사 ② 제1항에도 불구하고 발주청은 다음 각 호의 어느 하나에 해당하는 건설공사의 경우에는 건설사업관리계획을 수립하지 않을 수 있다. <개정 2020.1.7, 2021.9.14, 2025.12.30> 1. 법 제39조제1항에 따라 건설엔지니어링사업자로 하여금 건설사업관리를 하게 하는 건설공사 중 예정 용역사업비가 「국가를 당사자로 하는 계약에 관한 법률」 제4조제1항 본문에 따라 재정경제부장관이 정하여 고시하는 금액 미만인 건설공사 2. 제55조제2항제1호·제2호 및 제4호부터 제7호까지의 규정에 해당하는 건설공사 3. 전시·사변이나 그 밖에 이에 준하는 국가비상사태에서 시행하는 건설공사 4. 재해 복구, 안전사고 예방 등을 위해	공사감독자 배치계획 4. 다음 각 목의 구분에 따른 사항 가. 기술자문위원회를 둔 발주청의 경우: 법 제39조의2제3항에 따른 기술자문위원회의 심의 대상 여부 및 심의 결과(기술자문위원회의 심의 대상인 경우에만 해당한다)

건설기술진흥법	건설기술진흥법 시행령	건설기술진흥법 시행규칙
	긴급하게 시행하는 건설공사 ③ 법 제39조의2제3항에서 "대통령령으로 정하는 건설공사"란 법 제62조에 따른 안전관리계획을 수립해야 하는 건설공사로서 총공사비가 100억원 이상인 건설공사 중 기술자문위원회를 둔 발주청이 발주하는 다음 각 호의 어느 하나에 해당하는 건설공사를 말한다. 1. 구조물이 포함된 건설공사 2. 구조물이 포함되지 않은 건설공사 중 건설공사의 부실시공 및 안전사고의 예방을 위하여 건설사업관리계획의 적정성 등의 심의가 필요하다고 발주청이 인정하는 건설공사 ④ 기술자문위원회는 법 제39조의2제3항에 따라 발주청으로부터 건설사업관리계획의 심의를 요청받은 경우에는 그 적정성 등을 심의하고, 다음 각 호의 구분에 따라 심의 결과를 확정하여 심의 요청일	

부터 15일 이내에 발주청에 통보해야 한다. 이 경우 심의 결과가 제2호에 해당하는 경우에는 보완이 필요한 사유를 포함하여 통보해야 한다.

1. 적정: 건설사업관리계획의 수립 기준에 따라 건설사업관리계획이 구체적이고 명료하게 마련되어 건설공사의 부실시공 및 안전사고를 충분히 예방할 수 있다고 인정되는 경우
2. 조건부 적정: 건설공사의 품질확보와 안전에 치명적인 영향을 미치지는 않지만 건설사업관리계획의 수립 기준에 따라 건설사업관리계획이 일부 보완이 필요하다고 인정되는 경우
3. 부적정: 건설사업관리계획의 수립 기준에 따르지 않아 건설공사의 부실시공 및 안전사고가 발생할 우려가 있는 등 건설사업관리계획이에 근본적인 결함이 있다고 인정되는 경우

⑤ 발주청은 제4항에 따른 기술자문위원회의 심의 결과, 부적정 판정을 통보받은

건설기술진흥법	건설기술진흥법 시행령	건설기술진흥법 시행규칙
	경우에는 건설사업관리계획을 수정·보완하여 다시 심의를 요청해야 한다. ⑥ 기술자문위원회를 두지 않은 발주청은 발주하는 건설공사가 다음 각 호의 모두에 해당하는 공사로서 해당 건설공사에 대한 건설사업관리계획을 수립·변경하려는 경우에는 지방심의위원회의 심의를 받아야 한다. 1. 법 제62조에 따른 안전관리계획을 수립해야 하는 건설공사 2. 총공사비가 100억원 이상인 건설공사 3. 제3항 각 호의 어느 하나에 해당하는 건설공사 ⑦ 제6항에 따른 지방심의위원회의 심의 등에 관하여는 제4항 및 제5항을 준용한다. 이 경우 "기술자문위원회"는 "지방심의위원회"로 본다. ⑧ 발주청은 제4항 또는 제6항에 따른 심의를 받아 수립된 건설사업관리계획이 다음	나. 기술자문위원회를 두지 않은 발주청의 경우: 영 제59조의2제6항에 따른 지방심의위원회의 심의대상 여부 및 심의 결과(지방심의위원회의 심의 대상인 경우에만 해당한다) 5. 공사감독자 또는 건설사업관리기술인 업무범위 6. 그 밖에 발주청이 필요하다고 인정하는 사항 ② 법 제39조에 따라 건설엔지니어링사업자가 건설사업관리를 수행하는 경우에는 제1항 각 호의 사항에 추가하여 다음 각 호의 사항을 건설사업관리계획에 포함해야 한다. <개정 2020.3.18, 2021.9.17> 1. 국토교통부장관이 정하여 고시하는 기준에 따른 건설사업관리 대가 산출내역

④ 발주청은 건설사업관리계획을 수립하거나 변경한 때에는 이를 국토교통부장관에게 제출하여야 한다.

⑤ 발주청은 건설엔지니어링사업자로 하여금 시공단계의 건설사업관리를 하게 하려는 경우에는 건설사업관리계획을 준수하여 입찰공고하여야 한다.

<개정 2019.4.30, 2021.3.16>

⑥ 발주청은 제2항제2호에 따른 건설사업관리기술인 또는 공사감독자의 배치 등 건설사업관리계획을 준수할 수 없는 경우에는 건설공사를 착공하게 하거나 건설공사를 진행하게 하여서는 아니 된다.

⑦ 제1항부터 제5항까지에서 규정한 사항 외에 건설사업관리계획의 수립, 변경 또

각 호의 어느 하나에 해당하는 경우에는 그 건설사업관리계획을 변경해야 한다.

1. 건설공사의 공사규모, 공사기간, 총공사비 등 주요 사업계획이 변경되는 경우. 다만, 주요 사업계획의 변경이 당초 건설사업관리계획이 승인될 당시의 건설공사의 주요 사업계획 대비 100분의 10 이내로 변경된 경우는 제외한다.
2. 법 제39조의2제2항제1호에 따른 건설사업관리방식이 변경되는 경우
3. 법 제39조의2제2항제2호에 따른 배치계획에서 총 건설사업관리기술인의 수가 감소되는 경우
4. 그 밖에 발주청이 건설사업관리계획의 변경이 필요하다고 인정하는 경우

⑨ 제1항부터 제8항까지에서 규정한 사항 외에 건설사업관리계획의 수립, 변경 또는 시행 등에 필요한 세부사항은 국토교통부장관이 정하여 고시한다.

[본조신설 2019.6.25]

2. 건설사업관리용역 입찰 예정 시기
3. 법 제50조제1항에 따른 건설엔지니어링사업의 업무 수행에 대한 평가 계획 중 영 제82조제1항제2호에 따른 건설사업관리 용역사업을 대상으로 하는 평가 계획

③ 발주청이 법 제39조의2제4항에 따라 시공단계의 건설사업관리계획을 국토교통부장관에게 제출할 때에는 별지 제32호의2서식의 시공단계의 건설사업관리계획의 수립·변경 제출서에 따른다. <신설 2021.9.17>

[본조신설 2019.7.1]

건설기술진흥법	건설기술진흥법 시행령	건설기술진흥법 시행규칙
는 시행 등에 필요한 사항은 대통령령으로 정한다. [본조신설 2018.12.31] [시행일 : 2019.7.1] 제39조의2		
제39조의3(건설사업관리 중 실정보고 등) ① 제39조제2항에 따라 건설사업관리를 수행하는 건설엔지니어링사업자는 건설사업자가 현지여건의 변경이나 건설공사의 품질향상 등을 위한 개선사항의 검토를 요청하는 경우 이를 검토하고, 발주청에 관련 서류를 첨부하여 보고하는 등 필요한 조치(이하 "실정보고"라 한다)를 하여야 한다. <개정 2019.4.30, 2021.3.16> ② 건설엔지니어링사업자가 실정보고를 하는 경우에는 관련 기록을 유지·관리하여야 한다. <개정 2019.4.30, 2021.3.16>	**제59조의3(실정보고의 조치 기한)** ① 법 제39조의3제1항에 따라 건설사업자가 개선사항의 검토를 요청하는 경우 건설엔지니어링사업자는 이를 검토하고, 특별한 사정이 없으면 검토 요청일부터 14일 이내에 발주청에 관련 서류를 첨부하여 보고하는 등 필요한 조치(이하 "실정보고"라 한다)를 해야 한다. <개정 2020.1.7, 2021.9.14>	
③ 발주청은 건설엔지니어링사업자가 실정보고를 하는 경우 이를 접수하여 검토하고, 필요하면 설계변경 등 적절한 조치를 하여	② 법 제39조의3제3항에 따라 실정보고를 접수한 발주청은 이를 검토하고, 특별한 사정이 없으면 접수일부터 14일 이내에	

야 한다. <개정 2019.4.30, 2021.3.16> ④ 건설사업관리를 수행하는 건설엔지니어링사업자는 소속 건설기술인 중에서 해당 건설사업관리의 책임건설기술인을 지명하여 실정보고의 권한을 위임할 수 있다. <개정 2019.4.30, 2021.3.16> ⑤ 실정보고에 따른 조치 기한 등 필요한 사항은 대통령령으로 정한다. [본조신설 2018.12.31] [시행일: 2019.7.1] 제39조의3	해당 실정보고에 대한 검토 결과를 제1항에 따른 건설엔지니어링사업자에게 서면으로 통보해야 한다. <개정 2020.1.7, 2021.9.14> [본조신설 2019.6.25]	
	제60조 (건설사업관리기술인의 배치) ① 시공 단계의 건설사업관리를 수행하는 건설사업관리용역사업자는 해당 건설공사의 규모 및 공종에 적합하다고 인정하는 건설기술인을 건설사업관리 업무에 배치해야 하며, 책임건설사업관리기술인을 건설공사의 규모 등을 고려하여 국토교통부령으로 정하는 기준에 따라 배치해야 한다. <개정 2018.12.11, 2019.6.25, 2020.1.7>	**제35조 (건설사업관리기술인의 배치기준 등)** ① 영 제60조제1항에 따라 책임건설사업관리기술인을 배치하는 경우 해당 공사분야에 필요한 경력 및 배치기준은 다음 각 호의 구분에 따른다. <개정 2019.2.25> 1. 총공사비 500억원 이상인 건설공사 : 총공사비 300억원 이상인 건설공사에 대한 시공 단계 건설사업관리 경력 1년 이상인 특급기술인 2. 총공사비 300억원 이상 500억원 미만인 건설공사 : 총공사비 200억원 이상인 건설공사에 대한 시공 단계 건설사업관리 경력 1년 이상인 특급기술인 3. 총공사비 100억원 이상 300억원 미만인 건설공사 : 총공사비 100억원 이상인 건설공사에 대한 시공단계 건설사업관리

건설기술진흥법	건설기술진흥법 시행령	건설기술진흥법 시행규칙
		경력 1년 이상인 고급기술인
	② 발주청은 건설사업관리용역사업자가 건설사업관리기술인을 배치할 때 국토교통부령으로 정하는 배치기준에 따라 등급별로 적절히 배치하도록 해야 한다. 다만, 제55조제3항에 따라 감독 권한대행 등 건설사업관리를 통합하여 시행하는 경우에는 배치기준이하로 조정하여 배치할 수 있다. <개정 2018.12.11, 2020.1.7>	② 건설사업관리용역사업자는 영 제60조제2항에 따라 시공 단계의 건설사업관리기술인을 상주기술인과 기술지원기술인으로 구분하여 배치하되, 해당 공사의 규모 및 공종 등을 고려하여 배치해야 하며, 발주청은 현장 실정을 고려하여 이를 조정할 수 있다. <개정 2019.2.25, 2020.3.18>
	③ 발주청은 공사예정가격의 70퍼센트 미만으로 낙찰된 공사의 시공 단계에 건설사업관리기술인을 배치하는 경우에는 국토교통부장관이 정한 기준 이상으로 늘려 배치해야 한다. <개정2018.12.11>	③ 건설사업관리기술인의 배치는 등급별로 균등 배치하는 것을 원칙으로 하되, 발주청은 해당 공사의 특수성에 따라 이를 조정할 수 있다. <개정 2019.2.25> ④ 건설사업관리용역사업자는 제2항 및 제3항에 따른 배치기준에 따라 배치계획을 수립하여 발주청에 제출해야 한다. 제출된 배치계획을 변경하려는 경우에도 또한 같다. <개정 2020.3.18>
	④ 발주청은 이미 배치되었거나 배치될 건설사업관리기술인이 해당 건설공사의 건설사	⑤ 발주청은 영 제83조제1항 단서에 따른 용역평가 점수가 국토교통부장관이 정하

업관리 업무 수행에 적합하지 않다고 인정되는 경우에는 그 이유를 구체적으로 밝혀 건설사업관리용역사업자에게 건설사업관리기술인의 교체를 요구할 수 있으며, 건설사업관리용역사업자가 스스로 건설사업관리기술인을 교체하려는 경우에는 미리 발주청의 승인을 받아야 한다. <개정 2018.12.11, 2020.1.7>

⑤ 건설사업관리용역사업자는 공사현장에 배치된 건설사업관리기술인이 업무의 수행기간 중 법에 따른 교육이나 「민방위기본법」 또는 「향토예비군 설치법」에 따른 교육을 받는 경우나 유급휴가 등으로 현장을 이탈하게 되는 경우에는 건설사업관리업무에 지장이 없도록 필요한 조치를 해야 한다. <개정 2018.12.11, 2020.1.7>

⑥ 발주청은 건설사업관리기술인이 교육을 받는 기간과 「관공서의 공휴일에 관한 규정」에 따른 공휴일(일요일은 제외한다)에 대한 대가를 감액해서는 아니 된다. <개정 2018.12.11>

여 고시하는 점수 이하인 경우에는 영 제60조제4항에 따라 건설사업관리용역사업자에게 해당 건설사업관리기술인의 교체를 요구할 수 있다. <개정 2019.2.25, 2020.3.18>

⑥ 건설사업관리용역사업자는 제4항에 따라 발주청에 제출한 배치계획에 따라 건설사업관리기술인을 배치해야 한다. 다만, 배치계획과 다르게 건설사업관리기술인을 배치하려는 때에는 미리 발주청의 승인을 받아 배치계획상의 건설사업관리기술인과 별표 3에 따른 등급·경력·실적 및 교육·훈련 등의 점수가 같은 수준 이상인 건설사업관리기술인을 배치해야 한다. <개정 2019.2.25, 2020.3.18>

⑦ 건설사업관리용역사업자는 3개월 이상 요양이 필요한 질병·부상으로 인하여 발주청의 승인을 받아 철수시킨 건설사업관리기술인을 철수일부터 3개월 이내에 다른 건설사업관리 용역에 참여시키는 것으로 하여 제28조 및 제30조에 따른 선정평가를 받거나

건설기술진흥법	건설기술진흥법 시행령	건설기술진흥법 시행규칙
	⑦ 건설사업관리기술인의 배치 기준·방법 등에 관하여 필요한 사항은 국토교통부령으로 정한다. <개정 2018.12.11> [제목개정 2018.12.11]	다른 건설사업관리용역에 배치해서는 안 된다. 다만, 해당 건설사업관리기술인이 배치되었던 건설사업관리 용역이 완료된 경우에는 그렇지 않다. <개정 2019.2.25, 2020.3.18> ⑧ 건설사업관리용역사업자는 건설사업관리기술인을 배치하려는 경우에는 별지 제18호서식의 건설기술인 경력증명서를 발주청에 제출해야 한다. <개정 2019.2.25, 2020.3.18> ⑨ 건설사업관리기술인의 배치기준·방법 등에 관하여 필요한 세부 사항은 국토교통부장관이 정하여 고시한다. <개정 2019.2.25>

법	시행령	시행규칙
제39조의4(건설사업관리 업무에 대한 부당 간섭 배제 등) ① 발주청 소속 직원은 제39조제2항에 따라 건설사업관리를 시행하는 건설공사에 대하여 대통령령으로 정하는 발주청의 업무 외에 정당한 사유 없이 건설사업관리 업무를 수행하는 건설엔지니어링사업자(이하 "건설사업관리용역사업자"라 한다) 및 건설사업관리기술인의 업무에 개입 또는 간섭하거나 권한을 침해해서는 아니 된다. <개정 2021.3.16> ② 발주청의 소속 직원이 건설사업관리용역사업자 및 건설사업관리기술인의 업무에 정당한 사유 없이 개입 또는 간섭하거나 권한을 침해한 경우 해당 건설사업관리용역사업자 및 건설사업관리기술인은 발주청에 이를 보고하고 사실조사를 의뢰할 수 있다. ③ 발주청은 제2항에 따른 사실조사를 의뢰받은 때에는 즉시 이를 조사하여야 하고, 소속 직원이 건설사업관리용역사업자 및 건설사업관리기술인의 업무에 대하여 정	**제60조의2(발주청의 업무범위)** ① 법 제39조의4제1항에서 "대통령령으로 정하는 발주청의 업무"란 다음 각 호의 업무를 말한다. 1. 공사의 시행에 따른 업무연락 및 문제점 파악 2. 용지 보상 지원 및 민원 해결 3. 법 제55조 및 제62조에 따른 품질관리 및 안전관리에 관한 지도 4. 제59조제3항제9호에 따라 확인한 설계변경에 관한 사항의 검토 5. 예비준공검사 ② 발주청 소속 직원의 업무수행에 필요한 사항은 국토교통부장관이 따로 정할 수 있다. [본조신설 2020.12.8]	

건설기술진흥법	건설기술진흥법 시행령	건설기술진흥법 시행규칙
당한 사유 없이 개입 또는 간섭하거나 권한을 침해한 사실이 있다고 인정되는 경우에는 방해행위의 중지, 향후 재발방지 등 시정조치를 명할 수 있다. ④ 발주청은 제3항에 따른 사실조사 결과 및 시정조치 명령의 내용을 국토교통부장관, 해당 건설사업관리용역사업자 및 건설사업관리기술인에게 통보하여야 한다. ⑤ 발주청은 제2항에 따른 사실조사 의뢰 등을 이유로 건설사업관리용역사업자 및 건설사업관리기술인에게 용역대가 지급의 거부ㆍ지체 등 불이익을 주어서는 아니 된다. [본조신설 2020.6.9]		
제40조 (건설사업관리 중 공사중지 명령 등) ① 제39조제2항에 따라 건설사업관리를 수행하는 건설엔지니어링사업자와 제49조제1항에 따른 공사감독자는 건설사업자가 건설공사의 설계도서·시방서(示方書), 그	**제61조 (건설사업관리 중 공사중지 명령 등)** ① 법 제40조제1항에 따라 건설사업관리용역사업자와 법 제49조제1항에 따른 공사감독자가 건설사업자에게 재시공·공사중지 명령이나 그 밖에 필요한 조치를 하는 경우	

밖의 관계 서류의 내용과 맞지 아니하게 그 건설공사를 시공하는 경우 또는 제62조에 따른 안전관리 의무를 위반하거나, 제66조에 따른 환경관리 의무를 위반하여 인적·물적 피해가 우려되는 경우에는 재시공·공사중지(부분 공사중지를 포함한다) 명령이나 그 밖에 필요한 조치를 할 수 있다. <개정 2018.12.31, 2019.4.30, 2021.3.16> ② 제1항에 따라 건설엔지니어링사업자 또는 공사감독자로부터 재시공·공사중지 명령이나 그 밖에 필요한 조치에 관한 지시를 받은 건설사업자는 특별한 사유가 없으면 이에 따라야 한다. <개정 2018.12.31, 2019.4.30, 2021.3.16> ③ 건설엔지니어링사업자 또는 공사감독자는 제1항에 따라 건설사업자에게 재시공·공사중지 명령이나 그 밖에 필요한 조치를 한 경우에는 지체없이 이에 관한 사항을 해당 건설공사의 발주청에 보고하여야 한다. <개정 2018.12.31, 2019.4.30, 2021.3.16>	에는 서면으로 하여야 하며, 그 조치내용과 결과를 기록·관리해야 한다. <개정 2019.6.25, 2020.1.7> ② 삭제 <2019.6.25> ③ 삭제 <2019.6.25>	

건설기술진흥법	건설기술진흥법 시행령	건설기술진흥법 시행규칙
④ 제1항에 따라 재시공 · 공사중지 명령이나 그 밖에 필요한 조치를 한 건설엔지니어링사업자 또는 공사감독자는 시정 여부를 확인한 후 공사재개 지시등 필요한 조치를 하여야 하며, 이 경우 지체 없이 이에 관한 사항을 해당 건설공사의 발주청에 보고하여야 한다. <개정 2018.12.31, 2019.4.30, 2021.3.16> ⑤ 건설사업관리를 수행하는 건설엔지니어링사업자는 소속 건설기술인 중에서 해당 건설사업관리의 책임건설기술인을 지명하여 제1항에 따른 재시공·공사중지 명령이나 그 밖에 필요한 조치의 권한을 위임할 수 있다. <개정 2018.8.14, 2019.4.30, 2021.3.16> ⑥ 제1항에 따른 재시공·공사중지 명령이나 그 밖에 필요한 조치의 요건, 절차및 방법 등에 관하여 필요한 사항은 대통령령으로 정한다. [시행일 : 2019.7.1] 제40조		

제40조의2(불이익조치의 금지) 누구든지 제40조제1항에 따른 재시공·공사중지 명령 등의 조치를 이유로 건설엔지니어링사업자·공사감독자 또는 제40조제5항에 따른 책임건설기술인에게 건설기술인의 변경, 현장 상주의 거부, 용역대가 지급의 거부·지체 등 신분이나 처우와 관련하여 불이익을 주어서는 아니 된다. <개정 2019.4.30, 2021.3.16>

[본조신설 2018.12.31]

[시행일: 2019.7.1] 제40조의2

제40조의3(면책) 제40조제1항에 따른 재시공·공사중지 명령 등의 조치로 발주청이나 건설사업자에게 손해가 발생한 경우 건설엔지니어링사업자·공사감독자 또는 제40조제5항에 따른 책임건설기술인은 그 명령에 고의 또는 중대한 과실이 없는 때에는 그 손해에 대한 책임을 지지 아니한다. <개정 2019.4.30, 2021.3.16>

[본조신설 2018.12.31]

건설기술진흥법	건설기술진흥법 시행령	건설기술진흥법 시행규칙
[시행일 : 2019.7.1] 제40조의3		
제41조 (총괄관리자의 선정 등) ① 발주청은 건설공사와 그 건설공사에 딸리는 전기·소방 등의 설비공사(이하 "설비공사"라 한다)에 대한 건설사업관리 및 감리를 다음 각 호의 어느 하나에 해당하는 자로 하여금 하게 하는 경우에는 해당 건설사업관리를 수행하는 자와 감리를 수행하는 자 중에서 그 건설공사와 설비공사에 대한 건설사업관리 및 감리 업무를 총괄하여 관리할 자(이하 "총괄관리자"라 한다)를 선정할 수 있다. <개정 2019.4.30, 2021.3.16> 1. 건설엔지니어링사업자 2. 「소방시설공사업법」 제4조제1항에 따른 소방시설업의 등록을 한 자 3. 「전력기술관리법」 제14조제1항제2호에 따라 전력시설물의 공사감리업의 등록을 한 자 4. 「정보통신공사업법」 제2조제7호에	**제62조 (총괄관리자의 업무범위 등)** ① 법 제41조제1항에 따른 총괄관리자의 업무범위는 다음 각 호와 같다. 1. 법 제41조제1항 각 호의 자가 해당 건설공사 및 설비공사에 대하여 제출하는 시공계획, 공정계획, 품질·안전 및 환경관리계획의 조정·확인 2. 공사 진척 부분에 대한 조사 및 검사 결과에 따른 조정·확인 3. 그 밖에 건설공사 및 설비공사에 대한 효율적인 건설사업관리 및 감리 수행을 위하여 필요한 사항 ② 총괄관리자는 제1항의 업무수행을 위하여 필요한 경우에는 법 제41조제1항 각 호의 자에게 자료의 제출을 요구할 수 있다.	

따른 용역업자 ② 총괄관리자는 건설공사 및 설비공사의 품질·안전 관리와 효율적인 건설사업관리 및 감리 업무의 수행을 위하여 필요하다고 인정하는 경우에는 다른 건설사업관리를 수행하는 자와 감리를 수행하는 자에게 시정지시 등 필요한 조치를 할 수 있으며, 정당한 사유없이 조치에 따르지 아니하는 경우에는 그 사실을 발주청에 보고하여야 한다. ③ 총괄관리자의 권한, 업무 범위, 그 밖에 필요한 사항은 대통령령으로 정한다.		
제42조 (다른 법률과의 관계) 제39조제2항에 따른 건설사업관리를 시행하거나 건설사업관리 중 대통령령으로 정하는 업무를 수행한 경우에는 「건축법」 제25조에 따른 공사감리 또는 「주택법」 제43조 및 제44조에 따른 감리를 한 것으로 본다. <개정 2016.1.19>	**제63조 (다른 법률과의 관계)** 법 제42조에서 "대통령령으로 정하는 업무"란 시공 단계의 건설사업관리 업무를 말한다.	

<table>
<tr><th>건설기술진흥법</th><th>건설기술진흥법 시행령</th><th>건설기술진흥법 시행규칙</th></tr>
<tr><td>제5장 건설공사의 관리
제1절 건설공사의 표준화 등

제43조 (설계 등의 표준화) ① 국토교통부장관은 건설공사에 드는 비용을 줄이고 시설물의 품질을 향상시키기 위하여 건설자재·부재의 치수 및 시공방법을 표준화하도록 노력하여야 한다.
② 국토교통부장관은 제1항에 따른 표준화를 촉진하기 위하여 다음 각 호의 자에게 대통령령으로 정하는 바에 따라 설계·생산 또는 시공 과정에서 시험생산·시험시공 등을 하도록 권고할 수 있다. <개정 2019.4.30>
1. 시설물의 설계자
2. 건설자재·부재의 생산업자
3. 건설사업자 또는 주택건설등록업자
③ 국토교통부장관은 관계 기관의 장에게 제1항에 따른 표준화와 관련된 「산업표준화법」 제12조에 따른 한 국산업표준</td><td>제5장 건설공사의 관리
제1절 건설공사의 표준화 등

제64조 (시험생산·시험시공 등의 권고) 국토교통부장관은 법 제43조제2항에 따라 시험생산·시험시공 등을 권고하는 경우에는 이에 필요한 비용을 지원할 수 있으며, 시험생산을 권고하는 경우에는 발주청에 시험생산된 자재의 사용을 권고할 수 있다.</td><td>제5장 건설공사의 관리</td></tr>
</table>

법	시행령	시행규칙
등 기준의 정비 및 자금 지원 등 필요한 사항을 요청할 수 있다.		
제44조 (설계 및 시공 기준) ① 국토교통부장관이나 그 밖에 대통령령으로 정하는 자는 건설공사의 기술성·환경성 향상 및 품질 확보와 적정한 공사 관리를 위하여 다음 각 호에 관한 기준(이하 "건설기준"이라 한다)을 정할 수 있다. <개정 2014.5.14> 1. 건설공사 설계기준 2. 건설공사 시공기준 및 표준시방서 등 3. 그 밖에 건설공사의 관리에 필요한 사항	**제65조 (건설기준)** ① 법 제44조제1항에서 "대통령령으로 정하는 자"란 다음 각 호의 자를 말한다. <개정 2025.10.1> 1. 농림축산식품부장관, 기후에너지환경부장관 및 해양수산부장관 2. 지방자치단체 3. 공기업·준정부기관 4. 건설기술 관련 기관 또는 단체 5. 건설 관련 기술의 연구를 목적으로 하는 법인	**제36조의2(건설기준 설정의 절차 등)** ① 영 제65조제1항 각 호의 자가 법 제44조제1항 각 호에 관한 기준(이하 "건설기준"이라 한다)을 제정·개정 또는 폐지하려는 경우에는 다음 각 호의 사항에 대하여 법 제44조의2제2항에 따른 국가건설기준센터(이하 "건설기준센터"라 한다)에 자문할 수 있다. 1. 건설기준의 제정·개정 또는 폐지 계획 2. 건설기준의 구성체계 3. 다른 건설기준과의 중복·상충 여부
② 제1항에 따라 대통령령으로 정하는 자가 건설기준을 정하려면 국토교통부장관의 승인을 받아야 한다. <개정 2014.5.14>	② 법 제44조제2항에서 "대통령령으로 정하는 자"란 제1항제2호부터 제5호까지에 해당하는 자를 말한다. <신설 2014.12.30>	② 국토교통부장관은 건설기준의 설정·관리에 필요한 건설기준 구성체계등을 정하여 고시할 수 있다. [본조신설 2015.1.29]
③ 건설기준 설정의 절차 등에 관하여 필요한 사항은 국토교통부령으로 정한다. <개정 2014.5.14>	③ 국토교통부장관(제116조에 따라 건설기준의 승인에 관한 권한을 위탁받은 자를 포함한다)은 법 제44조제2항에 따라	**제37조 (건설기준의 보급 등)** ① 영 제65조제3항 후단에서 "국토교통부령으로 정하는 경미한 사항의 변경"이란 다음 각 호의 변경을

건설기술진흥법	건설기술진흥법 시행령	건설기술진흥법 시행규칙
	건설기준을 승인하려는 경우에는 미리 중앙심의위원회의 심의를 거쳐야 한다. 이를 변경(국토교통부령으로 정하는 경미한 사항의 변경은 제외한다)하거나 폐지하려는 경우에도 또한 같다. <개정 2014.12.30> ④ 국토교통부장관 및 제1항 각 호의 자는 건설기준을 제정·개정하거나 폐지하였을 때에는 그 주요 사항을 다음 각 호의 구분에 따라 고시하거나 통보하여야 한다.<개정 2014.12.30> 1. 국토교통부장관 또는 제1항제1호에 해당하는 자 : 관보에 고시 2. 제1항제2호에 해당하는 자 : 해당 지방자치단체의 공보에 고시 3. 제1항제3호부터 제5호까지에 해당하는 자 : 관계 중앙행정기관 및 지방자치단체와 그 밖의 관계 기관 등에 통보	말한다. <개정 2015.1.29> 1. 건설기준의 내용에 영향을 미치지 아니하는 범위에서 오기(誤記), 누락된 부분을 정정하거나 기관명 등의 변동을 반영하는 변경 2. 다른 건설기준의 변경에 따른 같은 내용으로의 건설공사기준 변경

	⑤ 국토교통부장관은 제1항 각 호의 자가 요청하는 경우에는 국토교통부령으로 정하는 바에 따라 건설기준에 관한 도서(圖書) 등을 작성하여 유상(有償)으로 보급하게 할 수 있다. <개정 2014.12.30> ⑥ 법 제44조제1항제2호에 따른 표준시방서는 시설물의 안전 및 공사시행의 적정성과 품질 확보 등을 위하여 시설물별로 정한 표준적인 시공기준으로서 건설공사의 발주자(이하 "발주자"라 한다), 건설엔지니어링사업자 또는 건축사가 공사시방서를 작성하거나 검토할 때 활용하기 위한 시공기준으로 한다. <개정 2020.1.7, 2021.9.14, 2023.1.6> ⑦ 법 제44조제1항제3호에 따른 건설공사의 관리에 필요한 사항은 건설공사의 전문시방서(시설물별 표준시방서를 기본으로 모든 공종을 대상으로 하여 특정한 공사의 시공 또는 공사시방서의 작성에 활용하기 위한 종합적인 시공기준을 말한다)로 한다.	② 국토교통부장관은 영 제65조제5항에 따라 건설기준에 관한 도서 등을 유상으로 보급하려는 경우에는 다음 각 호의 기준에 따라 유상보급기관 및 단체를 선정하여야 한다. <개정 2015.1.29> 1. 동일한 건설기준에 대하여 영 제65조제1항 각 호에 해당하는 자 중 둘 이상의 자로부터 유상보급 요청이 있는 경우에는 해당 건설기준을 제정하거나 개정한 자 또는 이에 참여한 건설기술 관련 단체 및 연구기관을 우선적으로 유상보급기관및 단체로 선정한다. 2. 제1호의 경우 해당 건설기준을 제정하거나 개정한 자 또는 이에 참여한 건설기술 관련 단체 및 연구기관이 없는 경우에는 신청순위에 따라 유상보급기관 및 단체를 선정한다. 3. 제1호 및 제2호에 따라 유상보급기관 및 단체를 선정하는 경우에 필요하다고 인정되면 둘 이상의 기관 또는 단체를 선정할 수 있다.

건설기술진흥법	건설기술진흥법 시행령	건설기술진흥법 시행규칙
	⑧ 국토교통부장관은 법 제44조제1항에 따라 건설기준을 정하거나 변경하는 자에게 국토교통부령으로 정하는 바에 따라 그에 필요한 경비를 지원할 수 있다. <개정 2014.12.30> [본조제목 개정 2014.12.30]	**제38조 (건설기준의 정비를 위한 경비의 지원)** ① 영 제65조제8항에 따른 건설기준의 정비에 필요한 경비를 지원받으려는 자는 별지 제33호서식의 국고보조금 교부신청서에 건설기준 정비계획서를 첨부하여 국토교통부장관에게 제출하여야 한다. <개정 2015.1.29> ② 국토교통부장관은 제1항에 따라 신청한 자에게 경비를 지원하려면 국토교통부장관이 지정·고시하는 기관의 자문 및 중앙심의위원회의 심의를 거쳐야 한다.
제44조의2 (건설기준의 관리) ① 국토교통부장관은 건설기준의 개발 촉진과 그 활용을 위한 시책을 마련하여야 한다. ② 국토교통부장관은 건설기준을 효율적으로 관리하기 위하여 국가건설기준센터를 설치·운영할 수 있다.	**제65조의2(건설기준의 관리)** ① 법 제44조의2제2항에 따른 국가건설기준센터(이하 "건설기준센터"라 한다)는 법 제44조의2제3항제3호에 따른 건설기준의 검증 및 평가를 위하여 필요한 경우 발주청에 검증실험 및 시험시공 등의 협조를 요청할 수 있다.	

③ 국가건설기준센터는 다음 각 호의 업무를 수행한다. 1. 건설기준의 연구·개발 및 보급 2. 건설기준의 관리·운영 3. 건설기준의 검증 및 평가 4. 건설기준의 정보화체계 구축 5. 건설기준에 대한 교육 및 홍보 6. 주요 국가 건설기준의 제도·정책 동향 조사·분석 7. 건설기준 발전을 위한 국제협력의 추진 8. 그 밖에 건설기준 발전을 위하여 대통령령으로 정하는 사항	② 건설기준센터는 법 제44조의2제3항제4호에 따른 건설기준 정보화체계의 효율적인 구축 · 운영을 위하여 필요한 경우 건설기준의 제정 · 개정 내용 및 이유 등 관련 자료의 제공을 관계 기관의 장에게 요청할 수 있다. ③ 법 제44조의2제3항제8호에서 "대통령령으로 정하는 사항"이란 다음 각 호의 사항을 말한다. 1. 건설기준에 대한 검토 · 자문 2. 건설기준의 중앙심의위원회 심의에 대한 의견 제시(중앙심의위원회의 위원장이 요청하는 경우로 한정한다) 3. 그 밖에 건설기준 발전을 위하여 국토교통부장관이 필요하다고 인정하는 사항	

건설기술진흥법	건설기술진흥법 시행령	건설기술진흥법 시행규칙
④ 국토교통부장관은 국가건설기준센터의 운영을 대통령령으로 정하는 전문기관에 위탁할 수 있다.	④ 국토교통부장관은 법 제44조의2제4항에 따라 같은 조 제2항에 따른 건설기준센터의 운영을 건설기술연구원에 위탁한다. <개정 2020.1.7> ⑤ 제1항부터 제4항까지에서 규정한 사항 외에 건설기준센터의 설치 · 운영에 필요한 사항은 국토교통부령으로 정한다. [본조신설 2014.12.30]	**제38조의2(건설기준센터의 운영 등)** ① 법 제44조의2제4항 및 영 제65조의2제4항에 따라 건설기준센터의 운영을 한국건설기술연구원에 위탁하는 경우
⑤ 국토교통부장관은 국가건설기준센터의 운영에 필요한 비용을 예산의 범위에서 출연할 수 있다. ⑥ 국가건설기준센터의 설치·운영과 제5항에 따른 출연금의 지급범위·사용 및 관리에 필요한 사항은 대통령령 으로 정한다. [본조신설 2014.5.14]	**제65조의3(건설기준센터 운영을 위한 출연금)** ① 법 제44조의2제4항 및 이 영 제65조의2제4항에 따라 건설기준센터의 운영을 위탁받은 건설기술연구원이 법 제44조의2제5항에 따라 출연금을 받으려는 경우에는 매년 4월 30일까지 다음 연도의 출연금예산요구서에 다음 각 호의 서류를 첨부하여 국토교통부장관에게 제출해야 한다. <개정 2020.1.7, 2021.2.9> 1. 다음 연도의 업무계획서 2. 다음 연도의 추정재무상태표 및 추정손	

	익계산서 ② 국토교통부장관은 제1항 각 호의 서류가 타당하다고 인정하는 경우 출연금을 지급한다. ③ 건설기술연구원은 제2항에 따라 출연금을 지급받은 경우 그 출연금에 대하여 별도의 계정을 설정하여 관리해야 하며, 법 제44조의2제3항에 따른 건설기준센터 업무의 용도에 한정하여 사용해야 한다. <개정 2020.1.7> ④ 건설기술연구원장은 다음 각 호의 구분에 따른 시기까지 건설기준센터의 운영내용을 국토교통부장관에게 보고해야 한다. <개정 2020.1.7> 1. 해당 연도의 세부운영계획: 매년 1월 31일까지 2. 출연금 사용실적을 포함한 전년도 운영실적 : 매년 3월 31일까지 [본조신설 2014.12.30]	

건설기술진흥법	건설기술진흥법 시행령	건설기술진흥법 시행규칙
제45조 (건설공사 공사비 산정기준) ① 국토교통부장관은 건설공사의 적정한 공사비 산정을 위하여 건설공사의 실적을 토대로 산정한 공사비 및 표준품셈 등 공사비 산정기준을 정할 수 있다. ② 국토교통부장관은 제1항에 따른 공사비 산정기준의 관리를 위하여 국토교통부장관이 정하여 고시하는 관리기관으로 하여금 공사비 산정기준에 관한 조사·연구 등 업무를 수행하게 할 수 있다. 이 경우 국토교통부장관은 필요한 사업비에 충당하도록 출연할 수 있다. ③ 제2항 후단에 따른 출연금의 지급기준, 사용 및 관리에 필요한 사항은 대통령령으로 정한다.	**제66조 (공사비 산정기준 조사·연구 등을 위한 출연금)** ① 국토교통부장관은 법 제45조제2항 후단에 따라 비용을 출연하는 경우에는 건설공사 공사비 산정기준 관리업무의 내용, 추진상황 등을 고려하여 출연금을 한꺼번에 지급하거나 분할하여 지급할 수 있다. <개정 2015.7.6> ② 제1항에 따라 출연금을 지급받은 자는 그 출연금에 대하여 별도의 계정을 설정하여 관리하여야 하며, 국토교통부장관이 정하여 고시하는 바에 따라 건설공사 공사비 산정기준의 관리업무에 한정하여 사용하여야 한다. <개정 2015.7.6>	

③ 국토교통부장관은 제1항에 따라 출연금을 지급받은 자가 정당한 사유없이 제2항에 따른 건설공사 공사비 산정기준의 관리업무 외의 용도로 출연금을 사용한 경우에는 그 출연금의 전부 또는 일부를 회수할 수 있다. <개정 2015.7.6>

제66조의2(공사기간 산정기준 등) ① 법 제45조의2제2항에 따른 공사기간 산정기준에는 다음 각 호의 사항이 포함되어야 한다.

1. 공사기간 산정 시 고려사항 및 결정절차에 관한 사항
2. 공사기간의 산정방법에 관한 사항
3. 공사기간 단축 및 연장에 관한 사항
4. 그 밖에 적정 공사기간의 산정을 위하여 국토교통부장관이 필요하다고 인정하는 사항

② 발주청은 제1항에 따른 산정기준의 범위에서 국토교통부장관이 정하여 고시하는 바에 따라 공사기간의 산정 및 조정에 관한 세부기준을 정하여 운영할 수 있다.

③ 발주청은 제2항에 따라 세부기준을 정

건설기술진흥법	건설기술진흥법 시행령	건설기술진흥법 시행규칙
	하는 경우 기술자문위원회의 심의를 받아야 한다. 다만, 지방자치단체가 발주청인 경우로서 기술자문위원회가 설치되지 않은 경우에는 지방심의위원회의 심의를 받아야 한다. [본조신설 2021.9.14]	
제45조의2(공사기간 산정기준) ① 발주자는 건설공사의 품질 및 안전성·경제성을 확보할 수 있도록 해당 건설공사의 규모 및 특성, 현장여건 등을 고려하여 적정 공사기간을 산정하여야 한다. 다만, 불가항력 등 정당한 사유가 발생한 경우에는 이를 고려하여 적정 공사기간 조정을 검토하여야 한다. ② 국토교통부장관은 발주청이 제1항에 따른 적정 공사기간 산정 및 조정 등과 관련된 업무를 원활히 수행할 수 있도록 대통령령으로 정하는 바에 따라 공사기간 산정기준을 정하여 고시할 수 있다.		

③ 국토교통부장관은 제2항에 따른 공사기간 산정기준 마련 등을 위하여 필요한 경우 발주청에 공사기간 산정기준 및 방법 등에 관한 자료를 요청할 수 있으며, 발주청은 특별한 사유가 없으면 이에 따라야 한다. [본조신설 2021.3.16]		
제46조 (건설공사의 시행과정) ① 발주청은 건설공사를 안전하고 경제적·능률적으로 시행하기 위하여 건설공사의 계획·조사·설계·시공·감리·유지·관리 등(이하 이 조에서 "건설공사의 시행과정"이라 한다)을 대통령령으로 정하는 절차 및 기준에 따라 수행하여야 한다. <개정 2015.7.24, 2018.12.31> ② 국토교통부장관은 건설공사의 시행과정이 제1항에 따라 수행되지 아니하는 경우에는 발주청에 시정을 요구할 수 있다.	**제67조 (건설공사의 시행과정)** ① 법 제46조 제1항에서 "대통령령으로 정하는 절차 및 기준"이란 다음 각 호에 따른 건설공사 시행과정(이하 "건설공사의 시행과정"이라 한다)의 해당 규정에서 정하는 절차 및 기준을 말한다. 다만, 다른 법령에서 특별히 정한 경우는 그러하지 아니하다. <개정 2016.1.12> 1. 제68조에 따른 기본구상 2. 법 제47조에 따른 건설공사의 타당성 조사(이하 "타당성 조사"라 한다) 3. 제69조에 따른 건설공사기본계획 4. 제70조에 따른 공사수행방식의 결정 5. 제71조에 따른 기본설계	

건설기술진흥법	건설기술진흥법 시행령	건설기술진흥법 시행규칙
	6. 제72조에 따른 공사비 증가 등에 대한 조치 7. 제73조에 따른 실시설계 8. 제74조에 따른 측량 및 지반조사 9. 제75조에 따른 설계의 경제성등 검토 9의2. 제75조의2에 따른 설계의 안전성 검토 <신설 2016.1.12> 10. 제76조에 따른 시공 상태의 점검·관리 11. 제77조에 따른 공사의 관리 12. 제78조에 따른 준공 13. 제79조에 따른 공사참여자의 실명 관리 14. 법 제52조에 따른 건설공사의 사후평가(이하 "사후평가"라 한다) 15. 제80조에 따른 유지·관리 ② 발주청은 제1항 각 호에 따른 건설공사의 시행과정에도 불구하고 다음 각 호의 어느 하나에 해당하는 경우에는 건설공사의 시행과정의 일부를 조정 하여 시행할	

수 있다.

1. 총공사비가 100억원 미만인 건설공사
2. 재해 복구 등 긴급히 시행하여야 하는 건설공사
3. 보수·철거 또는 개량을 위한 건설공사
4. 보안이 필요한 국방·군사시설의 건설공사
5. 해당 건설공사 및 그 시행과정의 특성상 건설공사의 시행과정의 조정이 필요하다고 인정되는 경우로서 발주청이 관계 중앙행정기관의 장과 협의하여 정하는 건설공사

제68조 (기본구상) ① 발주청은 건설공사를 시행하려면 다음 각 호의 사항을 검토하여 공사내용에 관한 기본적인 개요(이하 "기본구상"이라 한다)를 마련하여야 한다.

1. 공사의 필요성
2. 「국토의 계획 및 이용에 관한 법률」 제2조제4호에 따른 도시·군관리계획(이하 "도시·군관리계획"이라 한다) 등 다른 법령에 따른 계획과의 연계성

건설기술진흥법	건설기술진흥법 시행령	건설기술진흥법 시행규칙
	3. 공사의 시행에 따른 위험요소의 예측 4. 공사예정지의 입지조건 5. 공사의 규모 및 공사비 6. 공사의 시행이 환경에 미치는 영향 7. 법 제52조제1항에 따라 작성된 동일하거나 유사한 건설공사의 사후평가서의 내용 8. 건설사업관리의 적용 여부, 공사의 기대효과, 그 밖에 발주청이 필요하다고 인정하는 사항 ② 발주청은 기본구상을 마련할 때에는 제86조제7항에 따라 국토교통부장관이 고시하는 기준을 참고하여야 한다. **제69조 (건설공사기본계획)** ① 발주청은 타당성 조사를 한 결과, 그 필요성이 인정되는 건설공사에 대해서는 기본구상을 기초로 하여 다음 각 호의 사항을 포함한 건설공사기본계획(이하 "건설공사기본계획"이라 한다)을 수립하여야 한다.	

	1. 공사의 목표 및 기본방향 2. 공사의 내용·기간, 시행자 및 공사수행계획 3. 공사비 및 재원조달계획 4. 개별 공사별 투자 우선순위(도로공사·하천공사·지역개발사업 등 동일하거나 유사한 공종의 공사를 묶어 하나의 사업으로 기획 및 예산편성을 하는 경우만 해당한다) 5. 연차별 공사시행계획 6. 시설물 유지관리계획 7. 환경보전계획 8. 기대효과와 그 밖에 발주청이 필요하다고 인정하는 사항 ② 발주청은 건설공사기본계획을 수립할 때에는 도시·군관리계획 등 다른 법령에 따른 계획과의 연계성을 고려하여야 하며, 해당 건설공사의 시행이 환경 등에 미치는 영향을 분석하여야 한다. ③ 발주청은 건설공사기본계획을 수립할 때에는 관계 행정기관의 장과 미리 협의	

건설기술진흥법	건설기술진흥법 시행령	건설기술진흥법 시행규칙
	하여야 한다. 건설공사기본계획 중 다음 각 호의 어느 하나에 해당하는 사항을 변경할 때에도 또한 같다. 1. 공사의 목표 또는 기본방향의 변경 2. 1년 이상의 공사기간 연장 3. 10퍼센트 이상의 공사비 증가 ④ 발주청은 제1항제4호에 따른 개별공사별 투자 우선순위를 결정할 때에는 사회·경제적 타당성, 지역 간의 균형 개발 및 해당 지역주민의 의견 등을 종합적으로 고려하여야 한다. ⑤ 발주청은 건설공사기본계획을 수립하거나 건설공사기본계획 중 제3항 각 호의 사항을 변경하였을 때에는 그 사실을 고시하여야 한다. **제70조 (공사수행방식의 결정)** ① 발주청은 건설공사기본계획을 수립·고시한 후 해당 건설공사의 규모와 성격을 고려하여 다음 각 호의 어느 하나에 해당하는 공사수행방식	

	을 결정하여야 한다. 1. 삭제 <2019.6.25> 2. 「국가를 당사자로 하는 계약에 관한 법률 시행령」 제79조제1항제5호 및 「지방자치단체를 당사자로 하는 계약에 관한 법률 시행령」 제95조제1항제5호에 따른 일괄입찰방식(이하 "일괄입찰방식"이라 한다) 3. 「국가를 당사자로 하는 계약에 관한 법률 시행령」 제98조제3호 및 「지방자치단체를 당사자로 하는 계약에 관한 법률 시행령」 제127조제3호에 따른 기본설계 기술제안입찰방식 4. 제1호부터 제3호까지의 규정에 따른 방식 외의 공사수행방식 ② 발주청은 제1항제4호의 공사수행방식을 결정한 경우 제73조제1항 또는 제2항에 따른 실시설계를 완료하였을 때에는 해당 건설공사의 공종별 성격을 고려하여 다음 각 호의 어느 하나에 해당하는 공사수행방식을 결정하여 야 한다.	

건설기술진흥법	건설기술진흥법 시행령	건설기술진흥법 시행규칙
	1. 「국가를 당사자로 하는 계약에 관한 법률 시행령」 제79조제1항제4호 및 「지방자치단체를 당사자로하는 계약에 관한 법률 시행령」 제 95조제1항제4호에 따른 대안입찰방식 2. 「국가를 당사자로 하는 계약에 관한 법률 시행령」 제98조제2호 및 「지방자치단체를 당사자로 하는 계약에 관한 법률 시행령」 제127조제2호에 따른 실시설계 기술제안입찰방식 3. 제1호·제2호 및 제1항제1호부터 제3호까지의 규정에 따른 방식 외의 공사 수행방식	
제47조 (건설공사의 타당성 조사) ① 발주청은 시행하려는 건설공사에 대하여 계획 수립 이전에 경제, 기술, 사회 및 환경 등 종합적인 측면에서 적정성을 검토하기 위하여 타당성 조사를 하여야 한다.	**제81조 (건설공사의 타당성 조사)** ① 법 제47조제1항에 따른 타당성 조사는 총공사비가 500억원 이상으로 예상되는 건설공사를 대상으로 한다. 다만, 제67조제2항제2호부터 제5호까지에 해당하는 건설공사는 제외한다.	

② 발주청이 발주한 타당성 조사 용역을 수행한 건설엔지니어링사업자는 수요예측 자료 등 국토교통부령으로 정하는 자료를 용역 완료 후 지체 없이 발주청에 보고하여야 한다. <신설 2013.7.16, 2019.4.30, 2021.3.16> ③ 발주청은 제2항에 따라 보고받은 자료를 해당 건설공사의 완료 후 10년 동안 보관하여야 한다. <신설 2013.7.16>	② 발주청은 타당성 조사를 할 때에는 해당 건설공사로 건축되는 건축물 및 시설물 등의 설치 단계에서 철거 단계까지의 모든 과정을 대상으로 기술·환경·사회·재정·용지·교통 등 필요한 요소를 고려하여 조사·검토하여야 하며, 그 건설공사의 공사비 추정액과 공사의 타당성이 유지될 수 있는 공사비의 증가 한도를 제시하여야 한다. ③ 발주청은 해당 건설공사의 특성상 필요하다고 인정되는 경우에는 기술자문위원회의 심의를 거쳐 건설공사 기본계획 및 기본설계에 반영될 내용을 포함하여 타당성 조사를 할 수 있다. ④ 발주청은 타당성 조사가 완료되었을 때에는 발주청 및 관계 행정기관의 공무원과 관련 분야의 전문가로 하여금 타당성 조사의 적정성을 검토하도록 하여야 한다. ⑤ 타당성 조사의 세부 조사항목 등에 관하여 필요한 사항은 국토교통부장관이 관계 중앙행정기관의 장과 협의하여 정하고 고시한다.	**제39조 (타당성 조사 자료의 보고 등)** ① 법 제47조제2항에서 "수요예측 자료 등 국토교통부령으로 정하는 자료"란 다음 각 호의 자료를 말한다. 1. 건설공사와 관련된 계획, 사회경제적 지표 등 수요예측을 위한 기초자료 2. 교통량, 시설물 등에 대한 현지조사 결과 및 현황 자료 3. 수요분석 및 예측의 방법, 수요예측 결과 등 수요분석 및 예측을 수행한 자료 4. 대안의 제시 및 검토 등을 수행한 자료 ② 국토교통부장관은 제1항 각 호에 따른 자료의 세부사항을 따로 정할 수 있다. ③ 발주청은 건설엔지니어링사업자로부터 보고받은 제1항의 자료를 타당성조사 용역이 완료된 후 60일 이내에 건설공사 지원 통합정보체계에 입력해야 한다. <개정 2020.3.18, 2021.9.17>

건설기술진흥법	건설기술진흥법 시행령	건설기술진흥법 시행규칙
④ 발주청은 타당성을 조사하는 과정에서 작성한 수요예측과 실제 이용실적의 차이가 100분의 30 이상인 경우에는 제3항에 따른 자료를 근거로 건설엔지니어링사업자의 고의 또는 중과실 여부를 조사하여야 한다. <신설 2013.7.16, 2019.4.30, 2021.3.16> ⑤ 발주청은 제4항의 조사 결과에 따라 고의 또는 중과실로 발주청에 손해를 끼친 건설엔지니어링사업자에 대하여 제31조제1항에 따른 영업정지처분 등 조치를 시·도지사에게 요청할 수 있다. <신설 2013.7.16, 2019.4.30, 2021.3.16>	⑥ 제5항에도 불구하고 다른 법령에서 건설공사에 대한 타당성 조사를 하도록 한 경우 해당 법령에서 세부 조사항목 등에 관하여 정하지 아니한 경우에는 관계 중앙행정기관의 장이 국토교통부장관과 협의하여 정할 수 있다. ⑦ 발주청은 법 제47조제4항에 따른 타당성을 조사하는 과정에서 작성한 수요 예측과 실제 이용실적의 차이를 법 제52조제1항에 따른 건설공사의 사후평가를 할 때에 평가하여야 한다. ⑧ 발주청은 법 제52조제2항에 따른 사후평가위원회(이하 "사후평가위원회"라 한다)의 심의를 거쳐 제7항에 따른 평가 결과의 적절성을 검토하여야 한다. ⑨ 발주청은 제7항 및 제8항에 따른 평가 결과 및 심의·검토 결과를 타당성 조사를 수행한 건설엔지니어링사업자에게 통보해야 한다. <개정 2020.1.7, 2021.9.14>	

<table>
<tr>
<td>⑥ 제1항에 따른 타당성 조사 대상 건설공사의 범위, 타당성 조사의 방법 및 절차, 제4항에 따른 수요예측과 이용 실적 차이의 평가시점 및 방법 등에 관한 사항은 대통령령으로 정한다. <개정 2013.7.16></td>
<td></td>
<td></td>
</tr>
<tr>
<td>제48조 (설계도서의 작성 등) ① 설계 업무를 수행하는 건설엔지니어링사업자는 설계도서를 작성하여 해당 건설공사에 대한 건설사업관리 업무를 수행하는 건설엔지니어링사업자, 건설사업자 또는 주택건설등록업자에게 제출하여야 한다. <개정 2019.4.30, 2021.3.16></td>
<td>제71조 (기본설계) ① 발주청은 건설공사기본계획을 반영하여 해당 건설공사에서의 주요 구조물의 형식, 지반(地盤) 및 토질, 개략적인 공사비, 실시설계의 방침 등을 포함한 기본설계를 하여야 한다. 다만, 다음 각 호의 어느 하나에 해당하는 경우에는 따로 기본설계를 하지 아니할 수 있다.
1. 기술공모방식 또는 일괄입찰방식으로 시행하는 경우
2. 제73조제2항에 따라 기본설계의 내용을 포함하여 실시설계를 하는 경우
3. 제81조제3항에 따라 기본설계에 반영될 내용을 포함하여 타당성 조사를 한 경우</td>
<td>제40조 (설계도서의 작성) ① 발주청 또는 설계 업무를 수행하는 건설엔지니어링사업자는 다음 각 호의 기준에 따라 설계도서(설계도면, 설계명세서, 공사시방서, 발주청이 특히 필요하다고 인정하여 요구한 부대도면과 그 밖의 관련 서류를 말한다. 이하 같다)를 작성해야 한다. <개정 2015.1.29, 2016.3.7, 2019.2.25, 2020.3.18, 2021.9.17>
1. 설계도서는 누락된 부분이 없고 현장기술인들이 쉽게 이해하여 안전하고 정확하게 시공할 수 있도록 상세히 작성할 것
2. 설계도서에는 「지진재해대책법」 제14조에 따라 관계 중앙행정기관의 장이 정한 시설물별 내진설계기준에 따</td>
</tr>
</table>

건설기술진흥법	건설기술진흥법 시행령	건설기술진흥법 시행규칙
	② 기본설계의 내용, 설계기간, 설계관리 및 설계도서의 작성기준은 국토교통부장관이 정하여 고시한다. ③ 발주청은 기본설계를 할 때에는 주민 등 이해당사자의 의견을 들어야 한다. 다만, 기본설계를 하기 전에 다른 법령에 따라 의견을 들은 경우에는 그러하지 아니하다. ④ 발주청은 제3항에 따라 이해 당사자의 의견을 들으려는 경우에는 일간신문, 인터넷 홈페이지, 방송이나 그 밖의 효과적인 방법으로 다음 각 호의 사항을 공고하고, 기본설계안을 14일 이상 일반인이 공람할 수 있도록 해야 한다. <개정 2020.11.24> 1. 공사의 개요 2. 공사의 필요성 3. 공사의 효과 4. 공사기간	라 내진설계 내용을 구체적으로 밝힐 것 3. 공사시방서(건설공사의 계약도서에 포함된 시공기준을 말한다)는 표준시방서 및 전문시방서(영 제65조제6항 및 제7항에 따른 표준시방서 및 전문시방서를 말한다)를 기본으로 하여 작성하되, 공사의 특수성, 지역여건, 공사방법 등을 고려하여 기본설계 및 실시설계 도면에 구체적으로 표시할 수 없는 내용과 공사 수행을 위한 시공방법, 자재의 성능·규격 및 공법, 품질시험 및 검사 등 품질관리, 안전관리, 환경관리 등에 관한 사항을 기술할 것 <개정 2015.1.29> 4. 교량 등 구조물을 설계하는 경우에는 설계방법을 구체적으로 밝힐 것 5. 설계보고서에는 영 제34조제3항에 따라 신기술과 기존 공법에 대하여 시공

② 제1항에 따라 설계도서를 제출받은 건설엔지니어링사업자, 건설사업자 또는 주택건설등록업자는 해당 건설공사를 시공하기 전에 설계도서를 검토하고 그 결과를 발주청에 보고하여야 한다. <개정 2019.4.30, 2021.3.16>

5. 연차별 투자계획
6. 공람기간 및 공람방법
7. 의견제출 방법과 그 밖에 필요한 사항

⑤ 발주청은 해당 건설공사가 관계 법령에 따라 허가등이 필요한 경우에는 해당 인·허가기관의 장의 의견을 들어 이를 기본설계에 반영하여야 한다.

⑥ 발주청은 제1항 각 호 외의 부분 단서에 따라 따로 기본설계를 하지 아니하는 경우에는 다음 각 호에서 정하는 때에 이해관계자의 의견을 들어야 한다. 이 경우 공고 및 공람에 관하여는 제4항을 준용한다.

1. 제1항제1호 또는 제3호의 경우 : 실시설계를 할 때
2. 제1항제2호의 경우 : 타당성 조사를 할 때

제72조 (공사비 증가 등에 대한 조치) ① 발주청은 기본설계를 할 때 자재 및 공법의 선택, 구조물의 규격 결정 등 설계내용을 적절히 관리하여 건설공사기본계획에서

성, 경제성, 안전성, 유지관리성, 환경성 등을 종합적으로 비교·분석하여 해당 건설공사에 적용할 수 있는지를 검토한 내용을 포함시킬 것

② 국토교통부장관은 시설물의 일반적인 설계도서 작성기준을 정하여 발주청이나 건설엔지니어링사업자가 활용하도록 해야 하며, 발주청은 필요한 경우에는 건설공사 분야별로 자체 설계도서 작성기준을 마련하여 시행할 수 있다. <개정 2020.3.18, 2021.9.17>

제41조 (설계도서의 검토 등) ① 법 제48조제2항에 따라 건설사업관리용역사업자, 건설사업자 또는 주택건설등록사업자가 설계도서에 대하여 검토해야 할 사항은 다음 각 호와 같다. <개정 2020.3.18, 2021.9.17>

1. 설계도서의 내용이 현장 조건과 일치하는지 여부

건설기술진흥법	건설기술진흥법 시행령	건설기술진흥법 시행규칙
③ 제2항에 따른 설계도서의 검토 결과를 보고받은 발주청은 필요하면 설계도서를 작성한 건설엔지니어링사업자에게 시정·보완 등 필요한 조치를 요구하여야 한다. 이 경우 건설엔지니어링사업자는 요구받은 조치를 이행하는 데 필요한 비용의 지급 등을 요청할 수 있고, 발주청은 해당 조치의 원인이 건설엔지니어링사업자에게 있는 등 국토교통부령으로 정하는 불가피한 사유가 없으면 이에 응하여야 한다. <개정 2019.4.30, 2020.10.20, 2021.3.16> ④ 건설사업자와 주택건설등록업자는 건설공사의 품질 향상과 정확한 시공 및 안전을 위하여 다음 각 호의 사항을 발주자가 선정한 건설사업관리를 수행하는 건설기술인 또는 제49조에 따른 공사감독자	정한 공사비가 증가되지 아니하도록 노력하여야 한다. ② 발주청은 기본설계에서 제시되는 공사비가 제81조제2항에 따라 제시된 공사비의 증가 한도를 초과하는 경우에는 해당 건설공사의 타당성 조사를 다시 하여 건설공사의 추진 여부를 결정하여야 한다. ③ 제2항에 따른 타당성 조사의 방법 및 기준은 국토교통부장관이 기획예산처장관과 협의하여 정하고 고시한다. <개정 2025.12.30> **제73조 (실시설계)** ① 발주청은 기본설계를 토대로 실시설계를 하여야 하며, 실시설계를 할 때 구조물에 대해서는 해당 구조물의 이해관계자 등과 합동조사를 하여야 한다. 다만, 발주청이 실시설계의 주요 공종 등을 고려하여 합동조사가 필요하지 아니하다고 인정하는 경우에는 그러하지 아니하다. ② 발주청은 기술자문위원회의 심의를 거	2. 설계도서대로 시공할 수 있는지 여부 3. 그 밖에 시공과 관련된 사항 ② 법 제48조제3항 후단에서 "해당 조치의 원인이 건설엔지니어링사업자에게 있는 등 국토교통부령으로 정하는 불가피한 사유"란 다음 각 호의 사유를 말한다. <신설 2021.9.17> 1. 건설엔지니어링사업자의 귀책사유로 설계도서의 시정・보완 등이 필요한 경우 2. 건설엔지니어링사업자와 계약으로 정한 업무범위 내에서 발주청이 추가로 시정・보완 등을 요청한 경우 **제42조 (시공상세도면의 작성 등)** ① 발주청은 건설사업자와 주택건설등록사업자가 법 제48조제4항제1호에 따라 시공 상태를 검토·확인받아야 하는 대상공종을 공사시방서에 구체적으로 적어야 한다. <개정 2020.3.18>

의 검토·확인을 받은 후 단계별로 시공하여야 한다. <개정 2018.8.14, 2019.4.30>

1. 건설공사의 진행 단계별로 요구되는 시공 상태
2. 건설사업자와 주택건설등록업자가 작성하여야 하는 시공상세도면 <개정 2019.4.30>

⑤ 건설엔지니어링사업자는 설계도서를 작성할 때에는 구조물(가설구조물을 포함한다)에 대한 구조검토를 하여야 하며 그 설계도서의 작성에 참여한 건설기술인의 업무 수행내용을 국토교통부장관이 정하는 바에 따라 적어야 한다. 설계도서의 일부를 변경할 때에도 같다. <개정

처 둘 이상의 공종이 결합된 복합공종에 따른 구조물공사가 아닌 경우 또는 건설공사의 신속한 추진이 필요한 경우 등 해당 건설공사의 성질상 기본설계와 실시설계를 구분하여 작성할 필요가 없다고 인정되는 경우에는 기본설계의 내용을 포함하여 실시설계를 할 수 있다.

③ 실시설계의 내용, 설계기간, 설계관리 및 설계도서의 작성기준은 국토교통부장관이 정하여 고시한다.

④ 발주청이 실시설계를 하는 경우에는 제72조를 준용한다. 이 경우 "기본설계"는 "실시설계"로 본다.

⑤ 발주청은 「국가를 당사자로 하는 계약에 관한 법률 시행령」 제80조 및 「지방자치단체를 당사자로 하는 계약에 관한 법률 시행령」 제96조에 따라 일괄입찰 방식으로 결정된 건설공사의 경우에는 공사의 종류 및 구간별로 해당 실시설계와 시공을 병행할 수 있다.

② 발주청은 건설사업자와 주택건설등록사업자가 법 제48조제4항제2호에 따라 건설공사의 진행단계별로 작성해야 하는 시공상세도면의 목록을 공사시방서에 명시해야 하며, 시공상세도면 작성기준을 따로 마련하여 건설사업자, 주택건설등록사업자나 건설사업관리용역사업자 등이 참고하게 할 수 있다. <개정 2020.3.18>

제43조 (설계도서 작성 참여 기술인의 업무 수행내용 기록) 건설엔지니어링사업자가 법 제48조제5항에 따라 설계도서의 작성에 참여한 건설기술인의 업무 수행내용을 해당 설계도서에 적는 경우에는 해당 건설기술인의 성명 및 참여기간을 같이 적고, 해당 건설기술인으로 하여금 이를 확인한 후 서명

건설기술진흥법	건설기술진흥법 시행령	건설기술진흥법 시행규칙
2015.1.6, 2018.8.14, 2019.4.30, 2021.3.16> ⑥ 제1항부터 제5항까지의 규정에 따른 설계도서의 작성, 검토 및 확인에 필요한 사항은 국토교통부령으로 정한다.		또는 날인하도록 해야 한다. <개정 2019.2.25, 2020.3.18, 2021.8.27, 2021.9.17>
제49조 (건설공사감독자의 감독 의무) ① 발주청은 건설공사가 설계도서, 계약서, 그 밖의 관계 서류의 내용대로 시공되도록 하고 건설공사의 품질 및 현장의 안전 등 건설공사를 관리하기 위하여 공사감독자를 선임하여야 한다. 다만, 발주청이 제39조제2항에 따라 건설사업관리를 하게 하는 경우는 제외한다. ② 국토교통부장관은 공사감독자의 업무 내용을 정하여 고시하여야 하며, 공사감독자는 이에 따른 감독 업무를 성실히 수행하여야 한다.	**제74조 (측량 및 지반조사)** ① 발주청은 기본설계 또는 실시설계를 할 때에는 측량 및 지반조사를 하여야 한다. 이 경우 지반조사를 할 때에는 해당 지역의 인구 밀집상태 등을 고려하여야 한다. <개정2016.1.12> ② 발주청은 제1항에 따른 측량 및 지반조사에 필요한 비용을 확보하고 조사에 필요한 기간을 충분히 부여하여야 한다. ③ 제1항에 따른 측량 및 지반조사의 항목과 세부 기준은 국토교통부장관이 정하여 고시한다. **제75조 (설계의 경제성등 검토)** ① 발주청은 다음 각 호의 어느 하나에 해당하는 경우에는 설계 대상 시설물의 주요 기능별로 설계	

	내용에 대한 대안별 경제성과 현장 적용의 타당성(이하 "설계의 경제성등"이라 한다)을 직접 검토하거나 건설엔지니어링사업자 등 전문가가 검토하게 해야 한다. <개정 2014.12.30, 2020.1.7, 2021.9.14> 1. 총공사비 100억원 이상인 건설공사의 기본설계 및 실시설계를 하는 경우 2. 총공사비 100억원 이상인 건설공사의 시공 중 총공사비 또는 공종별 공사비를 10퍼센트 이상 조정(단순물량 증가나 물가변동으로 인한 변경은 제외한다)하여 설계를 변경하는 경우 3. 총공사비 100억원 이상인 건설공사를 실시설계의 완료일부터 3년 이상 지난 후에 발주하는 경우. 다만, 실시설계의 완료일부터 건설공사의 발주일까지 특별한 여건변동이 없었던 경우는 제외한다. <신설 2020.1.7> 4. 총공사비 100억원 미만인 건설공사에 대하여 발주청이 필요하다고 인정하는	

건설기술진흥법	건설기술진흥법 시행령	건설기술진흥법 시행규칙
	건설공사의 설계를 하는 경우 <개정 2020.1.7> 5. 건설공사의 시공단계에서 건설공사의 여건변동 등으로 인하여 발주청이 설계의 경제성등의 검토가 필요하다고 인정하는 경우 <신설 2020.1.7> ② 시공자는 도급받은 건설공사의 성능개선 및 기능향상 등을 위하여 설계의 경제성등을 검토할 필요가 있다고 인정하는 경우에는 미리 발주청과 협의하여 설계의 경제성등을 직접 검토할 수 있다. 이 경우 시공자는 설계의 경제성등의 검토가 완료되면 그 결과를 발주청에 통보해야 한다. <신설 2020.1.7> ③ 발주청은 제1항 및 제2항에 따라 실시된 설계의 경제성등 검토의 결과로 제시된 설계의 개선 제안 내용을 적용하는 것이 기술적으로 곤란하거나 비용을 과다하게 증가시키는 등 특별한 사유가 있는 경우	

를 제외하고는 해당 설계내용에 이를 반영해야 한다. <개정 2020.1.7>

④ 발주청은 제1항 및 제2항에 따라 실시된 설계의 경제성등 검토의 결과와 해당 설계내용에 대한 반영 결과를 국토교통부장관에게 제출해야 한다.
<개정 2020.1.7>

⑤ 제1항부터 제4항까지에서 규정한 사항 외에 설계의 경제성등 검토의 시기·횟수·대가기준, 구체적인 검토방법 및 절차등에 관하여 필요한 사항은 국토교통부장관이 정하여 고시한다. <개정 2020.1.7>

제75조의2(설계의 안전성 검토) ① 발주청은 제98조제1항에 따라 안전관리계획을 수립해야 하는 건설공사(같은 항 제5호 각 목의 어느 하나에 해당하는 건설기계가 사용되는 건설공사는 제외 한다)의 실시설계를 할 때에는 시공과정의 안전성 확보 여부를 확인하기위해 법 제62조제18항에 따른 설계의 안전성 검토를 국토안전관리

건설기술진흥법	건설기술진흥법 시행령	건설기술진흥법 시행규칙
	원에 의뢰해야 한다. <개정 2019.6.25, 2020.12.1> ② 발주청은 제1항에 따라 설계의 안전성 검토를 의뢰할 때 다음 각 호의 사항이 포함된 설계의 안전성에 관한 보고서(이하 "설계안전검토보고서"라 한다)를 국토안전관리원에 제출해야 한다. <신설 2019.6.25, 2020.12.1> 1. 시공단계에서 반드시 고려해야 하는 위험 요소, 위험성 및 그에 대한 저감대책에 관한 사항 2. 설계에 포함된 각종 시공법과 절차에 관한 사항 3. 그 밖에 시공과정의 안전성 확보를 위하여 국토교통부장관이 정하여 고시하는 사항 ③ 국토안전관리원은 제1항 및 제2항에 따라 설계의 안전성 검토를 의뢰받은 경우에는 외뢰 받은 날부터 20일 이내에	

설계안전검토보고서의 내용을 검토하여 발주청에 그 결과를 통보해야 한다. <신설 2019.6.25, 2020.12.1>

④ 발주청은 제1항에 따른 검토의 결과 시공과정의 안전성 확보를 위하여 개선이 필요하다고 인정하는 경우에는 설계도서의 보완·변경 등 필요한 조치를 하여야 한다. <개정 2019.6.25>

⑤ 발주청은 제1항에 따른 검토 결과를 건설공사를 착공하기 전에 국토교통부장관에게 제출하여야 한다. <개정 2019.6.25>

⑥ 제1항부터 제5항까지의 규정에 따른 설계의 안전성 검토의 방법 및 절차 등에 관하여 필요한 사항은 국토교통부장관이 정하여 고시한다. <개정 2019.6.25>

[본조신설 2016.1.12]

제76조 (시공 상태의 점검·관리) ① 발주청은 건설공사의 적정한 이행과 품질확보 및 기술 수준의 향상을 위하여 해당 건설공사의

건설기술진흥법	건설기술진흥법 시행령	건설기술진흥법 시행규칙
	시공에 관한 법령에 따라 시공 상태를 점검·관리하여야 한다. ② 발주청은 해당 건설공사에 필요한 기자재가 사전에 구매되도록 하는 등 공사가 원활하게 시행될 수 있도록 필요한 조치를 하여야 한다. ③ 발주청은 해당 건설공사의 시공상 문제점 및 관리상 유의사항을 파악하는 등 시공·관리가 효율적으로 이루어질 수 있도록 하여야 한다. **제77조는** 법 제55조의 우측에 있음. **제78조 (준공)** ① 건설공사의 준공보고서에는 다음 각 호의 서류 및 자료를 첨부하여야 한다. 1. 준공도서 2. 품질기록(품질시험 또는 검사 성과 총괄표를 포함한다) 3. 구조계산서(처음 실시설계 시의 구조계산서와 다르게 시공된 경우만 해당 한다)	

4. 시설물의 유지·관리에 필요한 서류
5. 신공법 또는 특수공법 평가보고서(신공법 또는 특수공법을 적용한 경우만 해당한다)
6. 시운전(試運轉) 평가결과서(시운전 을 한 경우만 해당한다)

② 발주청은 건설공사의 성질·규모 등을 고려하여 예비준공검사를 할 수 있다. 이 경우 준공검사를 하는 자는 예비준 공검사 시 지적된 사항의 시정 여부를 확인하여야 한다.

제79조 (공사참여자의 실명 관리) ① 발주청은 해당 건설공사의 각 시행과정에 참여한 관계 공무원 및 용역기관 담당자(타당성조사 시 수요예측을 수행한 사람 및 건설엔지니어링에서 도서를 작성하거나 공사비를 산정한 사람등을 포함한다)에 대하여 참여자별 참여기간, 수행 업무 등을 기록·관리해야 하며, 건설공사가 준공된 경우에는 그 기록을 시공 단계의 건설사업관리를 수행한 건설사업관리용역사업자에게

건설기술진흥법	건설기술진흥법 시행령	건설기술진흥법 시행규칙
	통보해야 한다. <개정 2020.1.7, 2021.9.14> ② 시공 단계의 건설사업관리를 수행한 건설사업관리용역사업자는 제1항에 따라 통보받은 기록과 건설사업관리기술인 및 시공자(수급인 및 하수급인의 현장작업책임자 이상의 직책을 수행한 사람을 말한다)의 공사 참여기간, 수행 업무 등에 대한 기록을 최종 건설사업관리보고서에 수록해야 한다. <개정 2018.12.11, 2020.1.7> **제80조 (유지·관리)** ① 건설공사를 통하여 설치된 시설물의 관리주체는 「시설물의 안전 및 유지관리에 관한 특별법」 등 관계 법령에 따라 안전하고 효율적으로 시설물을 유지·관리하여야 한다. <개정 2018.1.16> ② 시설물의 관리주체는 해당 건설공사에 관한 다음 각 호의 서류 및 자료를 유지·보존하여야 한다.	

제50조 (건설엔지니어링 및 시공 평가 등) ① 발주청(「사회기반시설에 대한 민간투자법」에 따른 민간투자사업인 경우에는 같은 법 제2조제4호에 따른 주무관청을 말한다. 이하 이 조에서 같다)은 그가 발주하는 대통령령으로 정하는 규모 이상의 건설엔지니어링사업[「건축사법」 제2조제3호에 따른 설계(이하 "건축설계"라 한다)에 관한 용역사업을 포함한다. 이하 이 조에서 같다]에 대하여 그 업무 수행에 대한 평가를 하여야 한다. <개정

1. 준공도서
2. 품질기록(품질시험 또는 검사 성과총괄표를 포함한다)
3. 구조계산서
4. 시공상 특기사항에 관한 보고서
5. 사후평가서
6. 안전점검·안전진단 보고서와 그 밖에 시설물의 관리주체가 시설물의 유지·관리에 필요하다고 인정하는 자료

제81조는 법 제47조의 우측에 있음.

제82조 (건설엔지니어링 평가 및 시공평가의 대상) ① 법 제50조제1항에서 "대통령령으로 정하는 규모 이상의 건설엔지니어링사업"이란 다음 각 호의 사업을 말한다. <개정 2015.7.6, 2021.9.14>

1. 계약금액이 「국가를 당사자로 하는 계약에 관한 법률」 제4조제1항에 따라 고시하는 금액 이상인 기본설계 또는 실시설계용역 사업
2. 감독 권한대행 등 건설사업관리 용역사업

건설기술진흥법	건설기술진흥법 시행령	건설기술진흥법 시행규칙
2018.12.31, 2021.3.16> ② 발주청은 그가 발주하는 대통령령으로 정하는 규모 이상의 건설공사에 대하여 그 시공의 적정성에 대한 평가를 하여야 한다. ③ 발주청은 제1항 및 제2항에 따라 평가를 한 경우에는 국토교통부령으 로 정하는 바에 따라 국토교통부장관에게 통보하여야 한다.	② 법 제50조제2항에서 "대통령령으로 정하는 규모 이상의 건설공사"란 총공사비 100억원 이상인 건설공사를 말한다. 다만, 단순·반복적인 공사로서 국토교통부령으로 정하는 건설공사는 제외한다. **제83조 (건설엔지니어링 평가 및 시공평가의 기준 및 절차)** ① 발주청은 법 제50조제1항에 따른 건설엔지니어링사업의 업무 수행에 대한 평가(이하 "용역평가"라 한다)를 국토교통부령으로 정하는 평가기준에 따라 다음 각 호의 구분에 따른 시기에 실시해야 한다. 다만, 제3호의 경우 해당 건설사업관리 용역기간이 4년을 초과하는 경우에는 해당 용역의 착수 후 3년마다 용역평가를 하고, 그 결과를 준공 후 최종 용역평가의 결과에 반영할 수 있다. <개정 2016.1.12, 2020.5.26, 2021.9.14>	**제44조 (건설엔지니어링 및 시공 평가)** ① 영 제82조제2항 단서에서 "국토교통부령으로 정하는 건설공사"란 제32조 각 호의 공사를 말한다. <개정 2021.9.17> ② 발주청이 공동도급 건설공사에 대하여 법 제50조제2항에 따른 건설공사의 시공에 대한 평가(이하 "시공평가"라 한다)를 하는 경우에는 다음 각 호의 구분에 따라 시공평가를 실시한다. 1. 공동이행방식인 경우: 공동수급체의 대표자에 대하여 시공평가를 실시 2. 분담이행방식인 경우: 건설공사를 분담하는 업체별로 시공평가를 실시 ③ 발주청은 법 제54조에 따른 건설공사현장 점검 결과를 법 제50조제1항에 따른 건설엔지니어링사업의 업무 수행에 대한 평가(이하 "용역평가"라 한다) 및 시공평가에 반영할 수 있다. <개정 2021.9.17>

1. 기본설계 : 해당 기본설계용역이 완료된 날부터 1개월 이내
2. 실시설계 : 해당 건설공사가 착공된 때부터 6개월 이내
3. 감독 권한대행 등 건설사업관리 : 해당 건설공사가 90퍼센트 이상 진척되었을 때부터 해당 건설공사의 준공 후 60일까지 <개정 2016.1.12>

② 발주청은 법 제50조제2항에 따른 건설공사의 시공의 적정성에 대한 평가(이하 "시공평가"라 한다)를 해당 공사[계속비(繼續費) 공사 또는 장기계속계약 공사는 전체 공사를 말한다]가 90퍼센트 이상 진척되었을 때부터 해당 건설공사의 준공 후 60일까지 완료하여야 한다. 다만, 발주청이 필요하다고 인정하는 경우에는 해당 공사의 진척이 90퍼센트가 되기 전에 시공평가를 하고 그 결과를 최종 시공평가의 결과에 50퍼센트 이하의 범위에서 반영할 수 있다. <개정 2016.1.12>

③ 용역평가 및 시공평가는 발주청이 지명하

④ 영 제82조제1항 각 호에 따른 용역사업에 대한 평가의 기준은 각각 별지 제34호서식의 설계용역 평가표 및 별지 제35호서식의 감독 권한대행 등 건설사업관리용역 평가표에 따른다.

⑤ 발주청은 용역평가 및 시공평가의 결과를 별지 제36호서식에 따른 평가 총괄표에 따라 기록·관리하여야 한다.

⑥ 발주청이 용역평가 및 시공평가를 수행한 경우에는 평가 완료 후 15일 이내에 국토교통부장관에게 그 결과를 통보하여야 한다. <개정 2016. 3.7>

⑦ 제1항부터 제6항까지의 규정에서 정한 사항 외에 용역평가 및 시공평가에 관한 세부적인 사항은 국토교통부장관이 정하여 고시한다.

건설기술진흥법	건설기술진흥법 시행령	건설기술진흥법 시행규칙
	는 5명 이상의 관계 공무원(발주청 소속 직원을 포함한다) 및 전문가가 하여야 한다. ④ 제1항부터 제3항까지에서 규정한 사항 외에 용역평가 및 시공평가의 세부 평가기준 및 방법 등에 관하여 필요한 사항은 국토교통부령으로 정한다.	
④ 국토교통부장관은 제1항 및 제2항에 따른 평가 결과를 건설엔지니어링사업자(「건축사법」 제23조제2항에 따른 건축사사무소개설자를 포함한다. 이하 이 조에서 같다) 및 건설사업자별로 종합하여 건설엔지니어링 종합평가 및 시공 종합평가(이하 "종합평가"라 한다)를 하고 그 결과를 공개할 수 있다. <개정 2019.4.30, 2021.3.16> ⑤ 국토교통부장관은 종합평가를 하기 위하여 필요한 경우에는 건설공사현장 등을 직접 점검하거나 건설엔지니어링사업자 또는 건설사업자에게 종합평가에 필요한 자료 제출을 요구할 수 있다. <개정	**제84조 (종합평가의 기준 및 절차)** ① 법 제50조제4항에 따라 국토교통부장관이 실시하는 건설엔지니어링 종합평가 및 시공종합평가(이하 "종합평가"라 한다)는 다음 각 호의 사항을 고려하여 실시해야 한다. <개정 2021.9.14> 1. 건설공사의 하자 및 재해 2. 「하도급거래 공정화에 관한 법률」의 위반 여부 3. 기술개발투자 실적 ② 국토교통부장관은 종합평가를 위하여 필요하다고 인정할 때에는 소속 직원으로 하여금 건설엔지니어링 성과 또는 시공결과	

2019.4.30, 2021.3.16> ⑥ 제1항부터 제5항까지의 규정에 따른 건설엔지니어링 평가, 시공평가 또는 종합평가의 기준, 절차, 항목, 그 밖에 필요한 사항은 대통령령으로 정한다. <개정 2021.3.16>	를 확인하거나 검토하게 할 수 있다. <개정 2021.9.14> ③ 국토교통부장관은 종합평가의 결과를 인터넷 홈페이지 등을 통하여 공개할 수 있다. ④ 종합평가의 세부 평가기준 및 방법 등에 관하여 필요한 사항은 국토교통부장관이 정하여 고시한다.	
제51조 (우수건설엔지니어링사업자 등의 선정) ① 국토교통부장관은 종합평가 결과 등 대통령령으로 정하는 바에 따라 우수건설엔지니어링사업자, 우수건설사업자 또는 우수건설기술인을 선정할 수 있다. <개정 2018.8.14, 2018.12.31, 2019.4.30, 2021.3.16> ② 발주청은 건설엔지니어링사업 또는 건설공사를 발주할 때 제1항에 따른 우수건설엔지니어링사업자, 우수건설사업자 또는 우수건설기술인을 우대할 수 있다. <개정 2018.8.14, 2019.4.30, 2021.3.16>	**제85조 (우수건설엔지니어링사업자 등의 선정)** ① 국토교통부장관은 법 제51조제1항에 따른 우수건설엔지니어링사업자, 우수건설사업자 또는 우수건설기술인(이하 "우수건설엔지니어링사업자등"이라 한다)을 다음 각 호의 요건을 갖춘 자 중에서 국토교통부령으로 정하는 기준에 따라 선정한다. <개정 2018.12.11, 2020.1.7, 2021.9.14, 2025.6.2> 1. 최근 3년간 법 제31조에 따른 등록취소 또는 영업정지 처분, 법 제32조에 따른 과징금 부과처분을 받은 사실이 없는 자(우수건설엔지니어링사업자를 선정하는 경우만 해당하며, 「행정소송법」	**제45조 (우수건설엔지니어링사업자 등의 세부 선정기준)** 법 제51조제1항에 따른 우수건설엔지니어링사업자, 우수건설사업자 또는 우수건설기술인은 다음 각 호의 구분에 따라 국토교통부장관이 정하여 고시하는 세부분야별로 선정한다. <개정 2025.6.2> 1. 우수건설엔지니어링사업자: 법제50조제4항에 따른 종합평가(이하 이 조에서 "종합평가"라 한다) 대상자 중 종합평가 점수가 90점 이상인 자를 고득점자 순으로 선정하되, 선정 사업자의 수는 종합평가 대상자의 20퍼센트 이내로 한다. 2. 우수건설사업자: 종합평가 대상자 중

건설기술진흥법	건설기술진흥법 시행령	건설기술진흥법 시행규칙
	또는 「행정심판법」에 따라 그 처분이 집행정지 중에 있는 자는 우수건설엔지니어링사업자로 선정할 수 없다) 2. 최근 3년간 「건설산업기본법」 제82조제1항·제2항 또는 제82조의2제1항·제2항에 따른 영업정지 처분 또는 과징금 부과처분을 받은 사실이 없는 자(우수건설사업자를 선정하는 경우만 해당하며, 「행정소송법」 또는 「행정심판법」에 따라 그 처분이 집행정지 중에 있는 자는 우수건설사업자로 선정할 수 없다) 3. 최근 3년간 「국가를 당사자로 하는 계약에 관한 법률」 제27조에 따른 입찰참가자격 제한을 받은 사실이 없는 자 4. 최근 3년간 「하도급거래 공정화에 관한 법률」 제30조에 따른 벌금형을 받은 사실이 없는 자 5. 최근 3년간 법 제24조제1항에 따른 업무정지 처분을 받은 사실이 없는 자 (우	다음 각 목의 기준을 모두 충족하는 자를 종합평가 고득점자 순으로 선정하되, 선정 사업자의 수는 종합평가 대상자의 20퍼센트 이내로 한다. 가. 종합평가 점수가 90점 이상일 것 나. 최근 3년간 법 제50조제2항에 따른 시공평가를 받은 실적이 있는 경우에는 그 점수가 각각 80점 이상일 것 다. 최근 5년간 계속하여 해당 건설업종에 대한 등록을 유지하였을 것 라. 「건설산업기본법」 제83조에 따라 해당 건설업종에 대한 등록말소를 받은 사실이 없을 것 3. 우수건설기술인: 종합평가 점수가 90점 이상인 자로서 국토교통부장관이 정하여 고시하는 세부선정기준을 충족하는 자

③ 국토교통부장관은 제1항에 따른 우수건설엔지니어링사업자, 우수건설사업자 또는 우수건설기술인이 다음 각 호의 어느 하나에 해당하면 대통령령으로 정하는 바에 따라 그 선정을 취소하여야 한다. <개정 2018.8.14, 2018.12.31, 2019.4.30, 2021.3.16> 1. 거짓이나 그 밖의 부정한 방법으로 선정된 경우 2. 부실공사 등으로 인하여 「건설산업기본법」 제82조에 따른 영업정지 처분 또는 과징금 부과처분을 받은 경우 3. 제1항에 따른 우수건설엔지니어링사업자(법인의 경우 그 대표자를 말한다), 우수건설사업자(법인의 경우 그	수 건설기술인을 선정하는 경우만 해당한다) 6. 최근 3년간 건설사고 중 사망사고가 발생한 사실이 없는 자(우수건설엔지니어링사업자 또는 우수건설사업자를 선정하는 경우만 해당한다) <신설 2025.6.2> ② 제1항에 따른 우수건설엔지니어링사업자등의 선정에 대한 유효기간은 다음 각 호의 구분에 따른다. <개정 2025.6.2> 1. 우수건설엔지니어링사업자 또는 우수건설사업자의 경우: 선정일부터 1년 2. 우수건설기술인의 경우: 선정일부터 3년의 범위에서 국토교통부장관이 정하여 고시하는 기간 ③ 국토교통부장관은 법 제51조제1항에 따라 우수건설엔지니어링사업자등을 선정하거나 법 제51조제3항에 따라 우수건설엔지니어링사업자등의 선정을 취소했을 때에는 다음 각 호의 사항을 인터넷 홈페이지 및 법 제62조제15항에 따른 건설공사 안전관리 종합정보망(이하 "정보망"이라 한다) 등	

건설기술진흥법	건설기술진흥법 시행령	건설기술진흥법 시행규칙
대표자를 말한다) 또는 우수건설기술인이 각각의 업무와 관련하여 금고 이상의 형(집행유예를 포함한다)을 선고받은 경우 4. 위법·부당한 행위로 등록취소·영업정지·과징금 등 대통령령으로 정하는 행정처분을 받은 경우 <신설 2018.12.31> ④ 제1항부터 제3항까지에서 규정한 사항 외에 우수건설엔지니어링사업자, 우수건설사업자 또는 우수건설기술인의 선정에 필요한 세부사항은 대통령령으로 정한다. <신설 2018.12.31, 2019.4.30, 2021.3.16> [제목개정 2018.12.31] [시행일 : 2019.7.1] 제51조	을 통하여 공개해야 한다. <개정 2020.1.7., 2021.9.14., 2025.6.2.> 1. 우수건설엔지니어링사업자등의 선정 현황(업체명·면허번호·대표자 및 소재지) 2. 선정날짜 및 유효기간 3. 선정 분야 4. 취소사유(취소의 경우만 해당한다) [제목개정 2021.9.14.]	
제52조 (건설공사의 사후평가) ① 발주청은 대통령령으로 정하는 건설공사가 완료되었을 때에는 공사 내용 및 효과를 조사·분석하여 사후평가를 하고 사후평가서를 작	**제86조 (건설공사의 사후평가)** ① 법 제52조제1항에서 "대통령령으로 정하는 건설공사"란 총공사비가 300억원 이상인 건설공사를 말한다. 다만, 건설공사의 특성상 법	**제46조 (사후평가 결과의 공개)** 발주청은 법 제52조제1항에 따른 사후평가서를 국토교통부장관이 정하여 고시하는 바에 따라 건설공사 지원 통합정보체계에 입력하고,

성하여야 한다. ② 사후평가서의 적절성에 대한 발주청의 자문에 응하게 하기 위하여 발주청에 사후평가위원회를 둔다. ③ 발주청은 사후평가위원회에 자문하여 의견을 받은 결과 그 내용이 타당하면 사후평가서에 반영하는 등 필요 한 조치를 하여야 한다. ④ 발주청은 사후평가서를 공개하여야 하며, 공개의 방법과 절차 등은 국토교통부령으로 정한다. ⑤ 국토교통부장관은 발주청의 사후평가서가 유사한 건설공사의 효율적 수행을 위한 자료로 활용될 수 있도록 방안을 마련하여야 한다. ⑥ 제1항에 따른 건설공사 사후평가의 내용·방법, 사후평가위원회의 구성 및 운영 등에 필요한 사항은 대통령령으로 정한다.	제52조제1항에 따른 사후평가서(이하 "사후평가서"라 한다)의 작성이 필요하지 아니하다고 국토교통부장관이 정하여 고시하는 건설공사는 제외한다. ② 발주청은 사후평가서를 작성하는 경우에는 용역평가 및 시공평가와 제78조제1항에 따른 준공보고서를 토대로 다음 각 호의 사항을 조사·분석하여야 한다. 다만, 총공사비가 500억원 미만인 건설공사의 경우에는 제2호 및 제4호의 사항은 제외한다. 1. 예상 공사비 및 공사기간과 실제로 투입된 공사비 및 공사기간의 비교·분석 2. 공사 기획 시 예측한 수요 및 기대효과와 공사 완료 후의 실제 수요 및 공사효과의 비교·분석 3. 해당 공사의 문제점과 개선방안 4. 주민의 호응도 및 사용자의 만족도 5. 그 밖에 발주청이 평가에 필요하다고 인정하는 사항	사후평가 결과를 인터넷 홈페이지 등을 통하여 공개하여야 한다.

건설기술진흥법	건설기술진흥법 시행령	건설기술진흥법 시행규칙
	③ 사후평가위원회의 위원은 다음 각 호의 어느 하나에 해당하는 사람 중에서 발주청이 임명하거나 위촉한다. 1. 중앙심의위원회, 지방심의위원회, 특별심의위원회 또는 다른 발주청의 사후평가위원회 위원 2. 관계 시민단체가 추천하는 사람 3. 해당 분야의 전문가 ④ 사후평가위원회는 다음 각 호의 사항을 심의한다. 1. 제2항에 따른 조사·분석의 결과에 관한 사항 2. 제2항에 따른 조사·분석에 필요한 객관적이고 투명한 평가지표 및 측정방법에 관한 사항 3. 그 밖에 사후평가서의 적절성에 관하여 발주청이 요청하는 사항 ⑤ 제3항과 제4항에서 규정한 사항 외에 사후평가위원회의 구성 및 운영 등에 필	

제52조의2(사후평가 관리 등) ① 국토교통부장관은 사후평가에 관한 업무를 효율적으로 추진하기 위하여 다음 각 호의 업무를 수행한다. 1. 사후평가 수행결과의 적정성 확인·점검 2. 사후평가 관련 정보의 축적·분석,분석정보의 보급 3. 사후평가의 기준·절차·평가기법 등에 관한 조사·연구 4. 사후평가 관련 교육·훈련·기술교류	요한 사항은 발주청이 정한다. ⑥ 제2항부터 제4항까지에서 규정한 사항 외에 공종 및 규모 등에 따른 사후평가의 시점, 내용 및 방법 등에 관하여 필요한 사항은 국토교통부장관이 정하여 고시한다. ⑦ 국토교통부장관은 사후평가서를 축적·분석하여 건설공사의 시행과정별로 표준적인 소요기간 및 비용의 기준을 정하여 고시할 수 있다.	

건설기술진흥법	건설기술진흥법 시행령	건설기술진흥법 시행규칙
· 국제협력 5. 그 밖에 대통령령으로 정하는 사항	**제86조의2(사후평가 관리 등)** ① 법 제52조의2제1항제5호에서 "대통령령으로 정하는 사항"이란 다음 각 호의 사항을 말한다. 1. 사후평가 시행에 관한 검토 · 자문 2. 사후평가 수행 여부에 대한 확인 · 점검 3. 그 밖에 사후평가 제도의 발전을 위하여 국토교통부장관이 필요하다고 인정하는 사항	
② 국토교통부장관은 전문관리기관을 지정하여 대통령령으로 정하는 바에 따라 제1항의 업무 전부 또는 일부를 위탁할 수 있다.	② 국토교통부장관은 법 제52조의2제2항에 따라 건설기술연구원을 사후평가 전문관리기관으로 지정하고, 같은 조 제1항 각 호의 사후평가 관리 업무를 건설기술연구원에 위탁한다. ③ 건설기술연구원은 법 제52조의2제1항제1호의 업무를 수행하기 위하여 대상공사 현황 및 사후평가서 등 사후평가와 관련된 자료를 발주청에게 요청할 수 있다. [본조신설 2020.5.26]	

③ 국토교통부장관은 전문관리기관의 운영에 필요한 비용을 예산의 범위에서 출연할 수 있다. ④ 전문관리기관의 지정·운영과 제3항에 따른 출연금의 지급범위·사용 및 관리에 필요한 사항은 대통령령으로 정한다. [본조신설 2019.11.26]	**제86조의3(사후평가 전문관리기관 운영을 위한 출연금)** ① 법 제52조의2제2항 및 이 영 제86조의2제2항에 따라 사후평가 전문관리기관으로 지정된 건설기술연구원은 법 제52조의2제3항에 따라 출연금을 받으려는 경우에는 매년 4월 30일까지 다음 연도의 출연금예산요구서에 다음 각 호의 서류를 첨부하여 국토교통부장관에게 제출해야 한다. 1. 다음 연도의 업무계획서 2. 다음 연도의 추정 재무상태표 및 추정 손익계산서 ② 국토교통부장관은 제1항 각 호의 서류가 타당하다고 인정하는 경우에는 출연금을 지급한다. ③ 건설기술연구원은 제2항에 따라 출연금을 지급받은 경우에는 그 출연금에 대하여 별도의 계정을 설정하여 관리해야 하며, 법 제52조의2제1항 각 호에 따른 사후평가 관리 업무에 한정하여 사용해야 한다.	

건설기술진흥법	건설기술진흥법 시행령	건설기술진흥법 시행규칙
	④ 건설기술연구원은 위탁받은 사후평가 업무에 대한 계획 및 실적을 다음 각 호의 구분에 따른 시기까지 국토교통부장관에게 보고해야 한다. 1. 해당 연도의 세부업무계획: 매년 1월 31일까지 2. 출연금 사용실적을 포함한 전년도 업무 실적: 매년 3월 31일까지 [본조신설 2020.5.26]	
제2절 건설공사의 품질 및 안전 관리 등	**제2절 건설공사의 품질 및 안전 관리 등**	
제53조 (건설공사 등의 부실 측정) ① 국토교통부장관, 발주청(「사회기반시설에 대한 민간투자법」에 따른 민간투자사업인 경우에는 같은 법 제2조제4호에 따른 주무관청을 말한다. 이하 이 조에서 같다)과 인·허가기관의 장은 다음 각 호의 어느 하나에 해당하는 자가 건설엔지니어링,	**제87조 (건설공사 등의 부실 측정에 따른 벌점 부과 등)** ① 삭제 <2019.6.25> ② 건설엔지니어링, 건축설계(「건축사법」 제2조제3호에 따른 설계를 말한다), 공사감리(「건축사법」 제2조제4호에 따른 공사감리를 말한다) 또는 건설공사를 공동도급하는 경우에는 다음 각 호의	**제47조 (건설공사 등의 부실측정 결과의 관리)** 국토교통부장관, 발주청 및 인·허가기관의 장은 법 제53조제1항에 따라 건설공사 등의 부실의 정도를 측정한 경우(벌점을 부과하지 아니한 경우를 포함한다)에는 그 측정 결과를 관리하여야 하며, 별지 제37호서식 및 별지 제38호서식의 벌점

건축설계, 「건축사법」 제2조제5호에 따른 공사감리 또는 건설공사를 성실하게 수행하지 아니함으로써 부실공사가 발생하였거나 발생할 우려가 있는 경우 및 제47조에 따른 건설공사의 타당성 조사(이하 "타당성 조사"라 한다)에서 건설공사에 대한 수요 예측을 고의 또는 과실로 부실하게 하여 발주청에 손해를 끼친 경우에는 부실의 정도를 측정하여 벌점을 주어야 한다. <개정 2018.8.14, 2019.4.30, 2021.3.16>

1. 건설사업자
2. 주택건설등록업자
3. 건설엔지니어링사업자(「건축사법」 제23조제2항에 따른 건축사사무소개설자를 포함한다)
4. 제1호부터 제3호까지의 어느 하나에 해당하는 자에게 고용된 건설기술인 또는 건축사

구분에 따라 벌점을 부과 한다. <개정 2019.6.25, 2020.11.10, 2021.9.14>

1. 공동이행방식인 경우: 공동수급체구성원 모두에 대하여 공동수급협정서에서 정한 출자비율에 따라 부과. 다만, 부실공사에 대한 책임 소재가 명확히 규명된 경우에는 해당 구성원에게만 부과한다.
2. 분담이행방식인 경우: 분담업체별로 부과

③ 국토교통부장관, 발주청(「사회기반시설에 대한 민간투자법」에 따른 민간투자사업인 경우에는 같은 법 제2조제5호에 따른 주무관청을 말한다) 또는 인·허가기관의 장(이하 이 조, 제87조의2, 제87조의3 및 별표 8에서 "측정기관"이라 한다)은 법 제53조제1항에 따라 건설엔지니어링 등의 부실 정도를 측정하거나 벌점을 부과한 경우에는 국토교통부령으로 정하는 바에 따라 관리하고 제117조 제1항에 따라 벌점의 종합관리를 위탁받은 기관에

총괄표를 매반기 말일을 기준으로 다음달 15일까지 영 제117조제1항에 따라 벌점의 종합관리를 위탁받은 기관에 통보하여야 한다.

건설기술진흥법	건설기술진흥법 시행령	건설기술진흥법 시행규칙
② 발주청은 제1항에 따라 벌점을 받은 자에게 건설엔지니어링 또는 건설공사 등을 위하여 발주청이 실시하는 입찰 시 그 벌점에 따라 불이익을 주어야 한다. <개정 2021.3.16> ③ 발주청과 인·허가기관의 장은 제1항에 따라 벌점을 준 경우 그 내용을 국토교통부장관에게 통보하여야 하며, 국토교통부장관은 그 벌점을 종합관리하고, 제1항 제1호부터 제3호까지의 자에게 준 벌점을 공개하여야 한다.	이를 통보해야 한다. <개정 2020.11.10, 2021.9.14> ④ 제3항에 따라 벌점 부과 결과를 통보받은 기관은 벌점을 부과받은 자에 대한 벌점을 누계하여 관리하여야 하며, 발주청의 요청이 있는 경우에는 그 내용을 통보하거나 정보통신망을 통하여 발주청이 확인할 수 있도록 하여야 한다. ⑤ 법 제53조제1항 및 제2항에 따른 부실정도의 측정기준, 불이익 내용, 벌점의 공개 대상·방법·시기·절차 및 관리 등은 별표 8의 벌점관리기준에 따른다. **제87조의2 (이의 신청 등)** ① 벌점 부과 내용을 통보받은 벌점 부과 대상자는 그 통보를 받은 날부터 30일 이내에 측정기관에 이의신청을 할 수 있다. 이 경우 벌점 부과에 대하여 불복하는 사유를 분명하게 밝혀 신청해야 한다. ② 제1항에 따라 이의 신청을 받은 측정기관	

④ 제1항부터 제3항까지의 규정에 따른 부실 정도의 측정기준, 불이익 내용, 벌점의 관리 및 공개 등에 필요한 사항은 대통령령으로 정한다.	은 제87조의3에 따른 벌점심의위원회의 심의를 거쳐 그 결과를 이의 신청일부터 40일 이내에 이의 신청인에게 통보해야 한다. ③ 측정기관은 제2항에 따른 심의 결과 부실측정과 벌점 부과에 잘못이 있는 경우에는 벌점 부과 결과를 정정해야 한다. [본조신설 2020.11.10] **제87조의3 (벌점심의위원회)** ① 제87조의2에 따른 벌점 부과 결과에 대한 이의 신청을 심의하기 위하여 각 측정기관별로 벌점심의위원회를 둔다. ② 벌점심의위원회는 측정기관이 벌점을 부과한 사유 · 근거와 벌점 부과 대상자가 심의를 의뢰한 사유 · 근거를 충분히 고려하여 심의해야 한다. ③ 벌점심의위원회는 위원장 및 6명 이상의 위원으로 구성한다. ④ 벌점심의위원회 위원장은 국토교통부, 발주청 또는 인 · 허가기관에 소속된 공무원, 임원 · 직원 중에서 측정기관이 임명하거	

건설기술진흥법	건설기술진흥법 시행령	건설기술진흥법 시행규칙
	나 위촉한다. ⑤ 벌점심의위원회 위원은 건설기술에 관한 학식과 경험이 풍부한 외부 전문가 중에서 측정기관이 위촉한다. ⑥ 제1항부터 제5항까지에서 규정한 사항 외에 벌점심의위원회 구성 · 운영에 필요한 사항은 국토교통부장관이 정하여 고시한다. [본조신설 2020.11.10]	
제54조 (건설공사현장 등의 점검) ① 국토교통부장관 또는 특별자치시장, 특별자치도지사, 시장·군수·구청장(자치구의 구청장을 말한다. 이하 같다), 발주청은 건설공사의 부실방지, 품질 및 안전 확보가 필요한 경우에는 대통령령으로 정하는 건설공사에 대하여는 현장 등을 점검할 수 있으며, 점검 결과 필요한 경우에는 대통령령으로 정하는 바에 따라 제53조제1항 각 호의 자에게 시정명령 등의 조치를 하거나 관계 기관에	**제88조 (건설공사현장 등의 점검 등)** ① 법 제54조제1항에서 "대통령령으로 정하는 건설공사"란 다음 각 호의 건설공사를 말한다. <개정 2016.1.12, 2018.1.16, 2020.5.26> 1. 건설공사의 현장에서 「자연재해대책법」 제2조제1호에 따른 재해 또는 「재난 및 안전관리 기본법」 제3조제1호나목에 따른 재난이 발생한 경우의 해당 건설공사	**제48조 (건설공사현장 등의 점검)** ① 지방국토관리청장 또는 특별자치시장, 특별자치도지사, 시장·군수·구청장(자치구의 구청장을 말한다. 이하 같다), 발주청은 법 제54조제1항에 따라 건설공사현장 등을 점검하기 3일 전까지 다음 각 호의 사항을 해당 건설공사현장의 건설사업관리용역사업자 또는 「건설산업기본법」 제40조제1항에 따라 건설공사의 현장에 배치된 건설기술인에게 통보해야 한다. 다만, 안전사고의 발생, 발생 우려

대하여 관계 법률에 따른 영업정지 등의 요청을 할 수 있다. <개정 2015.5.18, 2018.12.31, 2019.8.27> ② 제1항에 따라 건설공사현장을 점검한 특별자치시장, 특별자치도지사, 시장・군수・구청장, 발주청은 점검결과 및 그에 따른 조치결과(시정명령 또는 영업정지 등을 포함한다)를 국토 교통부장관에게 제출하여야 한다. <신설 2018.12.31>	2. 건설공사의 현장에서 「시설물의 안전 및 유지관리에 관한 특별법 시행령」 제18조제1항 각 호에 따른 중대한 결함이 발생한 경우의 해당 건설공사 <개정 2018.1.16> 3. 인·허가기관의 장이 부실에 대하여 구체적인 민원이 제기되거나 안전사고 예방 등을 위하여 점검이 필요하다고 인정하여 점검을 요청하는 건설공사 <개정 2016.1.12> 4. 그 밖에 건설공사의 부실에 대하여 구체적인 민원이 제기되거나 안전사고 예방, 부실공사 방지 및 품질 확보 등을 위하여 국토교통부장관, 특별자치시장, 특별자치도지사, 시장・군수・구청장(자치구의 구청장을 말한다. 이하 같다) 또는 발주청이 점검이 필요하다고 인정하는 건설공사 <개정 2016.1.12, 2020.5.26> ② 법 제54조제1항에 따라 특별자치시장, 특별자치도지사, 시장·군수·구청장 또	또는 건설공사의 부실에 대하여 구체적인 민원이 제기된 경우로서 긴급히 조치할 필요가 있거나 사전에 통지할 경우 증거인멸 등으로 점검 목적을 달성할 수 없다고 인정하는 경우에는 통보하지 않을 수 있다. <개정 2016.3.7, 2016.7.4, 2019.2.25, 2020.3.18> 1. 점검 근거 및 목적 2. 점검일시 3. 점검자의 인적사항(소속·직급 및 성명) 4. 점검내용 ② 법 제54조제1항에 따라 건설공사현장 등을 점검하는 자(이하 "점검자"라 한다)는 별지 제39호서식에 따른 점검요원증을 이해관계인에게 보여 주어야 한다. <개정 2016.3.7> ③ 건설공사현장 등을 점검한 점검자는 별지 제40호서식에 따른 점검방문 일지에 점검일시 및 점검내용 등을 적어야 한다. <개정 2016.3.7> ④ 건설공사의 발주자, 건설사업관리용역

건설기술진흥법	건설기술진흥법 시행령	건설기술진흥법 시행규칙
	는 발주청이 건설공사 현장 등을 점검할 수 있는 건설공사는 자신이 발주한 건설공사 및 허가 등을 한 건설공사로 한정한다. <개정 2016.1.12>	사업자 및 현장에 배치된 건설기술인은 현장점검이 원활히 시행될 수 있도록 설계도서 및 시험성과표 등 관련 자료를 점검자에게 제시해야 하며, 점검자가 점검에 필요한 자료를 요구하는 경우에는 특별한 사유가 없으면 이에 따라야 한다. <개정 2016.3.7, 2019.2.25, 2020.3.18> ⑤ 지방국토관리청장 또는 특별자치시장, 특별자치도지사, 시장·군수·구청장, 발주청은 건설공사현장 등의 효율적인 점검을 위하여 필요한 경우에는 소속 공무원 또는 직원 외에 해당 분야의 관계 전문가를 점검에 참여시킬 수 있다. <개정 2016.3.7>
③ 발주청(발주자가 발주청이 아닌 경우 해당 건설공사의 인·허가기관을 말한다)은 제1항에 따른 건설공사로 인하여 안전사고나 부실공사가 우려되어 대통령령으로 정하는 요건을 갖춘 민원이 제	③ 법 제54조제3항에서 "대통령령으로 정하는 요건"이란 다음 각 호의 요건을 말한다. <신설 2020.1.7> 1. 안전사고나 부실공사가 우려되는 대상이 다음 각 목의 어느 하나일 것	⑥ 영 제88조제3항제3호에서 "국토교통부령으로 정하는 표지판"이란 별지 제41호서식에 따른 부실시공현장 표지를 말한다. ⑦ 국토교통부장관은 건설공사 현장점검

기되는 경우 그 민원을 접수한 날부터 3일 이내에 현장 등을 점검하여야 하고, 그 점검결과 및 조치결과(시정명령 또는 영업정지 등을 포함한다)를 국토교통부장관에게 제출하여야 한다. <신설 2019.8.27> ④ 제1항에 따라 건설공사현장을 점검하는 자는 점검의 중복 등으로 인하여 그 건설공사에 지장을 주는 일이 없도록 하여야 한다. <개정 2018.12.31, 2019.8.27> ⑤ 제1항에 따른 건설공사현장 점검 등에 관하여 필요한 사항은 국토교통부령으로 정한다. <개정 2018.12.31, 2019.8.27> [시행일 : 2019.7.1] 제54조	가. 건설공사의 주요 구조부 및 가설구조물 나. 건설공사로 인한 지하 10미터 이상의 굴착지점 다. 건설공사에 사용되는 천공기, 항타·항발기 및 타워크레인 라. 건설공사의 인근 지역에 위치한 시설물 2. 다음 각 목의 어느 하나에 해당하는 자료나 의견을 첨부할 것 가. 파손, 균열 및 침하 등으로 인한 심각한 안전사고나 부실공사가 우려된다는 것을 증명할 수 있는 해당 파손, 균열 및 침하 등에 대한 도면, 사진 및 영상물 등 구체적인 자료 나. 건설공사의 안전과 관련된 분야의 박사·석사 학위 취득자, 「기술사법」에 따른 기술사 및 그 밖의 관계 전문가의 안전사고나 부실공사가 우려된다는 의견	의 실효성을 제고하고 객관성을 확보하기 위하여 현장점검의 세부적인 절차 및 방법을 정하여 고시할 수 있다. <신설 2016.3.7>

건설기술진흥법	건설기술진흥법 시행령	건설기술진흥법 시행규칙
	④ 국토교통부장관, 특별자치시장, 특별자치도지사, 시장·군수·구청장 또는 발주청은 법 제54조에 따라 건설공사현장 등을 점검한 결과 부실시공으로 지적된 경우에는 법 제53조제1항 각 호의 자에게 다음 각 호의 조치를 명할 수 있다. 다만, 「원자력안전법 시행령」 제153조에 따른 수탁기관이 원자력시설공사의 현장에 대한 검사를 하여 시정 또는 보완을 명한 경우에는 그렇지 않다. <개정 2016.1.12, 2020.1.7, 2020.5.26> 1. 다음 각 목의 어느 하나에 해당하는 경우 일정 기간의 공사중지 가. 해당 시설물의 구조안전에 지장을 준다고 인정되는 경우 나. 법 제55조에 따른 건설공사의 품질관리에 관한 사항을 위반하여 주요 구조부의 부실시공이 우려되는 경우 다. 법 제62조에 따른 건설공사의 안전	

	관리에 관한 사항을 위반하여 인적·물적 피해가 우려되는 경우 2. 설계도서에서 정하는 기준에 적합한지의 진단 및 이에 따른 시정조치 3. 건설공사현장의 출입구에 국토교통부령으로 정하는 표지판의 설치 ⑤ 국토교통부장관, 특별자치시장, 특별자치도지사, 시장·군수·구청장 또는 발주청은 제4항제1호에 따른 공사중지 명령을 할 때에는 서면으로 해야 하며, 공사중지기간이 끝난 때에는 지적사항 시정 여부를 확인한 후 서면으로 공사재개를 명해야 한다. <신설 2020.5.26> ⑥ 제4항제3호에 따른 표지판은 시정조치 등이 완료될 때까지 설치해야 하며, 누구든지 표지판을 훼손해서는 안 된다. <개정 2020.5.26>	

건설기술진흥법	건설기술진흥법 시행령	건설기술진흥법 시행규칙
제55조 (건설공사의 품질관리) ① 건설사업자와 주택건설등록업자는 대통령령으로 정하는 건설공사에 대하여는 그 종류에 따라 품질 및 공정 관리 등 건설공사의 품질관리계획(이하 "품질관리계획"이라 한다) 또는 시험 시설 및 인력의 확보 등 건설공사의 품질시험계획(이하 "품질시험계획"이라 한다)을 수립하고, 이를 발주자에게 제출하여 승인을 받아야 한다. 이 경우 발주청이 아닌 발주자는 미리 품질관리계획 또는 품질시험계획의 사본을 인·허가기관의 장에게 제출하여야 한다. <개정 2019.4.30>	**제77조 (공사의 관리)** ① 발주청은 시공자가 해당 건설공사의 공정·비용·품질·안전 및 하도급 관리 등에 관한 계획(법 제55조제1항에 따른 품질관리계획 및 법 제62조제1항에 따른 안전관리계획을 포함하며, 이하 "공사관리계획"이라 한다)과 시공에 따른 교통 소통 및 환경오염 방지에 관한 대책을 적절히 이행하는지 관리·감독하여야 한다. ② 발주청은 총공사비가 500억원 이상인 건설공사의 시공자로 하여금 국토교통부장관이 정하여 고시하는 기준에 따른 세부 공종이 완료될 때마다 투입된 비용과 기간 등에 관한 실적을 제73조에 따른 실시설계와 비교하여 관리하게 할 수 있다. ③ 발주청은 건설공사에서 발생하는 토석(土石)이 다른 건설공사에 효율적으로 활용될 수 있도록 국토교통부장관이 정하여 고시하는 바에 따라 토석을 관리하여야 한다.	

제89조 (품질관리계획 등의 수립대상 공사)

① 법 제55조제1항에 따른 품질관리계획(이하 "품질관리계획"이라 한다)을 수립해야 하는 건설공사는 다음 각 호의 건설공사로 한다. <개정 2020.5.26>

1. 감독 권한대행 등 건설사업관리 대상인 건설공사로서 총공사비(도급자가 설치하는 공사의 관급자재비를 포함하되, 토지 등의 취득·사용에 따른 보상비는 제외한 금액을 말한다. 이하 같다)가 500억원 이상인 건설공사
2. 「건축법 시행령」 제2조제17호에 따른 다중이용 건축물의 건설공사로서 연면적이 3만제곱미터 이상인 건축물의 건설공사 <개정 2014.11.11>
3. 해당 건설공사의 계약에 품질관리계획을 수립하도록 되어 있는 건설공사

② 법 제55조제1항에 따른 품질시험계획(이하 "품질시험계획"이라 한다)을 수립하여야 하는 건설공사는 제1항에 따른 품질관리계획 수립 대상인 건설공사외의 건설공사

건설기술진흥법	건설기술진흥법 시행령	건설기술진흥법 시행규칙
	로서 다음 각 호의 어느 하나에 해당하는 건설공사로 한다. 이 경우 품질시험계획에 포함하여야 하는 내용은 별표 9와 같다. 1. 총공사비가 5억원 이상인 토목공사 2. 연면적이 660제곱미터 이상인 건축물의 건축공사 3. 총공사비가 2억원 이상인 전문공사 ③ 제1항과 제2항에도 불구하고 건설사업자와 주택건설등록업자는 원자력시설공사와 건설공사의 성질상 품질관리계획 또는 품질시험계획을 수립할 필요가 없다고 인정되는 건설공사로서 국토교통부령으로 정하는 건설공사에 대해서는 품질관리계획 또는 품질시험계획을 수립하지 않을 수 있다. 다만, 건설공사의 설계도서에서 품질관리계획 또는 건설공사의 품질시험계획을 수립하도록 되어 있는 건설공사에 대해서는 품질관리계획 또는 품질시험계획을 수립해야 한다. <개정 2020.1.7>	**제49조 (품질관리계획 등을 수립할 필요가 없는 건설공사)** 영 제89조제3항 본문에서 "국토교통부령으로 정하는 건설공사"란 다음 각 호의 공사를 말한다. 1. 조경식재공사 2. 삭제 <2016.7.4> 3. 철거공사

④ 품질관리계획은 「산업표준화법」 제12조에 따른 한국산업표준(이하 "한국산업표준"이라 한다)인 케이에스 큐 아이에스오(KS Q ISO) 9001 등에 따라 국토교통부장관이 정하여 고시하는 기준에 적합하여야 한다.

제90조 (품질관리계획 등의 수립절차) ① 건설사업자와 주택건설등록업자는 품질관리계획 또는 품질시험계획을 수립하여 발주자에게 제출하는 경우에는 미리 공사감독자 또는 건설사업관리기술인(「건축법」 제25조 또는 「주택법」 제43조 및 제44조에 따라 감리업무를 수행하는 자를 포함한다. 이하 같다)의 검토·확인을 받아야 하며, 건설공사를 착공(건설공사현장의 부지 정리 및 가설사무소의 설치 등의 공사준비는 착공으로 보지 않는다. 이하 제98조제2항에서 같다)하기 전에 발주자의 승인을 받아야 한다. 품질관리계획 또는 품질시험계획의 내용을 변경하는 경우에도 또한 같다. <개정 2015.7.6, 2016.8.11, 2018.12.11,

건설기술진흥법	건설기술진흥법 시행령	건설기술진흥법 시행규칙
	2020.1.7, 2023.1.6> ② 법 제55조제1항에 따라 품질관리계획 또는 품질시험계획을 제출받은 발주청 또는 인·허가기관의 장은 품질관리계획 또는 품질시험계획의 내용을 심사하고, 다음 각 호의 구분에 따라 심사 결과를 확정하여 건설사업자 또는 주택건설등록업자에게 그 결과를 서면으로 통보해야 한다. 이 경우 인·허가기관의 장은 발주청이 아닌 발주자에게 그 결과를 함께 통보해야 한다. <신설 2020.5.26> 1. 적정: 품질관리에 필요한 조치가 구체적이고 명료하게 계획되어 건설공사의 품질관리를 충분히 할 수 있다고 인정될 때 2. 조건부 적정: 품질관리에 치명적인영향을 미치지는 않지만 일부 보완이 필요하다고 인정될 때 3. 부적정: 품질관리가 어려울 것으로 우	

	려되거나 품질관리계획 및 품질시험계획에 근본적인 결함이 있다고 인정될 때 ③ 발주자는 품질관리계획 또는 품질시험계획의 내용이 제2항제1호의 적정 또는 같은 항 제2호의 조건부 적정 판정을 받은 경우에는 승인서를 건설사업자 또는 주택건설등록업자에게 발급해야 한다. 이 경우 제2항제2호의 판정을 받은 경우에는 보완이 필요한 부분을 승인서에 기재해야 한다. <신설 2020.5.26> ④ 발주청 또는 인·허가기관의 장은 품질관리계획 또는 품질시험계획의 내용이 제2항제3호의 부적정 판정을 받은 경우에는 건설사업자 또는 주택건설등록업자로 하여금 품질관리계획 또는 품질시험계획을 변경하게 하는 등 필요한 조치를 하도록 해야 한다. <개정 2020.5.26> ⑤ 제3항 및 제4항에 따른 품질관리계획 또는 품질시험계획에 대한 승인서 발급 및 부적정 판정에 대한 필요한 조치 등에 관한 세부	

건설기술진흥법	건설기술진흥법 시행령	건설기술진흥법 시행규칙
	적인 절차 및 방법은 국토교통부장관이 정하여 고시한다. <신설 2020.5.26>	
② 건설사업자와 주택건설등록업자는 품질관리계획 또는 품질시험계획에 따라 품질시험 및 검사를 하여야 한다. 이 경우 건설사업자나 주택건설등록업자에게 고용되어 품질관리 업무를 수행하는 건설기술인은 품질관리계획 또는 품질시험계획에 따라 그 업무를 수행하여야 한다. <개정 2018.8.14, 2019.4.30>	**제91조 (품질시험 및 검사)** ① 법 제55조제2항 전단에 따른 품질시험 및 검사(이하 "품질검사"라 한다)는 한국산업표준, 건설기준 또는 국토교통부장관이 정하여 고시하는 건설공사 품질검사기준에 따라 실시해야 한다. <개정 2014.12.30, 2020.5.26> ② 제1항에도 불구하고 건설사업자와 주택건설등록업자는 다음 각 호의 재료에 대해서는 품질검사를 하지 않을 수 있다. 다만, 시간경과 또는 장소 이동 등으로 재료의 품질 변화가 우려되어 발주자가 품질검사가 필요하다고 인정하는 경우와 자재를 재사용하는 경우에는 품질검사를 해야 한다. <개정 2020.1.7, 2020.12.8, 2021.9.14, 2024.7.2> 1. 법 제60조제1항 전단에 따라 품질검사	**제50조(품질시험 및 검사의 실시)** ① 법 제55조제2항 또는 법 제60조제1항에 따라 품질시험 및 검사(이하 "품질검사"라 한다)를 하거나 대행하는 자는 별지 제42호서식의 품질검사 대장에 품질검사의 결과를 적되, 전자적 처리가 불가능한 특별한 사유가 없으면 전자적 처리가 가능한 방법으로 작성·관리하여야 한다. ② 건설공사현장에서 하는 것이 적절한 품질검사는 건설공사현장에서 하여야 하며, 구조물의 안전에 중요한 영향을 미치는 시험종목의 품질시험을 할 때에는 발주자가 확인하여야 한다. ③ 삭제 <2020.12.14>

를 대행하는 국립·공립 시험기관 또는 건설엔지니어링사업자의 시험성적서가 제출되는 재료. 이 경우 시험성적서가 제출되는 재료(자재·부재를 포함한다. 이하 같다)는 발주자 또는 건설사업관리용역사업자의 봉인(封印) 또는 확인을 거쳐 시험한 것으로 한정한다. <개정 2024.7.2>

2. 한국산업표준 인증제품
3. 「산업안전보건법」 제84조에 따른 안전인증을 받은 제품 <신설 2020.12.8>
4. 「주택법」 등 관계 법령에 따라 품질검사를 받았거나 품질을 인증받은 재료 <개정 2020.12.8>

③ 법 제55조제2항 후단에 따른 품질관리 업무를 수행하는 건설기술인은 품질관리계획 또는 품질시험계획에 따라 다음 각 호의 업무를 수행해야 한다. 다만, 다음 각 호 외의 업무(제4항 각 호 외의 부분 후단에 따라 수행하는 업무는 제외한다)를 수행하려는 경우에는 발주청 또는 인・허가기관

④ 영 제91조제3항에 따른 건설공사 품질관리를 위한 시설 및 건설기술인 배치기준은 별표 5와 같다. <개정 2019.2.25>

⑤ 건설사업자 또는 주택건설등록사업자는 발주청이나 인·허가기관의 장의 승인 을 받아 공종이 유사하고 공사현장이 인접한 건설공사를 통합하여 품질관리를 할 수 있

건설기술진흥법	건설기술진흥법 시행령	건설기술진흥법 시행규칙
	의 장의 승인을 받아야 한다. <개정 2020.5.26, 2024.7.2> 1. 품질관리계획 또는 품질시험계획의 수립 및 시행 2. 건설자재·부재 등 주요 사용자재의 적격품 사용 여부 확인 3. 공사현장에 설치된 시험실 및 시험·검사 장비의 관리 4. 공사현장 근로자에 대한 품질교육 5. 공사현장에 대한 자체 품질점검 및 조치 6. 부적합한 제품 및 공정에 대한 지도·관리 ④ 건설사업자 또는 주택건설등록업자는 법 제55조제3항에 따라 다음 각 호의 내용 및 자료를 정보망에 입력해야 한다. 이 경우 건설사업자 또는 주택건설등록업자는 법 제55조제2항 후단에 따른 품질관리 업무를 수행하는 건설기술인으로 하여금 해당 내	다. <개정 2020.3.18>

용 및 자료를 정보망에 입력하도록 할 수 있다.
<신설 2024.7.2, 2025.6.2>

1. 품질검사의 종목·기준·결과 등 품질검사 결과에 관한 내용
2. 법 제55조제2항 후단에 따른 품질관리 업무를 수행하는 건설기술인의 성명·서명, 품질검사 완료일 등 품질검사 실시대장에 기재해야 하는 내용
3. 품질검사의 실시 여부를 확인할 수 있는 사진 등 증빙자료

⑤ 법 제55조제2항에 따라 품질시험 및 검사를 하는 건설사업자와 주택건설등록업자가 갖춰야 하는 건설공사 품질관리를 위한 시설 및 건설기술인 배치기준은 국토교통부령으로 정한다. <개정 2018.12.11, 2020.1.7, 2020.5.26, 2024.7.2>

건설기술진흥법	건설기술진흥법 시행령	건설기술진흥법 시행규칙
③ 건설사업자 또는 주택건설등록업자는 제2항에 따른 품질시험 및 검사를 완료한 날부터 7일 이내에 그 결과 및 실시대장 등 증빙자료를 열람이 가능하도록 제62조제15항에 따른 건설공사 안전관리 종합정보망에 입력하여야 한다. <신설 2024.1.9> ④ 발주청, 인·허가기관의 장 및 대통령령으로 정하는 기관의 장은 품질관리계획을 수	**제92조 (품질관리의 지도·감독 등)** ① 발주자는 건설사업자 또는 주택건설등록업자가 품질검사를 해야 하는 대상 공종 및 재료를 설계도서에 구체적으로 표시해야 한다. <개정 2020.1.7> ② 발주자는 건설사업자 또는 주택건설등록업자가 수립한 품질관리계획 또는 품질시험계획에 따라 건설공사의 시공 및 사용재료에 대한 품질관리 업무를 적절하게 수행하고 있는지 확인할 수 있다. 다만, 법 제55조제4항에 따른 품질관리의 적절성이 확인된 경우에는 따로 확인하지 않을 수 있다. <개정 2020.1.7, 2024.7.2> ③ 발주자는 제2항에 따라 품질관리 업무를 적절하게 수행하고 있는지를 확인하려는 경우에는 건설사업자 또는 주택건설등록업자가 참여할 수 있도록 해야 한다. <개정 2020.1.7> ④ 발주자는 제2항에 따른 확인 결과 시정이	⑥ 영 제92조제2항에 따른 건설사업자 또는 주택건설등록사업자가 품질관리업무를 적정하게 수행하고 있는지에 대한 확인은 제52조제2항에 따라 국토교통부장관이 고시하는 적정성 확인 기준 및 요령에 따른다. <개정 2020.3.18> **제51조은** 영 제93조의 우측에 있음. **제52조(품질관리의 적절성 확인)** ① 법 제55조제4항에 따른 품질관리의 적절성 확인

립하여야 하는 건설공사에 대하여 건설사업자와 주택건설등록업자가 제 2항에 따라 품질관리계획에 따른 품질관리를 적절하게 하는지를 확인할 수 있다. <개정 2019.4.30, 2024.1.9>

⑤ 품질관리계획 또는 품질시험계획의 수립 기준·승인 절차, 제3항에 따라 건설공사 안전관리 종합정보망에 입력하여야 하는 품질시험 및 검사의 결과와 증빙자료, 제4항에 따른 품질관리의 확인 방법·절차와 그 밖에 확인에 필요한 사항은 대통령령으로 정한다. <개정 2024.1.9>

필요하다고 인정하는 경우에는 해당 건설사업자 또는 주택건설등록업자에게 시정을 요구할 수 있다. 이 경우 시정을 요구받은 건설사업자 또는 주택건설등록업자는 지체 없이 이를 시정한 후 그 결과를 발주자에게 통보해야 한다. <개정 2020.1.7>

⑤ 발주자는 제2항에 따른 확인을 법 제60조 제1항 전단에 따라 품질검사를 대행하는 국립·공립 시험기관 또는 건설엔지니어링 사업자에게 의뢰하여 실시할 수 있다. <개정 2020.1.7, 2021.9.14, 2024.7.2>

제93조 (품질시험 또는 검사 성과의 관리 등) ① 건설사업자나 주택건설등록업자는 품질검사를 완료하였을 때에는 국토교통부령으로 정하는 바에 따라 품질시험 또는 검사 성과 총괄표를 작성하고, 해당 건설공사에 대한 기성부분검사·예비준공검사 또는 준공검사를 신청할 때 발주자에게 이를 제출해야 한다. <개정 2020.1.7>

② 건설공사의 기성부분검사·예비준공검사 또는 준공검사를 하는 자는 품질시험 또는

은 해마다 한 번 이상 실시하되, 해당 건설공사의 준공 2개월 전까지 하여야 한다. <개정 2024.7.10>

② 제1항에 따른 적절성 확인의 기준 및 요령은 국토교통부장관이 정하여 고시한다.

제51조 (품질검사 성과 총괄표) 영 제93조제1항에 따른 품질검사 성과 총괄표는 별지 제43호서식과 같다.

건설기술진흥법	건설기술진흥법 시행령	건설기술진흥법 시행규칙
	검사 성과 총괄표의 내용을 검토하여야 한다. ③ 「시설물의 안전 및 유지관리에 관한 특별법」 제7조제1호 및 제2호에 따른 1종시설물 및 2종시설물에 관한 발주자는 해당 건설공사가 완공되면 같은 법 제2조제4호에 따른 관리주체(이하 "관리주체"라 한다)에게 품질시험 또는 검사 성과 총괄표를 인계하여야 한다. <개정 2018.1.16> ④ 발주자(제3항에 따라 품질시험 또는 검사 성과 총괄표를 관리주체에게 인계한 경우에는 관리주체를 말한다)는 품질시험 또는 검사 성과 총괄표를 해당 시설물이 존속하는 기간 동안 보존하여야 한다. **제94조 (품질관리의 확인)** ① 법 제55조제4항에서 "대통령령으로 정하는 기관"이란 다음 각 호의 기관을 말한다. <개정 2018.6.8, 2020.5.26, 2024.7.2> 1. 지방국토관리청	

	2. 국토교통부장관의 지도·감독을 받는 공기업·준정부기관 3. 「방사성폐기물 관리법」에 따른 한국원자력환경공단 4. 「수도권매립지관리공사의 설립 및 운영 등에 관한 법률」에 따른 수도권매립지관리공사 5. 「집단에너지사업법」에 따른 한국지역난방공사 6. 「한국가스공사법」에 따른 한국가스공사 7. 「한국농어촌공사 및 농지관리기금법」에 따른 한국농어촌공사 8. 「한국석유공사법」에 따른 한국석유공사 9. 「한국전력공사법」에 따른 한국전력공사 및 한국전력공사가 출자하여 설립한 발전회사 10. 「한국환경공단법」에 따른 한국 환경공단 11. 「항만공사법」에 따른 항만공사	

건설기술진흥법	건설기술진흥법 시행령	건설기술진흥법 시행규칙
	12. 「한국수자원공사법」에 따른 한국수자원공사 ② 법 제55조제4항에 따라 품질관리를 적절하게 하는지를 확인한 자는 그 확인 결과에 따라 필요한 조치를 하여야 한다. <개정 2024.7.2> ③ 법 제55조제4항에 따른 품질관리의 적절성을 확인하는 방법 등은 국토교통부령으로 정한다. <개정 2024.7.2>	
제56조 (품질관리 비용의 계상 및 집행) ① 건설공사의 발주자는 건설공사 계약을 체결할 때에는 건설공사의 품질관리에 필요한 비용(이하 "품질관리비"라 한다)을 국토교통부령으로 정하는 바에 따라 공사금액에 계상하여야 한다. ② 건설공사의 규모 및 종류에 따른 품질관리비의 사용 방법 등에 관한 기준은 국토교통부령으로 정한다.		**제53조 (품질관리비의 산출 및 사용 기준)** ① 법 제56조제1항에 따른 건설공사의 품질관리에 필요한 비용(이하 "품질관리비"라 한다)의 산출 및 사용기준은 별표 6과 같다. 다만, 품질검사를 실시하는 자가 영 제97조제1항 각 호에 따른 국립·공립 시험기관이고 해당 기관이 검사비용의 기준을 따로 정하고 있는 경우에는 그 기준을 따른다. ② 건설사업자 또는 주택건설등록사업자는

법률	시행령	시행규칙
제57조 (건설자재 · 부재의 품질 확보 등) ① 건설사업자와 주택건설등록업자는 대통령령으로 정하는 건설자재 · 부재를 공급받으려는 공장을 선정할 때에는 다음 각 호의 어느 하나에 해당하는 자의 승인(이하 "자재공급원 승인"이라 한다)을 받아야 한다. <신설 2024.1.9> 1. 발주청 2. 제39조제2항에 따른 건설사업관리를 수행하는 건설엔지니어링사업자 또는 제49조제1항에 따른 공사감독자 3. 「건축법」 제25조에 따른 공사감리자 4. 「주택법」 제43조에 따른 주택건설공사의 감리자 ② 국토교통부장관은 대통령령으로 정하는 건설자재·부재의 품질 확보를 위하여 필요한 경우에는 관계 중앙행정기관의 장과 협의하여 건설자재·부재의 생산, 공급(자재공급원 승인 및 그 승인의 취소 등을 포함한다) 및 보관 등에 필요한 사항을 정하여 고시할 수 있다. <개정 2024.1.9>	**제95조 (건설자재·부재의 범위)** ① 법 제57조제1항 각 호 외의 부분 및 같은 조 제2항에서 "대통령령으로 정하는 건설자재·부재"란 각각 다음 각 호의 어느 하나에 해당하는 건설자재·부재를 말한다. <개정 2020.5.26, 2024.7.2> 1. 레디믹스트콘크리트 2. 아스팔트콘크리트 3. 바닷모래 4. 부순 골재 5. 철근, 에이치(H)형강, 구조용 아이(I)형강, 두께 6밀리미터 이상의 건설용 강판, 구조용 · 기초용 강관, 고장력 볼트, 용접봉, 피시(PC)강선, 피시(PC)강연선 및 피시(PC)강봉. 다만, 가시설용(假施設用)은 제외한다. 6. 「건설폐기물의 재활용촉진에 관한 법률」 제2조제7호에 따른 순환골재(이하 "순환골재"라 한다)	제1항에 따라 산출된 품질관리비를 해당 목적에만 사용해야 하며, 발주자 또는 건설사업관리용역사업자는 품질관리비 사용에 관하여 지도·감독할 수 있다. <개정 2020.3.18> ③ 건설사업자 또는 주택건설등록사업자는 법 제60조제1항에 따라 품질검사 등을 대행하게 하는 경우에는 그 비용을 부담하여야 한다. <개정 2020.3.18>

건설기술진흥법	건설기술진흥법 시행령	건설기술진흥법 시행규칙
③ 제2항에 따른 건설자재·부재를 생산(채취를 포함한다) 또는 수입·판매하는 자와 대통령령으로 정하는 공사에 이를 사용하는 건설사업자 또는 주택건설등록업자와 레디믹스트콘크리트(시멘트, 골재 및 물 등을 배합한 굳지 아니한 상태의 콘크리트를 말한다) 또는 아스팔트콘크리트 제조업자는 다음 각 호의 어느 하나에 적합한 건설자재·부재를 공급하거나 사용하여야 한다. <개정 2013.7.16, 2019.4.30, 2024.1.9> 1. 「산업표준화법」 제12조에 따른 한국산업표준에 적합하다는 인증을 받은 건설자재·부재	② 법 제57조제3항 각 호 외의 부분에서 "대통령령으로 정하는 공사"란 다음 각 호의 구분에 따른 건설공사 중 어느 하나에 해당하는 공사를 말한다. <개정 2020.1.7, 2024.7.2> 1. 건설사업자나 주택건설등록업자가 제1항 각 호의 건설자재·부재를 사용하려는 경우 : 제89조제2항제1호·제3호에 해당하는 건설공사 또는 「건설산업기본법」 제41조에 따라 시공자 제한을 받는 건설공사 2. 레디믹스트콘크리트 또는 아스팔트콘크리트 제조업자가 제1항제3호·제4호 또는 제6호의 건설자재를 사용하려는 경우 : 건설사업자 또는 주택건설등록업자가 제1호에 따른 건설공사를 시공하는 경우로서 해당 공사의 총설계량이 레디믹스트콘크리트 1천세제곱미터 또는 아스팔트콘크리트 2천톤 이	

2. 그 밖에 대통령령으로 정하는 바에 따라 국토교통부장관이 적합하다고 인정한 건설자재·부재 ④ 레디믹스트콘크리트 제조업자가 반품된 레디믹스트콘크리트를 재사용하려는 경우에는 제3항 각 호의 어느 하나에 적합하여야 한다. <신설 2013.7.16, 2024.1.9> ⑤ 국토교통부장관은 건설자재·부재의 품질이 적절한지 확인할 수 있으며, 확인 결과 건설공사에 사용하는 것이 적합하지 아니하다고 인정되는 경우에는 관계 중앙행정기관의 장에게 시정명령 등 필요한 조치를 하도록 요청할 수 있다. <개정 2013.7.16, 2024.1.9>	상인 건설공사 ③ 법 제57조제3항제2호에 따른 건설자재·부재는 다음 각 호의 어느 하나에 해당하는 건설자재·부재로 한다. <개정 2020.1.7, 2021.9.14, 2024.7.2> 1. 건설사업자 또는 주택건설등록업자와 레디믹스트콘크리트 또는 아스팔트콘크리트 제조업자가 법 제60조제1항 전단에 따라 품질검사를 대행하는 국립·공립시험기관 또는 건설엔지니어링사업자에게 품질검사를 의뢰하여 시험을 실시한 결과 한국산업표준에서 정한 기준과 같은 수준 이상이거나 해당 공사의 시방서에 적합한 건설자재·부재 2. 해당 공사의 건설사업관리용역사업자 또는 법 제49조에 따른 공사감독자가 참관하여 품질검사를 한 결과 한국산업표준에서 정한 기준과 같은 수준 이상이거나 해당 공사의 시방서에 적합한 건설자재·부재	

건설기술진흥법	건설기술진흥법 시행령	건설기술진흥법 시행규칙
	3. 「건설폐기물의 재활용촉진에 관한 법률」 제35조에 따른 품질기준에 적합한 순환골재 4. 「골재채취법」 제22조의4에 따른 품질기준에 적합한 골재(바닷모래 및 부순 골재만 해당한다)	
제58조 (철강구조물공장의 공장인증) ① 국토교통부장관은 건설공사에 사용되는 철강구조물을 제작하는 자의 신청을 받아 그 능력에 따라 철강구조물의 제작공장(이하 "철강구조물 공장"이라 한다)을 등급별로 인증(이하 "공장 인증"이라 한다)할 수 있다. ② 국토교통부장관은 공장인증을 받은 철강구조물공장의 운영 실태와 사후관리 상태에 대한 조사(이하 이 조에서 "실태조사"라 한다)를 실시하고 그 결과를 공표할 수 있다. <개정 2015.12.29> ③ 국토교통부장관은 실태조사 결과 공장인	**제96조 (공장인증의 대상·기준 및 절차)** ① 법 제58조제1항에 따른 철강구조물의 제작공장(이하 "철강구조물공장"이라 한다)의 등급별 인증(이하 "공장인증"이라 한다)은 건설공사현장에 철강구조물을 제작·납품하는 공장을 대상으로 한다. ② 공장인증을 받으려는 자는 국토교통부령으로 정하는 바에 따라 다음 각 호의 분야별로 공장인증신청서를 국토교통부장관에게 제출하여야 한다. 1. 교량 분야 2. 건축 분야 ③ 공장인증은 1급·2급·3급 및 4급으로 구분	**제54조(공장인증 등)** ① 영 제96조제2항에 따라 공장인증을 받으려는 자는 별지 제44호서식의 공장인증신청서에 다음 각 호의 서류를 첨부하여 국토교통부장관에게 제출하여야 한다. 1. 공장 기술인력 현황을 기록한 서류 2. 공장 규모 및 설비 현황을 기록한 서류

증의 기준에 맞지 아니하다고 인정하면 시정에 필요한 조치를 명할 수 있다. <개정 2015.12.29> ④ 국토교통부장관은 실태조사를 위하여 관계 행정기관 및 철강구조물공장을 운영하는 자 등 국토교통부령으로 정하는 자(이하 "철강구조물공장운영자등"이라 한다)에 대하여 필요한 자료의 제출을 요청할 수 있다. 이 경우 철강구조물공장운영자등은 정당한 사유가 없으면 이에 협조하여야 한다. <신설 2015.12.29> ⑤ 제1항 및 제2항에 따른 공장인증의 대상, 기준, 절차 및 실태조사, 실태조사 결과의 공표 등에 필요한 사항은 대통령령으로 정	하여 한다. ④ 공장인증의 기준은 별표 10과 같다. ⑤ 공장인증의 세부 기준 및 절차는 국토교통부장관이 정하여 고시한다. ⑥ 국토교통부장관은 공장인증을 한 경우에는 그 사실을 관보에 고시하고, 국토교통부령으로 정하는 바에 따라 공장인증서를 신청자에게 발급하여야 한다. ⑦ 국토교통부장관은 공장인증을 받은 자가 제4항에 따른 공장인증기준을 계속 유지하고 있는지를 확인하기 위하여 매년 정기적으로 철강구조물공장의 운영 실태와 사후관리 상태를 조사하고, 그 결과를 조사가 완료된 날부터 2개월이내에 국토교통부 인터넷 홈페이지 또는 관보에 공표하여야 한다. <개정 2016.5.17> ⑧ 공장인증을 받은 철강구조물공장을 양수하거나 다른 지역으로 이전한 자는 공장 양수일 또는 공장 이전일부터 3개월 이내에 그 사실을 국토교통부장관에게 신고하여야 하며, 신고를 받은 국토교통부장관	3. 그 밖에 국토교통부장관이 공장인증을 위하여 필요하다고 인정하여 고시하는 서류 ② 영 제96조제6항에 따른 공장인증서는 별지 제45호서식과 같다. ③ 국토교통부장관은 공장인증을 한 경우에는 별지 제46호서식의 공장인증서 발급대장에 적고, 별지 제47호서식의 공장 인증대장을 작성·관리하여야 한다. ④ 법 제58조제4항 전단에서 "관계 행정기관 및 철강구조물공장을 운영하는 자 등 국토교통부령으로 정하는 자"란 다음 각 호의 자를 말한다. <신설2016.7.4> 1. 관계 행정기관 2. 철강구조물공장을 운영하는 자

건설기술진흥법	건설기술진흥법 시행령	건설기술진흥법 시행규칙
한다. <신설 2015.12.29>	은 해당 공장이 공장인증 기준을 계속 유지하고 있는지를 확인하기 위하여 운영 실태와 사후관리 상태를 조사하여야 한다.	
제59조 (공장인증의 취소 등) ① 국토교통부장관은 공장인증을 받은 철강구조물공장이 다음 각 호의 어느 하나에 해당하면 그 공장인증을 취소할 수 있다. 다만, 제1호에 해당하는 경우에는 그 공장인증을 취소하여야 한다. <개정 2015.12.29> 1. 거짓이나 그 밖의 부정한 방법으로 공장인증을 받은 경우 2. 제58조제3항에 따른 시정명령을 이행하지 아니한 경우 3. 철강구조물이 규격에 맞지 아니하거나 부적합하게 제작되어 일반인에게 위해를 끼친 경우 ② 제1항에 따른 공장인증 취소 절차 등에 관하여 필요한 사항은 국토교통부령으로 정한다.		**제55조(공장인증의 취소 공고)** 국토교통부장관은 법 제59조제1항에 따라 공장인증을 취소한 경우에는 그 사실을 지체 없이 철강구조물을 제작하는 자에게 서면으로 알리고 관보에 고시하여야 한다.

제60조 (품질검사의 대행 등) ① 건설공사의 발주자, 건설사업자 또는 주택건설등록업자는 대통령령으로 정하는 국립·공립 시험기관 또는 건설엔지니어링사업자로 하여금 건설공사의 품질관리를 위한 시험·검사(이하 "품질검사"라 한다) 등을 대행하게 할 수 있다. 이 경우 발주자, 건설사업자 또는 주택건설등록업자는 제62조제15항에 따른 건설공사 안전관리 종합정보망을 통하여 품질검사의 대행을 의뢰하여야 한다. <개정 2019.4.30, 2021.3.16, 2024.1.9>

② 제1항에 따라 품질검사의 대행을 의뢰받은 자는 발주자 또는 건설사업관리를 수행하는 건설엔지니어링사업자의 봉인 또는 확인을 거친 재료로 품질검사를 하여야 한다. <신설 2017.8.9, 2019.4.30, 2021.3.16>

③ 제1항에 따라 품질검사의 대행을 의뢰받은 자는 건설공사에 사용되는 재료 등

제97조 (품질검사의 대행 등) ① 법 제60조제1항 전단에서 "대통령령으로 정하는 국립·공립 시험기관"이란 다음 각 호의 기관을 말한다. <개정 2015.1.6, 2024.7.2>

1. 지방국토관리청
2. 지방중소기업청
3. 국가기술표준원
4. 시·도의 건설시험 분야 시험소 및 사업소
5. 국방시설본부
6. 조달청 품질관리단
7. 지방해양수산청
8. 국립·공립 대학이 설립한 건설시험 관련 연구소

② 법 제60조제1항 전단에 따라 품질검사를 대행하는 국립·공립 시험기관 또는 건설엔지니어링사업자는 다음 각 호의 사항을 매년 1월 31일까지 국토교통부장관에게 제출해야 한다. <개정 2020.1.7, 2021.9.14, 2024.7.2>

제56조 (품질검사의 대행 의뢰 등) ① 발주자, 건설사업자 또는 주택건설등록사업자는 법 제60조제1항에 따라 건설공사의 품질검사의 대행을 의뢰하려는 경우에는 다음 각 호의 사항을 법 제62조제15항에 따른 건설공사 안전관리 종합정보망(이하 "정보망"이라 한다)에 입력해야 한다. <개정 2020.3.18, 2021.9.17, 2024.7.10>

1. 품질검사의 종목·기준, 목적 등 품질검사의 대행에 관한 사항
2. 품질검사의 의뢰자, 제2항에 따른 시료의 채취자 및 발주자 또는 건설사업관리를 수행하는 건설엔지니어링사업자의 성명(법인인 경우에는 그 명칭을 말한다) 및 서명

② 건설사업자 또는 주택건설등록사업자는 법 제60조제1항에 따라 건설공사의 품질검사의 대행을 의뢰하려는 경우에는 그 의뢰 내용에 대하여 미리 해당 건설공사 발주자 또는 건설사업관리를 수행하는 건설엔지니어링사업자의 확인을 받아야

건설기술진흥법	건설기술진흥법 시행령	건설기술진흥법 시행규칙
에 대한 품질검사를 완료한 날부터 7일 이내에 품질검사 성적서 및 품질검사 내용을 열람이 가능하도록 제62조제15항에 따른 건설공사 안전관리 종합정보망에 입력하여야 한다. <신설 2017.8.9, 2024.1.9> ④ 국토교통부장관은 품질검사를 대행 하는 건설엔지니어링사업자가 제1항에 따라 품질검사를 정확하게 하는지 조사하고, 필요한 경우에는 시정을 명하는 등의 조치를 할 수 있다. 이 경우 국토교통부장관이 필요하다고 인정하면 조사 결과를 공표할 수 있다. <개정 2015.12.29, 2017.8.9, 2019.4.30, 2021.3.16> ⑤ 그 밖에 제1항에 따른 품질검사의 대행, 제3항에 따라 건설공사 안전관리 종합정보망에 입력하여야 하는 품질검사 성적서 및 품질검사 내용, 제4항에 따른 조사 및 조사 결과의 공표 등에 필요한 사항은 국토교통부령으로 정한다. <개정	1. 품질검사에 사용되는 장비·기술인력의 현황 2. 「국가표준기본법 시행령」 제16조에 따른 시험·검사기관의 인정을 받은 분야 현황 3. 시험 실시 종목	하며, 품질검사의 대행을 의뢰하기 위하여 시료(試料)를 채취했을 때에는 해당 건설공사 발주자 또는 건설사업관리를 수행하는 건설 엔지니어링사업자의 봉인 또는 확인을 받아야 한다. <개정 2018.10.12, 2021.9.17, 2024.7.10> ③ 삭제 <2024.7.10> ④ 발주자는 건설공사에 사용되는 재료 중 중요하다고 인정되는 재료에 대한 품질검사 과정에 참관·확인할 수 있다. ⑤ 건설엔지니어링사업자가 법 제60조제3항에 따라 다음 각 호의 내용 및 자료를 정보망에 입력해야 한다. <개정 2018.10.12, 2020.3.18, 2021.9.17, 2024.7.10> 1. 품질검사의 종목 · 방법 · 결과, 품질검사를 대행하는 건설엔지니어링사업자의 성명(법인인 경우에는 그 명칭을 말한다) 및 서명 등 품질검사 성적서에 기재되는 내용 2. 품질검사의 실시 여부를 확인할 수 있는 사진 등 증빙자료

2015.12.29, 2017.8.9, 2024.1.9> **제61조 (품질검사의 대행에 대한 평가기관)** ① 국토교통부장관은 품질검사를 대행하는 건설엔지니어링사업자가 제26조제1항에 따른 등록기준을 갖추었는지와 품질검사를 정확하게 하는지에 관하여 전문적이고 기술적으로 조사·평가하기 위하여 「공공기관의 운영에 관한 법률」에 따른 공공기관 중에서 평가기관(이하 이 조에서 "평가기관"이라 한다)을 지정할 수 있다. <개정 2019.4.30, 2021.3.16> ② 정부는 평가기관에 대하여 예산의 범위	4. 전년도의 품질검사 대행 실적 ③ 건설사업자와 주택건설등록업자는 계열회사를 품질검사를 대행하는 건설엔지니어링사업자로 선정해서는 안 된다. <개정 2020.1.7, 2021.9.14>	⑥ 삭제 <2018.10.12> ⑦ 건설사업자 및 주택건설등록사업자는 정보망을 통해 열람하는 품질검사 성적서를 해당 목적 외에 다른 목적으로 사용해서는 안 된다. <개정 2018.10.12, 2020.3.18, 2024.7.10> ⑧ 영 제97조제2항제4호에 따른 전년도의 품질검사 대행 실적의 제출은 별지 제50호서식의 품질검사 대행 실적 통보서에 따른다. **제57조 (품질검사 대행에 대한 평가기관)** ① 국토교통부장관은 법 제61조제1항에 따라 품질검사를 대행하는 건설엔지니어링사업자의 조사 및 평가를 위한 평가기관(이하 "평가기관"이라 한다)을 지정하거나 취소한 경우에는 이를 관보에 고시해야 한다. <개정 2020.3.18, 2021.9.17> ② 국토교통부장관은 평가기관의 업무 수행에 필요한 운영지침을 정할 수 있으며, 평가기관은 그 운영지침에 따라 업무를 수행하여야 한다.

건설기술진흥법	건설기술진흥법 시행령	건설기술진흥법 시행규칙
에서 필요한 경비를 지원할 수 있다. ③ 국토교통부장관은 평가기관의 운영 실태를 조사할 수 있으며, 조사 결과 필요하다고 인정하는 경우에는 시정을 명할 수 있다. 이 경우 국토교통부장관이 필요하다고 인정하면 운영 실태조사의 결과를 공표할 수 있다. <개정 2015.12.29> ④ 국토교통부장관은 평가기관이 부정한 방법으로 조사·평가를 한 경우에는 그 지정을 취소하여야 하며, 시정명령에 따르지 아니한 경우에는 그 지정을 취소할 수 있다. ⑤ 국토교통부장관은 제3항에 따른 운영 실태조사를 위하여 평가기관에 대하여 필요한 자료의 제출을 요청할 수 있다. 이 경우 요청을 받은 평가기관은 정당한 사유가 없으면 이에 협조하여야 한다. <개정 2015.12.29> ⑥ 제1항부터 제4항까지에 따른 평가기관의 지정, 지정취소, 관리 및 운영 실태조사, 운영 실태조사의 결과 공표 등에 필요		③ 법 제61조제3항 후단에 따른 평가기관 운영 실태조사의 결과공표는 조사가 완료된 날부터 2개월 이내에 국토교통부 인터넷 홈페이지에 게시하거나 관보에 공표하는 방법으로 하여야 한다. <신설 2016.7.4>

법	시행령	시행규칙
한 사항은 국토교통부령으로 정한다. <신설 2015.12.29>		
제62조 (건설공사의 안전관리) ① 건설사업자와 주택건설등록업자는 대통령령으로 정하는 건설공사를 시행하는 경우 안전점검 및 안전관리조직 등 건설공사의 안전관리계획(이하 "안전관리계획"이라 한다)을 수립하고, 착공 전에 이를 발주자에게 제출하여 승인을 받아야 한다. 이 경우 발주청이 아닌 발주자는 미리 안전관리계획의 사본을 인·허가기관의 장에게 제출하여 승인을 받아야 한다. <개정 2018.12.31, 2019.4.30, 2020.6.9> ② 제1항에 따라 안전관리계획을 제출받은 발주청 또는 인·허가기관의 장은 안전관리계획의 내용을 검토하여 그 결과를 건설사업자와 주택건설등록업자에게 통보하여야 한다. <개정 2018.12.31, 2019.4.30, 2021.3.16>	**제98조 (안전관리계획의 수립)** ① 법 제62조제1항에 따른 안전관리계획(이하 "안전관리계획"이라 한다)을 수립해야 하는 건설공사는 다음 각 호와 같다. 이 경우 원자력시설공사는 제외하며, 해당 건설공사가 「산업안전보건법」 제42조에 따른 유해위험방지 계획을 수립해야 하는 건설공사에 해당하는 경우에는 해당 계획과 안전관리계획을 통합하여 작성할 수 있다. <개정 2016.1.12, 2016.5.17, 2016.8.11, 2018.1.16, 2019.12.24, 2021.1.5> 1. 「시설물의 안전 및 유지관리에 관한 특별법」 제7조제1호 및 제2호에 따른 1종시설물 및 2종시설물의 건설공사(같은 법 제2조제11호에 따른 유지관리를 위한 건설공사는 제외한다) <개정 2018.1.16> 2. 지하 10미터 이상을 굴착하는 건설공사. 이 경우 굴착 깊이 산정 시 집수정	**제58조 (안전관리계획의 수립기준)** 법 제62조제1항에 따른 안전관리계획(이하 "안전관리계획"이라 한다)의 수립기준은 별표 7과 같다.

건설기술진흥법	건설기술진흥법 시행령	건설기술진흥법 시행규칙
	(물저장고), 엘리베이터 피트 및 정화조 등의 굴착 부분은 제외하며, 토지에 높낮이 차가 있는 경우 굴착 깊이의 산정 방법은 「건축법 시행령」 제119조제2항을 따른다. 3. 폭발물을 사용하는 건설공사로서 20미터 안에 시설물이 있거나 100미터 안에 사육하는 가축이 있어 해당 건설공사로 인한 영향을 받을 것이 예상되는 건설공사 4. 10층 이상 16층 미만인 건축물의 건설공사 <개정 2016.1.12> 4의2. 다음 각 목의 리모델링 또는 해체공사 <신설 2016.1.12, 2016.8.11> 가. 10층 이상인 건축물의 리모델링또는 해체공사 나. 「주택법」 제2조제25호다목에 따른 수직증축형 리모델링 5. 「건설기계관리법」 제3조에 따라 등	

	록된 다음 각 목의 어느 하나에 해당하는 건설기계가 사용되는 건설공사 <개정 2016.5.17> 가. 천공기(높이가 10미터 이상인 것만 해당한다) 나. 항타 및 항발기 다. 타워크레인 5의2. 제101조의2제1항 각 호의 가설구조물을 사용하는 건설공사 <신설 2016.1.12> 6. 제1호부터 제4호까지, 제4호의2, 제5호 및 제5호의2의 건설공사 외의 건설공사로서 다음 각 목의 어느 하나에 해당하는 공사 <개정 2016.1.12, 2016.5.17> 가. 발주자가 안전관리가 특히 필요하다고 인정하는 건설공사 나. 해당 지방자치단체의 조례로 정하는 건설공사 중에서 인·허가기관의 장이 안전관리가 특히 필요하다고 인정하는 건설공사	

건설기술진흥법	건설기술진흥법 시행령	건설기술진흥법 시행규칙
	② 건설사업자와 주택건설등록업자는 법 제62조제1항에 따라 안전관리계획을 수립하여 발주청 또는 인・허가기관의 장에게 제출하는 경우에는 미리 공사감독자 또는 건설사업관리기술인의 검토·확인을 받아야 하며, 건설공사를 착공하기 전에 발주청 또는 인・허가기관의 장에게 제출해야 한다. 안전관리계획의 내용을 변경하는 경우에도 또한 같다. <개정 2015.7.6, 2016.1.12, 2018.12.11, 2020.1.7> ③ 법 제62조제1항에 따라 안전관리계획을 제출받은 발주청 또는 인·허가기관의 장은 안전관리계획의 내용을 검토하여 안전관리계획을 제출받은 날부터 20일 이내에 건설사업자 또는 주택 건설등록업자에게 그 결과를 통보해야 한다. <개정 2017.12.29, 2019.6.25, 2020.1.7> ④ 발주청 또는 인·허가기관의 장이 제3항	

	에 따라 안전관리계획의 내용을 심사하는 경우에는 제100조제2항에 따른 건설안전점검기관에 검토를 의뢰하여야 한다. 다만, 「시설물의 안전 및 유지관리에 관한 특별법」 제7조제1호 및 제2호에 따른 1종시설물 및 2종 시설물의 건설공사의 경우에는 국토안전관리원에 안전관리계획의 검토를 의뢰하여야 한다. <개정 2016.1.12, 2017.12.29, 2018.1.16, 2020.12.1> ⑤ 발주청 또는 인·허가기관의 장은 제3항에 따른 안전관리계획의 검토 결과를 다음 각 호의 구분에 따라 판정한 후 제1호 및 제2호의 경우에는 승인서(제2호의 경우에는 보완이 필요한 사유를 포함해야 한다)를 건설사업자 또는 주택건설등록업자에게 발급해야 한다. <개정 2016.1.12, 2019.6.25, 2020.1.7> 1. 적정 : 안전에 필요한 조치가 구체적이고 명료하게 계획되어 건설공사의 시공상 안전성이 충분히 확보되어 있다	

건설기술진흥법	건설기술진흥법 시행령	건설기술진흥법 시행규칙
	고 인정될 때 2. 조건부 적정 : 안전성 확보에 치명적인 영향을 미치지는 아니하지만 일부 보완이 필요하다고 인정될 때 3. 부적정 : 시공 시 안전사고가 발생할 우려가 있거나 계획에 근본적인 결함이 있다고 인정될 때 ⑥ 발주청 또는 인·허가기관의 장은 건설사업자 또는 주택건설등록업자가 제출한 안전관리계획서가 제5항제3호에 따른 부적정 판정을 받은 경우에는 안전관리계획의 변경 등 필요한 조치를 해야 한다. <개정 2016.1.12, 2020.1.7>	
③ 발주청 또는 인ㆍ허가기관의 장은 제1항에 따라 제출받아 승인한 안전관리계획서 사본과 제2항에 따른 검토결과를 국토교통부장관에게 제출하여야 한다. <신설 2018.12.31> ④ 건설사업자와 주택건설등록업자는 안	⑦ 발주청 또는 인ㆍ허가기관의 장은 법 제62조제3항에 따른 안전관리계획서 사본 및 검토결과를 제3항에 따라 건설사업자 또는 주택건설등록업자에게 통보한 날부터 7일 이내에 국토교통부장관에게 제출해야 한다. <신설 2019.6.25,	

전관리계획에 따라 안전점검을 하여야 한다. 이 경우 대통령령으로 정하는 안전점검에 대해서는 발주자(발주청이 아닌 경우에는 인·허가기관의 장을 말한다)가 대통령령으로 정하는 바에 따라 안전점검을 수행할 기관을 지정하여 그 업무를 수행하여야 한다. <신설 2018.12.31, 2019.4.30> ⑤ 건설사업자와 주택건설등록업자는 제4항에 따라 실시한 안전점검 결과를 국토교통부장관에게 제출하여야 한다. <신설 2018.12.31, 2019.4.30>	2020.1.7> ⑧ 국토교통부장관은 법 제62조제3항에 따라 제출받은 안전관리계획서 및 계획서 검토결과가 다음 각 호의 어느 하나에 해당하여 건설안전에 위험을 발생시킬 우려가 있다고 인정되는 경우에는 법 제62조제10항에 따라 안전관리계획서 및 계획서 검토결과의 적정성을 검토할 수 있다. <신설 2019.6.25, 2020.1.7> 1. 건설사업자 또는 주택건설등록업자가 안전관리계획을 성실하게 수립하지 않았다고 인정되는 경우 2. 발주청 또는 인·허가기관의 장이 안전관리계획서를 성실하게 검토하지 않았다고 인정되는 경우 3. 그 밖에 안전사고가 자주 발생하는 공종이 포함된 건설공사의 안전관리계획서 및 계획서 검토결과 등 국토교통부장관이 정하여 고시하는 사항에 해당하는 경우	

건설기술진흥법	건설기술진흥법 시행령	건설기술진흥법 시행규칙
	⑨ 법 제62조제10항에 따라 시정명령 등 필요한 조치를 하도록 요청받은 발주청 및 인·허가기관의 장은 건설사업자 및 주택건설등록업자에게 안전관리계획서 및 계획서 검토결과에 대한 수정이나 보완을 명해야 하며, 수정이나 보완조치가 완료된 경우에는 7일 이내에 국토교통부장관에게 제출해야 한다. <신설 2019.6.25, 2020.1.7> ⑩ 제8항 및 제9항에 따른 안전관리계획서 및 계획서 검토결과의 적정성 검토와 그에 필요한 조치 등에 관한 세부적인 절차 및 방법은 국토교통부장관이 정하여 고시한다. <신설 2019.6.25>	
⑥ 안전관리계획의 수립 기준, 제출·승인의 방법 및 절차, 안전점검의 시기·방법 및 안전점검 대가(代價) 등에 필요한 사항은 대통령령으로 정한다. <개정 2018.8.14, 2018.12.31, 2020.6.9>	**제99조 (안전관리계획의 수립 기준)** ① 법 제62조제6항에 따른 안전관리계획의 수립 기준에는 다음 각 호의 사항이 포함되어야 한다. <개정 2016.1.12, 2019.6.25> 1. 건설공사의 개요 및 안전관리조직	

⑦ 건설사업자나 주택건설등록업자는 안전관리계획을 수립하였던 건설공사를 준공하였을 때에는 대통령령으로 정하는 방법 및 절차에 따라 안전점검에 관한 종합보고서(이하 "종합보고서"라 한다)를 작성하여 발주청(발주자가 발주청이 아닌 경우에는 인·허가기관의 장을 말한다)에게 제출 하여야 한다. <개정 2018.12.31, 2019.4.30>

⑧ 제7항에 따라 종합보고서를 받은 발주청 또는 인 · 허가기관의 장은 대통령령으로 정하는 바에 따라 종합보고서를 국토교통부장관에게 제출하여야 한다. <개정 2018.12.31>

⑨ 국토교통부장관, 발주청 및 인·허가기관의 장은 제7항 및 제8항에 따라 받은 종합보고서를 대통령령으로 정하는 바에 따라 보존·관리하여야 한다. <개정 2018.12.31>

⑩ 국토교통부장관은 건설공사의 안전을 확보하기 위하여 제3항에 따라 제출받은

2. 공정별 안전점검계획(계측장비 및 폐쇄회로 텔레비전 등 안전 모니터링 장비의 설치 및 운용계획이 포함되어야 한다)
3. 공사장 주변의 안전관리대책(건설공사 중 발파·진동·소음이나 지하수 차단 등으로 인한 주변지역의 피해방지대책과 굴착공사로 인한 위험징후 감지를 위한 계측계획을 포함한다) <개정 2019.6.25>
4. 통행안전시설의 설치 및 교통 소통에 관한 계획
5. 안전관리비 집행계획
6. 안전교육 및 비상시 긴급조치계획
7. 공종별 안전관리계획(대상 시설물별 건설공법 및 시공절차를 포함한다)

② 제1항 각 호에 따른 안전관리계획의 수립 기준에 관한 세부적인 내용은 국토교통부령으로 정한다.

건설기술진흥법	건설기술진흥법 시행령	건설기술진흥법 시행규칙
안전관리계획서 및 계획서 검토결과와 제5항에 따라 제출받은 안전점검결과의 적정성을 대통령령으로 정하는 바에 따라 검토할 수 있으며, 적정성 검토 결과 필요한 경우 대통령령으로 정하는 바에 따라 발주청 또는 인·허가기관의 장으로 하여금 건설사업자 및 주택건설등록업자에게 시정명령 등 필요한 조치를 하도록 요청할 수 있다. <신설 2018.12.31, 2019.4.30> ⑪ 건설사업자 또는 주택건설등록업자는 동바리, 거푸집, 비계 등 가설구조물 설치를 위한 공사를 할 때 대통령령으로 정하는 바에 따라 가설구조물의 구조적 안전성을 확인하기에 적합한 분야의 「국가기술자격법」에 따른 기술사(이하 "관계전문가"라 한다)에게 확인을 받아야 한다. <신설 2015.1.6, 2018.12.31, 2019.4.30> ⑫ 관계전문가는 가설구조물이 안전에 지장이 없도록 가설구조물의 구조적 안전성	**제100조 (안전점검의 시기·방법 등)** ① 건설사업자와 주택건설등록업자는 건설공사의 공사기간 동안 매일 자체안전점검을 하고, 제2항에 따른 기관에 의뢰하여 다음 각 호의 기준에 따라 정기안전점검 및 정밀안전점검 등을 해야 한다. <개정 2020.1.7> 1. 건설공사의 종류 및 규모 등을 고려하여 국토교통부장관이 정하여 고시하는 시기와 횟수에 따라 정기안전점검을 할 것 2. 정기안전점검 결과 건설공사의 물리적·기능적 결함 등이 발견되어 보수·보강 등의 조치를 위하여 필요한 경우에는 정밀안전점검을 할 것 3. 제98조제1항제1호에 해당하는 건설공사에 대해서는 그 건설공사를 준공 (임시사용을 포함한다)하기 직전에 제1호에 따른 정기안전점검 수준 이상의	**제59조 (정기안전점검 및 정밀안전점검)** ① 영 제100조제1항제1호에 따른 정기안전점검에서의 점검사항은 다음 각 호와 같다. <개정 2020.12.14> 1. 공사목적물의 안전시공을 위한 임시시설 및 가설공법의 안전성 2. 공사 목적물의 품질, 시공상태 등의 적정성 3. 인접 건축물 또는 구조물의 안정성 등 공사장 주변 안전조치의 적정성 4. 영 제98조제1항제5호각 목에 해당하는 건설기계의 설치(타워크레인 인상을 포함한다)·해체 등 작업절차 및 작업 중 건설기계의 전도·붕괴 등을 예방하기 위한 안전조치의 적정성 <신설 2020.12.14> ② 영 제100조제1항제2호에 따른 정밀안전점검에서는 시설물의 물리적·기능적 결함에 대한 구조적 안전성 및 결함의 원

을 확인하여야 한다. <신설 2015.1.6, 2018.12.31>

⑬ 국토교통부장관은 건설공사의 안전을 확보하기 위하여 건설공사에 참여하는 다음 각 호의 자(이하 "건설공사 참여자"라 한다)가 갖추어야 하는 안전관리체계와 수행하여야 하는 안전관리 업무 등을 정하여 고시하여야 한다. <개정 2015.5.18, 2018.12.31, 2019.4.30, 2021.3.16>

1. 발주자(발주청이 아닌 경우에는 인 · 허가기관의 장을 말한다)
2. 건설엔지니어링사업자
3. 건설사업자 및 주택건설등록업자

⑭ 국토교통부장관은 건설공사의 안전을 확보하기 위하여 건설공사 참여자의 안전관리 수준을 대통령령으로 정하는 절차 및 기준에 따라 평가하고 그 결과를 공개할 수 있다. <개정 2015.5.18, 2018.12.31>

⑮ 국토교통부장관은 건설사고 통계 등 건설안전에 필요한 자료를 효율적으로 관리

안전점검을 할 것

4. 제98조제1항 각 호의 어느 하나에 해당하는 건설공사가 시행 도중에 중단되어 1년 이상 방치된 시설물이 있는 경우에는 그 공사를 다시 시작하기 전에 그 시설물에 대하여 제1호에 따른 정기안전점검 수준의 안전점검을 할 것

② 제1항 각 호의 구분에 따른 정기안전점검 및 정밀안전점검 등을 건설사업자나 주택건설등록업자로부터 의뢰받아 실시할 수 있는 기관(이하 "건설안전점검기관"이라 한다)은 다음 각 호의 기관으로 한다. 다만, 그 기관이 해당 건설공사의 발주자인 경우에는 정기안전점검만을 할 수 있다. <개정 2018.1.16, 2020.1.7, 2020.12.1>

1. 「시설물의 안전 및 유지관리에 관한 특별 법」 제28조에 따라 등록한 안전진단전문기관
2. 국토안전관리원

③ 건설사업자와 주택건설등록업자는 국

인 등을 조사·측정·평가하여 보수·보강 등의 방법을 제시하여야 한다.

건설기술진흥법	건설기술진흥법 시행령	건설기술진흥법 시행규칙
하고 공동활용을 촉진하기 위하여 건설공사 안전관리 종합정보망(이하 "정보망"이라 한다)을 구축·운영할 수 있다. <신설 2015.5.18, 2018.12.31> ⑯ 국토교통부장관은 건설공사 참여자의 안전관리 수준을 평가하고, 정보망을 구축·운영하기 위하여 건설공사 참여자, 관련 협회, 중앙행정기관 또는 지방자치단체의 장에게 필요한 자료를 요청할 수 있다. 이 경우 요청을 받은 자는 특별한 사유가 없으면 그 요청에 따라야 한다. <신설 2015.5.18, 2018.12.31> ⑰ 정보망의 구축 및 운영 등에 필요한 사항은 대통령령으로 정한다. <신설 2015.5.18, 2018.12.31> ⑱ 발주청은 대통령령으로 정하는 방법과 절차에 따라 설계의 안전성을 검토하고 그 결과를 국토교통부장관에게 제출하여야 한다. <신설 2018.12.31>	토교통부장관이 정하여 고시하는 절차에 따라 발주자(발주자가 발주청이 아닌 경우에는 인·허가기관의 장을 말한다)가 지정하는 건설안전점검기관에 정기안전점검 또는 정밀안전점검 등의 실시를 의뢰해야 한다. 이 경우 그 건설공사를 발주·설계·시공·감리 또는 건설사업관리를 수행하는 자의 계열회사인 건설안전점검기관에 의뢰해서는 안 된다. <개정 2019.6.25, 2020.1.7> ④ 안전점검을 한 건설안전점검기관은 안전점검 실시 결과를 안전점검 완료 후 30일 이내에 발주자, 해당 인·허가기관의 장(발주자가 발주청이 아닌 경우만 해당한다), 건설사업자 또는 주택건설등록업자에게 통보해야 한다. 이 경우 점검 결과를 통보받은 발주자나 인·허가기관의 장은 건설사업자 또는 주택건설등록업자에게 보수·보강 등 필요한 조치를 요청할	

건설기술진흥법	시행령	시행규칙
	수 있다. <개정 2019.6.25, 2020.1.7> ⑤ 제4항에 따라 안전점검 결과를 통보받은 건설사업자 또는 주택건설등록업자는 통보받은 날부터 15일 이내에 안전점검 결과를 국토교통부장관에게 제출해야 한다. <신설 2019.6.25, 2020.1.7> ⑥ 제1항 각 호에 따라 정기안전점검 및 정밀안전점검 등을 할 수 있는 사람(이하 "안전점검책임기술인"라 한다)은 별표 1에 따른 해당 분야의 특급기술인으로서 「시설물의 안전 및 유지관리에관한 특별법 시행령」 제9조에 따라 국토교통부장관이 인정하는 해당 기술 분야의 안전점검교육 또는 정밀안전진단교육을 이수한 사람으로 한다. 이 경우 안전점검책임기술인은 타워크레인에 대한 정기안전점검을 할 때에는 국토교통부령으로 정하는 자격요건을 갖춘 사람으로 하여금 자신의 감독하에 안전점검을 하게 해야 하고, 그 밖에 안전점검을 할 때 필요한 경우에는 「시설물의 안전 및 유지관리에 관한 특별법 시행령」 별표 11	③ 영 제100조제6항 후단에서 "국토교통부령으로 정하는 자격요건"이란 「건설기계관리법 시행규칙」 별표 9 제2호나목1) 또는 2)의 검사주임 또는 검사원의 자격요건을 말한다. <신설 2020.12.14> ④ 제1항 및 제2항에 따른 정기안전점검 및 정밀안전점검에 관한 세부사항은 국토교통부장관이 정하여 고시한다. <개정 2020.12.14>

건설기술진흥법	건설기술진흥법 시행령	건설기술진흥법 시행규칙
	의 기술인력의 구분란에 규정된 자격요건을 갖춘 사람으로 하여금 자신의 감독하에 안전점검을 하게 할 수 있다. <개정 2018.1.16, 2018.12.11, 2019.6.25, 2020.12.8> ⑦ 제1항에 따른 정기안전점검 및 정밀안전점검의 실시에 관한 세부 사항은 국토교통부령으로 정한다. <개정 2019.6.25> ⑧ 법 제62조제6항에 따른 안전점검의 대가는 다음 각 호의 비용을 합한 금액으로 한다. <개정 2019.6.25> 1. 직접인건비: 안전점검 업무를 수행하는 인원의 급료·수당 등 2. 직접경비: 안전점검 업무를 수행하는 데에 필요한 여비, 차량운행비 등 3. 간접비: 직접인건비 및 직접경비에 포함되지 아니하는 각종 경비 4. 기술료 5. 그 밖에 각종 조사·시험비 등 안전점검	

에 필요한 비용

⑨ 제8항에 따른 안전점검 대가의 세부 산출기준은 건설공사의 종류 및 규모 등을 고려하여 국토교통부장관이 정하여 고시한다. <개정 2019.6.25>

제100조의2(안전점검 대상 및 수행기관 지정 방법 등) ① 법 제62조제4항 후단에서 "대통령령으로 정하는 안전점검"이란 제100조제1항 각 호의 기준에 따라 실시하는 안전점검을 말한다.

② 발주자(발주청이 아닌 경우에는 인·허가기관의 장을 말한다. 이하 이 조에서 같다)는 법 제62조제4항 후단에 따른 안전점검을 수행할 기관(이하 "안전점검 수행기관"이라 한다)을 지정하기 위해 제100조제2항에 따른 건설안전점검기관을 대상으로 모집공고를 거쳐 안전점검 수행기관의 명부를 작성하고 관리해야 한다.

③ 건설사업자와 주택건설등록업자는 법 제62조제4항 후단에 따른 안전점검을 실

건설기술진흥법	건설기술진흥법 시행령	건설기술진흥법 시행규칙
	시하려는 경우에는 발주자에게 안전점검 수행기관의 지정을 요청해야 한다. <개정 2020.1.7> ④ 제3항에 따라 안전점검 수행기관의 지정 요청을 받은 발주자는 제2항에 따라 작성·관리 중인 명부에서 안전점검 수행기관을 지정하고, 이를 건설사업자 또는 주택건설등록업자에게 통보해야 한다. <개정 2020.1.7> ⑤ 제2항부터 제4항까지에서 규정한 사항 외에 안전점검 수행기관의 모집공고, 지정 방법 및 절차에 관한 세부사항은 국토교통부장관이 정하여 고시한다. [본조신설 2019.6.25] **제100조의3(안전점검결과의 적정성 검토)** ① 국토교통부장관은 법 제62조제5항에 따라 제출받은 안전점검결과가 다음 각 호의 어느 하나에 해당하여 안전사고의 위험이 있다고 인정되는 경우에는 법 제62	

조제10항에 따라 안전점검결과의 적정성을 검토할 수 있다.

1. 안전점검 수행기관이 안전점검을 성실하게 수행하지 않았다고 인정되는 경우
2. 그 밖에 안전사고가 자주 발생하는 공종이 포함된 건설공사의 안전점검결과 등 국토교통부장관이 정하여 고시하는 사항에 해당하는 경우

② 법 제62조제10항에 따라 안전점검결과의 적정성을 검토하는 경우에는 다음 각 호의 사항이 포함되어야 한다.

1. 임시시설, 가설공법, 공사목적물 및 공사장 주변에 대한 조사·분석의 방법과 그 결과의 적정성
2. 안전점검 실시결과에 따라 제시된 보수·보강 등의 방법에 대한 적정성
3. 그 밖에 국토교통부장관이 해당 건설공사의 안전을 위하여 필요하다고 인정하는 사항

③ 법 제62조제10항에 따라 시정명령등

건설기술진흥법	건설기술진흥법 시행령	건설기술진흥법 시행규칙
	필요한 조치를 하도록 요청받은 발주청 및 인·허가기관의 장은 건설사업자와 주택건설등록업자에게 안전점검결과에 대한 수정이나 보완을 명해야 한다. 이 경우 국토교통부장관은 해당 안전점검결과가 안전점검 수행기관에 의해 작성된 경우에는 그 안전점검 수행기관을 제100조의2 제2항에 따라 작성·관리 중인 명부에서 제외할 수 있다. <개정 2020.1.7> ④ 제1항부터 제3항까지에서 규정한 사항 외에 안전점검결과의 적정성 검토대상, 검토방법 및 조치 등에 관한 세부사항은 국토교통부장관이 정하여 고시한다. [본조신설 2019.6.25] **제101조 (안전점검에 관한 종합보고서의 작성 및 보존 등)** ① 법 제62조제7항에 따른 안전점검에 관한 종합보고서(이하 "종합보고서"라 한다)에는 제100조제1항 각 호의 기준에 따라 실시한 안전점검의 내용 및 그 조치사항을	

포함해야 한다. <개정 2019.6.25>

② 법 제62조제7항에 따라 종합보고서를 제출받은 발주청 또는 인·허가기관의 장은 해당 건설공사의 준공 후 3개월 이내에 종합보고서(「시설물의 안전 및 유지관리에 관한 특별법」 제7조제1호 및 제2호에 따른 1종시설물 및 2종시설물에 대한 종합보고서로 한정한다)를 국토교통부장관에게 제출해야 한다. <개정 2018.1.16, 2019.6.25>

③ 법 제62조제9항에 따라 국토교통부장관, 발주청 및 인·허가기관의 장은 제출받은 종합보고서를 다음 각 호의 구분에 따라 보존해야 한다. <개정 2019.6.25>

1. 국토교통부장관 : 「시설물의 안전및 유지관리에 관한 특별법」 제7조제1호 및 제2호에 따른 1종시설물 및 2종시설물에 대한 종합보고서를 시설물의 존속기간까지 보존 할 것 <개정 2018.1.16>
2. 발주청 및 인·허가기관의 장 : 제1호에

건설기술진흥법	건설기술진흥법 시행령	건설기술진흥법 시행규칙
	따른 종합보고서 외의 종합보고서를 해당 건설공사의 하자담보책임기간 만료일까지 보존할 것 ④ 관리주체는 시설물의 안전 및 유지·관리를 위하여 필요한 경우에는 국토교통부장관에게 종합보고서의 열람이나 그 사본의 발급을 요청할 수 있다. 이 경우 요청을 받은 국토교통부장관은 특별한 사유가 없으면 이에 따라야 한다. ⑤ 국토교통부장관은 종합보고서의 작성 및 보존·관리에 관한 세부 지침을 따로 정할 수 있다. **제101조의2(가설구조물의 구조적 안전성 확인)** ① 법 제62조제11항에 따라 건설사업자 또는 주택건설등록업자가 같은 항에 따른 관계전문가(이하 "관계전문가"라 한다)로부터 구조적 안전성을 확인받아야 하는 가설구조물은 다음 각 호와 같다. <개정 2019.6.25, 2020.1.7, 2020.5.26>	

	1. 높이가 31미터 이상인 비계 1의2. 브라켓(bracket) 비계 2. 작업발판 일체형 거푸집 또는 높이가 5미터 이상인 거푸집 및 동바리 3. 터널의 지보공(支保工) 또는 높이가 2미터 이상인 흙막이 지보공 4. 동력을 이용하여 움직이는 가설구조물 4의2. 높이 10미터 이상에서 외부작업을 하기 위하여 작업발판 및 안전 시설물을 일체화하여 설치하는 가설구조물 4의3. 공사현장에서 제작하여 조립·설치하는 복합형 가설구조물 5. 그 밖에 발주자 또는 인·허가기관의 장이 필요하다고 인정하는 가설구조물 ② 관계전문가는 「기술사법」에 따라 등록되어 있는 기술사로서 다음 각 호의 요건을 갖추어야 한다. <개정 2020.5.26> 1. 「기술사법 시행령」 별표 2의2에 따른 건축구조, 토목구조, 토질 및 기초와 건설기계 직무 범위 중 공사감독자 또	

건설기술진흥법	건설기술진흥법 시행령	건설기술진흥법 시행규칙
	는 건설사업관리기술인이 해당 가설구조물의 구조적 안전성을 확인하기에 적합하다고 인정하는 직무 범위의 기술사일 것 2. 해당 가설구조물을 설치하기 위한 공사의 건설사업자나 주택건설등록업자에게 고용되지 않은 기술사일 것 ③ 건설사업자 또는 주택건설등록업자는 제1항 각 호의 가설구조물을 시공하기 전에 다음 각 호의 서류를 공사감독자 또는 건설사업관리기술인에게 제출해야 한다. <개정 2018.12.11, 2020.1.7> 1. 법 제48조제4항제2호에 따른 시공상세도면 2. 관계전문가가 서명 또는 기명날인 한 구조계산서 [본조신설 2015.7.6]	

제101조의3 (건설공사 참여자의 안전관리 수준 평가기준 및 절차) ① 국토교통부장관은 법 제62조제14항에 따라 건설공사 참여자(같은 조 제13항 각 호의 자를 말한다. 이하 같다)의 안전관리수준 평가(이하 "안전관리 수준평가"라 한다)를 할 때에는 다음 각 호의 구분에 따른 기준에 따른다. <개정 2019.6.25, 2020.1.7, 2021.9.14>

1. 발주청 또는 인·허가기관의 장에 대한 평가기준
   가. 안전한 공사조건의 확보 및 지원
   나. 안전경영 체계의 구축 및 운영
   다. 건설현장의 법적 요건 준수 및 안전관리 체계 운영 실태
   라. 수급자의 안전관리 수준
   마. 건설사고 발생 현황
2. 건설엔지니어링사업자, 건설사업자 및 주택건설등록업자에 대한 평가기준 <개정 2020.1.7, 2021.9.14>
   가. 안전경영 체계의 구축 및 운영

건설기술진흥법	건설기술진흥법 시행령	건설기술진흥법 시행규칙
	나. 관련 법에 따른 안전관리 활동실적 다. 자발적 안전관리 활동 실적 라. 건설사고 위험요소 확인 및 제거 활동 마. 사후관리 실태 ② 국토교통부장관은 「건설산업기본법」 제24조제3항에 따른 건설산업정보망에 등록된 공사정보를 확인하여 매년 11월 30일까지 다음 해의 안전관리 수준평가의 대상을 선정하고, 그 선정사실을 해당 건설공사 참여자에게 매년 12월 31일까지 통보하여야 한다. ③ 국토교통부장관은 안전관리 수준평가를 위하여 필요하다고 인정하는 경우에는 소속 공무원으로 하여금 건설공사현장 등을 점검하게 할 수 있다. ④ 국토교통부장관은 안전관리 수준평가 결과의 전부 또는 일부를 인터넷홈페이지 등을 통하여 공개할 수 있다. ⑤ 제1항부터 제5항까지에서 규정한 사항	

외에 안전관리 수준평가에 필요한 세부사항은 국토교통부장관이 정하여 고시한다.

[본조신설 2016.1.12]

제101조의4 (건설공사 안전관리 종합정보망의 구축 · 운영 등) ① 국토교통부장관은 법 제62조제15항에 따라 정보망의 효율적인 구축과 공동활용을 촉진하기 위하여 다음 각 호의 업무를 수행할 수 있다. <개정 2019.6.25, 2024.7.2>

1. 정보망의 구축 · 운영에 관한 각종 연구개발 및 기술지원
2. 정보망의 구축을 위한 공동사업의 시행
3. 정보망의 표준화
4. 정보망을 이용한 정보의 공동활용 촉진
5. 그 밖에 정보망의 구축 · 운영을 위하여 필요한 사항

② 법 제62조제15항에 따라 정보망을 구축 · 운영하기 위해 필요한 정보는 다음 각 호와 같다. <신설 2019.6.25, 2021.9.14, 2024.7.2>

건설기술진흥법	건설기술진흥법 시행령	건설기술진흥법 시행규칙
	1. 법 제50조제1항에 따른 건설엔지니어링사업 수행에 대한 평가, 같은 조 제2항에 따른 시공의 적정성에 대한 평가 및 같은 조 제4항에 따른 건설엔지니어링 종합평가 및 시공 종합평가에 관한 정보 2. 법 제54조제2항에 따른 건설공사현장 점검결과 및 그에 따른 조치결과 2의2. 법 제55조제2항에 따른 품질검사 결과 <신설 2024.7.2> 2의3. 법 제60조제3항에 따른 품질검사 성적서 및 품질검사 내용 <신설 2024.7.2> 3. 법 제62조제3항에 따라 제출받아 승인한 안전관리계획서 사본 및 검토결과 4. 법 제62조제4항에 따라 실시한 안전점검의 결과 5. 법 제62조제7항에 따라 제출받은 종합보고서 6. 법 제62조제14항에 따라 실시한 건설공	

	사 참여자의 안전관리 수준 평가 결과 7. 법 제62조제18항에 따라 실시한 설계의 안전성 검토 및 그 결과 8. 법 제67조제2항에 따라 제출받은 건설공사 현장의 사고 사실, 같은 조 제4항에 따라 제출받은 건설공사 현장의 사고 경위 및 사고 원인 등을 조사한 결과 9. 그 밖에 건설안전에 관한 사항으로서 국토교통부장관이 정하여 고시하는 정보 ③ 제2항 각 호에 해당하는 정보를 생산·제출·검토하거나 제출받은 자는 해당 정보를 생산·제출·검토·승인 및 통보하는 등의 경우에 정보망을 이용해야 한다. <신설 2019.6.25> ④ 제1항부터 제3항까지에서 규정한 사항 외에 정보망의 구축 및 운영 등에 필요한 사항은 국토교통부장관이 정하여 고시한다. <신설 2019.6.25> [본조신설 2016.1.12]	

건설기술진흥법	건설기술진흥법 시행령	건설기술진흥법 시행규칙
제62조의2(소규모 건설공사의 안전관리) ① 건설사업자와 주택건설등록업자는 제62조제1항에 따른 안전관리계획의 수립 대상이 아닌 건설공사 중 건설 사고가 발생할 위험이 있는 공종이 포함된 경우 그 건설공사를 착공하기 전에 시공 절차 및 주의사항 등 안전관리에 대한 계획(이하 "소규모안전관리계획"이라 한다)을 수립하고, 이를 발주자(발주자가 발주청이 아닌 경우에는 인·허가기관의 장을 말한다. 이 하 이 조에서 같다)에게 제출하여 승인을 받아야 한다. 소규모안전관리계획을 변경하려는 경우에도 또한 같다. ② 제1항에 따라 소규모안전관리계획을 제출받은 발주자는 소규모 안전관리계획의 내용을 검토하여 그 결과를 건설사업자와 주택건설등록업자에게 통보하여야 한다.	**제101조의5(소규모 건설공사 안전관리계획의 수립 등)** ① 법 제62조의2제1항 전단에 따른 소규모안전관리계획(이하 "소규모안전관리계획"이라 한다)을 수립해야 하는 건설공사는 다음 각 호의 어느 하나에 해당하는 건축물의 건설공사로서 2층 이상 10층 미만인 건축물의 건설공사로 한다. 1. 연면적 1,000제곱미터 이상인 「건축법 시행령」 별표 1 제2호의 공동주택 2. 연면적 1,000제곱미터 이상인 「건축법 시행령」 별표 1 제3호 및 제4호의 제1종 근린생활시설 및 제2종 근린생활시설 3. 연면적 1,000제곱미터 이상(「산업집적활성화 및 공장설립에 관한 법률」 제2조제14호에 따른 산업단지에서 공장을 건축하는 경우에는 2,000제곱미터 이상으로 한다)인 「건축법 시행령」	**제59조의2(소규모안전관리계획의 수립기준)** 법 제62조의2제1항에 따른 소규모안전관리계획(이하 "소규모안전관리계획"이라 한다)의 수립기준은 별표 7의2와 같다. [본조신설 2020.12.14]

	별표 1 제17호의 공장 4. 연면적 5,000제곱미터 이상인 「건축법 시행령」 별표 1 제8호가목의 창고 ② 법 제62조의2제1항에 따라 소규모안전관리계획을 제출받은 발주청 또는 인·허가기관의 장은 그 내용을 검토하여 소규모안전관리계획을 제출받은 날부터 15일 이내에 해당 건설사업자 또는 주택건설등록업자에게 그 결과를 통보해야 한다. 이 경우 검토 결과는 적정, 조건부적정, 부적정으로 구분한다. ③ 제2항 후단에 따른 검토 결과 구분의 기준, 승인 절차 및 부적정 판정을 받은 경우 필요한 조치에 관하여는 제98조제5항 및 제6항을 준용한다. 이 경우 제98조제5항 및 제6항 중 "안전관리계획"은 "소규모안전관리계획"으로, 제98조제6항 중 "안전관리계획서"는 "소규모안전관리계획서"로 본다. [본조신설 2020.12.8]	

건설기술진흥법	건설기술진흥법 시행령	건설기술진흥법 시행규칙
③ 소규모안전관리계획을 수립하여야 하는 건설공사의 범위, 소규모안전관리계획의 수립 기준, 제출·승인의 방법 및 절차에 관하여 필요한 사항은 대통령령으로 정한다. [본조신설 2020.6.9]	**제101조의6(소규모안전관리계획의 수립 기준)** ① 법 제62조의2제3항에 따른 소규모안전관리계획의 수립 기준에는 다음 각 호의 사항이 포함되어야 한다. 1. 건설공사의 개요 2. 비계 설치계획 3. 안전시설물 설치계획 ② 제1항의 소규모안전관리계획의 수립 기준에 관한 세부적인 내용은 국토교통부령으로 정한다. [본조신설 2020.12.8]	
제62조의3(스마트 안전관리 보조·지원) ① 국토교통부장관은 건설사고를 예방하기 위하여 건설공사 참여자에게 무선안전장비와 융·복합건설기술을 활용한 스마트 안전장비 및 안전관리시스템의 구축·운영에 필요한 비용 등 대통령령으로 정하는 비용의 전부 또는 일부를 예산의 범위에서 보조하거나 그 밖에 필요한 지원(이하 "보	**제101조의7(스마트 안전관리 보조·지원 대상)** 법 제62조의3제1항에서 "무선안전장비와 융·복합건설기술을 활용한 스마트 안전장비 및 안전관리시스템의 구축·운영에 필요한 비용 등 대통령령으로 정하는 비용"이란 다음 각 호의 비용을 말한다. 1. 공사작업자의 실시간 위치 확인과 긴급 구호 등이 가능한 스마트 안전보호 장	

조·지원"이라 한다)을 할 수 있다.

② 국토교통부장관은 보조·지원이 건설사고 예방의 목적에 맞게 효율적으로 사용되도록 관리·감독하여야 한다.

③ 국토교통부장관은 보조·지원을 받은 자가 다음 각 호의 어느 하나에 해당하는 경우 보조·지원의 전부 또는 일부를 취소하여야 한다. 다만, 제1호 및 제2호의 경우에는 보조·지원의 전부를 취소하여야 한다.

1. 거짓이나 그 밖의 부정한 방법으로 보조·지원을 받은 경우
2. 건설사고 예방의 목적에 맞게 사용되지 아니한 경우
3. 보조·지원을 받은 자가 이 법에 따른 안전관리 의무를 위반하여 건설사고를 발생시킨 경우로서 국토교통부령으로 정하는 경우

구를 포함한 무선안전장비 및 통신 설비의 구입·사용·유지·대여 비용

2. 건설기계·장비의 접근 위험 경보장치 및 자동화재 감지센서 등 스마트 안전장비의 구입·대여를 위한 비용
3. 가설구조물, 지하구조물 및 지반 등의 붕괴 방지를 위한 스마트 계측 또는 지능형 폐쇄회로텔레비전(CCTV) 등을 포함하여 실시간 모니터링이 가능한 안전관리시스템의 구축·사용·유지·대여 비용
4. 그 밖에 국토교통부장관이 건설사고 예방을 위하여 스마트 안전관리 보조·지원이 필요하다고 인정하는 사항에 관한 비용

[본조신설 2021.9.14]

제59조의3(보조·지원의 환수와 제한) ① 법 제62조의3제3항제3호에서 "국토교통부령으로 정하는 경우"란 보조·지원을 받은 후 3년 이내에 해당 시설 및 장비의 관리상 중대한 과실로 사망자가 발생하는 경우를 말한다.

건설기술진흥법	건설기술진흥법 시행령	건설기술진흥법 시행규칙
④ 제3항에 따라 보조 · 지원의 전부 또는 일부가 취소된 자에 대해서는 국토교통부령으로 정하는 바에 따라 취소된 날부터 3년 이내의 기간을 정하여 보조 · 지원을 하지 아니할 수 있다. ⑤ 보조 · 지원의 대상 · 절차, 관리 및 감독, 그 밖에 필요한 사항은 국토교통부장관이 정하여 고시한다. [본조신설 2021.3.16] **제63조 (안전관리비용)** ① 건설공사의 발주자는 건설공사 계약을 체결할 때에 건설공사의 안전관리에 필요한 비용(이하 "안전관리비"라 한다)을 국토교통부령으로 정하는 바에 따라 공사금액에 계상하여야 한다. ② 건설공사의 규모 및 종류에 따른 안전관리비의 사용방법 등에 관한 기준은 국토교통부령으로 정한다.		② 법 제62조의3제4항에 따라 보조 · 지원을 제한할 수 있는 기간은 다음 각 호의 구분에 따른다. 1. 법 제62조의3제3항제1호 또는 제2호의 경우: 3년 2. 법 제62조의3제3항제3호의 경우: 1년 3. 법 제62조의3제3항제3호를 위반한 후 2년 이내에 동일한 사항을 위반한 경우: 2년 [본조신설 2021.9.17] **제60조 (안전관리비)** ① 법 제63조제1항에 따른 건설공사의 안전관리에 필요한 비용(이하 "안전관리비"라 한다)에는 다음 각 호의 비용이 포함되어야 한다. <개정 2016.3.7, 2020.3.18, 2020.12.14> 1. 안전관리계획의 작성 및 검토 비용 또는 소규모안전관리계획의 작성 비용 2. 영 제100조제1항제1호 및 제3호에 따른 안전점검 비용

3. 발파·굴착 등의 건설공사로 인한 주변 건축물 등의 피해방지대책 비용
4. 공사장 주변의 통행안전관리대책 비용
5. 계측장비, 폐쇄회로 텔레비전 등 안전 모니터링 장치의 설치·운용 비용 <신설 2016.3.7>
6. 법 제62조제11항에 따른 가설구조 물의 구조적 안전성 확인에 필요한 비용 <개정 2020.3.18>
7. 「전파법」 제2조제1항제5호 및 제5호의2에 따른 무선설비 및 무선통신을 이용한 건설공사 현장의 안전관리체계 구축·운용 비용 <신설 2020.3.18>

② 건설공사의 발주자는 법 제63조제1항에 따라 안전관리비를 공사금액에 계상하는 경우에는 다음 각 호의 기준에 따라야 한다. <개정 2016.3.7, 2016.7.4, 2020.3.18>

1. 제1항제1호의 비용: 작성 대상과 공사의 난이도 등을 고려하여 「엔지니어링산업 진흥법」 제31조에 따른 엔지니어링

건설기술진흥법	건설기술진흥법 시행령	건설기술진흥법 시행규칙
		사업 대가기준을 적용하여 계상 2. 제1항제2호의 비용: 영 제100조제8항에 따른 안전점검 대가의 세부산출기준을 적용하여 계상 3. 제1항제3호의 비용: 건설공사로 인하여 불가피하게 발생할 수 있는 공사장 주변 건축물 등의 피해를 최소화하기 위한 사전보강, 보수, 임시이전 등에 필요한 비용을 계상 4. 제1항제4호의 비용 : 공사시행 중의 통행안전 및 교통소통을 위한 시설의 설치비용 및 신호수(信號手)의 배치비용에 관해서는 토목·건축 등 관련 분야의 설계기준 및 인건비기준을 적용하여 계상 <개정 2016.7.4> 5. 제1항제5호의 비용 : 영 제99조제1항제2호의 공정별 안전점검계획에 따라 계측장비, 폐쇄회로 텔레비전 등 안전 모니터링 장치의 설치 및 운용에 필요

		한 비용을 계상 <신설 2016.3.7> 6. 제1항제6호의 비용 : 법 제62조제11항에 따라 가설구조물의 구조적 안전성을 확보하기 위하여 같은 항에 따른 관계전문가의 확인에 필요한 비용을 계상 <개정 2016.3.7, 2020.3.18> 7. 제1항제7호의 비용: 건설공사 현장의 안전관리체계 구축·운용에 사용되는 무선설비의 구입·대여·유지 등에 필요한 비용과 무선통신의 구축·사용 등에 필요한 비용을 계상 <신설 2020.3.18> ③ 건설공사의 발주자는 다음 각 호의 어느 하나에 해당하는 사유로 인하여 추가로 발생하는 안전관리비에 대해서는 제2항 각 호의 기준에 따라 안전관리비를 증액 계상하여야 한다. 다만, 발주자의 요구 또는 귀책사유로 인한 경우로 한정한다. <신설 2016.7.4> 1. 공사기간의 연장 2. 설계변경 등으로 인한 건설공사 내용의

건설기술진흥법	건설기술진흥법 시행령	건설기술진흥법 시행규칙
		추가 3. 안전점검의 추가편성 등 안전관리계획의 변경 4. 그 밖에 발주자가 안전관리비의 증액이 필요하다고 인정하는 사유 ④ 건설사업자 또는 주택건설등록사업자는 안전관리비를 해당 목적에만 사용해야 하며, 발주자 또는 건설사업관리용역사업자가 확인한 안전관리 활동실적에 따라 정산해야 한다. <개정 2016.7.4, 2020.3.18> ⑤ 안전관리비의 계상 및 사용에 관한 세부사항은 국토교통부장관이 정하여 고시한다. <개정 2016.7.4>

법	시행령	시행규칙
제64조 (건설공사의 안전관리조직) ① 안전관리계획을 수립하는 건설사업자 및 주택건설등록업자는 다음 각 호의 사람으로 구성된 안전관리조직을 두어야 한다. <개정 2019.4.30> 1. 해당 건설공사의 시공 및 안전에 관한 업무를 총괄하여 관리하는 안전총괄책임자 2. 토목, 건축, 전기, 기계, 설비 등 건설공사의 각 분야별 시공 및 안전관리를 지휘하는 분야별 안전관리책임자 3. 건설공사 현장에서 직접 시공 및 안전관리를 담당하는 안전관리담당자 4. 수급인(受給人)과 하수급인(下受給人)으로 구성된 협의체의 구성원 ② 제1항에 따른 안전관리조직의 구성, 직무, 그 밖에 필요한 사항은 대통령령으로 정한다.	**제102조 (안전관리조직의 구성 및 직무 등)** ① 법 제64조제1항제4호에 따른 협의체(이하 이 조에서 "협의체"라 한다)는 수급인 대표자 및 하수급인 대표자로 구성한다. ② 법 제64조제1항제1호에 따른 안전총괄책임자가 수행하여야 할 직무의 범위는 다음 각 호와 같다. 1. 안전관리계획서의 작성 및 제출 2. 안전관리 관계자의 업무 분담 및 직무 감독 3. 안전사고가 발생할 우려가 있거나 안전사고가 발생한 경우의 비상동원 및 응급조치 4. 안전관리비의 집행 및 확인 5. 협의체의 운영 6. 안전관리에 필요한 시설 및 장비 등의 지원 7. 제100조제1항 각 호 외의 부분에 따른 자체안전점검(이하 이 조에서 "자체안전점검"이라 한다)의 실시 및 점검	

건설기술진흥법	건설기술진흥법 시행령	건설기술진흥법 시행규칙
	결과에 따른 조치에 대한 지휘·감독 8. 제103조에 따른 안전교육의 지휘·감독 ③ 법 제64조제1항제2호에 따른 분야별 안전관리책임자가 수행하여야 할 직무의 범위는 다음 각 호와 같다. 1. 공사 분야별 안전관리 및 안전관리계획서의 검토·이행 2. 각종 자재 등의 적격품 사용 여부 확인 3. 자체안전점검 실시의 확인 및 점검 결과에 따른 조치 4. 건설공사현장에서 발생한 안전사고의 보고 5. 제103조에 따른 안전교육의 실시 6. 작업 진행 상황의 관찰 및 지도 ④ 법 제64조제1항제3호에 따른 안전관리담당자가 수행하여야 할 직무의 범위는 다음 각 호와 같다. 1. 분야별 안전관리책임자의 직무 보조 2. 자체안전점검의 실시	

법	시행령	시행규칙
	3. 제103조에 따른 안전교육의 실시 ⑤ 협의체는 매월 1회 이상 회의를 개최하여야 하며, 안전관리계획의 이행에 관한 사항과 안전사고 발생 시 대책 등에 관한 사항을 협의한다.	
제65조 (건설공사의 안전교육) ① 안전관리계획을 수립하는 건설사업자 및 주택건설등록업자는 건설공사의 안전관리를 위하여 건설공사에 참여하는 공사작업자 등에게 안전교육을 실시하여야 한다. <개정 2019.4.30> ② 제1항에 따른 안전교육의 시기 및 방법과 그 밖에 필요한 사항은 대통령령으로 정한다.	**제103조 (안전교육)** ① 법 제64조제1항제2호 또는 제3호에 따른 분야별 안전관리책임자 또는 안전관리담당자는 법 제65조에 따른 안전교육을 당일 공사작업자를 대상으로 매일 공사 착수 전에 실시하여야 한다. ② 제1항에 따른 안전교육은 당일 작업의 공법 이해, 시공상세도면에 따른 세부 시공순서 및 시공기술상의 주의사항 등을 포함하여야 한다. ③ 건설사업자와 주택건설등록업자는 제1항에 따른 안전교육 내용을 기록·관리해야 하며, 공사 준공 후 발주청에 관계 서류와 함께 제출해야 한다. <개정 2020.1.7> [본조신설 2016.1.12]	

건설기술진흥법	건설기술진흥법 시행령	건설기술진흥법 시행규칙
제65조의2(일요일 건설공사 시행의 제한) 건설사업자가 발주청이 발주하는 건설공사를 시행하는 때에는 긴급 보수·보강 공사 등 대통령령으로 정하는 경우로서 발주청이 사전에 승인한 경우를 제외하고는 일요일에 건설공사를 시행해서는 아니 된다. 다만, 재해가 발생하거나 발생할 것으로 예상되어 일요일에 긴급 공사 등이 필요한 경우에는 건설사업자가 우선 건설공사를 시행하고 발주청이 이를 사후에 승인할 수 있다. [본조신설 2020.6.9]	**제103조의2(일요일 건설공사 시행 제한의 예외)** 법 제65조의2 본문에서 "긴급 보수·보강 공사 등 대통령령으로 정하는 경우"란 다음 각 호의 어느 하나에 해당하는 경우를 말한다. 1. 사고·재해의 복구 및 예방과 안전 확보를 위하여 긴급 보수·보강 공사가 필요한 경우 2. 날씨·감염병 등 환경조건에 따라 작업일수가 부족하여 추가 작업이 필요한 경우 3. 교통·환경 등의 문제로 평일 공사 시행이 어려운 경우 4. 공법·공사의 특성상 연속적인 시공이 필요한 경우 5. 민원, 소송, 보상 문제 등 건설사업자의 귀책사유가 아닌 외부 요인으로 인하여 공정이 지연된 경우 6. 도서·산간벽지 등 낙후지역의 10일	

법	시행령	시행규칙
	미만의 단기공사로서 짧은 시일 내에 공사를 마칠 필요성이 크다고 인정되는 경우 [본조신설 2020.12.8]	
제66조(건설공사의 환경관리) ① 국토교통부장관은 건설공사가 환경과 조화되게 시행될 수 있도록 관련 기술을 개발·보급하고, 다음 각 호의 사항을 관계 중앙행정기관의 장과 협의하여 마련하여야 한다. 1. 건설폐자재의 재활용 2. 친환경 건설기술의 보급을 위한 시범사업의 추진 3. 그 밖에 대통령령으로 정하는 환경친화적인 건설공사에 필요한 시책 ② 건설공사의 발주자, 건설사업자 및 주택건설등록업자는 건설공사로 인한 환경피해를 최소한으로 줄일 수 있도록 건설공사의 환경관리를 위하여 노력하여야 한다. <개정 2019.4.30>	**제104조(건설공사의 환경관리)** ① 법 제66조제1항제3호에서 "대통령령으로 정하는 환경친화적인 건설공사에 필요한 시책"이란 다음 각 호의 시책을 말한다. 1. 제77조에 따른 공사의 관리에 관하여 정한 내용을 이행하기 위한 건설공사 현장의 환경관리 2. 건설공사현장 환경의 정비·복원 3. 환경친화적인 건설산업의 육성·지원 4. 환경친화적인 건설공사를 위한 기술인력의 육성·관리 및 건설환경정보시스템의 구축·활용 촉진 5. 「국토의 계획 및 이용에 관한 법률」 제2조제11호에 따른 도시·군계획사업 등에 대한 환경친화적인 건설기술의 지원 6. 그 밖에 환경친화적인 건설공사를 위하	

건설기술진흥법	건설기술진흥법 시행령	건설기술진흥법 시행규칙
③ 건설공사의 발주자는 건설공사 계약 을 체결할 때에는 환경 훼손 및 오염방지 등 건설공사의 환경관리에 필요한 비용(이하 "환경관리비"라 한다)을 국토교통부령으로 정하는 바에 따라 공사금액에 계상하여야 한다. ④ 환경관리비의 사용방법 등에 관한 기준은 국토교통부령으로 정한다.	여 국토교통부장관이 필요하다고 인정하여 고시하는 사항 ② 제1항제1호에 따른 건설공사현장의 환경관리를 위하여 필요한 절차·방법 등에 관한 세부 사항은 국토교통부장관이 정하여 고시한다. [본조신설 2016.1.12]	**제61조 (환경관리비의 산출 등)** ① 법 제66조제3항에 따른 건설공사의 환경관리에 필요한 비용(이하 "환경관리비"라 한다)은 다음 각 호의 비용을 합하여 산정한다. 1. 건설공사현장에 설치하는 환경오염 방지시설의 설치 및 운영에 필요한 비용 2. 건설공사현장에서 발생하는 폐기물의 처리 및 재활용에 필요한 비용 ② 건설사업자 또는 주택건설등록사업자는 제1항에 따른 비용의 사용계획을 같은 항 제1호에 따른 환경오염 방지시설을 최초로 설치하기 전까지 발주자에게 제출하고, 발주자 또는 건설사업관리용역 사업자가 확인한 비용 중 간접공사비에 대해서는 그 사용실적에 따라 정산해야 한다. <개정 2018.6.18, 2020.3.18> ③ 제1항 각 호에 따른 비용의 세부 산출기준은 별표 8과 같다. ④ 제1항부터 제3항까지에서 정한 사항 외

법	시행령	시행규칙
		에 환경관리비의 산출기준 및 관리에 관하여 필요한 세부사항은 국토교통부장관이 정하여 고시한다. <개정 2018.6.18>
제67조 (건설공사 현장의 사고조사 등) ① 건설사고가 발생한 것을 알게 된 건설공사 참여자(발주자는 제외한다)는 지체 없이 그 사실을 발주청 및 인・허가기관의 장에게 통보하여야 한다. <신설 2015.5.18> ② 발주청 및 인・허가기관의 장은 제1항에 따라 사고 사실을 통보받았을 때에는 대통령령으로 정하는 바에 따라 다음 각 호의 사항을 즉시 국토교통부장관에게 제출하여야 한다. <신설 2015.5.18, 2018.12.31> 1. 사고발생 일시 및 장소 2. 사고발생 경위 3. 조치사항 4. 향후 조치계획	**제105조 (건설공사현장의 사고조사 등)** ① 건설공사 참여자(발주자는 제외한다)는 건설사고의 발생 사실을 알게 된 경우에는 법 제67조제1항에 따라 다음 각 호의 사항을 발주청 및 인・허가기관의 장에게 전화・팩스 또는 그 밖의 적절한 방법으로 통보하여야 한다. 1. 사고발생 일시 및 장소 2. 사고발생 경위 3. 조치사항 4. 향후 조치계획 ② 제1항에 따라 건설사고를 통보받은 발주청 및 인・허가기관의 장은 건설사고를 통보한 자의 의사에 반하여 해당 통보자의 신분을 공개해서는 아니 된다.	**제62조(중대건설현장사고의 공동조사)** ① 삭제 <2016.3.7>
③ 국토교통부장관, 발주청 및 인·허가기관의 장은 대통령령으로 정하는 중대한 건	③ 법 제67조제3항에서 "대통령령으로 정하는 중대한 건설사고"란 건설공사의 현	② 국토교통부장관, 발주청 및 인·허가기관의 장은 영 제105조제3항에 따른 사고(이

건설기술진흥법	건설기술진흥법 시행령	건설기술진흥법 시행규칙
설사고(이하 "중대건설현장사고"라 한다)가 발생하면 그 원인 규명과 사고 예방을 위하여 건설공사 현장에서 사고 경위 및 사고 원인 등을 조사할 수 있다. <개정 2015.5.18, 2018.12.31> ④ 제3항에 따라 사고 경위 및 사고 원인 등을 조사한 발주청과 인·허가기관의 장은 그 결과를 국토교통부장관에게 제출하여야 한다. <개정 2015.5.18>	장에서 하나의 건설사고로 다음 각 호의 어느 하나에 해당하는 사고(원자력시설공사의 현장에서 발생한 사고는 제외한다)가 발생한 경우를 말한다. 이 경우 동일한 원인으로 일련의 사고가 발생한 경우 하나의 건설사고로 본다. <개정 2019.6.25> 1. 사망자가 3명 이상 발생한 경우 2. 부상자가 10명 이상 발생한 경우 3. 건설 중이거나 완공된 시설물이 붕괴 또는 전도(顚倒)되어 재시공이 필요한 경우	하 "중대건설현장사고"라 한 다)에 대하여 고용노동부장관이 「산업안전보건법」 제26조제4항에 따른 중대재해 발생원인 조사(이하 "중대재해 발생원인 조사"라 한다)를 하는 경우에는 영 제106조제2항 각 호에 해당하는 사람을 참여시켜 공동조사 할 수 있도록 고용노동부장관에게 요청할 수 있다. <개정 2016.3.7> ③ 제2항에 따른 공동조사를 하는 경우에는 법 제67조에 따른 사고조사를 하지 아니한다. ④ 삭제 <2016.3.7> ⑤ 삭제 <2016.3.7> ⑥ 삭제 <2016.3.7>
⑤ 국토교통부장관, 발주청 및 인·허가기관의 장은 필요한 경우 제68조에 따른 건설사고조사위원회로 하여금 중대건설현장사고의 경위 및 원인을 조사하게 할 수 있다. <개정 2015.5.18> ⑥ 제1항에 따른 건설사고에 대한 통보방법 및 절차 등과 제2항에 따른 중대건설현	④ 국토교통부장관, 발주청 및 인·허가기관의 장은 제3항에 따른 중대한 건설사고(이하 "중대건설현장사고"라 한다)에 대하여 법 제67조제3항 및 제5항에 따른 사고조사를 완료하였을 때에는 다음 각 호의 사항이 포함된 사고조사보고서를 작성하고, 유사한 사고의 예방을 위한 자료	

장사고의 조사에 필요한 사항 은 대통령령으로 정한다. <개정 2015.5.18>	로 활용될 수 있도록 관계기관에 배포하여야 한다. 1. 사고 개요 2. 사고원인 분석 3. 조치 결과 및 사후 대책 4. 그 밖에 사고와 관련되어 필요한 사항 ⑤ 국토교통부장관, 발주청, 인·허가기관의 장 및 건설사고조사위원회는 사고조사를 위하여 필요하다고 인정하는 경우에는 건설사업자 및 주택건설등록업자 등에게 관련 자료의 제출을 요청할 수 있다. <개정 2020.1.7> ⑥ 제1항부터 제5항까지에서 규정한 사항 외에 건설사고 발생 보고 및 중대건설현장사고의 조사에 필요한 세부사항은 국토교통부장관이 정하여 고시한다. [본조신설 2016.1.12]	

건설기술진흥법	건설기술진흥법 시행령	건설기술진흥법 시행규칙
제68조 (건설사고조사위원회) ① 국토교통부장관, 발주청 및 인·허가기관의 장은 중대건설현장사고의 조사를 위하여 필요하다고 인정하는 경우에는 건설사고조사위원회를 구성·운영할 수 있다.	**제106조 (건설사고조사위원회의 구성·운영 등)** ① 건설사고조사위원회는 위원장 1명을 포함한 12명 이내의 위원으로 구성한다. ② 건설사고조사위원회의 위원은 다음 각 호의 어느 하나에 해당하는 사람 중에서 해당 건설사고조사위원회를 구성·운영하는 국토교통부장관, 발주청 또는 인·허가기관의 장이 임명하거나 위촉한다. 1. 건설공사 업무와 관련된 공무원 2. 건설공사 업무와 관련된 단체 및 연구기관 등의 임직원 3. 건설공사 업무에 관한 학식과 경험이 풍부한 사람 ③ 제2항제2호 및 제3호에 따른 위원의 임기는 2년으로 하며, 위원의 사임 등으로 새로 위촉된 위원의 임기는 전임위원 임기의 남은 기간으로 한다. ④ 건설사고조사위원회 위원의 제척·기피·	

② 건설사고조사위원회는 중대건설현장 사고의 조사를 마쳤을 때에는 유사한 건설사고의 재발 방지를 위한 대책을 국토교통부장관, 발주청, 인·허가기관의 장, 그 밖의 관계 행정기관의 장에게 권고하거나 건의할 수 있다.

③ 국토교통부장관, 발주청, 인·허가기관의 장, 그 밖의 관계 행정기관의 장은 특별한 사유가 없으면 제2항에 따른 건설사고조사위원회의 권고 또는 건의에 따라야 한다.

④ 국토교통부장관이 제82조제2항에 따라 건설사고조사위원회의 운영에 관한 사무를 「공공기관의 운영에 관한 법률」에 따른 공공기관에 위탁한 경우에는 그 사

회피에 관하여는 제20조를 준용한다. 이 경우 "중앙심의위원회등" 은 "건설사고조사위원회"로, "각 위원회의 심의·의결"은 "건설사고조사위원회의 심의·의결"로, "안건"은 "사고"로, "심의"는 "조사"로 본다.

⑤ 법 제68조제2항에 따른 건설사고조사위원회의 권고 또는 건의를 받은 국토교통부장관, 발주청 또는 인·허가기관의 장, 그 밖의 관계 행정기관의 장은 그 조치 결과를 국토교통부장관 및 건설사고조사위원회에 통보하여야 한다.

⑥ 건설사고조사위원회의 회의에 출석하는 위원에게는 예산의 범위에서 수당과 여비 등을 지급할 수 있다. 다만, 공무원인 위원이 그 소관 업무와 직접적으로 관련되어 출석하는 경우에는 그러하지 아니하다.

⑦ 제1항부터 제6항까지에서 규정한 사항 외에 건설사고조사위원회의 구성 및 운영 등에 필요한 사항은 국토교통부장관이 정하여 고시한다.

건설기술진흥법	건설기술진흥법 시행령	건설기술진흥법 시행규칙
무 처리에 필요한 경비를 해당 공공기관에 출연하거나 보조할 수 있다. ⑤ 건설사고조사위원회의 구성 및 운영에 필요한 사항은 대통령령으로 정한다.		
제6장 건설엔지니어링사업자 등의 단체 및 공제조합 **제1절 건설엔지니어링사업자 등의 단체**	**제6장 건설엔지니어링사업자 등의 단체 및 공제조합** **제1절 건설엔지니어링사업자 등의 단체**	
제69조 (협회의 설립) ① 건설기술인 또는 건설엔지니어링사업자는 품위 유지, 복리 증진 및 건설기술 개발 등을 위하여 건설기술인단체 또는 건설엔지니어링사업자단체를 설립할 수 있다. <개정 2018.8.14, 2019.4.30,2021.3.16> ② 제1항에 따른 건설기술인단체 및 건설엔지니어링사업자단체(이하 이 장에서 "협회	**제107조 (협회 정관의 기재사항)** 법 제69조 제1항에 따른 건설기술인단체 및 건설엔지니어링사업자단체(이하 이 조에서 "협회"라 한다)의 정관에는 다음 각 호의 사항이 포함되어야 한다. <개정 2018.12.11, 2020.1.7, 2021.9.14> 1. 목적 2. 명칭	

"라 한다)는 각각 법인으로 한다. <개정 2018.8.14, 2019.4.30, 2021.3.16>

③ 협회는 주된 사무소의 소재지에서 설립등기를 함으로써 성립한다.

제70조 (협회의 설립인가 등) ① 협회를 설립하려면 협회 회원이 될 자격이 있는 자의 10분의 1 이상 또는 50명 이상이 발기인이 되어 정관을 작성하여 발기인총회의 의결을 마친 후 국토교통부장관의 인가를 받아야 한다.

② 협회 회원의 자격과 임원에 관한 사항, 협회의 업무 등은 정관으로 정하며, 그 밖에 정관에 포함하여야 할 사항은 대통령령으로 정한다.

③ 국토교통부장관은 제1항에 따른 인가를 하였을 때에는 그 사실을 공고하여야 한다.

제71조 (보고 등) 국토교통부장관은 협회에 대하여 건설엔지니어링에 대한 조사·연구를 하게 하거나 국토교통부의 업무에 필요한 보고를 하게 할 수 있다. <개정

3. 사무소의 소재지
4. 협회의 업무와 그 집행에 관한 사항
5. 회원의 자격, 가입과 탈퇴, 권리·의무에 관한 사항
6. 임원에 관한 사항
7. 회비에 관한 사항
8. 총회에 관한 사항
9. 재정·회계에 관한 사항
10. 정관의 변경에 관한 사항
11. 해산 및 잔여재산의 처리에 관한 사항
12. 그 밖에 필요한 사항

건설기술진흥법	건설기술진흥법 시행령	건설기술진흥법 시행규칙
2021.3.16> **제72조 (지도 · 감독 등)** 국토교통부장관은 협회를 감독하기 위하여 필요한 경우에는 그 업무에 관한 사항을 보고하게 하거나 자료의 제출을 명할 수 있으며, 소속 공무원으로 하여금 그 업무를 검사하게 할 수 있다.<개정 2020.6.9> **제73조 (다른 법률의 준용)** 이 법에서 규정한 사항 외에 협회에 관하여는 「민법」 중 사단법인에 관한 규정을 준용한다.		
제2절 공제조합	**제2절 공제조합**	
제74조 (공제조합의 설립 등) ① 건설사업관리(「건설산업기본법」 제26조제2항 단서에 따라 건설사업관리와 설계업무를 함께 수행하는 경우는 제외한다. 이하 이 조에서 같다)를 수행하는 건설엔지니어링사업자는 건설사업관리에 필요한 각종 보증과 융자 등을 위하여 국토교통부장관의 인가를	**제108조 (공제조합의 설립 등)** ① 법 제74조제1항에 따른 공제조합(이하 "공제조합"이라 한다)의 정관에 포함하여야 할 사항은 다음 각 호와 같다. 1. 목적 2. 명칭 3. 사무소의 소재지	

받아 공제조합을 설립할 수 있다. <개정 2019.4.30, 2021.3.16>

② 공제조합은 법인으로 하며, 주된 사무소의 소재지에서 설립등기를 함으로써 성립한다.

③ 공제조합의 조합원 자격, 임원, 출자 및 운영 등에 필요한 사항은 정관으로 정한다.

④ 공제조합의 설립인가 기준·절차, 정관 기재 사항 및 감독 등에 필요한 사항은 대통령령으로 정한다.

4. 출자 1좌(座)의 금액과 그 납입 방법 및 지분 계산에 관한 사항
5. 조합원의 자격과 가입·탈퇴에 관한 사항
6. 자산 및 회계에 관한 사항
7. 총회에 관한 사항
8. 임원 및 직원에 관한 사항
9. 보증 또는 융자에 관한 사항
10. 업무와 그 집행에 관한 사항
11. 정관의 변경에 관한 사항
12. 해산과 잔여재산의 처리에 관한 사항
13. 공고의 방법에 관한 사항

② 공제조합을 설립하려는 경우에는 조합원 자격이 있는 건설사업관리용역사업자 5인 이상이 발기하고 조합원자격이 있는 건설사업관리용역사업자 20인 이상의 동의를 받아 총회의 의결을 거쳐 정관을 작성한 후 국토교통부장관에게 인가를 신청해야 한다. <개정 2020.1.7>

③ 국토교통부장관은 법 제74조제1항에 따라 설립인가를 하였을 때에는 그 인가사실

건설기술진흥법	건설기술진흥법 시행령	건설기술진흥법 시행규칙
	을 관보에 공고하여야 한다. ④ 공제조합이 성립되고 임원이 선임될 때까지 필요한 사무는 발기인이 맡는다.	
제75조 (공제조합의 사업) ① 공제조합은 다음 각 호의 사업을 한다. 1. 조합원의 업무 수행에 따른 입찰, 계약, 선급금 지급 및 하자보수 등의 모든 보증 2. 조합원에 대한 자금의 융자 3. 조합원의 업무 수행에 따른 손해배상책임을 보장하는 공제사업 및 조합원에게 고용된 사람의 복지 향상과 업무상 재해로 인한 손실을 보상하는 공제사업 4. 건설기술의 개선·향상과 관련된 연구 및 교육에 관한 사업 5. 조합원을 위한 공동이용시설의 설치·운영 및 조합원의 편익 증진을 위한 사업 6. 조합원의 업무 수행에 필요한 기자	**제109조 (공제조합의 등기)** ① 공제조합은 설립인가를 받으면 주사무소의 소재지에서 다음 각 호의 사항을 등기하여야 한다. 1. 목적 2. 명칭 3. 사업 4. 사무소의 소재지 5. 설립인가의 연월일 6. 출자금의 총액 7. 출자 1좌의 금액 8. 출자의 방법 9. 출자증권양도의 제한에 관한 사항 10. 임원의 성명 및 주민등록번호(이사장의 경우에는 주소를 포함한다) 11. 대표권의 제한에 관한 사항 12. 대리인에 관한 사항	

재의 구매 알선
7. 조합의 목적 달성에 필요한 수익 사업
8. 제1호부터 제7호까지의 사업의 부대사업으로서 정관으로 정하는 사업

13. 공고의 방법

② 제1항 각 호의 등기사항에 변경이 있는 경우에는 그 변경이 발생한 날부터 3주 이내에 이를 등기하여야 한다. 다만, 제1항제6호에 따른 출자금 총액의 변경등기는 매 회계연도 말일을 기준으로 회계연도 종료 후에 변경등기를 하여야 한다.

제110조 (출자 및 조합원의 책임) ① 공제조합의 총출자금은 그 조합원이 출자한 출자좌의 액면총액으로 한다.

② 출자 1좌의 금액은 균일하여야 한다.

③ 공제조합은 정관으로 정하는 바에 따라 조합원에게 그의 출자를 나타내는 출자증권을 발급하여야 한다.

④ 조합원의 책임은 그 출자지분액을 한도로 한다.

제111조 (지분의 양도·취득 등) ① 조합원은 그 지분을 다른 조합원이나 조합원이 되려는 자에게만 양도할 수 있다. 이 경우 지분을 양수한 자는 그 지분에 관한 양도인의

건설기술진흥법	건설기술진흥법 시행령	건설기술진흥법 시행규칙
	권리와 의무를 승계한다. ② 조합원이나 조합원이었던 자가 그의 지분을 양도하려는 경우에는 정관에서 정하는 바에 따라 공제조합으로부터 출자증권에 명의개서(名義改書)를 받아야 한다. ③ 공제조합은 다음 각 호에 해당하는 사유가 있을 때에는 조합원 또는 조합원이었던 자의 지분을 취득할 수 있다. 다만, 제1호에 해당할 때에는 그 지분을 취득하여야 한다. 1. 출자금을 감소하려는 경우 2. 조합원에 대하여 조합이 권리자로서 담보권을 실행하기 위하여 필요한 경우 3. 조합원 또는 조합에서 제명되거나 탈퇴한 자가 출자금의 회수를 위하여 공제조합에 그 지분의 취득을 요구한 경우 ④ 제3항에 따라 공제조합이 지분을 취득하였을 때에는 지체 없이 다음 각 호의 구분에 따라 조치를 이행하여야 한다.	

법	시행령	시행규칙
	1. 제3항제1호의 사유로 취득한 경우에는 출자금의 감소 절차 2. 제3항제2호 및 제3호의 사유로 취득한 경우에는 다른 조합원 또는 조합원이 되려는 자에게 처분하되, 처분되지 아니한 지분은 정관으로 정하는 바에 따라 출자금을 감소시킬 수 있다. ⑤ 조합원의 지분은 조합에 대한 채무의 담보로 제공되는 경우 외에는 질권(質權)의 목적으로 할 수 없다.	
② 공제조합은 제1항제1호에 따른 보증사업 및 같은 항 제3호에 따른 공제사업을 하려면 사업에 필요한 보증규정 및 공제규정을 정하여 국토교통부장관의 인가를 받아야 한다. ③ 제2항의 보증규정 및 공제규정에 포함하여야 할 사항은 대통령령으로 정한다.	**제112조 (보증규정 및 공제규정)** ① 법 제75조제2항에 따른 보증규정에는 다음 각 호의 사항이 포함되어야 한다. 1. 보증사업의 범위 2. 보증계약의 내용 3. 보증한도 4. 보증수수료 5. 보증에 충당하기 위한 책임준비금 6. 보증금지급 대비자금 7. 그 밖에 보증사업의 운영에 필요한 사항	

건설기술진흥법	건설기술진흥법 시행령	건설기술진흥법 시행규칙
	② 법 제75조제2항에 따른 공제규정에는 다음 각 호의 사항이 포함되어야 한다. 1. 공제사업의 범위 2. 공제계약의 내용 3. 공제료 4. 공제금 및 공제금에 충당하기 위한 책임준비금 5. 그 밖에 공제사업의 운영에 필요한 사항 ③ 공제조합은 보증규정 및 공제규정에 따른 사업연도 말에 그 사업의 책임준비금을 계상(計上)하고 적립하여야 한다. **제113조 (보증한도)** ① 제112조제1항제3호에 따라 공제조합이 보증할 수 있는 보증한도는 총출자금과 준비금을 합산한 금액의 40배까지로 한다. 다만, 금융기관·보험회사 또는 이와 유사한 기관의 보증이나 보험에 의하여 보장을 받거나 그 밖에 담보물을 받고 보증하는 경우에는 공제조합의 보증한도에 이를 포함하지 아니한다.	

법	시행령	시행규칙
	② 제1항에 따라 보증한도를 정하는 경우 그 총출자금과 준비금은 각 사업연도의 전년도 말 결산액을 기준으로 한다. 다만, 사업연도 중에 증자를 하였거나 자산을 재평가한 경우에는 증자 또는 자산 재평가를 마친 때의 총출자금과 준비금을 기준으로 한다. ③ 조합원에 대하여 보증할 수 있는 보증 종류별 한도는 공제조합이 보증종류별 사고율과 조합원에 대한 신용 평가 등을 고려하여 정한다.	
제76조 (조사 및 검사 등) ① 국토교통부장관은 공제조합의 재무건전성 유지 등을 위하여 필요한 경우에는 소속 공무원으로 하여금 공제조합의 업무 상황 또는 회계 상황을 조사하게 하거나 장부 또는 그 밖의 서류를 검사하게 할 수 있다. ② 제75조제1항제3호의 공제사업에 대하여는 대통령령으로 정하는 바에 따라 금융위원회가 제1항에 따른 조사 또는	**제114조 (조사 및 검사)** ① 법 제76조제2항에 따른 금융위원회의 조사 또는 검사는 국토교통부장관이 조사 또는 검사가 필요한	

건설기술진흥법	건설기술진흥법 시행령	건설기술진흥법 시행규칙
검사를 할 수 있다. ③ 국토교통부장관은 제75조제1항제1호의 보증사업에 따른 재무건전성 유지 등을 지도·감독하기 위하여 필요한 기준을 정하여 고시하여야 한다. ④ 국토교통부장관은 제75조제1항제3호에 따른 공제사업을 건전하게 육성하고 계약자를 보호하기 위하여 금융위원회 위원장과 협의하여 감독에 필요한 기준을 정한 후 고시하여야 한다. ⑤ 국토교통부장관은 제3항 및 제4항에 따른 기준을 정할 때 자기자본비율, 유동성비율, 지급여력비율 등 공제조합의 건전성을 보호하기 위한 기준을 포함하여야 한다. <신설 2018.12.31> **제77조(지도 · 감독 등)** ① 국토교통부장관은 공제조합의 감독을 위하여 필요한 경우에는 공제조합에 그 업무에 관한 사항의 보고 또는 자료 제출을 명할 수 있다.	사유를 명시하여 금융위원회에 요청한 경우에만 한다. ② 금융위원회는 제1항에 따라 조사 또는 검사를 한 경우 그 결과를 지체없이 국토교통부장관에게 통보하여야 한다. 이 경우 시정하여야 할 사항이 있으면 시정을 요구할 수 있다.	

② 국토교통부장관은 공제조합이 제76조 제3항 및 제4항에 따른 기준에 미달하거나 미달하게 될 것이 명백하다고 판단되는 경우에는 공제조합의 부실화를 예방하고 건전경영을 유도하기 위하여 공제조합이나 그 임원에 대하여 다음 각 호의 사항을 권고·요구 또는 명령하거나 그 이행계획의 제출을 명할 수 있다. 1. 자본 증가 또는 자본 감소 2. 자산의 취득·처분이나 사업장 또는 조직의 축소에 관한 사항 3. 이익배당 및 손익이체의 제한 4. 대손충당금, 대위변제금, 이익준비금 등 준비금의 추가적립 및 재공제 처리 5. 임원의 직무정지나 임원의 직무를 대행하는 관리인의 선임 6. 보증수수료 또는 융자이자율의 조정 7. 영업의 전부 또는 일부 정지 8. 영업의 양도나 보증사업 또는 공제사업과 관련된 계약의 이전 9. 사업의 축소 및 신규업무 또는 신규투자		

건설기술진흥법	건설기술진흥법 시행령	건설기술진흥법 시행규칙
의 제한 10. 그 밖에 제1호부터 제9호까지의 규정에 준하는 조치로서 공제조합의 재무건전성을 높이기 위하여 필요하다고 대통령령으로 정하는 조치 ③ 국토교통부장관은 제2항에 따른 조치를 하려면 미리 그 내용 및 기준을 정하여 고시하여야 한다. ④ 국토교통부장관은 제2항에도 불구하고 공제조합이 대통령령으로 정하는 기간 이내에 그 기준을 충족시킬 것으로 판단되거나 그에 준하는 사유가 있다고 인정되는 경우에는 기간을 정하여 필요한 조치를 유예할 수 있다. [전문개정 2018.12.31] **제78조(다른 법률의 준용)** 이 법에서 규정한 사항 외에 공제조합에 관하여는 「민법」 중 사단법인에 관한 규정과 「상법」 중 주식회사의 회계에 관한 규정을 준용한다.	**제114조의2(지도 · 감독)** ① 법 제77조제2항제10호에서 "대통령령으로 정하는 조치"란 다음 각 호의 조치를 말한다. 1. 공제 요율의 조정 2. 임원의 교체 3. 채무의 전부 또는 일부의 지급정지 ② 법 제77조제4항에서 "대통령령으로 정하는 기간"이란 공제조합이 법 제76조제3항 및 제4항에 따른 기준에 미달하거나 미달하게 될 것이 명백하다고 판단되는 날부터 6개월을 말한다. [본조신설 2019.6.25]	

제7장 보 칙

제79조 (수수료) 다음 각 호의 어느 하나에 해당하는 자는 국토교통부령 또는 조례로 정하는 바에 따라 수수료를 내야 한다. 다만, 제1호에 해당하는 자에 대하여는 조례로 정하는 바에 따라 수수료를 면제할 수 있다. <개정 2018.12.31>

1. 지방심의위원회에 건설기술의 심의를 요청하는 자
2. 제14조제1항에 따라 신기술의 지정을 신청하는 자
3. 제14조제3항에 따라 신기술 보호기간의 연장을 신청하는 자

3의2. 제14조의2제1항 후단에 따라 신기술사용협약에 관한 증명서의 발급을 신청하는 자 <신설 018.12.31>

4. 제58조제1항에 따라 공장인증을 신청하는 자

제6장 보 칙

제63조 (수수료) 법 제79조제2호부터 제4호까지의 어느 하나에 해당하는 자가 내야 하는 수수료의 산출기준은 별표 9와 같다.

제63조의2(행정정보의 공동이용) 건설기술인 경력관리 수탁기관 또는 등록 등 업무 수탁기관은 다음 각 호의 어느 하나에 해당하는 신고 또는 신청을 받은 경우 「전자정부법」 제36조제1항에 따른 행정정보 공동이용을 통하여 다음 각 호의 구분에 따른 서류를 확인해야 한다. 다만, 신고인 또는

건설기술진흥법	건설기술진흥법 시행령	건설기술진흥법 시행규칙
		신청인이 확인에 동의하지 않는 경우에는 해당 서류(제1호가목의 경우에는 국가기술자격증 사본으로 갈음할 수 있다)를 첨부하게 해야 한다. <개정 2019.2.25, 2021.9.17, 2022.12.30> 1. 제18조제1항·제2항에 따른 건설기술인의 신고·변경신고: 다음 각 목의 서류(신고·변경신고 사무처리를 위하여 필요한 경우만 해당한다) 가. 국가기술자격취득사항확인서 나. 건강보험자격득실확인서 또는 국민연금가입자가입증명 다. 「출입국관리법」 제88조제1항 본문에 따른 출입국에 관한 사실증명 2. 제21조제1항·제23조제3항에 따른 건설엔지니어링업의 등록신청·변경등록 신고 : 다음 각 목의 서류 가. 사업자등록증명서(개인만 해당한다) 나. 「출입국관리법」 제88조제2항에 따

제80조 (시정명령) 국토교통부장관은 다음 각 호의 어느 하나에 해당하는 건설사업자 또는 주택건설등록업자에 대하여는 기간을 정하여 시정을 명하거나 그 밖에 필요한 지시를 할 수 있다. <개정 2018.12.31, 2019.4.30> 1. 제48조제2항에 따른 보고 의무를 이행하지 아니한 경우 2. 제55조제1항 및 제2항에 따른 품질관리계획 또는 품질시험계획을 성실히 이행하지 아니하거나 품질시험 또는 검사를 성실하게 수행하지 아니한 경우 3. 제62조제1항 및 제4항에 따른 안전관리계획을 성실히 이행하지 아니하거나 안전점검을 성실하게 수행하지 아니한 경우 **제80조의2(제척기간)** ① 국토교통부장관은 제24조제1항 각 호(제1호 · 제2호 · 제6호는 제외한다)에 해당하는 경우 해당 위		른 외국인등록 사실증명서(대표자·임원 또는 소속 건설기술인이 국내에 체류하는 외국인인 경우만 해당한다) <개정 2019.2.25> 다. 법인 등기사항증명서 [본조신설 2018.10.12]

건설기술진흥법	건설기술진흥법 시행령	건설기술진흥법 시행규칙
반행위의 종료일부터 5년이 지난 경우에는 업무정지를 할 수 없다. 다만, 해당 기간이 지나기 전에 제24조제1항제7호에 따라 다른 행정기관이 업무정지를 요청한 경우에는 그러하지 아니하다. ② 시·도지사는 다음 각 호의 기간이 지난 경우에는 제31조제1항 및 제2항에 따른 등록취소나 영업정지를 할 수 없다. 다만, 해당 기간이 지나기 전에 제31조제1항제9호에 따라 다른 행정기관이 등록취소 또는 영업정지를 요구한 경우에는 그러하지 아니하다. 1. 제31조제2항제5호라목을 위반한 경우 해당 건설공사의 하자담보책임기간(「건설산업기본법」 제28조에 따른 하자담보책임기간을 말한다) 종료일부터 5년 2. 제31조제1항 각 호(제8호는 제외한다) 또는 제2항 각 호(제5호라목 및 제7호		

가목 · 나목 · 라목은 제외한다)를 위반한 경우 해당 위반행위 종료일부터 5년

[본조신설 2021.3.16]

제81조 (비밀의 누설 등 금지) 이 법에 따른 건설사업관리의 업무나 신기술 또는 외국도입 건설기술 및 건설기술인의 관리에 종사하는 사람은 직무상 알게 된 비밀을 다른 사람에게 누설하거나 도용(盜用)하여서는 아니 된다. <개정 2018.8.14>

제7장 보 칙

제82조 (권한 등의 위임 · 위탁) ① 국토교통부장관은 이 법에 따른 권한의 일부를 대통령령으로 정하는 바에 따라 중앙행정기관의 장에게 위탁하거나 시·도지사 또는 대통령령으로 정하는 국토교통부 소속 기관의 장에게 위임할 수 있다.

제115조 (권한의 위임) ① 국토교통부장관은 법 제82조제1항에 따라 법 제91조제2항제1호, 제2호, 제3호, 제3호의2, 제4호, 제5호, 같은 조 제3항제1호부터 제4호까지, 제14호 및 제16호에 해당하는 자(「건설산업기본법」 제8조제1항에 따른 종합공사를 시공하는 업종을 등록한 건설사업자 및 전문공사를 시공하는 업종을 등록한

건설기술진흥법	건설기술진흥법 시행령	건설기술진흥법 시행규칙
	건설사업자와 그에 소속되어 근무하는 건설기술인에 한정한다)에 대한 과태료의 부과·징수 권한을 시·도지사에게 위임한다. <개정 2018.12.11, 2019.6.25, 2020.1.7> ② 국토교통부장관은 법 제82조제1항에 따라 다음 각 호의 사항에 관한 권한을 지방국토관리청장에게 위임한다. <개정 2018.12.11, 2019.6.25, 2020.1.7, 2021.9.14, 2023.1.6, 2024.7.2> 1. 법 제22조의3에 따른 공정건설지원센터 운영업무 <신설 2021.9.14> 1의2. 법 제24조제1항에 따른 건설기술인에 대한 업무정지 <개정 2021.9.14> 2. 법 제53조제1항에 따른 국토교통부장관의 부실 정도의 측정 및 부실벌점의 부과 3. 법 제54조제1항에 따른 건설공사현장 등의 점검과 점검 결과에 따른 시정명	

령 등의 조치 및 영업정지 등의 요청

3의2. 법 제57조제5항에 따른 건설자재·부재의 품질 확인 및 시정명령 등 필요한 조치의 요청 <개정 2024.7.2>

4. 법 제60조제4항에 따른 품질검사를 대행하는 건설엔지니어링사업자에 대한 조사 및 시정명령 등 <개정 2021.9.14>

5. 법 제83조의 권한 중 위임된 권한에 관한 청문

6. 법 제91조제1항제1호, 제2호, 같은 조 제2항제1호, 제1호의2, 제2호, 제3호의2, 제3호의3, 제4호, 제5호, 같은 조 제3항제1호부터 제4호까지 및 제12호부터 제16호까지의 규정에 해당하는 자에 대한 과태료의 부과·징수. 다만, 제1항에 따른 과태료의 부과·징수는 제외한다. <개정 2019.6.25>

7. 제97조제2항에 따른 품질검사에 사용되는 장비·기술인력 현황 등의 접수

③ 시·도지사 또는 지방국토관리청장은 제

건설기술진흥법	건설기술진흥법 시행령	건설기술진흥법 시행규칙
	1항 및 제2항에 따라 위임된 사항을 처리한 경우에는 그 처리 내용을 국토교통부장관이 제117조제2항에 따라 지정·고시하는 기관에 통보하고, 그 처리 현황을 매년 12월 31일을 기준으로 다음 해 1월 31일까지 국토교통부장관에게 제출하여야 한다.	
	제116조 (권한의 위탁) 국토교통부장관은 법 제82조제1항에 따라 법 제44조제2항에 따른 건설기준의 승인에 관한 권한 중 농림축산식품부 소관 사항에 관한 권한을 농림축산식품부장관에게 위탁하고, 기후에너지환경부 소관 사항에 관한 권한을 기후에너지환경부장관에게 위탁하며, 해양수산부 소관 사항에 관한 권한을 해양수산부장관에게 위탁한다. <개정 2014.12.30, 2025.10.1>	
② 국토교통부장관 또는 시·도지사는 이 법에 따른 업무의 일부를 대통령령으로 정하는 바에 따라 「공공기관의 운영에	**제117조 (업무의 위탁)** ① 국토교통부장관은 법 제82조제2항에 따라 다음 각 호의 업무를 제2항에 따라 지정·고시하는 기관에 위탁	

관한 법률」에 따른 공공기관, 협회, 그 밖에 건설기술 또는 시설안전과 관련된 기관 또는 단체에 위탁할 수 있다.	한다. <개정 2016.1.12, 2018.12.11, 2019.6.25, 2020.1.7, 2020.5.26, 2021.9.14, 2024.7.2, 2025.6.2> 1. 법 제14조에 따른 신기술에 관한 다음 각 목의 업무 가. 제31조에 따른 신기술 지정신청서의 접수 나. 제32조제2항에 따른 이해관계인 등의 의견 청취 다. 제33조제2항에 따른 신기술의 유지·관리 라. 제34조제6항에 따른 신기술 활용실적의 접수 및 관리 마. 제35조제3항에 따른 신기술 보호기간 연장신청서의 접수 1의2. 법 제14조의2에 따른 신기술사용협약에 관한 증명서의 발급 신청 접수, 발급 및 관리에 관한 업무 <신설 2019.6.25> 2. 법 제16조제1항에 따른 외국에서 도입된 건설기술의 관리에 관한 업무	

건설기술진흥법	건설기술진흥법 시행령	건설기술진흥법 시행규칙
	3. 법 제18조에 따른 건설기술정보체계의 구축·보급 및 운영에 관한 업무 4. 법 제21조에 따른 건설기술인 신고에 관한 다음 각 목의 업무 가. 법 제21조제1항에 따른 신고사항의 접수 나. 법 제21조제2항에 따른 근무처 및 경력등에 관한 기록의 유지·관리 및 건설기술경력증의 발급 다. 법 제21조제3항에 따른 관계자료 제출의 요청(위탁된 사무를 처리하기 위하여 필요한 경우만 해당한다) 라. 법 제21조제4항에 따른 건설기술인의 근무처 및 경력등의 확인 5. 법 제24조제1항에 따른 건설기술인 업무정지 현황의 관리와 같은 조 제4항에 따른 건설기술경력증의 반납 접수 및 근무처·경력등에 관한 기록의 수정 또는 말소 등의 업무	

	6. 법 제26조제5항에 따라 시·도지사가 통보하는 건설엔지니어링업의 등록, 변경등록 또는 휴업·폐업 신고 사실의 접수 및 관리 <개정 2021.9.14> 7. 법 제30조에 따른 건설엔지니어링 실적 관리에 관한 다음 각 목의 업무 <개정 2020.1.7, 2020.5.26, 2021.9.14> 가. 법 제30조제1항에 따른 건설엔지니어링사업자 현황의 관리 나. 법 제30조제3항에 따른 건설엔지니어링사업자 현황 및 건설엔지니어링 실적의 공개 다. 제45조제2항 및 제3항에 따라 발주청 및 인·허가기관의 장이 통보하는 건설엔지니어링 실적의 접수·확인·관리 라. 제45조제5항 및 제6항에 따라 건설엔지니어링사업자가 직접 통보하는 건설엔지니어링 실적의 접수·확인·관리 마. 제45조제9항에 따른 건설엔지니어링 실적에 대한 확인서의 발급 8. 법 제31조제4항에 따라 시·도지사가	

건설기술진흥법	건설기술진흥법 시행령	건설기술진흥법 시행규칙
	통보하는 건설엔지니어링사업자에 대한 등록취소, 영업정지 또는 과징금 부과 내용의 접수 및 관리 8의2. 법 제39조의2제4항에 따른 건설사업관리계획의 접수 및 관리 <신설 2019.6.25> 9. 법 제50조제3항에 따라 발주청이 통보하는 용역평가·시공평가 결과의 접수 및 관리와 같은 조 제4항에 따른 종합평가의 시행과 그 결과의 공개 9의2. 법 제51조에 따른 우수건설엔지니어링사업자등의 선정에 관한 다음 각 목의 업무 <신설 2025.6.2> 가. 법 제51조제1항 및 제3항에 따른 선정 및 선정 취소 나. 제85조제3항에 따른 선정현황 등의 공개 10. 법 제53조제3항에 따른 벌점의 종합관리 10의2. 법 제54조제2항에 따른 건설공사현	

	장 점검결과 및 그에 따른 조치결과의 접수・확인・관리 <신설 2024.7.2> 11. 법 제58조에 따른 철강구조물공장의 공장인증에 관한 다음 각 목의 업무 가. 법 제58조제1항에 따른 공장인증 신청의 접수 및 신청에 대한 전문·기술적인 심사 나. 법 제58조제2항에 따른 운영 실태 및 사후관리 상태의 조사를 위한 전문·기술적인 사항 11의2. 법 제62조제3항에 따른 안전관리계획서 사본과 안전관리계획 검토결과의 접수・확인・관리 <신설 2019.6.25> 11의3. 법 제62조제5항에 따른 안전점검 결과의 접수・확인・관리 <신설 2019.6.25> 12. 법 제62조제7항에 따른 종합보고서에 관한 다음 각 목의 업무 <개정 2019.6.25> 가. 법 제62조제8항에 따라 제출되는 종합보고서의 접수・확인 나. 법 제62조제9항에 따른 종합보고서의 보존·관리	

건설기술진흥법	건설기술진흥법 시행령	건설기술진흥법 시행규칙
	다. 제101조제4항에 따른 종합보고서의 열람 및 그 사본의 발급 13. 법 제62조제10항에 따른 안전관리계획서 검토결과 및 안전점검결과의 적정성 검토 <신설 2019.6.25> 14. 법 제62조제14항에 따른 안전관 리수준평가의 시행 및 그 결과의 공개와 같은 조 제15항에 따른 정보망의 구축·운영 <신설 2016.1.12, 2019.6.25> 15. 제62조제18항에 따라 발주청이 제출하는 설계의 안전성 검토 결과에 관한 접수·확인·관리 <신설 2016.1.12, 2019.6.25> 15의2. 법 제62조의3제1항 및 제2항에 따른 스마트 안전관리 보조·지원과 관리·감독에 필요한 지원 업무 <신설 2021.9.14> 16. 법 제68조제4항에 따른 건설사고조사위원회의 운영에 관한 사무 <개정 2019.6.25> ② 제1항에 따른 업무를 위탁받을 수 있는 자는 다음 각 호의 어느 하나에 해당하는 기관으로서 위탁업무를 수행할 수 있는	

인력과 장비를 갖춘 기관 중에서 국토교통부장관이 지정하여 고시한다. <개정 2015.6.1, 2020.12.1>

1. 법 제69조제1항에 따라 설립된 협회
2. 「건설산업기본법」, 「건축사법」, 「기술사법」, 「엔지니어링산업 진흥법」, 「주택법」 또는 「공간정보산업 진흥법」에 따라 설립된 협회
3. 「정부출연연구기관 등의 설립·운영 및 육성에 관한 법률」 또는 「과학기술분야 정부출연연구기관 등의 설립·운영 및 육성에 관한 법률」에 따라 설립된 정부출연연구기관
4. 「민법」 제32조에 따라 국토교통부장관의 허가를 받아 설립된 비영리법인
5. 법 제11조에 따라 설립된 기술평가기관
6. 국토안전관리원

③ 시·도지사는 법 제82조제2항에 따라 다음 각 호의 업무를 제2항제1호 및 제2호에 따른 기관 중에서 시·도지사가 지정·고시

건설기술진흥법	건설기술진흥법 시행령	건설기술진흥법 시행규칙
	하는 기관에 위탁한다. <개정 2021.9.14> 1. 법 제26조에 따른 건설엔지니어링업 등록 등에 관한 다음 각 목의 업무에 대한 접수·확인 및 관리 <개정 2021.9.14> 가. 법 제26조제1항에 따른 건설엔지니어링업 등록 나. 법 제26조제3항에 따른 변경등록 다. 법 제26조제4항에 따른 휴업·폐업 신고 2. 법 제29조제1항에 따른 영업 양도·합병의 신고에 대한 접수·확인 및 관리 ④ 국토교통부장관 또는 시·도지사는 제2항 및 제3항에 따라 위탁기관을 지정하는 경우에는 위탁할 업무의 내용 및 처리방법, 그 밖에 필요한 사항을 정하여 관보 또는 공보에 고시하여야 한다.	

⑤ 제1항 및 제3항에 따라 업무를 위탁받은 기관은 위탁업무의 처리 결과를 매 반기(半期) 말일을 기준으로 다음 달 말일까지 국토교통부장관 또는 시·도지사에게 통보하여야 한다.

제117조의2 (고유식별정보의 처리) ① 국토교통부장관(법 제82조에 따라 국토교통부장관의 권한을 위임·위탁받은 자를 포함한다) 및 시·도지사(법 제82조제2항에 따라 시·도지사의 업무를 위탁받은 자를 포함한다)는 다음 각 호의 사무를 수행하기 위하여 불가피한 경우 「개인정보 보호법 시행령」 제19조제1호 또는 제4호에 따른 주민등록번호 또는 외국인등록번호가 포함된 자료를 처리할 수 있다. <개정 2018.12.11, 2019.6.25, 2020.1.7, 2021.9.14, 2022.12.20>

1. 법 제20조에 따른 건설기술인의 육성과 교육·훈련에 관한 사무

1의2. 법 제20조의2에 따른 교육·훈련의 대행에 관한 사무

건설기술진흥법	건설기술진흥법 시행령	건설기술진흥법 시행규칙
	1의3. 법 제20조의3에 따른 교육·훈련 대행의 갱신에 관한 사무 1의4. 법 제20조의4에 따른 교육·훈련 대행의 취소에 관한 사무 1의5. 법 제20조의5에 따른 교육·훈련의 관리에 관한 사무 1의6. 법 제20조의6에 따른 교육·훈련 업무의 위탁에 관한 사무 2. 법 제21조에 따른 건설기술인의 신고사항에 관한 사무 2의2. 법 제22조의3에 따른 공정건설지원센터의 운영에 관한 사무 3. 법 제24조에 따른 건설기술인의 업무정지 현황에 관한 사무 4. 법 제26조에 따른 건설엔지니어링업의 등록 및 변경등록에 관한 사무 5. 법 제30조에 따른 건설엔지니어링의 실적 관리에 관한 사무 6. 법 제31조에 따른 건설엔지니어링사업	

	자에 대한 등록취소, 영업정지 또는 과징금 부과 등의 내용 통보에 관한 사무 7. 법 제39조의2에 따른 건설사업관리기술인 또는 공사감독자의 배치 관리에 관한 사무 <신설 2019.6.25> 8. 법 제50조에 따른 용역평가·시공평가 결과의 접수 및 관리, 종합평가의 시행과 그 결과의 공개에 관한 사무 <개정 2019.6.25> 9. 법 제53조제3항에 따른 벌점의 종합관리에 관한 사무 <개정 2019.6.25> 10. 삭제 <2022.12.20> ② 공제조합은 법 제75조제1항에 따른 보증, 융자 및 공제 사업을 하기 위하여 불가피한 경우 「개인정보 보호법 시행령」 제19조제1호 또는 제4호에 따른 주민등록번호 또는 외국인등록번호가 포함된 자료를 처리할 수 있다. [본조신설 2016.1.12]	

건설기술진흥법	건설기술진흥법 시행령	건설기술진흥법 시행규칙
제83조 (청문) 국토교통부장관 또는 시·도지사는 이 법에 따른 지정 또는 등록을 취소하려면 청문을 하여야 한다. **제84조 (벌칙 적용 시의 공무원 의제)** 다음 각 호의 어느 하나에 해당하는 사람은 「형법」 제129조부터 제132조까지의 규정을 적용할 때에는 공무원으로 본다. <개정 2015.5.18, 2017.11.28, 2018.8.14, 2020.6.9> 1. 중앙심의위원회, 지방심의위원회 또는 특별심의위원회의 위원 중 공무원이 아닌 위원 2. 제6조에 따른 기술자문위원회의 위원 중 공무원이 아닌 위원 2의2. 제20조의6제1항에 따라 국토교통부장관이 위탁한 자에게 소속되어 그 업무에 종사하는 임직원 <신설 2020.6.9>		

3. 제39조에 따른 건설사업관리 업무 중 대통령령으로 정하는 업무를 수행하는 건설기술인 4. 제68조에 따른 건설사고조사위원회의 위원 중 공무원이 아닌 위원 <신설 2015.5.18> 5. 제82조제2항에 따라 국토교통부장관 또는 시・도지사가 위탁한 협회, 기관 또는 단체에서 그 업무에 종사 하는 임직원 <신설 2017.11.28>	**제118조 (벌칙 적용 시의 공무원 의제)** 법 제84조제3호에서 "대통령령으로 정하는 업무"란 시공 단계의 건설사업관리 업무 중 법 제2조제5호에 따른 감리 업무를 말한다.	
	제119조 (규제의 재검토) ① 삭제 <2020.3.3> ② 국토교통부장관은 다음 각 호의 사항에 대하여 다음 각 호의 기준일을 기준으로 3년마다(매 3년이 되는 해의 기준일과 같은 날 전까지를 말한다) 그 타당성을 검토하여 개선하는 등의 조치를 해야 한다. <개정 2018.12.11, 2020.1.7, 2021.3.2, 2021.9.14, 2024.2.27> 1. 제42조제2항 및 별표 3에 따른 건설기술인 교육·훈련의 종류·시간, 내용 및 면제의 기준 : 2014년 5월 23일 2. 삭제 <2024.2.27> 3. 제89조에 따른 품질관리계획 등의 수	**제64조(규제의 재검토)** 국토교통부장관은 제50조제4항 및 별표 5에 따른 건설공사 품질관리를 위한 시설 및 건설기술인 배치기준에 대하여 2024년 1월 1일을 기준으로 3년마다(매 3년이 되는 해의 기준일과 같은 날 전까지를 말한다) 그 타당성을 검토하여 개선하는 등의 조치를 해야 한다. [본조신설 2022.12.30]

건설기술진흥법	건설기술진흥법 시행령	건설기술진흥법 시행규칙
	립대상 공사 : 2014년 5월 23일 4. 제91조에 따른 품질시험 및 검사의 실시 기준 및 대상 : 2014년 5월 23일 ③ 국토교통부장관은 별표 8 제5호바목에 따른 벌점 경감기준에 대하여 2021년 1월 1일을 기준으로 2년마다(매 2년이 되는 해의 기준일과 같은 날 전까지를 말한다) 그 타당성을 검토하여 개선하는 등의 조치를 해야 한다. <신설 2020.11.10>	
제8장 벌 칙	**제8장 벌 칙**	
제85조 (벌칙) ① 제28조제1항을 위반하여 착공 후부터 「건설산업기본법」 제28조에 따른 하자담보책임기간까지의 기간에 다리, 터널, 철도, 그 밖에 대통령령으로 정하는 시설물의 구조에서 주요 부분에 중대한 손괴(損壞)를 일으켜 사람을 다치거나 죽음에 이르게 한 자는 무기 또는 3년 이상의	**제120조 (주요 시설물 등)** 제85조제1항및 제88조제1호의4에서 "대통령령으로 정하는 시설물"이란 각각 다음 각 호의 시설물을 말한다. <개정 2019.6.25> 1. 고가도로 2. 지하도 3. 활주로	

징역에 처한다. <개정 2018.12.31>

② 제1항의 죄를 범하여 사람을 위험하게 한 자는 10년 이하의 징역 또는 1억원 이하의 벌금에 처한다.

제86조 (벌칙) ① 업무상 과실로 제85조제1항의 죄를 범하여 사람을 다치거나 죽음에 이르게 한 자는 10년 이하의 징역이나 금고 또는 1억원 이하의 벌금에 처한다.

② 업무상 과실로 제85조제2항의 죄를 범한 자는 5년 이하의 징역이나 금고 또는 5천만원 이하의 벌금에 처한다.

제87조 (벌칙) ① 제47조제1항에 따른 타당성 조사를 할 때 고의로 수요 예측을 부실하게 하여 발주청에 손해를 끼친 건설엔지니어링사업자는 5년 이하의 징역 또는 5천만원 이하의 벌금에 처한다. <2019.4.30, 2021.3.16>

② 제47조제1항에 따른 타당성 조사를 할 때 중대한 과실로 수요 예측을 부실하게 하여 발주청에 손해를 끼친 건설기술엔지

4. 삭도(索道)
5. 댐
6. 항만시설 중 외곽시설·임항교통시설(臨港交通施設)·계류시설(繫留施設)
7. 연면적 5천제곱미터 이상인 공항청사·철도역사·자동차여객터미널·종합여객시설·종합병원·판매시설·관광숙박시설·관람집회시설
8. 그 밖에 16층 이상인 건축물

건설기술진흥법	건설기술진흥법 시행령	건설기술진흥법 시행규칙
니어링사업자는 3년 이하의 금고 또는 3천만원 이하의 벌금에 처한다. <개정 2019.4.30, 2021.3.16> **제87조의2(벌칙)** 다음 각 호의 어느 하나에 해당하는 자는 2년 이하의 징역 또는 1억원 이하의 벌금에 처한다. <개정 2019.4.30, 2021.3.16> 1. 제40조제1항에 따른 건설엔지니어링사업자 또는 공사감독자의 재시공·공사중지 명령이나 그 밖에 필요한 조치를 이행하지 아니한 자 2. 제40조의2를 위반하여 불이익을 준 자 [본조신설 2018.12.31] **제88조 (벌칙)** 다음 각 호의 어느 하나에 해당하는 자는 2년 이하의 징역 또는 2천만원 이하의 벌금에 처한다. <개정 2013.7.16, 2015.1.6, 2018.12.31, 2019.4.30, 2021.3.16, 2024.1.9>		

1. 제26조제1항에 따른 등록을 하지 아니하고 건설엔지니어링 업무를 수행한 자 1의2. 제39조제4항 전단을 위반하여 건설사업관리보고서를 제출하지 아니하거나 같은 항 후단에 따라 건설기술인이 작성한 건설사업관리보고서를 거짓으로 수정하여 제출한 건설엔지니어링사업자 1의3. 제39조제4항 후단을 위반하여 정당한 사유 없이 건설사업관리보고서를 작성하지 아니하거나 거짓으로 작성한 건설기술인 1의4. 고의로 제39조제6항에 따른 건설사업관리 업무를 게을리하여 교량, 터널, 철도, 그 밖에 대통령령으로 정하는 시설물에 대하여 다음 각 목의 주요 부분의 구조안전에 중대한 결함을 초래한 건설엔지니어링사업자 또는 건설기술인 가. 철근콘크리트구조부 또는 철골구조부		

건설기술진흥법	건설기술진흥법 시행령	건설기술진흥법 시행규칙
나. 「건축법」 제2조제7호에 따른 주요구조부 다. 교량의 교좌장치 라. 터널의 복공부위 마. 댐의 본체 및 여수로 바. 항만 계류시설의 구조체 2. 삭제 <2018.12.31> 3. 제48조제5항에 따른 구조검토를 하지 아니한 건설엔지니어링사업자 <신설 2015.1.6, 2019.4.30, 2021.3.16> 4. 제55조제1항 및 제2항에 따른 품질관리계획 또는 품질시험계획을 수립·이행하지 아니하거나 품질시험 및 검사를 하지 아니한 건설사업자 또는 주택건설등록업자 <개정 2019.4.30> 5. 제57조제3항을 위반하여 품질이 확보되지 아니한 건설자재·부재를 공급하거나 사용한 자 6. 제57조제4항을 위반하여 반품된 레디믹스트콘크리트를 품질인증을 받지		

아니하고 재사용한 자 7. 제62조제1항에 따른 안전관리계획을 수립·제출, 이행하지 아니하거나 거짓으로 제출한 건설사업자 또는 주택건설등록업자 7의2. 제62조제4항에 따른 안전점검을 하지 아니한 건설사업자 또는 주택건설등록업자 8. 제62조제11항에 따른 관계전문가의 확인 없이 가설구조물 설치공사를 한 건설사업자 또는 주택건설등록업자 <개정 2019.4.30> 9. 제62조제12항에 따라 가설구조물의 구조적 안전성 확인 업무를 성실하게 수행하지 아니함으로써 가설구조물이 붕괴되어 사람을 죽거나 다치게 한 관계전문가 10. 제81조를 위반하여 직무상 알게 된 비밀을 누설하거나 도용한 사람		

건설기술진흥법	건설기술진흥법 시행령	건설기술진흥법 시행규칙
제89조 (벌칙) 다음 각 호의 어느 하나에 해당하는 자는 1년 이하의 징역 또는 1천만원 이하의 벌금에 처한다. <개정 2014.5.14, 2015.5.18, 2018.8.14, 2018.12.31, 2019.4.30, 2021.3.16> 1. 제14조제3항에 따른 신기술 활용실적을 거짓으로 제출한 자 1의2. 제14조의2제1항 후단에 따른 신기술사용협약에 관한 증명서의 발급 신청을 거짓으로 한 자 2. 제21조제1항에 따른 신고·변경신고를 하면서 근무처 및 경력등을 거짓으로 신고하여 건설기술인이 된 자 3. 제23조를 위반한 다음 각 목의 어느 하나에 해당하는 사람 <개정 2021.3.16 가. 다른 사람에게 자기의 성명을 사용하여 건설공사 또는 건설엔지니어링 업무를 수행하게 하거나 자신의 건설기		

술경력증을 빌려 준 사람 나. 다른 사람의 성명을 사용하여 건설공사 또는 건설엔지니어링 업무를 수행하거나 다른 사람의 건설기술경력증을 빌린 사람 다. 가목 및 나목의 행위를 알선한 사람 4. 제38조제3항에 따른 검사를 거부·방해 또는 기피한 자 4의2. 정당한 사유 없이 제39조의3제1항 및 제5항에 따른 실정보고를 하지 아니하거나 거짓으로 한 자 4의3. 정당한 사유 없이 제39조의3제3항에 따른 실정보고를 접수하지 아니한 자 5. 제53조제1항에 따른 부실 측정 또는 제54조제1항에 따른 건설공사현장 등의 점검을 거부·방해 또는 기피한 자 5의2. 제62조제1항에 따른 안전관리계획의 승인 없이 착공한 건설사업자 또는 주택건설등록업자 6. 제67조제3항 및 제5항에 따른 국토교		

건설기술진흥법	건설기술진흥법 시행령	건설기술진흥법 시행규칙
통부장관, 발주청, 인·허가기관 및 건설사고조사위원회의 중대건설현장사고조사를 거부·방해 또는 기피한 자 <개정 2015.5.18> **제90조 (양벌규정)** ① 법인의 대표자나 법인 또는 개인의 대리인, 사용인, 그 밖의 종업원이 그 법인 또는 개인의 업무에 관하여 제85조의 위반행위를 하면 그 행위자를 벌하는 외에 그 법인 또는 개인에게도 10억원 이하의 벌금에 처한다. 다만, 법인 또는 개인이 그 위반행위를 방지하기 위하여 해당 업무에 관하여 상당한 주의와 감독을 게을리하지 아니한 경우에는 그러하지 아니하다. ② 법인의 대표자나 법인 또는 개인의 대리인, 사용인, 그 밖의 종업원이 그 법인 또는 개인의 업무에 관하여 제86조, 제88조 또는 제89조의 위반행위를 하면 그 행위자를 벌하는 외에 그 법인 또는 개인		

법	시행령	시행규칙
에게도 해당 조문의 벌금형을 과(科)한다. 다만, 법인 또는 개인이 그 위반행위를 방지하기 위하여 해당 업무에 관하여 상당한 주의와 감독을 게을리하지 아니한 경우에는 그러하지 아니하다.		
제91조 (과태료) ① 다음 각 호의 어느 하나에 해당하는 자에게는 2천만원 이하의 과태료를 부과한다. <신설 2018.12.31> 1. 제39조의2제1항을 위반하여 건설사업관리계획을 수립하지 아니한 자 2. 제39조의2제6항을 위반하여 건설공사를 착공하게 하거나 건설공사를 진행하게 한 자 3. 제77조제2항에 따른 명령을 이행하지 아니한 자 ② 다음 각 호의 어느 하나에 해당하는 자에게는 1천만원 이하의 과태료를 부과한다. <개정 2018.8.14, 2018.12.31, 2020.6.9> 1. 제22조의2제2항을 위반하여 부당한 요구를 하거나 부당한 요구를 따르지 아니한다는 이유로 건설기술인에게	**제121조 (과태료의 부과기준)** ① 법 제91조제1항부터 제3항까지의 규정에 따른 과태료의 부과기준은 별표 11과 같다. <개정 2019.6.25> ② 법 제91조제1항 각 호, 같은 조 제2항각호, 같은 조 제3항제1호부터 제4호까지 및 제12호부터 제16호까지의 규정에 해당하는 자에 대한 과태료(이 영 제115조제1항에 따른 과태료는 제외한다)는 국토교통부장관이 부과 · 징수하고, 법 제91조제3항제5호부터 제11호까지의 규정에 해당하는 자에 대한 과태료는 시·도지사가 부과·징수한다. <개정 2016.5.17, 2019.6.25> ③ 시·도지사는 제2항에 따라 과태료를 부과·징수한 경우에는 그 처리 내용을 국토	

건설기술진흥법	건설기술진흥법 시행령	건설기술진흥법 시행규칙
불이익을 준 자 1의2. 제50조제1항 및 제2항에 따른 평가를 하지 아니한 자 2. 제56조제1항에 따른 품질관리비를 공사금액에 계상하지 아니한 자 또는 같은 조 제2항을 위반하여 품질관리비를 사용한 자 3. 제62조제7항에 따른 종합보고서를 제출하지 아니하거나 거짓으로 작성하여 제출한 자 3의2. 제62조제14항에 따른 건설공사 참여자 안전관리 수준 평가를 거부 · 방해 또는 기피한 자 3의3. 제62조제18항에 따른 설계의 안전성을 검토하지 아니한 자 4. 제63조제1항에 따른 안전관리비를 공사금액에 계상하지 아니한 자 또는 같은 조 제2항을 위반하여 안전관리비를 사용한 자	교통부장관이 제117조제2항에 따라 지정·고시하는 기관에 통보하여야 한다.	

5. 제66조제3항에 따른 환경관리비를 공사금액에 계상하지 아니한 자 또는 같은 조 제4항을 위반하여 환경관리비를 사용한 자

③ 다음 각 호의 어느 하나에 해당하는 자에게는 300만원 이하의 과태료를 부과한다. <개정 2015.5.18, 2018.6.12, 2018.8.14, 2018.12.31, 2019.4.30, 2020.10.20, 2021.3.16, 2024.1.9>

1. 제20조제2항 전단에 따른 교육·훈련을 정당한 사유 없이 받지 아니한 건설기술인
2. 제20조제3항에 따른 경비를 부담하지 아니하거나 경비부담을 이유로 건설기술인에게 불이익을 준 사용자
3. 제21조제3항에 따른 자료를 제출하지 아니하거나 거짓으로 자료를 제출한 자
4. 제24조제4항을 위반하여 건설기술경력증을 반납하지 아니한 건설기술인
5. 제26조제3항에 따른 변경등록을 하지

건설기술진흥법	건설기술진흥법 시행령	건설기술진흥법 시행규칙
아니하거나 거짓으로 변경등록을 한 자 <개정 2020.10.20> 6. 제26조제4항에 따라 휴업 또는 폐업 신고를 하지 아니한 자 7. 제29조제1항에 따라 영업 양도 또는 합병 신고를 하지 아니한 자 8. 제31조제1항·제2항에 따른 영업정지 명령을 받고 영업정지기간에 건설엔지니어링 업무를 수행한 자(제33조에 따라 건설엔지니어링 업무를 수행한 경우는 제외한다) 9. 제31조제3항을 위반하여 영업정지기간에 상호를 바꾸어 건설엔지니어링을 수주한 자 10. 제33조제1항 후단에 따라 등록취소처분 등을 받은 사실과 그 내용을 해당 건설엔지니어링의 발주자에게 통지하지 아니한 자 11. 제38조제2항에 따른 업무에 관한 보고		

를 하지 아니하거나 관계 자료를 제출하지 아니한 자 12. 제54조제2항에 따른 점검결과 및 조치결과를 제출하지 아니하거나 거짓으로 제출한 자 12의2. 제55조제3항에 따른 품질시험 및 검사의 결과와 증빙자료 또는 제60조제3항에 따른 품질검사 성적서 및 품질검사 내용을 정보망에 기한 내에 입력하지 아니하거나 거짓으로 입력한 자 <신설 2024.1.9> 13. 제62조제1항에 따른 안전관리계획의 승인 없이 건설사업자 및 주택건설등록업자가 착공했음을 알고도 묵인한 발주자 14. 제62조제3항 · 제5항 및 제8항에 따른 서류를 제출하지 아니하거나 거짓으로 제출한 자 15. 제62조제18항에 따른 설계의 안전성 검토결과를 제출하지 아니하거나 거짓으로 제출한 자 16. 제67조제1항에 따른 건설사고 발생사실		

건설기술진흥법	건설기술진흥법 시행령	건설기술진흥법 시행규칙
을 발주청 및 인·허가기관에 통보하지 아니한 건설공사 참여자(발주자는 제외한다) <신설 2015.5.18> ④ 제1항부터 제3항에 따른 과태료는 대통령령으로 정하는 바에 따라 국토교통부장관 또는 시·도지사가 부과·징수한다. <개정 2018.12.31> **제91조의2(과태료 부과 유예 특례)** 제91조제3항제1호에도 불구하고 제20조제2항 전단에 따른 교육·훈련을 받지 아니한 건설기술인에 대한 과태료 부과는 2021년 12월 31일까지 유예한다. 다만, 제20조제2항 전단에 따른 교육·훈련을 받지 아니하고 퇴직 또는 이직 등의 사유로 2021년 12월 31일까지 건설기술 업무를 수행하지 아니하는 건설기술인에 대하여는 해당 업무를 다시 수행할 때까지 과태료 부과를 유예한다. <신설 2018.6.12, 2018.8.14, 2020.6.9, 2022.6.10>		

부 칙

<법률 제11794호, 2013.5.22.>

제1조 (시행일) 이 법은 공포 후 1년이 경과한 날부터 시행한다.

제2조 (건설기술용역의 실적 관리에 관한 적용례) 제30조제1항의 개정규정은 이 법 시행 후 입찰공고를 하는 건설기술용역부터 적용한다.

제3조 (발주청의 하도급 승인에 관한 적용례) 제35조제4항의 개정규정은 이 법 시행 후 입찰공고를 하는 건설기술용역 업무부터 적용한다.

제4조 (건설기술용역비의 산정기준에 관한 적용례) 제37조제2항의 개정규정에 따라 고시되는 건설기술용역비의 산정기준은 이 법 시행 후 입찰공고를 하는 건설기술용역부터 적용한다.

제5조 (건설사업관리 등의 시행에 관한 적용례) 제39조제2항의 개정규정은 이 법 시행

부 칙

<대통령령 제25358호, 2014.5.22.>

제1조 (시행일) 이 영은 2014년 5월 23일부터 시행한다.

제2조 (등록취소 등의 통보에 관한 적용례) 제47조의 개정규정은 이 영 시행 후 등록취소 등을 공고하는 경우부터 적용한다.

제3조 (건설기술용역업자의 손해배상 및 하자보증에 관한 적용례) 제50조의 개정규정은 이 영 시행 후 입찰공고를 하는 건설기술용역부터 적용한다.

제4조 (안전진단전문기관 선정 등에 관한 적용례) 제51조제2항 및 제52조의 개정규정은 이 영 시행 후 입찰공고를 하는 건설기술용역부터 적용한다.

제5조 (건설사업관리용역업자의 선정 제한에 관한 적용례) 제58조제1항의 개정규정은 이 영 시행 후 입찰공고를 하는 건설기술용역부터 적용한다.

부 칙

<국토교통부령 제94호, 2014.5.22.>

제1조 (시행일) 이 규칙은 2014년 5월 23일부터 시행한다.

제2조 (건설사업관리용역업자의 선정에 관한 적용례) 제28조제1항제1호나목, 제28조제2항제2호 다목 및 별표 3의 개정규정은 이 규칙 시행 후 입찰공고를 하는 건설사업관리용역부터 적용한다.

제3조 (감독 권한대행 등 건설사업관리의 통합시행에 관한 적용례) 제33조제1항의 개정규정은 이 규칙 시행 후 입찰공고를 하는 감독권한 대행 등 건설사업관리 용역부터 적용한다.

제4조 (건설사업관리 보고서의 작성 · 제출에 관한 적용례) 제36조의 개정규정은 이 규칙 시행 후 입찰공고를 하는 건설사업관리 용역부터 적용한다.

건설기술진흥법	건설기술진흥법 시행령	건설기술진흥법 시행규칙
후 발주청이 건설공사를 발주하는 경우부터 적용한다. **제6조 (공장인증의 취소 등에 관한 적용례)** 제59조제1항 각 호 외의 부분 단서의 개정규정은 이 법 시행 후 공장인증을 받은 철강구조물공장부터 적용한다. **제7조 (처분 등에 관한 일반적 경과조치)** 이 법 시행 전에 종전의 규정에 따라 행한 처분절차나 그 밖의 행정기관의 행위와 행정기관에 대한 행위는 그에 해당하는 이 법에 따른 처분절차나 행정기관의 행위 또는 행정기관에 대한 행위로 본다. **제8조 (건설기술진흥기본계획에 관한 경과조치)** 이 법 시행 당시 종전의 규정에 따라 수립된 건설기술진흥기본계획은 제3조제1항의 개정규정에 따른 건설기술진흥기본계획으로 본다.	**제6조 (건설사업관리의 업무범위 및 업무내용에 관한 적용례)** 제59조의 개정규정은 이 영 시행 후 입찰공고를 하는 건설기술용역부터 적용한다. **제7조 (용역평가 등에 관한 적용례 등)** ① 제83조제1항제1호 및 제3호의 개정규정은 이 영 시행 후 준공되는 기본설계 및 감독 권한대행 등 건설사업관리 용역부터 적용한다. ② 제83조제1항제2호의 개정규정은 이 영 시행 전에 준공된 실시설계 용역의 경우에도 적용하되, 해당 건설공사가 이미 착공된 경우에는 이 영 시행후 6개월 이내에 해당 실시설계에 관한 용역평가를 실시하여야 한다. ③ 제83조제3항의 개정규정은 이 영 시행 후 준공되는 건설기술용역 또는 건설공사부터 적용한다.	**제5조 (수요예측 자료 등의 건설공사 지원 통합정보체계 입력에 관한 적용례)** 제39조제3항의 개정규정은 이 규칙 시행 후 완료되는 타당성 조사 용역부터 적용한다. **제6조 (건설기술용역업자의 등록에 관한 경과조치)** ① 영 부칙 제11조제2항 각 호 외의 부분 중 "국토교통부령으로 정하는 신청서 및 첨부서류"란 다음 각 호의 구분에 따른 신청서 및 첨부서류를 말한다. 1. 종전의 법 제20조의2에 따른 설계 등 용역업자(이하 "설계 등 용역업자"라 한다): 별지 제20호서식의 건설기술용역업 등록(변경등록)신청서와 제21조제1항제2호부터 제4호까지의 규정에 해당하는 서류 2. 종전의 법 제28조제1항에 따른 감리전문회사(이하 "감리전문회사"라 한다): 별지 제20호서식의 건설기술용역업 등록(변경등록)신청서와 제21

제9조 (설계자문위원회에 대한 경과조치) 이 법 시행 당시 종전의 규정에 따른 설계자문위원회는 제6조제1항의 개정규정에 따른 기술자문위원회로 본다.

제10조 (신기술에 관한 경과조치) 이 법 시행 당시 종전의 규정에 따라 고시된 신기술은 제14조제1항의 개정규정에 따라 지정·고시된 신기술로 본다. 이 경우 해당 신기술의 보호기간·기술사용료 등에 대하여는 종전의 규정에 따른다.

제11조 (건설기술자의 신고 및 건설기술경력증에 관한 경과조치) ① 이 법 시행 당시 종전의 규정에 따라 건설기술자 또는 품질관리자로 신고하거나 감리전문회사에 소속된 감리원은 제21조제1항의 개정규정에 따라 건설기술자로 신고한 것으로 본다.

② 이 법 시행 당시 종전의 규정에 따라 발급받은 건설기술경력증이나 감리원증은 제21조제2항의 개정규정에 따라

제8조 (건설공사의 사후평가에 관한 적용례) 제86조의 개정규정은 이 영 시행 후 준공되는 건설공사부터 적용한다.

제9조 (건설기술자 등급에 대한 경과조치) 이 영 시행 전에 건설기술자 또는 품질관리자로 신고하거나 감리전문회사에 소속된 감리원에 대하여 별표 1 제2호의 개정규정에 따라 등급을 산정한 결과, 종전 규정에 따른 등급보다 낮은 등급이 된 경우에는 별표 1 제2호의 개정규정에도 불구하고 종전 규정에 따른 등급을 보유한 것으로 본다. 이 경우 감리원의 등급에 대해서는 종전의 수석감리사는 특급에, 감리사는 고급에, 감리사보는 중급에, 검측감리원은 초급에 각각 해당하는 것으로 보고 비교한다.

제10조 (건설기술자의 교육·훈련에 대한 경과조치) ① 이 영 시행 당시 다음 표의 왼쪽 난에 기재된 종전의 규정에 따른 교육·훈련 이수 실적이 있는 경우에는 같은

조제1항제2호부터 제4호까지의 규정에 해당하는 서류

3. 종전의 법 제25조제2항에 따른 품질검사전문기관(이하 "품질검사전문기관"이라 한다): 별지 제20호서식의 건설기술용역업 등록(변경등록)신청서

② 법 부칙 제13조제1항 후단 및 영 부칙 제11조제2항에 따라 신고를 받은 시·도지사는 설계 등 용역업자, 감리전문회사 또는 품질검사전문기관이 영 별표 5의 개정규정에 따른 요건을 갖춘 경우에는 법 부칙 제13조제2항에 따라 별지 제22호서식의 건설기술용역업 등록증을 발급하여야 한다.

③ 대통령령 제25358호 건설기술 진흥법 시행령 일부개정령 부칙 제11조제3항 각 호 외의 부분에서 "국토교통부령으로 정하는 신청서"란 별지 제20호서식의 건설기술용역업 등록(변경등록)신청서를 말한다. <신설 2016.5.25>

건설기술진흥법

발급받은 건설기술경력증으로 본다.

제12조 (건설기술자 등에 대한 업무정지처분에 관한 경과조치) 이 법 시행 전의 위반행위에 대한 건설기술자, 감리원 및 품질관리자에 대한 업무정지는 종전의 규정에 따른다.

제13조 (건설기술용역업자 등록에 관한 경과조치) ① 이 법 시행 당시 종전의 규정에 따른 설계 등 용역업자, 감리전문회사 및 품질검사전문기관은 제26조제1항의 개정규정에 따른 건설기술용역업자로 본다. 이 경우 이 법 시행 후 1년 이내에 대통령령으로 정하는 바에 따라 시·도지사에게 신고하여야 한다.

② 이 법 시행 당시 종전의 「측량·수로조사 및 지적에 관한 법률」에 따라 등록한 측량업자 및 수로사업자는 건설기술용역업자로 본다. 이 경우 업무범위는 「측량·수로조사 및 지적에 관한 법률」에 따라 등록된

건설기술진흥법 시행령

표의 오른쪽 난에 기재된 별표 3의 개정규정에 따른 교육·훈련을 받은 것으로 본다.

종전의 규정에 따라 이수한 교육·훈련		개정규정에 따른 교육·훈련	
건설기술자	별표3 제1호 나목1)	설계·시공 등 업무를 수행하는 건설기술자	별표3 제2호 가목1)
감리원	별표3 제2호 나목1)	건설사업관리 업무를 수행하는 건설기술자	별표3 제2호 나목1)
품질관리자	별표3 제3호 나목1)	품질관리 업무를 수행하는 건설기술자	별표3 제2호 다목1)

② 이 영 시행 당시 종전의 규정에 따른 건설기술자 및 품질관리자가 최초로 기술등급을 받은 날부터 3년 이내에 받아야 하는 교육을 받지 아니한 경우에는 별표 3의 개정규정에도 불구하고 이 영 시행 후 3년 이내에 기본교육 및 전문교육을 각각 35시간씩 받아야 한다. 이 경우 이 영 시행 전에 종전의 규정에 따라 이수한

건설기술진흥법 시행규칙

제7조 (다른 법령의 개정) ① 건설산업기본법 시행규칙 일부를 다음과 같이 개정한다.

제25조의3제1호 및 제6호 중 "「건설기술관리법 시행령」"을 각각 "「건설기술 진흥법 시행령」"으로 한다.

제25조의4제1항제7호 중 "「건설기술관리법」에 의한 감리전문회사등록"을 "「건설기술 진흥법」에 따른 건설기술용역업 등록"으로 한다.

제25조의6제1호가목 중 "「건설기술관리법」 제18조"를 "「건설기술 진흥법」 제14조"로 한다.

별표 1 제1호다목(1)(나) 중 "「건설기술관리법」"을 "「건설기술 진흥법」"으로 하고, 같은 호 라목(1) 전단 중 "「건설기술관리법」 제18조의 규정에 의하여 신기술의 지정을 받은 자, 동법 제36조의 규정에 의한 우수건설업자로 지정된 자"를 "「건설기술 진

분야에 한정하며, 2016년 6월 30일까지 대통령령으로 정하는 바에 따라 시·도지사에게 신고하여야 한다. <신설 2015.7.24>

③ 제1항 및 제2항 후단에 따라 신고를 받은 시·도지사는 국토교통부령으로 정하는 바에 따라 등록증을 발급하여야 한다. <개정 2015.7.24>

제14조 (건설기술용역업자에 대한 등록취소 등 처분에 관한 경과조치) 이 법 시행 전의 위반행위에 대한 건설기술용역업자의 등록취소, 영업정지 및 과징금 등의 처분에 관하여는 종전의 규정에 따른다.

제15조 (피성년후견인에 대한 경과조치) 제27조제1호 및 제39조제5항제1호의 개정규정에 따른 피성년후견인에는 법률 제10429호 민법 일부개정법률 부칙 제2조에 따라 금치산 또는 한정치산 선고의 효력이 유지되는 자를 포함하는 것으로 본다.

교육·훈련 실적이 있는 경우 해당 시간만큼을 제외하고 받을 수 있다.

제11조 (건설기술용역업자의 등록에 관한 경과조치) ① 법률 제11794호 건설기술관리법 전부개정법률 부칙(이하 "개정법률 부칙"이라 한다) 제13조제1항 전단에 따라 이 영 시행 당시 다음표의 왼쪽 난에 기재된 자는 같은 표의 오른쪽 난에 기재된 제44조제1항의 개정규정에 따른 건설기술용역업의 전문분야로 등록한 것으로 본다. <개정 2016.5.17>

설계 등 용역업자	제44조제1항제2호나목에 따른 설계등용역 분야
감리 전문회사	제44조제1항제2호다목에 따른 건설사업관리 분야
품질검사 전문기관	제44조제1항제3호에 따른 품질검사 분야 중 해당 분야

② 이 영 시행 당시 종전의 법 제20조의2에 따른 설계 등 용역업자(이하 이 항에서 "설계 등 용역업자"라 한다), 종전의 법 제28조제1항에 따른 감리전문회사(이

흥법」 제14조에 따라 신기술의 지정을 받은 자, 같은 법 제51조에 따라 우수건설업자로 지정된 자"로 하며, 같은 목(4) 중 "「건설기술관리법」 제21조의4의 규정에 의한 부실벌점"을 "「건설기술 진흥법」 제53조에 따른 벌점"으로 한다.

별표 2 제1호다목(1)(나) 중 "「건설기술관리법」"을 "「건설기술 진흥법」"으로 하고, 같은 호 라목(1) 전단 중 "「건설기술관리법」 제18조의 규정에 의하여 신기술의 지정을 받은 자, 동법 제36조의 규정에 의한 우수건설업자로 지정된 자"를 "「건설기술 진흥법」 제14조에 따라 신기술의 지정을 받은 자, 같은 법 제51조에 따라 우수건설업자로 지정된 자"로 한다.

② 건축물의 구조기준 등에 관한 규칙 일부를 다음과 같이 개정한다.

제3조제4항 중 "「건설기술관리법」 제5조의 규정에 의한"을 "「건설기술

건설기술진흥법	건설기술진흥법 시행령	건설기술진흥법 시행규칙
제16조 (보험 또는 공제가입에 관한 경과조치) 이 법 시행 당시 종전의 규정에 따른 보험 또는 공제에 가입한 자는 제34조제2항의 개정규정에 따른 보험 또는 공제에 가입한 것으로 본다. **제17조 (건설기술용역 대가에 관한 경과조치)** 이 법 시행 당시 종전의 규정에 따라 국토교통부장관이 고시한 건설사업관리 및 감리의 대가기준은 제37조제2항의 개정규정에 따른 건설기술용역비의 산정기준으로 본다. **제18조 (건설사업관리의 시행에 관한 경과조치)** ① 이 법 시행 당시 종전의 규정에 따라 발주청에서 발주한 설계감리, 검측감리, 시공감리, 책임감리 및 건설사업관리를 수행하는 자는 제39조의 개정규정에 따른 건설사업관리 중 해당 업무를 수행하는 것으로 본다.	하 이 항에서 "감리전문회사"라 한다) 또는 종전의 법 제25조제2항에 따른 품질검사전문기관(이하 이 항에서 "품질검사전문기관"이라 한다)이 개정법률 부칙 제13조제1항 후단에 따라 신고하려는 경우에는 각 전문분야별로 별표 5의 개정규정에 따른 등록요건을 갖추어 다음 각 호의 구분에 따른 서류와 국토교통부령으로 정하는 신청서 및 첨부서류를 시·도지사에게 제출하여야 한다. <개정 2016.5.17> 1. 설계 등 용역업자 : 건설기술 관련 분야의 「엔지니어링산업 진흥법」에 따른 엔지니어링사업자 신고증 사본 또는 「기술사법」에 따른 기술사사무소 개설등록증 사본 2. 감리전문회사: 종전의 법 제28조제1항에 따른 감리전문회사 등록증 3. 품질검사전문기관: 종전의 법 제25조	진흥법」 제5조에 따른"으로 한다. ③ 건축물의 피난·방화구조 등의 기준에 관한 규칙 일부를 다음과 같이 개정한다. 제6조제1호 중 "「건설기술관리법」 제34조제1항제2호의 규정에 의하여"를 "「건설기술 진흥법」 제44조제1항 제2호에 따라"로 한다. ④ 골재채취법 시행규칙 일부를 다음과 같이 개정한다. 제14조의7제1항 중 "「건설기술관리법」 제25조에 따른 품질검사전문기관으로"를 "「건설기술 진흥법」 제26조에 따른 건설기술용역업자로"로 한다. ⑤ 순환골재 품질인증 및 관리에 관한 규칙 일부를 다음과 같이 개정한다. 제8조제3항제2호를 다음과 같이 한다. 2. 「건설기술 진흥법」 제60조제1항에 따라 품질검사를 대행하는 건설기술용역업자

② 이 법 시행 당시 종전의 규정에 따라 건설사업관리를 위탁받은 자로서 건설기술용역업자가 아닌 자는 해당 건설사업관리가 완료될 때까지 제26조제1항의 개정규정에 따른 건설기술 용역업자로 본다.

제19조 (건설사업관리 중 공사중지명령에 관한 경과조치) 이 법 시행 당시 종전의 규정에 따라 감리원이 한 재시공·공사중지 명령 등은 제40조제1항의 개정규정에 따라 건설기술용역업자가 한 재시공·공사중지 명령 등으로 본다.

제20조 (설비공사의 총괄관리자 지정에 관한 경과조치) 이 법 시행 당시 종전의 규정에 따라 발주청이 지정한 총괄관리자는 제41조제1항의 개정규정에 따라 선정한 총괄관리자로 본다.

제21조 (용역 및 시공평가 등에 관한 경과조치) ① 이 법 시행 당시 종전의 규정에 따라 발주청이 시행한 건설기술용역사업 제2항에 따른 품질검사전문기관 등록증

③ 이 영 시행 당시 종전의 「공간정보의 구축 및 관리 등에 관한 법률」에 따라 등록한 측량업자(이하 이 항에서 "측량업자"라 한다) 또는 수로사업자(이하 이 항에서 "수로사업자"라 한다)가 개정법률 부칙 제13조제2항 후단에 따라 신고하려는 경우에는 국토교통부령으로 정하는 신청서에 다음 각 호의 구분에 따른 서류를 첨부하여 시·도지사에게 제출하여야 한다. <신설 2016.5.17>

1. 측량업자 : 「공간정보의 구축 및 관리 등에 관한 법률」 제44조제3항에 따른 측량업등록증 사본
2. 수로사업자 : 「공간정보의 구축 및 관리 등에 관한 법률」 제54조제3항에 따른 수로사업등록증 사본

제12조 (안전관리계획의 검토 의뢰에 관한 경과조치) 이 영 시행 전에 발주된 건설공사에 대해서는 제98조제4항 단서의 개정

⑥ 시설물의 안전관리에 관한 특별법 시행규칙 일부를 다음과 같이 개정한다.

제4조제1항제1호 중 "「건설기술관리법 시행령」 제25조제1항"을 "「건설기술 진흥법 시행령」 제43조제2항"으로 한다.

제9조 단서 중 "「건설기술관리법 시행령」 별표 1 제1호"를 "「건설기술 진흥법 시행령」 별표 1 제4호"로 한다.

⑦ 주택법 시행규칙 일부를 다음과 같이 개정한다.

제6조제1항제3호가목 중 "「건설기술관리법」 제6조의2제2항의 규정에 의한"을 "「건설기술 진흥법」 제21조제2항에 따른"으로 한다.

제13조제2항제1호가목 본문 중 "「건설기술관리법 시행령」 별표 7에 따른 수석감리사 또는 감리사"를 "「건설기술 진흥법 시행령」 별표 1 제2호에 따른 건설사업관리 업무를 수행하는 특급기술자 또는 고급기술자"로, 같은 목 단서

건설기술진흥법	건설기술진흥법 시행령	건설기술진흥법 시행규칙
또는 건설공사에 대한 평가는 제50조제1항 및 제2항의 개정규정에 따라 평가한 것으로 본다. ② 이 법 시행 당시 종전의 규정에 따라 발주청이 지정한 우수업자 및 우수감리원은 각각 제51조제1항의 개정규정에 따라 국토교통부장관이 선정한 우수건설기술용역업자, 우수건설업자 및 우수건설기술자로 본다. **제22조 (건설기술용역업자 등의 단체에 대한 경과조치)** 이 법 시행 당시 종전의 규정에 따라 설립된 건설감리협회 및 건설기술인협회는 각각 제69조제1항 및 제2항의 개정규정에 따라 설립된 단체로 본다. **제23조 (건설감리협회가 수행하는 공제사업에 관한 경과조치)** ① 이 법 시행 당시 종전의 규정에 따른 건설감리협회는 제74조제1항의 개정규정에 따른 공제조합이 설립되기 전까지는 제74조제1항의 개정	규정에도 불구하고 종전의 규정에 따른다. **제13조 (다른 법령의 개정)** ① 2011대구세계육상선수권대회, 2013충주세계조정선수권대회, 2014인천아시아경기대회, 2014인천장애인아시아경기대회 및 2015광주하계유니버시아드 대회 지원법 시행령 일부를 다음과 같이 개정한다. 제16조 중 "「건설기술관리법 시행령」 제102조제1항제1호가목에 따른 전면책임감리대상인 공사에 해당하면 감리전문회사의 감리조서 및 준공검사조서"를 "「건설기술 진흥법 시행령」 제55조제1항제1호에 따른 감독 권한대행 등 건설사업관리 대상인 공사에 해당하면 건설기술용역업자의 건설사업관리조서 및 준공검사조서"로 한다. ② 2015경북문경세계군인체육대회 지원법 시행령 일부를 다음과 같이 개정한다. 제17조 후단 중 "「건설기술관리법 시행	중 "「건설기술관리법 시행령」 별표 7 중 수석감리사 또는 감리사의 자격기준에 해당하고 「건설기술관리법 시행령」 별표 3 제2호가목의 기본교육"을 "「건설기술 진흥법 시행령」 별표 1 제2호에 따른 건설사업관리 업무를 수행하는 특급기술자 또는 고급 기술자의 등급에 해당하고 「건설기술 진흥법 시행령」 별표 3 제2호나목에 따른 기본교육"으로 하고, 같은 호 나목 중 "「건설기술관리법 시행령」 별표 7에 따른 수석감리사"를 "「건설기술 진흥법 시행령」 별표 1 제2호에 따른 건설사업관리업무를 수행하는 특급기술자"로 하며, 같은 항 제2호 본문 중 "「건설기술관리법 시행령」 별표 7에 따른 감리원"을 "「건설기술 진흥법 시행령」 별표 1 제2호에 따른 건설사업관리 업무를 수행하는 건설기술자"로 하고, 같

규정에 따른 공제조합으로 본다. 이 경우 이 법 시행 후 6개월 이내에 법인을 분리하여 제74조제1항의 개정규정에 따라 공제조합으로 국토교통부장관의 인가를 받아야 한다.

② 이 법 시행 당시 종전의 규정과 제1항에 따라 건설감리협회가 수행하는 공제사업과 관련된 모든 재산과 권리·의무는 제74조제1항의 개정규정에 따라 설립되는 공제조합이 승계한다.

③ 제1항 후단에 따라 공제조합이 설립되기 전에 건설감리협회의 공제사업과 관련하여 건설감리협회에 대하여 한 행위 및 건설감리협회가 한 행위는 각각 이 법에 따른 공제조합에 대한 행위와 공제조합의 행위로 본다.

④ 제1항 후단에 따라 공제조합이 설립되기 전에 공제사업과 관련하여 건설감리협회에 출자한 회원은 제74조제1항의 개정규정에 따라 설립되는 공제조합에 출자한 조합원으로 본다.

령」 제102조제1항제1호가목에 따른 전면 책임감리 대상인 건설공사에 해당하는 경우에는 감리전문회사의 감리조서 및 준공검사조서"를 "「건설기술 진흥법 시행령」 제55조제1항제1호에 따른 감독 권한대행 등 건설사업관리 대상인 공사에 해당하면 건설기술용역업자의 건설사업관리조서 및 준공검사조서"로 한다.

③ 2018 평창 동계올림픽대회 및 장애인동계올림픽대회 지원 등에 관한 특별법 시행령 일부를 다음과 같이 개정한다.

제19조 중 "「건설기술관리법 시행령」 제102조제1항제1호가목에 따른 전면 책임감리대상인 공사에 해당하면 감리전문회사의 감리조서 및 준공검사조서"를 "「건설기술 진흥법 시행령」 제55조제1항제1호에 따른 감독 권한대행 등 건설사업관리 대상인 공사에 해당하면 건설기술용역업자의 건설사업관리조서 및 준공검사조서"로 한다.

은 호 단서 중 "「건설기술관리법 시행령」 별표 7에 따른 감리원의 자격기준에 해당하고 건설기술관리법 시행령」 별표 3 제 2호가목의 기본교육"을 "「건설기술진흥법 시행령」 별표 1 제2호「에 따른 건설사업관리 업무를 수행하는 건설기술자 등급에 해당하고 「건설기술 진흥법 시행령」 별표 3 제2호나목에 따른 기본교육"으로 한다.

⑧ 철도안전법 시행규칙 일부를 다음과 같이 개정한다.

제92조제1항제3호 중 "「건설기술관리법」에 따른 건설기술인 경력증"을 "「건설기술 진흥법」에 따른 건설기술 경력증"으로 한다.

⑨ 표준설계도서등의운영에관한규칙 일부를 다음과 같이 개정한다.

제2조제3항제2호 중 "건설기술관리법 제5조제1항 단서의 규정에 의한 특별건설기술심의위원회"를 "「건설기술 진흥법」 제5조제2항에 따른 특별건설

건설기술진흥법	건설기술진흥법 시행령	건설기술진흥법 시행규칙
⑤ 제1항 후단에 따라 공제조합이 설립되기 전에 공제사업과 관련하여 건설감리협회에 납부된 가입금 및 출자금 등은 제74조제1항의 개정규정에 따른 공제조합에 출자한 것으로 본다. **제24조 (행정처분 및 과태료에 관한 경과조치)** 이 법 시행 전의 행위에 대하여 행정처분 또는 과태료를 적용할 때에는 종전의 규정에 따른다. **제25조 (다른 법률의 개정)** ① 건설산업기본법 일부를 다음과 같이 개정한다. 제26조제2항 단서 중 "「건설기술관리법」 제28조제1항"을 "「건설기술 진흥법」 제26조제1항"으로 한다. 제49조제3항 중 "「건설기술관리법」 제2조제12호에 따른 감리원"을 "「건설기술 진흥법」 제2조제9호에 따른 건설기술용역업자"로 한다.	④ 개발이익환수에 관한 법률 시행령일부를 다음과 같이 개정한다. 제12조제4항제2호 중 "「건설기술관리법」 제28조에 따라 등록된 감리전문회사"를 "「건설기술 진흥법」 제26조에 따라 등록된 건설기술용역업자"로 한다. ⑤ 건설산업기본법 시행령 일부를 다음과 같이 개정한다. 제2조제1항 단서 중 "「건설기술관리법」 제3조제1항의 규정에 의하여 수립되는 건설기술진흥기본계획"을 "「건설기술 진흥법」 제3조제1항에 따라 수립되는 건설기술진흥 기본계획"으로 한다. 제19조제1호가목 및 제20조제1호가목 중 "「건설기술관리법」 제18조"를 각각 "「건설기술 진흥법」 제14조"로 한다.	기술심의위원회"로 하고, 같은 항 제3호 중 "건설기술관리법시행령 제21조의 규정에 의한 설계자문위원회"를 "「건설기술 진흥법」 제6조에 따른 기술자문위원회"로 한다.

제82조제1항제6호가목 중 "「건설기술관리법」 제21조의5제1항"을 "「건설기술 진흥법」 제54조제1항"으로 하고, 같은 호 나목 중 "「건설기술관리법」 제23조의2제3항"을 "「건설기술 진흥법」 제48조제4항"으로, "감리원"을 "건설사업관리를 수행하는 건설기술자"로 하며, 같은 호 다목 중 "「건설기술관리법」 제24조"를 "「건설기술 진흥법」 제55조"로 하고, 같은 호 라목 중 "「건설기술관리법」 제26조의2제2항"을 "「건설기술 진흥법」 제62조제2항"으로 하며, 같은 호 마목 중"「건설기술관리법」 제36조의17"을 "「건설기술 진흥법」 제80조"로 한다.

② 건설폐기물의 재활용촉진에 관한 법률 일부를 다음과 같이 개정한다.

제2조제12호 중 "「건설기술관리법」 제2조제4호에 따른 설계등 용역"을 "「건설기술 진흥법」 제2조제3호에

별표 2의 기술능력란 중 "건설기술관리법"을 각각 "「건설기술 진흥법」"으로, "「건설기술관리법」"을 각각 "「건설기술 진흥법」"으로 하고, 같은 표 비고 제1호가목 중 "건설기술관리법"을 "「건설기술 진흥법」"으로 한다.

별표 5의 건설기술자의 배치기준란 중 "「건설기술관리법」"을 각각 "「건설기술 진흥법」"으로 하고, 같은 표 비고 제1호 중 "「건설기술관리법 시행령」 별표 1"을 "「건설기술 진흥법 시행령」 별표 1"로 한다.

⑥ 건축법 시행령 일부를 다음과 같이 개정한다.

제19조제1항제2호 중 "「건설기술관리법」에 따른 건축감리전문회사·종합감리전문회사(공사시공자 본인이거나 「독점규제 및 공정거래에 관한 법률」 제2조에 따른 계열회사인 건축감리전문회사·종합감리전문회사는 제

건설기술진흥법	건설기술진흥법 시행령	건설기술진흥법 시행규칙
따른 건설기술용역"으로 한다. 제38조제2항 중 "「건설기술관리법」 제5조"를 "「건설기술 진흥법」 제5조"로, "같은 법 제5조의2에 따른 설계자문위원회"를 "같은 법 제6조에 따른 기술자문위원회"로 한다. ③ 건축법 일부를 다음과 같이 개정한다. 제25조제9항 중 "「건설기술관리법」 제27조에 따른 책임감리 대상"을 "「건설기술 진흥법」 제39조제2항에 따라 건설사업관리를 하게 하는"으로 한다. 제72조제8항 전단 중 "「건설기술관리법」 제2조제5호"를 "「건설기술 진흥법」 제2조제6호"로 한다. ④ 건축사법 일부를 다음과 같이 개정한다. 제23조제8항제1호를 다음과 같이 한다. 1. 「건설기술 진흥법」 제26조에 따른 건설기술용역업자에게 소속된 건축	외한다) 또는 건축사(「건설기술관리법 시행령」 제105조에 따라 감리원을 배치하는 경우만 해당한다)"를 "「건설기술 진흥법」에 따른 건설기술용역업자(공사시공자 본인이거나 「독점규제 및 공정거래에 관한 법률」 제2조에 따른 계열회사인 건설기술용역업자는 제외한다) 또는 건축사(「건설기술 진흥법 시행령」 제60조에 따라 건설사업관리기술자를 배치하는 경우만 해당한다)"로 하고, 같은 조 제2항 중 "「건설기술관리법」"을 "「건설기술진흥법」"으로 하며, 같은 조 제5항 각 호 외의 부분 전단 중 "「건설기술관리법 시행령」 제104조에 따른 토목·전기 또는 기계분야의 감리원 자격"을 "「건설기술 진흥법 시행령」 제4조에 따른 건설사업관리를 수행할 자격"으로 한다.	

사가 같은 법 제39조제2항에 따라 수행하는 건설사업관리

⑤ 골재채취법 일부를 다음과 같이 개정한다.

제22조의4제2항 중 "「건설기술관리법」 제25조에 따른 품질검사전문기관으로"를 "「건설기술 진흥법」 제26조제1항에 따른 건설기술용역업자로"로 한다.

⑥ 국가통합교통체계효율화법 일부를 다음과 같이 개정한다.

제94조제3항제2호를 다음과 같이 한다.

2. 「건설기술 진흥법」 제3조에 따른 건설기술진흥 기본계획

⑦ 농업생산기반시설 및 주변지역 활용에 관한 특별법 일부를 다음과 같이 개정한다.

제15조제1항제1호 중 "「건설기술관리법」 제5조"를 "「건설기술 진흥법」 제5조"로 한다.

⑧ 도시가스사업법 일부를 다음과 같이 제23조의2제6항제2호 중 "「건설기술관리법」 제28조제1항에 따라 등록한 건축감리전문회사 및 종합감리전문회사"를 "「건설기술 진흥법」 제26조제1항에 따라 등록한 건설기술용역업자"로 한다.

⑦ 경관법 시행령 일부를 다음과 같이 개정한다.

제18조제2항제1호 본문 중 "「건설기술관리법 시행령」 제60조"를 "「건설기술 진흥법 시행령」 제71조"로, 같은 호 단서 중 "「건설기술관리법 시행령」 제62조"를 "「건설기술 진흥법 시행령」 제73조"로 한다.

⑧ 공간정보산업 진흥법 시행령 일부를 다음과 같이 개정한다.

제15조제5호를 다음과 같이 한다.

5. 「건설기술 진흥법」 제11조에 따른 기술평가기관

⑨ 국가공간정보에 관한 법률 시행령 일부를 다음과 같이 개정한다.

건설기술진흥법	건설기술진흥법 시행령	건설기술진흥법 시행규칙
개정한다. 제15조제1항 단서 중 "「건설기술관리법」에 따른 책임 감리"를 "「건설기술 진흥법」 제39조제2항에따른 건설사업관리"로 하고, 같은 조 제3항 중 "책임 감리"를 각각 "건설사업관리"로 한다. ⑨ 도시개발법 일부를 다음과 같이 개정한다. 제20조제1항 본문 중 "「건설기술관리법」에 따른 감리전문회사"를 "「건설기술 진흥법」에 따른 건설기술용역업자"로, "책임감리 또는 시공감리"를 "감리"로 하고, 같은 항 단서 중 "「건설기술관리법」 제2조제5호"를 "「건설기술 진흥법」 제2조제6호"로 하며, 같은 조 제2항제3호 중 "「건설기술관리법」 제24조"를 "「건설기술 진흥법」 제55조"로 하고, 같은 조 제8항	제14조제1항제1호 중 "「건설기술관리법」 제16조의3"을 "「건설기술 진흥법」 제11조"로 한다. ⑩ 국가를 당사자로 하는 계약에 관한 법률 시행령 일부를 다음과 같이 개정한다. 제21조제1항제10호 중 "「건설기술관리법」"을 "「건설기술 진흥법」"으로 한다. 제26조제1항제2호마목 및 같은 항 제3호마목 중 "「건설기술관리법」 제18조"를 각각 "「건설기술 진흥법」 제14조"로 한다. 제37조제2항제4호거목을 다음과 같이 한다. 거. 「건설기술 진흥법」에 따른 공제조합 제43조의2제1항제1호 단서 중 "「건설기술관리법」"을 "「건설기술 진흥법」"으로 한다.	

중 "책임감리 또는 시공감리"를 "감리"로 하며, 같은 조 제9항 중 "「건설기술관리법」 제27조의3, 제27조의4, 제28조의7 및 제30조 부터 제33조까지의 규정을"을 "「건설기술 진흥법」 제24조, 제28조, 제31조, 제32조, 제33조, 제37조, 제38조 및 제41조를"로 한다.

⑩ 부동산개발업의 관리 및 육성에 관한 법률 일부를 다음과 같이 개정한다.

제5조제1항제3호 중 "「건설기술관리법」 제2조제8호"를 "「건설기술 진흥법」 제2조제8호"로 한다.

⑪ 사회기반시설에 대한 민간투자법 일부를 다음과 같이 개정한다.

제60조의 제목 중 "책임감리"를 "건설사업관리"로 하고, 같은 조 제1항 중 "「건설기술관리법」 제5조"를 "「건설기술 진흥법」 제5조"로, "같은 법 제5조의2에 따른 설계자문위원회"를 "같은 법 제6조에 따른 기술자문위원회

제54조제1항제1호 중 "「건설기술관리법」 제27조"를 "「건설기술 진흥법」 제39조제2항"으로, "책임감리"를 "건설사업관리 또는 감리"로 하고, 같은 조 제2항 중 "「건설기술관리법」"을 "「건설기술 진흥법」"으로, "감리원의 수"를 "건설사업관리기술자 또는 감리원의 수"로 한다.

제65조제2항 중 "「건설기술관리법 시행령」 제21조의 규정에 의한 설계자문위원회(이하 "설계자문위원회"라 한다)"를 "「건설기술 진흥법 시행령」 제19조에 따른 기술자문위원회(이하 "기술자문위원회"라 한다)"로 하고, 같은 조 제5항 전단 중 "설계자문위원회"를 각각 "기술자문위원회"로, "「건설기술관리법」"을 "「건설기술 진흥법」"으로 한다.

제76조제1항제4호의2 중 "「건설기술관리법」 제2조"를 "「건설기술 진흥법」 제47조"로 하고, 같은 항 제10호

건설기술진흥법	건설기술진흥법 시행령	건설기술진흥법 시행규칙
"로 하며, 같은 조 제2항 중 "책임감리"를 "건설사업관리"로, "「건설기술관리법」 제27조"를 "「건설기술 진흥법」 제39조제2항"로 한다. ⑫ 산업안전보건법 일부를 다음과 같이 개정한다. 제14조제2항 중 "「건설기술관리법」 제26조의3제1항제2호"를 "「건설기술 진흥법」 제64조제1항제2호"로 한다. 제18조제2항 중 "「건설기술관리법」 제26조의3제1항제1호"를 "「건설기술 진흥법」 제64조제1항제1호"로 한다. ⑬ 산지관리법 일부를 다음과 같이 개정한다. 제40조의2제1항제3호 중 "「건설기술관리법」"을 "「건설기술 진흥법」"으로 한다.	중 "건설기술관리법에 의한 중앙건설기술심의위원회·특별건설기술심의위원회 및 설계자문위원회"를 "「건설기술 진흥법」에 따른 중앙건설기술심의위원회·특별건설기술심의위원회 및 기술자문위원회"로 하며, 같은 항 제16호를 다음과 같이 한다. 16. 시공 단계의 건설사업관리 용역계약에 있어서 「건설기술 진흥법 시행령」 제60조 및 계약서 등에 따른 건설사업관리기술자 교체 사유 및 절차에 의하지 아니하고 건설사업관리기술자를 교체한 자 제79조제2항 본문 중 "「건설기술관리법」"을 "「건설기술 진흥법」"으로 하고, 같은 항 단서 중 "설계자문위원회"를 각각 "기술자문위원회"로 한다. 제84조제1항제2호 중 "「건설기술관리법」 제20조의2에 따른 설계등 용역업	

⑭ 새만금사업 촉진을 위한 특별법 일부를 다음과 같이 개정한다.

제15조제1항제2호 중 "「건설기술관리법」 제5조"를 "「건설기술 진흥법」 제5조"로 한다.

⑮ 법률 제11542호 새만금사업 추진 및 지원에 관한 특별법 일부를 다음과 같이 개정한다.

제17조제1항제2호 중 "「건설기술관리법」 제5조"를 "「건설기술 진흥법」 제5조"로 한다.

⑯ 수도권신공항건설 촉진법 일부를 다음과 같이 개정한다.

제8조제1항제21호 중 "「건설기술관리법」 제5조의 규정에 의한"을 "「건설기술 진흥법」 제5조에 따른"으로 한다.

⑰ 신항만건설촉진법 일부를 다음과 같이 개정한다. <개정 2014.3.24.>

제9조제2항제20호 중 "「건설기술관리법」"을 "「건설기술 진흥법」"으로

자"를 "「건설기술 진흥법」 제26조에 따른 건설기술용역업자"로 한다.

제85조제2항제2호, 같은 조 제3항제1호나목 및 같은 항 제2호나목 중 "「건설기술관리법 시행령」 제13조"를 각각 "「건설기술 진흥법 시행령」 제11조"로 하고, 같은 조 제6항 본문 및 단서, 같은 조 제7항, 제86조제8항, 제87조제2항·제5항, 제91조제2항제3호 및 제103조제4항·제5항 중 "설계자문위원회"를 각각 "기술자문위원회"로 한다.

제105조제3항제2호 중 "「건설기술관리법 시행령」 제13조"를 "「건설기술 진흥법 시행령」 제11조"로 하고, 같은 조 제5항·제6항 및 제106조제2항 중 "설계자문위원회"를 각각 "기술자문위원회"로 한다.

⑪ 국가재정법 시행령 일부를 다음과 같이 개정한다.

제14조의2제2호가목 중 "「건설기술관

건설기술진흥법	건설기술진흥법 시행령	건설기술진흥법 시행규칙
한다. ⑱ 신행정수도 후속대책을 위한 연기·공주지역 행정중심복합도시 건설을 위한 특별법 일부를 다음과 같이 개정한다. 제63조의5 중 "「건설기술관리법」 제21조의5"를 "「건설기술 진흥법」 제54조"로 한다. ⑲ 제주특별자치도 설치 및 국제자유도시 조성을 위한 특별법 일부를 다음과 같이 개정한다. <개정 2013.7.16.> 제248조의 제목 중 "건설기술관리"를 "건설기술 진흥"으로 하고, 같은 조 중 "「건설기술관리법」 제6조의4제1항, 제20조의4제1항, 제21조의5제1항, 제24조의2제4항, 제25조제1항·제3항, 제26조제1항, 제33조제1항, 제36조의17, 제37조의2(이양된 권한에 관한 청문에 한한다) 및 제43조"를 "「건설기술 진흥법」 제24조제1항, 제57조제4	리법 시행령」 제62조"를 "「건설기술 진흥법 시행령」 제73조"로 한다. ⑫ 국가통합교통체계효율화법 시행령 일부를 다음과 같이 개정한다. 제85조제1항제1호, 제100조제2항제2호 및 제114조제4항 각 호 외의 부분 중 "「건설기술관리법」 제16조의3"을 각각 "「건설기술 진흥법」 제11조"로 한다. ⑬ 국제경기대회 지원법 시행령 일부를 다음과 같이 개정한다. 제20조 후단 중 "「건설기술관리법 시행령」 제102조제1항제1호가목에 따른 전면 책임감리"를 "「건설기술 진흥법 시행령」 제55조제1항제1호에 따른 감독 권한대행 등 건설사업관리"로, "「건설기술관리법」 제28조에 따른 감리전문회사의 감리조서"를 "「건설기술 진흥법」 제26조에 따른 건설기술용역업자의 건설사업관리조서"로 한다.	

항, 제60조제2항, 제80조, 제83조(이양된 권한에 관한 청문으로 한정한다) 및 제91조"로 한다.

⑳ 주택법 일부를 다음과 같이 개정한다.

제13조제1항제6호가목 중 "「건설기술관리법」 제21조의5제1항 또는 제36조의17"을 "「건설기술 진흥법」 제54조제1항 또는 제80조"로 하고, 같은 호 나목 중 "「건설기술관리법」 제23조의2제3항"을 "「건설기술 진흥법」 제48조제4항"으로, "감리원(監理員)"을 "건설사업관리를 수행하는 건설기술자"로 하며, 같은 호 다목 중 "「건설기술관리법」 제24조"를 "「건설기술 진흥법」 제55조"로 하고, 같은 호 라목 중 "「건설기술관리법」 제26조의2"를 "「건설기술 진흥법」 제62조"로 한다.

제24조제1항 본문 중 "「건설기술관리법」"을 "「건설기술 진흥법」"으로 하고, 같은 조 제2항제3호 중 "「건설기술

⑭ 기술사법 시행령 일부를 다음과 같이 개정한다.

제14조제1항제2호 중 "「건설기술관리법」"을 "「건설기술 진흥법」"으로 한다.

⑮ 농어촌정비법 시행령 일부를 다음과 같이 개정한다.

제90조제3항 중 "「건설기술관리법」 제28조에 따라 시·도지사에게 등록한 감리전문회사"를 "「건설기술 진흥법」 제26조에 따라 시·도지사에게 등록한 건설기술용역업자"로 한다.

제91조제1항제4호를 다음과 같이 한다.

4. 「건설기술 진흥법」 제26조에 따라 등록을 한 건설기술용역업자

⑯ 농어촌주택개량촉진법시행령 일부를 다음과 같이 개정한다.

제12조 중 "「건설기술관리법 시행령」 별표 8에 따라 건축감리전문회사가 갖추어야 하는 감리원"을 "「건설기술 진흥법 시행령」 별표 5에 따라 건설기술

건설기술진흥법	건설기술진흥법 시행령	건설기술진흥법 시행규칙
관리법」 제24조"를 "「건설기술 진흥법」 제55조"로 한다. 제35조제2항제1호 중 "「건설기술관리법」 제18조"를 "「건설기술 진흥법」 제14조"로 한다. ㉑ 주한미군 공여구역주변지역 등 지원 특별법 일부를 다음과 같이 개정한다. 제29조제1항제23호 중 "「건설기술관리법」 제5조제1항 단서의 규정에 의한"을 "「건설기술 진흥법」 제5조제2항에 따른"으로 한다. ㉒ 주한미군기지 이전에 따른 평택시 등의 지원에 관한 특별법 일부를 다음과 같이 개정한다. 제5조제1항제22호 중 "건설기술관리법 제5조제1항 단서의 규정에 의한"을 "「건설기술 진흥법」 제5조제2항에 따른"으로 한다. ㉓ 지방자치단체를 당사자로 하는 계약에	용역업자가 갖추어야 하는 기술인력"으로 한다. ⑰ 도시개발법 시행령 일부를 다음과 같이 개정한다. 제42조제5항 중 "「건설기술관리법 시행령」 제105조에 따른다"를 "「건설기술 진흥법 시행령」 제59조 및 제60조를 준용한다"로 한다. ⑱ 마리나항만의 조성 및 관리 등에 관한 법률 시행령 일부를 다음과 같이 개정한다. 제24조제1항제5호가목 중 "「건설기술관리법」 제27조의4에 따른 책임감리 등의 대가기준에 따른 건설공사 감리비"를 "「건설기술 진흥법」 제37조에 따른 건설기술용역비 산정기준에 따른 건설사업관리비"로 한다. ⑲ 물의 재이용 촉진 및 지원에 관한 법률 시행령 일부를 다음과 같이 개정한다.	

관한 법률 일부를 다음과 같이 개정한다.

제17조제1항제1호를 다음과 같이 한다.

1. 「건설기술 진흥법」 제39조제2항에 따라 건설사업관리를 하게 하는 공사

제42조제1항제2호 단서 및 같은 조 제3항 각 호 외의 부분 중 "「건설기술관리법」 제36조"를 각각 "「건설기술 진흥법」 제50조"로 한다.

㉔ 철도건설법 일부를 다음과 같이 개정한다.

제11조제1항제1호를 다음과 같이 한다.

1. 「건설기술 진흥법」 제5조에 따른 건설기술심의위원회의 심의

㉕ 측량·수로조사 및 지적에 관한 법률 일부를 다음과 같이 개정한다.

제40조제1항 및 제42조제1항 각 호 외의 부분 중 "「건설기술관리법」 제2조제8호"를 각각 "「건설기술 진흥법」 제2조제8호"로 한다.

제26조 (다른 법령과의 관계) 이 법 시행 당시 다른 법령에서 「건설기술관리법」 또는

제16조제2항제9호 중 "「건설기술관리법」 제18조"를 "「건설기술 진흥법」 제14조"로 한다.

⑳ 민·군기술협력사업 촉진법 시행령 일부를 다음과 같이 개정한다.

제3조제2항제6호 중 "「건설기술관리법」 제16조의2제1항"을 "「건설기술 진흥법」 제7조제1항"으로 한다.

㉑ 사회기반시설에 대한 민간투자법 시행령 일부를 다음과 같이 개정한다.

제35조의2제1항제2호 중 "「건설기술관리법 시행령」 제57조"를 "「건설기술 진흥법 시행령」 제81조"로 한다.

㉒ 새만금사업 추진 및 지원에 관한 특별법 시행령 일부를 다음과 같이 개정한다.

제14조제4항 중 "「건설기술관리법」 제28조에 따라 등록한 감리전문회사"를 "「건설기술 진흥법」 제26조에 따라 등록한 건설기술용역업자"로 한다.

㉓ 수도권신공항건설 촉진법 시행령 일부를 다음과 같이 개정한다.

건설기술진흥법	건설기술진흥법 시행령	건설기술진흥법 시행규칙
그 규정을 인용하고 있는 경우에 이 법 가운데 그에 해당하는 규정이 있을 때에는 종전의 「건설기술관리법」 또는 그 규정을 갈음하여 이 법 또는 이 법의 해당 규정을 인용한 것으로 본다.	제8조제1항제11호 중 "「건설기술관리법」"을 "「건설기술 진흥법」"으로 한다. ㉔ 신항만건설촉진법 시행령 일부를 다음과 같이 개정한다. 제10조제1항제9호 중 "「건설기술관리법」"을 "「건설기술 진흥법」"으로 한다. 제21조의2 후단 중 "「건설기술관리법 시행령」 제102조제1항제1호가목에 따른 전면책임감리대상인 공사에 해당하는 때에는 감리전문회사의 감리조서"를 "「건설기술 진흥법 시행령」 제55조제1항제1호에 따른 감독 권한대행 등 건설사업관리 대상인 공사에 해당하면 건설기술용역업자의 건설사업관리조서"로 한다. ㉕ 어촌·어항법 시행령 일부를 다음과 같이 개정한다.	

	제12조 중 "「건설기술관리법 시행령」 제102조제1항제1호가목 및 제2호가목에 따른 책임감리대상으로서 당해 사업의 감리전문회사의 감리조서"를 "「건설기술 진흥법 시행령」 제55조제1항제1호 및 제2호에 따른 감독 권한대행 등 건설사업관리 대상으로서 해당 사업의 건설기술용역업자의 건설사업관리조서"로 한다. ㉖ 어촌특화발전 지원 특별법 시행령 일부를 다음과 같이 개정한다. 제12조제2항제3호를 다음과 같이 한다. 3.「건설기술 진흥법」 제26조에 따른 건설기술용역업자 ㉗ 엔지니어링산업 진흥법 시행령 일부를 다음과 같이 개정한다. 제36조제2항제3호 및 제42조제1항 각 호 외의 부분 단서 중 "「건설기술관리법」"을 각각 "「건설기술 진흥법」"으로 한다.	

건설기술진흥법	건설기술진흥법 시행령	건설기술진흥법 시행규칙
	㉘ 유비쿼터스도시의 건설 등에 관한 법률 시행령 일부를 다음과 같이 개정한다. 제5조제1호 중 "「건설기술관리법」"을 "「건설기술 진흥법」"으로 한다. ㉙ 주택법 시행령 일부를 다음과 같이 개정한다. 제10조제2항제2호 및 제13조제1항제2호 중 "「건설기술관리법 시행령」"을 각각 "「건설기술 진흥법 시행령」"으로 한다. 제26조제1항제1호 중 "「건설기술관리법」에 따른 건축감리전문회사 또는 종합감리전문회사"를 "「건설기술 진흥법」에 따른 건설기술용역업자"로 하고, 같은 항 제2호 중 "「건설기술관리법」에 의한 건축감리전문회사 또는 종합감리전문회사"를 "「건설기술 진흥법」에 따른 건설기술용역업자"로 하며, 같은 조 제5항 중 "「건설기술관리법」"을 "「건설기술 진흥법」"으로 한다.	

	별표 8 비고 제2호 중 "「건설기술관리법」"을 "「건설기술 진흥법」"으로 한다. ㉚ 지능형 로봇 개발 및 보급 촉진법 시행령 일부를 다음과 같이 개정한다. 제28조제1항 중 "「건설기술관리법 시행령」 제102조제1항제1호가목에 따른 전면책임감리대상인 공사에 해당하면 감리전문회사의 감리조서"를 "「건설기술 진흥법 시행령」 제55조제1항제1호에 따른 감독 권한대행 등 건설사업관리 대상인 공사에 해당하면 건설기술용역업자의 건설사업관리조서"로 한다. ㉛ 지방자치단체를 당사자로 하는 계약에 관한 법률 시행령 일부를 다음과 같이 개정한다. 제25조제1항제4호마목 및 같은 항 제6호라목4) 중 "「건설기술관리법」 제18조"를 각각 "「건설기술 진흥법」 제14조"로 한다.	

건설기술진흥법	건설기술진흥법 시행령	건설기술진흥법 시행규칙
	제37조제2항제4호가목을 다음과 같이 한다. 가.「건설기술 진흥법」에 따른 공제조합 제43조제5항 및 제44조제1항제1호 단서 중 "「건설기술관리법」"을 각각 "「건설기술 진흥법」"으로 한다. 제56조제1항제1호 중 "「건설기술관리법」 제27조"를 "「건설기술 진흥법」 제39조제2항"으로, "책임감리"를 "건설사업관리 또는 감리"로 하고, 같은 조 제2항 중 "「건설기술관리법」 등에 따라 정해진 감리원(監理員)"을 "「건설기술 진흥법」 등에 따라 정해진 건설사업관리기술자 또는 감리원(監理員)"으로 한다. 제74조제6항 본문 중 "「건설기술관리법 시행령」 제21조에 따른 설계자문위원회(이하 "설계자문위원회"라 한다)"를 "「건설기술 진흥법 시행령」 제19조	

에 따른 기술자문위원회(이하 "기술자문위원회"라 한다)"로 하고, 같은 항 단서 중 "설계자문위원회"를 "기술자문위원회"로, "「건설기술관리법」"을 "「건설기술 진흥법」"으로 한다.

제92조제1항제10호 중 "설계자문위원회"를 "기술자문위원회"로 하고, 같은 항 제17호를 다음과 같이 하며, 같은 항 제20호 중 "「건설기술관리법」 제2조"를 "「건설기술 진흥법」 제2조제3호"로 한다.

17. 시공 단계의 건설사업관리 용역계약에 있어 「건설기술 진흥법 시행령」 제60조제4항 및 계약서 등에 따른 건설사업관리기술자 교체 사유 및 절차에 따르지 아니하고 건설사업관리기술자를 교체한 자

제96조제5항 각 호 외의 부분 중 "「건설기술관리법 시행령」 제19조제2항에도 불구하고 「건설기술관리법」 제5조"를 "「건설기술 진흥법 시행령」 제

건설기술진흥법	건설기술진흥법 시행령	건설기술진흥법 시행규칙
	17조제2항에도 불구하고 「건설기술 진흥법」 제5조"로 한다. 제97조제1항제2호 중 "「건설기술관리법」 제20조의2에 따른 설계 등 용역업자"를 "「건설기술 진흥법」 제26조에 따른 건설기술용역업자"로 한다. 제98조제2항제2호, 같은 조 제3항제1호나목 및 같은 항 제2호나목 중 "「건설기술관리법 시행령」 제13조"를 각각 "「건설기술 진흥법 시행령」 제11조"로 한다. 제100조의2의 제목 및 제목 외의 부분 중 "설계자문위원회"를 각각 "기술자문위원회"로 한다. 제106조제2항제4호 중 "「건설기술관리법」"을 "「건설기술 진흥법」"으로 한다. 제134조제2항제2호 중 "「건설기술관리법 시행령」 제13조"를 "「건설기술 진흥법 시행령」 제11조"로 한다.	

	제136조의 제목 중 "설계자문위원회"를 "기술자문위원회"로 한다. ㉜ 지진재해대책법 시행령 일부를 다음과 같이 개정한다. 제5조제1항제3호 및 제4호 중 "「건설기술관리법」 제34조"를 각각 "「건설기술 진흥법」 제44조"로 한다. ㉝ 철도건설법 시행령 일부를 다음과 같이 개정한다. 제14조제1항제16호 중 "「건설기술관리법 시행령」 제21조제4항에 따른 설계자문위원회"를 "「건설기술 진흥법 시행령」 제19조제4항에 따른 기술자문위원회"로 한다. ㉞ 하수도법 시행령 일부를 다음과 같이 개정한다. 제10조제2항제9호 중 "「건설기술관리법」 제18조"를 "「건설기술 진흥법」 제14조"로 한다. ㉟ 항만공사법 시행령 일부를 다음과 같이 개정한다.	

건설기술진흥법	건설기술진흥법 시행령	건설기술진흥법 시행규칙
	제9조제1호를 다음과 같이 한다. 1. 「건설기술 진흥법 시행령」 제55조제1항제1호에 따른 감독 권한대행 등 건설사업관리 대상인 공사 : 건설기술용역업자의 건설사업관리조서 및 준공검사조서 ㊱ 항만법 시행령 일부를 다음과 같이 개정한다. 제16조제1호를 다음과 같이 한다. 1. 「건설기술 진흥법 시행령」 제55조제1항제1호에 따른 감독 권한대행 등 건설사업관리 대상인 공사의 경우: 건설기술용역업자의 건설사업관리조서 및 준공검사조서 제19조제1항제5호가목 중 "「건설기술관리법」 제27조의4에 따른 책임감리 등의 대가기준에 따른 건설공사 감리비"를 "「건설기술 진흥법」 제37조에 따른 건설기술용역비 산정기준에 따른 건	

	설사업관리비"로 한다. 제24조제1항제1호를 다음과 같이 한다. 1. 「건설기술 진흥법」 제39조제2항에 따른 감독 권한대행 업무를 포함하는 건설사업관리 ㊲ 행정조사기본법 시행령 일부를 다음과 같이 개정한다. 제9조제1항제1호 중 "「건설기술관리법」 제21조의5제1항"을 "「건설기술 진흥법」 제54조제1항"으로 한다. **제13조 (다른 법령과의 관계)** 이 영 시행 당시 다른 법령에서 종전의 「건설기술관리법 시행령」 또는 그 규정을 인용하고 있는 경우에 이 영 가운데 그에 해당하는 규정이 있을 때에는 종전의 「건설기술관리법 시행령」 또는 그 규정을 갈음하여 이 영 또는 이 영의 해당 규정을 인용한 것으로 본다.	

건설기술진흥법	건설기술진흥법 시행령	건설기술진흥법 시행규칙
부 칙 **<법률 제12542호, 2014.3.24.>** **(신항만건설 촉진법)** **제1조 (시행일)** 이 법은 공포한 날부터 시행한다. 다만, 부칙 제3조는 2014년 5월 23일부터 시행한다. **제2조** 생략 **제3조 (다른 법률의 개정)** 법률 제11794호 건설기술관리법 전부개정법률 부칙 제25조제17항을 다음과 같이 한다. ⑰ 신항만건설 촉진법 일부를 다음과 같이 개정한다. 제9조제2항제20호 중 "「건설기술관리법」"을 "「건설기술 진흥법」"으로 한다.		

부 칙	부 칙 <2014.7.16>	
<법률 제12579호, 2014.5.14.> **제1조 (시행일)** 이 법은 2014년 5월 23일부터 시행한다. **제2조 (벌칙에 관한 경과조치)** 이 법 시행 전의 행위에 대한 벌칙 규정을 적용할 때에는 종전의 규정에 따른다.	**제1조(시행일)** 이 영은 2014년 7월 17일부터 시행한다. **제2조(다른 법령의 개정)** ① 건설기술 진흥법 시행령 일부를 다음과 같이 개정한다. 별표 7 제16호 중 "하수관거"를 "하수관로"로 한다. ②부터 ⑦까지 생략 **부 칙<제25716호, 2014.11.11>** (건축법 시행령 일부개정령) **제1조(시행일)** 이 영은 공포한 날부터 시행한다. <단서 생략> **제2조 및 제3조** 생략 **제4조(다른 법령의 개정)** ① 건설기술 진흥법 시행령 일부를 다음과 같이 개정한다. 제89조제1항제2호 중 "「건축법 시행령」 제5조의5제1항제4호"를 "「건축법 시행령」 제2조제17호"로 한다. ② 생략	

건설기술진흥법	건설기술진흥법 시행령	건설기술진흥법 시행규칙
	부　칙<제25938호, 2014.12.30> **제1조(시행일)** 이 영은 공포한 날부터 시행한다. 다만, 제57조제4호의 개정규정은 2016년 1월 1일부터 시행한다. **제2조(건설사업관리 대상 설계용역에 관한 적용례)** 제57조제4호의 개정규정은 2016년 1월 1일 이후에 입찰공고하는 설계용역부터 적용한다. **제3조(설계심의분과위원회 위원의 임기에 관한 경과조치)** 이 영 시행 전에 위촉된 설계심의분과위원회 위원의 임기에 대해서는 별표 2 제1호나목의 개정규정에도 불구하고 종전의 규정에 따른다.	
부　칙<제　호, 2015.1.6> **제1조(시행일)** 이 법은 공포 후 6개월이 경과한 날부터 시행한다. **제2조(가설구조물의 구조적 안전성 검토 등에 관한 적용례)** 제48조제5항 및 제62조	**부　칙<제25985호, 2015.1.6>** (해양수산부와 그 소속기관 직제 일부개정령) **제1조(시행일)** 이 영은 공포한 날부터 시행한다.	**부　칙<제178호, 2015.1.29>** 이 규칙은 공포한 날부터 시행한다.

제7항의 개정규정은 이 법 시행 후 입찰공고를 하는 설계용역과 그 설계에 따른 건설공사부터 적용한다.

부　칙 <제13324호, 2015.5.18>

이 법은 공포 후 1년이 경과한 날부터 시행한다.

제2조 및 제3조 생략

제4조(다른 법령의 개정) ①부터 ⑦까지 생략

⑧ 건설기술 진흥법 시행령 일부를 다음과 같이 개정한다.

제97조제1항제7호를 다음과 같이 한다.

7. 지방해양수산청

⑨부터 <30>까지 생략

제5조 생략

부　칙 <제26302호, 2015.6.1>

(측량 · 수로조사 및 지적에 관한 법률 시행령 일부개정령)

제1조(시행일) 이 영은 2015년 6월 4일부터 시행한다.

제2조(다른 법령의 개정) ① 및 ② 생략

③ 건설기술 진흥법 시행령 일부를 다음과 같이 개정한다.

제42조제1항제8호 중 "「측량 · 수로조사 및 지적에 관한 법률」"을 "「공간정보의 구축 및 관리 등에 관한 법률」"로 한다.

건설기술진흥법	건설기술진흥법 시행령	건설기술진흥법 시행규칙
	제117조제2항제2호 중 "「측량·수로조사 및 지적에 관한 법률」"을 "「공간정보산업 진흥법」"으로 한다. 별표 5 비고 제6호 중 "「측량·수로조사 및 지적에 관한 법률」"을 "「공간정보의 구축 및 관리 등에 관한 법률」"로 한다. ④부터 <54>까지 생략 **제3조** 생략	
부 칙 <제13430호, 2015.7.24> 이 법은 공포한 날부터 시행한다. 다만, 법률 제13324호 건설기술 진흥법 일부개정법률 제2조제10호 및 제11호의 개정규정은 2016년 5월 19일부터 시행한다.	**부 칙 <제26382호, 2015.7.6>** **제1조(시행일)** 이 영은 공포한 날부터 시행한다. 다만, 제101조의2의 개정규정은 2015년 7월 7일부터 시행한다. **제2조(건설기술용역 평가에 관한 적용례)** 제82조제1항제1호의 개정규정은 이 영 시행 후 최초로 입찰공고되는 기본설계 또는 실시설계용역 사업부터 적용한다.	**부 칙 <제213호, 2015.7.1>** (주택도시기금법 시행규칙) **제1조(시행일)** 이 규칙은 2015년 7월 1일부터 시행한다. **제2조(다른 법령의 개정)** ① 건설기술 진흥법 시행규칙 일부를 다음과 같이 개정한다. 제5조제3호 중 "「주택법」 제76조에 따른 대한주택보증주식회사""를 "「주택도시기금법」 제16조에 따른 주택도시보증공사"로 한다.

		②부터 ⑪까지 생략 **제3조** 생략
부 칙 <제13430호, 2015.12.29> **제1조(시행일)** 이 법은 공포 후 6개월이 경과한 날부터 시행한다. 다만, 제27조의 개정규정은 공포한 날부터 시행한다. **제2조(신기술 활용에 관한 적용례)** 제14조제5항 · 제6항의 개정규정은 이 법 시행 후 최초로 발주청이 발주하는 건설공사부터 적용한다.	**부 칙 <제26894호, 2016.1.12>** **제1조(시행일)** 이 영은 2016년 5월 19일부터 시행한다. **제2조(설계의 안전성 검토에 관한 적용례)** 제67조제1항제9호의2 및 제75조의2의 개정규정은 이 영 시행 이후 입찰공고하는 실시설계부터 적용한다. **제3조(지반조사에 관한 적용례)** 제74조제1항의 개정규정은 이 영 시행 이후 입찰공고하는 기본설계 또는 실시설계부터 적용한다. **제4조(안전관리계획의 수립 대상 및 기준에 관한 적용례)** 제98조제1항 및 제99조제1항제2호의 개정규정은 이 영 시행 이후 입찰공고(발주자가 발주청이 아닌 경우에는 건설공사의 허가 · 인가 · 승인 등을 말한다)하는 건설공사부터 적용한다.	**부 칙 <제295호, 2016.3.7>** **제1조(시행일)** 이 규칙은 2016년 5월 19일부터 시행한다. **제2조(안전관리비 및 안전관리계획에 관한 적용례)** 제60조제1항제5호·제6호, 같은 조 제2항제5호·제6호 및 별표 7의 개정규정은 이 규칙 시행 이후 입찰공고(발주자가 발주청이 아닌 경우에는 건설공사의 허가·인가·승인 등을 말한다)하는 건설공사부터 적용한다.

건설기술진흥법	건설기술진흥법 시행령	건설기술진흥법 시행규칙
	제5조(건설기술자 역량지수에 관한 적용례) 별표 1 제2호가목의 개정규정은 이 영 시행 이후 발생한 건설사고로 인하여 업무정지처분이나 벌점을 받는 경우부터 적용한다. **제6조(건설기술용역 평가 및 시공평가 실시시기에 관한 경과조치)** 제83조제1항제3호 및 제2항의 개정규정에도 불구하고 이 영 시행 당시 준공된 건설기술용역 및 건설공사에 대해서는 종전의 규정에 따른다.	
부 칙 <제13805호, 2016.1.19> (주택법 전부개정법률) **제1조(시행일)** 이 법은 2016년 8월 12일부터 시행한다. **제2조**부터 **제20조**까지 생략 **제21조(다른 법률의 개정)** ①부터 ④까지 생략 ⑤ 건설기술 진흥법 일부를 다음과 같이 개정한다.	**부 칙 <제27176호, 2016.5.17>** **제1조(시행일)** 이 영은 2016년 5월 19일부터 시행한다. 다만, 제96조제7항의 개정규정은 2016년 6월 30일부터 시행한다. **제2조(철강구조물공장에 대한 실태조사 결과의 공표에 관한 적용례)** 제96조제7항의 개정규정은 부칙 제1조 단서에 따른 시행일 이후 법 제58조제2항에 따른 실태조사를 실시하는 경우부터 적용한다.	**부 칙 <제312호, 2016.5.25>** 이 규칙은 공포한 날부터 시행한다.

제31조제2항제5호라목 중 "「주택법」 제9조"를 "「주택법」 제4조"로 하고, 제42조 중 "「주택법」 제24조"를 "「주택법」 제43조 및 제44조"로 한다.

⑥부터 <86>까지 생략

제22조 생략

제3조(안전관리계획의 수립 대상에 관한 적용례) 제98조제1항제5호 및 제6호의 개정규정은 이 영 시행 이후 입찰공고(발주자가 발주청이 아닌 경우에는 건설공사의 허가·인가·승인 등을 말한다)하는 건설공사부터 적용한다.

부 칙 <제27205호, 2016.5.31>

(기술신용보증기금법 시행령 일부개정령)

제1조(시행일) 이 영은 2016년 9월 30일부터 시행한다. <단서 생략>

제2조(다른 법령의 개정) ① 건설기술 진흥법 시행령 일부를 다음과 같이 개정한다.

제34조제5항제3호를 다음과 같이 한다.

3. 「기술보증기금법」에 따른 기술보증기금의 기술보증

②부터 <59>까지 생략

제3조 생략

부 칙 <제333호, 2016.7.4>

제1조(시행일) 이 규칙은 공포한 날부터 시행한다. 다만, 제49조제2호의 개정규정은 2017년 7월 1일부터 시행한다.

제2조(건설사업관리 보고서의 작성·제출에 관한 적용례) 제36조제1항제2호라목의 개정규정은 이 규칙 시행 이후 입찰공고하는 건설공사부터 적용한다.

제3조(품질관리계획의 수립에 관한 적용례) 제49조제2호의 개정규정은 부칙 제1조 단서에 따른 시행일 이후 입찰공고(발주자가 발주청이 아닌 경우에는 건설공사의 허가·인가·승인 등을 말한다)하는 건설공사부터 적용한다.

건설기술진흥법	건설기술진흥법 시행령	건설기술진흥법 시행규칙
		제4조(안전관리비에 관한 적용례) 제60조제2항 및 제3항의 개정규정은 이 규칙 시행 이후 입찰공고(발주자가 발주청이 아닌 경우에는 건설공사의 허가·인가·승인 등을 말한다)하는 건설공사부터 적용한다.
	부 칙 <제27444호, 2016.8.11> (주택법 시행령 전부개정령) **제1조(시행일)** 이 영은 2016년 8월 12일 부터 시행한다. **제2조부터 제6조까지** 생략 **제7조(다른 법령의 개정)** ①부터 ③까지 생략 ④ 건설기술 진흥법 시행령 일부를 다음과 같이 개정한다. 제25조제4항 전단 중 "「주택법」 제9조"를 "「주택법」 제4조"로 한다. 제42조제1항제7호 중 "「주택법」 제16조"를 "「주택법」 제15조"로 한다.	**부 칙 <제353호, 2016.8.12>** (주택법 시행규칙 전부개정령) **제1조(시행일)** 이 규칙은 2016년 8월 12일부터 시행한다. <단서 생략> **제2조** 생략 **제3조(다른 법령의 개정)** ① 생략 ② 건설기술 진흥법 시행규칙 일부를 다음과 같이 개정한다. 제20조제2항 중 "「주택법」 제9조"를 "「주택법」 제4조"로 한다. ③부터 ⑰까지 생략 **제5조** 생략

제45조제2항 중 "「주택법 시행령」 제26조"를 "「주택법 시행령」 제47조"로 한다.

제90조제1항 전단 중 "「주택법」 제24조"를 "「주택법」 제43조 및 제44조"로 한다.

제98조제1항제4호의2나목 중 "「주택법」 제2조제15호다목"을 "「주택법」 제2조제25호다목"으로 한다.

⑤부터 <75>까지 생략

제8조 생략

부 칙 <제27506호, 2016.9.22>

(기초연구진흥 및 기술개발지원에 관한 시행령 일부개정령)

제1조(시행일) 이 영은 2016년 9월 23일부터 시행한다.

제2조 및 **제3조** 생략

제4조(다른 법령의 개정) ① 건설기술 진흥법 시행령 일부를 다음과 같이 개정한다.

제23조제1항제4호 중 "「기초연구진흥

건설기술진흥법	건설기술진흥법 시행령	건설기술진흥법 시행규칙
	및 기술개발지원에 관한 법률」 제14조 제1항제2호에 따른"을 "「기초연구진흥 및 기술개발지원에 관한 법률」 제14조의2제1항에 따라 인정받은"으로 한다. ②부터 ㉔까지 생략 **부 칙 <제27792호, 2017.1.17>** (수질및수생태계보전에관한법 시행령) **제1조(시행일)** 이 영은 2017년 1월 28일터 시행한다. **제2조부터 제6조**까지 생략 **제7조(다른 법령의 개정)** ①생략 ②건설기술진흥법 시행령 일부를 다음과 같이 개정한다. 별표 7 제13호 중"폐수종말처리시설"을 "공공폐수처리시설"로 한다. ③부터 ㉙까지 생략	

부 칙 <제14848호, 2017.8.9>

이 법은 공포 후 6개월이 경과한 날부터 시행한다.

부 칙 <제15112호, 2017.11.28>

이 법은 공포한 날부터 시행한다.

부 칙 <제28555호, 2017.12.29>

제1조(시행일) 이 영은 공포한 날부터 시행한다. 다만, 제98조제3항 및 같은 조 제4항 본문의 개정규정은 공포 후 6개월이 경과한 날부터 시행한다.

제2조(신기술 보호기간의 연장에 관한 적용례 등) ① 제35조제1항의 개정규정은 이 영 시행 전에 지정·고시된 신기술로서 이 영 시행 당시 지정·고시일부터 5년이 지나지 아니한 신기술에 대해서도 적용한다.

② 국토교통부장관은 제1항에 따라 제35조제1항의 개정규정을 적용받는 신기술에 대해서는 제33조제1항에 따라 관보에 고시하고 같은 조 제2항에 따라 그 내용을 유지·관리하여야 한다.

③ 국토교통부장관은 제1항에 따라 제35조제1항의 개정규정을 적용받는 기술개발자가 신기술 지정증서의 발급을 신청하는 경우에는 연장된 보호기간을 반영하여 제

건설기술진흥법	건설기술진흥법 시행령	건설기술진흥법 시행규칙
	33조제1항에 따라 신기술 지정증서를 발급하여야 한다. **제3조(건설사업관리 대상 설계용역에 관한 적용례)** 제57조제1호 · 제2호 및 제4호의 개정규정은 이 영 시행 이후 입찰공고하는 설계용역부터 적용한다. **제4조(안전관리계획의 심사에 관한 적용례)** 제98조제3항 및 같은 조 제4항 본문의 개정규정은 부칙 제1조 단서에 따른 시행일 이후 입찰공고(발주자가 발주청이 아닌 경우에는 건설공사의 허가 · 인가 · 승인 등을 말한다)하는 건설공사부터 적용한다.	

부 칙 <제28586호, 2018.1.16>

(시설물의 안전관리에 관한 특별법 시행령 전부개정령)

제1조(시행일) 이 영은 2018년 1월 18일부터 시행한다. <단서 생략>

제2조부터 제6조까지 생략

제7조(다른 법령의 개정) ① 건설기술 진흥법 시행령 일부를 다음과 같이 개정한다.

제19조제4항제4호 중 "「시설물의 안전관리에 관한 특별법」 제7조"를 "「시설물의 안전 및 유지관리에 관한 특별법」 제12조"로 한다.

제42조제1항제5호 중 "「시설물의 안전관리에 관한 특별법」 제25조"를 "「시설물의 안전 및 유지관리에 관한 특별법」 제45조"로, "제9조제1항"을 "제28조제1항"으로 한다.

제51조제2항 각 호 외의 부분 중 "「시설물의 안전관리에 관한 특별법」 제6조 및 제7조"를 "「시설물의 안전 및 유지관리에 관한 특별법」 제11조 및 제12조"로

부 칙 <제483호, 2018.1.18>

(시설물의 안전관리에 관한 특별법 시행규칙 전부개정령)

제1조(시행일) 이 규칙은 2018년 1월 18일부터 시행한다.

제2조부터 제5조까지 생략

제6조(다른 법령의 개정) ① 건설기술 진흥법 시행규칙 일부를 다음과 같이 개정한다.

제28조제1항 각 호 외의 부분 중 "「시설물의 안전관리에 관한 특별법」 제6조 및 제7조"를 "「시설물의 안전 및 유지관리에 관한 특별법」 제11조 및 제12조"로 하고, 같은 항 제2호 중 "「시설물의 안전관리에 관한 특별법」 제6조 및 제7조에 따른 정밀점검 또는 정밀안전진단"을 "「시설물의 안전 및 유지관리에 관한 특별법」 제11조 및 제12조에 따른 정밀안전점검 또는 정밀안전진단"으로 한다.

별지 제12호서식 중 "「시설물의 안전관리에 관한 특별법」"을 "「시설물의 안전 및 유지관리에 관한 특별법」"으로 한다.

건설기술진흥법	건설기술진흥법 시행령	건설기술진흥법 시행규칙
	한다. 제57조제1호 및 제2호 중 "「시설물의 안전관리에 관한 특별법」 제2조제2호 및 제3호"를 각각 "「시설물의 안전 및 유지관리에 관한 특별법」 제7조제1호 및 제2호"로 한다. 제80조제1항 중 "「시설물의 안전관리에 관한 특별법」"을 "「시설물의 안전 및 유지관리에 관한 특별법」"으로 한다. 제88조제1항제2호 중 "「시설물의 안전관리에 관한 특별법 시행령」 제12조제1항"을 "「시설물의 안전 및 유지관리에 관한 특별법 시행령」 제18조제1항"으로 한다. 제93조제3항 중 "「시설물의 안전관리에 관한 특별법」 제2조제2호 및 제3호"를 "「시설물의 안전 및 유지관리에 관한 특별법」 제7조제1호 및 제2호"로 한다. 제98조제1항제1호 중 "「시설물의 안전관	②부터 ⑧까지 생략 **제7조** 생략

	리에 관한 특별법」 제2조제2호 및 제3호"를 "「시설물의 안전 및 유지관리에 관한 특별법」 제7조제1호 및 제2호"로, "같은 법 제2조제12호"를 "같은 법 제2조제11호"로 한다. 제98조제4항 단서 중 "「시설물의 안전관리에 관한 특별법」 제2조제2호 및 제3호"를 "「시설물의 안전 및 유지관리에 관한 특별법」 제7조제1호 및 제2호"로 한다. 제100조제2항제1호 중 「시설물의 안전관리에 관한 특별법」 제9조"를 "「시설물의 안전 및 유지관리에 관한 특별법」 제28조"로 하고, 같은 조 제5항 전단 중 "「시설물의 안전관리에 관한 특별법 시행령」 제7조"를 "「시설물의 안전 및 유지관리에 관한 특별법 시행령」 제9조"로 하며, 같은 항 후단 중 "「시설물의 안전관리에 관한 특별법 시행령」 별표 3"을 "「시설물의 안전 및 유지관리에 관한 특별법 시행령」 별표 11"로 한다.	

건설기술진흥법	건설기술진흥법 시행령	건설기술진흥법 시행규칙
부 칙<제15667호, 2018.6.12> **제1조(시행일)** 이 법은 공포 후 6개월이 경과한 날부터 시행한다. 다만, 제31조제1항제4호의 개정규정은 공포한 날부터 시행한다.	제101조제2항 및 같은 조 제3항제1호 중 "「시설물의 안전관리에 관한 특별법」 제2조제2호 및 제3호"를 각각 "「시설물의 안전 및 유지관리에 관한 특별법」 제7조제1호 및 제2호"로 한다. 별표 5 비고 제6호 중 "「시설물의 안전관리에 관한 특별법」"을 "「시설물의 안전 및 유지관리에 관한 특별법」"으로 한다. ②부터 ㉔까지 생략 **제8조** 생략 **부 칙**<제28792호, 2018.4.10> 이 영은 공포한 날부터 시행한다. **부 칙**<제28947호, 2018.6.8> (국토교통부와 그 소속기관 직제 일부개정령) **제1조(시행일)** 이 영은 공포한 날부터 시행한다. **제2조** 생략	**부 칙**<제521호, 2018.6.18> **제1조(시행일)** 이 규칙은 2019년 1월 1일부터 시행한다. **제2조(환경관리비의 산출 등에 관한 적용례)** 제61조제2항ㆍ제4항 및 별표 8의 개정규

제2조(건설기술용역업자의 등록취소에 관한 적용례) 제31조제1항제4호 단서의 개정규정은 법인이 같은 개정규정 시행 전에 제27조제4호에 해당하게 된 경우에도 적용한다.

부　칙<제15719호, 2018.8.14>

제1조(시행일) 이 법은 2018년 12월 13일부터 시행한다.

제2조(다른 법률의 개정) ① 공간정보의 구축 및 관리 등에 관한 법률 일부를 다음과 같이 개정한다.

제40조제1항 전단 및 제42조제1항 각 호 외의 부분 전단 중 "건설기술자"를 각각 "건설기술인"으로 한다.

② 부동산개발업의 관리 및 육성에 관한 법률 일부를 다음과 같이 개정한다.

제5조제1항제3호 중 "건설기술자"를 "건설기술인"으로 한다.

③ 제주특별자치도 설치 및 국제자유도시 조성을 위한 특별법 일부를 다음과 같이

제3조(다른 법령의 개정) ① 건설기술진흥법 시행령 일부를 다음과 같이 개정한다.

제94조제1항에 제11호를 다음과 같이 신설한다.

11. 「한국수자원공사법」에 따른 한국수자원공사

②부터 ⑩까지 생략

정은 이 규칙 시행 이후 발주된 건설공사부터 적용한다.

<table>
<tr><th>건설기술진흥법</th><th>건설기술진흥법 시행령</th><th>건설기술진흥법 시행규칙</th></tr>
<tr><td>개정한다.
제410조 중 "건설기술자는"을 "건설기술인은"으로 한다.
④ 주택법 일부를 다음과 같이 개정한다.
제8조제1항제6호가목 중 "건설기술자"를 "건설기술인"으로 한다.</td><td></td><td></td></tr>
<tr><td>부 칙<제16235호, 2018.12.31>
제1조(시행일) 이 법은 공포 후 6개월이 경과한 날부터 시행한다.
제2조(건설기술용역업자의 영업양도신고 등에 관한 적용례) 제29조제2항부터 제4항까지의 개정규정은 이 법 시행 후 건설기술용역업자가 영업양도신고 및 합병신고를 하는 경우부터 적용한다.
제3조(건설기술인의 건설사업관리보고서 작성에 관한 적용례) 제39조제4항 후단의 개정규정은 이 법 시행 후 건설사업관리보고서를 작성하여 제출하는 경우부터 적용한다.</td><td>부 칙<제29360호, 2018.12.11>
제1조(시행일) 이 영은 2018년 12월 13일부터 시행한다. 다만, 제52조제9항의 개정규정은 대통령령 제29318호 국가를 당사자로 하는 계약에 관한 법률 시행령 일부개정령 부칙 제1조제1호에 따른 시행일부터 시행한다.
제2조(다른 법령의 개정) ① 가축분뇨의 관리 및 이용에 관한 법률 시행령 일부를 다음과 같이 개정한다.
별표 5 비고 제5호 중 "건설기술자는"을 "건설기술인은"으로 한다.
별표 7 비고 제2호 중 "건설기술자는"을</td><td>부 칙<제547호, 2018.10.12>
제1조(시행일) 이 규칙은 공포한 날부터 시행한다.
제2조(건설기술자의 신고 등에 관한 적용례) 제18조·제21조·제23조·제63조의2, 별지 제11호서식부터 별지 제14호서식까지 및 별지 제20호서식의 개정규정은 이 규칙 시행 이후 건설기술자의 신고·변경신고 또는 건설기술용역업의 등록신청·변경등록 신고를 하는 경우부터 적용한다.
제3조(건설기술용역업자의 영업 양도신고 등에 관한 적용례) 제24조의 개정규정은 이 규칙 시행 이후 건설기술용역업자가</td></tr>
</table>

법	시행령	시행규칙
제4조(건설사업관리를 하여야 하는 건설공사의 건설사업관리 업무 수행에 관한 적용례) 제39조제6항의 개정규정은 이 법 시행 후 건설기술용역업자가 같은 조 제2항에 따라 건설사업관리를 수행하는 경우부터 적용한다. **제5조(건설사업관리계획 수립 등에 관한 적용례)** 제39조의2의 개정규정은 이 법 시행 후 설계용역을 입찰공고하는 건설공사부터 적용한다. **제6조(안전관리계획 승인 등에 관한 적용례)** 제62조의 개정규정은 이 법 시행 후 입찰공고(발주자가 발주청이 아닌 경우에는 건설공사의 허가·인가·승인 등을 말한다)하는 건설공사부터 적용한다. **제7조(설계의 안전성 검토에 관한 적용례)** 제62조제18항의 개정규정은 이 법 시행 후 입찰공고를 하는 설계부터 적용한다. **제8조(발주청이 시행하는 건설기술용역사업에 관한 경과조치)** 이 법 시행 전에 발주청이 시행한 「건축사법」 제2조제3호에 따	"건설기술인은"으로 한다. ② 건축법 시행령 일부를 다음과 같이 개정한다. 제19조제1항제2호 중 "건설사업관리기술자를"을 "건설사업관리기술인을"로 한다. ③ 공간정보의 구축 및 관리 등에 관한 법률 시행령 일부를 다음과 같이 개정한다. 별표 4의 기술인력란 제1호 중 "특급기술자"를 "특급기술인"으로 하고, 같은 란 제2호 중 "고급기술자"를 "고급기술인"으로 하며, 같은 란 제3호 중 "중급기술자"를 "중급기술인"으로 하고, 같은 란 제4호 중 "초급기술자"를 "초급기술인"으로 하며, 같은 표 비고 제1호 중 "기술자는"을 "기술인은"으로, "기술자를"을 "기술인을"로 하고, 같은 비고 제2호 중 "특급기술자"를 "특급기술인"으로, "고급기술자"를 "고급기술인"으로, "중급기술자 및 초급기술자"를 "중급기술인 및 초급기술인"으로 한다.	영업을 양도를 하거나 법인인 건설기술용역업자 간 합병을 하여 신고를 하는 경우부터 적용한다. **제4조(건설사업관리기술자의 철수 통보에 관한 적용례)** 제27조의 개정규정은 이 규칙 시행 이후 영 제45조제1항제3호에 따른 건설사업관리기술자의 철수 통보를 하는 경우부터 적용한다.

건설기술진흥법	건설기술진흥법 시행령	건설기술진흥법 시행규칙
른 설계 사업의 경우에는 제35조제1항 및 제2항의 개정규정에도 불구하고 종전의 규정에 따른다. **제9조(건설기술을 공모하여 발주한 건설공사 또는 건설기술용역사업에 관한 경과조치)** 이 법 시행 전에 발주청이 건설기술을 공모하여 발주한 건설공사 또는 건설기술용역사업은 제36조의 개정규정에도 불구하고 종전의 규정에 따른다.	별표 5 제1호 중 "건설기술자"을 "건설기술인"으로 한다. 별표 8의 측지측량업의 기술인력란 제1호 중 "특급기술자"를 "특급기술인"으로 하고, 같은 란 제2호 중 "고급기술자"를 "고급기술인"으로 하며, 같은 란 제3호 중 "중급기술자"를 "중급기술인"으로 하고, 같은 란 제4호 중 "초급기술자"를 "초급기술인"으로 하며, 같은 표의 공공측량업의 기술인력란 제1호 중 "고급기술자"를 "고급기술인"으로 하고, 같은 란 제2호 중 "중급기술자"를 "중급기술인"으로 하며, 같은 란 제3호 중 "초급기술자"를 "초급기술인"으로 하고, 같은 표의 일반측량업의 기술인력란 제1호 중 "고급기술자"를 "고급기술인"으로 하며, 같은 표의 연안조사측량업의 기술인력란 제1호 중 "고급기술자"를 "고급기술인"으로 하고, 같은 란 제2호 중 "중급기술자"를 "중급	

	기술인" 으로 하며, 같은 란 제3호 중 "초급기술자"를 "초급기술인"으로 하고, 같은 표의 항공촬영업의 기술인력란 제1호 중 "특급기술자"를 "특급기술인" 으로 하며, 같은 란 제2호 중 "고급기술자"를 "고급기술인"으로 하고, 같은 표의 공간영상도화업의 기술인력란 제1호 중 "고급기술자"를 "고급기술인"으로 하며, 같은 란 제2호 중 "중급기술자"를 "중급기술인"으로 하고, 같은 란 제3호 중 "초급기술자"를 "초급기술인"으로 하며, 같은 표의 영상처리업의 기술인력란 제1호 중 "고급기술자"를 "고급기술인"으로 하고, 같은 란 제2호 중 "중급기술자"를 "중급기술인"으로 하며, 같은 란 제3호 중 "초급기술자"를 "초급기술인"으로 하고, 같은 표의 수치지도제작업의 기술인력란 제1호 중 "고급기술자"를 "고급기술인"으로 하며, 같은 표의 지하시설물측량업의 기술인력란 제1호 중 "고급기술자"를 "고급기술인"으로 하고, 같은 란 제2호 중 "중급기	

건설기술진흥법	건설기술진흥법 시행령	건설기술진흥법 시행규칙
	술자"를 "중급기술인"으로 하며, 같은 란 제3호 중 "초급기술자"를 "초급기술인"으로 하고, 같은 표의 지적측량업의 기술인력란 제1호 중 "특급기술자"를 "특급기술인"으로, "고급기술자"를 "고급기술인"으로 하며, 같은 란 제2호 중 "중급기술자"를 "중급기술인"으로 하고, 같은 란 제3호 중 "초급기술자"를 "초급기술인"으로 하며, 같은 표 비고 제1호 중 "수치제도제작업의 기술자는"을 "수치지도제작업의 기술인은"으로, "지형공간정보기술자로"를 "지형공간정보 기술인으로"로, "지적측량업의 기술자는"을 "지적측량업의 기술인은"으로 하고, 같은 비고 제3호 단서 중 "기술자와"를 "기술인과"로 한다. 별표 11의 일반성능검사대행자의 기술인력란 제1호 중 "고급기술자"를 "고급기술인"으로 하고, 같은 표의 금속관로탐지기	

	성능검사대행자의 기술인력란 제1호 중 "고급기술자"를 "고급기술인"으로 하며, 같은 표 비고 제2호 중 "기술자를"을 "기술인을"로 하고, 같은 표 비고 제4호 단서 중 "기술자와"를 "기술인과"로 한다. 별표 12의 기술인력란 제1호 중 "특급기술자"를 "특급기술인"으로 하고, 같은 란 제2호 중 "고급기술자"를 "고급기술인"으로 하며, 같은 란 제3호 중 "중급기술자"를 "중급기술인"으로 하고, 같은 란 제4호 중 "초급기술자"를 "초급기술인"으로 하며, 같은 표 비고 제1호 중 "기술자는"을 "기술인은"으로, "기술자를"을 "기술인을"로 하고, 같은 표 비고 제2호 중 "중 기술자는"을 "중 기술인은"으로, "특급기술자는"을 "특급기술인은"으로, "고급기술자는"을 "고급기술인은"으로, "중급기술자 및 초급기술자는"은 "중급기술인 및 초급기술인은"으로 한다. ④ 공동주택관리법 시행령 일부를 다음과 같이 개정한다.	

건설기술진흥법	건설기술진흥법 시행령	건설기술진흥법 시행규칙
	별표 5 비고 2) 중 "기술자는"을 "기술인은"으로 한다. ⑤ 국가를 당사자로 하는 계약에 관한 법률 시행령 일부를 다음과 같이 개정한다. 제54조제2항 중 "건설사업관리기술자"를 "건설사업관리기술인"으로 한다. 제76조제1항제2호마목 중 "건설사업관리기술자 교체"를 "건설사업관리기술인 교체"로, "건설사업관리기술자를"을 "건설사업관리기술인을"로 한다. ⑥ 국토교통부와 그 소속기관 직제 일부를 다음과 같이 개정한다. 제13조제3항제22호 중 "건설기술자"를 "건설기술인"으로 한다. 제23조제1호 중 "기술자자격의"를 "기술인자격의"로 한다. ⑦ 급경사지 재해예방에 관한 법률 시행령 일부를 다음과 같이 개정한다. 별표 1의 인력기준의 등록기준란 제1호각	

목 외의 부분 중 "건설기술자(이하 "건설기술자"라 한다)"를 "건설기술인(이하 "건설기술인"이라 한다)"으로, "건설기술자를"을 "건설기술인을"로 하고, 같은 호 가목 및 나목 중 "건설기술자"를 각각 "건설기술인"으로 하며, 같은 란 제2호 중 "기술자가"를 "기술인이"로 하고, 같은 표 비고 제1호 중 "건설기술자는"을 "건설기술인은"으로, "건설기술자로"를 "건설기술인으로"로, "건설기술자를"을 "건설기술인을"로 한다.

별표 2의 인력기준의 등록기준란 제1호 각 목 외의 부분 중 "건설기술자를"을 "건설기술인을"로 하고, 같은 란 제2호 중 "기술자가"를 "기술인이"로 한다.

⑧ 녹색건축물 조성 지원법 시행령 일부를 다음과 같이 개정한다.

제18조의4제1항제1호가목 중 "중급기술자"를 "중급기술인"으로 한다.

⑨ 도시 및 주거환경정비법 시행령 일부를 다음과 같이 개정한다.

건설기술진흥법	건설기술진흥법 시행령	건설기술진흥법 시행규칙
	별표 4 제2호가목1) 중 "특급기술자로서 특급기술자의"를 "특급기술인으로서 특급기술인의"로 한다. ⑩ 부동산개발업의 관리 및 육성에 관한 법률 시행령 일부를 다음과 같이 개정한다. 별표 1의 부동산개발 실무의 부동산개발 전문인력의 범위란 제4호 중 "고급기술자"를 "고급기술인"으로 한다. ⑪ 산림보호법 시행령 일부를 다음과 같이 개정한다. 별표 1의6의 2종 나무병원의 인력란 제1호 나목 중 "건설기술자"를 "건설기술인"으로 한다. ⑫ 산업안전보건법 시행령 일부를 다음과 같이 개정한다. 제30조의8제1항 중 "건설기술자"를 "건설기술인"으로 한다. 별표 6의4 제2호나목6) 중 "특급건설기술자 또는 고급건설기술자"를 "특급건설기	

	술인 또는 고급건설기술인"으로 한다. ⑬ 시설물의 안전 및 유지관리에 관한 특별법 시행령 일부를 다음과 같이 개정한다. 제9조제2항 중 "초급기술자"를 "초급기술인"으로 한다. 제38조제2항제3호 중 "특급기술자"를 "특급기술인"으로 한다. 별표 5 제1호가목의 기술자격 요건란 중 "건설기술자 중 초급기술자"를 "건설기술인 중 초급기술인"으로 하고, 같은 표 제2호가목의 기술자격 요건란 중 "건설기술자 중 고급기술자"를 "건설기술인 중 고급기술인"으로 하며, 같은 표 제3호가목의 기술자격 요건 란 중 "건설기술자 중 특급기술자"를 "건설기술인 중 특급기술인"으로 하고, 같은 목의 교육 및 실무경력 요건란 중 "특급기술자가 아닌 건설기술자로서"를 "특급기술인이 아닌 건설기술인으로서"로 한다. 별표 6의 자격요건란 중 "고급기술자"를 "고급기술자 또는 고급기술인"으로 한다.	

건설기술진흥법	건설기술진흥법 시행령	건설기술진흥법 시행규칙
	별표 11 제2호가목의 구분란 중 "특급기술자"를 "특급기술인"으로 하고, 같은 호 나목의 구분란 중 "중급기술자"를 "중급기술인"으로 하며, 같은 호 다목의 구분란 중 "초급기술자"를 "초급기술인"으로 하고, 같은 표 비고 제3호 중 "중급기술자 및 초급기술자"를 "중급기술인 및 초급기술인"으로 한다. ⑭ 자연환경보전법 시행령 일부를 다음과 같이 개정한다. 별표 3 기술능력란 다목 중 "중급기술자"를 "중급기술인"으로 하고, 같은 란 라목 중 "건설기술자"를 "건설기술인"으로 하며, 같은 표 비고 제2호가목 중 "기사 및 기술자는"을 "기사, 기술자 및 기술인은"으로 하고, 같은 호 나목 중 "중급기술자"는 "중급기술인"으로 하며, 같은 호 다목 중 "건설기술자는"을 "건설기술인은"으로, "건설기술자를"을 "건설기술인을"로 한다.	

⑮ 주택건설기준 등에 관한 규정 일부를 다음과 같이 개정한다.

제61조의2제6항 중 "건설기술자를"을 "건설기술인을"로 한다.

⑯ 주택법 시행령 일부를 다음과 같이 개정한다.

제14조제3항제2호가목 및 나목 중 "기술자"를 각각 "기술인"으로 한다.

제17조제1항제2호 전단 중 "분야기술자"를 "분야 기술인"으로 하고, 같은 호 후단 중 "기술자"를 "기술인"으로 한다.

별표 1 제2호바목1)의 위반행위란 중 "건설기술자"를 "건설기술인"으로 한다.

⑰ 지방자치단체를 당사자로 하는 계약에 관한 법률 시행령 일부를 다음과 같이 개정한다.

제56조제2항 중 "건설사업관리기술자" 를 "건설사업관리기술인"으로 한다.

제92조제1항제17호 중 "건설사업관리기술자 교체 사유"를 "건설사업기술인 교체 사유"로, "건설사업관리기술자를"을 "건

건설기술진흥법	건설기술진흥법 시행령	건설기술진흥법 시행규칙
	설사업관리기술인을"로 한다. 제106조제2항제4호 중 "건설기술자"를 "건설기술인"으로 한다. ⑱ 지하수법 시행령 일부를 다음과 같이 개정한다. 별표 4 제1호가목 중 "「건설기술관리법」"을 "「건설기술 진흥법」"으로, "기술자"를 "기술자 또는 기술인"으로 한다. 별표 5 제1호가목 중 "특급기술자"를 "특급기술자 또는 특급기술인"으로 한다. 별표 6 제1호가목 및 나목 중 "특급기술자"를 각각 "특급기술자 또는 특급기술인"으로 하고, 같은 호 다목 중 "기술자 중"을 "기술자 또는 기술인 중"으로 한다. ⑲ 지하안전관리에 관한 특별법 시행령 일부를 다음과 같이 개정한다. 제15조제1항 중 "특급기술자로서"를 "특급기술인으로서"로 한다. 별표 8 제2호가목의 구분란 중 "특급기술자	

	"를 "특급기술인"으로 하고, 같은 호 나목의 구분란 중 "중급기술자"를 "중급기술인"으로 하며, 같은 호 다목의 구분란 중 "초급기술자"를 "초급기술인"으로 한다. ⑳ 철도안전법 시행령 일부를 다음과 같이 개정한다. 별표 5 제1호가목 1) 및 2) 외의 부분 중 "특급기술자"를 "특급기술자·특급기술인"으로 하고, 같은 표 제2호가목 중 "특급기술자"를 "특급기술자·특급기술인"으로 하며, 같은 호 나목 1) 및 2) 외의 부분 중 "고급기술자"를 "고급기술자·고급기술인"으로 하고, 같은 표 제3호가목 중 "고급기술자" 를 "고급기술자·고급기술인"으로 하며, 같은 호 나목 1) 및 2) 외의 부분 중 "중급기술자"를 "중급기술자·중급기술인"으로 하고, 같은 표 제4호가목 중 "중급기술자"를 "중급기술자·중급기술인"으로 하며, 같은 호 나목 1) 및 2) 외의 부분 중 "초급기술자"를 "초급기술자·초급기술인"으로 한다.	

건설기술진흥법	건설기술진흥법 시행령	건설기술진흥법 시행규칙
	㉑ 하수도법 시행령 일부를 다음과 같이 개정한다. 별표 2 비고 제3호 전단 중 "건설기술자는"을 "건설기술인은"으로 한다. 별표 4 비고 제3호 전단 중 "건설기술자는"을 "건설기술인은"으로 한다. 별표 5 비고 제4호 전단 중 "건설기술자는"을 "건설기술인은"으로 한다. 별표 7 비고 제5호 전단 중 "건설기술자는"을 "건설기술인은"으로 한다. ㉒ 환경기술 및 환경산업 지원법 시행령 일부를 다음과 같이 개정한다. 별표 1 비고 제3호 중 "건설기술자는"을 "건설기술인은"으로 한다. ㉓ 환경영향평가법 시행령 일부를 다음과 같이 개정한다. 별표 5 제1호가목 중 "기술자는"을 "기술인은"으로 한다.	

부 칙 <법률 제16272호, 2019.1.15>

(산업안전보건법 전부개정법률)

제1조(시행일) 이 법은 공포 후 1년이 경과한 날부터 시행한다. <단서 생략>

제2조부터 제19조까지 생략

제20조(다른 법률의 개정) ① 건설기술 진흥법 일부를 다음과 같이 개정한다.

제31조제1항제8호 중 "「산업안전보건법」 제2조제7호"를 "「산업안전보건법」 제2조제2호"로 한다.

② 부터 ⑰ 까지 생략

제21조 생략

부 칙 <제596호, 2019.2.25>

제1조(시행일) 이 규칙은 공포한 날부터 시행한다.

제2조(다른 법령의 개정) ① 건설산업기본법 시행규칙 일부를 다음과 같이 개정한다.

제25조의3제1호 중 "고급기술자 및 특급기술자"를 "고급기술인 및 특급기술인"으로 한다.

② 건축법 시행규칙 일부를 다음과 같이 개정한다.

제43조의2제4항제2호나목 중 "건설기술자 중 건축구조 분야 특급기술자"를 "건설기술인 중 건축구조 분야 특급기술인"으로 하고, 같은 항 제4호나목 중 "건설기술자 중 건축기계설비 분야 특급기술자"를 "건설기술인 중 건축기계설비 분야 특급기술인"으로 하며, 같은 항 제5호나목 중 "건설기술자 중 토질·지질 분야 특급기술자"를 "건설기술인 중 토질·지질 분야 특급기술인"으로 한다.

건설기술진흥법	건설기술진흥법 시행령	건설기술진흥법 시행규칙
		③ 공간정보의 구축 및 관리 등에 관한 법률 시행규칙 일부를 다음과 같이 개정한다. 별표 12 제3호의 수수료란 중 "중급기술자"를 "중급기술인"으로 한다. 별표 13 제2호가목1) 중 "고급기술자"를 "고급기술인"으로 하고, 같은 목 2)가)의 심사인원수(명)란 중 "고급기술자"를 "고급기술인"으로, "중급기술자"를 "중급기술인"으로, "초급기술자"를 "초급기술인"으로 하며, 같은 목 2)나)의 심사인원수(명)란 중 "고급기술자"를 "고급기술인"으로, "중급기술자"를 "중급기술인"으로, "초급기술자"를 "초급기술인"으로 하고, 같은 호 나목 중 "심사인원수(고급기술자)"를 "심사인원수(고급기술인)"로 하며, 같은 호 다목 중 "심사인원수(고급기술자)"를 "심사인원수(고급기술인)" 로 하고, 같은 호 마목1) 중 "심사인원수(고급기술자)"를 "심사인원수(고급기술인)"로 하며, 같은 목 2) 중 "심사인원수

		(고급기술자)"를 "심사인원수(고급기술인)"로 하고, 같은 목 3) 중 "심사인원수(고급기술자)"를 "심사인원수(고급기술인)"로 하며, 같은 호 바목1) 중 "심사인원수(고급기술자)"를 "심사인원수(고급기술인)"로 하고, 같은 목 2)의 심사인원수(명)란 중 "고급기술자"를 "고급기술인"으로, "중급기술자"를 "중급기술인"으로, "초급기술자"를 "초급기술인"으로 하고, 같은 호 사목 중 "심사인원수(고급기술자)"를 "심사인원수(고급기술인)"로 하며, 같은 호 아목 중 "심사인원수(고급기술자)"를 "심사인원수(고급기술인)"로 하고, 같은 호 자목 중 "심사인원수(고급기술자)"를 "심사인원수(고급기술인)"로 하며, 같은 호 차목 중 "심사인원수(고급기술자)"를 "심사인원수(고급기술인)"로 하고, 같은 호 카목 중 "심사인원수(고급기술자)"를 "심사인원수(고급기술인)"로 하며, 같은 호 타목 중 "심사인원수(고급기술자)"를 "심사인원수(고급기술

건설기술진흥법	건설기술진흥법 시행령	건설기술진흥법 시행규칙
		인)"로 하고, 같은 호 파목 중 "심사인원수(고급기술자)"를 "심사인원수(고급기술인)"로 한다. 별표 16의 노임란 중 "고급기술자"를 각각 "고급기술인"으로 한다. 별지 제9호서식의 작성방법 및 수수료란 중 "중급기술자"를 각각 "중급기술인"으로 한다. ④ 국토교통부와 그 소속기관 직제 시행규칙 일부를 다음과 같이 개정한다. 제9조제7항제7호부터 제11호까지 중 "건설기술자"를 각각 "건설기술인"으로 한다. 제18조제4항제6호 중 "건설기술자"를 "건설기술인"으로 한다. ⑤ 시설물의 안전 및 유지관리에 관한 특별법 시행규칙 일부를 다음과 같이 개정한다. 제24조제1항제3호 중 "건설기술자"를 "건설기술인"으로 한다. 별지 제10호서식 앞쪽 신청인(대표자) 제

출서류란 제3호 중 "건설기술자"를 "건설기술인"으로 한다.

⑥ 주택법 시행규칙 일부를 다음과 같이 개정한다.

제4조제1항제2호가목 중 "건설기술자"를 각각 "건설기술인"으로 하고, 같은 조 제7항 중 "기술자의 수"를 "기술인의 수"로 한다.

제18조제1항제1호가목1), 2) 및 3) 외의 부분 본문 중 "특급기술자 또는 고급기술자"를 "특급기술인 또는 고급기술인"으로 하고, 같은 목 2) 중 "건설기술자"를 "건설기술인"으로, "특급기술자 또는 고급기술자"를 "특급기술인 또는 고급기술인"으로 하며, 같은 호 나목 중 "특급기술자"를 "특급기술인"으로 하고, 같은 항 제2호 각 목 외의 부분 본문 및 같은 호 나목 중 "건설기술자"를 각각 "건설기술인"으로 한다.

별지 제1호서식의 앞쪽 중 "기술자(위탁관리 부동산투자회사인 경우 자산관리회

건설기술진흥법	건설기술진흥법 시행령	건설기술진흥법 시행규칙
		사 소속 기술자)"를 "기술인(위탁관리 부동산투자회사인 경우 자산관리회사 소속 기술인)"으로 하고, 같은 쪽의 첨부서류란 제2호가목 중 "건설기술자"를 각각 "건설기술인"으로 한다. 별지 제7호서식의 기술인력 보유현황란 중 "건축분야 기술자(건축분야 기술사 제외)"를 "건축분야 기술인(건축분야 기술사 제외)"으로, "토목분야 기술자"를 "토목분야 기술인"으로, "기계분야 기술자"를 "기계분야 기술인"으로, "전기분야 기술자"를 "전기분야 기술인"으로, "안전관리 기술자"를 "안전관리분야 기술인"으로 한다.
부 칙 <제16414호, 2019.4.30>	**부 칙 <제29710호, 2019.4.23>**	**부 칙 <제617호, 2019.4.4>**
제1조(시행일) 이 법은 공포 후 6개월이 경과한 날부터 시행한다. **제2조(다른 법률의 개정)** ① 건축사법 일부를 다음과 같이 개정한다.	**제1조(시행일)** 이 영은 공포한 날부터 시행한다. **제2조(지방심의위원회 등의 공사기간 산정의 적정성 심의에 관한 적용례)** 제17조제2항	이 규칙은 공포한 날부터 시행한다.

건설기술 진흥법	시행령	시행규칙
제23조제9항제1호 중 "건설기술용역업자"를 "건설기술용역사업자"로 한다. ② 지하안전관리에 관한 특별법 일부를 다음과 같이 개정한다. 제10조제1항 각 호 외의 부분 전단 및 같은 조 제4항 중 "건설업자"를 각각 "건설사업자"로 한다. ③ 건축물관리법 일부를 다음과 같이 개정한다. 제18조제1항제2호 중 "건설기술용역업자"를 "건설기술용역사업자"로 한다. **제3조(다른 법령과의 관계)** 이 법 시행 당시 다른 법령에서 종전의 「건설기술 진흥법」의 규정을 인용한 경우 이 법 가운데 그에 해당하는 규정이 있으면 종전의 규정을 갈음하여 이 법의 해당 조항을 인용한 것으로 본다.	및 제19조제4항의 개정규정은 이 영 시행 이후 입찰공고하는 건설공사부터 적용한다. **제3조(하도급 승인에 따른 건설기술용역의 실적 통보에 관한 적용례)** 제45조제1항의 개정규정은 이 영 시행 당시 법 제35조제4항에 따라 발주청의 승인을 받아 하도급 계약을 체결하고 그 용역이 완료되지 않은 경우에 대해서도 적용한다.	
부 칙 <법률 제16416호, 2019.4.30> **(건축물관리법)** **제1조(시행일)** 이 법은 공포 후 1년이 경과한	**부 칙 <대통령령 제29918호, 2019.6.25>** **제1조(시행일)** 이 영은 2019년 7월 1일부터 시행한다.	**부 칙 <제632호, 2019.7.1>** 이 규칙은 2019년 7월 1일부터 시행한다.

건설기술진흥법	건설기술진흥법 시행령	건설기술진흥법 시행규칙
날부터 시행한다. **제2조부터 제6조까지** 생략 **제7조(다른 법률의 개정)** ① 부터 ⑤ 까지 생략 ⑥ 법률 제16414호 건설기술 진흥법 일부개정법률 일부를 다음과 같이 개정한다. 부칙 제2조에 제3항을 다음과 같이 신설한다. ③ 건축물관리법 일부를 다음과 같이 개정한다. 제18조제1항제2호 중 "건설기술용역업자"를 "건설기술용역사업자"로 한다. ⑦ 생략	**제2조(안전관리계획의 수립 기준에 관한 적용례)** 제99조제1항제3호의 개정규정은 이 영 시행 이후 입찰공고(발주자가 발주청이 아닌 경우에는 건설공사의 허가·인가·승인 등의 신청을 말한다)하는 건설공사부터 적용한다. **제3조(안전점검 결과에 대한 통보 기한 등에 관한 적용례)** 제100조제4항 및 제5항의 개정규정은 이 영 시행 이후 건설안전점검기관에 정기안전점검 또는 정밀안전점검 등의 실시를 의뢰하는 건설공사부터 적용한다.	
부 칙 <법률 제16560호, 2019.8.27> 이 법은 공포한 날부터 시행한다.		
부 칙 <법률 제16624호, 2019.11.26> 이 법은 공포 후 6개월이 경과한 날부터 시행한다.	**부 칙 <대통령령 제30256호, 2019.12.24>** **(산업안전보건법 시행령 전부개정령)** **제1조(시행일)** 이 영은 2020년 1월 16일부터 시행한다. <단서 생략>	

부 칙 <법률 제17063호, 2020.2.18>
(해양조사와 해양정보 활용에 관한 법률)

제1조(시행일) 이 법은 공포 후 1년이 경과한 날부터 시행한다.

제2조부터 제16조까지 생략

제17조(다른 법률의 개정) ① 건설기술진흥법

제2조부터 제31조까지 생략

제32조(다른 법령의 개정) ① 건설기술 진흥법 시행령 일부를 다음과 같이 개정한다.

제98조제1항 각 호 외의 부분 후단 중 "「산업안전보건법」 제48조에 따른 유해·위험 방지 계획"을 "「산업안전보건법」 제42조에 따른 유해위험방지계획"으로 한다.

별표 6 제2호아목1)부터 6)까지 외의 부분 및 같은 목 1) 중 "「산업안전보건법」 제2조제7호"를 각각 "「산업안전보건법」 제2조제2호"로 한다.

② 부터 ㊵ 까지 생략

제33조 생략

부 칙 <대통령령 제30337호, 2020.1.7>

제1조(시행일) 이 영은 공포한 날부터 시행한다.

제2조(다른 법령의 개정) ① 개발이익 환수에 관한 법률 시행령 일부를 다음과 같이 개정한다.

건설기술진흥법	건설기술진흥법 시행령	건설기술진흥법 시행규칙
일부를 다음과 같이 개정한다. 제2조제2호가목 중 "수로조사"를 "해양조사"로 한다. ② 부터 ⑨ 까지 생략 **제18조** 생략	제12조제4항제2호가목 중 "건설기술용역업자"를 "건설기술용역사업자"로 한다. ② 건축법 시행령 일부를 다음과 같이 개정한다. 제19조제1항제2호 중 "건설기술용역업자"를 각각 "건설기술용역사업자"로 하고, 같은 조 제5항 각 호 외의 부분 전단 중 "「건축사법」 제23조제8항 각 호의 건설기술용역업자"를 "「건축사법」 제23조제9항 각 호의 건설기술용역사업자"로 하며, 제23조의2제6항제2호 중 "건설기술용역업자"를 "건설기술용역사업자"로 하고, 제63조제2호 중 "건설기술용역업자"를 "건설기술용역사업자"로 한다. ③ 건축사법 시행령 일부를 다음과 같이 개정한다. 별표 1 1등급의 경력구분란 제2호마목 중 "건설기술용역업자"를 "건설기술용역사업자"로 한다.	

④ 국가를 당사자로 하는 계약에 관한 법률 시행령 일부를 다음과 같이 개정한다.

제84조제1항제2호 중 "건설기술용역업자"를 "건설기술용역사업자"로 한다.

⑤ 국제경기대회 지원법 시행령 일부를 다음과 같이 개정한다.

제20조 후단 중 "건설기술용역업자"를 "건설기술용역사업자"로 한다.

⑥ 농어촌정비법 시행령 일부를 다음과 같이 개정한다.

제90조제3항 중 "건설기술용역업자"를 "건설기술용역사업자"로 한다.

제91조제1항제4호 중 "건설기술용역업자"를 "건설기술용역사업자"로 한다.

⑦ 새만금사업 추진 및 지원에 관한 특별법 시행령 일부를 다음과 같이 개정한다.

제14조제4항 중 "건설기술용역업자"를 "건설기술용역사업자"로 한다.

⑧ 신항만건설 촉진법 시행령 일부를 다음과 같이 개정한다.

제21조의2 후단 중 "건설기술용역업자"를

건설기술진흥법	건설기술진흥법 시행령	건설기술진흥법 시행규칙
	"건설기술용역사업자"로 한다. ⑨ 어촌·어항법 시행령 일부를 다음과 같이 개정한다. 제12조 중 "건설기술용역업자"를 "건설기술용역사업자"로 한다. 제27조의3 중 "건설기술용역업자"를 "건설기술용역사업자"로 한다. ⑩ 어촌특화발전 지원 특별법 시행령 일부를 다음과 같이 개정한다. 제12조제2항제3호 중 "건설기술용역업자"를 "건설기술용역사업자"로 한다. ⑪ 주택법 시행령 일부를 다음과 같이 개정한다. 제47조제1항제1호나목 및 같은 항 제2호 중 "건설기술용역업자"를 각각 "건설기술용역사업자"로 한다. ⑫ 지능형 로봇 개발 및 보급 촉진법 시행령 일부를 다음과 같이 개정한다. 제23조제1항 단서 중 "건설기술용역업자"	

	를 "건설기술용역사업자"로 한다. ⑬ 지방자치단체를 당사자로 하는 계약에 관한 법률 시행령 일부를 다음과 같이 개정한다. 제97조제1항제2호 중 "건설기술용역업자"를 "건설기술용역사업자"로 한다. ⑭ 항만공사법 시행령 일부를 다음과 같이 개정한다. 제9조제1호 중 "건설기술용역업자"를 "건설기술용역사업자"로 한다. ⑮ 항만법 시행령 일부를 다음과 같이 개정한다. 제16조제1호 중 "건설기술용역업자"를 "건설기술용역사업자"로 한다. ⑯ 해외건설 촉진법 시행령 일부를 다음과 같이 개정한다. 제8조제3호 중 "건설기술용역업자"를 "건설기술용역사업자"로 한다.	

건설기술진흥법	건설기술진흥법 시행령	건설기술진흥법 시행규칙
부 칙 <법률 제17091호, 2020.3.24> **(지방세외수입금의 징수 등에 관한 법률 일부개정법률)** **제1조(시행일)** 이 법은 공포한 날부터 시행한다. <단서 생략> **제2조 및 제3조** 생략 **제4조(다른 법률의 개정)** ① 부터 ⑥ 까지 생략 ⑦ 건설기술 진흥법 일부를 다음과 같이 개정한다. 제32조제2항 중 "「지방세외수입금의 징수 등에 관한 법률」"을 "「지방행정제재·부과금의 징수 등에 관한 법률」"로 한다. ⑧ 부터 ⑩² 까지 생략 **제5조** 생략	**부 칙 <대통령령 제30509호, 2020. 3. 3>** **(규제 재검토기한 해제 등을 위한 144개 대통령령의 일부개정에 관한 대통령령)** 이 영은 공포한 날부터 시행한다. **제1조부터 제7조**까지 생략 **제8조(「건설기술 진흥법 시행령」의 개정)** 건설기술 진흥법 시행령 일부를 다음과 같이 개정한다. 제119조제1항을 삭제한다. **제9조부터 제144조**까지 생략	**부 칙 <국토교통부령 제709호, 2020.3.18>** **제1조(시행일)** 이 규칙은 공포한 날부터 시행한다. **제2조(안전관리비 및 안전관리계획에 관한 적용례)** 제60조제1항·제2항 및 별표 7의 개정규정은 이 규칙 시행 이후 입찰공고(발주자가 발주청이 아닌 경우에는 건설공사의 허가·인가·승인 등의 신청을 말한다)하는 건설공사부터 적용한다. **제3조(건설공사 품질관리를 위한 건설기술인 배치기준에 관한 적용례)** 별표 5의 개정규정은 이 규칙 시행 이후 입찰공고(발주자가 발주청이 아닌 경우에는 건설공사의 허가·인가·승인 등의 신청을 말한다)하는 건설공사부터 적용한다. **제4조(품질관리비의 산출 및 사용기준에 관한 적용례)** 별표 6의 개정규정은 이 규칙 시행 이후 입찰공고(발주자가 발주청이 아닌 경우에는 건설공사의 허가·인가·승인 등의 신

<table>
<tr>
<td></td>
<td></td>
<td>청을 말한다)하는 건설공사부터 적용한다.
제5조(다른 법령의 개정) ① 골재채취법 시행규칙 일부를 다음과 같이 개정한다.
제14조의7제1항 중 "건설기술용역업자"를 "건설기술용역사업자"로 한다.
② 순환골재 품질인증 및 관리에 관한 규칙 일부를 다음과 같이 개정한다.
제8조제3항제2호 중 "건설기술용역업자"를 "건설기술용역사업자"로 한다.</td>
</tr>
<tr>
<td>부 칙 <법률 제17344호, 2020.6.9>
(국가정보화 기본법 전부개정법률)
제1조(시행일) 이 법은 공포 후 6개월이 경과한 날부터 시행한다. <단서 생략>
제2조부터 제6조까지 생략
제7조(다른 법률의 개정) ① 건설기술 진흥법 일부를 다음과 같이 개정한다.
제19조제4항 중 "「국가정보화 기본법」 제6조에 따른 국가정보화 기본계획 및 같은 법 제7조에 따른 국가정보화 시행계획"을 "「지능정보화 기본법」 제6조에</td>
<td>부 칙 <대통령령 제30704호, 2020.5.26>
(문화재보호법 시행령 일부개정령)
제1조(시행일) 이 영은 2020년 5월 27일부터 시행한다.
제2조(다른 법령의 개정) ① 생략
② 건설기술 진흥법 시행령 일부를 다음과 같이 개정한다.
제55조제2항제1호 중 "「문화재보호법」 제2조제2항"을 "「문화재보호법」 제2조제3항"으로, "가지정문화재"를 "임시지정문화재"로 한다.</td>
<td>부 칙 <국토교통부령 제726호, 2020.5.26>
이 규칙은 2020년 5월 27일부터 시행한다.</td>
</tr>
</table>

건설기술진흥법	건설기술진흥법 시행령	건설기술진흥법 시행규칙
따른 지능정보사회 종합계획 및 같은 법 제7조에 따른 지능정보사회 실행계획"으로 한다. ② 부터 ⑳ 까지 생략 **제8조** 생략	③ 부터 ⑱ 까지 생략	
부 칙 <법률 제17441호, 2020.6.9> **제1조(시행일)** 이 법은 공포 후 6개월이 경과한 날부터 시행한다. **제2조(소규모 건설공사의 안전관리 등에 관한 적용례)** 제62조의2의 개정규정은 이 법 시행 후 입찰공고(발주자가 발주청이 아닌 경우에는 건설공사의 허가·인가·승인 등을 말한다)하는 건설공사부터 적용한다. **제3조(교육·훈련 대행 등에 관한 경과조치)** 이 법 시행 당시 종전의 규정에 따라 건설기술인에 대한 교육·훈련을 대행하는 자는 제20조의2제3항의 개정규정에 따른 교육·훈련기관으로 본다. 다만, 이 법 시행일부	**부 칙 <대통령령 제30712호, 2020.5.26>** **제1조(시행일)** 이 영은 2020년 5월 27일부터 시행한다. 다만, 제83조제1항제1호의 개정규정은 2021년 1월 1일부터 시행한다. **제2조(건설기술용역의 실적 관리 대상 및 실적 통보 등에 관한 적용례 등)** ① 제45조의 개정규정은 2017년 5월 27일 이후에 계약이 체결된 건설기술용역부터 적용한다. ② 제45조제1항제3호의 개정규정에 해당하는 건설기술용역 중 2017년 5월 27일부터 2020년 5월 26일까지의 기간에 계약이 체결된 건설기술용역의 실적은 제45조제3항제2호의 개정규정에도 불구하고 해당	

터 6개월 이내에 제20조의3제2항의 개정규정에 따라 교육·훈련의 대행을 갱신하여야 한다.	건설기술용역사업자가 국토교통부장관에게 직접 통보해야 한다. **제3조(기본설계에 대한 용역평가 시기에 관한 적용례)** 제83조제1항제1호의 개정규정은 부칙 제1조 단서에 따른 시행일 이후 완료되는 기본설계용역부터 적용한다. **제4조(건설공사현장 등 점검에 따른 일정 기간의 공사중지에 관한 적용례)** 제88조제4항제1호 및 같은 조 제5항의 개정규정은 이 영 시행 이후 법 제54조에 따라 건설공사현장 등을 점검한 결과 부실시공으로 지적된 경우부터 적용한다. **제5조(품질관리계획 등의 수립절차에 관한 적용례)** 제90조제2항부터 제5항까지의 개정규정은 이 영 시행 이후 입찰공고(발주자가 발주청이 아닌 경우에는 건설공사의 허가·인가·승인 등을 말한다)하는 건설공사부터 적용한다. **제6조(가설구조물의 구조적 안전성 확인에 관한 적용례 등)** ① 제101조의2제1항의 개정규정은 이 영 시행 이후 입찰공고(발주자가	

건설기술진흥법	건설기술진흥법 시행령	건설기술진흥법 시행규칙
	발주청이 아닌 경우에는 건설공사의 허가·인가·승인 등을 말한다)하는 건설공사부터 적용한다. ② 이 영 시행 당시 법 제62조제11항에 따라 가설구조물의 구조적 안전성 확인이 진행 중인 공사에 대해서는 제101조의2제2항의 개정규정에도 불구하고 종전의 규정에 따른다. **제7조(건설공사 등의 벌점관리기준에 관한 적용례)** 별표 8의 개정규정은 이 영 시행 이후 발생하는 주요 부실내용부터 적용한다.	
부 칙 <법률 제17453호, 2020.6.9> **(법률용어 정비를 위한 국토교통위원회 소관 78개 법률 일부개정을 위한 법률)** 이 법은 공포한 날부터 시행한다. <단서 생략> **제1조부터 제5조**까지 생략 **제6조(「건설기술 진흥법」의 개정)** 건설기술 진흥법 일부를 다음과 같이 개정한다.	**부 칙 <대통령령, 제30885호, 2020.7.30>** **제1조(시행일)** 이 영은 2020년 8월 1일부터 시행한다. **제2조(건설기술인의 교육·훈련에 관한 경과조치)** ① 이 영 시행 당시 종전의 별표 3에 따른 교육·훈련을 받은 건설기술인은 다음 표에 따라 별표 3의 개정규정에 따른	

제22조의2제2항 전단 중 "이에 응하지"를 "그 요구를 따르지"로 한다.

제31조제1항제4호 단서 중 "해소한"을 "없앤"으로 한다.

제72조 중 "협회에 대하여 감독상"을 "협회를 감독하기 위하여"로 한다.

제91조제2항제1호 중 "요구에 불응한다는"을 "요구를 따르지 아니한다는"으로 한다.

제7조부터 제78조까지 생략

교육·훈련을 받은 것으로 본다. 이 경우 교육·훈련 시간을 일부만 이수한 경우에는 이수한 시간에 한정하여 해당 교육·훈련을 받은 것으로 본다.

종전의 별표 3에 따른 교육·훈련	별표 3의 개정규정에 따른 교육·훈련
1. 제2호가목), 같은 호 나목1) 및 같은 호 다목1)의 기본교육	제2호가목의 기본교육
2. 제2호가목1)의 전문교육	제2호나목1)가)(1)의 일반 최초교육
3. 제2호나목1)의 전문교육	제2호나목2)가)의 최초교육
4. 제2호다목1)의 전문교육	제2호나목3)가)의 최초교육
종전의 별표 3에 따른 교육·훈련	별표 3의 개정규정에 따른 교육·훈련
5. 제2호가목2)의 전문교육	제2호나목1)다)의 승급교육
6. 제2호나목2)의 전문교육	제2호나목2)다)의 승급교육
7. 제2호다목2)의 전문교육	제2호나목3)다)의 승급교육
8. 제2호가목3)의 전문교육	제2호나목1)나)의 계속교육

건설기술진흥법	건설기술진흥법 시행령	건설기술진흥법 시행규칙

종전의 별표 3에 따른 교육·훈련	별표 3의 개정규정에 따른 교육·훈련
9. 제2호나목3)의 전문교육	제2호나목2)나)(1)의 일반 계속교육
10. 제2호나목4)의 전문교육	제2호나목2)나)(2)의 안전관리 계속교육
11. 제2호다목3)의 전문교육	제2호나목3)나)의 계속교육

② 이 영 시행 당시 종전의 별표 3 제2호나목1)의 기본교육을 35시간 넘게 이수한 건설기술인은 35시간을 초과하는 교육·훈련시간에 한정하여 별표 3 제2호나목2)가)의 개정규정에 따른 최초교육을 받은 것으로 본다.

③ 이 영 시행 당시 종전의 별표 3 제2호나목3), 같은 목 4) 및 같은 호 다목3)에 따른 교육·훈련 이수시기가 도래한 건설기술인은 별표 3 제2호나목2)나) 및 같은 목 3)나)의 개정규정에도 불구하고 종전의 규정에 따라 교육·훈련을 이수할 수 있다.

제3조(교육기관의 지정요건에 관한 경과조치) 이 영 시행 당시 종전의 규정에 따라 교육기관으로 지정·고시된 종합교육기관은 2021년 1월 1일까지 별표 4의 개정규정에 따른 지정요건을 갖추어야 한다.

부 칙 <대통령령 제31053호, 2020.9.29>

(조달사업에 관한 법률 시행령 전부개정령)

제1조(시행일) 이 영은 2020년 10월 1일부터 시행한다.

제2조부터 **제7조**까지 생략

제8조(다른 법령의 개정) ① 건설기술 진흥법 시행령 일부를 다음과 같이 개정한다.

제19조제7항 단서 중 "「조달사업에 관한 법률 시행령」 제9조의4제2호가목"을 "「조달사업에 관한 법률 시행령」 제26조제2호가목"으로, "「조달사업에 관한 법률」 제2조제5호가목 및 나목"을 "「조달사업에 관한 법률」 제2조제5호가목·나목 및 같은 법 시행령 제4조제1항제1호·제2호"로 한다.

부 칙 <국토교통부령 제758호, 2020.9.9>

(한국철도시설공단 명칭 변경 반영을 위한 9개 부령의 일부개정에 관한 국토교통부령)

이 규칙은 2020년 9월 10일부터 시행한다.

제1조(「건설기술 진흥법 시행규칙」의 개정) 건설기술 진흥법 시행규칙 일부를 다음과 같이 개정한다.

별지 제4호서식 뒤쪽의 ※⑤ 발주자 분류란의 3.공기업·준정부기관란 중 "3-6. 한국철도시설공단"을 "3-6. 국가철도공단"으로 한다.

제2조부터 **제9조**까지 생략

건설기술진흥법	건설기술진흥법 시행령	건설기술진흥법 시행규칙
	② 부터 ⑥ 까지 생략 **제9조** 생략	
부 칙 <법률 제17542호, 2020.10.20> 이 법은 공포 후 6개월이 경과한 날부터 시행한다. 다만, 제26조제3항의 개정규정은 공포 후 3개월이 경과한 날부터 시행한다.	**부 칙 <대통령령 제31156호, 2020.11.10>** **제1조(시행일)** 이 영은 2021년 1월 1일부터 시행한다. 다만, 별표 8 제3호 및 제4호의 개정규정은 2023년 1월 1일부터 시행한다. **제2조(공동도급하는 건설공사의 벌점 부과에 관한 적용례)** 제87조제2항의 개정규정은 이 영 시행 이후 입찰공고(입찰공고를 하지 않는 경우에는 도급계약의 체결을 말한다)하는 건설공사부터 적용한다. **제3조(벌점관리기준 변경에 따른 적용례 등)** ① 별표 8 제3호 및 제4호의 개정규정은 부칙 제1조 단서에 따른 시행일 이후 벌점을 산정하는 경우부터 적용한다. ② 별표 8 제5호의 개정규정은 이 영 시행 이후 건설기술용역 등의 부실 정도를 측정하는 경우부터 적용한다.	

③ 이 영 시행 전에 측정한 건설기술용역 등의 부실에 대한 벌점은 별표 8 제3호의 개정규정에 따라 산정하는 벌점에 합산하지 않는다.

부 칙 <대통령령 제31176호, 2020.11.24>

(법정공고방식 확대를 위한 69개 법령의 일부개정에 관한 대통령령)

제1조(시행일) 이 영은 공포한 날부터 시행한다.

제2조(공고 등의 방법에 관한 일반적 적용례) 이 영은 이 영 시행 이후 실시하는 공고, 공표, 공시 또는 고시부터 적용한다.

부 칙 <대통령령 제31211호, 2020.12.1>

(국토안전관리원법 시행령)

제1조(시행일) 이 영은 2020년 12월 10일부터 시행한다.

제2조(다른 법령의 개정) ① 건설기술 진흥법 시행령 일부를 다음과 같이 개정한다.

제42조제1항제5호 중 "「시설물의 안전 및

건설기술진흥법	건설기술진흥법 시행령	건설기술진흥법 시행규칙
	유지관리에 관한 특별법」 제45조에 따른 한국시설안전공단(이하 "한국시설안전공단"이라 한다)"을 "「국토안전관리원법」에 따른 국토안전관리원(이하 "국토안전관리원"이라 한다)"으로 한다. 제75조의2제1항, 같은 조 제2항 각 호 외의 부분 및 같은 조 제3항 중 "한국시설안전공단"을 각각 "국토안전관리원"으로 한다. 제98조제4항 단서 중 "한국시설안전공단"을 "국토안전관리원"으로 한다. 제100조제2항제2호를 다음과 같이 한다. 2. 국토안전관리원 제117조제2항제6호를 다음과 같이 한다. 6. 국토안전관리원 ②부터 ⑰까지 생략	

부 칙 <대통령령 제31245호, 2020.12.8>

제1조(시행일) 이 영은 2020년 12월 10일부터 시행한다.

제2조(중앙심의위원회 위원 등의 연임에 관한 적용례 등) 제7조제6항 본문, 제17조제4항 본문, 제18조제3항 본문 및 제19조제2항 본문의 개정규정은 이 영 시행 전에 위촉된 중앙심의위원회, 지방심의위원회, 특별심의위원회 및 기술자문위원회 위원에 대해서도 적용한다. 다만, 이 영 시행 당시 이미 한 차례 이상 연임한 위원은 해당 개정규정에도 불구하고 그 임기가 만료될 때까지 위원의 직을 유지한다.

제3조(타워크레인에 대한 정기안전점검에 관한 적용례) 제100조제6항 후단의 개정규정은 이 영 시행 이후 입찰공고(발주자가 발주청이 아닌 경우에는 건설공사의 허가·인가·승인 등을 말한다)하는 건설공사부터 적용한다.

부 칙 <국토교통부령 제792호, 2020.12.14>

제1조(시행일) 이 규칙은 공포한 날부터 시행한다.

제2조(정기안전점검에 관한 적용례) 제59조제1항 및 제3항의 개정규정은 이 규칙 시행 이후 입찰공고(발주자가 발주청이 아닌 경우에는 건설공사의 허가·인가·승인 등을 말한다)하는 건설공사부터 적용한다.

제3조(안전관리비에 포함되는 사항에 관한 적용례) 제60조제1항의 개정규정은 이 규칙 시행 이후 입찰공고(발주자가 발주청이 아닌 경우에는 건설공사의 허가·인가·승인 등을 말한다)하는 건설공사부터 적용한다.

제4조(안전관리계획에 관한 적용례) 별표 7의 개정규정은 이 규칙 시행 이후 입찰공고(발주자가 발주청이 아닌 경우에는 건설공사의 허가·인가·승인 등을 말한다)하는 건설공사부터 적용한다.

건설기술진흥법	건설기술진흥법 시행령	건설기술진흥법 시행규칙
	제4조(교육기관의 행정처분 기준에 관한 적용례) 별표 4의2의 개정규정은 이 영 시행 이후 위반행위부터 적용한다. **제5조(다른 법령의 개정)** ① 간선급행버스체계의 건설 및 운영에 관한 특별법 시행령 일부를 다음과 같이 개정한다. 제7조제17호 중 "「건설기술 진흥법 시행령」 제19조제4항"을 "「건설기술 진흥법 시행령」 제19조제5항"으로 한다. ② 철도의 건설 및 철도시설 유지관리에 관한 법률 시행령 일부를 다음과 같이 개정한다. 제14조제1항제16호 중 "「건설기술 진흥법 시행령」 제19조제4항"을 "「건설기술 진흥법 시행령」 제19조제5항"으로 한다. **부 칙 <대통령령 제31297호, 2020.12.29>** (국가연구개발혁신법 시행령) **제1조(시행일)** 이 영은 2021년 1월 1일부터 시행한다.	

제2조부터 제6조까지 생략

제7조(다른 법령의 개정) ① 건설기술 진흥법 시행령 일부를 다음과 같이 개정한다.

제23조제4항제2호를 삭제한다.

②부터 ⑳까지 생략

제8조 생략

부 칙 <대통령령 제31380호, 2021.1.5>

(어려운 법령용어 정비를 위한 473개 법령의 일부개정에 관한 대통령령)

이 영은 공포한 날부터 시행한다. <단서 생략>

제1조부터 제11조까지 생략

제12조(「건설기술 진흥법 시행령」의 개정) 건설기술 진흥법 시행령 일부를 다음과 같이 개정한다.

제65조의3제1항제2호 중 "추정대차대조표"를 "추정재무상태표"로 한다.

제98조제1항 각 호 외의 부분 전단 및 후단 중 "수립하여야"를 각각 "수립해야"로 하고, 같은 항 제2호 후단 중 "집수정(集水井)"을 "집수정(물저장고)"으로 한다.

건설기술진흥법	건설기술진흥법 시행령	건설기술진흥법 시행규칙
	별표 8 제5호가목 표 1)의 주요부실내용란 가) 중 "절토 · 성토"를 "절토(땅깎기) · 성토(흙쌓기)"로 한다. 별표 10 제3호 비고 제1호 중 "현수교"를 "현수교(주케이블과 보조케이블로 상판을 지탱하는 다리를 말한다. 이하 같다)"로 한다. **제13조부터 제473조까지** 생략 **부 칙 <대통령령 제31438호, 2021.2.9>** (해양조사와 해양정보 활용에 관한 법률 시행령) **제1조(시행일)** 이 영은 2021년 2월 19일부터 시행한다. **제2조 및 제3조** 생략 **제4조(다른 법령의 개정)** ① 건설기술 진흥법 시행령 일부를 다음과 같이 개정한다. 제42조제1항제8호 중 "같은 법 제54조에 따른 수로사업"을 "「해양조사와 해양정보 활용에 관한 법률」 제30조에 따른 해양조사 · 정보업"으로 한다.	

	별표 5 설계·사업관리의 설계등용역의 수로조사란 중 "「공간정보의 구축 및 관리 등에 관한 법률 시행령」 별표 10 수로조사업"을 "「해양조사와 해양정보 활용에 관한 법률 시행령」 별표 4의 해양관측업 및 수로측량업"으로, "「공간정보의 구축 및 관리 등에 관한 법률」 제54조에 따라 등록된 수로사업"을 "「해양조사와 해양정보 활용에 관한 법률」 제30조에 따라 등록된 해양관측업 및 수로측량업"으로 하고, 같은 표 비고 제6호 중 "측량업·수로사업"을 "측량업 등록자, 「해양조사와 해양정보 활용에 관한 법률」에 따른 해양관측업 및 수로측량업"으로 한다. ② 부터 ⑰ 까지 생략 **제5조** 생략	
부 칙 <법률 제17939호, 2021.3.16> **제1조(시행일)** 이 법은 공포 후 3개월이 경과한 날부터 시행한다. 다만, 제2조제12호, 제22조의2제2항, 제22조의3, 제45조의2, 제62	**부 칙 <대통령령 제31516호, 2021.3.2>** (규제 재검토기한 설정 해제 등을 위한 46개 법령의 일부개정에 관한 대통령령) 이 영은 공포한 날부터 시행한다.	**부 칙 <국토교통부령 제882호, 2021.8.27>** (어려운 법령용어 정비를 위한 80개 국토교통부령 일부개정령) 이 규칙은 공포한 날부터 시행한다. <단서 생략>

건설기술진흥법	건설기술진흥법 시행령	건설기술진흥법 시행규칙
조의3 및 제80조의2의 개정규정은 공포 후 6개월이 경과한 날부터 시행한다. **제2조(공사기간 산정기준에 관한 적용례)** 제45조의2의 개정규정은 같은 개정규정 시행 후 입찰공고를 하는 건설엔지니어링부터 적용한다. **제3조(업무정지 등의 제척기간에 관한 적용례)** ① 제80조의2의 개정규정은 같은 개정규정 시행 후 위반행위가 발생하는 경우부터 적용한다. ② 제80조의2의 개정규정 시행 이전의 위반행위에 대해서는 같은 개정규정 시행일 이후 같은 개정규정에 따른 제척기간 말일이 경과한 경우 제재처분을 부과할 수 없다. **제4조(다른 법률의 개정)** ① 건설산업기본법 일부를 다음과 같이 개정한다. 제49조제3항 전단 중 "건설기술용역업자"를 "건설엔지니어링사업자"로 한다. ② 건설폐기물의 재활용촉진에 관한 법률 일부를 다음과 같이 개정한다.	**제1조** 생략 **제2조(「건설기술 진흥법 시행령」의 개정)** 건설기술 진흥법 시행령 일부를 다음과 같이 개정한다. 제119조제2항제3호 중 "제89조 및 제90조"를 "제89조"로, "공사 및 수립절차"를 "공사"로 한다. **제3조부터 제46조까지** 생략 **부 칙 <대통령령 제31986, 2021.9.14>** **제1조(시행일)** 이 영은 공포한 날부터 시행한다. 다만, 제17조제2항제3호, 제18조제4항제1호다목, 제19조제5항제3호, 제43조의4, 제43조의5, 제66조의2, 제101조의7, 제115조제2항제1호ㆍ제1호의2, 제117조제1항제15호의2 및 제117조의2제1항제2호의2의 개정규정은 2021년 9월 17일부터 시행한다.	 **부 칙 <국토교통부령 제887호, 2021.9.17>** **제1조(시행일)** 이 규칙은 공포한 날부터 시행한다. **제2조(다른 법령의 개정)** ① 건설산업기본법 시행규칙 일부를 다음과 같이 개정한다. 제25조의4제1항제7호 중 "건설기술용역업"을 "건설엔지니어링업"으로 한다. ② 골재채취법 시행규칙 일부를 다음과 같이 개정한다. 제14조의7제1항 중 "건설기술용역사업자

제2조제12호 중 "건설기술용역"을 "건설엔지니어링"으로 한다.

제18조제2항 중 "건설기술용역"을 "건설엔지니어링"으로 한다.

제66조제3항제1호의2 및 제1호의3 중 "건설기술용역"을 각각 "건설엔지니어링"으로 한다.

③ 건축물관리법 일부를 다음과 같이 개정한다.

제18조제1항제2호 중 "건설기술용역사업자"를 "건설엔지니어링사업자"로 한다.

④ 건축법 일부를 다음과 같이 개정한다.

제67조제1항제2호 중 "건설기술용역업자"를 "건설엔지니어링사업자"로 한다.

⑤ 건축사법 일부를 다음과 같이 개정한다.

제23조제9항제1호 중 "건설기술용역사업자"를 "건설엔지니어링사업자"로 한다.

⑥ 골재채취법 일부를 다음과 같이 개정한다.

제22조의4제2항 중 "건설기술용역업자"를 "건설엔지니어링사업자"로 한다.

제2조(공사기간 산정의 적정성 심의에 관한 적용례) 제17조제2항제3호, 제18조제4항제1호다목 및 제19조제5항제3호의 개정규정은 부칙 제1조 단서에 따른 시행일 이후 입찰공고를 하는 건설공사부터 적용한다.

제3조(다른 법령의 개정) ① 2018 평창 동계올림픽대회 및 동계패럴림픽대회 지원 등에 관한 특별법 시행령 일부를 다음과 같이 개정한다.

제19조 중 "건설기술용역업자"를 "건설엔지니어링사업자"로 한다.

② 가축분뇨의 관리 및 이용에 관한 법률 시행령 일부를 다음과 같이 개정한다.

제12조의5제3항제2호 중 "건설기술용역업"을 "건설엔지니어링업"으로 한다.

③ 개발이익 환수에 관한 법률 시행령 일부를 다음과 같이 개정한다.

제12조제4항제2호가목 중 "건설기술용역사업자"를 "건설엔지니어링사업자"로 한다.

"를 "건설엔지니어링사업자"로 한다.

③ 국토교통부와 그 소속기관 직제 시행규칙 일부를 다음과 같이 개정한다.

제9조제10항제21호 중 "건설기술용역업"을 "건설엔지니어링업"으로 한다.

제21조제4항제3호 중 "건설기술용역"을 "건설엔지니어링"으로 한다.

④ 순환골재 품질인증 및 관리에 관한 규칙 일부를 다음과 같이 개정한다.

제8조제3항제2호 중 "건설기술용역사업자"를 "건설엔지니어링사업자"로 한다.

건설기술진흥법	건설기술진흥법 시행령	건설기술진흥법 시행규칙
⑦ 도시개발법 일부를 다음과 같이 개정한다. 제20조제1항 본문 중 "건설기술용역업자"를 "건설엔지니어링사업자"로 한다. ⑧ 민간임대주택에 관한 특별법 일부를 다음과 같이 한다. 제28조의2제1항 본문 중 "건설기술용역업자"를 "건설엔지니어링사업자"로 한다.	④ 건설폐기물의 재활용촉진에 관한 법률 시행령 일부를 다음과 같이 개정한다. 별표 5 제2호파목의 위반행위란 및 같은 호 하목의 위반행위란 중 "건설기술용역"을 각각 "건설엔지니어링"으로 한다. ⑤ 건축물관리법 시행령 일부를 다음과 같이 개정한다. 제28조제1항제1호 중 "건설기술용역사업자"를 "건설엔지니어링사업자"로 한다. ⑥ 건축법 시행령 일부를 다음과 같이 개정한다. 제19조제1항제2호, 같은 조 제5항 각 호 외의 부분 전단, 제19조의2제2항제1호 및 제63조제2호 중 "건설기술용역사업자"를 각각 "건설엔지니어링사업자"로 한다. ⑦ 건축사법 시행령 일부를 다음과 같이 개정한다. 별표 1의 1등급의 경력구분란 제2호마목	

	중 "건설기술용역사업자"를 "건설엔지니어링사업자"로 한다. ⑧ 국가를 당사자로 하는 계약에 관한 법률 시행령 일부를 다음과 같이 개정한다. 제21조제1항제10호 각 목 외의 부분 및 제43조의2제1항제1호 단서 중 "건설기술용역"을 각각 "건설엔지니어링"으로 하고, 제84조제1항제2호 중 "건설기술용역사업자"를 "건설엔지니어링사업자"로 한다. ⑨ 국제경기대회 지원법 시행령 일부를 다음과 같이 개정한다. 제20조 후단 중 "건설기술용역사업자"를 "건설엔지니어링사업자"로 한다. ⑩ 농어촌정비법 시행령 일부를 다음과 같이 개정한다. 제90조제3항 및 제91조제1항제4호 중 "건,설기술용역사업자"를 각각 "건설엔지니어링사업자"로 한다. ⑪ 마리나항만의 조성 및 관리 등에 관한 법률 시행령 일부를 다음과 같이 개정한다.	

건설기술진흥법	건설기술진흥법 시행령	건설기술진흥법 시행규칙
	제24조제1항제5호가목 중 "건설기술용역비"를 "건설엔지니어링비"로 한다. ⑫ 새만금사업 추진 및 지원에 관한 특별법 시행령 일부를 다음과 같이 개정한다. 제14조제4항 중 "건설기술용역사업자"를 "건설엔지니어링사업자"로 한다. ⑬ 석면안전관리법 시행령 일부를 다음과 같이 개정한다. 별표 3의2 제1호라목 중 "건설기술용역사업자"를 "건설엔지니어링사업자"로 한다. ⑭ 소방시설공사업법 시행령 일부를 다음과 같이 개정한다. 별표 1 제3호의 비고 제4호 중 "건설기술용역업"을 "건설엔지니어링업"으로 한다. ⑮ 신항만건설 촉진법 시행령 일부를 다음과 같이 개정한다. 제21조의2 후단 중 "건설기술용역사업자"를 "건설엔지니어링사업자"로 한다.	

	⑯ 어촌·어항법 시행령 일부를 다음과 같이 개정한다. 제12조 및 제27조의3 중 "건설기술용역사업자"를 "건설엔지니어링사업자"로 한다. ⑰ 어촌특화발전 지원 특별법 시행령 일부를 다음과 같이 개정한다. 제12조제2항제3호 중 "건설기술용역사업자"를 "건설엔지니어링사업자"로 한다. ⑱ 주택법 시행령 일부를 다음과 같이 개정한다. 제47조제1항제1호나목 및 같은 항 제2호 중 "건설기술용역사업자"를 각각 "건설엔지니어링사업자"로 한다. ⑲ 지능형 로봇 개발 및 보급 촉진법 시행령 일부를 다음과 같이 개정한다. 제23조제1항 단서 중 "건설기술용역사업자"를 "건설엔지니어링사업자"로 한다. ⑳ 지방세기본법 시행령 일부를 다음과 같이 개정한다.	

건설기술진흥법	건설기술진흥법 시행령	건설기술진흥법 시행규칙
	별표 3 제8호의 과세자료의 구체적인 범위란 중 "건설기술용역사업"을 "건설엔지니어링사업"으로 한다. ㉑ 지방세법 시행령 일부를 다음과 같이 개정한다. 별표 1의 제2종 제87호 중 "건설기술용역업"을 "건설엔지니어링업"으로 한다. ㉒ 지방자치단체를 당사자로 하는 계약에 관한 법률 시행령 일부를 다음과 같이 개정한다. 제20조제1항제12호 각 목 외의 부분 및 제44조제1항제1호 단서 중 "건설기술용역"을 각각 "건설엔지니어링"으로 하고 제97조제1항제2호 중 "건설기술용역사업자"를 "건설엔지니어링사업자"로 한다. ㉓ 한옥 등 건축자산의 진흥에 관한 법률 시행령 일부를 다음과 같이 개정한다. 제6조제1항제3호 중 "건설기술용역업"을 "건설엔지니어링업"으로 한다.	

⑭ 항만공사법 시행령 일부를 다음과 같이 개정한다.

제9조제1호 중 "건설기술용역사업자"를 "건설엔지니어링사업자"로 한다.

㉕ 항만법 시행령 일부를 다음과 같이 개정한다.

제22조제1호 중 "건설기술용역사업자"를 "건설엔지니어링사업자"로 하고, 제25조제1항제5호가목 중 "건설기술용역비"를 "건설엔지니어링비"로 한다.

㉖ 해외건설 촉진법 시행령 일부를 다음과 같이 개정한다.

제8조제3호 중 "건설기술용역사업자"를 "건설엔지니어링사업자"로 하고, 별표 1 제6호나목 중 "건설기술용역"을 "건설엔지니어링"으로 하며, 별표 2 제6호라목 중 "건설기술용역업"을 "건설엔지니어링업"으로 한다.

부 칙 <대통령령 제32063호, 2021.10.19>

(연구산업진흥법 시행령)

건설기술진흥법	건설기술진흥법 시행령	건설기술진흥법 시행규칙
	제1조(시행일) 이 영은 2021년 10월 21일부터 시행한다. **제2조(다른 법령의 개정)** ① 건설기술 진흥법 시행령 일부를 다음과 같이 개정한다. 제23조제1항제3호를 다음과 같이 한다. 3. 「연구산업진흥법」 제6조제1항에 따라 신고한 전문연구사업자 ② 부터 ⑭ 까지 생략 **제3조** 생략 **부 칙 <대통령령 제32274호, 2021.12.28>** (독점규제 및 공정거래에 관한 법률 시행령 전부개정령) **제1조(시행일)** 이 영은 2021년 12월 30일부터 시행한다. **제2조부터 제12조까지** 생략 **제13조(다른 법령의 개정)** ① 생략 ② 건설기술 진흥법 시행령 일부를 다음과 같이 개정한다.	

법률	시행령	시행규칙
	제58조제1항제1호 중 "「독점규제 및 공정거래에 관한 법률」 제2조제3호"를 "「독점규제 및 공정거래에 관한 법률」 제2조제12호"로 한다. ③ 부터 ⑱ 까지 생략 **제14조** 생략	
부 칙 <법률 제18933호, 2022.6.10> 이 법은 공포한 날부터 시행한다.	**부 칙 <대통령령 제32906호, 2022.9.13>** 이 영은 공포한 날부터 시행한다.	
	부 칙 <대통령령 제33112호, 2022.12.20> (개인정보 침해요인 개선을 위한 49개 법령의 일부개정에 관한 대통령령) 이 영은 공포한 날부터 시행한다.	**부 칙 <국토교통부령 제1168호, 2022.12.19>** (자격 취득 등에 요구되는 실무경력의 인정범위 확대 등을 위한 3개 법령의 일부개정에 관한 국토교통부령 타법개정) 이 규칙은 공포한 날부터 시행한다. **부 칙 <국토교통부령 제1175호, 2022.12.30>** **제1조(시행일)** 이 영은 공포한 날부터 시행한다. 다만, 별표 5의 개정규정은 공포 후 1년이 경과한 날부터 시행한다.

건설기술진흥법	건설기술진흥법 시행령	건설기술진흥법 시행규칙
	부 칙 <대통령령 제33212호, 2023.1.6> **제1조(시행일)** 이 영은 공포한 날부터 시행한다. 다만, 별표 3 제2호나목2)나)의 개정규정은 공포 후 1년이 경과한 날부터 시행한다. **제2조(건설기술인의 교육·훈련에 관한 경과조치)** 부칙 제1조 단서에 따른 시행일 당시 종전의 별표 3 제2호나목2)나)(1)에 따른 일반계속교육 이수대상자였던 건설기술인의 계속교육에 관하여는 같은 규정에 따른 이수 기한이 경과하기 전까지는 별표 3 제2	**제2조(건설공사 품질관리를 위한 시설 및 건설기술인 배치기준에 관한 경과조치)** 부칙 제1조 단서에 따른 시행일 전에 입찰공고(발주자가 발주청이 아닌 경우에는 건설공사의 허가·인가·승인 등의 신청을 말한다)를 한 건설공사의 건설기술인 배치기준에 관하여는 별표 5의 개정규정에도 불구하고 종전의 규정에 따른다.

부 칙 <법률 제19967호, 2024.1.9>

제1조(시행일) 이 법은 공포 후 6개월이 경과한 날부터 시행한다.

제2조(영업정지 처분에 관한 적용례) 제31조제2항제7호바목의 개정규정은 이 법 시행 이후 실시하는 품질시험 및 검사부터 적용한다.

호나목2)나)(1) 및 (2)의 개정규정에도 불구하고 종전의 규정에 따른다.

부 칙 <대통령령 제33913호, 2023.12.12>

(행정법제 혁신을 위한 건설을 위한 특별법 시행령 등 123개 법령의 일부개정)

이 영은 공포한 날부터 시행한다.

제1조부터 **제4조**까지 생략

제5조(「건설기술진흥법 시행령」의 개정) 건설기술진흥법 시행령 일부를 다음과 같이 개정한다.

제48조제3항 단서를 삭제한다.

제6조부터 **제123조**까지 생략

부 칙 <대통령령 제34258, 2024.2.27>

(규제 재검토기한 정비를 위한 16개 법령의 일부개정에 관한 대통령령)

이 영은 공포한 날부터 시행한다.

제1조(「건설기술진흥법 시행령」의 개정) 건설기술진흥법 시행령 일부를 다음과 같이 개정한다.

건설기술진흥법	건설기술진흥법 시행령	건설기술진흥법 시행규칙
	제119조제2항제2호를 삭제한다. **제2조**부터 **제16조**까지 생략 **부 칙 <대통령령 제34294호, 2024. 3. 5>** **제1조(시행령)** 이 영은 2024년 7월 1일부터 시행한다. **제2조(벌점 측정기준 변경에 관한 적용례)** 별표 8 제5호나목3)가)부터 라)까지 외의 부분, 같은 목 13)가), 같은 목 15) 및 같은 호 다목7)가)부터 다)까지 외의 부분의 개정규정은 이 영 시행 이후 벌점을 부과하는 경우부터 적용한다. **제3조(벌점 경감기준 변경에 관한 적용례)** 별표 8 제5호바목1) 및 2)의 개정규정은 이 영 시행 이후 부과된 벌점을 경감하는 경우부터 적용한다.	
	부 칙 <대통령령 제34447호, 2024. 4.23> **제1조(시행일)** 이 영은 공포한 날부터 시행한	**부 칙 <국토교통부령 제1325호, 2024. 4.23>** 이 규칙은 2024년 8월 1일부터 시행한다.

다.

제2조(건설엔지니어링사업자 등의 선정에 관한 적용례) 제52조제1항 단서의 개정규정은 이 영 시행 이후 입찰공고를 하는 건설엔지니어링사업부터 적용한다.

부 칙 <대통령령 제34488호, 2024. 5. 7>

(문화재보호법 시행령 일부개정령)

제1조(시행일) 이 영은 2024년 5월 17일부터 시행한다.

제2조 및 제3조 생략

제4조(다른 법령의 개정) ①부터 ③까지 생략

④ 건설기술 진흥법 시행령 일부를 다음과 같이 개정한다.

제55조제2항제1호를 다음과 같이 한다.

1. 다음 각 목의 수리·복원·정비공사

가. 「문화유산의 보존 및 활용에 관한 법률」 제2조제3항에 따른 지정문화유산 및 같은 법 제32조에 따른 임시지정문화유산의 수리·복원·정비공사

다만, 별지 제1호서식, 별지 제6호서식 및 별지 제11호서식은 2024년 4월 23일부터 시행한다.

건설기술진흥법	건설기술진흥법 시행령	건설기술진흥법 시행규칙
	나. 「자연유산의 보존 및 활용에 관한 법률」 제2조제5호에 따른 천연기념물등 및 같은 법 제16조에 따른 임시지정천연기념물 · 임시지정명승의 수리 · 복원 · 정비공사 ⑤부터 ㊸까지 생략 **제5조** 생략 **부 칙 <대통령령 제34652호, 2024. 7. 2>** **제1조(시행일)** 이 영은 2024년 7월 10일부터 시행한다. **제2조(품질시험 및 검사 결과의 입력에 관한 적용례)** 제91조제4항의 개정규정은 이 영 시행 이후 건설사업자 또는 주택건설등록업자가 품질검사를 실시하는 경우부터 적용한다.	 **부 칙 <국토교통부령 제1362호, 2024. 7.10>** **제1조(시행일)** 이 규칙은 2024년 7월 10일부터 시행한다. 다만, 별지 제18호의2서식의 개정규정은 2024년 8월 1일부터 시행한다. **제2조(품질검사 실시대장의 기재에 관한 적용례)** 별지 제42호서식의 개정규정은 이 규칙 시행 이후 건설사업자 또는 주택건설등록업자가 품질검사를 실시하거나 건설공사의 발주자, 건설사업자 또는 주택건설등록업자가 품질검사의 대행을 의뢰하는 경우부터 적용한다.

		제3조(품질검사의 대행 의뢰 등에 관한 경과조치) 이 규칙 시행 전에 건설공사의 발주자, 건설사업자 또는 주택건설등록업자가 품질검사의 대행을 의뢰한 경우에는 제56조제3항의 개정규정에도 불구하고 종전의 제56조제3항 및 별지 제49호서식에 따른다. **제4조(건설공사 품질관리를 위한 시설 기준에 관한 경과조치)** 이 규칙 시행 전에 입찰공고(발주자가 발주청이 아닌 경우에는 건설공사의 허가·인가·승인 등의 신청을 말한다)를 한 건설공사의 품질관리를 위한 시설 기준에 관하여는 별표 5의 개정규정에도 불구하고 종전의 규정에 따른다. **부 칙 <국토교통부령 제1369호, 2024. 7.30>** (국민 행정부담 완화 및 불편 해소를 위한 건설기계관리법 시행규칙 등 3개 법령의 일부개정에 관한 국토교통부령) 이 규칙은 공포한 날부터 시행한다.
	부 칙 <대통령령 제35583호, 2025. 6. 2> 이 영은 공포한 날부터 시행한다.	**부 칙 <국토교통부령 제1489호, 2025. 6. 2>** 이 규칙은 공포한 날부터 시행한다.

건설기술진흥법	건설기술진흥법 시행령	건설기술진흥법 시행규칙
		부 칙 <국토교통부령 제1502호, 2025. 6.18> **제1조(시행일)** 이 규칙은 공포한 날부터 시행한다. **제2조(건설엔지니어링사업자 등의 선정에 관한 적용례)** 제28조제2항제2호가목, 나목 및 별표 2의 개정규정은 이 규칙 시행 후 입찰공고를 하는 건설엔지니어링부터 적용한다.
부 칙 <법률 제21065호, 2025.10.1> (정부조직법 일부개정법률) **제1조(시행일)** 이 법은 공포한 날부터 시행한다. 다만, 부칙 제7조에 따라 개정되는 법률 중 이 법 시행 전에 공포되었으나 시행일이 도래하지 아니한 법률을 개정한 부분은 각각 해당 법률의 시행일부터 시행하고, 다음 각 호의 개정규정은 해당 호에서 정하는 날부터 시행한다. 1. 다음 각 목의 개정규정은 2026년 1월 2일부터 시행한다. 다만, 부칙 제7조에	**부 칙 <대통령령 제35811호, 2025.10. 1>** (정부조직 개편 반영을 위한 306개 법령의 일부개정에 관한 대통령령) 이 영은 공포한 날부터 시행한다. 다만, 이 영에 따라 개정되는 대통령령 중 이 영 시행 전에 공포되었으나 시행일이 도래하지 아니한 대통령령을 개정한 부분은 각각 해당 대통령령의 시행일부터 시행한다. **부 칙 <대통령령 제35947호, 2025.12.30>** (재정경제부 직제)	**부 칙 <국토교통부령 제1531호, 2025.10.31>** (정부조직 개편 사항 반영을 위한 16개 법령의 일부개정에 관한 대통령령) 이 규칙은 공포한 날부터 시행한다.

따라 개정되는 법률(가목 및 나목의 개정규정과 관련되는 부분으로 한정한다) 중 본문에 따른 시행일 전에 공포되었으나 본문에 따른 시행일이 도래하지 아니한 법률을 개정한 부분은 각각 해당 법률의 시행일부터 시행한다.

가. 제19조제4항, 제23조, 제29조제1항제1호 및 제30조의 개정규정

나. 제12조제2항, 제19조제3항, 제22조 및 제29조제2항 단서의 개정규정(재정경제부장관 및 재정경제부에 관한 부분으로 한정한다)

다. 부칙 제7조에 따라 개정되는 법률(가목 및 나목의 개정규정과 관련되는 부분으로 한정한다)

2. 생략

제2조부터 제6조까지 생략

제7조(다른 법률의 개정) ① 부터 ㊟ 까지 생략

⑯ 건설기술 진흥법 일부를 다음과 같이 개정한다.

제25조제1항 중 "산업통상자원부장관"을

제1조(시행일) 이 영은 2026년 1월 2일부터 시행한다. 다만, 부칙 제6조에 따라 개정되는 대통령령 중 이 영 시행 전에 공포되었으나 시행일이 도래하지 않은 대통령령을 개정한 부분은 각각 해당 대통령령의 시행일부터 시행한다.

제2조 부터 제5조까지 생략

제6조(다른 법령의 개정) ①부터 ㉜까지 생략

㉝ 건설기술 진흥법 시행령 일부를 다음과 같이 개정한다.

제59조의2제2항제1호 중 "기획재정부장관"을 "재정경제부장관"으로 한다.

제72조제3항 중 "기획재정부장관"을 "기획예산처장관"으로 한다.

㉞부터 ⑬까지 생략

건설기술진흥법	건설기술진흥법 시행령	건설기술진흥법 시행규칙
"산업통상부장관"으로 한다. 제37조제2항 중 "기획재정부장관 또는 산업통상자원부장관"을 "재정경제부장관, 산업통상부장관 또는 기획예산처장관"으로 한다. ㊲ 부터 ⑥26 까지 생략 **제8조** 생략		

◈건설기술진흥법 시행령 【별표】

[영별표 1] <개정 2018.12.11, 2020.1.7, 2020.12.8, 2021.9.14, 2024.7.2>

건설기술인의 범위(제4조 관련)

1. 건설기술인의 인정범위

가. 「국가기술자격법」, 「건축사법」 등에 따른 건설 관련 국가자격을 취득한 사람으로서 국토교통부장관이 고시하는 사람

나. 다음의 어느 하나에 해당하는 학력 등을 갖춘 사람

1) 「초·중등교육법」 또는 「고등교육법」에 따른 학과의 과정으로서 국토교통부장관이 고시하는 학과의 과정을 이수하고 졸업한 사람

2) 그 밖의 관계 법령에 따라 국내 또는 외국에서 1)과 같은 수준 이상의 학력이 있다고 인정되는 사람

3) 국토교통부장관이 고시하는 교육기관에서 건설기술관련 교육과정을 6개월 이상 이수한 사람

다. 법 제60조제1항 전단에 따른 국립·공립 시험기관 또는 품질검사를 대행하는 건설엔지니어링사업자에 소속되어 품질시험 또는 검사 업무를 수행한 사람

2. 건설기술인의 등급

가. 국토교통부장관은 건설공사의 적절한 시행과 품질을 높이고 안전을 확보하기 위하여 건설기술인의 경력, 학력 또는 자격을 다음의 구분에 따른 점수범위에서 종합평가한 결과(이하 "건설기술인 역량지수"라 한다)에 따라 등급을 산정해야 한다. 이 경우 별표 3에 따른 기본교육 및 전문교육을 이수하였을 경우에는 건설기술인 역량지수 산정 시 5점의 범위에서 가점할 수 있으며, 법 제2조제10호에 해당하는 건설사고가 발생하여 법 제24조제1항에 따른 업무정지처분 또는 법 제53조제1항에 따른 벌점을 받은 경우에는 3점의 범위에서 감점할 수 있다.

1) 경력: 40점 이내

2) 학력: 20점 이내

3) 자격: 40점 이내

나. 건설기술인의 등급은 건설기술인 역량지수에 따라 특급·고급·중급·초급으로 구분할 수 있다.

3. 건설기술인의 직무분야 및 전문분야

직무분야	전문분야
가. 기계	1) 공조냉동 및 설비 2) 건설기계 3) 용 접 4) 승강기 5) 일반기계
나. 전기·전자	1) 철도신호 2) 건축전기설비 3) 산업계측제어
다. 토목	1) 토질·지질 2) 토목구조 3) 항만 및 해안 4) 도로 및 공항 5) 철도·삭도 6) 수자원개발 7) 상하수도 8) 농어업토목 9) 토목시공 10) 토목품질관리 11) 측량 및 지형공간정보 12) 지적
라. 건축	1) 건축구조 2) 건축기계설비 3) 건축시공 4) 실내건축 5) 건축품질관리 6) 건축계획·설계
마. 광업	1) 화약류관리 2) 광산보안
바. 도시·교통	1) 도시계획 2) 교통
사. 조경	1) 조경계획 2) 조경시공관리
아. 안전관리	1) 건설안전 2) 소방 3) 가스 4) 비파괴검사
자. 환경	1) 대기관리 2) 수질관리 3) 소음진동 4) 폐기물처리 5) 자연환경 6) 토양환경 7) 해양
차. 건설지원	1) 건설금융·재무 2) 건설기획 3) 건설마케팅 4) 건설정보처리

4. 외국인인 건설기술인의 인정범위 및 등급

외국인인 건설기술인은 해당 외국인의 국가와 우리나라 간 상호인정 협정 등에서 정하는 바에 따라 인정하되, 그 인정방법 및 등급에 관하여는 제1호 및 제2호를 준용한다.

5. 그 밖에 직무·전문분야별 국가자격·학력 및 경력의 인정 등 건설기술인 역량지수 산정에 관한 방법과 절차는 국토교통부장관이 정하여 고시한다.

[영별표 2] <개정 2014.12.30, 2022.9.13>

설계심의분과위원회의 구성 및 심의 · 운영 기준(제9조제6항 관련)

1. 설계심의분과위원회의 구성

가. 중앙심의위원회 위원장은 중앙심의위원회 위원으로서 다음의 어느 하나에 해당하는 사람 중에서 설계심의분과위원회 위원을 임명하거나 위촉하고, 그 명단을 공개한다.

1) 건설기술 업무와 관련된 행정기관의 4급 이상 기술직렬 공무원 또는 기술사 · 건축사 자격이나 박사학위를 가지고 있는 5급 기술직렬 공무원

2) 「공공기관의 운영에 관한 법률」에 따른 공기업 · 준정부기관의 건설기술 업무 관련 기술직렬의 임원 또는 기술사 · 건축사 자격이나 박사학위를 가지고 있는 3급 이상의 기술직렬 직원 다만, 3급 기술직렬 직원의 경우 기술사 · 건축사 자격이나 박사학위를 취득한 후 8년 이상 해당 분야의 업무를 수행한 사람으로 한정한다.

3) 「공공기관의 운영에 관한 법률」에 따른 기타공공기관 중 연구기관의 기술 분야 책임연구원(선임연구위원)급 이상인 사람, 연구기관의 기술 분야 교수 또는 「고등교육법」 제2조에 따른 학교의 기술 관련 학과의 교수 · 부교수 · 조교수

나. 설계심의분과위원회 위원의 임기는 1년 이내의 범위에서 중앙심의위원회 위원장이 정한다.

다. 중앙심의위원회의 위원장은 설계심의분과위원회 위원의 임기 중에 위원의 기본역량에 대한 평가를 실시하여 그 결과를 연임 여부를 결정하는 데 활용할 수 있다.

2. 설계심의분과위원회의 심의 · 운영

가. 국토교통부장관은 설계심의에 관한 심의기준 · 절차 등에 관한 기준을 정하여 고시한다.

나. 심의를 효율적으로 수행하기 위하여 제10조제1항에 따른 소위원회(이하 이 표에서 "소위원회"라 한다)를 구성하는 경우, 설계심의분과위원회 위원장은 소위원회의 구성에 관하여 국토교통부장관과 미리 협의하여야 한다.

다. 소위원회 위원장은 심의가 끝난 후 입찰참가업체별 종합평가점수, 소위원별 평가점수, 사유서 및 세부 감점내용을 실명으로 인터넷 홈페이지 등을 통해 공개해야 한다.

라. 설계심의 결과에 이의가 있는 입찰참가업체가 발주청이 정하는 방법과 절차에 따라 이의를 제기할 경우 소위원회는 평가 결과에 대한 설명을 해야 한다.

[영별표 3] <개정 2020.7.30, 2020.12.8, 2021.9.14, 2023.1.6>

건설기술인 교육 · 훈련의 종류 · 시간 및 내용 등

(제42조제2항 관련)

1. 교육·훈련의 종류

가. 기본교육: 건설기술인으로서 갖추어야 하는 직업윤리, 소양, 안전과 건설기술관련 법령 또는 제도 등에 대한 이해를 증진하기 위한 교육

나. 전문교육: 건설기술인이 수행하는 건설기술 업무를 설계 · 시공 등, 건설사업관리 및 품질관리로 구분하여 해당 건설기술 업무에 대한 전문기술능력을 향상하기 위한 다음의 교육

1) 최초교육: 건설기술 업무를 처음으로 수행하려는 경우 받아야 하는 교육

2) 계속교육: 건설기술 업무를 일정기간 이상 수행한 건설기술인이 해당 건설기술 업무를 계속하여 수행하려는 경우 받아야 하는 교육

3) 승급교육: 현재의 건설기술인 등급보다 높은 등급을 받으려는 경우 받아야 하는 교육

2. 교육·훈련의 대상, 시간 및 이수시기

가. 기본교육

교육 · 훈련 대상	교육 · 훈련 시간	교육 · 훈련 이수시기
건설기술 업무를 수행하려는 건설기술인	35시간 이상	최초로 건설기술 업무를 수행하기 전

나. 전문교육

1) 설계 · 시공 등 업무를 수행하는 건설기술인(이하 "설계시공기술인"이라 한다)

교육 · 훈련 종류		교육 · 훈련 대상	교육 · 훈련 시간	교육 · 훈련 이수시기
가. 최초교육	(1) 일반 최초교육	발주청 소속이 아닌 건설기술인	35시간 이상	최초로 설계 · 시공 등 업무를 수행하기 전

	(2) 발주청 소속 건설기술인 최초교육	발주청 소속 건설기술인	35시간 이상	발주청에 소속되어 최초로 건설공사 및 건설엔지니어링에 대한 감독이나 건설사업관리를 시행하는 건설공사에 대한 관리 업무를 수행하기 전
나) 계속교육		다음의 어느 하나에 해당하는 특급 건설기술인 (1) 현장배채기술인 (2) 책임기술인	35시간 이상. 이 경우 국토교통부장관이 고시하는 학점인정기준에 따른 학점을 90학점 이상 취득한 특급 건설기술인은 계속교육을 이수한 것으로 본다.	설계 · 시공 등 업무를 수행한 기간이 매 3년을 경과하기 전
다) 승급교육		초급 · 중급 · 고급 건설기술인	35시간 이상	현재 등급보다 높은 등급으로 승급하기 전

비고

1. 위 표 나)(1)에서 "현장배치기술인"이란 「건설산업기본법」 제40조제1항 본문에 따라 건설공사 현장에 배치된 건설기술인을 말한다.
2. 위 표 나)(2)에서 "책임기술인"이란 법 제35조제1항에 따라 집행계획을 작성해야 하는 건설엔지니어링사업의 전반에 관하여 총괄 · 책임을 맡은 건설기술인이나 해당 건설엔지니어링사업 중 전문분야에 관하여 책임을 맡은 건설기술인을 말한다.

2) 건설사업관리 업무를 수행하는 건설기술인(이하 "건설사업관리기술인"이라 한다)

<table>
<tr><th colspan="2">교육·훈련 종류</th><th>교육·훈련 대상</th><th>교육·훈련 시간</th><th>교육·훈련 이수시기</th></tr>
<tr><td colspan="2" rowspan="2">가) 최초교육</td><td>(1) 초급·중급 건설기술인</td><td>70시간 이상</td><td rowspan="2">건설엔지니어링사업자에게 소속되어 최초로 건설사업관리 업무를 수행하기 전</td></tr>
<tr><td>(2) 고급·특급 건설기술인</td><td>105시간 이상</td></tr>
<tr><td rowspan="4">나) 계속교육</td><td rowspan="2">(1) 일반 계속교육</td><td>(가) 초급·중급 건설기술인</td><td>35시간 이상</td><td rowspan="2">건설사업관리 업무를 수행한 기간이 매 3년을 경과하기 전. 다만, 최근에 승급교육을 이수한 경우에는 그 이수일을 기준으로 업무수행 기간을 계산한다.</td></tr>
<tr><td>(나) 고급·특급 건설기술인</td><td>70시간 이상</td></tr>
<tr><td>(2) 필수 계속교육</td><td>초급·중급·고급·특급 건설기술인</td><td>7시간 이상</td><td>건설사업관리 업무를 수행한 기간이 매 1년을 경과하기 전. 다만, 그 기간 중 승급교육을 이수한 경우에는 그 이수일을 기준으로 업무수행 기간을 계산한다.</td></tr>
<tr><td>(3) 안전관리 계속교육</td><td>건설사업관리 중 안전관리 업무를 수행하는 건설기술인</td><td>16시간 이상</td><td>건설사업관리 중 안전관리 업무를 수행한 기간이 매 3년을 경과하기 전</td></tr>
<tr><td colspan="2" rowspan="2">다) 승급교육</td><td>(1) 초급 건설기술인</td><td>35시간 이상</td><td rowspan="2">현재 등급보다 높은 등급으로 승급하기 전</td></tr>
<tr><td>(2) 중급·고급 건설기술인</td><td>70시간 이상</td></tr>
</table>

3) 품질관리 업무를 수행하는 건설기술인(이하 "품질관리기술인"이라 한다)

교육 · 훈련 종류	교육 · 훈련 대상	교육 · 훈련 시간	교육 · 훈련 이수시기
가) 최초교육	초급 · 중급 · 고급 · 특급 건설기술인	35시간 이상	건설엔지니어링사업자, 건설사업자 또는 주택건설등록업자에 소속되어 최초로 품질관리 업무를 수행하기 전
나) 계속교육	초급 · 중급 · 고급 · 특급 건설기술인	35시간 이상	품질관리 업무를 수행한 기간이 매 3년을 경과하기 전. 다만, 그 기간 중 승급교육을 이수한 경우에는 그 이수일을 기준으로 업무수행 기간을 계산한다.
다) 승급교육	초급 · 중급 · 고급 건설기술인	35시간 이상	현재 등급보다 높은 등급으로 승급하기 전

3. 교육 · 훈련의 면제 및 연기

가. 건설기술인은 다음의 구분에 따라 해당 전문교육을 받은 것으로 본다.

1) 최초교육

가) 건설사업관리기술인이 건설사업관리기술인 최초교육을 받은 경우에는 설계시공기술인 최초교육을 받은 것으로 본다.

나) 설계시공기술인이 설계시공기술인 최초교육을 받은 경우에는 이수한 시간에 한정하여 건설사업관리기술인 최초교육을 받은 것으로 본다.

2) 계속교육

건설기술인이 「기술사법」 제5조의3제1항에 따른 교육훈련 중 같은 법 시행령 별표 2 제1호나목에 따른 전문교육을 국토교통부장관이 정하는 기준 이상 이수한 경우에는 설계시공기술인, 건설사업관리기술인 또는 품질관리기술인 계속교육 중 하나에 한정하여 해당 전문교육을 받은 것으로 본다.

3) 승급교육

가) 건설사업관리기술인이 고급·특급으로 승급하기 위한 승급교육을 받은 경우에는 설계시공기술인이 고급·특급으로 승급하기 위한 승급교육을 받은 것으로 본다.

나) 설계시공기술인이 고급·특급으로 승급하기 위한 승급교육을 받은 경우에는 이수한 시간에 한정하여 건설사업관리기술인이 고급·특급으로 승급하기 위한 승급교육을 받은 것으로 본다.

4) 다른 법령에 따른 교육·훈련과의 관계

가) 「산업안전보건법」 및 그 밖의 다른 법령에 따른 유사한 내용의 교육·훈련을 35시간 이상 이수한 경우에는 설계시공기술인 최초교육 또는 승급교육 중 하나에 한정하여 해당 전문교육을 받은 것으로 본다.

나) 발주청 소속의 교육기관에서 실시하는 건설 관련 교육·훈련을 35시간 이상 이수한 경우에는 발주청 소속 건설기술인에 한정하여 제2호 가목의 기본교육을 받은 것으로 본다.

다) 가) 및 나)에 따라 건설기술인 전문교육 및 기본교육으로 인정받은 교육·훈련은 다른 건설기술인 교육·훈련으로 중복하여 인정받을 수 없다.

나. 외국인인 건설기술인은 건설기술 업무에 대한 승급교육에 해당되는 교육과정 및 교육·훈련 시간 이상의 전문교육 이수를 증명하는 자료를 제출하면 해당 승급교육을 면제받을 수 있다.

다. 건설기술인은 질병·입대·해외출장 등 불가피한 사유로 교육·훈련을 받아야 하는 기한까지 교육·훈련을 받지 못할 때에는 교육·훈련을 연기할 수 있다. 이 경우 연기사유가 없어진 날부터 1년 이내에 교육·훈련을 받아야 한다.

4. 교육·훈련의 내용 및 방법

가. 교육·훈련의 내용은 건설기술인이 수행하는 건설기술 업무, 건설기술인의 등급 및 직무분야·전문분야를 기준으로 정하되, 교육·훈련 과목은 이론과목 및 실기과목을 모두 포함하여 구성해야 한다.

나. 교육·훈련은 법 제20조의2제1항 및 이 영 제43조제1항에 따라 교육·훈련을 대행할 수 있는 교육기관이 원격교육 또는 분할교육 등의 방법으로

실시할 수 있다.

5. 그 밖에 교육 · 훈련 과정의 편성, 교육 · 훈련 이수방법 및 학점인정 등 건설기술인 교육 · 훈련에 관한 세부사항은 국토교통부장관이 정하여 고시한다.

[영별표 4] <개정 2020.7.30, 2020.12.8>

교육기관의 대행요건(제43조제3항 관련)

구 분	교육시설(㎡)	교수요원(명)	전담직원(명)
종합교육기관	300	3	2
전문교육기관	100	1	1

비고

1. 교육시설은 교육기관이 소유하거나 교육기관으로 지정되는 기간 동안 계속하여 임차해야 한다. 다만, 원격교육만을 전문적으로 실시하는 교육기관은 교육시설 없이 지정받을 수 있다.
2. 연간 교육실적이 1만명 이상인 경우 1만명당 교수요원 1명을 추가한다.

[영별표 4의2] <신설 2020.12.8>

교육기관에 대한 행정처분 기준(제43조의2제1항 관련)

1. 일반기준

가. 위반행위의 횟수에 따른 행정처분의 가중된 처분기준은 최근 1년간 같은 위반행위로 행정처분을 받은 경우에 적용한다. 이 경우 기간의 계산은 위반행위에 대하여 행정처분을 받은 날과 그 처분 후 다시 같은 위반행위를 하여 적발된 날을 기준으로 한다.

나. 가목에 따라 가중된 부과처분을 하는 경우 가중처분의 적용 차수는 그 위반행위 전 부과처분 차수(가목에 따른 기간 내에 행정처분이 둘 이상 있었던 경우에는 높은 차수를 말한다)의 다음 차수로 한다.

다. 위반행위가 둘 이상인 경우로서 그에 해당하는 각각의 처분 기준이 다른 경우에는 그 중 무거운 처분 기준에 따르고, 둘 이상의 처분 기준이 모두 업무정지인 경우에는 각 처분 기준을 합산한 기간을 넘지 않는 범위에서 무거운 처분기준의 2분의1 까지 가중할 수 있되, 가중하는 경우에도 1년을 초과할 수 없다.

라. 최근 2년간 업무정지 처분을 3회 받은 자가 다시 업무정치 처분 사유에 해당하게 된 경우에는 대행취소 처분을 할 수 있다. 이 경우 기간의 계산은 위반행위에 대하여 행정처분을 받은 날과 그 처분 후 다시 같은 위반행위를 하여 적발된 날을 기준으로 한다.

마. 국토교통부장관은 동기·내용·횟수 및 위반의 정도 등 다음 각 호에 해당하는 사유를 고려하여 그 처분 기준을 감경할 수 있다. 이 경우 업무정지 처분은 그 처분 기준의 2분의1 범위에서 감경할 수 있고, 대행취소인 경우에는 3개월 이상 1년 이하의 업무정지 처분으로 감경할 수 있다.

1) 위반행위가 고의나 중대한 과실이 아닌 사소한 부주의나 오류로 인한 것으로 인정되는 경우

2) 위반의 내용·정도가 경미하여 교육·훈련 대상자에게 미치는 피해가 적다고 인정되는 경우

3) 위반 행위자가 처음 해당 위반행위를 한 경우로서 2년 이상 교육·훈련업무를 모범적으로 해 온 사실이 인정되는 경우

4) 위반 행위자가 교육·훈련 업무나 지역사회의 발전 등에 기여한 경우

2. 개별기준

위반행위	근거 법조문	행정처분기준		
		1차 위반	2차 위반	3차 이상 위반
가. 거짓이나 부정한 방법으로 교육·훈련기관이 된 경우	법 제20조의4 제1항제1호	대행취소		
나. 교육시설, 교수요원 등 대통령령으로 정하는 요건에 미달한 경우	법 제20조의4 제1항제2호	업무정지 3개월	업무정지 6개월	대행취소
다. 교육·훈련 대행의 정지기간 중에 교육·훈련을 실시한 경우	법 제20조의4 제1항제3호	업무정지 6개월	업무정지 12개월	대행취소
라. 교육·훈련 대행에 대한 개선 명령에 따르지 않은 경우	법 제20조의4 제1항제4호	업무정지 3개월	업무정지 6개월	업무정지 12개월
마. 그 밖에 교육·훈련을 대행하기가 부적합한 경우로서 국토교통부장관이 정하는 사유에 해당하는 경우	법 제20조의4 제1항제5호	업무개선 명령		

[영별표 5] <개정 2018.12.11, 2020.1.7,2021.2.9, 2021.9.14, 2024.7.2>

건설엔지니어링업 등록요건 및 업무범위(제44조제2항 관련)

<table>
<tr><th>전문분야</th><th colspan="2">세부분야</th><th>기술인력</th><th>사무실 · 시험실 및 장비</th><th>자본금</th><th>업무범위</th></tr>
<tr><td>종합</td><td colspan="2">종합</td><td>1. 특급기술인 2명을 포함한 초급 이상의 건설기술인 15명 이상
2. 다음 각 목의 품질검사(일반) 기술인력 이상
가. 토목품질시험기술사 및 건축품질시험기술사 각 1명 이상
나. 건설재료시험기사 2명 이상 및 화공기사 1명 이상
다. 건설재료시험산업기사 또는 건설재료시험기능사 2명 이상</td><td>1. 업무 수행에 필요한 사무실
2. 품질검사(일반)의 시험실
3. 품질검사(일반)의 시험장비</td><td>2억원 이상</td><td>1. 설계등용역업무
2. 건설사업관리업무
3. 품질검사업무</td></tr>
<tr><td rowspan="4">설계 · 사업관리</td><td colspan="2">일반</td><td>특급기술인 2명을 포함한 초급 이상의 건설기술인 15명 이상</td><td>업무 수행에 필요한 사무실</td><td>2억원 이상</td><td>1. 설계등용역업무
2. 건설사업관리업무</td></tr>
<tr><td rowspan="3">설계등용역</td><td>설계등용역일반</td><td>특급기술인 1명을 포함한 초급 이상의 건설기술인 5명 이상</td><td>업무 수행에 필요한 사무실</td><td>5천만원 이상</td><td>설계등용역업무</td></tr>
<tr><td>측량</td><td colspan="2">「공간정보의 구축 및 관리 등에 관한 법률 시행령」 별표 8 측량업의 등록기준에 따른 기술인력 및 장비</td><td>해당없음</td><td>설계등용역업무 중 「공간정보의 구축 및 관리 등에 관한 법률」 제44조에 따라 등록된 측량업에 관한 업무</td></tr>
<tr><td>수로조사</td><td colspan="2">「해양조사와 해양정보 활동에 관한 법률 시행령」 별표 4의 해양관측업 및 수로측량업의 등록기준에 따른 기술인력과 시설 및 장비</td><td>해당없음</td><td>설계등용역업무 중 「해양조사와 해양정보 활용에 관한 법률」 제30조에 따라 등록된 해양관측업 및 수로측량업에 관한 업무</td></tr>
</table>

	건설사업관리	특급기술인 1명을 포함한 초급 이상의 건설기술인 10명 이상	업무 수행에 필요한 사무실	1억5천만원 이상	건설사업관리업무
품질검사	일반	1. 토목품질시험기술사 및 건축품질시험기술사 각 1명 이상 2. 건설재료시험기사 2명 이상, 화공기사 1명 이상 3. 건설재료시험산업기사 또는 건설재료시험기능사 2명 이상	1. 200㎡ 이상의 시험실 2. 국토교통부 장관이 고시하는 시험장비	해당없음	1. 토목 분야의 품질검사업무 2. 건축 분야의 품질검사업무 3. 특수 분야의 품질검사업무
	토목	1. 토목품질시험기술사 1명 이상 2. 건설재료시험기사 1명 이상 3. 건설재료시험산업기사 또는 건설재료시험기능사 1명 이상	1. 150㎡ 이상의 시험실 2. 국토교통부 장관이 고시하는 시험장비	해당없음	1. 토목 분야의 품질검사업무 2. 특수 분야의 품질검사업무
	건축	1. 건축품질시험기술사 1명 이상 2. 건설재료시험기사 1명 이상 3. 건설재료시험산업기사 또는 건설재료시험기능사 1명 이상	1. 150㎡ 이상의 시험실 2. 국토교통부 장관이 고시하는 시험장비	해당없음	1. 건축 분야의 품질검사업무 2. 특수 분야의 품질검사업무
	특수(골재)	1. 토목품질시험기술사 · 건축품질시험기술사 · 건설재료시험기사 · 토목기사 또는 건축기사 1명 이상 2. 건설재료시험산업기사 · 토목산업기사 · 건축산업기사 또는 건설재료시험기능사 1명 이상	1. 100㎡ 이상의 시험실 2. 국토교통부 장관이 고시하는 시험장비	해당없음	골재에 대한 품질검사업무
	특수(레디믹스트 콘크리트)	1. 토목품질시험기술사 · 건축품질시험기술사 · 건설재료시험기사 · 토목기사 · 건축기사 또는 콘크리트기사 1명 이상	1. 100㎡ 이상의 시험실 2. 국토교통부 장관이 고시하는 시험장비	해당없음	레디믹스트콘크리트에 대한 품질검사업무

			2. 건설재료시험산업기사 · 토목산업기사 · 건축산업기사 · 콘크리트산업기사 · 건설재료시험기능사 또는 콘크리트기능사 1명 이상			
	특수(아스팔트콘크리트)		1. 토목품질시험기술사 · 건설재료시험기사 또는 토목기사 1명 이상 2. 건설재료시험산업기사 · 토목산업기사 또는 건설재료시험기능사 1명 이상	1. 100㎡ 이상의 시험실 2. 국토교통부 장관이 고시하는 시험장비	해당 없음	아스팔트콘크리트에 대한 품질검사업무
	특수(철강재)		1. 토목품질시험기술사 · 건축품질시험기술사 또는 건설재료시험기사 1명 이상 2. 건설재료시험산업기사 또는 건설재료시험기능사 1명 이상	1. 100㎡ 이상의 시험실 2. 국토교통부 장관이 고시하는 시험장비	해당 없음	철강재에 대한 품질검사업무
	특수(섬유)		1. 토목품질시험기술사 · 건축품질시험기술사 · 건설재료시험기사 또는 섬유물리기사 1명 이상 2. 건설재료시험산업기사 · 섬유물리산업기사 또는 건설재료시험기능사 1명 이상	1. 100㎡ 이상의 시험실 2. 국토교통부 장관이 고시하는 시험장비	해당 없음	섬유에 대한 품질검사업무
	특수(용접)	방사선비파괴검사	1. 비파괴검사기술사 또는 방사선비파괴검사기사 1명 이상 2. 방사선비파괴검사산업기사 또는 방사선비파괴검사기능사 1명 이상	1. 30㎡ 이상의 시험실 2. 국토교통부 장관이 고시하는 시험장비	해당 없음	방사선비파괴검사를 통한 용접에 대한 품질검사업무
		초음파비파괴검사	1. 비파괴검사기술사 또는 초음파비파괴검사기사 1명 이상	1. 30㎡ 이상의 시험실 2. 국토교통부 장	해당 없음	초음파비파괴검사를 통한 용접에 대한 품질검사업무

			2. 초음파비파괴검사산업기사 또는 초음파비파괴검사기능사 1명 이상	관이 고시하는 시험장비		
		자기비파괴검사	1. 비파괴검사기술사 또는 자기비파괴검사기사 1명 이상 2. 자기비파괴검사산업기사 또는 자기비파괴검사기능사 1명 이상	1. 30㎡ 이상의 시험실 2. 국토교통부 장관이 고시하는 시험장비	해당 없음	자기비파괴검사를 통한 용접에 대한 품질검사업무
		침투비파괴검사	1. 비파괴검사기술사 또는 침투비파괴검사기사 1명 이상 2. 침투비파괴검사산업기사 또는 침투비파괴검사기능사 1명 이상	1. 30㎡ 이상의 시험실 2. 국토교통부 장관이 고시하는 시험장비	해당 없음	침투비파괴검사를 통한 용접에 대한 품질검사업무
	특수 (말뚝재하)		1. 토목품질시험기술사 또는 토질 및 기초기술사 1명 이상 2. 건설재료시험기사·건설재료시험산업기사 또는 건설재료시험기능사 1명 이상	국토교통부 장관이 고시하는 시험장비	해당 없음	말뚝재하에 대한 품질검사 업무

<비고>

1. "기술인력"이란 법 제21조제1항에 따른 신고를 한 사람을 말하며, 품질검사 분야의 기술인력 요건 중 기사·산업기사·기능사 자격기준의 경우에는 상위 자격을 포함한다.
2. "설계등용역업무"란 계획·조사·설계 등 법 제2조제2호에 해당하는 업무[같은 호 가목 중 품질관리(법 제60조제1항 전단에 따른 품질시험·검사만 해당한다) 및 같은 호 마목의 건설사업관리는 제외한다]를 말한다.
3. "건설사업관리업무"란 법 제2조제2호마목의 건설사업관리를 말한다.
4. "품질검사업무"란 법 제60조제1항 전단에 따른 품질시험·검사[품질검사(일반) 분야의 업무범위와 같다]를 말한다.
5. 개인인 경우에는 영업용 자산평가액을, 주식회사 외의 법인인 경우에는 출자금을 각각 자본금으로 본다.
6. 「엔지니어링산업 진흥법」에 따른 엔지니어링사업자, 「기술사법」에 따

른 기술사사무소의 개설자, 「건축사법」에 따른 건축사사무소의 개설자, 「전력기술관리법」에 따른 전력시설물의 설계업 · 공사감리업 등록자, 「소방시설공사업법」에 따른 소방시설설계업 · 소방공사감리업 등록자, 「공간정보의 구축 및 관리 등에 관한 법률」에 따른 측량업 등록자, 「해양조사와 해양정보 활용에 관한 법률」에 따른 해양관측업 및 수로측량업 등록자 또는 「시설물의 안전 및 유지관리에 관한 특별법」에 따른 안전진단전문기관 등록자가 종합 분야 또는 설계 · 사업관리 분야로 등록을 하는 경우에는 이미 보유하고 있는 기술인력 · 자본금 등은 위 표의 요건에 포함한다.

7. 종합 분야 또는 품질검사 분야로 등록하려는 자는 시험 업무처리 요령 및 인력 · 장비의 관리 · 운영에 관한 품질관리규정을 수립해야 하되, 그 품질관리규정은 「산업표준화법」 제12조에 따른 한국산업표준인 케이에스 큐 아이에스오(KS Q ISO) 17025에 따라 국토교통부장관이 정하여 고시하는 기준에 적합해야 한다.
8. 품질검사 분야 중 일반 · 토목 · 건축의 세부분야로 등록한 건설엔지니어링사업자가 특수분야의 품질검사업무를 하려는 경우에는 해당 특수분야의 등록요건을 갖추어야 한다.
9. 비고 제8호에 따른 특수 분야의 등록요건을 갖추어야 하는 건설엔지니어링사업자나 2가지 이상의 특수 분야로 등록하려는 자는 중복되는 기술인력 · 시험실 및 장비를 추가로 갖추지 않을 수 있다.

[영별표 6] <개정 2018.12.11, 2019.6.25, 2019.12.24, 2020.1.7, 2021.9.14, 2024.7.2>

건설엔지니어링사업자 등록취소 · 영업정지 처분 및 과징금 산정기준

(제46조제1항 및 제48조제1항 관련)

1. 일반기준

가. 위반행위의 횟수에 따른 행정처분의 가중된 기준은 최근 1년간 같은 위반행위로 행정처분을 받은 경우에 적용한다. 이 경우 기간의 계산은 같은 위반행위에 대하여 행정처분을 받은 날과 그 처분 후에 다시 같은 위반행위를 하여 적발된 날을 기준으로 한다.

나. 가목에 따라 가중된 부과처분을 하는 경우 가중처분의 적용 차수는 그 위반행위 전 부과처분 차수(가목에 따른 기간 내에 과태료 부과처분이 둘 이상 있었던 경우에는 높은 차수를 말한다)의 다음 차수로 한다.

다. 위반행위가 둘 이상인 경우로서 그에 해당하는 각각의 처분기준이 다른 경우에는 그 중 무거운 처분기준에 따른다. 다만, 둘 이상의 처분기준이 모두 영업정지인 경우에는 각 처분기준을 합산한 기간을 넘지 않는 범위에서 무거운 처분기준의 2분의 1 범위까지 가중할 수 있되, 그 가중된 처분을 합산한 기간은 법 제31조제1항제6호부터 제9호까지의 규정에 해당하는 경우에는 1년을 초과할 수 없고, 같은 조 제2항 각 호의 어느 하나에 해당하는 경우에는 6개월을 초과할 수 없다.

라. 처분권자는 다음의 어느 하나에 해당하는 경우에는 제2호의 개별기준에 따른 영업정지 기간 또는 과징금 금액의 2분의 1 범위에서 그 기간이나 금액을 줄일 수 있다. 다만, 과징금을 체납하고 있는 위반행위자의 경우에는 그렇지 않다.

1) 위반행위가 사소한 부주의나 오류로 인한 것으로 인정되는 경우

2) 위반행위자가 위반행위를 바로 정정하거나 시정하여 법 위반상태를 해소한 경우

3) 그 밖에 위반행위의 내용 · 정도 · 동기 및 결과 등을 고려하여 감경할 필요가 있다고 인정되는 경우

2. 개별기준

위반행위	근거 법조문	1차		2차		3차 이상	
		처분 기준	과징금 금액	처분 기준	과징금 금액	처분 기준	과징금 금액
가. 거짓이나 그 밖의 부정한 방법으로 법 제26조제1항	법 제31조 제1항제1	등록 취소	해당 없음				

에 따라 등록을 한 경우	호						
나. 최근 5년간 3회 이상 영업정지 또는 법 제32조에 따른 과징금 부과처분을 받은 경우	법 제31조 제1항제2호	등록 취소	해당 없음				
다. 영업정지기간에 건설엔지니어링 업무를 수행한 경우(법 제33조에 따라 건설기술용역을 수행한 경우는 제외한다)	법 제31조 제1항제3호	등록 취소	해당 없음				
라. 건설엔지니어링사업자로 등록한 후 법 제27조에 따른 결격사유 중 어느 하나에 해당하게 된 경우(법인이 법 제27조제4호에 해당하게 된 경우로서 그 사유가 발생한 날부터 3개월 이내에 그 사유를 해소한 경우는 제외한다)	법 제31조 제1항제4호	등록 취소	해당 없음				
마. 법 제28조제2항을 위반하여 타인에게 자기의 성명 또는 상호를 사용하여 건설엔지니어링을 하게 하거나 등록증을 빌려 준 경우	법 제31조 제1항제5호	등록 취소	해당 없음				
바. 법 제35조제2항에 따른 사업수행능력 평가에 관한 서류를 위조하거나 변조하는 등 거짓이나 그 밖의 부정한 방법으로 입찰에 참여한 경우	법 제31조 제1항제6호	영업 정지 12개월	1억2천 만원				
사. 건설엔지니어링사업자로 등록한 후 법 제26조제1항에 따른 등록기준을 충족하지 못하게 된 경우에 그 날부터 50일 이내에 미달된 사항을 보완하지 않은 경우	법 제31조 제1항제7호	영업 정지 3개월	3천만원	영업 정지 6개월	6천만원	영업 정지 12개월	1억2천 만원
아. 고의 또는 과실로 「산업안전보건법」 제2조제2호에 따른 중대재해가 발생하거	법 제31조 제1항제8호						

나. 건설공사의 발주청에 재산상의 손해를 발생하게 하거나 사람에게 위해를 끼치거나 부실공사를 초래한 경우							
1) 주요 구조부의 붕괴로 「산업안전보건법」 제2조제2호에 따른 중대재해가 발생하게 하는 등 사람에게 위해를 끼친 경우		영업정지 12개월	해당없음				
2) 주요 구조부의 구조안전에 중대한 결함이 있는 경우		영업정지 6개월	해당없음	영업정지 12개월	해당없음		
3) 주요 구조부의 문제로 인근 주요 시설물의 구조안전에 영향을 끼치는 등 사람에게 위해를 끼친 경우		영업정지 3개월	해당없음	영업정지 6개월	해당없음	영업정지 12개월	해당없음
4) 타당성 조사 시 고의로 수요예측을 30퍼센트 이상 잘못하여 건설공사의 발주청에 재산상 손해를 끼친 경우		영업정지 12개월	1억2천만원				
5) 타당성 조사시 중대한 과실로 수요예측을 30퍼센트 이상 잘못하여 건설공사의 발주청에 재산상 손해를 끼친 경우		영업정지 6개월	6천만원	영업정지 12개월	1억2천만원		
6) 사전조사 소홀 등으로 건설공사의 소요비용을 현저히 증가시키거나 공사기간을 현저히 지연시켜 발주청에 재산상 손해를 끼친 경우		영업정지 3개월	3천만원	영업정지 6개월	6천만원	영업정지 12개월	1억2천만원
자. 다른 행정기관이 관계 법령에 따라 등록취소 또는 영업정지를 요구한 경우							
1) 등록취소를 요구한 경우	법 제31조제1항제9호	등록취소	해당없음				
2) 영업정지를 요구한 경우		영업정지 6개월	6천만원	영업정지 6개월	6천만원		

차. 법 제34조제2항에 따른 보험 또는 공제에 가입하지 않은 경우	법 제31조 제2항제1호	경고	해당 없음	영업 정지 1개월	1천만원	영업 정지 1개월	1천만원
카. 법 제35조제4항에 따른 발주청의 승인을 받지 않고 하도급을 한 경우	법 제31조 제2항제2호	영업 정지 3개월	3천만원	영업 정지 6개월	6천만원	영업 정지 6개월	6천만원
타. 법 제38조제2항에 따른 보고 또는 관계 자료의 제출 명령을 이행하지 않은 경우	법 제31조 제2항제3호	경고	해당 없음	영업 정지 1개월	1천만원	영업 정지 2개월	2천만원
파. 법 제38조제3항에 따른 검사를 거부·방해·기피한 경우	법 제31조 제2항제4호	경고	해당 없음	영업 정지 1개월	1천만원	영업 정지 2개월	2천만원
하. 건설사업관리를 수행하는 건설엔지니어링사업자가 다음의 어느 하나에 해당하는 경우	법 제31조 제2항제5호						
1) 건설사업관리보고서를 제출하지 않거나 제39조 제4항 후단에 따라 건설기술인이 작성한 건설사업관리보고서를 거짓으로 수정하여 제출하거나 건설사업관리보고서에 해당 건설공사의 주요 구조부에 대한 시공·검사·시험 등의 내용을 빠뜨린 경우 <개정 2019.6.25>	법 제31조 제2항제5호가목	영업 정지 2개월	2천만원	영업 정지 3개월	3천만원	영업 정지 3개월	3천만원
2) 건설사업자에게 재시공·공사중지 명령 등 조치를 하고 법 제40조제3항에 따라 발주청에 보고하지 않은 경우	법 제31조 제2항제5호나목	경고	해당 없음	영업 정지 1개월	1천만원	영업 정지 2개월	2천만원
3) 법 제48조제2항에 따른 설계도서 검토 결과 보고를 하지 않은 경우	법 제31조 제2항제5호다목	경고	해당 없음	영업 정지 1개월	1천만원	영업 정지 2개월	2천만원
4) 건설공사의 품질관리 지도·감독을 성실하게 수행하지 않은 경우[건설사업자 또는 주택건설등록업자가 법 제55조제1항에 따른 건설공사의 품질관리계획 또는 품질시	법 제31조 제2항제5호라목	경고	해당 없음	영업 정지 1개월	1천만원	영업 정지 2개월	2천만원

험계획(그 계획에 따른 품질시험 또는 검사를 포함한다)을 이행하지 않거나 품질시험의 성과를 조작한 경우로 한정한다]							
5) 건설기술인으로서 자격이 없는 사람이나 소속 건설기술인이 아닌 사람에게 건설사업관리를 수행하게 한 경우(건설기술인이 아닌 사람으로서 발주청이 사전에 승인한 사람은 제외한다)	법 제31조 제2항제5호마목	영업 정지 6개월	6천만원	영업 정지 6개월	6천만원		
6) 다른 건설엔지니어링사업자에게 소속된 건설기술인으로 하여금 건설사업관리를 수행하게 한 경우	법 제31조 제2항제5호바목	영업 정지 6개월	6천만원	영업 정지 6개월	6천만원		
7) 건설사업관리를 수행하는 건설기술인을 부정한 방법으로 교체하거나 배치한 경우	법 제31조 제2항제5호사목	영업 정지 6개월	6천만원	영업 정지 6개월	6천만원		
거. 법 제54조제1항에 따른 시정명령을 이행하지 않은 경우	법 제31조 제2항제6호	영업 정지 1개월	1천만원	영업 정지 2개월	2천만원	영업 정지 2개월	2천만원
너. 품질시험 또는 검사 업무를 수행하는 건설엔지니어링사업자가 다음의 어느 하나에 해당하는 경우	법 제31조 제2항제7호						
1) 품질시험 또는 검사의 결함으로 인하여 건설공사 또는 건설공사에 사용되는 자재·부재의 품질을 현저하게 떨어뜨린 경우	법 제31조 제2항제7호 가목	영업 정지 6개월	6천만원	영업 정지 6개월	6천만원		
2) 품질시험 또는 검사의 성적서를 거짓으로 발급한 경우	법 제31조 제2항제7호 나목	영업 정지 6개월	6천만원	영업 정지 6개월	6천만원		
3) 정당한 사유 없이 3개월 이상 품질시험 또는 검사의 대행을 거부한 경우	법 제31조 제2항제7호 다목	영업 정지 1개월	1천만원	영업 정지 2개월	2천만원	영업 정지 3개월	3천만원

4) 건설기술인으로서 자격이 없는 사람이나 소속 건설기술인이 아닌 사람으로 하여금 품질검사를 실시하게 한 경우	법 제31조 제2항제7호라목	영업정지 6개월	6천만원	영업정지 6개월	6천만원		
5) 법 제60조제2항을 위반하여 발주자 또는 건설사업관리를 수행하는 건설엔지니어링사업자의 봉인 또는 확인을 거친 재료로 품질검사를 하지 않은 경우	법 제31조 제2항제7호마목	영업정지 2개월	2천만원	영업정지 3개월	3천만원	영업정지 6개월	6천만원
6) 법 제60조제3항을 위반하여 품질검사 성적서 및 품질검사 내용을 정보망에 입력하지 않거나 거짓으로 입력한 경우	법 제31조 제2항제7호바목	경고	해당없음	경고	해당없음	영업정지 1개월	1천만원
7) 법 제60조제4항에 따른 시정명령 등의 조치를 따르지 않은 경우	법 제31조 제2항제7호사목	영업정지 1개월	1천만원	영업정지 2개월	2천만원	영업정지 2개월	2천만원

비고 : 1. 별표 5에 따른 건설엔지니어링업 세부분야 중 종합 분야 또는 설계 · 사업관리의 일반 분야로 등록한 건설엔지니어링사업자에 대하여 이 표 제2호바목 또는 아목부터 너목까지의 사유로 영업정지처분을 하는 경우, 건설엔지니어링 계약 및 업무내용 등을 고려할 때 그 위반행위가 설계등용역업무, 건설사업관리업무 또는 품질검사업무 중 특정 업무에만 관련된 경우에는 해당 업무에 대해서만 영업정지처분을 할 수 있다.

2. 처분권자는 법 제31조제1항제7호에 따른 위반행위에 대하여 영업정지처분을 하는 경우 그 처분 전까지 건설엔지니어링 등록기준의 적격 여부를 확인해야 하고, 영업정지처분 종료일까지 등록기준 미달사항의 보완 여부를 확인해야 한다.

[영별표 7] 개정 2014.7.16, 2017.1.17

감독 권한대행 등 건설사업관리 대상 공사

(제55조제1항제1호 관련)

1. 길이 100미터 이상의 교량공사를 포함하는 건설공사
2. 공항 건설공사
3. 댐 축조공사
4. 고속도로공사
5. 에너지저장시설공사
6. 간척공사
7. 항만공사
8. 철도공사
9. 지하철공사
10. 터널공사가 포함된 공사
11. 발전소 건설공사
12. 폐기물처리시설 건설공사
13. 공공폐수종말처리시설
14. 공공하수처리시설공사
15. 상수도(급수설비는 제외한다) 건설공사
16. 하수관로 건설공사
17. 관람집회시설공사
18. 전시시설공사
19. 연면적 5천제곱미터 이상인 공용청사 건설공사
20. 송전공사
21. 변전공사
22. 300세대 이상의 공동주택 건설공사

[영별표 8] <개정 2020.11.10, 2021.1.5, 2021.9.14, 2024.3.5>

건설공사 등의 벌점관리기준(제87조제5항 관련)

1. 이 표에서 사용하는 용어의 뜻은 다음과 같다.
   가. "벌점"이란 측정기관이 업체와 건설기술인 등에 대해 제5호의 벌점 측정기준에 따라 부과하는 점수를 말한다.
   나. "업체"란 법 제53조제1항제1호부터 제3호까지의 규정에 따른 건설사업자, 주택건설등록업자 및 건설엔지니어링사업자(「건축사법」 제23조제4항 전단에 따른 건축사사무소개설자를 포함한다)를 말한다.
   다. "건설기술인등"이란 업체에 고용된 건설기술인 및「건축사법」제2조제1호에 따른 건축사를 말한다.
   라. "주요 구조부"란 다음 표의 어느 하나에 해당하는 구조부 및 이에 준하는 것으로서 구조물의 기능상 주요한 역할을 수행하는 구조부를 말한다.

구 분	주요 구조부
건축물	내력벽, 기둥, 바닥, 보, 지붕, 기초, 주 계단
플랜트	기초, 설비 서포터
교 량	기초부, 교대부, 교각부, 거더, 콘크리트 슬래브, 라멘구조부, 교량받침, 주탑, 케이블부, 앵커리지부
터 널	숏크리트, 록볼트, 강지보재, 철근콘크리트라이닝, 세그먼트라이닝, 인버트 콘크리트, 갱구부 사면
도 로	차도, 중앙분리대, 측도, 절토부, 성토부
철 도	콘크리트궤도, 승강장, 지하역사 구조부, 지하차도, 지하보도, 여객통로
쓰레기 · 폐기물 처리장	기초, 콘크리트 구조부, 설비 서포터
상 · 하수도	철근콘크리트 구조부, 철골 구조부, 수로터널, 관로이음부
하수 · 오수 처리장	수조 구조부, 수문 구조부, 펌프장 구조부
배수펌프장	침사지, 흡수조, 토출수조, 유입수문, 토출수문, 통문, 통관

항만·어항	콘크리트 바닥판, 콘크리트 널말뚝, 토류벽, 강말뚝, 강널말뚝, 상부공, 직립부, 콘크리트 블록, 케이슨, 사석 경사면, 소파공, 기초부
하 천	하구둑, 보, 수문 본체, 문비, 제체, 호안
댐	본체, 여수로, 기초, 양안부, 여수로 수문, 취수구조물
옹 벽	지반, 기초부, 전면부, 배수시설, 상부사면
절토사면	상부자연사면, 사면, 사면하부, 보호시설, 보강시설, 배수처리시설, 이격거리내 시설
공동구	공동구 본체
삭 도	상부앵커, 하부앵커, 지주, 케이블

마. "그 밖의 구조부"란 주요 구조부가 아닌 구조부를 말한다.

바. "주요 시설계획"이란 「국토의 계획 및 이용에 관한 법률」에 따른 도시·군관리계획, 「시설물의 안전 및 유지관리에 관한 특별법」에 따른 시설물의 설치·정비 또는 개량에 관한 계획, 개별 사업의 토지이용계획 및 그 밖에 사업목적을 달성하기 위한 필수 시설의 설치 계획을 말한다.

사. "그 밖의 시설계획"이란 주요 시설계획이 아닌 시설계획을 말한다.

아. "주요 구조물"이란 주요 시설계획에 포함된 구조물을 말한다.

자. "그 밖의 구조부"이란 주요 구조물이 아닌 구조물을 말한다.

차. "배수시설"이란 배수관·배수구조물·배수설비 등 우수(雨水)와 오수(汚水)의 배수를 위한 시설을 말하며, 그 밖에 공사현장에서 필요한 배수시설을 포함한다.

카. "방수시설"이란 아스팔트·실링재·에폭시·시멘트모르타르·합성수지 등을 사용하여 토목·건축 구조물, 산업설비 및 폐기물매립시설 등에 방수·방습·누수방지를 하는 시설을 말한다.

타. "건설 기계·기구"란 동력으로 작동하는 기계·기구로서 「산업안전보건법」 제80조제1항에 따른 유해하거나 위험한 기계·기구, 「건설기계관리법」 제2조제1항제1호에 따른 건설기계와 그 밖에 건설공사에 주요하게 사용되는 기계·기구를 말한다.

파. "구조물의 허용 균열폭"이란 콘크리트 구조물의 내구성, 수밀성, 사용

성 및 미관 등을 유지하기 위하여 허용되는 균열의 폭을 말한다.
하. "재시공"이란 공사 목적물의 시공 후 구조적 파손 등으로 인한 결함 부위를 모두 철거하고 다시 시공하거나 전반적인 보수・보강이 이루어지는 것을 말한다.
거. "보수・보강"에서 보수란 시설물의 내구성능을 회복시키거나 향상시키는 것을 말하며, 보강이란 부재나 구조물의 내하력(耐荷力)이나 강성(剛性) 등 역학적인 성능을 회복시키거나 향상시키는 것을 말한다.
너. "경미한 보수"란 결함 부위를 간단한 보수를 통하여 기능을 회복시키거나 향상시키는 것을 말한다.
더. "수요예측"이란 건설공사의 추진 여부, 시설물 규모의 결정, 건설공사로 주변 지역에 미치는 영향 분석 등에 활용하기 위하여 추정모형 등 자료 분석기법을 이용하여 교통수요, 항공유발수요, 항공전환수요, 생활・공업・농업용수 수요, 발전수요 등을 예측하는 것을 말한다.

2. 벌점의 적용대상

측정기관은 제5호의 벌점 측정기준에서 정한 부실내용에 해당하는 경우와 이와 관련하여 시정명령 등을 받은 경우에 벌점을 적용한다. 다만, 관계 법령에 따라 건설공사의 부실과 관련하여 다음 각 목의 처분을 받은 경우는 제외한다.

가. 법 제24조에 따른 업무정지
나. 법 제31조에 따른 등록취소 또는 영업정지
다. 「건설산업기본법」 제82조 및 제83조에 따른 영업정지 및 등록말소
라. 「주택법」 제8조에 따른 등록말소 또는 영업정지
마. 「국가를 당사자로 하는 계약에 관한 법률」 제27조에 따른 입찰참가자격 제한[제5호가목1)가)・나), 같은 목 11)가), 같은 목 14)다), 같은 목 15)가), 같은 목 16) 및 18)에 해당하는 경우와 건설엔지니어링을 부실하게 수행한 건설엔지니어링사업자만을 대상으로 한다]
바. 「국가기술자격법」 제16조에 따른 자격취소 또는 자격정지
사. 그 밖의 관계 법령에 따른 가목부터 바목까지의 규정에 따른 처분에 준하는 행정처분

3. 벌점 산정방법

가. 업체 또는 건설기술인등이 해당 반기에 받은 모든 벌점의 합계에서 반기별 경감점수를 뺀 점수를 해당 반기벌점으로 한다.

나. 합산벌점은 해당 업체 또는 건설기술인 등의 최근 2년간의 반기벌점의 합계를 2로 나눈 값으로 한다.

4. 벌점 적용기준

가. 법 제53조제2항에 따라 발주청은 벌점을 받은 업체 및 건설기술인등에 대한 입찰 참가자격의 사전심사를 할 때 아래 표의 구분에 따른 점수를 감점하되, 이 기준을 적용하기 부적합한 경우에는 별도의 기준을 정할 수 있다.

합산벌점	감점되는 점수(점)
1점 이상 2점 미만	0.2
2점 이상 5점 미만	0.5
5점 이상 10점 미만	1
10점 이상 15점 미만	2
15점 이상 20점 미만	3
20점 이상	5

나. 합산벌점은 매 반기의 말일을 기준으로 2개월이 지난 날부터 적용한다.

다. 벌점은 건설기술인등이 근무하는 업종을 변경하는 경우에도 승계된다.

5. 벌점 측정기준

벌점은 다음 각 목의 기준에 따라 개별 단위의 부실사항별로 업체와 건설기술인등에게 각각 부과한다. 다만, 다음 각 목의 표에서 업체 또는 건설기술인등에 한정하여 적용하도록 하는 경우에는 그렇지 않다.

가. 건설사업자, 주택건설등록업자 및 건설기술인에 대한 벌점 측정기준

번호	주요부실내용	벌점
1)	토공사의 부실 가) 기초굴착과 절토(땅깎기)·성토(흙쌓기) 등(이하 "토공사"라 한다)을 설계도서(관련 기준을 포함한다. 이하 같다)와 다르게 하여 토사붕괴가 발생한 경우	3

	나) 토공사를 설계도서와 다르게 하여 지반침하가 발생한 경우 다) 토공사의 시공 및 관리를 소홀히 하여 토사붕괴 또는 지반침하가 발생한 경우	2 1
2)	콘크리트면의 균열 발생 가) 주요 구조부에 구조물의 허용 균열폭보다 큰 균열이 발생했으나 구조검토 등 원인분석과 보수 · 보강을 위한 균열관리를 하지 않은 경우 또는 보수 · 보강(구체적인 보수 · 보강 계획을 수립한 경우는 제외한다. 이하 이 번호에서 같다)을 하지 않은 경우 나) 그 밖의 구조부에 구조물의 허용 균열폭보다 큰 균열이 발생했으나 구조검토 등 원인분석과 보수 · 보강을 위한 균열관리를 하지 않은 경우 또는 보수 · 보강을 하지 않은 경우 다) 주요 구조부에 구조물의 허용 균열폭보다 작은 균열이 발생했으나 균열의 진행 여부에 대한 관리와 보수 · 보강을 하지 않은 경우 라) 그 밖의 구조부에 구조물의 허용 균열폭보다 작은 균열이 발생했으나 균열의 진행 여부에 대한 관리와 보수 · 보강을 하지 않은 경우	 3 2 1 0.5
3)	콘크리트 재료분리의 발생 가) 주요 구조부의 철근 노출이 발생했으나, 보수 · 보강(철근노출 또는 재료분리 위치를 파악하여 구체적인 보수 · 보강 계획을 수립한 경우는 제외한다. 이하 이 번호에서 같다)을 하지 않은 경우 나) 그 밖의 구조부의 철근 노출이 발생했으나, 보수 · 보강을 하지 않은 경우 다) 주요 구조부 및 그 밖의 구조부의 재료분리가 0.1㎡ 이상 발생하였는데도 적절한 보수 · 보강 조치를 하지 않은 경우	 3 2 1
4)	철근의 배근 · 조립 및 강구조의 조립 · 용접 · 시공 상태의 불량 가) 주요 구조부의 시공불량으로 부재당 보수 · 보강이 3곳이상 필요한 경우 나) 주요 구조부의 시공불량으로 보수 · 보강이 필요한 경우 다) 그 밖의 구조부의 시공불량으로 보수 · 보강이 필요한 경우	 3 2 1
5)	배수상태의 불량 가) 배수구조물을 설계도서 및 현지 여건과 다르게 시공하여 배수기능이 상실된 경우 나) 배수구조물을 설계도서 및 현지 여건과 다르게 시공하여 배수기능에 지장을 준 경우 다) 배수시설의 관리 불량으로 인해 침수 등 피해 발생의 우려가 있는 경우	 2 1 0.5
6)	방수불량으로 인한 누수발생 가) 방수시설에서 누수가 발생하여 방수면적 1/2 이상의 보수 · 보강(구체적인 보수 · 보강 계획을 수립한 경우는 제외한다. 이하 이 번호에서 같다)이 필요한 경우 나) 방수시설에서 누수가 발생하여 보수 · 보강이 필요한 경우 다) 방수시설의 시공불량으로 보수 · 보강이 필요한 경우	 2 1 0.5
7)	시공 단계별로 건설사업관리기술인(건설사업관리기술인을 배치하지 않	

	아도 되는 경우에는 공사감독자를 말한다. 이하 이 번호에서 같다)의 검토·확인을 받지 않은 시공한 경우 가) 주요 구조부에 대하여 건설사업관리기술인의 검토·확인을 받지 않고 시공한 경우 나) 그 밖의 구조부에 대하여 건설사업관리기술인의 검토·확인을 받지 않고 시공한 경우 다) 건설사업관리기술인 지시사항의 이행을 정당한 사유 없이 지체한 경우	 3 2 1
8)	시공상세도면 작성의 소홀 가) 주요 구조부 대한 시공상세도면의 작성을 소홀히 하여 재시공이 필요한 경우 나) 주요 구조부에 대한 시공상세도면의 작성을 소홀히 하여 보수·보강(경미한 보수·보강은 제외한다. 이하 이 번호에서 같다)이 필요한 경우 다) 그 밖의 구조부에 대한 시공상세도면의 작성을 소홀히 하여 보수·보강이 필요한 경우	 3 2 1
9)	공정관리의 소홀로 인한 공정부진 가) 건설사업관리기술인으로부터 지연된 공정을 만회하기 위한 대책을 요구받은 후 정당한 사유 없이 그 대책을 수립하지 않은 경우 나) 공정관리의 소홀로 공사가 지연되고 있으나 정당한 사유 없이 대책이 미흡한 경우	 1 0.5
10)	제101조의2제1항 각 호의 가설구조물(이하 "가설구조물"이라 한다) 설치상태의 불량 가) 가설구조물의 설치불량으로 건설사고가 발생한 경우 나) 가설구조물의 설치불량(시공계획서 및 시공상세도면을 작성하지 않은 경우도 포함한다)으로 보수·보강(경미한 보수·보강은 제외한다)이 필요한 경우	 3 2
11)	건설공사현장 안전관리대책의 소홀 가) 제105조제3항에 따른 중대한 건설사고가 발생한 경우 나) 정기안전점검을 한 결과 조치 요구사항을 이행하지 않은 경우 또는 정기안전점검을 정당한 사유 없이 기간 내에 실시하지 않은 경우 다) 발주청 또는 인·허가기관의 장이 안전관리계획에 대해 제98조제5항제2호에 따른 조건부 적정 판정을 했으나 보완 필요 사항을 보완하지 않은 상태로 공사를 진행한 경우 또는 각종 공사용 안전시설 등의 설치를 안전관리계획에 따라 설치하지 않아 건설사고가 우려되는 경우	 3 3 2
12)	품질관리계획 또는 품질시험계획의 수립 및 실시의 미흡 가) 발주청 또는 인·허가기관의 장이 품질관리계획 또는 품질시험계획에 대해 제90조제2항제2호에 따른 조건부 적정 판정을 했으나 보완 필요 사항을 보완하지 않은 상태로 공사를 진행한 경우 나) 품질관리계획 또는 품질시험계획과 다르게 품질시험 및 검사를 실시한 경우	 2 1

13)	시험실의 규모 • 시험장비 또는 건설기술인 확보의 미흡 가) 품질관리계획 또는 품질시험계획에 따른 시험실 • 시험장비를 갖추지 않거나 품질관리 업무를 수행하는 건설기술인을 배치하지 않은 경우 나) 시험실 • 시험장비 또는 건설기술인 배치기준을 미달한 경우, 품질관리 업무를 수행하는 건설기술인이 제91조제3항 각 호 외의 업무를 발주청 또는 인 • 허가기관의 장의 승인 없이 수행한 경우 다) 법 제20조제2항에 따른 교육 • 훈련을 이수하지 않은 자를 품질관리를 수행하는 건설기술인으로 배치한 경우 라) 시험장비의 고장을 방치(대체 장비가 있는 경우는 제외한다)하여 시험의 실시가 불가능하거나 유효기간이 지난 장비를 사용한 경우	 3 2 1 0.5
14)	건설용 자재 및 기계 • 기구 관리 상태의 불량 가) 기준을 충족하지 못하거나 발주청의 승인을 받지 않은 건설 기계 • 기구 또는 주요 자재를 반입하거나 사용한 경우 나) 건설기계 • 기구의 설치 관련 기준과 다르게 설치 또는 해체한 경우 다) 자재의 보관 상태가 불량하여 품질에 영향을 미칠 경우	 3 2 1
15)	콘크리트의 타설 및 양생과정의 소홀 가) 콘크리트 배합설계를 실시하지 않거나 확인하지 않은 경우, 콘크리트 타설계획을 수립하지 않은 경우, 거푸집 해체시기 또는 타설순서를 준수하지 않은 경우, 고의로 기준을 초과하여 레미콘 물타기를 한 경우 나) 슬럼프시험, 염분함유량시험, 압축강도시험 또는 양생관리를 실시하지 않은 경우, 생산 • 도착시간 또는 타설완료시간을 기록 • 관리하지 않은 경우	 3 1
16)	레미콘 플랜트(아스콘 플랜트를 포함한다) 현장관리 상태의 불량 가) 계량장치를 검정하지 않은 경우 또는 고의로 기준을 초과하여 레미콘 물타기를 한 경우 나) 골재를 규격별로 분리하여 저장하지 않거나 골재관리상태가 미흡한 경우, 자동기록장치를 작동하지 않거나 기록지를 보관하지 않은 경우, 아스콘의 생산온도가 기준에 미달한 경우 다) 혼합물온도관리기준을 미달하거나 초과한 경우, 평탄성 측정결과 시방기준을 초과한 경우	 3 2 0.5
17)	아스콘의 포설 및 다짐 상태 불량 가) 시방기준에 규정된 시험포장을 실시하지 않은 경우 나) 현장다짐밀도 또는 포장두께가 부족한 경우 다) 혼합물온도관리기준을 미달하거나 초과한 경우, 평탄성 측정결과 시방기준을 초과한 경우	 2 1 0.5
18)	설계도서와 다른 시공 가) 주요 구조부를 설계도서와 다르게 시공하여 재시공이 필요한 경우 나) 주요 구조부를 설계도서와 다르게 시공하여 보수 • 보강(경미한 보수 • 보강은 제외한다. 이하 이 번호에서 같다)이 필요한 경우	 3 2

	다) 그 밖의 구조부를 설계도서와 다르게 시공하여 보수·보강이 필요한 경우	1
19)	계측관리의 불량	
	가) 계측장비를 설치하지 않은 경우 또는 계측장비가 작동하지 않는 경우	2
	나) 설계도서(계약시 협의사항을 포함한다)의 규정상 계측횟수가 미달하거나 잘못 계측한 경우	1
	다) 측정기한이 초과하는 등 계측관리를 소홀한 경우	0.5

나. 시공 단계의 건설사업관리를 수행하는 건설사업관리용역사업자 및 건설사업관리기술인에 대한 벌점 측정기준

번호	주요 부실내용	벌점
1)	설계도서의 내용대로 시공되었는지에 관한 단계별 확인의 소홀	
	가) 주요 구조부에 대한 검토·확인 절차를 이행하지 않거나 설계도서와 다르게 하여 재시공이 필요한 경우	3
	나) 주요 구조부에 대한 검토·확인 절차를 이행하지 않거나 설계도서와 다르게 하여 보수·보강(경미한 보수·보강은 제외한다. 이하 이 번호에서 같다)이 필요한 경우	2
	다) 그 밖의 구조부에 대한 검토·확인 절차를 이행하지 않거나 설계도서와 다르게 하여 보수·보강이 필요한 경우	1
	라) 그 밖에 확인검측을 누락한 경우 또는 검측업무의 지연으로 계획공정에 차질이 발생한 경우(월간 계획공정 기준으로 10% 이상 차질이 발생한 경우를 말한다. 이하 같다)	0.5
2)	시공상세도면에 대한 검토의 소홀	
	가) 주요 구조부 시공상세도면의 검토 절차를 이행하지 않거나 관련 기준과 다르게 하여 재시공이 필요한 경우	3
	나) 주요 구조부 시공상세도면의 검토 절차를 이행하지 않거나 관련 기준과 다르게 하여 보수·보강(경미한 보수·보강은 제외한다. 이하 이 번호에서 같다)이 필요한 경우	2
	다) 그 밖의 구조부 시공상세도면의 검토 절차를 이행하지 않거나 관련 기준과 다르게 하여 보수·보강이 필요한 경우	1
3)	제59조제3항제10호에 따른 기성부분검사 및 준공검사의 소홀	
	가) 검사 후 주요 구조부를 재시공할 사항이 발생한 경우	3
	나) 검사 후 주요 구조부를 보수·보강할 사항이 발생한 경우	2
	다) 검사 후 그 밖의 구조부를 보수·보강할 사항이 발생한 경우	1
	라) 검사 지연으로 계획공정에 차질이 발생한 경우	0.5
4)	건설사업자 또는 주택건설등록업자(이하 "시공자"라 한다)의 건설안전관리에 대한 확인의 소홀	
	가) 안전관리계획서를 검토·확인하지 않은 경우, 정기안전점검을 하지 않거나 안전점검 수행기관으로 지정되지 않은 기관이 정기안전점검을 실시했으나 시정지시 등을 하지 않은 경우, 정기안전점검	3

	결과 조치 요구사항의 이행을 확인하지 않은 경우 나) 시공자가 안전관리계획서의 제출을 정당한 사유 없이 1개월 이상 지연했으나 시정에 필요한 조치를 하지 않은 경우	 2
5)	설계 변경사항 검토 · 확인의 소홀 가) 설계도서의 확인 후 조치를 취하지 않아 시공 후 주요 구조부의 설계변경 사유가 발생한 경우 나) 설계도서의 확인 후 조치를 취하지 않아 시공 후 그 밖의 구조부의 설계변경사유가 발생한 경우 또는 설계 변경사항을 반영하지 않은 경우 다) 설계 변경사항의 검토를 정당한 사유 없이 지연하여 계획공정에 차질이 발생한 경우	 2 1 0.5
6)	시공계획 및 공정표 검토의 소홀 가) 시공계획 및 공정표 검토 후 시정지시 등을 하지 않아 주요 구조부 재시공이 필요한 경우 나) 시공계획 및 공정표 검토 후 시정지시 등을 하지 않아 주요 구조부 보수 · 보강(경미한 보수 · 보강은 제외한다. 이하 이 번호에서 같다)이 필요한 경우 다) 시공계획 및 공정표 검토 후 시정지시 등을 하지 않아 그 밖의 구조부 보수 · 보강이 필요하거나 계획공정에 차질이 발생한 경우 또는 설계 변경 요인에 따른 시공계획 및 공정표 변경승인을 관련 기준에 따라 이행하지 않은 경우	 2 1 0.5
7)	품질관리계획 또는 품질시험계획의 수립과 시험 성과에 관한 검토의 불철저 가) 시공자가 제출한 계획 또는 시험 성과에 대한 검토를 실시하지 않은 경우, 시공자가 시험실 · 시험장비를 갖추지 않거나 품질관리 업무를 수행하는 건설기술인을 배치하지 않았는데도 시정지시 등을 하지 않은 경우 나) 시공자가 제출한 계획 또는 시험 성과에 대한 검토 절차를 이행하지 않거나 관련 기준과 다르게 하여 보수 · 보강이 필요한 경우 또는 시험실 · 시험장비나 품질관리 업무를 수행하는 건설기술인의 자격이 기준에 미달하거나, 품질관리 업무를 수행하는 건설기술인이 제91조제3항 각 호 외의 업무를 발주청 또는 인 · 허가기관의 장의 승인 없이 수행했는데도 시정지시 등을 하지 않은 경우 다) 품질시험 중 일부 종목을 빠뜨리거나 시험횟수를 부족하게 수행했는데도 시정지시 등을 하지 않은 경우 라) 시험장비의 고장(대체 장비가 있는 경우는 제외한다)을 방치하여 시험의 실시가 불가능하거나 장비의 유효기간이 지났는데도 시정지시 등을 하지 않은 경우	 3 2 1 0.5
8)	건설용 자재 및 기계 · 기구 적합성의 검토 · 확인의 소홀 가) 건설 기계 · 기구의 반입 · 사용에 대한 필요한 조치를 이행하지 않아 기준을 충족하지 못하거나 발주청 등의 승인을 받지 않은 건설 기계 · 기구가 사용된 경우	 2

	나) 주요 기재(철근, 철골, 레미콘, 아스콘 등 건설 현장에서 주요하게 사용되는 자재를 말한다)의 품질확인 절차를 이행하지 않거나 관련 기준과 다르게 한 경우	1
	다) 그 밖의 자재의 품질확인 절차를 이행하지 않거나 관련 기준과 다르게 한 경우	0.5
9)	시공자 제출서류의 검토 소홀 및 처리 지연	
	가) 정당한 사유 없이 제출서류 처리 지연으로 계획공정에 차질이 발생하거나 보수·보강이 필요한 경우	2
	나) 정당한 사유 없이 제출서류 검토 절차를 이행하지 않거나 관련 기준과 다르게 하여 보수·보강(경미한 보수·보강은 제외한다)이 필요한 경우	1
	다) 정당한 사유 없이 제출서류 검토 절차를 이행하지 않거나 관련 기준과 다르게 하여 계획공정에 차질이 발생한 경우	0.5
10)	제59조에 따른 건설사업관리의 업무범위에 대한 기록유지 또는 보고 소홀	
	가) 기록유지 또는 보고 절차를 이행하지 않거나 관련 기준과 다르게 하여 보수·보강(경미한 보수·보강은 제외한다)이 필요한 경우	2
	나) 기록유지 또는 보고 절차를 이행하지 않거나 관련 기준과 다르게 하여 계획공정에 차질이 발생한 경우	1
11)	건설사업관리 업무의 소홀 등	
	가) 건설사업관리기술인의 자격미달 및 인원부족이 발생한 경우(건설사업관리용역사업자만 해당한다)	2
	나) 건설사업관리기술인이 현장을 무단으로 이탈한 경우(건설사업관리기술인만 해당한다)	2
12)	입찰참가자격 사전심사 시 건설사업관리 업무를 수행하기로 했던 건설사업관리기술인의 임의변경 또는 관리 소홀(건설사업관리용역사업자만 해당한다)	
	가) 발주자에게 승인을 받지 않고 건설사업관리기술인을 교체한 경우, 50% 이상의 건설사업관리기술인을 교체한 경우(해당 공사현장에 3년 이상 배치된 경우, 퇴직·입대·이민·사망의 경우, 질병·부상으로 3개월 이상의 요양 필요한 경우, 3개월 이상의 공사 착공이 지연되거나 진행이 중단된 경우, 그 밖에 발주청이 필요하다고 인정하는 경우는 제외한다. 이하 이 번호에서 같다)	2
	나) 같은 분야의 건설사업관리기술인을 상당한 이유 없이 3번 이상 교체한 경우	1
13)	공사 수행과 관련한 각종 민원발생대책의 소홀	
	가) 환경오염(수질오염, 공해 또는 소음)의 발생으로 인근주민의 권익이 침해되어 집단민원이 발생한 경우로서 정당한 사유 없이 예방조치를 하지 않은 경우	2
	나) 공사 수행과정에서 토사유실, 침수 등 시공관리와 관련하여 민원이 발생한 경우로서 그 예방조치를 하지 않은 경우	1
14)	발주청 지시사항 이행의 소홀	

	가) 시방기준의 변경이나 사업계획의 변경 등에 따른 발주청의 지시사항을 이행하지 않아 보수 · 보강(경미한 보수 · 보강은 제외한다)이 필요한 경우	2
	나) 시방기준의 변경이나 사업계획의 변경 등에 따른 발주청의 지시사항을 이행하지 않아 계획공정에 차질이 발생한 경우	1
15)	제59조제3항제3호에 따른 업무 중 가서구조물이 시공상세도면 및 시방서의 내용에 적합하게 설치되었는지에 대한 확인 업무의 소홀	
	가) 가설구조물이 시공상세도면 및 시방서의 내용에 적합하게 설치되었는지에 대한 확인을 하지 않은 경우	3
	나) 가설구조물이 시공상세도면 및 시방서의 내용에 적합하게 설치되지 않았음에도 불구하고 적합하다고 확인한 경우	2
16)	공사현장에 상주하는 건설사업관리기술인을 지원하는 건설사업관리기술인(이하, 이 표에서 "기술지원기술인"이라 한다)의 현장시공실태 점검의 소홀	
	가) 기술지원기술인으로서 업무를 수행한 이후 현장점검 횟수가 제59조제7항에 따라 국토교통부장관이 정하여 고시한 세부 기준에 따른 횟수보다 정당한 사유 없이 2회 이상 부족한 경우	1
	나) 기술지원기술인으로서 업무를 수행한 이후 현장점검 횟수가 제59조제7항에 따라 국토교통부장관이 정하여 고시한 세부 기준에 따른 횟수보다 정당한 사유 없이 1회 부족한 경우	0.5
17)	하자담보책임기간 하자 발생	
	가) 시공 단계의 건설사업관리 업무 내용과 관련하여 「건설산업기본법」 제28조제1항에 따른 하자담보책임기간 내에 3회 이상 하자(같은 법 제82조제1항제1호에 따른 하자를 말한다. 이하 이 번호에서 같다)가 발생한 경우로서 같은 법 제93조제1항 및 같은 법 시행령 제88조에 따른 시설물의 주요 구조부에 발생한 하자가 1회 이상 포함되는 경우(건설사업관리용역사업자만 해당한다)	2
	나) 시공 단계의 건설사업관리 업무 내용과 관련하여 「건설산업기본법」 제28조제1항에 따른 하자담보책임기간 내에 하자가 3회 이상 발생한 경우(건설사업관리용역사업자만 해당한다)	1
18)	하도급 관리 소홀	
	가) 불법하도급을 묵인한 경우 또는 하도급에 대한 타당성 검토 절차를 이행하지 않거나 관련 기준과 다르게 하여 「건설산업기본법」 제82조 또는 제83조에 따라 영업정지 또는 등록말소가 된 경우	3
	나) 하도급에 대한 타당성 검토 절차를 이행하지 않거나 관련 기준과 다르게 하여 「건설산업기본법」에 따라 과징금 또는 과태료가 부과된 경우	2
	다) 하도급에 대한 타당성 검토 절차를 이행하지 않거나 관련 기준과 다르게 하여 계획공정에 차질 또는 민원이 발생하거나 불법행위가 발생한 경우	1

다. 그 밖의 건설엔지니어링사업자 및 건설기술인등에 대한 벌점 측정기준

번호	주요 부실내용	벌점
1)	각종 현장 사전조사 또는 관계 기관 협의의 잘못	
	가) 과업지시서에 명시된 현장 사전조사나 관계 기관 협의 등을 하지 않은 설계변경 사유가 발생한 경우	2
	나) 과업지시서에 명시된 현장 사전조사 및 관계 기관 협의 등을 했지만 조사범위의 선정 등을 잘못하여 설계변경 사유가 발생한 경우	1
2)	토질·기초 조사의 잘못	
	가) 과업지시서에 명시된 보링 등 토질·기초 조사를 하지 않은 경우	3
	나) 과업지시서에 명시된 토질·기초 조사를 잘못하여 공법의 변경 사유가 발생한 경우	2
3)	현장측량의 잘못으로 인한 설계 변경사유의 발생	
	가) 주요 시설계획의 변경이 발생한 경우	2
	나) 그 밖의 시설계획의 변경이 발생한 경우	1
4)	구조·수리 계산의 잘못이나 신기술 또는 신공법에 관한 이해의 부족	
	가) 주요 구조물의 재시공이 발생한 경우	3
	나) 주요 구조물의 보수·보강(경미한 보수·보강은 제외한다. 이하 이 번호에서 같다)이 발생한 경우	2
	다) 그 밖의 구조물의 보수·보강이 발생한 경우	1
5)	수량 및 공사비(설계가격을 기준으로 한다) 산출의 잘못	
	가) 총공사비가 10% 이상 변경된 경우	2
	나) 총공사비가 5% 이상 변경된 경우	1
	다) 토공사·배수공사 등 공사 종류별 공사비가 10% 이상 변경된 경우(총공사비의 10% 이상에 해당되는 공사 종류로 한정한다)	0.5
6)	설계도서 작성의 소홀	
	가) 설계도서의 일부를 빠뜨리거나 관련 기준을 충족하지 못하여 재시공 또는 보수·보강(경미한 보수·보강은 제외한다)이 발생한 경우	3
	나) 공사의 특수성, 지역여건 또는 공법 등을 고려하지 않아 현장의 실정과 맞지 않거나 공사 수행이 곤란한 경우	2
	다) 삭제 <2024.3.5>	1
7)	자재 선정의 잘못(발주청과 서면으로 협의한 결과에 따라 자재를 선정했음에도 자재 선정의 잘못으로 판정된 경우는 제외한다)으로 공사의 부실 발생	
	가) 주요 자재 품질·규격의 적합성 검토 절차를 이행하지 않거나 관련 기준과 다르게 하여 재시공이 필요한 경우	3
	나) 주요 자재 품질·규격의 적합성 검토 절차를 이행하지 않거나 관련 기준과 다르게 하여 보수·보강(경미한 보수·보강은 제외한다. 이하 이 번호에서 같다)이 필요한 경우	2
	다) 그 밖의 자재 품질·규격의 적합성 검토 절차를 이행하지 않거나 관련 기준과 다르게 하여 재시공 또는 보수·보강이 필요한 경우	1
8)	건설엔지니어링 참여 건설기술인의 업무관리 소홀	

	가) 참여예정 건설기술인이 실제 건설엔지니어링 업무 수행 시에 참여하지 않거나 무자격자가 참여한 경우	3
	나) 참여 건설기술인의 업무범위 기재내용이 실제와 다르거나 감독자의 지시를 정당한 사유 없이 이행하지 않은 경우	1
9)	입찰참가자격 사전심사 시 건설사업관리 업무를 수행하기로 했던 건설엔지니어링 참여기술인의 임의변경 또는 관리 소홀(건설엔지니어링사업자만 해당한다)	
	가) 발주자와 협의하지 않거나 발주자의 승인을 받지 않고 건설엔지니어링 참여기술인을 교체한 경우, 50% 이상의 건설엔지니어링 참여기술인을 교체한 경우(해당 공사현장에 3년 이상 배치된 경우, 퇴직 · 입대 · 이민 · 사망의 경우, 질병 · 부상으로 3개월 이상의 요양이 필요한 경우, 3개월 이상 공사 착공이 지연되거나 진행이 중단된 경우, 그 밖에 발주청이 필요하다고 인정한 경우는 제외한다. 이하 이 번호에서 같다)	2
	나) 같은 분야의 건설엔지니어링 참여기술인을 상당한 이유 없이 3번 이상 교체한 경우	1
10)	건설엔지니어링 업무의 소홀 등	
	가) 제59조제4항에 따른 건설사업관리의 업무내용 등과 관련하여 업무의 소홀, 기록유지 또는 보고의 소홀로 예정기한을 초과하는 보완설계가 필요한 경우	2
	나) 정당한 사유 없이 건설엔지니어링 참여기술인의 업무 소홀로 설계용역 계획공정에 차질이 발생한 경우	0.5
11)	건설공사 안전점검의 소홀	
	가) 정기안전점검 · 정밀안전점검 보고서를 사실과 현저히 다르게 작성한 경우, 정기안전점검 · 정밀안전점검을 이행하지 않거나 관련 기준과 다르게 하여 건설사고가 발생한 경우	3
	나) 정기안전점검 또는 정밀안전점검을 이행하지 않거나 관련 기준과 다르게 하여 보수 · 보강이 필요한 경우	2
	다) 정기안전점검 또는 정밀안전점검 후 기한 내 결과보고를 하지 않은 경우	1
12)	타당성조사 시 수요예측을 부실하게 수행하여 발주청에 손해를 끼친 경우로서 고의로 수요예측을 30% 이상 잘못한 경우	1

라. 측정기관은 해당 업체(현장대리인을 포함한다) 및 건설기술인 등의 확인을 받아 가목부터 다목까지의 규정에 따른 주요 부실내용을 기준으로 벌점을 부과하고, 그 결과를 해당 벌점 부과 대상자에게 통보해야 한다.

마. 해당 공사와 관련하여 감사기관이 처분을 요구하는 경우나 해당 업체(현장대리인을 포함한다) 또는 건설기술인 등이 부실 확인을 거부하는 경우에는 처분요구서 또는 사진촬영 등의 증거자료를 근거로 하여 부실을 측정하고 벌점을 부과할 수 있다.

바. 벌점 경감기준

1) 반기 동안 사망사고가 없는 건설사업자, 주택건설등록업자 또는 건설엔지니어

링사업자에 대하여는 다음 반기에 부과된 벌점의 20%를 경감하며, 반기별 연속하여 사망사고가 없는 경우에는 다음 표에 따라 다음 반기에 부과된 벌점을 경감한다.

사망사고가 없는 연속반기 수	2반기	3반기	4반기
경감률	36%	49%	59%

2) 반기 동안 10회 이상의 점검을 받은 건설사업자, 주택건설등록업자 또는 건설엔지니어링사업자에 대해서는 반기별 점검현장 수 대비 벌점 미부과 현장 비율(이하 "관리우수 비율"이라 한다)이 80% 이상인 경우에는 다음 표에 따라 해당 반기에 부과된 벌점을 경감하며, 경감점수가 부과된 벌점(부과된 벌점이 없는 경우를 포함한다)보다 커서 경감점수가 남은 경우에는 다음 반기에 한정하여 해당 반기의 벌점에서 경감한다. 이 경우 공동수급체를 구성한 경우에는 참여 지분율을 고려하여 점검현장 수를 산정한다.

관리우수 비율	80%이상~90%미만	90%이상~95%미만	95% 이상
경감점수	0.2점	0.5점	1점

3) 1) 및 2)에 따른 경감사유에 동시에 해당하는 경우에는 2)에 따른 경감을 먼저 적용하고ㅛ, 2)에 따른 경감 후 남은 벌점이 있는 경우에는 1)에 따라 벌점을 경감한다.

4)사망사고 신고를 지연하는 등 벌점을 부당하게 경감받은 것으로 확인되는 경우에는 경감받은 벌점을 다음 반기에 가중한다.

사. 벌점 부과 기한

측정기관은「건설산업기본법」제28조제1항에 따른 하자담보책임기간 종료일까지 벌점을 부과한다. 다만, 다른 법령에서 하자담보책임기간을 별도로 규정한 경우에는 해당 하자담보책임기간 종료일까지 부과한다.

6. 벌점 공개

국토교통부장관은 법 제53조제3항에 따라 매 반기의 말일을 기준으로 2개월이 지난날부터 인터넷 조회시스템에 벌점을 부과받은 업체명, 법인등록번호 및 업무영역, 합산벌점 등을 공개한다.

[영별표 9] <개정 2018.12.11>

품질시험계획의 내용(제89조제2항 관련)

1. 개요

가. 공사명

나. 시공자

다. 현장 대리인

2. 시험계획

가. 공종

나. 시험 종목

다. 시험 계획물량

라. 시험 빈도

마. 시험 횟수

바. 그 밖의 사항

3. 시험시설

가. 장비명

나. 규격

다. 단위

라. 수량

마. 시험실 배치 평면도

바. 그 밖의 사항

4. 품질관리를 수행하는 건설기술인 배치계획

가. 성명

나. 등급

다. 품질관리 업무 수행기간

라. 건설기술인 자격 및 학력 · 경력 사항

마. 그 밖의 사항

[영별표 10] <개정 2018.12.11,2021.1.5>

철강구조물공장의 등급별 인증기준(제96조제4항 관련)

1. 인증심사항목의 종류

주요 심사항목	세부 심사항목
공장 개요	1) 공장부지 면적 2) 제품가공 작업장 면적 3) 가조립장 면적 4) 연간 가공 실적
기술인력	국토교통부장관이 고시하는 기준의 건설기술인
제작 및 시험설비	1) 제작용 설비기기 2) 용접용 설비기기 3) 기중기 4) 시험검사 설비기기
품질관리실태	1) 종합관리 2) 제작기술 3) 제작 상황 및 품질관리 4) 작업환경

비고
1. 제품가공 작업장 : 지붕과 2면 이상의 외벽이 있는 건물
2. 가조립장 : 건설현장에서 완제품을 조립하기 전에 철강구조물공장에서 철강구조물을 조립하여 이상이 있는지를 검사하는 장소
3. 기중기 : 공장 안의 천장 주행 크레인

2. 기본심사항목에 대한 최소 기준

등급	제품가공 작업장 면적(㎡)		가조립장 면적(㎡)		기중기 (톤)	
	교량	건축	교량	건축	교량	건축
1급	5,000	4,000	2,000	-	50	50
2급	4,000	3,000	1,500	-	50	30
3급	2,000	1,000	700	-	15	8
4급	500	400	-	-	8	-

3. 공장인증의 등급별 제작 능력에 대한 기준

등급	제작 능력	
	교량 분야	건축 분야
1급	모든 교량	모든 건축물
2급	가. 일반교량 나. 교각과 교각 사이의 최대거리가 100미터 미만인 특수교량	가. 용접작업에 사용되는 주요 부재의 판두께(t) : t≤50mm 나. 26층 미만(지하층 포함)인 건축물의 주요 구조부
3급	교각과 교각 사이의 최대거리가 50미터 이하인 인도전용 육교(특수육교 제외)	가. 용접작업에 사용되는 주요 부재의 판두께(t) - SS400급 강재 : t≤30mm - SM490급 강재 : t≤25mm 나. 16층 미만(지하층 포함)인 건축물의 주요 구조부(최대 경간 30m 이하)
4급	교각과 교각 사이의 최대거리가 30미터 이하인 인도전용 육교(특수육교 제외)	가. 용접작업에 사용되는 주요 부재의 판두께(t) : t≤16mm 나. 처마높이 20m 이하(최대 경간 30m 이하)

비고

1. "특수교량"은 현수교(주케이블과 보조케이블로 상판을 지탱하는 다리를 말한다. 이하 같다) · 사장교 · 아치교 · 트러스교 등의 교량 및 교각과 교각 사이의 최대거리가 50미터 이상인 곡선교량을 말한다.
2. "일반교량"은 특수교량에 해당하지 않는 교량을 말한다.
3. "특수육교"는 현수교 · 사장교 · 아치교 · 트러스교 등의 인도전용 보도육교를 말한다.
4. 공장인증을 받은 공장은 해당 등급의 제작능력기준 이하의 철강구조물을 제작할 수 있다.

[영별표 11] <개정 2024.7.2>

과태료의 부과기준(제121조제1항 관련)

1. 일반기준

가. 위반행위의 횟수에 따른 과태료의 가중된 부과기준은 최근 3년간 같은 위반행위로 과태료를 부과받은 경우에 적용한다. 이 경우 기간의 계산은 위반행위에 대해서 과태료 부과처분을 받은 날과 그 처분 후에 다시 같은 위반행위를 하여 적발된 날을 기준으로 한다.

나. 가목에 따라 가중된 부과처분을 하는 경우 가중처분의 적용 차수는 그 위반행위 전 부과처분 차수(가목에 따른 기간 내 과태료 부과처분이 둘 이상 있었던 경우에는 높은 차수를 말한다)의 다음 차수로 한다. <신설 2021.9.14>

다. 부과권자는 다음의 어느 하나에 해당하는 경우에는 제2호의 개별기준에 따른 과태료 금액의 2분의 1 범위에서 그 금액을 줄일 수 있다. 다만, 과태료를 체납하고 있는 위반행위자의 경우에는 그렇지 않다.

1) 위반행위자가 「질서위반행위규제법 시행령」 제2조의2제1항 각 호의 어느 하나에 해당하는 경우
2) 위반행위가 사소한 부주의나 오류로 인한 것으로 인정되는 경우
3) 위반행위자가 위반행위를 바로 정정하거나 시정하여 법 위반상태를 해소한 경우
4) 그 밖에 위반행위의 정도, 동기와 그 결과 등을 고려하여 과태료를 줄일 필요가 있다고 인정되는 경우

라. 부과권자는 다음의 어느 하나에 해당하는 경우에는 제2호의 개별기준에 따른 과태료 금액의 2분의 1 범위에서 그 금액을 늘릴 수 있다. 다만, 법 제91조제1항부터 제3항까지의 규정에 따른 과태료 금액의 상한을 넘을 수 없다.

1) 위반의 내용ㆍ정도가 중대하여 이해관계인 등에게 미치는 피해가 크다고 인정되는 경우
2) 법 위반상태의 기간이 6개월 이상인 경우
3) 그 밖에 위반행위의 정도, 동기와 그 결과 등을 고려하여 과태료를 늘릴 필요가 있다고 인정되는 경우

2. 개별기준

위반행위	근거 법조문	과태료 금액		
		1차 위반	2차 위반	3차 이상 위반
가. 건설기술인이 법 제20조제2항 전단에 따른 교육·훈련을 정당한 사유 없이 받지 않은 경우	법 제91조제3항제1호	50만원	50만원	50만원
나. 사용자가 법 제20조제3항에 따른 경비를 부담하지 않거나 경비부담을 이유로 건설기술인에게 불이익을 준 경우	법 제91조제3항제2호	50만원	50만원	50만원
다. 법 제21조제3항에 따른 자료를 제출하지 않거나 거짓으로 자료를 제출한 경우	법 제91조제3항제3호	150만원	225만원	300만원
라. 법 제22조의2제2항을 위반하여 부당한 요구를 하거나 부당한 요구에 불응한다는 이유로 건설기술인에게 불이익을 준 경우	법 제91조제2항제1호	300만원	500만원	1,000만원
마. 건설기술인이 법 제24조제4항을 위반하여 건설기술경력증을 반납하지 않은 경우	법 제91조제3항제4호	50만원	50만원	50만원
바. 법 제26조제3항 본문에 따른 변경등록을 하지 않거나 거짓으로 변경등록을 한 경우	법 제91조제3항제5호			
1) 변경등록 지연기간이 1개월 미만인 경우		10만원	10만원	10만원
2) 변경등록 지연기간이 1개월 이상 3개월 미만인 경우		30만원	30만원	30만원
3) 변경등록 지연기간이 3개월 이상이거나 변경등록을 하지 않은 경우		50만원	50만원	50만원
4) 변경등록을 거짓으로 한 경우		200만원	200만원	200만원
사. 법 제26조제4항에 따라 휴업 또는 폐업 신고를 하지 않은 경우	법 제91조제3항제6호			
1) 신고 지연기간이 1개월 미만인 경우		100만원	100만원	100만원
2) 신고 지연기간이 1개월 이상 3개월 미만인 경우		200만원	200만원	200만원
3) 신고 지연기간이 3개월 이상이거나 신고를 하지 않은 경우		300만원	300만원	300만원

위반행위	근거 법조문	과태료 금액		
		1차 위반	2차 위반	3차 이상 위반
아. 법 제29조제1항에 따라 영업 양도 또는 합병 신고를 하지 않은 경우	법 제91조제3항제7호			
1) 신고 지연기간이 1개월 미만인 경우		100만원	100만원	100만원
2) 신고 지연기간이 1개월 이상 3개월 미만인 경우		200만원	200만원	200만원
3) 신고 지연기간이 3개월 이상이거나 신고를 하지 않은 경우		300만원	300만원	300만원
자. 법 제31조제1항·제2항에 따른 영업정지명령을 받고 영업정지기간에 건설엔지니어링 업무를 수행한 경우(법 제33조에 따라 건설엔지니어링 업무를 수행한 경우는 제외한다)	법 제91조제3항제8호	300만원	300만원	300만원
차. 법 제31조제3항을 위반하여 영업정지기간에 상호를 바꾸어 건설엔지니어링을 수주한 경우	법 제91조제3항제9호			
1) 수주 건수가 1건인 경우		50만원	50만원	50만원
2) 수주 건수가 2건 이상인 경우		100만원	100만원	100만원
카. 법 제33조제1항 후단에 따라 등록취소처분 등을 받은 사실과 그 내용을 해당 건설엔지니어링의 발주자에게 통지하지 않은 경우	법 제91조제3항제10호	300만원	300만원	300만원
타. 법 제38조제2항에 따른 업무에 관한 보고를 하지 않거나 관계 자료를 제출하지 않은 경우	법 제91조제3항제11호	100만원	150만원	200만원
파. 법 제39조의2제1항을 위반하여 건설사업관리계획을 수립하지 않은 경우	법 제91조제1항제1호	1,000만원	1,500만원	2,000만원
하. 법 제39조의2제6항을 위반하여 건설공사를 착공하게 하거나 건설공사를 진행하게 한 경우	법 제91조제1항제2호	1,000만원	1,500만원	2,000만원
거. 법 제50조제1항 및 제2항에 따른 평가를 하지 않은 경우	법 제91조제2항제1호의2	500만원	750만원	1,000만원

위반행위	근거 법조문	과태료 금액		
		1차 위반	2차 위반	3차 이상 위반
너. 법 제54조제2항에 따른 점검결과 및 조치결과를 제출하지 않거나 거짓으로 제출한 경우	법 제91조제3항제12호	150만원	225만원	300만원
더. 법 제55조제3항에 따른 품질시험 및 검사의 결과와 증빙자료 또는 법 제60조제3항에 따른 품질검사 성적서 및 품질검사 내용을 정보망에 기한 내에 입력하지 않거나 거짓으로 입력한 경우 <신설 2024.7.2>	법 제91조제3항제12호의2	200만원	250만원	300만원
러. 법 제56조제1항에 따른 품질관리비를 공사금액에 계상하지 않은 경우 또는 같은 조 제2항을 위반하여 품질관리비를 사용한 경우	법 제91조제2항제2호	250만원	375만원	500만원
머. 법 제62조제1항에 따른 안전관리계획의 승인 없이 건설사업자 및 주택건설등록업자가 착공했음을 알고도 발주자가 묵인한 경우	법 제91조제3항제13호	150만원	225만원	300만원
버. 법 제62조제3항 • 제5항 및 제8항에 따른 서류를 제출하지 않거나 거짓으로 제출한 경우	법 제91조제3항제14호	150만원	225만원	300만원
서. 법 제62조제7항에 따른 종합보고서를 제출하지 않거나 거짓으로 작성하여 제출한 경우	법 제91조제2항제3호			
1) 제출 지연기간이 1개월 미만인 경우		500만원	500만원	500만원
2) 제출 지연기간이 1개월 이상 3개월 미만인 경우		750만원	750만원	750만원
3) 제출 지연기간이 3개월 이상이거나 제출하지 않은 경우		1,000만원	1,000만원	1,000만원
4) 거짓으로 작성하여 제출한 경우		1,000만원	1,000만원	1,000만원
어. 법 제62조제14항에 따른 건설공사 참여자 안전관리 수준 평가를 거부 • 방해 또는 기피한 경우	법 제91조제2항제3호의2	500만원	750만원	1,000만원
저. 법 제62조제18항에 따른 설계의 안전성을 검토하지 않은 경우	법 제91조제2항제3호의3	500만원	750만원	1,000만원

위반행위	근거 법조문	과태료 금액		
		1차 위반	2차 위반	3차 이상 위반
처. 법 제62조제18항에 따른 설계의 안전성 검토결과를 제출하지 않거나 거짓으로 제출한 경우	법 제91조제3항제15호	150만원	250만원	300만원
커. 법 제63조제1항에 따른 안전관리비를 공사금액에 계상하지 않은 경우 또는 같은 조 제2항을 위반하여 안전관리비를 사용한 경우	법 제91조제2항제4호	250만원	375만원	500만원
터. 법 제66조제3항에 따른 환경관리비를 공사금액에 계상하지 않은 경우 또는 같은 조 제4항을 위반하여 환경관리비를 사용한 경우	법 제91조제2항제5호	250만원	375만원	500만원
퍼. 건설공사 참여자(발주자는 제외 한다)가 법 제67조제1항에 따른 건설사고 발생사실을 발주청 및 인·허가기관에 통보하지 않은 경우	법 제91조제3항제16호	200만원	250만원	300만원
허. 법 제77조제2항에 따른 명령을 이행하지 않은 경우	법 제91조제1항제3호	1,000만원	1,500만원	2,000만원

◈ 건설기술진흥법 시행규칙 【별표 및 별지서식】

[규칙별표 1] <개정 2019.2.25, 2019.7.1, 2021.9.17, 2022.12.30>

건설기술인의 업무정지 기준(제20조제1항 관련)

1. 일반기준

가. 위반행위의 횟수에 따른 행정처분의 기준은 최근 1년간 같은 위반행위로 행정처분을 받은 경우에 적용한다. 이 경우 기준 적용일은 위반행위에 대한 행정처분일과 그 처분 후에 한 위반행위가 다시 적발된 날을 기준으로 한다.

나. 가목에 따라 가중된 부과처분을 하는 경우 가중처분의 적용 차수는 그 위반행위 전 부과처분 차수(가목에 따른 기간내에 처분이 둘 이상 있었던 경우에는 높은 차수를 말한다)의 다음 차수로 한다. <신설 2022.12.30>

다. 위반행위가 둘 이상인 경우로서 그에 해당하는 각각의 처분기준이 다른 경우에는 그 중 무거운 처분기준에 따른다. 다만, 둘 이상의 처분기준이 모두 업무정지인 경우에는 각 처분기준을 합산한 기간을 넘지 않는 범위에서 무거운 처분기준의 2분의 1 범위까지 가중할 수 있되, 그 가중된 처분을 합산한 기간은 2년을 초과할 수 없다.

라. 처분권자는 위반행위의 내용 • 정도 • 동기 및 결과 등을 고려하여 다음의 구분에 따라 제2호의 개별기준에 따른 업무정지 기간의 2분의 1 범위에서 그 기간을 늘리거나 줄일 수 있다. 이 경우 그 늘린 기간을 합산한 기간은 2년을 초과할 수 없다.

1) 가중사유

가) 위반의 내용 • 정도가 중대하여 이해관계인 등에게 미치는 피해가 크다고 인정되는 경우

나) 법 위반상태의 기간이 6개월 이상인 경우

다) 그 밖에 위반행위의 정도, 위반행위의 동기와 그 결과 등을 고려하여 가중할 필요가 있다고 인정되는 경우

2) 감경사유

가) 위반행위가 사소한 부주의나 오류로 인한 것으로 인정되는 경우

나) 위반행위자가 위반행위를 바로 정정하거나 시정하여 법 위반상태를 해소한 경우

다) 그 밖에 위반행위의 내용·정도·동기 및 결과 등을 고려하여 감경할 필요가 있다고 인정되는 경우

2. 개별기준

위반 행위	해당 법조문	행정처분기준		
		1차	2차	3차 이상
가. 법 제21조제1항에 따라 신고 또는 변경 신고를 하면서 근무처 및 경력등을 거짓으로 신고하거나 변경신고한 경우	법 제24조제1항제1호	업무정지 6개월	업무정지 12개월	
나. 법 제23조제1항을 위반하여 자기의 성명을 사용하여 다른 사람에게 건설공사 또는 건설엔지니어링 업무를 수행하게 하거나 건설기술경력증을 빌려준 경우	법 제24조제1항제2호	업무정지 12개월		
다. 법 제24조제2항에 따른 시정지시 등을 3회 이상 받은 경우	법 제24조제1항제3호	업무정지 2개월	업무정지 2개월	업무정지 2개월
라. 법 제39조제4항 후단에 따라 같은 항 전단에 따른 보고서를 작성해야 하는 건설기술인이 다음의 어느 하나에 해당하는 경우	법 제24조제1항제3호의2			
1) 정당한 사유 없이 건설사업관리보고서를 작성하지 않은 경우		업무정지 12개월		
2) 건설사업관리보고서를 거짓으로 작성한 경우		업무정지 12개월		
3) 고의로 건설사업관리보고서를 작성할 때 해당 건설공사의 주요구조부에 대한 시공·검사·시험 등의 내용을 빠뜨린 경우		업무정지 12개월		
4) 중대한 과실로 건설사업관리보고서를 작성할 때 해당 건설공사의 주요구조부에 대한 시공·검사·시험 등의 내용을 빠뜨린 경우		업무정지 2개월	업무정지 3개월	업무정지 3개월
5) 경미한 과실로 건설사업관리보고서를 작성할 때 해당 건설공사의 주요구조부에 대한 시공·검사·시험 등의 내용을 빠뜨린 경우		경고	업무정지 1개월	업무정지 2개월
마. 공사 관리 등과 관련하여 발주자 또는 건설사업관리를 수행하는 건설기술인의 정당한 시정명령에 따르지 않은 경우	법 제24조제1항제4호	업무정지 1개월	업무정지 2개월	업무정지 2개월
바. 정당한 사유 없이 공사현장을 무단 이탈하여 공사 시행에 차질이 생기게 한 경우	법 제24조제1항제5호	경고	업무정지 1개월	업무정지 2개월

위반 행위	해당 법조문	행정처분기준		
		1차	2차	3차 이상
사. 고의 또는 중대한 과실로 발주청에 재산상의 손해를 발생하게 한 경우(손해액이 둘 이상의 처분기준에 해당하는 경우에는 그 중 무거운 처분기준에 따른다)	법 제24조제1항제6호			
1) 손해액이 건설공사 계약금액의 3퍼센트를 초과하거나 10억원을 초과한 경우		업무정지 24개월		
2) 손해액이 건설공사 계약금액의 1퍼센트 초과 3퍼센트 이하이거나 3억원 초과 10억원 이하인 경우		업무정지 12개월		
3) 손해액이 건설공사 계약금액의 1퍼센트 이하이거나 3억원 이하인 경우		업무정지 6개월	업무정지 6개월	
4) 고의로 수요예측을 30퍼센트 이상 잘못한 경우		업무정지 12개월		
5) 중대한 과실로 수요예측을 30퍼센트 이상 잘못한 경우		업무정지 6개월	업무정지 6개월	
아. 다른 행정기관이 법령에 따라 업무정지를 요청한 경우	법 제24조제1항제7호	위반내용에 따라 해당 법령에 따른 업무정지기간 준용	위반내용에 따라 해당 법령에 따른 업무정지기간 준용	위반내용에 따라 해당 법령에 따른 업무정지기간 준용

[규칙별표 2] <개정 2019.2.25, 2021.8.27, 2025.6.18>

기본계획 · 기본설계 · 실시설계의 사업수행능력 평가기준(제28조 관련)

1. **입찰 참가자 선정을 위한 평가기준**(제28조제1항제1호가목에 따른 평가대상건설엔지니어링)

평가항목	배점 범위	평가방법
가. 참여기술인	50	참여기술인의 등급 · 경력 · 실적 및 교육 · 훈련 등에 따라 평가
나. 유사건설엔지니어링 수행실적	15	업체의 직전 건설엔지니어링 등 수행실적에 따라 평가
다. 신용도	10	1) 관계 법령에 따른 입찰참가제한, 업무정지, 벌점 등의 처분내용에 따라 평가 2) 재정상태 건실도에 따라 평가
라. 기술개발 및 투자 실적	15	기술개발 및 투자 실적 등에 따라 평가
마. 업무중첩도	10	참여기술인의 업무하중 등에 따라 평가

비고

1. 평가항목별 세부 평가기준은 국토교통부장관이 정하여 고시한다.
2. 발주청은 건설엔지니어링의 특성에 맞도록 평가항목 · 배점범위 · 평가방법 등을 보완하여 세부 평가기준을 작성하여 적용할 수 있으며, 평가항목별 배점범위는 ±20퍼센트 범위에서 조정하여 적용할 수 있다. 다만, 「중소기업제품 구매촉진 및 판로 지원에 관한 법률」 제6조제1항에 따른 중소기업자간 경쟁제품에 해당하는 건설엔지니어링에 대한 평가항목별 배점범위, 평가방법은 해당 법령에 따라 별도로 정할 수 있다.
3. 제28조제2항에 따른 평가대상인 건설엔지니어링의 경우에는 참여기술인의 경력 · 실적에 관한 사항을 제외하고 평가할 수 있다.
4. 발주청은 입찰공고기간 중 세부 평가기준을 공람하도록 해야 하며, 평가 후 평가 결과를 공개해야 한다.

2. **기술인평가서 평가기준**(제28조제2항제2호가목에 따른 평가대상건설엔

지니어링)

구분	세부사항	배점 범위	평가항목
가. 설계팀의 경력 · 역량		80	1) 참여기술인의 경력 2) 참여기술인의 유사건설엔지니어링 수행실적 3) 참여기술인의 업무중첩도 등
나. 수행계획 · 방법	1) 수행계획	10	1) 과업의 성격 및 범위에 대한 이해도 2) 과업단계별 작업계획 및 체계 3) 관련 계획, 법령 등 검토 및 설계적용 방안
	2) 수행방법	10	1) 수행건설엔지니어링에 대한 특정경험 및 해당 건설엔지니어링 적용성 2) 예상 문제점 및 대책

3. 기술제안서 평가기준(제28조제2항제2호나목 및 제29조제2호에 따른 평가대상건설엔지니어링)

구분	세부사항	배점 범위	평가항목
가. 설계팀의 경력 · 역량		30	1) 참여기술인의 경력 2) 참여기술인의 유사건설엔지니어링 수행실적 3) 참여기술인의 업무중첩도 등
나. 수행계획 · 방법 및 기술향상	1) 수행계획	20	1) 과업의 성격 및 범위에 대한 이해도 2) 과업단계별 작업계획 및 체계 3) 관련 계획, 법령 등 검토 및 설계적용 방안 4) 사업효과 극대화 방안 등
	2) 수행방법	35	1) 작업수행기법(사전조사 및 작업방법 등) 2) 수행건설엔지니어링에 대한 특정 경험 및 해당 건설엔지니어링 적용성 3) 각종 영향평가 수행방법, 친환경 건설기법 도입 4) 경관 설계 등 5) 예상 문제점 및 대책 등
	3) 기술향상	15	1) 신기술 · 신공법의 도입과 그 활용성의 검토 정도 및 관련 기술자료 등재 2) 시설물의 생애주기비용을 고려한 설계기법 등

[규칙별표 3] <개정 2019.2.25, 2020.3.18, 2021.9.17>

건설사업관리의 사업수행능력 평가기준(제28조 관련)

1. 입찰 참가자 선정을 위한 평가기준(제28조제1항제1호나목에 따른 평가대상용역)

평가항목	배점범위	평가방법
가. 참여기술인	60	참여기술인의 등급・경력・실적 및 교육・훈련 등에 따라 평가
나. 유사용역 수행실적	10	건설사업관리용역사업자의 건설사업관리용역 수행실적에 따라 평가
다. 신용도	15	1) 관계 법령에 따른 입찰참가제한, 영업정지, 벌점 등의 처분내용에 따라 평가 2) 재정상태 건실도에 따라 평가
라. 기술개발 및 투자 실적	10	기술개발 및 투자 실적 등에 따라 평가
마. 교체빈도	5	건설사업관리기술인의 교체빈도에 따라 평가

비고

1. 평가항목별 세부 평가기준 및 가점・감점기준은 국토교통부장관이 정하여 고시한다. 다만, 발주청은 용역의 특성에 맞도록 평가항목・배점범위・평가방법 등을 보완하여 세부 평가기준을 작성하여 적용할 수 있으며, 평가항목별 배점범위는 ±20퍼센트 범위에서 조정하여 적용할 수 있다.
2. 발주청은 입찰공고기간 중 세부 평가기준을 배부하거나 공람하도록 하여야 하며, 평가 후 평가 결과를 공개해야 한다.
3. 건설사업관리기술인의 경력 및 보유사항은 건설기술인 경력관리 수탁기관의 확인을 받아야 하며, 유사용역 등은 건설엔지니어링 실적관리 수탁기관, 건설기술인 경력관리 수탁기관 또는 해당 용역 발주청의 확인을 받아야 한다. 이 경우 발주청은 사전자격심사 시에는 종전에 발행한 서류의 사본 또는 참여업체가 작성한 서류를 활용한 후 사전자격심사를 통과한 업체에 한정하여 건설엔지니어링 실적관리 수탁기관, 건설기술인 경력관리 수탁기관 또는 발주청이 발행한 서류를 제출받아 경력사항 등을 확인할 수 있다.

4. 공동도급으로 건설사업관리를 수행하는 경우에는 공동수급체 구성원별로 유사용역수행 실적, 신용도, 기술개발 및 투자 실적, 교체빈도에 용역참여지분율을 곱하여 산정한 후 이를 합산한다.
5. 가점과 감점을 상계(相計)한 점수는 5점을 초과하지 못하며, 평가기준에 따른 평가 결과는 평가항목별 점수에 가점과 감점을 합한 점수로 한다. 다만, 건설사업관리용역사업자 중 평가점수가 100점을 초과하는 경우에는 100점으로 한다.
6. 건설사업관리의 발전을 위하여 국토교통부장관이 정하여 고시하는 사항에 대해서는 가점하거나 감점할 수 있다.
7. 교체빈도는 시공 단계의 건설사업관리가 포함되는 용역에 한정하여 평가하며, 시공 단계의 건설사업관리가 포함되지 않는 용역에 대하여는 발주청에서 용역의 특성에 따라 교체빈도의 배점을 다른 평가항목에 항목별 배점의 ±20퍼센트 범위에서 배분하여 평가기준을 작성할 수 있다.

2. 기술제안서 평가기준(제28조제2항제2호다목 본문에 따른 평가대상용역)

평가항목	세부사항	배점 범위	평가방법
가. 과업수행 조직	소계	55	
	1) 조직의 역량	40	건설사업관리기술인, 유사용역수행 실적, 신용도 등 평가
	2) 기술제안서 발표 및 면접	10	책임건설사업관리기술인의 이해도 및 자질의 적정성 평가
	3) 인원투입계획	5	조직 구성, 업무 분장의 적정성, 건설사업 수행단계별 인원투입계획성 등 평가
나. 과업수행 세부계획	소계	45	
	1) 과업에 대한 이해도	5	건설공사의 특성 및 발주청 요구사항 분석, 예상되는 문제점 및 대책 등 평가
	2) 시공 전(前) 단계의 사업관리	15	건설사업 수행단계별 사업관리 일반, 설계의 경제성 등 검토, 계약관리, 사업비관리, 사업정보관리 등의 수행방법 적정성 및 실현가능성 등 평가

	3) 시공 이후 단계의 사업관리	20	건설사업 수행단계별 사업관리 일반, 사업비관리, 공정관리, 품질관리, 안전관리, 사업정보관리 등의 수행방법 적정성 및 실현가능성 등 평가
	4) 기술 활용	5	신기술·신공법의 도입과 활용, 기술자료·소프트웨어 및 장비 등의 활용과 업무수행 지원체계 효율성 등 평가

3. 기술인평가서 평가기준(제28조제2항제2호다목 단서에 따른 평가대상용역)

평가항목	세부사항	배점 범위	평가방법
가. 구성조직의 역량 및 적정성	소계	70	
	1) 건설사업관리기술자	45	건설사업관리기술인의 등급·실적·경력 및 교육·훈련 등에 따라 평가
	2) 유사용역수행 실적	10	건설사업관리용역사업자의 건설사업관리용역 수행실적에 따라 평가
	3) 신용도	15	1) 관계 법령에 따른 입찰참가 제한, 영업정지, 벌점 등의 처분내용에 따라 평가 2) 재정상태 건실도에 따라 평가
나. 건설사업관리기술인 과업수행계획 및 방법	소계	30	
	1) 수행계획서	20	1) 과업의 성격 및 범위에 대한 이해도 2) 공종별 시공관리계획 3) 품질 및 안전, 공정관리 계획 4) 예상되는 문제점 및 개선대책 등
	2) 수행계획서 발표 및 면접	10	책임건설사업관리기술인의 업무수행능력, 자질검증을 위한 발표 및 면접 실시

[규칙별표 4] <개정 2019.2.25, 2020.9.9>

정밀점검 · 정밀안전진단의 사업수행능력 평가기준(제28조 관련)

1. 입찰 참가자 선정을 위한 평가기준(제28조제1항제2호에 따른 평가 대상 용역)

평가항목	배점범위	평가방법
가. 참여기술인	45	참여기술인의 등급 · 경력 · 실적 및 교육 · 훈련 등에 따라 평가
나. 유사용역수행실적	25	안전진단 전문기관의 유사용역 수행실적에 따라 평가
다. 신용도	10	1) 관계 법령에 따른 입찰참가 제한, 업무정지 등의 처분내용에 따라 평가 2) 재정상태 건실도에 따라 평가
라. 기술개발 및 투자실적	10	기술개발실적 및 투자실적 등에 따라 평가
마. 업무중첩도	10	참여기술인의 업무중복도에 따라 평가

비고

1. 평가항목별 세부 평가기준은 국토교통부장관이 정하여 고시한다.
2. 발주청은 용역의 특성에 맞도록 평가항목 · 배점범위 · 평가방법 등을 보완하여 세부 평가기준을 작성하여 사용할 수 있으며, 평가항목별 배점범위는 ±20퍼센트 범위에서 조정하여 적용할 수 있다.
3. 발주청은 입찰공고기간 중 세부 평가기준을 배부하거나 공람하도록 하여야 하며, 평가 후 평가결과를 공개해야 한다.
4. 평가기준에 따른 평가 결과는 평가항목별 점수에 가점을 합한 점수로 한다. 다만, 평가점수가 100점을 초과하는 경우에는 100점으로 한다.

2. 기술인평가서 평가기준(제28조제2항제2호라목에 따른 평가 대상 용역)

평가항목	세부사항	배점 범위	평가방법
가. 조직의 경험 및 역량	소계	70	
	1) 기술인 등급 · 경력	35	참여기술인의 등급 · 경력
	2) 유사용역 수행실적	20	업체 및 참여기술인의 유사용역 수행 실적
	3) 업무 중첩도	10	참여기술인의 업무중첩도
	4) 직무 적정성	5	정밀점검 또는 정밀안전진단 실시 결과에 대한 평가 반영 등
나. 수행 계획 및 방법	소 계	30	
	1) 수행계획	20	1) 과업의 성격 및 범위에 대한 이해도 2) 과업수행계획의 적정성 3) 해당 용역의 예상되는 문제점 및 개선대책
	2) 책임기술인 발표 및 면접	10	책임기술인의 업무수행능력, 자질 검증을 위한 발표 및 면접 실시

[규칙별표 5] <개정 2024.7.10>

건설공사 품질관리를 위한 시설 및 건설기술인 배치기준

(제50조제4항 관련)

대상공사 구분	공사규모	시험 · 검사장비	시험실 규모	건설기술인
특급 품질관리 대상공사	영 제89조제1항제1호 및 제2호에 따라 품질관리계획을 수립해야 하는 건설공사로서 총공사비가 1,000억원 이상인 건설공사 또는 연면적 5만㎡ 이상인 다중이용 건축물의 건설공사	영 제91조제1항에 따른 품질검사를 실시하는 데에 필요한 시험 · 검사장비	50㎡ 이상	가. 품질관리 경력 3년 이상인 특급기술인 1명 이상 나. 중급기술인 이상인 사람 1명 이상 다. 초급기술인 이상인 사람 1명 이상
고급 품질관리 대상공사	영 제89조제1항제1호 및 제2호에 따라 품질관리계획을 수립해야 하는 건설공사로서 특급품질관리 대상 공사가 아닌 건설공사	영 제91조제1항에 따른 품질검사를 실시하는 데에 필요한 시험 · 검사장비	50㎡ 이상	가. 품질관리 경력 2년 이상인 고급기술인 이상인 사람 1명 이상 나. 중급기술인 이상인 사람 1명 이상 다. 초급기술인 이상인 사람 1명 이상
중급 품질관리 대상공사	총공사비가 100억원 이상인 건설공사 또는 연면적 5,000㎡ 이상인 다중이용 건축물의 건설공사로서 특급 및 고급품질관리 대상 공사가 아닌 건설공사	영 제91조제1항에 따른 품질검사를 실시하는 데에 필요한 시험 · 검사장비	18㎡ 이상	가. 품질관리 경력 1년 이상인 중급기술인 이상인 사람 1명 이상 나. 초급기술인 이상인 사람 1명 이상
초급 품질관리 대상공사	영 제89조제2항에 따라 품질시험계획을 수립해야 하는 건설공사로서 중급품질관리 대상 공사가 아닌 건설공사	영 제91조제1항에 따른 품질검사를 실시하는 데에 필요한 시험 · 검사장비	18㎡ 이상	초급기술인 이상인 사람 1명 이상

비고

1. 건설공사 품질관리를 위해 배치할 수 있는 건설기술인은 법 제21조제1항에 따른 신고를 마치고 품질관리 업무를 수행하는 사람으로 한정하며, 해당 건설기술인의 등급은 영 별표 1에 따라 산정된 등급에 따른다.
2. 발주청 또는 인 · 허가기관의 장이 특히 필요하다고 인정하는 경우에는 공사의 종류 · 규모 및 현지 실정과 법 제60조제1항 전단에 따른 국립 · 공립 시험기관 또는 건설엔지니어링사업자의 시험 · 검사대행의 정도 등을 고려하여 시험실 규모 또는 품질관리 인력을 조정할 수 있다.

[규칙별표 6] <개정 2019.2.25, 2020.3.18, 2020.12.14, 2021.8.27, 2022.12.30>

품질관리비의 산출 및 사용기준(제53조제1항 관련)

1. 일반사항

가. 발주자는 제2호에 따라 품질관리비를 산출하고, 품질관리비와 그 산출근거가 되는 구체적인 명세를 설계도서에 명시해야 한다.

나. 발주자는 건설공사 계약을 위한 입찰공고를 하는 경우 품질관리비에 관한 다음의 사항을 입찰공고 등에 명시하여 입찰에 참가하려는 자가 미리 열람할 수 있도록 해야 한다. 이 경우 해당 입찰에 참가하는 건설사업자 또는 주택건설등록업자는 1)에 따른 품질관리비를 조정 없이 입찰금액에 반영하여 입찰에 참가해야 한다.

1) 제2호에 따라 산출하여 설계도서에 명시된 품질관리비

2) 입찰참가자는 입찰금액을 산정하는 경우 1)에 따른 품질관리비를 조정 없이 반영해야 한다는 내용

3) 품질관리비의 정산은 제3호다목의 방법에 따른다는 내용

다. 건설사업자 및 주택건설등록사업자는 설계도서에 누락된 품질시험 및 검사의 종목·방법 및 횟수에 관해서는 건설사업관리용역사업자 및 발주자와 협의하여 설계도서에 반영해야 한다.

라. 건설사업자 및 주택건설등록사업자는 시방서 등 설계도서를 검토하여 법 제55조제1항에 따른 건설공사의 품질관리계획(이하 "품질관리계획"이라 한다) 또는 품질시험계획(이하 "품질시험계획"이라 한다)을 작성하고 이를 토대로 품질관리를 해야 한다.

마. 건설사업자 및 주택건설등록사업자는 현장 품질시험의 원활한 실시를 위하여 발주자와 협의하여 현장여건을 고려한 적정 시험인력을 배치해야 한다.

2. 품질관리비

가. 품질시험비

1) 품질시험에 필요한 비용으로서 인건비, 공공요금, 재료비, 장비 손료(損料), 시설비용, 시험·검사기구의 검정·교정비, 차량 관련 비용 등을 포함한다.

2) 품질시험 인건비는 국토교통부장관이 고시하는 인건비 산출단위량기준을 토대로 「통계법」 제27조제1항에 따라 대한건설협회 및 한국엔지니어링진흥협회가 조사·공표하는 임금단가를 적용하되, 시험관리인의 인건비는 포함하지 않는다.

3) 공공요금은 정부가 고시하는 공공요금을 적용하되, 해당 시험에 필요한 공공요금의 산출단위량 기준은 국토교통부장관이 정하여 관보에 고시한다.

4) 재료비는 인건비 및 공공요금의 100분의 1로 한다. 다만, 특별한 사유가 있

는 경우에는 조달청장이 구매하는 물품의 가격을 기준으로 실비를 산출하여 적용할 수 있다.

5) 장비손료는 다음의 계산식에 따라 산출한 금액 또는 품질시험 인건비의 100분의 1을 계상한 금액으로 한다.

$$\frac{(\text{상각률}+\text{수리율})\times\text{기계가격}}{\text{연간표준장비가동시간}\times\text{내용연수}}\times\text{장비가동시간}$$

※ 기계가격은 구입 가격을 말한다.

※ 연간표준장비가동시간은 2천시간으로 한다.

※ 장비가동시간은 해당 시험을 위하여 실제 가동되는 시간을 말한다.

※ 내용연수는 기계류 및 계량기는 10년, 유리류 및 금속류 등의 기구는 3년으로 한다.

※ 상각률 및 수리율은 다음의 값으로 한다.

장비 구분	상각률	수리율
모터 및 기계	0.8	0.6
게이지 기계	0.8	0.6
유 리 류	1.0	-
금 속 류	0.9	0.3
게 이 지	1.0	0.6

6) 품질시험에 필요한 시설비용, 시험 및 검사기구의 검정 • 교정비는 품질시험비의 100분의 3을 계상한다.

7) 품질시험에 필요한 차량의 감가상각비 • 유류비 • 보험료 등 각종 경비는 실비계상한다.

8) 외부의뢰 시험은 품질시험비의 한도 내에서 실시하며, 건설사업관리용역사업자와 협의하여 결정해야 한다.

나. 품질관리활동비

품질시험비 외에 품질관리활동에 필요한 비용으로 계상할 수 있는 항목은 다음과 같다.

항 목	내 역	비 고
1) 품질관리 업무를 수행하는 건설기술인 인건비	시험관리인을 제외한 건설기술인의 인건비	가) 별표 5에 따른 배치기준에 따라 건설현장에 배치되는 건설기술인의 인건비로, 「통계법」 제27조제1항에 따라 대한건설협회 및 한국엔지니어링협회가 조사 • 공표하는 임금단가를 적용한다. 나) 시험관리인은 현장에 배치되는 품질관리 업무를 수행하는 건설기술인 중에서 최하위 등급자로 정하고, 시험관리인의 인

		건비는 간접노무비에 포함된 것으로 한다.
2) 품질관련 문서 작성 및 관리에 관련한 비용	가) 품질관리계획서 또는 품질시험계획서 작성비 나) 품질관리 절차서 작성비 다) 부적격보고서와 그 밖의 품질관련 문서 작성비 라) 품질관리계획서 또는 품질시험계획서 개정 작성비 마) 품질 관련 문서관리 비용	품질관리 업무를 수행하는 건설기술인 인건비(시험관리인만 건설현장에 배치된 경우에는 별표6제2호나목1)비고란 가)에 따라 산정되는 해당 시험관리인이 속한 건설기술인 등급의 인건비를 말한다)의 100분의 1을 계상한다.
3) 품질관련 교육·훈련비	가) 현장 근로자의 품질 관련 교육에 드는 교재 비용, 초빙강사료 등 각종 비용 나) 교육자료 준비비 다) 품질 관련 행사비 라) 건설기술인 및 시험인력의 외부교육 참가비	품질 관련 교육·훈련은 품질관리계획서 또는 품질시험계획서에 실시방법 등 구체적인 사항을 적고 실시하는 것만을 말하며, 이를 위한 비용으로 품질관리 업무를 수행하는 건설기술인 인건비(시험관리인만 건설현장에 배치된 경우에는 별표6 제2호나목1) 비고란 가)에 따라 산정되는 해당 시험관리인이 속한 건설기술인 등급의 인건비를 말한다)의 100분의 1을 계상한다.
4) 품질검사비	가) 품질시험 결과의 검사에 드는 비용 나) 내부 품질검사비 다) 구매문서의 적합성 검토 및 구매품의 검사	품질시험비의 100분의 1을 계상한다.
5) 그 밖의 비용	그 밖에 해당 공사의 특수성을 고려하여 발주자가 인정한 예비 비용	그 밖의 비용을 제외한 품질관리활동비 총액[1)+2)+3)+4)]의 100분의 1을 초과할 수 없다.

3. 품질관리비 사용기준

가. 건설사업자 및 주택건설등록사업자는 품질관리비를 품질관리비 산출기준에 따른 용도 외에는 사용할 수 없다. 다만, 발주자 또는 인·허가기관의 장이 품질관리업무 수행과 관련하여 필요하다고 인정하는 경우에는 그렇지 않다.

나. 건설사업자 및 주택건설등록사업자는 품질관리비의 사용명세서 및 증명서류를 갖추어 두고, 발주자 또는 건설사업관리용역사업자 등이 요청하는 경우에는 이를 제시해야 한다.

다. 품질관리비는 발주자 또는 건설사업관리용역사업자가 확인한 시험성적서 등에 의한 품질관리 활동실적에 따라 정산한다.

[규칙별표 7] <개정 2020.3.18, 2020.12.14, 2021.8.27>

안전관리계획의 수립기준(제58조 관련)

1. 안전관리계획

가. 안전관리계획은 다음 표에 따라 구분하여 각각 작성·제출해야 한다.

구 분	작성기준	제출기한
1) 총괄 안전관리계획	제2호에 따라 건설공사 전반에 대하여 작성	건설공사 착공 전까지
2) 공종별 세부 안전관리계획	제3호 각 목 중 해당하는 공종별로 작성	공종별로 구분하여 해당 공종의 착공 전까지

나. 각 안전관리계획서의 본문에는 반드시 필요한 내용만 작성하며, 해당 사항이 없는 내용에 대해서는 "해당 사항 없음"으로 작성한다.

다. 각 안전관리계획서에 첨부하는 관련 법령, 일반도면, 시방기준 등 일반적인 내용의 자료는 특별히 필요한 자료 외에는 최소한으로 첨부한다. 다만, 안전관리계획의 검토를 위하여 필요한 배치도, 입면도, 층별 평면도, 종·횡단면도(세부 단면도를 포함한다) 및 그 밖에 공사현황을 파악할 수 있는 주요 도면 등은 각 안전관리계획과 별도로 첨부하여 제출해야 한다.

라. 이 표에서 규정한 사항 외에 건설공사의 안전 확보를 위하여 안전관리계획에 포함해야 하는 세부사항은 국토교통부장관이 정하여 고시할 수 있다.

2. 총괄 안전관리계획의 수립기준

가. 건설공사의 개요

공사 전반에 대한 개략을 파악하기 위한 위치도, 공사개요, 전체 공정표 및 설계도서(해당 공사를 인가·허가 또는 승인한 행정기관 등에 이미 제출된 경우는 제외한다)

나. 현장 특성 분석

1) 현장 여건 분석

주변 지장물(支障物) 여건(지하 매설물, 인접 시설물 제원 등을 포함한다), 지반 조건[지질 특성, 지하수위(地下水位), 시추주상도(試錐柱狀圖) 등을 말한다], 현장시공 조건 주변 교통 여건 및 환경요소 등

2) 시공단계의 위험 요소, 위험성 및 그에 대한 저감대책

가) 핵심관리가 필요한 공정으로 선정된 공정의 위험 요소, 위험성 및 그에 대한 저감대책

나) 시공단계에서 반드시 고려해야 하는 위험 요소, 위험성 및 그에 대한 저감대책(영 제75조의2제1항에 따라 설계의 안전성 검토를 실시한 경우

에는 같은 조 제2항제1호의 사항을 작성하되, 같은 조 제4항에 따라 설계도서의 보완·변경 등 필요한 조치를 한 경우에는 해당 조치가 반영된 사항을 기준으로 작성한다)

다) 가) 및 나) 외에 시공자가 시공단계에서 위험 요소 및 위험성을 발굴한 경우에 대한 저감대책 마련 방안

3) 공사장 주변 안전관리대책

공사 중 지하매설물의 방호, 인접 시설물 및 지반의 보호 등 공사장 및 공사현장 주변에 대한 안전관리에 관한 사항(주변 시설물에 대한 안전관련 협의서류 및 지반침하 등에 대한 계측계획을 포함한다)

4) 통행안전시설의 설치 및 교통소통계획

가) 공사장 주변의 교통소통대책, 교통안전시설물, 교통사고예방대책 등 교통안전관리에 관한 사항(현장차량 운행계획, 교통 신호수 배치계획, 교통안전시설물 점검계획 및 손상·유실·작동이상 등에 대한 보수 관리계획을 포함한다)

나) 공사장 내부의 주요 지점별 건설기계·장비의 전담유도원 배치계획

다. 현장운영계획

1) 안전관리조직

공사관리조직 및 임무에 관한 사항으로서 시설물의 시공안전 및 공사장 주변안전에 대한 점검·확인 등을 위한 관리조직표(비상시의 경우를 별도로 구분하여 작성한다)

2) 공정별 안전점검계획

가) 자체안전점검, 정기안전점검의 시기·내용, 안전점검 공정표, 안전점검 체크리스트 등 실시계획 등에 관한 사항

나) 계측장비 및 폐쇄회로 텔레비전 등 안전 모니터링 장비의 설치 및 운용계획에 관한 사항(「시설물의 안전 및 유지관리에 관한 특별법 시행령」 별표 1에 따른 제2종시설물 중 공동주택의 건설공사는 공사장 상부에서 전체를 실시간으로 파악할 수 있도록 폐쇄회로 텔레비전의 설치·운영계획을 마련해야 한다)

3) 안전관리비 집행계획

안전관리비의 계상, 산출·집행계획, 사용계획 등에 관한 사항

4) 안전교육계획

안전교육계획표, 교육의 종류·내용 및 교육관리에 관한 사항

5) 안전관리계획 이행보고 계획

위험한 공정으로 감독관의 작업허가가 필요한 공정과 그 시기, 안전관리계획 승인권자에게 안전관리계획 이행 여부 등에 대한 정기적 보고계획 등

라. 비상시 긴급조치계획

1) 공사현장에서의 사고, 재난, 기상이변 등 비상사태에 대비한 내부·외부

비상연락망, 비상동원조직, 경보체제, 응급조치 및 복구 등에 관한 사항
2) 건축공사 중 화재발생을 대비한 대피로 확보 및 비상대피 훈련계획에 관한 사항(단열재 시공시점부터는 월 1회 이상 비상대피 훈련을 실시해야 한다)

3. 공종별 세부 안전관리계획

가. 가설공사
1) 가설구조물의 설치개요 및 시공상세도면
2) 안전시공 절차 및 주의사항
3) 안전점검계획표 및 안전점검표
4) 가설물 안전성 계산서

나. 굴착공사 및 발파공사
1) 굴착, 흙막이, 발파, 항타 등의 개요 및 시공상세도면
2) 안전시공 절차 및 주의사항(지하매설물, 지하수위 변동 및 흐름, 되메우기 다짐 등에 관한 사항을 포함한다)
3) 안전점검계획표 및 안전점검표
4) 굴착 비탈면, 흙막이 등 안전성 계산서

다. 콘크리트공사
1) 거푸집, 동바리, 철근, 콘크리트 등 공사개요 및 시공상세도면
2) 안전시공 절차 및 주의사항
3) 안전점검계획표 및 안전점검표
4) 동바리 등 안전성 계산서

라. 강구조물공사
1) 자재 • 장비 등의 개요 및 시공상세도면
2) 안전시공 절차 및 주의사항
3) 안전점검계획표 및 안전점검표
4) 강구조물의 안전성 계산서

마. 성토(흙쌓기) 및 절토(땅깎기) 공사(흙댐공사를 포함한다)
1) 자재 • 장비 등의 개요 및 시공상세도면
2) 안전시공 절차 및 주의사항
3) 안전점검계획표 및 안전점검표
4) 안전성 계산서

바. 해체공사
1) 구조물해체의 대상 • 공법 등의 개요 및 시공상세도면
2) 해체순서, 안전시설 및 안전조치 등에 대한 계획

사. 건축설비공사
1) 자재 • 장비 등의 개요 및 시공상세도면
2) 안전시공 절차 및 주의사항

3) 안전점검계획표 및 안전점검표
4) 안전성 계산서

아. 타워크레인 사용공사

1) 타워크레인 운영계획
안전작업절차 및 주의사항, 관리자 및 신호수 배치계획, 타워크레인간 충돌 방지계획 및 공사장 외부 선회방지 등 타워크레인 설치·운영계획, 표준작업시간 확보계획, 관련 도면[타워크레인에 대한 기초 상세도, 브레이싱(압축 또는 인장에 작용하며 구조물을 보강하는 대각선 방향 등의 구조 부재) 연결 상세도 등 설치 상세도를 포함한다]
2) 타워크레인 점검계획
점검시기, 점검 체크리스트 및 검사업체 선정계획 등
3) 타워크레인 임대업체 선정계획
적정 임대업체 선정계획(저가임대 및 재임대 방지방안을 포함한다), 조종사 및 설치·해체 작업자 운영계획(원격조종 타워크레인의 장비별 전담 조정사 지정여부 및 조종사의 운전시간 등 기록관리 계획을 포함한다), 임대업체 선정과 관련된 발주자와의 협의시기, 내용, 방법 등 협의계획
4) 타워크레인에 대한 안정성 계산서(현장조건을 반영한 타워크레인의 기초 및 브레이싱에 대한 계산서는 반드시 포함해야 한다)

[규칙별표 7의2] <신설 2020.12.14>

소규모안전관리계획의 수립기준(제59조의2 관련)

1. 건설공사의 개요

공사 전반을 파악하기 위한 위치도, 공사개요, 전체 공정표 및 설계도서(해당 공사를 인가·허가 또는 승인한 행정기관 등에 이미 제출된 경우는 제외한다)

2. 비계 설치계획

건축물 외부에 설치하는 비계의 설치계획 및 시공도면과 현장 특성을 반영한 비계 시공절차 및 주의사항

3. 안전시설물 설치계획

추락방호망, 낙하물방지망, 개구부 덮개, 안전난간대 등 안전시설물 설치계획과 안전시설물을 적정하게 설치하기 위한 사진·그림 등 예시자료

[규칙별표 8] <개정 2018.6.18, 2020.3.18, 2021.8.27>

환경관리비 세부 산출기준(제61조제3항 관련)

1. 환경보전비의 산출기준

가. 건설공사현장에 설치하는 환경오염 방지시설의 설치 및 운영에 필요한 비용(이하 "환경보전비"라 한다)은 직접공사비와 간접공사비를 병행하여 계상한다. 다만, 간접공사비에 반영되는 환경보전비는 직접공사비에 다음의 최저요율을 곱하여 산출된 금액 이상으로 계상한다.

공사의 종류		최저요율
토목	도로	0.9%
	플랜트	0.4%
	지하철	0.5%
	철도	1.5%
	상하수도	0.5%
	항만 (수질오염 방지막 또는 준설토방지막을 설치하는 경우)	0.8% (1.8%)
	댐	1.1%
	택지개발	0.6%
	그 밖의 토목공사	0.8%
건축	주택(재개발 및 재건축)	0.7%
	주택(신축)	0.3%
	그 밖의 건축공사	0.5%

나. 건설공사 현장에 설치하는 환경오염 방지시설은 다음의 시설을 말한다.

1) 비산먼지 방지시설 : 세륜시설(세륜장의 포장 및 침전물 보관시설을 포함한다), 살수시설, 살수차량, 방진덮개(도로 등의 절토 및 성토 경사면 사용분을 포함한다), 방진벽, 방진망, 방진막, 진공청소기, 간이칸막이, 이송설비 분진억제시설, 집진시설(이동식, 분무식을 포함한다), 기계식 청소장비 등 「대기환경보전법」의 규정을 준

수하기 위한 시설

2) 소음·진동 방지시설 : 방음벽(이동 및 설치 비용을 포함한다), 방음막, 소음기, 방음덮개, 방음터널, 방음숲, 방음언덕, 흡음장치 및 시설, 탄성지지시설, 제진시설, 방진구시설, 방진고무, 배관진동절연장치 등「소음·진동관리법」의 규정을 준수하기 위한 시설

3) 폐기물 처리시설 : 소각시설, 쓰레기슈트, 폐자재 수거박스, 폐기물 보관시설(덮개 및 배수로를 포함한다), 건설폐기물 처리시설(파쇄·분쇄시설 및 탈수건조시설을 포함한다) 등「건설폐기물의 재활용촉진에 관한 법률」및「폐기물관리법」의 규정을 준수하기 위한 시설

4) 수질오염 방지시설 : 오폐수처리시설[수질 자동측정시스템(TMS)를 포함한다], 가배수로, 임시용 측구, 절토·성토면 비닐덮개, 침사 및 응집시설, 수질오염 방지막, 오일펜스(기름막이), 유화제, 흡착포, 단독정화조, 이동식 간이화장실(정화조를 포함한다)등「수질 및 수생태계 보전에 관한 법률」,「지하수법」,「하수도법」및「화학물질관리법」의 규정을 준수하기 위한 시설

2. 폐기물처리 및 재활용비의 산출기준

가. 건설공사현장에서 발생하는 폐기물의 처리 및 재활용에 필요한 비용(이하 "폐기물처리 및 재활용비"라 한다)로 계상하는 비용은 다음의 비용을 말한다.

1) 폐기물을 건설공사현장에서 분리·선별, 운반 또는 상차하는 비용

2) 폐기물 처리업체가 폐기물을 수집·운반, 보관, 중간처리, 최종처리하기 위한 비용

3) 해당 건설공사 현장에서 폐기물을 재활용하기 위한 비용

나. 폐기물처리 및 재활용비는 철거대상 구조물을 실측하여 폐기물의 발생량을 예상하여 산출하거나 설계도서 등에 따라 산출하는 것이 곤란한 경우에는 운반거리, 폐기물의 성질·상태, 지역여건 및 정부가 공인한 물가조사기관에서 조사·공표한 가격 등을 고려하여 비용을 산출한다.

다.「건설폐기물의 재활용촉진에 관한 법률」제15조에 따른 건설폐기물 처리용역을 분리발주하는 경우에는 그 용역에 따른 건설폐기물 처리비용을 제외한다.

3. 그 밖의 사항

건설사업자 또는 주택건설등록사업자는 건설공사현장의 환경보전에 필요한 환경오염 방지시설을 추가로 설치할 경우 등 환경관리비에 계상될 비용이 추가로 발생한 경우에는 발주자 또는 건설사업관리용역사업자의 확인을 받아 그 비용의 추가 계상을 발주자에게 요청할 수 있다. 이 경우 발주자는 그 내용을 확인하고 설계변경 등 필요한 조치를 해야 한다.

[규칙별표 9] <2019.2.25, 2019.7.1, 2021.8.27, 2021.9.17, 2022.12.30>

수수료의 산출기준(제63조 관련)

1. 신기술 지정 및 보호기간연장 심사수수료 산출기준(법 제79조제2호 및 제3호 관련)

구 분	금액(1건당)
1차심사수수료	1,000,000원
2차심사수수료	1,000,000원

비고
1. 삭제 <2022.12.30>
2. 1차 및 2차 심사수수료는 심사를 신청하는 때에 심사업무를 담당하는 전문기관에 낸다.
3. 위 표의 수수료 외에 심사를 위한 현장실사비용이 추가적으로 필요한 경우에는 신기술의 지정 또는 보호기간의 연장을 신청하는 자가 비용을 부담해야 한다.
4. 현장실사에 참석한 심사위원에게 지급하는 심사수당은 한국엔지니어링진흥협회에서 조사・공표하는 엔지니어링기술자 임금단가 중 건설 및 기타부문 단가를 적용한다.
5. 현장실사에 따른 여비는「공무원 여비 규정」을 적용한다.

2. 신기술사용협약 증명서 발급 수수료 산출기준 (법 제79조제3호의2 관련)

구 분	금 액 (1건당)
신청 수수료	20,000원

비고 : 신기술사용협약 증명서 발급을 신청하는 때에 수수료를 발급기관에 낸다.

3. 공장인증 신청수수료 산출기준(법 제79조제4호 관련)

<table>
<tr><th>구분</th><th>금액</th></tr>
<tr><td>가. 기본 수수료</td><td>인건비, 사무실 운영비, 감가상각비 등 공장인증에 관한 심사업무를 위탁받은 기관의 운영을 위한 실비로서 국토교통부장관의 승인을 받아 공장심사업무를 위탁받은 기관의 장이 심사업무규정에서 정한 금액으로 한다.</td></tr>
<tr><td>나. 공장심사원 출장비 및 수당</td><td>1) 출장비는 「공무원 여비 규정」 을 준용한다.
2) 출장기간은 공장심사에 걸리는 기간으로서 다음과 같다.
<table>
<tr><th rowspan="2">등급</th><th colspan="2">필요인원</th><th rowspan="2">소요기간</th></tr>
<tr><th>특급기술자
(5급 상당)</th><th>고급기술자
(6급·7급 상당)</th></tr>
<tr><td>1급</td><td rowspan="4">1명</td><td rowspan="4">2명</td><td>3일</td></tr>
<tr><td>2급</td><td>2일</td></tr>
<tr><td>3급</td><td>1.5일</td></tr>
<tr><td>4급</td><td>1.5일</td></tr>
</table>
3) 공장심사원의 수당은 국토교통부장관의 승인을 받아 공장심사 업무를 위탁받은 기관의 장이 심사업무규정에서 정한 금액으로 한다.</td></tr>
<tr><td>다. 인증심의위원 수당</td><td>공장인증심의를 위한 심의위원의 수당은 국토교통부장관의 승인을 받아 공장심사 업무를 위탁받은 기관의 장이 심사업무규정에서 정한 금액으로 한다.</td></tr>
<tr><td>라. 일반관리비</td><td>(가+ 나+ 다)의 5%</td></tr>
</table>

비고

1. 교량분야와 건축분야를 함께 신청하는 경우의 필요인원은 1개 분야 필요인원으로 하고, 기간은 상위등급 소요기간에 1일을 추가한다.
2. 인증받은 공장에 대한 사후관리 심사의 경우 사후관리 심사수수료는 위 표의 가목, 나목 및 라목을 준용하되, 나목의 공장심사원 필요인원은 특급기술인 1명과 고급기술인 1명으로 하고, 출장 소요기간은 1일로 한다.
3. 영 제117조제1항제11호에 따라 공장인증 신청에 대한 전문·기술적인 심사 및 사후관리 상태의 조사를 위한 전문·기술적인 사항에 관한 업무를 위탁받은 기관이 법 제79조제4호에 따라 수수료를 결정하려는 경우에는 해당 기관의 인터넷 홈페이지에 20일간 그 내용을 게시하여 이해관계인의 의견을 수렴하여야 한다. 다만, 긴급하다고 인정되는 경우에는 해당 기관의 인터넷 홈페이지에 그 사유를 소명하고 10일간만 게시할 수 있다.
4. 수수료의 요율 또는 금액은 제3호에 따라 수렴된 의견을 고려하여 실비(實費)의 범위에서 결정하여야 하며, 수수료의 요율 또는 금액을 결정하였을 때에는 그 내용과 실비산정 내역을 해당 기관의 인터넷 홈페이지를 통하여 공개해야 한다.

[별지 제1호서식]<개정 2024.7.10>

신기술 지정신청서

접수번호	접수일	실명확인	처리기간 120일

신기술 명칭			
기술을 개발 또는 개량한 자	상호 또는 법인명		사업자등록번호 (법인등록번호)
	성명(대표자)	전화번호	생년월일
	주소		
신기술 내용 ※기재내용이 많은 경우는 별지로 작성			
신기술의 범위			

「건설기술 진흥법」 제14조, 같은 법 시행령 제31조 및 같은 법 시행규칙 제7조에 따라 신기술 지정을 신청합니다.

년 월 일

신청인 (서명 또는 인)

국토교통부장관 귀하

첨부서류	1. 신기술의 내용(신기술의 요지와 지정요건인 신규성 • 진보성 • 현장적용성에 대한 구체적인 내용을 포함합니다)에 관한 서류 2. 국내외 건설공사에서의 활용 전망에 관한 서류 3. 시방서 및 유지관리지침서 4. 「건설기술 진흥법」 제60조제1항 전단에 따른 국립 • 공립 시험기관, 「국가표준기본법」 제23조제2항에 따른 인정기구로부터 인정받는 시험 • 검사기관 또는 건설엔지니어링사업자가 발행한 각종 시험성적서 및 시험시공 결과에 관한 서류(다만, 다른 법령에 따라 동일한 시험을 거쳐 기술인증 등을 받은 경우에는 해당 시험항목에 대한 시험성적서 및 시험시공 결과로 이를 갈음할 수 있습니다) 5. 그 밖에 신기술 평가에 필요하다고 인정되는 사항으로서 국토교통부장관이 고시하는 서류

처리절차

신청서 작성	→	접수	→	첨부서류 확인 및 검토(보완요청) 관보공고	→	의견조회 및 전문기관 심사	→	신기술 등록 및 지정	→	통보 및 사후관리
신청인		전문기관		국토교통부 전문기관		전문기관		국토교통부 전문기관		국토교통부 전문기관

210㎜×297㎜[백상지 80g/㎡(재활용품)]

[별지 제1호의2서식] <신설 2019.7.1>

신기술사용협약 증명서 발급 신청서

접수번호	접수일시	실명확인	처리기간 14일

지정번호	건설신기술 제 호	보호기간
신기술 명 칭		

기 술 개발자	상호 또는 법인명	사업자등록번호 (법인등록번호)
	성명(대표자)	생년월일
	주소 및 연락처 (우) (전화: , 팩스:)	

신기술 사용협약자	상호 또는 법인명	사업자등록번호 (법인등록번호)
	성명(대표자)	협약기간
	주소 및 연락처 (우) (전화: , 팩스:)	

「건설기술진흥법」 제14조의2제1항에 따라 신기술사용협약 증명서 발급을 신청합니다.

년 월 일

신청인 (인)

수탁기관의 장 귀하

신청인 제출서류	「건설기술진흥법 시행령」 제36조의2제2항에 따른 증명서류 1. 신기술사용협약서 1부 2. 건설업 등록증 사본 1부 3. 신기술을 시공할 수 있는 장비의 소유 또는 임대 현황에 관한 서류 1부 4. 신기술사용협약 기술전수 확인서 1부 5. 신기술사용협약 관련 지식재산권 활용 동의서 1부	수수료 20,000원

처리절차

신청서 작성	→	접수	→	서류 검토 및 통보	→	사후관리
신청인		발급기관		발급기관		발급기관

210㎜×297㎜[백상지(80g/㎡) 또는 중질지(80g/㎡)]

[별지 제1호의3서식] <개정 2024.7.30>

신기술사용협약서

1. 신기술 개요

가. 신기술번호: 건설신기술 제　　호
나. 신기술명칭:
다. 기술개발자:
라. 신기술범위:
마. 보호기간:

2. 협약내용

가. 협약기간:
나. 협약범위:
다. 책임 소재 및 범위:
라. 공사품질 관리:
마. 자재수급:
바. 기 술 료:
사. 협약해약 및 손해배상:

3. 기 타 (※ 서식에 포함되지 않은 사항이라도 협약에 따라 기타 사항을 추가하실 수 있습니다)
이 협약서에 규정하지 않은 사항은 「민법」 등 관련 법령에 따른다.

「건설기술 진흥법」 제14조에 따른 기술개발자와 신기술사용협약을 체결한 자는 「건설기술 진흥법」 제14조의2에 따라 이 신기술사용협약서 및 별첨 설계도, 시방서 등에 따른 신기술사용협약을 체결하고, 그 증거로 신기술사용협약서 등 2통을 작성하여 각 1통씩 보관한다.

년　　월　　일

기술개발자　주　소:
생년월일 또는 법인등록번호:
성명 또는 법인명(대표자명):　　(인)

신기술사용협약자　주　소:
사업자등록번호 또는 법인등록번호:
상호 또는 법인명(대표자명):　　(인)

210㎜×297㎜[백상지(80g/㎡) 또는 중질지(80g/㎡)]

[별지 제1호의4서식] <신설 2019.7.1>

신기술사용협약 기술전수 확인서

지정번호	건설신기술 제 호	보호기간
신기술 명 칭		
기술개발자	상호 또는 법인명	성명(대표자)

기술을 전수(傳受)한 자 (신기술 사용 협약자)	상호 또는 법인명	사업자등록번호 (법인등록번호)
	성명(대표자)	협약기간

기술전수 현장 및 내용	기술을 전수(傳受)한 자 (총 명)	기술전수 일시 (시간)
	기술전수 현장	
	기술전수 내용	

기술전수 확인자	소속기관	직책(직급)	성명 (인)

「건설기술 진흥법」 제14조의2에 따라 신기술사용협약을 체결한 자를 대상으로 해당 신기술에 대한 기술전수를 이행하였음을 확인합니다.

년 월 일

기술개발자 (인)

수탁기관의 장 귀하

붙임서류	1. 기술전수 계획 및 결과 사본 1부. 2. 기술전수 참석자 서명부 사본 1부. 3. 기타 기술전수 관련 자료(사진 등) ※ 기술전수 확인자는 당해 공사의 발주청, 감리·감독자 또는 현장대리인

210㎜×297㎜[백상지(80g/㎡) 또는 중질지(80g/㎡)]

[별지 제1호의5서식] <신설 2024.7.30>

신기술사용협약 관련 지식재산권 활용 동의서

1. 신기술 개요

가. 신기술명칭:　　　　　　　　　　　　　　　(건설신기술 제　　호)

나. 기술개발자:

2. 해당 지식재산권 목록

가. 특허 제10-000000호, 명칭(○○○○ 방법), 권리자(홍길동, ○○건설)

나.

다.

본인은 위 지식재산권의 공동권리자로서 ㈜○○○(법인번호○○○○)가 위 지식재산권을 활용하여「건설기술 진흥법」 제14조의2에 따른 신기술사용협약을 체결하는 것에 동의하며, 향후 지식재산권 활용에 따른 이의를 제기하지 않겠습니다.

년　　월　　일

지식재산권 주　소:

공동권리자 생년월일 또는 법인등록번호:

성명 또는 법인명(대표자명):　　　　　　(인)

수탁기관의 장 귀하

210㎜×297㎜[백상지(80g/㎡) 또는 중질지(80g/㎡)]

[별지 제1호의6서식] <신설 2019.7.1>

신기술사용협약 증명서

등록번호 제 호

<table>
<tr><td>지정번호</td><td>건설신기술 제 호</td><td>보호기간</td></tr>
<tr><td>신기술
명 칭</td><td colspan="2"></td></tr>
<tr><td>기 술
개발자</td><td>상호 또는 법인명</td><td>성명(대표자)</td></tr>
<tr><td>기 술
범 위</td><td colspan="2"></td></tr>
</table>

<table>
<tr><td rowspan="3">신기술
사용협약자</td><td>상호 또는 법인명</td><td>사업자등록번호
(법인등록번호)</td></tr>
<tr><td>성명(대표자)</td><td>협약기간</td></tr>
<tr><td colspan="2">주소 및 연락처

(우)
(전화: , 팩스:)</td></tr>
</table>

「건설기술 진흥법」 제14조의2에 따라 신기술사용협약이 체결되었음을 증명합니다.

년 월 일

수탁기관의 장 (인)

210㎜×297㎜[백상지(80g/㎡) 또는 중질지(80g/㎡)]

[별지 제2호서식]

제 호

신기술 지정증서

○ 명칭:

○ 개발자(개량자):

○ 보호 기간: . . . ~ . . . (년)

○ 기술 내용:

○ 기술 범위:

○ 보호 내용:

「건설기술 진흥법」 제14조 및 같은 법 시행령 제33조제1항에 따라 위 기술을 신기술로 지정합니다.

년 월 일

국토교통부장관 직인

210㎜×297㎜[백상지 120g/㎡]

[별지 제3호서식]

신기술 지정증서 재발급신청서

접수번호	접수일	실명확인	처리기간 즉시

신청인	상호 또는 법인명		
	성명(대표자)	전화번호	생년월일
	주소		
지정번호	번호		지정일
신청사유			

「건설기술 진흥법 시행규칙」 제9조제2항에 따라 신기술 지정증서의 재발급을 신청합니다.

년 월 일

신청인 (서명 또는 인)

국토교통부장관 귀하

처리절차			
신청서 작성 →	접수 →	신기술 지정 확인 →	발급
신청인	국토교통부	국토교통부	국토교통부

210㎜×297㎜[백상지 80g/㎡(재활용품)]

[별지 제4호서식] <개정 2020.9.9, 2025.10.31>

신기술 활용실적

(앞쪽)

신기술 명칭		신기술 지정번호
신기술 활용실적 제출자 [ ] 신기술개발자 [ ] 신기술사용협약자	상호 또는 법인명	성명(대표자) (서명 또는 인)

① 일련 번호	② 공사명	③ 발주자명	※④ 업태 분류	※⑤ 발주자 분류	※⑥ 기술 분야	※⑦ 지역	※⑧ 계약 형태	※⑨ 계약 관계	※⑩ 활용 형태	⑪ 계약 연월일	⑫ 착공 연월일	⑬ 준공 연월일	⑭ 해당 연도 계약액 또는 이월금액	⑮ 해당 연도 활용금액	비고
													천원	천원	
													천원	천원	
													천원	천원	
													천원	천원	
합 계													천원	천원	

첨부서류	1. 건설공사의 경우 가. 발주청 또는 수급인(하도급 공사인 경우만 해당합니다)이 발행하는 「건설기술 진흥법 시행규칙」 별지 제5호서식의 신기술 활용실적 증명서 나. 세금계산서 또는 매출처별 세금계산서합계표 다. 도급 또는 하도급 계약서(발주청 외의 자가 도급하거나 하도급하는 건설공사인 경우만 해당합니다.) 2. 건설공사 외의 경우 : 세금계산서 또는 기술사용료 지급확인서 등 신기술활용 실적을 증명 할 수 있는 서류	수수료 없 음

유의사항

1. 일련번호는 신기술별로 적습니다.
2. ※ 표시가 있는 난은 뒤쪽의 해당 코드번호를 적습니다.
3. 전년도 미기성액부터 작성하고, 해당 연도 계약분을 계약일순으로 적고 합계 금액을 적습니다.
4. 해당 연도 활용금액은 발주자 공급자재액을 제외하고 적습니다.

210㎜×297㎜[백상지(80g/㎡)또는 중질지(80g/㎡)]

(뒤쪽)

※④ 업태분류	※⑤ 발주자 분류					
1. 종합건설업 2. 전문건설업 3. 기술용역(건축사·기술사무소 및 유지관리·감리 등) 4. 공기업·준정부기관 5. 연구소 6. 개인 7. 그 밖의 업태	**1.중앙정부** 1-1. 국토교통부 1-2. 국방부 1-3. 기후에너지환경부 1-4. 그 밖의 기관	**2.지방자치단체** 2-1. 서울특별시 2-2. 부산광역시 2-3. 대구광역시 2-4. 인천광역시 2-5. 광주광역시 2-6. 대전광역시 2-7. 울산광역시 2-8. 세종특별자치시 2-9. 경기도 2-10. 강원도 2-11. 충청북도	2-12. 충청남도 2-13. 전라북도 2-14. 전라남도 2-15. 경상북도 2-16. 경상남도 2-17. 제주특별자치도 2-18. 그 밖의 지방자치단체	**3.공기업·준정부기관** 3-1. 한국도로공사 3-2. 한국토지주택공사 3-3. 한국수자원공사 3-4. 한국농어촌공사 3-5. 한국전력공사 3-6. 국가철도공단 3-7. 그 밖의 공기업·준정부기관	**4.교육기관** 4-1. 서울특별시교육청 4-2. 부산광역시교육청 4-3. 대구광역시교육청 4-4. 인천광역시교육청 4-5. 광주광역시교육청 4-6. 대전광역시교육청 4-7. 울산광역시교육청 4-8. 세종특별자치시교육청 4-9. 경기도교육청 4-10. 강원도교육청 4-11. 충청북도교육청 4-12. 충청남도교육청 4-13. 전라북도교육청 4-14. 전라남도교육청 4-15. 경상북도교육청 4-16. 경상남도교육청 4-17. 제주특별자치도교육청 4-18. 그 밖의 교육기관	**5. 민간** **6. 그 밖의 발주자**

※⑥ 기술분야		※⑦ 지역	※⑧ 계약형태	※⑨ 계약관계	※⑩ 활용형태
(건축)	**1. 건축구조 및 시공** : 건축구조, 건축시공, 방수, 미장, 기계설비, 설계	1. 서울특별시 2. 부산광역시 3. 대구광역시 4. 인천광역시 5. 광주광역시 6. 대전광역시 7. 울산광역시 8, 세종특별자치시 9. 경기도 10. 강원도 11. 충청북도 12. 충청남도 13. 전라북도 14. 전라남도 15. 경상북도 16. 경상남도 17. 제주특별자치도 18. 해외	1. 일반 경쟁입찰에 의한 계약 2. 지명 경쟁입찰에 의한 계약 3. 제한 경쟁입찰에 의한 계약 4. 수의계약 5. 그 밖의 계약 형태	1. 도급계약 2. 하도급계약 3. 직영공사 4. 그 밖의 계약관계	1. 시공 2. 설계 3. 기술사용료 4. 그 밖의 활용형태
(토목)	**2. 도로** : 도로포장, 도로시설물, 도로설계, 철도, 공항				
	3. 교량 : 교량기초, 교량구조 및 시공				
	4. 토목구조 및 시공 : 토목구조, 토목시공, 구조물보수보강, 토목방수, 설계				
	5. 항만 및 호안 : 항만, 호안				
	6. 토질 및 지반 : 토질 및 기초, 지반, 터널, 발파, 항타 토질시험				
	7. 상하수도 : 관로, 준설, 설계				
(환경)	**8. 환경 및 하수처리** : 폐기물처리, 매립장설치, 하수처리, 대기, 소음 및 진동, 그 밖의 환경 관련 분야				
(조경)	**9. 조경** : 조경식재, 조경시설물				
(그 밖의 분야)	**10. 그 밖의 분야** : 측량, 지형공간정보, 전자정보 등				

210mmx297mm[백상지(80g/m^2) 또는 중질지(80g/m^2)]

[별지 제5호서식] <개정 2019.7.1, 2022.12.30>

신기술 활용실적 증명서

접수번호	접수일	실명확인	처리기간　　즉시

신청인	상호 또는 법인명		성명(대표자)	
	주소			
	신기술 활용지위 [ ]개발자 [ ]사용협약자 [ ]시공자 [ ]설계자 [ ]건설사업관리자 [ ]감리자 [ ]기타			
대상 신기술	지정번호			
	기술범위(신기술 지정증서에 명시된 대로 작성)			
용역내용	용역명			
	용역기간		용역계약금액	
	신기술 설계 적용금액(천원)		지분율(　%)반영 설계 적용금액(천원)	
공사내용	공사명			
	계약일	착공일	준공(예정)일	①발주형태
	해당 공사 총 계약금액(천원)		②해당 공사 신기술 적용 금액(천원)	
	해당 연도 총 계약금액(천원)		③해당 연도 신기술 적용 금액(천원)	
	해당 연도 신기술 기성실적(천원)		지분율(　%) 반영 기성실적(천원	

「건설기술 진흥법 시행규칙」 제10조에 따라 신기술 활용실적 증명을 신청합니다.

년　　월　　일

발주청 (수급인)	상호 또는 법인명(대표자명) (인)	사업자등록번호 (법인등록번호)
	주소 및 연락처 (우　　) (전화 :　　　, 팩스 :　　　)	

「건설기술 진흥법 시행규칙」 제10조에 따라 위와 같이 신기술을 활용하였음을 증명합니다.

년　　월　　일

유의사항

1. ①발주형태: 일반(1), 지명(2), 제한(3), 수의(4), 대안입찰(5), 설계시공일괄입찰(6), BTL(7), 민간공사(8), 기타(9) 중 해당되는 형태를 찾아 번호를 적습니다.
2. ②,③의 신기술 적용금액은 신기술의 시공에 직접적으로 드는 비용을 말합니다.
3. 실적 증명은 발주청이 확인하는 것을 원칙으로 하고, 하도급공사의 경우 수급인이 확인할 수 있습니다.
4. 설계 등 용역업자 사업수행능력 세부평가를 받기 위한 실적신고는 공사내용을 기재하지 않습니다.
5. 건설사업관리 등 용역업자 사업수행능력 세부평가를 받기 위한 실적신고는 용역내용을 기재하지 않습니다.

처리절차

신고서 작성	→	증명서(발급) 신청서 확인	→	접수	→	첨부서류 확인 및검토(보완요청)	→	실적 승인	→	통보 및 사후관리
신청인		발주청		전문기관		전문기관		전문기관		국토교통부 전문기관

210㎜×297㎜[백상지(80g/㎡) 또는 중질지(80g/㎡)]

[별지 제6호서식] <개정 2024.4.23>

신기술 보호기간 연장신청서

접수번호	접수일	실명확인	처리기간 120일

신기술명칭	명칭		지정번호
신청인	상호 또는 법인명		사업자등록번호 (법인등록번호)
	성명(대표자)	전화번호	생년월일
	주소		
신기술내용 (요약)			
신기술의 범위			

「건설기술 진흥법」 제14조, 같은 법 시행령 제35조 및 같은 법 시행규칙 제11조에 따라 신기술 보호기간의 연장을 신청합니다.

년 월 일

신청인 (서명 또는 인)

국토교통부장관 귀하

첨부서류	1. 신기술의 활용실적 및 현장적용 결과를 비교·분석한 서류 2. 보호기간 연장에 대한 근거자료 3. 현장적용 시방서 및 유지·관리 방법에 관한 자료 4. 현장을 실제 조사할 때 확인할 주요 사항을 적은 서류

처리절차

신청서 작성	→	접수	→	첨부서류 확인 및 검토(보완요청) 관보공고	→	의견조회 및 전문기관 심사	→	보호기간 연장 고시 또는 불인정	→	통보 및 사후관리
신청인		전문기관		국토교통부 전문기관		전문기관		국토교통부 전문기관		국토교통부 전문기관

210㎜×297㎜[백상지 80g/㎡(재활용품)]

[별지 제7호서식]

건설기술자료 **납본서**

기관명	부서명	담당자명	전화번호 이메일

① 번호	② 자료명	③ 저자명	④ 발행자명 (제작자명)	⑤ 발행 연월일	⑥ 형태	⑦ 국제표준자료번호 (ISBN/ISSN)
⑧ 합계	총		건			

위의 건설기술자료를 「건설기술 진흥법」 제18조, 같은 법 시행령 제40조 및 같은 법 시행규칙 제14조에 따라 납본하며, 2차적 저작물 작성권 등의 저작재산권 일체를 이용할 수 있도록 제공하고, 건설기술자료 이용자에 대한 이용허락 권한을 위임합니다.

년 월 일

납본인(기관장) : (서명 또는 인)

국토교통부장관 귀하

첨부서류	

작성방법	
② 자료명란에 연속 간행물(잡지)인 경우에는 권호/통권 및 발행빈도를 함께 적습니다.	⑥ 전자파일의 경우 파일형태와 페이지, 인쇄자료일 경우 페이지를 적어주십시오. ⑦ 국제표준자료번호가 있는 경우에만 적어주십시오.

210㎜×297㎜[백상지 80g/㎡(재활용품)]

[별지 제8호서식] <2020.12.14>

지정번호 제　　호

교육기관 지정서

○ 명칭:

○ 소재지:

○ 대표자:

○ 지정조건:

○ 유효기간:

「건설기술 진흥법 시행령」 제43조제4항에 따라 위 법인을 교육기관으로 지정합니다.

년　　월　　일

국토교통부장관　　직인

210㎜×297㎜[백상지 120g/㎡]

[별지 제9호서식] <2020.12.14>

제 호

교육수료증

성 명:

생년월일:

소 속:

교육과정:

교육종류:

교육이수등급: 직무분야:

교육기간: . . . ~ . . . (시간)

위 사람은 「건설기술 진흥법」 제20조제2항 및 같은 법 시행규칙 제17조 제2항에 따라 위의 교육과정을 수료하였으므로 이 증서를 수여합니다.

년 월 일

국토교통부장관
교육기관의 장 직인

유의사항
해당 교육수료 내용은 교육훈련 종료일 이후 14일 이내에 교육기관에서 경력관리수탁기관으로 직접 통보되고 있으며, 건설기술인 등급 산정 등에 바로 적용이 필요한 경우 교육생 직접 경력관리 수탁기관에 신고할 수 있습니다.

210㎜×297㎜[백상지 120g/㎡]

[별지 제10호서식] <개정 2019.2.25>

국토교통부 또는 교육기관

수신자　건설기술인 경력관리 수탁기관의 장
(경유)
제 목　**교육·훈련 상황 통보**

「건설기술 진흥법」 제20조 및 같은 법 시행규칙 제17조제3항에 따라 교육·훈련 상황을 아래와 같이 통보합니다.

1. 교육이수 현황표

과정명	기간(일)	기본교육 (35시간 단위)	전문교육		비고
			35시간 과정	(　)시간 과정	
		명	명	명	
총 계		명	명		

2. 교육이수 명단

일련번호	주민등록번호	성명	교육종류	직무분야	교육 과정명	시작일	종료일	수료번호	교육시간

붙임 : 자료가 입력된 전자기록매체 1부.　끝.

국토교통부장관
교육기관의 장　　[직인]

기안자　직위(직급) 서명　　검토자　직위(직급)서명　　결재권자　직위 (직급)서명
협조자
시행　　처리과-일련번호(시행일자)　　접수　　처리과명-일련번호(접수일자)
우　　주소　　/ 홈페이지 주소
전화(　)　　전송(　)　　/ 기안자의 공식전자우편주소 /　공개구분

210㎜×297㎜[백상지 80g/㎡(재활용품)]

[별지 제10호의2 서식] <2020.12.14>

교유기관 대행 갱신신청서

접수번호	접수일	처리일	처리기간	120일

신청인	성명	전화번호
	주소 (전자우편 주소 :)	

교육기관 현 황	명칭	대표자성명
	지정번호	최초 지정일
	유효기간	사업자(법인 • 단체)등록번호
	기관 소재지 주소(본점) (전화번호 :)	

「건설기술진흥법」 제20조의3제3항 및 같은 법 시행규칙 제17조의2제1항에 따라 위와 같이 교유기관 대행의 갱신을 신청합니다.

년 월 일

신청일(대표자) (서명 또는 인)

국토교통부장관
교육관리기관의 장 귀하

첨부서류	1. 교육기관 지정서 2. 교육 • 훈련 시설 현황에 관한 서류 3. 교수요원 및 직원을 고용하고 있음을 증명하는 서류 4. 교육 • 훈련 계획 및 운영 실적에 관한 서류 5. 유효기간 동안 국토교통부장관이 해당 교육기관에 대하여 실시한 심사 또는 결과에 관한 서류

처리절차

신청서 작성 (신청인) ➜ 접수 (관리기관) ➜ 갱신허가 (국토교통부) ➜ 지정서 교부 (신청인)

210mm×297mm[백상지 80g/m^2]

[별지 제11호서식] <개정 2024.4.23>

건설기술인 경력신고서

※ 어두운 칸은 신고인이 작성하지 않으며, [ ]에는 해당되는 곳에 √ 표시를 합니다.
※ 유의사항과 작성방법을 확인하시고 작성하여 주시기 바랍니다.

(앞쪽)

접수번호	접수일	실명확인	처리기간 즉시

신고인				
	성명	한글	주민등록번호	사진 (3.5㎝×4.5㎝) 또는 사진인쇄
		한자		
		영문 (성) (이름)		
	전화번호		휴대전화번호	
	전자우편주소		국적	
	주소			
	군복무	① 기간 ~	구분 [ ]미필 [ ]면제 [ ]기타	

② 직무분야		※ ②란 직무분야의 예: 토목, 건축, 기계, 안전관리, 환경 등 영 제4조 별표 1의 제4호의 직무분야를 적습니다.

③ 학력	재학기간	졸업 학교명	학과(전공)	학위
	. . . ~ . . .			
	. . . ~ . . .			

④ 국가 기술자격	합격일	종목 및 등급	등록번호
	. . .		
	. . .		

⑤ 근무처	회사명	근무기간	회사명	근무기간
		. . . ~ . . .		. . . ~ . . .
		. . . ~ . . .		. . . ~ . . .

「건설기술 진흥법」 제21조제1항 및 같은 법 시행규칙 제18조제1항에 따라 위와 같이 신고합니다.

년 월 일

신청인(본인) (서명 또는 인)

수탁기관의 장 귀하

	신청인(대표자) 제출서류	접수 담당자 확인사항	수수료
첨부서류	1. 「건설기술 진흥법 시행규칙」 별지 제12호서식의 경력확인서 또는 별지 제13호서식의 국외 경력확인서[발주자, 건설공사의 허가·인가·승인 등을 한 행정기관 또는 사용자(대표자)의 확인을 받은 것으로 한정합니다] 2. 졸업증명서(해당하는 사람만 첨부합니다) 3. 교육·훈련 사항을 증명할 수 있는 서류(「건설기술 진흥법 시행규칙」 제17조제3항에 따라 송부되는 교육·훈련에 관한 서류는 제외하며, 해당하는 사람만 첨부합니다) 4. 「건설기술 진흥법」 제2조제6호 및 같은 법 시행령 제3조에 따른 발주청이 건설공사 업무와 관련하여 수여한 상훈증 사본(해당하는 사람만 첨부합니다) 5. 근무처 또는 경력 사항을 증명할 수 있는 서류(해당하는 사람만 첨부합니다) 6. 증명사진(3.5㎝×4.5㎝) 1장(건설기술인 경력신고서에 사진을 인쇄한 경우에는 제외합니다)	다음 각 목의 서류(신고·변경신고 사무처리를 위하여 필요한 경우만 해당합니다) 1. 국가기술자격취득사항 확인서 2. 건강보험자격득실확인서 또는 국민연금가입자가입증명 3. 출입국에 관한 사실증명	「건설기술 진흥법 시행규칙」 제18조제7항에 따른 수수료

유의사항

1. 신청인(본인)의 서명 또는 날인은 본인이 직접 하여야 하며 타인이 이를 위조하는 경우 「형법」 제239조에 따라 처벌 받을 수 있습니다.
2. 대리인 신고 시 신고인의 실명확인을 위해 아래의 기재사항을 적어야 합니다.

대리인	성명 (서명 또는 인)	생년월일	연락처

210㎜×297㎜[일반용지 60g/㎡(재활용품)]

(뒤쪽)

행정정보 공동이용 동의서

본인은 이 건 업무처리와 관련하여 협회가 「전자정부법」 제36조제1항에 따른 행정정보의 공동이용을 통하여 위의 확인 사항인 [ ]국가기술자격취득사항 확인서, [ ]건강보험자격득실확인서, [ ]국민연금가입자가입증명, [ ]출입국에 관한 사실증명을 확인하는 것에 동의합니다.

* 행정정보 공동이용에 동의하지 않는 경우 신청인이 직접 국가기술자격취득사항 확인서(국가기술자격증 사본으로 갈음할 수 있습니다), 건강보험자격득실확인서 또는 국민연금가입자가입증명, 출입국에 관한 사실증명을 제출해야 합니다.

신청인 (서명 또는 인)

작성방법

1. ①란의 군복무기간은 자격대여 및 경력 허위신고 방지를 위한 것으로 실제 군복무기간을 적으셔야 합니다.
2. ②란의 직무 분야는 「건설기술 진흥법 시행령」 제4조 및 별표 1 제3호에 따른 직무분야 중 어느 하나를 적습니다.(적은 직무분야는 향후 건설기술인 통계 등에 활용됩니다)
3. ③란의 학력사항에 최종 학력과 건설기술 관련 학력을 적습니다.
4. ④란의 국가기술자격은 "건설기술인의 등급 및 경력인정 등에 관한 기준(국토교통부 고시)" 제5조 제1항 별표 1의 국가기술자격 또는 「건설산업기본법 시행령」 제13조 및 별표 2에서 인정되는 국가기술자격을 적습니다.
5. ⑤란의 근무처는 경력확인서를 첨부하는 업체를 적습니다.

210㎜×297㎜[백상지(80g/㎡) 또는 중질지(80g/㎡)]

[별지 제12호서식] <개정 2024.4.23>

구분	인사부서	사업부서
부서명		
담당자	(인)	(인)
연락처		
발급번호		

경력확인서

※ 뒤쪽의 작성방법을 참고하시기 바랍니다. (앞쪽)

인적사항	① 성명 (서명 또는 인)	주민등록번호	휴대전화번호(전화번호)
	② 주소		전자우편주소

소속회사	③ 회사명 및 대표자		사업자등록번호(법인등록번호)
	영업소 소재지		④ 건설업종(등록번호)
	⑤ 입사일	⑥ 퇴사일	전화번호

기술경력

연번					
	⑦ 사업기간(착공~준공)	⑨ 참여사업명			
	⑧ 참여기간(시작~종료)	⑩ 발주자(청)			
	⑪ 공사종류	⑫ 공사(용역)금액(백만원)	⑬ 직무분야		⑭ 전문분야
	⑮ 공사(용역)개요(150자 이내 빈칸 포함)		⑯ 담당업무	⑰ 책임정도	⑱ 직위
	⑲ 적용 공법	⑳ 적용 융·복합건설기술	㉑적용 신기술 등		㉒ 시설물 종류
	. . . ~ . . .				
	. . . ~ . . .				
	. . . ~ . . .				
	. . . ~ . . .				

위와 같이 건설기술인의 경력을 확인합니다.

년 월 일

발주자, 인·허가기관 또는 사용자(대표자) 직인

유의사항

1. 기술경력을 설계 또는 건설사업관리 사업수행능력평가에 활용하려는 경우 발주자나 인·허가기관 직인의 경력확인서를 제출해야 하며, 입사신고 또는 일반적인 경력신고는 사용자(대표자) 직인의 경력확인서를 제출해야 합니다.
2. ⑳ 적용 융·복합건설기술란, ㉑ 적용 신기술 등란 및 ㉒ 시설물 종류란은 발주청이나 인·허가기관의 확인이 있는 경우에만 인정됩니다.
3. 건설기술인 본인의 서명 또는 날인이 있는 경우에는 건설기술인 경력변경신고서(「건설기술 진흥법 시행규칙」 별지 제14호서식을 말합니다)를 작성하지 않아도 되며, 입·퇴사일을 신고하는 경우 4대 보험 자료 등 증명할 수 있는 서류를 제출해야 합니다.
4. 다수의 경력확인서를 작성해야 하는 경우에는 기술경력만을 적은 서류를 첨부하여 제출할 수 있습니다. 2장 이상은 각 장에 사용자(대표자) 또는 발주자의 확인(간인 포함)을 받아야 합니다.
5. 신고인(본인)의 서명 또는 날인은 본인이 직접해야 하며 타인이 이를 위조하는 경우 「형법」 제239조에 따라 처벌 받을 수 있습니다.
6. 대리인이 신고하는 경우 실명확인을 위해 아래의 기재사항을 적어야 합니다.

대리인	성명 (서명 또는 인)	생년월일	연락처

210㎜×297㎜[백상지(80g/㎡) 또는 중질지(80g/㎡)]

(뒤 쪽)

작성방법

1. ①란의 (서명 또는 인)은 건설기술인 본인이 직접 서명 또는 날인 해야 하며 타인이 이를 위조하는 경우 「형법」 제239조에 따라 처벌 받을 수 있습니다.
2. ②란의 주소 및 전자우편주소가 이미 신고한 주소에서 변경된 경우 새로운 주소를 적고 그 뒤에 (변경요청)이라고 적어 주시기 바랍니다.
3. ③ 회사명 및 대표자란은 등기사항증명서(개인사업장의 경우 사업자등록증)의 상호를 정확히 적어야 하며 상호가 상호변경 또는 흡수합병으로 변경된 경우 새로운 상호를 적고 그 뒤에 (상호변경) 또는 (흡수합병) 중 어느 하나를 적고 관련 증명자료를 제출해야 합니다.
4. ④란의 건설업종(등록번호)란은 소속 회사가 소지하고 있는 건설 관련 업종(예: 토목공사업 • 건축공사업 • 조경공사업 • 도장공사업 • 엔지니어링사업 등)과 해당 등록번호를 적으면 되며, 건설업종을 1개 이상 소지하고 있는 경우 대표업종을 적으면 됩니다.
5. ⑤ 입사일란은 소속 회사의 입사일을 적으면 됩니다.
6. ⑥ 퇴사일란은 소속 회사의 퇴사일을 적으면 되며, 현재 근무 중인 경우 "근무 중"으로 적으면 됩니다.
7. ⑦ 사업기간란은 해당 건설공사 또는 건설엔지니어링사업(이하 "건설공사 등" 이라 합니다)에 계약서 또는 실적증명서 등의 착공일과 준공일(또는 준공예정일)을 적으면 됩니다.
8. 가. ⑧ 참여기간란은 해당 건설공사 등에 실제 참여한 기간을 적으며 ⑦란에 기재된 사업기간의 범위에서 적으면 됩니다. 다만, 착공일 이전 수행한 건설공사 등 업무(계획 • 조사 등) 또는 준공일 이후 수행한 건설공사 등 업무(유지 • 관리 등)는 기간 및 담당업무를 분리하여 신고가 가능합니다.
   나. 시공 • 현장대리인 • 안전관리자 • 품질관리자 • 감리/상주 등 현장에 상주해서 건설공사업무를 수행한 경우 같은 기간에는 다른 기술경력과 중복하여 신고할 수 없습니다.
   다. 해당 건설공사 등이 종료되지 않은 경우 종료일에 "근무 중"으로 표기(이 경우 경력확인서 발행일까지 기술경력은 인정받게 됩니다)하며 이미 종료일을 "근무 중"으로 신고한 기술경력을 종료하였을 때에는 그 경력사항을 적은 후 종료일을 적어야(참여기간 외에 변경사항이 없는 경우를 말합니다) 합니다.
   작성 예) 202x년 1월 25일 시작신고
   참여기간: 202x. 1. 10. ~ 근무 중(이 경우 건설공사 참여일인 1월 10일부터 경력신고일인 1월 25일까지 경력 인정)
   202x년 12월 31일 종료신고
   참여기간: 202x. 1. 10. ~ 202x.12. 20.(이 경우 시작신고일 다음날인 1월 26일부터 해당 건설공사 등이 종료된 12월 20일까지 경력 추가인정)
9. ⑨ 참여사업명란은 건설기술인이 실제 참여한 건설공사 등의 계약서 또는 실적증명서에 표기된 사업명을 정확히 적으면 됩니다.
10. ⑩ 발주자(청)란는 해당 건설공사 등을 발주한 기관명 • 업체명 또는 개인명을 적고 하도급을 받은 경우 발주자 및 원도급자를 모두 적어야 합니다.
11. ⑪ 공사종류란은 「건설기술 진흥법 시행령」 별표1 제5호에 따른 건설기술인의 등급인정 및 교육 • 훈련 등에 관한 국토교통부장관의 고시(이하 "등급인정기준고시" 라 한다)의 건설공사 종류 또는 건축물의 용도분류에 따라 적고, 건설기술인이 소속된 건설업체가 「건설산업기본법」에 따른 전문공사를 시공하는 업종을 가지고 있는 경우에는 같은 고시의 건설공사의 종류 중 대분류 및 소분류를 모두 적어야 합니다.
12. ⑫ 공사(용역)금액란은 건설기술인이 참여한 건설공사 등의 사업비를 적고 공동도급인 경우 지분율에 따라 산정하시면 됩니다.(하도급공사인 경우 직접 시공한 하도급 공사분에 대해서만 작성하시면 됩니다)
   작성 예) 공사(용역)금액 : 500백만원
13. 가. ⑬ 직무분야란 및 전문분야란은 「건설기술 진흥법 시행령」 별표 1 제3호에 따른 직무분야 및 전문분야 중 건설기술인이 실제 수행한 직무 및 전문분야(선택한 직무분야 범위내의 전문분야를 선택하여 적어야 합니다)를 선택하여 적으면 됩니다.
   나. ⑭ 전문분야란은 구체적인 참여사업명이 없는 경력[예: 본사(견적실) 등]기간에는 적을 수 없습니다.
14. ⑮ 공사(용역)개요란은 건설기술인이 참여한 건설공사 등의 공사규모 등을 적고 공동도급인 경우 지분율에 따라 산정하시면 됩니다.(하도급공사인 경우 직접 시공한 하도급 공사분에 대해서만 작성하시면 됩니다)
   작성 예) 공사(용역)개요 : 도로확장 L=00Km, B=0m(0차선), 사장교 : L=00m, B=0m, 터널 0개소 : L=0Km, B=0m 등
   ※ 공사(용역)개요 기재는 주요 공종만 최대 150자 이내(빈칸 포함)로 작성해야 합니다.
15. ⑯ 담당업무란는 등급인정기준고시의 건설관련업무 중 하나를 적으면 됩니다.
16. ⑰ 책임정도란은 건설공사등에 참여한 책임정도에 따라 등급인정기준고시의 책임정도 중 하나를 적으면 됩니다. 다만, 책임정도에 해당하지 않는 경우 빈칸으로 남겨 두시면 됩니다.
17. ⑱ 직위란은 해당 건설공사등에 참여할 당시의 직위를 적어야 합니다.
18. ⑲ 적용 공법란은 해당 건설공사 등에 적용된 공법을 적으면 됩니다.
19. ⑳ 적용 융 • 복합건설기술란은 해당 건설공사 등에 「건설기술 진흥법」 제10조의2제1항에 따른 융 • 복합건설기술이 적용된 경우 해당 기술의 내용을 적으면 됩니다.
   작성 예) BIM, 3D, AI, 드론, 빅데이터 등
20. ㉑ 적용 신기술 등란은 해당 건설공사등에 「건설기술 진흥법」 제14조제1항에 따라 지정 • 고시된 신기술, 다른 법령에 따른 신기술 및 「특허법」에 따른 특허를 받은 기술이 적용된 경우 해당 기술의 등록번호를 적으면 됩니다.
   작성 예) 건설신기술 제000호, 교통신기술 제000호, 특허 제000호 등
21. ㉒ 시설물 종류란은 「시설물의 안전 및 유지관리에 관한 특별법」 제7조에 따른 시설물의 종류(제1종 • 제2종 • 제3종)를 적으면 됩니다.
22. 인사부서란은 임명대장 또는 인사기록카드 등을 근거로 사업부서 재직기간을 확인하여 직인을 날인한 사람의 부서명, 담당자 성명(인), 연락처를 적으면 됩니다.
23. 사업부서란은 착수계 • 준공계 • 공사대장 • 설계도서 • 감독명령부 또는 업무분장 등을 근거로 기술경력 및 참여기간을 확인한 사람의 부서명, 담당자 성명(인), 연락처를 적으면 됩니다.
24. 발급번호란은 경력확인서를 발급하는 기관(업체)에서 경력확인서 발급 시 관리하는 번호를 적고, 「건설기술 진흥법 시행규칙」 별지 제19호의2서식의 건설기술인 경력확인 접수(처리)대장에도 기록하고 관리해야 합니다.

210㎜×297㎜[백상지(80g/㎡) 또는 중질지(80g/㎡)]

[별지 제13호서식] <개정 2024.4.23>

구분	인사부서	사업부서
부서명		
담당자	(인)	(인)
연락처		
발급번호		

국외경력확인서

※ 뒤쪽의 작성방법을 읽고 작성하시기 바라며, [ ]에 해당되는 곳에 √표를 합니다. (앞쪽)

인적사항	① 성명 (서명 또는 인)	주민등록번호	휴대전화번호(전화번호)
	② 주소		전자우편주소

소속회사	③ 회사명 및 대표자		사업자등록번호(법인등록번호)
	영업소 소재지		④ 해외건설업종(신고번호)
	⑤ 입사일	⑥ 퇴사일	전화번호

국외 기술경력	⑦ 사업기간(착공~준공) . . . ~ . . .	⑧ 발주국		⑨ 공사지역(국가명)
	⑩ 참여기간(시작~종료) . . . ~ . . .	⑪ 발주자 [ ]국가기관 [ ]공공기관 [ ]민간기업 [ ]기타		
	⑫ 참여사업명			
	⑬ 공사(용역)개요(150자 이내, 빈칸 포함)			
	⑭ 직무분야		⑮ 전문분야	⑯ 담당업무(책임정도)
	⑰ 공사종류(주 공종)		⑱ 직위	⑲ 공사(용역)금액(백만원)
	⑳ 적용 공법	㉑ 적용 융·복합 건설기술	㉒ 적용 신기술 등	㉓ 시설물 종류

위와 같이 건설기술인에 대한 국외공사(용역) 경력을 확인합니다.

년 월 일

발주자 또는 사용자(대표자) 직인

첨부서류	출입국에 관한 사실증명 (「출입국관리법 시행규칙」 별지 제138호서식) 또는 국외 경력을 증명할 수 있는 서류

행정정보 공동이용 동의서

본인은 이 건 업무처리와 관련하여 건설기술인 경력관리 수탁기관 또는 등록 등 업무 수탁기관이 「전자정부법」 제36조에 따라 행정정보의 공동이용을 통하여 출입국에 관한 사실증명을 확인하는 것에 동의합니다.

* 행정정보 공동이용에 동의하지 않는 경우 신청인이 직접 출입국에 관한 사실증명을 제출해야 합니다.

신고인 (서명 또는 인)

유의사항

1. 건설기술인 본인의 서명 또는 도장 날인이 있는 경우에는 건설기술인 경력변경신고서(「건설기술 진흥법 시행규칙」 별지 제14호서식을 말합니다)를 작성하지 않아도 되며 입·퇴사일을 신고하는 경우에는 4대 보험 자료 등 증명할 수 있는 서류를 제출해야 합니다.
2. 다수의 국외 경력확인서를 작성해야 하는 경우에는 국외기술경력만을 적은 서류를 첨부하여 제출할 수 있습니다. 2장 이상은 각 장에 사용자(대표자) 확인(간인 포함)을 받아야 합니다.
3. 국외 경력확인서는 「공증인법」에 따라 공증을 받으면 외국어로 발급받을 수 있습니다.
4. 신고인(본인)의 서명 또는 날인은 본인이 직접해야 하며 타인이 이를 위조하는 경우 「형법」 제239조에 따라 처벌받을 수 있습니다.
5. 대리인이 신고하는 경우 실명확인을 위해 아래의 기재사항을 적어야 합니다.

대리인	성명 (서명 또는 인)	생년월일	연락처

210㎜×297㎜[백상지(80g/㎡) 또는 중질지(80g/㎡)]

(뒤쪽)

작성방법

1. ①란의 (서명 또는 인)은 건설기술인 본인이 직접 서명 또는 날인해야 하며 타인이 또는 날인하는 경우「형법」 제239조에 의해 처벌을 받을 수 있습니다.
2. ②란의 주소 및 전자우편주소가 이미 신고한 주소에서 변경된 경우 새로운 주소를 적고 그 뒤에 (변경요청)이라고 적어 주시기 바랍니다.
3. ③ 회사명 및 대표자란은 등기사항증명서(개인사업장의 경우 사업자등록증)의 상호명을 정확히 적어야 하며 상호변경 또는 흡수합병으로 변경된 경우 새로운 상호를 적고 그 뒤에(상호변경) 또는 (흡수합병) 중 어느 하나를 적고 관련 증명자료를 제출해야 합니다.
4. ④ 해외건설업종(신고번호)란은 소속회사가 소지하고 있는 해외건설업종(예: 종합건설업 • 일반건설업 • 산업설비공사업 • 조경공사업 • 전문건설업 • 건설엔지니어링업 등) 해당 신고번호를 적으면 되며, 해외건설업종을 1개 이상 소지하고 있는 경우 대표업종을 적으면 됩니다.
5. ⑤ 입사일란은 소속회사의 입사일을 적으면 됩니다.
6. ⑥ 퇴사일란은 소속 회사의 퇴사일을 적으면 되고, 현재 근무 중인 경우에는 "근무 중"으로 적으면 됩니다.
7. ⑦ 사업기간란은 해당 해외건설공사 또는 건설엔지니어링사업(이하 "해외건설공사 등" 이라 합니다)에 계약서 또는 실적증명서 등의 착공일과 준공일(또는 준공예정일)을 적으면 됩니다.
8. ⑧ 발주국란은 해당 해외건설공사등을 발주한 발주처(기관)가 소속된 국가명을 적으면 됩니다.
9. ⑨ 공사지역(국가명)란은 해당 해외건설공사등이 실제 이루어진 국가명과 시(市)까지 적으면 됩니다.
10. 가. ⑩ 참여기간란은 해외건설공사등에 실제 참여한 기간을 적으며「해외건설 촉진법 시행규칙」제13조에 따른 해외공사 계약 체결결과통보서 또는 같은 규칙 제14조에 따른 해외공사 실적증명서의 착공일과 준공일을 벗어나지 않도록 기재하시면 됩니다. 다만, 착공일 이전 수행한 건설공사업무(계획 • 조사 등) 또는 준공일 이후 수행한 건설공사 업무(유지관리 등)는 기간 및 담당업무를 분리하여 신고가 가능합니다.
    나. 시공 등 해외현장에 상주해서 건설공사업무를 수행한 경우 같은 기간에는 타 기술경력과 중복하여 신고할 수 없습니다.
    다. 해당 해외건설공사 등이 종료되지 않은 경우 종료일에 "근무 중"으로 표기(이 경우 경력확인서 발행일까지 기술경력은 인정받게 됩니다)하며, 이미 종료일을 "근무 중"으로 신고한 기술경력을 종료할 때에는 해당 경력사항을 적은 후 종료일을 적어(참여기간 외에 변경사항이 없는 경우를 말합니다)야 합니다.

    작성 예) 202x년 1월 25일 시작신고
    참여기간: 202x. 1. 10. ~ 근무 중(이 경우 해외건설공사 참여일인 1월 10일부터 경력신고일인 1월 25일까지 경력 인정)
    202x년 12월 31일 종료신고
    참여기간: 202x. 1. 10. ~ 202x.12. 20.(이 경우 시작신고일 다음날인 1월 26일부터 해당 해외건설공사 등이 종료된 12월 20일까지 경력 추가인정)
11. ⑪ 발주자란은 해당 해외건설공사 등을 발주한 기관명을 기재하시고 기관의 성격에 해당하는 [ ]에 √표시를 합니다.
12. ⑫ 참여사업명란은 건설기술인이 실제 참여한 해외건설공사등의 계약명 또는 실적통보서(「해외건설 촉진법 시행규칙」제13조에 따른 해외공사 계약 체결결과 통보서 또는 같은 규칙 제14조에 따른 해외공사 실적증명서를 말합니다)에 표기된 공사명을 적으면 됩니다.
13. ⑬ 공사(용역)개요란은 건설기술인이 참여한 해외건설공사의 공사개요를 150자 이내(빈칸 포함)에서 간략히 적으면 됩니다.
    작성 예) 해외공사(용역)개요 : 본 공사는 이라크 바그다드 국제공항의 활주로 증설공사로 주활주로 2곳(총 1.4㎞)을 연장함.
14. ⑭ 직무분야란 및 ⑮ 전문분야란은「건설기술 진흥법 시행령」 별표 1 제3호에 따른 건설기술인 직무분야 및 전문분야 중 건설기술인이 실제 수행한 직무 및 전문분야(선택한 직무분야 범위내의 전문분야를 선택하여 적어야 합니다)를 선택하여 적으면 됩니다.
15. ⑯ 담당업무란은「건설기술 진흥법 시행령」 별표 1 제5호에 따른 건설기술인의 등급 인정 및 교육 • 훈련 등에 관한 국토교통부장관의 고시(이하 "등급인정기준고시"라 한다)를 참고하여 적으면 됩니다.
16. ⑰ 공사종류(주 공종)란은 등급인정기준고시의 건설공사의 종류 또는 건축물의 용도분류에 따라 적고, (주 공종)은 해당 해외건설공사등에 참여했던 주요공종을 적으면 됩니다.
    작성 예) 공사종류 : 공항(활주로)
17. ⑱ 직위란은 해당 해외건설공사 등에 참여할 당시의 직위를 적으면 됩니다.
18. ⑲ 공사(용역)금액란은 건설기술인이 참여한 해외건설공사등의 사업비를 적고, 공동도급인 경우 지분율에 따라 산정하시면 됩니다(하도급 공사인 경우 직접 시공한 하도급 공사분에 대해서만 작성하시면 됩니다).
19. ⑳ 적용 공법란은 해당 해외건설공사등에 적용된 공법을 적으면 됩니다.
20. ㉑ 적용 융 • 복합건설기술란은 해당 해외건설공사등에「건설기술 진흥법」제10조의2제1항에 따른 융 • 복합건설기술이 적용된 경우 해당 기술의 내용을 적으면 됩니다.
    작성 예) BIM, 3D, AI, 드론, 빅데이터 등
21. ㉒ 적용 신기술 등란은 해당 해외건설공사등에「건설기술 진흥법」제14조제1항에 따라 지정 • 고시된 신기술, 다른 법령에 따른 신기술 및「특허법」에 따른 특허를 받은 기술이 적용된 경우 해당 기술의 등록번호를 적으면 됩니다.
    작성 예) 건설신기술 제000호, 교통신기술 제000호, 특허 제000호 등
22. ㉓ 시설물 종류란은「시설물의 안전 및 유지관리에 관한 특별법」제7조에 따른 시설물의 종류(제1종 • 제2종 • 제3종)를 적으면 됩니다.
23. 인사부서란은 임명대장 또는 인사기록카드 등을 근거로 사업부서 재직기간을 확인하여 직인을 날인한 사람의 부서명, 담당자 성명(인), 연락처를 적으면 됩니다.
24. 사업부서란은 착수계 • 준공계 • 공사대장 • 설계도서 • 감독명령부 또는 업무분장 등을 근거로 기술경력 및 참여기간을 확인한 사람의 부서명, 담당자 성명(인), 연락처를 적으면 됩니다.
25. 발급번호란은 경력확인서를 발급하는 기관(업체)에서 경력확인서 발급 시 관리하는 번호를 적고,「건설기술 진흥법 시행규칙」 별지 제19호의2서식의 건설기술인 경력확인 접수(처리)대장에도 기록하고 관리해야 합니다.

210㎜×297㎜[백상지(80g/㎡) 또는 중질지(80g/㎡)]

[별지 제14호서식] <개정 2022.12.30, 2024.4.23>

건설기술인 경력변경신고서

※ 어두운 칸은 신고인이 적지 않으며, 유의사항을 확인하시고 작성하여 주시기 바랍니다.

접수번호	접수일	실명확인	처리기간 즉시

인적사항	성명		주민등록번호
	전자우편주소	전화번호	휴대전화번호
	주소		
종전 소속회사	회사명(대표자)		법인 또는 사업자등록번호
	주소		건설업종(면허번호 또는 등록번호)
	입사일	퇴사일	전화번호
현재 소속회사	회사명(대표자)		법인 또는 사업자등록번호
	주소		건설업종(면허번호 또는 등록번호)
	입사일		전화번호

기술경력				
사업기간(착공~준공)	참여사업명			
참여기간(시작~종료)	발주자(청)			
공사종류	공사(용역)금액 (백만원)	직무분야		전문분야
공사(용역)개요(150자 이내 빈칸 포함)		담당업무	책임정도	직위
적용 공법	적용 융·복합건설기술	적용 신기술 등		시설물 종류
. . .~ . . .				
. . .~ . . .				

「건설기술 진흥법」 제21조제1항 및 같은 법 시행규칙 제18조제2항에 따라 위와 같이 변경신고합니다.

년 월 일

신고인(본인) (서명 또는 인)

수탁기관의 장 귀하

	신고인(대표자) 제출서류	접수 담당자 확인사항	수수료
첨부서류	1. 「건설기술 진흥법 시행규칙」 별지 제12호서식의 경력확인서 또는 별지 제13호서식의 국외경력확인서[발주자, 건설공사의 허가·인가·승인 등을 한 행정기관 또는 사용자(대표자)의 확인을 받은 것으로 한정합니다] 2. 근무처 또는 경력 사항을 증명할 수 있는 서류(해당하는 사람만 첨부합니다)	다음 각 목의 서류(신고·변경신고 사무처리를 위하여 필요한 경우만 해당합니다) 1. 국가기술자격취득사항 확인서 2. 건강보험자격득실확인서 또는 국민연금가입자가입증명 3. 출입국에 관한 사실증명	「건설기술 진흥법 시행규칙」 제18조제7항에 따른 수수료

행정정보 공동이용 동의서

본인은 이 건 업무처리와 관련하여 협회가 「전자정부법」 제36조제1항에 따른 행정정보의 공동이용을 통하여 위의 확인사항인 [ ]국가기술자격취득사항 확인서, [ ]건강보험자격득실확인서, [ ]국민연금가입자가입증명, [ ]출입국에 관한 사실증명을 확인하는 것에 동의합니다.

* 행정정보 공동이용에 동의하지 않는 경우 신고인이 직접 국가기술자격취득사항 확인서(국가기술자격증 사본으로 갈음할 수 있습니다), 건강보험자격득실확인서 또는 국민연금가입자가입증명, 출입국에 관한 사실증명을 제출해야 합니다.

신고인 (서명 또는 인)

유의사항

1. 신고인(본인)의 서명 또는 날인은 본인이 직접 해야 하며 타인이 이를 위조하는 경우 「형법」 제239조에 따라 처벌받을 수 있습니다.
2. 소속회사 및 기술경력 작성방법은 별지 제12호서식의 경력확인서 작성방법을 참고하여 작성하면 됩니다.
3. 대리인이 신고시 실명확인을 위해 아래의 기재사항을 적어야 합니다.

대리인	성명 (서명 또는 인)	생년월일	연락처

210㎜×297㎜[백상지 80g/㎡ 또는 중질지80g/㎡)]

[별지 제15호서식] <개정 2022.12.30>

(6쪽 중 제1쪽)

건설기술경력증

수탁기관

140㎜×180㎜(OCR 용지 105g/㎡)

유의사항

1. 건설기술경력증은 항상 휴대해야 하며, 관계인이 요구하는 경우에는 제시해야 합니다.
2. 건설기술경력증의 갱신사유(작성란의 부족 등) 또는 재발급사유(훼손・분실 등)가 발생한 경우에는 「건설기술 진흥법」 제21조제2항 및 같은 법 시행규칙 제18조제4항에 따라 조속히 갱신 받거나 재발급 받아야 합니다.
3. 건설기술경력증을 다른 사람에게 빌려주면 「건설기술 진흥법」 제89조제3호에 따라 1년 이하의 징역 또는 1천만원 이하의 벌금형을 받게 되며, 같은 법 제24조제1항제2호 및 같은 법 시행규칙 제20조제1항 및 별표 1에 따라 업무정지 처분을 받게 됩니다.
4. 건설기술인이 업무정지 처분을 받았을 때에는 그 사유에 해당되는 기간 동안에는 건설기술경력증을 사용할 수 없으며, 「건설기술 진흥법」 제24조제4항에 따라 지체 없이 건설기술경력증을 국토교통부장관에게 반납해야 합니다.
5. 업무정지 처분을 받은 건설기술인이 제4호에 따라 건설기술경력증을 반납하지 않을 경우 「건설기술 진흥법」 제91조제2항제4호 및 같은 법 시행령 제121조제1항 및 별표 11에 따라 50만원의 과태료 처분을 받게 됩니다.
6. 건설기술경력증을 모바일로 발급 받는 경우 조회일자에 따라 표기 내용이 다를 수 있습니다.

건설기술경력증

증명사진 (3.5㎝×4.5㎝)	발급번호	발급일
	○○○○	○○○○
	성명	생년월일
	○○○	○○○○

「건설기술 진흥법」 제21조제2항에 따라 건설기술경력증을 발급합니다.

수탁기관의 장 (인)

조회일자 : 년 월 일(모바일에 한함)

■ 기술등급 발급번호: 성명 :

날짜	분야	기술등급	확인

날짜	분야	기술등급	확인

■ 국가기술자격 발급번호: 성명 :

종목 및 등급	등록번호	합격일

■ 학력

졸업일	학교명	학과(전공)	학위

■ 교육훈련 발급번호: 성명 :

교육기간	과정명	교육기관명	교육인정여부

교육기간	과정명	교육기관명	교육인정여부

■ 제재사항　　　　발급번호:　　　　성명 :

제재일	종류 및 제재기간	근거	제재기관

제재일	종류 및 제재기간	근거	제재기관

[별지 제16호서식] <개정 2022.12.30, 2024.4.23>

건설기술경력증 발급 [ ] 신규 [ ] 모바일 [ ] 갱신 [ ] 재발급 신청서

※ 어두운 칸은 신청인이 작성하지 않습니다.

접수번호	접수일	실명확인	처리기간 즉시

신청인	성명	주민등록번호
	전화번호	휴대전화번호
	전자우편주소	
	주소	

소속회사	회사명		전화번호
기술등급	업무분야	직무분야	전문분야
	[ ] 설계 · 시공		
	[ ] 건설사업관리		
	[ ] 품질관리	해당없음	해당없음
사유			

발급번호	

「건설기술 진흥법」 제21조제2항 및 같은 법 시행규칙 제18조제4항에 따라 건설기술경력증의 발급(신규 · 모바일 · 갱신 · 재발급)을 신청합니다.

년 월 일

신청인(본인) (서명 또는 인)

수탁기관의 장 귀하

첨부서류	사진(3.5㎝×4.5㎝) 1장	수수료
		「건설기술 진흥법 시행규칙」 제18조제7항에 따른 수수료

유의사항

1. 신청인(본인)의 서명 또는 날인은 본인이 직접해야 하며 타인이 이를 위조하는 경우 「형법」 제239조에 따라 처벌 받을 수 있습니다.
2. 대리인 신청 · 수령하는 경우 실명확인을 위해 아래의 기재사항을 적어야 합니다.
3. 건설기술경력증을 모바일로 발급 받는 경우 조회일자에 따라 표기 내용이 다를 수 있습니다.

대리인 (경력증수령)	성명 (서명 또는 인)	생년월일	연락처

210㎜×297㎜[백상지 80g/㎡ 또는 중질지80g/㎡)]

[별지 제17호서식] <개정 2016.5.25>

건설기술경력증 발급대장

일련번호	성명	생년월일	국가기술자격	최종학력	기술등급	발급일	발급구분	담당자확인

※ 발급구분은 신규, 갱신, 재발급(미반납)으로 표기합니다.

297㎜×210㎜[백상지 60g/㎡(재활용품)]

[별지 제18호서식] <개정 2024.4.23>

건설기술인 경력증명서

(3쪽 중 제1쪽)

<table>
<tr><td colspan="3">관리번호</td><td colspan="3">발급번호</td></tr>
<tr><td rowspan="2">인적사항</td><td>성명(한글)</td><td>(한자)</td><td colspan="3">생년월일</td></tr>
<tr><td colspan="5">주소</td></tr>
</table>

<table>
<tr><td rowspan="3">등급</td><td colspan="2">설계 • 시공 등</td><td colspan="2">건설사업관리</td><td rowspan="2">품질관리</td></tr>
<tr><td>직무분야</td><td>전문분야</td><td>직무분야</td><td>전문분야</td></tr>
<tr><td></td><td></td><td></td><td></td><td></td></tr>
</table>

<table>
<tr><td rowspan="2">국가
기술자격</td><td>종목 및 등급</td><td>합격일</td><td>등록번호</td><td>종목 및 등급</td><td>합격일</td><td>등록번호</td></tr>
<tr><td></td><td></td><td></td><td></td><td></td><td></td></tr>
</table>

<table>
<tr><td rowspan="2">학력</td><td>졸업일</td><td>학교명</td><td>학과(전공)</td><td>학위</td></tr>
<tr><td></td><td></td><td></td><td></td></tr>
</table>

<table>
<tr><td rowspan="3">교육훈련</td><td>교육기간</td><td>과정명</td><td>교육기관명</td><td>교육인정여부</td></tr>
<tr><td></td><td></td><td></td><td></td></tr>
<tr><td colspan="4">「건설기술 진흥법 시행령」 별표 3 제2호나목1)나), 2)나)(1) · (2) 및 3)나)에 따른 의무교육 이수 시간
- 설계 • 시공 등 업무를 수행하는 건설기술인 계속교육:
- 건설사업관리 업무를 수행하는 건설기술인 계속교육:
- 품질관리 업무를 수행하는 건설기술인 계속교육:</td></tr>
</table>

<table>
<tr><td rowspan="2">상훈</td><td>수여일</td><td>수여기관</td><td>종류 및 근거</td></tr>
<tr><td></td><td></td><td></td></tr>
</table>

<table>
<tr><td rowspan="2">벌점 및
제재사항</td><td colspan="4">벌점</td></tr>
<tr><td>제재일</td><td>종류 및 제재기간</td><td>근거</td><td>제재기관</td></tr>
</table>

<table>
<tr><td rowspan="8">근무처</td><td>근무기간</td><td>상호</td><td>근무기간</td><td>상호</td></tr>
<tr><td>~</td><td></td><td>~</td><td></td></tr>
<tr><td>~</td><td></td><td>~</td><td></td></tr>
<tr><td>~</td><td></td><td>~</td><td></td></tr>
<tr><td>~</td><td></td><td>~</td><td></td></tr>
<tr><td>~</td><td></td><td>~</td><td></td></tr>
<tr><td>~</td><td></td><td>~</td><td></td></tr>
<tr><td>~</td><td></td><td>~</td><td></td></tr>
</table>

210㎜×297㎜[일반용지 60g/㎡(재활용품)]

성명 :

1. 기술경력

참여기간 (인정일)	사업명		직무 분야	담당 업무	비고
	발주자	공사 종류	전문 분야	직위	
	공사(용역)개요		책임 정도	공사(용역)금액 (백만원)	
	적용 공법	적용 융·복합건설기술	적용 신기술 등	시설물 종류	
~					
~					
~					
~					
~					
~					
~					
~					
~					
~					

※ 적용 융·복합건설기술란, 적용 신기술 등란 및 시설물 종류란은 발주청(인·허가기관)의 확인으로 신고된 사항만을 적으며, 미신고된 란은 생략 가능합니다.

성명 :

2. 건설사업관리 및 감리경력

※ 「건설기술 진흥법 시행령」 제45조제1항, 제2항 및 제5항에 따라 통보되는 건설사업관리용역 및 감리용역 참여 경력만 해당합니다.

참여기간 (인정일)	사업명		직무 분야	담당 업무	비고
	발주자	공사 종류	전문 분야	직위	
	공사(용역)개요		책임 정도	공사(용역)금액 (백만원)	
	적용 공법	적용 융•복합건설기술	적용 신기술 등	시설물 종류	
~					
~					
~					
~					

※ 적용 융•복합건설기술란, 적용 신기술 등란 및 시설물 종류란은 발주청(인•허가기관)의 확인으로 신고된 사항만을 적으며, 미신고된 란은 생략 가능합니다.

○ 건설사업관리 업무 수행기간 : 일
- 상주 : 일 [감독 권한대행 등 건설사업관리 : 일, 시공 단계 건설사업관리 : 일]
- 기술지원 : 일 [감독 권한대행 등 건설사업관리 : 일, 시공 단계 건설사업관리 : 일]

○ 감리 업무 수행기간: 일
- 상주 : 일 [공동주택 : 일, 다중이용시설 : 일]
- 기술지원 : 일 [공동주택 : 일, 다중이용시설 : 일]

○ 건설사업관리기술인으로서 안전관리 업무 수행기간 : 일
※ 업무 수행 중복기간은 건수로 나누어 산정하여 기록함

○ 건설사업관리 및 감리(최근 1년간) 용역 완성비율 : %(참여 건수 : 건, 완료 건수 : 건)

3. 배치금지(「건설기술 진흥법 시행규칙」 제27조제2항제4호에 따라 철수한 경우만 기재)

용역명	근무형태	직책	근무기간	배치금지 기간
			~	~

「건설기술 진흥법 시행규칙」 제18조제6항에 따라 건설기술인의 경력을 확인합니다.

년 월 일

수탁기관의 장 직인

[별지 제18호의2서식] <신설 2024. 7.10.>

Certificate of Career Experience of Construction Engineer

(Page 1 of 3)

Enginee Reistration No.	Certificate Issuance No.

Personal Information	Name(in Korean) (in Chinese Characters) (in English)	Date of Birth
	Address	

Construction Engineer Grade	Design and Construction, etc.		Construction Project Management		Quality Management
	Area of Expertise	Specialty in the Area	Area of Expertise	Specialty in the Area	

National Technical Qualifications	Qualification and Grade	Date of Passing	Registration No.	Qualification and Grade	Date of Passing	Registration No.

Educational Background	Graduation Dates	Educational Institution	Majors	Degrees Earned

Education and Training	Period of Education	Name of Course	Educational Institution	Areas of Education and Training
	Hours of compulsory education stipulated under subparagraph 2 Item b 1) b), 2) b) (1)·(2) and 3) b) of attached Table 3 of the Enforcement Decree of the Construction Technology Promotion Act: - Continuing education for construction engineers performing design and construction: - Continuing education for construction engineers performing construction project management: - Continuing education for construction engineers performing quality management:			

Prizes and Awards	Date of Conferring	Conferring Institution	Names of and Reasons for Prizes and Awards

Penalties and Sanctions	Penalties			
	Date of Sanctions	Types and Periods of Sanctions	Grounds for Sanctions	Sanctioning Authority

Places of Employment	Employment Period	Company Name	Employment Period	Company Name
	~		~	
	~		~	
	~		~	
	~		~	
	~		~	
	~		~	

(Page 2 of 3)

Name:

1. Career Related to Design and Construction, etc.

Period of Participation (Date of Recognition)	Name of Project		Area of Expertise	Jobs Assigned	Remarks
	Project Owner	Category of Construction Works	Specialty in the Area	Position	
	Summary of Construction works(Services)		Level of Responsibility	Construction Cost (Service Fee) (Millions in KRW)	
	Construction Methods Applied	Convergence/ Integration Technologies Applied	New Technologies Applied	Types of Facilities	
~					
~					
~					
~					
~					
~					
~					
~					
~					

※ In the blanks entitled "Convergence/Integration Technologies Applied", "New Technologies Applied" and "Types of Facilities" state only the works(services) that have been reported to and confirmed by the contracting authorities(authorizing or permitting agencies); any unreported works(services) may be omitted.

Name:

2. Construction Project Management / Construction Supervision Experiences

※ State only the performance records of services provided as a participating engineer for the management or supervision of construction projects notified under Article 45 (1), (2), and (5) of the Enforcement Decree of the Construction Technology Promotion Act.

Period of Participation (Date of Recognition)	Name of Project		Area of Expertise	Jobs Assigned	Remarks
	Project Owner	Category of Construction Works	Specialty in the Area	Position	
	Summary of Construction Works (Services)		Level of Responsibility	Construction Cost (Service Fee) (Millions in KRW)	
	Construction Methods Applied	Convergence/ Integration Technologies Applied	New Technologies Applied	Types of Facilities	
~					
~					
~					

※ In the blanks entitled "Convergence/Integration Technologies Applied," "New Technologies Applied," and "Types of Facilities," state only the works(services) that have been reported to and confirmed by the contracting authorities(authorizing or permitting agencies); any unreported works(services) may be omitted.

○ Period of performing work related to the management of construction projects: _____ days
• Full-time: _____ days [management of construction projects, such as exercise of delegated supervisory authority: _____ days; construction project management during construction: _____ days]
• Technical assistance: _____ days [management of construction projects, such as exercise of delegated supervisory authority: _____ days; construction project management during construction: _____ days]
○ Period of performing supervisory jobs: _____ days
• Full-time: _____ days [multi-family housing: _____ days; facilities for public use: _____ days]
• Technical assistance: _____ days [multi-family housing: _____ days; facilities for public use: _____ days]
○ Period of performing jobs related to safety management as an engineer in charge of the management of a construction project: _____ days
※ An overlapped period of performing at least two jobs simultaneously shall be entered by dividing the period by the number of such jobs.
○ Percentage of completed services for the management or supervision of construction projects (during the most recent year): _____ % (number of projects in which the engineer participated: _____ projects; number of completed projects: _____ projects)

3. Preclusion from Placement (state only where the engineer was removed pursuant to Article 27 (2) 4 of the Enforcement Rule of the Construction Technology Promotion Act)

Name of Service	Form of Service	Job Title	Period of Service	Period of Preclusion from Placement
			~	~

This is to certify the career background of the above-stated construction engineer pursuant to Article 18 (6) of the Enforcement Rule of the Construction Technology Promotion Act.

Date: (yyyy/mm/dd)

Head of Entrusted Institution Official Seal

[별지 제19호서식] <2022.12.30>

건설기술인 보유증명서

회사명	업종	면허번호 또는 등록번호

일련번호	성명	생년월일	입사일	직위	기술자격			분야 및 기술등급	교육훈련	
					자격종목/등급 및 학과	합격일 및 졸업일	등록번호 및 학위		교육기간	과정명

「건설기술 진흥법 시행규칙」 제18조제6항에 따라 건설기술인 보유현황을 확인합니다.

년　　　월　　　일

수탁기관의 장 [직인]

210㎜×297㎜[백상지 80g/㎡ 또는 중질지80g/㎡)]

[별지 제19호의2서식] <신설 2019.4.4>

건설기술인 경력확인 접수(처리)대장

일련 번호	신청 연월일	신청자 성명	생년월일	신청 부수	처리부서 및 담당자		발급근거 (문서번호 등)	처리* 연월일	발급 부수	처리자
					사업부서	인사부서				

* 경력확인서를 발급하거나 발급하지 않기로 건설기술인에게 통보한 날짜

297㎜×210㎜[백상지 60g/㎡(재활용품)]

[별지 제20호서식] <개정 2021.9.17>

건설엔지니어링업 [ ]등록 [ ]변경등록 신청서

※ [ ]에는 해당되는 곳에 √표를 합니다. (앞쪽)

접수번호	접수일자	처리기간	등록 25일 변경등록 10일

구분	항목	
신청인	상호 또는 법인명	
	소재지	전화번호
	성명(대표자)	생년월일
	등록번호(변경등록 시)	국적
	전문분야 **종합 :** [ ] 종합 **설계 · 사업관리 :** [ ] 일반 [ ] 설계등용역(□설계등용역 일반*, □측량,□수로조사) [ ] 건설사업관리 *** 설계등용역 일반분야 업무구분** : [ ] 계획 · 조사 · 설계포함, [ ] 계획 · 조사 · 설계 제외 **품질검사 :** [ ] 일반 [ ] 토목 [ ] 건축 **[ ] 특수*** *** 품질검사(특수) 세부분야 선택** [ ] 골재 [ ] 레디믹스트콘크리트 [ ] 아스팔트콘크리트 [ ] 철강재 [ ] 섬유 [ ] 용접(방사선비파괴검사) [ ] 용접(초음파비파괴검사) [ ] 용접(자기비파괴검사) [ ] 용접(침투비파괴검사) [ ] 말뚝재하	

※ 해당사항만 작성합니다.

구분	항목
신규 등록	기술인력 총 명 (특급 : 명, 고급 이하 : 명)
	자본금 및 자산평가액(필요시) 자본금 원, 자산평가액 원
	장비(필요시) 따로 붙임
	시험실(필요시) 소재지 , 면적 ㎡

변경 등록	변경일자	변경 전	변경 후

「건설기술 진흥법」 제26조제1항 · 제3항 및 같은 법 시행규칙 제21조제1항 및 제23조제3항에 따라 위와 같이 신청합니다.

년 월 일

신청인 (서명 또는 인)

수탁기관의 장 귀하

첨부서류	뒤쪽 참조	수수료 「건설기술 진흥법 시행규칙」 제26조제2항에 따른 수수료

210mm×297mm[백상지(80g/㎡) 또는 중질지(80g/㎡)]

(뒤쪽)

<table>
<tr><th rowspan="3">첨부서류</th><th>제출 구분</th><th>신청인(대표자) 제출서류</th><th>접수 담당자 확인사항</th></tr>
<tr><td>등록

[제출서류(제5호의 서류는 제외합니다)는 등록 신청 전 1개월 이내에 발행되거나 작성된 것이여야 합니다]</td><td>1. 등록요건에 따른 기술인력을 고용하고 있음을 증명하는 별지 제19호서식의 건설기술자 보유증명서
2. 사무실 또는 시험실을 보유하고 있음을 증명하는 서류(등록요건상 필요한 경우만 해당합니다)
3. 등록요건에 따른 자본금을 보유하고 있음을 증명하는 다음 각 목의 구분에 따른 서류(등록요건상 필요한 경우만 해당합니다)
가. 법인: 재무상태표 및 손익계산서
나. 개인: 영업용자산액명세서 및 증빙서류
4. 건설기술 관련 분야의 「엔지니어링산업 진흥법」에 따른 엔지니어링사업자 신고증 사본 또는 「기술사법」에 따른 기술사사무소 개설등록증 사본(등록요건상 필요한 경우만 해당합니다)
5. 등록요건에 따른 장비를 보유하고 있음을 증명할 수 있는 서류(등록요건상 필요한 경우만 해당합니다)
6. 신청인이 외국인인 경우에는 「건설기술 진흥법」 제27조의 결격사유에 해당하지 않음을 증명하는 해당 국가의 정부나 공증인(법률에 의한 공증인의 자격을 가진 자만 해당합니다), 그 밖의 권한 있는 기관이 발행한 서류로서 해당 국가에 주재하는 우리나라 영사가 확인한 서류(다만, 「외국공문서에 대한 인증의 요구를 폐지하는 협약」을 체결한 국가의 경우에는 아포스티유(Apostille)로서 영사 확인을 갈음할 수 있습니다)
7. 외국인이나 외국법인의 출자를 증명하는 서류(외국인이나 외국법인이 자본금의 100분의 50 이상을 투자하는 경우만 해당합니다)</td><td rowspan="2">1. 사업자등록증명서(개인만 해당합니다)
2. 「출입국관리법」 제88조제2항에 따른 외국인등록 사실증명(대표자·임원 또는 소속 건설기술자가 국내에 체류하는 외국인인 경우만 해당합니다)
3. 법인 등기사항증명서</td></tr>
<tr><td>변경등록</td><td>1. 「건설기술 진흥법」 제26조제2항에 따른 건설엔지니어링업 등록증
2. 「건설기술 진흥법 시행규칙」 제21조제1항 각 호의 서류 중 등록사항 변경과 관련된 서류</td></tr>
</table>

행정정보 공동이용 동의서

본인은 이 건 업무처리와 관련하여 접수 담당자가 「전자정부법」 제36조제1항에 따른 행정정보의 공동이용을 통하여 위의 사업자등록증명서, 외국인등록 사실증명서 및 법인 등기사항증명서를 확인하는 것에 동의합니다.

* 동의하지 않는 경우에는 신청인이 직접 관련 서류를 제출해야 합니다.

신청인 (서명 또는 인)

처리절차

신청서 작성	→	접수	→	첨부서류 검토	→	확인	→	시·도지사 통보	→	등록증 발급
신청인		수탁기관		수탁기관		수탁기관 또는 평가기관(품질검사분야에 한정)		수탁기관		시·도지사

210㎜×297㎜[백상지(80g/㎡) 또는 중질지(80g/㎡)]

[별지 제21호서식]<개정 2021.9.17>

(3쪽 중 제1쪽)

건설엔지니어링사업자 등록부

전문분야(세부분야)		( )	등록번호	
상호 또는 법인명			성명(대표자)	
소속 국가명			등 록 일	
사무실	소재지	(전화)	확보 구분	
	순사무실 면적	㎡	입주 연월일	
시험실(필요시)	소재지	(전화)	확보 구분	
	순사무실 면적	㎡	입주 연월일	
겸업 사항				

자본금(필요시)	납입자본금	변경 연월일	실질자본금
	• 금액 • 외국인 투자율 • 외국인 투자금액		

장비 보유 현황(필요시)

취득일	품명	규격	수량	처분일	취득일	품명	규격	수량	처분일

상훈

연월일	종류	상훈기관	공적 내용	용역명(필요시)	비고

제재

연월일	종류	제재기관	사유 및 기간	용역명(필요시)	비고

210mm×297mm[백상지 80g/㎡(재활용품)]

기술인 현황

등재 연월일	기술인 수			변경 내용	기록자
	계	특급	고급 이하		

(3쪽 중 제3쪽)

기록 변경사항			
변경일	변경 사항	변경 내용	기록자

등록증 재발급			
발급일	사유	발급일	사유

[별지 제22호 서식] <개정 2021.9.17>

등록번호 제　　　호

건설엔지니어링업 등록증

상호 또는 법인명:

영업소의 소재지:

소속 국가명:

성명(대표자):　　　　　　　　　　　　생년월일:

전문분야(세부분야):　　　　　　　　　(　　　　　　　　　　)

등록 연월일:

「건설기술 진흥법」 제26조제1항에 따라 건설엔지니어링사업자로 등록하였음을 증명합니다.

년　　월　　일

특별시장 • 광역시장 • 특별자치시장
도지사 • 특별자치도지사　　　직인

210㎜×297㎜(백상지 120g/㎡)

[별지 제23호서식]<개정 2021.9.17>

건설엔지니어링업 등록증 재발급신청서

※ [ ]에는 해당되는 곳에 √표를 합니다.

접수번호	접수일자	처리기간 4일

<table>
<tr><td rowspan="4">신청인</td><td>상호 또는 법인명</td><td>등록번호</td></tr>
<tr><td>소재지</td><td>전화번호</td></tr>
<tr><td>대표자</td><td>생년월일</td></tr>
<tr><td colspan="2">전문분야
종합 : [ ] 종합
설계 • 사업관리 : [ ] 일반 [ ] 설계등용역 (□설계등용역 일반*,□측량,□수로조사) [ ] 건설사업관리
<u>*설계등용역 일반분야 업무구분</u> : [ ]계획 • 조사 • 설계포함, [ ]계획 • 조사 • ㅁ설계 제외
품질검사 : [ ] 일반 [ ] 토목 [ ] 건축 **<u>[ ] 특수*</u>**
<u>* 품질검사(특수) 세부분야 선택</u>
[ ] 골재 [ ] 레디믹스트콘크리트 [ ] 아스팔트콘크리트 [ ] 철강재
[ ] 섬유 [ ] 용접(방사선비파괴검사) [ ] 용접(초음파비파괴검사)
[ ] 용접(자기비파괴검사) [ ] 용접(침투비파괴검사) [ ] 말뚝재하</td></tr>
</table>

재발급 신청사유 (등록증을 잃어버린 경우 분실 사유 기재)	

「건설기술 진흥법 시행규칙」 제22조제6항에 따라 위와 같이 신청합니다.

년　　월　　일

신청인　　　(서명 또는 인)

수탁기관의 장 귀하

<table>
<tr><td rowspan="2">첨부서류</td><td rowspan="2">헐어 못 쓰게 된 건설엔지니어링업 등록증(헐어 못 쓰게 된 경우만 해당합니다)</td><td>수수료</td></tr>
<tr><td>「건설기술 진흥법 시행규칙」 제26조제2항에 따른 수수료</td></tr>
</table>

처 리 절 차

신청서	➔	접수	➔	첨부서류 검토	➔	확인	➔	시 • 도지사 통보	➔	발급
신청인		수탁기관		수탁기관		수탁기관		수탁기관		시 • 도지사

210mm×297mm (백상지 80g/㎡(재활용품))

[별지 제24호서식]<개정 2021.9.17>

건설엔지니어링업 [ ]휴업 [ ]폐업 신고서

※ [ ]에는 해당되는 곳에 √표를 합니다.

접수번호	접수일자	처리기간 4일

신고인	상호 또는 법인명	등록번호
	소재지	전화번호
	성명(대표자)	사업자등록번호 (법인등록번호)
	전문분야 **종합 :** [ ] 종합 **설계 · 사업관리 :** [ ] 일반 [ ] 설계등용역(□설계등용역 일반*, □측량, □수로조사) [ ] 건설사업관리 *설계등용역 일반분야 업무구분 : [ ]계획 · 조사 · 설계포함, [ ]계획 · 조사 · 설계 제외 **품질검사 :** [ ] 일반 [ ] 토목 [ ] 건축 **[ ] 특수*** *** 품질검사(특수) 세부분야 선택** [ ] 골재 [ ] 레디믹스트콘크리트 [ ] 아스팔트콘크리트 [ ] 철강재 [ ] 섬유 [ ] 용접(방사선비파괴검사) [ ] 용접(초음파비파괴검사) [ ] 용접(자기비파괴검사) [ ] 용접(침투비파괴검사) [ ] 말뚝재하	
신고내용	휴업 예정기간 . . .부터 . . .까지(년 월)	폐업일 . . .
	휴업 · 폐업 사유	

「건설기술 진흥법」 제26조제4항 및 같은 법 시행규칙 제23조제4항에 따라 위와 같이 신고합니다.

년 월 일

신고인 (서명 또는 인)

수탁기관의 장 귀하

첨부서류	휴업 · 폐업을 증명하는 서류	수수료
		「건설기술 진흥법 시행규칙」 제26조제2항에 따른 수수료

처리절차

신고서	→	접수	→	검토	→	수리	→	통보 (폐업신고는 제외)
신고인		수탁기관		수탁기관		수탁기관		수탁기관

210mm×297mm(백상지 80g/㎡(재활용품))

[별지 제25호서식]<개정 2021.9.17>

건설엔지니어링업 양도 · 양수 신고서

접수번호	접수일자	처리기간 10일

양도인	상호 또는 법인명	성명(대표자)
	주소	전화번호
	사업자등록번호 (법인등록번호)	국적 또는 소속국가명
	전문분야 **종합 :** [ ] 종합 **설계 · 사업관리 :** [ ] 일반 [ ] 설계등용역(□설계등용역 일반*, □측량, □수로조사) [ ] 건설사업관리 ***설계등용역 일반분야 업무구분** : [ ] 계획 · 조사 · 설계포함 [ ]계획 · 조사 · 설계제외 **품질검사 :** [ ] 일반 [ ] 토목 [ ] 건축 **[ ] 특수*** *** 품질검사(특수) 세부분야 선택** [ ] 골재 [ ] 레디믹스트콘크리트] 아스팔트콘크리트 [ ] 철강재 [ ] 섬유 [ ] 용접(방사선비파괴검사) [ ] 용접(초음파비파괴검사) [ ] 용접(자기비파괴검사) [ ] 용접(침투비파괴검사) [ ] 말뚝재하	등록번호
양수인	상호 또는 법인명	성명(대표자)
	주소	전화번호
	사업자등록번호 (법인등록번호)	국적 또는 소속국가명
	전문분야 **종합 :** [ ] 종합 **설계 · 사업관리 :** [ ] 일반 [ ] 설계등용역(□설계등용역 일반*, □측량, □수로조사) [ ] 건설사업관리 ***설계등용역 일반분야 업무구분** : [ ] 계획 · 조사 · 설계포함 [ ]계획 · 조사 · 설계제외 **품질검사 :** [ ] 일반 [ ] 토목 [ ] 건축 **[ ] 특수*** *** 품질검사(특수) 세부분야 선택** [ ] 골재 [ ] 레디믹스트콘크리트 [ ] 아스팔트콘크리트 [ ] 철강재 [ ] 섬유 [ ] 용접(방사선비파괴검사) [ ] 용접(초음파비파괴검사) [ ] 용접(자기비파괴검사) [ ] 용접(침투비파괴검사) [ ] 말뚝재하	등록번호

「건설기술 진흥법」 제29조제1항제1호 및 같은 법 시행규칙 제24조제1항에 따라 건설엔지니어링업의 양도 · 양수를 신고합니다.

년 월 일

양도인 (서명 또는 인)

양수인 (서명 또는 인)

수탁기관의 장 귀하

첨부서류		수수료
첨부서류	1. 양도 · 양수계약서 사본 2. 양수인에 관한 「건설기술 진흥법 시행규칙」 제21조제1항 각 호의 서류 3. 건설엔지니어링의 양도 · 양수에 대한 발주청의 동의를 증명하는 서류(수행 중인 건설엔지니어링이 있는 경우에만 제출합니다)	「건설기술 진흥법 시행규칙」 제26조제2항에 따른 수수료

처리절차

신 고	→	접 수	→	서면심사	→	확인(현장)	→	통보
신고인		수탁기관		수탁기관		수탁기관		수탁기관

210mm×297mm(백상지 80g/㎡(재활용품))

[별지 제26호서식] <개정 2021.9.17>

건설엔지니어링업 법인합병 신고서

접수번호	접수일자	처리기간 10일

구분	내용	
합병 전 법인	법인명	대표자
	주소	전화번호
	법인등록번호	국적 또는 소속국가명
	전문분야 **종합** : [ ] 종합 **설계·사업관리** : [ ] 일반 [ ] 설계등용역(□설계등용역 일반*, □측량, □수로조사) [ ] 건설사업관리 ***설계등용역 일반분야 업무구분** : [ ] 계획·조사·설계포함 [ ]계획·조사·설계제외 **품질검사** : [ ] 일반 [ ] 토목 [ ] 건축 **[ ] 특수*** *** 품질검사(특수) 세부분야 선택** [ ] 골재 [ ] 레디믹스트콘크리트 [ ] 아스팔트콘크리트 [ ] 철강재 [ ] 섬유 [ ] 용접(방사선비파괴검사) [ ] 용접(초음파비파괴검사) [ ] 용접(자기비파괴검사) [ ] 용접(침투비파괴검사) [ ] 말뚝재하	등록번호
합병 전 법인	법인명	대표자
	주소	전화번호
	법인등록번호	국적 또는 소속국가명
	전문분야 **종합** : [ ] 종합 **설계·사업관리** : [ ] 일반 [ ] 설계등용역(□설계등용역 일반*, □측량, □수로조사) [ ] 건설사업관리 ***설계등용역 일반분야 업무구분** : [ ] 계획·조사·설계포함 [ ]계획·조사·설계제외 **품질검사** : [ ] 일반 [ ] 토목 [ ] 건축 **[ ] 특수*** *** 품질검사(특수) 세부분야 선택** [ ] 골재 [ ] 레디믹스트콘크리트 [ ] 아스팔트콘크리트 [ ] 철강재 [ ] 섬유 [ ] 용접(방사선비파괴검사) [ ] 용접(초음파비파괴검사) [ ] 용접(자기비파괴검사) [ ] 용접(침투비파괴검사) [ ] 말뚝재하	등록번호
합병 후 존속하거나 설립된 법인	법인명	대표자
	주소	전화번호
	법인등록번호	국적 또는 소속국가명
	전문분야 **종합** : [ ] 종합 **설계·사업관리** : [ ] 일반 [ ] 설계등용역(□설계등용역 일반*, □측량, □수로조사) [ ] 건설사업관리 ***설계등용역 일반분야 업무구분** : [ ] 계획·조사·설계포함 [ ]계획·조사·설계제외 **품질검사** : [ ] 일반 [ ] 토목 [ ] 건축 **[ ] 특수*** *** 품질검사(특수) 세부분야 선택** [ ] 골재 [ ] 레디믹스트콘크리트 [ ] 아스팔트콘크리트 [ ] 철강재 [ ] 섬유 [ ] 용접(방사선비파괴검사) [ ] 용접(초음파비파괴검사) [ ] 용접(자기비파괴검사) [ ] 용접(침투비파괴검사) [ ] 말뚝재하	등록번호

「건설기술 진흥법」 제29조제1항제2호 및 같은 법 시행규칙 제24조제2항에 따라 건설엔지니어링업 법인의 합병을 신고합니다.

년 월 일

합병 전 법인 (서명 또는 인)
합병 전 법인 (서명 또는 인)
합병 후 존속(설립)법인 (서명 또는 인)

수탁기관의 장 귀하

첨부서류		수수료
	1. 합병계약서 사본 2. 합병공고문 3. 합병에 관한 사항을 의결한 총회 또는 창립총회의 결의서 사본 4. 합병 후 존속하는 법인 또는 합병에 따라 설립되는 법인에 관한 「건설기술 진흥법 시행규칙」 제21조제1항 각 호의 서류 5. 발주청의 동의를 증명하는 서류(수행 중인 건설엔지니어링이 있는 경우에만 제출합니다)	「건설기술 진흥법 시행규칙」 제26조제2항에 따른 수수료

처리절차

신 고	→	접 수	→	서면심사	→	확인(현장)	→	통보
신고인		수탁기관		수탁기관		수탁기관		수탁기관

210mm×297mm(백상지 80g/㎡(재활용품))

[별지 제27호서식] <2021.9.17> (앞쪽)

발신기관명

수신자 **수탁기관의 장**
(경유)
제 목 **건설엔지니어링 [ ]계약체결, [ ]계약변경, [ ]준공 통보**

「건설기술 진흥법 시행령」 제30조제2항, 같은 법 시행령 제45조제2항 및 제3항에 따라 건설엔지니어링 현황을 아래와 같이 통보합니다.

1. 용역 현황

① 용역종류 및 범위	[ ] 계획 • 조사 • 설계	[ ] 타당성조사 [ ] 기본계획 [ ] 기본설계 [ ] 실시설계 [ ] 설계의 경제성등 검토
	[ ] 건설사업관리	[ ] 설계 전 단계 [ ] 기본설계 단계 [ ] 실시설계 단계 (□ 의무, □ 임의) [ ] 구매조달 단계 [ ] 시공 단계 [감독 권한대행 등 건설사업관리 (□ 의무, □ 임의, □ 전체, □ 부분)] [ ] 시공 후 단계
	[ ] 기타	[ ] 감리 (□ 공동주택, □ 다중이용건축물) [ ] 시험 • 평가 [ ] 품질관리 [ ] 안전점검 • 진단 [ ] 기타( )

용역명		② 공종	
사업위치		③ 사업규모	
④ 계약자	주 계약자: (대표자)	지분율	%
	공동계약자: (대표자)	지분율	%
입찰방식	[ ] 기술 • 가격분리입찰방식 [ ] 지명경쟁입찰방식 [ ] 제한경쟁입찰방식 [ ] 공개경쟁입찰방식 [ ] 수의계약 [ ] 기타( )		
선정방식	[ ] PQ평가방식 [ ] 기술인평가방식 [ ] 기술제안서평가방식 [ ] 종합심사낙찰제방식 [ ] 기타( )		
계약형태	[ ] 원도급/단독계약 [ ] 원도급/공동계약 [ ] 기타	낙찰률	%
계약방식	[ ] 총액계약 [ ] 장기계속계약 [ ] 계속비		
대가산출	[ ] 공사비요율방식 [ ] 실비정액가산방식 [ ] 기 타		

⑤ 계약 및 이행내용	구분	계(백만원)	(회사1)	(회사2)	계약 또는 이행기간	비고
	전 체				. . ~ . .	
	기 성 분				. . ~ . .	
	금차 계약분				. . ~ . .	
	향후 잔여분				. . ~ . .	

2. 공사개요(시공 단계 건설사업관리 및 감리 용역에 한하여 작성)

⑥총공사비	백만원(관급자재비 백만원 포함)	공사기간	. . ~ . .
계약금액	백만원(낙찰률 : %)	시 공 자	(대표자)

3. 계약변경내용

변경구분	변경일자	변경 전	변경 후

끝.

발신기관의 장 직인

기안자 직위(직급) 서명 검토자 직위(직급)서명 결재권자 직위 (직급)서명
협조자
시행 처리과-일련번호(시행일자) 접수 처리과명-일련번호(접수일자)
우 주소 / 홈페이지 주소
전화( ) 전송( ) / 기안자의 공식전자우편주소 / 공개구분

210㎜×297㎜[백상지 80g/㎡(재활용품)]

(뒤쪽)

작성방법

1. ①란의 용역종류 및 범위는 계획·조사·설계, 건설사업관리, 기타 중 종류를 선택하고, 해당 용역에 포함되는 업무범위 전체를 선택합니다.
2. ②란의 공종은 「건설기술 진흥법 시행령」 별표1 제5호에 따른 건설기술인의 등급 및 경력인정 등에 관한 국토교통부장관의 고시에서 인정되는 건설공사의 종류(대부류) 중 해당 종류를 기재합니다.
3. ③란의 사업규모 기재 예시
   - 도로: 확장 및 포장( )km, 폭( )m
   - 교량: 길이( )m, 폭( )m, 교량형식 등
   - 공동주택: ( )세대, 연면적( )㎡, 층수( )층
   - 건축물: 연면적( )㎡, 층수( )층
4. ④란의 계약자(지분율 포함) 및 ⑤란의 계약 및 이행내용과 2. 공사개요 항목 작성 시 전기·통신·소방 등의 건설공사가 아닌 부분은 제외하고 산정하여 기재합니다.
5. ⑤란의 계약 및 이행내용의 기성분은 연차별 계약건의 경우 현재까지 완료된 연차사업내용을 기재하고, 연차 구분없이 총액계약만 체결한 건은 분기 또는 반기별로 지급된 기성분에 대한 내용을 기재하며, 금차계약분은 연차별 계약 중 현재 진행 중인 계약내용을 기재합니다. 전체는 향후 잔여분을 포함한 합계이므로 금액은 상호간 중복되지 않도록 합니다(부가가치세를 포함한 금액을 적습니다).
6. ⑥란의 총공사비는 관급자재비를 포함하되, 토지 등의 취득·사용에 따른 보상비는 제외한 일체의 공사비로 공사계약 체결 이전의 예정금액(계약금액이 변경된 경우에는 낙찰률로 환산한 예정금액)을 기재합니다.
7. 계약변경내용 통보 시에는 용역종류 및 범위, 용역명과 변경된 항목만 기재하고, 변경사항은 계약변경내용의 변경 후란의 내용과 일치하여야 합니다.
8. 용역 준공 통보 시에는 계약 및 이행내용 중 전체란을 반드시 기재합니다.
9. 공사기간, 계약 또는 이행기간은 반드시 날짜를 기재합니다.
10. 기재란이 부족할 경우에는 별지를 사용하시기 바랍니다.
11. 「건설기술 진흥법 시행령」 제45조제3항제2호에 따라 건설공사의 허가·인가·승인 등을 한 행정기관에 실적통보를 요청하거나 같은 조 제5항에 따라 국토교통부장관에게 같은 조 제1항제3호의 용역에 대한 실적을 직접 통보할 때에는 건설사업관리용역 계약서를 첨부합니다.

[별지 제28호서식] <2021.9.17> (앞쪽)

발신기관명

수신자 **수탁기관의 장**
(경유)
제 목 **건설엔지니어링 참여기술인 현황(변경) 통보**

「건설기술 진흥법 시행령」 제45조제2항 및 제3항에 따라 건설엔지니어링 참여기술인 현황(변경) 을 아래와 같이 통보합니다.

1. 용역 현황

① 용역종류 및 범위	[ ] 계획 · 조사 · 설계	[ ] 타당성조사 [ ] 기본계획 [ ] 기본설계 [ ] 실시설계 [ ] 설계의 경제성등 검토		
	[ ] 건설사업관리	[ ] 설계 전 단계 [ ] 기본설계 단계 [ ] 실시설계 단계 (□ 의무, □ 임의) [ ] 구매조달 단계 [ ] 시공 단계 [감독 권한대행 등 건설사업관리 (□ 의무, □ 임의 / □ 전체, □ 부분)] [ ] 시공 후 단계		
	[ ] 기타	[ ] 감리 (□ 공동주택, □ 다중이용건축물) [ ] 시험 · 평가 [ ] 품질관리 [ ] 안전점검 · 진단 [ ] 기타( )		
용역명			②공종	
사업위치			③ 사업규모	
④ 계약금액			⑤ 계약기간	. . ~ . .
⑥ 계약자	주 계약자:	(대표자)	지분율	%
	공동계약자:	(대표자)	지분율	%

2. 참여기술인 현황

구분	분야	성 명	생년월일	기술인등급	용역참여기간	소속회사
					. . ~ . .	
					. . ~ . .	
					. . ~ . .	
					. . ~ . .	
					. . ~ . .	
					. . ~ . .	
					. . ~ . .	
					. . ~ . .	
					. . ~ . .	

3. 변경내용

변경구분	변경일자	변경 전	변경 후

끝.

발신기관의 장 직인

기안자 직위(직급) 서명 검토자 직위(직급)서명 결재권자 직위 (직급)서명
협조자
시행 처리과-일련번호(시행일자) 접수 처리과명-일련번호(접수일자)
우 주소 / 홈페이지 주소
전화( ) 전송( ) / 기안자의 공식전자우편주소 / 공개구분

210㎜×297㎜[백상지 80g/㎡(재활용품)]

(뒤쪽)

작성방법

1.①란의 용역종류 및 범위는 계획・・조사・설계, 건설사업관리, 기타 중 종류를 선택하고, 해당 용역에 포함되는 업무범위 전체를 선택합니다.

2. ②란의 공종은 「건설기술 진흥법 시행령」 별표 1 제5호에 따른 건설기술인의 등급 및 경력인정 등에 관한 국토교통부장관의 고시에서 인정되는 건설공사의 종류(대분류) 중 해당 종류를 기재합니다.

3. ③란의 사업규모란 기재 예시
   - 도로 : 확장 및 포장( )km, 폭( )m　　- 교량 : 길이( )m, 폭( )m, 교량형식 등
   - 공동주택 : ( )세대, 연면적( )㎡, 층수( )층　　- 건축물 : 연면적( )㎡, 층수( )층

4. ④란의 계약금액 및 ⑥란의 계약자(지분율 포함)은 전기・통신・소방 등의 건설공사가 아닌 부분은 제외하고 산정하여 기재합니다.

5. ④란의 계약금액 및 ⑤란의 계약기간은 연차별 계약건의 경우 전체 금액 및 기간을 기재하며, 금액은 부가가치세를 포함한 금액을 기재합니다.

6. 참여기술인 현황의 구분란은 책임기술인/분야별 책임기술인/분야별 참여기술인/기술지원기술인로 구분하여 기재합니다.

7. 변경내용 통보 시 참여기술인 현황의 변경사항은 변경내용의 변경 후란의 내용과 일치해야 합니다.

8. 계약기간, 용역참여기간은 반드시 날짜를 기재합니다.

9. 기재란이 부족할 경우에는 별지를 사용하시기 바랍니다.

[별지 제29호서식] <2020.5.26, 2024.4.23> (앞쪽)

발신기관명

수신자 **수탁기관의 장**
(경유)
제 목 **건설사업관리기술인 및 감리원 배치 및 철수 현황 통보**

「건설기술 진흥법 시행령」 제45조제2항 및 제3항에 따라 건설사업관리기술인 및 감리원의 배치 및 철수현황을 아래와 같이 통보합니다.

1. 용역개요

용역명		계약기간	. . ~ . .
용역구분	[ ] 건설사업관리 [감독 권한대행 등 건설사업관리 (□ 의무, □ 임의 / □ 전체, □ 부분)] [ ] 감리 (□ 공동주택, □ 다중이용건축물)		
발주주체	[ ] 발주청 [ ] 발주자, (기관명 또는 상호 :)		
계약자		대표자	

2. 배치확인

배치연월일	성명	생년월일	기술인 등급	① 분야	근무형태 (상주/기술지원)	② 직책	③ 공사 종류	④ 담당 업무	소속 회사
. . ~ . .									
. . ~ . .									
. . ~ . .									
. . ~ . .									

※ 안전관리 담당자 지정현황

소속회사	성명	생년월일	직책	지정일자	종료일자

3. 철수확인

철수연월일	성명	생년월일	⑤ 철수 구분 (교체/완료)	배치계획상 참여예정기간	철수사유
. .				. . ~ . .	
. .				. . ~ . .	
. .				. . ~ . .	
. .				. . ~ . .	

4. 정정사항

성명	생년월일	항목	당초	정정내용
			(이미 통보한 내용)	(변경통보할 내용)
			〃	〃
			〃	〃

끝.

발신기관의 장 직인

기안자 직위(직급) 서명 검토자 직위(직급)서명 결재권자 직위 (직급)서명
협조자
시행 처리과-일련번호(시행일자) 접수 처리과명-일련번호(접수일자)
우 주소 / 홈페이지 주소
전화( ) 전송( ) / 기안자의 공식전자우편주소 / 공개구분

210㎜×297㎜[백상지 80g/㎡(재활용품)]

(뒤쪽)

작성방법
1. ①란의 분야는 「건설기술 진흥법 시행령」 별표 1 제3호에 따른 건설기술인 직무분야 및 전문분야 중 해당 용역 참여 분야(직무분야/전문분야)를 기재합니다. 2. ②란의 직책은 건설사업관리용역 및 다중이용건축물에 대한 감리용역의 경우 '책임/분야'로, 공동주택 감리용역의 경우 '총괄/분야/신규'로 구분하며, 안전관리 담당자로 지정된 건설사업관리기술인의 경우에는 '안전관리(책임/보조)'로 적고, 안전관리 담당자 지정현황에 추가로 해당 내용을 적습니다(상주기술인에 한정합니다). 3. ③란의 공사종류는 「건설기술 진흥법 시행령」 별표 1 제5호에 따른 건설기술인의 등급 및 경력인정 등에 관한 국토교통부장관의 고시에서 인정되는 건설공사의 종류(대분류) 중 해당 종류를 기재합니다. 4. ④란의 담당업무는 「건설기술 진흥법 시행령」 별표 1 제5호에 따른 건설기술인의 등급 및 경력인정 등에 관한 국토교통부장관의 고시에서 인정되는 건설공사 업무 중 해당 업무를 기재합니다. 5. ⑤란의 철수구분은 건설사업관리기술인 또는 감리원이 배치계획에 따른 배치완료 시점까지 근무하고 철수한 경우에는 '완료'로, 그렇지 않은 경우에는 '교체'로 구분하여 기재하되, 「건설기술 진흥법 시행규칙」 제27조제2항 각 호의 사유로 철수하는 경우에는 '완료'로 구분하여 기재하고, 구체적인 철수사유를 기재합니다. 6. 정정사항은 배치 또는 철수 확인 사항의 각 항목 중 이미 통보한 내용에 대하여 오류 또는 변동사항을 정정 통보하는 경우에 기재합니다.

[별지 제30호서식]<개정 2021.9.17>

발신기관명

수신자 **수탁기관의 장**
(경유)
제 목 **입찰참가자격 제한 건설엔지니어링사업자 현황 통보**

「건설기술 진흥법 시행령」 제45조제2항에 따라 입찰참가자격 제한을 받은 건설엔지니어링사업자 현황을 아래와 같이 통보합니다.

<table>
<tr><td rowspan="4">입찰참가 제한된 건설엔지니어링사업자</td><td>상호 또는 법인명</td><td colspan="2"></td><td>등록번호</td><td colspan="2"></td></tr>
<tr><td>사업자등록번호 (법인등록번호)</td><td colspan="6"></td></tr>
<tr><td>소재지</td><td colspan="6"></td></tr>
<tr><td>성명 (대표자)</td><td colspan="6"></td></tr>
<tr><td>제한 분야</td><td></td><td>제한 개시</td><td>년 월 일</td><td>제한 만료</td><td>년 월 일</td></tr>
<tr><td>제한 근거</td><td colspan="6">[ ] 「국가를 당사자로 하는 계약에 관한 법률」 제27조
[ ] 「지방자치단체를 당사자로 하는 계약에 관한 법률」 제31조</td></tr>
<tr><td>제한 사유와 그 밖의 사항</td><td colspan="6"></td></tr>
</table>

끝.

발신기관의 장 [직인]

기안자 직위(직급) 서명 검토자 직위(직급)서명 결재권자 직위 (직급)서명
협조자
시행 처리과-일련번호(시행일자) 접수 처리과명-일련번호(접수일자)
우 주소 / 홈페이지 주소
전화( ) 전송( ) / 기안자의 공식전자우편주소 / 공개구분

210㎜×297㎜[백상지 80g/㎡(재활용품)]

[별지 제31호서식] <2021.9.17> (3쪽 중 제1쪽)

건설엔지니어링 실적 확인서

1. 회사개요

등록번호		등록일		전문분야		관리번호	
회사명						대표자	
소재지						전화번호	

2. 제재처분 내용

연월일	제재종류	처분기관	사유 및 기간	용역명

3. 건설엔지니어링 수행 현황 (금액: 백만원)

구분	합계		계획·조사		설계		건설사업관리				공동주택·다중이용건축물 감리		기타	
							감독 권한대행 등 건설사업관리		그 밖의 건설사업관리					
	건수	금액	건수	금액	건수	금액	건수	금액	건수	금액	건수	금액	건수	금액
합계														
완료														
진행 중														
교체율(최근 1년간)	%				배치 총원		명			교체 총원		명		

가. 완료된 용역

일련번호	용역종류	용역명	계약기간	사업개요(총공사비/사업규모)	발주청(인허가기관)	용역비(백만원)

작성방법

1. 제재처분 내용은 제재처분 종료일을 기준으로 최근 5년 이내의 제재 내용을 기재합니다.
2. 건설엔지니어링 수행 현황의 교체율, 배치 총원, 교체 총원은 시공 단계의 건설사업관리 및 감리 용역에 한정하여 산정합니다.
3. 완료된 용역의 사업개요 중 총공사비는 시공 단계의 건설사업관리 및 감리 용역을 수행한 경우에 기재합니다.
4. 진행 중인 용역의 공사개요 중 총공사비 및 공사기간은 시공 단계의 건설사업관리 및 감리 용역을 수행하는 경우에 기재합니다.
5. 참여기술인 현황의 구분란은 책임기술인/분야별 책임기술인/분야별 참여기술인/기술지원기술인으로 구분하여 기재합니다.

210mm×297mm(백상지 80g/㎡(재활용품))

○ 관리번호: ○ 회사명:

나. 진행 중인 용역

용역명					용역종류	
발주청 (인허가기관)			계약기간	. . ~ . .		
사업규모					공종	
계약 및 이행 내용	구분	금액(백만원)	계약 또는 이행 기간		용역이행비율	
	전체		~		%	
	기성분		~			
	금차계약분		~			
	향후잔여분		~			
공사개요	총공사비	백만원	공사기간	. . ~ . .		

○ 참여기술인 현황

구분	계	등급별				직무분야별			
		특급	고급	중급	초급	토목	건축	기계	기타
참여인원									

일련번호	구분	분야	성명	생년월일	기술인 등급	참여기간	비고
						~	
						~	
						~	
						~	
						~	
						~	
						~	
						~	
						~	
						~	
						~	
						~	
						~	
						~	

○ 관리번호: ○ 회사명:

4. 벌점

일련 번호	연도/반기 구분	측정기관	용역명	부실사례	벌점	반기 평균 벌점	누계 평균 벌점
발급용도							

「건설기술 진흥법 시행령」 제45조제9항에 따라 건설엔지니어링 실적을 위와 같이 확인합니다.

년 월 일

수탁기관의 장 직인

[별지 제32호서식] <개정 2021.9.17>

하도급 계약 승인신청서

1. 건설엔지니어링명					
2. 건설엔지니어링 개요					
수급인 (대표회사)	상호		대표자		소재지
3. 건설엔지니어링 개요					
도급금액	원	계약일		준공예정일	
해당연도 도급금액	원	해당연도 계약일		해당연도 준공예정일	

4. 공종별 하도급 예정계획(해당연도)

하도급할 주요공종	하도급 대상자				하도급 용역				
공종명	상호 및 대표자	소재지	등록업종	선정방식	용역명	물량	하도급 금액		
							①하도급 부분금액(A)	②하도급 계약금액(B)	③하도급율 (B/A)

「건설기술 진흥법」 제35조제4항 및 같은 법 시행규칙 제31조제1항에 따라 하도급 계약 승인신청서를 제출합니다.

년　　월　　일

공동수급체　대　표　상　호 :
대표자 :　(서명 또는 인)

공동수급체　구성원　상　호 :
대표자 :　(서명 또는 인)

공동수급체　구성원　상　호 :
대표자 :　(서명 또는 인)

○○○○○ 귀하

첨부서류	1. 하도급 예정 공정표 2. 용역규모 및 용역금액 등이 명시된 용역내역서

작성방법

1. ①란의 하도급 부분금액은 당해 하도급하고자 하는 용역부분에 해당하는 도급금액으로 직접인건비, 직접경비, 제경비, 기술료 및 부가가치세 등을 포함한 금액을 말합니다.
2. ②란의 하도급 계약금액은 수급인이 하도급 대상자(하수급인)와 하도급계약을 맺으면서 지급하기로 계약한 금액을 말합니다.
3. ③란의 하도급율은 하도급계약금액을 하도급부분금액으로 나눈 비율을 말합니다.
4. ①하도급부분금액 및 ③하도급율은 산출이 곤란한 경우에는 기재하지 않습니다.

210mm×297mm(백상지 80g/㎡(재활용품))

[별지 제32호의2서식] <신설 2021.9.17> (앞쪽)

발신기관명

수신자 수탁기관의 장
(경유)
제 목 시공단계의 건설사업관리계획 [ ]수립, [ ]변경 제출

「건설기술 진흥법」 제39조의2제4항, 「건설기술 진흥법 시행령」 제59조의2 및 「건설기술 진흥법 시행규칙」 제34조의2제3항에 따라 건설사업관리계획을 아래와 같이 (수립, 변경)제출합니다.

1. 공사현황

공사명			
발주청		대표전화	
①사업규모		②공사종류	
사업위치			
③총공사비	백만원(관급자재비 백만원 포함)	공사기간	. . ~ . .

2. 건설사업관리계획

④건설사업 관리방식	[ ] 시공단계의 감독 권한대행 등 건설사업관리 (□ 의무, □ 임의, □ 전체, □ 부분)] [ ] 건설사업관리 [ ] 직접감독		
	[ ] 단일건설공사 건설사업관리 [ ] 통합 건설사업관리(개 공구)		
용역명		용역기간	. . ~ . .
⑤배치계획 및 업무범위	[ ] 건설사업관리기술인 : 인·일 [ ] 공사감독자 : 인·일		
	[ ] 대가기준 기본업무 준수 [ ] 대가기준 기본업무 조정		

⑥대가 산출내역 (부가세 별도)	직접인건비	원	직접경비	원(%) (직접인건비의 30%)
	제경비	원(%) (직접인건비의 110~120%)	기술료	원(%) (직접인건비+제경비의 20~40%)
	손해배상보험료	원	추가업무비용	원
	합 계	원 (총 공사비의 %)		

입찰방식	[ ] 기술·가격분리입찰방식 [ ] 지명경쟁입찰방식 [ ] 제한경쟁입찰방식 [ ] 공개경쟁입찰방식 [ ] 수의계약 [ ] 기타( )	입찰 예정 일자 . .
선정방식	[ ] PQ평가 [ ] 기술인평가 [ ] 기술제안서평가 [ ] 종합심사낙찰제 [ ] 기타( )	
기술자문심의	[ ] 심의 (□ 적정 □ 조건부 적정 □ 부적정 / 심의일자 : . .) [ ] 제외	
용역평가	[ ] 대상 (시행 예정 시기 : .) [ ] 제외	

3. 변경내용

변경구분	변경일자	변경 전	변경 후

붙임서류 : 건설사업관리 기술인수 산정기준에 따른 투입인원 내역, 사업특성 및 발주청 역량평가 각 1부. 끝.

발신기관의 장 직인

기안자 직위(직급) 서명 검토자 직위(직급)서명 결재권자 직위 (직급)서명
협조자
시행 처리과-일련번호(시행일자) 접수 처리과명-일련번호(접수일자)
우 주소 / 홈페이지 주소
전화( ) 전송( ) / 기안자의 공식전자우편주소 / 공개구분

210㎜×297㎜[백상지 80g/㎡(재활용품)]

[별지 제33호 서식]<개정 2015.1.29>

국고보조금 교부신청서

접수번호	접수일자	처리기간 90일

신청인	성명(대표자)	생년월일
	주소	

보조사업 내용	
	사업명
	사업개요
	보조사업에 드는 경비와 교부받으려는 보조금의 금액
	보조사업비 재원별 부담내용
	보조사업의 착수 및 완료 예정일

「건설기술 진흥법 시행령」 제65조제8항과 「보조금 관리에 관한 법률」 제16조 및 같은 법 시행령 제7조에 따라 위와 같이 국고보조금 교부를 신청합니다.

년 월 일

신청인 (서명 또는 인)

국토교통부장관 귀하

첨부서류	건설기준 정비계획서

처리절차

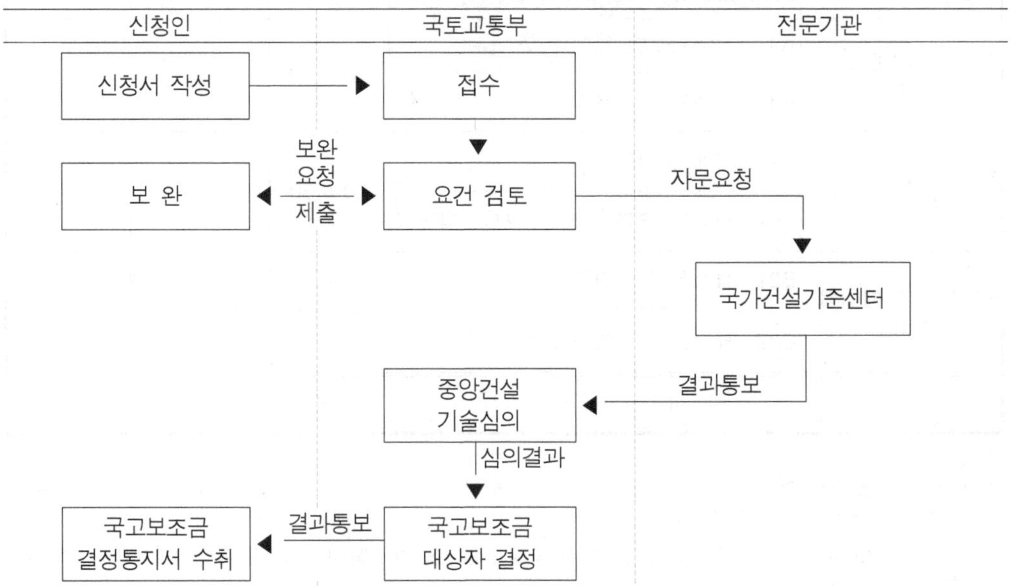

210mm×297mm(백상지 80g/㎡(재활용품))

[별지 제34호서식] <개정 2020.5.26>

(3쪽 중 제1쪽)

설계용역 평가표(기본설계용역)

용역발주청:

확인자: 발주청 (인)
관계자: 용역평가자 (인)

용역명			용역회사(대표자)			
용역번호			용역회사등록번호			
용역기간	착공		과업 내용			
	준공		용역금액			
평가점수			평가 연월일			

평가항목		배점	평가점 수	비고
대분류	중분류			
A1. 과정에 대한 이해도	A11. 조사준비	10 ~ 20		
	A12. 과업과정에 대한 이해도			
A2. 효율적인 업무추진	A21. 발주자와의 의사소통	30 ~ 40		
	A22. 사업추진의 적정성			
	A23. 과업기간 준수 노력도			
	A24. 상생협력 및 동반성장			
A3. 참여기술인 적정성	A31. 참여기술인 참여도 및 노력도	10 ~ 20		
	A32. 참여기술인 투입			
B1. 과업이행결과 적정성	B11. 설계 성과품	20 ~ 30		
	B12. 성과품 오류 수정 및 지원 적정성			
B2. 과업이행내용 충실성	B21. 성능향상 노력도	10 ~ 20		
	B22. 공사관리 지원 효율성			
합 계		100		

비고

1. 발주청은 발주청 및 용역사업의 특성 등을 고려하여 중분류 평가항목에 대한 하위 세부평가항목을 별도로 정하여 평가할 수 있다.
2. 그 밖에 평가에 필요한 세부평가기준 등은 국토교통부장관이 정하여 고시하는 바에 따라 발주청이 정할 수 있다.

설계용역 평가표(실시설계용역 과정)

용역발주청: 확인자: 발주청 (인)

관계자: 용역평가자 (인)

용역명			용역회사(대표자)	
용역번호			용역회사등록번호	
용역기간	착수일		과업 내용	
	준공일		용역금액	
평가점수			평가 연월일	

평가항목		배점	평가 점수	비고
대분류	중분류			
A1. 과정에 대한 이해도	A11. 조사준비	10~30		
	A12. 과업과정에 대한 이해도			
A2. 효율적인 업무추진	A21. 발주자와의 의사소통	50~60		
	A22. 사업추진의 적정성			
	A23. 과업기간 준수 노력도			
	A24. 상생협력 및 동반성장			
A3. 참여기술인 적정성	A31. 참여기술인 참여도 및 노력도	20~30		
	A32. 참여기술인 투입			
합 계		100		

비 고

1. 발주청은 발주청 및 용역사업의 특성 등을 고려하여 중분류 평가항목에 대한 하위 세부평가항목을 별도로 정하여 평가할 수 있다.
2. 그 밖에 평가에 필요한 세부평가기준 등은 국토교통부장관이 정하여 고시하는 바에 따라 발주청이 정할 수 있다.

(3쪽 중 제3쪽)

설계용역 평가표(실시설계용역 결과)

용역발주청: 확인자: 발주청 (인)

관계자: 용역평가자 (인)

용역명			용역회사(대표자)	
용역번호			용역회사등록번호	
용역기간	착수일		과업 내용	
	준공일		용역금액	
평가점수			평가 연월일	

평가항목		배점	평가 점수	비고
대분류	중분류			
B1. 과업이행결과 적정성	B11. 설계 성과품	60～70		
	B12. 성과품 오류 수정 및 지원 적정성			
B2. 과업이행내용 충실성	B21. 성능향상 노력도	30～40		
	B22. 공사관리 지원 효율성			
합 계		100		

비고

1. 발주청은 발주청 및 용역사업의 특성 등을 고려하여 중분류 평가항목에 대한 하위 세부평가 항목을 별도로 정하여 평가할 수 있다.
2. 그 밖에 평가에 필요한 세부평가기준 등은 국토교통부장관이 정하여 고시하는 바에 따라 발주청이 정할 수 있다.

[별지 제35호서식] <개정 2022.12.30>

감독 권한대행 등 건설사업관리용역평가 결과표

평가담당자 :　　　　　　　　(서명)

용역명			
도급방법	□단독 □공동 □분담 □혼합	세부분야	□도로및교통시설 □수자원시설 □단지개발 □건축시설 □환경및산업설비시설
용역기간	.　.　. ~　.　.　.	용역금액(원)	

건설엔지니어링사업자	구분	업체명	사업자등록번호	용역금액(원)
	대표사			
	구성사			

시공사		책임 기술인	분야		생년월일		평가대상기간	.　.　. ~　.　.　.
공사기간	.　.　. ~　.　.　.		등급		성명		평가점수(Σ●÷31×100)	
공사금액		분야별기술인	분야		생년월일		평가대상기간	.　.　. ~　.　.　.
공정률			등급		성명		평가점수(Σ■÷17×100)	
평가 연월일	□ 중간평가　□ 최종평가				평가점수			

분류		세부 평가항목	배점	위원별 평가점수: 위원	위원	…	…	위원	합계	평균	책임	분야별
1. 건설사업관리단의 운영 및 대 발주청 업무(15)		ㅇ기술인 배치 및 교체의 적정성	2									
		ㅇ기술인 근무상태	2									■
		ㅇ핵심 건설사업관리업무수행계획의 타당성 및 이행의 적정성	4								●	
		ㅇ건설사업관리 업무보고의 적정성	3								●	
		ㅇ발주청 지시사항 이행의 적정성	4								●	■
2. 설계도서 · 시공계획의 검토(12)		ㅇ공사착수단계 설계도서 검토 및 조치의 적정성	6									
		ㅇ시공계획 검토 및 조치의 적정성	6								●	■
3. 시공 및 공정관리(25)	시공관리(16)	ㅇ시공상세도의 검토 및 조치의 적정성	6									
		ㅇ설계변경 검토 및 조치의 적정성	6									
		ㅇ하도급 계약 검토 및 조치의 적정성	4									
	공정관리(9)	ㅇ공정관리계획 검토 및 조치의 적정성	5								●	
		ㅇ공기준수 관련 기술지원 및 조치의 적정성	4									
4. 품질관리(18)	품질관리(11)	ㅇ품질관리계획 · 품질시험계획검토 및 조치의 적정성	5								●	
		ㅇ각종 시험 및 검사, 검측업무 관리의 적정성	6									■
	자재관리(7)	ㅇ자재공급원 및 사용자재 적합성 관리의 적정성	4									
		ㅇ자재보관 및 관리의 적정성	3									
5. 안전 및 환경관리(20)	안전관리(14)	ㅇ안전관리계획 검토 및 조치의 적정성	4								●	
		ㅇ안전점검의 실시 확인 및 조치의 적정성	3									■
		ㅇ안전교육의 실시 확인 및 조치의 적정성	2									
		ㅇ공사장주변 안전관리 및 교통소통계획의 확인 및 조치의 적정성	2									
		ㅇ안전관리비 사용실적의 검토 및 조치의 적정성	3									
	환경관리(6)	ㅇ환경관리계획의 실시 확인 및 조치의 적정성	4									
		ㅇ환경관리비 사용실적의 검토 및 조치의 적정성	2									
6. 현장시공상태(10)	공사완성도(5)	ㅇ해당 공사의 주요 공종	5									
	구조안전성(5)	ㅇ목적물 손상 및 결함, 구조안전 조치 여부	5									
7. 가 · 감점	가점	ㅇ기술개발보상실적	+3									
		ㅇ신기술 · 특수공법 도입	+2									
	감점	ㅇ벌점	−3									
		ㅇ재해발생	−2									

[별지 제36호서식]<개정 2020.3.18>

(3쪽 중 제1쪽)

설계용역 평가 총괄표

발주관서명:

비용 단위: 백만원

순위	용역명	용역개요	용역구분	용역비	용역기간	용역사업자	대표자	평점	비고

210mm×297mm(백상지 80g/㎡(재활용품))

(3쪽 중 제2쪽)

감독권한 대행 등 건설사업관리용역 평가 총괄표

발주관서명:

비용 단위: 백만원

순위	용역명	용역개요	용역구분	용역비	용역기간	용역사업자	대표자	평점	비고

210mm×297mm(백상지 80g/㎡(재활용품))

시공평가 총괄표

발주관서명:

비용 단위: 백만원

순위	공사명	공사개요	공사구분	공사비	공사기간	시공회사	대표자	평점	비고

210mm×297mm(백상지 80g/㎡(재활용품))

[별지 제37호서식]<개정 2021.9.17>

발신기관명

수신자 **수탁기관의 장**
(경유)
제 목 **벌점 총괄표(건설사업자, 주택건설등록사업자, 건설엔지니어링사업자, 건축사사무소 개설자) 통보**

「건설기술 진흥법」 제53조제1항 및 같은 법 시행규칙 제47조에 따라 다음 사항을 통보합니다.

년도 반기)

업체명 (대표자)	① 법인 (주민) 등록번호	② 업무 영역	공사명 또는 용역명	③ 총공사비 또는 용역비 (백만원)	④ 공사 (용역) 기간 (연월일)	점검 기간 (연월일)	⑤ 점검 종류	⑥ 부실 내용 (번호)	벌점	부과일 (연월일)	⑦ 벌점 합계	⑧ 점검수 합계

끝.

발신기관의 장 직인

기안자 직위(직급) 서명 검토자 직위(직급)서명 결재권자 직위 (직급)서명
협조자
시행 처리과-일련번호(시행일자) 접수 처리과명-일련번호(접수일자)
우 주소 / 홈페이지 주소
전화( ) 전송( ) / 기안자의 공식전자우편주소 / 공개구분

작성방법

1. ①란의 법인(주민)등록번호는 업체가 법인인 경우에는 법인등록번호를 적고, 법인이 아닌 경우에는 대표자의 주민등록번호를 적습니다.
2. ②란의 업무영역은 건설업, 주택건설등록업, 건축사업, 측량업, 건설엔지니어링업(설계 • 사업관리 등) 중 하나를 적습니다.
3. ③란의 총공사비 또는 용역비 및 ④란의 공사(용역)기간은 계약서 내용을 적습니다.
4. ⑤란의 점검종류는 현장점검 • 감사원감사 • 자체감사 • 시공실태점검 • 특별안전점검 등을 적습니다.
5. ⑥란의 부실내용(번호)은 「건설기술 진흥법 시행령」 별표 8의 건설공사 등의 벌점관리기준의 부실내용과 번호를 적습니다.
6. ⑦란의 벌점합계는 해당 공사(용역) 업체의 벌점 합계를 적습니다.
7. ⑧란의 점검수합계는 해당 반기에 측정기관에서 실시한 모든 건설공사 또는 건설엔지니어링 점검에 대하여 해당 업체별로 업무 영역을 구분하여 점검수를 집계하여 적습니다(벌점을 부과하지 않은 업체에 대해서는 해당 점검수를 적어야 합니다).
8. 과명, 과장, 담당자란을 변경하여 사용할 수 있으며, 기간란은 날짜까지 적어야 합니다. 작성란이 부족한 경우에는 별지를 사용하시기 바랍니다.

210㎜×297㎜[백상지 80g/㎡(재활용품)]

[별지 제38호서식] <개정 2021.9.17>

발신기관명

수신자 **수탁기관의 장**
(경유)
제 목 **벌점 총괄표(건설기술인, 건축사) 통보**

「건설기술 진흥법」 제53조제1항 및 같은 법 시행규칙 제47조에 따라 다음 사항을 통보합니다.

(년도 반기)

성명(주민등록번호)	① 업무영역	② 업체명[사업자(법인)등록번호]	③ 공사명 또는 용역명	총공사비 또는 용역비(백만원)	④ 공사(용역) 기간(연월일)	점검기간(연월일)	⑤ 점검 종류	⑥ 부실 내용(번호)	벌점	부과일(연월일)	⑦ 벌점 합계	⑧ 건설사고발생관련여부

. 끝.

발신기관의 장 [직인]

기안자 직위(직급) 서명 검토자 직위(직급)서명 결재권자 직위 (직급)서명
협조자
시행 처리과-일련번호(시행일자) 접수 처리과명-일련번호(접수일자)
우 주소 / 홈페이지 주소
전화( ) 전송( ) / 기안자의 공식전자우편주소 / 공개구분

작성방법

1. ①란의 업무 영역은 건설업, 주택건설등록업, 건축사업, 측량업, 건설엔지니어링업(설계・사업관리 등) 중 하나를 적습니다.
2. ②란의 업체명[법인(주민)등록번호]는 업체가 법인인 경우에는 법인등록번호를 적고, 법인이 아닌 경우에는 대표자의 주민등록번호를 적습니다.
3. ③란의 총공사비 또는 용역비 및 ④란의 공사(용역)기간은 계약서 내용을 적습니다.
4. ⑤란의 점검종류는 현장점검・감사원감사・자체감사・시공실태점검・특별안전점검 등을 적습니다.
5. ⑥란의 부실 내용(번호)은 「건설기술 진흥법 시행령」 별표 8의 건설공사 등의 벌점관리기준의 부실내용과 번호를 적습니다.
6. ⑦란의 벌점합계는 해당 공사(용역) 기술인 등의 벌점 합계를 적습니다.
7. ⑧란의 건설사고발생관련 여부는「건설기술 진흥법」 제2조제10호에 해당하는 건설사고가 발생하여 법 제53조제1항에 따른 벌점을 받은 경우 "○"를 기재합니다.
8. 과명, 과장, 담당자란을 변경하여 사용할 수 있으며, 기간란은 날짜까지 적어야 합니다. 작성란이 부족한 경우에는 별지를 사용하시기 바랍니다.

210㎜×297㎜[백상지 80g/㎡(재활용품)]

[별지 제39호서식] <개정 2016.5.25>

점검요원증

증 명 사 진
(3.5cmx4.5cm)

소속 :
직급 :
성명 :

위 사람은 「건설기술 진흥법」 제54조에 따라
건설공사 현장점검을 하는 사람임을 증명합니다.

년 월 일

(인)

90㎜×60㎜[인쇄용지(특급) 195g/㎡]

[별지 제40호서식] <개정 2019.2.25>

점검방문 일지

① 공사명 및 발주기관 등	공 사 명 : 현장위치 : 발주기관(건축주) : 공사규모 :
② 방문 일시	년 월 일 : 부터 : 까지
③ 방문 근거 및 목적	
④ 업무 수행내용	
⑤ 지시사항 또는 특기사항	
⑥ 방문자	㉠ 소속 : 직급 : 성명 : (서명) ㉡ 소속 : 직급 : 성명 : (서명) ㉢ 소속 : 직급 : 성명 : (서명)
⑦ 책임건설사업관리기술인 또는 「건설산업기본법」 제40조제1항에 따라 건설공사의 현장에 배치된 건설기술인이 확인	소속 : 직책 : 성명 : (서명)

작성방법

1. ③란의 방문 근거 및 목적에는 방문의 근거가 되는 관계 법령, 지시명령 또는 행정계획과 방문 목적을 적습니다.
2. ④란의 업무 수행내용에는 업무수행 내용을 개략적으로 적습니다.
3. ⑥란의 방문자의 경우, 같은 목적의 방문자가 3명을 초과할 경우에는 별지에 작성하여 덧붙여야 합니다.
4. ①·⑦란은 책임건설사업관리기술인 또는 「건설산업기본법」 제40조제1항에 따라 건설공사의 현장에 배치된 건설기술인이 적되, 직영공사로 책임건설사업관리기술인 또는 「건설산업기본법」 제40조제1항에 따라 건설공사의 현장에 배치된 건설기술인이 없는 경우에는 발주자(건축주)가 적고, ②~⑥란은 방문자가 적습니다.

210㎜×297㎜[백상지 80g/㎡(재활용품)]

[별지 제41호서식]

부실시공현장 표지	
위 치	
발주자	
시공자	
공사명	
지적사항	
「건설기술 진흥법」 제54조제1항에 따라 부실시공현장으로 지적되어 시정 중인 공사입니다.	

1200mm×900mm

[별지 제42호서식] <개정 2024. 7.10.>

품질검사 실시대장

일련 번호	연월일	시험·검사 구분	품질검사 대상 재료	건설자재·부재를 공급받은 공장	시험·검사 장소	시험·검사 종목	시험 기준	시험 결과	시험 결과 판정	품질관리기술인		건설사업관리 기술인 확인		비고
										성명	서명	성명	서명	

[별지 제43호서식]

품질검사 성과 총괄표

공사명 : 공사기간 : . . . ~ . . .

공 정 : %

공종	시험 · 검사 종류(재료)	시험 · 검사 횟수					비고
		계획	실시	합격	불합격	재시험	

작성일시 : 년 월 일

작 성 자 : 소속 : 직위 :

성명 : (서명 또는 인)

210㎜×297㎜[백상지 80g/㎡(재활용품)]

[별지 제44호서식]

공장인증신청서

(앞쪽)

접수번호	접수일자	처리기간 130일

<table>
<tr><td rowspan="3">신청인</td><td>상호 또는 법인명</td><td>사업자등록번호
(법인등록번호)</td></tr>
<tr><td>성명(대표자)</td><td>전화번호</td></tr>
<tr><td colspan="2">주소</td></tr>
<tr><td rowspan="2">공장개요</td><td>공장명</td><td>전화번호</td></tr>
<tr><td colspan="2">공장소재지(주소)</td></tr>
<tr><td>보유업종
및
등록번호</td><td>건설 부문</td><td>기타</td></tr>
</table>

<table>
<tr><td rowspan="3">신청분야
및 등급
("○"로 표시)</td><td colspan="4">교량</td><td colspan="4">건축</td></tr>
<tr><td>1급</td><td>2급</td><td>3급</td><td>4급</td><td>1급</td><td>2급</td><td>3급</td><td>4급</td></tr>
<tr><td></td><td></td><td></td><td></td><td></td><td></td><td></td><td></td></tr>
</table>

「건설기술 진흥법」 제58조제1항 및 같은 법 시행령 제96조제2항에 따라 철강구조물 제작공장의 등급별 인증을 신청합니다.

년 월 일

신청인 (서명 또는 인)

국토교통부장관 귀하

<table>
<tr><td rowspan="2">첨부서류</td><td rowspan="2">1. 공장 기술인력 현황을 기록한 서류
2. 공장 규모 및 설비 현황을 기록한 서류
3. 그 밖에 국토교통부장관이 공장인증을 위하여 필요하다고 인정하여 고시하는 서류</td><td>수수료</td></tr>
<tr><td>「건설기술 진흥법 시행규칙」 별표 9에 따른 수수료</td></tr>
</table>

210mm×297mm[백상지 80g/㎡(재활용품)]

(뒤쪽)

처리절차

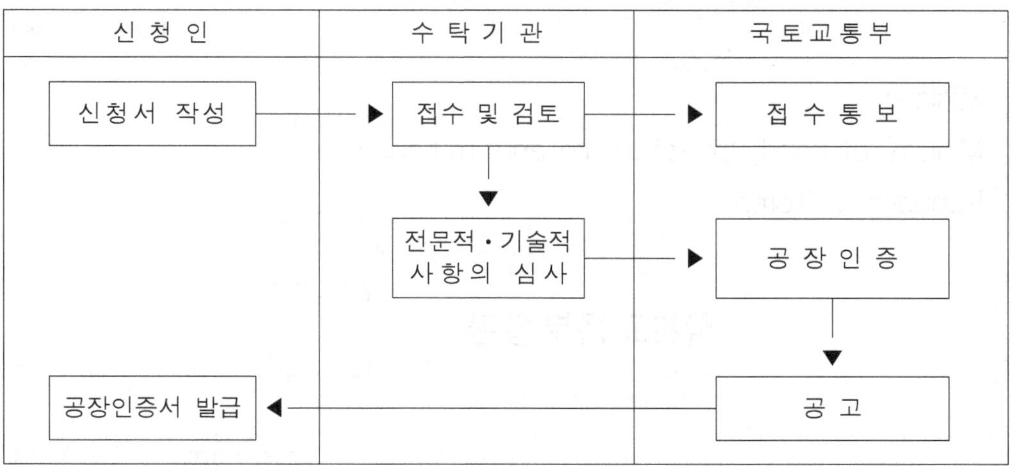
신 청 인
수 탁 기 관
국 토 교 통 부
신청서 작성
접수 및 검토
접 수 통 보
전문적 · 기술적 사항의 심 사
공 장 인 증
공장인증서 발급
공 고

[별지 제45호서식]

제 호

(Certi. No.)

공장인증서
(FACTORY CERTIFICATE)

1. 상호 또는 법인명(Company Name):
2. 성명 또는 대표자(President's Name):
3. 사업자 또는 법인등록번호(Company Reg. No.):
4. 공장 소재지(Factory Address):
5. 분야(Specialty):
6. 등급(Class):

「건설기술 진흥법」 제58조에 따라 위의 철강구조물 제작공장의 등급을 인증합니다.

(Ministry of Land, Infrastructure and Transport certifies the factory named above has been approved to manufacture steel structures in accordance with provision of the Construction Technology Promotion Act, Article 58)

년 월 일

(Date of Issue)

Minister

Ministry of Land, Infrastructure and Transport

Republic of Korea

국토교통부장관 직인

210mm×297mm[백상지 120g/㎡]

[별지 제46호서식]

공장인증서 발급대장

번호	연월일	구분 (인증 분야)	등급	상호 또는 법인명	성명 (대표자)	주소	인증서 발급	
						공장 소재지	날짜	수령인

210㎜×297㎜[백상지 80g/㎡(재활용품)]

[별지 제47호서식]

공장인증대장

인증번호:

<table>
<tr><td>분야 및 등급</td><td></td><td>인증일</td><td></td></tr>
<tr><td>상호 또는
법인명</td><td></td><td>사업자등록
번호(법인등
록번호)</td><td></td></tr>
<tr><td>성명(대표자)</td><td></td><td>전화번호</td><td></td></tr>
<tr><td>주소</td><td colspan="3"></td></tr>
<tr><td>공장명</td><td></td><td>전화번호</td><td></td></tr>
<tr><td>공장소재지</td><td colspan="3"></td></tr>
<tr><td colspan="4">기재사항 변경</td></tr>
<tr><td>구분</td><td colspan="2">변경 내용</td><td>변경일</td></tr>
<tr><td></td><td colspan="2"></td><td></td></tr>
</table>

210mm×297mm[백상지 120g/㎡]

[별지 제48호서식] <삭제 2024.7.10>
[별지 제49호서식] <삭제 2024.7.10>

[별지 제50호서식]

발신기관명

수신자 **국토교통부장관**
(경유)
제 목 품질검사 대행 실적 통보

「건설기술 진흥법 시행령」 제97조제2항제4호 및 같은 법 시행규칙 제56조제8항에 따라 품질검사 대행 실적을 아래와 같이 통보합니다.

일련번호	의뢰 연월일	의뢰자	공사명	재료	시험·검사 종목	수수료	처리 연월일

끝.

발신기관의 장 직인

기안자 직위(직급) 서명 검토자 직위(직급)서명 결재권자 직위 (직급)서명
협조자 직위(직급) 서명
시행 처리과명-일련번호(시행일) 접수 처리과명-일련번호(접수일)
우 주소 / 홈페이지 주소
전화( ) 전송( ) / 공무원의 공식전자우편주소 / 공개구분

210㎜×297㎜(일반용지 60g/㎡(재활용품))

건설공사 사업관리방식 검토기준
및 업무수행지침 (2026년 개정판)

2026년 2월 15일 인쇄
2026년 2월 20일 발행 <개정판>

편 집 편집부
발행인 김대원
발행처 도서출판 원기술
주 소 경기도 안양시 동안구 경수대로 507번길18
전 화 031-451-8730
팩 스 031-429-6781
등 록 제2-1063호

2026.2. by DoserChulpan WONGISUL Publishing Co.
ISBN 978-89-7401-439-1

정가 130,000원